BKI Baukosten 2018 Neubau
Teil 3

Statistische Kostenkennwerte
für Positionen

BKI Baukosten 2018 Neubau
Statistische Kostenkennwerte für Positionen

BKI Baukosteninformationszentrum (Hrsg.)
Stuttgart: BKI, 2018

Mitarbeit:
Hannes Spielbauer (Geschäftsführer)
Klaus-Peter Ruland (Prokurist)
Michael Blank
Anna Bertling
Annette Dyckmans
Heike Elsäßer
Brigitte Kleinmann
Wolfgang Mandl
Thomas Schmid
Jeannette Wähner

Fachautoren:
Robert Fetzer
Jörn Luther
Jochen Letsch
Andreas Wagner
Hans-Jürgen Schneider

Layout, Satz:
Hans-Peter Freund
Thomas Fütterer

Fachliche Begleitung:
Beirat Baukosteninformationszentrum
Stephan Weber (Vorsitzender)
Markus Lehrmann (stellv. Vorsitzender)
Prof. Dr. Bert Bielefeld
Markus Fehrs
Andrea Geister-Herbolzheimer
Oliver Heiss
Prof. Dr. Wolfdietrich Kalusche
Martin Müller

Alle Rechte vorbehalten.
© Baukosteninformationszentrum Deutscher Architektenkammern GmbH

Anschrift:
Bahnhofstraße 1, 70372 Stuttgart
Kundenbetreuung: (0711) 954 854-0
Baukosten-Hotline: (0711) 954 854-41
Telefax: (0711) 954 854-54
info@bki.de
www.bki.de

Für etwaige Fehler, Irrtümer usw. kann der Herausgeber keine Verantwortung übernehmen.

Vorwort

Die Planung der Baukosten bildet einen wesentlichen Bestandteil der Architektenleistung und ist nicht weniger wichtig als räumliche, gestalterische oder konstruktive Planungen. Auf der Kostenermittlung beruhen weitergehende Leistungen wie Kostenvergleiche, Kostenkontrolle und Kostensteuerung. Den Kostenermittlungen in den verschiedenen Planungsphasen kommt insbesondere auch seitens der Bauherrn und Auftraggeber eine große Bedeutung zu.

Kompetente Kostenermittlungen beruhen auf qualifizierten Vergleichsdaten und Methoden. Das Baukosteninformationszentrum BKI wurde 1996 von den Architektenkammern aller Bundesländer gegründet, um aktuelle Daten bereitzustellen. Auch die Entwicklung und Vermittlung zielführender Methoden zur Kostenplanung gehört zu den zentralen Aufgaben des BKI.

Wertvolle Baukosten-Erfahrungswerte liegen in Form von abgerechneten Bauleistungen oder Kostenfeststellungen in den Architekturbüros vor. Oft fehlt die Zeit, diese qualifiziert zu dokumentieren, um sie für Folgeprojekte zu verwenden oder für andere Architekten nutzbar zu machen. Diese Dienstleistung erbringt BKI und unterstützt damit sowohl die Datenlieferanten als auch die Nutzer der BKI Datenbank.

Die Fachbuchreihe „BAUKOSTEN" erscheint jährlich. Dabei werden alle Kostenkennwerte auf Basis neu dokumentierter Objekte und neuer statistischer Auswertungen aktualisiert. Die neuen Objekte seit der letzten Ausgabe werden auf bebilderten Übersichtsseiten zu Beginn der Bücher dargestellt. Die Kosten, Kostenkennwerte und Positionen dieser neuen Objekte tragen in allen drei Bänden zur Aktualisierung bei. Dabei wird auch die unterschiedliche regionale Baupreis-Entwicklung berücksichtigt. Mit den integrierten BKI Regionalfaktoren 2018 können die Bundesdurchschnittswerte an den jeweiligen Stadt- bzw. Landkreis angepasst werden.

Die Fachbuchreihe BAUKOSTEN Neubau 2018 (Statistische Kostenkennwerte) besteht aus den drei Teilen:
Baukosten Gebäude 2018 (Teil 1)
Baukosten Bauelemente 2018 (Teil 2)
Baukosten Positionen 2018 (Teil 3)

Die Bände sind aufeinander abgestimmt und unterstützen die Anwender in allen Planungsphasen. Am Beginn des jeweiligen Fachbuchs erhalten die Nutzer eine ausführliche Erläuterung zur fachgerechten Anwendung. Weitergehende Praxistipps und wertvolle Hinweise zur sicheren Kostenplanung werden auch in den BKI-Workshops vermittelt.

Der Dank des BKI gilt allen Architektinnen und Architekten, die Daten und Unterlagen zur Verfügung stellen. Sie profitieren von der Dokumentationsarbeit des BKI und unterstützen nebenbei den eigenen Berufsstand. Die in Buchform veröffentlichten Architekten-Projekte bilden eine fundierte und anschauliche Dokumentation gebauter Architektur, die sich zur Kostenermittlung von Folgeobjekten und zu Akquisitionszwecken hervorragend eignet.

Zur Pflege der Baukostendatenbank sucht BKI weitere Objekte aus allen Bundesländern. Bewerbungsbögen zur Objekt-Veröffentlichung von Hochbauten und Freianlagen werden im Internet unter www.bki.de/projekt-veroeffentlichung zur Verfügung gestellt. Auch die Bereitstellung von Leistungsverzeichnissen mit Positionen und Vergabepreisen ist jetzt möglich, mehr Info dazu finden Sie unter www.bki.de/lv-daten. BKI berät Sie gerne auch persönlich über alle Möglichkeiten, Objektdaten zu veröffentlichen. Für die Lieferung von Daten erhalten Sie eine Vergütung und weitere Vorteile.

Besonderer Dank gilt abschließend auch dem BKI-Beirat, der mit seinem Expertenwissen aus der Architektenpraxis, den Architekten- und Ingenieurkammern, Normausschüssen und Universitäten zum Gelingen der BKI-Fachinformationen beiträgt.

Wir wünschen allen Anwendern der neuen Fachbuchreihe 2018 viel Erfolg in allen Phasen der Kostenplanung und vor allem eine große Übereinstimmung zwischen geplanten und realisierten Baukosten im Sinne zufriedener Bauherren. Anregungen und Kritik zur Verbesserung der BKI-Fachbücher sind uns jederzeit willkommen.

Hannes Spielbauer   *Klaus-Peter Ruland*
Geschäftsführer   *Prokurist*

Baukosteninformationszentrum
Deutscher Architektenkammern GmbH
Stuttgart, im Mai 2018

Inhalt

Vorbemerkungen und Erläuterungen

	Seite
Einführung	10
Benutzerhinweise	10
Neue BKI Neubau-Dokumentationen 2017-2018	14
Erläuterungen zur Fachbuchreihe BKI BAUKOSTEN	36
Erläuterungen der Seitentypen (Musterseiten)	
Statistische Kostenkennwerte Positionen, Mustertexte	46
Auswahl kostenrelevanter Baukonstruktionen und Technischer Anlagen	48
Häufig gestellte Fragen	
Fragen zur Flächenberechnung	50
Fragen zur Wohnflächenberechnung	51
Fragen zur Kostengruppenzuordnung	52
Fragen zu Kosteneinflussfaktoren	53
Fragen zur Handhabung der von BKI herausgegebenen Bücher	54
Fragen zu weiteren BKI Produkten	56
Abkürzungsverzeichnis	58
Gliederung in Leistungsbereiche nach STLB-Bau	60

Kostenkennwerte für die Positionen der Leistungsbereiche (LB)

A Rohbau

		Seite
000	Sicherheitseinrichtungen, Baustelleneinrichtungen	62
001	Gerüstarbeiten	80
002	Erdarbeiten	90
006	Spezialtiefbauarbeiten	102
008	Wasserhaltungsarbeiten	108
009	Entwässerungskanalarbeiten	112
010	Drän- und Versickerarbeiten	136
012	Mauerarbeiten	144
013	Betonarbeiten	178
014	Naturwerksteinarbeiten, Betonwerksteinarbeiten	212
016	Zimmer- und Holzbauarbeiten	234
017	Stahlbauarbeiten	266
018	Abdichtungsarbeiten	274
020	Dachdeckungsarbeiten	292
021	Dachabdichtungsarbeiten	316
022	Klempnerarbeiten	336

B Ausbau

		Seite
023	Putz- und Stuckarbeiten, Wärmedämmsysteme	362
024	Fliesen- und Plattenarbeiten	384
025	Estricharbeiten	410
026	Fenster, Außentüren	428
027	Tischlerarbeiten	456
028	Parkett-, Holzpflasterarbeiten	484
029	Beschlagarbeiten	504
030	Rollladenarbeiten	518
031	Metallbauarbeiten	526
032	Verglasungsarbeiten	562
033	Baureinigungsarbeiten	572

B	**Ausbau (Fortsetzung)**	
034	Maler- und Lackierarbeiten - Beschichtungen	580
036	Bodenbelagarbeiten	600
037	Tapezierarbeiten	624
038	Vorgehängte hinterlüftete Fassaden	632
039	Trockenbauarbeiten	644
C	**Gebäudetechnik**	
040	Wärmeversorgungsanlagen - Betriebseinrichtungen	684
041	Wärmeversorgungsanlagen - Leitungen, Armaturen, Heizflächen	710
042	Gas- und Wasseranlagen - Leitungen, Armaturen	726
044	Abwasseranlagen - Leitungen, Abläufe, Armaturen	734
045	Gas-, Wasser- und Entwässerungsanlagen - Ausstattung, Elemente, Fertigbäder	748
047	Dämm- und Brandschutzarbeiten an technischen Anlagen	762
053	Niederspannungsanlagen - Kabel/Leitungen, Verlegesysteme, Installationsgeräte	770
054	Niederspannungsanlagen - Verteilersysteme und Einbaugeräte	776
058	Leuchten und Lampen	780
069	Aufzüge	784
075	Raumlufttechnische Anlagen	792
D	**Freianlagen**	
003	Landschaftsbauarbeiten	806
004	Landschaftsbauarbeiten - Pflanzen	852
080	Straßen, Wege, Plätze	874
E	**Barrierefreies Bauen**	
	Positionsverweise Barrierefreies Bauen	912
F	**Brandschutz**	
	Positionsverweise Brandschutz	920
Anhang		
	Regionalfaktoren	924
	Stichwortverzeichnis der Positionen	930

Bei der Prüfung der von BKI erstellten Mustertexte haben folgende Fachverbände mitgewirkt:

Bauwirtschaft Baden-Württemberg e.V.

Bauwirtschaft Baden-Württemberg e.V.
70178 Stuttgart; Hohenzollernstraße 25;
www.bauwirtschaft-bw.de

Die Bauwirtschaft Baden-Württemberg e.V. ist ein gemeinsamer Verband von Baugewerbe und Bauindustrie in Baden-Württemberg mit über 1.500 Mitgliedsbetrieben und etwa 40.000 Beschäftigten, die hauptsächlich in den Sparten Hochbau, Tief- und Straßenbau sowie Ausbau tätig sind. Der Verband vertritt die Interessen seiner Mitglieder gegenüber Politik, Verwaltung und Öffentlichkeit. Er setzt sich auf Landes- und Gemeindeebene für die notwendigen Rahmenbedingungen des Bauens ein und engagiert sich für eine bedarfsgerechte Investitionspolitik. Außerdem ist die Bauwirtschaft Baden-Württemberg Mitglied bei den Spitzenverbänden der Bauwirtschaft in Berlin. Dadurch hat unser Verband auch bundesweit Einfluss auf wichtige Entscheidungen in der Wirtschafts- und Tarifpolitik. Enge Vernetzungen gibt es zudem mit zahlreichen Partnerverbänden im In- und Ausland, etwa in der Schweiz und Frankreich.

Bundesverband Metall
Vereinigung Deutscher Metallhandwerke
45138 Essen; Huttropstraße 58
www.metallhandwerk.de

Rund 40.000 kleine und mittlere Unternehmen, 28.000 Lehrlinge, 500.000 Mitarbeiter und fast 60 Milliarden € Umsatz: Das ist Metallhandwerk in Deutschland. Nicht nur zahlenmäßig und als Arbeitgeber ist das Metallhandwerk unverzichtbar. Metallhandwerk steht für die ganze Vielfalt metallverarbeitender Unternehmen, die unser Industrieland braucht: Maschinenbau, Werkzeugbau, Metall- und Stahlkonstruktionen im Hoch- und Tiefbau, Klimaschutz und Mobilität, öffentliche Infrastruktur und modernes Wohnen. Metallbetriebe - vom Bronzegießer über den Metalldesigner bis zum Hightech-Unternehmen - finden wir überall, wo produziert, gebaut und gewohnt wird. Als Künstler und Konstrukteur, von der Planung bis zur Ausführung oder vernetzt mit Partnerbetrieben lösen Metallhandwerker die kleinen und großen Probleme ihrer Kunden. Exportweltmeister Deutschland? Nicht ohne das Metallhandwerk. Der Bundesverband Metall vertritt die berufsständischen Interessen seiner Landesverbände sowie deren Innungen mit den darin freiwillig organisierten Mitgliedsbetrieben.

Zentralverband des Deutschen Dachdeckerhandwerks
50968 Köln; Fritz-Reuter-Straße 1
www.dachdecker.de

Der Zentralverband des Deutschen Dachdeckerhandwerks e.V. ist der Arbeitgeberverband des Dachdeckerhandwerks in Deutschland. Er repräsentiert 16 Landesverbände mit 200 Innungen und ca. 7.055 Innungsbetrieben. Der Verband vertritt die Interessen des Dachdeckerhandwerks gegenüber Politik, Verwaltung und Öffentlichkeit und steht seinen Mitgliedern mit zahlreichen Beratungsleistungen zur Seite. Der Zentralverband ist Verfasser der Fachregeln des Deutschen Dachdeckerhandwerks, den anerkannten Regeln der Technik. Über die Spitzenverbände des Handwerks hat der ZVDH außerdem Einfluss auf wichtige Entscheidungen in der Wirtschafts- und Tarifpolitik.

Bundesverband Farbe Gestaltung Bautenschutz
Bundesinnungsverband des deutschen Maler- und Lackiererhandwerks
60486 Frankfurt a.M.; Gräfstraße 79
www.farbe.de

Der Bundesverband Farbe Gestaltung Bautenschutz vertritt als Arbeitgeber -, Wirtschafts- und Technischer Verband die Interessen des Maler-Lackiererhandwerks. Er stützt sich auf ein beachtliches Fundament: Rund 41.881 kleinere und mittlere Betriebe mit 196.500 Beschäftigten, davon 22.287 Lehrlinge arbeiten in der Branche. Zur Wahrnehmung der berufsständischen Interessen sind dem Verband 17 Landesverbände sowie deren 360 Innungen mit den darin freiwillig organisierten Mitgliedsbetrieben angeschlossen. Das Leistungsangebot des modernen Handwerksberufes Maler und Lackierer umfasst u. a. Tätigkeiten wie: Oberflächenbehandlung von mineralischen Untergründen, Metall, Holz und Kunststoffen mit Beschichtungsstoffen, WDVS-Arbeiten, Betonflächeninstandsetzung, Trockenbau, Innenraumgestaltung, Korrosionsschutz- und Brandschutzbeschichtungen. Der Bundes-verband betreut u. a. den Bundesausschuss Farbe und Sachwertschutz, dem Herausgeber der Technischen Richtlinien für Maler- und Lackiererarbeiten.

Bundesinnung für das Gerüstbauer-Handwerk
51107 Köln; Rösrather Straße 645
www.geruestbauhandwerk.de

Bundesinnung und Bundesverband Gerüstbau sind die Fachorganisationen des Gerüstbauerhandwerks mit drei Schwerpunktbereichen:
– Als Standesorganisation verbessern sie die Rahmenbedingungen für das Gerüstbauerhandwerk. Ergebnisse: 1978 Verordnung zum Geprüften Gerüstbau-Kolonnenführer, 1988 Aufnahme der DIN 18451 in Teil C der VOB, 1991 Ausbildungsberuf Gerüstbauer/Gerüstbauerin, 1998 Meisterberuf (Vollhandwerk), ab 2006 eigenes Fachregelwerk.
– Als Arbeitgebervertretung schließen sie Tarifverträge ab.
– Als Serviceorganisationen unterstützen Bundesverband und Bundesinnung jeden einzelnen Mitgliedsbetrieb in all seinen betrieblichen Belangen. Für Betriebsinhaber und Mitarbeiter werden Seminare vom Vertragsrecht bis zur Technik angeboten. Regelmäßige Verbandsmitteilungen informieren über rechtliche; fachliche und sonstige Neuerungen. Rahmenvereinbarungen verhelfen zu Preisvorteilen z. B. beim Kraftfahrzeugkauf und bieten exklusiv Berufskleidung.

Fachverband der Stuckateure für Ausbau und Fassade Baden-Württemberg
70599 Stuttgart; Wollgrasweg 23
www.stuck-verband.de

Der Fachverband der Stuckateure für Ausbau und Fassade (SAF) ist Wirtschafts- und Arbeitgeberverband der Stuckateure in Baden-Württemberg und vertritt auf Landes- und Kreisebene die Interessen der Mitgliedsinnungen und deren insgesamt über 1000 Mitglieder gegenüber Öffentlichkeit, Verwaltung und Politik. Der SAF leitet als Bildungsdienstleister das Kompetenzzentrum für Ausbau und Fassade in Verbindung mit dem Bundesverband. Der SAF verfasst die Branchenregeln für die Arbeitsfelder Wärmedämmung, Innen- und Außenputz, Trockenbau, Schimmelsanierung, Restaurierung und Stuck z. B. mit den Richtlinien zu den Themen Sockel-, Fensteranschlüsse oder auch Luftdichtheit und berät seine Mitglieder in vielfältiger Weise. Architekten und Ausschreibende erhalten telefonische Auskünfte z. B. über die Branchenregelungen, Standards sowie Aufmaß und Abrechnungsbestimmungen.

Holzbau Deutschland - Bund Deutscher Zimmermeister
im Zentralverbans des Deutschen Baugewerbes
Kronenstraße 55-58
10117 Berlin
www.holzbau-deutschland.de

Als Berufsorganisation des Zimmererhandwerks setzt sich Holzbau Deutschland - Bund Deutscher Zimmermeister im Zentralverband des Deutschen Baugewerbes für einen leistungsstarken und wettbewerbsfähigen Holzbau in Deutschland ein. Holzbau Deutschland vertritt den Berufsstand zusammen mit seinen 17 Landesverbänden nach außen. Er fördert und unterstützt die Mitgliedsbetriebe in der Verbandsorganisation in ihrer fachlichen Praxis. Das erfolgt mit verschiedenen Aktivitäten in den vier Haupthandlungsfeldern „Marketing und Öffentlichkeitsarbeit", „Technik und Umwelt", „Betriebswirtschaft und Unternehmensführung" sowie „Aus- und Weiterbildung".

Landesinnung des Gebäudereiniger-Handwerks Baden-Württemberg
Fachverband Gebäudedienste Baden-Württemberg e.V.
Zettachring 8A
70567 Stuttgart
www.die-gebaeudedienstleister-bw.de; info@die-gebaeudedienstleister-bw.de

Die Landesinnung des Gebäudereiniger-Handwerks ist Ansprechpartner für Tarif- und Vergabefragen (Mustertexte etc.) und vermittelt ö.b.u.v. Sachverständige. Auf der Homepage filtert der Service "Suche Betrieb für..." spezialisierte Betriebe für die gewünschte/n Leistung/en.

Der Qualitätsverbund Gebäudedienste bescheinigt innungsgeprüfte Fachkompetenz: Seit das Gebäudereiniger-Handwerk zulassungsfrei ist, erleichtert das „QV-Zertifikat" das Auffinden qualifizierter Meisterbetriebe und garantiert die Meistereigenschaft, eine Eingangsschulung zum nachhaltigen Wirtschaften und die kontinuierliche Weiterbildung! Bundesweit sind ca. 890 qv-zertifizierte Betriebe registriert: www.qv-gebaeudedienste.de

Im Fachforum bei www.qv-gebaeudedienste.de sind die Teilnehmer der Wissensplattform für Fachfragen zu Gebäudereinigung/-diensten/-management vernetzt. Durch das automatische Informationssystem sind sie stets auf neustem fachlichen Stand.

Die Fachakademie für Gebäudemanagement und Dienstleistungen organisiert neutrale Vergabeseminare und Weiterbildungen. Die innungsakkreditierten FA-Zertifikate sind weithin anerkannt: Zertifiziert werden: Gepr. Vorarbeiter (FA), Gepr. Objektleiter (FA), Gepr. Service-Manager (FA), Fachwirt Gebäudemanagement (FA). www.fachakademie.de

Zentralverband Sanitär Heizung Klima (ZVSHK)
Rathausallee 6
53757 St. Augustin

Der Zentralverband Sanitär Heizung Klima vertritt als Arbeitsgeber- und Wirtschaftsverband nach dem Gesetz zur Ordnung des Handwerks (HwO) 50.000 Unternehmen des Bauhandwerks mit rund 271.000 Beschäftigten und 37.000 Lehrverhältnissen. Dabei stützt er sich auf 17 Landesorganisationen mit 389 Innungen, in denen rund 3.000 Unternehmer ehrenamtlich tätig sind. Er ist damit der größte nationale Verband in der EU für die Planung, den Bau und die Unterhaltung gebäudetechnischer Anlagen. Als Rationalisierungsverband schließt er die Förderung, Prüfung und Durchführung von Normungs-, Typisierungs- und Spezialvorhaben ein. Insoweit ist er anhörungspflichtig und beim Deutschen Bundestag akkreditiert.

Deutsche Gesellschaft für Garten- und Landschaftskultur
Landesverband Hamburg / Schleswig-Holstein e.V.
DGGL
Wartburgstraße 42
10823 Berlin
www.DGGL.org

Die Deutsche Gesellschaft für Gartenkunst und Landschaftskultur e.V. (DGGL) ist ein gemeinnütziger Verein der in allen Bundesländern aktiv ist, die Bundesgeschäftsstelle ist in Berlin.
Die DGGL wurde 1887 in Dresden gegründet, um die Belange der Freiraum- und Landschaftsgestaltung gegenüber Politik und Öffentlichkeit zu vertreten, die fachliche Weiterentwicklung von Ausbildung und Beruf zu fördern sowie die Planungs- und Ausführungstechniken und Methoden zu verbessern.
Die DGGL steht allen an der Freiraumentwicklung und an der Erhaltung von (historischen) Freiräumen interessierten Menschen offen, namentlich sind dieses Garten- und Landschaftsarchitekten, Ingenieure und Gutachter, öffentliche Grünverwaltungen, Garten- und Landschaftsbaubetriebe, Baumschulen und Gärtnereien, Produzenten von Baustoffen und Ausstattungen sowie Laien. Gemeinsam mit Partnerorganisationen in an grenzenden Ländern ist die DGGL auch auf europäischer Ebene tätig.

Die Mitwirkung der Fachverbände beinhaltet ausschließlich die fachliche Prüfung der Mustertexte. Die veröffentlichten Positionspreise werden nicht von den Fachverbänden geprüft. Grundlage der Positionspreise ist die BKI-Baukostendatenbank.

BKI bedankt sich bei den Fachverbanden für die erfolgreiche Zusammenarbeit. Das Prüfen der Mustertexte stellt einen wertvollen Beitrag zur Verbesserung der fachlichen Kommunikation beim Bauablauf zwischen planenden und ausführenden Berufen dar.

Einführung

Dieses Fachbuch wendet sich an Architekten, Ingenieure, Sachverständige und sonstige Fachleute, die mit Kostenermittlungen von Hochbaumaßnahmen befasst sind. Es enthält statistische Kostenkennwerte für „Positionen", geordnet nach den Leistungsbereichen nach StLB. Neben den Mittelwerten sind auch Von-Bis-Werte und Minimal-Maximal-Werte angegeben. Bei den Von-Bis-Werten handelt es sich um mit der Standardabweichung berechnete Bandbreiten, wobei Werte über dem Mittelwerte und Werte unter dem Mittelwert getrennt betrachtet werden. Der Mittelwert muss deshalb nicht zwingend in der Mitte der Bandbreite liegen.

Durch Übernahme der BKI Regionalfaktoren in die Datenbank wurde es möglich, die Objekte und damit auch deren Positionspreise auch hinsichtlich des Bauortes zu bewerten. Für statistische Auswertungen rechnet BKI so, als ob das Objekt nicht am Bauort, sondern in einer mit dem Bundesdurchschnitt identischen Region gebaut worden wäre.

Die regional bedingten Kosteneinflussfaktoren sind somit aus den hier veröffentlichten Positionspreisen herausgerechnet. Das soll aber nicht darüber hinwegtäuschen, dass Positionspreise vielfältigen Einflussfaktoren unterliegen, von denen die regionalen meist nicht die bestimmenden sind.

Die Kennwerte sind objektorientiert ermittelt worden und basieren auf der Analyse realer, abgerechneter Vergleichsobjekte, die derzeit in der BKI-Baukostendatenbank verfügbar sind.

Dieses Fachbuch erscheint jährlich neu, so dass der Benutzer stets aktuelle Kostenkennwerte zur Hand hat.

Benutzerhinweise

1. Definitionen
Als Positionen werden in dieser Veröffentlichung Leistungsbeschreibungen für Bauleistungen mit den zugehörigen Texten, Mengen, Preisen und sonstigen Angaben bezeichnet. Positionstexte sind ausführliche Leistungsbeschreibungen von Bauleistungen (Langtexte) oder Kurzfassungen davon (Kurztexte). Einheitspreise sind die Preise für Bauleistungen pro definierter Einheit, Gesamtpreise sind die Preise für die Gesamtmenge einer einzelnen Bauleistung. BKI dokumentiert und veröffentlicht ausschließlich Preise abgerechneter Bauleistungen, die insofern endgültig und keinen weiteren Veränderungen durch Verhandlungen, Preisanpassungen etc. unterworfen sind.

2. Kostenstand und Mehrwertsteuer
Kostenstand aller Kennwerte ist das 1.Quartal 2018. Alle Kostenkennwerte in diesem Fachbuch werden in brutto + netto angegeben. Die Angabe aller Kostenkennwerte dieser Veröffentlichung erfolgt in Euro. Die vorliegenden Kostenkennwerte sind Orientierungswerte. Sie können nicht als Richtwerte im Sinne einer verpflichtenden Obergrenze angewendet werden.

3. Datengrundlage
Grundlage der Tabellen sind statistische Analysen abgerechneter Bauvorhaben. Die Daten wurden mit größtmöglicher Sorgfalt vom BKI bzw. seinen Dokumentationsstellen erhoben. Dies entbindet den Benutzer aber nicht davon, angesichts der vielfältigen Kosteneinflussfaktoren die genannten Orientierungswerte eigenverantwortlich zu prüfen und entsprechend dem jeweiligen Verwendungszweck anzupassen. Für die Richtigkeit der im Rahmen einer Kostenermittlung eingesetzten Werte können daher weder Herausgeber noch Verlag eine Haftung übernehmen.

4. Anwendungsbereiche
Die Kostenkennwerte sind als Orientierungswerte konzipiert; sie können zum Bepreisen von Leistungsverzeichnissen sowie bei Kostenberechnungen und Kostenanschlägen angewendet werden. Die formalen Mindestanforderungen hinsichtlich der Darstellung der

Ergebnisse einer Kostenermittlung sind in DIN 276 : 2008-12 unter Ziffer 3 Grundsätze der Kostenplanung festgelegt. Die Anwendung des Positions-Verfahrens bei Kostenermittlungen setzt voraus, dass genügend Planungsinformationen vorhanden sind, um Qualitäten und Mengen von Positionen ermitteln zu können.

5. Geltungsbereiche
Die genannten Kostenkennwerte spiegeln in etwa das durchschnittliche Baukostenniveau in Deutschland wider. Die Geltungsbereiche der Tabellenwerte sind fließend. Die „von-/ bis-Werte" markieren weder nach oben noch nach unten absolute Grenzwerte. Auch die Minimal-Maximal-Werte sind nur als Minimum und Maximum der in der Stichprobe enthaltenen Werte zu verstehen. Das schließt nicht aus, dass diese Werte in der Praxis unter- oder überschritten werden können.

6. Preise
Die dokumentierten Preise wurden aus abgerechneten Projekten, und in diesem Jahr erstmalig, spezifisch für den Neubau erhoben. Für den Altbau gibt es seit letztem Jahr ein eigenes Fachbuch. Die „von-bis Preise" wurden mit der Standardabweichung ermittelt, ein statistisches Verfahren, das aus dem kompletten Spektrum der Preisbeispiele einen wahrschinlichen Mittelbereich errechnet. Um dem Umstand Rechnung zu tragen, dass Abweichungen vom Mittelwert nach oben bei Baupreisen wahrscheinlicher sind als nach unten, wurde die Standardabweichung für Preise oberhalb des Mittelwertes getrennt von denen unterhalb des Mittelwertes ermittelt. Das Verfahren findet auch in anderen BKI Publikationen Anwendung und ist im Fachbuch „BKI Baukosten Gebäude, Statistische Kostenkennwerte (Teil 1)" näher beschrieben.

7. Kosteneinflüsse
In den Streubereichen (von-/bis-Werte) der Kostenkennwerte spiegeln sich die vielfältigen Kosteneinflüsse aus Nutzung, Markt, Gebäudegeometrie, Ausführungsstandard, Projektgröße etc. wider. Die Orientierungswerte können daher nicht schematisch übernommen werden, sondern müssen entsprechend den spezifischen Planungsbedingungen überprüft und ggf. angepasst werden. Mögliche Einflüsse, die eine Anpassung der Orientierungswerte erforderlich machen, können sein:

- besondere Nutzungsanforderungen,
- Standortbedingungen (Erschließung, Immission, Topographie, Bodenbeschaffenheit),
- Bauwerksgeometrie (Grundrissform, Geschosszahlen, Geschosshöhen, Dachform, Dachaufbauten),
- Bauwerksqualität (gestalterische, funktionale und konstruktive Besonderheiten),
- Quantität (Positionsmengen),
- Baumarkt (Zeit, regionaler Baumarkt, Vergabeart).

8. Mustertexte
BKI hat für die maßgeblichen Leistungsbereiche produktneutrale Positionsmustertexte verfasst. Die Mustertexte wurden entsprechend der Grundlage der zahlreichen Positionstexte der Datenlieferungen von Architekten neu verfasst. Die Fachautoren haben einen einheitlichen, VOB-gerechten Ausschreibungstext daraus gebildet. Viele Mustertexte wurden von Fachverbänden der Bauberufe geprüft. Die prüfenden Fachverbände werden in den Fußzeilen der entsprechenden Seiten und zusammenfassend auf Seite 6-9 genannt.

BKI erweitert die Anzahl der Fachverbände stetig. Durch die Zusammenarbeit mit den Fachverbänden ist es gelungen, auch für ausführende Firmen eindeutig formulierte Positionsmustertexte herauszugeben.
Einheitliche und praxistaugliche Positionsmustertexte in Verbindung mit Kostenangaben aus fertig gestellten Projekten sind für alle am Bau Beteiligten eine sinnvolle Unterstützung bei der täglichen Arbeit.
Den kooperierenden Fachverbänden gilt unser Dank. Sie unterstützen durch diese Zusammenarbeit die Kommunikation im Baubereich zwischen planenden und ausführenden Berufen.

9. Ausführungsdauer
Seit der Ausgabe 2015 ist die Ausführungsdauer pro Leistungsposition enthalten. Diese wurde aus Literatur recherchiert und dann über unsere Baupreisdokumentation fachkundig angepasst. Die Ausführungsdauer ist somit kein Wert welcher sich aus konkreter Dokumentation ergibt, sondern einer der über Plausibilität ermittelt wurde. Er soll eine Orientierung für die Dauer der Arbeitsleistung und in Verrechnung mit Ausführungsmengen die Grundlage für die Terminplanung schaffen.

10. Normierung der Daten

Grundlage der BKI Regionalfaktoren, die auch der Normierung der Baukosten der dokumentierten Objekte auf Bundesniveau zu Grunde liegen, sind Daten aus der amtliche Bautätigkeitsstatistik der statistischen Landesämter. Zu allen deutschen Land- und Stadtkreisen sind Angaben aus der Bautätigkeitsstatistik der statistischen Landesämter zum Bauvolumen (m^3 BRI) und Angaben zu den veranschlagten Baukosten (in €) erhältlich.

Diese Informationen stammen aus statistischen Meldebögen, die mit jedem Bauantrag vom Antragsteller abzugeben sind.

Während die Angaben zum Brutto-Rauminhalt als sehr verlässlich eingestuft werden können, da in diesem Bereich kaum Änderungen während der Bauzeit zu erwarten sind, müssen die Angaben zu den Baukosten als Prognosen eingestuft werden. Schließlich stehen die Baukosten beim Einreichen des Bauantrages noch nicht fest. Es ist jedoch davon auszugehen, dass durch die Vielzahl der Datensätze und gleiche Vorgehensweise bei der Baukostennennung brauchbare Durchschnittswerte entstehen. Zusätzlich wurden von BKI Verfahren entwickelt, um die Daten prüfen und Plausibilitätsprüfungen unterziehen zu können.

Aus den Kosten und Mengenabgaben lassen sich durchschnittliche Herstellungskosten von Bauwerken pro Brutto-Rauminhalt und Land- oder Stadtkreis berechnen. Diese Berechnungen hat BKI durchgeführt und aus den Ergebnissen einen bundesdeutschen Mittelwert gebildet. Anhand des Mittelwertes lassen sich die einzelnen Land- und Stadtkreise prozentual einordnen. (Diese Prozentwerte wurden die Grundlage der BKI Deutschlandkarte mit „Regionalfaktoren für Deutschland und Europa"). Anhand dieser Daten lässt sich jedes Objekt der BKI Datenbank normieren, d.h. so berechnen, als ob es nicht an seinem speziellen Bauort gebaut worden wäre, sondern an einem Bauort, der bezüglich seines Regionalfaktors genau dem Bundesdurchschnitt entspricht.

Für den Anwender bedeutet die regionale Normierung der Daten auf einen Bundesdurchschnitt, dass einzelne Kostenkennwerte oder das Ergebnis einer Kostenermittlung mit dem Regionalfaktor des Standorts des geplanten Objekts zu multiplizieren ist. Die landkreisbezogenen Regionalfaktoren finden sich im Anhang des Buches.

11. Urheberrechte

Alle Objektinformationen und die daraus abgeleiteten Auswertungen (Statistiken) sind urheberrechtlich geschützt. Die Urheberrechte liegen bei den jeweiligen Büros, Personen bzw. beim BKI.

Es ist ausschließlich eine Anwendung der Daten im Rahmen der praktischen Kostenplanung im Hochbau zugelassen. Für eine anderweitige Nutzung oder weiterführende Auswertungen behält sich das BKI alle Rechte vor.

Neue BKI Neubau-Dokumentationen 2017-2018

Fotopräsentation der Objekte

1300-0230 Bürogebäude (144 AP), Gastronomie, TG
Büro- und Verwaltungsgebäude, hoher Standard
⌂ dt+p Architekten und Ingenieure GmbH
  Bremen

1300-0233 Büro- und Ausstellungsgebäude (32 AP)
Büro- und Verwaltungsgebäude, hoher Standard
⌂ fmb architekten Norman Binder,
  Andreas-Thomas Mayer, Stuttgart

1300-0235 Bürogebäude (12 AP) - Effizienzhaus ~60%
Büro- und Verwaltungsgebäude, mittlerer Standard
⌂ MIND Architects Collective
  Bischofsheim

1300-0237 Bürogebäude (30 AP) - Effizienzhaus ~76%
Büro- und Verwaltungsgebäude, mittlerer Standard
⌂ crep.D Architekten BDA
  Kassel

1300-0238 Bürogebäude, Lagerhalle - Effizienzhaus 70
Büro- und Verwaltungsgebäude, mittlerer Standard
⌂ Eis Architekten GmbH
  Bamberg

1300-0239 Technologiezentrum - Effizienzhaus ~62%
Büro- und Verwaltungsgebäude, mittlerer Standard
⌂ Wagner + Günther Architekten
  Jena

Fotopräsentation der Objekte

1300-0241 Entwicklungs- und Verwaltungszentrum
Büro- und Verwaltungsgebäude, hoher Standard
Kemper Steiner & Partner Architekten GmbH
Bochum

2100-0001 Hörsaalgebäude - Effizienzhaus ~69%
Sonstige Gebäude (ohne Gebäudeartzuordnung)
Eßmann | Gärtner | Nieper Architekten GbR
Leipzig

2200-0049 Bioforschungszentrum
Instituts- und Laborgebäude
Grabow + Hofmann Architektenpartnerschaft BDA
Nürnberg

2200-0050 Forschungsgebäude, Rechenzentrum (215 AP)
Instituts- und Laborgebäude
BHBVT Gesellschaft von Architekten mbH
Berlin

3100-0024 Praxishaus (7 AP)
Medizinische Einrichtungen
RoA RONGEN ARCHITEKTEN PartG mbB
Wassenberg

3100-0025 Arztpraxis
Medizinische Einrichtungen
Planungsbüro Beham BIAV
Bairawies

Fotopräsentation der Objekte

3100-0028 Ärztehaus (5 Praxen), Apotheke
Medizinische Einrichtungen
 Junk & Reich Architekten BDA
 Planungsgesellschaft mbH, Weimar

3200-0025 Zentrum f. Neurologie u. Geriatrie (220 Betten)
Medizinische Einrichtungen
 Kossmann Maslo Architekten
 Planungsgesellschaft mbH + Co.KG, Münster

3200-0026 Geriatrische Klinik
Medizinische Einrichtungen
 HDR GmbH
 Berlin

4100-0167 Oberschule (2 Klassen, 40 Schüler) Modulbau
Allgemeinbildende Schulen
 Bosse Westphal Schäffer Architekten
 Winsen/Luhe

4100-0168 Realschule (400 Schüler) - Effizienzhaus ~66%
Allgemeinbildende Schulen
 KBK Architektengesellschaft Belz | Lutz mbH
 Stuttgart

4100-0177 Grundschule (10 Klassen, 280 Schüler)
Allgemeinbildende Schulen

Fotopräsentation der Objekte

4100-0178 Gymnasium (6 Kl), Sporthalle (Einfeldhalle)
Allgemeinbildende Schulen
 Dohse Architekten
 Hamburg

4100-0179 Gymnasium, Sporthalle - Plusenergiehaus
Allgemeinbildende Schulen
 Hermann Kaufmann ZT GmbH & Florian Nagler
 Architekten GmbH "ARGE Diedorf", München

4100-0183 Mittelschule (5 Klassen, 125 Schüler)
Allgemeinbildende Schulen
 ABHD Architekten Beck und Denzinger
 Neuburg a. d. Donau

4100-0188 Grundschule (10 Klassen, 240 Schüler), Mensa
Allgemeinbildende Schulen
 Werkgemeinschaft Quasten-Mundt
 Grevenbroich

4300-0023 Sonderpädagogisches Förderzentrum
Förder- und Sonderschulen
 ssp - planung GmbH
 Waldkirchen

4400-0288 Kinderkrippe (1 Gruppe, 12 Kinder) Modulbau
Kindergärten, nicht unterkellert, mittlerer Standard
 Bosse Westphal Schäffer Architekten
 Winsen/Luhe

Fotopräsentation der Objekte

4400-0289 Kindergarten (1 Gruppe, 12 Kinder) Modulbau
Kindergärten, nicht unterkellert, mittlerer Standard
⌂ Bosse Westphal Schäffer Architekten
   Winsen/Luhe

4400-0294 Kindertagesstätte (125 Ki) - Effizienzhaus ~62%
Kindergärten, nicht unterkellert, mittlerer Standard
⌂ Stricker Architekten BDA
   Hannover

4400-0296 Kindertagesstätte (3 Gruppen, 75 Kinder)
Kindergärten, nicht unterkellert, einfacher Standard
⌂ architekturbüro raum-modul
   Stephan Karches Florian Schweiger, Ingolstadt

4400-0297 Kindertagesstätte (6 Gruppen, 126 Kinder)
Kindergärten, nicht unterkellert, einfacher Standard
⌂ raum-z architekten gmbh
   Frankfurt am Main

4400-0299 Kindertagesstätte (108 Ki) - Effizienzhaus ~79%
Kindergärten, nicht unterkellert, mittlerer Standard
⌂ wittig brösdorf architekten
   Leipzig

4400-0300 Kindertagesstätte (102 Ki) - Effizienzhaus ~61%
Kindergärten, nicht unterkellert, mittlerer Standard
⌂ wittig brösdorf architekten
   Leipzig

Fotopräsentation der Objekte

4400-0301 Kindertagesstätte (1 Gruppe, 25 Kinder)
Kindergärten, nicht unterkellert, mittlerer Standard
Bosse Westphal Schäffer Architekten
Winsen/Luhe

4400-0302 Kindertagesstätte (6 Gruppen, 85 Kinder)
Kindergärten, nicht unterkellert, hoher Standard
LANDHERR / Architekten und Ingenieure GmbH
Hoppegarten

4400-0303 Kindertagesstätte (3 Gruppen, 58 Kinder)
Kindergärten, nicht unterkellert, mittlerer Standard
acollage architektur urbanistik
Hamburg

4400-0305 Kindertagesstätte (125 Kinder) - Passivhaus
Kindergärten, nicht unterkellert, hoher Standard
VOLK architekten Roland Volk Architekt
Bensheim

4400-0308 Kindertagesstätte (75 Kinder)
Kindergärten, nicht unterkellert, hoher Standard
kleyer.koblitz.letzel.freivogel ges. v. architekten mbh
Berlin

4400-0309 Kindertagesstätte (100 Ki) - Effizienzhaus ~ 55%
Kindergärten, nicht unterkellert, hoher Standard
ZOLL Architekten Stadtplaner GmbH
Stuttgart

Fotopräsentation der Objekte

5100-0116 Sporthalle (Dreifeldhalle) - Effizienzhaus ~73%
Sporthallen (Dreifeldhallen)
Alten Architekten
Berlin

5100-0118 Sporthalle (1,5-Feldhalle)
Sporthallen (Einfeldhallen)
wurm architektur
Ravensburg

6100-1204 7 Reihenhäuser - Passivhausbauweise
Reihenhäuser, mittlerer Standard
ASs Flassak & Tehrani, Freie Architekten und Stadtplaner, Stuttgart

6100-1251 Mehrfamilienhäuser (16 WE)
Mehrfamilienhäuser, mit 6 bis 19 WE, einfacher Standard
Plan-R-Architektenbüro Joachim Reinig
Hamburg

6100-1303 Mehrfamilienhaus (11 WE)
Mehrfamilienhäuser, mit 6 bis 19 WE, hoher Standard
Druschke und Grosser Architekten BDA
Duisburg

6100-1310 Mehrfamilienhaus (5 WE) - Effizienzhaus 70
Mehrfamilienhäuser, mit bis zu 6 WE, mittlerer Standard
Architekturbüro Hermann Josef Steverding
Stadtlohn

Fotopräsentation der Objekte

6100-1312 Mehrfamilienhaus (5 WE), TG (5 STP)
Mehrfamilienhäuser, mit bis zu 6 WE, hoher Standard
⌂ Reichardt + Partner Architekten
  Hamburg

6100-1313 Mehrfamilienhaus (7 WE) - Effizienzhaus 70
Mehrfamilienhäuser, mit 6 bis 19 WE, mittlerer Standard
⌂ büro 1.0 architektur +
  Berlin

6100-1314 Wohn- u. Geschäftshaus - Effizienzhaus 70
Wohnhäuser, mit bis zu 15% Mischnutzung, mittl. Standard
⌂ büro 1.0 architektur +
  Berlin

6100-1315 Einfamilienhaus
Ein- u. Zweifamilienhäuser, nicht unterkell., mittl. Standard
⌂ Püffel Architekten
  Bremen

6100-1317 Wohn- u. Geschäftshäuser (21 WE), 6 Gewerbe
Wohnhäuser, mit mehr als 15% Mischnutzung
⌂ Feddersen Architekten
  Berlin

6100-1318 Mehrfamilienhaus (11 WE) - Effizienzhaus 70
Mehrfamilienhäuser, mit 6 bis 19 WE, hoher Standard
⌂ agsta Architekten und Ingenieure
  Hannover

Fotopräsentation der Objekte

6100-1319 Mehrfamilienhaus (9 WE)
Mehrfamilienhäuser, mit 6 bis 19 WE, mittlerer Standard
⌂ Kastner Pichler Architekten
  Köln

6100-1320 Mehrfamilienhaus (14 WE)
Mehrfamilienhäuser, mit 6 bis 19 WE, einfacher Standard
⌂ Knychalla + Team
  Neumarkt

6100-1321 Wohnanlage (101 WE), TG - Effizienzhaus 70
Mehrfamilienhäuser, mit 20 oder mehr WE, mittl. Standard
⌂ Thomas Hillig Architekten GmbH
  Berlin

6100-1323 Wohn- u. Geschäftshaus - Effizienzhaus 70
Wohnhäuser, mit bis zu 15% Mischnutzung, mittl. Standard
⌂ HAAS Architekten BDA
  Berlin

6100-1324 Einfamilienhaus
Ein- u. Zweifamilienhäuser, nicht unterkell., mittl. Standard
⌂ Funken Architekten
  Erfurt

6100-1325 Einfamilienhaus - Effizienzhaus 40
Ein- u. Zweifamilienhäuser, Holzbau, nicht unterkellert
⌂ Brack Architekten
  Kempten

Fotopräsentation der Objekte

6100-1326 Einfamilienhaus, Carport - Passivhaus
Ein- und Zweifamilienhäuser, Passivhausstandard, Holzbau
RoA RONGEN ARCHITEKTEN PartG mbB
Wassenberg

6100-1328 Ferienhaus (Ferienhaussiedlung)
Ein- u. Zweifamilienhäuser, nicht unterkell., mittl. Standard
ARCHITEKT MAURICE FIEDLER
Erfurt

6100-1330 Mehrfamilienhaus, TG - Effizienzhaus ~16%
Wohnhäuser, mit bis zu 15% Mischnutzung, mittl. Standard
foundation 5+ architekten BDA
Kassel

6100-1331 Einfamilienhaus, Garagen - Effizienzhaus ~64%
Ein- und Zweifamilienhäuser, unterkellert, hoher Standard
Architekturbüro VÖHRINGER
Leingarten

6100-1332 Wohn- und Geschäftshaus (1 WE, 6 AP)
Wohnhäuser, mit mehr als 15% Mischnutzung
KILTZ KAZMAIER ARCHITEKTEN
Kirchheim unter Teck

6100-1334 Mehrfamilienhaus (6 WE)
Mehrfamilienhäuser, mit bis zu 6 WE, mittlerer Standard
güldenzopf rohrberg architektur + design
Hamburg

Fotopräsentation der Objekte

6100-1340 Einfamilienhaussiedlung (12 WE)
Ein- u. Zweifamilienhäuser, nicht unterkell., mittl. Standard
Arnold und Gladisch
Gesellschaft von Architekten mbH, Berlin

6100-1341 Wohn- u. Geschäftshaus - Effizienzhaus ~56%
Wohnhäuser, mit mehr als 15% Mischnutzung
roedig . schop architekten PartG mbB
Berlin

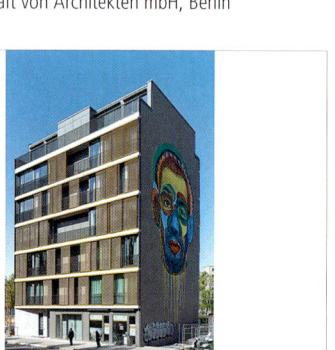

6100-1342 Wohn- und Geschäftshaus - Effizienzhaus 70
Wohnhäuser, mit mehr als 15% Mischnutzung
roedig . schop architekten PartG mbB
Berlin

6100-1343 Pfarrhaus, Gemeindebüros
Wohnhäuser, mit mehr als 15% Mischnutzung
Architekturbüro Ulrike Ahnert
Malchow

6100-1344 Einfamilienhaus - Effizienzhaus ~53%
Ein- u. Zweifamilienhäuser, Holzbau, nicht unterkellert
bau grün ! energieeffiziente Gebäude
Architekt Daniel Finocchiaro, Mönchengladbach

6100-1347 Mehrfamilienhäuser (12 WE) - Effizienzhaus 55
Mehrfamilienhäuser, mit 6 bis 19 WE, mittlerer Standard
Architekturbüro Jakob Krimmel
Bermatingen

Fotopräsentation der Objekte

6100-1348 3 Reihenhäuser - Effizienzhaus 55
Reihenhäuser, mittlerer Standard
Architekturbüro Jakob Krimmel
Bermatingen

6100-1349 Doppelhäuser (2 WE) - Effizienzhaus 55
Doppel- und Reihenendhäuser, mittlerer Standard
Architekturbüro Jakob Krimmel
Bermatingen

6100-1351 Einfamilienhaus
Ein- u. Zweifamilienhäuser, nicht unterkell., hoher Standard
mm architekten Martin A. Müller Architekt BDA
Hannover

6100-1352 Einfamilienhaus, Carport
Ein- u. Zweifamilienhäuser, unterkellert, mittlerer Standard
Architekturbüro Freudenberg
Bad Honnef

6100-1353 Mehrfamilienhaus (8 WE) - Effizienzhaus 70
Mehrfamilienhäuser, mit 6 bis 19 WE, hoher Standard
Sprenger Architekten und Partner mbB
Hechingen

6100-1354 Einfamilienhaus - Effizienzhaus ~73%
Ein- und Zweifamilienhäuser, unterkellert, hoher Standard
wening.architekten
Potsdam

Fotopräsentation der Objekte

6100-1356 Mehrfamilienhaus (3 WE) - Effizienzhaus 70
Mehrfamilienhäuser, mit bis zu 6 WE, hoher Standard
⌂ puschmann architektur
  Recklinghausen

6100-1357 Reihenendhaus, Garage
Doppel- und Reihenendhäuser, mittlerer Standard
⌂ architektur.KONTOR
  Weimar

6100-1358 Einfamilienhaus - Effizienzhaus 70
Ein- u. Zweifamilienhäuser, nicht unterkell., mittl. Standard
⌂ SoHo Architektur
  Memmingen

6100-1359 Mehrfamilienhaus (6 WE) - Effizienzhaus 55
Mehrfamilienhäuser, mit bis zu 6 WE, hoher Standard
⌂ BAUSTRUCTURA Architekturbüro Martin Hennig
  Stolberg

6100-1360 Einfamilienhaus, Garage - Passivhaus
Ein- und Zweifamilienhäuser, Passivhausstandard, Holzbau
⌂ bau grün ! gmbh Architekt Daniel Finocchiaro
  Mönchengladbach

6100-1361 Zweifamilienhaus
Ein- u. Zweifamilienhäuser, nicht unterkell., hoher Standard
⌂ Architekturbüro Beate Kempkens
  Xanten

Fotopräsentation der Objekte

6100-1362 Mehrfamilienhäuser (66 WE) - Effizienzhaus 70
Mehrfamilienhäuser, mit 20 oder mehr WE, mittl. Standard
Architekten Asmussen + Partner GmbH
Flensburg

6100-1363 Einfamilienhaus - Effizienzhaus 70
Ein- u. Zweifamilienhäuser, nicht unterkell., mittl. Standard
Romann Architektur
Oberhausen

6100-1364 Einfamilienhaus - Effizienzhaus 55
Ein- u. Zweifamilienhäuser, nicht unterkell., mittl. Standard
Jirka + Nadansky Architekten
Hohen Neuendorf

6100-1365 Einfamilienhaus - Effizienzhaus 40
Ein- und Zweifamilienhäuser, Holzbauweise, unterkellert
Jirka + Nadansky Architekten
Hohen Neuendorf

6100-1366 Mehrfamilienhaus (20 WE) - Effizienzhaus 40
Mehrfamilienhäuser, mit 20 oder mehr WE, mittl. Standard
MMST Architekten GmbH
Hamburg

6100-1370 Mehrfamilienhaus (14 WE), Gewerbe, TG
Wohnhäuser, mit bis zu 15% Mischnutzung, hoh. Standard
Kantstein Architekten Busse + Rampendahl Psg. mbB
Hamburg

Fotopräsentation der Objekte

6200-0076 Studentenappartements - Effizienzhaus 40
Wohnheime und Internate
⌂ Heider Zeichardt Architekten
  Hamburg

6200-0078 Pflegewohnheim f. Menschen m. Demenz (96 Pl.)
Pflegeheime
⌂ Feddersen Architekten
  Berlin

6200-0079 Übergangswohnheim für Flüchtlinge (12 WE)
Wohnheime und Internate
⌂ pagelhenn architektinnenarchitekt
  Hilden

6200-0081 Wohnpflegeheim (16 Betten)
Pflegeheime
⌂ Haindl + Kollegen GmbH
  München

6200-0082 Wohnheim, Jugendhilfe (3 Gebäude)
Wohnheime und Internate
⌂ Parmakerli-Fountis Gesellschaft von Architekten mbH
  Kleinmachnow

6200-0084 Wohn- und Pflegeheim (28 Betten)
Pflegeheime
⌂ Ecker Architekten
  Heidelberg

Fotopräsentation der Objekte

6400-0096 Gemeindezentrum
Gemeindezentren, einfacher Standard
⌂ Studio b2
  Brackel

6400-0097 Gemeindehaus
Gemeindezentren, mittlerer Standard
⌂ AAg Loebner Schäfer Weber BDA
  Freie Architekten GmbH, Heidelberg

6400-0098 Gemeindehaus (199 Sitzplätze)
Gemeindezentren, mittlerer Standard
⌂ Kastner Pichler Architekten
  Köln

6400-0099 Gemeindehaus, Wohnung (1 WE)
Gemeindezentren, mittlerer Standard
⌂ LEPEL & LEPEL Architektur, Innenarchitektur
  Köln

6400-0101 Gemeindehaus
Gemeindezentren, mittlerer Standard
⌂ Dohse Architekten
  Hamburg

6400-0102 Familienzentrum, Kinderkrippe (2 Gr, 24 Ki)
Gemeindezentren, hoher Standard
⌂ THALEN CONSULT GmbH
  Neuenburg

Fotopräsentation der Objekte

6400-0103 Gemeindehaus
Gemeindezentren, mittlerer Standard
⌂ Kemper Steiner & Partner Architekten GmbH
Bochum

6400-0104 Jugendtreff
Gemeindezentren, mittlerer Standard
⌂ ABHD Architekten Beck und Denzinger
Neuburg a. d. Donau

6500-0044 Kantine (199 Sitzplätze) - Effizienzhaus ~75%
Gaststätten, Kantinen und Mensen
⌂ Kastner Pichler Architekten
Köln

6500-0045 Gaststätte (55 Sitzplätze)
Gaststätten, Kantinen und Mensen
⌂ Kastner Pichler Architekten
Köln

6500-0046 Mensa
Gaststätten, Kantinen und Mensen
⌂ tun-architektur T. Müller / N. Dudda PartG mbB
Hamburg

6600-0026 Hotel (94 Betten) - Effizienzhaus ~53%
Sonstige Gebäude (ohne Gebäudeartzuordnung)
⌂ Architekturwerkstatt Ladehoff
Hardebek

Fotopräsentation der Objekte

7100-0053 Laborgebäude (50 AP) - Effizienzhaus ~89%
Instituts- und Laborgebäude
sittig-architekten
Jena

7100-0054 Laborgebäude (23 AP)
Instituts- und Laborgebäude
grau. architektur
Wuppertal

7200-0091 Verbrauchermarkt
Verbrauchermärkte
nhp Neuwald Dulle Architekten - Ingenieure
Seevetal

7300-0090 Bäckerei, Verkaufsraum - Effizienzhaus ~73%
Betriebs- u. Werkstätten, mehrgeschossig, hoh. Hallenanteil
Ingenieure fürs Bauen Partnerschaftsgesellschaft
Gettorf

7300-0091 Produktionshalle, Büros - Effizienzhaus ~76%
Betriebs- u. Werkstätten, mehrgeschossig, hoh. Hallenanteil
STELLWERKSTATT architekturbüro
Detmold

7300-0092 Großküche (28 AP)
Betriebs- u. Werkstätten, mehrgeschossig, ger. Hallenanteil
Iwersen Architekten GmbH
Wilhelmshaven

Fotopräsentation der Objekte

7300-0093 Betriebsgebäude (40 AP)
Betriebs- u. Werkstätten, mehrgeschossig, hoh. Hallenanteil
⌂ IPROconsult GmbH Planer Architekten Ingenieure
Dresden

7500-0025 Sparkassenfiliale (7 AP) - Effizienzhaus ~35%
Bank- und Sparkassengebäude
⌂ Dillig Architekten GmbH
Simmern

7600-0072 Straßenmeisterei (25 AP)
Öffentliche Bereitschaftsdienste
⌂ HOFFMANN.SEIFERT.PARTNER architekten ingenieure
Zwickau

7600-0073 Feuerwehrhaus - Effizienzhaus ~28%
Feuerwehrhäuser
⌂ Plan 2 Architekturbüro Stendel
Ribnitz-Damgarten

7600-0075 Feuerwehrgerätehaus - Effizienzhaus 70
Feuerwehrhäuser
⌂ Eis Architekten GmbH
Bamberg

7600-0076 Feuerwehrgerätehaus, Übungsturm - Passivhaus
Feuerwehrhäuser
⌂ Lengfeld & Wilisch Architekten PartG mbB
Darmstadt

Fotopräsentation der Objekte

7700-0079 Lagergebäude
Lagergebäude, ohne Mischnutzung
⌂ Mögel & Schwarzbach Freie Architekten PartmbB
  Stuttgart

7700-0081 Lagerhalle
Lagergebäude, ohne Mischnutzung
⌂ Andreas Köck Architekt & Stadtplaner
  Grafenau

7700-0082 Wirtschaftsgebäude
Lagergebäude, ohne Mischnutzung
⌂ Ecker Architekten
  Heidelberg

7800-0026 Fahrradparkhaus (450 STP), Laden
Sonstige Gebäude (ohne Gebäudeartzuordnung)
⌂ hage.felshart.griesenberg Architekten BDA
  Ahrensburg

9100-0151 Bibliothek
Bibliotheken, Museen und Ausstellungen
⌂ Eßmann I Gärtner I Nieper Architekten GbR
  Leipzig

9100-0153 Kreis- und Kommunalarchiv, Bibliothek
Bibliotheken, Museen und Ausstellungen
⌂ Haslob Kruse + Partner
  Bremen

Fotopräsentation der Objekte

9300-0009 Zoo-Verwaltungsgebäude, Tierklinik, Cafeteria
Sonstige Gebäude (ohne Gebäudeartzuordnung)
agsta Architekten und Ingenieure
Hannover

Erläuterungen zur Fachbuchreihe
BKI Baukosten Neubau

Erläuterungen zur Fachbuchreihe BKI Baukosten Neubau

Die Fachbuchreihe BKI Baukosten besteht aus drei Bänden:
- Baukosten Gebäude Neubau 2018, Statistische Kostenkennwerte (Teil 1)
- Baukosten Bauelemente Neubau 2018, Statistische Kostenkennwerte (Teil 2)
- Baukosten Positionen Neubau 2018, Statistische Kostenkennwerte (Teil 3)

Die drei Fachbücher für den Neubau sind für verschiedene Stufen der Kostenermittlungen vorgesehen. Daneben gibt es noch eine vergleichbare Buchreihe für den Altbau (Bauen im Bestand) gegliedert in zwei Fachbücher. Nähere Informationen dazu erscheinen in den entsprechenden Büchern. Die nachfolgende Schnellübersicht erläutert Inhalt und Verwendungszweck:

BKI FACHBUCHREIHE Baukosten Neubau 2018

BKI Baukosten Gebäude	BKI Baukosten Bauelemente	BKI Baukosten Positionen
Inhalt: Kosten des Bauwerks, 1. und 2. Ebene nach DIN 276 von ca. 75 Gebäudearten	Inhalt: 3. Ebene DIN 276 und Ausführungsarten nach BKI Lebensdauern von Bauteilen Grobelementarten Kosten im Stahlbau	Inhalt: Positionen nach Leistungsbereichsgliederung für Rohbau, Ausbau, Gebäudetechnik und Freianlagen
Geeignet[1] für Kostenrahmen, Kostenschätzung	Geeignet[1] für Kostenberechnung und Kostenanschlag	Geeignet[1] für Kostenanschlag und Kostenfeststellung
HOAI Phasen 1 und 2	HOAI Phasen 3 und 4	HOAI Phasen 5 bis 9

[1] BKI empfiehlt, bereits ab Vorlage erster Skizzen oder Vorentwürfe Kosten in der 2. Ebene nach DIN 276 zu ermitteln (Grobelementmethode). Auch für die weiteren Kostenermittlungen empfiehlt BKI eine Stufe genauer zu rechnen als die Mindestanforderungen der HOAI in Verbindung mit DIN 276 vorsehen.

Die Buchreihe BKI Baukosten enthält für die verschiedenen Stufen der Kostenermittlung unterschiedliche Tabellen und Grafiken. Ihre Anwendung soll nachfolgend kurz dargestellt werden.

Kostenrahmen

Für die Ermittlung der „ersten Zahl" werden auf der ersten Seite jeder Gebäudeart die Kosten des Bauwerks insgesamt angegeben. Je nach Informationsstand kann der Kostenkennwert (KKW) pro m³ BRI (Brutto-Rauminhalt), m² BGF (Brutto-Grundfläche) oder m² NUF (Nutzungsfläche) verwendet werden.

Diese Kennwerte sind geeignet, um bereits ohne Vorentwurf erste Kostenaussagen auf der Grundlage von Bedarfsberechnungen treffen zu können.

Für viele Gebäudearten existieren zusätzlich Kostenkennwerte pro Nutzeinheit. In allen Büchern der Reihe BKI Baukosten werden die statistischen Kostenkennwerte mit Mittelwert (Fettdruck) und Streubereich (von- und bis-Wert) angegeben (Abb. 1; BKI Baukosten Gebäude).

In der unteren Grafik der ersten Seite zu einer Gebäudeart sind die Kostenkennwerte der an der Stichprobe beteiligten Objekte zur Erläuterung der Bandbreite der Kostenkennwerte abgebildet. In allen Büchern wird in der Fußzeile der Kostenstand und die Mehrwertsteuer angegeben. (Abb. 2; BKI Baukosten Gebäude)

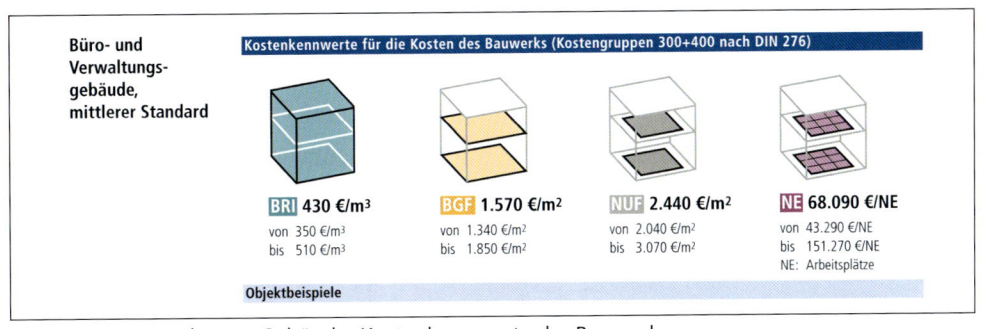

Abb. 1 aus BKI Baukosten Gebäude: Kostenkennwerte des Bauwerks

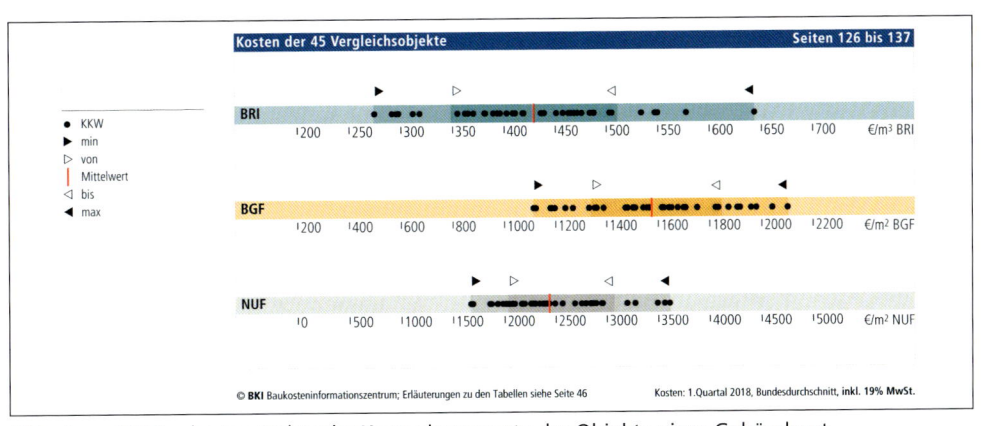

Abb. 2 aus BKI Baukosten Gebäude: Kostenkennwerte der Objekte einer Gebäudeart

Kostenschätzung

Die obere Tabelle der zweiten Seite zu einer Gebäudeart differenziert die Kosten des Bauwerks in die Kostengruppen der 1. Ebene. Es werden nicht nur die Kostenkennwerte für das Bauwerk – getrennt nach Baukonstruktionen und Technische Anlagen – sondern ebenfalls für „Herrichten und Erschließen" des Grundstücks, „Außenanlagen" und „Ausstattung und Kunstwerke" genannt. Für Plausibilitätsprüfungen sind zusätzlich die Prozentanteile der einzelnen Kostengruppen ausgewiesen. (Abb. 3; BKI Baukosten Gebäude)

Um für die Kostenschätzung eine höhere Genauigkeit zu erzielen, empfiehlt BKI zur Kostenermittlung des Bauwerks auf die Kostenkennwerte der 2. Ebene zurückzugreifen. Dazu müssen die Mengen der Kostengruppen 310 Baugrube bis 360 Dächer und die BGF ermittelt werden. Eine Kostenermittlung auf der 2. Ebene ist somit bereits durch Ermittlung von lediglich sieben Mengen möglich. (Abb. 4; BKI Baukosten Gebäude)

In den Benutzerhinweisen am Anfang des Fachbuchs „BKI Baukosten Gebäude, Statistische Kostenkennwerte Teil 1" ist eine „Auswahl kostenrelevanter Baukonstruktionen und Technischer Anlagen" aufgelistet. Sie unterstützen bei der Standardeinordnung einzelner Projekte. Weiterhin gibt die Auflistung Hinweise, welche Ausführungen in den Kostengruppen der 2. Ebene kostenmindernd bzw. kostensteigernd wirken. Dementsprechend sind Kostenkennwerte über oder unter dem Durchschnittswert auszuwählen. Eine rein systematische Verwendung des Mittelwerts reicht für eine qualifizierte Kostenermittlung nicht aus. (Abb. 5; BKI Baukosten Gebäude)

Kostenkennwerte für die Kostengruppen der 1. und 2. Ebene DIN 276

KG	Kostengruppen der 1. Ebene	Einheit	▷	€/Einheit	◁	▷	% an 300+400	◁
100	Grundstück	m² GF	–	–	–			
200	Herrichten und Erschließen	m² GF	4	37	238	0,4	1,6	5,6
300	Bauwerk - Baukonstruktionen	m² BGF	1.023	1.193	1.391	70,1	76,0	81,3
400	Bauwerk - Technische Anlagen	m² BGF	274	381	521	18,7	24,0	29,9
	Bauwerk (300+400)	m² BGF	1.341	1.574	1.845		100,0	
500	Außenanlagen	m² AF	36	127	433	2,0	5,2	8,7
600	Ausstattung und Kunstwerke	m² BGF	10	46	188	0,6	2,8	11,0
700	Baunebenkosten*	m² BGF	306	341	376	19,6	21,8	24,0 ◁ NEU

* Auf Grundlage der HOAI 2013 berechnete Werte nach §§ 35, 52, 56. Weitere Informationen siehe Seite 48

Abb. 3 aus BKI Baukosten Gebäude: Kostenkennwerte der 1. Ebene

KG	Kostengruppen der 2. Ebene	Einheit	▷	€/Einheit	◁	▷	% an 300	◁
310	Baugrube	m³ BGI	20	42	184	0,7	1,7	3,3
320	Gründung	m² GRF	274	358	534	7,1	11,3	16,8
330	Außenwände	m² AWF	389	509	722	28,5	34,3	41,5
340	Innenwände	m² IWF	187	237	298	11,2	17,7	22,1
350	Decken	m² DEF	297	360	557	11,8	17,8	22,7
360	Dächer	m² DAF	280	364	518	7,9	11,6	15,5
370	Baukonstruktive Einbauten	m² BGF	9	25	49	0,1	1,1	3,2
390	Sonstige Baukonstruktionen	m² BGF	34	53	87	2,9	4,6	7,3
300	**Bauwerk Baukonstruktionen**	m² BGF					100,0	
KG	Kostengruppen der 2. Ebene	Einheit	▷	€/Einheit	◁	▷	% an 400	◁
410	Abwasser, Wasser, Gas	m² BGF	43	54	74	10,7	15,6	23,8
420	Wärmeversorgungsanlagen	m² BGF	61	89	147	16,8	24,3	37,7
430	Lufttechnische Anlagen	m² BGF	9	42	87	1,9	7,9	18,1
440	Starkstromanlagen	m² BGF	85	120	160	25,0	32,7	42,9
450	Fernmeldeanlagen	m² BGF	29	51	108	7,9	13,1	22,9
460	Förderanlagen	m² BGF	24	35	60	0,0	2,5	8,6
470	Nutzungsspezifische Anlagen	m² BGF	4	17	46	0,1	1,7	7,6
480	Gebäudeautomation	m² BGF	29	41	53	0,0	2,3	8,6
490	Sonstige Technische Anlagen	m² BGF	1	1	2	0,0	0,0	0,2
400	**Bauwerk Technische Anlagen**	m² BGF					100,0	

Abb. 4 aus BKI Baukosten Gebäude: Kostenkennwerte der 2. Ebene

> **Auswahl kostenrelevanter Baukonstruktionen**
>
> **310 Baugrube**
> - kostenmindernd:
>   Nur Oberboden abtragen, Wiederverwertung des Aushubs auf dem Grundstück, keine Deponiegebühr, kurze Transportwege, wiederverwertbares Aushubmaterial für Verfüllung
> + kostensteigernd:
>   Wasserhaltung, Grundwasserabsenkung, Baugrubenverbau, Spundwände, Baugrubensicherung mit Großbohrpfählen, Felsbohrungen, schwer lösbare Bodenarten oder Fels
>
> **320 Gründung**
> - kostenmindernd:
>   Kein Fußbodenaufbau auf der Gründungsfläche, keine Dämmmaßnahmen auf oder unter der Gründungsfläche
> + kostensteigernd:
>   Teurer Fußbodenaufbau auf der Gründungsfläche, Bodenverbesserung, Bodenkanäle, Perimeterdämmung oder sonstige, teure Dämmmaßnahmen, versetzte Ebenen
>
> Türen, hohe Anforderungen an Statik, Brandschutz, Schallschutz, Raumakustik und Optik, Edelstahlgeländer, raumhohe Verfliesung
>
> **350 Decke**
> - kostenmindernd:
>   Einfache Bodenbeläge, wenige und einfache Treppen, geringe Spannweiten
> + kostensteigernd:
>   Doppelboden, Natursteinböden, Metall- und Holzbekleidungen, Edelstahltreppen, hohe Anforderungen an Brandschutz, Schallschutz, Raumakustik und Optik, hohe Spannweiten
>
> **360 Dächer**
> - kostenmindernd:
>   Einfache Geometrie, wenig Durchdringungen
> + kostensteigernd:
>   Aufwändige Geometrie wie Mansarddach mit Gauben, Metalldeckung, Glasdächer oder Glasoberlichter, begeh-/befahrbare Flachdächer, Begrünung, Schutzelemente wie Edelstahl-Geländer

Abb. 5 aus BKI Baukosten Gebäude: Kostenrelevante Baukonstruktionen

Die Mengen der 2. Ebene können alternativ statistisch mit den Planungskennwerten auf der vierten Seite jeder Gebäudeart näherungsweise ermittelt werden. (Abb. 6; aus BKI Baukosten Gebäude: Planungskennwerte)
Eine Tabelle zur Anwendung dieser Planungskennwerte ist unter www.bki.de/kostensimulationsmodell als Excel-Tabelle erhältlich. Die Anwendung dieser Tabelle ist dort ebenfalls beschrieben.

Die Werte, die über dieses statistische Verfahren ermittelt werden, sind für die weitere Verwendung auf Plausibilität zu prüfen und anzupassen.

In BKI Baukosten Gebäude befindet sich auf Seite 3 zu jeder Gebäudeart eine Aufschlüsselung nach Leistungsbereichen für eine überschlägige Aufteilung der Bauwerkskosten. (Abb. 7; BKI Baukosten Gebäude)

Für die Kostenaufstellung nach Leistungsbereichen existieren zwei unterschiedliche Ansätze:
1. Bereits nach Kostengruppen ermittelte Kosten können prozentual, mit Hilfe der Angaben in den Prozentspalten, in die voraussichtlich anfallenden Leistungsbereiche aufgeteilt werden
2. an Hand der Angaben €/m² BGF können die voraussichtlich anfallenden Leistungsbereichskosten für das Bauwerk einzeln, auf Grundlage der BGF, ermittelt werden.

Die Ergebnisse dieser „Budgetierung" können die positionsorientierte Aufstellung der Leistungsbereichskosten nicht ersetzen. Für Plausibilitätsprüfungen bzw. grobe Kostenaussagen z. B. für Finanzierungsanfragen sind sie jedoch gut geeignet.

Planungskennwerte für Flächen und Rauminhalte nach DIN 277							
Grundflächen			▷ Fläche/NUF (%) ◁			▷ Fläche/BGF (%) ◁	
NUF	Nutzungsfläche		100,0		61,1	**64,6**	71,2
TF	Technikfläche		3,9	**5,2**	7,3	2,5	**3,4**	4,8
VF	Verkehrsfläche		19,7	**26,5**	39,3	12,4	**17,1**	21,8
NRF	Netto-Raumfläche		123,7	**131,7**	144,5	82,3	**85,1**	87,5
KGF	Konstruktions-Grundfläche		19,1	**23,1**	28,9	12,5	**14,9**	17,7
BGF	Brutto-Grundfläche		144,8	**154,7**	167,7		**100,0**	
Brutto-Rauminhalte			▷ BRI/NUF (m) ◁			▷ BRI/BGF (m) ◁	
BRI	Brutto-Rauminhalt		5,34	**5,72**	6,15	3,53	**3,72**	4,18
Flächen von Nutzeinheiten			▷ NUF/Einheit (m²) ◁			▷ BGF/Einheit (m²) ◁	
Nutzeinheit: Arbeitsplätze			24,08	**28,51**	58,79	36,65	**43,51**	84,39
Lufttechnisch behandelte Flächen			▷ Fläche/NUF (%) ◁			▷ Fläche/BGF (%) ◁	
Entlüftete Fläche			48,0	**48,0**	48,0	24,7	**24,7**	24,7
Be- und entlüftete Fläche			89,1	**89,1**	95,6	57,4	**57,4**	60,6
Teilklimatisierte Fläche			7,5	**7,5**	7,5	3,9	**3,9**	3,9
Klimatisierte Fläche			–	**2,6**	–	–	**1,6**	–
KG	**Kostengruppen (2. Ebene)**	**Einheit**	▷ Menge/NUF ◁			▷ Menge/BGF ◁	
310	Baugrube	m³ BGI	0,89	**1,25**	1,93	0,57	**0,80**	1,19
320	Gründung	m² GRF	0,47	**0,58**	0,83	0,31	**0,38**	0,51
330	Außenwände	m² AWF	1,02	**1,26**	1,46	0,69	**0,82**	1,02
340	Innenwände	m² IWF	1,06	**1,33**	1,56	0,70	**0,86**	0,94
350	Decken	m² DEF	0,84	**0,95**	1,13	0,55	**0,61**	0,67
360	Dächer	m² DAF	0,50	**0,61**	0,87	0,32	**0,39**	0,54
370	Baukonstruktive Einbauten	m² BGF	1,45	**1,55**	1,68		**1,00**	
390	Sonstige Baukonstruktionen	m² BGF	1,45	**1,55**	1,68		**1,00**	
300	**Bauwerk-Baukonstruktionen**	m² BGF	1,45	**1,55**	1,68		**1,00**	

Abb. 6 aus BKI Baukosten Gebäude: Planungskennwerte

Büro- und Verwaltungsgebäude, mittlerer Standard

Kostenkennwerte für Leistungsbereiche nach StLB (Kosten des Bauwerks nach DIN 276)								
LB	**Leistungsbereiche**		▷ €/m² BGF ◁			▷ % an 300+400 ◁	
000	Sicherheits-, Baustelleneinrichtungen inkl. 001		31	**48**	67	1,9	**3,1**	4,2
002	Erdarbeiten		13	**26**	52	0,8	**1,6**	3,3
006	Spezialtiefbauarbeiten inkl. 005		0	**11**	82	0,0	**0,7**	5,2
009	Entwässerungskanalarbeiten inkl. 011		4	**10**	16	0,2	**0,6**	1,0
010	Drän- und Versickerungsarbeiten		0	**2**	7	0,0	**0,1**	0,5
012	Mauerarbeiten		19	**64**	170	1,2	**4,1**	10,8
013	Betonarbeiten		217	**303**	376	13,8	**19,2**	23,9
014	Natur-, Betonwerksteinarbeiten		0	**8**	21	0,0	**0,5**	1,3
016	Zimmer- und Holzbauarbeiten		0	**26**	167	0,0	**1,7**	10,6
017	Stahlbauarbeiten		1	**19**	145	0,1	**1,2**	9,2
018	Abdichtungsarbeiten		3	**8**	15	0,2	**0,5**	1,0
020	Dachdeckungsarbeiten		0	**3**	48	0,0	**0,2**	3,1
021	Dachabdichtungsarbeiten		30	**54**	84	1,9	**3,4**	5,3
022	Klempnerarbeiten		5	**17**	41	0,3	**1,1**	2,6
	Rohbau		518	**601**	758	32,9	**38,2**	48,1
023	Putz- und Stuckarbeiten, Wärmedämmsysteme		13	**66**	121	0,9	**4,2**	7,7

Kosten: Stand 1.Quartal 2018 Bundesdurchschnitt inkl. 19% MwSt.

Abb. 7 aus BKI Baukosten Gebäude: Kostenkennwerte für Leistungsbereiche

Kostenberechnung

In der DIN 276 wird für Kostenberechnungen festgelegt, dass die Kosten mindestens bis zur 2. Ebene der Kostengliederung ermittelt werden müssen. BKI empfiehlt die Genauigkeit der Kostenberechnung weiter zu verbessern, indem aus BKI Baukosten Bauelemente die Kostenkennwerte der 3. Ebene verwendet werden. Es können somit gezielt einzelne Kostengruppen der 2. Ebene weiter differenziert werden. (Abb. 8; BKI Baukosten Bauelemente)

Für die Kostengruppen 370, 390 und 410 bis 490 ist lediglich die BGF zu ermitteln, da hier sämtliche Kostenkennwerte auf die BGF bezogen sind. Da in der Regel nicht in allen Kostengruppen Kosten anfallen und viele Mengenermittlungen mehrfach verwendet werden können, ist die Mengenermittlung der 3. Ebene ebenfalls mit relativ wenigen Mengen (ca. 15 bis 25) möglich. (Abb. 9; BKI Baukosten Bauelemente)

334 Außentüren und -fenster

Kosten: Stand 1. Quartal 2018 Bundesdurchschnitt inkl. 19% MwSt.

	Gebäudeart	▷	€/Einheit	◁	KG an 300
1	**Büro- und Verwaltungsgebäude**				
	Büro- und Verwaltungsgebäude, einfacher Standard	270,00	344,00	392,00	9,1%
	Büro- und Verwaltungsgebäude, mittlerer Standard	390,00	616,00	950,00	9,7%
	Büro- und Verwaltungsgebäude, hoher Standard	742,00	972,00	2.194,00	8,5%
2	**Gebäude für Forschung und Lehre**				
	Instituts- und Laborgebäude	765,00	1.052,00	1.871,00	5,3%
3	**Gebäude des Gesundheitswesens**				
	Medizinische Einrichtungen	308,00	467,00	547,00	7,1%
	Pflegeheime	400,00	546,00	786,00	7,7%
4	**Schulen und Kindergärten**				
	Allgemeinbildende Schulen	506,00	868,00	1.274,00	7,2%
	Berufliche Schulen	662,00	1.057,00	1.400,00	4,2%
	Förder- und Sonderschulen	572,00	840,00	1.119,00	4,0%
	Weiterbildungseinrichtungen	1.080,00	1.714,00	2.348,00	0,8%
	Kindergärten, nicht unterkellert, einfacher Standard	669,00	709,00	780,00	6,8%
	Kindergärten, nicht unterkellert, mittlerer Standard	538,00	725,00	1.051,00	8,1%

Abb. 8 aus BKI Baukosten Bauelemente: Kostenkennwerte der 3. Ebene

444 Niederspannungs-installations-anlagen

Kosten: Stand 1. Quartal 2018 Bundesdurchschnitt inkl. 19% MwSt.

	Gebäudeart	▷	€/Einheit	◁	KG an 400
1	**Büro- und Verwaltungsgebäude**				
	Büro- und Verwaltungsgebäude, einfacher Standard	23,00	39,00	51,00	20,2%
	Büro- und Verwaltungsgebäude, mittlerer Standard	48,00	69,00	101,00	19,0%
	Büro- und Verwaltungsgebäude, hoher Standard	63,00	83,00	134,00	12,2%
2	**Gebäude für Forschung und Lehre**				
	Instituts- und Laborgebäude	31,00	69,00	101,00	8,2%
3	**Gebäude des Gesundheitswesens**				
	Medizinische Einrichtungen	62,00	90,00	143,00	17,8%
	Pflegeheime	35,00	58,00	70,00	9,3%
4	**Schulen und Kindergärten**				
	Allgemeinbildende Schulen	35,00	53,00	73,00	15,4%
	Berufliche Schulen	64,00	84,00	123,00	15,3%
	Förder- und Sonderschulen	59,00	86,00	196,00	20,3%
	Weiterbildungseinrichtungen	58,00	115,00	228,00	19,9%
	Kindergärten, nicht unterkellert, einfacher Standard	16,00	27,00	33,00	11,0%
	Kindergärten, nicht unterkellert, mittlerer Standard	39,00	54,00	109,00	19,5%

Abb. 9 aus BKI Baukosten Bauelemente: Kostenkennwerte der 3. Ebene für Kostengruppe 400

Kostenanschlag

Der Kostenanschlag ist nach Kostenrahmen, Kostenschätzung und Kostenermittlung die vierte Stufe der Kostenermittlungen nach DIN 276. Er dient der Ermittlung der Kosten auf der Grundlage der Ausführungsvorbereitung. Die HOAI-Novelle 2013 beinhaltet bei der Leistungsphase 6 „Vorbereitung der Vergabe" eine wesentliche Änderung: Als Grundleistung wird hier das „Ermitteln der Kosten auf Grundlage vom Planer bepreister Leistungsverzeichnisse" aufgeführt. Nach der Begründung zur 7. HOAI-Novelle wird durch diese präzisierte Kostenermittlung und Kontrolle der Kostenanschlag entbehrlich. Dies heißt jedoch nicht, dass auf die 3. Ebene der DIN 276 verzichtet werden kann. Die 3. Ebene der DIN 276 und die BKI Ausführungsarten sind wichtige Zwischenschritte auf dem Weg zu bepreisten Leistungsverzeichnissen.

Eine besondere Bedeutung kann der 3. Ebene der DIN 276 beim Bauen im Bestand im Rahmen der Bewertung der mitzuverarbeitenden Bausubstanz zukommen, die in die 7. HOAI-Novelle 2013 wieder in die Verordnung aufgenommen worden ist. Denn erst in der 3. Ebene DIN 276 ist eine Differenzierung der Bauteile in die tragende Konstruktion und die Oberflächen (innen und außen) gegeben. Beim Bauen im Bestand sind häufig die Oberflächen zu erneuern. Wesentliche Teile der Gründung und der Tragkonstruktion bleiben faktisch unverändert, werden planerisch aber erfasst und mitverarbeitet. Deren Kostenanteile werden erst durch die Differenzierung der Kosten ab der 3. Ebene ablesbar. Daher können die Neubaukosten der 3. Ebene oft wichtige Kennwerte für die Bewertung der mitzuverarbeitenden Bausubstanz darstellen.

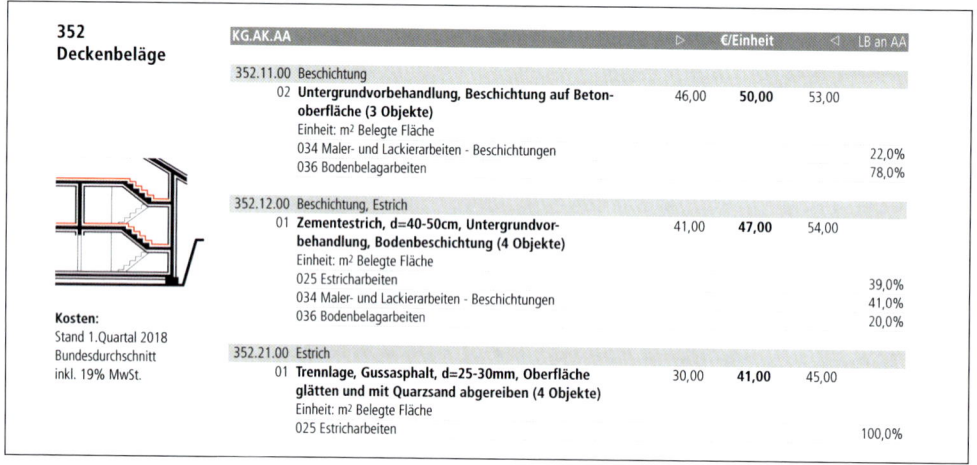

Abb. 10 aus BKI Baukosten Bauelemente: Kostenkennwerte für Ausführungsarten

Positionspreise

Zum Bepreisen von Leistungsverzeichnissen, Vorbereitung der Vergabe sowie Prüfen von Preisen eignet sich der Band BKI Baukosten Positionen, Statistische Kostenkennwerte (Teil 3). In diesem Band werden Positionen aus der BKI Datenbank ausgewertet und tabellarisch mit Minimal-, Von-, Mittel-, Bis- sowie Maximalpreisen aufgelistet. Aufgeführt sind jeweils Brutto- und Nettopreise. (Abb. 11; BKI Baukosten Positionen)

Die Von-, Mittel-, Bis-Preise stellen dabei die übliche Bandbreite der Positionspreise dar. Minimal- und Maximalpreise bezeichnen die kleinsten und größten aufgetretenen Preise einer in der BKI-Datenbank dokumentierten Position. Sie stellen jedoch keine absolute Unter- oder Obergrenze dar. Die Positionen sind gegliedert nach den Leistungsbereichen des Standardleistungsbuchs. Es werden Positionen für Rohbau, Ausbau, Gebäudetechnik und Freianlagen dokumentiert.
Ergänzt werden die statistisch ausgewerteten Baupreise durch Mustertexte für die Ausschreibung von Bauleistungen. Diese werden von Fachautoren verfasst und i.d.R. von Fachverbänden geprüft. Die Verbände sind in der Fußzeile für den jeweiligen Leistungsbereich benannt.
(Abb. 12; BKI Baukosten Positionen)

LB 012 Mauerarbeiten	Mauerarbeiten					Preise €		
	Nr.	Positionen	Einheit	▶	▷ ø brutto € ø netto €		◁	◀
	1	Querschnittsabdichtung, Mauerwerk bis 11,5cm	m	0,9 0,8	2,4 2,0	**2,9** **2,4**	4,7 4,0	10 8,7
	2	Querschnittsabdichtung, Mauerwerk bis 36,5cm	m	2,4 2,0	5,2 4,4	**6,3** **5,3**	12 10	25 21
	3	Innenwand, Wandfuß, Kimmstein	m	3 3	6 5	**8** **7**	13 11	27 22
Kosten: Stand 1.Quartal 2018 Bundesdurchschnitt	4	Innenwand, Ausgleichschicht, Decke	m	3 3	18 15	**18** **15**	21 17	39 33
	5	Dämmstein, Mauerwerk, 11,5cm	m	15 13	28 24	**33** **28**	40 33	53 44
	6	Dämmstein, Mauerwerk, 24cm	m	20 17	37 31	**44** **37**	51 43	70 59
	7	Innenwand, Mauerziegel, 11,5cm	m²	40 34	55 46	**60** **50**	67 57	83 70
	8	Innenwand, Hlz-Planstein 11,5cm	m²	39 32	49 41	**54** **45**	58 49	71 59

Abb. 11 aus BKI Baukosten Positionen: Positionspreise

LB 012 Mauerarbeiten	Nr.	Kurztext / Langtext						Kostengruppe
	▶	▷ ø netto € ◁ ◀				[Einheit]	Ausf.-Dauer	Positionsnummer
	A 1	**Querschnittsabdichtung, Mauerwerk**					Beschreibung für Pos. **1-2**	
		Abdichtung, einlagig, gegen Bodenfeuchte in/unter Mauerwerkswänden, mit seitlichem Überstand und Überdeckung von je mind. 10cm; inkl. Abgleichen der Auflagerfläche.						
	1	**Querschnittsabdichtung, Mauerwerk bis 11,5cm**						KG **342**
		Wie Ausführungsbeschreibung A 1 Mauerdicke: bis 11,5 cm Abdichtung: Bitumendichtungsbahn G 200 DD Angeb. Fabrikat:						
		0,8€ 2,0€ **2,4**€ 4,0€ 8,7€				[m]	⏱ 0,04 h/m	012.000.093

Abb. 12 aus BKI Baukosten Positionen: Mustertexte

Detaillierte Kostenangaben zu einzelnen Objekten

In BKI Baukosten Gebäude existiert zu jeder Gebäudeart eine Objektübersicht mit den ausgewerteten Objekten, die zu den Stichproben beigetragen haben. (Abb. 13; BKI Baukosten Gebäude)

Diese Übersicht erlaubt den Übergang von der Kostenkennwertmethode auf der Grundlage einer statistischen Auswertung, wie sie in der Buchreihe "BKI Baukosten" gebildet wird, zur Objektvergleichsmethode auf der Grundlage einer objektorientierten Darstellung, wie sie in den "BKI Objektdaten" enthalten ist. Alle Objekte sind mit einer Objektnummer versehen, unter der eine Einzeldokumentation bei BKI bestellt werden kann. Weiterhin ist angegeben, in welchem Fachbuch der Reihe BKI OBJEKTDATEN das betreffende Objekt veröffentlicht wurde.

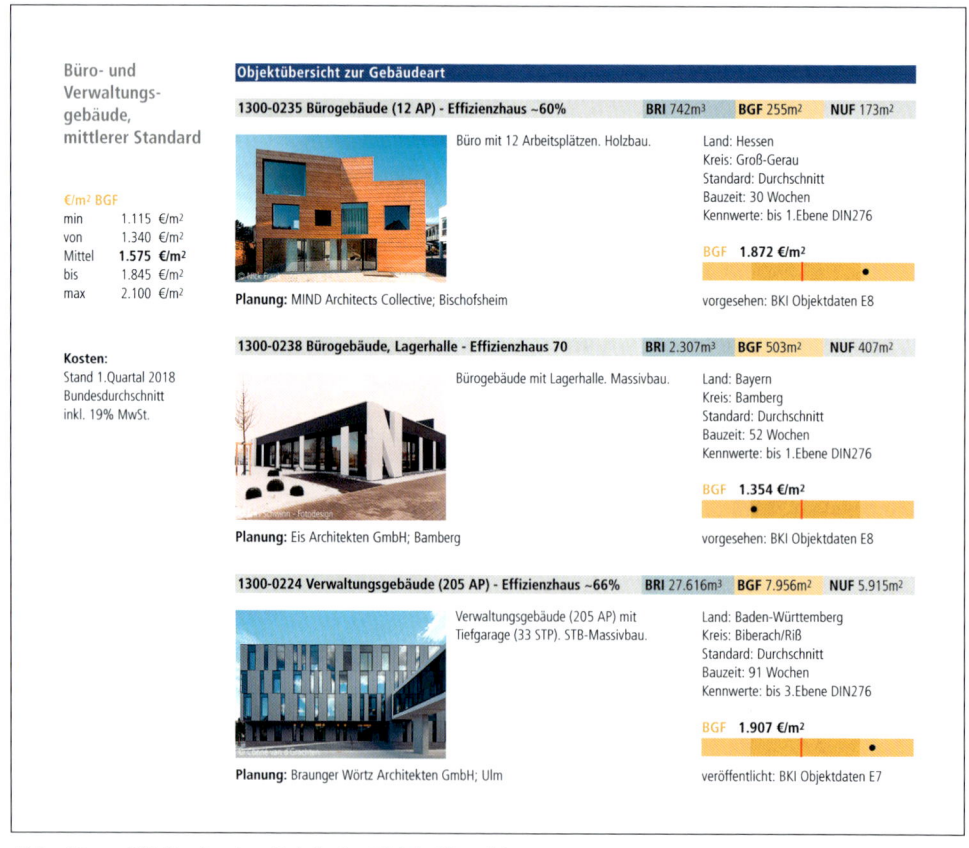

Abb. 13 aus BKI Baukosten Gebäude: Objektübersicht

Erläuterungen

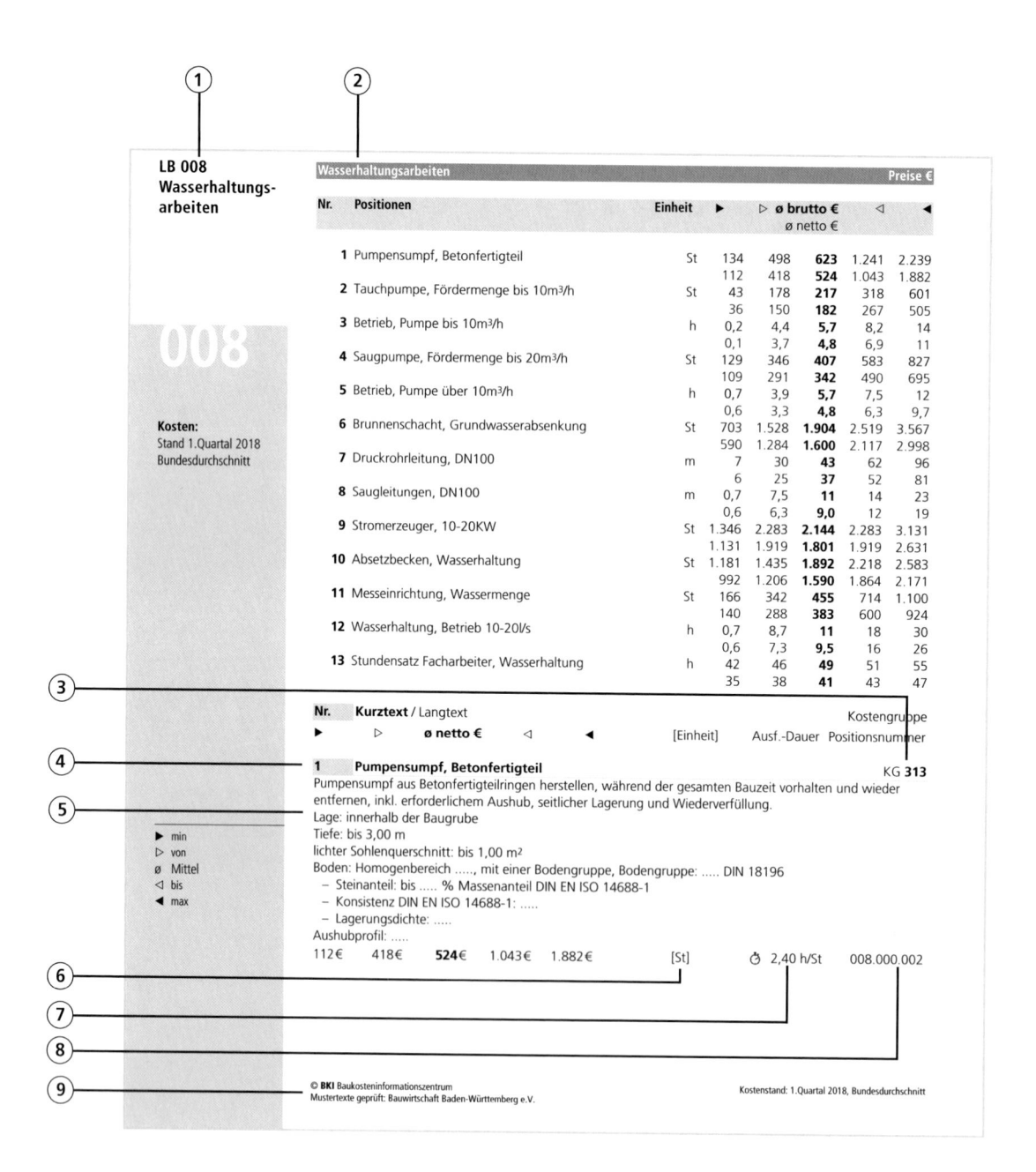

**LB 008
Wasserhaltungs-
arbeiten**

008

Kosten:
Stand 1.Quartal 2018
Bundesdurchschnitt

Wasserhaltungsarbeiten   Preise €

Nr.	Positionen	Einheit	▶	▷	ø brutto € ø netto €	◁	◀
1	Pumpensumpf, Betonfertigteil	St	134	498	**623**	1.241	2.239
			112	418	**524**	1.043	1.882
2	Tauchpumpe, Fördermenge bis 10m³/h	St	43	178	**217**	318	601
			36	150	**182**	267	505
3	Betrieb, Pumpe bis 10m³/h	h	0,2	4,4	**5,7**	8,2	14
			0,1	3,7	**4,8**	6,9	11
4	Saugpumpe, Fördermenge bis 20m³/h	St	129	346	**407**	583	827
			109	291	**342**	490	695
5	Betrieb, Pumpe über 10m³/h	h	0,7	3,9	**5,7**	7,5	12
			0,6	3,3	**4,8**	6,3	9,7
6	Brunnenschacht, Grundwasserabsenkung	St	703	1.528	**1.904**	2.519	3.567
			590	1.284	**1.600**	2.117	2.998
7	Druckrohrleitung, DN100	m	7	30	**43**	62	96
			6	25	**37**	52	81
8	Saugleitungen, DN100	m	0,7	7,5	**11**	14	23
			0,6	6,3	**9,0**	12	19
9	Stromerzeuger, 10-20KW	St	1.346	2.283	**2.144**	2.283	3.131
			1.131	1.919	**1.801**	1.919	2.631
10	Absetzbecken, Wasserhaltung	St	1.181	1.435	**1.892**	2.218	2.583
			992	1.206	**1.590**	1.864	2.171
11	Messeinrichtung, Wassermenge	St	166	342	**455**	714	1.100
			140	288	**383**	600	924
12	Wasserhaltung, Betrieb 10-20l/s	h	0,7	8,7	**11**	18	30
			0,6	7,3	**9,5**	16	26
13	Stundensatz Facharbeiter, Wasserhaltung	h	42	46	**49**	51	55
			35	38	**41**	43	47

Nr.	Kurztext / Langtext						Kostengruppe
	▶	▷	**ø netto €**	◁	◀	[Einheit]	Ausf.-Dauer Positionsnummer

1   Pumpensumpf, Betonfertigteil   KG **313**
Pumpensumpf aus Betonfertigteilringen herstellen, während der gesamten Bauzeit vorhalten und wieder
entfernen, inkl. erforderlichem Aushub, seitlicher Lagerung und Wiederverfüllung.
Lage: innerhalb der Baugrube
Tiefe: bis 3,00 m
lichter Sohlenquerschnitt: bis 1,00 m²
Boden: Homogenbereich ....., mit einer Bodengruppe, Bodengruppe: ..... DIN 18196
 – Steinanteil: bis ..... % Massenanteil DIN EN ISO 14688-1
 – Konsistenz DIN EN ISO 14688-1: .....
 – Lagerungsdichte: .....
Aushubprofil: .....
112 €   418 €   **524 €**   1.043 €   1.882 €   [St]   ⏱ 2,40 h/St   008.000.002

▶ min
▷ von
ø Mittel
◁ bis
◀ max

© **BKI** Baukosteninformationszentrum
Mustertexte geprüft: Bauwirtschaft Baden-Württemberg e.V.   Kostenstand: 1.Quartal 2018, Bundesdurchschnitt

Erläuterung nebenstehender Tabelle

Alle Kostenkennwerte werden mit und ohne Mehrwertsteuer dargestellt. Kostenstand: 1.Quartal 2018. Kosten und Kostenkennwerte umgerechnet auf den Bundesdurchschnitt.

(1)
Leistungsbereichs-Titel

(2)
Datentabelle mit Angabe der Bauleistungen, der Einheit, des Minimal-Wertes, des von-Wertes, des Mittelwertes, des bis-Wertes und des Maximalwertes. Angaben jeweils mit MwSt. (1.Zeile) und ohne MwSt. (2.Zeile). Gerundete Werte. Die Ordnungsziffer verweist auf den zugehörigen Langtext.

(3)
Kostengruppen nach DIN 276. Die Angaben sind bei der Anwendung zu prüfen, da diese teilweise auf Positionsebene nicht zweifelsfrei zugeordnet werden können.

(4)
Ordnungsziffer für den Bezug zur Datentabelle. Mit A bezifferte Positionen sind Beschreibungen für die entsprechenden Folgepositionen.

(5)
Mustertexte als produktneutraler Positionstext für die Ausschreibung. Die durch Fettdruck hervorgehobenen bzw. mit Punktierung gekennzeichneten Textpassagen müssen in der Ausschreibung ausgewählt bzw. eingetragen werden um eindeutig kalkulierbar zu sein.

(6)
Abrechnungseinheit der Leistungspositionen

(7)
Ausführungsdauer der Leistung pro Stunde für die Terminplanung

(8)
Positionsnummer als ID-Kennung für das Auffinden des Datensatzes in elektronischen Medien

(9)
Name des prüfenden Fachverbandes, Anschriften siehe Seite 6-9.

Auswahl kostenrelevanter Baukonstruktionen

310 Baugrube
- kostenmindernd:
Nur Oberboden abtragen, Wiederverwertung des Aushubs auf dem Grundstück, keine Deponiegebühr, kurze Transportwege, wiederverwertbares Aushubmaterial für Verfüllung
+ kostensteigernd:
Wasserhaltung, Grundwasserabsenkung, Baugrubenverbau, Spundwände, Baugrubensicherung mit Großbohrpfählen, Felsbohrungen, schwer lösbare Bodenarten oder Fels

320 Gründung
- kostenmindernd:
Kein Fußbodenaufbau auf der Gründungsfläche, keine Dämmmaßnahmen auf oder unter der Gründungsfläche
+ kostensteigernd:
Teurer Fußbodenaufbau auf der Gründungsfläche, Bodenverbesserung, Bodenkanäle, Perimeterdämmung oder sonstige, teure Dämmmaßnahmen, versetzte Ebenen

330 Außenwände
- kostenmindernd:
(monolithisches) Mauerwerk, Putzfassade, geringe Anforderungen an Statik, Brandschutz, Schallschutz und Optik
+ kostensteigernd:
Natursteinfassade, Pfosten-Riegel-Konstruktionen, Sichtmauerwerk, Passivhausfenster, Dreifachverglasungen, sonstige hochwertige Fenster oder Sonderverglasungen, Lärmschutzmaßnahmen, Sonnenschutzanlagen

340 Innenwände
- kostenmindernd:
Großer Anteil an Kellertrennwänden, Sanitärtrennwänden, einfachen Montagewänden, sparsame Verfliesung
+ kostensteigernd:
Hoher Anteil an mobilen Trennwänden, Schrankwänden, verglasten Wänden, Sichtmauerwerk, Ganzglastüren, Vollholztüren Brandschutztüren, sonstige hochwertige Türen, hohe Anforderungen an Statik, Brandschutz, Schallschutz, Raumakustik und Optik, Edelstahlgeländer, raumhohe Verfliesung

350 Decke
- kostenmindernd:
Einfache Bodenbeläge, wenige und einfache Treppen, geringe Spannweiten
+ kostensteigernd:
Doppelboden, Natursteinböden, Metall- und Holzbekleidungen, Edelstahltreppen, hohe Anforderungen an Brandschutz, Schallschutz, Raumakustik und Optik, hohe Spannweiten

360 Dächer
- kostenmindernd:
Einfache Geometrie, wenig Durchdringungen
+ kostensteigernd:
Aufwändige Geometrie wie Mansarddach mit Gauben, Metalldeckung, Glasdächer oder Glasoberlichter, begeh-/befahrbare Flachdächer, Begrünung, Schutzelemente wie Edelstahl-Geländer

370 Baukonstruktive Einbauten
+ kostensteigernd:
Hoher Anteil Einbauschränke, -regale und andere fest eingebaute Bauteile

390 Sonstige Maßnahmen für Baukonstruktionen
+ kostensteigernd:
Baustraße, Baustellenbüro, Schlechtwetterbau, Notverglasungen, provisorische Beheizung, aufwändige Gerüstarbeiten, lange Vorhaltzeiten

Auswahl kostenrelevanter Technischer Anlagen

410 Abwasser-, Wasser-, Gasanlagen
- kostenmindernd:
  wenige, günstige Sanitärobjekte, zentrale Anordnung von Ent- und Versorgungsleitungen
+ kostensteigernd:
  Regenwassernutzungsanlage, Schmutzwasserhebeanlage, Benzinabscheider, Fett- und Stärkeabscheider, Druckerhöhungsanlagen, Enthärtungsanlagen

420 Wärmeversorgungsanlagen
+ kostensteigernd:
  Solarkollektoren, Blockheizkraftwerk, Fußbodenheizung

430 Lufttechnische Anlagen
- kostenmindernd:
  Einzelraumlüftung
+ kostensteigernd:
  Klimaanlage, Wärmerückgewinnung

440 Starkstromanlagen
- kostenmindernd:
  Wenig Steckdosen, Schalter und Brennstellen
+ kostensteigernd:
  Blitzschutzanlagen, Sicherheits- und Notbeleuchtungsanlage, Elektroleitungen in Leerrohren, Photovoltaikanlagen, Unterbrechungsfreie Ersatzstromanlagen, Zentralbatterieanlagen

450 Fernmelde- und informationstechnische Anlagen
+ kostensteigernd:
  Brandmeldeanlagen, Einbruchsmeldeanlagen, Video-Überwachungsanlage, Lautsprecheranlage, EDV-Verkabelung, Konferenzanlage, Personensuchanlage, Zeiterfassungsanlage

460 Förderanlagen
+ kostensteigernd:
  Personenaufzüge (mit Glaskabinen), Lastenaufzug, Doppelparkanlagen

470 Feuerlöschanlagen
+ kostensteigernd:
  Feuerlösch- und Meldeanlagen, Sprinkleranlagen, Feuerlöschgeräte

Häufig gestellte Fragen

Fragen zur Flächenberechnung (DIN 277):

1. Wie wird die BGF berechnet?	Die Brutto-Grundfläche ist die Summe der Grundflächen aller Grundrissebenen. Nicht dazu gehören die Grundflächen von nicht nutzbaren Dachflächen (Kriechböden) und von konstruktiv bedingten Hohlräumen (z. B. über abgehängter Decke). (DIN 277-1 : 2016-01) Weitere Erläuterungen im BKI Bildkommentar DIN 276 / DIN 277 (Ausgabe 2016).
2. Gehört der Keller bzw. eine Tiefgarage mit zur BGF?	Ja, im Gegensatz zur Geschossfläche nach § 20 Baunutzungsverordnung (Bau NVo) gehört auch der Keller bzw. die Tiefgarage zur BGF.
3. Wie werden Luftgeschosse (z. B. Züblinhaus) nach DIN 277 berechnet?	Die Rauminhalte der Luftgeschosse zählen zum Regelfall der Raumumschließung (R) BRI (R). Die Grundflächen der untersten Ebene der Luftgeschosse und Stege, Treppen, Galerien etc. innerhalb der Luftgeschosse zählen zur Brutto-Grundfläche BGF (R). Vorsicht ist vor allem bei Kostenermittlungen mit Kostenkenn-werten des Brutto-Rauminhalts geboten.
4. Welchen Flächen ist die Garage zuzurechnen?	Die Stellplatzflächen von Garagen werden zur Nutzfläche gezählt, die Fahrbahn ist Verkehrsfläche.
5. Wird die Diele oder ein Flur zur Nutzungsfläche gezählt?	Normalerweise nicht, da eine Diele oder ein Flur zur Verkehrsfläche gezählt wird. Wenn die Diele aber als Wohnraum genutzt werden kann, z. B. als Essplatz, wird sie zur Nutzungsfläche gezählt.
6. Zählt eine nicht umschlossene oder nicht überdeckte Terrasse einer Sporthalle, die als Eingang und Fluchtweg dient, zur Nutzungsfläche?	Die Terrasse ist nicht Bestandteil der Grundflächen des Bauwerks nach DIN 277. Sie bildet daher keine BGF und damit auch keine Nutzungsfläche. Die Funktion als Eingang oder Fluchtweg ändert daran nichts.

7. Zählt eine Außentreppe zum Keller zur BGF?	Wenn die Treppe allseitig umschlossen ist, z. B. mit einem Geländer, ist sie als Verkehrsfläche zu werten. Nach DIN 277-1 : 2016-01 gilt: Grundflächen und Rauminhalte sind nach ihrer Zugehörigkeit zu den folgenden Bereichen getrennt zu ermitteln: Regelfall der Raumumschließung (R): Räume und Grundflächen, die Nutzungen der Netto-Raumfläche entsprechend Tabelle 1 aufweisen und die bei allen Begrenzungsflächen des Raums (Boden, Decke, Wand) vollständig umschlossen sind. Dazu gehören nicht nur Innenräume, die von der Witterung geschützt sind, sondern auch solche allseitig umschlossenen Räume, die über Öffnungen mit dem Außenklima verbunden sind; Sonderfall der Raumumschließung (S): Räume und Grundflächen, die Nutzungen der Netto-Raumfläche entsprechend Tabelle 1 aufweisen und mit dem Bauwerk konstruktiv verbunden sind, jedoch nicht bei allen Begrenzungsflächen des Raums (Boden, Decke, Wand) vollständig umschlossen sind (z. B. Loggien, Balkone, Terrassen auf Flachdächern, unterbaute Innenhöfe, Eingangsbereiche, Außentreppen). Die Außentreppe stellt also demnach einen Sonderfall der Raumumschließung (S) dar. Wenn die Treppe allerdings über einen Tiefgarten ins UG führt, wird sie zu den Außenanlagen gezählt. Sie bildet dann keine BGF. Die Kosten für den Tiefgarten mit Treppe sind bei den Außenanlagen zu erfassen.
8. Ist eine Abstellkammer mit Heizung eine Technikfläche?	Es kommt auf die überwiegende Nutzung an. Wenn über 50% der Kammer zum Abstellen genutzt werden können, wird sie als Abstellraum gezählt. Es kann also Gebäude ohne Technikfläche geben.
9. Ist die NUF gleich der Wohnfläche?	Nein, die DIN 277 kennt den Begriff Wohnfläche nicht. Zur Nutzungsfläche gehören grundsätzlich keine Verkehrsflächen, während bei der Wohnfläche zumindest die Verkehrsflächen innerhalb der Wohnung hinzugerechnet werden. Die Abweichungen sind dadurch meistens nicht unerheblich.

Fragen zur Wohnflächenberechnung (WoFIV):

10. Wird ein Hobbyraum im Keller zur Wohnfläche gezählt?	Wenn der Hobbyraum nicht innerhalb der Wohnung liegt, wird er nicht zur Wohnfläche gezählt. Beim Einfamilienhaus gilt: Das ganze Haus stellt die Wohnung dar. Der Hobbyraum liegt also innerhalb der Wohnung und wird mitgezählt, wenn er die Qualitäten eines Aufenthaltsraums nach LBO aufweist.

11. Wird eine Diele oder ein Flur zur Wohnfläche gezählt?	Wenn die Diele oder der Flur in der Wohnung liegt ja, ansonsten nicht.
12. In welchem Umfang sind Balkone oder Terrassen bei der Wohnfläche zu rechnen?	Balkone und Terrassen werden von BKI zu einem Viertel zur Wohnfläche gerechnet. Die Anrechnung zur Hälfte wird nicht verwendet, da sie in der WoFIV als Ausnahme definiert ist.
13. Zählt eine Empore/Galerie im Zimmer als eigene Wohnfläche oder Nutzungsfläche?	Wenn es sich um ein unlösbar mit dem Baukörper verbundenes Bauteil handelt, zählt die Empore mit. Anders beim nachträglich eingebauten Hochbett, das zählt zum Mobiliar. Für die verbleibende Höhe über der Empore ist die 1 bis 2m Regel nach WoFIL anzuwenden: „Die Grundflächen von Räumen und Raumteilen mit einer lichten Höhe von mindestens zwei Metern sind vollständig, von Räumen und Raumteilen mit einer lichten Höhe von mindestens einem Meter und weniger als zwei Metern sind zur Hälfte anzurechnen."

Fragen zur Kostengruppenzuordnung (DIN 276):

14. Wo werden Abbruchkosten zugeordnet?	Abbruchkosten ganzer Gebäude im Sinne von „Bebaubarkeit des Grundstücks herstellen" werden der KG 212 Abbruchmaßnahmen zugeordnet. Abbruchkosten einzelner Bauteile, insbesondere bei Sanierungen werden den jeweiligen Kostengruppen der 2. oder 3. Ebene (Wände, Decken, Dächer) zugeordnet. Analog gilt dies auch für die Kostengruppen 400 und 500. Wo diese Aufteilung nicht möglich ist, werden die Abbruchkosten der KG 394 Abbruchmaßnahmen zugeordnet, weil z. B. die Abbruchkosten verschiedenster Bauteile pauschal abgerechnet wurden.
15. Wo muss ich die Kosten des Aushubs für Abwasser- oder Wasserleitungen zuordnen?	Diese Kosten werden nach dem Verursacherprinzip der jeweiligen Kostengruppe zugeordnet Aushub für Abwasserleitungen: KG 411 Aushub für Wasserleitungen: KG 412 Aushub für Brennstoffversorgung: KG 421 Aushub für Heizleitungen: KG 422 Aushub für Elektroleitungen: KG 444 etc., sofern der Aushub unterhalb des Gebäudes anfällt. Die Kosten des Aushubs für Abwasser- oder Wasserleitungen in den Außenanlagen gehören zu KG 540 ff, die Kosten des Aushubs für Abwasser- oder Wasserleitungen innerhalb der Erschließungsfläche in KG 220 ff oder KG 230 ff

16. Wie werden Eigenleistungen bewertet?

Nach DIN 276 : 2008-12, gilt:
3.3.6 Wiederverwendete Teile, Eigenleistungen
Der Wert von mitzuverarbeitender Bausubstanz und wiederverwendeter Teile müssen bei den betreffenden Kostengruppen gesondert ausgewiesen werden.
3.3.7 Der Wert von Eigenleistungen ist bei den betreffenden Kostengruppen gesondert auszuweisen. Für Eigenleistungen sind die Personal- und Sachkosten einzusetzen, die für entsprechende Unternehmerleistungen entstehen würden.
Nach HOAI §4 (2) gilt: Als anrechenbare Kosten nach Absatz 2 gelten ortsübliche Preise, wenn der Auftraggeber:
- selbst Lieferungen oder Leistungen übernimmt
- von bauausführenden Unternehmern oder von Lieferanten sonst nicht übliche Vergünstigungen erhält
- Lieferungen oder Leistungen in Gegenrechnung ausführt oder
- vorhandene oder vorbeschaffte Baustoffe oder Bauteile einbauen lässt.

Fragen zu Kosteneinflussfaktoren:

17. Gibt es beim BKI Regionalfaktoren?

Der Anhang dieser Ausgabe enthält eine Liste der Regionalfaktoren aller deutschen Land- und Stadtkreise. Die Faktoren wurden auf Grundlage von Daten aus den statistischen Landesämtern gebildet, die wiederum aus den Angaben der Antragsteller von Bauanträgen entstammen. Die Regionalfaktoren werden von BKI zusätzlich als farbiges Poster im DIN A1 Format angeboten.
Die Faktoren geben Aufschluss darüber, inwiefern die Baukosten in einer bestimmten Region Deutschlands teurer oder günstiger liegen als im Bundesdurchschnitt. Sie können dazu verwendet werden, die BKI Baukosten an das besondere Baupreisniveau einer Region anzupassen.
Die Angaben wurden durch Untersuchungen des BKI weitgehend verifiziert. Dennoch können Abweichungen zu den angegebenen Werten entstehen. In Grenznähe zu einem Land-Stadtkreis mit anderen Baupreisfaktoren sollte dessen Baupreisniveau mit berücksichtigt werden, da die Übergänge zwischen den Land-Stadtkreisen fließend sind. Die Besonderheiten des Einzelfalls können ebenfalls zu Abweichungen führen. Siehe auch Benutzerhinweise, 10. Normierung der Kosten (Seite 12).

18. Standardzuordnung	Einige Gebäudearten werden vom BKI nach ihrem Standard in „einfach", „mittel" und „hoch" unterteilt. Diese Unterteilung wurde immer dann vorgenommen, wenn der Standard als ein wesentlicher Kostenfaktor festgestellt wurde. Grundsätzlich gilt, dass immer mehrere Kosteneinflussfaktoren auf die Kosten und damit auf die Kostenkennwerte einwirken. Einige dieser vielen Faktoren seien hier aufgelistet: • Zeitpunkt der Ausschreibung • Art der Ausschreibung • Regionale Konjunktur • Gebäudegröße • Lage der Baustelle, Erreichbarkeit usw. Wenn bei einem Gebäude große Mengen an Bauteilen hoher Qualität die übrigen Kosteneinflussfaktoren überlagern, dann wird von einem „hohen Standard" gesprochen.
19. Welchen Einfluss hat die Konjunktur auf die Baukosten?	Der Einfluss der Konjunktur auf die Baukosten wird häufig überschätzt. Er ist meist geringer als der anderer Kosteneinflussfaktoren. BKI Untersuchungen haben ergeben, dass die Baukosten bei mittlerer Konjunktur manchmal höher sind als bei hoher Konjunktur.

Fragen zur Handhabung der von BKI herausgegebenen Bücher:

20. Ist die MwSt. in den Kostenkennwerten enthalten?	Bei allen Kostenkennwerten in „BKI BAUKOSTEN" ist die gültige MwSt. enthalten (zum Zeitpunkt der Herausgabe 19%). In „BKI Baukosten Positionen (Neubau und Altbau), Statistische Kostenkennwerte " werden die Kostenkennwerte, wie bei Positionspreisen üblich, zusätzlich ohne MwSt. dargestellt.
21. Hat das Baujahr der Objekte einen Einfluss auf die angegebenen Kosten?	Nein, alle Kosten wurden über den Baupreisindex auf einen einheitlichen zum Zeitpunkt der Herausgabe aktuellen Kostenstand umgerechnet. Der Kostenstand wird auf jeder Seite als Fußzeile angegeben. Allenfalls sind Korrekturen zwischen dem Kostenstand zum Zeitpunkt der Herausgabe und dem aktuellen Kostenstand durchzuführen.

22.	Wo finde ich weitere Informationen zu den einzelnen Objekten einer Gebäudeart?	Alle Objekte einer Gebäudeart sind einzeln mit Kurzbeschreibung, Angabe der BGF und anderer wichtiger Kostenfaktoren aufgeführt. Die Objektdokumentationen sind veröffentlicht in den Fachbüchern „Objektdaten" und können als PDF-Datei unter ihrer Objektnummer bei BKI bestellt werden, Telefon: 0711 954 854-41.
23.	Was mache ich, wenn ich keine passende Gebäudeart finde?	In aller Regel findet man verwandte Gebäudearten, deren Kostenkennwerte der 2. Ebene (Grobelemente) wegen ähnlicher Konstruktionsart übernommen werden können.
24.	Wo findet man Kostenkennwerte für Abbruch?	Im Fachbuch „BKI Baukosten Gebäude Altbau - Statistische Kostenkennwerte" gibt es Ausführungsarten zu Abbruch und Demontagearbeiten. Im Fachbuch „BKI Baukosten Positionen Altbau - Statistische Kostenkennwerte" gibt es Mustertexte für Teilleistungen zu „LB 384 - Abbruch und Rückbauarbeiten". Im Fachbuch „BKI Baupreise kompakt Altbau" gibt es Positionspreise und Kurztexte zu „LB 384 - Abbruch und Rückbauarbeiten". Die Mustertexte für Teilleistungen zu „LB 384 - Abbruch und Rückbauarbeiten" und deren Positionspreise sind auch auf der CD BKI Positionen und im BKI Kostenplaner enthalten.
25.	Warum ist die Summe der Kostenkennwerte in der Kostengruppen (KG) 310-390 nicht gleich dem Kostenkennwert der KG 300, aber bei der KG 400 ist eine Summenbildung möglich?	In den Kostengruppen 310-390 ändern sich die Einheiten (310 Baugrube gemessen in m^3, 320 Gründung gemessen in m^2); eine Addition der Kostenkennwerte ist nicht möglich. In den Kostengruppen 410-490 ist die Bezugsgröße immer BGF, dadurch ist eine Addition prinzipiell möglich.
26.	Manchmal stimmt die Summe der Kostenkennwerte der 2. Ebene der Kostengruppe 400 trotzdem nicht mit dem Kostenkennwert der 1. Ebene überein; warum nicht?	Die Anzahl der Objekte, die auf der 1. Ebene dokumentiert werden, kann von der Anzahl der Objekte der 2. Ebene abweichen. Dann weichen auch die Kostenkennwerte voneinander ab, da es sich um unterschiedliche Stichproben handelt. Es fallen auch nicht bei allen Objekten Kosten in jeder Kostengruppe an (Beispiel KG 461 Aufzugsanlagen).

27.	Baupreise im Ausland	BKI dokumentiert nur Objekte aus Deutschland. Anhand von Daten der Eurostat-Datenbank „New Cronos" lassen sich jedoch überschlägige Umrechnungen in die meisten Staaten des europäischen Auslandes vornehmen. Die Werte sind Bestandteil des Posters „BKI Regionalfaktoren 2018".
28.	Baunutzungskosten, Lebenszykluskosten	Seit 2010 bringt BKI in Zusammenarbeit mit dem Institut für Bauökonomie der Universität Stuttgart ein Fachbuch mit Nutzungskosten ausgewählter Objekte heraus. Die Reihe wird kontinuierlich erweitert. Das Fachbuch Nutzungskosten Gebäude 2017/2018 fasst einzelne Objekte zu statistischen Auswertungen zusammen.
29.	Lohn und Materialkosten	BKI dokumentiert Baukosten nicht getrennt nach Lohn- und Materialanteil.
30.	Gibt es Angaben zu Kostenflächenarten?	Nein, das BKI hält die Grobelementmethode für geeigneter. Solange Grobelementmengen nicht vorliegen, besteht die Möglichkeit der Ableitung der Grobelementmengen aus den Verhältniszahlen von Vergleichsobjekten (siehe Planungskennwerte und Baukostensimulation).

Fragen zu weiteren BKI Produkten:

31.	Sind die Inhalte von „BKI Baukosten Gebäude, Statistische Kostenkennwerte (Teil 1)" und „BKI Baukosten Bauelemente, Statistische Kostenkennwerte (Teil 2)" auch im Kostenplaner enthalten?	Ja, im Kostenplaner Basisversion sind alle Objekte mit den Kosten bis zur 2. Ebene nach DIN 276 enthalten. Im Kostenplaner Komplettversion sind ebenfalls die Kosten der 3. Ebene nach DIN 276 und die vom BKI gebildeten Ausführungsklassen und Ausführungsarten enthalten. Darüber hinaus ermöglicht der BKI Kostenplaner den Zugriff auf alle Einzeldokumentationen von über 3.000 Objekten.

32.	Worin unterscheiden sich die Fachbuchreihen „BKI BAUKOSTEN" und „BKI OBJEKTDATEN"	In der Fachbuchreihe BKI OBJEKTDATEN erscheinen abgerechnete Einzelobjekte eines bestimmten Teilbereichs des Bauens (A=Altbau, N=Neubau, E=energieeffizientes Bauen, IR=Innenräume, F=Freianlagen). In der Fachbuchreihe BKI BAUKOSTEN erscheinen hingegen statistische Kostenkennwerte von Gebäudearten, die aus den Einzelobjekten gebildet werden. Die Kostenplanung mit Einzelobjekten oder mit statistischen Kostenkennwerten haben spezifische Vor- und Nachteile: Planung mit Objektdaten (BKI OBJEKTDATEN): • Vorteil: Wenn es gelingt ein vergleichbares Einzelobjekt oder passende Bauausführungen zu finden ist die Genauigkeit besser als mit statistischen Kostenkennwerten. Die Unsicherheit, die der Streubereich (von-bis-Werte) mit sich bringt, entfällt. • Nachteil: Passende Vergleichsobjekte oder Bauausführungen zu finden kann mühsam oder erfolglos sein. Planung mit statistischen Kostenkennwerten (BKI BAUKOSTEN): • Vorteil: Über die BKI Gebäudearten ist man recht schnell am Ziel, aufwändiges Suchen entfällt. • Nachteil: Genauere Prüfung, ob die Mittelwerte übernommen werden können oder noch nach oben oder unten angepasst werden müssen, ist unerlässlich.
33.	In welchen Produkten dokumentiert BKI Positionspreise?	Positionspreise mit statistischer Auswertung und Einzelbeispielen werden in „BKI Baukosten Positionen, Statistische Kostenkennwerte Neubau (Teil 3) und Altbau (Teil 5)" und „BKI Baupreise kompakt Neu- und Altbau" herausgegeben. Ausgewählte Positionspreise zu bestimmten Details enthalten die Fachbücher „Konstruktionsdetails K1, K2, K3 und K4". Außerdem gibt es Positionspreise in EDV-Form im „Modul BAUPREISE, Positionen mit AVA-Schnittstelle" für den Kostenplaner und die Software „BKI Positionen".
34.	Worin unterscheiden sich die Bände A1 bis A10 (N1 bis N115)	Die Bücher unterscheiden sich durch die Auswahl der dokumentierten Einzelobjekte. Der Aufbau der Bände ist gleich. In der BKI Fachbuchreihe OBJEKTDATEN erscheinen regelmäßig aktuelle Folgebände mit neu dokumentierten Einzelobjekten. Speziell bei den Altbaubänden A1 bis A10 ist es nützlich, alle Bände zu besitzen, da es im Bereich Altbau notwendig ist, mit passenden Vergleichsobjekten zu planen. Je mehr Vergleichsobjekte vorhanden sind, desto höher ist die „Trefferquote". Bände der Fachbuchreihe OBJEKTDATEN sollten deshalb langfristg aufbewahrt werden.

Diese Liste wird laufend erweitert und im Internet unter www.bki.de/faq-kostenplanung.html veröffentlicht.

Abkürzungsverzeichnis

Einheiten

µm	Mikrometer
m	Meter
m²	Quadratmeter
m³	Kubikmeter
cm	Zentimeter
cm²	Quadratzentimeter
cm³	Kubikzentimeter
dm	Dezimeter
dm²	Quadratdezimeter
dm³	Kubikdezimeter
mm	Millimeter
mm²	Quadratmillimeter
mm³	Kubikmillimeter
kg	Kilogramm
N	Newton
kN	Kilonewton
MN	Meganewton
kW	Kilowatt
W	Watt
kWel	elektrische Leistung in Kilowatt
kWth	thermische Leistung in Kilowatt
kWp	Kilowatt peak
t	Tonnen
l	Liter
lx	Lux
St	Stück
h	Stunde
min	Minute
s	Sekunde
psch	Pauschal
d	Tage
DPr	Proctordichte

Kombinierte Einheiten

h/[Einheit]	Stunde pro [Einheit] = Ausführungsdauer
mh	Meter pro Stunde
md	Meter pro Tag
mWo	Meter pro Woche
mMt	Meter pro Monat
ma	Meter pro Jahr
m²d	Quadratmeter pro Tag
m²Wo	Quadratmeter pro Woche
m²Mt	Quadratmeter pro Monat
m³d	Kubikmeter pro Tag
m³Wo	Kubikmeter pro Woche
m³Mt	Kubikmeter pro Monat
Sth	Stück pro Stunde
Std	Stück pro Tag
StWo	Stück pro Woche
StMt	Stück pro Monat
td	Tonne pro Tag

Kombinierte Einheiten (Fortsetzung)

tWo	Tonne pro Woche
tMt	Tonne pro Monat

Mengenangaben

A	Fläche
V	Volumen
D	Durchmesser
d	Dicke
h	Höhe
b	Breite
l	Länge
t	Tiefe
lw	lichte Weite
k	k-Wert
U	u-Wert

Rechenzeichen

<	kleiner
>	größer
<=	kleiner gleich
>=	größer gleich
-	bis

Abkürzungen

AN	Auftragnehmer
AG	Auftraggeber
AP	Arbeitsplätze
APP	Appartement
BB	BB-Schloss=Buntbartschloss
BK	Bodenklasse
BSH	Brettschichtholz
DD	DD-Lack=Polyurethan-Lack
DN	Durchmesser, Nennmaß (DN80)
DF	Dünnformat
DG	Dachgeschoss
DK	Dreh-/Kipp(-flügel)
DHH	Doppelhaushälfte
EG	Erdgeschoss
ELW	Einliegerwohnung
ETW	Etagenwohnung
EPS	expandierter Polystyrolschaum
ESG	Einscheiben-Sicherheitsglas
FFB	Fertigfußboden
F90-A	Feuerwiderstandsklasse 90min
GK	Gipskarton
GKB	Gipskarton-Bauplatten
GKF	Gipskarton-Feuerschutz
GKI	Gipskarton - imprägniert

Abkürzungsverzeichnis

Abkürzungen

GKL	Güteklasse
Gl	Glieder (Heizkörper)
Hlz	Hochlochziegel
HDF	hochdichte Faserplatte
HT	Hochtemperatur-Abflussrohr
i.L.	im Lichten
i.M.	im Mittel
KG	Kellergeschoss
KG	Kunststoff Grundleitung
KFZ	Kraftfahrzeug
KITA	Kindertagesstätte
KS	Kalksandstein
KSL	Kalksandstein-Lochstein
KSV	Kalksandstein-Vollstein
KSVm	Kalksandstein-Vormauerwerk
KVH	Konstruktionsvollholz
LM	Leichtmetall
LZR	Luftzwischenraum (Isolierglas)
MF	Mineralfaser
MG	Mörtelgruppe
MW	Mauerwerk
MW	Mineralwolle
MW	Maulweite (Zargen)
NF	Normalformat
NUF	Nutzungsfläche
NF	Nut und Feder
NH	Nadelholz
OG	Obergeschoss
OK	Oberkante
OSB	Oriented Strand Board, Spanplatte
PE	Polyethylen
PE-HD	Polyethylen, hohe Dichte
PES	Polyester
PP	Polypropylen
PS	Polystyrol
PU	Polyurethan
PVC	Polyvinylchlorid
PZ	Profilzylinder
RD	rauchdicht
RH	Reihenhaus
RRM	Rohbaurichtmaß
RS	Rauchschutz (Türen)
RW	Regenwasser
RWA	Rauch-Wärme-Abzug
SML	Gusseisen-Abwasserrohr
Stb	Stahlbeton
STP	Stellplatz

Abkürzungen

Stg	Steigung
TG	Tiefgarage
T30	Tür mit Feuerwiderstand 30min
UK	Unterkante
UK	Unterkonstruktion
VK	Vorderkante
VSG	Verbund-Sicherheitsglas
V2A	Edelstahl
V4A	Edelstahl
WDVS	Wärmedämmverbundsystem
WE	Wohneinheit
WK	Einbruch-Widerstandsklasse
WLG	Wärmeleitgruppe
WU	wasserundurchlässig (Beton)
ZTV	zusätzl. techn. Vorbemerkungen

Gliederung in Leistungsbereiche nach STLB-Bau

Als Beispiel für eine ausführungsorientierte Ergänzung der Kostengliederung werden im Folgenden die Leistungsbereiche des Standardleistungsbuches für das Bauwesen in einer Übersicht dargestellt.

000 Sicherheitseinrichtungen, Baustelleneinrichtungen	040 Wärmeversorgungsanlagen - Betriebseinrichtungen
001 Gerüstarbeiten	041 Wärmeversorgungsanlagen - Leitungen, Armaturen, Heizflächen
002 Erdarbeiten	
003 Landschaftsbauarbeiten	042 Gas- und Wasseranlagen - Leitungen, Armaturen
004 Landschaftsbauarbeiten -Pflanzen	043 Druckrohrleitungen für Gas, Wasser und Abwasser
005 Brunnenbauarbeiten und Aufschlussbohrungen	044 Abwasseranlagen - Leitungen, Abläufe, Armaturen
006 Spezialtiefbauarbeiten	045 Gas-, Wasser- und Entwässerungsanlagen - Ausstattung, Elemente, Fertigbäder
007 Untertagebauarbeiten	
008 Wasserhaltungsarbeiten	046 Gas-, Wasser- und Entwässerungsanlagen - Betriebseinrichtungen
009 Entwässerungskanalarbeiten	
010 Drän- und Versickerarbeiten	047 Dämm- und Brandschutzarbeiten an technischen Anlagen
011 Abscheider- und Kleinkläranlagen	
012 Mauerarbeiten	049 Feuerlöschanlagen, Feuerlöschgeräte
013 Betonarbeiten	050 Blitzschutz- / Erdungsanlagen, Überspannungsschutz
014 Natur-, Betonwerksteinarbeiten	051 Kabelleitungstiefbauarbeiten
016 Zimmer- und Holzbauarbeiten	052 Mittelspannungsanlagen
017 Stahlbauarbeiten	053 Niederspannungsanlagen - Kabel/Leitungen, Verlegesysteme, Installationsgeräte
018 Abdichtungsarbeiten	
020 Dachdeckungsarbeiten	054 Niederspannungsanlagen - Verteilersysteme und Einbaugeräte
021 Dachabdichtungsarbeiten	
022 Klempnerarbeiten	055 Ersatzstromversorgungsanlagen
023 Putz- und Stuckarbeiten, Wärmedämmsysteme	057 Gebäudesystemtechnik
024 Fliesen- und Plattenarbeiten	058 Leuchten und Lampen
025 Estricharbeiten	059 Sicherheitsbeleuchtungsanlagen
026 Fenster, Außentüren	060 Elektroakustische Anlagen, Sprechanlagen, Personenrufanlagen
027 Tischlerarbeiten	
028 Parkett-, Holzpflasterarbeiten	061 Kommunikationsnetze
029 Beschlagarbeiten	062 Kommunikationsanlagen
030 Rollladenarbeiten	063 Gefahrenmeldeanlagen
031 Metallbauarbeiten	064 Zutrittskontroll-, Zeiterfassungssysteme
032 Verglasungsarbeiten	069 Aufzüge
033 Baureinigungsarbeiten	070 Gebäudeautomation
034 Maler- und Lackierarbeiten - Beschichtungen	075 Raumlufttechnische Anlagen
035 Korrosionsschutzarbeiten an Stahlbauten	078 Kälteanlagen für raumlufttechnische Anlagen
036 Bodenbelagarbeiten	080 Straßen, Wege, Plätze
037 Tapezierarbeiten	081 Betonerhaltungsarbeiten
038 Vorgehängte hinterlüftete Fassaden	082 Bekämpfender Holzschutz
039 Trockenbauarbeiten	083 Sanierungsarbeiten an schadstoffhaltigen Bauteilen
	084 Abbruch- und Rückbauarbeiten
	085 Rohrvortriebsarbeiten
	087 Abfallentsorgung, Verwertung und Beseitigung
	090 Baulogistik
	091 Stundenlohnarbeiten
	096 Bauarbeiten an Bahnübergängen
	097 Bauarbeiten an Gleisen und Weichen
	098 Witterungsschutzmaßnahmen

A Rohbau

Titel des Leistungsbereichs	LB-Nr.
Sicherheitseinrichtungen, Baustelleneinrichtungen	000
Gerüstarbeiten	001
Erdarbeiten	002
Spezialtiefbauarbeiten	006
Wasserhaltungsarbeiten	008
Entwässerungskanalarbeiten	009
Drän- und Versickerarbeiten	010
Mauerarbeiten	012
Betonarbeiten	013
Naturwerkstein-, Betonwerksteinarbeiten	014
Zimmer- und Holzbauarbeiten	016
Stahlbauarbeiten	017
Abdichtungsarbeiten	018
Dachdeckungsarbeiten	020
Dachabdichtungsarbeiten	021
Klempnerarbeiten	022

LB 000 Sicherheitseinrichtungen, Baustelleneinrichtungen

Sicherheitseinrichtungen, Baustelleneinrichtungen — Preise €

Kosten: Stand 1.Quartal 2018, Bundesdurchschnitt

- ▶ min
- ▷ von
- ø Mittel
- ◁ bis
- ◀ max

Nr.	Positionen	Einheit	▶	▷	ø brutto € ø netto €	◁	◀
1	Baumschutz, Brettermantel, bis 30cm	St	17 14	35 29	**46** **38**	61 52	81 68
2	Fußgängerschutz, Gehwege	m	18 15	50 42	**66** **56**	81 68	161 135
3	Übergangs-/Fußgängerbrücke	St	28 23	128 107	**156** **131**	281 236	515 433
4	Laufsteg - Zugang Gebäude	m	49 41	70 59	**74** **62**	76 64	98 82
5	Bauzaun, Bretter 2,00m	m	5 4	9 8	**11** **9**	15 13	25 21
6	Bauzaun, Stahlrohrrahmen 2,00m	m	3 2	8 7	**10** **9**	15 13	33 28
7	Bauzaun umsetzen, Bretter	m	0,7 0,6	4,3 3,6	**5,5** **4,7**	11 8,8	19 16
8	Bauzaun umsetzen, Stahlrohrrahmen	m	1 1	3 3	**4** **4**	6 5	12 10
9	Bauzaunbeleuchtung, öffentlicher Raum	St	12 10	24 20	**28** **24**	29 25	48 40
10	Absturzsicherung, Seitenschutz	m	8 7	14 12	**17** **14**	22 18	30 25
11	Tor, Bauzaun, Breite 3,50m	St	56 47	109 91	**133** **112**	163 137	259 218
12	Tor, Bauzaun, Breite 5,00m	St	62 52	134 112	**163** **137**	195 163	259 218
13	Tor, Bauzaun Breite bis 6,00m	St	78 66	150 126	**184** **154**	273 230	456 383
14	Tür, Bauzaun, Breite 1,50m	St	58 49	87 73	**93** **78**	114 96	154 130
15	Tür, Bauzaun, Breite 1,00m	St	64 54	93 78	**104** **87**	111 93	139 116
16	Baustraße, Breite bis 2,50m	m²	5 5	13 11	**17** **14**	23 19	35 30
17	Hilfsüberfahrt, Baustellenverkehr	m²	17 14	26 21	**30** **25**	32 27	50 42
18	Kabelbrücke, Strom-/Wasserleitung	St	844 709	1.302 1.094	**1.667** **1.401**	1.931 1.623	2.491 2.093
19	Verkehrseinrichtung, Verkehrszeichen	St	13 11	32 27	**41** **35**	61 51	108 91
20	Verkehrssicherung, Baustelle	m	7 6	26 22	**33** **28**	45 38	66 55
21	Verkehrsregelung, Lichtsignalanlage	psch	465 391	771 648	**861** **723**	1.224 1.029	2.044 1.718
22	Grenzstein sichern	St	24 20	35 30	**36** **30**	42 35	53 44
23	Lagerplatz einrichten und räumen	m²	5 4	11 10	**13** **11**	17 14	22 18
24	Bauwasseranschluss, 3 Zapfstellen	St	80 67	404 340	**547** **460**	1.327 1.115	3.001 2.522

© BKI Baukosteninformationszentrum; Erläuterungen zu den Tabellen siehe Seite 46
Mustertexte geprüft: Bauwirtschaft Baden-Württemberg e.V.

Kostenstand: 1.Quartal 2018, Bundesdurchschnitt

Sicherheitseinrichtungen, Baustelleneinrichtungen — Preise €

Nr.	Positionen	Einheit	▶	▷ ø brutto € / ø netto €	◁	◀
25	Bauwasseranschluss heranführen	m	2	16 / **23**	41	66
			1	14 / **19**	34	56
26	Schmutzwasseranschluss herstellen	St	238	310 / **345**	375	440
			200	260 / **290**	315	370
27	Baustromanschluss	St	34	413 / **553**	976	2.029
			29	347 / **465**	821	1.705
28	Baustrom, Zuleitung	m	3	11 / **15**	20	33
			3	10 / **13**	17	28
29	Baustromverteiler	St	16	251 / **327**	531	1.155
			13	211 / **275**	446	970
30	Baustellenbeleuchtung, außen	psch	325	996 / **1.228**	2.471	4.287
			273	837 / **1.032**	2.076	3.603
31	Baustellenbeleuchtung, innen	psch	800	2.356 / **3.224**	3.614	6.513
			673	1.980 / **2.709**	3.037	5.473
32	Sicherheitsbeleuchtung, Verkehrswege	m	–	3 / **5**	8	–
			–	2 / **4**	7	–
33	Container, Bauleitung, 15m²	St	885	1.519 / **1.774**	2.606	4.173
			744	1.277 / **1.490**	2.190	3.507
34	Container, Bauleitung, 40m²	St	1.321	2.273 / **2.610**	4.034	6.547
			1.110	1.910 / **2.193**	3.390	5.502
35	WC-Kabine anliefern, aufbauen, abfahren	St	18	53 / **69**	96	155
			15	44 / **58**	81	130
36	Sanitärcontainer	St	448	975 / **1.212**	1.542	2.254
			377	819 / **1.018**	1.295	1.894
37	Sanitärcontainer vorhalten	StWo	51	72 / **76**	83	99
			43	61 / **64**	70	84
38	Kranaufstandsfläche herstellen	m²	7	11 / **13**	15	19
			6	9 / **11**	13	16
39	Krannutzung	h	47	93 / **118**	137	186
			40	78 / **99**	115	156
40	Autokran	h	95	140 / **161**	167	237
			80	118 / **135**	140	199
41	Bauaufzug, 200kg, Material und Personen	St	437	683 / **761**	936	1.312
			368	574 / **640**	787	1.103
42	Bauaufzug, 500kg, Material und Personen	St	865	1.329 / **1.625**	1.759	2.367
			727	1.117 / **1.366**	1.478	1.989
43	Bauaufzug, 800kg, Material und Personen	St	865	1.668 / **2.181**	2.878	4.021
			727	1.401 / **1.833**	2.419	3.379
44	Bauaufzug, 1.500kg Material	St	3.008	4.719 / **7.023**	8.159	12.238
			2.527	3.966 / **5.902**	6.856	10.284
45	Bauaufzug, Gebrauchsüberlassung	Wo	–	303 / **489**	663	–
			–	254 / **411**	557	–
46	Hubarbeitsbühne, batteriebetrieben	d	–	294 / **320**	367	–
			–	247 / **269**	308	–
47	Schutzabdeckung, Boden, Holzplatten	m²	1	17 / **22**	40	72
			1	14 / **19**	34	61
48	Bautrocknung, Kondensationstrockner	St	114	172 / **197**	234	342
			95	145 / **166**	196	287

© **BKI** Baukosteninformationszentrum; Erläuterungen zu den Tabellen siehe Seite 46
Mustertexte geprüft: Bauwirtschaft Baden-Württemberg e.V.

Kostenstand: 1.Quartal 2018, Bundesdurchschnitt

LB 000 Sicherheitseinrichtungen, Baustelleneinrichtungen

Sicherheitseinrichtungen, Baustelleneinrichtungen — Preise €

Kosten: Stand 1.Quartal 2018 Bundesdurchschnitt

Nr.	Positionen	Einheit	▶ min	▷ von	ø Mittel brutto € / netto €	◁ bis	◀ max
49	Reinigen grobe Verschmutzung	h	21 / 18	29 / 25	**33** / **27**	36 / 30	42 / 35
50	Bautreppe	St	139 / 117	357 / 300	**464** / **390**	610 / 513	1.012 / 851
51	Schutzwand, Folienbespannung	m²	6 / 5	15 / 13	**17** / **15**	21 / 18	30 / 25
52	Schutzwand, Holz beplankt	m²	12 / 10	36 / 30	**47** / **40**	85 / 71	142 / 119
53	Bautür, Stahlblech	St	53 / 45	149 / 125	**192** / **161**	268 / 225	458 / 385
54	Bautür, Holz	St	58 / 49	136 / 114	**164** / **138**	232 / 195	367 / 309
55	Witterungsschutz, Fensteröffnung	m²	6 / 5	16 / 13	**19** / **16**	28 / 23	42 / 35
56	Schutz, Einrichtung	m²	0,5 / 0,5	2,5 / 2,1	**3,3** / **2,8**	4,5 / 3,8	7,1 / 6,0
57	Schutzabdeckung, Bauplane	m²	2 / 2	5 / 4	**7** / **6**	11 / 9	17 / 14
58	Schnurgerüst	m	3 / 3	9 / 7	**12** / **10**	15 / 12	19 / 16
59	Meterriss	St	4 / 3	15 / 13	**20** / **17**	28 / 24	46 / 39
60	Höhenfestpunkt, Einschlagbolzen	St	12 / 10	32 / 27	**41** / **35**	61 / 51	105 / 88
61	Auffangnetz, Schutznetz	m²	2 / 1	6 / 5	**7** / **6**	11 / 9	20 / 17
62	Bauschuttcontainer, gemischter Bauschutt, 7m³	St	374 / 315	560 / 471	**654** / **549**	695 / 584	821 / 690
63	Bauschuttcontainer, gemischter Bauschutt, bis 10m³	St	617 / 519	798 / 670	**886** / **744**	907 / 762	1.173 / 985
64	Deponiegebühr, gemischter Bauschutt	m³	21 / 18	41 / 35	**52** / **44**	74 / 62	117 / 98
65	Bauschild, Grundplatte	St	502 / 422	1.628 / 1.368	**2.059** / **1.730**	3.513 / 2.952	8.256 / 6.938
66	Schuttabwurfschacht, ca. 60cm	m	9 / 8	35 / 29	**44** / **37**	95 / 80	152 / 127
67	Bauschild, Firmenleiste	St	22 / 18	56 / 47	**73** / **62**	105 / 89	173 / 145
68	Schuttabwurfschacht, bis 8,00m	St	87 / 73	206 / 173	**236** / **199**	254 / 213	501 / 421
69	Stundensatz Facharbeiter, Baugewerbe	h	35 / 29	51 / 43	**57** / **48**	63 / 53	75 / 63
70	Stundensatz Helfer, Baugewerbe	h	31 / 26	44 / 37	**50** / **42**	55 / 46	64 / 53

Nr.	Kurztext / Langtext				[Einheit]	Ausf.-Dauer	Kostengruppe Positionsnummer
▶	▷ ø netto € ◁ ◀						

1 Baumschutz, Brettermantel, bis 30cm KG **211**
Gefährdete Bäume über Gelände gegen mechanische Schäden schützen, während der gesamten Bauzeit.
Stammdurchmesser: bis 30
Material: Brettermantel inkl. Polsterung
Höhe: 2,00 m

| 14€ | 29€ | **38**€ | 52€ | 68€ | [St] | ⏱ 0,90 h/St | 000.000.078 |

2 Fußgängerschutz, Gehwege KG **391**
Schutzdach zur Sicherung von Gehwegen, aus Holz-Konstruktion, mit trittsicherem Belag, 1-seitig offen und mit Brett auf Handlaufhöhe, einschl. wetterfester Abdeckung des Schutzdachs mit glasvliesarmierter Bitumenbahn, überlappend verlegt und auf Holzgrund genagelt.
Breite: 0,90 m
Höhe: mind. 2,10 m
Gebrauchsüberlassung: 4 Wochen

| 15€ | 42€ | **56**€ | 68€ | 135€ | [m] | ⏱ 1,40 h/m | 000.000.063 |

3 Übergangs-/Fußgängerbrücke KG **391**
Fußgängerhilfsbrücke für öffentlichen Verkehr herstellen, vorhalten und beseitigen. Hilfsbrücke mit Schutzgeländer, Schutzdach und Fundamente, Widerlagern. Neigung Rampungen: max. .....°
Dauer: Bauzeit, gem. Anlage .....
Nutzbreite: ..... m
Länge: ..... m
Lichte Durchfahrtshöhe: über 2,25 bis 2,50 m
Ausführung gemäß anliegender Zeichnung Nr. .....
Abrechnung Pauschal = 1 Stück

| 23€ | 107€ | **131**€ | 236€ | 433€ | [St] | ⏱ 1,00 h/St | 000.000.075 |

4 Laufsteg - Zugang Gebäude KG **391**
Laufsteg für Baustellenzugang zum Gebäude herstellen, vorhalten und nach Abruf durch Bauüberwachung wieder beseitigen. Konstruktion unverrückbar gegründet, Ausführung gemäß Vorschlag des AN und Freigabe durch die Bauüberwachung.
Laufsteg mit leichtem Gefälle: .....°
Oberfläche: rutschsicher profiliert
Spannweiten: ca. .... m
Schutzgeländer: beidseitig
Nutzbreite: ..... m
Länge: ..... m

| 41€ | 59€ | **62**€ | 64€ | 82€ | [m] | ⏱ 0,50 h/m | 000.000.103 |

5 Bauzaun, Bretter 2,00m KG **391**
Bauzaun, auf unbefestigtem waagrechtem Untergrund, aufstellen, vorhalten und beseitigen, Ausführung als Absperrung. Türen und Tore werden gesondert vergütet.
Material: Bretter
Zaunhöhe: 2,00 m
Vorhaltedauer: 4 Wochen

| 4€ | 8€ | **9**€ | 13€ | 21€ | [m] | ⏱ 0,20 h/m | 000.000.080 |

LB 000 Sicherheitseinrichtungen, Baustelleneinrichtungen

Kosten:
Stand 1.Quartal 2018
Bundesdurchschnitt

Nr.	Kurztext / Langtext	ø netto €			[Einheit]	Ausf.-Dauer	Kostengruppe Positionsnummer
▶	▷		◁	◀			

6 Bauzaun, Stahlrohrrahmen 2,00m — KG 391
Bauzaun, versetzbar, auf unbefestigtem waagrechtem Untergrund, aufstellen, vorhalten und beseitigen, Ausführung als Absperrung. Türen und Tore werden gesondert vergütet.
Material: Stahlrohrrahmen verzinkt
Zaunhöhe: 2,00 m
Vorhaltedauer: 4 Wochen

| 2€ | 7€ | **9€** | 13€ | 28€ | [m] | ⧗ 0,11 h/m | 000.000.081 |

7 Bauzaun umsetzen, Bretter — KG 391
Bauzaun umsetzen, Ausführung als Absperrung auf unbefestigtem waagrechtem Untergrund, inkl. Tore und Türen.
Zaunhöhe: 2,00 m
Bauart: Bretter
Tore/Türen: .....
Umsetzweg: bis ..... m

| 0,6€ | 3,6€ | **4,7€** | 8,8€ | 16€ | [m] | ⧗ 0,14 h/m | 000.000.099 |

8 Bauzaun umsetzen, Stahlrohrrahmen — KG 391
Bauzaun umsetzen, Ausführung als Absperrung auf unbefestigtem waagrechtem Untergrund, inkl. Tore und Türen.
Zaunhöhe: 2,00 m
Bauart: Stahlrohrrahmen
Tore/Türen: .....
Umsetzweg: bis ..... m

| 1€ | 3€ | **4€** | 5€ | 10€ | [m] | ⧗ 0,10 h/m | 000.000.082 |

9 Bauzaunbeleuchtung, öffentlicher Raum — KG 391
Sicherungsleuchten für Bauzaun, in öffentlichem Raum, montieren und nach Aufforderung komplett entfernen.
Ausführung: **versorgungsnetzabhängig / versorgungsnetzunabhängig**
Vorhaltedauer: ..... Wochen

| 10€ | 20€ | **24€** | 25€ | 40€ | [St] | ⧗ 0,12 h/St | 000.000.065 |

10 Absturzsicherung, Seitenschutz — KG 391
Behelfsmäßiger Seitenschutz entsprechend BGI 807, einschl. Vorhaltung und Rückbau, montiert an freiliegenden Treppenläufen und -podesten zur Absturzsicherung. Die Konstruktion ist so auszuführen, dass die im Bereich der Schutzeinrichtung tätigen Gewerke nicht behindert werden.
Vorhaltedauer: ..... Wochen

| 7€ | 12€ | **14€** | 18€ | 25€ | [m] | ⧗ 0,10 h/m | 000.000.107 |

▶ min
▷ von
ø Mittel
◁ bis
◀ max

Nr.	Kurztext / Langtext						Kostengruppe	
▶	▷	ø netto €	◁	◀	[Einheit]	Ausf.-Dauer	Positionsnummer	

A 1 — Tor, Bauzaun — Beschreibung für Pos. 11-13
Behelfsmäßiges Tor im Bauzaun abschließbar, einbauen, vorhalten und beseitigen.
Ausführung: zum Bauzaun passend

11 Tor, Bauzaun, Breite 3,50m KG **391**
Wie Ausführungsbeschreibung A 1
Bodenabstand: 20 cm
Torhöhe: 2,00 m
Öffnungsbreite: 3,50 m
Vorhaltedauer: ..... Wochen
47€   91€   **112**€   137€   218€   [St]   ⏱ 2,00 h/St   000.000.083

12 Tor, Bauzaun, Breite 5,00m KG **391**
Wie Ausführungsbeschreibung A 1
Bodenabstand: 20 cm
Torhöhe: 2,00 m
Öffnungsbreite: 5,00 m
Vorhaltedauer: ..... Wochen
52€   112€   **137**€   163€   218€   [St]   ⏱ 2,00 h/St   000.000.084

13 Tor, Bauzaun Breite bis 6,00m KG **391**
Wie Ausführungsbeschreibung A 1
Bodenabstand: 20 cm
Torhöhe: 2,00 m
Öffnungsbreite: bis 6,00 m
Vorhaltedauer: 4 Wochen
66€   126€   **154**€   230€   383€   [St]   ⏱ 2,00 h/St   000.000.001

A 2 — Tür, Bauzaun — Beschreibung für Pos. 14-15
Behelfsmäßige Tür im Bauzaun abschließbar, einbauen, vorhalten und beseitigen.
Ausführung: zum Bauzaun passend

14 Tür, Bauzaun, Breite 1,50m KG **391**
Wie Ausführungsbeschreibung A 2
Bodenabstand: 20 cm
Türhöhe: 2,00 m
Öffnungsbreite: 1,50 m
Vorhaltedauer: ..... Wochen
49€   73€   **78**€   96€   130€   [St]   ⏱ 1,05 h/St   000.000.086

15 Tür, Bauzaun, Breite 1,00m KG **391**
Wie Ausführungsbeschreibung A 2
Bodenabstand: 20 cm
Türhöhe: 2,00 m
Öffnungsbreite: 1,00 m
Vorhaltedauer: ..... Wochen
54€   78€   **87**€   93€   116€   [St]   ⏱ 1,00 h/St   000.000.100

© BKI Baukosteninformationszentrum; Erläuterungen zu den Tabellen siehe Seite 46
Mustertexte geprüft: Bauwirtschaft Baden-Württemberg e.V.
Kostenstand: 1.Quartal 2018, Bundesdurchschnitt

**LB 000
Sicherheits-
einrichtungen,
Baustellen-
einrichtungen**

Nr.	Kurztext / Langtext						Kostengruppe	
▶	▷	ø netto €	◁	◀		[Einheit]	Ausf.-Dauer	Positionsnummer

34   Container, Bauleitung, 40m²   KG **391**

Wie Ausführungsbeschreibung A 3
Containergröße: über 15 m² bis 40 m² (aus 2 Container zusammengesetzt)
Ausstattung:
  – ggf. WC-Kabine

| 1.110 € | 1.910 € | **2.193** € | 3.390 € | 5.502 € | [St] | ⏱ 20,00 h/St | 000.000.092 |

35   WC-Kabine anliefern, aufbauen, abfahren   KG **391**

WC-Kabine aufstellen und nach Abruf wieder entfernen. Toiletteneinheit für alle Gewerke mit je 1 WC-Sitz, inkl. aller Verbrauchsmaterialien etc.
Vorhaltedauer: ca. ..... Wochen
Wöchentliche Reinigung und Vorhaltung nach gesondertem Preis

| 15 € | 44 € | **58** € | 81 € | 130 € | [St] | ⏱ 2,00 h/St | 000.000.006 |

36   Sanitärcontainer   KG **391**

Sanitärcontainer aufstellen, vorhalten und abfahren, beheizbar und wärmegedämmt, geeignet für die Nutzung der am Bau beteiligten Fremdfirmen, inkl. Reinigung, Dokumentation der Reinigung und 9 gleichschließender Schlüssel, übergeben an die Bauüberwachung; Verbrauchsmaterialien, Strom- und Heizkosten sind in den EP einzukalkulieren.
Ausstattung:
  – Toilettenraum, Waschplatz und Vorraum
  – 2 WC-Kabinen, 2 Waschrinnen mit je 3 Waschplätzen
  – Garderobe
  – Beleuchtung, Strom- und Wasseranschluss
  – Abwasseranschluss an bauseitig zur Verfügung gestellte Abwasserleitung
  – Warmwasserbereiter für mind. 150 l
  – Heizung
  – Mülleimer

Reinigung: **täglich** / ..... / **wöchentlich**
Vorhaltedauer: ..... Wochen
Aufstellort: siehe Baustelleneinrichtungsplan bzw. nach Absprache mit der Bauüberwachung
Anmerkung: Aufgrund üblicher Abnutzung nicht mehr funktionstüchtige Einrichtungsgegenstände müssen innerhalb eines Tages repariert bzw. gegen funktionstüchtige Geräte ausgetauscht werden.

| 377 € | 819 € | **1.018** € | 1.295 € | 1.894 € | [St] | ⏱ 20,00 h/St | 000.000.044 |

37   Sanitärcontainer vorhalten   KG **391**

Vor beschriebenen Sanitärcontainer wöchentlich vorhalten, komplett reinigen, Verbrauchsmaterialien auffüllen und Betriebsfähigkeit überprüfen, sowie ggf. Mängel beseitigen nach Abstimmung mit der Bauüberwachung des Architekten.
Einheitspreis für Vorhaltedauer von 1 Woche
Anzahl der Sanitäreinheiten: .....

| 43 € | 61 € | **64** € | 70 € | 84 € | [StWo] | ⏱ 1,50 h/StWo | 000.000.102 |

Kosten:
Stand 1.Quartal 2018
Bundesdurchschnitt

▶ min
▷ von
ø Mittel
◁ bis
◀ max

Nr.	Kurztext / Langtext				[Einheit]	Ausf.-Dauer	Kostengruppe Positionsnummer
▶	▷	ø netto €	◁	◀			
38	**Kranaufstandsfläche herstellen**						KG **391**
	Kranaufstandsfläche inkl. Kranfundamente, geeignet für Baustellenkran, inkl. Erdarbeiten. Nach dem Kranabbau sind die Flächen und Fundamente zurückzubauen und zu entsorgen.						
	max. Tragfähigkeit Kran:						
	Ausladung:						
	Boden / Homogenbereich:						
6€	9€	**11**€	13€	16€	[m²]	⏱ 0,20 h/m²	000.000.069
39	**Krannutzung**						KG **391**
	Baukran mit Bedienung, als Leistung für Dritte, Leistung auf Anweisung der Bauüberwachung.						
	Abrechnungseinheit: Stunde (h)						
40€	78€	**99**€	115€	156€	[h]	⏱ 1,00 h/h	000.000.041
40	**Autokran**						KG **391**
	Autokran bereitstellen, betreiben und abbauen. Abrechnung nach festgestellten Betriebsstunden. Leistung inkl. An- und Abfahrt, sowie Betriebspersonal.						
	Hakenhöhe / Hubhöhe:						
	max. Traglast: 50-70 t						
	max. Ausladung:						
80€	118€	**135**€	140€	199€	[h]	⏱ 1,00 h/h	000.000.045
41	**Bauaufzug, 200kg, Material und Personen**						KG **391**
	Baustellenaufzug für Personen und Material, liefern, aufstellen und wieder räumen.						
	Förderhöhe: 15,00 m						
	Nutzlast: bis 200 kg						
	Befestigung:						
	Haltestellen: ..... St						
	Fahrkorbfläche: 2,00 m²						
	Vorhaltedauer: ..... Wochen						
368€	574€	**640**€	787€	1.103€	[St]	⏱ 12,00 h/St	000.000.093
42	**Bauaufzug, 500kg, Material und Personen**						KG **391**
	Baustellenaufzug für Material, liefern, aufstellen und wieder räumen.						
	Förderhöhe: 15,00 m						
	Nutzlast: bis 500 kg						
	Befestigung:						
	Haltestellen: ..... St						
	Fahrkorbfläche: 2,00 m²						
	Vorhaltedauer: ..... Wochen						
727€	1.117€	**1.366**€	1.478€	1.989€	[St]	⏱ 13,00 h/St	000.000.094

© **BKI** Baukosteninformationszentrum; Erläuterungen zu den Tabellen siehe Seite 46
Mustertexte geprüft: Bauwirtschaft Baden-Württemberg e.V.

LB 000 Sicherheitseinrichtungen, Bausteneinrichtungen

Kosten:
Stand 1.Quartal 2018
Bundesdurchschnitt

▶ min
▷ von
ø Mittel
◁ bis
◀ max

Nr.	Kurztext / Langtext				[Einheit]	Ausf.-Dauer	Kostengruppe Positionsnummer
▶	▷ ø netto € ◁ ◀						

43 Bauaufzug, 800kg, Material und Personen KG **391**
Baustellenaufzug für Personen und Material, liefern, aufstellen und wieder räumen.
Förderhöhe: 15,00 m
Nutzlast: bis 800 kg
Befestigung: .....
Haltestellen: ..... St
Fahrkorbfläche: 2,00 m²
Vorhaltedauer: ..... Wochen

| 727€ | 1.401€ | **1.833**€ | 2.419€ | 3.379€ | [St] | ⏱ 14,00 h/St | 000.000.027 |

44 Bauaufzug, 1.500kg Material KG **391**
Baustellenaufzug für Material, liefern, aufstellen und wieder räumen.
Förderhöhe: 15,00 m
Nutzlast: bis 1.500 kg
Befestigung: .....
Haltestellen: ..... St
Fahrkorbfläche: 2,00 m²
Vorhaltedauer: ..... Wochen

| 2.527€ | 3.966€ | **5.902**€ | 6.856€ | 10.284€ | [St] | ⏱ 15,00 h/St | 000.000.095 |

45 Bauaufzug, Gebrauchsüberlassung KG **391**
Baustellenaufzug betreiben und bedienen, nach besonderer Anordnung des AG, an Werktagen, in der Zeit von 5 bis 20 Uhr.
Gebrauchsüberlassung: 1 Woche

| –€ | 254€ | **411**€ | 557€ | –€ | [Wo] | – | 000.000.028 |

46 Hubarbeitsbühne, batteriebetrieben KG **391**
Gelenkteleskopbühne betreiben und wieder entfernen. Leistung einschl. aller Komponenten und Betriebsmittel für die Funktionstüchtigkeit und das Betreiben der Anlage.
Antrieb: batteriebetrieben
Ausführung: für Innen- und Außeneinsatz
Arbeitshöhe: .....
seitliche Reichweite: .....
Nutzlast: .....
Vorhaltedauer: ..... Tage

| –€ | 247€ | **269**€ | 308€ | –€ | [d] | ⏱ 1,50 h/d | 000.000.031 |

47 Schutzabdeckung, Boden, Holzplatten KG **397**
Böden vollflächig mit Holzplatten, mehrlagig, nicht verrutschend abdecken und nach Aufforderung durch die Bauleitung wieder entfernen.
Unterseitige Lage: nicht kondenswasserbildend
Oberseitige Lage: Holzplatten mit Nut-Feder-Verbindung
Vorhaltedauer: ..... Wochen

| 1€ | 14€ | **19**€ | 34€ | 61€ | [m²] | ⏱ 0,16 h/m² | 000.000.009 |

Nr.	Kurztext / Langtext					Kostengruppe	
▶	▷	ø netto €	◁	◀	[Einheit]	Ausf.-Dauer	Positionsnummer

48 Bautrocknung, Kondensationstrockner — KG 397

Bautrockengerät mit mobilem Kondensationstrockner und eingebauter Heizung aufstellen, betreiben und wieder entfernen. Leistung einschl. aller Komponenten für die Funktionstüchtigkeit der Anlage; Betriebsenergie nach gesonderter Abrechnung.

Anlage bestehend aus:
– integriertem Auffangbehälter, überlaufgesichert, vollautomatisch
– Bedien- und Kontrollfeld mit Betriebsstundenzähler auf der Oberseite
– vorbereitet für Anschluss von zwei Schläuchen (max. 5 m)
– zuschaltbare elektrische Heizung (1 kW)

Betriebsart: **elektrisch / Brennstoff**
Entfeuchtungsleistung bei +15°C / 60% rF: 10 Liter/Tag
Kondensatbehälter Größe: 15,0 Liter
Arbeitsbereich: von +3°C bis +30°C / von 40% rF bis 100% rF
Heizleistung: 1.000 W
Schalldruckpegel in 1m Abstand: 60 dB(A)
IP-Schutzart: X4 (für elektrischen Betrieb)
Vorhaltedauer: ..... Tage
Angeb. Produkt: .....

| 95€ | 145€ | **166€** | 196€ | 287€ | [St] | ⏱ 0,60 h/St | 000.000.038 |

49 Reinigen grobe Verschmutzung — KG 391

Reinigen der Baustelle von grober Verschmutzung, Abfällen und Rückständen, die nicht durch den AN zu verantworten sind. Abrechnung nach Aufwand.

| 18€ | 25€ | **27€** | 30€ | 35€ | [h] | ⏱ 1,00 h/h | 000.000.105 |

50 Bautreppe — KG 391

Bautreppe BGR113 herstellen, vorhalten und wieder demontieren, zweiläufig, über mehrere Geschosse, mit Podesten.
Konstruktion: .....
Nutzung: **für den Bauverkehr / für öffentliche Nutzung**
Geschosshöhe: bis 3,00 m
Treppenbreite: mind. 0,90 m
Steigungen: .....
Geländer: zweiseitig an Treppe und dreiseitig an Podesten
Vorhaltedauer: ..... Wochen

| 117€ | 300€ | **390€** | 513€ | 851€ | [St] | ⏱ 6,20 h/St | 000.000.023 |

51 Schutzwand, Folienbespannung — KG 397

Staubschutzwand als Folienschutzwand im Gebäude, einschl. Vorhalten und wieder Beseitigen, diverse Raumhöhen, bestehend aus Trag- und Unterkonstruktion aus Holz, Bespannung mit verstärkter Gitterfolie, Anschlüsse an umfassende Massivbauteile zusätzlich abgeklebt.
Geschosshöhe: ..... (max. 3,50 m)
Einzelgröße: mind. 5 m²
Foliendicke: mind. 0,5 mm
Vorhaltedauer: ..... Wochen

| 5€ | 13€ | **15€** | 18€ | 25€ | [m²] | ⏱ 0,30 h/m² | 000.000.010 |

LB 000 Sicherheitseinrichtungen, Baustelleneinrichtungen

Nr.	Kurztext / Langtext						Kostengruppe
▶ ▷	ø netto €	◁	◀	[Einheit]	Ausf.-Dauer	Positionsnummer

64   Deponiegebühr, gemischter Bauschutt KG **391**

Deponiegebühren für Entsorgung durch AN, Abrechnung nach Wiegekarte. Entsorgung des Materials auf einer Deponie nach Wahl des Auftragnehmers.
Bau- und Abbruchabfälle aus: AVV .....
Material nicht schadstoffbelastet, Zuordnung Z 0 (uneingeschränkte Deponierung)

| 18€ | 35€ | **44**€ | 62€ | 98€ | [m³] | – | 000.000.071 |

65   Bauschild, Grundplatte KG **391**

Bauschild, mittig geteilt, eine Hälfte des Bauschildes für die Firmenschilder der Gewerke, andere Hälfte für räumliche Darstellung und Auflistung Bauherr / Fachplaner / Architekt.
Bauschild bestehend aus:
– stabilem Fundament
– Unterkonstruktion geeignet für Bauschild-Montage ca. 2,00 m über OK Gelände, sturmsicher befestigt, Oberfläche beschichtet
– Beschriftung Bauschild (jeweils mit Nennung von Namen, Anschrift, Telefon): Objektbezeichnung, Bauherr, Architekt, Bauleitung, Tragwerksplanung, Fachplaner für Gebäudetechnik, Fachplaner für Freianlagen, Bodengutachter, Sonderingenieure
– zusätzliche räumliche Darstellung der Baumaßnahme, nach Vorlage des Architekten
– Layout: dunkle Buchstaben auf beschichtetem Grund, Gestaltung nach Absprache mit dem AG/Architekten, Layout-Vorlage erstellt durch den AN

Bauschildgrundplatte (B x H): 5,00 x 2,50 m
Oberfläche: fertig beschichtet
Farbe: .....
Vorhaltedauer: ..... Wochen

| 422€ | 1.368€ | **1.730**€ | 2.952€ | 6.938€ | [St] | ⏱ 15,00 h/St | 000.000.018 |

66   Schuttabwurfschacht, ca. 60cm KG **391**

Schuttrutsche, staubdicht über Schuttcontainer montieren und wieder demontieren. Abrechnung je Höhenmeter erstellter Schuttrohr-Anlage.
Durchmesser: 60 cm
Höhe: ..... m
Einbauort: **innerhalb / außerhalb** des Gebäudes
Grundvorhaltedauer: ..... Wochen

| 8€ | 29€ | **37**€ | 80€ | 127€ | [m] | ⏱ 0,40 h/m | 000.000.020 |

67   Bauschild, Firmenleiste KG **391**

Firmenschild für Ausbaugewerke, für vorbeschriebenes Bauschild, Layout abgestimmt zum Bauschild mit Nennung der Firma, inkl. Adresse, Telefon, Fax, Mailadresse, einschl. Montage.
Einzelgröße: ca. 2,50 x 0,15 m

| 18€ | 47€ | **62**€ | 89€ | 145€ | [St] | ⏱ 0,40 h/St | 000.000.019 |

Kosten:
Stand 1.Quartal 2018
Bundesdurchschnitt

▶ min
▷ von
ø Mittel
◁ bis
◀ max

Nr.	Kurztext / Langtext						Kostengruppe	
▶	▷	ø netto €	◁	◀	[Einheit]	Ausf.-Dauer	Positionsnummer	

68 Schuttabwurfschacht, bis 8,00m KG **391**

Schuttrutsche, staubdicht über Schuttcontainer montieren und wieder demontieren. Abrechnung je Stück Schuttrohr-Anlage.
Durchmesser: 60 cm
Einbauort: **innerhalb / außerhalb** des Gebäudes
Höhe: 4,00 bis 8,00 m
Grundvorhaltedauer: ..... Wochen

| 73€ | 173€ | **199**€ | 213€ | 421€ | [St] | ⏱ 4,00 h/St | 000.000.021 |

69 Stundensatz Facharbeiter, Baugewerbe

Stundenlohnarbeiten für Facharbeiter, Spezialfacharbeiter, Vorarbeiter und jeweils Gleichgestellte.
Leistung nach besonderer Anordnung der Bauüberwachung. Nachweis und Anmeldung gemäß VOB/B.

| 29€ | 43€ | **48**€ | 53€ | 63€ | [h] | ⏱ 1,00 h/h | 000.000.072 |

70 Stundensatz Helfer, Baugewerbe

Stundenlohnarbeiten für Werker, Fachwerker und jeweils Gleichgestellte. Leistung nach besonderer Anordnung der Bauüberwachung. Nachweis und Anmeldung gemäß VOB/B.

| 26€ | 37€ | **42**€ | 46€ | 53€ | [h] | ⏱ 1,00 h/h | 000.000.073 |

LB 001 Gerüstarbeiten

Gerüstarbeiten — Preise €

Kosten: Stand 1. Quartal 2018, Bundesdurchschnitt

▶ min
▷ von
ø Mittel
◁ bis
◀ max

Nr.	Positionen	Einheit	▶	▷	ø brutto € / ø netto €	◁	◀
1	Fassadengerüst, LK3, SW06	m²	3,7	6,0	**6,7**	7,7	10
			3,1	5,1	**5,7**	6,5	8,6
2	Fassadengerüst, LK4, SW09	m²	6,0	8,4	**9,3**	11	14
			5,1	7,1	**7,8**	9,1	12
3	Fassadengerüst, LK5, SW09	m²	7,1	10	**10**	11	15
			5,9	8,6	**8,7**	9,4	12
4	Fassadengerüst, Gebrauchsüberlassung	m²Wo	<0,1	0,2	**0,2**	0,3	0,6
			<0,1	0,1	**0,2**	0,3	0,5
5	Fassadengerüst umsetzen	m²	3	5	**6**	8	11
			3	4	**5**	7	9
6	Fassadengerüst, Auf-/Abbau, abschnittsweise	m²	0,3	0,6	**0,8**	1,0	1,6
			0,2	0,5	**0,7**	0,9	1,4
7	Abstützung, freistehendes Gerüst	m²	0,4	2,5	**2,8**	5,0	7,9
			0,3	2,1	**2,4**	4,2	6,6
8	Standfläche herstellen, Hilfsgründung	m	0,4	2,5	**3,0**	5,9	10
			0,4	2,1	**2,5**	5,0	8,4
9	Schutzlage über Dachabdichtung	m²	3	6	**7**	10	17
			3	5	**6**	9	14
10	Standgerüst, innen	m²	5	7	**8**	10	14
			4	6	**7**	8	12
11	Raumgerüst, Lastklasse 3	m³	3	6	**7**	9	14
			3	5	**6**	8	12
12	Raumgerüst, Gebrauchsüberlassung	m³Wo	0,1	0,1	**0,2**	0,3	0,5
			0,1	0,1	**0,1**	0,2	0,4
13	Fahrgerüst, Lastklasse 3	St	125	227	**273**	400	799
			105	190	**229**	337	671
14	Gerüstverbreiterung, bis 30cm	m	2,8	5,4	**6,3**	9,1	19
			2,3	4,5	**5,3**	7,7	16
15	Gerüstverbreiterung, bis 70cm	m	4,8	8,0	**9,5**	12	19
			4,0	6,7	**8,0**	10	16
16	Gerüstverbreiterung, Gebrauchsüberlassung	mWo	0,1	0,2	**0,2**	0,4	1,1
			0,1	0,1	**0,2**	0,3	0,9
17	Arbeitsgerüst, Erweiterung, Dachfanggerüst	m	4	10	**12**	15	26
			3	8	**10**	13	22
18	Dachfanggerüst, Gebrauchsüberlassung	mWo	<0,1	0,2	**0,3**	0,5	0,9
			<0,1	0,2	**0,3**	0,4	0,7
19	Kamineinrüstung, Dachgerüst	St	216	400	**508**	630	895
			182	336	**427**	530	752
20	Gerüsttreppe, Treppenturm	St	344	828	**1.078**	1.354	1.987
			289	695	**906**	1.138	1.670
21	Leitergang, Gerüst	St	11	24	**28**	31	43
			9	20	**23**	26	36
22	Leitergang, Gebrauchsüberlassung	StWo	0,6	7,3	**9,7**	12	17
			0,5	6,1	**8,1**	10,0	14
23	Überbrückung, Gerüst	m	7	25	**32**	49	96
			6	21	**27**	41	81
24	Überbrückung, Gebrauchsüberlassung	mWo	0,1	0,9	**1,2**	5,6	15
			0,1	0,7	**1,0**	4,7	12

© BKI Baukosteninformationszentrum; Erläuterungen zu den Tabellen siehe Seite 46
Mustertexte geprüft: Bundesinnung für das Gerüstbauer-Handwerk

Kostenstand: 1. Quartal 2018, Bundesdurchschnitt

Gerüstarbeiten   Preise €

Nr.	Positionen	Einheit	▶	▷ ø brutto € ø netto €	◁	◀
25	Seitenschutz, Arbeitsgerüst	m	1	5	6	12	22
			1	4	5	10	18
26	Baustellenaufzug, bis 500kg	St	2.083	3.425	**3.557**	4.946	7.243
			1.750	2.878	**2.989**	4.156	6.087
27	Sondergerüstanker, WDVS	St	2	25	**29**	57	102
			2	21	**25**	48	86
28	Warnleuchte	St	7	21	**25**	38	62
			6	18	**21**	32	52
29	Fußgängertunnel, Gerüst	m	16	25	**30**	42	64
			13	21	**25**	35	54
30	Schutzdach, Gerüst	m	22	26	**26**	28	38
			18	22	**22**	24	32
31	Gerüstbekleidung, PE-Folie	m²	1	4	**5**	7	12
			0,9	3,1	**3,8**	5,8	10
32	Gerüstbekleidung, Staubschutznetz/Schutzgewebe	m²	0,7	2,1	**2,8**	4,5	7,9
			0,6	1,8	**2,4**	3,8	6,7
33	Kabelbrücke, Strom-/Wasserleitung	St	844	1.409	**1.669**	1.898	2.492
			709	1.184	**1.402**	1.595	2.094
34	Statische Berechnung	psch	262	914	**1.316**	2.067	3.601
			220	768	**1.106**	1.737	3.026
35	Stundensatz Facharbeiter, Gerüstbau	h	37	52	**56**	59	70
			31	43	**47**	50	59
36	Stundensatz Helfer, Gerüstbau	h	25	39	**45**	50	61
			21	33	**38**	42	51

Nr.	Kurztext / Langtext					Kostengruppe
▶	▷ ø netto € ◁ ◀	[Einheit]	Ausf.-Dauer	Positionsnummer

A 1 Fassadengerüst   Beschreibung für Pos. **1-3**

Arbeitsgerüst DIN EN 12811-1 als längenorientiertes Standgerüst aus vorgefertigten Bauteilen nach DIN EN 12810 mit durchlaufenden Gerüstlagen und Verankerung am Gebäude, auf tragfähiger Standfläche. Grundeinsatzzeit 4 Wochen.

1 Fassadengerüst, LK3, SW06   KG **392**

Wie Ausführungsbeschreibung A 1
Einsatz für: .....
Lastklasse: 3 (2,0 kN/m²)
Breitenklasse: SW06 (Mindestbelagbreite 0,60 m)
Höhenklasse: H1
Verankerungsgrund: .....
Standfläche: **eben / geneigt** .....°
Abstand Belag zum Bauwerk: .....
Gebäudeabmessung / Aufbauhöhe: .....

3 €   5 €   **6 €**   6 €   9 €   [m²]   ⏱ 0,10 h/m²   001.000.061

LB 001
Gerüstarbeiten

Nr.	Kurztext / Langtext				[Einheit]	Ausf.-Dauer	Kostengruppe Positionsnummer
▶	▷	ø netto €	◁	◀			

2   Fassadengerüst, LK4, SW09   KG **392**
Wie Ausführungsbeschreibung A 1
Einsatz für: .....
Lastklasse: 4 (3,0 kN/m²)
Breitenklasse: SW09 (Mindestbelagbreite 0,90 m)
Verankerungsgrund: .....
Höhenklasse: H1
Standfläche: **eben / geneigt .....°**
Abstand Belag zum Bauwerk: .....
Gebäudeabmessung / Aufbauhöhe: .....
  5 €   7 €   **8 €**   9 €   12 €   [m²]   ⏱ 0,12 h/m²   001.000.003

Kosten:
Stand 1.Quartal 2018
Bundesdurchschnitt

3   Fassadengerüst, LK5, SW09   KG **392**
Wie Ausführungsbeschreibung A 1
Einsatz für: .....
Lastklasse: 5 (4,5 kN/m²)
Breitenklasse: SW09 (Mindestbelagbreite 0,90 m)
Höhenklasse: H1
Verankerungsgrund: .....
Standfläche: **eben / geneigt .....°**
Abstand Belag zum Bauwerk: .....
Gebäudeabmessung / Aufbauhöhe: .....
  6 €   9 €   **9 €**   9 €   12 €   [m²]   ⏱ 0,14 h/m²   001.000.004

4   Fassadengerüst, Gebrauchsüberlassung   KG **392**
Gebrauchsüberlassung des Fassadengerüsts, über die Grundeinsatzzeit hinaus, für weitere ..... Woche(n).
  <0,1 €   0,1 €   **0,2 €**   0,3 €   0,5 €   [m²Wo]   –   001.000.008

5   Fassadengerüst umsetzen   KG **392**
Arbeitsgerüst umsetzen, längenorientiertes Standgerüst aus vorgefertigten Bauteilen.
Umsetzarbeit: **im Ganzen / in ..... Abschnitten**
Transportweg: i. M. ..... m
Beschreibung Gerüst: **abgetreppt / durchlaufend**
Lastklasse: .....
Breitenklasse: .....
Höhenklasse: H1
Verankerung: am Gebäude
Verankerungsgrund: .....
Abstand Belag zum Bauwerk: .....
Standfläche: **eben / geneigt .....°**
Gebäudeabmessung / Aufbauhöhe: .....
  3 €   4 €   **5 €**   7 €   9 €   [m²]   ⏱ 0,16 h/m²   001.000.032

▶ min
▷ von
ø Mittel
◁ bis
◀ max

Nr.	Kurztext / Langtext						Kostengruppe	
▶	▷	ø netto €	◁	◀		[Einheit]	Ausf.-Dauer	Positionsnummer

6 Fassadengerüst, Auf-/Abbau, abschnittsweise — KG 392

Mehrpreis für abschnittsweisen Aufbau oder Abbau des Arbeits- / Schutzgerüsts.
Arbeiten gemäß beiliegender Sonderbeschreibung: .....
Ausführung: **Aufbau / Abbau / Umbau**
Gerüstart: .....
Last- und Breitenklasse: .....

| 0,2€ | 0,5€ | **0,7**€ | 0,9€ | 1,4€ | [m²] | ⌚ 0,02 h/m² | 001.000.045 |

7 Abstützung, freistehendes Gerüst — KG 392

Freistehendes Gerüst ohne Verankerung am Bauwerk, Ausführung mit Abstützung oder Stützgerüst, gemäß statischer Berechnung, Freiraum für Abstützung oder Stützgerüste umlaufend vorhanden, Standfläche waagrecht auf Gelände über Lastverteiler belastbar. Der Tragfähigkeits- und Standsicherheitsnachweis wird gesondert vergütet.
Gerüstart: .....
Last- und Breitenklasse: .....
Grundeinsatzzeit: 4 Wochen
Stütze: **Abstützung / Stützgerüst**

| 0,3€ | 2,1€ | **2,4**€ | 4,2€ | 6,6€ | [m²] | ⌚ 0,04 h/m² | 001.000.031 |

8 Standfläche herstellen, Hilfsgründung — KG 392

Unterbau für beschriebenes Gerüst, zur Herstellung einer belastbaren Standfläche.
Standfläche: .....
Neigung: eben
Breite Gerüst: .....

| 0,4€ | 2,1€ | **2,5**€ | 5,0€ | 8,4€ | [m] | ⌚ 0,05 h/m | 001.000.042 |

9 Schutzlage über Dachabdichtung — KG 363

Schutzlage / -abdeckung über bauseitiger Dachabdichtung, lose verlegt, nach Rückbau des Gerüstes komplett entfernen. Schutzabdeckung aus: .....

| 3€ | 5€ | **6**€ | 9€ | 14€ | [m²] | ⌚ 0,03 h/m² | 001.000.056 |

10 Standgerüst, innen — KG 392

Arbeitsgerüst als längenorientiertes Standgerüst aus vorgefertigten Bauteilen, im Innenraum, einschl. Demontage, auf tragfähiger, ebener Standfläche, Arbeitsfläche durchlaufend, mit Seitenschutz.
Grundeinsatzzeit: 4 Wochen
Einsatz für: .....
Lastklasse: 3 (2,0 kN/m²)
Breitenklasse: .....
Höhenklasse: H1
Anzahl der Gerüstlagen: .....
Verankerung: am Gebäude
Verankerungsgrund: .....
Abstand Belag zum Bauwerk: .....
Standfläche: **eben / geneigt** .....°
Gebäudeabmessung / Aufbauhöhe: .....
Angeb. System: .....

| 4€ | 6€ | **7**€ | 8€ | 12€ | [m²] | ⌚ 0,12 h/m² | 001.000.005 |

LB 001 Gerüstarbeiten

Nr.	**Kurztext** / Langtext						Kostengruppe
▶	▷	ø netto €	◁	◀	[Einheit]	Ausf.-Dauer	Positionsnummer

Kosten:
Stand 1.Quartal 2018
Bundesdurchschnitt

11 Raumgerüst, Lastklasse 3 — KG 392
Arbeitsgerüst als flächenorientiertes Standgerüst, aus vorgefertigten Bauteilen, auf tragfähiger Standfläche, mit einer Arbeitslage durchlaufend, mit Seitenschutz.
Grundeinsatzzeit: 4 Wochen
Einsatzort: **innerhalb / außerhalb** des Gebäudes
Lastklasse: 3 (2,0 kN/m²)
Höhenklasse: H1
Anzahl der Gerüstlagen: .....
Seitenschutz: **einseitig / zweiseitig / umlaufend**
Verankerung: am Gebäude
Verankerungsgrund: .....
Abstand Belag zum Bauwerk: .....
Standfläche: **eben / geneigt** .....°
Grundfläche / Aufbauhöhe: .....
Angeb. System: .....

| 3€ | 5€ | **6€** | 8€ | 12€ | [m³] | ⏱ 0,13 h/m³ | 001.000.022 |

12 Raumgerüst, Gebrauchsüberlassung — KG 392
Gebrauchsüberlassung des beschriebenen Raumgerüsts über die Grundeinsatzzeit hinaus, für jede weitere Woche.

| 0,1€ | 0,1€ | **0,1€** | 0,2€ | 0,4€ | [m³Wo] | – | 001.000.048 |

13 Fahrgerüst, Lastklasse 3 — KG 392
Fahrbares Gerüst nach DIN 4420-3 als Arbeitsgerüst mit einer Arbeitslage, Seitenschutz und Zugang, Standflächen eben, einschl. Abbau. Grundeinsatzzeit 4 Wochen.
Lastklasse: 3 (2,0 kN/m²)
Aufbauhöhe: ..... (geeignet für Arbeitshöhe bis ..... m)
Aufstellort: innerhalb des Gebäudes

| 105€ | 190€ | **229€** | 337€ | 671€ | [St] | ⏱ 2,20 h/St | 001.000.006 |

A 2 Gerüstverbreiterung — Beschreibung für Pos. **14-15**
Gerüstverbreiterung des Arbeitsgerüsts, mit Systemteilen, einschl. der notwendigen Beläge, Seitenschutz, notwendigen Absteifungen, Zugänge und Sicherungen sowie Verstärkung der Anker.

14 Gerüstverbreiterung, bis 30cm — KG 392
Wie Ausführungsbeschreibung A 2
Grundeinsatzzeit: 4 Wochen
Gerüstart / Lastklasse: .....
Verbreiterung: bis 0,30 m
Einbauhöhe: .....

| 2€ | 5€ | **5€** | 8€ | 16€ | [m] | ⏱ 0,12 h/m | 001.000.046 |

▶ min
▷ von
ø Mittel
◁ bis
◀ max

Nr.	Kurztext / Langtext				[Einheit]	Ausf.-Dauer	Kostengruppe Positionsnummer
▶	▷	ø netto €	◁	◀			

15	Gerüstverbreiterung, bis 70cm						KG 329

Wie Ausführungsbeschreibung A 2
Grundeinsatzzeit: 4 Wochen
Gerüstart / Lastklasse: .....
Verbreiterung: 0,30 bis 0,70 m
Einbauhöhe: .....

4€	7€	**8€**	10€	16€	[m]	⏱ 0,14 h/m	001.000.009

16	Gerüstverbreiterung, Gebrauchsüberlassung						KG 392

Gebrauchsüberlassung der Gerüstverbreiterung, über die Grundeinsatzzeit hinaus, für weitere ..... Woche(n).
Auskragung: .....
Gerüstart / Lastklasse: .....

0,1€	0,1€	**0,2€**	0,3€	0,9€	[mWo]	–	001.000.010

17	Arbeitsgerüst, Erweiterung, Dachfanggerüst						KG 392

Erweiterung des Fassadengerüsts zum Dachfanggerüst DIN 4420-1, Ausbau der obersten Gerüstlage mit Systemteilen.
Dachüberstand Breite: .....
Schutzwand mit Fanglage aus: **Geflecht / Schutznetz**
Grundeinsatzzeit: 4 Wochen
Gerüstart / Lastklasse: .....

3€	8€	**10€**	13€	22€	[m]	⏱ 0,16 h/m	001.000.011

18	Dachfanggerüst, Gebrauchsüberlassung						KG 392

Gebrauchsüberlassung des Dachfanggerüsts, über die Grundeinsatzzeit hinaus, für weitere ..... Woche(n).
Ausführung: .....
Gerüstart / Lastklasse: .....

<0,1€	0,2€	**0,3€**	0,4€	0,7€	[mWo]	–	001.000.021

19	Kamineinrüstung, Dachgerüst						KG 392

Kamingerüst, über schrägen Dachflächen, mittels geeigneter Dachgerüstkonsolen, mit dreiteiligem Seitenschutz, geeignet für Abbruch und Neubau des Kamins.
Grundeinsatzzeit: 4 Wochen
Lastklasse: 4 (3,0 kN/m²)
Breitenklasse: W09 (Mindestbelagbreite 0,90m)
Höhe: 2,0 m

182€	336€	**427€**	530€	752€	[St]	⏱ 8,00 h/St	001.000.012

20	Gerüsttreppe, Treppenturm						KG 392

Treppenturm für Gerüst, am Gerüst anbauen und verankern, mit Zwischenpodesten im vertikalen Raster von 2,00m, einschl. Innen- und Außengeländern.
Gerüstart / Lastklasse: Klasse **A / B**
Steigmaß: .....
Grundeinsatzzeit: 4 Wochen
Aufbauhöhe: ......
Treppe: **einläufig / zweiläufig**
Laufbreite: über 500 bis 750 mm

289€	695€	**906€**	1.138€	1.670€	[St]	⏱ 12,00 h/St	001.000.025

© BKI Baukosteninformationszentrum; Erläuterungen zu den Tabellen siehe Seite 46
Mustertexte geprüft: Bundesinnung für das Gerüstbauer-Handwerk

LB 001 Gerüstarbeiten

Kosten:
Stand 1.Quartal 2018
Bundesdurchschnitt

▶ min
▷ von
ø Mittel
◁ bis
◀ max

Nr.	Kurztext / Langtext					[Einheit]	Ausf.-Dauer	Kostengruppe Positionsnummer
▶	▷	ø netto €	◁	◀				

21 Leitergang, Gerüst KG **392**
Zusätzlichen Leitergang (je Gerüstlage h=2,00m) in die Gerüstkonstruktion einbauen, gebrauchsüberlassen und wieder abbauen.
Einbauort: .....
Gerüstart / Lastklasse: .....
Grundeinsatzzeit: 4 Wochen

| 9€ | 20€ | **23€** | 26€ | 36€ | [St] | ⏱ 0,22 h/St | 001.000.013 |

22 Leitergang, Gebrauchsüberlassung KG **392**
Gebrauchsüberlassung des Leitergangs (je Gerüstlage h=2,0m), über die Grundeinsatzzeit hinaus, für weitere ..... Woche(n).

| 0,5€ | 6,1€ | **8,1€** | 10,0€ | 14€ | [StWo] | – | 001.000.014 |

23 Überbrückung, Gerüst KG **392**
Überbrückung in Gerüst aus Gitterträger, im Gerüstsystem, einschl. Gerüstbelag und Seitenschutz.
Grundeinsatzzeit: 4 Wochen
Gerüstart / Lastklasse: .....
Spannweite: .....
Höhe über Standfläche: .....
Einbauort: über **Eingang / Durchfahrt**

| 6€ | 21€ | **27€** | 41€ | 81€ | [m] | ⏱ 0,50 h/m | 001.000.015 |

24 Überbrückung, Gebrauchsüberlassung KG **392**
Gebrauchsüberlassung der Gerüstüberbrückung, über die Grundeinsatzzeit hinaus, für weitere ..... Woche(n).

| 0,1€ | 0,7€ | **1,0€** | 4,7€ | 12€ | [mWo] | – | 001.000.016 |

25 Seitenschutz, Arbeitsgerüst KG **392**
Zusätzlicher Seitenschutz im Arbeitsgerüst, aus Systemteilen, Einbau bei einem Abstand von mehr als 0,30m zwischen Belag und Bauwerk..
Einbau: **wandseitig / .....**
Grundeinsatzzeit: 4 Wochen
Ausführung: **mit Geländer, Zwischenholm und Bordbrett / ohne Bordbrett**
Lagenanzahl: .....

| 1€ | 4€ | **5€** | 10€ | 18€ | [m] | ⏱ 0,05 h/m | 001.000.023 |

26 Baustellenaufzug, bis 500kg KG **391**
Baustellenaufzug aufstellen, gebrauchsüberlassen und entfernen.
Grundeinsatzzeit: 4 Wochen
Nutzlast: ..... (bis 500 kg)
Abstand Entladestellen: 2,00 m
Förderhöhe: .....
Personenbeförderung: **mit / ohne**

| 1.750€ | 2.878€ | **2.989€** | 4.156€ | 6.087€ | [St] | ⏱ 12,00 h/St | 001.000.018 |

27 Sondergerüstanker, WDVS KG **392**
Ein- und Ausbau von konfektionierten Sondergerüstankern zur Verankerung des Gerüstes bei WDVS-Fassaden, Einbau nach Ankerplan.

| 2€ | 21€ | **25€** | 48€ | 86€ | [St] | ⏱ 0,10 h/St | 001.000.027 |

Nr.	Kurztext / Langtext					Ausf.-Dauer	Kostengruppe Positionsnummer
▶	▷	ø netto €	◁	◀	[Einheit]		

28 Warnleuchte — KG 391
Warnleuchten für Arbeits- und Schutzgerüste, für öffentlichen Raum, betriebsfertig montieren und nach Aufforderung entfernen.
Ausführung: **versorgungsnetzabhängig / versorgungsnetzunabhängig**
Grundeinsatzzeit: ..... Wochen

| 6€ | 18€ | **21€** | 32€ | 52€ | [St] | 0,12 h/St | 001.000.028 |

29 Fußgängertunnel, Gerüst — KG 392
Fußgängertunnel, als Erweiterung des vorbeschriebenen Fassadengerüsts, Abdeckung aus Gerüstbelägen und Folien, seitliche Bekleidung aus Brettern und Folien.
Grundeinsatzzeit: 4 Wochen
Bekleidung: **einseitig / zweiseitig**
lichte Breite: .....
lichte Höhe: .....

| 13€ | 21€ | **25€** | 35€ | 54€ | [m] | 0,80 h/m | 001.000.024 |

30 Schutzdach, Gerüst — KG 392
Schutzdach nach DIN 4420-1 an Arbeitsgerüst, mit seitlicher Bordwand, einschl. Abdeckung der Schutzdachbeplankung mit Rieselschutzfolie, überlappend verlegt.
Grundeinsatzzeit: 4 Wochen
Schutzdachbreite ist Gerüstbreite plus zusätzlich mind. 0,60 m
Nutzung: Sicherung von **Arbeitsbereichen / Fahrwegen**
Einbauort: ..... Gerüstebene
Höhe Bordwand: mind. 0,60 m
Material Bordwand: .....

| 18€ | 22€ | **22€** | 24€ | 32€ | [m] | 0,40 h/m | 001.000.029 |

31 Gerüstbekleidung, PE-Folie — KG 392
Bekleidung von Gerüsten mit Plane aus wetterfester, UV-stabilisierter, gitterverstärkter PE-Folie, als vollflächige Gerüstbekleidung, montieren, gebrauchsüberlassen, sowie wieder demontieren.
Grundeinsatzzeit: 4 Wochen
Nutzung: Schutz vor **Staubentwicklung / herabfallenden Teilen / Niederschlägen**
Reißkraft: **500N / 750N** je 5cm
Anmerkung: Für das Einplanen des Gerüst ist eine statische Berechnung als besondere Leistung notwendig.

| 0,9€ | 3,1€ | **3,8€** | 5,8€ | 10€ | [m²] | 0,08 h/m² | 001.000.050 |

32 Gerüstbekleidung, Staubschutznetz/Schutzgewebe — KG 392
Bekleidung von Gerüsten als vollflächige Gerüstbekleidung montieren, gebrauchsüberlassen, sowie wieder demontieren.
Grundeinsatzzeit: 4 Wochen
Bekleidung: randverstärktes **Staubschutznetz / Schutzgewebe**
Funktion: .....

| 0,6€ | 1,8€ | **2,4€** | 3,8€ | 6,7€ | [m²] | 0,04 h/m² | 001.000.017 |

LB 001 Gerüstarbeiten

Kosten:
Stand 1.Quartal 2018
Bundesdurchschnitt

Nr.	Kurztext / Langtext					[Einheit]	Ausf.-Dauer	Kostengruppe Positionsnummer
▶	▷	ø netto €	◁	◀				

33 Kabelbrücke, Strom-/Wasserleitung — KG 392

Kabelbrücke, montieren, gebrauchsüberlassen, sowie wieder demontieren, mit Fachwerkträger zur Überspannung, Brücke aus zwei Feldern, unverrückbar und sturmsicher, Konstruktion einschl. notwendige Beschilderungen und Leitmale nach RSA.
Grundeinsatzzeit: 4 Wochen
Nutzung: **Strom- / Wasserleitung**
Überbrückungsbreite: .....
Durchfahrtshöhe: mind. 4,20 m
Stabilisierung: **verankert / ballastiert**
Einbauort: Querung einer öffentlichen Straße.
Tragfähigkeits- und Standsicherheitsnachweis für die Brückenkonstruktion werden gesondert vergütet.

| 709€ | 1.184€ | **1.402€** | 1.595€ | 2.094€ | [St] | ⏱ 10,00 h/St | 001.000.026 |

34 Statische Berechnung — KG 392

Statische Berechnung, für vor beschriebenes Gerüst, Ausführung gemäß Sonderbeschreibung, inkl. Ausführungszeichnung.

| 220€ | 768€ | **1.106€** | 1.737€ | 3.026€ | [psch] | – | 001.000.058 |

35 Stundensatz Facharbeiter, Gerüstbau

Stundenlohnarbeiten für Vorarbeiter, Facharbeiter und Gleichgestellte (z.B. geprüfte Gerüstbau-Kolonnenführer, geprüfte Gerüstbauobermonteure, Gerüstbaugesellen und ähnliche Fachkräfte). Leistung nach besonderer Anordnung der Bauüberwachung. Anmeldung und Nachweis gemäß VOB/B.

| 31€ | 43€ | **47€** | 50€ | 59€ | [h] | ⏱ 1,00 h/h | 001.000.052 |

36 Stundensatz Helfer, Gerüstbau

Stundenlohnarbeiten für Werker, Helfer und Gleichgestellte (z.B. Baufachwerker, Helfer, Hilfsmonteure, Ungelernte, Angelernte). Leistung nach besonderer Anordnung der Bauüberwachung. Anmeldung und Nachweis gemäß VOB/B.

| 21€ | 33€ | **38€** | 42€ | 51€ | [h] | ⏱ 1,00 h/h | 001.000.053 |

▶ min
▷ von
ø Mittel
◁ bis
◀ max

000
001
002
006
008
009
010
012
013
014
016
017
018
020
021
022

LB 002 Erdarbeiten

Kosten: Stand 1.Quartal 2018, Bundesdurchschnitt

Erdarbeiten — Preise €

Nr.	Positionen	Einheit	▶ min	▷ von	ø brutto € / ø netto €	◁ bis	◀ max
1	Aushub, Schlitzgraben/Suchgraben	m³	33 / 28	57 / 48	**68** / **57**	79 / 66	105 / 88
2	Aushub, Schlitzgraben/Suchgraben	m	26 / 22	32 / 27	**35** / **29**	42 / 35	50 / 42
3	Sichern von Leitungen/Kabeln	m	3 / 3	11 / 9	**15** / **13**	22 / 19	36 / 30
4	Baugrubenaushub, bis 1,75m, lagern, GK1	m³	2,9 / 2,4	5,5 / 4,6	**6,9** / **5,8**	8,3 / 7,0	12 / 10,0
5	Baugrubenaushub, bis 2,50m, lagern, GK1	m³	– / –	7,8 / 6,6	**11** / **8,9**	12 / 10	– / –
6	Baugrubenaushub, bis 3,50m, lagern, GK1	m³	6,2 / 5,2	12 / 9,8	**13** / **11**	13 / 11	15 / 13
7	Baugrubenaushub, bis 2,50m, entsorgen, GK1	m³	14 / 12	17 / 15	**19** / **16**	20 / 17	25 / 21
8	Baugrubenaushub, bis 3,50m, entsorgen, GK1	m³	– / –	20 / 16	**22** / **19**	25 / 21	– / –
9	Baugrubenaushub, Fels, bis 1,75m, lagern, GK1	m³	19 / 16	26 / 22	**29** / **24**	32 / 27	41 / 35
10	Baugrubenaushub, Fels, bis 3,50m, lagern, GK1	m³	19 / 16	39 / 33	**41** / **35**	50 / 42	68 / 57
11	Baugrubenaushub, Fels, entsorgen, GK1	m³	30 / 25	51 / 43	**58** / **49**	65 / 54	88 / 74
12	Baugrubenaushub, Handschachtung, bis 1,75m, lagern, GK1	m³	62 / 52	71 / 60	**76** / **64**	85 / 72	103 / 86
13	Baugrube sichern, Folienabdeckung	m²	1,0 / 0,8	2,1 / 1,8	**2,5** / **2,1**	3,1 / 2,6	4,3 / 3,6
14	Fundament, Hinterfüllung, Lagermaterial, bis 1,00m	m³	13 / 11	14 / 12	**19** / **16**	24 / 20	28 / 24
15	Fundament, Hinterfüllung, Liefermaterial, bis 1,00m	m³	13 / 11	16 / 14	**22** / **18**	26 / 22	30 / 25
16	Kabelgraben ausheben, bis 1,75m, lagern, GK1	m³	19 / 16	22 / 19	**26** / **22**	31 / 26	33 / 28
17	Hindernisse beseitigen, Gräben	m³	51 / 43	73 / 61	**87** / **73**	101 / 85	136 / 114
18	Aushub lagernd, entsorgen	m³	12 / 10	16 / 14	**19** / **16**	28 / 24	48 / 40
19	Bodenaustausch, Liefermaterial	m³	25 / 21	39 / 32	**41** / **34**	56 / 47	86 / 72
20	Bodenverbesserung, Liefermaterial	m²	9 / 7	16 / 14	**21** / **17**	27 / 23	35 / 29
21	Planum, Baugrube	m²	0,4 / 0,4	1,2 / 1,0	**1,6** / **1,4**	2,1 / 1,8	3,0 / 2,5
22	Planum, Wege/Fahrstraßen, verdichten	m²	0,3 / 0,3	0,9 / 0,7	**1,1** / **1,0**	1,8 / 1,5	3,0 / 2,5
23	Gründungssohle verdichten, Baugrube	m²	0,3 / 0,3	1,2 / 1,0	**1,7** / **1,4**	3,5 / 2,9	7,9 / 6,7

© BKI Baukosteninformationszentrum; Erläuterungen zu den Tabellen siehe Seite 46
Mustertexte geprüft: Bauwirtschaft Baden-Württemberg e.V.

Kostenstand: 1.Quartal 2018, Bundesdurchschnitt

Erdarbeiten — Preise €

Nr.	Positionen	Einheit	▶	▷	ø brutto € ø netto €	◁	◀
24	Lastplattendruckversuch, Baugrube	St	112 94	137 115	**150** **126**	151 127	208 175
25	Trennlage, Filtervlies	m²	1 0,9	2 1,7	**3** **2,1**	3 2,6	5 4,2
26	Trennlage, Bodenplatte, Folie	m²	0,9 0,8	1,8 1,5	**2,1** **1,7**	3,2 2,7	5,0 4,2
27	Bettung, Rohrleitungen, Sand 0/8mm	m³	18 15	33 28	**40** **34**	48 40	66 55
28	Rohrgraben/Arbeitsraum verfüllen, Kies 0/32mm	m³	23 20	30 26	**33** **28**	35 29	50 42
29	Ummantelung, Rohrleitung, Beton	m	26 22	31 26	**33** **27**	39 33	48 40
30	Rohrgraben/Fundamente verfüllen, Lagermaterial	m³	11 9	20 16	**21** **17**	24 20	30 26
31	Rohrgraben/Fundamente verfüllen, Liefermaterial	m³	16 13	27 22	**31** **26**	40 33	58 49
32	Kabelgraben verfüllen, Liefermaterial Sand 0/2	m	7 6	10 9	**12** **10**	14 12	18 15
33	Kabelschutzrohr	m	3 2	6 5	**8** **7**	13 11	19 16
34	Zugdraht für Kabelschutzrohr	m	0,3 0,3	0,8 0,7	**1,1** **0,9**	1,4 1,1	2,0 1,7
35	Warnband, Leitungsgräben	m	0,4 0,4	0,9 0,8	**1,1** **1,0**	2,0 1,7	4,0 3,4
36	Arbeitsräume verfüllen, verdichten, Lagermaterial	m³	5 4	13 11	**17** **14**	27 23	53 45
37	Arbeitsräume verfüllen, verdichten, Liefermaterial	m³	11 9	29 25	**36** **30**	42 36	58 49
38	Tragschicht, Schotter, Bodenplatte/Fundament	m³	27 23	33 28	**36** **30**	39 33	44 37
39	Tragschicht	m³	23 19	38 32	**45** **38**	57 47	83 70
40	Tragschicht, Kies, 20cm	m²	6 5	9 7	**11** **9**	12 10	14 12
41	Tragschicht, Kies, 25cm	m²	7 6	10 8	**12** **10**	12 10	15 13
42	Tragschicht, Kies, 30cm	m²	8 7	11 9	**13** **11**	14 12	18 15
43	Feinplanum herstellen	m²	1 0,9	1 1,1	**1** **1,2**	2 1,8	3 2,5
44	Stundensatz Facharbeiter, Erdbau	h	46 38	53 45	**57** **48**	60 50	68 57
45	Stundensatz Helfer, Erdbau	h	41 34	47 39	**49** **42**	50 42	55 46

LB 002 Erdarbeiten

Nr.	Kurztext / Langtext						Kostengruppe
▶	▷	ø netto €	◁	◀	[Einheit]	Ausf.-Dauer	Positionsnummer

1 Aushub, Schlitzgraben/Suchgraben — KG 211

Boden für Suchgraben ausheben, zur Freilegung von Kabeln und Rohrleitungen, einschl. Verbau, Handaushub ist einzukalkulieren; Aushub seitlich lagern, wieder verfüllen und verdichten. Laden und Abfuhr von überschüssigem Boden nach getrennter Position. Abrechnung nach Rauminhalt.
Aushubtiefe: bis 1,75 m
Sohlenbreite: bis 0,80 m
Sohlenlänge: bis 4,00 m
Bodeneigenschaften und Kennwerte: .....

| 28 € | 48 € | **57 €** | 66 € | 88 € | [m³] | ⏱ 1,20 h/m³ | 002.000.007 |

2 Aushub, Schlitzgraben/Suchgraben — KG 211

Boden für Suchgraben ausheben zur Freilegung von Kabeln und Rohrleitungen, nach Abtrag der Oberflächenbefestigung, Handaushub ist einzukalkulieren. Aushub seitlich lagern, wieder verfüllen und verdichten. Leistung einschl. Verbau. Laden und Abfuhr von überschüssigem Boden nach getrennter Position.
Aushubtiefe: bis 1,75 m
Sohlenbreite: bis 0,80 m
Sohlenlänge: bis 4,00 m
Bodeneigenschaften und Kennwerte: .....

| 22 € | 27 € | **29 €** | 35 € | 42 € | [m] | ⏱ 0,80 h/m | 009.000.001 |

3 Sichern von Leitungen/Kabeln — KG 541

Kabelbündel aus Elektrokabel / Entwässerungsleitung aus Steinzeugrohr / ....., sichern und spannungsfrei unterstützen.
Kabel- / Leitungsdurchmesser: ..... mm
Einzellängen: über 5 bis 10 m
Höhenlage der Kabel- / Leitungsachse unter Gelände: bis 1,25 m

| 3 € | 9 € | **13 €** | 19 € | 30 € | [m] | ⏱ 0,25 h/m | 002.001.096 |

A 1 Baugrubenaushub, GK1 — Beschreibung für Pos. 4-8

Boden der Baugrube profilgerecht ausheben.
Gesamtbreite: ..... m
Gesamtlänge: ..... m
Baumaßnahmen der Geotechnischen Kategorie 1 DIN 4020
Homogenbereich: 1
Homogenbereich 1 oben: ..... m
Homogenbereich 1 unten: ..... m
Anzahl der Bodengruppen: ..... St
Bodengruppen DIN 18196: .....
Massenanteile der Steine DIN EN ISO 14688-1: über ..... % bis ..... %
Massenanteile der Blöcke DIN EN ISO 14688-1: über ..... % bis ..... %
Konsistenz DIN EN ISO 14688-1: .....
Lagerungsdichte: .....
Homogenbereiche lt.: .....

Kosten: Stand 1. Quartal 2018 Bundesdurchschnitt

▶ min
▷ von
ø Mittel
◁ bis
◀ max

Nr.	Kurztext / Langtext				[Einheit]	Ausf.-Dauer	Kostengruppe Positionsnummer
▶	▷ ø netto € ◁ ◀						

4	**Baugrubenaushub, bis 1,75m, lagern, GK1**						KG **311**
Wie Ausführungsbeschreibung A 1							
Leistungsumfang: lösen, fördern, auf der Baustelle lagern							
Gesamtabtragstiefe: bis 1,75 m							
Förderweg: ..... m							
Mengenermittlung nach Aufmaß an der Entnahmestelle.							
2€	5€	**6€**	7€	10€	[m³]	⏱ 0,10 h/m³	002.001.106

5	**Baugrubenaushub, bis 2,50m, lagern, GK1**						KG **311**
Wie Ausführungsbeschreibung A 1							
Leistungsumfang: lösen, fördern, auf der Baustelle lagern							
Gesamtabtragstiefe: bis 2,50 m							
Förderweg: ..... m							
Mengenermittlung nach Aufmaß an der Entnahmestelle.							
–€	7€	**9€**	10€	–€	[m³]	⏱ 0,12 h/m³	002.001.177

6	**Baugrubenaushub, bis 3,50m, lagern, GK1**						KG **311**
Wie Ausführungsbeschreibung A 1							
Leistungsumfang: lösen, fördern, auf der Baustelle lagern							
Gesamtabtragstiefe: bis 3,50 m							
Förderweg: ..... m							
Mengenermittlung nach Aufmaß an der Entnahmestelle.							
5€	10€	**11€**	11€	13€	[m³]	⏱ 0,12 h/m³	002.001.107

7	**Baugrubenaushub, bis 2,50m, entsorgen, GK1**						KG **311**
Wie Ausführungsbeschreibung A 1							
Leistungsumfang: lösen, fördern, zur Verwertungsanlage abfahren							
Gesamtabtragstiefe: bis 2,50 m							
Abrechnung: **nach Verdrängung / auf Nachweisrapport / Wiegescheine der Deponie**							
12€	15€	**16€**	17€	21€	[m³]	⏱ 0,26 h/m³	002.001.112

8	**Baugrubenaushub, bis 3,50m, entsorgen, GK1**						KG **311**
Wie Ausführungsbeschreibung A 1							
Leistungsumfang: lösen, fördern, zur Verwertungsanlage abfahren							
Gesamtabtragstiefe: bis 3,50 m							
Abrechnung: **nach Verdrängung / auf Nachweisrapport / Wiegescheine der Deponie**							
–€	16€	**19€**	21€	–€	[m³]	⏱ 0,14 h/m³	002.001.176

© **BKI** Baukosteninformationszentrum; Erläuterungen zu den Tabellen siehe Seite 46
Mustertexte geprüft: Bauwirtschaft Baden-Württemberg e.V.

LB 002 Erdarbeiten

Kosten:
Stand 1.Quartal 2018
Bundesdurchschnitt

Nr.	Kurztext / Langtext				[Einheit]	Ausf.-Dauer	Kostengruppe Positionsnummer
▶	▷	ø netto €	◁	◀			

A 2 Baugrubenaushub, Fels, GK1   Beschreibung für Pos. **9-11**
Felsigen Boden der Baugrube ausheben.
Aushubtiefe: bis ..... m
Gesamtbreite: ..... m
Gesamtlänge: ..... m
Baumaßnahmen der Geotechnischen Kategorie 1 DIN 4020
Homogenbereich: 1
Homogenbereich 1 oben: ..... m
Homogenbereich 1 unten: ..... m
Anzahl Gesteinsarten: .....
Gesteinsarten: .....
Veränderlichkeit DIN EN ISO 14689-1: .....
Geologische Struktur DIN EN ISO 14689-1: .....
Abstand Trennflächen DIN EN ISO 14689-1: .....
Trennflächen, Gesteinskörperform: ....
Fallrichtung Trennflächen: .....°
Fallwinkel Trennflächen: .....°
Homogenbereiche lt.: .....

9 Baugrubenaushub, Fels, bis 1,75m, lagern, GK1   KG **311**
Wie Ausführungsbeschreibung A 2
Leistungsumfang: lösen, fördern, auf der Baustelle lagern
Abrechnung: nach dem gelösten Boden, auch außerhalb des Profils
Aushubtiefe: bis 1,75 m
Mengenermittlung nach Aufmaß an der Entnahmestelle.

| 16€ | 22€ | **24**€ | 27€ | 35€ | [m³] | ⏱ 0,30 h/m³ | 002.000.041 |

10 Baugrubenaushub, Fels, bis 3,50m, lagern, GK1   KG **311**
Wie Ausführungsbeschreibung A 2
Leistungsumfang: lösen, fördern, auf der Baustelle lagern
Abrechnung: nach dem gelösten Boden, auch außerhalb des Profils
Aushubtiefe: bis 1,75 m
Mengenermittlung nach Aufmaß an der Entnahmestelle.

| 16€ | 33€ | **35**€ | 42€ | 57€ | [m³] | ⏱ 0,45 h/m³ | 002.000.043 |

11 Baugrubenaushub, Fels, entsorgen, GK1   KG **311**
Wie Ausführungsbeschreibung A 2
Leistungsumfang: lösen, fördern, entsorgen, inkl. Deponiegebühren und Entsorgungsnachweis
Gesamtabtragstiefe: ..... m
Abrechnung: Wiegescheine der Deponie

| 25€ | 43€ | **49**€ | 54€ | 74€ | [m³] | ⏱ 0,60 h/m³ | 002.000.013 |

▶ min
▷ von
ø Mittel
◁ bis
◀ max

Nr.	Kurztext / Langtext					Kostengruppe		
▶	▷	ø netto €	◁	◀	[Einheit]	Ausf.-Dauer	Positionsnummer	

12 Baugrubenaushub, Handschachtung, bis 1,75m, lagern, GK1 KG **311**
Baugrubenaushub in Handschachtung, Aushub seitlich lagern.
Gesamtbreite: ..... m
Gesamtlänge: ..... m
Gesamtabtragstiefe: bis 1,75 m
Förderweg: ..... m
Baumaßnahmen der Geotechnischen Kategorie 1 DIN 4020.
Homogenbereich: 1
Homogenbereich 1 oben: ..... m
Homogenbereich 1 unten: ..... m
Anzahl der Bodengruppen: ..... St
Bodengruppen DIN 18196: .....
Massenanteile der Steine DIN EN ISO 14688-1: über ..... % bis ..... %
Massenanteile der Blöcke DIN EN ISO 14688-1: über ..... % bis ..... %
Konsistenz DIN EN ISO 14688-1: .....
Lagerungsdichte: .....
Homogenbereiche lt.: .....
Mengenermittlung nach Aufmaß an der Entnahmestelle.

| 52€ | 60€ | **64**€ | 72€ | 86€ | [m³] | ⏱ 1,90 h/m³ | 002.001.115 |

13 Baugrube sichern, Folienabdeckung KG **312**
Baugrubenwände (Böschungen) während der Bauzeit mit Planen abdecken, Planen gegen Witterung sichern und bis zum Auffüllen des Arbeitsraums bzw. Abschluss der Verbauarbeiten unterhalten und nach Aufforderung Folie aufnehmen und entsorgen, inkl. Entsorgungsgebühr.

| 0,8€ | 1,8€ | **2,1**€ | 2,6€ | 3,6€ | [m²] | ⏱ 0,05 h/m² | 002.000.042 |

14 Fundament, Hinterfüllung, Lagermaterial, bis 1,00m KG **322**
Hinterfüllung Einzel- und Streifenfundament. Gelagerten Aushub aufnehmen, fördern und lagenweise verfüllen und verdichten.
Förderweg: bis ..... m
Aushubtiefe/Einbauhöhe: bis ..... m
Bodengruppen: .....
Bodenprofil: .....
Fundamentgröße: .....
Verdichtungsgrad: DPr mind. 97%

| 11€ | 12€ | **16**€ | 20€ | 24€ | [m³] | ⏱ 0,35 h/m³ | 002.001.130 |

15 Fundament, Hinterfüllung, Liefermaterial, bis 1,00m KG **322**
Hinterfüllung Einzel- und Streifenfundament. Boden liefern lagenweise verfüllen und verdichten.
Aushubtiefe/Einbauhöhe: bis 1,00 m
Bodengruppen: .....
Bodenprofil: .....
Fundamentgröße: .....
Verdichtungsgrad: DPr mind. 97%

| 11€ | 14€ | **18**€ | 22€ | 25€ | [m³] | ⏱ 0,30 h/m³ | 002.001.170 |

LB 002
Erdarbeiten

Kosten:
Stand 1.Quartal 2018
Bundesdurchschnitt

Nr.	Kurztext / Langtext					Kostengruppe
▶	▷ ø netto € ◁ ◀				[Einheit] Ausf.-Dauer	Positionsnummer

16   Kabelgraben ausheben, bis 1,75m, lagern, GK1 — KG **440**

Boden für Kabelgraben profilgerecht lösen, Aushub seitlich lagern, Gefälle gemäß Entwässerungsplanung.
Gesamtabtragstiefe: bis 1,75 m
Sohlenbreite: bis 50 cm
Förderweg: ..... m
Baumaßnahmen der Geotechnischen Kategorie 1 DIN 4020
Homogenbereich: 1
Homogenbereich 1 oben: ..... m
Homogenbereich 1 unten: ..... m
Anzahl der Bodengruppen: ..... St
Bodengruppen DIN 18196: .....
Massenanteile der Steine DIN EN ISO 14688-1: über ..... % bis ..... %
Massenanteile der Blöcke DIN EN ISO 14688-1: über ..... % bis ..... %
Konsistenz DIN EN ISO 14688-1: .....
Lagerungsdichte: .....
Homogenbereiche lt.: .....
Mengenermittlung nach Aufmaß an der Entnahmestelle.

| 16€ | 19€ | **22€** | 26€ | 28€ | [m³] | 0,34 h/m³ | 002.001.146 |

17   Hindernisse beseitigen, Gräben — KG **212**

Hindernis in Graben beseitigen und seitlich lagern, Hindernis aus Mauerwerk, einzelnen Steinen oder Fundamentresten aus Beton. Abfuhr und Entsorgung in gesonderter Position.
Grabenbreite: bis 0,80 m
Hindernis: unter 0,01 m³

| 43€ | 61€ | **73€** | 85€ | 114€ | [m³] | 1,65 h/m³ | 002.000.014 |

18   Aushub lagernd, entsorgen — KG **311**

Überschüssigen Aushub, bauseits gelagert, laden, abfahren und entsorgen, auf Deponie nach Wahl des Auftragnehmers, inkl. Deponiegebühren.
Bodengruppen: ..... DIN 18196
Aushub: nicht schadstoffbelastet
Zuordnung: Z 0
Verwertungsanlage (Bezeichnung/Ort/Fahrweg) .....
Verwertungsgebühren werden vom AN übernommen
Abrechnung: **nach Verdrängung / auf Nachweisrapport / Wiegescheine der Deponie**

| 10€ | 14€ | **16€** | 24€ | 40€ | [m³] | 0,34 h/m³ | 002.001.182 |

19   Bodenaustausch, Liefermaterial — KG **321**

Austauschen von nicht tragfähigem Boden im Aushubbereich:
– Aushub und Entsorgung des nicht brauchbaren Bodenmaterials, inkl. Deponiegebühren
– Lieferung und Einbau von tragfähigem, gut verdichtbarem Ersatzmaterial, inkl. Verdichtung in Lagen bis 30 cm
Neuboden: z.B. kornabgestufter Kiessand (Bodengruppe GW/GU)
Verdichtung: 103% Proctordichte
Aushubtiefe: .....
Austauschfläche: .....
Geländeprofil: .....

| 21€ | 32€ | **34€** | 47€ | 72€ | [m³] | 0,25 h/m³ | 002.000.022 |

▶ min
▷ von
ø Mittel
◁ bis
◀ max

Nr.	Kurztext / Langtext							Kostengruppe
▶	▷	ø netto €	◁	◀	[Einheit]	Ausf.-Dauer	Positionsnummer

20 Bodenverbesserung, Liefermaterial KG **321**
Bodenverbesserung, durch Einarbeiten von Baustoffen, inkl. Verdichten, Boden und Ausführung gem. Bodengutachten (von AG zur Verfügung gestellt).
Baustoff: **Recycling-Kies 0/56 / Kalkschotter 5/30**
Schichtdicke: bis 30 cm
Verdichtungsgrad DPr: .....%
Verformungsmodul EV2: .....MN/m²

| 7€ | 14€ | **17€** | 23€ | 29€ | [m²] | ⏱ 0,14 h/m² | 002.000.038 |

21 Planum, Baugrube KG **311**
Planum in Baugrube herstellen, Ausführung nach ZTV T-StB 95 Fassung 2002
zulässige Abweichung von Sollhöhe: ±2cm

| 0,4€ | 1,0€ | **1,4€** | 1,8€ | 2,5€ | [m²] | ⏱ 0,02 h/m² | 002.000.021 |

22 Planum, Wege/Fahrstraßen, verdichten KG **520**
Planum von Verkehrsflächen herstellen, einschl. Verdichten; Planum als einwandfreie Trassierung für den Belagsunterbau in den erforderlichen Gefällen nach Regelschnitten, Abrechnung nach Belagsfläche.
zulässige Abweichung von Sollhöhe: ±2cm
Elastizitätsmodul: mind. 45 MN/m²

| 0,3€ | 0,7€ | **1,0€** | 1,5€ | 2,5€ | [m²] | ⏱ 0,02 h/m² | 002.000.035 |

23 Gründungssohle verdichten, Baugrube KG **311**
Gründungssohle verdichten, in Baugrube.
Verdichtungsgrad: DPr 97%
Bodengruppe: ..... DIN 18196

| 0,3€ | 1,0€ | **1,4€** | 2,9€ | 6,7€ | [m²] | ⏱ 0,02 h/m² | 002.000.020 |

24 Lastplattendruckversuch, Baugrube KG **319**
Lastplattendruckversuch zum Nachweis der geforderten Verdichtung des Bodens; Durchführung und Auswertung sowie Gerätestellung erfolgt durch ein neutrales Prüflabor nach Wahl des Auftragnehmers. Abrechnung je Versuch, inkl. aller Geräte, Honorare und Nebenkosten.

| 94€ | 115€ | **126€** | 127€ | 175€ | [St] | ⏱ 2,20 h/St | 002.000.027 |

25 Trennlage, Filtervlies KG **326**
Filtervlies aus Geotextilien als Trennlage auf Erdplanum, vor Einbau von Frostschutz oder Tragschicht.
GRK-Klasse: .....
Überlappungsbreite mind. 20 cm
Angeb. Fabrikat: .....

| 0,9€ | 1,7€ | **2,1€** | 2,6€ | 4,2€ | [m²] | ⏱ 0,04 h/m² | 002.000.029 |

26 Trennlage, Bodenplatte, Folie KG **329**
PE-Folie, in 2 Lagen, Überlappung 25cm, unter Bodenplatte.
Folien-Dicke: je 0,4 mm
Angeb. Produkt: .....

| 0,8€ | 1,5€ | **1,7€** | 2,7€ | 4,2€ | [m²] | ⏱ 0,03 h/m² | 002.000.030 |

LB 006 Spezialtiefbauarbeiten

Kosten:
Stand 1.Quartal 2018
Bundesdurchschnitt

▶ min
▷ von
ø Mittel
◁ bis
◀ max

Nr.	Kurztext / Langtext ▶ ▷ ø netto € ◁ ◀	[Einheit]	Ausf.-Dauer	Kostengruppe Positionsnummer

7 Gussrammpfähle, Mantelverpressung — KG **411**
Fertigteil-Rammpfahl aus duktilem Gusseisen DIN EN 545, inkl. Mantelverpressung und höhengenau ablängen.
Verpressmaterial: Betonsupension bzw. Zementmörtel C ..../.....
Ansatz verpresste Betonmenge: bis ..... l/m
Geforderte Lastaufnahme: ..... kN je Pfahl
Pfahllänge: über ..... bis ..... m
Schaft-Außendurchmesser und Wandstärke gemäß Anforderung und Zulassung.
Einbau senkrecht, ab Geländeoberfläche
Baumaßnahme Geotechnischen Kategorie: **1 / 2** DIN 4020
Bodenzuordnung lt.: **Aufstellung / Bericht / Einzelbeschreibung**
Beschreibung und Höhenlagen der Homogenbereiche / Schichtungen: .....
Aufgemessen wird vom planmäßigen Ansatzpunkt bis zur planmäßigen Endtiefe.

▶	▷	ø	◁	◀	[Einheit]	Ausf.-Dauer	Pos.-Nr.
69€	81€	**86**€	92€	103€	[m]	⏱ 0,20 h/m	006.000.006

8 Bohrloch herstellen — KG **411**
Bohrlochherstellung, für Einstellen der Verbauträger.
Bohrloch-Durchmesser: ..... cm
Bohrlängen: ..... m
Bohrabstand: ..... m
Bohrgut: seitlich lagern
Bodenzuordnung lt.: **Aufstellung / Bericht / Einzelbeschreibung**

| 45€ | 69€ | **78**€ | 92€ | 112€ | [m] | ⏱ 0,10 h/m | 006.000.007 |

9 Verbauträger, Stahlprofile — KG **411**
Verbauträger, als verlorener Träger.
Stahlprofile: **Doppel-U-Profil ..... / HEB ..... / HEA .....**
Material: Stahl nach DIN EN 10025, Güte: S235JR (+AR .....)

| –€ | 773€ | **1.002**€ | 1.337€ | –€ | [t] | – | 006.000.008 |

10 Baustelle einrichten, Geräteeinheit/Kolonne — KG **411**
Einmaliges Einrichten und Räumen der Baustelle mit allen zur Durchführung der Arbeiten erforderlichen Geräte.
Art der Arbeiten: **Bohr- / Ramm- / Rüttelarbeiten**
Einheit: 1 Kolonne inkl. Gerät

| 8.178€ | 17.828€ | **20.261**€ | 29.431€ | 45.810€ | [psch] | ⏱ 2,00 h/psch | 006.000.001 |

11 Träger einbinden, Beton — KG **411**
Trägereinbindung und Fußauflager aus Ortbeton.
Betongüte: C20/25

| –€ | 19€ | **21**€ | 23€ | –€ | [m] | ⏱ 0,05 h/m | 006.000.009 |

12 Bohrloch verfüllen — KG **411**
Bohrlochverfüllung
Material: **hydraulisch gebundener Siebschutt / .....**

| –€ | 7€ | **8**€ | 9€ | –€ | [m] | ⏱ 0,04 h/m | 006.000.010 |

Nr.	Kurztext / Langtext				[Einheit]	Ausf.-Dauer	Kostengruppe Positionsnummer
▶	▷	ø netto €	◁	◀			

13 Verbauausfachung, Holzbohlen — KG **411**

Holzausfachung des Verbaus liefern, einbauen und vorhalten. Ausfachung kraftschlüssig verkeilen und verlatten, Hilfsstoffe sind mit einzurechnen. Leistung inkl. komplettem Rückbau der Ausfachung.
Verbauart: **Graben / Baugrube**
Ausfachung: Nadelholzbohlen, Abmessung nach statischer und konstruktiver Vorgabe
Holzdicke: ca. ..... cm
Holzlänge bis: ..... m
Vorhaltezeit: bis zum Verfüllen der Baugrube (siehe Terminplan).

| 41€ | 76€ | **90€** | 93€ | 118€ | [m²] | ⏱ 0,35 h/m² | 006.000.011 |

14 Verbauausfachung, Spritzbeton — KG **411**

Spritzbeton als Ausfachung des Verbaus, bewehrter Spritzbeton, liefern und im Zuge der Aushubarbeiten, zwischen den Verbauträgern einbauen und vorhalten, Bewehrung nach gesonderter Position.
Betongüte: Spritzbeton C .....
Dicke: bis ..... cm
Vorhaltezeit: bis zum Verfüllen der Baugrube (siehe Terminplan)

| –€ | 16€ | **20€** | 25€ | –€ | [m²] | ⏱ 0,10 h/m² | 006.000.012 |

15 Verpressanker, Trägerbohlwand — KG **411**

Verpressankern (Temporäranker) mit Nachverpresseinrichtungen, gemäß DIN 4125, DIN EN 1537 und den Zulassungsbescheiden bohren, einbauen, ggf. mehrmalig verpressen und vorspannen, inkl. Verrohrung und Verpressmörtel, freie Ankerlänge mit geeignetem Material setzungsfrei verfüllen, nach Fertigstellung des Untergeschosses Anker auf Anordnung der Bauleitung entspannen.
Einbaubereich: Trägerbohlwand, Bereich der Gurtungs-Konstruktion
Neigung: nach Plan
Gebrauchslast: bis ..... kN
Ankerlänge nach Plan: ca. ..... m
Ankerköpfe: **zurückbauen / verloren**
Bohrdurchmesser: ..... mm
Bodenaufbau und Bodengruppen lt. anliegender Verbau-Berechnung und Baugrundgutachten.

| –€ | 53€ | **68€** | 77€ | –€ | [m] | – | 006.000.013 |

16 Verbauträger-/Bohrköpfe kappen — KG **411**

Ramm- / Verdrängungs-Pfahlkopf auf Sollhöhe abbrennen / abstemmen, anfallende Stoffe aufnehmen, fördern und im Behälter des AG sammeln.
Material: **Stahl / Gusseisen / Beton**
Durchmesser: über ..... bis ..... mm
Abtragsdicke: bis 0,5 m
zulässige Toleranz: ±2 cm

| 39€ | 72€ | **87€** | 92€ | 114€ | [St] | ⏱ 0,50 h/St | 006.000.014 |

LB 006 Spezialtiefbauarbeiten

Nr.	Kurztext / Langtext						Kostengruppe
▶	▷	ø netto €	◁	◀	[Einheit]	Ausf.-Dauer	Positionsnummer

Kosten:
Stand 1.Quartal 2018
Bundesdurchschnitt

17 Verbau, Trägerbohlwand, rückverankert KG **411**

Baugrundverbau als Trägerbohlwand bohren, herstellen (Genauigkeit 1% Abweichung von der Lotrechten), vorhalten und zurückbauen. Bemessung, Bodenaufbau und Bodengruppen gemäß anliegender Verbau-Berechnung und Baugrundgutachten.
Folgende Einzelleistungen:
 – Bohrungen im notwendigen Durchmesser, auf die statisch erforderliche Tiefe, Gesamtlänge Bohrungen: ..... m, Einbindetiefe je Verbau-Stahlträgern: ..... m, Bohrgut seitlich lagern
 – Verbau-Stahlträgern aus Stahlprofile: **Doppel-U-Profil ..... / HEB ..... / HEA .....**, Material: Stahl nach DIN EN 10025, Güte: ....., Einzellänge bis l=..... m, Abstand b= ...... m
 – Trägereinbindung mit Beton C ..... und Bohrlochverfüllung aus .....
 – Verbau-Ausfachung: Nadelholzbohlen, d= ..... cm, Abmessung nach statisch und konstruktiver Vorgabe
 – Vergurtungskonstruktion zum Übertragen der Ankerkräfte auf die Verbauwand, inkl. aller Materiallieferungen wie Konsolen, Längsträger, Ankerkopfunterkonstruktionen usw., in den statisch erforderl. Dimensionen; Material: Stahl nach DIN EN 10025, Güte: S235JR (+AR .....)
 – Rückverankerung der Bohlwand, Ausführung gemäß anliegender Verbau-Berechnung
 – Anker lösen und Vergurtungskonstruktion ausbauen
 – Ausfachung zurückbauen

Gesamtlänge Stahlträger: ..... m
Höhe verbaute Ansichtsfläche: h= ..... m
Abrechnung Trägerbohlwand: Ansichtsfläche (UK vorgegebene Baugrubensohle bis OK Verbau).
Vorhaltezeit: ..... Monate

| 112€ | 157€ | **174**€ | 206€ | 270€ | [m²] | ⏱ 2,10 h/m² | 006.000.015 |

18 Verbau, Spundwand, Stahlprofile KG **411**

Baugrubenverbau aus Spundwandprofilen aus Stahl. Einbau in hindernisfreien Boden durch alle Bodenschichten.
Verbautiefe: über 3 bis 6 m
Einbringenauigkeit: max. 1%, lotrecht
Gesamteindringtiefe: bis 2 m
Spundwandprofil: .....
Widerstandsmoment Wx: über 400 bis 500 cm²/m
Vorhaltedauer: .....
Ausführung: gemäß Statik und Zeichnung
Boden: nach Gutachten

| –€ | 67€ | **97**€ | 151€ | –€ | [m²] | ⏱ 1,15 h/m² | 006.000.042 |

19 Stundensatz Facharbeiter, Maschinist KG **411**

Stundenlohnarbeiten für Kolonnenführer, Facharbeiter und Gleichgestellte (z.B. Spezialbaufacharbeiter, Baufacharbeiter, Obermonteure, Monteure, Gesellen, Maschinenführer, Fahrer und ähnliche Fachkräfte). Leistung nach besonderer Anordnung der Bauüberwachung.
Anmeldung und Nachweis gemäß VOB/B.

| 41€ | 46€ | **47**€ | 50€ | 54€ | [h] | – | 006.000.017 |

20 Stillstand Geräteeinheit, inkl. Personal KG **411**

Stillstand für Kolonne und Gerät, der nicht vom AN zu vertreten ist, bei **Bohr- / Ramm-/ Verpress- / Rüttelarbeiten.**

| 54€ | 224€ | **353**€ | 412€ | 543€ | [h] | – | 006.000.018 |

▶ min
▷ von
ø Mittel
◁ bis
◀ max

000
001
002
006
008
009
010
012
013
014
016
017
018
020
021
022

LB 008 Wasserhaltungsarbeiten

Kosten:
Stand 1.Quartal 2018
Bundesdurchschnitt

▶ min
▷ von
ø Mittel
◁ bis
◀ max

Wasserhaltungsarbeiten — Preise €

Nr.	Positionen	Einheit	▶	▷ ø brutto € / ø netto €		◁	◀
1	Pumpensumpf, Betonfertigteil	St	134 / 112	498 / 418	**623** / **524**	1.241 / 1.043	2.239 / 1.882
2	Tauchpumpe, Fördermenge bis 10m³/h	St	43 / 36	178 / 150	**217** / **182**	318 / 267	601 / 505
3	Betrieb, Pumpe bis 10m³/h	h	0,2 / 0,1	4,4 / 3,7	**5,7** / **4,8**	8,2 / 6,9	14 / 11
4	Saugpumpe, Fördermenge bis 20m³/h	St	129 / 109	346 / 291	**407** / **342**	583 / 490	827 / 695
5	Betrieb, Pumpe über 10m³/h	h	0,7 / 0,6	3,9 / 3,3	**5,7** / **4,8**	7,5 / 6,3	12 / 9,7
6	Brunnenschacht, Grundwasserabsenkung	St	703 / 590	1.528 / 1.284	**1.904** / **1.600**	2.519 / 2.117	3.567 / 2.998
7	Druckrohrleitung, DN100	m	7 / 6	30 / 25	**43** / **37**	62 / 52	96 / 81
8	Saugleitungen, DN100	m	0,7 / 0,6	7,5 / 6,3	**11** / **9,0**	14 / 12	23 / 19
9	Stromerzeuger, 10-20KW	St	1.346 / 1.131	2.283 / 1.919	**2.144** / **1.801**	2.283 / 1.919	3.131 / 2.631
10	Absetzbecken, Wasserhaltung	St	1.181 / 992	1.435 / 1.206	**1.892** / **1.590**	2.218 / 1.864	2.583 / 2.171
11	Messeinrichtung, Wassermenge	St	166 / 140	342 / 288	**455** / **383**	714 / 600	1.100 / 924
12	Wasserhaltung, Betrieb 10-20l/s	h	0,7 / 0,6	8,7 / 7,3	**11** / **9,5**	18 / 16	30 / 26
13	Stundensatz Facharbeiter, Wasserhaltung	h	42 / 35	46 / 38	**49** / **41**	51 / 43	55 / 47

Nr.	Kurztext / Langtext					Kostengruppe
▶	▷ ø netto € ◁ ◀			[Einheit]	Ausf.-Dauer	Positionsnummer

1 Pumpensumpf, Betonfertigteil — KG 313

Pumpensumpf aus Betonfertigteilringen herstellen, während der gesamten Bauzeit vorhalten und wieder entfernen, inkl. erforderlichem Aushub, seitlicher Lagerung und Wiederverfüllung.
Lage: innerhalb der Baugrube
Tiefe: bis 3,00 m
lichter Sohlenquerschnitt: bis 1,00 m²
Boden: Homogenbereich ....., mit einer Bodengruppe, Bodengruppe: ..... DIN 18196
  – Steinanteil: bis ..... % Massenanteil DIN EN ISO 14688-1
  – Konsistenz DIN EN ISO 14688-1: .....
  – Lagerungsdichte: .....
Aushubprofil: .....

112 €   418 €   **524** €   1.043 €   1.882 €   [St]   ⏱ 2,40 h/St   008.000.002

Nr.	Kurztext / Langtext				[Einheit]	Ausf.-Dauer	Kostengruppe Positionsnummer
▶	▷ ø netto € ◁ ◀						

2 Tauchpumpe, Fördermenge bis 10m³/h — KG 313
Tauchpumpe mit Schwimmer, in Pumpensumpf einbauen, an Entwässerungsschläuche anschließen, vorhalten, betreiben und entfernen.
Fördermenge: 10m³/h
Förderhöhe: bis 5,00 m
Vorhaltedauer: ..... Wochen

| 36€ | 150€ | **182€** | 267€ | 505€ | [St] | ⏱ 2,00 h/St | 008.000.003 |

3 Betrieb, Pumpe bis 10m³/h — KG 313
Tauchpumpe betreiben, elektrischer Antrieb.
Förderhöhe: bis 5,00 m
Fördermenge: bis 10 m³/h

| 0,1€ | 3,7€ | **4,8€** | 6,9€ | 11€ | [h] | ⏱ 1,00 h/h | 008.000.005 |

4 Saugpumpe, Fördermenge bis 20m³/h — KG 313
Saugpumpe, an Saugleitung und Druckleitungsschläuche anschließen, vorhalten und wieder entfernen.
Fördermenge: bis 20 m³/h
Förderhöhe: bis 5,00 m
Vorhaltedauer: ..... Wochen

| 109€ | 291€ | **342€** | 490€ | 695€ | [St] | ⏱ 2,00 h/St | 008.000.004 |

5 Betrieb, Pumpe über 10m³/h — KG 313
Saugpumpe betreiben, elektrischer Antrieb.
Förderhöhe: bis 5,00 m
Fördermenge: bis 20 m³/h

| 0,6€ | 3,3€ | **4,8€** | 6,3€ | 9,7€ | [h] | ⏱ 1,00 h/h | 008.000.006 |

6 Brunnenschacht, Grundwasserabsenkung — KG 313
Absenkung des Grundwasserspiegels, mittels Bohrungen samt Brunneneinbauten:
– Abteufen der verrohrten Brunnenbohrung, einschl. Ziehen der Bohrrohre, das Bohrgut ist abzutransportieren
– anfallendes Bohrwasser ableiten und klären; Klarspülen der verrohrten Bohrlöcher
– Filterrohre mit Schlitzbrückenlochung und stufenloser Verbindung
– Filterkiespackung als Ummantelung und Sohlschichtung entsprechend dem vorhandenen Boden
– inkl. Grundvorhaltung; weitere Vorhaltung nach getrennter Position
– nach Vorhaltung gesamte Anlage wieder abbauen, inkl. Verfüllen der Bohrlöcher

Bodenart: Sand
Bohrlochlänge: 3,00 m
Bohrlochdurchmesser: 600 mm
Grundvorhaltedauer: ..... Wochen
Geländeprofil: .....

| 590€ | 1.284€ | **1.600€** | 2.117€ | 2.998€ | [St] | ⏱ 12,00 h/St | 008.000.007 |

LB 008 Wasserhaltungsarbeiten

Kosten:
Stand 1.Quartal 2018
Bundesdurchschnitt

▶ min
▷ von
ø Mittel
◁ bis
◀ max

Nr.	Kurztext / Langtext					[Einheit]	Ausf.-Dauer	Kostengruppe Positionsnummer
▶	▷	ø netto €	◁	◀				
7	**Druckrohrleitung, DN100**							KG **313**
	Druckrohrleitung betriebsfertig herstellen, vorhalten und wieder entfernen, inkl. aller notwendigen Formstücke, Anschlüsse und Armaturen.							
	Vorhaltedauer: ..... Wochen							
	Nenngröße: DN100							
6€	25€	**37€**	52€	81€		[m]	⏱ 0,35 h/m	008.000.008
8	**Saugleitungen, DN100**							KG **313**
	Saugschläuche betriebsfertig herstellen, vorhalten und wieder entfernen, inkl. aller notwendigen Formstücke, Anschlüsse und Armaturen.							
	Vorhaltedauer: ..... Wochen							
	Nenngröße: DN100							
0,6€	6,3€	**9,0€**	12€	19€		[m]	⏱ 0,12 h/m	008.000.009
9	**Stromerzeuger, 10-20kW**							KG **313**
	Stromaggregat für Betrieb von Wasserpumpen, aufstellen, betreiben und wieder abbauen, inkl. Betriebsstoffe und Aufsichtspersonal; Betrieb nach gesonderter Abrechnung.							
	Leistung: **10-20** / ..... kVA							
1.131€	1.919€	**1.801€**	1.919€	2.631€		[St]	⏱ 15,00 h/St	008.000.001
10	**Absetzbecken, Wasserhaltung**							KG **313**
	Absetzbecken für Reinigung von abgepumptem Grund- und Tagwassers, aufbauen und wieder abbauen; inkl. Messeinrichtung und Feststellen des geförderten Wassers.							
	Durchflussmenge: ..... l/sec							
992€	1.206€	**1.590€**	1.864€	2.171€		[St]	⏱ 12,00 h/St	008.000.011
11	**Messeinrichtung, Wassermenge**							KG **313**
	Messeinrichtung liefern und an die Abflussöffnung montieren, vor Einleitung ins öffentliche Entwässerungsnetz. Leistung inkl. wöchentlicher Protokollierung des abgepumpten Wassers.							
	Vorhaltedauer: ..... Wochen							
140€	288€	**383€**	600€	924€		[St]	⏱ 0,50 h/St	008.000.015
12	**Wasserhaltung, Betrieb 10-20l/s**							KG **313**
	Wasserhaltung mit Pumpe, inkl. Betriebs- und Energiekosten.							
	Durchflussmenge: 10-20 l/s							
0,6€	7,3€	**9,5€**	16€	26€		[h]	⏱ 1,00 h/h	008.000.013
13	**Stundensatz Facharbeiter, Wasserhaltung**							
	Stundenlohnarbeiten für Facharbeiter, Spezialfacharbeiter, Vorarbeiter und jeweils Gleichgestellte. Leistung nach besonderer Anordnung der Bauüberwachung. Anmeldung und Nachweis gemäß VOB/B.							
35€	38€	**41€**	43€	47€		[h]	⏱ 1,00 h/h	008.000.014

| 000 |
| 001 |
| 002 |
| 006 |
| **008** |
| 009 |
| 010 |
| 012 |
| 013 |
| 014 |
| 016 |
| 017 |
| 018 |
| 020 |
| 021 |
| 022 |

LB 009 Entwässerungskanalarbeiten

Kosten: Stand 1.Quartal 2018 Bundesdurchschnitt

▶ min
▷ von
ø Mittel
◁ bis
◀ max

Nr.	Positionen	Einheit	▶	▷	ø brutto € / ø netto €	◁	◀
1	Asphalt schneiden	m	5 / 4	10 / 8	**12** / **10**	14 / 12	20 / 17
2	Aufbruch, Gehwegfläche	m²	6 / 5	17 / 14	**17** / **15**	21 / 18	32 / 27
3	Rohrgrabenaushub, bis 1,25m, lagern, GK1	m³	16 / 14	21 / 18	**23** / **19**	27 / 22	33 / 28
4	Rohrgrabenaushub, bis 1,75m, lagern, GK1	m³	18 / 15	24 / 21	**27** / **23**	32 / 27	39 / 33
5	Rohrgrabenaushub, bis 1,00m, entsorgen, GK1	m³	14 / 12	19 / 16	**22** / **19**	25 / 21	30 / 26
6	Rohrgrabenaushub, bis 1,75m, entsorgen, GK1	m³	20 / 17	26 / 21	**29** / **24**	31 / 26	37 / 31
7	Aushub, Rohrgraben, schwerer Fels	m³	24 / 20	39 / 33	**51** / **43**	68 / 57	93 / 78
8	Handaushub, bis 1,25m	m³	30 / 26	59 / 50	**71** / **60**	92 / 77	129 / 108
9	Erdaushub, Schacht DN1.000, bis 1,25m, Verbau	m³	26 / 22	30 / 25	**32** / **27**	36 / 30	43 / 36
10	Erdaushub, Schacht DN1.000, bis 1,75m, Verbau	m³	26 / 22	32 / 27	**35** / **30**	41 / 34	49 / 42
11	Erdaushub, Schacht DN1.000, bis 3,50m, Verbau	m³	37 / 31	47 / 40	**51** / **43**	62 / 52	81 / 68
12	Erdaushub, Schacht DN800, bis 1,25m, Verbau	m³	– / –	26 / 22	**32** / **27**	40 / 34	– / –
13	Erdaushub, Schacht DN800, bis 1,75m, Verbau	m³	17 / 15	22 / 19	**32** / **26**	36 / 30	42 / 35
14	Schachtunterteil, Kontrollschacht, Beton	St	269 / 226	422 / 354	**463** / **389**	567 / 476	773 / 649
15	Aushub, Rohrgraben, wiederverfüllen	m³	14 / 12	28 / 23	**33** / **28**	40 / 33	62 / 52
16	Boden entsorgen, Lagermaterial	m³	11 / 10	25 / 21	**32** / **27**	42 / 36	66 / 56
17	Rohrbettung, Sand 0/8mm	m³	18 / 15	32 / 27	**39** / **32**	45 / 38	61 / 51
18	Rohrumfüllung, Kies 0/32mm	m³	23 / 20	33 / 28	**36** / **30**	38 / 32	50 / 42
19	Ummantelung, Rohrleitung, Beton	m	11 / 9	23 / 20	**31** / **26**	36 / 31	48 / 40
20	Arbeitsräume verfüllen, verdichten, Liefermaterial	m³	24 / 20	37 / 31	**44** / **37**	47 / 39	56 / 47
21	Anschluss, Abwasser, Kanalnetz	St	273 / 230	456 / 384	**497** / **417**	758 / 637	1.351 / 1.135
22	Abwasserleitung, Betonrohre DN400	m	71 / 60	84 / 71	**86** / **73**	95 / 80	112 / 94
23	Abwasserleitung, Steinzeugrohre, DN150	m	24 / 20	39 / 33	**42** / **35**	48 / 41	63 / 53
24	Abwasserleitung, Steinzeugrohre, DN200	m	27 / 22	44 / 37	**51** / **43**	55 / 46	68 / 57

© BKI Baukosteninformationszentrum; Erläuterungen zu den Tabellen siehe Seite 46
Mustertexte geprüft: Bauwirtschaft Baden-Württemberg e.V.

Entwässerungskanalarbeiten — Preise €

Nr.	Positionen	Einheit	▶	▷ ø brutto € / ø netto €	◁	◀
25	Formstück, Steinzeugrohr, DN150, Bogen	St	30	37 **41**	51	69
			26	31 **34**	43	58
26	Formstück, Steinzeugrohr, DN200, Bogen	St	65	79 **80**	85	97
			55	67 **67**	71	82
27	Formstück, Steinzeugrohr, DN150, Abzweig	St	36	49 **56**	64	85
			30	41 **47**	54	72
28	Formstück, Steinzeugrohr, DN200, Abzweig	St	69	76 **78**	85	96
			58	64 **65**	71	81
29	Übergangsstück, Steinzeug, DN125/150	St	22	33 **39**	48	65
			19	28 **33**	40	54
30	Übergang, PE/PVC/Steinzeug auf Guss	St	12	24 **31**	38	52
			10	20 **26**	32	43
31	Übergangsstück, Steinzeug, DN150/200	St	32	49 **58**	63	68
			27	41 **48**	53	57
32	Abwasserkanal, Steinzeug, DN100, inkl. Bettung	m	23	32 **37**	42	52
			20	27 **31**	35	44
33	Abwasserkanal, Steinzeug, DN150, inkl. Bettung	m	29	36 **44**	50	61
			24	30 **37**	42	52
34	Abwasserkanal, Steinzeug, DN200, inkl. Bettung	m	36	47 **52**	58	69
			31	39 **44**	48	58
35	Abwasserkanal, PVC-U, DN150, inkl. Bettung	m	21	28 **32**	38	46
			17	24 **27**	32	38
36	Abwasserkanal, PVC-U, DN200, inkl. Bettung	m	23	42 **50**	55	70
			20	35 **42**	47	59
37	Abwasserleitung, PVC-U, DN100	m	9,0	18 **20**	25	38
			7,5	15 **17**	21	32
38	Abwasserleitung, PVC-U, DN150	m	12	21 **25**	31	48
			9,8	18 **21**	26	40
39	Abwasserleitung, PVC-U, DN200	m	17	30 **35**	42	57
			14	25 **30**	35	48
40	Formstück, PVC-U, DN150, Abzweig	St	18	25 **29**	34	42
			15	21 **25**	29	35
41	Formstück, PVC-U, DN100, Bogen	St	7,3	10 **11**	16	25
			6,2	8,6 **9,5**	14	21
42	Formstück, PVC-U, DN150, Bogen	St	8,0	15 **16**	25	37
			6,8	13 **14**	21	31
43	Übergang, PVC-U auf Steinzeug/Beton	St	14	32 **38**	50	73
			12	27 **32**	42	61
44	Standrohr, Guss/SML	St	16	53 **69**	86	120
			14	44 **58**	72	101
45	Abwasserleitung, SML-Rohre, DN100	m	35	47 **53**	57	84
			29	40 **44**	48	71
46	Abwasserleitung, SML-Rohre, DN150	m	86	119 **132**	143	201
			73	100 **111**	120	169
47	Abwasserleitung, SML-Rohre, DN200	m	116	172 **196**	224	274
			98	145 **164**	189	230
48	Formstück, SML, Bogen	St	15	24 **26**	42	81
			12	20 **22**	36	68

© **BKI** Baukosteninformationszentrum; Erläuterungen zu den Tabellen siehe Seite 46
Mustertexte geprüft: Bauwirtschaft Baden-Württemberg e.V.

Kostenstand: 1.Quartal 2018, Bundesdurchschnitt

LB 009 Entwässerungskanalarbeiten

Entwässerungskanalarbeiten — Preise €

Nr.	Positionen	Einheit	▶ min	▷ von	ø brutto € / ø netto €	◁ bis	◀ max
49	Formstück, SML, Übergangsstück	St	56	81	**99**	110	127
			47	68	**83**	92	106
50	Formstück, SML, Abzweig	St	18	29	**32**	53	90
			15	24	**27**	45	75
51	Abwasserleitung, PP-Rohre, DN110	m	15	20	**23**	30	42
			12	17	**20**	25	36
52	Abwasserleitung, PP-Rohre, DN200	m	18	27	**32**	42	51
			15	23	**27**	35	43
53	Abwasserleitung, PE-HD-Rohre, DN100	m	16	20	**21**	26	32
			13	17	**18**	21	27
54	Abwasserleitung, PE-HD-Rohre, DN150	m	22	30	**34**	39	49
			19	26	**29**	33	41
55	Abwasserleitung, PE-HD-Rohre, DN200	m	26	35	**40**	44	53
			22	30	**34**	37	44
56	Dichtheitsprüfung, Grundleitung	St	198	337	**402**	564	822
			166	283	**338**	474	691
57	Dichtheitsprüfung, Grundleitung	m	1	4	**5**	9	19
			1	3	**4**	7	16
58	Hofablauf, Polymerbeton, A15	St	171	225	**253**	278	332
			144	189	**213**	234	279
59	Straßenablauf, Polymerbeton, B125	St	230	304	**340**	356	431
			194	255	**286**	299	363
60	Straßenablauf, Polymerbeton, D400	St	305	393	**434**	478	640
			257	330	**365**	402	537
61	Bodenablauf, Gusseisen	St	99	166	**200**	283	489
			83	139	**168**	238	411
62	Reinigungsrohr, Putzstück, DN100	St	37	82	**103**	162	287
			31	69	**86**	136	241
63	Absperreinrichtung, Kanal, Gusseisen	St	158	276	**328**	501	722
			133	232	**276**	421	607
64	Rückstaudoppelverschluss, DN100	St	159	231	**259**	384	524
			134	194	**218**	322	440
65	Schachtsohle, ausformen / Gerinne einbringen	St	104	262	**324**	464	627
			88	220	**272**	390	527
66	Schachtring, DN1.000, Beton, 250mm	St	69	96	**110**	125	151
			58	81	**92**	105	127
67	Schachtring, DN1.000, Beton, 500mm	St	96	133	**147**	172	240
			80	112	**123**	145	202
68	Schachthals, Kontrollschacht	St	81	133	**150**	168	231
			68	112	**126**	141	194
69	Auflagering, DN625, Fertigteil	St	17	32	**38**	73	133
			15	27	**32**	62	112
70	Anschluss, Schacht, Steinzeug-/PVC-Kanal	St	40	118	**162**	289	505
			34	99	**136**	243	424
71	Seitenzulauf zum Schacht	St	25	71	**95**	124	192
			21	60	**80**	104	161
72	Schachtabdeckung, Klasse A15	St	111	166	**193**	236	337
			93	140	**162**	198	283

Kosten: Stand 1.Quartal 2018, Bundesdurchschnitt

▶ min ▷ von ø Mittel ◁ bis ◀ max

© **BKI** Baukosteninformationszentrum; Erläuterungen zu den Tabellen siehe Seite 46
Mustertexte geprüft: Bauwirtschaft Baden-Württemberg e.V.

Entwässerungskanalarbeiten — Preise €

Nr.	Positionen	Einheit	▶	▷ ø brutto € / ø netto €	◁	◀
73	Schachtabdeckung, Klasse C250	St	178 / 149	275 / 231	**312** / **262**	355 / 298	598 / 503
74	Schachtabdeckung, Klasse D400	St	218 / 183	332 / 279	**368** / **309**	561 / 471	934 / 785
75	Schmutzfangkorb, Schachtabdeckung	St	22 / 18	46 / 38	**51** / **43**	55 / 46	179 / 151
76	Schachtabdeckung anpassen	St	29 / 24	99 / 83	**126** / **106**	187 / 157	340 / 286
77	Kontrollschacht komplett, bis 3,5m	St	630 / 529	1.201 / 1.010	**1.426** / **1.198**	1.789 / 1.503	2.714 / 2.280
78	Steigeisen, Form A / B, Stb.-Schacht	St	35 / 29	46 / 38	**54** / **45**	59 / 50	68 / 57
79	Regenwasserspeicher, Stahlbeton	St	2.461 / 2.068	3.588 / 3.015	**3.934** / **3.306**	5.039 / 4.234	6.969 / 5.856
80	Entwässerungsrinne, Klasse A15, Beton	m	69 / 58	115 / 96	**128** / **108**	152 / 127	206 / 173
81	Entwässerungsrinne, Klasse C250, Beton	m	78 / 66	145 / 122	**172** / **144**	205 / 172	281 / 236
82	Entwässerungsrinne, Klasse D400, Beton	m	113 / 95	222 / 187	**262** / **220**	362 / 305	615 / 516
83	Entwässerungsrinne, Abdeckung Guss, C250	m	51 / 43	70 / 59	**80** / **67**	92 / 77	119 / 100
84	Entwässerungsrinne, Abdeckung Guss, C400	m	70 / 59	95 / 80	**116** / **98**	125 / 105	140 / 118
85	Entwässerungsrinne, Abdeckung, Schlitzaufsatz	m	51 / 43	73 / 61	**81** / **68**	86 / 73	119 / 100
86	Kanalreinigung, Hochdruckspülgerät	m	1 / 1	4 / 3	**5** / **4**	11 / 9	21 / 18
87	Stundensatz Facharbeiter, Kanalarbeiten	h	53 / 45	56 / 47	**57** / **48**	61 / 51	64 / 54
88	Stundensatz Helfer, Kanalarbeiten	h	46 / 39	49 / 41	**50** / **42**	51 / 43	54 / 45

Nr.	Kurztext / Langtext				[Einheit]	Ausf.-Dauer	Kostengruppe Positionsnummer
	▶ ▷ ø netto € ◁ ◀						

1 Asphalt schneiden — KG **221**
Befestigte Asphalt-Flächen streifenförmig schneiden.
Belagstärke: ca. 150 mm

| 4 € | 8 € | **10 €** | 12 € | 17 € | [m] | ⌛ 0,16 h/m | 009.000.002 |

2 Aufbruch, Gehwegfläche — KG **221**
Bituminös befestigte Flächen streifenförmig aufbrechen, inkl. Unterbau aus Kies / Schotter, anfallendes Material laden, abfahren und entsorgen, einschl. exakter Schneidearbeiten des Belages. Inkl. Deponiegebühren.
Belagstärke: bis 15 cm
Streifenbreite: ca. 70-100 cm

| 5 € | 14 € | **15 €** | 18 € | 27 € | [m²] | ⌛ 0,40 h/m² | 009.000.003 |

© **BKI** Baukosteninformationszentrum; Erläuterungen zu den Tabellen siehe Seite 46
Mustertexte geprüft: Bauwirtschaft Baden-Württemberg e.V.

LB 009 Entwässerungskanalarbeiten

Nr.	Kurztext / Langtext							Kostengruppe
▶	▷	ø netto €	◁	◀		[Einheit]	Ausf.-Dauer	Positionsnummer

A 1 Rohrgrabenaushub, GK1   Beschreibung für Pos. 3-6

Boden für Rohrgraben- und Schachtaushub profilgerecht lösen, laden, fördern und lagern. Gefälle gemäß Entwässerungsplanung.
Sohlenbreite: .....
Förderweg: ..... m
Baumaßnahmen der Geotechnischen Kategorie 1 DIN 4020.
Homogenbereich: 1
Homogenbereich 1 oben: ..... m
Homogenbereich 1 unten: ..... m
Anzahl der Bodengruppen: ..... St
Bodengruppen DIN 18196: .....
Massenanteile der Steine DIN EN ISO 14688-1: über ..... % bis ..... %
Massenanteile der Blöcke DIN EN ISO 14688-1: über ..... % bis ..... %
Konsistenz DIN EN ISO 14688-1: .....
Lagerungsdichte: .....
Homogenbereiche lt.: .....

Kosten: Stand 1.Quartal 2018 Bundesdurchschnitt

3 Rohrgrabenaushub, bis 1,25m, lagern, GK1   KG 411
Wie Ausführungsbeschreibung A 1
Leistungsumfang: lösen, fördern, auf der Baustelle lagern
Gesamtabtragstiefe: bis 1,25 m
Förderweg: ..... m
Mengenermittlung nach Aufmaß an der Entnahmestelle.

| 14€ | 18€ | **19€** | 22€ | 28€ | [m³] | ⏱ 0,32 h/m³ | 002.001.141 |

4 Rohrgrabenaushub, bis 1,75m, lagern, GK1   KG 411
Wie Ausführungsbeschreibung A 1
Leistungsumfang: lösen, fördern, auf der Baustelle lagern
Gesamtabtragstiefe: bis 1,25 m
Förderweg: ..... m
Mengenermittlung nach Aufmaß an der Entnahmestelle.

| 15€ | 21€ | **23€** | 27€ | 33€ | [m³] | ⏱ 0,34 h/m³ | 002.000.070 |

5 Rohrgrabenaushub, bis 1,00m, entsorgen, GK1   KG 411
Wie Ausführungsbeschreibung A 1
Leistungsumfang: lösen, fördern, zur Verwertungsanlage abfahren
Gesamtabtragstiefe: bis 1,00 m
Abrechnung: **nach Verdrängung / auf Nachweisrapport / Wiegescheine der Deponie**

| 12€ | 16€ | **19€** | 21€ | 26€ | [m³] | ⏱ 0,32 h/m³ | 002.001.151 |

6 Rohrgrabenaushub, bis 1,75m, entsorgen, GK1   KG 411
Wie Ausführungsbeschreibung A 1
Leistungsumfang: lösen, fördern, zur Verwertungsanlage abfahren
Gesamtabtragstiefe: bis 1,75 m
Abrechnung: **nach Verdrängung / auf Nachweisrapport / Wiegescheine der Deponie**

| 17€ | 21€ | **24€** | 26€ | 31€ | [m³] | ⏱ 0,34 h/m³ | 002.001.150 |

▶ min
▷ von
ø Mittel
◁ bis
◀ max

Nr.	Kurztext / Langtext						Kostengruppe
▶	▷	ø netto €	◁	◀	[Einheit]	Ausf.-Dauer	Positionsnummer

7   Aushub, Rohrgraben, schwerer Fels   KG **541**

Aushub der Rohrgräben - für Aushubmassen schwer lösbarer Fels Lockerung ggf. mit geeignetem Werkzeug. Abrechnung nach dem gelösten Boden, auch außerhalb des Profils.
Aushubtiefe: bis 1,75 m
Gesamtbreite: ..... m
Gesamtlänge: ..... m
Förderweg: ..... m
Mengenermittlung nach Aufmaß an der Entnahmestelle.
Baumaßnahmen der Geotechnischen Kategorie 1 DIN 4020.
Homogenbereich: 1
Homogenbereich 1 oben: ..... m
Homogenbereich 1 unten: ..... m
Anzahl Gesteinsarten: .....
Gesteinsarten: .....
Veränderlichkeit DIN EN ISO 14689-1: .....
Geologische Struktur DIN EN ISO 14689-1: .....
Abstand Trennflächen DIN EN ISO 14689-1: .....
Trennflächen, Gesteinskörperform: ....
Fallrichtung Trennflächen: ..... Grad
Fallwinkel Trennflächen: ..... Grad
Homogenbereiche lt.: .....
20€   33€   **43€**   57€   78€   [m³]   ⏱ 0,55 h/m³   009.000.007

8   Handaushub, bis 1,25m   KG **541**

Handaushub von **Rohrgräben / Fundamenten / Vertiefungen**, Aushubmaterial seitlich lagern, Feinabtrag profilgerecht gemäß Entwässerungs- oder Fundamentplänen, einschl. aller Nebenarbeiten.
Aushubtiefe: bis 1,25 m
Lichte Breite: ..... m
Boden: Homogenbereich 1, mit einer Bodengruppe, Bodengruppe: ..... DIN 18196
  – Steinanteil: bis ..... % Massenanteil DIN EN ISO 14688-1
  – Konsistenz DIN EN ISO 14688-1: .....
  – Lagerungsdichte: .....
  – Homogenbereiche lt.: .....
Bauteil: .....
26€   50€   **60€**   77€   108€   [m³]   ⏱ 1,20 h/m³   009.000.006

A 2   Erdaushub, Schacht DN1.000, Verbau   Beschreibung für Pos. **9-11**

Aushub und Wiederverfüllen von Schachtgruben, im Außenbereich, Boden der Schächte profilgerecht ausheben, Aushub seitlich lagern, nach Versetzen und Abdichten des Schachtes mit Aushubmaterial wiederverfüllen und verdichten. Leistung einschl. Verbau, zusätzlicher Vertiefungen, Planieren der Grubensohle, sowie Fördern und Lagern von überschüssigem Aushubmaterial. Laden, Abfuhr und Entsorgung des überschüssigen Bodens, inkl. Deponiegebühren, nach getrennter Position, Nachweis nach Wiegeschein.
Aushubprofil: .....
Verdichtung Schachtsohle: DPr=95%
Verdichtung Verfüllung: DPr=100%
Förderweg Lager: bis 50 m
Geländeprofil: .....

LB 009 Entwässerungskanalarbeiten

Nr. ▶	Kurztext / Langtext ▷ ø netto € ◁ ◀	[Einheit]	Ausf.-Dauer	Kostengruppe Positionsnummer

Boden: Homogenbereich ....., mit einer Bodengruppe, Bodengruppe: ..... DIN 18196
 – Steinanteil: bis ..... % Massenanteil DIN EN ISO 14688-1
 – Konsistenz DIN EN ISO 14688-1: .....
 – Lagerungsdichte: .....
 – Homogenbereiche lt.: .....

9   Erdaushub, Schacht DN1.000, bis 1,25m, Verbau   KG **537**
Wie Ausführungsbeschreibung A 2
Aushubtiefe: bis 1,25 m
22 €   25 €   **27 €**   30 €   36 €   [m³]   ⏱ 0,70 h/m³   002.001.162

10   Erdaushub, Schacht DN1.000, bis 1,75m, Verbau   KG **537**
Wie Ausführungsbeschreibung A 2
Aushubtiefe: bis 1,75 m
22 €   27 €   **30 €**   34 €   42 €   [m³]   ⏱ 0,80 h/m³   002.001.163

11   Erdaushub, Schacht DN1.000, bis 3,50m, Verbau   KG **537**
Wie Ausführungsbeschreibung A 2
Aushubtiefe: bis 3,50 m
31 €   40 €   **43 €**   52 €   68 €   [m³]   ⏱ 1,95 h/m³   002.001.165

A 3   Erdaushub, Schacht DN800   Beschreibung für Pos. **12-13**
Aushub und Wiederverfüllen von Schachtgruben, im Außenbereich, Boden der Schächte profilgerecht ausheben, Aushub seitlich lagern, nach Versetzen und Abdichten des Schachtes mit Aushubmaterial wiederverfüllen und verdichten. Leistung einschl. Verbau, zusätzlicher Vertiefungen, Planieren der Grubensohle, sowie Fördern und Lagern von überschüssigem Aushubmaterial. Laden, Abfuhr und Entsorgung des überschüssigen Bodens, inkl. Deponiegebühren, nach getrennter Position, Nachweis nach Wiegeschein.
Aushubprofil: .....
Verdichtung Schachtsohle: DPr=95%
Verdichtung Verfüllung: DPr=100%
Förderweg Lager: bis 50 m
Geländeprofil: .....
Boden: Homogenbereich ....., mit einer Bodengruppe, Bodengruppe: ..... DIN 18196
 – Steinanteil: bis ..... % Massenanteil DIN EN ISO 14688-1
 – Konsistenz DIN EN ISO 14688-1: .....
 – Lagerungsdichte: .....
 – Homogenbereiche lt.: .....

12   Erdaushub, Schacht DN800, bis 1,25m, Verbau   KG **537**
Wie Ausführungsbeschreibung A 3
Aushubtiefe: bis 1,25 m
– €   22 €   **27 €**   34 €   – €   [m³]   ⏱ 0,60 h/m³   002.001.159

13   Erdaushub, Schacht DN800, bis 1,75m, Verbau   KG **537**
Wie Ausführungsbeschreibung A 3
Aushubtiefe: bis 1,75 m
15 €   19 €   **26 €**   30 €   35 €   [m³]   ⏱ 0,60 h/m³   002.001.160

Kosten: Stand 1.Quartal 2018, Bundesdurchschnitt

▶ min
▷ von
ø Mittel
◁ bis
◀ max

Nr.	Kurztext / Langtext						Kostengruppe	
▶	▷	ø netto €	◁	◀	[Einheit]	Ausf.-Dauer	Positionsnummer	

14 Schachtunterteil, Kontrollschacht, Beton — KG **541**

Schachtunterteile für Kontrollschächte und Durchlaufschächte, aus wasserdichtem Beton:
- Erstellen eines Schachtfutters, Schachtsohle geglättet
- Sohle und Sohlgerinne mit Steinzeughalbschalen ohne Muffe auskleiden, in Mörtel MG III mit Trasszusatz
- Verfugen beim Herstellen der Auskleidung
- einschl. aller erforderlichen Baustoffe, sowie Schalung
- Ecken und Kanten abrunden und glätten

Durchmesser: DN1000
Seitl. Anschlüsse **DN100 / DN150 / DN200**

| 226€ | 354€ | **389€** | 476€ | 649€ | [St] | ⏱ 1,80 h/St | 009.000.039 |

15 Aushub, Rohrgraben, wiederverfüllen — KG **541**

Boden für Rohrgräben, Entwässerunskanäle DIN EN 1610 profilgerecht lösen, laden, fördern und lagern, seitlich gelagerten Aushub nach Verlegen der Rohrleitung wieder aufnehmen und lagenweise verfüllen, inkl. verdichten.
Aushubtiefe / Einbauhöhe: von ..... bis ..... m
Boden: Homogenbereich 1, mit einer Bodengruppe, Bodengruppe: ..... DIN 18196
- Steinanteil: bis .... % Massenanteil DIN EN ISO 14688-1
- Konsistenz DIN EN ISO 14688-1: .....
- Lagerungsdichte: .....

Aushubprofil: .....
Sohlenbreite: .....
Förderweg: bis 50 m
Verfüllen Verdichtungsgrad: .....

| 12€ | 23€ | **28€** | 33€ | 52€ | [m³] | ⏱ 0,35 h/m³ | 009.000.004 |

16 Boden entsorgen, Lagermaterial — KG **541**

Überschüssigen, seitlich gelagerten Boden laden, abfahren und entsorgen, inkl. Deponiegebühren.
Abrechnung: **nach Verdrängung / auf Nachweisrapport / Wiegescheine**
Bodengruppen: ..... DIN 18196
Zuordnung Aushub: Z 0, nicht schadstoffbelastet.

| 10€ | 21€ | **27€** | 36€ | 56€ | [m³] | ⏱ 0,15 h/m³ | 009.000.008 |

17 Rohrbettung, Sand 0/8mm — KG **541**

Grabensohle profilgerecht füllen, zur Einbettung verlegter Rohrleitungen, mit anzulieferndem Material.
Einbauhöhe: bis 0,30 m
Bettungsmaterial: Sand
Körnung: 0/8 mm
Verdichtungsgrad: DPr mind. 97%

| 15€ | 27€ | **32€** | 38€ | 51€ | [m³] | ⏱ 0,30 h/m³ | 009.000.010 |

18 Rohrumfüllung, Kies 0/32mm — KG **541**

Verfüllen von Arbeitsräumen von Rohrleitungen, mit Liefermaterial.
Einbaumaterial: Kies 0/32 mm
Verdichtungsgrad: DPr mind. 97%
Einbauhöhe: Arbeitsräume von Rohrleitungen bis 1,25 m

| 20€ | 28€ | **30€** | 32€ | 42€ | [m³] | ⏱ 0,30 h/m³ | 009.000.011 |

© BKI Baukosteninformationszentrum; Erläuterungen zu den Tabellen siehe Seite 46
Mustertexte geprüft: Bauwirtschaft Baden-Württemberg e.V.
Kostenstand: 1.Quartal 2018, Bundesdurchschnitt

LB 009 Entwässerungskanalarbeiten

Nr.	Kurztext / Langtext							Kostengruppe
▶	▷	ø netto €	◁	◀	[Einheit]	Ausf.-Dauer	Positionsnummer

19 Ummantelung, Rohrleitung, Beton — KG **541**

Ortbeton für Betonummantelung von Rohrleitung, unbewehrt, ohne Anforderung an die Frostsicherheit, inkl. Abschalung. Abrechnung nach Länge ummanteltes Rohr.
Betongüte: C8/10
Expositionsklasse: X0
Rohrgröße: DN100
Ummantelung: ca. 300 x 300 mm

| 9 € | 20 € | **26 €** | 31 € | 40 € | [m] | ⏱ 0,20 h/m | 009.000.061 |

20 Arbeitsräume verfüllen, verdichten, Liefermaterial — KG **541**

Verfüllen von Arbeitsräumen von Rohrleitungen, mit Liefermaterial.
Einbaumaterial: Boden
Verdichtungsgrad: DPr mind. 97%
Einbauhöhe: Arbeitsräume von Rohrleitungen bis 1,25 m

| 20 € | 31 € | **37 €** | 39 € | 47 € | [m³] | ⏱ 0,30 h/m³ | 009.000.012 |

21 Anschluss, Abwasser, Kanalnetz — KG **541**

Abwasseranschluss an den vorhandenen Anschlusskanal, mit erforderlichen Dichtungs- und Anschlussmaterialien, einschl. erforderlicher Erdaushubarbeiten, Wiederverfüllung, Wiederherstellung des Belages, sowie Absicherungen und Nebenarbeiten, nach Vorgaben des Tiefbauamtes.
Kanalnennweite: DN150
Kanallage / Tiefe: .....
Oberflächenbelag: .....
Bodeneigenschaften und Kennwerte: .....

| 230 € | 384 € | **417 €** | 637 € | 1.135 € | [St] | ⏱ 2,40 h/St | 009.000.013 |

22 Abwasserleitung, Betonrohre DN400 — KG **541**

Betonrohr für Abwasserkanal, Kreisquerschnitt, wandverstärkt mit Muffe, mit Gleitringdichtung, Verlegung in vorhandenem Graben mit Verbau, Bettungsschicht in gesonderter Position.
Grabentiefe 1,75 bis 4,00 m
Betonrohr: **KW-M / K-GM**
Nenngröße: DN400
Angeb. Fabrikat: .....

| 60 € | 71 € | **73 €** | 80 € | 94 € | [m] | ⏱ 1,40 h/m | 009.000.014 |

A 4 Abwasserleitung, Steinzeugrohre — Beschreibung für Pos. **23-24**

Abwasserkanal aus Steinzeugrohren, Rohrverbindung mit Steckmuffe nach Verbindungssystem F, in vorhandenen Graben mit Verbau und Aussteifungen; Rohrbettung, Form- und Verbindungsstücke werden gesondert vergütet.

23 Abwasserleitung, Steinzeugrohre, DN150 — KG **541**

Wie Ausführungsbeschreibung A 4
Nenngröße: DN150
Scheiteldruckkraft; FN 34
Grabentiefe: bis 4,00 m
Angeb. Fabrikat: .....

| 20 € | 33 € | **35 €** | 41 € | 53 € | [m] | ⏱ 0,40 h/m | 009.000.016 |

Kosten:
Stand 1.Quartal 2018
Bundesdurchschnitt

▶ min
▷ von
ø Mittel
◁ bis
◀ max

Nr.	Kurztext / Langtext					[Einheit]	Ausf.-Dauer	Kostengruppe
▶	▷	ø netto €	◁	◀				Positionsnummer

24 Abwasserleitung, Steinzeugrohre, DN200 KG **541**
Wie Ausführungsbeschreibung A 4
Nenngröße: DN200
Scheiteldruckkraft; FN 34
Grabentiefe: bis 4,00 m
Angeb. Fabrikat: …..
| 22€ | 37€ | **43€** | 46€ | 57€ | [m] | ⌛ 0,50 h/m | 009.000.017 |

A 5 Formstück, Steinzeugrohr, Bogen Beschreibung für Pos. **25-26**
Form- und Verbindungsstücke von Steinzeugrohren der Abwasserleitungen.
Formteil: Bogen mit Steckmuffe

25 Formstück, Steinzeugrohr, DN150, Bogen KG **541**
Wie Ausführungsbeschreibung A 5
Bogenwinkel: **45°** / …..
Nennweite: DN150
Angeb. Fabrikat: …..
| 26€ | 31€ | **34€** | 43€ | 58€ | [St] | ⌛ 0,40 h/St | 009.000.068 |

26 Formstück, Steinzeugrohr, DN200, Bogen KG **541**
Wie Ausführungsbeschreibung A 5
Bogenwinkel: **45°** / …..
Nennweite: DN200
Angeb. Fabrikat: …..
| 55€ | 67€ | **67€** | 71€ | 82€ | [St] | ⌛ 0,50 h/St | 009.000.069 |

A 6 Formstück, Steinzeugrohr, Abzweig Beschreibung für Pos. **27-28**
Form- und Verbindungsstücke von Steinzeugrohren der Abwasserleitungen.
Formteil: Abzweig mit Steckmuffe

27 Formstück, Steinzeugrohr, DN150, Abzweig KG **541**
Wie Ausführungsbeschreibung A 6
Nennweite: DN150
Angeb. Fabrikat: …..
| 30€ | 41€ | **47€** | 54€ | 72€ | [St] | ⌛ 0,35 h/St | 009.000.072 |

28 Formstück, Steinzeugrohr, DN200, Abzweig KG **541**
Wie Ausführungsbeschreibung A 6
Nennweite: DN200
Angeb. Fabrikat: …..
| 58€ | 64€ | **65€** | 71€ | 81€ | [St] | ⌛ 0,40 h/St | 009.000.073 |

29 Übergangsstück, Steinzeug, DN125/150 KG **541**
Übergangsstück für Steinzeugrohre von Abwasserleitungen, mit Steckmuffe.
Übergang: **DN100 nach DN125 / DN125 nach DN150** / …..
Angeb. Fabrikat: …..
| 19€ | 28€ | **33€** | 40€ | 54€ | [St] | ⌛ 0,25 h/St | 009.000.021 |

LB 009 Entwässerungskanalarbeiten

Kosten:
Stand 1.Quartal 2018
Bundesdurchschnitt

▶ min
▷ von
ø Mittel
◁ bis
◀ max

Nr.	Kurztext / Langtext					[Einheit]	Ausf.-Dauer	Kostengruppe Positionsnummer
▶	▷	ø netto €	◁	◀				

30 Übergang, PE/PVC/Steinzeug auf Guss — KG 541
Übergangsstück von Abwasserleitungen.
Übergang von: **PE- / PVC-Rohr / Steinzeug** auf Gussrohre
Nennweite: DN100 nach DN100
Angeb. Fabrikat: .....

| 10€ | 20€ | **26€** | 32€ | 43€ | [St] | ⏱ 0,30 h/St | 009.000.029 |

31 Übergangsstück, Steinzeug, DN150/200 — KG 541
Übergangsstück für Steinzeugrohre von Abwasserleitungen, mit Steckmuffe.
Übergang: DN150 nach DN200
Angeb. Fabrikat: .....

| 27€ | 41€ | **48€** | 53€ | 57€ | [St] | ⏱ 0,30 h/St | 009.000.022 |

A 7 Abwasserleitung, Steinzeugrohre, inkl. Bettung — Beschreibung für Pos. 32-34
Abwasserkanal aus Steinzeugrohren, Rohrverbindung mit Steckmuffe, auf vorhandener Sohle, inkl. unterer Rohrbettung aus gebrochenen Stoffen und oberer Rohrbettung aus Sand.

32 Abwasserkanal, Steinzeug, DN100, inkl. Bettung — KG 541
Wie Ausführungsbeschreibung A 7
Nenngröße: DN100
Scheiteldruckkraft: FN **28 / 34** / .....
Baulänge: ..... m
Rohrverbinder: **Typ F / E** / .....
Bettungsschicht unten: mind. 15 cm
Grabentiefe: 1,00 bis 1,25 m
Angeb. Fabrikat: .....

| 20€ | 27€ | **31€** | 35€ | 44€ | [m] | ⏱ 0,30 h/m | 009.001.091 |

33 Abwasserkanal, Steinzeug, DN150, inkl. Bettung — KG 541
Wie Ausführungsbeschreibung A 7
Nenngröße: DN150
Scheiteldruckkraft: FN **28 / 34** / .....
Baulänge: ..... m
Rohrverbinder: **Typ F / E** / .....
Bettungsschicht unten: mind. 15 cm
Grabentiefe: 1,00 bis 1,25 m
Angeb. Fabrikat: .....

| 24€ | 30€ | **37€** | 42€ | 52€ | [m] | ⏱ 0,35 h/m | 009.001.093 |

Nr.	Kurztext / Langtext							Kostengruppe
▶	▷	ø netto €	◁	◀	[Einheit]	Ausf.-Dauer	Positionsnummer

| 34 | **Abwasserkanal, Steinzeug, DN200, inkl. Bettung** | | | | | | | KG **541** |

Wie Ausführungsbeschreibung A 7
Nenngröße: DN200
Scheiteldruckkraft: FN **28** / **34** / .....
Baulänge: ..... m
Rohrverbinder: Typ **F** / **E** / .....
Bettungsschicht unten: mind. 15 cm
Grabentiefe: 1,00 bis 1,25 m
Angeb. Fabrikat: .....

| 31 € | 39 € | **44** € | 48 € | 58 € | [m] | ⏱ 0,37 h/m | 009.001.094 |

A 8 **Abwasserkanal, PVC-U, inkl. Bettung**   Beschreibung für Pos. **35-36**

Abwasserleitung aus PVC-U-Rohren, 100% recycelbar, mit Mehrlippendichtung, Rohrverbindung mit Steckmuffe, einschl. Schweiß- oder Klebe- sowie Dichtungsmaterial, auf vorhandener Sohle, inkl. unterer Rohrbettung aus gebrochenen Stoffen und oberer Rohrbettung aus Sand.
Form- und Verbindungsstücke werden gesondert vergütet.

| 35 | **Abwasserkanal, PVC-U, DN150, inkl. Bettung** | | | | | | | KG **541** |

Wie Ausführungsbeschreibung A 8
Nenngröße: DN150
Steifigkeitsklasse: SN 8 kN/m²
Bettungsschicht unten: mind. 15 cm
Grabentiefe: 1,00 bis 1,25 m
Angeb. Fabrikat: .....

| 17 € | 24 € | **27** € | 32 € | 38 € | [m] | ⏱ 0,30 h/m | 009.001.097 |

| 36 | **Abwasserkanal, PVC-U, DN200, inkl. Bettung** | | | | | | | KG **541** |

Wie Ausführungsbeschreibung A 8
Nenngröße: DN200
Steifigkeitsklasse: SN 8 kN/m²
Bettungsschicht unten: mind. 15 cm
Grabentiefe: 1,00 bis 1,25 m
Angeb. Fabrikat: .....

| 20 € | 35 € | **42** € | 47 € | 59 € | [m] | ⏱ 0,32 h/m | 009.001.098 |

A 9 **Abwasserleitung, PVC-U**   Beschreibung für Pos. **37-39**

Abwasserleitung aus PVC-U-Rohren, 100% recycelbar, mit Mehrlippendichtung, Rohrverbindung mit Steckmuffe, einschl. Schweiß- oder Klebe- sowie Dichtungsmaterial, in vorhandenem Graben auf bauseitig eingebrachtem Sand oder Feinkies. Form- und Verbindungsstücke werden gesondert vergütet.

| 37 | **Abwasserleitung, PVC-U, DN100** | | | | | | | KG **541** |

Wie Ausführungsbeschreibung A 9
Nenngröße: DN100
Steifigkeitsklasse: SN 8 kN/m²
Grabentiefe: bis 2,00 m
Angeb. Fabrikat: .....

| 8 € | 15 € | **17** € | 21 € | 32 € | [m] | ⏱ 0,25 h/m | 009.000.024 |

LB 009 Entwässerungskanalarbeiten

Nr.	Kurztext / Langtext							Kostengruppe
▶	▷	ø netto €	◁	◀		[Einheit]	Ausf.-Dauer	Positionsnummer

57 Dichtheitsprüfung, Grundleitung KG **541**

Dichtheitsprüfung von neu verlegten Grundleitungen, einschl. aller notwendigen Gerätschaften, Aufstellung eines Protokolls der Prüfung, sowie schadlose Entfernung aller Gerätschaften nach der Prüfung; Dokumentation der Prüfung per Prüfprotokoll.
Nennweite Grundleitungen: **bis DN200 / größer DN200**
Prüfung mitttels: **Wasser / Luft**

| 1€ | 3€ | **4€** | 7€ | 16€ | [m] | ⏱ 0,20 h/m | 009.000.063 |

58 Hofablauf, Polymerbeton, A15 KG **541**

Hofablauf als Einlaufkastenkombination, mit Wasserspiegelgefälle, bestehend aus:
 – Oberteil aus Polymerbeton P, anthrazitschwarz
 – Abdeckrost und Kantenschutz aus GFK
 – Unterteil aus Polymerbeton P, mit Schlammeimer aus Kunststoff
Nennweite: 10 cm
Abmessungen (L x B): 500 x 300 mm
Belastungsklasse: A15
Angeb. Fabrikat: .....

| 144€ | 189€ | **213€** | 234€ | 279€ | [St] | ⏱ 1,30 h/St | 009.001.110 |

A 15 Straßenablauf, Polymerbeton Beschreibung für Pos. **59-60**

Straßenablauf als Einlaufkastenkombination, mit Wasserspiegelgefälle, bestehend aus:
 – Oberteil aus Polymerbeton P, anthrazitschwarz
 – Abdeckrost und Kantenschutz aus GFK
 – Unterteil aus Polymerbeton P, mit Schlammeimer aus Kunststoff

59 Straßenablauf, Polymerbeton, B125 KG **541**

Wie Ausführungsbeschreibung A 15
Nennweite: 10 cm
Abmessungen (L x B): 500 x 300 cm
Belastungsklasse: B125
Angeb. Fabrikat: .....

| 194€ | 255€ | **286€** | 299€ | 363€ | [St] | ⏱ 1,56 h/St | 009.001.111 |

60 Straßenablauf, Polymerbeton, D400 KG **541**

Wie Ausführungsbeschreibung A 15
Nennweite: 10 cm
Abmessungen (L x B): 500 x 300 cm
Belastungsklasse: D400
Angeb. Fabrikat: .....

| 257€ | 330€ | **365€** | 402€ | 537€ | [St] | ⏱ 2,80 h/St | 009.001.123 |

Kosten:
Stand 1.Quartal 2018
Bundesdurchschnitt

▶ min
▷ von
ø Mittel
◁ bis
◀ max

Nr.	Kurztext / Langtext							Kostengruppe
▶	▷	ø netto €	◁	◀	[Einheit]	Ausf.-Dauer	Positionsnummer

61 Bodenablauf, Gusseisen — KG 411
Bodenablauf mit Rückstauverschluss, mit handverriegelbarem Notverschluss, für fäkalienfreies Abwasser, dreh- und höhenverstellbar, mit Schlammeimer, Geruschsverschluss und Gitterrost.
Material Gehäuse: PP - Polypropylen
Abflussleistung: 1,6 l/s
Rohranschluss: DN100
Durchmesser: 110 mm
Aufsatzstück: 197 x 197 mm
Höhe: ..... mm
Länge: ..... mm
Material Rost: Edelstahl 1.4301 - Klasse K3
Angeb. Fabrikat: .....

| 83 € | 139 € | **168 €** | 238 € | 411 € | [St] | ⏱ 1,30 h/St | 009.000.037 |

62 Reinigungsrohr, Putzstück, DN100 — KG 541
Putzstück für Steinzeugleitungen, aus Guss, in Kontrollschacht, inkl. Eindichten und Betonbettung mit Zementglattstrich.
Nenngröße: DN100
Angeb. Fabrikat: .....

| 31 € | 69 € | **86 €** | 136 € | 241 € | [St] | ⏱ 0,30 h/St | 009.000.023 |

63 Absperreinrichtung, Kanal, Gusseisen — KG 541
Absperreinrichtung aus Gusseisen für Grundleitungsrohr, manuell nutzbar, einschl. Einbau aller Komponenten.
Nenngröße: DN100
Angeb. Fabrikat: .....

| 133 € | 232 € | **276 €** | 421 € | 607 € | [St] | ⏱ 0,70 h/St | 009.000.058 |

64 Rückstaudoppelverschluss, DN100 — KG 541
Rückstau-Doppelverschluss für fäkalienfreies Abwasser, mit automatischen Rückstauklappen und Handbetätigung, mit Reinigungsöffnung, für den Einsatz in horizontaler, abwasserführender Leitung, einschl. Anschluss.
Werkstoff: PVC-U
Nenngröße: DN100
Einsatzbereich: Typ 2
Angeb. Fabrikat: .....

| 134 € | 194 € | **218 €** | 322 € | 440 € | [St] | ⏱ 0,60 h/St | 009.001.112 |

65 Schachtsohle, ausformen / Gerinne einbringen — KG 541
Schachtsohle ausformen und Gerinne einbringen, gemäß DWA-A 157, mit muffenlose Steinzeug-Halbschalen, eingebettet in Mörtel MG III mit Trasszusatz.
Rohrdurchmesser: **DN100 / DN150 / DN200**.

| 88 € | 220 € | **272 €** | 390 € | 527 € | [St] | ⏱ 1,60 h/St | 009.001.084 |

LB 009 Entwässerungskanalarbeiten

Kosten:
Stand 1.Quartal 2018
Bundesdurchschnitt

▶ min
▷ von
ø Mittel
◁ bis
◀ max

Nr. ▶	Kurztext / Langtext ▷ ø netto € ◁ ◀	[Einheit]	Ausf.-Dauer	Kostengruppe Positionsnummer
66	**Schachtring, DN1.000, Beton, 250mm**			KG **541**
	Schachtring als Betonfertigteil, mit Steigeisen. Bauhöhe: 250 mm Durchmesser: DN1.000 Form: E, mit beidseitigem Steg Steigmaß: 250 mm			
	58€ 81€ **92€** 105€ 127€	[St]	⏱ 0,60 h/St	009.000.040
67	**Schachtring, DN1.000, Beton, 500mm**			KG **541**
	Schachtring als Betonfertigteil, mit Steigeisen. Bauhöhe: 500 cm Durchmesser: DN1.000 Form: E, mit beidseitigem Steg Steigmaß: 250 mm			
	80€ 112€ **123€** 145€ 202€	[St]	⏱ 0,70 h/St	009.000.041
68	**Schachthals, Kontrollschacht**			KG **541**
	Schachthals (Konus) für Kontrollschacht, als Betonfertigteil mit verstärkter Wand, für Gleitringdichtung, inkl. Steigeisen. Wanddicke:120 mm Durchmesser: DN1.000/625 mm			
	68€ 112€ **126€** 141€ 194€	[St]	⏱ 1,90 h/St	009.000.042
69	**Auflagering, DN625, Fertigteil**			KG **541**
	Auflagering DN625, für höhenexakte Nivellierung der Schachtabdeckung, Material: Stahlbetonfertigteil, aufgesetzt auf Konus bzw. weitere Auflageringe. Bauhöhe: **60 / 80 / .....** mm			
	15€ 27€ **32€** 62€ 112€	[St]	⏱ 0,10 h/St	009.001.087
70	**Anschluss, Schacht, Steinzeug-/PVC-Kanal**			KG **541**
	Anschluss der Abwasserkanalleitung an Abwasser-Sammelschacht aus Beton. Kanalleitung: ...... Nenngröße: DN.....			
	34€ 99€ **136€** 243€ 424€	[St]	⏱ 1,95 h/St	009.000.033
71	**Seitenzulauf zum Schacht**			KG **541**
	Seitenzulauf zum Schacht, Ausführung mit gelenkiger Rohreinbindung, Gerinneausführung nach den Grundsätzen des Arbeitsblatts DWA-A 157 Seitenzulauf: DN.....			
	21€ 60€ **80€** 104€ 161€	[St]	⏱ 1,10 h/St	009.001.085
72	**Schachtabdeckung, Klasse A15**			KG **541**
	Schachtabdeckung mit rundem Rahmen, höhengerecht in Mörtel (MG III) versetzen. Deckel: **ohne / mit** Lüftungsöffnungen Klasse: A15 Größe: DN800 Angeb. Fabrikat:			
	93€ 140€ **162€** 198€ 283€	[St]	⏱ 0,20 h/St	009.001.115

Nr.	Kurztext / Langtext				[Einheit]	Ausf.-Dauer	Kostengruppe Positionsnummer
▶	▷	ø netto €	◁	◀			

73 Schachtabdeckung, Klasse C250 — KG 541
Schachtabdeckung mit rundem Rahmen, Deckel aus Gusseisen mit Lüftungsöffnungen und Betonfüllung, mit dämpfender Einlage, verschließbar, mit Schmutzfänger F, höhengerecht in Mörtel MG III versetzen.
Klasse: C250
Größe: DN800
Angeb. Fabrikat: .....

| 149€ | 231€ | **262€** | 298€ | 503€ | [St] | 0,25 h/St | 009.000.044 |

74 Schachtabdeckung, Klasse D400 — KG 541
Schachtabdeckung mit rundem Rahmen, Deckel aus Gusseisen mit Lüftungsöffnungen und Betonfüllung, mit dämpfender Einlage, verschließbar, mit Schmutzfänger F, höhengerecht in Mörtel MG III versetzen.
Klasse: D400
Größe: DN800
Angeb. Fabrikat: .....

| 183€ | 279€ | **309€** | 471€ | 785€ | [St] | 0,25 h/St | 009.000.045 |

75 Schmutzfangkorb, Schachtabdeckung — KG 541
Schmutzfangkorb für Schachtabdeckung mit Lüftungsöffnung, **leichte / schwere** Ausführung aus verzinktem Stahlblech, Boden und Mantel aus einem Stück gezogen.
Durchmesser: **600** / ..... mm

| 18€ | 38€ | **43€** | 46€ | 151€ | [St] | 0,10 h/St | 009.001.086 |

76 Schachtabdeckung anpassen — KG 541
Bestehende Schachtabdeckung von Revisions- und Kontrollschächten an neue Höhe anpassen.
Anpassungshöhe: bis 500 mm

| 24€ | 83€ | **106€** | 157€ | 286€ | [St] | 2,40 h/St | 009.000.046 |

77 Kontrollschacht komplett, bis 3,5m — KG 541
Kontrollschacht als komplette Leistung, rund, aus Fertigteilen, ohne Deckel:
 – Schachtunterteil aus Ortbeton
 – Bodenplatte aus Beton
 – Wand aus Beton, Unterteil mind. 25 cm hoch (über Rohrscheitel)
 – Auftritt in Höhe des Rohrscheitels
 – Schachtoberteil aus Betonfertigteilen, bestehend aus Schachtringen, Schachthals und Auflagerring
 – Fugendichtung Falz mit Mörtel MG III und Dichtstoff
 – Außenwände mit Voranstrich und zwei Deckanstrichen aus Bitumenemulsion
 – Schachtkörper mit Steigeisen
 – Schachtsohle mit Gerinne gerade, Auskleidung Gerinne und Auftritt mit Halbschalen und Klinkerriemchen
Betongüte: C20/25
Dicke Bodenplatte: mind. 20 cm
Wanddicke: .....
Steigmaß Steigeisen: 333 mm
Schachttiefe: ..... m
Angeb. Fabrikat: .....

| 529€ | 1.010€ | **1.198€** | 1.503€ | 2.280€ | [St] | 12,00 h/St | 009.000.047 |

LB 009 Entwässerungskanalarbeiten

Nr.	Kurztext / Langtext				[Einheit]	Kostengruppe
▶	▷ ø netto € ◁ ◀					Ausf.-Dauer Positionsnummer

78 Steigeisen, Form A / B, Stb.-Schacht — KG **541**

Steigeisen, liefern und in runden und geraden Schacht aus Betonfertigteile einbauen, geeignet für einläufige Steigeisengänge (Steigbügel), Ausführung B Leistung inkl. Stemmarbeiten und Befestigungsmaterial.
Form: **A / B**
Auftrittsbreite: mind. 300 mm
Material: Edelstahl - PP-ummantelt
Steigmaß: max. 280 mm

| 29€ | 38€ | **45€** | 50€ | 57€ | [St] | ⏱ 0,25 h/St | 009.001.121 |

79 Regenwasserspeicher, Stahlbeton — KG **541**

Regenwasserzisterne aus Stahlbeton als Regenspeicher aus monolithischem Betonguss, einschl. Konus und befahrbarer Abdeckung und allen Passelementen, inkl. revisionierbaren Filter. Ausstattung mit eingebautem Dichtelement für steckfertigen Anschluss aller Leitungen, für Zu- und Ablauf sowie für Leerrohr. Elastomerdichtung, verschraubbar, bei Behälter DN..... mm
Wassernutzung: **Toilettenspülung / Gartenwasser / .....**
Bauteilhöhe: ca. ..... m
Volumen: ca. ..... m³
Angeschlossene Entwässerungsfläche: ca. ..... m²
Konstruktion bestehend aus:
– Schachtringen mit Falz DIN 4034, Innendurchmesser **3000** / ..... mm, Höhe **750** / ..... mm
– Konus mit Falz DIN 4034, exzentrisch, Innendurchmesser **3000** / ..... mm, Höhe **600** / ..... mm
– Schachtabdeckung: DIN 1229, Klasse **A / B / D**, DN600, ohne Lüftung
Angeb. Fabrikat: .....

| 2.068€ | 3.015€ | **3.306€** | 4.234€ | 5.856€ | [St] | ⏱ 3,00 h/St | 009.001.088 |

A 16 Entwässerungsrinne, Beton — Beschreibung für Pos. **80-82**

Entwässerungsrinne für Regenwasser als Kastenrinne, mit Kantenschutz aus verzinktem Stahl sowie End- und Anfangsteil, inkl. Abgang und Abdeckung mit schraublos arretiertem Stegrost aus verzinktem Stahl; verlegt auf bauseitiges Betonauflager, mit seitlicher Verfüllung.

80 Entwässerungsrinne, Klasse A15, Beton — KG **541**

Wie Ausführungsbeschreibung A 16
Klasse: A15
Verfüllung: **mit / ohne** Beton C12/15
Nenngröße: .....
Rinne: aus **Stahlbeton / Kunstharzbeton / .....**
Rinnensohle: **ohne / mit** Gefälle
Abgang: **seitlich / waagrecht / mit Sinkkasten**
Schlitzweite Rost: 8 bis 18 mm
Angeb. Fabrikat: .....

| 58€ | 96€ | **108€** | 127€ | 173€ | [m] | ⏱ 0,50 h/m | 009.001.117 |

Kosten:
Stand 1.Quartal 2018
Bundesdurchschnitt

▶ min
▷ von
ø Mittel
◁ bis
◀ max

Nr.	Kurztext / Langtext				[Einheit]	Ausf.-Dauer	Kostengruppe Positionsnummer
▶	▷ ø netto € ◁ ◀						

81	Entwässerungsrinne, Klasse C250, Beton						KG **541**

Wie Ausführungsbeschreibung A 16
Klasse: C250
Verfüllung: **mit / ohne** Beton C12/15
Nenngröße: .....
Rinne: aus **Stahlbeton / Kunstharzbeton / .....**
Rinnensohle: **ohne / mit** Gefälle
Abgang: **seitlich / waagrecht / mit Sinkkasten**
Schlitzweite Rost: 8 bis 18 mm
Angeb. Fabrikat: .....

66 €	122 €	**144 €**	172 €	236 €	[m]	⌚ 0,50 h/m	009.000.053

82	Entwässerungsrinne, Klasse D400, Beton						KG **541**

Wie Ausführungsbeschreibung A 16
Klasse: D400
Verfüllung: **mit / ohne** Beton C12/15
Nenngröße: .....
Rinne: aus **Stahlbeton / Kunstharzbeton / .....**
Rinnensohle: **ohne / mit** Gefälle
Abgang: **seitlich / waagrecht / mit Sinkkasten**
Schlitzweite Rost: 8 bis 18 mm
Angeb. Fabrikat: .....

95 €	187 €	**220 €**	305 €	516 €	[m]	⌚ 0,60 h/m	009.000.054

83	Entwässerungsrinne, Abdeckung Guss, C250						KG **541**

Abdeckung für Entwässerungsrinne aus Gusseisen, schraublos arretiert. Passend zu System.
Nennweite: .....
Klasse: C250
Ausführung: **Lochrost / Stegrost**
Angeb. Fabrikat: .....

43 €	59 €	**67 €**	77 €	100 €	[m]	⌚ 0,18 h/m	009.001.119

84	Entwässerungsrinne, Abdeckung Guss, C400						KG **541**

Abdeckung für Entwässerungsrinne aus Gusseisen, schraublos arretiert. Passend zu System.
Nennweite: .....
Klasse: D400
Ausführung: **Lochrost / Stegrost**
Angeb. Fabrikat: .....

59 €	80 €	**98 €**	105 €	118 €	[m]	⌚ 0,18 h/m	009.001.120

85	Entwässerungsrinne, Abdeckung, Schlitzaufsatz						KG **541**

Abdeckung für Entwässerungsrinne aus Stahlguss, schraublos arretiert.
Nennweite: .....
Klasse: .....
Ausführung: als Schlitzaufsatz
Schlitzbreite: .....
Angeb. Fabrikat: .....

43 €	61 €	**68 €**	73 €	100 €	[m]	⌚ 0,15 h/m	009.000.055

LB 009 Entwässerungskanalarbeiten

Kosten:
Stand 1.Quartal 2018
Bundesdurchschnitt

Nr.	Kurztext / Langtext						Kostengruppe	
▶	▷	ø netto €	◁	◀	[Einheit]	Ausf.-Dauer	Positionsnummer

86 Kanalreinigung, Hochdruckspülgerät — KG **541**
Hindernis in Abwasser-Grundleitung beseitigen und Grundleitung zwischen zwei Prüfpunkten mit Hochdruckspülgerät durchspülen, einschl. aller erforderlichen Gerätschaften, Aufstellung eines Protokolls über Beseitigung und Spülung, sowie schadloses Entfernen der Gerätschaften nach der Prüfung.

1 €	3 €	**4** €	9 €	18 €	[m]	⏱ 0,10 h/m	009.000.057

87 Stundensatz Facharbeiter, Kanalarbeiten
Stundenlohnarbeiten für Facharbeiter, Spezialfacharbeiter, Vorarbeiter und jeweils Gleichgestellte. Leistung nach besonderer Anordnung der Bauüberwachung. Anmeldung und Nachweis gemäß VOB/B.

45 €	47 €	**48** €	51 €	54 €	[h]	⏱ 1,00 h/h	009.000.089

88 Stundensatz Helfer, Kanalarbeiten
Stundenlohnarbeiten für Werker, Fachwerker und jeweils Gleichgestellte. Leistung nach besonderer Anordnung der Bauüberwachung. Anmeldung und Nachweis gemäß VOB/B.

39 €	41 €	**42** €	43 €	45 €	[h]	⏱ 1,00 h/h	009.000.090

▶ min
▷ von
ø Mittel
◁ bis
◀ max

000
001
002
006
008
009
010
012
013
014
016
017
018
020
021
022

LB 010 Drän- und Versickerarbeiten

Kosten: Stand 1. Quartal 2018, Bundesdurchschnitt

▶ min
▷ von
ø Mittel
◁ bis
◀ max

Nr.	Positionen	Einheit	▶	▷ ø brutto € / ø netto €		◁	◀
1	Handaushub, Drängraben	m³	51 / 43	70 / 59	**78** / **66**	91 / 77	108 / 91
2	Aushub, Dränarbeiten	m³	24 / 20	30 / 25	**31** / **26**	35 / 30	44 / 37
3	Trennlage, Erdplanum/Frostschutz	m²	1 / 1	2 / 2	**3** / **2**	4 / 3	7 / 6
4	Tragschicht, kapillarbrechend	m²	4 / 3	7 / 6	**8** / **7**	9 / 8	12 / 10
5	Kiesfilter, Flächendränage	m³	27 / 23	47 / 39	**57** / **48**	64 / 54	79 / 67
6	Dränleitung, PVC-U, DN100	m	5,1 / 4,3	7,8 / 6,6	**9,0** / **7,6**	11 / 9,1	16 / 13
7	Dränleitung, PVC-U, DN160	m	8,3 / 6,9	11 / 9,1	**12** / **9,8**	14 / 12	20 / 17
8	Dränleitung, PVC-U, DN200	m	13 / 11	19 / 16	**22** / **19**	27 / 22	33 / 28
9	Formstück, Dränleitung, Bogen	St	8 / 7	14 / 12	**17** / **14**	21 / 17	29 / 24
10	Formstück, Dränleitung, Verschlussstopfen	St	3 / 3	6 / 5	**7** / **6**	12 / 10	22 / 19
11	Formstück, Dränleitung, Verbindungsmuffe	St	8 / 7	11 / 9	**13** / **11**	16 / 13	22 / 18
12	Formstück, Dränleitung, Reduzierstück	St	8 / 6	14 / 12	**17** / **14**	21 / 18	30 / 25
13	Anschluss, Dränleitung/Schacht	St	26 / 22	60 / 51	**73** / **61**	92 / 77	138 / 116
14	Spülschacht PP, DN315	St	123 / 103	213 / 179	**248** / **208**	321 / 270	477 / 401
15	Schachtverlängerung, PP, DN315	St	37 / 31	54 / 46	**64** / **54**	76 / 64	98 / 82
16	Sickerpackung, Dränleitung	m	5 / 4	10 / 9	**12** / **10**	15 / 13	22 / 19
17	Sickerpackung, Dränleitung	m³	33 / 28	52 / 44	**59** / **49**	74 / 62	107 / 90
18	Sickerschacht, Betonfertigteilringe, B125	St	794 / 667	1.400 / 1.176	**1.616** / **1.358**	2.014 / 1.692	3.252 / 2.733
19	Sickerschicht, Kies	m³	33 / 28	47 / 39	**56** / **47**	65 / 54	79 / 67
20	Filterschicht, Filtermatten, Wand	m²	3 / 2	10 / 8	**13** / **11**	18 / 15	29 / 24
21	Filter-/Dränageschicht, Vlies/Noppenbahn, Wand	m²	3 / 2	8 / 6	**10** / **8**	11 / 9	15 / 13
22	Sickerschicht, Perimeterplatte, vlieskaschiert	m²	10 / 8	13 / 11	**14** / **12**	16 / 14	19 / 16
23	Filter, Vlies, Dränkörper	m²	2 / 1	3 / 2	**3** / **3**	4 / 3	5 / 4
24	Filterschicht, Kiessand, Wand	m³	38 / 32	43 / 36	**46** / **39**	50 / 42	60 / 51

© BKI Baukosteninformationszentrum; Erläuterungen zu den Tabellen siehe Seite 46
Mustertexte geprüft: Bauwirtschaft Baden-Württemberg e.V.

Drän- und Versickerarbeiten — Preise €

Nr.	Positionen	Einheit	▶	▷ ø brutto € / ø netto €	◁	◀
25	Grobkiesstreifen, Sockelbereich	m³	39 / 33	55 / 47	**62** / **52**	81 / 68	106 / 89
26	Dränleitung spülen, Hochdruckgerät	m	1 / 1	2 / 2	**4** / **3**	5 / 5	8 / 7

Nr.	Kurztext / Langtext					Kostengruppe
▶	▷ ø netto € ◁ ◀			[Einheit]	Ausf.-Dauer	Positionsnummer

1 Handaushub, Drängraben — KG 327

Handaushub von Drängraben, Aushubmaterial seitlich lagern, Feinabtrag profilgerecht gemäß Dränageplanung, einschl. aller Nebenarbeiten.
Aushubtiefe: bis ..... m
Lichte Breite: ..... m
Boden: Homogenbereich 1, mit einer Bodengruppe
Bodengruppe: ..... DIN 18196
– Steinanteil: bis ..... % Massenanteil DIN EN ISO 14688-1
– Konsistenz DIN EN ISO 14688-1: .....
– Lagerungsdichte: .....
– Homogenbereiche lt.: .....
Bauteil: .....

43 €   59 €   **66 €**   77 €   91 €   [m³]   ⏱ 1,40 h/m³   010.000.030

2 Aushub, Dränarbeiten — KG 327

Boden für Gruben, Schächte, Kanäle u. dgl. profilgerecht lösen, laden, fördern und lagern; seitlich gelagerten Aushub nach Verlegen der Dränleitung wieder aufnehmen und lagenweise verfüllen, inkl. verdichten.
Aushubtiefe / Einbauhöhe: von ..... bis ..... m
Aushubprofil: .....
Sohlenbreite: .....
Förderweg: bis 50 m
Verfüllen Verdichtungsgrad: .....
Boden: Homogenbereich 1, mit einer Bodengruppe
Bodengruppe: ..... DIN 18196
– Steinanteil: bis ..... % Massenanteil DIN EN ISO 14688-1
– Konsistenz DIN EN ISO 14688-1: .....
– Lagerungsdichte: .....
Homogenbereiche lt.: .....

20 €   25 €   **26 €**   30 €   37 €   [m³]   ⏱ 0,30 h/m³   010.000.001

LB 010 Drän- und Versickerarbeiten

Kosten:
Stand 1.Quartal 2018
Bundesdurchschnitt

Nr.	Kurztext / Langtext				[Einheit]	Ausf.-Dauer	Kostengruppe Positionsnummer
▶	▷ ø netto € ◁ ◀						

3 Trennlage, Erdplanum/Frostschutz KG **327**

Filtervlies als Trennlage zwischen verdichtetem Erdplanum und Frostschutzschicht bzw. einzubauender Filterschicht, Stöße überlappt.
Material: .....
Flächengewicht: 125 g/m²
Dicke: mind. 1,1 mm
GRK-Klasse: 2
Dränleistung: 90 l/(s x m²)
Angeb. Fabrikat: .....

| 1€ | 2€ | **2€** | 3€ | 6€ | [m²] | ⏱ 0,02 h/m² | 010.000.002 |

4 Tragschicht, kapillarbrechend KG **326**

Tragschicht, kapillarbrechend, unter Bodenplatte oder Fundament, schichtweise einbringen und verdichten, Oberfläche abgewalzt.
Körnung/Sieblinie: .....
Schichtdicke: i. M. 30 cm
Planum: ±2 cm
Proctordichte: 103%
Material: **gebrochenes Mineralgemisch / Kies-Schotter-Gemisch / Recyclingstoffe**

| 3€ | 6€ | **7€** | 8€ | 10€ | [m²] | ⏱ 0,08 h/m² | 010.000.003 |

5 Kiesfilter, Flächendränage KG **327**

Füllmaterial für Filterschichten, zwischen Fundamenten.
Material: Filterkies
Körnung / Sieblinie: 8/16
Schichtdicke: mind. 15 cm

| 23€ | 39€ | **48€** | 54€ | 67€ | [m³] | ⏱ 0,60 h/m³ | 010.000.004 |

A 1 Dränleitung, PVC-U Beschreibung für Pos. **6-8**

Dränleitung aus PVC-Stangenrohren für Gebäudedränage mit Doppelsteckmuffen.
Dränrohr: PVC-U

6 Dränleitung, PVC-U, DN100 KG **327**

Wie Ausführungsbeschreibung A 1
Typ/Form: .....
Nenngröße: DN100
Wassereintrittsfläche: 80 cm²/m
Schlitzbreite: ..... mm
Angeb. Fabrikat: .....

| 4€ | 7€ | **8€** | 9€ | 13€ | [m] | ⏱ 0,10 h/m | 010.000.033 |

▶ min
▷ von
ø Mittel
◁ bis
◀ max

Nr.	Kurztext / Langtext							Kostengruppe
▶	▷	ø netto €	◁	◀	[Einheit]	Ausf.-Dauer	Positionsnummer

7 Dränleitung, PVC-U, DN160 — KG **327**
Wie Ausführungsbeschreibung A 1
Typ/Form: .....
Nenngröße: DN160
Wassereintrittsfläche: 80 cm²/m
Schlitzbreite: ..... mm
Angeb. Fabrikat: .....

| 7€ | 9€ | **10€** | 12€ | 17€ | [m] | ⏱ 0,12 h/m | 010.000.035 |

8 Dränleitung, PVC-U, DN200 — KG **327**
Wie Ausführungsbeschreibung A 1
Typ/Form: .....
Nenngröße: DN200
Wassereintrittsfläche: 80 cm²/m
Schlitzbreite: ..... mm
Angeb. Fabrikat: .....

| 11€ | 16€ | **19€** | 22€ | 28€ | [m] | ⏱ 0,13 h/m | 010.000.037 |

9 Formstück, Dränleitung, Bogen — KG **327**
Form- und Verbindungsstücke für Dränageleitung, aus PVC-U Stangendränrohren, mit Steckmuffe.
Formteil: Bogen.....°
Durchmesser: DN.....
Rohrtyp: .....
Angeb. Fabrikat: .....

| 7€ | 12€ | **14€** | 17€ | 24€ | [St] | ⏱ 0,20 h/St | 010.000.024 |

10 Formstück, Dränleitung, Verschlussstopfen — KG **327**
Form- und Verbindungsstücke für Dränageleitung, aus PVC-U Stangendränrohren, mit Steckmuffe.
Formteil: Verschlussstopfen
Durchmesser: DN.....
Rohrtyp: .....
Angeb. Fabrikat: .....

| 3€ | 5€ | **6€** | 10€ | 19€ | [St] | ⏱ 0,14 h/St | 010.000.020 |

11 Formstück, Dränleitung, Verbindungsmuffe — KG **327**
Form- und Verbindungsstücke für Dränageleitung, aus PVC-U Stangendränrohren, mit Steckmuffe.
Formteil: Verbindungsmuffe
Rohrtyp: .....
Durchmesser: .....

| 7€ | 9€ | **11€** | 13€ | 18€ | [St] | ⏱ 0,14 h/St | 010.000.038 |

12 Formstück, Dränleitung, Reduzierstück — KG **327**
Form- und Verbindungsstücke für Dränageleitung, aus PVC-U Stangendränrohren, mit Steckmuffe.
Formteil: Reduzierstück
Rohrtyp: .....
Durchmesser: von DN..... auf DN.....

| 6€ | 12€ | **14€** | 18€ | 25€ | [St] | ⏱ 0,14 h/St | 010.000.039 |

LB 010 Drän- und Versickerarbeiten

Kosten:
Stand 1.Quartal 2018
Bundesdurchschnitt

▶ min
▷ von
ø Mittel
◁ bis
◀ max

Nr.	Kurztext / Langtext				[Einheit]	Ausf.-Dauer	Kostengruppe Positionsnummer
▶	▷	ø netto €	◁	◀			

13 Anschluss, Dränleitung/Schacht — KG 327
Anschluss von Dränleitung aus PVC-U an vorhandenen Sickerschacht aus Betonringen, einschl. aller erforderlichen Dichtungs- und Anschlussmaterialien. Aushub- und Verfüllarbeiten in gesonderter Position.
Nenngröße: .....
Schachtgröße: DN.....

| 22 € | 51 € | **61 €** | 77 € | 116 € | [St] | ⏱ 1,50 h/St | 010.000.019 |

14 Spülschacht PP, DN315 — KG 327
Spül- und Kontrollschacht aus Polypropylen, aufgehend, für Dränage, mit 3 Anschlüssen für Dränleitung, 1 PP-Abdeckung mit Arretierung, 1 Blindstopfen, sowie mit Sandfang; Einbau an Richtungswechsel und Tiefpunkt der Dränage-Ringleitung.
Nutzhöhe: ca. ..... m
Spülschachtgröße: DN315
Anschlüsse: **DN100** / ..... / **DN200**
Blindstopfen: **DN100** / ..... / **DN200**
Angeb. Fabrikat: .....

| 103 € | 179 € | **208 €** | 270 € | 401 € | [St] | ⏱ 0,30 h/St | 010.000.011 |

15 Schachtverlängerung, PP, DN315 — KG 327
Verlängerung / Aufsetzrohr für Dränagespül- und Kontrollschacht, Polypropylen, aufgehend.
Länge / Höhe: ca. ..... m
Spülrohrgröße: DN300
Angeb. Fabrikat: .....

| 31 € | 46 € | **54 €** | 64 € | 82 € | [St] | ⏱ 0,30 h/St | 010.000.012 |

16 Sickerpackung, Dränleitung — KG 327
Sickerpackung für Ummantelung der Dränleitung.
Körnung: 8/16 nach DIN 4095
Material: Kies
Vergütung: nach m

| 4 € | 9 € | **10 €** | 13 € | 19 € | [m] | ⏱ 0,10 h/m | 010.000.007 |

17 Sickerpackung, Dränleitung — KG 327
Sickerpackung für Ummantelung der Dränleitung, zwischen Fundamenten.
Körnung: 8/16 nach DIN 4095
Material: Kies
Vergütung: nach m³

| 28 € | 44 € | **49 €** | 62 € | 90 € | [m³] | ⏱ 0,30 h/m³ | 010.000.005 |

18 Sickerschacht, Betonfertigteilringe, B125 — KG 327
Sickerschacht aus gelochten Betonfertigteil-Schachtringen, inkl. Sickerpackung, bestehend aus:
– Sauberkeitsschicht aus Kiessand
– Schachtringe in Höhen von 250, 500 und 1.000 mm, mit Steigeisen
– Schachthals mit Steigeisen
– Auflagering
– Schachtaufsatz mit Rahmen und Deckel aus Gusseisen, mit Schmutzfänger sowie T-Stück
– eingesetztes Sickerrohr und Prallplatte,
– inkl. Sickerpackung aus Kies

Nr.	**Kurztext** / Langtext					[Einheit]	Ausf.-Dauer	Kostengruppe Positionsnummer
▶	▷	**ø netto €**	◁	◀				

Ausheben, laden und entsorgen des Aushubmaterials nach getrennter Position.
Sauberkeitsschicht: Körnung 0/32 mm
Schachtringe: DN1.000
Schachthals: DN1.000/625, h= 800 mm
Auflagering: DN625, h=100 mm
Sickerrohr: DN100
Sickerpackung: Körnung 32/64mm, h= 1,00 m
Belastungsklasse: B125
Schachttiefe: bis 2,00 m
Angeb. Fabrikat: .....

| 667€ | 1.176€ | **1.358€** | 1.692€ | 2.733€ | | [St] | 14,00 h/St | 010.000.009 |

19   Sickerschicht, Kies   KG **326**
Sickerpackung aus Kies, für Schacht, inkl. Abdeckung mit Filtervlies.
Körnung: 32/64 mm
Schachtgröße: DN.....
Schichthöhe: 1,00 m
Filtervlies: .....

| 28€ | 39€ | **47€** | 54€ | 67€ | | [m³] | 0,70 h/m³ | 010.000.010 |

20   Filterschicht, Filtermatten, Wand   KG **327**
Schutz- und Dränagesystem auf Bauwerksabdichtung, Bahnen überlappt. Filtervlies nach gesonderter Position.
Dränagesystem: .....
Angeb. Fabrikat: .....

| 2€ | 8€ | **11€** | 15€ | 24€ | | [m²] | 0,14 h/m² | 010.000.013 |

21   Filter-/Dränageschicht, Vlies/Noppenbahn, Wand   KG **335**
Dränage-, Schutz- und Filterschicht aus Kunststoffnoppenbahn mit Vlies und Gleitfolie, auf Bauwerksabdichtung.
Angeb. Fabrikat: .....

| 2€ | 6€ | **8€** | 9€ | 13€ | | [m²] | 0,12 h/m² | 010.000.032 |

22   Sickerschicht, Perimeterplatte, vlieskaschiert   KG **335**
Sickerschicht vor Außenwand, aus druckstabilen Polystyrol-Platten, profiliert, mit Vlieskaschierung, Einbau dicht gestoßen, punktförmig auf senkrechte Bauwerksabdichtung kleben, Einstand in Kiesfilterschicht mind. 30cm.
Plattenmaterial: EPS
Nennwert Wärmeleitfähigkeit: 0,034 W/mK
Dränleistung: <0,3 l/(s x m)
Kante: umlaufend Stufenfalz
Anwendung: PW und Dränge DIN 4095
Für Einbauhöhe: **bis 4,00** m / **über 4,00** m
Plattendicke: **50 / 60 / 80 /** ..... mm
Angeb. Fabrikat: .....

| 8€ | 11€ | **12€** | 14€ | 16€ | | [m²] | 0,10 h/m² | 010.000.017 |

LB 010 Drän- und Versicker- arbeiten

Kosten:
Stand 1.Quartal 2018
Bundesdurchschnitt

Nr. ▶ ▷	Kurztext / Langtext ø netto € ◁ ◀	[Einheit]	Ausf.-Dauer	Kostengruppe Positionsnummer
23	**Filter, Vlies, Dränkörper**			KG **335**
	Vlies, filterstabile Trennschicht zwischen Dränkörper und anstehendem Erdreich, vollständige Ummantelung des Dränkörpers, mit Überlappung. Material: ..... Flächengewicht: ..... g/m² Dicke: mind. ..... mm GRK-Klasse: **2 / 3** Dränleistung: ..... l/(s x m²) Angeb. Fabrikat:			
	1€ 2€ **3€** 3€ 4€	[m²]	⏱ 0,10 h/m²	010.000.016
24	**Filterschicht, Kiessand, Wand**			KG **327**
	Verfüllmaterial aus humusfreiem Kiessand, lagenweise vor aufgehender Außenwand, inkl. Verdichten. Verfüllhöhe:			
	32€ 36€ **39€** 42€ 51€	[m³]	⏱ 0,50 h/m³	010.000.014
25	**Grobkiesstreifen, Sockelbereich**			KG **327**
	Auffüllung aus gewaschenem Rundkies, umlaufend um das Gebäude sowie im Bereich von Lichtschächten, verlegt auf Filtervlies. Anmerkung: Einbau erst nach Fertigstellung des Sockelputzes Körnung: 32/64 mm Breite: ..... cm Tiefe: ca. ..... cm			
	33€ 47€ **52€** 68€ 89€	[m³]	⏱ 0,50 h/m³	010.000.015
26	**Dränleitung spülen, Hochdruckgerät**			KG **327**
	Grundleitung zwischen zwei Prüfpunkten mit Hochdruckspülgerät durchspülen, Leistung einschl. aller notwendigen Gerätschaften; inkl. Aufstellung eines Protokolls sowie schadloser Entfernung aller Gerätschaften nach Abschluss der Arbeiten.			
	1€ 2€ **3€** 5€ 7€	[m]	⏱ 0,08 h/m	010.000.031

▶ min
▷ von
ø Mittel
◁ bis
◀ max

000
001
002
006
008
009
010
012
013
014
016
017
018
020
021
022

LB 012 Mauerarbeiten

Mauerarbeiten — Preise €

Kosten: Stand 1.Quartal 2018 Bundesdurchschnitt

▶ min ▷ von ø Mittel ◁ bis ◀ max

Nr.	Positionen	Einheit	▶	▷	ø brutto € / ø netto €	◁	◀
1	Querschnittsabdichtung, Mauerwerk bis 11,5cm	m	0,9 / 0,8	2,4 / 2,0	**2,9** / **2,4**	4,7 / 4,0	10 / 8,7
2	Querschnittsabdichtung, Mauerwerk bis 36,5cm	m	2,4 / 2,0	5,2 / 4,4	**6,3** / **5,3**	12 / 10	25 / 21
3	Innenwand, Wandfuß, Kimmstein	m	3 / 3	6 / 5	**8** / **7**	13 / 11	27 / 22
4	Innenwand, Ausgleichschicht, Decke	m	3 / 3	18 / 15	**18** / **15**	21 / 17	39 / 33
5	Dämmstein, Mauerwerk, 11,5cm	m	15 / 13	28 / 24	**33** / **28**	40 / 33	53 / 44
6	Dämmstein, Mauerwerk, 24cm	m	20 / 17	37 / 31	**44** / **37**	51 / 43	70 / 59
7	Innenwand, Mauerziegel, 11,5cm	m²	40 / 34	55 / 46	**60** / **50**	67 / 57	83 / 70
8	Innenwand, Hlz-Planstein 11,5cm	m²	39 / 32	49 / 41	**54** / **45**	58 / 49	71 / 59
9	Innenwand, KS L 11,5cm, bis 3DF	m²	37 / 32	53 / 45	**58** / **49**	66 / 55	88 / 74
10	Innenwand, KS L 17,5cm, 3DF	m²	57 / 48	66 / 56	**71** / **60**	84 / 71	109 / 91
11	Innenwand, KS-Sichtmauerwerk 11,5cm	m²	62 / 52	74 / 63	**81** / **68**	85 / 71	98 / 83
12	Innenwand, KS Planstein 11,5cm, über 3DF	m²	34 / 29	49 / 41	**53** / **45**	58 / 49	68 / 57
13	Innenwand, KS Planstein 17,5cm, 6DF	m²	43 / 36	56 / 47	**65** / **54**	73 / 62	93 / 78
14	Innenwand, KS Planstein 24cm, 8DF	m²	52 / 44	68 / 57	**76** / **64**	84 / 70	105 / 88
15	Innenwand, KS Rasterelement 11,5cm	m²	31 / 26	45 / 37	**51** / **43**	57 / 48	75 / 63
16	Innenwand, KS Rasterelement 17,5cm	m²	51 / 43	63 / 53	**66** / **56**	67 / 56	78 / 66
17	Innenwand, KS Rasterelement 24cm	m²	60 / 50	72 / 61	**79** / **66**	91 / 77	118 / 99
18	Ausmauerung, Fachwerk 17,5/24,0cm	m²	54 / 46	71 / 60	**79** / **66**	87 / 73	129 / 109
19	Innenwand, Porenbeton Planbauplatte 5cm	m²	36 / 30	42 / 35	**45** / **38**	48 / 41	56 / 47
20	Innenwand, Porenbeton Planbauplatte 7,5cm	m²	41 / 34	48 / 40	**51** / **43**	55 / 47	64 / 54
21	Innenwand, Porenbeton Planbauplatte 10cm	m²	46 / 39	54 / 45	**58** / **48**	62 / 52	72 / 61
22	Innenwand, Porenbeton 11,5cm, nichttragend	m²	42 / 35	49 / 41	**52** / **44**	54 / 45	60 / 50
23	Innenwand, Porenbeton 17,5cm, nichttragend	m²	43 / 36	58 / 49	**64** / **54**	73 / 61	91 / 77
24	Innenwand, Poren-Planelement 24cm, nichttragend	m²	52 / 44	67 / 56	**74** / **62**	80 / 67	91 / 77

© BKI Baukosteninformationszentrum; Erläuterungen zu den Tabellen siehe Seite 46
Mustertexte geprüft: Bauwirtschaft Baden-Württemberg e.V.

Kostenstand: 1.Quartal 2018, Bundesdurchschnitt

Mauerarbeiten — Preise €

Nr.	Positionen	Einheit	▶	▷ ø brutto € / ø netto €		◁	◀
25	Innenwand, Poren-Planelement 30cm, nichttragend	m²	77	88	**94**	101	113
			65	74	**79**	85	95
26	Innenwand, Wandbauplatte, Leichtbeton, bis 10cm	m²	46	70	**74**	77	94
			38	59	**62**	65	79
27	Innenwand, Gipswandbauplatte, 6cm	m²	36	41	**44**	48	56
			30	35	**37**	40	47
28	Innenwand, Gipswandbauplatte, 8cm	m²	45	51	**54**	60	73
			38	43	**46**	51	61
29	Innenwand, Lehmstein 11,5cm	m²	56	78	**84**	97	120
			47	65	**71**	82	101
30	Brüstungsmauerwerk, Breite 11,5cm	m²	50	58	**62**	63	76
			42	49	**52**	53	64
31	Brüstungsmauerwerk, Breite 24,0cm	m²	52	77	**84**	91	102
			44	65	**71**	76	86
32	Brüstungsmauerwerk, Breite 36,5cm	m²	89	102	**116**	129	174
			75	86	**97**	109	146
33	Türöffnung ausmauern, Mauerwerk	m²	87	146	**172**	344	565
			73	123	**145**	289	475
34	Öffnungen, Mauerwerk bis 17,5cm, 1,01/2,13	St	12	35	**43**	59	93
			10	30	**36**	50	78
35	Öffnungen, Mauerwerk bis 24cm, 1,01/2,13	St	17	34	**37**	56	101
			15	28	**31**	47	84
36	Öffnungen schließen, Mauerwerk	m²	58	111	**128**	160	222
			49	93	**108**	134	186
37	Türöffnung schließen, Mauerwerk	m²	33	89	**108**	144	213
			28	75	**91**	121	179
38	Aussparung schließen, bis 0,04m²	St	15	31	**35**	50	75
			13	26	**29**	42	63
39	Aussparung schließen, bis 0,25m²	St	16	36	**44**	55	89
			13	30	**37**	47	75
40	Aussparung schließen, bis 0,80m²	St	24	50	**60**	70	96
			20	42	**50**	59	81
41	Schachtwand, KS	m²	39	59	**71**	81	99
			32	49	**59**	68	83
42	Schacht, gemauert, Formteile	m	69	102	**116**	128	177
			58	86	**97**	107	149
43	Brandwand, KS L 17,5mm	m²	41	63	**75**	80	109
			34	53	**63**	67	91
44	Öffnung überdecken, Ziegelsturz	m	8	20	**25**	33	54
			6	17	**21**	28	45
45	Öffnung überdecken, KS-Sturz, 17,5cm	m	9	24	**31**	47	70
			8	20	**26**	39	59
46	Öffnung überdecken, Betonsturz, 24cm	m	17	50	**56**	69	94
			14	42	**47**	58	79
47	Öffnung überdecken, Außenwand, 24-30cm	m	39	69	**84**	142	216
			33	58	**71**	119	181
48	Öffnung überdecken, Flachbogen/Segmentbogen	St	150	172	**187**	210	253
			126	145	**157**	176	213

© **BKI** Baukosteninformationszentrum; Erläuterungen zu den Tabellen siehe Seite 46
Mustertexte geprüft: Bauwirtschaft Baden-Württemberg e.V.

Kostenstand: 1.Quartal 2018, Bundesdurchschnitt

LB 012 Mauerarbeiten

Mauerarbeiten — Preise €

Nr.	Positionen	Einheit	▶ min	▷ von ø brutto € / ø netto €	ø Mittel	◁ bis	◀ max
49	Laibung beimauern	m	7	43	**53**	69	124
			6	36	**45**	58	104
50	Schlitze nachträglich, Mauerwerk	m	2	11	**14**	21	44
			1	9	**11**	18	37
51	Schlitze schließen, Ziegelmauerwerk	m	6	15	**18**	27	49
			5	12	**15**	23	41
52	Deckenrandschale, Ziegel, MW	m	7	13	**16**	18	27
			6	11	**13**	15	22
53	Deckenanschluss, Mauerwerkswand	m	2	8	**11**	21	39
			2	7	**9**	18	33
54	Deckenanschlussfuge rauchdicht	m	3	6	**7**	12	18
			2	5	**6**	10	15
55	Mauerwerk stumpfer Anschluss	m	2	7	**9**	12	21
			2	6	**8**	10	18
56	Maueranschlussschiene, 28/15	m	6,7	14	**17**	22	36
			5,7	12	**14**	18	31
57	Maueranschlussschiene, 38/17	m	14	22	**25**	37	54
			12	19	**21**	31	45
58	Flachanker, Anschlussschiene 28/15	St	0,7	2,1	**2,6**	6,2	11
			0,6	1,8	**2,2**	5,2	9,6
59	Mauerwerk verzahnen	m	3	12	**14**	24	43
			3	10	**12**	20	36
60	Außenwand, LHlz 36,5cm, tragend	m²	91	111	**118**	130	166
			76	93	**99**	109	139
61	Außenwand, LHlz 42,5cm, tragend	m²	113	129	**138**	146	172
			95	109	**116**	123	145
62	Außenwand, LHlz 36,5cm, tragend, gefüllt	m²	102	118	**125**	133	157
			85	99	**105**	112	132
63	Außenwand, KS L-R 17,5cm, tragend	m²	40	59	**67**	77	109
			33	50	**56**	65	91
64	Außenwand, KS L-R 24cm, tragend	m²	52	76	**85**	93	116
			44	64	**71**	78	98
65	Außenwand, Betonsteine 17,5cm, tragend	m²	47	57	**61**	70	84
			39	48	**51**	59	70
66	Mauerpfeiler, rechteckig, freitragend	m	45	68	**79**	94	131
			38	57	**67**	79	110
67	Kerndämmung, Außenmauerwerk, MW 60mm	m²	6,5	9,1	**13**	15	18
			5,4	7,6	**11**	12	15
68	Kerndämmung, Außenmauerwerk, MW 120mm	m²	21	25	**26**	28	36
			18	21	**22**	24	30
69	Trennfugendämmplatte, MW, 20mm	m²	6,1	7,4	**8,1**	8,4	10,0
			5,1	6,3	**6,8**	7,1	8,4
70	Trennfugendämmplatte, MW, 50mm	m²	13	18	**20**	23	30
			11	15	**17**	20	25
71	Deckenranddämmung, Mehrschichtplatte	m	6	13	**14**	17	24
			5	11	**11**	14	20
72	Drahtanker, Hintermauerung/Tragschale	m²	1	7	**9**	14	24
			1	6	**8**	12	20

Kosten:
Stand 1.Quartal 2018
Bundesdurchschnitt

▶ min
▷ von
ø Mittel
◁ bis
◀ max

© BKI Baukosteninformationszentrum; Erläuterungen zu den Tabellen siehe Seite 46
Mustertexte geprüft: Bauwirtschaft Baden-Württemberg e.V.

Mauerarbeiten — Preise €

Nr.	Positionen	Einheit	▶	▷ ø brutto € / ø netto €		◁	◀
73	Winkelkonsole, Abfangung, Verblendmauerwerk	St	89	187	**232**	252	367
			75	158	**195**	212	308
74	Einzelkonsole, Abfangung, Verblendmauerwerk	St	20	37	**47**	56	71
			17	31	**39**	47	60
75	Verblendmauerwerk, Vormauerziegel	m²	94	130	**149**	164	212
			79	110	**125**	138	178
76	Verblendmauerwerk, Betonsteine	m²	166	195	**197**	206	224
			140	164	**165**	173	188
77	Verblendmauerwerk, Kalksandsteine	m²	84	129	**152**	169	211
			70	108	**128**	142	178
78	Mauerwerksfugen auskratzen	m²	6	13	**17**	19	25
			5	11	**14**	16	21
79	Mauerwerksfugen verfugen	m²	6	11	**14**	17	27
			5	9	**12**	15	23
80	Öffnungen, Verblendmauerwerk	m²	20	25	**29**	38	52
			16	21	**24**	32	44
81	Rollschicht, Verblendmauerwerk	m	7	37	**53**	67	96
			6	31	**44**	56	80
82	Mauerwerk abgleichen, bis 17,5cm	m	3	9	**12**	15	22
			3	7	**10**	13	18
83	Mauerwerk abgleichen, bis 24cm	m	3	11	**14**	18	28
			3	9	**12**	15	24
84	Mauerwerk abgleichen, bis 36,5cm	m	5	13	**15**	22	33
			4	11	**13**	18	28
85	Hohlkehle, Mörtel	m	1	5	**7**	11	20
			1,0	4,5	**6,2**	9,7	16
86	Ringanker, U-Schale, 11,5cm	m	22	32	**35**	38	44
			19	27	**29**	32	37
87	Ringanker, U-Schale, 24cm	m	26	37	**44**	50	64
			22	31	**37**	42	54
88	Ringanker, U-Schale, 36,5cm	m	39	47	**50**	58	74
			32	39	**42**	49	62
89	Ausmauerung, Sparren	m	18	33	**39**	49	74
			15	28	**33**	41	62
90	Ausmauerung, Fachwerk 11,5cm	m²	49	70	**80**	86	101
			41	59	**68**	73	85
91	Ausmauerung, Kleinflächen, bis 2,50m²	m²	56	75	**89**	111	147
			47	63	**75**	93	124
92	Schornstein, Formstein, einzügig	m	147	211	**240**	300	455
			123	178	**201**	252	382
93	Schornstein, Formsteine, zweizügig	m	172	269	**300**	339	422
			145	226	**252**	285	355
94	Schornsteinkopf, Mauerwerk	m²	185	256	**258**	258	328
			156	215	**217**	217	276
95	Schornsteinkopfabdeckung, Faserzement	St	70	278	**392**	485	735
			59	234	**330**	408	618
96	Kernbohrung, Mauerwerk, DN100, bis 250mm	St	14	22	**23**	24	35
			12	18	**20**	20	29

© **BKI** Baukosteninformationszentrum; Erläuterungen zu den Tabellen siehe Seite 46
Mustertexte geprüft: Bauwirtschaft Baden-Württemberg e.V.

Kostenstand: 1.Quartal 2018, Bundesdurchschnitt

LB 012 Mauerarbeiten

Kosten:
Stand 1.Quartal 2018
Bundesdurchschnitt

Mauerarbeiten — Preise €

Nr.	Positionen	Einheit	▶	▷ ø brutto € ø netto €		◁	◀
97	Kernbohrung, Mauerwerk, DN100, bis 400mm	St	34	55	**63**	71	87
			29	46	**53**	60	73
98	Stahlzarge, Einbau	St	113	148	**180**	190	225
			95	124	**152**	159	189
99	Umfassungszarge, Stahl	St	87	151	**180**	192	259
			73	127	**152**	162	218
100	Stahltüre, T30, einflüglig	St	393	497	**548**	624	792
			330	418	**460**	524	665
101	Rollladenkasten, Leichtbeton	m	57	73	**82**	89	113
			48	61	**69**	75	95
102	Rollladenkasten, Ziegel, 1385mm	St	69	123	**146**	168	226
			58	104	**123**	141	190
103	Gurtwicklerkasten, Kunststoff	St	11	18	**21**	28	42
			9	15	**18**	24	35
104	Ziegel-Elementdecke, ZST 1,0 - 22,5	m²	103	120	**130**	133	145
			87	101	**109**	112	122
105	Stundensatz Facharbeiter, Mauerarbeiten	h	43	52	**56**	59	70
			36	44	**47**	50	59
106	Stundensatz Werker/Helfer, Mauerarbeiten	h	35	48	**53**	59	71
			30	40	**45**	49	60

Nr.	Kurztext / Langtext					Kostengruppe
▶	▷ ø netto € ◁ ◀				[Einheit]	Ausf.-Dauer Positionsnummer

A 1 Querschnittsabdichtung, Mauerwerk
Beschreibung für Pos. **1-2**

Abdichtung, einlagig, gegen Bodenfeuchte in/unter Mauerwerkswänden, mit seitlichem Überstand und Überdeckung von je mind. 10cm; inkl. Abgleichen der Auflagerfläche.

1 Querschnittsabdichtung, Mauerwerk bis 11,5cm KG **342**

Wie Ausführungsbeschreibung A 1
Mauerdicke: bis 11,5 cm
Abdichtung: Bitumendichtungsbahn G 200 DD
Angeb. Fabrikat: .....

| 0,8€ | 2,0€ | **2,4€** | 4,0€ | 8,7€ | [m] | ⏱ 0,04 h/m | 012.000.093 |

2 Querschnittsabdichtung, Mauerwerk bis 36,5cm KG **331**

Wie Ausführungsbeschreibung A 1
Mauerdicke: von 24 bis 36,5 cm
Abdichtung: Bitumendichtungsbahn G 200 DD
Angeb. Fabrikat: .....

| 2€ | 4€ | **5€** | 10€ | 21€ | [m] | ⏱ 0,08 h/m | 012.000.095 |

▶ min
▷ von
ø Mittel
◁ bis
◀ max

Nr.	Kurztext / Langtext						Kostengruppe
▶	▷	ø netto €	◁	◀	[Einheit]	Ausf.-Dauer	Positionsnummer

3	Innenwand, Wandfuß, Kimmstein						KG 341

Mauerwerks-Ausgleichsschicht, am Wandfuß, durch Zuschnitt.
Steinart: .....
Höhe des Ausgleichs: .....
Mauerdicke: .....
Einbauort: Innenwand

3 €	5 €	7 €	11 €	22 €	[m]	⏱ 0,10 h/m	012.000.180

4	Innenwand, Ausgleichsschicht, Decke						KG 331

Mauerwerksausgleich an Decke, durch Zuschnitt.
Steinart: .....
Steinhöhe: .....
Mauerdicke: .....
Einbauort: Innenwand
Einbauhöhe: bis 2,75 m

3 €	15 €	15 €	17 €	33 €	[m]	⏱ 0,15 h/m	012.000.181

5	Dämmstein, Mauerwerk, 11,5cm						KG 342

Dämmstein als Wärmedämmelement in Mauerwerk.
Einbauort: .....
Wanddicke: 11,5 cm
Steinart: .....
Druckfestigkeit: .....
Nennwert der Wärmeleitfähigkeit: ..... W/(mK) (horizontal)
Brandverhalten: Klasse .....
Bauaufsichtliche Zulassung: .....
Angeb. Fabrikat: .....

13 €	24 €	28 €	33 €	44 €	[m]	⏱ 0,10 h/m	012.000.067

6	Dämmstein, Mauerwerk, 24cm						KG 341

Dämmstein als Wärmedämmelement in Mauerwerk.
Einbauort: .....
Wanddicke: 24 cm
Steinart: .....
Druckfestigkeit: .....
Nennwert der Wärmeleitfähigkeit: ..... W/(mK) (horizontal)
Brandverhalten: Klasse .....
Bauaufsichtliche Zulassung: .....
Angeb. Fabrikat: .....

17 €	31 €	37 €	43 €	59 €	[m]	⏱ 0,14 h/m	012.000.089

LB 012 Mauerarbeiten

Nr.	Kurztext / Langtext ▶ ▷ ø netto € ◁ ◀	[Einheit]	Kostengruppe Ausf.-Dauer Positionsnummer

Kosten:
Stand 1.Quartal 2018
Bundesdurchschnitt

7 Innenwand, Mauerziegel, 11,5cm   KG **342**
Mauerwerk der Innenwand nach Normenreihe DIN EN 1996, aus Mauerziegel (Vollziegel), für späteren Putzauftrag, mit Stoßfugenvermörtelung.
Wanddicke: 11,5 cm
Wandhöhe: bis ..... m
Steinart: Mz
Festigkeitsklasse: 20 N/mm²
Rohdichteklasse: 1,6 kg/dm³
Format: NF (240 x 115 x 71 mm)
Mörtelgruppe: NM III
Einbauort: in allen Geschossen
Angeb. Fabrikat: .....

34 €   46 €   **50 €**   57 €   70 €   [m²]   ⏱ 0,60 h/m²   012.000.071

8 Innenwand, Hlz-Planstein 11,5cm   KG **342**
Mauerwerk der Innenwand nach Normenreihe DIN EN 1996, aus Hochlochziegel, für späteren Putzauftrag, ohne Stoßfugenvermörtelung; Wand stumpf angeschlossen, mit Flachanker aus nichtrostendem Stahl; Flachanker in getrennter Position.
Wanddicke: 11,5 cm
Wandhöhe: bis ..... m
Steinart: Hlz - Planstein
Festigkeitsklasse: 8 N/mm²
Rohdichteklasse: 0,8 kg/dm³
Format: 8 DF (498 x 115 x 249 mm)
Mörtelgruppe: Dünnbettmörtel gem. Zulassung
Einbauort: in allen Geschossen
Angeb. Fabrikat: .....

32 €   41 €   **45 €**   49 €   59 €   [m²]   ⏱ 0,40 h/m²   012.000.199

9 Innenwand, KS L 11,5cm, bis 3DF   KG **342**
Mauerwerk der Innenwand nach Normenreihe DIN EN 1996, aus Kalksandstein, für späteren Putzauftrag, mit Stoßfugenvermörtelung. Leistung inkl. dem Aufmauern der obersten Mauerschicht nach dem Ausschalen der darüber liegenden Decke.
Wanddicke: 11,5 cm
Wandfunktion: **nichttragend / tragend**
Wandhöhe: bis ..... m
Steinart: KS L
Festigkeitsklasse: **12 / 20** N/mm²
Rohdichteklasse: **1,4 / 1,8 / 2,0** kg/dm³
Format: bis 3DF (240 x 115 x 113 mm)
Mörtelgruppe: NM II
Einbauort: in allen Geschossen
Angeb. Fabrikat: .....

▶ min
▷ von
ø Mittel
◁ bis
◀ max

32 €   45 €   **49 €**   55 €   74 €   [m²]   ⏱ 0,40 h/m²   012.000.200

Nr.	**Kurztext** / Langtext				[Einheit]	Ausf.-Dauer	Kostengruppe Positionsnummer
▶	▷	ø netto €	◁	◀			

10 Innenwand, KS L 17,5cm, 3DF   KG **341**

Mauerwerk der Innenwand nach Normenreihe DIN EN 1996, aus Kalksandstein, für späteren Putzauftrag, mit Stoßfugenvermörtelung.
Wanddicke: 17,5 cm
Wandfunktion: **nichttragend / tragend**
Wandhöhe: bis ..... m
Steinart: KS L
Festigkeitsklasse: **12 / 20** N/mm²
Rohdichteklasse: **1,4 / 1,8 / 2,0** kg/dm³
Format: 3 DF (240 x 175 x 113 mm)
Mörtelgruppe: NM II
Einbauort: in allen Geschossen
Angeb. Fabrikat: .....

| 48€ | 56€ | **60€** | 71€ | 91€ | [m²] | ⏱ 0,30 h/m² | 012.000.201 |

11 Innenwand, KS-Sichtmauerwerk 11,5cm   KG **342**

Mauerwerk nach Normenreihe DIN EN 1996, als einseitiges Sichtmauerwerk aus Kalksandstein. Rückseite für Verputz, mit Stoßfugenvermörtelung und gleichmäßigen Fugendicken; Sichtseite nur mit ausgesuchten Steinen vom selben Lieferwerk, beim Aufmauern sind Steine aus mehreren Paketen zu mischen.
Wanddicke: 11,5 cm
Wandhöhe: bis ..... m
Steinart: **KS Vm / KS Vb**
Festigkeitsklasse: **16 / 20** N/mm²
Rohdichteklasse: 1,8 kg/dm³
Format: **DF / NF / 2 DF**
Mörtelgruppe: NM II
Verband: .....
Fugenbreite: Stoß 10 mm, Lager 12 mm
Einbauort: Wohnräume, in allen Geschossen
Angeb. Fabrikat: .....

| 52€ | 63€ | **68€** | 71€ | 83€ | [m²] | ⏱ 0,62 h/m² | 012.000.006 |

12 Innenwand, KS Planstein 11,5cm, über 3DF   KG **342**

Mauerwerk der Innenwand nach Normenreihe DIN EN 1996, aus Kalksandstein, für späteren Putzauftrag, mit Nut und Feder-System, ohne Stoßfugenvermörtelung. Leistung inkl. dem Aufmauern der obersten Mauerschicht nach dem Ausschalen der darüber liegenden Decke.
Wanddicke: 11,5 cm
Wandhöhe: bis ..... m
Steinart: **KS-L-R- / KS-R-**Planstein
Festigkeitsklasse: **12 / 20** N/mm²
Rohdichteklasse: 1,8 kg/dm³
Format: 3 DF (240 x 115 x 113 mm)
Mörtelgruppe: DM
Einbauort: in allen Geschossen
Angeb. Fabrikat: .....

| 29€ | 41€ | **45€** | 49€ | 57€ | [m²] | ⏱ 0,30 h/m² | 012.000.078 |

© BKI Baukosteninformationszentrum; Erläuterungen zu den Tabellen siehe Seite 46
Mustertexte geprüft: Bauwirtschaft Baden-Württemberg e.V.

Kostenstand: 1.Quartal 2018, Bundesdurchschnitt

LB 012
Mauerarbeiten

Nr.	Kurztext / Langtext						Kostengruppe
▶	▷	ø netto €	◁	◀	[Einheit]	Ausf.-Dauer	Positionsnummer

Kosten:
Stand 1.Quartal 2018
Bundesdurchschnitt

13 Innenwand, KS Planstein 17,5cm, 6DF — KG 341
Mauerwerk der Innenwand nach Normenreihe DIN EN 1996, aus Kalksandstein, für späteren Putzauftrag, mit Nut und Feder-System, ohne Stoßfugenvermörtelung.
Wanddicke: 17,5 cm
Wandfunktion: **nichttragend / tragend**
Wandhöhe: bis ..... m
Steinart: KS R
Festigkeitsklasse: **12 / 20** N/mm²
Rohdichteklasse: **1,4 / 1,8 / 2,0** kg/dm³
Format: 6 DF (248 x 175 x 248 mm)
Mörtelgruppe: DM
Einbauort: in allen Geschossen
Angeb. Fabrikat: .....

36€   47€   **54€**   62€   78€   [m²]   ⏱ 0,35 h/m²   012.000.097

14 Innenwand, KS Planstein 24cm, 8DF — KG 341
Mauerwerk der Innenwand nach Normenreihe DIN EN 1996, aus Kalksandstein, für späteren Putzauftrag, mit Nut und Feder-System, ohne Stoßfugenvermörtelung.
Wanddicke: 24,0 cm
Wandfunktion: **nichttragend / tragend**
Wandhöhe: bis ..... m
Steinart: KS R
Festigkeitsklasse: **12 / 20** N/mm²
Rohdichteklasse: **1,4 / 1,8 / 2,0** kg/dm³
Format: 8 DF (248 x 240 x 248 mm)
Mörtelgruppe: DM
Einbauort: in allen Geschossen
Angeb. Fabrikat: .....

44€   57€   **64€**   70€   88€   [m²]   ⏱ 0,37 h/m²   012.000.098

A 2 Innenwand, KS Rasterelement — Beschreibung für Pos. **15-17**
Mauerwerk der Innenwand nach Normenreihe DIN EN 1996, aus Kalksandstein, für späteren Putzauftrag, mit Nut und Feder-System, ohne Stoßfugenvermörtelung.

15 Innenwand, KS Rasterelement 11,5cm — KG 341
Wie Ausführungsbeschreibung A 2
Wanddicke: 11,5 cm
Wandfunktion: **nichttragend / tragend**
Wandhöhe: bis ..... m
Steinart: KS XL-RE
Festigkeitsklasse: **12 / 20** N/mm²
Rohdichteklasse: **1,4 / 1,8 / 2,0** kg/dm³
Format: 16 DF (498 x 115 x 498 mm)
Mörtelgruppe: DM
Einbauort: in allen Geschossen
Angeb. Fabrikat: .....

26€   37€   **43€**   48€   63€   [m²]   ⏱ 0,37 h/m²   012.000.143

▶ min
▷ von
ø Mittel
◁ bis
◀ max

Nr.	Kurztext / Langtext							Kostengruppe
▶	▷	ø netto €	◁	◀	[Einheit]	Ausf.-Dauer	Positionsnummer	

16 — Innenwand, KS Rasterelement 17,5cm — KG 341

Wie Ausführungsbeschreibung A 2
Wanddicke: 17,5 cm
Wandfunktion: **nichttragend / tragend**
Wandhöhe: bis ..... m
Steinart: KS XL-RE
Festigkeitsklasse: **12 / 20** N/mm²
Rohdichteklasse: **1,4 / 1,8 / 2,0** kg/dm³
Format: 498 x 175 x 498 mm
Mörtelgruppe: DM
Einbauort: in allen Geschossen
Angeb. Fabrikat: .....

| 43 € | 53 € | **56 €** | 56 € | 66 € | [m²] | ⏱ 0,37 h/m² | 012.000.144 |

17 — Innenwand, KS Rasterelement 24cm — KG 341

Wie Ausführungsbeschreibung A 2
Wanddicke: 24 cm
Wandfunktion: **nichttragend / tragend**
Wandhöhe: bis ..... m
Steinart: KS XL-RE
Festigkeitsklasse: **12 / 20** N/mm²
Rohdichteklasse: **1,4 / 1,8 / 2,0** kg/dm³
Format: 498 x 240x 498 mm
Mörtelgruppe: DM
Einbauort: in allen Geschossen
Angeb. Fabrikat: .....

| 50 € | 61 € | **66 €** | 77 € | 99 € | [m²] | ⏱ 0,37 h/m² | 012.000.146 |

18 — Ausmauerung, Fachwerk 17,5/24,0cm — KG 342

Mauerwerk als Ausmauerung von Holzfachwerk, aus Hochlochziegeln, mit Stoßfugenvermörtelung, inkl. Maueranker und Anschließen an Gebälk (in jeder 4. Lagerfuge).
Wanddicke: **17,5 / 24,0** cm
Steinart: Hlz
Festigkeitsklasse: ..... N/mm²
Rohdichteklasse: ..... kg/dm³
Format: **3 / 4** DF
Mörtelgruppe: NM III
Nennwert Wärmeleitfähigkeit: .....W/(mK)
Verband: .....
Fugenausbildung: .....
Einbauort: in allen Geschossen
Geschosshöhe: bis 3,00 m
Feldbreite: 600 bis 800 mm
Angeb. Fabrikat: .....

| 46 € | 60 € | **66 €** | 73 € | 109 € | [m²] | ⏱ 1,00 h/m² | 012.000.045 |

LB 012
Mauerarbeiten

Kosten:
Stand 1.Quartal 2018
Bundesdurchschnitt

Nr.	Kurztext / Langtext						[Einheit]	Ausf.-Dauer	Kostengruppe Positionsnummer
▶ min	▷ von	ø Mittel	◁ bis	◀ max					

A 3 — Innenwand, Porenbeton Planbauplatte
Beschreibung für Pos. 19-21

Mauerwerk der nichttragenden Innenwand, aus Porenbeton-Planplatte, für späteren Putzauftrag. Leistung inkl. Passstücke und Aufmauern der obersten Mauerschicht nach dem Ausschalen der darüber liegenden Decke.

19 — Innenwand, Porenbeton Planbauplatte 5cm   KG 342

Wie Ausführungsbeschreibung A 3
Wanddicke: 5 cm
Material: Porenbeton PP 4/0,55
Geschosshöhe: bis ..... m
Festigkeitsklasse: 4 N/mm²
Rohdichteklasse: 0,55 kg/dm³
Format: 624 x 50 x 249 mm
Stoßfugenvermörtelung: **mit / ohne**
Stoßfugenausbildung: .....
Lagerfugenausbildung: .....
Mörtel: Dünnbettmörtel DM
Einbauort: in allen Geschossen
Angeb. Fabrikat: .....

▶	▷	ø	◁	◀	[Einheit]	Ausf.-Dauer	Positionsnummer
30 €	35 €	**38 €**	41 €	47 €	[m²]	⏱ 0,30 h/m²	012.000.153

20 — Innenwand, Porenbeton Planbauplatte 7,5cm   KG 342

Wie Ausführungsbeschreibung A 3
Wanddicke: 7,5cm
Material: Porenbeton PP 4/0,55
Geschosshöhe: bis ..... m
Festigkeitsklasse: 4 N/mm²
Rohdichteklasse: 0,55 kg/dm³
Format: 624 x 75 x 249 mm
Stoßfugenvermörtelung: **mit / ohne**
Stoßfugenausbildung: .....
Lagerfugenausbildung: .....
Mörtel: Dünnbettmörtel DM
Einbauort: in allen Geschossen
Angeb. Fabrikat: .....

▶	▷	ø	◁	◀	[Einheit]	Ausf.-Dauer	Positionsnummer
34 €	40 €	**43 €**	47 €	54 €	[m²]	⏱ 0,30 h/m²	012.000.154

Nr.	Kurztext / Langtext							Kostengruppe	
▶	▷	ø netto €	◁	◀		[Einheit]	Ausf.-Dauer	Positionsnummer	

| 21 | Innenwand, Porenbeton Planbauplatte 10cm | | | | | | | KG **342** |

Wie Ausführungsbeschreibung A 3
Wanddicke: 10 cm
Material: Porenbeton PP 4/0,55
Geschosshöhe: bis ..... m
Festigkeitsklasse: 4 N/mm²
Rohdichteklasse: 0,55 kg/dm³
Format: 624 x 100 x 249 mm
Stoßfugenvermörtelung: **mit / ohne**
Stoßfugenausbildung: .....
Lagerfugenausbildung: .....
Mörtel: Dünnbettmörtel DM
Einbauort: in allen Geschossen
Angeb. Fabrikat: .....

| 39 € | 45 € | **48** € | 52 € | 61 € | | [m²] | ⏱ 0,30 h/m² | 012.000.155 |

| 22 | Innenwand, Porenbeton 11,5cm, nichttragend | | | | | | | KG **342** |

Mauerwerk der nichttragenden Innenwand, aus Porenbeton-Plansteinen, für späteren Putzauftrag. Leistung inkl. dem Aufmauern der obersten Mauerschicht nach dem Ausschalen der darüber liegenden Decke.
Wanddicke: 11,5 cm
Geschosshöhe: bis ..... m
Festigkeitsklasse: ..... N/mm²
Rohdichteklasse: ..... kg/dm³
Format: 249 x 115 x 249 mm
Stoßfugenvermörtelung: **mit / ohne**
Stoßfugenausbildung: .....
Lagerfugenausbildung: .....
Mörtel: Dünnbettmörtel DM
Einbauort: in allen Geschossen
Angeb. Fabrikat: .....

| 35 € | 41 € | **44** € | 45 € | 50 € | | [m²] | ⏱ 0,30 h/m² | 012.000.034 |

| 23 | Innenwand, Porenbeton 17,5cm, nichttragend | | | | | | | KG **342** |

Mauerwerk der nichttragenden Innenwand, aus Porenbeton-Plansteinen, für späteren Putzauftrag. Leistung inkl. dem Aufmauern der obersten Mauerschicht nach dem Ausschalen der darüber liegenden Decke.
Wanddicke: 17,5 cm
Geschosshöhe: bis ..... m
Festigkeitsklasse: ..... N/mm²
Rohdichteklasse: ..... kg/dm³
Format: 249 x 175 x 249 mm
Stoßfugenvermörtelung: **mit / ohne**
Stoßfugenausbildung: .....
Lagerfugenausbildung: .....
Mörtel: Dünnbettmörtel DM
Einbauort: in allen Geschossen
Angeb. Fabrikat: .....

| 36 € | 49 € | **54** € | 61 € | 77 € | | [m²] | ⏱ 0,35 h/m² | 012.000.079 |

© **BKI** Baukosteninformationszentrum; Erläuterungen zu den Tabellen siehe Seite 46
Mustertexte geprüft: Bauwirtschaft Baden-Württemberg e.V.

Kostenstand: 1.Quartal 2018, Bundesdurchschnitt

LB 012
Mauerarbeiten

Nr.	**Kurztext** / Langtext						
▶	▷	**ø netto €**	◁	◀	[Einheit]	Ausf.-Dauer	Kostengruppe Positionsnummer

Kosten:
Stand 1.Quartal 2018
Bundesdurchschnitt

24 Innenwand, Poren-Planelement 24cm, nichttragend   KG **342**

Mauerwerk der nichttragenden Innenwand, aus Porenbeton-Planelementen, für späteren Dünnputzauftrag. Leistung inkl. dem Aufmauern der obersten Mauerschicht nach dem Ausschalen der darüber liegenden Decke.
Wanddicke: 24,0 cm
Geschosshöhe: bis 3,00 m
Steinart: PP
Festigkeitsklasse: ..... N/mm²
Rohdichteklasse: ..... kg/dm³
Format: 999 x 175 x 624 mm
Stoßfugenvermörtelung: **mit / ohne**
Stoßfugenausbildung: .....
Lagerfugenausbildung: .....
Mörtel: Dünnbettmörtel DM
Einbauort: in allen Geschossen
Angeb. Fabrikat: .....

| 44 € | 56 € | **62 €** | 67 € | 77 € | [m²] | ⏱ 0,35 h/m² | 012.000.035 |

25 Innenwand, Poren-Planelement 30cm, nichttragend   KG **342**

Mauerwerk der nichttragenden Innenwand, aus Porenbeton-Planelementen, für späteren Dünnputzauftrag. Leistung inkl. dem Aufmauern der obersten Mauerschicht nach dem Ausschalen der darüber liegenden Decke.
Wanddicke: 30,0 cm
Geschosshöhe: bis 3,00 m
Steinart: PP
Festigkeitsklasse: ..... N/mm²
Rohdichteklasse: ..... kg/dm³
Format: 999 x 300 x 624 mm
Stoßfugenvermörtelung: **mit / ohne**
Stoßfugenausbildung: .....
Lagerfugenausbildung: .....
Mörtel: Dünnbettmörtel DM
Einbauort: in allen Geschossen
Angeb. Fabrikat: .....

| 65 € | 74 € | **79 €** | 85 € | 95 € | [m²] | ⏱ 0,40 h/m² | 012.000.080 |

▶ min
▷ von
ø Mittel
◁ bis
◀ max

26 Innenwand, Wandbauplatte, Leichtbeton, bis 10cm   KG **342**

Wandbauplatte (Wpl) DIN 18162, Mauerwerk aus großformatiger Platte, ohne Lochung, aus Leichtbeton, Vermauerung mit Dickbettfuge.
Sollhöhen: von 240 mm oder 320 mm
Steinbreiten: 50 mm bis 100 mm
Steinlängen: 490 mm bis 997 mm
Biegezugfestigkeit: 1,0 N/mm²
Rohdichteklassen: 0,80 bis 1,4
Schalldämmwert, einschalig R'W = 33 dB
Brandverhalten Klasse: .....
Feuerwiderstandsklasse Bauteil = F30-A DIN 4102 beidseitig verputzt
Angeb. Fabrikat: .....

| 38 € | 59 € | **62 €** | 65 € | 79 € | [m²] | ⏱ 0,28 h/m² | 012.000.133 |

Nr.	**Kurztext** / Langtext							Kostengruppe
▶	▷	**ø netto €**	◁	◀	[Einheit]	Ausf.-Dauer	Positionsnummer

A 4   Innenwand, Gipswandbauplatte   Beschreibung für Pos. **27-28**

Mauerwerk der nichttragenden Trennwand, aus Gipswandbauplatten, für späteren Putzauftrag, Stoßfugen eben abgezogen.
Oberflächenqualität: Q2
Format: 666 x 500 mm
Brandverhalten: A1
Rohdichteklasse: **M / D**
Wasseraufnahmeklasse: **H3 / H2 wasserabweisend**
Einbauort: in allen Geschossen
Einbaubereich: **1 / 2**
Einbauhöhe: bis ..... m
Wandanschluss: ..... .
Mörtel: Gipskleber für Gips-Wandbauplatten

27   Innenwand, Gipswandbauplatte, 6cm   KG **342**

Wie Ausführungsbeschreibung A 4
Wanddicke: 6 cm
Feuerwiderstand: **F30 / EI30**
Schalldämm-Maß RwP: 33 dB

| 30€ | 35€ | **37€** | 40€ | 47€ | [m²] | ⏱ 0,25 h/m² | 012.000.061 |

28   Innenwand, Gipswandbauplatte, 8cm   KG **342**

Wie Ausführungsbeschreibung A 4
Wanddicke: 8 cm
Feuerwiderstand: **F120 / EI120**
Schalldämm-Maß RwP: **38 / 40** dB

| 38€ | 43€ | **46€** | 51€ | 61€ | [m²] | ⏱ 0,25 h/m² | 012.000.087 |

29   Innenwand, Lehmstein 11,5cm   KG **342**

Mauerwerk **der Innenwand, nichttragend / als Gefache**, aus Vollsteinen aus Lehm (Lehmsteinen), für späteren Lehm-/ Luftkalk-Putzauftrag.
Wanddicke: 11,5 cm
Anwendungsklasse: **AK Ib / .....**
Geschosshöhe: bis ..... m
Festigkeitsklasse: ..... N/mm²
Rohdichteklasse: 1,4 kg/dm³
Nennwert der Wärmeleitfähigkeit: 0,66 W/mK
Format: NF 240 x 115 x 71 mm
Verband: .....
Mörtel: **Lehm-Mauermörtel M3 / Kalkmörtel**
Einbauort: in allen Geschossen
Angeb. Fabrikat: .....

| 47€ | 65€ | **71€** | 82€ | 101€ | [m²] | ⏱ 0,28 h/m² | 012.000.167 |

000
001
002
006
008
009
010
012
013
014
016
017
018
020
021
022

LB 012 Mauerarbeiten

Kosten:
Stand 1.Quartal 2018
Bundesdurchschnitt

▶ min
▷ von
ø Mittel
◁ bis
◀ max

Nr.	Kurztext / Langtext				[Einheit]	Ausf.-Dauer	Kostengruppe Positionsnummer
▶	▷	ø netto €	◁	◀			

30 Brüstungsmauerwerk, Breite 11,5cm — KG 359
Brüstung aus Mauersteinen aufmauern.
Wanddicke: 11,5 cm
Steinart: **Mz / Hlz**
Format: 2DF (240 x 115 x 113 mm)
Brüstungshöhe: bis 1,00 m
Einbauort: in allen Geschossen
Angeb. Fabrikat: .....

| 42€ | 49€ | **52€** | 53€ | 64€ | [m²] | ⏱ 0,40 h/m² | 012.000.121 |

31 Brüstungsmauerwerk, Breite 24cm — KG 359
Brüstung aus Mauersteinen aufmauern.
Wanddicke: 24,0 cm
Steinart: **Mz / Hlz**
Format: 4DF (240 x 240 x 113 mm)
Brüstungshöhe: bis 1,00 m
Einbauort: in allen Geschossen
Angeb. Fabrikat: .....

| 44€ | 65€ | **71€** | 76€ | 86€ | [m²] | ⏱ 0,46 h/m² | 012.000.156 |

32 Brüstungsmauerwerk, Breite 36,5cm — KG 359
Brüstung aus Mauersteinen aufmauern.
Wanddicke: 36,5 cm
Steinart: **Mz / Hlz**
Format: **kleinformatig / großformatig**
Brüstungshöhe: bis 1,00 m
Einbauort: in allen Geschossen
Angeb. Fabrikat: .....

| 75€ | 86€ | **97€** | 109€ | 146€ | [m²] | ⏱ 0,80 h/m² | 012.000.127 |

33 Türöffnung ausmauern, Mauerwerk — KG 342
Öffnung in Mauerwerkswand beim Aufmauern anlegen; Herstellen der Laibungen in getrennter Position.
Öffnungsart: **Türöffnung / sonstige Öffnung**
Lichte Breite: 0,76-1,26 m
Lichte Höhe: 2,13 m
Wanddicke: 11,5 cm
Ausführung Wand: .....

| 73€ | 123€ | **145€** | 289€ | 475€ | [m²] | ⏱ 0,23 h/m² | 012.000.008 |

34 Öffnungen, Mauerwerk bis 17,5cm, 1,01/2,13 — KG 341
Öffnung in Mauerwerkswand beim Aufmauern anlegen; Herstellen der Laibungen in getrennter Position.
Öffnungsart: **Türöffnung / Fensteröffnung**
Lichte Breite: 1,01 m
Lichte Höhe: 2,13 m
Wanddicke: 17,5 cm
Ausführung Wand: .....

| 10€ | 30€ | **36€** | 50€ | 78€ | [St] | ⏱ 0,27 h/St | 012.000.100 |

Nr.	Kurztext / Langtext							Kostengruppe
▶	▷	ø netto €	◁	◀	[Einheit]	Ausf.-Dauer	Positionsnummer

35 Öffnungen, Mauerwerk bis 24cm, 1,01/2,13   KG **341**

Öffnung in Mauerwerkswand beim Aufmauern anlegen; Herstellen der Laibungen in getrennter Position.
Öffnungsart: **Türöffnung / Fensteröffnung**
Lichte Breite: 1,01 m
Lichte Höhe: 2,13 m
Wanddicke: 24,0 cm
Ausführung Wand: .....

| 15€ | 28€ | **31**€ | 47€ | 84€ | [St] | ⏱ 0,30 h/St | 012.000.101 |

36 Öffnungen schließen, Mauerwerk   KG **340**

Öffnung im Mauerwerk, sowie Mauerwerksnischen schließen, bündig mit Vorderkante der angrenzenden Bauteile.
Mauerdicke: 11,5 cm
Format: 2 DF (240 x 115 x 113 mm)
Steinart: LD-Ziegel
Festigkeitsklasse: 12 N/mm^2
Rohdichteklasse: 1,8 kg/dm^3
Mörtelgruppe: NM II
Einbauort: in allen Geschossen
Angeb. Fabrikat: .....

| 49€ | 93€ | **108**€ | 134€ | 186€ | [m²] | ⏱ 1,10 h/m² | 012.000.115 |

37 Türöffnung schließen, Mauerwerk   KG **340**

Türöffnung im Mauerwerk schließen, mit Hochlochziegeln, Mauerwerk verzahnt, bündig mit Vorderkante der angrenzenden Bauteile.
Mauerdicke: 11,5 cm
Format: 2 DF (240 x 115 x 113 mm)
Steinart: Hlz
Festigkeitsklasse: 12 N/mm^2
Rohdichteklasse: 1,8 kg/dm^3
Mörtelgruppe: NM II
Einbauort: in allen Geschossen
Angeb. Fabrikat: .....

| 28€ | 75€ | **91**€ | 121€ | 179€ | [m²] | ⏱ 1,00 h/m² | 012.000.010 |

LB 012
Mauerarbeiten

Nr.	Kurztext / Langtext							Kostengruppe
▶	▷	ø netto €	◁	◀		[Einheit]	Ausf.-Dauer	Positionsnummer

A 5   Aussparung schließen, Mauerwerksfläche
Beschreibung für Pos. **38-40**
Aussparungen in Mauerwerksflächen schließen, mit Hochlochziegeln; Oberflächenausführung wie Wandfläche.

38   Aussparung schließen, bis 0,04m²   KG **340**
Wie Ausführungsbeschreibung A 5
Aussparungsgröße: bis 0,04 m²
Ausrichtung: **waagrecht / senkrecht**
Mauerdicke: 11,5 cm
Format: 2 DF (240 x 115 x1 13 mm)
Steinart: Hlz
Festigkeitsklasse: 12 N/mm²
Rohdichteklasse: 1,8 kg/dm³
Mörtelgruppe: NM II
Einbauort: in allen Geschossen
Arbeitshöhe: bis 3,50 m
Angeb. Fabrikat: .....

| 13€ | 26€ | **29€** | 42€ | 63€ | [St] | ⏱ 0,20 h/St | 012.000.102 |

39   Aussparung schließen, bis 0,25m²   KG **340**
Wie Ausführungsbeschreibung A 5
Aussparungsgröße: 0,04 bis 0,25 m²
Ausrichtung: **waagrecht / senkrecht**
Mauerdicke: 11,5 cm
Format: 2 DF (240 x 115 x 113 mm)
Steinart: Hlz
Festigkeitsklasse: 12 N/mm²
Rohdichteklasse: 1,8 kg/dm³
Mörtelgruppe: NM II
Einbauort: in allen Geschossen
Arbeitshöhe: bis 3,50 m
Angeb. Fabrikat: .....

| 13€ | 30€ | **37€** | 47€ | 75€ | [St] | ⏱ 0,30 h/St | 012.000.103 |

40   Aussparung schließen, bis 0,80m²   KG **340**
Wie Ausführungsbeschreibung A 5
Aussparungsgröße: 0,25 bis 0,80 m²
Ausrichtung: **waagrecht / senkrecht**
Mauerdicke: 11,5 cm
Format: 2 DF (240 x 115 x 113 mm)
Steinart: Hlz
Festigkeitsklasse: 12 N/mm²
Rohdichteklasse: 1,8 kg/dm³
Mörtelgruppe: NM II
Einbauort: in allen Geschossen
Arbeitshöhe: bis 3,50 m
Angeb. Fabrikat: .....

| 20€ | 42€ | **50€** | 59€ | 81€ | [St] | ⏱ 0,60 h/St | 012.000.066 |

Kosten:
Stand 1.Quartal 2018
Bundesdurchschnitt

▶ min
▷ von
ø Mittel
◁ bis
◀ max

Nr.	Kurztext / Langtext					Kostengruppe		
▶	▷	ø netto €	◁	◀	[Einheit]	Ausf.-Dauer	Positionsnummer	

41 Schachtwand, KS KG **342**

Schachtwand als Mauerwerk der tragenden Innenwand aus Kalksandstein nach erfolgten Installationen, als getrennter Arbeitsgang aufmauern. Oberste Steinlage ist gemäß Brandschutzvorgabe auszuführen. Wand für einseitigen Putzauftrag vorgesehen.
Wanddicke: 11,5 / 17,5 cm
Steinart: KS L
Festigkeitsklasse: 12 N/mm^2
Rohdichteklasse: 1,8 kg/dm^3
Format: 2-3 DF (240 x 115/175 x 113 mm)
Mörtelklasse: Dünnbettmörtel DM
Einbauort: in allen Geschossen
Brandschutz: **REI 30 / REI 60 / REI 90**
Arbeitshöhe: bis ..... m
Angeb. Fabrikat: .....

| 32€ | 49€ | **59**€ | 68€ | 83€ | [m^2] | ⏱ 0,42 h/m^2 | 012.000.068 |

42 Schacht, gemauert, Formteile KG **342**

Schacht aus Fertigteil-Formsteinen, in Montagebauweise gemauert, nicht tragende Wand, inkl. Anarbeiten an begrenzende Bauteile und je 1 Öffnung pro Geschoss.
Formsteine: **Ziegel / Leichtbeton**
Ausführung: **einzügig / zweizügig**
Schachthöhe: .....
Querschnitt: .....
Brandschutz: **EI 30 / EI 60 / EI 90**
Angeb. Fabrikat: .....

| 58€ | 86€ | **97**€ | 107€ | 149€ | [m] | ⏱ 0,45 h/m | 012.000.123 |

43 Brandwand, KS L 17,5mm KG **342**

Schachtwand als Mauerwerk aus Kalksandstein, Ausführung als Brandwand; Wand für einseitigen Putzauftrag vorgesehen, oberste Steinlage gemäß Brandschutzvorgabe ausführen.
Wanddicke: 17,5 cm
Bauteil: **tragend / nicht tragend**
Steinart: KS L
Festigkeitsklasse: 12 N/mm^2
Rohdichteklasse: 1,8 kg/dm^3
Format: 3 DF (240 x 175 x 113 mm)
Mörtelgruppe: NM II
Einbauort: in allen Geschossen
Brandschutz: tragende Wand REI-M 90 / nichttragende Wand EI-M 90
Gebäudeklasse: .... (gem. örtlicher Bauordnung)
Gebäudehöhe: .....
Arbeitshöhe: bis ..... m
Angeb. Fabrikat: .....

| 34€ | 53€ | **63**€ | 67€ | 91€ | [m^2] | ⏱ 0,45 h/m^2 | 012.000.091 |

LB 012 Mauerarbeiten

Kosten:
Stand 1.Quartal 2018
Bundesdurchschnitt

▶ min
▷ von
ø Mittel
◁ bis
◀ max

Nr.	Kurztext / Langtext					[Einheit]	Ausf.-Dauer	Kostengruppe Positionsnummer
▶	▷	ø netto €	◁	◀				

44 Öffnung überdecken, Ziegelsturz KG **342**
Öffnung in Ziegelmauerwerk mit Ziegelflachstürzen überdecken, Bemessung nach Zulassung bzw. Statik.
Mauerwerksbreite: .....
Sturzhöhe: **71 / 113** mm
Lichte Öffnungsweite: .....
Angeb. Fabrikat: .....

| 6€ | 17€ | **21**€ | 28€ | 45€ | [m] | ⏱ 0,25 h/m | 012.000.069 |

45 Öffnung überdecken, KS-Sturz, 17,5cm KG **341**
Öffnung mit Kalksandsteinsturz überdecken, tragend, Bemessung nach Zulassung bzw. Statik.
Wanddicke: 17,5 cm
Sturzquerschnitt: .....
Lichte Öffnungsweite: .....
Angeb. Fabrikat: .....

| 8€ | 20€ | **26**€ | 39€ | 59€ | [m] | ⏱ 0,30 h/m | 012.000.075 |

46 Öffnung überdecken, Betonsturz, 24cm KG **341**
Fertigteilsturz aus Stahlbeton, bewehrt, über Öffnung in Mauerwerkswand, Bemessung nach Zulassung bzw. Statik.
Wanddicke: .....
Sturzquerschnitt: .....
Lichte Öffnungsweite: .....
Oberfläche: **rau geeignet für bauseitiges Verputzen / glatter Sichtbeton**
Kanten: **scharfkantig / Dreiecksleiste**
Angeb. Fabrikat: .....

| 14€ | 42€ | **47**€ | 58€ | 79€ | [m] | ⏱ 0,35 h/m | 012.000.070 |

47 Öffnung überdecken, Außenwand, 24-30cm KG **331**
Öffnung im Mauerwerk, gemäß Statik und Einbauvorschrift des Herstellers, mit U-Schale, inkl. Füllung mit Ortbeton; Bewehrung in getrennter Position.
Breite: **24,0/30,0** cm
Höhe: **113 / 238** mm
Lichte Öffnungsweite: .....
Anschlag: mit / ohne
Material: .....
Betongüte: C20/25
Angeb. Fabrikat: .....

| 33€ | 58€ | **71**€ | 119€ | 181€ | [m] | ⏱ 0,35 h/m | 012.000.076 |

48 Öffnung überdecken, Flachbogen/Segmentbogen KG **342**
Öffnungen im Mauerwerk übermauern, mit **Flachbogen / Segmentbogen**.
Mauerdicke: 24,0 cm
Spannweite: bis 2,0 m
Material: **KS-Mauersteine / VMz-Mauerziegel / .....**
Bogenmaße entsprechend Einzelbeschreibung siehe Plan .....

| 126€ | 145€ | **157**€ | 176€ | 213€ | [St] | ⏱ 1,55 h/St | 012.000.074 |

Nr.	Kurztext / Langtext							Kostengruppe
▶	▷	ø netto €	◁	◀	[Einheit]	Ausf.-Dauer	Positionsnummer	

49 Laibung beimauern — KG 330
Fensterlaibungen von Sichtmauerwerk beimauern, einseitige Sichtfläche.
Steinart: VMz
Format: NF (240 x 115 x 71 mm)
Laibungstiefe: bis 11,5 cm
Einbauort: .....
Angeb. Fabrikat: .....

| 6€ | 36€ | **45€** | 58€ | 104€ | [m] | ⏱ 0,80 h/m | 012.000.051 |

50 Schlitze nachträglich, Mauerwerk — KG 341
Vertikale Schlitze in Mauerwerk herstellen, Schließen des Schlitzes nach gesonderter Position.
Schlitztiefen: bis 80 mm, bis 1,0 m über den Fußboden
Schlitzbreite: .....

| 1€ | 9€ | **11€** | 18€ | 37€ | [m] | ⏱ 0,20 h/m | 012.000.012 |

51 Schlitze schließen, Ziegelmauerwerk — KG 341
Schlitze im Ziegel-Mauerwerk, bündig mit Vorderkante angrenzender Bauteile schließen, mit Hochlochziegeln mit Stoßfugenvermörtelung.
Steinart: LD-Ziegel
Festigkeitsklasse: ..... N/mm²
Rohdichteklasse: ..... kg/dm³
Format: ..... DF
Mörtelgruppe: NM II
Einbauort: in allen Geschossen
Angeb. Fabrikat: .....

| 5€ | 12€ | **15€** | 23€ | 41€ | [m] | ⏱ 0,20 h/m | 012.000.013 |

52 Deckenrandschale, Ziegel, MW — KG 331
Ziegel-Deckenrandschale mit aufgeklebter, hydrophobierter Mineralwolledämmung, bei monolithischem Mauerwerk.
Dämmung: MW
Nennwert der Wärmeleitfähigkeit: 0,035 W/(mK)
Dämmdicke: 80 mm
Deckendicke: **18 / 20 / 22 / 25** cm
Ziegeldicke: 60 mm
Abmessung Randschale (L x B): 49,8 x 14,0 cm
Angeb. Fabrikat: .....

| 6€ | 11€ | **13€** | 15€ | 22€ | [m] | ⏱ 0,20 h/m | 012.000.134 |

© BKI Baukosteninformationszentrum; Erläuterungen zu den Tabellen siehe Seite 46
Mustertexte geprüft: Bauwirtschaft Baden-Württemberg e.V.

Kostenstand: 1.Quartal 2018, Bundesdurchschnitt

LB 012 Mauerarbeiten

Kosten:
Stand 1.Quartal 2018
Bundesdurchschnitt

Nr.	Kurztext / Langtext						Kostengruppe	
▶	▷	ø netto €	◁	◀	[Einheit]	Ausf.-Dauer	Positionsnummer	

53 Deckenanschluss, Mauerwerkswand — KG **342**
Deckenanschlussfuge von nichttragenden Mauerwerkswänden, Fuge zwischen Mauerwerk und Stahlbetonteilen mit nichtbrennbarem, mineralischem Faserdämmstoff dicht verstopfen und beidseitig versiegeln.
Dämmstoff: MW
Brandverhalten: A1
Schmelzpunkt: mind. 1.000°C
Rohdichte: mind. 30 kg/m³
Wanddicke: ..... cm
Wandhöhe: ..... m
Versiegelung: beidseitig, dauerelastisch, überstreichbar
Farbe: .....
Angeb. Fabrikat: .....
 2€   7€   **9**€   18€   33€   [m]   ⏱ 0,20 h/m   012.000.014

54 Deckenanschlussfuge rauchdicht — KG **342**
Deckenanschluss von nichttragenden Mauerwerkswänden rauchdicht herstellen. Fugenverschluss: mit Fugendichtmaterial, beidseitig dauerelastisch versiegeln mit überstreichbarem Baustoff.
Gef. Brandwiderstand: ohne Anforderung
Farbe: nach Bemusterung und Wahl des AG
Wandbreite: ..... mm
Wandhöhe: bis ..... m
Angeb. Fabrikat: .....
 2€   5€   **6**€   10€   15€   [m]   ⏱ 0,10 h/m   012.000.158

55 Mauerwerk stumpfer Anschluss — KG **342**
Mauerwerksanschluss an vorhandenes Mauerwerk, stumpf stoßen, mittels Flachanker anschließen.
Steinart: .....
Steinformat / -höhe: .....
Mauerdicke: .....
Einbauort: Innenwand
Einbauhöhe: bis 2,75 m
 2€   6€   **8**€   10€   18€   [m]   ⏱ 0,20 h/m   012.000.177

A 6 Maueranschlussschiene — Beschreibung für Pos. **56-57**
Anschlussschienen für den Anschluss gemauerter Wände, in Lagerlängen, auf die benötigte Länge ablängen, mit Vollschaumfüllung; inkl. 4 Stück Anschlussanker je m Maueranschluss.

56 Maueranschlussschiene, 28/15 — KG **341**
Wie Ausführungsbeschreibung A 6
Profil/Typ: 28/15
Material: **verzinkter Stahl / Edelstahl**
Angeb. Fabrikat: .....
 6€   12€   **14**€   18€   31€   [m]   ⏱ 0,20 h/m   012.000.160

▶ min
▷ von
ø Mittel
◁ bis
◀ max

Nr.	Kurztext / Langtext							Kostengruppe
▶	▷	ø netto €	◁	◀	[Einheit]	Ausf.-Dauer	Positionsnummer

57 Maueranschlussschiene, 38/17   KG **341**
Wie Ausführungsbeschreibung A 6
Profil/Typ: 38/17
Material: **verzinkter Stahl / Edelstahl**
Angeb. Fabrikat: .....

| 12€ | 19€ | **21€** | 31€ | 45€ | [m] | ⏱ 0,20 h/m | 012.000.077 |

58 Flachanker, Anschlussschiene 28/15   KG **341**
Flachanker für Mauerwandanschlüsse, geeignet für Anschluss an Maueranschlussschiene.
Anschlussschiene: **25/15-D / 28/15**
Material: Stahl **verzinkt / rostfrei**
Angeb. Fabrikat: .....

| 0,6€ | 1,8€ | **2,2€** | 5,2€ | 9,6€ | [St] | ⏱ 0,04 h/St | 012.000.064 |

59 Mauerwerk verzahnen   KG **341**
Mauerwerksanschluss an vorhandenes Mauerwerk durch Verzahnen, nichttragend.
Steinart: .....
Steinformat / -höhe: .....
Mauerdicke: .....
Einbauort: Innenwand
Einbauhöhe: bis 2,75 m

| 3€ | 10€ | **12€** | 20€ | 36€ | [m] | ⏱ 0,20 h/m | 012.000.050 |

A 7 Außenwand, LHlz, tragend   Beschreibung für Pos. **60-61**
Mauerwerk der tragenden Außenwand aus Leichthochlochziegel, ungefüllt, für Putzauftrag, ohne Stoßfugenvermörtelung, Steine mit Nut und Feder.
Steinart: LHlz - Planstein

60 Außenwand, LHlz 36,5cm, tragend   KG **331**
Wie Ausführungsbeschreibung A 7
Außenwand: monolithisch
Wanddicke: 36,5 cm
Nennwert Wärmeleitfähigkeit: 0,08 W/(mK)
Festigkeitsklasse: 6 N/mm²
Rohdichteklasse: 0,6 kg/dm³
Format: 12 DF (248 x 365 x 249 mm)
Mörtelgruppe: Dünnbettmörtel DM
Einbauort: in allen Geschossen
Angeb. Fabrikat: .....

| 76€ | 93€ | **99€** | 109€ | 139€ | [m²] | ⏱ 0,90 h/m² | 012.000.203 |

LB 012
Mauerarbeiten

Nr.	Kurztext / Langtext						Kostengruppe
▶	▷ ø netto € ◁ ◀				[Einheit]	Ausf.-Dauer	Positionsnummer

61 Außenwand, LHlz 42,5cm, tragend — KG **331**
Wie Ausführungsbeschreibung A 7
Außenwand: monolithisch
Wanddicke: 42,5 cm
Nennwert Wärmeleitfähigkeit: 0,08 W/(mK)
Festigkeitsklasse: 6 N/mm²
Rohdichteklasse: 0,65 kg/dm³
Format: 14 DF (248 x 425x 249 mm)
Mörtelgruppe: DM
Einbauort: in allen Geschossen
Angeb. Fabrikat: .....
95€   109€   **116**€   123€   145€   [m²]   ⏱ 0,90 h/m²   012.000.165

Kosten:
Stand 1.Quartal 2018
Bundesdurchschnitt

A 8 Außenwand, LHlz, tragend, gefüllt — Beschreibung für Pos. **62-62**
Mauerwerk der tragenden Außenwand aus Leichthochlochziegel, verfüllt, für Putzauftrag, ohne Stoßfugen-vermörtelung, Steine mit Nut und Feder.
Steinart: LHlz - Planstein mit Dämmfüllung

62 Außenwand, LHlz 36,5cm, tragend, gefüllt — KG **331**
Wie Ausführungsbeschreibung A 8
Wanddicke: 36,5 cm
Füllung: **Perlite / Mineralwolle**
Nennwert Wärmeleitfähigkeit: **0,07 / 0,10** W/(mK)
Festigkeitsklasse: 6 / 12 N/mm²
Rohdichteklasse: **0,55 / 0,80** kg/dm³
Format: 12 DF (248 x 365 x 249 mm)
Mörtelgruppe: Dünnbettmörtel DM
Einbauort: in allen Geschossen
Angeb. Fabrikat: .....
85€   99€   **105**€   112€   132€   [m²]   ⏱ 0,90 h/m²   012.000.164

A 9 Außenwand, KS L-R, tragend — Beschreibung für Pos. **63-64**
Mauerwerk der tragenden Außenwand aus Kalksandstein KS L-R, für zweischaliges, hinterlüftetes Mauerwerk, für einseitigen Putzauftrag, ohne Stoßfugenvermörtelung, Steine mit Nut und Feder, Drahtanker in gesonderter Position.
Steinart: KS L-R

▶ min
▷ von
ø Mittel
◁ bis
◀ max

63 Außenwand, KS L-R 17,5cm, tragend — KG **331**
Wie Ausführungsbeschreibung A 9
Wandfunktion: **Hintermauerung / Tragschale**
Wanddicke: 17,5 cm
Festigkeitsklasse: 12 N/mm²
Rohdichteklasse: 1,6 kg/dm³
Format: 12 DF (373 x 175 x 248 mm)
Mörtelgruppe: Dünnbettmörtel DM
Einbauort: in allen Geschossen
Angeb. Fabrikat: .....
33€   50€   **56**€   65€   91€   [m²]   ⏱ 0,50 h/m²   012.000.204

Nr.	Kurztext / Langtext						Kostengruppe	
▶	▷	ø netto €	◁	◀	[Einheit]	Ausf.-Dauer	Positionsnummer

64 Außenwand, KS L-R 24cm, tragend KG **331**
Wie Ausführungsbeschreibung A 9
Wandfunktion: **Hintermauerung / Tragschale**
Wanddicke: 24,0 cm
Festigkeitsklasse: 12 N/mm²
Rohdichteklasse: 1,8 kg/dm³
Format: 4 DF (240 x 240 x 248 mm)
Mörtelgruppe: Dünnbettmörtel DM
Einbauort: in allen Geschossen
Angeb. Fabrikat: .....
44€ 64€ **71**€ 78€ 98€ [m²] ⏱ 0,60 h/m² 012.000.057

65 Außenwand, Betonsteine 17,5cm, tragend KG **331**
Mauerwerk der Außenwand aus Leichtbetonsteinen Hbl, für zweischaliges, hinterlüftetes Mauerwerk, für Putzauftrag, ohne Stoßfugenvermörtelung, Steine mit Nut und Feder, Drahtanker in gesonderter Position.
Wandfunktion: **Hintermauerung / Tragschale**
Wanddicke: 17,5 cm
Steinart: Hbl
Festigkeitsklasse: 12 N/mm²
Rohdichteklasse: 1,6 kg/d,3
Format: 12 DF (248 x 175 x 238 mm)
Mörtelgruppe: NM IIa
Einbauort: in allen Geschossen
Angeb. Fabrikat: .....
39€ 48€ **51**€ 59€ 70€ [m²] ⏱ 0,50 h/m² 012.000.058

66 Mauerpfeiler, rechteckig, freitragend KG **333**
Mauerpfeiler aus Mauerziegel, freitragend, rechteckiger Grundriss, mit Stoßfugenvermörtelung.
Querschnitt: ...x .....mm
Steinart: .....
Festigkeitsklasse: 20 N/mm²
Rohdichteklasse: 1,8 kg/dm³
Format: ..... DF
Verband: ....Geschossen
Angeb. Fabrikat: .....
38€ 57€ **67**€ 79€ 110€ [m] ⏱ 0,50 h/m 012.000.046

A 10 Kerndämmung, Außenmauerwerk, MW Beschreibung für Pos. **67-68**
Kerndämmung für zweischalige Außenwand, mit oder ohne Luftschicht, einlagig, Mineralwolleplatte, versetzt gestoßen verlegt, Drahtanker nach gesonderter Position.
Anwendungsgebiet: WZ
Dämmstoff: Mineralwolle MW
Brandverhalten: A1, nicht brennbar

LB 012
Mauerarbeiten

Nr.	Kurztext / Langtext				[Einheit]	Ausf.-Dauer	Kostengruppe Positionsnummer
▶	▷ ø netto € ◁ ◀						

67 Kerndämmung, Außenmauerwerk, MW 60mm KG **330**
Wie Ausführungsbeschreibung A 10
Nennwert Wärmeleitfähigkeit: max. 0,04 W/(mK)
Gesamtdicke: 60 mm
Angeb. Fabrikat: .....
| 5€ | 8€ | **11€** | 12€ | 15€ | [m²] | ⏱ 0,12 h/m² | 012.000.116 |

68 Kerndämmung, Außenmauerwerk, MW 120mm KG **330**
Wie Ausführungsbeschreibung A 10
Nennwert Wärmeleitfähigkeit: max. 0,04 W/(mK)
Gesamtdicke: 120 mm
Angeb. Fabrikat: .....
| 18€ | 21€ | **22€** | 24€ | 30€ | [m²] | ⏱ 0,14 h/m² | 012.000.119 |

A 11 Trennfugen-Dämmplatte, Mineralwolle Beschreibung für Pos. **69-70**
Dämmung zwischen Haustrennwänden mit Schallschutzanforderung.
Dämmstoff: Mineralwolle - MW
Anwendung: WTH
Brandverhalten: A1, nicht brennbar

69 Trennfugendämmplatte, MW, 20mm KG **341**
Wie Ausführungsbeschreibung A 11
dynamische Steifigkeit: SD = 18 MN/m³
Zusammendrückbarkeit: sh
Nennwert Wärmeleitfähigkeit: 0,034 W/mK
Dicke: 20 mm
Angeb. Fabrikat: .....
| 5€ | 6€ | **7€** | 7€ | 8€ | [m²] | ⏱ 0,14 h/m² | 012.000.072 |

70 Trennfugendämmplatte, MW, 50mm KG **341**
Wie Ausführungsbeschreibung A 11
dynamische Steifigkeit: SD = 18 MN/m³
Zusammendrückbarkeit: sh
Nennwert Wärmeleitfähigkeit: 0,034 W/mK
Dicke: 50 mm
Angeb. Fabrikat: .....
| 11€ | 15€ | **17€** | 20€ | 25€ | [m²] | ⏱ 0,15 h/m² | 012.000.092 |

Kosten:
Stand 1.Quartal 2018
Bundesdurchschnitt

▶ min
▷ von
ø Mittel
◁ bis
◀ max

Nr.	Kurztext / Langtext							Kostengruppe	
▶	▷	ø netto €	◁	◀	[Einheit]	Ausf.-Dauer	Positionsnummer		

71 Deckenranddämmung, Mehrschichtplatte KG 351
Dämmung Deckenrand, mit Holzwolle-Mehrschichtplatten, in Schalung eingelegt und dicht gestoßen.
Platten: Holzwolle-Mehrschichtplatten mit Polystyroldämmstoff
Brandverhalten: F
Anwendungstyp: DI-dm
Nennwert Wärmeleitfähigkeit EPS: 0,040 W/(mK)
Dämmstoffdicke: **35 / 50 / .....** mm
Dämmhöhe: ..... mm
Einbauort: Deckenrand
Angeb. Fabrikat: .....

| 5€ | 11€ | **11€** | 14€ | 20€ | [m] | ⏱ 0,10 h/m | 012.000.073 |

72 Drahtanker, Hintermauerung/Tragschale KG 335
Drahtanker für zweischaliges Mauerwerk, beim Aufmauern über Drahtanker darf keine Feuchte in die Dämmung geleitet werden.
Wand: **Hintermauerung / Tragschale**
Höhe über Gelände: bis 12 m
Schalenabstand: ca. 160 mm
Angeb. Fabrikat: .....

| 1€ | 6€ | **8€** | 12€ | 20€ | [m²] | ⏱ 0,18 h/m² | 012.000.023 |

73 Winkelkonsole, Abfangung, Verblendmauerwerk KG 335
Winkelkonsolanker zur Abfangung von Verblendmauerwerk mit allgemeiner bauaufsichtlicher Zulassung für den Konsolkopf, mit CE-Kennzeichen, versehen mit RAL Gütezeichen der Gütegemeinschaft Fassadenbefestigungstechnik e.V. Element mit zwei Konsolrücken und Versatzmaß.
Material: aus nichtrostendem Stahl (A4) der Korrosionswiderstandsklasse III nach EN 1993-1-4: 2006, Tabelle A.1, Zeile 3, höhenverstellbar ±35mm
Winkelkonsolanker mit Winkellänge L ..... m und Versatzmaß ..... mm
Laststufe je Konsolrücken = ... kN
Kragmaß des Konsolankers ..... mm für den Wandabstand a von (K - 90 mm) ±15 mm oder gleichwertig, liefern und gemäß Montageanleitung des Herstellers einbauen.

| 75€ | 158€ | **195€** | 212€ | 308€ | [St] | ⏱ 0,40 h/St | 012.000.130 |

74 Einzelkonsole, Abfangung, Verblendmauerwerk KG 335
Einzelkonsolanker zur Abfangung von Verblendmauerwerk mit allgemeiner bauaufsichtlicher Zulassung für den Konsolkopf, mit CE-Kennzeichen, versehen mit RAL Gütezeichen der Gütegemeinschaft Fassadenbefestigungstechnik e.V. Element mit zwei Konsolrücken und Versatzmaß, nach Montageanleitung des Herstellers einbauen.
Material: Stahl, nichtrostend
Korrosionswiderstandsklasse: III nach EN 1993-1-4: 2006, Tabelle A.1, Zeile 3
höhenverstellbar ±35mm
Versatzmaß: ..... mm
Laststufe je Konsolrücken = ... kN
Kragmaß des Konsolankers ..... mm für den Wandabstand a von (K - 90 mm) ±15 mm
Angeb. Fabrikat: .....

| 17€ | 31€ | **39€** | 47€ | 60€ | [St] | ⏱ 0,20 h/St | 012.000.174 |

LB 012
Mauerarbeiten

Kosten:
Stand 1.Quartal 2018
Bundesdurchschnitt

▶ min
▷ von
ø Mittel
◁ bis
◀ max

Nr.	**Kurztext** / Langtext							Kostengruppe
▶	▷	**ø netto €**	◁	◀	[Einheit]	Ausf.-Dauer	Positionsnummer

75 — Verblendmauerwerk, Vormauerziegel — KG **335**

Verblend-Mauerwerk aus Vormauerziegel VMz, als äußere hinterlüftete Schale des zweischaligen Mauerwerks, vor Mineralwolleplatten, Drahtanker beim Aufmauern einlegen, mit Ergänzungssteinen, mit Stoßfugenvermörtelung. Drahtanker, Fugenglattstrich bzw. Verfugung in gesonderter Position.
Verblenderschicht: 11,5 cm
Verband: .....
Steinart: VMz
Oberfläche / Farbe: .....
Festigkeitsklasse: 20 N/mm²
Rohdichteklasse: 2,0 kg/dm³
Format: NF (240 x 115 x 71 mm)
Mörtelgruppe: NM IIa
Einbauhöhe: bis 4,00 m
Angeb. Fabrikat: .....

79 €   110 €   **125 €**   138 €   178 €   [m²]   ⏱ 0,95 h/m²   012.000.024

76 — Verblendmauerwerk, Betonsteine — KG **335**

Verblendmauerwerk aus Beton-Modulsteinen, als äußere hinterlüftete Schale des zweischaligen Mauerwerks, vor Mineralwolleplatten, Drahtanker beim Aufmauern einlegen, mit Ergänzungssteinen, mit Stoßfugenvermörtelung. Drahtanker, Fugenglattstrich bzw. Verfugung in gesonderter Position.
Verblenderschicht: 9,0 cm
Verband: .....
Steinart: Betonsteinverblender
Festigkeitsklasse: 20 N/mm²
Rohdichteklasse: 1,8 kg/dm³
Format: 290 x 90 x 190 mm
Mörtelgruppe: NM IIa
Farbe: **steingrau / weiß / .....**
Einbauhöhe: bis 4,00 m
Angeb. Fabrikat: .....

140 €   164 €   **165 €**   173 €   188 €   [m²]   ⏱ 0,85 h/m²   012.000.025

77 — Verblendmauerwerk, Kalksandsteine — KG **335**

Verblendmauerwerk aus Kalksandstein, als äußere hinterlüftete Schale des zweischaligen Mauerwerks, vor Mineralwolleplatten, Drahtanker beim Aufmauern einlegen, mit Stoßfugenvermörtelung; Fugenglattstrich bzw. Verfugung in gesonderter Position.
Verblenderschicht: 11,5 cm
Verband: .....
Steinart: KS Vb
Festigkeitsklasse: 20 N/mm²
Rohdichteklasse: 1,8 kg/dm³
Format: 2 DF (240 x 115 x 113 mm)
Mörtelgruppe: NM IIa
Farbe: **steingrau / weiß / .....**
Einbauhöhe: bis 4,00 m
Angeb. Fabrikat: .....

70 €   108 €   **128 €**   142 €   178 €   [m²]   ⏱ 1,20 h/m²   012.000.026

Nr.	**Kurztext** / Langtext						Kostengruppe	
▶	▷	**ø netto €**	◁	◀	[Einheit]	Ausf.-Dauer	Positionsnummer

78 Mauerwerksfugen auskratzen — KG **330**

Fugen an bestehenden Sichtmauerwerksflächen auskratzen, als Vorbereitung zu Neuverfugung, Sichtmauerwerk aus: Vormauerziegel.
Format: DF (240 x 115 x 52 mm)
Verband: .....
Bestandsfugenmörtel: .....

| 5€ | 11€ | **14€** | 16€ | 21€ | [m²] | ⏱ 0,25 h/m² | 012.000.052 |

79 Mauerwerksfugen verfugen — KG **330**

Fugen des Verblendmauerwerks auskratzen und reinigen, anschließend Mauerwerk mit Fertigmörtel bündig verfugen; anfallende Stoffe sammeln und entsorgen.
Verband: .....
Auskratztiefe: bis 1,5 cm
Format: 2 DF (8 Schichten/m)
Fugenfarbe: .....
Wandhöhe: bis 4,00 m
Angeb. Fabrikat: .....

| 5€ | 9€ | **12€** | 15€ | 23€ | [m²] | ⏱ 0,20 h/m² | 012.000.028 |

80 Öffnungen, Verblendmauerwerk — KG **335**

Öffnung in Verblendmauerwerk mit Sichtbeton-Flachsturz, gemäß Statik des Herstellers, herstellen.
Querschnitt Sturz: 115 x 113 mm
Lichte Öffnung: ..... cm
Angeb. Fabrikat: .....

| 16€ | 21€ | **24€** | 32€ | 44€ | [m²] | ⏱ 0,30 h/m² | 012.000.027 |

81 Rollschicht, Verblendmauerwerk — KG **335**

Fensterbank als Rollschicht in Verblendmauerwerk herstellen, Steinformat mit Oberfläche und Farbe wie vor beschriebenes Verblendmauerwerk, einschl. Verfugung und Endstein geschlossen.
Ausführung: **waagrechte / .....° geneigt**
Ausführung Mauerwerk: .....

| 6€ | 31€ | **44€** | 56€ | 80€ | [m] | ⏱ 0,65 h/m | 012.000.059 |

A 12 Mauerwerk abgleichen — Beschreibung für Pos. **82-84**

Abgleichen von geneigten Giebelmauerwerkabschlüssen mit Beton, inkl. beidseitiger nichtsaugender, glatter Schalung.
Betongüte: C20/25

82 Mauerwerk abgleichen, bis 17,5cm — KG **331**

Wie Ausführungsbeschreibung A 12
Oberfläche: **abreiben / glätten / .....**
Mauerdicke: 17,5 cm

| 3€ | 7€ | **10€** | 13€ | 18€ | [m] | ⏱ 0,20 h/m | 012.000.082 |

LB 012
Mauerarbeiten

Nr.	Kurztext / Langtext					[Einheit]	Kostengruppe Ausf.-Dauer	Positionsnummer
▶	▷	ø netto €	◁	◀				

Kosten:
Stand 1.Quartal 2018
Bundesdurchschnitt

92 Schornstein, Formstein, einzügig — KG **429**

Mehrschaliges Schornsteinsystem in Montagebauweise, feuchteunempfindlich, für Gegenstrombetrieb und überdruckdicht; Leistung komplett inkl. aller erforderlichen Anschlüsse und Zubehörteile.
System bestehend aus:
– Keramikrohr
– Distanzhalter
– Dämmung
– Mantelstein
– Heizraumabluftschacht
– Sockelstein mit Kondensatablauf
– Reinigungsöffnungen
– Anschlussöffnung

Ausführung: einzügig
Abzugsöffnungen: .....
Mantelstein: aus **Ziegel / Leichtbeton**
Abluftschacht: 10 x 25 cm
Schornsteinhöhe: bis 11,00 m
Angeb. Fabrikat: .....

▶	▷	ø	◁	◀	[Einheit]	Ausf.-Dauer	Positionsnummer
123 €	178 €	**201** €	252 €	382 €	[m]	1,50 h/m	012.000.173

93 Schornstein, Formsteine, zweizügig — KG **429**

Mehrschaliges Schornsteinsystem in Montagebauweise, feuchteunempfindlich, für Gegenstrombetrieb und überdruckdicht; Leistung komplett inkl. aller erforderlichen Anschlüsse und Zubehörteile.
System bestehend aus:
– Keramikrohr
– Distanzhalter
– Dämmung
– Mantelstein
– Heizraumabluftschacht
– Sockelstein mit Kondensatablauf
– Reinigungsöffnungen
– Anschlussöffnung

Ausführung: zweizügig
Abzugsöffnungen: .....
Mantelstein: aus **Ziegel / Leichtbeton**
Abluftschacht: 10 x 25 cm
Schornsteinhöhe: bis 11,00 m
Angeb. Fabrikat: .....

▶	▷	ø	◁	◀	[Einheit]	Ausf.-Dauer	Positionsnummer
145 €	226 €	**252** €	285 €	355 €	[m]	1,50 h/m	012.000.029

▶ min
▷ von
ø Mittel
◁ bis
◀ max

Nr.	Kurztext / Langtext						Kostengruppe	
▶	▷	ø netto €	◁	◀	[Einheit]	Ausf.-Dauer	Positionsnummer	

94 Schornsteinkopf, Mauerwerk KG **429**
Schornsteinkopfmauerwerk aus Klinkerziegel KMZ, für Montageschornstein, auf vorhandener Kragplatte.
Ausführung: als **Aufmauerung / Ummauerung**
Mauerdicke: 11,5 cm
Schornsteinabmessung: .....
Steinart: KMz
Festigkeitsklasse: 28 N/mm²
Rohdichteklasse: 1,6 kg/dm³
Format: NF
Mörtelgruppe: NM IIa
Struktur: .....
Farbe: .....
Höhe über Dach: 0,70m i.M.
Angeb. Fabrikat: .....

| 156€ | 215€ | **217**€ | 217€ | 276€ | [m²] | ⏱ 2,30 h/m² | 012.000.030 |

95 Schornsteinkopfabdeckung, Faserzement KG **429**
Stülpkopf aus beschichtetem Faserzement, passend zu Schornstein-System.
Ausführung: **im Ziegelmantelstein / im Leichtbetonmantelstein**
Struktur: .....
Farbe: .....
Angeb. Fabrikat: .....

| 59€ | 234€ | **330**€ | 408€ | 618€ | [St] | ⏱ 1,00 h/St | 012.000.031 |

96 Kernbohrung, Mauerwerk, DN100, bis 250mm KG **342**
Kernbohrung in Mauerwerk, inkl. Bohrkern ausbrechen, aufnehmen und entsorgen.
Bauteil: **Wand / Decke**
Bohrdurchmesser: DN100
Bohrtiefe: 200 bis 250 mm
Höhe über Standebene: .....
Steinart: **Hochlochziegel / Kalksandstein / .....**
Ausrichtung: **waagrecht / schräg**

| 12€ | 18€ | **20**€ | 20€ | 29€ | [St] | ⏱ 0,60 h/St | 012.000.063 |

97 Kernbohrung, Mauerwerk, DN100, bis 400mm KG **341**
Kernbohrung in Mauerwerk, inkl. Bohrkern ausbrechen, aufnehmen und entsorgen.
Bauteil: **Wand / Decke**
Bohrdurchmesser: DN100
Bohrtiefe: 250 bis 400 mm
Höhe über Standebene: .....
Steinart: **Hochlochziegel / Kalksandstein / .....**
Ausrichtung: **waagrecht / schräg**

| 29€ | 46€ | **53**€ | 60€ | 73€ | [St] | ⏱ 0,90 h/St | 012.000.088 |

LB 012
Mauerarbeiten

Kosten:
Stand 1.Quartal 2018
Bundesdurchschnitt

Nr.	Kurztext / Langtext							Kostengruppe
▶	▷	ø netto €	◁	◀		[Einheit]	Ausf.-Dauer	Positionsnummer

98 Stahlzarge, Einbau KG **344**
Stahlzarge einbauen, Zargenprofil mit Mörtel hinterfüllen; ohne Lieferung.
Untergrund: **Mauerwerk / Stahlbeton / .....**
Zargenausführung: .....
Zargengröße: 885 x 2.130 mm
Maulweite: 195 mm
Oberfläche: grundiert

| 95 € | 124 € | **152** € | 159 € | 189 € | [St] | ⏱ 2,00 h/St | 012.000.038 |

99 Umfassungszarge, Stahl KG **344**
Stahlumfassungszarge, für stumpf einschlagendes Türblatt, vorgerichtet für 2 Bänder, Falz mit Dichtungsprofil aus EPDM, mit umlaufender Schattennut, Profil mit Mörtel hinterfüllen.
Untergrund: Mauerwerk
Zargengröße: 885 x 2.130 mm
Blechdicke: 1,5 mm
Maulweite: 195 mm
Oberfläche: verzinkt, grundiert
Angeb. Fabrikat: .....

| 73 € | 127 € | **152** € | 162 € | 218 € | [St] | ⏱ 2,20 h/St | 012.000.039 |

100 Stahltüre, T30, einflüglig KG **344**
Stahl-Türelement in Mauerwerkswand beim Aufmauern einbauen, Zargenprofil mit Mörtel hinterfüllen; ohne Lieferung.
Abmessung: 885 x 2.130 mm
Maulweite: T=195mm

| 330 € | 418 € | **460** € | 524 € | 665 € | [St] | ⏱ 3,00 h/St | 012.000.040 |

101 Rollladenkasten, Leichtbeton KG **331**
Rollladenkasten aus Leichtbeton, tragend, mit Montageöffnung für bauseitigen Hohlkammer-Rollladen.
Mauerwerk: .....
Lichte Fensteröffnung: l = 1.135 mm
Auflagerbreite: 125 mm je Seite
Wanddicke: 36,5 cm
Angeb. Fabrikat: .....

| 48 € | 61 € | **69** € | 75 € | 95 € | [m] | ⏱ 0,40 h/m | 012.000.041 |

▶ min
▷ von
ø Mittel
◁ bis
◀ max

Nr.	Kurztext / Langtext						Kostengruppe
▶	▷	ø netto €	◁	◀	[Einheit]	Ausf.-Dauer	Positionsnummer

102 Rollladenkasten, Ziegel, 1385mm KG 331

Rollladenkasten aus Ziegel, Stirnseiten ausgeschäumt mit eingebautem Styropordämmkeil, mit:
– Alu-Putzleisten
– seitlichen Kopfstücken mit verzinktem, verstellbarem Achskugellager
– verzinkter Teleskopstahlwelle
– Gurtscheibe
– Mauerkasten
– Gurtdurchführung mit Bürste

Mauerwerk: .....
Lichte Fensteröffnung: l = 1.385 mm
Auflagerbreite: 125 mm je Seite
Wanddicke: 30,0 cm
Angeb. Fabrikat: .....

| 58€ | 104€ | **123**€ | 141€ | 190€ | [St] | ⏱ 0,50 h/St | 012.000.019 |

103 Gurtwicklerkasten, Kunststoff KG 338

Gurtwicklerkasten aus Kunststoff, luftdicht, laibungsbündig einbauen.
Gurtlänge: bis 6,0 m / bis 12,0 m
Ausführung: **ungedämmt / gedämmt**
Mauerdicke: **17,5cm / 24,0cm /** ....
Höhe: 24,8 cm
Angeb. Fabrikat: .....

| 9€ | 15€ | **18**€ | 24€ | 35€ | [St] | ⏱ 0,20 h/St | 012.000.126 |

104 Ziegel-Elementdecke, ZST 1,0 - 22,5 KG 351

Ziegel-Elementdecke, mit mittragenden Deckenziegeln, einschl. prüffähigem Tragfähigkeitsnachweis und Verlegeplan sowie erforderlicher Montagejoche und Zwischenunterstützungen; Bemessung nach typengeprüften Traglasttabellen. Vergussbeton, Bewehrung und Ausbilden von Durchbrüchen nach gesonderten Positionen.

Deckensystem: .....
Deckenziegel: ZST 1,0 - 22,5
Elementbreiten: 0,50-2,50 m
Spannweite: .....
Nutzlast: .....
Deckendicke: .....
Schalldämmmaß (inkl. schw. Estrich + Putz): .....
Brandschutz: F90A / REI 90
Einbau in Geschoss: .....
Angeb. Fabrikat: .....

| 87€ | 101€ | **109**€ | 112€ | 122€ | [m²] | ⏱ 0,70 h/m² | 012.000.054 |

105 Stundensatz Facharbeiter, Mauerarbeiten

Stundenlohnarbeiten für Facharbeiter, Spezialfacharbeiter, Vorarbeiter und jeweils Gleichgestellte. Leistung nach besonderer Anordnung des Auftraggebers. Nachweis und Anmeldung gemäß VOB/B.

| 36€ | 44€ | **47**€ | 50€ | 59€ | [h] | ⏱ 1,00 h/h | 012.000.128 |

106 Stundensatz Werker/Helfer, Mauerarbeiten

Stundenlohnarbeiten für Werker, Fachwerker und jeweils Gleichgestellte. Leistung nach besonderer Anordnung des Auftraggebers. Nachweis und Anmeldung gemäß VOB/B.

| 30€ | 40€ | **45**€ | 49€ | 60€ | [h] | ⏱ 1,00 h/h | 012.000.129 |

© **BKI** Baukosteninformationszentrum; Erläuterungen zu den Tabellen siehe Seite 46
Mustertexte geprüft: Bauwirtschaft Baden-Württemberg e.V. Kostenstand: 1.Quartal 2018, Bundesdurchschnitt

LB 013 Betonarbeiten

Betonarbeiten — Preise €

Nr.	Positionen	Einheit	▶	▷	ø brutto € / ø netto €	◁	◀
1	Filtervlies, Klasse 3	m²	2	4	**4**	7	10
			2	3	**4**	6	8
2	Tragschicht, Schotter 0/45, 30cm	m²	3	11	**14**	14	27
			3	9	**12**	12	23
3	Trennlage, PE-Folie, auf Kiesfilter	m²	0,5	1,6	**2,0**	3,3	8,2
			0,4	1,4	**1,7**	2,8	6,9
4	Tragschicht, Glasschotter, unter Bodenplatte, 30cm	m³	95	116	**126**	145	185
			80	98	**106**	122	155
5	Tragschicht, Glasschotter, unter Bodenplatte, 30cm	m²	44	59	**64**	78	128
			37	49	**54**	66	107
6	Sauberkeitsschicht, Beton, 5cm	m²	6	9	**10**	13	20
			5	7	**8**	11	17
7	Sauberkeitsschicht, Beton, 10cm	m²	6	14	**17**	26	46
			5	12	**14**	22	39
8	Sauberkeitsschicht, Sand	m²	3	5	**7**	9	13
			2	4	**6**	7	11
9	Fundament, Ortbeton, unbewehrt	m³	53	140	**170**	278	686
			44	118	**143**	234	576
10	Fundament, Ortbeton, bewehrt	m³	75	153	**181**	267	457
			63	128	**152**	224	384
11	Schalung, Fundament, rau	m²	8	29	**36**	47	96
			7	24	**30**	40	81
12	Schalung, Fundament, verloren	m²	29	41	**45**	60	80
			24	35	**38**	50	67
13	Aufzugsunterfahrt, Ortbeton, Schalung	St	953	1.920	**2.379**	2.764	3.488
			801	1.614	**1.999**	2.323	2.931
14	Bodenplatte, Stahlbeton C25/30, bis 20cm	m³	117	157	**168**	184	235
			99	132	**141**	154	198
15	Bodenplatte, WU-Beton C30/37, bis 35cm	m³	114	158	**176**	207	265
			96	133	**148**	174	223
16	Bodenplatte, Stahlbeton C25/30, bis 20cm, Randschalung	m²	20	28	**31**	41	64
			17	23	**26**	34	53
17	Bodenplatte, Stahlbeton C25/30, bis 30cm, Randschalung	m²	38	49	**55**	63	79
			32	42	**46**	53	66
18	Glätten, Betonoberfläche, maschinell	m²	3	4	**5**	7	11
			2	4	**4**	6	9
19	Randschalung, Bodenplatte	m	3	10	**13**	18	34
			2	8	**11**	16	29
20	Fugenband, Blechband	m	9	21	**25**	37	58
			7	18	**21**	31	49
21	Fugenband, Blech, Formstück	St	25	53	**66**	91	138
			21	44	**55**	77	116
22	Fugenband, Injektionsschlauch	m	0,9	18	**25**	44	90
			0,7	15	**21**	37	76
23	Verpressung, Injektionsschlauch	m	22	38	**47**	56	83
			18	32	**40**	47	70

Kosten: Stand 1.Quartal 2018 Bundesdurchschnitt

▶ min
▷ von
ø Mittel
◁ bis
◀ max

© BKI Baukosteninformationszentrum; Erläuterungen zu den Tabellen siehe Seite 46
Mustertexte geprüft: Bauwirtschaft Baden-Württemberg e.V.

Kostenstand: 1.Quartal 2018, Bundesdurchschnitt

Betonarbeiten — Preise €

Nr.	Positionen	Einheit	▶	▷ ø brutto € ø netto €		◁	◀
24	Außenwand, Sichtbeton C25/30, bis 25cm	m³	109	144	**161**	192	300
			91	121	**135**	161	252
25	Wand, WU-Beton C25/30, bis 25cm	m³	85	152	**169**	253	400
			72	128	**142**	212	336
26	Wand, Stahlbeton C25/30, 20cm, Schalung	m²	49	86	**103**	123	164
			41	72	**87**	104	138
27	Wand, Stahlbeton C25/30, 25cm, Schalung	m²	62	106	**119**	131	169
			52	89	**100**	110	142
28	Wand, Stahlbeton C25/30, 30cm, Schalung	m²	100	137	**161**	172	191
			84	115	**135**	145	160
29	Schalung, Aufzugsschacht	m²	26	46	**50**	74	112
			22	38	**42**	62	94
30	Schalung, Wand, rau	m²	17	31	**38**	50	73
			14	26	**32**	42	61
31	Schalung, Wand, glatt	m²	19	32	**38**	46	75
			16	27	**32**	39	63
32	Schalung, Wand, SB3	m²	38	44	**48**	51	63
			32	37	**40**	42	53
33	Schalung, Wand, gekrümmt	m²	39	74	**84**	94	120
			33	62	**71**	79	101
34	Schalung, Dreiecksleiste	m	2	4	**5**	7	10
			2	3	**4**	6	8
35	Wandschalung, Türe 0,76m	St	38	63	**71**	88	111
			32	53	**59**	74	93
36	Wandschalung, Türe 0,885m	St	38	79	**97**	107	160
			32	67	**81**	90	134
37	Wandschalung, Türe 1,01m	St	47	88	**106**	139	226
			39	74	**89**	117	190
38	Wandschalung, Türe 1,135m	St	50	98	**111**	169	329
			42	82	**93**	142	277
39	Wandschalung, Türe 1,26m	St	57	121	**136**	180	277
			48	102	**114**	151	233
40	Wandschalung, Türe 2,01m	St	79	162	**175**	218	295
			66	136	**147**	183	248
41	Wandschalung, Fenster bis 2,00m²	St	30	73	**93**	145	260
			25	61	**78**	122	218
42	Wandschalung, Fenster bis 4,00m²	St	49	125	**154**	198	304
			41	105	**130**	166	255
43	Wandschalung, Stirnfläche	m	5	15	**19**	30	49
			5	13	**16**	25	41
44	Aussparung, bis 0,10m², Betonbauteile	St	9	30	**37**	57	114
			7	25	**31**	48	96
45	Kernbohrung, Stb-Decke, Durchmesser 55-80mm	St	116	140	**161**	180	198
			97	118	**135**	152	167
46	Kernbohrung, Stb-Decke, Durchmesser 115-130mm	St	129	156	**179**	201	221
			109	131	**151**	169	185
47	Kernbohrung, Stb-Decke, Durchmesser 140-160mm	St	155	187	**215**	240	264
			130	157	**180**	202	222

© **BKI** Baukosteninformationszentrum; Erläuterungen zu den Tabellen siehe Seite 46
Mustertexte geprüft: Bauwirtschaft Baden-Württemberg e.V.

Kostenstand: 1.Quartal 2018, Bundesdurchschnitt

LB 013
Betonarbeiten

Betonarbeiten   **Preise €**

Nr.	Positionen	Einheit	▶ min	▷ von	ø Mittel (brutto € / netto €)	◁ bis	◀ max
48	Kernbohrung, Stb-Decke, Durchmesser 200-220mm	St	199 / 167	240 / 202	**276** / **232**	309 / 260	339 / 285
49	Kernbohrung, Stahlschnitte, 16-28mm	St	3 / 2	3 / 3	**4** / **3**	4 / 4	5 / 4
50	Betonschneidearbeiten, bis 43cm	m	103 / 87	125 / 105	**143** / **121**	161 / 135	176 / 148
51	Unterzug/Sturz, Stahlbeton C25/30	m³	119 / 100	188 / 158	**211** / **178**	343 / 288	817 / 686
52	Schalung, Unterzug/Sturz	m²	35 / 29	66 / 56	**76** / **64**	97 / 81	170 / 143
53	Stütze, rechteckig, Sichtbeton, Schalung	m	44 / 37	106 / 89	**130** / **109**	182 / 153	340 / 286
54	Stütze, Stahlbeton C25/30	m³	138 / 116	264 / 222	**298** / **250**	591 / 496	1.106 / 930
55	Stütze, rund 25cm, Schalung	m	44 / 37	81 / 68	**102** / **86**	113 / 95	150 / 126
56	Stütze, rund 30cm, Schalung	m	68 / 58	93 / 78	**109** / **92**	126 / 106	157 / 132
57	Schalung, Stütze, rechteckig, rau	m²	38 / 32	63 / 53	**72** / **61**	84 / 70	110 / 92
58	Schalung, Stütze, rechteckig, glatt	m²	39 / 33	62 / 52	**70** / **58**	86 / 73	121 / 102
59	Schalung, Stütze, rund, glatt	m²	40 / 33	67 / 57	**80** / **67**	120 / 101	207 / 174
60	Schalung, Stütze, rund, glatt, bis 250mm	m	36 / 31	73 / 62	**88** / **74**	99 / 83	127 / 107
61	Decken, Stahlbeton C25/30, bis 24cm	m³	119 / 100	143 / 120	**157** / **132**	179 / 151	230 / 193
62	Schalung, Decken/Flachdächer, glatt	m²	23 / 19	40 / 33	**44** / **37**	55 / 46	75 / 63
63	Dämmung, Deckenrand, PS	m	6 / 5	9 / 8	**11** / **9**	17 / 14	25 / 21
64	Schalung, Fußbodenkanal	m	16 / 14	51 / 43	**59** / **50**	81 / 68	120 / 101
65	Randschalung, Deckenplatte	m	3 / 2	11 / 10	**15** / **12**	24 / 20	59 / 49
66	Überzug/Attika, Beton C25/30	m³	122 / 103	163 / 137	**184** / **155**	225 / 189	375 / 315
67	Unterzug, rechteckig, Schalung	m	39 / 33	89 / 75	**103** / **87**	194 / 163	366 / 307
68	Schalung, Ringbalken/Überzug/Attika, glatt	m²	32 / 27	56 / 47	**64** / **54**	84 / 70	133 / 111
69	Sturz, Fertigteil	m	21 / 18	53 / 45	**61** / **51**	91 / 77	156 / 131
70	Treppenlauf, Stahlbeton C35/37	m³	199 / 167	271 / 228	**297** / **249**	495 / 416	847 / 712
71	Schalung, Treppenlauf	m²	64 / 54	106 / 89	**121** / **101**	130 / 109	152 / 128

Kosten:
Stand 1.Quartal 2018
Bundesdurchschnitt

▶ min
▷ von
ø Mittel
◁ bis
◀ max

Betonarbeiten — Preise €

Nr.	Positionen	Einheit	▶	▷	ø brutto € ø netto €	◁	◀
72	Treppenpodest, Stahlbeton C35/37	m³	153 129	179 151	**191** **161**	222 186	279 234
73	Schalung, glatt, Treppenpodest	m²	29 24	60 51	**72** **61**	86 73	124 104
74	Fertigteil, Treppenpodest	St	757 636	1.388 1.166	**1.610** **1.353**	1.950 1.639	2.609 2.192
75	Fertigteiltreppe, einläufig, 7 Stufen	St	673 566	909 764	**1.004** **844**	1.111 934	1.771 1.488
76	Fertigteiltreppe, einläufig, 16 Stufen	St	1.824 1.533	2.363 1.986	**2.493** **2.095**	2.773 2.331	3.299 2.772
77	Blockstufe, Betonfertigteil	St	82 69	179 151	**216** **181**	312 262	551 463
78	Elementdecke, 18cm, inkl. Aufbeton	m²	43 36	66 55	**72** **61**	81 68	99 83
79	Elementdecke, 22cm, inkl. Aufbeton	m²	50 42	72 60	**77** **65**	97 82	134 113
80	Elementwand, 18cm, inkl. Wandbeton	m²	– –	106 89	**116** **98**	131 111	– –
81	Gleitfolie, Decken/Wände	m	4 3	11 9	**14** **12**	18 15	26 22
82	Balkonplatte, Fertigteil	m²	127 106	175 147	**209** **175**	231 194	271 228
83	Brüstung, Betonfertigteil	m²	123 104	171 144	**190** **159**	207 174	240 202
84	Maschinenfundament, bis 3,00m²	m²	31 26	73 61	**88** **74**	99 83	137 115
85	Aufbeton, im Gefälle	m²	14 12	22 19	**27** **23**	29 25	35 30
86	Kellerlichtschacht, Kunststoffelement	St	73 61	213 179	**262** **220**	365 307	638 536
87	Kellerlichtschacht, Betonfertigteil	St	128 107	493 414	**683** **574**	1.104 927	2.234 1.877
88	Kellerfenster, einflüglig bis 0,60m², in Schalung	St	189 159	243 204	**274** **230**	303 254	354 297
89	Kellerfenster, einflüglig bis 1,50m², in Schalung	St	219 184	312 263	**335** **281**	358 301	408 343
90	Fertigteilgarage, Beton C35/40	St	– –	6.624 5.566	**7.398** **6.216**	8.171 6.867	– –
91	Fassadenplatte, Fertigteil	St	1.023 860	1.893 1.591	**2.045** **1.718**	2.366 1.989	3.360 2.824
92	Fundamenterder, Stahlband	m	3 3	6 5	**7** **6**	10 9	21 18
93	Rohrdurchführung, Kunststoff	St	16 13	36 30	**41** **34**	47 39	69 58
94	Elektro-Gerätedose, 53mm	St	1 1	8 7	**10** **8**	14 12	24 20
95	Elektro-Leerrohr, flexibel, DN25	m	3 2	6 5	**8** **7**	17 14	36 30

© **BKI** Baukosteninformationszentrum; Erläuterungen zu den Tabellen siehe Seite 46
Mustertexte geprüft: Bauwirtschaft Baden-Württemberg e.V.

Kostenstand: 1.Quartal 2018, Bundesdurchschnitt

LB 013
Betonarbeiten

Betonarbeiten — Preise €

Nr.	Positionen	Einheit	▶ min	▷ von	ø brutto € / ø netto €	◁ bis	◀ max
96	Leuchten-Einbaugehäuse/-Eingießtopf	St	32	64	**77**	85	121
			26	54	**64**	71	102
97	Hauseinführung/Wanddurchführung, Medien	St	84	313	**377**	593	1.035
			70	263	**317**	498	870
98	Wandschlitz, Beton	m	2	21	**27**	50	112
			2	17	**23**	42	94
99	Deckenschlitz, Beton	m	9	24	**29**	57	112
			8	20	**24**	48	94
100	Wandaussparung schließen	m²	48	103	**134**	164	210
			41	87	**113**	138	176
101	Verguss-Deckendurchbruch, bis 250cm²	St	4,2	22	**28**	39	66
			3,5	19	**24**	33	55
102	Verguss-Deckendurchbruch, über 500 bis 1.000cm²	St	11	35	**46**	84	153
			9,3	30	**39**	70	128
103	Mehrschichtdämmplatte, 50mm, in Schalung	m²	13	22	**26**	33	45
			11	19	**22**	28	37
104	Trennwanddämmung, MW, schallbrückenfrei	m²	7	11	**12**	15	20
			6	10	**10**	13	17
105	Betonstahlmatten, 500M/B500B	t	1.108	1.442	**1.613**	1.739	2.176
			931	1.211	**1.356**	1.461	1.829
106	Betonstabstahl, Bst 500B	t	1.028	1.484	**1.694**	2.088	3.274
			864	1.247	**1.424**	1.755	2.751
107	Bewehrungszubehör, Abstandshalter	kg	2	3	**4**	6	10
			2	3	**3**	5	8
108	Bewehrung, Gitterträger	t	1.494	1.678	**1.732**	1.822	1.982
			1.255	1.410	**1.456**	1.531	1.665
109	Bewehrungsstoß, 10-14mm	St	15	24	**28**	30	45
			12	20	**23**	26	38
110	Bewehrungsstoß, 22-32mm	St	38	51	**55**	60	75
			32	43	**47**	50	63
111	Klebeanker, M16	St	10	17	**21**	27	36
			9	14	**18**	23	31
112	Dübelleiste, Durchstanzbewehrung	St	11	27	**34**	49	87
			9	23	**28**	41	73
113	Kleineisenteile, Baustahl S235 JR	kg	1	6	**7**	14	31
			1	5	**6**	11	26
114	Stahlkonstruktion, Profilstahl S235 JR	kg	2	4	**5**	7	13
			1	4	**4**	6	11
115	Stahlkonstruktion, Baustahl S235 JR AR	kg	5	11	**12**	13	20
			4	10	**10**	11	17
116	Stahlteile feuerverzinken	kg	0,5	1,1	**1,5**	2,1	3,2
			0,5	1,0	**1,2**	1,8	2,7
117	Kleineisenteile, Edelstahl	kg	14	26	**29**	39	51
			11	22	**25**	32	43
118	Bewehrungs-/Rückbiegeanschluss 55/85	m	9,8	22	**24**	28	39
			8,2	18	**20**	23	33
119	Bewehrungs-/Rückbiegeanschluss, 80/120	m	18	27	**32**	36	51
			15	23	**27**	30	43

Kosten:
Stand 1.Quartal 2018
Bundesdurchschnitt

▶ min
▷ von
ø Mittel
◁ bis
◀ max

Betonarbeiten — Preise €

Nr.	Positionen	Einheit	▶	▷	ø brutto € / ø netto €	◁	◀
120	Bewehrungs-/Rückbiegeanschluss, 150/190	m	18	31	**36**	57	107
			15	26	**30**	48	90
121	Balkonanschluss, Wärmedämmelement/Trittschallschutz	m	108	205	**231**	349	529
			91	173	**194**	294	445
122	Balkonanschluss, Wärmedämmelement	m	105	259	**301**	365	509
			88	217	**253**	306	428
123	Trittschalldämmelement, Fertigteiltreppen	St	40	92	**113**	159	326
			33	77	**95**	133	274
124	Stundensatz Facharbeiter, Betonbau	h	43	52	**57**	60	70
			37	44	**47**	51	59
125	Stundensatz Helfer, Betonbau	h	30	43	**49**	54	65
			25	36	**42**	45	55

Nr.	Kurztext / Langtext					[Einheit]	Ausf.-Dauer	Kostengruppe Positionsnummer
▶	▷	ø netto €	◁	◀				

1 Filtervlies, Klasse 3 — KG **326**
Schicht aus Geotextilien, Vliesstoff
Dränleistung: mind. .... l/s x m
GRK-Klasse: 3 (Wegebau, Baustraßen, u. dgl.)
Überlappungsbreite mind. 20 cm
2€   3€   **4**€   6€   8€   [m²]   ⏱ 0,01 h/m²   013.000.194

2 Tragschicht, Schotter 0/45, 30cm — KG **326**
Tragschicht aus Schotter, auf vorhandenes Filtervlies unter Bodenplatte und Fundament, schichtweise einbringen und verdichten, Oberfläche eben abgewalzt (±3cm).
Schichtdicke i.M.: 30 cm
Proctordichte: 103%
Körnung: 0/45
Sieblinie: .....
3€   9€   **12**€   12€   23€   [m²]   ⏱ 0,10 h/m²   013.000.092

3 Trennlage, PE-Folie, auf Kiesfilter — KG **326**
Trennlage aus PE-Folie, Stoßüberlappung ca. 15cm, Stöße gegen Verschieben sichern.
Foliendicke: 0,2 mm
Verlegung: **einlagig / zweilagig**
Untergrund: **Kiesfilter / Sauberkeitsschicht**
Angeb. Fabrikat: .....
0,4€   1,4€   **1,7**€   2,8€   6,9€   [m²]   ⏱ 0,02 h/m²   013.000.001

LB 013
Betonarbeiten

Nr.	Kurztext / Langtext				[Einheit]	Ausf.-Dauer	Kostengruppe Positionsnummer
▶	▷ ø netto € ◁ ◀						

4 Tragschicht, Glasschotter, unter Bodenplatte, 30cm — KG **326**
Tragschicht aus Glasschaum-Granulat, lastabtragend und kapillarbrechend, auf vorhandenes Geotextil unter Bodenplatte und Fundament, schichtweise einbringen und verdichten, Oberfläche eben abgewalzt (±3cm).
Dicke verdichtet: 30 cm
Nennwert der Wärmeleitfähigkeit: **0,08 / 0,11 W/(mK)**
Angeb. Fabrikat: .....

| 80€ | 98€ | **106**€ | 122€ | 155€ | [m³] | ⏱ 0,80 h/m³ | 013.000.091 |

5 Tragschicht, Glasschotter, unter Bodenplatte, 30cm — KG **326**
Tragschicht aus Glasschaum-Granulat, lastabtragend und kapillarbrechend, auf vorhandenes Geotextil unter Bodenplatte und Fundament, schichtweise einbringen und verdichten, Oberfläche eben abgewalzt (±3cm).
Dicke verdichtet: 30 cm
Nennwert der Wärmeleitfähigkeit: **0,08 / 0,11 W/(mK)**
Angeb. Fabrikat: .....

| 37€ | 49€ | **54**€ | 66€ | 107€ | [m²] | ⏱ 0,30 h/m² | 013.000.094 |

6 Sauberkeitsschicht, Beton, 5cm — KG **326**
Sauberkeitsschicht aus unbewehrtem Beton, unter Gründungsbauteilen.
Betongüte: **C8/10 / C12/15**
Dicke: 5 cm

| 5€ | 7€ | **8**€ | 11€ | 17€ | [m²] | ⏱ 0,05 h/m² | 013.000.083 |

7 Sauberkeitsschicht, Beton, 10cm — KG **326**
Sauberkeitsschicht aus unbewehrtem Beton, unter Gründungsbauteilen, Mehrdicken von ca. 3cm sind wegen Unebenheiten des Untergrunds einzurechnen.
Betongüte: **C8/10 / C12/15**
Dicke: 10 cm

| 5€ | 12€ | **14**€ | 22€ | 39€ | [m²] | ⏱ 0,07 h/m² | 013.000.117 |

8 Sauberkeitsschicht, Sand — KG **326**
Sandbettung unter Bodenplattendämmung, auf profilgerechtem Planum, Sand eben abziehen und verdichten.
Körnung: .....
Planum: ±3cm
Verdichtungsgrad: mind. DPr 97%
Einbauhöhe: 10cm
Nachfolgende Dämmung: .....

| 2€ | 4€ | **6**€ | 7€ | 11€ | [m²] | ⏱ 0,06 h/m² | 013.000.098 |

9 Fundament, Ortbeton, unbewehrt — KG **322**
Unbewehrtes Fundament aus Ortbeton, unter GOK, ohne Anforderung an Frostsicherheit, als Auffüllbeton bei Abtreppungen, Unterbeton, Tiefgründungen, Vertiefungen etc., Schalung in gesonderter Position. gesonderten Positionen.
Festigkeitsklasse: C8/10
Expositionsklasse: X0
Feuchtigkeitsklasse: WF

| 44€ | 118€ | **143**€ | 234€ | 576€ | [m³] | ⏱ 0,75 h/m³ | 013.000.004 |

Kosten:
Stand 1.Quartal 2018
Bundesdurchschnitt

▶ min
▷ von
ø Mittel
◁ bis
◀ max

Nr.	Kurztext / Langtext					Kostengruppe	
▶	▷	ø netto €	◁	◀	[Einheit]	Ausf.-Dauer	Positionsnummer

10 Fundament, Ortbeton, bewehrt — KG 322

Bewehrtes Fundament aus Ortbeton, unter GOK, auf Sauberkeitsschicht bzw. Unterbeton betoniert, Schalung und Bewehrung in gesonderten Positionen.
Festigkeitsklasse: C25/30
Expositionsklasse: XC2/XA1
Feuchtigkeitsklasse: WF
Fundamentgröße: .....
Tiefe: bis 1,00 m

| 63 € | 128 € | **152 €** | 224 € | 384 € | [m³] | ⌀ 0,80 h/m³ | 013.000.005 |

11 Schalung, Fundament, rau — KG 322

Schalung, rau, für Einzel- und Streifenfundamente, Fundamentplatten und sonstige Abschalungen im Gründungsbereich, Ausführung nach Wahl des AN.
Bauteil: .....
Gewählte Schalung: .....

| 7 € | 24 € | **30 €** | 40 € | 81 € | [m²] | ⌀ 0,60 h/m² | 013.000.006 |

12 Schalung, Fundament, verloren — KG 322

Schalung, rau, für Einzel- und Streifenfundamente, Fundamentplatten und sonstige Abschalungen im Gründungsbereich, als verlorene Schalung. Ausführung nach Wahl des AN.
Bauteil: .....
Gewählte Schalung: .....

| 24 € | 35 € | **38 €** | 50 € | 67 € | [m²] | ⌀ 0,60 h/m² | 013.000.061 |

13 Aufzugsunterfahrt, Ortbeton, Schalung — KG 324

Aufzugsunterfahrt, als komplettes Bauteil aus wasserundurchlässigem Beton, gegen drückendes Wasser, bestehend aus:
- Bodenplatte und 4 Schachtwänden, rechteckig, bis UK Betonbodenplatte
- Oberfläche Schachtwände innen schalglatt, außen ohne Anforderung
- Bodenplatte Schachtboden gescheibt, mit kreisrunder Vertiefung 50 mm, geeignet als Aufstellfläche einer Saugpumpe
- mit bauaufsichtlich zugelassenem, druckwasserbeständigem Dichtband / Injektionsschlauch für nachträgliche Mehrfachverpressung, an allen Betonierabschnitten und im Übergang zur Bodenplatte
- einschl. Schalung, Abrechnung der Bewehrung gesondert

Schachtwanddicke: .....
Bodenplatte: .....
Schachtaußenmaß: .....
Innenmaß: .....

Hinweis: Nach VOB müssen Beton, Schalung und Bewehrung getrennt ausgeschrieben werden. Entsprechende Mustertexte sind ebenfalls im LB 013 Betonarbeiten enthalten.

| 801 € | 1.614 € | **1.999 €** | 2.323 € | 2.931 € | [St] | ⌀ 9,00 h/St | 013.000.147 |

**LB 013
Betonarbeiten**

Nr.	Kurtztext / Langtext						
▶	▷	ø netto €	◁	◀	[Einheit]	Ausf.-Dauer	Kostengruppe Positionsnummer

14 Bodenplatte, Stahlbeton C25/30, bis 20cm KG **324**
Bodenplatte bewehrt, Ortbeton, unter GOK, ohne Frost, schwacher chem. Angriff, Schalung und Bewehrung in gesonderter Position.
Festigkeitsklasse: C25/30
Expositionsklasse: XC2/XA1
Feuchtigkeitsklasse: WF
Plattendicke: bis 20 cm
Untergrund: waagrecht
Oberfläche: waagrecht

| 99€ | 132€ | **141**€ | 154€ | 198€ | [m³] | ⏱ 0,80 h/m³ | 013.000.197 |

15 Bodenplatte, WU-Beton C30/37, bis 35cm KG **324**
Bodenplatte bewehrt, wasserundurchlässig, Ortbeton, ohne Frost, schwacher chem. Angriff, Abstandshalter in wasserdichter Ausführung sowie Verdichtung; Bewehrung in gesonderter Position.
Festigkeitsklasse: C30/37
Expositionsklasse: XC2/XA1
Feuchtigkeitsklasse: WF
Dicke Bodenplatte: 20-35 cm
Untergrund: waagrecht
Oberfläche: .....

| 96€ | 133€ | **148**€ | 174€ | 223€ | [m³] | ⏱ 1,00 h/m³ | 013.000.009 |

A 1 Bodenplatte, Stahlbeton C25/30 Beschreibung für Pos. **16-17**
Bodenplatte aus Stahlbeton, als Sichtbeton, einschl. Randschalung, Bewehrung in gesonderter Position.
Hinweis: Nach VOB müssen Beton, Schalung und Bewehrung getrennt ausgeschrieben werden. Entsprechende Mustertexte sind ebenfalls im LB 013 Betonarbeiten enthalten.

16 Bodenplatte, Stahlbeton C25/30, bis 20cm, Randschalung KG **324**
Wie Ausführungsbeschreibung A 1
Festigkeitsklasse: C25/30
Expositionsklasse: XC2/XA1
Plattendicke: 20 cm
Sichtbetonklasse: .....
Kanten: **scharfkantig / gefast mit 45°**
Länge Randschalung: ..... m
Untergrund: waagrecht
Oberfläche: waagrecht

| 17€ | 23€ | **26**€ | 34€ | 53€ | [m²] | ⏱ 0,30 h/m² | 013.000.168 |

17 Bodenplatte, Stahlbeton C25/30, bis 30cm, Randschalung KG **324**
Wie Ausführungsbeschreibung A 1
Festigkeitsklasse: C25/30F
Expositionsklasse: XC2/XA1EPlattendicke: 30 cm
Sichtbetonklasse: .....
Kanten: **scharfkantig / gefast mit 45°**
Länge Randschalung: ..... m
Untergrund: waagrecht
Oberfläche: waagrecht

| 32€ | 42€ | **46**€ | 53€ | 66€ | [m²] | ⏱ 0,32 h/m² | 013.000.121 |

Kosten:
Stand 1.Quartal 2018
Bundesdurchschnitt

▶ min
▷ von
ø Mittel
◁ bis
◀ max

Nr.	**Kurztext** / Langtext					[Einheit]	Ausf.-Dauer	Kostengruppe Positionsnummer
	▶	▷	ø netto €	◁	◀			

18 Glätten, Betonoberfläche, maschinell — KG **324**

Betonoberfläche maschinell Abscheiben und Glätten (mit Flügelglätter), unmittelbar im Anschluss an das Abziehen der Betonoberfläche, nach ausreichendem Ansteifen (noch plastisch verformbar, aber schon begehbar); beim Abscheiben oder Flügelglätten darf die Oberfläche weder mit zusätzlichem Wasser genässt, noch mit Zement abgepudert werden.
Leistung aus 2 Arbeitsgängen:
1. Arbeitsgang: Oberfläche abscheiben
2. Arbeitsgang: Oberfläche maschinell flügelglätten, in mehreren Übergängen bis zur kellenglatten Oberfläche
Anmerkung:
Falls eine Hartstoffeinstreuung zur Erhöhung des Verschleißwiderstands vorgesehen ist, muss diese gleichmäßig, z.B. mit Hilfe eines Einstreuwagens, aufgebracht werden. Die Auftragsmenge in kg/m² Fläche ist anzugeben; üblich sind 3 kg/m² bis 5 kg/m².

| 2 € | 4 € | **4 €** | 6 € | 9 € | [m²] | ⏱ 0,12 h/m² | 013.000.085 |

19 Randschalung, Bodenplatte — KG **324**

Randschalung der Bodenplatte, ohne Anforderungen an die Sichtfläche.
Plattendicke: 22-30 cm

| 2 € | 8 € | **11 €** | 16 € | 29 € | [m] | ⏱ 0,10 h/m | 013.000.025 |

20 Fugenband, Blechband — KG **331**

Fugenblech, einseitig / beidseitig beschichtet, eingelegt in Arbeitsfuge, zwischen Bauteilen, sowie zwischen zwei Betonierabschnitten, für dichte Ausführung der Betonarbeitsfugen, inkl. aller Befestigungsteile und Verbindungen.
Material: .....
Einsatzbereich: **Bodenfeuchte / drückendes Wasser <10m / .....**
Abmessung: .....
Bauteil: .....
Angeb. Fabrikat: .....

| 7 € | 18 € | **21 €** | 31 € | 49 € | [m] | ⏱ 0,20 h/m | 013.000.148 |

21 Fugenband, Blech, Formstück — KG **331**

Formstück des vorbeschriebenen Fugenblechs.
Formstück: **Eckausführung / T-Stoß**
Angeb. Fabrikat: .....

| 21 € | 44 € | **55 €** | 77 € | 116 € | [St] | ⏱ 0,30 h/St | 013.000.149 |

22 Fugenband, Injektionsschlauch — KG **331**

Injektionsschlauch, für Einfach- oder Mehrfachverpressung, eingelegt in Arbeitsfuge, zwischen Bauteilen, sowie zwischen zwei Betonierabschnitten, zum nachträglichen dichten Ausführung der Betonarbeitsfugen, inkl. aller Befestigungsteile und Verbindungen. Leistung ohne Verpressung, Verpressung nur nach auftretender Undichtigkeit.
Einsatzbereich: **Bodenfeuchte / drückendes Wasser unter 10 m / .....**
Abmessung: .....
Bauteile: Bodenplatte und aufgehende Wand
Dichtmittel: .....
Angeb. Fabrikat: .....

| 0,7 € | 15 € | **21 €** | 37 € | 76 € | [m] | ⏱ 0,20 h/m | 013.000.151 |

LB 013 Betonarbeiten

Kosten:
Stand 1.Quartal 2018
Bundesdurchschnitt

▶	min
▷	von
ø	Mittel
◁	bis
◀	max

Nr.	Kurztext / Langtext						
▶	▷ ø netto € ◁ ◀				[Einheit]	Ausf.-Dauer	Kostengruppe Positionsnummer

23 Verpressung, Injektionsschlauch KG **331**
Verpressarbeiten der bauseitig verlegten Injektionsschläuche in Fugen, inkl. systembedingtem Zubehör und der Verpressgeräte. Ausführungszeitpunkt nach Angaben von Hersteller und Bauüberwachung (abhängig von Betonschwund und Bauwerkssetzung).
Dichtmittel: .....
Dichtmittelverbrauch: ...... kg/m
Angeb. Fabrikat: .....

| 18€ | 32€ | **40€** | 47€ | 70€ | [m] | ⏱ 0,40 h/m | 013.000.152 |

24 Außenwand, Sichtbeton C25/30, bis 25cm KG **331**
Außenwand aus Sichtbeton, Ortbeton, ohne Tausalz; Schalung und Bewehrung in gesonderten Positionen.
Festigkeitsklasse: C25/30
Expositionsklasse: XC4 / XF1
Feuchtigkeitsklasse: WF
Wanddicke: 20-25 cm
Wandhöhe: bis 3,00 m
Oberfläche: sichtbar bleibend, SB-Klasse .....

| 91€ | 121€ | **135€** | 161€ | 252€ | [m³] | ⏱ 0,80 h/m³ | 013.000.231 |

25 Wand, WU-Beton C25/30, bis 25cm KG **331**
Aussenwand aus Stahlbeton, mit direkter Beregnung, wasserundurchlässiger Ortbeton, einschl. Abstandshalter in wasserdichter Ausführung; Schalung und Bewehrung in gesonderten Positionen.
Betongüte: C25/30 WU
Expositionsklasse: XC4/XF1
Anwendung als: Außenbauteil, wasserundurchlässig
Feuchtigkeitsklasse: WF
Wanddicke: 20-25cm
Wandhöhe: bis 3,00 m
Oberfläche: nicht sichtbar bleibend, Schalhaut: .....

| 72€ | 128€ | **142€** | 212€ | 336€ | [m³] | ⏱ 0,90 h/m³ | 013.000.012 |

A 2 Wand, Stahlbeton C25/30, Schalung Beschreibung für Pos. **26-28**
Wandbauteil aus Stahlbeton, in Ortbeton und Schalung, Betonfläche nicht sichtbar bleibend; Bewehrung in gesonderter Position.
Hinweis: Nach VOB, Teil C müssen Beton, Schalung und Bewehrung getrennt ausgeschrieben werden.

26 Wand, Stahlbeton C25/30, 20cm, Schalung KG **331**
Wie Ausführungsbeschreibung A 2
Festigkeitsklasse: .....
Expositionsklasse: XC.... / XF.....
Feuchtigkeitsklasse: .....
Wanddicke: 20cm
Wandhöhe: bis 3,00 m
Oberfläche: nicht sichtbar bleibend, Schalhaut: .....

| 41€ | 72€ | **87€** | 104€ | 138€ | [m²] | ⏱ 0,70 h/m² | 013.000.169 |

Nr.	Kurztext / Langtext				[Einheit]	Ausf.-Dauer	Kostengruppe Positionsnummer
▶	▷ ø **netto €** ◁ ◀						

27 Wand, Stahlbeton C25/30, 25cm, Schalung KG **331**
Wie Ausführungsbeschreibung A 2
Festigkeitsklasse: .....
Expositionsklasse: XC.... / XF.....
Feuchtigkeitsklasse: .....
Wanddicke: 25 cm
Wandhöhe: bis 3,00 m
Oberfläche: nicht sichtbar bleibend, Schalhaut: .....

| 52 € | 89 € | **100 €** | 110 € | 142 € | [m²] | ⏱ 0,70 h/m² | 013.000.170 |

28 Wand, Stahlbeton C25/30, 30cm, Schalung KG **331**
Wie Ausführungsbeschreibung A 2
Festigkeitsklasse: .....
Expositionsklasse: XC.... / XF.....
Feuchtigkeitsklasse: .....
Wanddicke: 30 cm
Wandhöhe: bis 3,00 m
Oberfläche: nicht sichtbar bleibend, Schalhaut: .....

| 84 € | 115 € | **135 €** | 145 € | 160 € | [m²] | ⏱ 0,85 h/m² | 013.000.171 |

29 Schalung, Aufzugsschacht KG **341**
Schalung des Aufzugsinnenraums, als Kletterschalung.
Geschosshöhe: bis 3,50 m
Schalung innen: **Schachtbühnen- / Kletterschalung**
Oberfläche: innen nicht sichtbar bleibend,
Schalhaut des Aufzugsinnenraums: Sichtbetonklasse .....

| 22 € | 38 € | **42 €** | 62 € | 94 € | [m²] | ⏱ 0,90 h/m² | 013.000.153 |

30 Schalung, Wand, rau KG **331**
Schalung Wand, Schalungshaut nicht sichtbar bleibend.
Anforderung: Klasse SB.... gemäß DBV-Merkblatt
Schalsystem: .....
Schalhaut: .....
Zustand: **neu / gebraucht**
Oberfläche: rau,
Schalhautstöße: geordnet, stumpf, ohne zusätzliche Dichtung
Hüllrohr aus: ......
Verschluss der Ankerstellen: Stopfen nach Bieterwahl
Ankerlage: bündig
Bauteilhöhe: bis 3,00 m

| 14 € | 26 € | **32 €** | 42 € | 61 € | [m²] | ⏱ 0,70 h/m² | 013.000.013 |

LB 013
Betonarbeiten

Kosten:
Stand 1.Quartal 2018
Bundesdurchschnitt

	Nr.	Kurztext / Langtext						Kostengruppe
▶	▷	ø netto €	◁	◀		[Einheit]	Ausf.-Dauer	Positionsnummer

31 Schalung, Wand, glatt — KG 331

Schalung Wand, Schalungshaut sichtbar bleibend
Anforderung: Klasse SB ..... gemäß DBV-Merkblatt "Sichtbeton"
Schalsystem: Träger- / Rahmenschalung
Schalhaut: .....
Zustand: **neu / gebraucht**
Oberfläche: **glatt / .....**
Beschichtung: .....
Schalhautstöße: geordnet, stumpf, mit zusätzlicher Dichtung
Hüllrohr: Faserzement
Verschluss der Ankerstellen: Stopfen aus Faserzement
Ankerlage: **bündig / .....**
Kanten: **scharfkantig / gefast / Dreikantleiste**
Bauteilhöhe: bis 3,00 m

▶	▷	ø	◁	◀	[Einheit]	Ausf.-Dauer	Positionsnummer
16 €	27 €	**32 €**	39 €	63 €	[m²]	⏱ 0,80 h/m²	013.000.060

32 Schalung, Wand, SB3 — KG 331

Schalung Wand, Schalungshaut sichtbar bleibend
Anforderung: Klasse SB 3 gemäß DBV-Merkblatt "Sichtbeton"
Schalsystem: **Träger- / Rahmenschalung**
Schalhaut: .....
Zustand: **neu / gebraucht**
Oberfläche: **glatt / .....**
Beschichtung: .....
Schalhautstöße: geordnet, stumpf, mit zusätzlicher Dichtung
Hüllrohr: Faserzement
Verschluss der Ankerstellen: Stopfen aus Faserzement
Ankerlage: **bündig / .....**
Kanten: **scharfkantig / gefast / Dreikantleiste**
Bauteilhöhe: bis ..... m
Für die Ausführung werden vom AG folgende Unterlagen zur Verfügung gestellt:
  – Entwurfszeichnungen, Plannr.: .....
  – Übersichtszeichnungen, Plannr.: .....

32 €	37 €	**40 €**	42 €	53 €	[m²]	⏱ 0,85 h/m²	013.000.204

33 Schalung, Wand, gekrümmt — KG 331

Schalung der Wand, glatt, in gekrümmter Ausführung.
Schalungshaut: nicht sichtbar bleibend
Betonoberfläche: .....
Radius: 20,00 m
Höhe: bis 3,00 m

33 €	62 €	**71 €**	79 €	101 €	[m²]	⏱ 1,30 h/m²	013.000.014

Legende:
▶ min
▷ von
ø Mittel
◁ bis
◀ max

Nr.	Kurztext / Langtext							Kostengruppe
▶	▷	ø netto €	◁	◀		[Einheit]	Ausf.-Dauer	Positionsnummer

34 Schalung, Dreiecksleiste — KG 331

Eck- oder Kantenausbildung von Betonteilen, mittels Profilleiste in Schalung, Oberfläche glatt und nichtsaugend.
Leiste: Dreiecksleiste
Abmessung: 15 x 15 mm
Werkstoff: **Holz / Kunststoff**
Bauteil: **Ecke / Kante**

| 2€ | 3€ | **4€** | 6€ | 8€ | [m] | ⏱ 0,60 h/m | 013.000.066 |

A 3 Wandschalung, Türe — Beschreibung für Pos. **35-40**

Türöffnung in Stahlbetonwand, inkl. Sturzausbildung, mit umlaufender glatter, nichtsaugender Schalung mit regelmäßigen Stößen und Nagelstellen, verbleibende Betonwarzen und Grate abgeschliffen.

35 Wandschalung, Türe 0,76m — KG **341**

Wie Ausführungsbeschreibung A 3
Kantenausbildung: **scharfkantig / Dreiecksleiste**
Öffnungsbreite: 0,76 m
Öffnungshöhe: .... m
Wanddicke: **20 / 25** cm

| 32€ | 53€ | **59€** | 74€ | 93€ | [St] | ⏱ 1,50 h/St | 013.000.174 |

36 Wandschalung, Türe 0,885m — KG **341**

Wie Ausführungsbeschreibung A 3
Kantenausbildung: **scharfkantig / Dreiecksleiste**
Öffnungsbreite: 0,885 m
Öffnungshöhe: ..... m
Wanddicke: **20 / 25** cm

| 32€ | 67€ | **81€** | 90€ | 134€ | [St] | ⏱ 1,50 h/St | 013.000.175 |

37 Wandschalung, Türe 1,01m — KG **341**

Wie Ausführungsbeschreibung A 3
Kantenausbildung: **scharfkantig / Dreiecksleiste**
Öffnungsbreite: 1,01 m
Öffnungshöhe: ..... m
Wanddicke: **20 / 25** cm

| 39€ | 74€ | **89€** | 117€ | 190€ | [St] | ⏱ 1,70 h/St | 013.000.176 |

38 Wandschalung, Türe 1,135m — KG **341**

Wie Ausführungsbeschreibung A 3
Kantenausbildung: **scharfkantig / Dreiecksleiste**
Öffnungsbreite: 1,135 m
Öffnungshöhe: ..... m
Wanddicke: **20 / 25** cm

| 42€ | 82€ | **93€** | 142€ | 277€ | [St] | ⏱ 1,70 h/St | 013.000.177 |

© **BKI** Baukosteninformationszentrum; Erläuterungen zu den Tabellen siehe Seite 46
Mustertexte geprüft: Bauwirtschaft Baden-Württemberg e.V.

Kostenstand: 1.Quartal 2018, Bundesdurchschnitt

LB 013 Betonarbeiten

Kosten: Stand 1.Quartal 2018 Bundesdurchschnitt

Nr.	Kurztext / Langtext				[Einheit]	Ausf.-Dauer	Kostengruppe Positionsnummer
▶	▷	ø netto €	◁	◀			

39 Wandschalung, Türe 1,26 m — KG **341**
Wie Ausführungsbeschreibung A 3
Kantenausbildung: **scharfkantig / Dreiecksleiste**
Öffnungsgröße: 1,26 x 2,13 m
Öffnungshöhe: ..... m
Wanddicke: **20 / 25** cm

| 48 € | 102 € | **114 €** | 151 € | 233 € | [St] | ⏱ 2,00 h/St | 013.000.132 |

40 Wandschalung, Türe 2,01 m — KG **341**
Wie Ausführungsbeschreibung A 3
Kantenausbildung: **scharfkantig / Dreiecksleiste**
Öffnungsgröße: 2,01 x 2,13 m
Öffnungshöhe: ..... m
Wanddicke: **20 / 25** cm

| 66 € | 136 € | **147 €** | 183 € | 248 € | [St] | ⏱ 2,20 h/St | 013.000.133 |

A 4 Wandschalung, Fenster — Beschreibung für Pos. **41-42**
Fensteröffnung in Stahlbetonwand, inkl. Sturzausbildung, mit umlaufender glatter, nichtsaugender Schalung mit regelmäßigen Stößen und Nagelstellen, verbleibende Betonwarzen und Grate abgeschliffen.

41 Wandschalung, Fenster bis 2,00 m² — KG **331**
Wie Ausführungsbeschreibung A 4
Kantenausbildung: **scharfkantig / Dreiecksleiste**
Öffnungsgröße: ..... (bis 2,00 m²)
Wanddicke: **20 / 25** cm

| 25 € | 61 € | **78 €** | 122 € | 218 € | [St] | ⏱ 1,60 h/St | 013.000.016 |

42 Wandschalung, Fenster bis 4,00 m² — KG **331**
Wie Ausführungsbeschreibung A 4
Kantenausbildung: **scharfkantig / Dreiecksleiste**
Öffnungsgröße: ..... (bis 4,00 m²)
Wanddicke: **20 / 25** cm

| 41 € | 105 € | **130 €** | 166 € | 255 € | [St] | ⏱ 2,40 h/St | 013.000.101 |

43 Wandschalung, Stirnfläche — KG **331**
Schalung an freien Wandenden, Stirnflächen
Wanddicke: ..... mm
Schalungshaut: **nicht sichtbar / sichtbar bleibend**
Anforderung: Klasse SB.... gemäß DBV-Merkblatt
Schalsystem: .....
Schalhaut: .....
Zustand: **neu / gebraucht / .....**
Oberfläche: **rau / glatt**,
Schalhautstöße: geordnet, stumpf, **mit / ohne** zusätzliche Dichtung
Bauteilhöhe: ..... m

| 5 € | 13 € | **16 €** | 25 € | 41 € | [m] | ⏱ 0,16 h/m | 013.000.188 |

▶ min
▷ von
ø Mittel
◁ bis
◀ max

Nr.	Kurztext / Langtext				[Einheit]	Ausf.-Dauer	Kostengruppe Positionsnummer
▶	▷ ø netto € ◁ ◀						

44 Aussparung, bis 0,10m², Betonbauteile — KG **351**
Aussparung in Betonbauteilen, mit umlaufender, beidseitiger Kantenausbildung.
Kanten: **mit Dreikantleiste / scharfkantig / .....**
Abmessung Aussparung: .....
Bauteildicke: .....
Oberfläche, Schalhaut: .....

7€ 25€ **31€** 48€ 96€ [St] ⏱ 0,30 h/St 013.000.077

A 5 Kernbohrung, Stb-Decke — Beschreibung für Pos. **45-48**
Kernbohrung in Stahlbetondecke inkl. Bauschuttentsorgung.
Bauteil: .....
Lage: .....

45 Kernbohrung, Stb-Decke, Durchmesser 55-80mm — KG **351**
Wie Ausführungsbeschreibung A 5
Durchmesser: 55-80 mm

97€ 118€ **135€** 152€ 167€ [St] ⏱ 2,05 h/St 013.000.224

46 Kernbohrung, Stb-Decke, Durchmesser 115-130mm — KG **351**
Wie Ausführungsbeschreibung A 5
Durchmesser: 115-130 mm

109€ 131€ **151€** 169€ 185€ [St] ⏱ 2,45 h/St 013.000.225

47 Kernbohrung, Stb-Decke, Durchmesser 140-160mm — KG **351**
Wie Ausführungsbeschreibung A 5
Durchmesser: 140-160 mm

130€ 157€ **180€** 202€ 222€ [St] ⏱ 2,85 h/St 013.000.226

48 Kernbohrung, Stb-Decke, Durchmesser 200-220mm — KG **351**
Wie Ausführungsbeschreibung A 5
Durchmesser: 200-220 mm

167€ 202€ **232€** 260€ 285€ [St] ⏱ 3,65 h/St 013.000.227

49 Kernbohrung, Stahlschnitte, 16-28mm — KG **351**
Schnitte des Stabstahls als Mehrpreis zu Kernbohrungen.
Stahldurchmesser: 16-28 mm

2€ 3€ **3€** 4€ 4€ [St] ⏱ 0,05 h/St 013.000.228

50 Betonschneidearbeiten, bis 43cm — KG **351**
Betonschnitte in Stahlbetondecke
Ausführung: einseitig
Schnitttiefe: bis 43 cm
Bauteil: .....
Lage: .....

87€ 105€ **121€** 135€ 148€ [m] ⏱ 1,70 h/m 013.000.229

LB 013 Betonarbeiten

Nr.	Kurztext / Langtext					Kostengruppe
▶	▷ ø netto € ◁ ◀				[Einheit]	Ausf.-Dauer Positionsnummer

51 Unterzug/Sturz, Stahlbeton C25/30 — KG **351**

Unterzüge, Überzüge, Ringanker, Stürze, Konsolen und Riegel aus Stahlbeton, mit Ortbeton, vor Außenwetter geschützt (für Innen- und Außenwände); Schalung und Bewehrung in gesonderten Positionen.
Festigkeitsklasse: C25/30
Expositionsklasse: XC1
Querschnitte: .....
Betonqualität: **Normalbeton / Sichtbeton, Klasse .....**

| 100€ | 158€ | **178€** | 288€ | 686€ | [m³] | 0,90 h/m³ | 013.000.017 |

52 Schalung, Unterzug/Sturz — KG **351**

Schalung für Unterzüge, Stürze und dgl., mit rechteckigem Querschnitt, glatt.
Oberfläche: **wie in den ZTV beschrieben / als Sichtbeton .....**
Querschnitt: .....
Arbeitshöhe: 2,00-3,00 m

| 29€ | 56€ | **64€** | 81€ | 143€ | [m²] | 1,00 h/m² | 013.000.018 |

53 Stütze, rechteckig, Sichtbeton, Schalung — KG **343**

Stahlbetonstützen als komplettes Bauteil, mit Ortbeton und Schalung, im Innenbereich; Bewehrung in gesonderter Position. Abrechnung nach Länge der Stütze.
Festigkeitsklasse: .....
Expositionsklasse: XC1
Feuchtigkeitsklasse: W0
Querschnitt: .....
Oberfläche, Schalhaut: .....
Bauteilhöhe: 2,00-3,00 m
Hinweis: Nach VOB, Teil C müssen Beton, Schalung und Bewehrung getrennt ausgeschrieben werden. Entsprechende Mustertexte sind ebenfalls im LB 013 Betonarbeiten enthalten.

| 37€ | 89€ | **109€** | 153€ | 286€ | [m] | 0,80 h/m | 013.000.154 |

54 Stütze, Stahlbeton C25/30 — KG **333**

Stützen aus Stahlbeton, Ortbeton, im Außenbereich, Frost; Schalung und Bewehrung in gesonderten Positionen.
Festigkeitsklasse: C25/30
Expositionsklasse: XC4 / XF1
Feuchtigkeitsklasse: WF
Querschnitte: .....
Qualität: **Normalbeton / Sichtbeton, Klasse .....**

| 116€ | 222€ | **250€** | 496€ | 930€ | [m³] | 1,20 h/m³ | 013.000.019 |

Kosten:
Stand 1.Quartal 2018
Bundesdurchschnitt

▶ min
▷ von
ø Mittel
◁ bis
◀ max

Nr.	Kurztext / Langtext					Kostengruppe	
▶	▷	ø netto €	◁	◀	[Einheit]	Ausf.-Dauer	Positionsnummer

55 Stütze, rund 25cm, Schalung — KG **333**

Stützen aus Stahlbeton, Ortbeton und Schalung, rund, im Außenbereich, Frost; Bewehrung in gesonderten Positionen. Abrechnung nach Länge der Stütze.
Durchmesser: 25 cm
Festigkeitsklasse: C25/30
Expositionsklasse: XC4 / XF1
Feuchtigkeitsklasse: WF
Qualität: **Normalbeton / Sichtbeton, Klasse .....**
Arbeitshöhe: bis 3,00 m
Hinweis: Nach VOB/C müssen Beton, Schalung und Bewehrung getrennt ausgeschrieben werden. Entsprechende Mustertexte sind ebenfalls im LB 013 Betonarbeiten enthalten.

| 37€ | 68€ | **86€** | 95€ | 126€ | [m] | 🕐 1,20 h/m | 013.000.087 |

56 Stütze, rund 30cm, Schalung — KG **333**

Stützen aus Stahlbeton, Ortbeton und Schalung, rund, im Außenbereich, Frost; Bewehrung in gesonderten Positionen. Abrechnung nach Länge der Stütze.
Durchmesser: 30 cm
Festigkeitsklasse: C25/30
Expositionsklasse: XC4 / XF1
Feuchtigkeitsklasse: WF
Qualität: **Normalbeton / Sichtbeton, Klasse .....**
Arbeitshöhe: bis 3,00 m
Hinweis: Nach VOB/C müssen Beton, Schalung und Bewehrung getrennt ausgeschrieben werden. Entsprechende Mustertexte sind ebenfalls im LB 013 Betonarbeiten enthalten.

| 58€ | 78€ | **92€** | 106€ | 132€ | [m] | 🕐 1,30 h/m | 013.000.119 |

57 Schalung, Stütze, rechteckig, rau — KG **343**

Schalung für Stützen und dgl., mit rechteckigem Querschnitt, Betonfläche nicht sichtbar bleibend.
Arbeitshöhe: 2,00-3,00 m
Betonoberfläche: rau
Stützenquerschnitt: .....

| 32€ | 53€ | **61€** | 70€ | 92€ | [m²] | 🕐 1,00 h/m² | 013.000.020 |

58 Schalung, Stütze, rechteckig, glatt — KG **343**

Schalung für Stützen und dgl., mit rechteckigem Querschnitt, Betonfläche sichtbar bleibend, Schalung absatzfrei, mit einheitlicher Farbtönung und porenlos.
Oberfläche, Schalhaut: glatt, sichtbar
Sichtbetonklasse: .....
Arbeitshöhe: 2,00-3,00 m
Stützenquerschnitt: .....

| 33€ | 52€ | **58€** | 73€ | 102€ | [m²] | 🕐 1,10 h/m² | 013.000.021 |

LB 013 Betonarbeiten

Nr.	Kurztext / Langtext						Kostengruppe
▶	▷ ø netto € ◁ ◀				[Einheit]	Ausf.-Dauer	Positionsnummer

Kosten:
Stand 1.Quartal 2018
Bundesdurchschnitt

▶ min
▷ von
ø Mittel
◁ bis
◀ max

59 Schalung, Stütze, rund, glatt   KG 343
Schalung für Stützen und dgl., mit rundem Querschnitt, Betonfläche sichtbar bleibend, als verlorene, nichtsaugende Schalung aus Papp-Schalrohren mit innerer Beschichtung.
Arbeitshöhe: 2,00-3,00 m
Oberfläche, Schalhaut: glatt, sichtbar
Sichtbetonklasse: .....
Stützendurchmesser: .....
33€   57€   **67€**   101€   174€   [m²]   ⌀ 1,30 h/m²   013.000.022

60 Schalung, Stütze, rund, glatt, bis 250mm   KG 343
Schalung für Stützen und dgl., mit rundem Querschnitt, Betonfläche sichtbar bleibend, als verlorene, nichtsaugende Schalung aus Papp-Schalrohren mit innerer Beschichtung.
Arbeitshöhe: 2,00-3,00 m
Oberfläche, Schalhaut: glatt, sichtbar
Sichtbetonklasse: .....
Stützendurchmesser: 200-250 mm
31€   62€   **74€**   83€   107€   [m]   ⌀ 1,30 h/m   013.000.088

61 Decken, Stahlbeton C25/30, bis 24cm   KG 351
Decke aus Stahlbeton, mit Ortbeton, Betonfläche unten sichtbar bleibend; Schalung und Bewehrung in gesonderten Positionen.
Festigkeitsklasse: C25/30
Expositionsklasse: XC1
Feuchtigkeitsklasse: WO
Sichtbetonklasse: .....
Deckenaufsicht: **Gefälle .....° / ohne Gefälle**
Deckenstärke: 18-24 cm
100€   120€   **132€**   151€   193€   [m³]   ⌀ 0,80 h/m³   013.000.023

62 Schalung, Decken/Flachdächer, glatt   KG 351
Schalung der Deckenplatte, glatt, aus Schalungsplatten.
Höhe Betonunterseite: 2,50-3,00 m
Oberfläche, Schalhaut: .....
19€   33€   **37€**   46€   63€   [m²]   ⌀ 0,80 h/m²   013.000.024

63 Dämmung, Deckenrand, PS   KG 351
Dämmung des Deckenrands aus extrudierten Polystyrol-Hartschaum-Dämmplatten liefern und dicht gestoßen am Deckenrand in die Schalung einlegen, einschl. Rückverankerung zur Deckenplatte.
Höhe: ..... mm
Anwendungstyp: WAP - Druckfestigkeit **dm / ds**
Nennwert Wärmeleitfähigkeit: ..... W/(mK)
Brandverhalten: Klasse E nach DIN EN 13501-1
Dämmstoffdicke: **35 / 50** mm
5€   8€   **9€**   14€   21€   [m]   ⌀ 0,20 h/m   013.000.075

Nr.	Kurztext / Langtext				[Einheit]	Ausf.-Dauer	Kostengruppe Positionsnummer
▶	▷	ø netto €	◁	◀			

64 Schalung, Fußbodenkanal — KG 324
Aussparen eines Fußbodenkanals auf der Oberseite der Stahlbetondecke, durch Einlegen eines Platzhalters, inkl. Ausbau und Entsorgung des Platzhalters und ggf. Anpassen der oberen Bewehrungslage.
Kanalquerschnitt: .....

| 14€ | 43€ | **50**€ | 68€ | 101€ | [m] | ⏱ 1,60 h/m | 013.000.082 |

65 Randschalung, Deckenplatte — KG 351
Randschalung der Deckenplatte.
Oberfläche Schalung: rau
Plattendicke: 22-30 cm

| 2€ | 10€ | **12**€ | 20€ | 49€ | [m] | ⏱ 0,10 h/m | 013.000.102 |

66 Überzug/Attika, Beton C25/30 — KG 331
Überzüge, Attiken, Ringanker, Konsolen etc. aus Stahlbeton, mit Ortbeton, Schalung und Bewehrung in gesonderten Positionen.
Festigkeitsklasse: C25/30
Expositionsklasse: XC4/XF1
Betonoberfläche: **unsichtbar / sichtbar** bleibend
Querschnitte: .....
Qualität: Sichtbeton Klasse .....

| 103€ | 137€ | **155**€ | 189€ | 315€ | [m³] | ⏱ 0,90 h/m³ | 013.000.026 |

67 Unterzug, rechteckig, Schalung — KG 331
Unterzug aus Stahlbeton, mit Ortbeton inkl. Schalung, einschl. ggf. zusätzlicher Maßnahmen beim Herstellen und Verarbeiten des Betons; als komplettes Bauteil mit rechteckigem Querschnitt, im Innenbereich; Bewehrung in gesonderter Position. Abrechnung nach Länge des Unterzugs.
Festigkeitsklasse: C25/30
Expositionsklasse: XC1
Querschnitte: .....
Oberfläche Schalung: .....
Höhe Betonteile: 2,00-3,00 m
Hinweis: Nach VOB/C müssen Beton, Schalung und Bewehrung getrennt ausgeschrieben werden. Entsprechende Mustertexte sind ebenfalls im LB 013 Betonarbeiten enthalten.

| 33€ | 75€ | **87**€ | 163€ | 307€ | [m] | ⏱ 1,30 h/m | 013.000.155 |

68 Schalung, Ringbalken/Überzug/Attika, glatt — KG 351
Schalung der Überzüge, Aufkantungen und dgl., glatt, mit rechteckigem Querschnitt, Betonfläche sichtbar bleibend.
Höhe Betonunterseite: bis 2,50 m
Querschnitte: .....
Oberfläche Schalung: .....

| 27€ | 47€ | **54**€ | 70€ | 111€ | [m²] | ⏱ 0,90 h/m² | 013.000.027 |

LB 013 Betonarbeiten

Nr.	Kurztext / Langtext	▶	▷	ø netto €	◁	◀	[Einheit]	Ausf.-Dauer	Kostengruppe Positionsnummer

69 Sturz, Fertigteil — KG 331
Fertigteilsturz aus Stahlbeton, inkl. Bewehrung gemäß statischer Bemessung, in nichttragender Wand.
Belastung: ..... kN/m
Sturzgröße (L x B x H): ..... x ..... x ..... mm
Oberfläche Schalung: .....
Kanten: **scharfkantig / Dreiecksleiste**

| 18€ | 45€ | **51€** | 77€ | 131€ | [m] | ⏱ 0,30 h/m | 013.000.032 |

70 Treppenlauf, Stahlbeton C35/37 — KG 351
Treppenlaufplatte aus Stahlbeton, mit Ortbeton.
Festigkeitsklasse: C35/37
Expositionsklasse: XC1
Feuchtigkeitsklasse: W0
Treppenplattendicke: 25 cm
Oberflächenbehandlung: gescheibt

| 167€ | 228€ | **249€** | 416€ | 712€ | [m³] | ⏱ 2,20 h/m³ | 013.000.028 |

71 Schalung, Treppenlauf — KG 351
Schalung der Treppenläufe, aus nichtsaugendem Material, möglichst absatzfrei, mit einheitlicher Farbtönung und weitgehend porenlos.
Oberfläche Schalhaut: **rau / Sichtbeton**
Geeignet für: **Beschichtung / Betonfläche sichtbar bleibend**
Kanten: **scharfkantig / Dreiecksleiste**
Höhe Betonunterseite: bis 3,00 m

| 54€ | 89€ | **101€** | 109€ | 128€ | [m²] | ⏱ 1,50 h/m² | 013.000.029 |

72 Treppenpodest, Stahlbeton C35/37 — KG 351
Treppenpodestplatte aus Stahlbeton, mit Ortbeton.
Festigkeitsklasse: C35/37
Expositionsklasse: XC1
Feuchtigkeitsklasse: W0
Podestplattendicke: ca. 25 cm
Oberflächenbehandlung: gescheibt

| 129€ | 151€ | **161€** | 186€ | 234€ | [m³] | ⏱ 1,80 h/m³ | 013.000.030 |

73 Schalung, glatt, Treppenpodest — KG 351
Schalung der Deckenplatte, aus Schalungsplatten, Betonfläche sichtbar bleibend.
Oberfläche Schalhaut: .....
Höhe Betonunterseite: 2,50-3,00 m

| 24€ | 51€ | **61€** | 73€ | 104€ | [m²] | ⏱ 1,00 h/m² | 013.000.031 |

Kosten: Stand 1.Quartal 2018 Bundesdurchschnitt

▶ min
▷ von
ø Mittel
◁ bis
◀ max

Nr.	Kurztext / Langtext				[Einheit]	Ausf.-Dauer	Kostengruppe Positionsnummer
▶	▷ ø netto €	◁	◀				

74 Fertigteil, Treppenpodest   KG **351**
Fertigteiltreppenpodest aus Stahlbeton. Ausbildung der Konsolen, Auflager, Schallentkoppelung und Bewehrung in gesonderten Positionen.
Festigkeitsklasse: C .....
Expositionsklasse: XC1
Feuchtigkeitsklasse: WO
Breite: ..... cm
Länge: ..... cm
Oberfläche Unterseite: Sichtbetonklasse SB .....
Oberfläche Oberseite: abgerieben und gespachtelt
Kanten: **scharfkantig / Dreiecksleiste**
Verkehrslast: **3,5 / 5,0** kN/m²
Auflagerausbildung: **gem. Skizze / gem. Systemdetail**
636 €   1.166 €   **1.353 €**   1.639 €   2.192 €   [St]   ⏱ 1,80 h/St   013.000.213

75 Fertigteiltreppe, einläufig, 7 Stufen   KG **351**
Fertigteiltreppe aus Stahlbeton, einläufig, mit Konsolauflager, zur Auflage auf bauseitige Ortbetonpodeste, inkl. Schallentkoppelung im Podestbereich. Ausbildung der Auflager und Bewehrung in gesonderten Positionen.
Festigkeitsklasse: .....
Expositionsklasse: XC1
Feuchtigkeitsklasse: WO
Treppenlaufbreite: 100 cm
Stufen: 7 Stück
Steigungsverhältnis: 16 bis 17,5 x 27 bis 28 cm
Oberfläche Unterseite und Seiten: Sichtbetonklasse SB .....
Oberfläche Oberseite: abgerieben und gespachtelt
Kanten: **scharfkantig / Dreiecksleiste**
Verkehrslast: **3,5 / 5,0** kN/m²
Auflagerausbildung: **gem. Skizze / gem. Systemdetail**
566 €   764 €   **844 €**   934 €   1.488 €   [St]   ⏱ 1,40 h/St   013.000.033

76 Fertigteiltreppe, einläufig, 16 Stufen   KG **351**
Fertigteiltreppe aus Stahlbeton, einläufig, mit Konsolauflager, zur Auflage auf bauseitige Ortbetonpodeste. Ausbildung der Auflager, Schallentkoppelung und Bewehrung in gesonderten Positionen.
Festigkeitsklasse: C .....
Expositionsklasse: XC1
Feuchtigkeitsklasse: WO
Treppenlaufbreite: 100 cm
Stufen: 16 Stück
Steigungsverhältnis: 16 bis 17,5 x 27 bis 28 cm
Oberfläche Unterseite und Seiten: Sichtbetonklasse SB .....
Oberfläche Oberseite: abgerieben und gespachtelt
Kanten: **scharfkantig / Dreiecksleiste**
Verkehrslast: **3,5 / 5,0** kN/m²
Auflagerausbildung: **gem. Skizze / gem. Systemdetail**
1.533 €   1.986 €   **2.095 €**   2.331 €   2.772 €   [St]   ⏱ 2,20 h/St   013.000.214

© BKI Baukosteninformationszentrum; Erläuterungen zu den Tabellen siehe Seite 46
Mustertexte geprüft: Bauwirtschaft Baden-Württemberg e.V.

LB 013 Betonarbeiten

Nr.	Kurztext / Langtext					[Einheit]	Ausf.-Dauer	Kostengruppe Positionsnummer
▶	▷	ø netto €	◁	◀				

Kosten:
Stand 1.Quartal 2018
Bundesdurchschnitt

77 Blockstufe, Betonfertigteil — KG 534

Blockstufen als Fertigteilstufen aus Stahlbeton, Schalungsmatrize nach Bemusterung, ohne Kiesnester und Löcher, Kanten scharfkantig,
Festigkeitsklasse: C20/25
Expositionsklasse: XC4/XF1
Feuchtigkeitsklasse: WF
Stufengröße: 18 x 33 x 100 cm
Oberfläche Rutschfestigkeit: R11
Einbauort: auf bauseitigem Fundament im Außenbereich

| 69 € | 151 € | **181** € | 262 € | 463 € | [St] | ⏱ 0,90 h/St | 013.000.034 |

A 6 Elementdecke, inkl. Aufbeton — Beschreibung für Pos. 78-79

Element-Decke aus Halbfertigteilen, mit bauaufsichtlicher Zulassung, Untersicht Decke sichtbar bleibend, bestehend aus einschaliger, bewehrter Fertigteilplatte und Aufbeton aus Ortbeton; Abrechnung der Bewehrung und des flächenbündigem Verspachtelns der Element-Stöße in gesonderter Position.

78 Elementdecke, 18cm, inkl. Aufbeton — KG 351

Wie Ausführungsbeschreibung A 6
Schalendicke: 5 cm
Oberfläche Schalhaut: Sichtbeton, Klasse .....
Festigkeitsklasse: C35/37
Expositionsklasse: XC1
Plattendicke: 18 cm

| 36 € | 55 € | **61** € | 68 € | 83 € | [m²] | ⏱ 0,60 h/m² | 013.000.036 |

79 Elementdecke, 22cm, inkl. Aufbeton — KG 351

Wie Ausführungsbeschreibung A 6
Schalendicke: 5 cm
Oberfläche Schalhaut: Sichtbeton, Klasse .....
Festigkeitsklasse: C35/37
Expositionsklasse: XC1
Plattendicke: 22 cm

| 42 € | 60 € | **65** € | 82 € | 113 € | [m²] | ⏱ 0,65 h/m² | 013.000.035 |

A 7 Elementwand, inkl. Wandbeton — Beschreibung für Pos. 80

Elementwand aus zweischaligem Halbfertigteil, mit bauaufsichtlicher Zulassung, Betonfläche sichtbar bleibend, bestehend aus zwei aufgehenden, bewehrten Betonschalen und Betonfüllung aus Ortbeton. Abrechnung der Bewehrung und des flächenbündigen Verspachtelns der Element-Stöße in gesonderter Position.

80 Elementwand, 18cm, inkl. Wandbeton — KG 331

Wie Ausführungsbeschreibung A 7
Schalendicke: 2 x 5 cm
Wandhöhe: ..... m
Oberfläche Schalhaut: **nicht sichtbar / sichtbar bleibend**
Sichtbeton: Klasse SB..........
Festigkeitsklasse: C25/30 bis C35/37
Expositionsklasse: XC1
Plattendicke: 18 cm

| – € | 89 € | **98** € | 111 € | – € | [m²] | ⏱ 1,80 h/m² | 013.000.179 |

▶ min
▷ von
ø Mittel
◁ bis
◀ max

Nr.	**Kurztext** / Langtext							Kostengruppe
▶	▷	**ø netto €**	◁	◀	[Einheit]	Ausf.-Dauer	Positionsnummer

81   Gleitfolie, Decken/Wände   KG **361**

Gleitfolie auf Wänden als gleitende Auflagerung von Decken. Ausführung mit 2 Kunststoff-Folien, regeneratfrei, Gleitbeschichtung mit Spezialfett, zweiseitig kaschiert.
Decke: .....
Spannweite: bis 6,0 m
Gleitreibungszahl ..... (0,05 bis 0,10)
Zul. Belastung: ...... N/mm²
Temperaturbereich: -30 bis +50°C
Zulassungsnr. Z .....

| 3€ | 9€ | **12€** | 15€ | 22€ | [m] | ⏱ 0,10 h/m | 013.000.096 |

82   Balkonplatte, Fertigteil   KG **351**

Balkonplatte aus Stahlbeton-Fertigteil, mit Bewitterung, mit Gefälle abgezogen, Unterseite und Seitenansichten aus Sichtbeton, mit dreiseitig umlaufender Tropfnut aus Viertelstab, inkl. Bewehrungselemente gem. beiliegender Statik.
Festigkeitsklasse: C25/30
Expositionsklasse: XC4/XF1
Feuchtigkeitsklasse: WF
Plattendicke: 20-24 cm
Oberflächenneigung: .....
Sichtbetonklasse: .....

| 106€ | 147€ | **175€** | 194€ | 228€ | [m²] | ⏱ 1,50 h/m² | 013.000.081 |

83   Brüstung, Betonfertigteil   KG **359**

Balkonbrüstung oder -attika aus Stahlbeton-Fertigteil, mit dreiseitig umlaufender Tropfnut aus Viertelstab, inkl. flächenbündigem Verspachteln der Element-Stöße; Bewehrung in gesonderter Position.
Festigkeitsklasse: C25/30
Expositionsklasse: XC4/XF1
Feuchtigkeitsklasse: WF
Brüstungsdicke: 20 cm
Abmessungen: .....
Oberfläche: Sichtbeton
Sichtbetonklasse: .....

| 104€ | 144€ | **159€** | 174€ | 202€ | [m²] | ⏱ 0,90 h/m² | 013.000.157 |

84   Maschinenfundament, bis 3,00m²   KG **322**

Maschinenfundament im Innenraum aus Stahlbeton, mit Ortbeton und Schalung, auf bauseitiger Unterkonstruktion; Randschalung des Fundaments mit glatter, nichtsaugender Schalung, Kanten gefast, Oberfläche eben abgescheibt, Betonfläche sichtbar bleibend. Bewehrung nach gesonderter Position.
Abmessung: bis 3,00 m²
Bauhöhe: 25 cm
Festigkeitsklasse: C20/25
Expositionsklasse: XC1
Feuchtigkeitsklasse: WO
Hinweis: Nach VOB/C müssen Beton, Schalung und Bewehrung getrennt ausgeschrieben werden. Entsprechende Mustertexte sind ebenfalls im LB 013 Betonarbeiten enthalten.

| 26€ | 61€ | **74€** | 83€ | 115€ | [m²] | ⏱ 0,42 h/m² | 013.000.162 |

LB 013
Betonarbeiten

Kosten:
Stand 1.Quartal 2018
Bundesdurchschnitt

Nr.	**Kurztext** / Langtext						**Kostengruppe**
▶	▷	**ø netto €**	◁	◀	[Einheit]	Ausf.-Dauer	Positionsnummer

85 Aufbeton, im Gefälle KG **361**
Aufbetonschicht zur Herstellung von Gefälle, aus unbewehrtem Beton, Oberfläche abgezogen, nicht sichtbar bleibend; Schalung in gesonderter Position.
Betongüte: C12/15, XC4/XF1
Schichtdicke: 100 mm
Untergrund: **eben / geneigt**
Neigung: .....
Einbausituation: **auf Abdichtung / auf Schutzschicht**.
Für die Ausführung werden vom AG folgende Unterlagen zur Verfügung gestellt:
– Entwurfszeichnungen, Plannr.: .....
– Übersichtszeichnungen, Plannr.: .....

12€   19€   **23**€   25€   30€   [m²]   ⏱ 0,25 h/m²   013.000.071

86 Kellerlichtschacht, Kunststoffelement KG **339**
Kellerlichtschacht aus glasfaserverstärktem Polyester mit integriertem, höhenverstellbarem Aufsatzelement, einschl. feuerverzinktem Abdeckrost mit integrierter Einrastsicherung, inkl. Befestigungsset.
Abdeckrost: .....
Abmessung Schacht: 80 x 60 cm
Schachthöhe: 95 cm
Höhenverstellbar bis: 25 cm
Entwässerungsöffnung: 60 mm
Angeb. Fabrikat: .....

61€   179€   **220**€   307€   536€   [St]   ⏱ 1,10 h/St   013.000.039

87 Kellerlichtschacht, Betonfertigteil KG **339**
Kellerlichtschacht aus Betonfertigteil, nach Maß gefertigt, als einteiliges Schachtelement inkl. Befestigungsmaterial.
Breite: .....
Bauhöhe: .....
Wandstärke: .....
Wandabstand: .....
Boden: **mit / ohne**
Ablauf: **mit / ohne**
Aussparung: **mit / ohne**
Hinterfüllplatte: **mit / ohne**
Höhe Hinterfüllplatte: .....
Mittelsteg: **mit / ohne**
Steigleiter für Notausstieg: **mit / ohne**
Gitterrost: .....
Befestigung: an Betonwand
Ausführung: **U-Lichtschacht / L-Lichtschacht / E-Lichtschacht**
Angeb. Fabrikat: .....

107€   414€   **574**€   927€   1.877€   [St]   ⏱ 1,80 h/St   013.000.040

▶ min
▷ von
ø Mittel
◁ bis
◀ max

Nr.	Kurztext / Langtext					Kostengruppe	
▶	▷	ø netto €	◁	◀	[Einheit]	Ausf.-Dauer	Positionsnummer

A 8   Kellerfenster, einflüglig, in Schalung   Beschreibung für Pos. 88-89

Kellerfenster aus Wechselzarge und Fenstereinsatz, einflüglig, als Dreh-Kipp-Fenster mit Isolierglas, inkl. Schraubsystem zur nachträglichen Montage von Fenstereinsätzen.
Rahmen: Kunststoff, 3-Kammer-Profil
Dichtung: umlaufend, Gummiprofil

88   Kellerfenster, einflüglig bis 0,60m², in Schalung   KG 334

Wie Ausführungsbeschreibung A 8
Wechselzarge: bis 100/80 cm
Wandstärke: ..... cm
Farbe: weiß
Fenstergröße: passend zu Zarge
DIN-Richtung: **Rechts / Links**
Verglasung: 24 mm
Wärmeschutz: $U_g = 1,1$ W/(m²K)
Angeb. Fabrikat: .....

159€   204€   **230**€   254€   297€   [St]   ⏱ 1,00 h/St   013.000.041

89   Kellerfenster, einflüglig bis 1,50m², in Schalung   KG 334

Wie Ausführungsbeschreibung A 8
Wechselzarge: bis 120/100 cm
Wandstärke: ..... cm
Farbe: weiß
Fenstergröße: passend zu Zarge
DIN-Richtung: **Rechts / Links**
Verglasung: 24 mm
Wärmeschutz: $U_g = 1,1$ W/(m²K)
Angeb. Fabrikat: .....

184€   263€   **281**€   301€   343€   [St]   ⏱ 1,20 h/St   013.000.134

90   Fertigteilgarage, Beton C35/40   KG 539

Garage aus Stahlbetonfertigteilen, mit Boden, Dach, Außenwänden und Garagentor, Dach mit umlaufender Attika.
Ausführung:
- Dachabdichtung: Bitumenschweißbahnen, zweilagig, mit Voranstrich
- Entwässerung: innenliegend mit Kunststoffrohren, im Bereich der Rückwand, inkl. Anschluss an bauseitigen Grundleitungsanschluss,
- Entlüftung: Lüftungsöffnungen integriert in Torblatt, sowie ausreichend große Aussparung in Garagenrückwand
- Oberflächen: außen Edelputz, innen zweilagige Beschichtung
- Garagentor: Tor als Schwingtor mit Sicherheitsverriegelung und integrierter Anschlagdämpfung, Bodenanschlagprofil in Edelstahl, Torschloss vorgerichtet für bauseitigen PZ-Zylinder, Tor-Oberfläche feuerverzinkt und beidseitig pulverbeschichtet

LB 013
Betonarbeiten

Nr.	**Kurztext** / Langtext								Kostengruppe
▶	▷	ø netto €	◁	◀		[Einheit]	Ausf.-Dauer	Positionsnummer

Festigkeitsklasse: C35/45
Expositionsklasse: XC4/XD1/XF2
Feuchtigkeitsklasse: WA
Dachlast: 2,5 kN/m²
Bodenlast: 3,5 kN/m²
Farbe Beschichtung: nach Musterfarbkarte
Außenmaße Garage: 3,00 x 6,00 x 2,50 m
Toröffnung B/H: mind. 2,50 x 2,10 m
Entfernung Grundleitung: ca. 50 m
Angeb. Fabrikat: .....

–€   5.566€   **6.216€**   6.867€   –€   [St]   ⏱ 9,00 h/St   013.000.089

Kosten:
Stand 1.Quartal 2018
Bundesdurchschnitt

91 Fassadenplatte, Fertigteil   KG **335**

Fassadenbekleidung mit Normalplatten, als Fertigteil für Vorhangfassade, aus Stahlbeton nach DIN EN 206-1, mit Befestigung im Verankerungsgrund, vertikal eingebaut. Leistung inkl. Bohrungen, Klebedübel und bauaufsichtlich zugelassene Verankerungsmittel.
Festigkeitsklasse: .....
Expositionsklasse: .....
Abmessung (B x H x T): ..... x ..... x ..... cm
Feuchtigkeitsklasse: WA
Form: .....
Betonfarbe: .....
Oberfläche: Sicht- und Seitenflächen in Sichtbeton Klasse......gemäß DBV-Merkblatt, Rückseite geglättet.
Oberflächenstruktur / Schalhaut: .....
Schutz Oberfläche: .....
Für die Ausführung werden vom AG folgende Unterlagen zur Verfügung gestellt:
  – Entwurfszeichnungen, Plannr.: .....
  – Übersichtszeichnungen, Plannr.: .....
statische Berechnung Anlage Nr. .....

860€   1.591€   **1.718€**   1.989€   2.824€   [St]   ⏱ 1,00 h/St   013.000.163

92 Fundamenterder, Stahlband   KG **446**

Fundamenterder aus Bandstahl, in Fundamentbeton, mit Bewehrung verschraubt, einschl. Dokumentation; den Fundamenterder als geschlossenen Ring in die Fundamente einbauen, mindestens 50mm über der Fundamentsohle und mittels Abstandshaltern für allseitige Betonumhüllung sorgen.
Bandstahl: verzinkt
Querschnitt: **30 x 3,5 / 26 x 4 mm**
Freies Ende: ca. 1,50 m

3€   5€   **6€**   9€   18€   [m]   ⏱ 0,10 h/m   013.000.043

▶ min
▷ von
ø Mittel
◁ bis
◀ max

93 Rohrdurchführung, Kunststoff   KG **444**

Kunststoff-Leerrohr in Schalung von Ortbetonbauteilen einbauen.
Durchmesser: DN100
Rohrlänge: .....
Bauteil: .....
Angeb. Fabrikat: .....

13€   30€   **34€**   39€   58€   [St]   ⏱ 0,20 h/St   013.000.080

Nr.	Kurztext / Langtext							Kostengruppe
▶	▷	ø netto €	◁	◀	[Einheit]	Ausf.-Dauer	Positionsnummer

94 Elektro-Gerätedose, 53mm KG 444
Elektroleerdose für Ortbeton (Schalter), mit 4 Schraubdomen zur Gerätebefestigung, Geräte- und Geräte-Verbindungsdosen verdrehungssicher anreihbar mit Kombinationsabstand von 71mm, mit Leitungsübergang bei Kombinationen auch für Spreizbefestigung der Geräte geeignet, Dosen-Rückteil mit Aufnahme für Stützrohr auch als Verbindungsdosen mit Schraubdeckel verwendbar.
Einbauhöhe: 53 mm
Abstand: 60 mm, zweiteilig
Markierungen: 2 St bis D= 25 mm
Flammwidrigkeit: 650°C nach VDE 0606
Schutzart: IP 3X
Angeb. Fabrikat: .....

| 1€ | 7€ | **8€** | 12€ | 20€ | [St] | ⏱ 0,10 h/St | 013.000.079 |

95 Elektro-Leerrohr, flexibel, DN25 KG 444
Flexibles Elektro-Leerrohr, in Schalung von Ortbetonbauteilen, Rohr in Teillängen, gewellt, mit Zugdraht, inkl. Einziehen und Sichern der Zugdrähte.
Installationsrohr: DN25
Einbaulängen: .....
Angeb. Fabrikat: .....

| 2€ | 5€ | **7€** | 14€ | 30€ | [m] | ⏱ 0,10 h/m | 013.000.045 |

96 Leuchten-Einbaugehäuse/-Eingießtopf KG 445
Leuchten-Einbaugehäuse in Stahlbetonbauteil einbauen, ohne Lieferung.
Gehäusegröße: .....
Bauteil: .....

| 26€ | 54€ | **64€** | 71€ | 102€ | [St] | ⏱ 0,30 h/St | 013.000.158 |

97 Hauseinführung/Wanddurchführung, Medien KG 331
Hauseinführung inkl. Dichtstück, zum Einbetonieren in Wände oder Decken oder zum Trockeneinbau in Kernbohrungen, bestehend aus spiralförmig verstärktem Schlauchstück und vormontierter Gummipressdichtung, eine Seite mit montierter Steckmuffe, Gegenseite mit lose beigelegter Kaltschrumpfmuffe, beidseitig mit PE-Deckel verschlossen, inkl. Zubehör, geeignet zur Paketbildung. Gas- und Wasserdichtheit bis 1,5 bar geprüft.
Bauteil: .....
Einbauart: .....
Gesamtlänge: 700 mm
Muffe für Durchmesser: 63 mm
Anwendung: ..... (z.B. für 1 Kabel mit Außendurchmesser 24-48 mm)
Zubehör: ..... (z.B. Doppeldichtpackung mit Bajonettaufnahme, Abstützfunktion bei axialer Belastung, Kontrollanzeige für fachgerechte Montage und Schutzring für sicheren Kabelzug)
Angeb. Fabrikat: .....

| 70€ | 263€ | **317€** | 498€ | 870€ | [St] | ⏱ 1,00 h/St | 013.000.044 |

98 Wandschlitz, Beton KG 341
Schalen eines Schlitzes in Wandbauteil, Kanten mit Dreiecksleiste, Schalmaterial nichtsaugend.
Ausrichtung: **waagrecht / senkrecht**
Querschnitt: .....
Schlitzlänge: .....

| 2€ | 17€ | **23€** | 42€ | 94€ | [m] | ⏱ 0,40 h/m | 013.000.130 |

LB 013 Betonarbeiten

Nr.	Kurztext / Langtext					Kostengruppe
▶	▷	ø netto €	◁	◀	[Einheit]	Ausf.-Dauer Positionsnummer

99 Deckenschlitz, Beton — KG 351
Schalen eines Schlitzes in Deckenbauteil, unterseitig, Kanten mit Dreiecksleiste, Schalmaterial nichtsaugend.
Ausrichtung: **waagrecht / senkrecht**
Querschnitt: .....

| 8€ | 20€ | **24€** | 48€ | 94€ | [m] | ⌛ 0,42 h/m | 013.000.159 |

100 Wandaussparung schließen — KG 341
Schließen von Aussparungen in Betonwänden, mit Ortbeton, inkl. Bewehrung und Schalung, Oberfläche wie Wandfläche.
Betongüte: C25/30
Wanddicke: 200-250 mm
Ausrichtung: **waagrecht / senkrecht**
Arbeitshöhe: bis 3,50 m

| 41€ | 87€ | **113€** | 138€ | 176€ | [m²] | ⌛ 1,20 h/m² | 013.000.063 |

A 9 Verguss Deckendurchbruch — Beschreibung für Pos. 101-102
Aussparungen / Durchbrüche in Betondecken schließen, mit Ortbeton, inkl. Bewehrung und Schalung, Oberfläche wie Deckenfläche.
Festigkeitsklasse: C20/25
Expositionsklasse: XC1
Feuchtigkeitsklasse: WO

101 Verguss-Deckendurchbruch, bis 250cm² — KG 351
Wie Ausführungsbeschreibung A 9
Größe Aussparung: bis 250 cm²
Deckendicke: 250 mm
Ausrichtung: **waagrecht in der Decke**
Arbeitshöhe: bis 3,50 m

| 4€ | 19€ | **24€** | 33€ | 55€ | [St] | ⌛ 0,40 h/St | 013.000.165 |

102 Verguss-Deckendurchbruch, über 500 bis 1.000cm² — KG 351
Wie Ausführungsbeschreibung A 9
Größe Aussparung: über 500-1.000 cm²
Deckendicke: 250 mm
Ausrichtung: waagrecht in der Decke
Arbeitshöhe: bis 3,50

| 9€ | 30€ | **39€** | 70€ | 128€ | [St] | ⌛ 0,45 h/St | 013.000.164 |

103 Mehrschichtdämmplatte, 50mm, in Schalung — KG 351
Wärmedämmung aus Holzwolle-Mehrschichtplatten mit expandiertem Polystyrol, dicht gestoßen, in Schalung einlegen.
Bauteil: .....
Anwendungstyp: DI - dm
Nennwert der Wärmeleitfähigkeit: 0,040 W/(mK)
Brandverhalten: A1
Dämmstoffdicke: 50 mm
Angeb. Fabrikat: .....

| 11€ | 19€ | **22€** | 28€ | 37€ | [m²] | ⌛ 0,20 h/m² | 013.000.113 |

Kosten:
Stand 1.Quartal 2018
Bundesdurchschnitt

▶ min
▷ von
ø Mittel
◁ bis
◀ max

Nr.	Kurztext / Langtext					Kostengruppe	
▶	▷ ø netto € ◁ ◀				[Einheit]	Ausf.-Dauer	Positionsnummer

104 Trennwanddämmung, MW, schallbrückenfrei — KG 331
Dämmung zwischen Haustrennwänden mit Schallschutzanforderung.
Dämmstoff: Mineralwolle - MW
Brandverhalten: nicht brennbar, A1
Anwendungsgebiet: WTH
dynamische Steifigkeit: SD = ... MN/m³
Zusammendrückbarkeit: **sh / sg**
Nennwert der Wärmeleitfähigkeit: **0,035 / 0,040** W/(mK)
Dämmstoffdicke: **20 / 30** mm
Angeb. Fabrikat: .....

| 6€ | 10€ | **10€** | 13€ | 17€ | [m²] | ⏱ 0,14 h/m² | 013.000.218 |

105 Betonstahlmatten, 500M/B500B — KG 351
Bewehrung aus Betonstahlmatten, in unterschiedlichen Mattenabmessungen, einschl. Zwischenlagerung auf der Baustelle, Zuschnitt nach Schneideskizzen und schneiden von Aussparungen und dgl.
Betonstahl: **B500M / B500B**
Lieferform: **als Lagermatte (A) / als Listenmatte (A)**

| 931€ | 1.211€ | **1.356€** | 1.461€ | 1.829€ | [t] | ⏱ 0,18 h/t | 013.000.219 |

106 Betonstabstahl, Bst 500B — KG 351
Bewehrung aus Betonstabstahl, in unterschiedlichen Durchmessern, gem. Bewehrungsplänen, Biege- und Stahllisten der Tragwerksplanung, einschl. aller erforderlichen Anpassungsarbeiten.
Betonstabstahl: B500B

| 864€ | 1.247€ | **1.424€** | 1.755€ | 2.751€ | [t] | ⏱ 0,25 h/t | 013.000.230 |

107 Bewehrungszubehör, Abstandshalter — KG 351
Bewehrungszubehör aus Stahl (z.B. Unterstützungen) und Abstandshalter aus Kunststoff für Stahlbetonbauteile.
Schalungshaut: **nicht sichtbar/ sichtbar**
Anforderung: Klasse SB.... gemäß DBV-Merkblatt
Abrechnung nach Stahlliste

| 2€ | 3€ | **3€** | 5€ | 8€ | [kg] | ⏱ 0,05 h/kg | 013.000.049 |

108 Bewehrung, Gitterträger — KG 351
Gitterträger als Bewehrung, aus **Betonstahl / Stahlband**
DIN 488-5.

| 1.255€ | 1.410€ | **1.456€** | 1.531€ | 1.665€ | [t] | ⏱ 0,08 h/t | 013.000.220 |

109 Bewehrungsstoß, 10-14mm — KG 351
Bewehrungsstoß, als Betonstabstahlverbindung
Stabdurchmesser: 10-14 mm
Verbindung: **geschraubt / geklemmt**
Angeb. Fabrikat: .....

| 12€ | 20€ | **23€** | 26€ | 38€ | [St] | ⏱ 0,20 h/St | 013.000.069 |

LB 013 Betonarbeiten

Kosten: Stand 1.Quartal 2018, Bundesdurchschnitt

Legende:
- ▶ min
- ▷ von
- ø Mittel
- ◁ bis
- ◀ max

Nr.	Kurztext / Langtext	▶ min	▷ von	ø netto €	◁ bis	◀ max	[Einheit]	Ausf.-Dauer	Kostengruppe / Positionsnummer
110	**Bewehrungsstoß, 22-32mm**								KG **341**
	Bewehrungsstoß, als Betonstabstahlverbindung Stabdurchmesser: 22-32 mm Verbindung: **geschraubt / geklemmt** Angeb. Fabrikat:	32€	43€	**47€**	50€	63€	[St]	0,30 h/St	013.000.126
111	**Klebeanker, M16**								KG **331**
	Klebedübel-Set, bestehend aus Dübel, Gewindestange, Schraube und Unterlegscheibe, inkl. Bohrarbeiten. Material: nichtrostender Stahl Dübelgröße: M16 Bauteil: ..... Arbeitshöhe: bis 3,50 m Angeb. Fabrikat:	9€	14€	**18€**	23€	31€	[St]	0,10 h/St	013.000.115
112	**Dübelleiste, Durchstanzbewehrung**								KG **351**
	Dübelleiste, als Durchstanzbewehrung im Stützenbereich von Flachdecken oder in Fundamentplatten, inkl. Klemmbügeln oder Abstandshalter. Bauteil: ..... Typ: ..... Ankerdurchmesser: ..... Ankerhöhe: ..... Ankeranzahl: ..... Länge Dübelleiste: ..... Ankerabstände: ...... Angeb. Fabrikat:	9€	23€	**28€**	41€	73€	[St]	0,20 h/St	013.000.129
113	**Kleineisenteile, Baustahl S235 JR**								KG **351**
	Kleineisenteile, inkl. Montage, Einzelteile bis 30 kg, gem. beiliegender Stahlliste, einschl. Rostschutzgrundierung und Verschweißung. Ausführungsklasse DIN EN 1090: EXC ..... Baustahl: S 235 JR Bauteil: ..... Abmessungen:	1€	5€	**6€**	11€	26€	[kg]	0,03 h/kg	013.000.051
114	**Stahlkonstruktion, Profilstahl S235 JR**								KG **333**
	Profilstahlkonstruktion, zur Unterstützung für schwere Bewehrung und als einbetonierte Profilstähle und sonstiger Konstruktionen, inkl. Zuschnitt, Grundierung, Verzinkung, sowie ggf. Nachverzinken, und einschl. aller notwendigen Befestigungsmittel. Stahlsorte: S235JR (+AR.....) Ausführungsklasse DIN EN 1090: EXC ..... Bauteil: ..... Abmessungen:								

Nr.	Kurztext / Langtext					[Einheit]	Ausf.-Dauer	Kostengruppe Positionsnummer
▶	▷	ø netto €	◁	◀				

Für die Ausführung werden vom AG folgende Unterlagen zur Verfügung gestellt:
– Entwurfszeichnungen, Plannr.: .....
– Übersichtszeichnungen, Plannr.: .....
– Stahlliste, Plannr.: ......

| 1€ | 4€ | **4**€ | 6€ | 11€ | | [kg] | ⏱ 0,02 h/kg | 013.000.050 |

115 Stahlkonstruktion, Baustahl S235 JR AR — KG **333**

Stahlkonstruktion aus Baustahl, für Konstruktionen, für Sondertragglieder inkl. Zuschnitt, Grundierung, Verschweißen und Verzinken, sowie Schweißnähte schleifen und Nachverzinken, und aller notwendigen Befestigungsmittel.
Stahlsorte: S235JR (+AR.....).
Ausführungsklasse DIN EN 1090: EXC .....
Bauteil: .....
Abmessungen: .....
Für die Ausführung werden vom AG folgende Unterlagen zur Verfügung gestellt:
– Entwurfszeichnungen, Plannr.: .....
– Übersichtszeichnungen, Plannr.: .....
– Stahlliste, Plannr.: ......

| 4€ | 10€ | **10**€ | 11€ | 17€ | | [kg] | ⏱ 0,05 h/kg | 013.000.052 |

116 Stahlteile feuerverzinken — KG **351**

Feuerverzinken von Stahlteilen, als Mehrpreis je kg

| 0,5€ | 1,0€ | **1,2**€ | 1,8€ | 2,7€ | | [kg] | ⏱ 0,01 h/kg | 013.000.053 |

117 Kleineisenteile, Edelstahl — KG **351**

Kleineisenteile aus Edelstahl, gem. beiliegender Stahlliste, inkl. Montage.
Werkstoff-Nummer: .....
Bauteil: .....
Abmessungen: .....

| 11€ | 22€ | **25**€ | 32€ | 43€ | | [kg] | ⏱ 0,15 h/kg | 013.000.054 |

A 10 Bewehrungs-/Rückbiegeanschluss — Beschreibung für Pos. **118-120**

Bewehrungsanschluss oder Rückbiegeanschluss, einlagig, für Wände, in korrosionsfreier Ausführung inkl. Vollschaumfüllung, an Wandschalung befestigen, inkl. Entfernen der Gehäusedeckel sowie Rückbiegen der Anschlussbewehrung.

118 Bewehrungs-/Rückbiegeanschluss 55/85 — KG **331**

Wie Ausführungsbeschreibung A 10
Stabdurchmesser: .....
Stababstand: .....
Gehäusebreite: **55 / 85**
Angeb. Fabrikat: .....

| 8€ | 18€ | **20**€ | 23€ | 33€ | | [m] | ⏱ 0,22 h/m | 013.000.057 |

LB 013 Betonarbeiten

Kosten:
Stand 1.Quartal 2018
Bundesdurchschnitt

Nr.	Kurztext / Langtext	▶ min / ▷ von / ø netto € / ◁ bis / ◀ max	[Einheit]	Ausf.-Dauer	Kostengruppe Positionsnummer

119 Bewehrungs-/Rückbiegeanschluss, 80/120 — KG 331
Wie Ausführungsbeschreibung A 10
Stabdurchmesser: .....
Stababstand: .....
Gehäusebreite: **80 / 120**
Angeb. Fabrikat: .....

| 15€ | 23€ | **27€** | 30€ | 43€ | [m] | ⏱ 0,25 h/m | 013.000.109 |

120 Bewehrungs-/Rückbiegeanschluss, 150/190 — KG 331
Wie Ausführungsbeschreibung A 10
Stabdurchmesser: .....
Stababstand: .....
Gehäusebreite: **150 / 190**
Angeb. Fabrikat: .....

| 15€ | 26€ | **30€** | 48€ | 90€ | [m] | ⏱ 0,30 h/m | 013.000.110 |

121 Balkonanschluss, Wärmedämmelement/Trittschallschutz — KG 351
Tragendes Wärmedämmelement, für unterstützte Balkone und Loggia-Platten zur thermischen und trittschalltechnischen Trennung der Balkonplatte von der Deckenplatte bzw. dem Unterzug; für negative Querkräfte.
Wärmedämm-Element: Typ Q .....
Dämmung: EPS
Nennwert der Wärmeleitfähigkeit: **0,035 / 0,031** W/(mK)
Dämmschichtdicke: **80 / 120** mm
Balkonplattendicke: .....
Elementlänge: 1,00 m
Angeb. Fabrikat: .....

| 91€ | 173€ | **194€** | 294€ | 445€ | [m] | ⏱ 0,40 h/m | 013.000.058 |

122 Balkonanschluss, Wärmedämmelement — KG 351
Tragendes Wärmedämmelement, für unterstützte Balkone und Loggia-Platten zur thermischen und trittschalltechnischen Trennung der Balkonplatte von der Deckenplatte bzw. dem Unterzug, querkraftverstärkter Typ.
Wärmedämm-Element: Typ .....
Dämmung: EPS
Nennwert der Wärmeleitfähigkeit: **0,035 / 0,031** W/(mK)
Dämmschichtdicke: **80 / 120** mm
Balkonplattendicke: .....
Betondeckung: .....
Elementlänge: 1,00 m
Angeb. Fabrikat: .....

| 88€ | 217€ | **253€** | 306€ | 428€ | [m] | ⏱ 0,70 h/m | 013.000.059 |

▶ min
▷ von
ø Mittel
◁ bis
◀ max

Nr.	Kurztext / Langtext							Kostengruppe
▶	▷	ø netto €	◁	◀		[Einheit]	Ausf.-Dauer	Positionsnummer

123 Trittschalldämmelement, Fertigteiltreppen — KG 351

Trittschalldämmelement zwischen Treppenlauf und Podest oder Wand, für geraden Treppenlauf und zur zusätzlichen Aufnahme horizontaler Querkräfte, in bauseitige Aussparung.
Dämmstoff: ......
Nennwert der Wärmeleitfähigkeit: ..... W/(mK)
Material: Elastomer
max. Auflast: 200 kN/m²
Trittschallverbesserungsmaß: mind. 20 dB
Brandverhalten Klasse: .....
Baustoffklasse: B2
An Bauteil: **Podest / Hauswand**
Angeb. Fabrikat: .....

| 33€ | 77€ | **95€** | 133€ | 274€ | [St] | ⏱ 0,54 h/St | 013.000.070 |

124 Stundensatz Facharbeiter, Betonbau

Stundenlohnarbeiten für Facharbeiter, Spezialfacharbeiter, Vorarbeiter, und jeweils Gleichgestellte (Lohngruppen 3-5). Leistung nach besonderer Anordnung der Bauüberwachung. Anmeldung und Nachweis gemäß VOB/B.

| 37€ | 44€ | **47€** | 51€ | 59€ | [h] | ⏱ 1,00 h/h | 013.000.160 |

125 Stundensatz Helfer, Betonbau

Stundenlohnarbeiten für Werker, Fachwerker und jeweils Gleichgestellte (Lohngruppen 1+2). Leistung nach besonderer Anordnung der Bauüberwachung. Anmeldung und Nachweis gemäß VOB/B.

| 25€ | 36€ | **42€** | 45€ | 55€ | [h] | ⏱ 1,00 h/h | 013.000.161 |

LB 014 Natur-, Betonwerksteinarbeiten

Natur-, Betonwerksteinarbeiten — Preise €

Kosten: Stand 1.Quartal 2018 Bundesdurchschnitt

- ▶ min
- ▷ von
- ø Mittel
- ◁ bis
- ◀ max

Nr.	Positionen	Einheit	▶	▷ ø brutto € / ø netto €		◁	◀
49	Fensterbank, Betonwerkstein, innen	m	29	50	**56**	67	91
			25	42	**47**	56	77
50	Leitsystem, innen, Rippenfliesen, Edelstahl, 3 Rippen	m	–	108	**127**	158	–
			–	91	**107**	133	–
51	Leitsystem, innen, Rippenfliesen, Edelstahl, 7 Rippen	m	–	134	**158**	197	–
			–	113	**133**	166	–
52	Kontraststreifen, Noppenfliesen, Edelstahl, 300mm	m	–	42	**50**	62	–
			–	36	**42**	52	–
53	Kontraststreifen, Noppenfliesen, Edelstahl, 600mm	m	–	38	**45**	56	–
			–	32	**38**	47	–
54	Aufmerksamkeitsfeld, 600/600, Noppenfliesen, Edelstahl	St	–	218	**256**	320	–
			–	183	**215**	269	–
55	Aufmerksamkeitsfeld, 1.200/1.200, Noppenfliesen, Edelstahl	St	–	607	**714**	893	–
			–	510	**600**	750	–
56	Leitsystem, Rippenfliese/Begleitstreifen, Edelstahl, 200mm	m	–	137	**162**	202	–
			–	115	**136**	170	–
57	Leitsystem, Rippenfliese/Begleitstreifen, Edelstahl, 400mm	m	–	171	**201**	252	–
			–	144	**169**	211	–
58	Edelstahlrippen, 16mm, Streifen, dreireihig	m	–	144	**169**	211	–
			–	121	**142**	178	–
59	Edelstahlrippen, 35mm, Streifen, dreireihig	m	–	159	**188**	235	–
			–	134	**158**	197	–
60	Kunststoffrippen, 16mm, Streifen, dreireihig	m	–	42	**48**	60	–
			–	35	**41**	50	–
61	Kunststoffrippen, 35mm, Streifen, dreireihig	m	–	50	**57**	70	–
			–	42	**48**	59	–
62	Aufmerksamkeitsfeld, 600/600, Noppen, Edelstahl	St	–	400	**465**	581	–
			–	336	**391**	488	–
63	Aufmerksamkeitsfeld, 900/900, Noppen, Edelstahl	St	–	853	**992**	1.239	–
			–	717	**833**	1.042	–
64	Aufmerksamkeitsfeld, 600/600, Noppen, Kunststoff	St	–	188	**219**	273	–
			–	158	**184**	230	–
65	Aufmerksamkeitsfeld, 900/900, Noppen, Kunststoff	St	–	345	**401**	502	–
			–	290	**337**	422	–
66	Stundensatz Facharbeiter, Natursteinarbeiten	h	47	55	**59**	63	72
			40	46	**50**	53	60
67	Stundensatz Helfer, Natursteinarbeiten	h	36	45	**49**	53	63
			30	38	**41**	44	53

Nr.	Kurztext / Langtext							Kostengruppe
▶	▷	ø netto €	◁	◀	[Einheit]	Ausf.-Dauer	Positionsnummer

1 Unterboden reinigen KG **325**
Unterboden von Staub, groben Verschmutzungen und losen Teilen besenrein abkehren, Schutt aufnehmen und entsorgen des Abfalls, inkl. Deponiegebühr.
0,2 €   1,1 €   **1,6 €**   3,0 €   6,4 €   [m²]   ⏱ 0,03 h/m²   014.000.001

2 Betonwerksteinbeläge fluatieren KG **352**
Zusätzliche Oberflächenbehandlung von Betonwerksteinflächen durch Fluatieren mit Härtefluat.
Bauteil: **Boden / Wand**
Einbauort: **innen / außen**
Steinoberfläche: .....
Autragsmenge: .....
3 €   3 €   **4 €**   4 €   4 €   [m²]   ⏱ 0,10 h/m²   014.000.041

3 Außenbelag, Natursteinplatten KG **523**
Bodenbelag aus Naturwerksteinplatten, im Außenbereich, verlegt in ungebundener Bauweise auf Abdichtung in Splitt und Sandfüllung der Fugen.
Einbauort: Terrasse
Gefälle: .....
Steinart: Granit
Farbe/Textur: .....
Plattenabmessung: .... mm
Plattendicke: .... mm
Fugenbreite: ..... mm
Oberfläche: .....
Verband: .....
Steinbruch: .....
Angebotener Stein: .....
66 €   187 €   **226 €**   347 €   570 €   [m²]   ⏱ 0,80 h/m²   014.000.012

4 Außenbelag, Betonwerksteinplatten KG **523**
Bodenbelag aus Betonwerksteinplatten, im Außenbereich, Frost-Taubeständig, hohe Abriebfestigkeit, geringe Wasseraufnahme, verlegt in ungebundener Bauweise auf Sandbett, und Sandfüllung der Fugen.
Einbauort: Terrasse
Gefälle: .....
Plattenmaterial: Betonwerkstein, **einschichtig / mit Natursteinvorlage**
Farbe/Textur: .....
Lieferant: .....
Plattenabmessung: ..... mm
Plattendicke: ..... mm
Fugenbreite: ..... mm
Oberfläche: .....
Verband: .....
Angeb. Fabrikat: .....
25 €   54 €   **63 €**   72 €   91 €   [m²]   ⏱ 0,70 h/m²   014.000.013

LB 014
Natur-, Betonwerksteinarbeiten

Kosten:
Stand 1.Quartal 2018
Bundesdurchschnitt

▶ min
▷ von
ø Mittel
◁ bis
◀ max

Nr.	Kurztext / Langtext					Kostengruppe		
▶	▷	ø netto €	◁	◀	[Einheit]	Ausf.-Dauer	Positionsnummer	

5   Außenbelag, Naturstein, Pflaster — KG **524**

Bodenbelag aus kleinformatigen Natursteinpflaster im Außenbereich, in ungebundener Bauweise auf Brechsand-Spitt-Gemisch, verlegt in Reihen mit versetzten Fugen.
Einbauort: Stellplätze
Gefälle: .....
Steinmaterial: **Basalt / Granit**
Maße: bis 220/160mm
Nenndickenabweichung: Klasse .....
Fugenbreite: ..... mm
Fugenfüllung: Splitt
Oberfläche: trittsicher rau
Angebotener Stein: .....
Lieferant: .....

| 67€ | 98€ | **114**€ | 119€ | 138€ | [m²] | ⏱ 0,80 h/m² | 014.000.015 |

6   Stelzlager, Kunststoff — KG **352**

Stelzlager aus Kunststoff für Außenbereich, höhenverstellbar, im Raster des Plattenbelags.
Höhenverstellbarkeit: ..... mm
Plattengröße: 40 x 40 cm

| –€ | 21€ | **23**€ | 29€ | –€ | [m²] | ⏱ 0,18 h/m² | 014.000.058 |

7   Balkonbelag, Betonwerkstein — KG **352**

Plattenbelag aus Betonwerkstein, im Außenbereich auf Betondecke, in ungebundener Bauweise auf Splitt und Fuge und eingekehrtem Sand.
Einbauort: Balkon
Gefälle: .....
Betonwerkstein: einschichtig
Farbe/Textur: .....
Plattenabmessung: ..... mm
Plattendicke: .....
Fugenbreite: ..... mm
Oberfläche: .....
Verband: Kreuzfuge
Angeb. Fabrikat: .....
Lieferant: .....

| –€ | 56€ | **68**€ | 88€ | –€ | [m²] | ⏱ 1,00 h/m² | 014.000.048 |

Nr.	Kurztext / Langtext							Kostengruppe
▶	▷	ø netto €	◁	◀	[Einheit]	Ausf.-Dauer	Positionsnummer	

8 Innenbelag, Terrazzoplatten — KG **352**

Bodenbelag aus mineralischem Kunststeinplatten im Innenbereich, im Verband auf Mörtelbett mit Verfugung.
Einbauort: .....
Untergrund: .....
Mörtelbett: .....
Kunststeinplatten: Terrazzoplatten
Farbe/Textur: .....
Oberfläche: .....
Verband: .....
Plattenabmessung: ..... mm
Plattendicke: ..... mm
Kanten: .....
Fugenbreite: ..... mm
Versiegelung: .....
Angebotener Stein: .....
Lieferant: .....

| 61 € | 96 € | **108 €** | 126 € | 166 € | [m²] | ⏱ 1,50 h/m² | 014.000.045 |

9 Innenbelag, Betonwerkstein — KG **352**

Bodenbelag aus Betonwerksteinplatten im Innenbereich, im Verband auf Mörtelbett mit Verfugung.
Einbauort: .....
Untergrund: .....
Mörtelbett: .....
Betonwerkstein: einschichtig
Farbe/Textur: .....
Zuschläge: .....
Oberfläche: .....
Verband: .....
Plattenabmessung: ..... mm
Plattendicke: ..... mm
Fugenbreite: ..... mm
Kanten: .....
Angeb. Fabrikat: .....
Lieferant: .....

| 59 € | 78 € | **83 €** | 105 € | 157 € | [m²] | ⏱ 1,10 h/m² | 014.000.026 |

LB 014
Natur-, Betonwerksteinarbeiten

Kosten:
Stand 1.Quartal 2018
Bundesdurchschnitt

▶	min
▷	von
ø	Mittel
◁	bis
◀	max

Nr.	Kurztext / Langtext						Kostengruppe
▶	▷ ø netto € ◁ ◀				[Einheit]	Ausf.-Dauer	Positionsnummer

10 Innenbelag, Naturstein — KG 352
Bodenbelag aus Naturwerksteinplatten im Innenbereich, im Verband auf Mörtelbett mit Verfugung.
Einbauort: .....
Untergrund: .....
Mörtel: .....
Plattenmaterial: **Granit / Basalt**
Farbe/Textur: .....
Steinbruch: .....
Oberfläche: .....
Verband: .....
Plattenabmessung: ..... mm
Plattendicke: ..... mm
Fugenbreite: ..... mm
Kanten: .....
Angebotener Stein: .....

| 64 € | 97 € | **113** € | 144 € | 221 € | [m²] | ⏱ 1,10 h/m² | 014.000.025 |

11 Innenbelag, Granit — KG 352
Bodenbelag aus Naturwerksteinplatten im Innenbereich, hohe Abriebfestigkeit, geringe Wasserkapillarität, im Verband in Dünnbett mit Verfugung.
Einbauort: .....
Untergrund: .....
Plattenmaterial: Granit
Farbe/Textur: .....
Steinbruch: .....
Oberfläche: poliert
Verband: .....
Plattenabmessung: ..... x ..... mm
Plattendicke: bis 30 mm
Kanten: gefast
Fugenbreite: ..... mm
Angebotener Stein: .....

| 89 € | 128 € | **144** € | 230 € | 329 € | [m²] | ⏱ 1,10 h/m² | 014.000.061 |

12 Innenbelag, Marmor — KG 352
Bodenbelag aus Naturwerksteinplatten im Innenbereich, im Verband in Dünnbett mit Verfugung.
Einbauort: .....
Untergrund: .....
Plattenmaterial: Marmor
Farbe/Textur: .....
Steinbruch: .....
Oberfläche: poliert
Verband: .....
Plattenabmessung: ..... x ..... mm
Plattendicke: 10 mm
Kanten: gefast
Fugenbreite: ..... mm
Angebotener Stein: .....

| 68 € | 94 € | **102** € | 113 € | 134 € | [m²] | ⏱ 1,10 h/m² | 014.000.062 |

Nr.	Kurztext / Langtext							Kostengruppe
▶	▷	ø netto €	◁	◀	[Einheit]	Ausf.-Dauer	Positionsnummer	

13   Innenbelag, Kalkstein KG 352
Bodenbelag aus Natursteinplatten im Innenbereich, im Verband in Mörtelbett mit Verfugung.
Einbauort: .....
Untergrund: .....
Mörtelbett: .....
Steinart: Kalkstein
Farbe/Textur: .....
Steinbruch: .....
Oberfläche: .....
Verband: .....
Plattenabmessung: ..... x ..... mm
Plattendicke: bis 20 mm
Kanten: gefast
Fugenbreite: ..... mm
Angebotener Stein: .....

| 57 € | 91 € | **98 €** | 116 € | 155 € | [m²] | ⏱ 1,10 h/m² | 014.000.063 |

14   Innenbelag, Solnhofer Kalkstein KG 352
Bodenbelag aus Natursteinplatten im Innenbereich, im Verband in Dickbett mit Verfugung.
Einbauort: .....
Untergrund: .....
Steinart: Solnhofer Kalkstein
Farbe/Textur: .....
Steinbruch: .....
Oberfläche: .....
Verband: .....
Plattenabmessung: ..... x ..... mm
Plattendicke: bis 25 mm
Kanten: gesägt
Fugenbreite: ..... mm
Angebotener Stein: .....

| 122 € | 129 € | **134 €** | 143 € | 154 € | [m²] | ⏱ 1,20 h/m² | 024.000.043 |

15   Innenbelag, Schiefer KG 352
Bodenbelag aus Naturwerksteinplatten im Innenbereich, im Verband in Mittelbett mit Verfugung.
Einbauort: .....
Untergrund: .....
Steinart: Schiefer
Farbe/Textur: hellgrau sortiert
Steinbruch: .....
Oberfläche: spaltrau
Verband: .....
Plattenabmessung: ..... x ..... mm
Plattendicke: 10 mm
Kanten: gesägt
Fugenbreite: ..... mm
Angebotener Stein: .....

| 64 € | 75 € | **83 €** | 86 € | 97 € | [m²] | ⏱ 1,10 h/m² | 014.000.055 |

LB 014
Natur-, Betonwerksteinarbeiten

Kosten:
Stand 1.Quartal 2018
Bundesdurchschnitt

▶ min
▷ von
ø Mittel
◁ bis
◀ max

Nr.	Kurztext / Langtext						Kostengruppe
▶	▷	**ø netto €**	◁	◀	[Einheit]	Ausf.-Dauer	Positionsnummer

16 Innenbelag, Travertin — KG 352

Bodenbelag aus Natursteinplatten im Innenbereich, im Verband in Mörtelbett mit Verfugung.
Einbauort: .....
Untergrund: .....
Mörtelbett: .....
Steinart: Travertin
Farbe/Textur: .....
Steinbruch: .....
Oberfläche: geschliffen
Verband: .....
Plattenabmessung: ..... mm
Plattendicke: ca. 1,5 cm
Kanten: gefast
Fugenbreite: ..... mm
Angebotener Stein: .....

▶	▷	ø	◁	◀			
84€	108€	**126€**	148€	160€	[m²]	⏱ 1,20 h/m²	014.000.056

17 Innenbelag, Kalkstein, R10 — KG 352

Bodenbelag aus Naturwerksteinplatten im Innenbereich, rutschsicher, im Verband, in Mörtelbett mit Verfugung.
Einbauort: .....
Untergrund: .....
Mörtelbett: .....
Plattenmaterial: **Kalkstein / Dolomit / Marmor**
Farbe/Textur: .....
Steinbruch: .....
Plattenabmessung: ..... x ..... mm
Plattendicke: bis 20 mm
Fugenbreite: ca. 5 mm
Verband: .....
Oberfläche: ....., R 10
Kanten: gefast
Angebotener Stein: .....

| 75€ | 98€ | **112€** | 129€ | 155€ | [m²] | ⏱ 1,10 h/m² | 014.000.059 |

18 Sockel, Natursteinplatten — KG 352

Sockelbekleidung aus Naturwerksteinplatten, auf Dünnbettmörtel, im Innenbereich, Fugenanordnung abgestimmt mit Flächenbelag, inkl. Verfugung der Stoßfugen.
Untergrund: verputzte Wandfläche
Sockel: **vorstehend / bündig**
Steinart: Magmatisches Gestein - **Granit / Basalt / .....**
Sockelabmessung: 400 x 150 mm
Plattendicke: 10-15 mm
Oberfläche: .....
Kanten: **gefast / scharfkantig**
Angebotener Stein: .....
Steinbruch des angebotenen Materials: .....

| 10€ | 18€ | **22€** | 32€ | 68€ | [m] | ⏱ 0,25 h/m | 014.000.023 |

Nr.	Kurztext / Langtext					[Einheit]	Ausf.-Dauer	Kostengruppe Positionsnummer
▶	▷	ø netto €	◁	◀				

19 Schwelle/Türdurchgang, Natursteinplatte KG **352**

Schwelle, Naturwerkstein, Bodenplatten im Innenbereich, auf Dünnbettmörtel, mit Flächenbelag stumpf gestoßen, entkoppelt vom Flächenbelag.
Untergrund: Estrich, abgezogen
Sockel: **vorstehend / bündig**
Steinart: Magmatisches Gestein - **Granit / Basalt / .....**
Schwellenabmessung: 1.000 x 200 mm
Plattendicke: 20 mm
Oberfläche: .....
Kanten: scharfkantig
Angebotener Stein: .....
Steinbruch des angebotenen Materials: .....

| 46€ | 61€ | **66€** | 90€ | 126€ | [m] | ⏱ 0,30 h/m | 014.000.024 |

20 Randplatte, Natursteinbelag, innen KG **352**

Randplatte, Naturwerkstein, Bodenplatten im Innenbereich, Belag im Mörtelbett verlegt, inkl. Verfugung; Platte an den Rändern ca. 10mm auskragend.
Plattenbreite: bis 280 mm
Plattendicke: .....
Steinart: .....
Oberfläche: .....
Kantenausbildung: **gefast / scharfkantig**
Einbauort: .....
Angebotener Stein: .....
Steinbruch des angebotenen Materials: .....

| 35€ | 53€ | **59€** | 66€ | 82€ | [m] | ⏱ 0,40 h/m | 014.000.032 |

21 Randplatten, Natursteinbelag, Treppenauge, innen KG **352**

Randplatten, Naturwerkstein, Bodenplatten im Innenbereich, am Treppenauge, Belag im Mörtelbett verlegt, inkl. Verfugung; Platte an den Rändern ca. 10mm auskragend.
Untergrund: **Stahlbetontreppe / -podest**
Plattenbreite: bis 280 mm
Plattendicke: 30 mm
Steinart: .....
Oberfläche: .....
Kantenausbildung: **gefast / scharfkantig**
Einbauort: .....
Angebotener Stein: .....
Steinbruch des angebotenen Materials: .....

| 32€ | 67€ | **82€** | 106€ | 158€ | [m] | ⏱ 0,60 h/m | 014.000.033 |

LB 014
Natur-, Betonwerksteinarbeiten

Kosten:
Stand 1.Quartal 2018
Bundesdurchschnitt

▶ min
▷ von
ø Mittel
◁ bis
◀ max

Nr.	Kurztext / Langtext					[Einheit]	Ausf.-Dauer	Kostengruppe Positionsnummer
▶	▷	ø netto €	◁	◀				

22   **Bodenprofil, Bewegungsfugen, Plattenbelag**   KG **352**

Bewegungsfuge im Werkstein-Bodenbelag, mit Bewegungsfugenprofil. Ausführung: beidseitig Anschlagschienen unter Bodenbelag, Fuge mit thermoplastischem Kautschukprofil füllen.
Untergrund: Estrich
Material: Aluminium-Winkelprofil
Schenkelhöhe: ..... mm
Oberfläche: **E6 / C0**
Einbauort: Gebäudedehnfuge
Anker: .....
Belag: .....
Angeb. Fabrikat: .....

| 6 € | 17 € | **22 €** | 33 € | 54 € | [m] | 0,14 h/m | 014.000.035 |

23   **Trennschiene, Messing**   KG **352**

Metall-Trennschiene in Werkstein-Bodenbelag, im Innenbereich, inkl. Toleranzausgleich.
Material: Messing-Winkelprofil
Schenkelhöhe: ..... mm
Oberfläche: **matt / poliert**
Einbauort: Materialübergang
Anker: .....
Untergrund: .....
Belag: .....
Angeb. Fabrikat: .....

| 7 € | 17 € | **21 €** | 21 € | 34 € | [m] | 0,12 h/m | 014.000.036 |

24   **Trennschiene, Aluminium**   KG **352**

Metall-Trennschiene in Werkstein-Bodenbelag, im Innenbereich, inkl. Toleranzausgleich.
Material: Aluminium-Winkelprofil
Schenkelhöhe: ..... mm
Oberfläche: **E6 / C0**
Einbauort: Materialübergang
Anker: .....
Untergrund: .....
Belag: .....
Angeb. Fabrikat: .....

| 9 € | 15 € | **18 €** | 23 € | 31 € | [m] | 0,12 h/m | 014.000.037 |

25   **Trennschiene, Edelstahl**   KG **352**

Metall-Trennschiene in Werkstein-Bodenbelag, im Innenbereich, inkl. Toleranzausgleich.
Material: Edelstahl-Winkelprofil
Werkstoffnummer: .....
Schenkelhöhe: ..... mm
Oberfläche: **matt / poliert**
Einbauort: Materialübergang
Anker: .....
Untergrund: .....
Belag: .....
Angeb. Fabrikat: .....

| 12 € | 20 € | **23 €** | 27 € | 39 € | [m] | 0,12 h/m | 014.000.038 |

Nr.	**Kurztext** / Langtext					[Einheit]	Ausf.-Dauer	Kostengruppe Positionsnummer
▶	▷	**ø netto €**	◁	◀				

26 Fugenabdichtung, elastisch, Silikon — KG **352**

Elastische Verfugung mit Silikon-Dichtstoff, inkl. notwendiger Flankenvorbehandlung an den Anschlussflächen, sowie Hinterlegen der Fugenhohlräume mit geeignetem Hinterstopfmaterial, Fuge glatt gestrichen.
Fugenfarbe: nach Bemusterung
Angeb. Fabrikat: .....

| 3€ | 5€ | **6€** | 9€ | 14€ | [m] | ⏱ 0,05 h/m | 014.000.039 |

27 Treppe, Blockstufe, Naturstein — KG **534**

Treppenstufe, massive Naturwerkstein-Blockstufe im Außenbereich, auf gescheibtem Untergrund aus Stahlbeton in Zementmörtel, inkl. Verfugung und Toleranzausgleich.
Einbauort: .....
Steinart: .....
Farbe/Textur: .....
Steinbruch: .....
Stufenabmessung: 1.200 x 350 mm
Stufenhöhe: 160 mm
Oberfläche: .....
Kantenausbildung: .....
Steinbruch des angebotenen Materials: .....

| 103€ | 156€ | **178€** | 224€ | 303€ | [m] | ⏱ 0,60 h/m | 014.000.018 |

28 Treppe, Blockstufe, Betonwerkstein — KG **534**

Treppenstufe als massive Blockstufe aus Betonwerkstein im Außenbereich, auf gescheibtem Untergrund aus Stahlbeton in Zementmörtel, inkl. Verfugung und Toleranzausgleich.
Einbauort: .....
Material: Betonwerkstein, mit Natursteinvorlage
Vorlage: ......
Farbe/Textur: .....
Lieferant: .....
Vorlagedicke: ca. 20 mm
Stufenabmessung: 1.200 x 350 mm
Stufenhöhe: 160 mm
Oberfläche: ......
Kantenausbildung: ......
Angeb. Fabrikat: .....

| 67€ | 100€ | **113€** | 152€ | 237€ | [m] | ⏱ 0,60 h/m | 014.000.019 |

LB 014
Natur-, Betonwerksteinarbeiten

Kosten:
Stand 1.Quartal 2018
Bundesdurchschnitt

▶ min
▷ von
ø Mittel
◁ bis
◀ max

Nr.	Kurztext / Langtext						Kostengruppe	
▶	▷	ø netto €	◁	◀	[Einheit]	Ausf.-Dauer	Positionsnummer	

29 Treppe, Winkelstufe, 1,00m — KG 534

Treppenstufe als Winkelstufe, auf bauseitigen, ebenen und gescheibten Stahlbetonuntergrund, in Zementmörtel, inkl. Verfugung und Toleranzausgleich.
Material: .....
Farbe/Textur: .....
Steinbruch / Lieferant: .....
Stufenabmessung: 1.000 x 290 x 175 mm
Materialdicke: 40 mm
Oberfläche: .....
Kantenausbildung: .....
Einbauort: .....
Angebotener Stein: .....
Steinbruch des angebotenen Materials: .....

| 77 € | 113 € | **122 €** | 144 € | 185 € | [St] | 0,55 h/St | 014.000.020 |

30 Treppenbelag, Tritt-/Setzstufe — KG 352

Treppenstufe als Tritt- und Setzstufe, auf bauseitigen, ebenen und gescheibten Stahlbetonuntergrund, Stufen vollflächig verlegt in Zementmörtel, Trittstufe ca. 20mm überkragend, Setzstufe stumpf gestoßen, inkl. Verfugung und Toleranzausgleich.
Material: .....
Farbe/Textur: .....
Steinbruch / Lieferant: .....
Stufenabmessung: 1.000 x 290 x 175 mm
Materialdicke: Trittstufe 30 mm, Setzstufe 20 mm
Oberfläche: .....
Kantenausbildung: .....
Einbauort: .....
Angebotener Stein: .....
Steinbruch des angebotenen Materials: .....

| 88 € | 109 € | **117 €** | 140 € | 191 € | [m] | 0,60 h/m | 014.000.021 |

31 Stufengleitschutzprofil, Treppe — KG 352

Stufen-Gleitschutzprofil in Stufenvorderkante einlassen, Profil nach Mustervorlage.
Profil: rutschhemmendes Kunststoff-Profil
Breite: ca. 20 mm
Farbe: schwarz
Steinart: **Naturstein / Betonwerkstein**
Abstand von Vorderkante: ..... mm
Angeb. Fabrikat: .....

| 9 € | 13 € | **16 €** | 21 € | 29 € | [m] | 0,20 h/m | 014.000.022 |

Nr.	Kurztext / Langtext							Kostengruppe
▶	▷	ø netto €	◁	◀	[Einheit]	Ausf.-Dauer	Positionsnummer

32 Rillenfräsung, Stufenkante KG **352**
Rillenfräsungen in der Plattenoberfläche an Stufenvorderkante als taktiles Erkennungsmerkmal gem. DIN 18040.
Ausführungsort: .....
Ausführung: 4 parallele Rillen
Breite/Tiefe: 20/2 mm
Steinart: **Naturstein / Betonwerkstein**
Abstand von Vorderkante: ..... mm
Angeb. Fabrikat: .....

| –€ | 21€ | **25**€ | 34€ | –€ | [m] | ⏱ 0,20 h/m | 014.000.060 |

33 Aufmerksamkeitsstreifen, Stufenkante KG **352**
Rutschsicherer Aufmerksamkeitsstreifen als taktiles Erkennungsmerkmal gemäß DIN 18040 auf Naturstein-belag mit geklebten Einzelrippen, im Kontrast zu Belag.
Anwendungsbereich: Treppen
Ausführungsort: .....
Ausführung: dreireihig
Untergrund: .....
Material: Kunststoffrippen, Polyurethan
Höhe: ..... mm
Format: ..... mm
Abstand von Vorderkante: ..... mm
Farbe: .....
Angeb. Fabrikat: .....

| –€ | 29€ | **33**€ | 42€ | –€ | [m] | ⏱ 0,35 h/m | 014.000.064 |

34 Wandbekleidungen, Granit/Basalt, außen KG **335**
Natursteinmauerwerk als hinterlüftete Verblendschale der zweischaligen Außenwand, als regelmäßiges Schichtmauerwerk, vor Mineralfaserplatten, befestigt in Tragschale; inkl. Ergänzungssteine, nichtrostender Halteprofile und Drahtanker, Ausfugen nach gesonderter Position.
Untergrund: Tragschale aus .....
Material: **Granit / Basalt**
Steindicke: 115 mm
Steinformat: 240 x 115 x 190 mm
Oberfläche: sichtbare Kanten gesägt
Mörtelgruppe: NM IIa
Fugenbreite: ca. 10 mm
Einbauhöhe: ..... m
Angebotener Stein: .....
Steinbruch des angebotenen Materials: .....

| 194€ | 269€ | **301**€ | 314€ | 499€ | [m²] | ⏱ 0,80 h/m² | 014.000.005 |

LB 014
Natur-, Betonwerksteinarbeiten

Kosten:
Stand 1.Quartal 2018
Bundesdurchschnitt

▶ min
▷ von
ø Mittel
◁ bis
◀ max

Nr.	Kurztext / Langtext							Kostengruppe
▶	▷	ø netto €	◁	◀	[Einheit]	Ausf.-Dauer	Positionsnummer

35 Kerndämmung, Natursteinbekleidung — KG **335**

Kerndämmung für zweischalige Außenwand, mit oder ohne Luftschicht, einlagig, Mineralwolleplatte, versetzt gestoßen, verlegt auf vorhandenen Drahtankern.
Dämmstoff: MW
Anwendungsgebiet: WZ
Nennwert der Wärmeleitfähigkeit: 0,034 (W/mK)
Brandverhalten: A1
Anwendungsgebiet: WZ
Gesamtdicke: .....
Angeb. Fabrikat: .....

| 17€ | 23€ | **25€** | 27€ | 37€ | [m²] | ⏱ 0,12 h/m² | 014.000.006 |

36 Trockenmauerwerk, Naturwerksteine — KG **533**

Trockenmauerwerk aus Natursteinen, nicht verwittertes Material.
Steinart: **Sandstein / Kalkstein / Granit / Schiefer**
Mauerverband: **Bruchstein- / Schichten- / Quadermauerwerk**
Steinformate: ..... (von-bis)
Mauerbreite: .....
Mauerhöhe: .....
Einbauort: Außenbereich, auf bauseitiges Fundament
Steinbruch des angebotenen Materials: .....

| 77€ | 191€ | **246€** | 287€ | 411€ | [m²] | ⏱ 1,90 h/m² | 014.000.051 |

37 Bohrung, Plattenbelag — KG **352**

Bohrungen im Natursteinplattenbelag.
Belag: **Bodenbelag / Wandbelag**
Bohrung: Durchmesser 25 mm
Steinart: .....
Plattendicke: .....

| 5€ | 14€ | **17€** | 24€ | 37€ | [St] | ⏱ 0,20 h/St | 014.000.028 |

38 Ausklinkung, Plattenbelag — KG **352**

Ausklinkung in Naturstein- oder Betonwerksteinbelag.
Größe Ausklinkung: .....
Steinart: .....
Belagdicke: .....
Belag: **Bodenbelag / Wandbelag**

| 6€ | 13€ | **15€** | 32€ | 55€ | [St] | ⏱ 0,18 h/St | 014.000.029 |

39 Kanten bearbeiten, Plattenbelag — KG **352**

Kantenprofilierung des Naturstein- oder Betonwerksteinbelags.
Belag: **Bodenbelag / Wandbelag**
Kantenausführung: **gefast / scharfkantig**
Oberfläche: .....
Steinart: .....
Plattendicke: .....

| 5€ | 8€ | **10€** | 13€ | 19€ | [m] | ⏱ 0,18 h/m | 014.000.030 |

Nr.	Kurztext / Langtext						Kostengruppe	
▶	▷	ø netto €	◁	◀	[Einheit]	Ausf.-Dauer	Positionsnummer	

40 Schrägschnitte, Plattenbelag — KG **352**
Schrägschnitte der Plattenbeläge aus Natursteinplatten, in allen Winkeln.
Belag: **Bodenbelag / Wandbelag**
Schnittwinkel: .....
Steinart: .....
Plattendicke: .....

| 4€ | 13€ | **18€** | 25€ | 40€ | [m] | ⏱ 0,40 h/m | 014.000.031 |

41 Rundschnittbogen, Plattenbelag — KG **352**
Rundschnitte der Plattenbeläge aus Natursteinplatten.
Belag: **Bodenbelag / Wandbelag**
Schnittradius: .....
Steinart: .....
Plattendicke: .....

| 26€ | 32€ | **37€** | 42€ | 56€ | [m] | ⏱ 0,50 h/m | 014.000.049 |

42 Fries, Plattenbelag — KG **352**
Friesplatte Naturstein, für Steinplattenbelag, Innenbereich, Belag im Dünnbett verlegt, inkl. Verfugung.
Untergrund: Estrich
Plattengröße (B x L): 280 x 500 mm
Plattendicke: 20 mm
Steinart: .....
Oberfläche: .....
Kantenausbildung: **gefast / scharfkantig**
Einbauort: .....
Angebotener Stein: .....
Steinbruch des angebotenen Materials: .....

| 15€ | 47€ | **62€** | 71€ | 95€ | [m] | ⏱ 0,40 h/m | 014.000.034 |

43 Trittschalldämmung, Randstreifen, MW — KG **352**
Trittschalldämmung aus Mineralwolle, einlagig, dicht gestoßen, mit Randdämmstreifen und Abdeckung mit Trennlage aus PE-Folie.
Untergrund: Betonrohboden
Dämmstoff: Mineralwolle
Anwendung: DES-sh
Bemessungsdicke: 25 mm
Steifigkeit: 13 MN/m^2
Brandverhalten: A1
Randstreifen: 12 x 150 mm
Trennlage: PE, 0,4 mm
Angeb. Fabrikat: .....

| 2€ | 7€ | **8€** | 11€ | 17€ | [m^2] | ⏱ 0,60 h/m^2 | 014.000.042 |

LB 014
Natur-, Betonwerksteinarbeiten

Kosten:
Stand 1.Quartal 2018
Bundesdurchschnitt

▶ min
▷ von
ø Mittel
◁ bis
◀ max

Nr.	Kurztext / Langtext							Kostengruppe
▶	▷	ø netto €	◁	◀		[Einheit]	Ausf.-Dauer	Positionsnummer

44 Erstreinigung, Bodenbelag — KG **352**
Erstreinigung und Erstpflege des Naturwerksteinbelags, abgestimmt auf benötigte Oberflächeneigenschaften; die Arbeiten sind innerhalb einer Woche auszuführen, nach Aufforderung durch die Bauleitung des Architekten.
Steinart: .....
Oberfläche: **R9 / R11**
Belastung: **Zementschleier / Bauschmutz**
Angeb. Fabrikat: .....

| 3 € | 7 € | **9 €** | 11 € | 20 € | [m²] | ⏱ 0,25 h/m² | 014.000.050 |

45 Oberfläche, laserstrukturiert, Mehrpreis — KG **352**
Mehrkosten bei Natursteinen für Oberflächenstrukturgestaltung mit Laser.
Anforderung: mind. R10

| − € | 21 € | **25 €** | 33 € | − € | [m²] | ⏱ 0,10 h/m² | 014.000.065 |

46 Mauerabdeckung, Naturstein, außen — KG **533**
Mauerabdeckung aus Naturwerksteinplatten mit Tropfkante, im Außenbereich auf gescheibter Mauerkrone, Platten im Zementmörtel, inkl. Verfugung und Anpassarbeiten an begrenzende Bauteile.
Einbauort: .....
Untergrund: **eben / geneigt**
Plattenmaterial: **Sandstein / Granit**
Farbe/Textur: .....
Steinbruch: .....
Plattenabmessung: 995 x 280 mm
Plattendicke: ca. 30 mm
Fugenbreite: ca. 5 mm
Oberfläche: .....
sichtbaren Kanten: **gefast / scharfkantig**
Angebotener Stein: .....

| 31 € | 57 € | **66 €** | 74 € | 94 € | [m] | ⏱ 0,20 h/m | 014.000.017 |

47 Fensterbank, Naturstein, außen — KG **334**
Fensterbank aus Naturstein mit Tropfnase, außen, in Mörtelbett mit korrosionsgeschützten Winkelprofilen, Fensterbank über Rohwand auskragend, mit stumpfem Anschluss an bauseitigen Fensterrahmen. Verfugung in gesonderter Position.
Natursteindicke: bis 50 mm
Breite: bis 290 mm
Auskragung: ca. 150 mm
Material: **Granit / Sandstein**
Farbe/Textur: .....
Steinbruch: .....
Oberfläche: .....
sichtbare Kanten: **gefast / scharfkantig**
Angebotener Stein: .....

| 35 € | 57 € | **64 €** | 93 € | 135 € | [m] | ⏱ 0,45 h/m | 014.000.007 |

Nr.	Kurztext / Langtext					Kostengruppe	
▶	▷ ø netto € ◁ ◀				[Einheit]	Ausf.-Dauer	Positionsnummer

48 Fensterbank, Betonwerkstein, außen — KG 334

Fensterbank aus Betonwerkstein mit Tropfnase, außen, in Mörtelbett mit leichtem Gefälle, mit korrosionsgeschützten Winkelprofilen, Fensterbank über Rohwand auskragend, mit stumpfem Anschluss an bauseitigen Fensterrahmen. Verfugung in gesonderter Position.
Betonsteindicke: 50 mm
Breite: bis 290 mm
Auskragung: ca. 150 mm
Steinart: Betonwerkstein, einschichtig, mit Zuschlägen
Farbe/Textur: .....
Lieferant: .....
Oberfläche: .....
sichtbare Kanten: **gefast / scharfkantig**
Angeb. Fabrikat: .....

| 35 € | 55 € | **60 €** | 67 € | 95 € | [m] | ⏱ 0,45 h/m | 014.000.008 |

49 Fensterbank, Betonwerkstein, innen — KG 334

Fensterbank aus Betonwerkstein, innen, in Mörtelbett mit Toleranzausgleich, Fensterbank über Rohwand auskragend, mit stumpfem Anschluss an bauseitigen Fensterrahmen. Verfugung in gesonderter Position.
Betonsteindicke: 50 mm
Breite: bis 250 mm
Auskragung: ca. 50 mm
Steinart: Betonwerkstein, einschichtig, mit Zuschlägen
Farbe/Textur: .....
Lieferant: .....
Oberfläche: .....
sichtbare Kanten: **gefast / scharfkantig**
Angeb. Fabrikat: .....

| 25 € | 42 € | **47 €** | 56 € | 77 € | [m] | ⏱ 0,42 h/m | 014.000.009 |

A 1 Leitsystem, Rippenfliesen, Edelstahl — Beschreibung für Pos. 50-51

Bodenindikatoren als taktiles Blindenleitsystem aus Rippenfliesen, in Edelstahl auf Steinfeinzeug, im Innenbereich, zwischen Platten als Natursteinbelag.
Einbauort: .....
Untergrund: .....
Natursteinbelag: .....
Rippenfliese: Edelstahl, auf Fliese
Dicke: bis 12 mm

50 Leitsystem, innen, Rippenfliesen, Edelstahl, 3 Rippen — KG 352

Wie Ausführungsbeschreibung A 1
Fliesenabmessung: ca. 122 x 600 mm
Rippenanzahl: 3

| – € | 91 € | **107 €** | 133 € | – € | [m] | ⏱ 0,25 h/m | 014.000.066 |

51 Leitsystem, innen, Rippenfliesen, Edelstahl, 7 Rippen — KG 352

Wie Ausführungsbeschreibung A 1
Fliesenabmessung: ca. 298 x 600 mm
Rippenanzahl: 7

| – € | 113 € | **133 €** | 166 € | – € | [m] | ⏱ 0,27 h/m | 014.000.067 |

LB 014
Natur-, Betonwerksteinarbeiten

Nr.	Kurztext / Langtext				[Einheit]	Ausf.-Dauer	Kostengruppe Positionsnummer
▶	▷	ø netto €	◁	◀			

A 2 Kontraststreifen, Noppenfliesen, Edelstahl — Beschreibung für Pos. **52-53**

Kontraststreifen für Leitsystem mit Noppenfliesen aus Edelstahl, auf Steinfeinzeug, im Innenbereich, zwischen Platten als Natursteinbelag.
Gesamtdicke: 12 mm
Anschlüsse: **gerade / schräg**

52 Kontraststreifen, Noppenfliesen, Edelstahl, 300mm — KG **352**
Wie Ausführungsbeschreibung A 2
Abmessung: ca. 300 x 50 mm

| –€ | 36€ | **42€** | 52€ | –€ | [m] | 0,16 h/m | 014.000.068 |

53 Kontraststreifen, Noppenfliesen, Edelstahl, 600mm — KG **352**
Wie Ausführungsbeschreibung A 2
Abmessung: ca. 600 x 50 mm

| –€ | 32€ | **38€** | 47€ | –€ | [m] | 0,18 h/m | 014.000.069 |

A 3 Aufmerksamkeitsfeld, Noppenfliesen, Edelstahl — Beschreibung für Pos. **54-55**

Bodenindikatoren als taktiles Aufmerksamkeitsfeld aus Noppenfliesen, in Edelstahl auf Steinfeinzeug, im Innenbereich, zwischen Platten als Natursteinbelag.
Einbauort: .....
Untergrund: .....
Natursteinbelag: .....
Rippenfliese: Edelstahl, auf Fliese
Dicke: bis 12 mm

54 Aufmerksamkeitsfeld, 600/600, Noppenfliesen, Edelstahl — KG **352**
Wie Ausführungsbeschreibung A 3
Fliesenabmessung: 4 St, ca. 300/300 mm
Feldfläche: 600 x 600 mm

| –€ | 183€ | **215€** | 269€ | –€ | [St] | 0,35 h/St | 014.000.070 |

55 Aufmerksamkeitsfeld, 1.200/1.200, Noppenfliesen, Edelstahl — KG **352**
Wie Ausführungsbeschreibung A 3
Fliesenabmessung: 16 St, ca. 300/300 mm
Feldfläche: 1.200 x 1.200 mm

| –€ | 510€ | **600€** | 750€ | –€ | [St] | 1,20 h/St | 014.000.071 |

Kosten:
Stand 1.Quartal 2018
Bundesdurchschnitt

▶ min
▷ von
ø Mittel
◁ bis
◀ max

Nr.	Kurztext / Langtext							Kostengruppe	
▶	▷	ø netto €	◁	◀		[Einheit]	Ausf.-Dauer	Positionsnummer	

A 4 — Leitsystem, Rippenfliese/Begleitstreifen, Edelstahl — Beschreibung für Pos. **56-57**

Bodenindikatoren als taktiles Blindenleitsystem aus Rippenfliesen mit Kontraststreifen aus Noppenfliesen, in Edelstahl auf Steinfeinzeug, im Innenbereich, zwischen Platten als Natursteinbelag.
Einbauort: .....
Untergrund: .....
Natursteinbelag: .....
Rippenfliese: Edelstahl, auf Fliese
Dicke: bis 12 mm

56 — Leitsystem, Rippenfliese/Begleitstreifen, Edelstahl, 200mm — KG **352**

Wie Ausführungsbeschreibung A 4
Fliesenabmessung: ca. 200 x 600 mm
Rippenanzahl: 3

| –€ | 115€ | **136€** | 170€ | –€ | [m] | ⏱ 0,27 h/m | 014.000.072 |

57 — Leitsystem, Rippenfliese/Begleitstreifen, Edelstahl, 400mm — KG **352**

Wie Ausführungsbeschreibung A 4
Fliesenabmessung: ca. 400 x 600 mm
Rippenanzahl: 7

| –€ | 144€ | **169€** | 211€ | –€ | [m] | ⏱ 0,30 h/m | 014.000.073 |

A 5 — Edelstahlrippen, Streifen, dreireihig — Beschreibung für Pos. **58-59**

Rutschsicherer **Aufmerksamkeitsstreifen / Leitstreifen** auf Natursteinbelag mit geklebten Einzelrippen.
Anwendungsbereich: ....., innen
Material: Edelstahl
Höhe: 3 mm
Querschnitt: trapezförmig, mit gerundeten Kanten
Schnitttiefe: ..... mm
Profil: .....

58 — Edelstahlrippen, 16mm, Streifen, dreireihig — KG **352**

Wie Ausführungsbeschreibung A 5
Einzelrippen: dreireihig
Format: 280 x 16 mm

| –€ | 121€ | **142€** | 178€ | –€ | [m] | ⏱ 0,25 h/m | 014.000.074 |

59 — Edelstahlrippen, 35mm, Streifen, dreireihig — KG **352**

Wie Ausführungsbeschreibung A 5
Einzelrippen: dreireihig
Format: 280 x 35 mm

| –€ | 134€ | **158€** | 197€ | –€ | [m] | ⏱ 0,28 h/m | 014.000.075 |

LB 014
Natur-, Betonwerksteinarbeiten

Kosten:
Stand 1.Quartal 2018
Bundesdurchschnitt

Nr.	Kurztext / Langtext				[Einheit]	Ausf.-Dauer	Kostengruppe Positionsnummer
▶	▷	ø **netto €**	◁	◀			

A 6   Kunststoffrippen, Streifen, dreireihig — Beschreibung für Pos. 60-61

Rutschsicherer **Aufmerksamkeitsstreifen / Leitstreifen** auf Natursteinbelag mit geklebten Einzelrippen.
Anwendungsbereich: ....., innen
Material: Kunststoffrippen, Polyurethan
Höhe: 3,3 mm
Querschnitt: trapezförmig, mit gerundeten Kanten
Schnitttiefe: ..... mm
Profil: .....
Farbe: schwarz

60   Kunststoffrippen, 16mm, Streifen, dreireihig — KG 352
Wie Ausführungsbeschreibung A 6
Einzelrippen: dreireihig
Format: 295 x 16 mm

| –€ | 35€ | **41€** | 50€ | –€ | [m] | ⏱ 0,25 h/m | 014.000.076 |

61   Kunststoffrippen, 35mm, Streifen, dreireihig — KG 352
Wie Ausführungsbeschreibung A 6
Einzelrippen: dreireihig
Format: 295 x 35 mm

| –€ | 42€ | **48€** | 59€ | –€ | [m] | ⏱ 0,28 h/m | 014.000.077 |

A 7   Aufmerksamkeitsfeld, Noppen, Edelstahl — Beschreibung für Pos. 62-63

Bodenindikatoren als taktiles Aufmerksamkeitsfeld aus diagonal verlegten Einzelnoppen in Edelstahl mit rutschhemmender Oberfläche im Innenbereich.
Einbauort: .....
Belagsart: .....
Durchmesser: 35 mm
Dicke: 5 mm

62   Aufmerksamkeitsfeld, 600/600, Noppen, Edelstahl — KG 352
Wie Ausführungsbeschreibung A 7
Feldfläche: 600 x 600 mm
Noppen: 145 St

| –€ | 336€ | **391€** | 488€ | –€ | [St] | ⏱ 1,00 h/St | 014.000.078 |

63   Aufmerksamkeitsfeld, 900/900, Noppen, Edelstahl — KG 352
Wie Ausführungsbeschreibung A 7
Feldfläche: 900 x 900 mm
Noppen: 313 St

| –€ | 717€ | **833€** | 1.042€ | –€ | [St] | ⏱ 1,80 h/St | 014.000.079 |

▶ min
▷ von
ø Mittel
◁ bis
◀ max

Nr.	Kurztext / Langtext					Kostengruppe		
▶	▷	ø netto €	◁	◀	[Einheit]	Ausf.-Dauer	Positionsnummer

A 8 — Aufmerksamkeitsfeld, Noppen, Kunststoff — Beschreibung für Pos. **64-65**

Bodenindikatoren als taktiles Aufmerksamkeitsfeld aus diagonal verlegten Einzelnoppen in Kunststoff mit rutschhemmender Oberfläche im Innenbereich.
Einbauort: .....
Belagsart: .....
Durchmesser: 35 mm
Dicke: 5 mm

64 — Aufmerksamkeitsfeld, 600/600, Noppen, Kunststoff — KG **352**
Wie Ausführungsbeschreibung A 8
Feldfläche: 600 x 600 mm
Noppen: 145 St

| –€ | 158€ | **184**€ | 230€ | –€ | [St] | 1,00 h/St | 014.000.080 |

65 — Aufmerksamkeitsfeld, 900/900, Noppen, Kunststoff — KG **352**
Wie Ausführungsbeschreibung A 8
Feldfläche: 900 x 900 mm
Noppen: 313 St

| –€ | 290€ | **337**€ | 422€ | –€ | [St] | 1,80 h/St | 014.000.081 |

66 — Stundensatz Facharbeiter, Natursteinarbeiten
Stundenlohnarbeiten für Vorarbeiter, Facharbeiter und Gleichgestellte (z.B. Spezialbaufacharbeiter, Baufacharbeiter, Obermonteure, Monteure, Gesellen, Maschinenführer, Fahrer und ähnliche Fachkräfte). Leistung nach besonderer Anordnung der Bauüberwachung. Anmeldung und Nachweis gemäß VOB/B.

| 40€ | 46€ | **50**€ | 53€ | 60€ | [h] | 1,00 h/h | 014.000.053 |

67 — Stundensatz Helfer, Natursteinarbeiten
Stundenlohnarbeiten für Werker, Helfer und Gleichgestellte (z.B. Baufachwerker, Helfer, Hilfsmonteure, Ungelernte, Angelernte). Leistung nach besonderer Anordnung der Bauüberwachung. Anmeldung und Nachweis gemäß VOB/B.

| 30€ | 38€ | **41**€ | 44€ | 53€ | [h] | 1,00 h/h | 014.000.054 |

LB 016 Zimmer- und Holzbauarbeiten

016

Kosten:
Stand 1.Quartal 2018
Bundesdurchschnitt

▶ min
▷ von
ø Mittel
◁ bis
◀ max

Preise €

Nr.	Positionen	Einheit	▶	▷	ø brutto € ø netto €	◁	◀
1	Schutzabdeckung, Baufolie	m²	0,9 0,7	4,1 3,5	**5,5** **4,6**	7,0 5,9	9,5 8,0
2	Abdichtung, Bitumen-Abdichtungsbahn	m	0,7 0,6	2,5 2,1	**3,5** **3,0**	7,7 6,5	15 12
3	Bauschnittholz, C24, Nadelholz, trocken	m³	299 251	429 361	**473** **397**	603 507	912 766
4	Bauschnittholz, C30, Nadelholz, trocken, geschliffen	m³	772 649	1.025 861	**1.236** **1.038**	1.291 1.085	1.479 1.243
5	Bauschnittholz, D30, Eiche, geschliffen	m³	1.158 973	1.474 1.239	**1.602** **1.347**	1.785 1.500	2.210 1.857
6	Konstruktionsvollholz, KVH®, MH®, Nadelholz	m³	361 304	503 422	**557** **468**	674 567	955 803
7	Balkenschichtholz, Duo®-/Trio®-Balken	m³	532 447	620 521	**630** **529**	643 541	698 587
8	Brettschichtholz, GL24h, Nadelholz, Industriequalität	m³	573 481	812 682	**889** **747**	960 807	1.151 967
9	Holzstegträger, Nadelholz, inkl. Abbinden, bis 360mm	m	15 12	20 16	**22** **19**	30 25	40 34
10	Holzstütze, BSH, GL24h, Nadelholz,	m³	838 704	1.160 975	**1.208** **1.015**	1.435 1.206	1.876 1.577
11	Abbund, Bauschnittholz/Konstruktionsvollholz, Dach	m	5 4	8 7	**9** **8**	12 10	18 15
12	Abbund, Bauschnittholz/Konstruktionsvollholz, Decken	m	5 5	8 7	**9** **8**	11 10	18 15
13	Abbund, Brettschichtholz	m	6 5	11 9	**14** **11**	18 15	31 26
14	Abbund, Kehl-/Gratsparren	m	6 5	11 9	**13** **11**	16 14	22 18
15	Hobeln, Bauschnittholz	m	2 1	3 3	**4** **3**	6 5	10 8
16	Schrägschnitte, Bauschnittholz	St	0,5 0,5	5,7 4,8	**7,8** **6,5**	13 11	25 21
17	Holzschutz, Kanthölzer, farblos	m	0,5 0,5	1,2 1,0	**1,4** **1,2**	2,5 2,1	4,2 3,6
18	Holzschutz, Flächen, farblos	m²	0,3 0,2	3,9 3,3	**5,4** **4,5**	8,3 7,0	15 12
19	Schalung, Nadelholz, gefast, gehobelt	m²	14 12	22 19	**26** **22**	33 28	47 39
20	Schalung, Nadelholz, Glattkantbrett, gehobelt	m²	23 20	38 32	**43** **36**	49 41	57 48
21	Schalung, Rauspund, genagelt	m²	13 11	18 15	**21** **17**	24 20	33 28
22	Schalung, Holzspanplatte P5, Nut-Feder-Profil	m²	16 14	20 16	**22** **18**	25 21	34 28
23	Schalung, Holzspanplatte P7, Nut-Feder-Profil	m²	17 14	21 18	**23** **20**	28 23	38 32

© BKI Baukosteninformationszentrum; Erläuterungen zu den Tabellen siehe Seite 46
Mustertexte geprüft: Holzbau Deutschland - Bund Deutscher Zimmermeister

Kostenstand: 1.Quartal 2018, Bundesdurchschnitt

Zimmer- und Holzbauarbeiten — Preise €

Nr.	Positionen	Einheit	▶	▷	ø brutto € ø netto €	◁	◀
24	Schalung, OSB/2, Flachpressplatte, 15-18mm	m²	12	20	**20**	22	27
			10	17	**17**	19	23
25	Schalung, OSB/3, Flachpressplatte, 12-15mm	m²	14	20	**22**	23	28
			12	17	**18**	20	23
26	Schalung, OSB/3, Flachpressplatte, 20-22mm	m²	20	24	**26**	29	36
			17	20	**22**	24	30
27	Schalung, OSB/4, Flachpressplatte, 25-28mm, Feuchtebereich	m²	21	27	**28**	36	53
			18	22	**24**	31	45
28	Schalung, Sperrholz, Feuchtebereich	m²	25	40	**46**	53	68
			21	34	**39**	45	57
29	Schalung, Sperrholz, Innenbereich	m²	25	39	**45**	49	63
			21	33	**37**	41	53
30	Schalung, Kehlbalkenlage	m²	21	24	**25**	29	34
			18	20	**21**	24	29
31	Schalung, Dachboden / Unterboden	m²	15	21	**23**	26	33
			13	17	**19**	22	28
32	Schalung, Seekiefer-Sperrholzplatte	m²	26	35	**38**	42	51
			22	29	**32**	35	43
33	Bekleidung, Furnierschichtholzplatte	m²	34	44	**48**	52	61
			28	37	**40**	43	51
34	Bekleidung, Massivholzplatte	m²	35	57	**69**	74	90
			29	48	**58**	62	75
35	Trauf-/Ortgangschalbretter, gehobelt	m	8	17	**19**	24	33
			7	14	**16**	20	28
36	Blindboden, Nadelholz, einseitig gehobelt	m²	20	27	**31**	34	46
			17	23	**26**	28	39
37	Bretterschalung, Nadelholz, zwischen Balken	m²	23	35	**41**	46	57
			20	30	**34**	38	48
38	Kanthölzer, S10TS, Nadelholz, scharfkantig, gehobelt	m	12	15	**16**	20	28
			10	13	**14**	17	23
39	Zwischensparrendämmung, MW 034, 120mm	m²	14	16	**18**	20	20
			12	14	**15**	17	17
40	Zwischensparrendämmung, MW 034, 180mm	m²	16	18	**20**	22	23
			13	15	**17**	19	20
41	Zwischensparrendämmung, MW 034, 220mm	m²	20	23	**24**	25	26
			17	19	**20**	21	22
42	Bohle, S13TS K, Nadelholz	m	6	11	**13**	23	41
			5	9	**11**	19	34
43	Zwischensparrendämmung, WF 038, 180mm	m²	34	38	**40**	43	45
			28	32	**34**	36	38
44	Zwischensparrendämmung, WF 038, 220mm	m²	38	43	**46**	48	51
			32	36	**38**	41	42
45	Traufbohle, konisch	m	5	8	**9**	12	19
			4	7	**8**	10	16
46	Stellbrett, zwischen Sparren	m	8	16	**18**	22	31
			7	13	**15**	18	26

© BKI Baukosteninformationszentrum; Erläuterungen zu den Tabellen siehe Seite 46
Mustertexte geprüft: Holzbau Deutschland - Bund Deutscher Zimmermeister

Kostenstand: 1.Quartal 2018, Bundesdurchschnitt

LB 016 Zimmer- und Holzbauarbeiten

Zimmer- und Holzbauarbeiten — Preise €

Nr.	Positionen	Einheit	▶	▷ ø brutto €		◁	◀
				ø netto €			
93	Knoten/Stützenfußpunkt, Formteil, Flachstahl	kg	4	8	**9**	13	20
			4	6	**7**	11	17
94	Winkelverbinder/Knaggen	kg	2	6	**8**	11	19
			2	5	**7**	9	16
95	Verankerung, Profilanker, Schwelle	St	3	5	**6**	9	15
			2	4	**5**	7	13
96	Stabdübel, Edelstahl	St	2	3	**4**	7	12
			1	3	**3**	6	10
97	Klebeanker, Edelstahl	St	5	9	**10**	13	19
			4	7	**9**	11	16
98	Gewindestange, M12, verzinkt	St	4	10	**12**	17	29
			3	8	**10**	15	24
99	Schüttung, Sand, in Decken	m²	9	12	**13**	14	21
			7	10	**11**	12	18
100	Schüttung, Splitt, in Decken	m²	13	16	**22**	23	30
			11	13	**18**	20	25
101	Stundensatz Facharbeiter, Holzbau	h	39	53	**59**	63	73
			33	44	**50**	53	62
102	Stundensatz Helfer, Holzbau	h	26	40	**48**	51	61
			22	33	**40**	43	52

Kosten: Stand 1. Quartal 2018, Bundesdurchschnitt

Nr.	Kurztext / Langtext				[Einheit]	Ausf.-Dauer	Kostengruppe Positionsnummer
	▶ ▷ ø netto € ◁ ◀						

1 Schutzabdeckung, Baufolie — KG 397
Schutzplanen als Wetterschutz, auf Anweisung der Bauüberwachung sturmsicher anbringen.
Schutzfunktion: **Bauteile / Schutzgerüste / offene Dächer**
Aufmaß: nach m² abgedeckter Bauteilfläche
Vorhaltedauer: .....
Planenmaterial: .....

0,7 €   3,5 €   **4,6 €**   5,9 €   8,0 €   [m²]   ⏱ 0,05 h/m²   016.000.055

2 Abdichtung, Bitumen-Abdichtungsbahn — KG 361
Abdichtung erdberührter Bauteile, einlagig, aus Bitumen- / Polymerbitumenbahn, gegen Bodenfeuchte, Nähte dicht verschweißen, Bahnen mit seitlichem Überstand und einer Überdeckung von mind. 200mm.
Wassereinwirkungsklasse DIN 18533: W1-E
Raumnutzungsklasse DIN 18533: Klasse RN2-E (Kellerräume)
Rissklasse DIN 18533: Klasse R1-E
Rissüberbrückung DIN 18533: Klasse: RÜ1-E
Bauteilbreite: .....
Angeb. Fabrikat: .....

0,6 €   2,1 €   **3,0 €**   6,5 €   12 €   [m]   ⏱ 0,08 h/m   016.000.047

▶ min
▷ von
ø Mittel
◁ bis
◀ max

Nr.	Kurztext / Langtext						Kostengruppe	
▶	▷	ø netto €	◁	◀	[Einheit]	Ausf.-Dauer	Positionsnummer	

3 Bauschnittholz, C24, Nadelholz, trocken — KG 361
Liefern von Bauschnittholz, Nadelholz, Holzfeuchte bis 20%.
Festigkeitsklasse: C24
Sortierklasse: S10TS
Güteklasse: 2, scharfkantig, **markhaltig / herzgetrennt / markfrei**
Oberfläche: **allseitig egalisiert / gehobelt und geschliffen**
Querschnitt: 6 x 12 cm
Einzellänge: bis 8,00 m, gemäß Holzliste des AG

| 251€ | 361€ | **397€** | 507€ | 766€ | [m³] | – | 016.001.127 |

4 Bauschnittholz, C30, Nadelholz, trocken, geschliffen — KG 361
Liefern von Bauschnittholz, Nadelholz, Holzfeuchte bis 20%.
Festigkeitsklasse: C30
Sortierklasse: S13TS
Güteklasse: 2, scharfkantig, **markhaltig / herzgetrennt / markfrei**
Oberfläche: **allseitig egalisiert / gehobelt und geschliffen**
Querschnitt: 6 x 12 cm
Einzellänge: bis 8,00 m, gemäß Holzliste des AG

| 649€ | 861€ | **1.038€** | 1.085€ | 1.243€ | [m³] | – | 016.000.082 |

5 Bauschnittholz, D30, Eiche, geschliffen — KG 361
Liefern von Bauschnittholz, Laubholz.
Festigkeitsklasse: D30 DG, DIN EN 14081-1
Sortierklasse: LS10, scharfkantig, herzgetrennt
Holzfeuchte: **bis d = 160 mm ca. 20% / über 160 mm ca. 25%**
Nutzungsklasse DIN EN 1995-1-1: NK .....
Gebrauchsklasse DIN EN 355: GK .....
Oberfläche: **allseitig egalisiert / gehobelt und geschliffen**
Querschnitt: .....
Einzellänge: bis 6,00 m, gemäß Holzliste des AG

| 973€ | 1.239€ | **1.347€** | 1.500€ | 1.857€ | [m³] | – | 016.000.058 |

6 Konstruktionsvollholz, KVH®, MH®, Nadelholz — KG 361
Liefern von Konstruktionsvollholz, sichtbar, Nadelholz.
Festigkeitsklasse: C24 DG, DIN EN 14081-1
Sortierklasse: S10 TS
Qualität: herzfrei, scharfkantig, Ästigkeit bis 2/5, Rissbreite bis 3% der Querschnittsseite, Harzgallen bis 5 mm, Verfärbungen und Insektenbefall nicht zulässig.
Maßtoleranz: Klasse 2
Holzfeuchte: 15% ±3%
Nutzungsklasse DIN EN 1995-1-1: NK .....
Gebrauchsklasse DIN EN 355: GK .....
Oberfläche: allseitig egalisiert und gefast
Breite: 6-10 cm
Höhe: über 6-30 cm
Einzellänge: bis 6,00 m, gemäß Holzliste des AG

| 304€ | 422€ | **468€** | 567€ | 803€ | [m³] | – | 016.000.002 |

LB 016
Zimmer- und Holzbauarbeiten

Kosten:
Stand 1.Quartal 2018
Bundesdurchschnitt

Nr.	Kurztext / Langtext					Kostengruppe		
▶	▷	ø netto €	◁	◀	[Einheit]	Ausf.-Dauer	Positionsnummer	

7 Balkenschichtholz, Duo®-/Trio®-Balken — KG 361

Liefern von Balkenschichtholz aus Nadelholz, allseitig gehobelt und gefast, keilgezinkt, ohne extreme klimatische Wechselbeanspruchung, mit allgemeiner bauaufsichtlichen Zulassung Z9.1-440 für Duo-/ Triobalken.
Flächige Verklebung: **wetterfester Melaminharzleim / wasserfester PU-Leim**
Sortierklasse: S10
Festigkeitsklasse: C24
Lamellendicke: ..... mm
Nutzungsklasse DIN EN 1995-1-1: NK .....
Gebrauchsklasse DIN EN 335: GK .....
Einbau: Si / Nsi
Breite: 6-24cm
Höhe: 10-28 cm
Einzellänge: bis ..... m, gemäß Holzliste des AG

▶	▷	ø	◁	◀			
447€	521€	**529**€	541€	587€	[m³]	–	016.001.113

8 Brettschichtholz, GL24h, Nadelholz, Industriequalität — KG 361

Liefern von Brettschichtholz aus Nadelholz, gehobelt, Bläue und Rotstreifigkeit auf 10% der Oberfläche und fest verwachsene Äste zulässig, ohne extreme klimatische Wechselbeanspruchung.
Verklebung: Resorcinharz
Festigkeitsklasse: GL 24h DIN EN 14080
Lamellendicke: **38 / 42** mm
Nutzungsklasse DIN EN 1995-1-1: NK .....
Gebrauchsklasse DIN EN 335: GK .....
Oberflächenqualität: Industriequalität
Breite: 6-20 cm
Höhe: 16-40 cm
Einzellänge: bis 12,00 m, gemäß Holzliste des AG

▶	▷	ø	◁	◀			
481€	682€	**747**€	807€	967€	[m³]	–	016.000.003

▶ min
▷ von
ø Mittel
◁ bis
◀ max

Nr.	Kurztext / Langtext					Kostengruppe	
▶	▷	ø netto €	◁	◀	[Einheit]	Ausf.-Dauer	Positionsnummer

9 — Holzstegträger, Nadelholz, inkl. Abbinden, bis 360mm — KG 361

Holzstegträger der Wand-/ Dachkonstruktion, Befestigung nach statischen Vorgaben, mit schadstofffreier Verklebung, technisch getrocknet, inkl. Abbund und Vormontage der Trägerelemente in allen Bauteilen, mit Fenster- und Türöffnungen und dazugehörigen Laibungen, sowie aller notwendigen Aufhängungen. Abrechnung über effektive Fläche.

Ständertyp: **T / Doppel-T**
Ständerhöhe: **240 / 300 / 360 mm**
Ständerbreite: 59 mm
Dicke Gurt innen: ..... mm
Dicke Gurt außen: ..... mm
Länge: .....
Material: **Nadelholz C24 / BSH GL24h**
Holzfeuchte: 9% ±2%
Nutzungsklasse DIN EN 1995-1-1: NK 1
Gebrauchsklasse DIN EN 355: GK 1
Einbauort: **Dach- / Wandkonstruktion**
Achsabstand Träger: 625 mm
Höhe Bauteil: max. ..... mm
Länge Bauteil: max. ..... mm
Angeb. Fabrikat: .....

| 12 € | 16 € | **19 €** | 25 € | 34 € | [m] | ⏱ 0,25 h/m | 016.000.085 |

10 — Holzstütze, BSH, GL24h, Nadelholz, — KG 333

Liefern von Brettschichtholz für Holzstützen, aus Nadelholz, gehobelt, Bläue und Rotstreifigkeit auf 10% der Oberfläche und fest verwachsene Äste zulässig, ohne extreme klimatische Wechselbeanspruchung.

Verklebung: Resorcinharz
Festigkeitsklasse: GL 24h DIN EN 14080
Lamellendicke: **38 / 42** mm
Nutzungsklasse DIN EN 1995-1-1: NK .....
Gebrauchsklasse DIN 68800: GK .....
Einbau: außen
Oberflächenqualität: **Industrie- / Sicht- / Auslesequalität**
Stützenabmessung: 20 x 20 cm
Einzellänge: ....., gemäß Holzliste des AG

| 704 € | 975 € | **1.015 €** | 1.206 € | 1.577 € | [m³] | — | 016.000.056 |

11 — Abbund, Bauschnittholz/Konstruktionsvollholz, Dach — KG 361

Abbinden und Aufstellen von Bauschnittholz und Konstruktionsvollholz, für Dachkonstruktionen, Anschlüsse lt. statischer Berechnung und Konstruktionszeichnungen / zimmermannsmäßig.

Querschnitt: **6 x 12** cm **/ 10 x 18** cm **/ 20 x 30** cm
Einzellänge: bis 8,00 m
Einbau: **Si / NSi**

| 4 € | 7 € | **8 €** | 10 € | 15 € | [m] | ⏱ 0,22 h/m | 016.001.128 |

LB 016 Zimmer- und Holzbauarbeiten

Kosten:
Stand 1.Quartal 2018
Bundesdurchschnitt

▶ min
▷ von
ø Mittel
◁ bis
◀ max

Nr.	Kurztext / Langtext							Kostengruppe
▶	▷	ø netto €	◁	◀		[Einheit]	Ausf.-Dauer	Positionsnummer

12   Abbund, Bauschnittholz/Konstruktionsvollholz, Decken   KG **361**

Abbinden und Aufstellen von Bauschnittholz und Konstruktionsvollholz, für Deckenkonstruktionen, Anschlüsse lt. statischer Berechnung und Konstruktionszeichnungen / zimmermannsmäßig.
Querschnitt: **6 x 12** cm / **10 x 18** cm / **14 x 24** cm
Einzellänge: bis 8,00 m
Einbau: **Si / NSi**

| 5€ | 7€ | **8€** | 10€ | 15€ | | [m] | ⏱ 0,20 h/m | 016.000.086 |

13   Abbund, Brettschichtholz   KG **361**

Abbinden und Aufstellen von Brettschichtholz, Anschlüsse lt. statischer Berechnung und Konstruktionszeichnungen / zimmermannsmäßig.
Funktion: **Dachkonstruktion / Deckenkonstruktion**
Querschnitt: 6 x 20 cm bis 10 x 40 cm
Einzellänge: bis 12,00 m
Brettschichtholz: **sichtbar / nicht sichtbar**
Oberflächenqualität: **Industrie-/ Sicht-/ Auslesequalität**

| 5€ | 9€ | **11€** | 15€ | 26€ | | [m] | ⏱ 0,25 h/m | 016.000.005 |

14   Abbund, Kehl-/Gratsparren   KG **361**

Abbinden und Aufstellen von Bauschnittholz als Kehl- und Gratsparren, Anschlüsse lt. statischer Berechnung und Konstruktionszeichnungen / zimmermannsmäßig.
Funktion: **Kehl- / Gratsparren**
Querschnitt: 10 x 20 cm bis 16 x 34 cm
Einzellänge: bis 6,00 m
Einbau: **sichtbar / nicht sichtbar**

| 5€ | 9€ | **11€** | 14€ | 18€ | | [m] | ⏱ 0,30 h/m | 016.000.035 |

15   Hobeln, Bauschnittholz   KG **361**

Hobeln von Bauschnittholz, allseitig.
Abmessung: .....
Maßtoleranzklasse: 2
Bauteil: .....

| 1€ | 3€ | **3€** | 5€ | 8€ | | [m] | ⏱ 0,08 h/m | 016.000.006 |

16   Schrägschnitte, Bauschnittholz   KG **361**

Bearbeiten von Bauschnittholz.
Ausführung: **Schrägschnitt / Profilierung**
Schnitttiefe: .....

| 0,5€ | 4,8€ | **6,5€** | 11€ | 21€ | | [St] | ⏱ 0,20 h/St | 016.000.036 |

17   Holzschutz, Kanthölzer, farblos   KG **361**

Vorbeugender chemischer Holzschutz für konstruktive Bauteile, Kanthölzer, farblos.
Abmessung: .....
Gebrauchsklasse: **1 / 2 / 3.1 / 3.2 / 4 / 5**
Prüfprädikat: **Iv / P / W / E**

| 0,5€ | 1,0€ | **1,2€** | 2,1€ | 3,6€ | | [m] | ⏱ 0,08 h/m | 016.000.032 |

Nr.	Kurztext / Langtext						Kostengruppe
▶	▷	ø netto €	◁	◀	[Einheit]	Ausf.-Dauer	Positionsnummer

18 Holzschutz, Flächen, farblos — KG 361

Vorbeugender chemischer Holzschutz für konstruktive Bauteile, Anwendung durch Streichen, farblos.
Gebrauchsklasse DIN EN 335: **1 / 2 / 3.1 / 3.2 / 4 / 5**

| 0,2 € | 3,3 € | **4,5 €** | 7,0 € | 12 € | [m²] | ⏱ 0,10 h/m² | 016.000.033 |

19 Schalung, Nadelholz, gefast, gehobelt — KG 361

Schalung aus gefasten Brettern, Nadelholz, Befestigung mit Nägeln.
Oberfläche: einseitig gehobelt
Sortierklasse: S10
Profil: Nut-Feder
Brettdicke: 24 mm
Breite: 138 mm
Einbauort: unter Dachdeckung

| 12 € | 19 € | **22 €** | 28 € | 39 € | [m²] | ⏱ 0,28 h/m² | 016.000.007 |

20 Schalung, Nadelholz, Glattkantbrett, gehobelt — KG 363

Schalung aus Glattkantbrettern, Nadelholz, Befestigung mit Nägeln.
Oberfläche: einseitig gehobelt
Sortierklasse: S10
Brettdicke: 24 mm
Breite: 118 mm
Einbauort: unter Dachdeckung

| 20 € | 32 € | **36 €** | 41 € | 48 € | [m²] | ⏱ 0,25 h/m² | 016.000.110 |

21 Schalung, Rauspund, genagelt — KG 363

Dachschalung aus Rauspund, Nadelholz, Befestigung mit Nägeln.
Sortierklasse: S10
Brettdicke: bis 27 mm
Einbauort: unter Dachdeckung

| 11 € | 15 € | **17 €** | 20 € | 28 € | [m²] | ⏱ 0,25 h/m² | 016.000.008 |

22 Schalung, Holzspanplatte P5, Nut-Feder-Profil — KG 363

Dachschalung, tragend im Feuchtbereich, aus kunstharzgebundenen Spanplatten DIN EN 312, mit Nut-Feder-Profilverbindung. Befestigung mit feuerverzinkten Nägeln auf Holzuntergrund nach statischer Berechnung und Konstruktionszeichnungen.
Plattentyp: P5
Dicke: bis 25 mm
Einbauort: unter Dachdeckung

| 14 € | 16 € | **18 €** | 21 € | 28 € | [m²] | ⏱ 0,20 h/m² | 016.001.101 |

23 Schalung, Holzspanplatte P7, Nut-Feder-Profil — KG 363

Dachschalung, hochbelastbar im Feuchtbereich, aus kunstharzgebundenen Spanplatten DIN EN 312, mit Nut-Feder-Profilverbindung. Befestigung mit feuerverzinkten Nägeln auf Holzuntergrund nach statischer Berechnung und Konstruktionszeichnungen.
Plattentyp: P7
Dicke: bis 25 mm
Einbauort: unter Dachdeckung

| 14 € | 18 € | **20 €** | 23 € | 32 € | [m²] | ⏱ 0,20 h/m² | 016.000.009 |

LB 016
Zimmer- und Holzbauarbeiten

Nr.	Kurztext / Langtext					[Einheit]	Ausf.-Dauer	Kostengruppe Positionsnummer
▶	▷	ø netto €	◁	◀				

24 Schalung, OSB/2, Flachpressplatte, 15-18mm — KG **336**
Schalung für Innenausbau im Trockenbereich, aus OSB-Platten DIN EN 300. Befestigung mit feuerverzinkten Nägeln auf Holzuntergrund nach statischer Berechnung und Konstruktionszeichnungen.
Plattentyp: OSB/2
Dicke: **15 / 18** mm
Profil: **4-seitig NF-System / stumpf**
Oberfläche: ungeschliffen
Einbauort: .....

| 10€ | 17€ | **17€** | 19€ | 23€ | [m²] | ⏱ 0,20 h/m² | 016.000.150 |

25 Schalung, OSB/3, Flachpressplatte, 12-15mm — KG **336**
Schalung für Innenausbau, tragende Anwendung im Trockenbereich, aus OSB-Platten DIN EN 300. Befestigung mit feuerverzinkten Nägeln auf Holzuntergrund nach statischer Berechnung und Konstruktionszeichnungen.
Plattentyp: OSB/3
Dicke: **12 / 15** mm
Oberfläche: **geschliffen / ungeschliffen**

| 12€ | 17€ | **18€** | 20€ | 23€ | [m²] | ⏱ 0,20 h/m² | 016.000.084 |

26 Schalung, OSB/3, Flachpressplatte, 20-22mm — KG **336**
Schalung für Innenausbau, tragende Anwendung im Trockenbereich, aus OSB-Platten DIN EN 300. Befestigung mit feuerverzinkten Nägeln auf Holzuntergrund nach statischer Berechnung und Konstruktionszeichnungen.
Plattentyp: OSB/3
Dicke: **20 / 22** mm
Oberfläche: **ungeschliffen / geschliffen**
Einbauort: .....

| 17€ | 20€ | **22€** | 24€ | 30€ | [m²] | ⏱ 0,22 h/m² | 016.000.101 |

27 Schalung, OSB/4, Flachpressplatte, 25-28mm, Feuchtebereich — KG **352**
Schalung für Innenausbau, tragende Anwendung im Feuchtebereich, aus OSB-Platten DIN EN 300. Befestigung mit feuerverzinkten Nägeln auf Holzuntergrund nach statischer Berechnung und Konstruktionszeichnungen.
Plattentyp: OSB/4
Dicke: **25 / 28** mm
Oberfläche: **geschliffen / ungeschliffen**
Einbauort: .....

| 18€ | 22€ | **24€** | 31€ | 45€ | [m²] | ⏱ 0,25 h/m² | 016.000.102 |

Kosten:
Stand 1. Quartal 2018
Bundesdurchschnitt

▶ min
▷ von
ø Mittel
◁ bis
◀ max

Nr.	Kurztext / Langtext							Kostengruppe
▶	▷	ø netto €	◁	◀	[Einheit]	Ausf.-Dauer	Positionsnummer

28 Schalung, Sperrholz, Feuchtebereich   KG 364

Schalung für tragende Zwecke im Feuchtebereich, aus Sperrholzplatten DIN EN 636. Befestigung mit feuerverzinkten Nägeln oder Schrauben auf Holzuntergrund nach statischer Berechnung und Konstruktionszeichnungen.
Dicke: ......
Nutzungsklasse: 2
Oberflächengüte: **E / I / II / III / IV**
Erscheinungsklasse: **0 / A**
Befestigung: unsichtbar / sichtbar
Einbauort: .....
Befestigung: **mit Nägeln / Schrauben**
Untergrund: Holz

| 21€ | 34€ | **39€** | 45€ | 57€ | [m²] | ⏱ 0,25 h/m² | 016.000.087 |

29 Schalung, Sperrholz, Innenbereich   KG 364

Schalung aus Sperrholzplatten für allgemeine Zwecke DIN EN 636, Verwendung im Innenbereich, Befestigung mit feuerverzinkten Nägeln oder Schrauben nach statischer Berechnung und Konstruktionszeichnungen.
Nutzungsklasse 1
Dicke ..... mm
Deckfurnier bzw. Gütemerkmal der Sichtseite: **E / I / II**
Erscheinungsklasse: **0 / A**
Befestigung: **unsichtbar / sichtbar**
Einbauort: .....
Untergrund: Holz
Angeb. Fabrikat: .....

| 21€ | 33€ | **37€** | 41€ | 53€ | [m²] | ⏱ 0,26 h/m² | 016.000.010 |

30 Schalung, Kehlbalkenlage   KG 363

Dachschalung aus Rauspund, Nadelholz, allseitig gehobelt, Befestigung mit Nägeln.
Oberfläche: einseitig gehobelt
Sortierklasse: S10TS
Brettdicke: mind. 24 mm
Einbauort: Kehlbalkenlage

| 18€ | 20€ | **21€** | 24€ | 29€ | [m²] | ⏱ 0,20 h/m² | 016.001.098 |

31 Schalung, Dachboden / Unterboden   KG 363

Dachschalung, tragend, aus kunstharzgebundenen Spanplatten DIN EN 312 bzw. OSB-Platten DIN EN 300, mit Nut-Feder-Profilverbindung, auf Holzuntergrund.
Plattentyp: **P7 / OSB-3**
Dicke: bis 25 mm
Einbauort: **Dachboden / Unterboden Dachraum**

| 13€ | 17€ | **19€** | 22€ | 28€ | [m²] | ⏱ 0,20 h/m² | 016.001.099 |

LB 016 Zimmer- und Holzbauarbeiten

Kosten:
Stand 1.Quartal 2018
Bundesdurchschnitt

▶ min
▷ von
ø Mittel
◁ bis
◀ max

Nr.	Kurztext / Langtext						Kostengruppe
▶	▷	ø netto €	◁	◀	[Einheit]	Ausf.-Dauer	Positionsnummer

32 Schalung, Seekiefer-Sperrholzplatte — KG 335

Schalung aus Sperrholzplatten, ohne Anforderung an die Sichtbarkeit, befestigen mit korrosionsgeschützten Schrauben.
Verwendung: **Innenbereich / Feuchtbereich / Außenbereich**
Schalungsdicke: bis 24 mm
Nutzungsklasse: **1 / 2 / 3**
Einbauort: .....
Untergrund: Holz

| 22€ | 29€ | **32**€ | 35€ | 43€ | [m²] | ⏱ 0,22 h/m² | 016.000.037 |

33 Bekleidung, Furnierschichtholzplatte — KG 364

Bekleidung, innen, aus Furnierschichtholzplatte, mit Deckfurnier.
Holzart Furnier: .....
Einbau: **tragend / aussteifend / ohne Anforderung**
Verwendungsbereich: **Trockenbereich / Feuchtbereich / Außenbereich**
Nutzungsklasse: **1 / 2 / 3**
Dicke: **20 / 26** mm
Qualität: **Sichtqualität / Nichtsichtqualität**
Oberflächengüte: **E / I / II**
Erscheinungsklasse: **0 / A**
Bekleidung: **sichtbar / unsichtbar**
Befestigung: **mit Nägeln / Schrauben**
Einbauort: .....
Untergrund: Holz

| 28€ | 37€ | **40**€ | 43€ | 51€ | [m²] | ⏱ 0,33 h/m² | 016.000.063 |

34 Bekleidung, Massivholzplatte — KG 335

Bekleidung, innen, aus Massivholzplatte SWP DIN EN 15353.
Holzart Decklage: .....
Einbau: **tragend / aussteifend / ohne Anforderung**
Verwendungsbereich: **Trockenbereich / Feuchtbereich / Außenbereich**
Nutzungsklasse: **1 / 2 / 3**
Dicke: **20 / 26** mm
Qualität: **Sichtqualität / Nichtsichtqualität**
Oberflächengüte: **E / I / II**
Erscheinungsklasse: **0 / A**
Befestigung: **sichtbar / unsichtbar**
Befestigung: **mit Nägeln / Schrauben**
Einbauort: .....
Untergrund: Holz

| 29€ | 48€ | **58**€ | 62€ | 75€ | [m²] | ⏱ 0,38 h/m² | 016.000.096 |

Nr.	**Kurztext** / Langtext					Kostengruppe	
▶	▷	**ø netto €**	◁	◀	[Einheit]	Ausf.-Dauer	Positionsnummer

35 Trauf-/Ortgangschalbretter, gehobelt — KG 363
Schalung der Traufe, als Unterlage für Dachdeckung, aus Nadelholz-Brettern. Chem. Holzschutz in gesonderter Position.
Oberfläche: einseitig gehobelt
Schalungsdicke: 22-24 mm
Breite: 100 mm
Güteklasse: 2 DIN 68365
Sortierklasse: S10TS DIN 4074-1
Gebrauchsklasse: **GK1 / GK2 / GK3.1 / GK3.2**
Einbau: sichtbar
Untergrund: Holz

| 7€ | 14€ | **16**€ | 20€ | 28€ | [m] | ⏱ 0,35 h/m | 016.000.021 |

36 Blindboden, Nadelholz, einseitig gehobelt — KG 352
Blindboden, eingebaut zwischen Deckenbalken, aus gespundeter Schalung aus Nadelholz, einseitig gehobelt, von unten sichtbar bleibend. Befestigung mit gehobelten Leisten 30/50mm an Deckenbalken genagelt. Chem. Holzschutz in gesonderter Position.
Holzart: **Fichte / Kiefer**
Sortierklasse: S10TS DIN 4074-1
Schalungsdicke 19 mm
Breite: 100 mm
Gebrauchsklasse: **GK1 / GK2 / GK3.1**
Einbau: sichtbar
Untergrund: Holz

| 17€ | 23€ | **26**€ | 28€ | 39€ | [m²] | ⏱ 0,40 h/m² | 016.000.054 |

37 Bretterschalung, Nadelholz, zwischen Balken — KG 351
Bretterschalung, zwischen bauseitigem Holzbalken und Auflager aus Latten.
Holzart: Nadelholz
Schalungsdicke: 24 mm
Güteklasse: 2 DIN 68365
Sortierklasse: S10TS DIN 4074-1
Lattung: 30 x 50 mm, sägerau
Balkenabstand: .....

| 20€ | 30€ | **34**€ | 38€ | 48€ | [m²] | ⏱ 0,35 h/m² | 016.000.030 |

38 Kanthölzer, S10TS, Nadelholz, scharfkantig, gehobelt — KG 335
Liefern von Kantholz, scharfkantig.
Holzart: **Fichte / Tanne / Kiefer**
Festigkeitsklasse C24 DG DIN EN 14081-1
Oberfläche: **allseitig egalisiert / gehobelt**
Querschnitt: 60 x 120 mm
Einzellänge: bis ..... m, gemäß Holzliste des AG

| 10€ | 13€ | **14**€ | 17€ | 23€ | [m] | ⏱ 0,10 h/m | 016.000.013 |

LB 016 Zimmer- und Holzbauarbeiten

Kosten:
Stand 1.Quartal 2018
Bundesdurchschnitt

▶ min
▷ von
ø Mittel
◁ bis
◀ max

Nr.	Kurztext / Langtext ▶ ▷ ø netto € ◁ ◀	[Einheit]	Ausf.-Dauer	Kostengruppe Positionsnummer

A 1 Zwischensparrendämmung MW DZ-035 — Beschreibung für Pos. **39-41**
Wärmedämmung zwischen Holzbalken / Sparren, aus Mineralwolle.
Dämmstoff: MW
Anwendungsgebiet: DZ
Nennwert der Wärmeleitfähigkeit: 0,034 W/(mK)
Brandverhalten: Klasse A1
Holzbalken-/Sparren-Abstand: 600 mm

39 Zwischensparrendämmung, MW 034, 120mm — KG **363**
Wie Ausführungsbeschreibung A 1
Dämmschichtdicke: 120 mm
Angeb. Fabrikat: .....
12€ 14€ **15**€ 17€ 17€ [m²] ⏱ 0,20 h/m² 016.000.131

40 Zwischensparrendämmung, MW 034, 180mm — KG **363**
Wie Ausführungsbeschreibung A 1
Dämmschichtdicke: 180 mm
Angeb. Fabrikat: .....
13€ 15€ **17**€ 19€ 20€ [m²] ⏱ 0,22 h/m² 016.000.134

41 Zwischensparrendämmung, MW 034, 220mm — KG **363**
Wie Ausführungsbeschreibung A 1
Dämmschichtdicke: 220 mm
Angeb. Fabrikat: .....
17€ 19€ **20**€ 21€ 22€ [m²] ⏱ 0,25 h/m² 016.000.136

42 Bohle, S13TS K, Nadelholz — KG **335**
Liefern von Kantholz.
Holzart: **Fichte / Tanne / Kiefer**
Sortierklasse: S13TS K, DIN 4074-1 scharfkantig
Oberfläche: **egalisiert / gehobelt**
Querschnitt: 40 x 120 mm
Einzellänge: bis ..... m, gemäß Holzliste des AG
5€ 9€ **11**€ 19€ 34€ [m] ⏱ 0,10 h/m 016.000.151

A 2 Zwischensparrendämmung, WF 038 — Beschreibung für Pos. **43-44**
Wärmedämmung zwischen Sparren, aus Holzfasern, einlagig.
Dämmstoff: WF
Anwendungsgebiet: DZ
Nennwert der Wärmeleitfähigkeit: 0,038 W/(mK)
Brandverhalten: Klasse E
Holzbalken-/Sparren-Abstand: 600 mm

43 Zwischensparrendämmung, WF 038, 180mm — KG **363**
Wie Ausführungsbeschreibung A 2
Dämmschichtdicke: 180 mm
Angeb. Fabrikat: .....
28€ 32€ **34**€ 36€ 38€ [m²] ⏱ 0,24 h/m² 016.000.128

Nr.	Kurztext / Langtext					Kostengruppe	
▶	▷	ø netto €	◁	◀	[Einheit]	Ausf.-Dauer	Positionsnummer

44 Zwischensparrendämmung, WF 038, 220mm — KG **363**
Wie Ausführungsbeschreibung A 2
Dämmschichtdicke: 220 mm
Angeb. Fabrikat: .....

| 32€ | 36€ | **38€** | 41€ | 42€ | [m²] | ⏱ 0,25 h/m² | 016.000.139 |

45 Traufbohle, konisch — KG **363**
Traufbohle, konischer Zuschnitt
Holzart: **Fichte / Tanne / Kiefer**
Sortierklasse: S13TS K, DIN 4074-1 scharfkantig
Oberfläche: **egalisiert / gehobelt**
Querschnitt: 40 / 60 x 120 mm
Einzellänge: bis ..... m, gemäß Holzliste des AG

| 4€ | 7€ | **8€** | 10€ | 16€ | [m] | ⏱ 0,10 h/m | 016.001.119 |

46 Stellbrett, zwischen Sparren — KG **363**
Holzbrett aus Nadelholz DIN 68365 Güteklasse 2, liefern und **einseitig sichtbar / unsichtbar**, farblos imprägniert mit chemischem Holzschutz DIN 68800-3, zwischen Sparren der Dachkonstruktion passgenau und unsichtbar befestigt einbauen.
Länge: ca. ..... mm
Höhe: ..... mm
Dicke: **24 / 28** mm
Oberfläche: allseitig gehobelt und
Einbauort: **Ortgang / Traufe / First / .....** .

| 7€ | 13€ | **15€** | 18€ | 26€ | [m] | ⏱ 0,04 h/m | 016.000.152 |

47 Dichtungsband, vorkomprimiert — KG **361**
Vorkomprimierte, luftdichte Dichtungsbänder, für Anschlussfugen an aufgehenden Bauteile.
Banddicke: 50 mm, vorkomprimiert auf 10 mm
Angeb. Fabrikat: .....

| 1€ | 2€ | **3€** | 4€ | 6€ | [m] | ⏱ 0,04 h/m | 016.000.034 |

48 Dampfsperrbahn, sd-Wert mind. 1.500m — KG **363**
Dampfsperrbahn aus Metallfolie, raumseitig; Seitenüberdeckung und Überlappungen nach Herstellervorgabe. Herstellen der wind- und luftdichten Anschlüsse an aufgehende und begrenzende Bauteile in gesonderter Position.
Dampfsperrbahn: .....
Sd-Wert: mind. 1.500 m
Angeb. Fabrikat: .....

| 3€ | 5€ | **6€** | 8€ | 11€ | [m²] | ⏱ 0,08 h/m² | 016.000.014 |

LB 016 Zimmer- und Holzbauarbeiten

Kosten:
Stand 1.Quartal 2018
Bundesdurchschnitt

Nr.	Kurztext / Langtext					[Einheit]	Ausf.-Dauer	Kostengruppe Positionsnummer
▶	▷	ø netto €	◁	◀				

49 Dampfbremsbahn, sd-Wert bis 2,0m   KG **364**

Luftdichtungs- und Dampfbremsbahn, raumseitig; Seitenüberdeckung und Überlappungen nach Herstellervorgabe. Herstellen der wind- und luftdichten Anschlüsse an aufgehende und begrenzende Bauteile in gesonderter Position.
Dampfsperrbahn: .....
Sd-Wert: bis 2,0 m
Angeb. Fabrikat: .....

| 3€ | 6€ | **8€** | 10€ | 19€ | [m²] | ⏱ 0,08 h/m² | 016.000.090 |

50 Dampfsperre, feuchteadaptiv, sd-variabel   KG **364**

Dampfbremsbahn, feuchteadaptiv, mit variablem sd-Wert; Seitenüberdeckung und Überlappungen nach Herstellervorgabe. Herstellen der wind- und luftdichten Anschlüsse an aufgehende und begrenzende Bauteile in gesonderter Position.
Dampfsperrbahn: .....
Sd-Wert: variabel
Angeb. Fabrikat: .....

| 3€ | 7€ | **9€** | 12€ | 18€ | [m²] | ⏱ 0,08 h/m² | 016.000.065 |

51 Abdichtungsanschluss verkleben, Dampfsperrbahn   KG **363**

Anschluss der Dampfsperrbahn, Verklebung mit auf die Dampf-Sperrbahn abgestimmtem Klebeband.
Anschluss an: **Dachfenster / Kehlen / Grate**
Klebeband: .....

| 1€ | 4€ | **4€** | 8€ | 17€ | [m] | ⏱ 0,10 h/m | 016.000.038 |

52 Abdichtungsanschluss verkleben, Dampfbremsbahn   KG **363**

Anschluss der Dampfbremsbahn, Verklebung mit auf die Dampf-Sperrbahn abgestimmtem Klebeband.
Anschluss an: **Dachfenster / Kehlen / Grate**
Klebeband: .....

| 2€ | 5€ | **6€** | 7€ | 11€ | [m] | ⏱ 0,10 h/m | 016.000.113 |

53 Abdichtungsanschluss, Butyl-Band   KG **363**

Anschluss der Dampfsperrbahn, auf saugenden Untergründen, mit Butyl-Klebeband, Band als metallisierte Polypropylenfolie mit hochreißfestem Polyethylennetz und heißkalandriertem Butylkautschuk, kaltverschweißend und wasserdicht.
Anschluss an: **Dachfenster / Kehlen / Grate**
Brandverhalten: Klasse E
Klebekraft: 20-25 N/mm
Klebeband: .....
Angeb. Fabrikat: .....

| 6€ | 9€ | **10€** | 10€ | 12€ | [m] | ⏱ 0,04 h/m | 016.000.039 |

▶ min
▷ von
ø Mittel
◁ bis
◀ max

Nr.	Kurztext / Langtext					Kostengruppe	
▶	▷	ø netto €	◁	◀	[Einheit]	Ausf.-Dauer	Positionsnummer

A 3 Außenwanddämmung WF, regensicher Beschreibung für Pos. **54-55**

Außenwanddämmung auf Holz-Unterkonstruktion, Holzfaserplatten, bewitterbar, dicht stoßen, Kreuzfugen sind zu vermeiden.
Dämmstoff: WF
Anwendungsgebiet: WH
Brandverhalten: Klasse E
Holzunterkonstruktion: .....

54 Außenwanddämmung, WF bis 20mm, regensicher KG **335**

Wie Ausführungsbeschreibung A 3
Rohdichte: ..... kg/m³
Nennwert der Wärmeleitfähigkeit: 0,047 W/(mK)
Plattenoberfläche: **bituminiert / paraffiniert / latexiert**
Ausführung Stöße: **mit Klebebändern / mit Nut-Feder-Kantenprofil**
Plattendicke: 18-20 mm
Angeb. Fabrikat: .....

| 17€ | 21€ | **22**€ | 26€ | 31€ | [m²] | ⏱ 0,20 h/m² | 016.000.062 |

55 Außenwanddämmung, WF 80mm, regensicher KG **335**

Wie Ausführungsbeschreibung A 3
Rohdichte: ..... kg/m³
Nennwert der Wärmeleitfähigkeit: 0,047 W/(mK)
Plattenoberfläche: **bituminiert / paraffiniert / latexiert**
Ausführung Stöße: **mit Klebebändern / mit Nut-Feder-Kantenprofil**
Plattendicke: 80 mm
Angeb. Fabrikat: .....

| 22€ | 28€ | **30**€ | 35€ | 42€ | [m²] | ⏱ 0,24 h/m² | 016.000.120 |

56 Unterspannbahn, hinterlüftetes Dach KG **363**

Diffusionsoffene Unterdeckbahn, für belüftetes, geneigtes Dach, verlegt auf Dachdämmung, oben frei hinterlüftet. Anschluss an Durchdringungen und aufgehende Bauteile in gesonderter Position.
frei bewitterbar: ..... Wochen
Sd-Wert: ca. 0,5 m
Unterdeckbahn Klasse: UDB-A
Brandverhalten: Klasse E
Überlappung: ..... mm, **überlappt / verklebt**
Dachneigung: ..... °
Untergrund: Dämmung aus ..... .
Angeb. Fabrikat: .....

| 3€ | 5€ | **6**€ | 7€ | 10€ | [m²] | ⏱ 0,08 h/m² | 016.001.120 |

LB 016 Zimmer- und Holzbauarbeiten

Kosten:
Stand 1.Quartal 2018
Bundesdurchschnitt

Nr.	**Kurztext** / Langtext						Kostengruppe
▶	▷	ø netto €	◁	◀	[Einheit]	Ausf.-Dauer	Positionsnummer

57 Blower-Door-Test, Haus bis 900m² — KG 741

Differenzdruck-Messverfahren / Blower-Door-Test, zum Nachweis der Luftdichtigkeit für Gebäude, nach DIN-EN 13829, Verfahren **B / A**, Ausführung des Tests nach Einbau der Fenster, sowie Anschluss der Luftdichtungsfolien an begleitende und durchstoßende Bauteile.
Folgende Leistungen sind vereinbart:
– Ermittlung der Luftwechselrate bei 50 Pa Druckdifferenz
– Leckageortung mittels Anemometrie (bis zu 3 Stunden)
– Erstellung des Messprotokolls und des Prüfberichts
– Dokumentation der Messergebnisse (Übergabe 2-fach an AG)
– Zertifikat bei Einhalten des Grenzwertes
– inkl. Schließen aller absichtlich hergestellten äußeren Einblasöffnungen
Räumliche Gegebenheiten:
– Anzahl der Öffnungen: ....
– Grundfläche: .....
– Geschosshöhe: .....
– Gebäudeform: .....
Gebäudevolumen: bis 900 m³

574€   918€   **1.044**€   1.091€   2.022€   [psch]   ⏱ 8,50 h/psch   016.000.040

A 4 Einblasdämmung, Zellulose, Nennwert Wärmeleitfähigkeit 039 — Beschreibung für Pos. 58-61

Wärmedämmung aus Zellulose, zwischen Sparren und Konstruktionshölzern, Einblasdämmung, inkl. Verdichten, Abrechnung nach Fläche.
Dämmstoff: Zellulosefasern
Anwendungsgebiet: DZ
Nennwert der Wärmeleitfähigkeit: 0,039 W/(mK)
Brandverhalten: Klasse B-s2, d0
Ständer- / Sparrenabstand: 60 bis 90 cm
Schimmelresistenz: Stufe 0 - keine Schimmelpilzgefährdung

58 Einblasdämmung, Zellulose 039, 100mm — KG 363
Wie Ausführungsbeschreibung A 4
Dämmschichtdicke: 100 mm
Angeb. Fabrikat: .....

6€   9€   **10**€   12€   14€   [m²]   ⏱ 0,10 h/m²   016.001.104

59 Einblasdämmung, Zellulose 039, 140mm — KG 363
Wie Ausführungsbeschreibung A 4
Dämmschichtdicke: 140 mm
Angeb. Fabrikat: .....

8€   12€   **14**€   16€   19€   [m²]   ⏱ 0,10 h/m²   016.001.129

60 Einblasdämmung, Zellulose 039, 180mm — KG 363
Wie Ausführungsbeschreibung A 4
Dämmschichtdicke: 180 mm
Angeb. Fabrikat: .....

10€   16€   **18**€   21€   25€   [m²]   ⏱ 0,14 h/m²   016.001.107

▶ min
▷ von
ø Mittel
◁ bis
◀ max

Nr.	Kurztext / Langtext							Kostengruppe
▶	▷	ø netto €	◁	◀	[Einheit]	Ausf.-Dauer	Positionsnummer

61   Einblasdämmung, Zellulose 039, 300mm   KG **363**
Wie Ausführungsbeschreibung A 4
Dämmschichtdicke: 300 mm
Angeb. Fabrikat: .....

| 16€ | 21€ | **23**€ | 26€ | 34€ | [m²] | ⏱ 0,20 h/m² | 016.000.127 |

62   Dämmung, Holzfaserplatte, 80mm   KG **364**
Wärmedämmung, Holzfaser, einlagig, dicht gestoßen und fugenfrei einbauen auf Holz-Unterkonstruktion.
Dämmstoff: WF
Anwendung: .....
Brandverhalten: Klasse E
Rohdichte: ..... kg/m³
Nennwert der Wärmeleitfähigkeit: ..... W/(mK)
Rand: **Stufenfalz / N+F-Falz / stumpf mit 10mm Übermaß**
Plattendicke: 80 mm
Ständerabstand: 62,5 cm
Einbauort: .....
Angeb. Fabrikat: .....

| 18€ | 25€ | **29**€ | 35€ | 42€ | [m²] | ⏱ 0,22 h/m² | 016.000.153 |

63   Außenwanddämmung WF, Putzträgerplatte, 160mm   KG **335**
Wärmedämmung als Putzträger und zur Dämmung der Außenwand, auf Holz-Unterkonstruktion, Holzfaser, einlagig, dicht gestoßen und fugenfrei einbauen.
Dämmstoff: WF
Anwendung: WAP
Brandverhalten: Klasse E
Rohdichte: ca. 230 bis 265 kg/m³
Nennwert der Wärmeleitfähigkeit: **0,046 / 0,048** W/(mK)
Ausführung: **Stufenfalz / N+F-Falz / stumpf mit 10 mm Übermaß**
Plattendicke: 160 mm
Ständerabstand: 62,5 cm
Einbauort: Außenwand, Außenseite
Angeb. Fabrikat: .....

| –€ | 47€ | **53**€ | 64€ | –€ | [m²] | ⏱ 0,30 h/m² | 016.000.121 |

64   Aufsparrendämmung PUR, 120-160mm   KG **363**
Aufsparrendämmung aus Polyurethan-Hartschaumplatten, einlagig und regensicher, mit Deckschichten und Kaschierung, umlaufend mit Stufenfalz.
Dämmstoff: **PUR / PIR**
Anwendungsgebiet: DAD
Dämmdicke: 120-160 mm
Deckschicht: zweilagig, diffusionsoffenes Vlies
Kaschierung: obenseitig, aus Unterdeckbahn
Nennwert der Wärmeleitfähigkeit: **0,025 / 0,030** W/(mK)
Brandverhalten: normal entflammbar - Klasse E
Sparrenabstand: ca. 600 mm
Angeb. Fabrikat: .....

| 38€ | 41€ | **42**€ | 44€ | 46€ | [m²] | ⏱ 0,20 h/m² | 020.000.141 |

LB 016
Zimmer- und Holzbauarbeiten

Nr.	Kurztext / Langtext						[Einheit]	Ausf.-Dauer	Kostengruppe Positionsnummer
▶	▷	ø netto €	◁	◀					

65 Akustikvlies, Glasfaser   KG **363**
Akustik-Vlies aus Glasfaser, schwarz.
Brandverhalten: nicht brennbar, A2-s.....
Flächengewicht: 75-80 g/m²
Luftdurchlässigkeit: 2.300 l/m²/s
Einbauort: .....
Angeb. Fabrikat: .....

| 2€ | 3€ | **4**€ | 5€ | 6€ | [m²] | ⏱ 0,10 h/m² | 016.000.057 |

66 Vordeckung, Bitumenbahn V13   KG **363**
Bitumen-Dachbahn mit Glasvlieseinlage, Verlegung horizontal, Nähte überlappend, im Nahtbereich mechanisch befestigt.
Funktion: **Vordeckung / Trennlage**
Bahnenart: V13
Untergrund: Holzwerkstoffplatten
Einbauort: Dach
Dachneigung: .....
Angeb. Fabrikat: .....

| 4€ | 6€ | **6**€ | 6€ | 9€ | [m²] | ⏱ 0,12 h/m² | 016.000.019 |

67 Insektenschutz, Lochstreifen   KG **363**
Insektenschutz für Zuluftöffnung, aus Lochstreifen, eingebaut auf Holzunterkonstruktion, inkl. nichtrostender Befestigungsmittel. Eckausbildung in gesonderter Position.
Werkstoff: .....
Blechdicke: .....
Abwicklung / Kantungen: ca. 167 mm, zweifach gekantet
Oberfläche: gelocht
freier Querschnitt: .....
Angeb. Fabrikat: .....

| 2€ | 6€ | **7**€ | 10€ | 18€ | [m] | ⏱ 0,08 h/m | 016.000.020 |

68 Traglattung, Nadelholz, 30x50mm   KG **363**
Trag- / Konterlattung aus Nadelholz, für Dachziegel- oder Betondachsteindeckung, auf Holzunterkonstruktion, Befestigung mit korrosionsgeschützten Klammern, Nägeln und Schrauben.
Sortierklasse: S10TS
Oberfläche: sägerau
Lattenabstand: ca. 330 mm
Sparrenabstand: **bis 700** mm **/ bis 800** mm
Dachdeckung: .....
Dachfläche: .....
Dachneigung: .....°
Lattenquerschnitt: 30 x 50 mm

| 1€ | 2€ | **2**€ | 3€ | 4€ | [m] | ⏱ 0,10 h/m | 016.000.022 |

Kosten:
Stand 1.Quartal 2018
Bundesdurchschnitt

▶ min
▷ von
ø Mittel
◁ bis
◀ max

Nr.	Kurztext / Langtext							Kostengruppe
▶	▷	ø netto €	◁	◀	[Einheit]	Ausf.-Dauer	Positionsnummer

69 Traglattung, Nadelholz, 40x60mm — KG 363

Trag- / Konterlattung aus Nadelholz, für Dachziegel- oder Betondachsteindeckung, auf Holzunterkonstruktion, Befestigung mit korrosionsgeschützten Klammern, Nägeln und Schrauben.
Sortierklasse: S10TS
Oberfläche: sägerau
Lattenabstand: ca. 330 mm
Sparrenabstand: **bis 700** mm **/ bis 800** mm
Dachdeckung: .....
Dachfläche: ....
Dachneigung: .....°
Lattenquerschnitt: 40 x 60 mm

| 2€ | 3€ | **4€** | 5€ | 8€ | [m] | ⏱ 0,10 h/m | 016.000.091 |

70 Dachlattung, Nadelholz, 30x50mm — KG 363

Dachlattung aus Nadelholz, für Dachziegel- oder Betondachsteindeckung, auf Holzunterkonstruktion, Befestigung mit korrosionsgeschützten Klammern, Nägeln und Schrauben.
Sortierklasse: S10TS
Oberfläche: sägerau
Lattenabstand: ca. 330 mm
Sparrenabstand: **bis 700** mm **/ bis 800** mm
Dachdeckung: .....
Dachfläche: .....
Dachneigung: .....°
Lattenquerschnitt: 30 x 50 mm

| 2€ | 4€ | **5€** | 6€ | 9€ | [m²] | ⏱ 0,10 h/m² | 016.000.078 |

71 Dachlattung, Nadelholz, 40x60mm — KG 363

Dachlattung aus Nadelholz, für Dachziegel- oder Betondachsteindeckung, auf Holzunterkonstruktion, Befestigung mit korrosionsgeschützten Klammern, Nägeln und Schrauben.
Sortierklasse: S10TS
Oberfläche: sägerau
Lattenabstand: ca. 330 mm
Sparrenabstand: **bis 700** mm **/ bis 800** mm
Dachdeckung: .....
Dachfläche: .....
Dachneigung: .....°
Lattenquerschnitt: 40 x 60 mm

| 4€ | 6€ | **7€** | 8€ | 11€ | [m²] | ⏱ 0,10 h/m² | 016.000.103 |

72 Nageldichtband, Konterlattung — KG 363

Nageldichtband / Nageldichtmasse unter Konterlattung, zur Ausbildung eines regensicheren Unterdachs, auf Unterspannbahn aufgebracht.
Konterlattung: ......
Unterspannbahn: .....
Sparrenabstand: .....
Angeb. Fabrikat: .....

| 2€ | 2€ | **3€** | 3€ | 4€ | [m] | ⏱ 0,01 h/m | 016.000.079 |

**LB 016
Zimmer- und
Holzbauarbeiten**

Nr.	Kurztext / Langtext						Kostengruppe
▶	▷	ø netto €	◁	◀	[Einheit]	Ausf.-Dauer	Positionsnummer

Kosten:
Stand 1.Quartal 2018
Bundesdurchschnitt

| **73** | **Wohndachfenster, bis 1,00m², U$_w$=1,4** | | | | | | **KG 362** |

Dachflächenfenster aus Nadelholz, lasiert, als Klapp-Schwing-Fenster, inkl. Eindeck- und Dämmrahmen.
Dachbelag: .....
  – Fenster mit stufenlosem 45°-Öffnungswinkel und stufenloser Schwingfunktion, Öffnungsgriff unten, mit Lüftungsklappe und Luftfilter
  – Außenabdeckung aus Aluminium, einbrennlackiert
  – Eindeckrahmen für Ziegel- oder Betondachsteindeckung, aus Aluminium
  – Verglasung bestehend aus Außenscheibe ESG ..... mm, selbstreinigend beschichtet / Innenscheibe VSG 2x ..... mm mit Edelmetallbeschichtung, SZR ..... mm, Spezialgasfüllung aus ..... Scheiben-Innenbeschichtung aus .....
  – Dämmrahmen aus ....., mit integrierter Stahlleiste, zum Anschluss an Dachdämmung
  – Anschlussschürze aus diffusionsoffenem Material mit Wasserableitrinne

Wärmeschutz: U$_w$ .....

Schalldämmung: R$_w$,R ......

Hagelwiderstand: Klasse .....
Blendrahmen-Außenmaß: 780 x 1.180 mm
Oberfläche Flügel- und Blendrahmen: **..... / 2-K-PU-Beschichtung**, Farbe......
Farbe Eindeckrahmen: .....
Angeb. Fabrikat: .....

| 570 € | 737 € | **818** € | 880 € | 1.015 € | [St] | ⏱ 1,90 h/St | 016.000.045 |

| **74** | **Wohndachfenster, bis 1,85m², U$_w$=1,4** | | | | | | **KG 362** |

Dachflächenfenster aus Nadelholz, lasiert, als Klapp-Schwing-Fenster, inkl. Eindeck- und Dämmrahmen
Dachbelag: .....
  – Fenster mit stufenlosem 45°-Öffnungswinkel und stufenloser Schwingfunktion, Öffnungsgriff unten, mit Lüftungsklappe und Luftfilter
  – Außenabdeckung aus Aluminium, einbrennlackiert
  – Eindeckrahmen für Ziegel- oder Betondachsteindeckung, aus Aluminium
  – Verglasung bestehend aus Außenscheibe ESG ..... mm, selbstreinigend beschichtet / Innenscheibe VSG 2x ..... mm mit Edelmetallbeschichtung, SZR ..... mm, Spezialgasfüllung aus ..... Scheiben-Innenbeschichtung aus ..... .
  – Dämmrahmen aus ....., mit integrierter Stahlleiste, zum Anschluss an Dachdämmung
  – Anschlussschürze aus diffusionsoffenem Material mit Wasserableitrinne

Wärmeschutz: U$_w$ .....

Schalldämmung: R$_w$,R ......

▶ min
▷ von
ø Mittel
◁ bis
◀ max

Hagelwiderstand: Klasse .....
Blendrahmen-Außenmaß: **1.140 x 1.600 / 1.340 x 1.400** mm
Oberfläche: Flügel- und Blendrahmen: ..... / 2-K-PU-Beschichtung, Farbe......
Farbe Eindeckrahmen: .....
Angeb. Fabrikat: .....

| 671 € | 868 € | **939** € | 1.170 € | 1.469 € | [St] | ⏱ 2,20 h/St | 016.000.125 |

Nr.	Kurztext / Langtext							Kostengruppe
▶	▷	ø netto €	◁	◀	[Einheit]	Ausf.-Dauer	Positionsnummer	

75 Außenwand, Holzrahmen, 16cm, OSB, WF — KG 337

Außenwand als Holzrahmenkonstruktion:
- Rahmen aus Nadelholz
- innenseitige Beplankung aus OSB-Platten, abgeklebt als Luftdichtheitsschicht
- außenseitige Beplankung aus poröser Holzfaserplatte, diffusionsoffen
- Wärmedämmung aus Holzwolleplatten
- einschl. Verbindung der Elemente untereinander
- Anschluss an vorhandene Bauteile in gesonderter Position

Sortierklasse: S10TS
Wanddicke: 160 mm
Achsabstand Ständer: 60-62,5 cm
Bekleidung innen: OSB/2
Sd-Wert: >=2,0m
Plattendicke: 15 mm
Bekleidung außen: poröse Holzfaserplatte SB.E-E1, d= 25 mm
Nennwert der Wärmeleitfähigkeit: 0,050 W/(mK)
Dämmstoff: WF
Anwendungsgebiet: WH
Plattendicke: 160 mm
Nennwert der Wärmeleitfähigkeit: 0,038 W/(mK)
Angeb. Fabrikat: .....

▶	▷	ø netto €	◁	◀	[Einheit]	Ausf.-Dauer	Positionsnummer
52 €	87 €	**100 €**	125 €	166 €	[m²]	⏱ 0,80 h/m²	016.000.025

**LB 016
Zimmer- und
Holzbauarbeiten**

Nr.	Kurztext / Langtext					Kostengruppe
▶	▷	ø netto €	◁	◀	[Einheit]	Ausf.-Dauer Positionsnummer

76 Außenwand, Holzstegträger, OSB, Zellulosedämmung, WF KG **337**

Wandelemente aus Doppel-Steg-Trägern, mit innerer und äußerer Beplankung, sowie Wärmedämmung, inkl. Montage. Putz und Armierung in gesonderten Positionen.
Elementaufbau von außen nach innen:
1. Holzwolle-Dämmplatten als diffusionsoffene Wärmedämmung des Wärmedämm-Verbundsystems, Platten im Verband, press gestoßen verlegen, Fugen mit druckfestem Dichtmaterial tief ausfüllen, Dickeversätze mit Schleifbrett beischleifen.
Sd-Wert: ..... m
Dämmstoff: WF / Anwendung: WAP, d = ... mm
Nennwert der Wärmeleitfähigkeit: 0,040 W/(mK)
Brandverhalten: E
Rand: stumpf
2. Tragkonstruktion aus Doppel-Steg-Trägern, einschl. notwendiger Füllhölzer, Randbalken aus Furnierschichtholz.
Trägertyp: **TJI / FJI / .....** , Höhe= ..... mm
Trägerabstand: .....
Elementbreite: .....
Elementlänge: .....
3. Wärmedämmung in Holzwand aus Schüttung aus Zellulosefasern.
Anwendung: DZ
Nennwert der Wärmeleitfähigkeit: 0,040 W/(mK)
Brandverhalten: Klasse E
Dämmdicke: .....
4. innere, tragende und aussteifende Holzwerkstoffplatte, großformatig, Stöße winddicht abgeklebt.
Plattenart: OSB/4, d= ..... mm, einlagig,
Sd-Wert: .....
Rand: N+F
Angeb. Fabrikate (Dämmstoffplatte außen / Doppelstegträger / Wärmedämmung, OSB-Platte innen): .....

93 €   117 €   **130 €**   166 €   214 €   [m²]   ⏱ 1,30 h/m²   016.000.066

77 Innenwand, Holzständer, 11,5cm, Sperrholz, WF KG **342**

Holzrahmenbaukonstruktion als Innenwand, nichttragend, einseitig beplankt, innen, einschl. Verbindung der Elemente untereinander, Anschluss an vorhandene Bauteile wird gesondert vergütet, Ausführung gemäß anliegender Zeichnung. Beplankung der zweiten Seite nach erfolgter Installation. Vergütung getrennt.
Rahmen: .....
Material: Nadelholz
Sortierklasse: S10TS
Dicke 115 mm
Achsabstand der Rahmen: 60-62,5 cm
Beplankung:
Sperrholzplatte Dicke: 15 mm
Dämmschicht:
Dämmung: Holzfaser WF DIN EN 13171
Dämmstoffdicke: ..... mm
Nennwert der Wärmeleitfähigkeit: 0,040 W/(mK)
Anwendungsgebiet WH

Kosten:
Stand 1.Quartal 2018
Bundesdurchschnitt

▶ min
▷ von
ø Mittel
◁ bis
◀ max

Nr.	Kurztext / Langtext						Kostengruppe	
▶	▷	ø netto €	◁	◀	[Einheit]	Ausf.-Dauer	Positionsnummer	

Für die Ausführung werden vom AG folgende Unterlagen zur Verfügung gestellt:
- Entwurfszeichnungen, Plannr.: .....
- Übersichtszeichnungen, Plannr.: .....

| 35€ | 62€ | **71€** | 90€ | 130€ | [m²] | ⏱ 0,65 h/m² | 016.000.023 |

78 Türöffnung, Holz-Innenwand, 1.000x2.000mm — KG **340**

Türöffnung in Holzständer-Innenwänden herstellen, inkl. aller erforderlichen verstärkten Profile. Türöffnung für einflügliges Türelement. Tür und Zarge in gesonderten Positionen.
Zargenart: **Umfassungszarge / Blockzarge**
Türblatt: .....
Baurichtmaß (B x H): 1.000 x 2.000 mm
Wandhöhe: .....
Wanddicke: **100 / 125 / 150** mm

| 17€ | 32€ | **38€** | 52€ | 79€ | [St] | ⏱ 1,10 h/St | 016.000.104 |

79 Lattenverschlag, Nadelholz, 30/50mm — KG **346**

Lattenverschlag aus Holzrahmen und senkrechter Holzlattung, allseitig gehobelt und sichtbar bleibend, oben und unten an Holzrahmen mit vernickelten Schrauben befestigt.
Holzart: **Fichte / Kiefer**
Festigkeitsklasse: C24
Sortierklasse: S10
Oberfläche: scharfkantig, gehobelt
Holzrahmen: 60 x 60 mm
Holzlatten: 30 x 50 mm
Lattenabstand: 30 mm
Höhe des Verschlags: .....
Untergrund: .....
Für die Ausführung werden vom AG folgende Unterlagen zur Verfügung gestellt:
- Entwurfszeichnungen, Plannr.: .....
- Übersichtszeichnungen, Plannr.: .....

| 19€ | 33€ | **40€** | 45€ | 58€ | [m²] | ⏱ 0,70 h/m² | 016.000.029 |

A 5 Massivholzdecke, Brettstapel, gehobelt — Beschreibung für Pos. **80-82**

Brettstapeldecke, aus Einzellamellen aus Nadelholz, verbunden mittels Nagelung, Ober- und Unterseite gehobelt; inkl. aller Aussparungen, Anschlussausformungen und Verbindungsmittel gem. Liste-Nr. ....
Sortierklasse: S10TS
Lamellenbreite: 140-150 cm
Holzfeuchte: 15% ±3%

80 Massivholzdecke, Brettstapel, bis 14cm, gehobelt — KG **351**

Wie Ausführungsbeschreibung A 5
Lamellenprofil: **gefast / profiliert / mit Akustikprofil**
Dicke: 16 cm
Unterseite: **sichtbar bleibend / nicht sichtbar**
Einbauort: .....
Untergrund: .....

| 75€ | 89€ | **94€** | 107€ | 126€ | [m²] | ⏱ 0,20 h/m² | 016.001.109 |

LB 016 Zimmer- und Holzbauarbeiten

Kosten:
Stand 1.Quartal 2018
Bundesdurchschnitt

▶ min
▷ von
ø Mittel
◁ bis
◀ max

Nr.	Kurztext / Langtext				[Einheit]	Ausf.-Dauer	Kostengruppe Positionsnummer
▶	▷	ø netto €	◁	◀			

81   **Massivholzdecke, Brettstapel, 16cm, gehobelt**   KG **351**
Wie Ausführungsbeschreibung A 5
Lamellenprofil: **gefast / profiliert / mit Akustikprofil**
Dicke: 16 cm
Unterseite: **sichtbar bleibend / nicht sichtbar**
Einbauort: .....
Untergrund: .....

| 97€ | 112€ | **116€** | 121€ | 140€ | [m²] | 0,20 h/m² | 016.000.024 |

82   **Massivholzdecke, Brettstapel, 20 bis 22cm, gehobelt**   KG **351**
Wie Ausführungsbeschreibung A 5
Lamellenprofil: **gefast / profiliert / mit Akustikprofil**
Dicke: **20 / 22** cm
Unterseite: **sichtbar bleibend / nicht sichtbar**
Einbauort: .....
Untergrund: .....

| 104€ | 140€ | **156€** | 170€ | 199€ | [m²] | 0,22 h/m² | 016.000.092 |

83   **Massivholzdecke, Brettstapel, Öffnung bis 0,5m²**   KG **351**
Herstellen planmäßiger Aussparungen/Öffnungen, in Holzmassiv-/Brettstapeldecke, inkl. erforderlicher Randprofilierung.
Abmessung: 0,1 bis 0,5 m²
Element-Dicke: ..... mm

| 34€ | 37€ | **38€** | 40€ | 45€ | [St] | 0,70 h/St | 016.001.112 |

84   **Holzrost außen, Bohlen-Belag**   KG **520**
Balkon- / Terrassenrost, einschl. Unterkonstruktion, Holzkonstruktion Gebrauchsklasse 4.
Unterkonstruktion:
Bauschnittholz allseitig gehobelt, zweilagig gekreuzt, obere Lage waagrecht, verlegt auf Streifen aus Bitumendachbahn R 500, einschl. Ausgleich von Unebenheiten bis 30 mm.
Holzart: Bangkirai
Dicke 1. / 2. Lage: .....
Breite beide Lagen: 80 mm
Achsabstand beide Lagen: 100-110 cm
Terrassenbelag:
Holzrost aus Bohlen, gehobelt und parallel besäumt, Oberfläche geriffelt; lose auf UK verlegen, beide Lagen untereinander von unten befestigen, mit Schrauben aus nichtrostendem Stahl.
Holzart: Bangkirai
Bohlendicke: .....
Bohlenbreite: 150 mm
Fugenbreite: 4-6 mm
Gebrauchsklasse: **3.1 / 3.2 / 4**
Einzelelemente: 3,5-4,0 m²

| 50€ | 71€ | **81€** | 96€ | 122€ | [m²] | 1,50 h/m² | 016.000.031 |

Nr.	Kurztext / Langtext					[Einheit]	Ausf.-Dauer	Kostengruppe Positionsnummer
▶	▷	ø netto €	◁	◀				

85 — Holztreppe, Wangentreppe — KG 351

Wangentreppe zwischen vorhandene Konstruktion, in bauseitige Auflager, Holztreppe gerade, einläufig, ohne Podest, mit eingestemmten Stufen.
Setzstufen: **mit / ohne** Setzstufen
Material (Wangen und Stufen): Eiche
Steigungen: 15 Stufen
Steigungsverhältnis: 175 x 280 mm
Laufbreite: 800 mm
Feuerwiderstand: **ohne / F30**
Untersicht: vorgerichtet für bauseitige Bekleidung
Beschichtung: **transparent / deckend** beschichtet
Einbauort: .....
Eingebaut in: **Gebälk / Betondecke**

| 2.529 € | 4.047 € | **4.625 €** | 5.509 € | 6.912 € | [St] | ⏱ 20,00 h/St | 016.000.048 |

86 — Einschubtreppe, gedämmt — KG 359

Bodentreppe aus Holz nach DIN EN 14975, gedämmt, einschiebbar, von oben und unten zu öffnen, Deckel vorgerichtet für Bekleidung von unten. Stufen aus Hartholz, **mit / ohne** einseitigem Handlauf, **mit / ohne** Schutzgeländer, vorgerüstet für Profilzylinder, bauteilgeprüft für den Anwendungsfall, liefern und einbauen.
Einbau: zwischen **Gebälk / Holzplattenschalung**
Dämmwert: U= ..... W/m²K
Dichtwert der Treppe: a= ..... m³/hm
Feuerwiderstand: **ohne / F30 von unten / F30 von oben und unten** DIN 4102
Aufteilung / Form: -Holztreppe **zwei- / dreiteilig**
Oberflächen: ..... beschichtet
Einbauort / -lage: Decke über ..... Geschoss
Raumhöhe: ..... m
Abmessung der Decken-Öffnung: l..... x b **600 / 700 mm**
Kastenhöhe: ..... mm
Angeb. Fabrikat: .....

| 507 € | 940 € | **1.038 €** | 1.857 € | 3.276 € | [St] | ⏱ 3,80 h/St | 016.001.096 |

87 — Holztreppe, Einschubtreppe — KG 351

Einschubtreppe, zwischen bauseitige Konstruktion, zweiteilig, einschiebbar, von oben und unten zu öffnen, Stufen aus Hartholz, mit einseitigem Handlauf, Deckel wärmegedämmt, vorgerichtet für bauseitige Bekleidung von unten.
Einbauort: .....
Raumhöhe: .....
Treppen-Öffnung (B x L): 700 x 1.400 mm
Kastenhöhe: .....
Feuerwiderstand: **ohne / F30 von unten / F30 von oben und unten** DIN 4102
Oberfläche: ..... beschichtet
Vorh. Konstruktion: **Gebälk / Spanplattenschalung**
Angeb. Fabrikat: .....

| 438 € | 621 € | **695 €** | 1.030 € | 1.638 € | [St] | ⏱ 5,00 h/St | 016.000.049 |

**LB 016
Zimmer- und Holzbauarbeiten**

Kosten:
Stand 1.Quartal 2018
Bundesdurchschnitt

Nr.	Kurztext / Langtext						Kostengruppe
▶	▷	ø netto €	◁	◀	[Einheit]	Ausf.-Dauer	Positionsnummer

88 Scherentreppe, Aluminium KG **359**

Aluminium-Scherentreppe, von oben und unten zu öffnen, Deckel vorgerichtet für bauseitige Bekleidung von unten. Stufen aus Hartholz, **mit / ohne** einseitigem Handlauf, **mit / ohne** Schutzgeländer, vorgerüstet für Profilzylinder.
Einbau: zwischen **Gebälk / Holzplattenschalung**
Dämmwert: U= ..... W/m²K
Dichtwert der Treppe: a= ..... m³/hm
Feuerwiderstand: **ohne / F30 von unten / F30 von oben und unten** DIN 4102
Aufteilung / Form: -Holztreppe **zwei- / dreiteilig**
Oberflächen: ..... beschichtet
Einbauort / -lage: Decke über ..... Geschoss, Raumhöhe: ..... m
Abmessung der Decken-Öffnung: l..... x b **600 / 700** mm
Kastenhöhe: .....mm
Angeb. Fabrikat: .....

650 €   1.266 €   **1.360 €**   1.490 €   1.878 €   [St]   ⏱ 2,50 h/St   016.001.095

89 Wechsel, Kamindurchgang KG **361**

Öffnung / Auswechselung für Kamin herstellen und seitliche Wechsel einbauen, bündig in Gebälk.
Kaminabmessung: ..... x ..... m
Einbauort: **Dachstuhl / Geschossdecke**
Konstruktionsdicke: ..... cm

13 €   27 €   **29 €**   39 €   56 €   [St]   ⏱ 0,30 h/St   016.001.122

90 Windrispenband, 40/2mm KG **361**

Windrispenband zur Diagonalaussteifung, auf Dachschalung bzw. Holzsparren, inkl. Befestigungsmittel.
Dimension: 40 x **2 / 3** mm

1 €   4 €   **5 €**   5 €   7 €   [m]   ⏱ 0,05 h/m   016.000.044

91 Windrispenband, 60/3mm KG **361**

Windrispenband zur Diagonalaussteifung, auf Dachschalung bzw. Holzsparren, inkl. Befestigungsmittel.
Dimension: 60 x **2 / 3** mm

3 €   5 €   **5 €**   6 €   8 €   [m]   ⏱ 0,05 h/m   016.000.094

92 Aussteifungsverband, diagonal KG **361**

Zugstange der Diagonalaussteifung, aus Stabstahl mit Gewindeschloss, einschl. aller Anschlussbleche, Steifen, Bohrungen, Verbindungsmittel und Schweißnähte, sowie einschl. Bohrungen für die Verschraubung mit den bauseitigen Anschlüssen.
Aussteifung von: **Dachebene / zwischen den Außenstützen**
Materialgüte: Stahl S 355 J0 (+N .....)
Durchmesser: Vollprofil 16-30 mm
Einzellänge: Rundstahl .....
Oberfläche: grundiert
Einbauort: **Außenwand / Decke**
Einbauhöhe: .....
Baustellenverbindungen: **geschraubt / geschweißt**

▶ min
▷ von
ø Mittel
◁ bis
◀ max

Nr.	Kurztext / Langtext						Kostengruppe	
▶	▷	ø netto €	◁	◀		[Einheit]	Ausf.-Dauer	Positionsnummer

Für die Ausführung werden vom AG folgende Unterlagen zur Verfügung gestellt:
– Entwurfszeichnungen, Plannr.: .....
– Übersichtszeichnungen, Plannr.: .....
– statische Berechnung mit Positionsplänen, Plannr.: .....

| –€ | 26€ | 29€ | 32€ | –€ | [m] | ⏱ 0,25 h/m | 016.000.052 |

93   Knoten/Stützenfußpunkt, Formteil, Flachstahl   KG 361

Formteil aus verschweißtem Flachstahl, Konstruktion aus Flach- und Breitflachstahl, inkl. Schweißnähte und Bohrungen.
Stahlgüte: S235JR AR
Stahldicke: .....
Oberfläche: feuerverzinkt
Ausführung als: **räumlicher Knoten / Stützenfußpunkt**
Bohrungen: D = ...
Anzahl Bohrungen: .....
Gewicht d. Konstruktion: .....
Für die Ausführung werden vom AG folgende Unterlagen zur Verfügung gestellt:
– Entwurfszeichnungen, Plannr.: .....
– Übersichtszeichnungen, Plannr.: .....
– statische Berechnung mit Positionsplänen, Plannr.: .....

| 4€ | 6€ | 7€ | 11€ | 17€ | [kg] | ⏱ 0,16 h/kg | 016.000.026 |

94   Winkelverbinder/Knaggen   KG 361

BMF-Winkelverbinder und Knaggen, in Verbindung und als Unterkonstruktion, für Holzkonstruktion, einschl. Bohr- und Stemmarbeiten.
Material: feuerverzinkter Stahl
Verbindungsmittel: **Winkelverbinder / Knaggen / .....**

| 2€ | 5€ | 7€ | 9€ | 16€ | [kg] | ⏱ 0,14 h/kg | 016.000.050 |

95   Verankerung, Profilanker, Schwelle   KG 361

Verankerung von Holzschwellen an Ankerschiene, mit Profilanker.
Mindestlastaufnahme der Verbindung: ..... kN
Ankerschienenprofil: ..... mm
Befestigung an Holz mit: ..... Ankernägeln
Ankernägel: 4 x 40 mm
Angeb. Fabrikat: .....

| 2€ | 4€ | 5€ | 7€ | 13€ | [St] | ⏱ 0,12 h/St | 016.000.071 |

96   Stabdübel, Edelstahl   KG 361

Stabdübel, Oberfläche an den Enden gefast, inkl. mehrschnittige Bohrung im Bauteil.
Material: Edelstahl
Werkstoffnummer: .....
Länge: .....
Durchmesser: 12 mm
Angeb. Fabrikat: .....

| 1€ | 3€ | 3€ | 6€ | 10€ | [St] | ⏱ 0,05 h/St | 016.000.027 |

LB 016
Zimmer- und Holzbauarbeiten

Kosten:
Stand 1.Quartal 2018
Bundesdurchschnitt

▶ min
▷ von
ø Mittel
◁ bis
◀ max

Nr.	Kurztext / Langtext					Kostengruppe
▶	▷ ø netto € ◁ ◀				[Einheit]	Ausf.-Dauer Positionsnummer

97 Klebeanker, Edelstahl KG **361**
Klebedübel-Set, bestehend aus Dübel, Gewindestange, Schraube und Unterlegscheibe.
Material: nichtrostender Stahl.
Durchmesser: **M6 / M8 / M12**
Angeb. Fabrikat: .....

4€   7€   **9**€   11€   16€   [St]   ⏱ 0,10 h/St   016.000.053

98 Gewindestange, M12, verzinkt KG **361**
Gewindestange, in Holzbauteil, inkl. Bohrung im Bauteil, zwei Unterlegscheiben und Muttern.
Oberfläche: feuerverzinkt
Größe: M12
Länge: .....

3€   8€   **10**€   15€   24€   [St]   ⏱ 0,10 h/St   016.000.028

99 Schüttung, Sand, in Decken KG **351**
Schüttung aus Sand, trocken, Einbau zwischen Sparren.
Sparrenabstand: ca. 60 cm
Rohdichte: ..... kg/m³
Brandverhalten: Klasse A1
Schichtdicke: 60-80 mm

7€   10€   **11**€   12€   18€   [m²]   ⏱ 0,16 h/m²   016.000.106

100 Schüttung, Splitt, in Decken KG **351**
Schüttung aus Splitt, trocken, Einbau zwischen Sparren.
Sparrenabstand: ca. 60 cm
Rohdichte: ..... kg/m³
Brandverhalten: Klasse A1
Schichtdicke: .....

11€   13€   **18**€   20€   25€   [m²]   ⏱ 0,16 h/m²   016.000.107

101 Stundensatz Facharbeiter, Holzbau
Stundenlohnarbeiten für Vorarbeiter, Facharbeiter und Gleichgestellte (z.B. Spezialbaufacharbeiter, Baufacharbeiter, Obermonteure, Monteure, Gesellen, Maschinenführer, Fahrer und ähnliche Fachkräfte). Leistung nach besonderer Anordnung der Bauüberwachung. Anmeldung und Nachweis gemäß VOB/B.

33€   44€   **50**€   53€   62€   [h]   ⏱ 1,00 h/h   016.000.147

102 Stundensatz Helfer, Holzbau
Stundenlohnarbeiten für Werker, Helfer und Gleichgestellte (z.B. Baufachwerker, Helfer, Hilfsmonteure, Ungelernte, Angelernte). Leistung nach besonderer Anordnung der Bauüberwachung. Anmeldung und Nachweis gemäß VOB/B.

22€   33€   **40**€   43€   52€   [h]   ⏱ 1,00 h/h   016.000.148

000
001
002
006
008
009
010
012
013
014
016
017
018
020
021
022

LB 017
Stahlbauarbeiten

Kosten:
Stand 1.Quartal 2018
Bundesdurchschnitt

▶ min
▷ von
ø Mittel
◁ bis
◀ max

Stahlbauarbeiten — Preise €

Nr.	Positionen	Einheit	▶	▷ ø brutto € / ø netto €		◁	◀
1	Handlauf, Rohrprofil, beschichtet	m	61	68	**74**	77	84
			51	57	**62**	65	70
2	Profilstahl-Konstruktion, Profile UNP/UPE	kg	2	4	**4**	5	6
			2	3	**3**	4	5
3	Profilstahl-Konstruktion, Profile IPE	kg	2	4	**4**	5	7
			2	3	**4**	4	6
4	Profilstahl-Konstruktion, Profile HEA	kg	2	3	**3**	4	7
			1	2	**3**	4	6
5	Rundstahl, Zugstange, bis 36mm	kg	4	5	**5**	6	11
			3	4	**4**	5	10
6	Stahlstütze, Rundrohrprofil	kg	3	5	**5**	8	13
			3	4	**4**	7	11
7	Stahlkonstruktion, nicht rostend	kg	5	12	**17**	22	35
			5	10	**14**	18	29
8	Verzinken, Stahlprofile	kg	0,3	0,6	**0,6**	0,8	1,4
			0,3	0,5	**0,5**	0,7	1,1
9	Einbauteile/Hilfskonstruktionen	kg	3	5	**6**	8	14
			2	4	**5**	7	12
10	Dachdeckung, Trapezblech, Stahl	m²	25	34	**37**	41	50
			21	29	**31**	35	42
11	Dachdeckung, Trapezblech, Stahl, gewölbt	m²	–	55	**62**	73	–
			–	46	**52**	61	–
12	Randverstärkung, Übergangsblech, Trapezblechdeckung	m	14	27	**32**	35	50
			12	23	**27**	29	42
13	Bohrungen, Stahl bis 16 mm	St	3	11	**12**	19	30
			2	9	**10**	16	25
14	Gitterroste, verzinkt, rutschhemmend, verankert	m²	78	104	**113**	131	173
			65	87	**95**	110	145
15	Stundensatz Facharbeiter, Stahlbau	h	49	59	**63**	72	88
			41	50	**53**	60	74
16	Stundensatz Helfer, Stahlbau	h	34	45	**50**	55	67
			29	38	**42**	47	56

© BKI Baukosteninformationszentrum; Erläuterungen zu den Tabellen siehe Seite 46
Mustertexte geprüft: Bundesverband Metall

Kostenstand: 1.Quartal 2018, Bundesdurchschnitt

Nr.	Kurztext / Langtext					Kostengruppe		
▶	▷	ø netto €	◁	◀	[Einheit]	Ausf.-Dauer	Positionsnummer	

1 Handlauf, Rohrprofil, beschichtet KG 359

Stahl-Handlauf aus Rohrprofil, mit Wandhalterung, Handlauf steigend, Rohrenden mit Kappen geschlossen, Wandlaufhalter und Anschluss an die aufgehenden Wände mittels abgekröpftem Rundstahl, wandseitig an kreisförmige, mit Schrauben und Klebedübeln befestigte Stahlplatten angeschweißt, Handlaufrohr von unten angeschweißt.
Stahlgüte: S 235 JR
Durchmesser Handlauf: **26,9,/42,4** mm
Wanddicke: 2,0 mm
Form: **Rundrohr/Rechteckrohr**
Durchmesser Wandhalter: ..... mm
Abstand zw. Wandhaltern: 750 mm
Wandabstand: 50 mm
Einbauort: **außen / innen**
Oberfläche: **verzinkt und deckend beschichtet als "Duplexbeschichtung" / feuerverzinkt**
 – Korrosionsbelastung DIN EN 12944: Klasse **C1 / C2**
 – Korrosionsschutz für Zeitraum Klasse: **L = 2-5 Jahre / M = 5-15 Jahre / H = über 15 Jahre**
Farbe: ...... (nach Bemusterung)
Für die Ausführung werden vom AG folgende Unterlagen zur Verfügung gestellt:
 – Entwurfszeichnungen, Plannr.: .....
 – Übersichtszeichnungen, Plannr.: .....
 – statische Berechnung mit Positionsplänen, Plannr.: .....

| 51€ | 57€ | **62**€ | 65€ | 70€ | [m] | ⏱ 0,30 h/m | 017.000.009 |

2 Profilstahl-Konstruktion, Profile UNP/UPE KG 351

Stahlträger aus Walzprofil U nach DIN EN 10279, als Träger der Deckenkonstruktion, einschl. aller Kopfplatten, Steifen, Bohrungen, Verbindungsmittel und Schweißnähte, sowie einschl. Bohrungen für die Verschraubung mit den bauseitigen Anschlüssen.
Konstruktion der Ausführungsklasse DIN EN 1090: EXC .....
Material: Stahl nach DIN EN 10025
Güte: S235JR (+AR .....)
Länge Stahlprofil: .....
Korrosionsbelastung DIN EN 12944: Klasse **C1 / C2 / .....**
Korrosionsschutz für Zeitraum Klasse: **L = 2-5 Jahre / M = 5-15 Jahre / H = über 15 Jahre**
Oberfläche: **grundiert / beschichtet mit .....**
Baustellenverbindungen: geschraubt und geschweißt
Einbauort: .....
Einbauhöhe: .....
Für die Ausführung werden vom AG folgende Unterlagen zur Verfügung gestellt:
 – Entwurfszeichnungen, Plannr.: .....
 – Übersichtszeichnungen, Plannr.: .....
 – statische Berechnung mit Positionsplänen, Plannr.: .....

| 2€ | 3€ | **3**€ | 4€ | 5€ | [kg] | ⏱ 0,02 h/kg | 017.000.001 |

LB 017 Stahlbauarbeiten

Nr. Kurztext / Langtext		Kostengruppe
▶ ▷ ø netto € ◁ ◀ [Einheit]	Ausf.-Dauer	Positionsnummer

Kosten:
Stand 1.Quartal 2018
Bundesdurchschnitt

3   Profilstahl-Konstruktion, Profile IPE   KG 351

Stahlträger aus Walzprofil nach DIN EN 10279, als Träger der Deckenkonstruktion, einschl. aller Kopfplatten, Steifen, Bohrungen, Verbindungsmittel und Schweißnähte, sowie einschl. Bohrungen für die Verschraubung mit den bauseitigen Anschlüssen.
Profil: **HEB / IPE / HEA / HEM**
Konstruktion der Ausführungsklasse DIN EN 1090: EXC .....
Material: Stahl nach DIN EN 10025
Güte: S235JR (+AR .....)
Länge Stahlprofil: .....
Korrosionsbelastung DIN EN 12944: Klasse **C1 / C2** / .....
Korrosionsschutz für Zeitraum Klasse: **L = 2-5 Jahre / M = 5-15 Jahre / H = über 15 Jahre**
Oberfläche: **grundiert / beschichtet mit** .....
Baustellenverbindungen: geschraubt und geschweißt
Einbauort: .....
Einbauhöhe: .....
Für die Ausführung werden vom AG folgende Unterlagen zur Verfügung gestellt:
– Entwurfszeichnungen, Plannr.: .....
– Übersichtszeichnungen, Plannr.: .....
– statische Berechnung mit Positionsplänen, Plannr.: .....

2€ 3€ **4€** 4€ 6€   [kg]   ⏱ 0,02 h/kg   017.000.016

4   Profilstahl-Konstruktion, Profile HEA   KG 351

Stahlträger aus Walzprofil nach DIN EN 10034, als Träger der Deckenkonstruktion, einschl. aller Kopfplatten, Steifen, Bohrungen, Verbindungsmittel und Schweißnähte, sowie einschl. Bohrungen für die Verschraubung mit den bauseitigen Anschlüssen.
Profil: HEA 160
Konstruktion der Ausführungsklasse DIN EN 1090: EXC .....
Material: Stahl nach DIN EN 10027-1
Güte: S235JR (+AR .....)
Länge Stahlprofil: .....
Korrosionsbelastung DIN EN 12944: Klasse **C1 / C2** / .....
Korrosionsschutz für Zeitraum Klasse: **L = 2-5 Jahre / M = 5-15 Jahre / H = über 15 Jahre**
Oberfläche: **grundiert / beschichtet mit** .....
Baustellenverbindungen: geschraubt und geschweißt
Einbauort: .....
Einbauhöhe: .....
Für die Ausführung werden vom AG folgende Unterlagen zur Verfügung gestellt:
– Entwurfszeichnungen, Plannr.: .....
– Übersichtszeichnungen, Plannr.: .....
– statische Berechnung mit Positionsplänen, Plannr.: .....

1€ 2€ **3€** 4€ 6€   [kg]   ⏱ 0,02 h/kg   017.000.017

▶ min
▷ von
ø Mittel
◁ bis
◀ max

Nr.	Kurztext / Langtext				[Einheit]	Kostengruppe
▶	▷	ø netto €	◁	◀		Ausf.-Dauer Positionsnummer

5   Rundstahl, Zugstange, bis 36mm   KG **361**

Zugstange aus Rund-Stabstahl nach DIN EN 10060 mit Gewindeschloss, als Diagonalaussteifung, einschl. aller Anschlussbleche, Steifen, Bohrungen, Verbindungsmittel, Schweißnähte, sowie einschl. Bohrungen für die Verschraubung mit den bauseitigen Anschlüssen.
Durchmesser: .....
Konstruktion der Ausführungsklasse DIN EN 1090: EXC .....
Material: Stahl nach DIN EN 10025
Güte: S235 J2 (+N .....)
Einzellänge: .....
Einbauhöhe: .....
Korrosionsbelastung DIN EN 12944: Klasse **C1 / C2 /** .....
Korrosionsschutz für Zeitraum Klasse: **L = 2-5 Jahre / M = 5-15 Jahre / H = über 15 Jahre**
Oberfläche: **grundiert / beschichtet mit** .....
Baustellenverbindungen: geschraubt und geschweißt
Einbauort: **der Dachebene / Decke / zwischen den Außenstützen**
Für die Ausführung werden vom AG folgende Unterlagen zur Verfügung gestellt:
– Entwurfszeichnungen, Plannr.: .....
– Übersichtszeichnungen, Plannr.: .....
– statische Berechnung mit Positionsplänen, Plannr.: .....

| 3€ | 4€ | **4€** | 5€ | 10€ | [kg] | ⏱ 0,04 h/kg   017.000.002 |

6   Stahlstütze, Rundrohrprofil   KG **333**

Rundrohrprofil nach DIN EN 10210 / DIN EN 10219, als Stahlstütze der Deckenkonstruktion, einschl. aller Anschlussbleche, Steifen, Bohrungen, Verbindungsmittel, Schweißnähte, sowie einschl. Bohrungen für die Verschraubung mit den bauseitigen Anschlüssen.
Durchmesser: .....
Wandungsdicke: .....
Konstruktion der Ausführungsklasse DIN EN 1090: EXC .....
Material: Stahl DIN 10025
Güte: S235 J2 (+N .....)
Einzellänge: .....
Einbauhöhe: .....
Korrosionsbelastung DIN EN 12944: Klasse **C1 / C2 /** .....
Korrosionsschutz für Zeitraum Klasse: **L = 2-5 Jahre / M = 5-15 Jahre / H = über 15 Jahre**
Oberfläche: **grundiert / beschichtet mit** .....
Farbe: .....
Baustellenverbindungen: geschraubt und geschweißt
Einbauort: .....

| 3€ | 4€ | **4€** | 7€ | 11€ | [kg] | ⏱ 20,00 h/kg   017.000.003 |

LB 017
Stahlbauarbeiten

Nr.	Kurztext / Langtext					Kostengruppe
▶	▷	ø netto €	◁	◀	[Einheit]	Ausf.-Dauer Positionsnummer

7   Stahlkonstruktion, nicht rostend KG **339**

Nichtrostende Stahlprofile, einschl. aller Anschlussbleche, Steifen, Bohrungen, Verbindungsmittel, Schweißnähte, sowie einschl. Bohrungen für die Verschraubung mit den bauseitigen Anschlüssen.
Profil: .....
Konstruktion der Ausführungsklasse DIN EN 1090: EXC .....
Material: Stahl nach EN .....
Werkstoff: 1.4.....
Profil und Einzellänge: nach anliegender Stahlliste
Einbauhöhe: .....
Oberfläche: **gebürstet / geschliffen mit Korn ca. ......**
Baustellenverbindungen: geschraubt und geschweißt
Einbauort: .....
Für die Ausführung werden vom AG folgende Unterlagen zur Verfügung gestellt:
– Entwurfszeichnungen, Plannr.: .....
– Übersichtszeichnungen, Plannr.: .....
– statische Berechnung mit Positionsplänen, Plannr.: .....

5€   10€   **14€**   18€   29€   [kg]   ⏱ 22,00 h/kg   017.000.020

8   Verzinken, Stahlprofile KG **333**

Korrosionsschutz für Stahlkonstruktion, inkl. Entrostung; bei der Montage beschädigte Stellen sind vom AN auszubessern.
Ausführungsart: **Stückverzinkung / Beschichtung**
nach **DASt-Richtlinie 022 (mit DIN EN ISO 1461) / DIN EN ISO 12944**
Schichtdicke: .....
Korrosivitätskategorie: **C4 / .....**

0,3€   0,5€   **0,5€**   0,7€   1,1€   [kg]   ⏱ 0,01 h/kg   017.000.004

9   Einbauteile/Hilfskonstruktionen KG **351**

Einbauteile oder Hilfskonstruktionen aus Stahl, einschl. aller Steifen, Bohrungen, Verbindungsmittel, Schweißnähte und Einmessen der Konstruktionen.
Beispielbauteile: Fuß- / Kopfplatten von aufgehenden Stahlkonstruktionen, Kopfplatten von Stahlträgern, Einbauteile (z.B. einbetonierte Unterkonstruktion), Anhängekonstruktionen zur Aufnahme der Stahlträger an massiven Wänden, Anschlussbleche, -schwerter, -winkel für Holztragwerke, etc.
Konstruktion der Ausführungsklasse DIN EN 1090: EXC .....
Bauteil: .....
Material: Stahl nach DIN EN 10025
Materialgüte: Stahl S 235JR
Einzelgewicht: bis 2-5 kg/St
Korrosionsbelastung DIN EN 12944: Klasse **C1 / C2 / .....**
Korrosionsschutz für Zeitraum Klasse: **L = 2-5 Jahre / M = 5-15 Jahre / H = über 15 Jahre**
Oberfläche: .....
Einbauort: alle Geschosse
Einbauhöhe: .....
Baustellenverbindungen: geschraubt und geschweißt
Für die Ausführung werden vom AG folgende Unterlagen zur Verfügung gestellt:
– Entwurfszeichnungen, Plannr.: .....
– Übersichtszeichnungen, Plannr.: .....
– statische Berechnung mit Positionsplänen, Plannr.: .....

2€   4€   **5€**   7€   12€   [kg]   ⏱ 0,02 h/kg   017.000.005

Kosten:
Stand 1.Quartal 2018
Bundesdurchschnitt

▶ min
▷ von
ø Mittel
◁ bis
◀ max

Nr.	Kurztext / Langtext					Kostengruppe	
▶	▷	ø netto €	◁	◀	[Einheit]	Ausf.-Dauer	Positionsnummer

10 Dachdeckung, Trapezblech, Stahl — KG 363

Stahltrapezblech für einschaliges, ebenes Flachdach, befestigt auf bauseitigem Untergrund, in den Längsstößen verbunden, mit eingelassenem Flachstahl; einschl. aller Verbindungsmittel sowie Ausbildung der Längs- und Querstöße.
Stat. System: **Einfeld- / Zweifeld-/ Dreifeld- / Fünffeldträger** (mit biegesteifem Stoß) in Positivlage
Blechstärke: **0,75 / 0,88 / ..... mm**
Profilhöhe: **140 / 160 / ..... mm**
Flachstahldimension: .....
Stützweite: bis ca. 5,50 m
Ständige Last ohne Blecheigengewicht: ..... kN/m²
Verkehrslast: ..... kN/m²
Schneelast: ..... kN/m²
Horizontallast: ..... kN/m²
Durchbiegung: max. l/300
Oberfläche: **sendzimirverzinkt, beidseitig / Bandbeschichtung, beidseitig, RAL 9002**
Auffangnetze: **bauseits gestellt / in gesonderter Position**
Einbauort: **Stahlkonstruktion / Stahlbetonkonstruktion**
Traufhöhe: bis 6,00 m
Dachneigung: bis 10°
Angeb. Fabrikat: .....
Für die Ausführung werden vom AG folgende Unterlagen zur Verfügung gestellt:
 – Entwurfszeichnungen, Plannr.: .....
 – Übersichtszeichnungen, Plannr.: .....
 – statische Berechnung mit Positionsplänen, Plannr.: .....

| 21€ | 29€ | **31**€ | 35€ | 42€ | [m²] | ⏱ 0,15 h/m² | 017.000.006 |

11 Dachdeckung, Trapezblech, Stahl, gewölbt — KG 363

Stahltrapezblech, bombiert, für einschaliges, gewölbtes Bogendach, befestigt auf bauseitigem Untergrund, in den Längsstößen verbunden, mit eingelassenem Flachstahl; einschl. aller Verbindungsmittel sowie Ausbildung der Längs- und Querstöße.
Stat. System: Einfeldträger in Positivlage
Blechstärke: **0,75 / 0,88 / ..... mm**
Profilhöhe: **140 / 160 / ..... mm**
Flachstahldimension: .....
Stützweite: bis ca. 5,50 m
Ständige Last ohne Blecheigengewicht: ..... kN/m²
Verkehrslast: ..... kN/m²
Schneelast: ..... kN/m²
Horizontallast: ..... kN/m²
Durchbiegung: max. l/300
Oberfläche: **sendzimirverzinkt, beidseitig / Bandbeschichtung, beidseitig, RAL 9002**
Auffangnetze: **bauseits gestellt / in gesonderter Position**
Einbauort: **Stahlkonstruktion / Stahlbetonkonstruktion**
Traufhöhe: bis 6,00 m
Angeb. Fabrikat: .....

| –€ | 46€ | **52**€ | 61€ | –€ | [m²] | ⏱ 0,25 h/m² | 017.000.007 |

LB 017
Stahlbauarbeiten

Nr.	**Kurztext** / Langtext						Kostengruppe	
▶	▷	ø netto €	◁	◀	[Einheit]	Ausf.-Dauer	Positionsnummer	

Kosten:
Stand 1.Quartal 2018
Bundesdurchschnitt

12 Randverstärkung, Übergangsblech, Trapezblechdeckung KG 363
Randverstärkung der Trapezblechdeckung an Attika, aus bandverzinkten Formblechen nach DIN EN 10327, inkl. Verbindung mit Trapezblechdeckung mit nichtrostenden Befestigungsmitteln sowie Ausbildung der Längs- und Querstöße. Sonderteile und Ecken in getrennter Position.
Untergrund: Stahlbeton
Material: Stahl-Blech
Blechstärke: **0,75 / 0,88 / .....** mm
Abwicklung: ca. **333 / 500 / 1.000** mm
Kantungen: **einfach / zweifach / dreifach / .....**
Oberfläche: **sendzimirverzinkt, beidseitig / Bandbeschichtung, beidseitig, RAL .....**
Querneigung: **mit / ohne**
Traufhöhe: bis 6,00 m
Angeb. Fabrikat: .....

| 12 € | 23 € | **27 €** | 29 € | 42 € | [m] | 0,20 h/m | 017.000.008 |

13 Bohrungen, Stahl bis 16 mm KG 359
Bohrungen in Stahlblechen, Stegen oder Flanschen von Stahlträgern oder -stützen, für Installationsleitungen.
Ausführung: **in der Werkstatt / auf der Baustelle**
Durchmesser: bis 35 mm
Materialstärke: **bis 16 / ..... mm**

| 2 € | 9 € | **10 €** | 16 € | 25 € | [St] | 0,20 h/St | 017.000.010 |

14 Gitterroste, verzinkt, rutschhemmend, verankert KG 339
Gitterrostbelag als Treppenpodestfläche, rutschhemmend und abhebesicher, auf bauseitiger Stahlkonstruktion; einschl. Bohrungen und Verbindungsmitteln für die Verschraubung mit den herzustellenden Anschlüssen.
Gitterrost-Außenmaß: .....
Maschenteilung: 33,3 x 11,1 mm
Tragstab: 30 x 3 mm
Randstab / Einfassung: umlaufend, Profil 30 x 3 mm
Oberfläche: verzinkt
Anforderung: **R9 / R10 / R11**
Einbauort: .....
Für die Ausführung werden vom AG folgende Unterlagen zur Verfügung gestellt:
 – Entwurfszeichnungen, Plannr.: .....
 – Übersichtszeichnungen, Plannr.: .....
 – statische Berechnung mit Positionsplänen, Plannr.: .....

| 65 € | 87 € | **95 €** | 110 € | 145 € | [m²] | 0,45 h/m² | 017.000.015 |

▶ min
▷ von
ø Mittel
◁ bis
◀ max

15 Stundensatz Facharbeiter, Stahlbau
Stundenlohnarbeiten für Vorarbeiter, Facharbeiter und Gleichgestellte (z.B. Spezialbaufacharbeiter, Baufacharbeiter, Obermonteure, Monteure, Gesellen, Maschinenführer, Fahrer und ähnliche Fachkräfte). Leistung nach besonderer Anordnung der Bauüberwachung.

| 41 € | 50 € | **53 €** | 60 € | 74 € | [h] | 1,00 h/h | 017.000.022 |

16 Stundensatz Helfer, Stahlbau
Stundenlohnarbeiten für Werker, Helfer und Gleichgestellte (z.B. Baufachwerker, Helfer, Hilfsmonteure, Ungelernte, Angelernte). Leistung nach besonderer Anordnung der Bauüberwachung.

| 29 € | 38 € | **42 €** | 47 € | 56 € | [h] | 1,00 h/h | 017.000.023 |

| 000 |
| 001 |
| 002 |
| 006 |
| 008 |
| 009 |
| 010 |
| 012 |
| 013 |
| 014 |
| 016 |
| **017** |
| 018 |
| 020 |
| 021 |
| 022 |

LB 018 Abdichtungsarbeiten

Abdichtungsarbeiten — Preise €

Kosten: Stand 1. Quartal 2018, Bundesdurchschnitt

▶ min ▷ von ø Mittel ◁ bis ◀ max

Nr.	Positionen	Einheit	▶	▷	ø brutto € / ø netto €	◁	◀
1	Rohrdurchführung, Faserzementrohr	St	119	314	**391**	517	848
			100	264	**328**	434	713
2	Dichtsatz, Rohrdurchführung	St	67	133	**182**	208	259
			56	112	**153**	175	218
3	Untergrund reinigen	m²	0,2	1,2	**1,6**	3,0	5,8
			0,2	1,0	**1,4**	2,5	4,9
4	Voranstrich, Abdichtung, Betonbodenplatte	m²	1	2	**3**	4	6
			1,0	1,9	**2,4**	3,2	5,4
5	Wandanschluss, Bitumen-Dichtbahn	m	4	5	**6**	7	8
			3	5	**5**	6	7
6	Wandanschluss, Dickbeschichtung	m	–	9	**11**	16	–
			–	8	**10**	13	–
7	Dichtungsanschluss, Anschweißflansch	St	9	14	**16**	19	24
			7	12	**14**	16	20
8	Dichtungsanschluss, Klemm-/Klebeflansch	St	11	32	**39**	46	65
			9	26	**33**	39	55
9	Perimeterdämmung, XPS, bis 60mm, Fundament	m²	18	23	**24**	28	33
			15	19	**20**	24	28
10	Perimeterdämmung, XPS bis 100mm, Bodenplatte	m²	20	24	**27**	30	37
			17	20	**22**	25	31
11	Perimeterdämmung, XPS bis 240mm, Bodenplatte	m²	49	55	**56**	58	64
			41	46	**47**	49	54
12	Perimeterdämmung, XPS 100mm, Wand	m²	–	26	**34**	41	–
			–	22	**28**	35	–
13	Perimeterdämmung, XPS 160mm, Wand	m²	28	38	**40**	50	64
			24	32	**34**	42	54
14	Perimeterdämmung, CG, 120mm, Wand	m²	67	73	**77**	86	97
			57	61	**65**	72	81
15	Perimeterdämmung, CG, 200mm, Wand	m²	89	97	**103**	114	129
			75	81	**86**	96	108
16	Trennlage, PE-Folie, unter Bodenplatte	m²	0,9	1,6	**1,9**	2,6	3,8
			0,8	1,4	**1,6**	2,2	3,2
17	Querschnittsabdichtung, G200DD, Mauerwerk 11,5cm	m	0,8	1,6	**2,0**	3,2	5,0
			0,7	1,4	**1,7**	2,7	4,2
18	Querschnittsabdichtung, G200DD, Mauerwerk 24cm	m	3,5	5,3	**6,2**	9,4	13
			3,0	4,5	**5,3**	7,9	11
19	Querschnittsabdichtung, G200DD, Mauerwerk 36,5cm	m	4,7	11	**12**	15	24
			4,0	9,3	**9,9**	12	21
20	Bodenabdichtung, Bodenfeuchte, PMBC	m²	20	21	**22**	25	28
			16	18	**19**	21	23
21	Bodenabdichtung, Bodenfeuchte, MDS starr	m²	19	20	**21**	24	26
			16	17	**18**	20	22
22	Bodenabdichtung, Bodenfeuchte, MDS flexibel	m²	25	27	**29**	32	35
			21	23	**24**	27	30

© BKI Baukosteninformationszentrum; Erläuterungen zu den Tabellen siehe Seite 46
Mustertexte geprüft: Bauwirtschaft Baden-Württemberg e.V.

Kostenstand: 1.Quartal 2018, Bundesdurchschnitt

Abdichtungsarbeiten — Preise €

Nr.	Positionen	Einheit	▶	▷ ø brutto € / ø netto €		◁	◀
23	Bodenabdichtung, Bodenfeuchte, PV200 DD	m²	19	20	**22**	24	27
			16	17	**18**	20	22
24	Bodenabdichtung, Bodenfeuchte, PYE G200S4	m²	18	20	**21**	23	26
			15	16	**18**	19	22
25	Bodenabdichtung, n.dr. Wasser, PMBC	m²	31	34	**36**	40	44
			26	28	**30**	33	37
26	Bodenabdichtung, n.dr. Wasser, MDS starr	m²	26	29	**30**	34	37
			22	24	**26**	28	31
27	Bodenabdichtung, n.dr. Wasser, MDS flexibel	m²	30	33	**35**	38	43
			25	27	**29**	32	36
28	Voranstrich, Wandabdichtung	m²	0,9	2,7	**3,3**	4,6	7,4
			0,8	2,3	**2,8**	3,9	6,2
29	Hohlkehle, Dichtungsschlämme	m	3	6	**8**	11	22
			2	5	**6**	9	18
30	Wandabdichtung, Bodenfeuchte, MDS starr	m²	18	19	**21**	23	25
			15	16	**17**	19	21
31	Wandabdichtung, Bodenfeuchte, MDS flexibel	m²	22	23	**25**	28	31
			18	20	**21**	23	26
32	Wandabdichtung, Bodenfeuchte, PMBC	m²	16	20	**20**	22	26
			14	17	**17**	19	22
33	Wandabdichtung, n.dr. Wasser, MDS starr	m²	21	23	**24**	27	30
			18	19	**20**	22	25
34	Wandabdichtung, n.dr. Wasser, MDS flexibel	m²	23	25	**26**	29	32
			19	21	**22**	25	27
35	Wandabdichtung, n.dr. Wasser, PMBC	m²	22	23	**25**	28	31
			18	20	**21**	23	26
36	Wandabdichtung, n.dr. Wasser, KSP	m²	21	25	**26**	29	32
			18	21	**22**	24	27
37	Wandabdichtung, dr. Wasser, G200DD/PYE-PV200DD	m²	30	32	**35**	38	43
			25	27	**29**	32	36
38	Wandabdichtung, dr. Wasser, PYE-PV200S5	m²	24	26	**28**	31	34
			20	22	**23**	26	28
39	Wandabdichtung, dr. Wasser, R500N Kupfer	m²	40	44	**46**	51	57
			34	37	**39**	43	48
40	Wandabdichtung, dr. Wasser, R500N, 3-lagig	m²	43	46	**49**	55	60
			36	39	**41**	46	51
41	Fugenabdichtung, Wand, Feuchte, Dichtmasse	m	9	10	**12**	13	14
			8	9	**10**	11	12
42	Fugenabdichtung, Wand, Feuchte, Fugenband	m	23	25	**29**	32	36
			19	21	**24**	27	30
43	Fugenabdichtung, Wand, Feuchte, Kunststoffbahn	m	16	18	**21**	23	25
			14	15	**17**	19	21
44	Fugenabdichtung, Bodenplatte, Feuchte, Schweißbahn	m	23	25	**29**	32	35
			19	21	**24**	27	30

© **BKI** Baukosteninformationszentrum; Erläuterungen zu den Tabellen siehe Seite 46
Mustertexte geprüft: Bauwirtschaft Baden-Württemberg e.V.

Kostenstand: 1.Quartal 2018, Bundesdurchschnitt

LB 018 Abdichtungsarbeiten

Abdichtungsarbeiten — Preise €

Nr.	Positionen	Einheit	▶ min	▷ von	ø brutto € / ø netto €	◁ bis	◀ max
45	Bewegungsfuge, Bodenplatte, Feuchte, KSP-Streifen	m	15	17	**19**	22	24
			13	14	**16**	18	20
46	Fugenabdichtung, Wand, drückendes Wasser, Schweißbahn	m	19	21	**24**	27	30
			16	18	**21**	23	25
47	Bewegungsfuge, Wand, dr. Wasser, Kupferband	m	22	24	**28**	31	35
			18	21	**24**	26	29
48	Bewegungsfuge, Wand, dr. Wasser, Kunststoffbahn	m	19	21	**24**	27	30
			16	18	**20**	22	25
49	Bewegungsfuge, Wand, dr. Wasser, Kupferband/Bitumen	m	26	29	**33**	37	41
			22	24	**28**	31	34
50	Bewegungsfuge, Decke, dr. Wasser, 4-stegiges Fugenband	m	29	33	**38**	42	46
			25	28	**32**	35	39
51	Bewegungsfuge, dr. Wasser, Los-Festflansch	m	36	40	**46**	51	56
			30	33	**39**	43	47
52	Rohrdurchführung, Los-/Festflansch, Faserzementrohr	St	124	228	**265**	268	412
			105	191	**222**	225	346
53	Abdichtungsanschluss, Decke, Anschweißflansch DN100	St	8	19	**25**	30	45
			6	16	**21**	25	38
54	Abdichtungsanschluss, Anschweißflansch DN250	St	17	30	**38**	46	61
			14	25	**32**	38	52
55	Dränschicht, EPS-Polystyrolplatte/Vlies	m²	9	17	**20**	23	32
			7	14	**17**	19	27
56	Sickerschicht, Kunststoffnoppenbahn/Vlies	m²	4	9	**11**	14	21
			3	7	**9**	11	18
57	Sickerschicht, poröse Sickersteine	m²	–	24	**27**	30	–
			–	20	**23**	26	–
58	Deckenabdichtung, n. dr. Wasser, Bitumenbahn	m²	10	18	**22**	27	54
			8	15	**18**	23	46
59	Stundensatz Facharbeiter, Abdichtungsarbeiten	h	45	50	**52**	53	59
			38	42	**44**	44	50
60	Stundensatz Helfer, Abdichtungsarbeiten	h	–	46	**35**	50	–
			–	39	**29**	42	–

Kosten: Stand 1. Quartal 2018 Bundesdurchschnitt

▶ min
▷ von
ø Mittel
◁ bis
◀ max

© BKI Baukosteninformationszentrum; Erläuterungen zu den Tabellen siehe Seite 46
Mustertexte geprüft: Bauwirtschaft Baden-Württemberg e.V.

Nr.	Kurztext / Langtext						Kostengruppe	
▶	▷	ø netto €	◁	◀	[Einheit]	Ausf.-Dauer	Positionsnummer	

1 Rohrdurchführung, Faserzementrohr — KG **411**

Außenwand-Durchführung als Futterrohr aus Faserzement, gegen drückendes Wasser, für Medienrohr, mit Los- und Festflansch einseitig zum Einklemmen der Abdichtung.
Wandaufbau: Beton
Wanddicke: **25 / 30** cm
Baulänge: über 200 bis 300 mm
Durchmesser: **DN100 / DN125 / DN150**
Angeb. Fabrikat: .....

| 100€ | 264€ | **328**€ | 434€ | 713€ | [St] | ⏱ 1,00 h/St | 009.000.034 |

2 Dichtsatz, Rohrdurchführung — KG **411**

Abdichten des Ringraumes durch Dichtring aus Elastomeren (EPDM).
Bauteil: **Wand- / Deckendurchführung**
Werkstoff Rohrdurchführung: .....

| 56€ | 112€ | **153**€ | 175€ | 218€ | [St] | ⏱ 0,35 h/St | 009.000.035 |

3 Untergrund reinigen — KG **325**

Betondecke von Staub, groben Verschmutzungen und losen Teilen besenrein abkehren, Schutt aufnehmen und entsorgen, inkl. Deponiegebühren.

| 0,2€ | 1,0€ | **1,4**€ | 2,5€ | 4,9€ | [m²] | ⏱ 0,02 h/m² | 018.000.001 |

4 Voranstrich, Abdichtung, Betonbodenplatte — KG **325**

Voranstrich bzw. Haftgrund für Bitumendichtbahn, auf gereinigte, oberflächentrockene Bodenflächen, vollflächig.
Haftgrund: als **kalt streichbarer Bitumen-Voranstrich / Bitumen-Emulsion**
Verbrauch: 300 g/m²
Einbauort: vorgereinigte Stahlbeton-Bodenplatte
Angeb. Fabrikat: .....

| 1,0€ | 1,9€ | **2,4**€ | 3,2€ | 5,4€ | [m²] | ⏱ 0,03 h/m² | 018.000.002 |

5 Wandanschluss, Bitumen-Dichtbahn — KG **326**

Abdichtungsanschluss an aufgehende Bauteile, an Übergang zwischen Bodenplatte / Sohle und aufgehender Wand, rechtwinklig, Abdichtung geklebt.
Unterlage: .....
Ausführung: .....

| 3€ | 5€ | **5**€ | 6€ | 7€ | [m] | ⏱ 0,08 h/m | 018.000.004 |

6 Wandanschluss, Dickbeschichtung — KG **326**

Abdichtungsanschluss an aufgehende Bauteile, an Übergang zwischen Bodenplatte / Sohle und aufgehender Wand, rechtwinklig, Abdichtung geklebt, mit Bitumenbahn ......
Unterlage: .....
Ausführung: .....

| –€ | 8€ | **10**€ | 13€ | –€ | [m] | ⏱ 0,10 h/m | 018.000.046 |

LB 018 Abdichtungsarbeiten

Nr.	Kurztext / Langtext						Kostengruppe
▶	▷	ø netto €	◁	◀	[Einheit]	Ausf.-Dauer	Positionsnummer

7 Dichtungsanschluss, Anschweißflansch — KG 325
Abdichtungsanschluss an Durchdringungen, mit Anschweißflansch, inkl. Dichtungsbeilage.
Anwendungsfall: Bodenfeuchte
Durchdringung: DN100 bis DN250
Einbauort: Bodenplatte

| 7 € | 12 € | **14 €** | 16 € | 20 € | [St] | ⏱ 0,20 h/St | 018.000.005 |

8 Dichtungsanschluss, Klemm-/Klebeflansch — KG 325
Abdichtungsanschluss an Durchdringungen mit Klemm- oder Klebeflansch.
Wassereinwirkungsklasse: W1.1-E
Durchdringung: DN100
Flanschart: .....
Einbauort: Bodenplatte

| 9 € | 26 € | **33 €** | 39 € | 55 € | [St] | ⏱ 0,40 h/St | 018.000.006 |

9 Perimeterdämmung, XPS, bis 60mm, Fundament — KG 326
Perimeterdämmung aus extrudierten Polystyrolplatten, als Wärmedämmung vor Fundamenten im Erdreich, geklebt, Platten mit umlaufendem Stufenfalz, dicht gestoßen.
Untergrund: abgedichtete Stahlbeton-Fundamente und -Außenwände
Wassereinwirkungsklasse: **W1-E Bodenfeuchte / W2-E drückendes Wasser**
Dämmstoff: XPS
Anwendungstyp: PW - .....
Druckbelastbarkeit: **dh / ds / dx**
Brandverhalten: E
Nennwert der Wärmeleitfähigkeit: ..... W/(mK)
Dämmstoffdicke: 60 mm
Ausführung Kante: umlaufender Stufenfalz
Einbauort: Stahlbeton-Fundamente
Angeb. Fabrikat: .....

| 15 € | 19 € | **20 €** | 24 € | 28 € | [m²] | ⏱ 0,11 h/m² | 018.000.022 |

A 1 Perimeterdämmung, XPS, Bodenplatte/Fundament — Beschreibung für Pos. 10-11
Perimeterdämmung aus extrudierten Polystyrolplatten, als Wärmedämmung unterhalb der Bodenplatte, mit umlaufendem Stufenfalz, Platten dicht gestoßen.
Untergrund: .....
Dämmstoff: XPS
Anwendungstyp: PB
Nennwert der Wärmeleitfähigkeit: ..... W/(mK)
Wassereinwirkungsklasse: **W1-E Bodenfeuchte / W2-E drückendes Wasser**
Druckbelastbarkeit: **dh / ds / dx**
Nennwert der Wärmeleitfähigkeit: ..... W/(mK)

10 Perimeterdämmung, XPS bis 100mm, Bodenplatte — KG 326
Wie Ausführungsbeschreibung A 1
Dämmstoffdicke: bis 100 mm
Angeb. Fabrikat: .....

| 17 € | 20 € | **22 €** | 25 € | 31 € | [m²] | ⏱ 0,10 h/m² | 018.000.032 |

Kosten: Stand 1. Quartal 2018, Bundesdurchschnitt

- ▶ min
- ▷ von
- ø Mittel
- ◁ bis
- ◀ max

Nr.	Kurztext / Langtext							Kostengruppe
▶	▷	**ø netto €**	◁	◀	[Einheit]	Ausf.-Dauer	Positionsnummer	

11 Perimeterdämmung, XPS bis 240mm, Bodenplatte — KG **326**
Wie Ausführungsbeschreibung A 1
Dämmstoffdicke: über bis 240 mm
Angeb. Fabrikat: .....

| 41€ | 46€ | **47€** | 49€ | 54€ | [m²] | ⏱ 0,12 h/m² | 018.000.034 |

A 2 Perimeterdämmung, XPS, Wand — Beschreibung für Pos. **12-13**
Perimeterdämmung aus extrudierten Polystyrolplatten, als Wärmedämmung vor Wänden im Erdreich, geklebt, Platten mit umlaufendem Stufenfalz, dicht gestoßen.
Untergrund: abgedichtete Stahlbeton-Fundamente und -Außenwände
Dämmstoff: XPS
Anwendungstyp: PW
Wassereinwirkungsklasse: **W1-E Bodenfeuchte / W2-E drückendes Wasser**
Druckbelastbarkeit: **dh / ds / dx**
Nennwert der Wärmeleitfähigkeit: ..... W/(mK)

12 Perimeterdämmung, XPS 100mm, Wand — KG **335**
Wie Ausführungsbeschreibung A 2
Dämmstoffdicke: 100 mm
Angeb. Fabrikat: .....

| –€ | 22€ | **28€** | 35€ | –€ | [m²] | ⏱ 0,25 h/m² | 018.000.083 |

13 Perimeterdämmung, XPS 160mm, Wand — KG **335**
Wie Ausführungsbeschreibung A 2
Dämmstoffdicke: 160 mm
Angeb. Fabrikat: .....

| 24€ | 32€ | **34€** | 42€ | 54€ | [m²] | ⏱ 0,28 h/m² | 018.000.031 |

A 3 Perimeterdämmung, CG, Wand — Beschreibung für Pos. **14-15**
Perimeterdämmung aus Schaumglas, als Wärmedämmung vor Wänden im Erdreich, punktförmig geklebt, Platten mit umlaufendem Stufenfalz, dicht gestoßen.
Untergrund: abgedichtete Stahlbeton-Fundamente und -Außenwände
Dämmstoff: CG
Anwendungstyp: PW
Wassereinwirkungsklasse: **W1-E Bodenfeuchte / W2-E drückendes Wasser**
Druckbelastbarkeit: **ds / dx**
Nennwert der Wärmeleitfähigkeit: ..... W/(mK)

14 Perimeterdämmung, CG, 120mm, Wand — KG **335**
Wie Ausführungsbeschreibung A 3
Dämmschichtdicke: 120 mm
Angeb. Fabrikat: .....

| 57€ | 61€ | **65€** | 72€ | 81€ | [m²] | ⏱ 0,25 h/m² | 018.000.047 |

LB 018 Abdichtungsarbeiten

Kosten:
Stand 1.Quartal 2018
Bundesdurchschnitt

▶ min
▷ von
ø Mittel
◁ bis
◀ max

Nr. ▶	Kurztext / Langtext ▷ ø netto € ◁ ◀				[Einheit]	Ausf.-Dauer	Kostengruppe Positionsnummer
15	**Perimeterdämmung, CG, 200mm, Wand**						KG **335**
Wie Ausführungsbeschreibung A 3							
Dämmschichtdicke: 200 mm							
Angeb. Fabrikat:							
75€	81€	**86**€	96€	108€	[m²]	⏱ 0,28 h/m²	018.000.050
16	**Trennlage, PE-Folie, unter Bodenplatte**						KG **326**
Trennlage aus PE-Folie, einlagig, Stoßüberlappung ca.15cm, Stöße gegen Verschieben sichern.							
Foliendicke: 0,2 mm							
Untergrund:							
Angeb. Fabrikat:							
0,8€	1,4€	**1,6**€	2,2€	3,2€	[m²]	⏱ 0,03 h/m²	018.000.008
A 4	**Querschnittsabdichtung, G200DD, Mauerwerk**					Beschreibung für Pos. **17-19**	
Abdichtung aus bitumenverträglicher Bahn einlagig, gegen aufsteigende Feuchtigkeit in / unter Mauerwerkswänden, mit seitlichem Überstand und Überdeckung von je mind. 20cm; inkl. Abgleichen der Auflagerfläche. Abdichtung: G 200 DD							
17	**Querschnittsabdichtung, G200DD, Mauerwerk 11,5cm**						KG **342**
Wie Ausführungsbeschreibung A 4							
Mauerdicke: bis 11,5 cm							
Angeb. Fabrikat:							
0,7€	1,4€	**1,7**€	2,7€	4,2€	[m]	⏱ 0,04 h/m	018.000.035
18	**Querschnittsabdichtung, G200DD, Mauerwerk 24cm**						KG **341**
Wie Ausführungsbeschreibung A 4							
Mauerdicke: bis 24,0 cm							
Angeb. Fabrikat:							
3€	4€	**5**€	8€	11€	[m]	⏱ 0,06 h/m	018.000.037
19	**Querschnittsabdichtung, G200DD, Mauerwerk 36,5cm**						KG **331**
Wie Ausführungsbeschreibung A 4							
Mauerdicke: bis 36,5 cm							
Angeb. Fabrikat:							
4€	9€	**10**€	12€	21€	[m]	⏱ 0,08 h/m	018.000.038
20	**Bodenabdichtung, Bodenfeuchte, PMBC**						KG **326**
Abdichtung von Bodenflächen gegen Bodenfeuchte mit kunststoffmodifizierter Bitumendickbeschichtung als Spachtelmasse in zwei Arbeitsgängen.							
Wassereinwirkungsklasse: W1-E (Bodenfeuchte)							
Rissklasse: R1-E (geringe Anforderung)							
Rissüberbrückungsklasse: RÜ1-E (<=0,2 mm)							
Raumnutzungsklasse: **RN1-E / RN2-E**							
Untergrund: Beton							
Lage: Kellersohle							
Trockenschichtdicke: mind. 3 mm							
Angeb. Fabrikat:							
16€	18€	**19**€	21€	23€	[m²]	⏱ 0,16 h/m²	018.000.051

Nr.	Kurztext / Langtext						Kostengruppe	
▶	▷	ø netto €	◁	◀	[Einheit]	Ausf.-Dauer	Positionsnummer	

21 Bodenabdichtung, Bodenfeuchte, MDS starr KG **326**
Abdichtung von Bodenflächen gegen Bodenfeuchte mit starrer mineralischer Dichtungsschlämme in zwei Arbeitsgängen.
Wassereinwirkungsklasse: W1-E (Bodenfeuchte)
Rissklasse: R1-E (geringe Anforderung)
Rissüberbrückungsklasse: RÜ1-E (<=0,2 mm)
Raumnutzungsklasse: **RN1-E / RN2-E**
Untergrund: Beton
Lage: Kellersohle
Trockenschichtdicke: mind. 3 mm
Angeb. Fabrikat: .....
16€   17€   **18€**   20€   22€   [m²]   ⏱ 0,16 h/m²   018.000.052

22 Bodenabdichtung, Bodenfeuchte, MDS flexibel KG **326**
Abdichtung von Bodenflächen gegen Bodenfeuchte mit flexibler mineralischer Dichtungsschlämme in zwei Arbeitsgängen.
Wassereinwirkungsklasse: W1-E (Bodenfeuchte)
Rissklasse: R1-E (geringe Anforderung)
Rissüberbrückungsklasse: RÜ1-E (<=0,2 mm)
Raumnutzungsklasse: **RN1-E / RN2-E**
Untergrund: Beton
Lage: Kellersohle
Trockenschichtdicke: mind. 3 mm
Angeb. Fabrikat: .....
21€   23€   **24€**   27€   30€   [m²]   ⏱ 0,18 h/m²   018.000.053

23 Bodenabdichtung, Bodenfeuchte, PV200 DD KG **326**
Abdichtung von Bodenflächen gegen Bodenfeuchte mit Bitumen-Dachdichtungsbahn.
Wassereinwirkungsklasse: W1-E (Bodenfeuchte)
Rissklasse: R1-E (geringe Anforderung)
Rissüberbrückungsklasse: RÜ1-E (<=0,2 mm)
Raumnutzungsklasse: **RN1-E / RN2-E**
Untergrund: Beton
Lage: Kellersohle
Dichtungsbahn: PV 200 DD
Angeb. Fabrikat: .....
16€   17€   **18€**   20€   22€   [m²]   ⏱ 0,17 h/m²   018.000.054

24 Bodenabdichtung, Bodenfeuchte, PYE G200S4 KG **326**
Abdichtung von Bodenflächen gegen Bodenfeuchte mit Elastomerbitumen-Schweißbahn.
Wassereinwirkungsklasse: W1-E (Bodenfeuchte)
Rissklasse: R1-E (geringe Anforderung)
Rissüberbrückungsklasse: RÜ1-E (<=0,2 mm)
Raumnutzungsklasse: **RN1-E / RN2-E**
Untergrund: Beton
Lage: Kellersohle
Dichtungsbahn: PYE G 200 S4
Angeb. Fabrikat: .....
15€   16€   **18€**   19€   22€   [m²]   ⏱ 0,17 h/m²   018.000.055

LB 018 Abdichtungsarbeiten

Kosten:
Stand 1.Quartal 2018
Bundesdurchschnitt

▶ min
▷ von
ø Mittel
◁ bis
◀ max

Nr.	Kurztext / Langtext					Kostengruppe
▶	▷ ø netto € ◁ ◀				[Einheit]	Ausf.-Dauer Positionsnummer

25 Bodenabdichtung, nicht drückendes Wasser, PMBC KG **326**
Abdichtung von Bodenflächen gegen nicht drückendes Wasser, mäßige Beanspruchung, mit kunststoffmodifizierter Bitumendickbeschichtung als Spachtelmasse in zwei Arbeitsgängen mit Gewebeeinlage.
Wassereinwirkungsklasse: W1-E (Bodenfeuchte)
Rissklasse: R1-E (geringe Anforderung)
Rissüberbrückungsklasse: RÜ1-E (<=0,2 mm)
Raumnutzungsklasse: **RN1-E / RN2-E**
Untergrund: Beton
Bauteil: Boden in Nassraum
Trockenschichtdicke: mind. 3 mm
Angeb. Fabrikat: .....

26€   28€   **30€**   33€   37€   [m²]   ⏱ 0,22 h/m²   018.000.057

26 Bodenabdichtung, nicht drückendes Wasser, MDS starr KG **326**
Abdichtung von Bodenflächen gegen nicht drückendes Wasser, mäßige Beanspruchung, mit starrer mineralischer Dichtungsschlämme in zwei Arbeitsgängen.
Wassereinwirkungsklasse: W1-E (Bodenfeuchte)
Rissklasse: R1-E (geringe Anforderung)
Rissüberbrückungsklasse: RÜ1-E (<=0,2 mm)
Raumnutzungsklasse: **RN1-E / RN2-E**
Untergrund: Beton
Bauteil: Boden in Nassraum
Trockenschichtdicke: mind. 4 mm
Angeb. Fabrikat: .....

22€   24€   **26€**   28€   31€   [m²]   ⏱ 0,17 h/m²   018.000.058

27 Bodenabdichtung, nicht drückendes Wasser, MDS flexibel KG **326**
Abdichtung von Bodenflächen gegen nicht drückendes Wasser, mäßige Beanspruchung, mit flexibler mineralischer Dichtungsschlämme in zwei Arbeitsgängen.
Wassereinwirkungsklasse: W1-E (Bodenfeuchte)
Rissklasse: R1-E (geringe Anforderung)
Rissüberbrückungsklasse: RÜ1-E (<=0,2 mm)
Raumnutzungsklasse: **RN1-E / RN2-E**
Untergrund: Beton
Bauteil: Boden in Nassraum
Trockenschichtdicke: mind. 4 mm
Angeb. Fabrikat: .....

25€   27€   **29€**   32€   36€   [m²]   ⏱ 0,19 h/m²   018.000.059

28 Voranstrich, Wandabdichtung KG **335**
Voranstrich bzw. Haftgrund für Wandabdichtung, auf gereinigte oberflächentrockene Wandfläche, vollflächig.
Haftgrund: **Bitumenlösung / Bitumen-Emulsion**
Bauteil: erdberührte Außenwand, mit Dränung
Untergrund: .....
Angeb. Fabrikat: .....

0,8€   2,3€   **2,8€**   3,9€   6,2€   [m²]   ⏱ 0,08 h/m²   018.000.015

© BKI Baukosteninformationszentrum; Erläuterungen zu den Tabellen siehe Seite 46
Mustertexte geprüft: Bauwirtschaft Baden-Württemberg e.V.

Nr.	Kurztext / Langtext					Kostengruppe		
▶	▷	ø netto €	◁	◀	[Einheit]	Ausf.-Dauer	Positionsnummer

29 Hohlkehle, Dichtungsschlämme KG 335

Hohlkehle aus Dichtungsschlämme, zwischen Fundament und Wand, inkl. Grundierung, Hohlkehle gerundet, in die Flächenabdichtung eingebunden. Material: .....
Angeb. Fabrikat: .....

| 2 € | 5 € | **6 €** | 9 € | 18 € | [m] | ⏱ 0,13 h/m | 018.000.014 |

30 Wandabdichtung, Bodenfeuchte, MDS starr KG 335

Außenabdichtung gegen Bodenfeuchte und nicht stauendes Sickerwasser mit zementgebundener starrer Dichtungsschlämme in zwei Arbeitsgängen.
Bauteil: erdberührte Außenwand, mit Dränung
Wassereinwirkungsklasse: W1.2-E (Bodenfeuchte und nicht drückendes Wasser, mit Dränung)
Rissklasse: R1-E (geringe Anforderung)
Rissüberbrückungsklasse: RÜ1-E (<=0,2 mm)
Raumnutzungsklasse: **RN1-E / RN2-E**
Untergrund: **Beton / Mauerwerk**
Trockenschichtdicke: mind. 2 mm
Angeb. Fabrikat: .....

| 15 € | 16 € | **17 €** | 19 € | 21 € | [m²] | ⏱ 0,16 h/m² | 018.000.060 |

31 Wandabdichtung, Bodenfeuchte, MDS flexibel KG 335

Außenabdichtung gegen Bodenfeuchte und nicht stauendes Sickerwasser mit zementgebundener flexibler Dichtungsschlämme in zwei Arbeitsgängen.
Bauteil: erdberührte Außenwand, mit Dränung
Wassereinwirkungsklasse: W1.2-E (Bodenfeuchte und nicht drückendes Wasser, mit Dränung)
Rissklasse: R1-E (geringe Anforderung)
Rissüberbrückungsklasse: RÜ1-E (<=0,2 mm)
Raumnutzungsklasse: **RN1-E / RN2-E**
Untergrund: **Beton / Mauerwerk**
Trockenschichtdicke: mind. 2 mm
Angeb. Fabrikat: .....

| 18 € | 20 € | **21 €** | 23 € | 26 € | [m²] | ⏱ 0,17 h/m² | 018.000.061 |

32 Wandabdichtung, Bodenfeuchte, PMBC KG 335

Außenabdichtung gegen Bodenfeuchte und nicht stauendes Sickerwasser mit kunststoffmodifizierter Bitumendickbeschichtung als Spachtelmasse in zwei Arbeitsgängen.
Bauteil: erdberührte Außenwand, mit Dränung
Wassereinwirkungsklasse: W1.2-E (Bodenfeuchte und nicht drückendes Wasser, mit Dränung)
Rissklasse: R1-E (geringe Anforderung)
Rissüberbrückungsklasse: RÜ1-E (<=0,2 mm)
Raumnutzungsklasse: **RN1-E / RN2-E**
Untergrund: **Beton / Mauerwerk**
Trockenschichtdicke: mind. 3 mm
Angeb. Fabrikat: .....

| 14 € | 17 € | **17 €** | 19 € | 22 € | [m²] | ⏱ 0,15 h/m² | 018.000.062 |

LB 018 Abdichtungsarbeiten

Kosten:
Stand 1.Quartal 2018
Bundesdurchschnitt

Nr.	Kurztext / Langtext						Kostengruppe
▶	▷ ø **netto €** ◁ ◀				[Einheit]	Ausf.-Dauer	Positionsnummer

39 Wandabdichtung, drückendes Wasser, R500N Kupfer — KG **335**

Abdichtung gegen drückendes Wasser mit nackten Bitumenbahnen und Metallbändern.
Bauteil: erdberührte Außenwand
Wassereinwirkungsklasse: W2.2-E (drückendes Wasser)
Rissklasse: R1-E (geringe Anforderung)
Rissüberbrückungsklasse: RÜ4-E (sehr hohe Rissüberbrückung)
Raumnutzungsklasse: RN1-E
Untergrund: **Beton / Mauerwerk**
Nach Tab.13: 3-lagig, davon zwei Lagen R500N und 1 Lage Kupferband
Aufbringverfahren: .....
Eintauchtiefe: > 9,00 m
Angeb. Fabrikat: .....

34 € 37 € **39 €** 43 € 48 €   [m²]   ⏱ 0,28 h/m²   018.000.070

40 Wandabdichtung, drückendes Wasser, R500N, 3-lagig — KG **335**

Abdichtung gegen drückendes Wasser mit nackten Bitumenbahnen.
Bauteil: erdberührte Außenwand
Untergrund: **Beton / Mauerwerk**
Abdichtung: R 500 N, 3-lagig
Aufbringverfahren: .....
Eintauchtiefe: bis 9,00 m
Angeb. Fabrikat: .....

36 € 39 € **41 €** 46 € 51 €   [m²]   ⏱ 0,32 h/m²   018.000.071

41 Fugenabdichtung, Wand, Feuchte, Dichtmasse — KG **326**

Abdichtung von Fugen mit elastischer Dichtungsmasse, flexibler mineralischer Dichtschlämme und Gewebeband. Leistung mit Fugenvorbereitung und Hinterfüllprofil.
Bauteil: erdberührte Außenwand.
Wassereinwirkungsklasse: W1-E (Bodenfeuchte)
Untergrund: .....
Fugenbreite: 15 mm
Bewegung: ..... mm
Fugentyp: .....
Angeb. Fabrikat: .....

8 € 9 € **10 €** 11 € 12 €   [m]   ⏱ 0,13 h/m   018.000.072

42 Fugenabdichtung, Wand, Feuchte, Fugenband — KG **326**

Abdichtung über Fugen mit elastischem Fugenband.
Bauteil: erdberührte Außenwand
Wassereinwirkungsklasse: W1-E (Bodenfeuchte)
Untergrund: .....
Fugenbreite: .....
Bewegung: ..... mm
Fugentyp: .....
Angeb. Fabrikat: .....

19 € 21 € **24 €** 27 € 30 €   [m]   ⏱ 0,17 h/m   018.000.073

▶ min
▷ von
ø Mittel
◁ bis
◀ max

Nr.	Kurztext / Langtext					Kostengruppe	
▶	▷ ø netto € ◁ ◀				[Einheit]	Ausf.-Dauer	Positionsnummer

43 Fugenabdichtung, Wand, Feuchte, Kunststoffbahn — KG 326
Abdichtung über Fugen mit bitumenverträglichen Streifen aus Kunststoff-Dichtungsbahnen. Dichtungsbahn mit Vlies-/Gewebekaschierung zum Einbetten in Bitumendickbeschichtung.
Bauteil: erdberührte Außenwand.
Wassereinwirkungsklasse: W1-E (Bodenfeuchte)
Untergrund: .....
Fugenbreite: .....
Bewegung: bis 5 mm / Fugentyp: .....
Angeb. Fabrikat: .....

| 14€ | 15€ | **17**€ | 19€ | 21€ | [m] | ⏱ 0,20 h/m | 018.000.074 |

44 Fugenabdichtung, Bodenplatte, Feuchte, Schweißbahn — KG 326
Abdichtung über Fugen auf Bodenplatten mit Schweißbahn. Flächenabdichtung an beiden Seiten der Abdichtung mit Bitumen-Schweißbahnen über der Fuge verstärken.
Bauteil: Bodenplatte
Wassereinwirkungsklasse: W1-E (Bodenfeuchte)
Untergrund: .....
Fugenbreite: .....
Bewegung / Fugentyp: .....
Schweißbahn: PYE-PV 200 S4
Bahnenbreite: 300 mm
Angeb. Fabrikat: .....

| 19€ | 21€ | **24**€ | 27€ | 30€ | [m] | ⏱ 0,30 h/m | 018.000.075 |

45 Bewegungsfuge, Bodenplatte, Feuchte, KSP-Streifen — KG 326
Abdichtung über Bewegungsfugen mit kaltselbstklebender Polymerbitumenbahn. Flächenabdichtung an beiden Seiten der Abdichtung mit Streifen über der Fuge verstärken.
Bauteil: Bodenplatte
Wassereinwirkungsklasse: W1-E (Bodenfeuchte)
Untergrund: .....
Fugenbreite: .....
Bewegung / Fugentyp: .....
Bahnenbreite: 300 mm
Angeb. Fabrikat: .....

| 13€ | 14€ | **16**€ | 18€ | 20€ | [m] | ⏱ 0,20 h/m | 018.000.076 |

46 Fugenabdichtung, Wand, drückendes Wasser, Schweißbahn — KG 326
Abdichtung über Fugen mit Schweißbahn. Flächenabdichtung an beiden Seiten der Abdichtung mit Bitumen-Schweißbahnen über der Fuge verstärken.
Bauteil: erdberührte Außenwand
Wassereinwirkungsklasse: W2-E (drückendes Wasser)
Untergrund: .....
Verformungsklasse: .....
Bewegung / Fugentyp: .....
Schweißbahn: PYE-PV 200 S5
Bahnenbreite: 300 mm
Angeb. Fabrikat: .....

| 16€ | 18€ | **21**€ | 23€ | 25€ | [m] | ⏱ 0,30 h/m | 018.000.077 |

LB 018 Abdichtungsarbeiten

Nr.	Kurztext / Langtext						Kostengruppe
▶	▷	ø netto €	◁	◀	[Einheit]	Ausf.-Dauer	Positionsnummer

47 — Bewegungsfuge, Wand, dr. Wasser, Kupferband — KG 326

Abdichtung über Bewegungsfugen mit geriffeltem Kupferband. Flächenabdichtung an beiden Seiten der Abdichtung mit Streifen über der Fuge verstärken.
Bauteil: erdberührte Außenwand
Belastung: drückendes oder aufstauendes Sickerwasser
Fugentyp: I
Fugenbreite: .....
Kupferband: 0,2 m, CU-DHP
Bahnenbreite: 300 mm
Angeb. Fabrikat: .....

| 18€ | 21€ | **24€** | 26€ | 29€ | [m] | ⏱ 0,30 h/m | 018.000.078 |

48 — Bewegungsfuge, Wand, dr. Wasser, Kunststoffbahn — KG 326

Abdichtung über Bewegungsfugen mit Kunststoffbahn. Flächenabdichtung an beiden Seiten der Abdichtung mit Streifen über der Fuge verstärken.
Bauteil: erdberührte Außenwand
Wassereinwirkungsklasse: W2-E (drückendes Wasser)
Fugentyp: I
Verformungsklasse: .....
Kunststoffbahn: .....
Bahnendicke: 2,0 mm
Bahnenbreite: 300 mm
Angeb. Fabrikat: .....

| 16€ | 18€ | **20€** | 22€ | 25€ | [m] | ⏱ 0,30 h/m | 018.000.079 |

49 — Bewegungsfuge, Wand, dr. Wasser, Kupferband/Bitumen — KG 326

Abdichtung über Bewegungsfugen mit geriffeltem Kupferband und Schutzlage aus aufgeschweißter Bitumenbahn.
Bauteil: erdberührte Außenwand
Wassereinwirkungsklasse: W2-E (drückendes Wasser)
Fugentyp: I
Verformungsklasse: .....
Kunststoffbahn: .....
Kupferband: CU-DHP, 0,1 mm
Bitumenbahn: G 200 S4
Bahnenbreite: 300 mm
Angeb. Fabrikat: .....

| 22€ | 24€ | **28€** | 31€ | 34€ | [m] | ⏱ 0,30 h/m | 018.000.080 |

50 — Bewegungsfuge, Decke, dr. Wasser, 4-stegiges Fugenband — KG 326

Abdichtung über Bewegungsfugen mit 4-stegigen, verschweißten Fugenbändern. Flächenabdichtung mit lose verlegten Kunststoffbahnen.
Bauteil: Terrasse bzw. Tiefgarage
Wassereinwirkungsklasse: W2-E (drückendes Wasser)
Fugentyp: I
Verformungsklasse: .....
Breite Fugenband: .....
Angeb. Fabrikat: .....

| 25€ | 28€ | **32€** | 35€ | 39€ | [m] | ⏱ 0,30 h/m | 018.000.081 |

Kosten:
Stand 1.Quartal 2018
Bundesdurchschnitt

▶ min
▷ von
ø Mittel
◁ bis
◀ max

Nr.	Kurztext / Langtext					Kostengruppe	
▶	▷ ø netto € ◁ ◀				[Einheit]	Ausf.-Dauer	Positionsnummer

51 Bewegungsfuge, dr. Wasser, Los-Festflansch KG **326**
Abdichtung über Bewegungsfugen mit Los-Festflansch in doppelter Ausführung.
Bauteil: .....
Wassereinwirkungsklasse: W2-E (drückendes Wasser)
Fugentyp: ll
Verformungsklasse: .....
Flanschbreite: ....
Angeb. Fabrikat: .....
30€   33€   **39**€   43€   47€   [m]   ⏱ 0,50 h/m   018.000.082

52 Rohrdurchführung, Los-/Festflansch, Faserzementrohr KG **335**
Durchführung der Abdichtung, als Faserzement-Futterrohr, für Medienrohr, Ausführung mit Los- und Festflansch, einseitig zum Einklemmen der Abdichtung.
Bauteil: .....
Wassereinwirkungsklasse: W2-E (drückendes Wasser)
Bauteildicke: 25 cm
Baulänge FZ-Rohr: 200-300 mm
Nenndicke: DN100
Abdichtungssystem: .....
Angeb. Fabrikat: .....
105€   191€   **222**€   225€   346€   [St]   ⏱ 1,50 h/St   018.000.020

53 Abdichtungsanschluss, Decke, Anschweißflansch DN100 KG **335**
Abdichtungsanschluss an Bauteil-Durchdringungen, für Rohrleitungen mit Anschweißflansch.
Bauteil: Deckenflächen
Wassereinwirkungsklasse: W3-E (nicht drückendes Wasser aus erdüberschütteten Bauteilen)
Durchdringung: .....
Abdichtungssystem: .....
Angeb. Fabrikat: .....
6€   16€   **21**€   25€   38€   [St]   ⏱ 0,24 h/St   018.000.019

54 Abdichtungsanschluss, Anschweißflansch DN250 KG **335**
Abdichtungsanschluss an Durchdringungen, inkl. Dichtungsbeilage, für Rohrleitungen mit Anschweißflansch.
Bauteil: .....
Wassereinwirkungsklasse: W1-E (Bodenfeuchte und nicht drückendes Wasser)
Durchdringung: DN100 bis DN250
Abdichtungssystem: .....
Angeb. Fabrikat: .....
14€   25€   **32**€   38€   52€   [St]   ⏱ 0,50 h/St   018.000.021

LB 018 Abdichtungsarbeiten

Kosten:
Stand 1.Quartal 2018
Bundesdurchschnitt

Nr.	Kurztext / Langtext				[Einheit]	Kostengruppe Ausf.-Dauer Positionsnummer
▶	▷	ø netto €	◁	◀		

55 Dränschicht, EPS-Polystyrolplatte/Vlies — KG 335

Sickerschicht vor Außenwand, aus druckstabilen Polystyrol-Platten, profiliert, mit Vlieskaschierung, Einbau dicht gestoßen, punktförmig auf senkrechte Bauwerksabdichtung kleben, Einstand in Kiesfilterschicht mind. 30cm.
Wassereinwirkungsklasse: W1.2-E (nicht drückendes Wasser, mit Dränung)
Abdichtungssystem: .....
Einbauhöhe: **bis 4,0 m / über 4,0 m**
Plattenmaterial: EPS
Plattendicke: bis 65 mm
Nennwert Wärmeleitfähigkeit: 0,034 W/mK
Anwendung: PW und Dränage DIN 4095
Dränleistung: <0,3 l/(s x m)
Kante: umlaufend Stufenfalz
Angeb. Fabrikat: .....

| 7 € | 14 € | **17 €** | 19 € | 27 € | [m²] | ⏱ 0,18 h/m² | 018.000.023 |

56 Sickerschicht, Kunststoffnoppenbahn/Vlies — KG 335

Sickerschicht aus druckstabiler Kunststoffnoppenbahn mit Filtervlieskaschierung, Bahnen dicht gestoßen, auf senkrechte Bauwerksabdichtung, mind. 30cm in Kiesfilter eingebunden.
Bauteil: erdverbundene Außenwand
Abdichtungssystem: .....
Material: PE, d=8mm
Nennwert Wärmeleitfähigkeit: 0,034 W/mK
Anwendung: PW und Dränage DIN 4095
Dränleistung: <1,2 l/(s x m)
Kante: umlaufend Stufenfalz
Angeb. Fabrikat: .....

| 3 € | 7 € | **9 €** | 11 € | 18 € | [m²] | ⏱ 0,12 h/m² | 018.000.024 |

57 Sickerschicht, poröse Sickersteine — KG 335

Sickerschicht aus porösen Sickersteinen, senkrecht vor der Wärmedämmung oder Außenwandbeschichtung im Läuferverband aufmauern, obere Steinlage vor Eindringen von Auffüll- / Verfüllmaterial schützen (z.B. durch Schutzschicht aus Betonplatten d=50mm).
Bauteil: erdverbundene Außenwand
Steingröße: 50 x 25 x 10 cm
Anwendung: PW und Dränage DIN 4095
Dränleistung: ..... l/(s x m)
Angeb. Fabrikat: .....

| – € | 20 € | **23 €** | 26 € | – € | [m²] | ⏱ 0,15 h/m² | 018.000.025 |

▶ min
▷ von
ø Mittel
◁ bis
◀ max

Nr.	**Kurztext** / Langtext						Kostengruppe
▶	▷	**ø netto €**	◁	◀	[Einheit]	Ausf.-Dauer	Positionsnummer

58 Deckenabdichtung, nicht drückendes Wasser, Bitumenbahn — KG **363**

Abdichtung gegen nicht drückendes Wasser, Bitumenbahn, Stöße überlappend, vollflächig verklebt.
Untergrund: Voranstrich
Bauteil: Oberseite der Decke, unter intensiver Dachbegrünung
Wassereinwirkungsklasse: W3-E (nicht drückendes Wasser aus erdüberschütteten Bauteilen)
Lagen: .....
Abdichtung: Bitumenbahn, Typ .....
Einlage: .....
Angeb. Fabrikat: .....

| 8 € | 15 € | **18 €** | 23 € | 46 € | [m²] | ⏱ 0,20 h/m² | 018.000.028 |

59 Stundensatz Facharbeiter, Abdichtungsarbeiten

Stundenlohnarbeiten für Facharbeiter, Spezialfacharbeiter, Vorarbeiter und jeweils Gleichgestellte.
Leistung nach besonderer Anordnung der Bauüberwachung. Anmeldung und Nachweis gemäß VOB/B.

| 38 € | 42 € | **44 €** | 44 € | 50 € | [h] | ⏱ 1,00 h/h | 018.000.043 |

60 Stundensatz Helfer, Abdichtungsarbeiten

Stundenlohnarbeiten für Werker, Fachwerker und jeweils Gleichgestellte. Leistung nach besonderer Anordnung der Bauüberwachung. Anmeldung und Nachweis gemäß VOB/B.

| – € | 39 € | **29 €** | 42 € | – € | [h] | ⏱ 1,00 h/h | 018.000.044 |

LB 020 Dachdeckungsarbeiten

Kosten: Stand 1. Quartal 2018, Bundesdurchschnitt

- ▶ min
- ▷ von
- ø Mittel
- ◁ bis
- ◀ max

Preise €

Nr.	Positionen	Einheit	▶	▷ ø brutto € / ø netto €		◁	◀
1	Witterungsschutz, Dachplane	m²	0,8 / 0,7	5,3 / 4,4	**6,8** / **5,7**	9,6 / 8,1	14 / 12
2	Aufsparrendämmung, DAD, PUR 025/030, 140m	m²	47 / 40	53 / 44	**56** / **47**	60 / 50	64 / 54
3	Aufsparrendämmung, DAD, PUR 025/030, 180m	m²	56 / 47	62 / 52	**66** / **56**	70 / 59	76 / 64
4	Einblasdämmung, Zellulosefaser	m³	71 / 60	88 / 74	**98** / **82**	98 / 82	109 / 91
5	Unterdach / Vordeckung, Bitumenbahn V13	m²	3 / 2	5 / 4	**6** / **5**	8 / 6	11 / 9
6	Vordeckung, Stehfalzdeckung	m²	5 / 4	6 / 5	**7** / **6**	8 / 7	10 / 8
7	Unterdeckung, WF, regensicher, bis 20mm	m²	16 / 13	18 / 15	**20** / **17**	24 / 20	29 / 24
8	Unterdeckung, WF, regensicher, bis 40mm	m²	24 / 20	25 / 21	**27** / **23**	28 / 23	29 / 24
9	Unterdeckbahn, diffusionsoffen	m²	3 / 3	5 / 5	**6** / **5**	8 / 7	12 / 10
10	Unterspannbahn, hinterlüftetes Dach	m²	4 / 3	6 / 5	**6** / **5**	7 / 6	8 / 7
11	Anschluss, Unterspannbahn, Klebeband	m	1 / 1	4 / 4	**6** / **5**	11 / 9	18 / 16
12	Dampfbremse, feuchtevariabel	m²	3 / 3	6 / 5	**7** / **6**	9 / 8	17 / 14
13	Dampfbremse, sd 2,3m	m²	3 / 3	6 / 5	**8** / **6**	9 / 7	12 / 10
14	Anschluss, Dampfsperre/-bremse, Klebeband	m	1 / 1	6 / 5	**8** / **7**	12 / 10	18 / 16
15	Konterlattung, 30x50mm, Dach	m	2 / 1	2 / 2	**2** / **2**	2 / 2	3 / 3
16	Konterlattung, 40x60mm, Dach	m	2 / 2	3 / 2	**3** / **3**	4 / 4	6 / 5
17	Konterlattung, 30x50mm, Dach	m²	2 / 2	3 / 3	**4** / **3**	6 / 5	12 / 10
18	Konterlattung, 40x60mm, Dach	m²	3 / 2	7 / 5	**8** / **7**	11 / 9	16 / 13
19	Dachlattung, 30x50mm, Dachziegel/Betondachstein	m²	3 / 2	5 / 5	**6** / **5**	7 / 6	8 / 7
20	Dachlattung, 40x60mm, Dachziegel/Betondachstein	m²	6 / 5	8 / 7	**9** / **8**	13 / 11	20 / 17
21	Dachlattung, 30x50mm, Biberschwanzdeckung	m²	8 / 7	11 / 9	**12** / **10**	14 / 11	17 / 14
22	Dachlattung, 40x60mm, Biberschwanzdeckung	m²	– / –	12 / 10	**14** / **12**	17 / 14	– / –
23	Nagelabdichtung, Konterlattung	m	2 / 2	3 / 2	**3** / **3**	4 / 3	5 / 4
24	Dachschalung, Nadelholz, Rauspund 24mm	m²	15 / 13	20 / 16	**22** / **19**	26 / 22	33 / 28

© BKI Baukosteninformationszentrum; Erläuterungen zu den Tabellen siehe Seite 46
Mustertexte geprüft: Zentralverband des Deutschen Dachdeckerhandwerks

Kostenstand: 1. Quartal 2018, Bundesdurchschnitt

Dachdeckungsarbeiten

Preise €

Nr.	Positionen	Einheit	▶	▷ ø brutto € ø netto €		◁	◀
25	Dachschalung, Nadelholz, Rauspund 28mm	m²	19	23	**26**	32	39
			16	20	**21**	27	33
26	Dachschalung, Holzspanplatte P5, bis 25mm	m²	19	23	**24**	27	32
			16	19	**20**	23	27
27	Dachschalung, Holzspanplatte P7, bis 25mm	m²	17	21	**23**	28	38
			14	18	**20**	23	32
28	Schalung, OSB/3 tragend, Feuchtbereich, 22mm	m²	20	25	**26**	27	29
			17	21	**22**	22	25
29	Schalung, OSB/3 tragend, Feuchtbereich, 25mm	m²	20	26	**30**	36	47
			17	22	**25**	30	39
30	Traufbohle, Nadelholz, bis 60/240mm	m	3	8	**9**	14	28
			2	7	**8**	11	23
31	Kantholz, Nadelholz S10TS, 60/120mm, scharfkantig	m	7	11	**11**	13	17
			6	9	**10**	11	14
32	Trauf-/Ortgangschalung, N+F, bis 28mm, gehobelt	m²	19	29	**32**	39	50
			16	24	**27**	32	42
33	Ortgangbrett, Windbrett, bis 28 mm, gehobelt	m	8	17	**20**	29	47
			7	14	**16**	24	40
34	Zuluft-/Insektenschutzgitter, Traufe	m	3	6	**7**	11	22
			2	5	**6**	9	19
35	Zahnleiste, Nadelholz, gehobelt	m	12	26	**32**	39	55
			10	21	**27**	33	46
36	Dachdeckung, Falzziegel, Ton	m²	21	29	**32**	36	48
			18	24	**27**	30	40
37	Dachdeckung, Hohlfalzziegel	m²	25	30	**33**	34	39
			21	25	**27**	29	32
38	Dachdeckung, Doppelmuldenfalzziegel	m²	21	28	**32**	35	42
			18	24	**27**	29	35
39	Dachdeckung, Flachdachziegel	m²	21	27	**29**	32	38
			17	23	**24**	27	32
40	Dachdeckung, Glattziegel	m²	23	27	**30**	31	36
			19	23	**25**	26	30
41	Dachdeckung, Biberschwanzziegel	m²	25	38	**44**	47	59
			21	32	**37**	39	49
42	Dachdeckung Mönch-/ Nonnenziegel	m²	–	48	**59**	71	–
			–	40	**49**	60	–
43	Dachdeckung, Betondachsteine	m²	15	22	**25**	28	38
			12	18	**21**	23	32
44	Betonsteindeckung, Dachsteine, eben	m²	24	28	**29**	32	38
			20	23	**24**	27	32
45	Dachdeckung, Faserzement, Wellplatte	m²	28	36	**40**	45	57
			23	30	**34**	38	48
46	Dachdeckung, Faserzement, Doppeldeckung	m²	–	54	**64**	77	–
			–	46	**54**	64	–
47	Dachdeckung, Faserzement, Deutsche Deckung	m²	–	63	**74**	89	–
			–	53	**62**	75	–
48	Dachdeckung, Holzschindeln	m²	71	89	**97**	105	134
			60	75	**82**	89	113

© **BKI** Baukosteninformationszentrum; Erläuterungen zu den Tabellen siehe Seite 46
Mustertexte geprüft: Zentralverband des Deutschen Dachdeckerhandwerks

LB 020 Dachdeckungsarbeiten

Kosten: Stand 1.Quartal 2018 Bundesdurchschnitt

Nr.	Kurztext / Langtext				[Einheit]	Ausf.-Dauer	Kostengruppe Positionsnummer
▶	▷ ø netto € ◁ ◀						

3 Aufsparrendämmung, DAD, PUR 025/030, 180m — KG 363
Wie Ausführungsbeschreibung A 1
Sparrenabstand: ca. 600 mm
Dämmstoffdicke: 180 mm
Nennwert der Wärmeleitfähigkeit: **0,025 / 0,030** W/(mK)
Brandverhalten: E
Angeb. Fabrikat: .....

| 47 € | 52 € | **56 €** | 59 € | 64 € | [m²] | ⏱ 0,22 h/m² | 020.000.093 |

4 Einblasdämmung, Zellulosefaser — KG 363
Wärmedämmung aus Zellulosefasern, zwischen Sparren und Wandpfosten; Einblasdämmung.
Sparren- / Pfostenabstand: .....
Dämmstoff: WF
Anwendung: DZ
Dämmstoffdicke: .....
Nennwert der Wärmeleitfähigkeit: 0,040 W/(mK)
Brandverhalten: E
Angeb. Fabrikat: .....

| 60 € | 74 € | **82 €** | 82 € | 91 € | [m³] | ⏱ 0,60 h/m³ | 020.000.069 |

5 Unterdach / Vordeckung, Bitumenbahn V13 — KG 363
Vordeckung aus Bitumenbahn mit Glasvlieseinlage, einschl. Lattung aus Nadelholz; Unterdeckung an Durchbrüche und aufgehende Bauteile anschließen.
Bahnenart: V13
Überdeckung: mind. 80 mm (Dachfläche) bzw. mind. 40 mm (Wandfläche)
Lattung: 30 x 50 mm, Sortierklasse S10
Randanschlüsse: ..... m
Durchbrüche: ..... St
Angeb. Fabrikat: .....

| 2 € | 4 € | **5 €** | 6 € | 9 € | [m²] | ⏱ 0,08 h/m² | 020.000.036 |

6 Vordeckung, Stehfalzdeckung — KG 363
Vordeckung aus Bitumenbahn mit Glasvlieseinlage, unter Stehfalzdeckungen, einschl. Anschluss an Durchbrüche und aufgehende Bauteile.
Bahnenart: V13
Überlappung: .....
Randanschlüsse: ..... m
Durchbrüche: ..... St
Angeb. Fabrikat: .....

| 4 € | 5 € | **6 €** | 7 € | 8 € | [m²] | ⏱ 0,08 h/m² | 020.000.077 |

▶ min
▷ von
ø Mittel
◁ bis
◀ max

Nr.	Kurztext / Langtext						Kostengruppe	
▶	▷	ø netto €	◁	◀		[Einheit]	Ausf.-Dauer	Positionsnummer

7 — Unterdeckung, WF, regensicher, bis 20mm — KG 363

Unterdach aus Holzfaserplatten, regensicher, als äußere, bewitterbare Schicht der Dachkonstruktion, Platten dicht stoßen.
Plattenart: WF
Nennwert der Wärmeleitfähigkeit: ..... W/(mK)
Brandverhalten: E
Ausführung: **bituminiert / paraffiniert / latexiert**
Stöße: .....
Plattendicke: 18-20 mm
Dachneigung: .....°
Angeb. Fabrikat: .....

| 13 € | 15 € | **17 €** | 20 € | 24 € | [m²] | ⏱ 0,16 h/m² | 020.000.003 |

8 — Unterdeckung, WF, regensicher, bis 40mm — KG 363

Unterdach aus Holzfaserplatten, regensicher, als äußere, bewitterbare Schicht der Dachkonstruktion, Platten dicht stoßen.
Plattenart: WF
Nennwert der Wärmeleitfähigkeit: ..... W/(mK)
Brandverhalten: E
Ausführung: **bituminiert / paraffiniert / latexiert**
Stöße: .....
Plattendicke: bis 40 mm
Dachneigung: .....°
Angeb. Fabrikat: .....

| 20 € | 21 € | **23 €** | 23 € | 24 € | [m²] | ⏱ 0,16 h/m² | 020.001.103 |

9 — Unterdeckbahn, diffusionsoffen — KG 363

Diffusionsoffene Unterdeckbahn, für belüftetes, geneigtes Dach, verlegt auf Dachdämmung, Dachraum über Unterdeckbahn hinterlüftet. Anschluss an Durchdringungen und aufgehende Bauteile in gesonderter Position.
frei bewitterbar: ..... Wochen
Sd-Wert: ca. 0,03 m
Unterdeckbahn Klasse: UDB-A
Brandverhalten: Klasse E
Wasserdurchgang: W1 - regensicher
Dachneigung: .... °
Untergrund: Dämmung aus .....
Angeb. Fabrikat: .....

| 3 € | 5 € | **5 €** | 7 € | 10 € | [m²] | ⏱ 0,08 h/m² | 020.001.115 |

LB 020 Dachdeckungsarbeiten

Nr.	Kurztext / Langtext							Kostengruppe
▶	▷	ø netto €	◁	◀	[Einheit]	Ausf.-Dauer	Positionsnummer	

Kosten:
Stand 1.Quartal 2018
Bundesdurchschnitt

10 Unterspannbahn, hinterlüftetes Dach   KG **363**

Unterspannbahn für belüftete Dächer, frei hängend hinterlüftet, überlappend verlegt. Anschluss an Durchdringungen und aufgehende Bauteile in gesonderter Position.
frei bewitterbar: ..... Wochen
Unterspannbahn Klasse: USB-A
Brandverhalten: Klasse E
Wasserdurchgang: W1 - regensicher
Unterspannbahn Typ: .....
Überlappung: ..... mm
Dachneigung: ....°
Untergrund: .....
Angeb. Fabrikat: .....

| 3€ | 5€ | **5**€ | 6€ | 7€ | [m²] | ⌀ 0,08 h/m² | 020.000.001 |

11 Anschluss, Unterspannbahn, Klebeband   KG **363**

Anschlüsse der Unterspannbahn, Verklebung mit auf die Unterspannbahn abgestimmtem Klebeband, inkl. Nebenarbeiten.
Anschluss an: aufgehende Bauteile und Durchdringungen
Unterspannbahn: .....
Dichtband: .....
Untergrund: .....
Angeb. Fabrikat: .....

| 1€ | 4€ | **5**€ | 9€ | 16€ | [m] | ⌀ 0,06 h/m | 020.000.064 |

12 Dampfbremse, feuchtevariabel   KG **363**

Luftdichtungs- und Dampfbremsbahn, gewebeverstärkt, feuchtevariabel, für belüftete Dächer, inkl. luftdichte Anschlüsse an Durchdringungen und begrenzende Bauteile.
Werkstoff: Polyethylenfolie
sd-Wert: .....
Anwendungsbereich: .....
Randanschlüsse: ..... m
Durchdringungen: ..... St
Unterlage: Holzsparren und Zwischensparren-Dämmung
Angeb. Fabrikat: .....

| 3€ | 5€ | **6**€ | 8€ | 14€ | [m²] | ⌀ 0,08 h/m² | 020.000.002 |

13 Dampfbremse, sd 2,3m   KG **363**

Luftdichtungs- und Dampfbremsbahn, überlappend verlegt. Anschlüsse an Durchdringungen und begrenzende Bauteile nach gesonderter Position.
Dampfbremsbahn: .....
sd-Wert: 2,3 m
Unterlage: Holzsparren und Zwischensparren-Dämmung
Angeb. Fabrikat: .....

| 3€ | 5€ | **6**€ | 7€ | 10€ | [m²] | ⌀ 0,08 h/m² | 020.000.037 |

▶ min
▷ von
ø Mittel
◁ bis
◀ max

Nr.	Kurztext / Langtext				[Einheit]	Ausf.-Dauer	Kostengruppe Positionsnummer
▶	▷	ø netto €	◁	◀			

14 Anschluss, Dampfsperre/-bremse, Klebeband — KG **363**
Anschluss der Dampfsperrbahn an Durchdringungen und Einbauten, mit geeignetem Klebeband, inkl. Nebenarbeiten.
Anschluss an: .....
Dampfsperrbahn: .....
Dichtband: .....
Angeb. Fabrikat: .....

| 1€ | 5€ | **7€** | 10€ | 16€ | [m] | ⏱ 0,08 h/m | 020.000.043 |

15 Konterlattung, 30x50mm, Dach — KG **363**
Konterlattung als Hinterlüftungsschicht der Dachfläche, aus Nadelholz, Befestigung mit korrosionsgeschützten Schrauben oder Nägeln.
Sortierklasse: S10
Holzquerschnitt: 30 x 50 mm
Oberfläche: **allseitig gehobelt / sägerau**
Sparrenabstand: ..... mm

| 1€ | 2€ | **2€** | 2€ | 3€ | [m] | ⏱ 0,04 h/m | 020.000.004 |

16 Konterlattung, 40x60mm, Dach — KG **363**
Konterlattung als Hinterlüftungsschicht der Dachfläche, aus Nadelholz, Befestigung mit korrosionsgeschützten Schrauben oder Nägeln.
Sortierklasse: S10
Holzquerschnitt: 40 x 60 mm
Oberfläche: **allseitig gehobelt / sägerau**
Sparrenabstand: ..... mm

| 2€ | 2€ | **3€** | 4€ | 5€ | [m] | ⏱ 0,05 h/m | 020.000.076 |

17 Konterlattung, 30x50mm, Dach — KG **363**
Konterlattung als Hinterlüftungsschicht der Dachfläche, aus Nadelholz, Befestigung mit korrosionsgeschützten Schrauben oder Nägeln.
Sortierklasse: S10
Holzquerschnitt: 30 x 50 mm
Oberfläche: **allseitig gehobelt / sägerau**
Sparrenabstand: ..... mm

| 2€ | 3€ | **3€** | 5€ | 10€ | [m²] | ⏱ 0,05 h/m² | 020.000.048 |

18 Konterlattung, 40x60mm, Dach — KG **363**
Konterlattung als Hinterlüftungsschicht der Dachfläche, aus Nadelholz, Befestigung mit korrosionsgeschützten Schrauben oder Nägeln.
Sortierklasse: S10
Holzquerschnitt: 40 x 60 mm
Oberfläche: **allseitig gehobelt / sägerau**
Sparrenabstand: ..... mm

| 2€ | 5€ | **7€** | 9€ | 13€ | [m²] | ⏱ 0,08 h/m² | 020.000.065 |

LB 020 Dachdeckungsarbeiten

Kosten:
Stand 1.Quartal 2018
Bundesdurchschnitt

▶ min
▷ von
ø Mittel
◁ bis
◀ max

Nr.	**Kurztext** / Langtext							Kostengruppe
▶	▷	**ø netto €**	◁	◀	[Einheit]	Ausf.-Dauer	Positionsnummer

19   Dachlattung, 30x50mm, Dachziegel/Betondachstein   KG **363**
Dachlattung aus Nadelholz, für Dachziegel- oder Betondachsteindeckung, auf Holzunterkonstruktion, Befestigung mit korrosionsgeschützten Schrauben bzw. Nägeln.
Sortierklasse: S10
Oberfläche: sägerau
Lattenabstand: ca. 330 mm
Sparrenabstand: ..... mm
Dachdeckung: .....
Dachfläche: eben
Dachneigung: .....°
Lattenquerschnitt: 30 x 50 mm

2€   5€   **5€**   6€   7€   [m²]   ⏱ 0,06 h/m²   020.000.005

20   Dachlattung, 40x60mm, Dachziegel/Betondachstein   KG **363**
Dachlattung aus Nadelholz, für Dachziegel- oder Betondachsteindeckung, auf Holzunterkonstruktion, Befestigung mit korrosionsgeschützten Schrauben bzw. Nägeln.
Sortierklasse: S10
Oberfläche: sägerau
Lattenabstand: ca. 330 mm
Sparrenabstand: ..... mm
Dachdeckung: .....
Dachfläche: eben
Dachneigung: .....°
Lattenquerschnitt: 40 x 60 mm

5€   7€   **8€**   11€   17€   [m²]   ⏱ 0,08 h/m²   020.000.071

21   Dachlattung, 30x50mm, Biberschwanzdeckung   KG **363**
Dachlattung aus Nadelholz, für Biberschwanz-Doppeldeckung, auf Holzunterkonstruktion, Befestigung mit korrosionsgeschützten Schrauben bzw. Nägeln.
Sortierklasse: S10
Oberfläche: sägerau
Lattenabstand: ca. 150 mm
Sparrenabstand: ..... mm
Dachfläche: eben
Dachneigung: .....°
Lattenquerschnitt: 30 x 50 mm

7€   9€   **10€**   11€   14€   [m²]   ⏱ 0,10 h/m²   020.000.006

22   Dachlattung, 40x60mm, Biberschwanzdeckung   KG **363**
Dachlattung aus Nadelholz, für Biberschwanz-Doppeldeckung, auf Holzunterkonstruktion, Befestigung mit korrosionsgeschützten Schrauben bzw. Nägeln.
Sortierklasse: S10
Oberfläche: sägerau
Lattenabstand: ca. 150 mm
Sparrenabstand: ..... mm
Dachfläche: eben
Dachneigung: .....°
Lattenquerschnitt: 40 x 60 mm

–€   10€   **12€**   14€   –€   [m²]   ⏱ 0,12 h/m²   020.000.062

Nr.	Kurztext / Langtext				[Einheit]	Ausf.-Dauer	Kostengruppe Positionsnummer
▶	▷	ø netto €	◁	◀			

23 Nagelabdichtung, Konterlattung KG **363**
Nageldichtstreifen unter Konterlattung, auf Unterdeckung oder Aufsparrendämmung.
Material: selbstklebender Elastomerbitumenstreifen
Verarbeitungstemperatur: ab +5°C
Breite: 60 mm
Angeb. Fabrikat: .....

| 2€ | 2€ | **3**€ | 3€ | 4€ | [m] | ⏱ 0,01 h/m | 020.000.053 |

24 Dachschalung, Nadelholz, Rauspund 24mm KG **363**
Dachschalung als Rauspund, auf Dachkonstruktion, auf Holzunterkonstruktion, mechanisch befestigt mit korrosionsgeschützten Schrauben bzw. Nägeln.
Holzart: Nadelholz, Sortierklasse: S10
Schalungsdicke: 24 mm
Brettbreite: 120-160 mm
Chem. Holzschutz: **ohne / mit**
Gebrauchsklasse: .....

| 13€ | 16€ | **19**€ | 22€ | 28€ | [m²] | ⏱ 0,25 h/m² | 020.000.049 |

25 Dachschalung, Nadelholz, Rauspund 28mm KG **363**
Dachschalung als Rauspund, auf Dachkonstruktion, auf Holzunterkonstruktion, mechanisch befestigt mit korrosionsgeschützten Schrauben bzw. Nägeln.
Holzart: Nadelholz, Sortierklasse: S10
Schalungsdicke: 28 mm
Brettbreite: 120-160 mm
Chem. Holzschutz: **ohne / mit**
Gebrauchsklasse: .....

| 16€ | 20€ | **21**€ | 27€ | 33€ | [m²] | ⏱ 0,27 h/m² | 020.000.038 |

26 Dachschalung, Holzspanplatte P5, bis 25mm KG **363**
Tragende Dachschalung aus kunstharzgebundenen Spanplatten, als Unterlage für Dachdeckung, auf Holzunterkonstruktion, mechanisch befestigt.
Einsatzbereich: tragende Anwendung im Feuchtbereich
Plattentyp: P5
Plattendicke: 22-25 mm
Kante: Nut-Feder
Angeb. Fabrikat: .....

| 16€ | 19€ | **20**€ | 23€ | 27€ | [m²] | ⏱ 0,20 h/m² | 020.000.063 |

27 Dachschalung, Holzspanplatte P7, bis 25mm KG **363**
Tragende Dachschalung als Unterlage für Deckung, aus kunstharzgebundenen Spanplatten, auf Holzunterkonstruktion, mechanisch befestigt.
Einsatzbereich: tragende Anwendung im Feuchtbereich
Plattentyp: P7
Plattendicke: 22-25 mm
Kante: Nut-Feder
Untergrund: Holz

| 14€ | 18€ | **20**€ | 23€ | 32€ | [m²] | ⏱ 0,20 h/m² | 020.001.104 |

LB 020 Dachdeckungsarbeiten

Kosten:
Stand 1.Quartal 2018
Bundesdurchschnitt

▶ min
▷ von
ø Mittel
◁ bis
◀ max

Nr.	Kurztext / Langtext								Kostengruppe
▶	▷	ø netto €	◁	◀		[Einheit]	Ausf.-Dauer		Positionsnummer

28   Schalung, OSB/3 tragend, Feuchtbereich, 22mm   **KG 352**
Tragende Schalung aus OSB-Platten, als Unterlage für Dachdeckung, auf Holzkonstruktion, mechanisch befestigt mit korrosionsgeschützten Nägeln.
Plattentyp: OSB/3
Plattendicke: 22 mm
Einsatzbereich: tragende Anwendung im Feuchtbereich
Oberfläche: .....
Kante: .....
Angeb. Fabrikat: .....

| 17€ | 21€ | **22€** | 22€ | 25€ | [m²] | ⏱ 0,20 h/m² | 020.000.072 |

29   Schalung, OSB/3 tragend, Feuchtbereich, 25mm   **KG 352**
Tragende Schalung aus OSB-Platten, auf Holzkonstruktion, mechanisch befestigt mit korrosionsgeschützten Nägeln.
Plattentyp: OSB/3
Plattendicke: 25 mm
Einsatzbereich: tragende Anwendung im Feuchtbereich
Oberfläche: .....
Kante: .....
Angeb. Fabrikat: .....

| 17€ | 22€ | **25€** | 30€ | 39€ | [m²] | ⏱ 0,20 h/m² | 020.001.105 |

30   Traufbohle, Nadelholz, bis 60/240mm   **KG 363**
Traufbohle, trapezförmig, auf Holzkonstruktion, einschl. Höhenausgleich bis 30 mm, Befestigung mit korrosionsgeschützten Nägeln.
Holzart: Nadelholz
Abmessung: Höhe 20-60 mm, Breite 160-240 mm
Oberfläche: .....
chem. Holzschutz: .....
Gebrauchsklasse: .....
Einbau: **sichtbar**

| 2€ | 7€ | **8€** | 11€ | 23€ | [m] | ⏱ 0,10 h/m | 020.000.035 |

31   Kantholz, Nadelholz S10TS, 60/120mm, scharfkantig   **KG 361**
Kantholz, Bauschnittholz,
Holzart: **Fichte / Tanne / Kiefer**
Holzgüte: S10 TS, CE - Kennzeichnung
Oberfläche: scharfkantig, allseitig gehobelt
Querschnitt: 60 x 120 mm
Einzellänge: ....., gemäß Holzliste des AG
chem. Holzschutz: .....
Gebrauchsklasse: .....
Einbau: **sichtbar / nichtsichtbar**
Einbauort: .....

| 6€ | 9€ | **10€** | 11€ | 14€ | [m] | ⏱ 0,10 h/m | 020.000.073 |

Nr.	**Kurztext** / Langtext							Kostengruppe
▶	▷	**ø netto €**	◁	◀	[Einheit]	Ausf.-Dauer	Positionsnummer

32 Trauf-/Ortgangschalung, N+F, bis 28mm, gehobelt KG **363**
Holzschalung an Ortgang oder Traufe, als Nut-Federschalung aus Nadelholz, sichtbar.
Schalungsdicke: **24 / 28** mm
Oberfläche: allseitig gehobelt
chem. Holzschutz: .....
Gebrauchsklasse: .....
Einbauort: **Ortgang / Traufe**

| 16€ | 24€ | **27€** | 32€ | 42€ | [m²] | ⏱ 0,30 h/m² | 020.000.051 |

33 Ortgangbrett, Windbrett, bis 28 mm, gehobelt KG **363**
Ortgangbrett aus Nadelholz, Unterseite mit schrägem Anschnitt als Tropfkante.
Brettdicke: **24 / 28** mm
Breite: .....
Oberfläche: allseitig gehobelt
chem. Holzschutz: .....
Gebrauchsklasse: .....
Einbauort: Ortgang

| 7€ | 14€ | **16**€ | 24€ | 40€ | [m] | ⏱ 0,20 h/m | 020.000.008 |

34 Zuluft-/Insektenschutzgitter, Traufe KG **363**
Insektenschutz der Zuluftöffnungen der Traufe, geeignet als Auflager für die erste Ziegelreihe und passend zur Deckung, inkl. der erforderlichen Befestigungsmittel.
Zuschnittbreite: ca. 166 mm
Kantung: .....
Material: **Titanzinkblech / Kupferblech / Edelstahlblech**
Angeb. Fabrikat: .....

| 2€ | 5€ | **6€** | 9€ | 19€ | [m] | ⏱ 0,05 h/m | 020.000.009 |

35 Zahnleiste, Nadelholz, gehobelt KG **363**
Zahnleiste aus Nadelholz, am Ortgang passgenau zur Dachdeckung, Unterseite mit schrägem Anschnitt als Tropfkante, Oberseite profiliert.
Leistendicke: 30 mm
Oberfläche: allseitig gehobelt
chem. Holzschutz: .....
Gebrauchsklasse: .....
Dachdeckung: **Falzziegel- / Biberschwanzdeckung**

| 10€ | 21€ | **27**€ | 33€ | 46€ | [m] | ⏱ 0,30 h/m | 020.000.010 |

LB 020 Dachdeckungsarbeiten

Kosten:
Stand 1.Quartal 2018
Bundesdurchschnitt

Nr.	Kurztext / Langtext				[Einheit]	Ausf.-Dauer	Kostengruppe Positionsnummer
▶	▷	ø netto €	◁	◀			

36 Dachdeckung, Falzziegel, Ton KG **363**
Dachdeckung mit Falzziegeln, auf vorhandene Lattung.
Falzziegel-Form: .....
Oberfläche: **feinrau / glasiert**
Farbe: **naturrot / engobiert in hellbraun**
Verlegung: .....
Dachneigung: .....°
Dachform: .....
Frostwiderstand: B
Hagelwiderstand: Klasse .....
Angeb. Fabrikat: .....

| 18€ | 24€ | **27**€ | 30€ | 40€ | [m²] | ⏱ 0,30 h/m² | 020.000.011 |

37 Dachdeckung, Hohlfalzziegel KG **363**
Dachdeckung mit Falzziegeln, auf vorhandene Lattung.
Form: Hohlfalzziegel
Format: .....
Oberfläche: .....
Farbe: naturrot
Verlegung: .....
Dachneigung: .....°
Dachform: .....
Frostwiderstand: B
Hagelwiderstand: Klasse .....
Angeb. Fabrikat: .....

| 21€ | 25€ | **27**€ | 29€ | 32€ | [m²] | ⏱ 0,30 h/m² | 020.001.108 |

38 Dachdeckung, Doppelmuldenfalzziegel KG **363**
Dachdeckung mit Falzziegeln, auf vorhandene Lattung.
Form: Doppelmuldenfalz
Format: Standardformat..... St/m²
Oberfläche: .....
Farbe: naturrot
Verlegung: .....
Dachneigung: .....°
Dachform: .....
Frostwiderstand: B
Hagelwiderstand: Klasse .....
Angeb. Fabrikat: .....

| 18€ | 24€ | **27**€ | 29€ | 35€ | [m²] | ⏱ 0,30 h/m² | 020.001.109 |

▶ min
▷ von
ø Mittel
◁ bis
◀ max

Nr.	Kurztext / Langtext					[Einheit]	Ausf.-Dauer	Kostengruppe Positionsnummer
▶	▷	ø netto €	◁	◀				

39 Dachdeckung, Flachdachziegel KG **363**
Dachdeckung mit Ziegeln, auf vorhandene Lattung.
Form: Flachdachziegel
Format: Standardformat..... St/m²
Oberfläche: .....
Farbe: naturrot
Verlegung: .....
Dachneigung: .....°
Dachform: .....
Frostwiderstand: B
Hagelwiderstand: Klasse .....
Angeb. Fabrikat: .....

| 17 € | 23 € | **24** € | 27 € | 32 € | [m²] | ⏱ 0,30 h/m² | 020.001.110 |

40 Dachdeckung, Glattziegel KG **363**
Dachdeckung mit Ziegeln, auf vorhandene Lattung.
Form: Glattziegel
Format: Standardformat..... St/m²
Oberfläche: .....
Farbe: naturrot
Verlegung: .....
Dachneigung: .....°
Dachform: .....
Frostwiderstand: B
Hagelwiderstand: Klasse .....
Angeb. Fabrikat: .....

| 19 € | 23 € | **25** € | 26 € | 30 € | [m²] | ⏱ 0,30 h/m² | 020.001.111 |

41 Dachdeckung, Biberschwanzziegel KG **363**
Dachdeckung mit Ziegeln, auf vorhandene Lattung.
Ziegel: Biberschwanzziegel
Deckungsart: **Doppeldeckung / Kronendeckung**
Unterkante: **Segmentschnitt / gerader Schnitt / spitzer Schnitt**
Format: .... St/m²
Oberfläche: .....
Farbe: .....
Verlegung: .....
Dachneigung: .....°
Dachform: .....
Frostwiderstand: B
Hagelwiderstand: Klasse .....
Angeb. Fabrikat: .....

| 21 € | 32 € | **37** € | 39 € | 49 € | [m²] | ⏱ 0,35 h/m² | 020.001.112 |

LB 020 Dachdeckungs-arbeiten

Kosten:
Stand 1.Quartal 2018
Bundesdurchschnitt

Nr.	Kurztext / Langtext					Kostengruppe
▶	▷	ø netto €	◁	◀	[Einheit]	Ausf.-Dauer Positionsnummer

48   Dachdeckung, Holzschindeln   KG **363**

Dachdeckung aus gespaltenen Holzschindeln auf bauseitigem Unterdach, Verlegung nach Fachregeln, mit nichtrostenden Befestigungsmitteln.
Verlegung gem. Verlegeplan: im ......-Verband als **Doppeldeckung >71-90° / Dreifachdeckung >22-90°**
Bauseitige Unterkonstruktion:
  – Konterlattung 40/60
  – Traglattung **30 x 50 / 40 x 60** mm
Holzart Schindel: **Fichte / Weißtanne / Lärche / Rotzeder / .....**
Güteklasse: 1
Spaltung: .....
Form: .....
Schindellänge / Reihenabstand: ..... / ..... mm
Mindestdicke: ..... mm
Breite: ..... mm
Oberfläche: spaltrau
Unterseite: **gefast / rechtwinklig**
Dachneigung: ..... °
Höhe: über Gelände bis ..... m
Für die Ausführung werden vom AG folgende Unterlagen zur Verfügung gestellt:
  – Entwurfszeichnungen, Plannr.: .....
  – Übersichtszeichnungen, Plannr.: .....
Angeb. Fabrikat: .....

| 60 € | 75 € | **82 €** | 89 € | 113 € | [m²] | ⏱ 0,85 h/m² | 020.001.116 |

49   Dachdeckung, Schiefer   KG **363**

Dachdeckung mit Schiefer, auf vorhandene Schalung mit Vordeckung, mit korrosionsgeschützten Befestigungsmitteln.
Deckung als: **Deutsche Deckung / Rechteckdeckung / .....**
Format / Hieb: .....
Ursprung Schiefer: .....
Frosttaubeständigkeit: A1
Temperatur-Wechsel-Beständigkeit: T1
Säurebeständigkeit: S2
Verlegung: **geschraubt / genagelt**
Dachneigung: .....°
Dachform: .....

| 61 € | 69 € | **71 €** | 73 € | 82 € | [m²] | ⏱ 0,80 h/m² | 020.000.040 |

▶ min
▷ von
ø Mittel
◁ bis
◀ max

Nr.	**Kurztext** / Langtext						Kostengruppe	
▶	▷	**ø netto €**	◁	◀	[Einheit]	Ausf.-Dauer	Positionsnummer	

50   Dachdeckung, Bitumenschindeln   KG **363**

Dachdeckung mit Bitumenschindeln, in Doppeldeckung. Anschlüsse, Abschlüsse und Anarbeiten an Dachdurchdringungen in gesonderten Positionen.
Unterlage: Holzschalung und Vordeckung
Schindelform: .....
Dicke: über 3 mm
Einlage: .....
Material: .....
Format: .....
Farbe: .....
Oberfläche: mineralisches Granulat
Dachneigung: .....°
Traufhöhe: .....
Angeb. Fabrikat: .....

| 20€ | 24€ | **26€** | 32€ | 43€ | [m²] | ⏱ 0,30 h/m² | 020.000.044 |

51   Ortgang, Ziegeldeckung, Formziegel   KG **363**

Ortgang der Dachfläche mit Form-Ziegel, entsprechend vorhandener Ziegel-Dachdeckung.
Dachdeckung: .....
Deckung der Ortgangkanten: **Doppelwulstziegel / Ortgangziegel**
Oberfläche: .....
Farbe: .....
Verlegung: .....
Dachneigung: .....°
Angeb. Fabrikat: .....

| 23€ | 30€ | **34€** | 40€ | 52€ | [m] | ⏱ 0,10 h/m | 020.000.014 |

52   Ortgang, Biberschwanzdeckung, Formziegel   KG **363**

Ortgang der Dachfläche mit Form-Ziegel, entsprechend vorhandener Biberschwanz-Dachdeckung, inkl. Beidecken mit halben und ganzen Biberschwanzziegeln.
Deckungsart Fläche: .....
Form: **Segmentschnitt / gerader Zuschnitt / spitzer Zuschnitt**
Oberfläche: .....
Farbe: .....
Verlegung: .....
Dachneigung: .....°
Angeb. Fabrikat: .....

| 23€ | 32€ | **37€** | 43€ | 54€ | [m] | ⏱ 0,16 h/m | 020.000.015 |

53   Kehle eingebunden, Biberschwanz   KG **363**

Kehlausbildung als deutsch-eingebundene Kehle für vor beschriebenes Biberschwanzdach gemäß Fachregeln eindecken, inkl. Liefern und Anbringen des korrosionsgeschützten Kehlblechs und mit allen Nebenarbeiten in Breite der Kehle anzupassenden Holzbohlen.
Deckungsart: **Doppel- / Kronendeckung**
Breite Kehle: ..... -Ziegelbreiten
Verlegung: **korrosionsgeschützte Nägel / Schraubstifte und Draht**
Neigung: ..... °

| 41€ | 48€ | **56€** | 63€ | 72€ | [m] | ⏱ 0,35 h/m | 020.001.099 |

LB 020 Dachdeckungsarbeiten

Nr.	Kurztext / Langtext					[Einheit]	Ausf.-Dauer	Kostengruppe Positionsnummer
▶	▷	ø netto €	◁	◀				

Kosten:
Stand 1.Quartal 2018
Bundesdurchschnitt

54 Ortgang, Dachsteindeckung, Formziegel — KG 363
Ortgang der Dachfläche mit Formsteinen, entsprechend vorhandener Betondachsteindeckung.
Dachdeckung: .....
Deckung der Ortgangkanten: **mit Formdachstein / Ortgangstein**
Oberfläche: **feinrau / glasiert**
Farbe: .....
Verlegung: .....
Dachneigung: .....°
Angeb. Fabrikat: .....

| 20€ | 29€ | **31€** | 36€ | 51€ | [m] | ⏱ 0,18 h/m | 020.000.016 |

55 Ortgang, Schiefer — KG 363
Ortgangdeckung für Schieferdach als eingebundener Anfangs- oder Endort, gemäß Fachregeln eindecken.
Ausführung: Anfangortstein und Stichstein, sowie ggf. mit Zwischenstein
Endort mit Doppelort

| 12€ | 20€ | **26€** | 29€ | 37€ | [m] | ⏱ 0,40 h/m | 020.001.098 |

56 Firstanschluss, Ziegeldeckung, Formziegel — KG 363
First-Anschluss der Dachdeckung, mit Anschluss-Formziegeln, bei Anschlüssen an First und aufgehenden Bauteilen (Kamin, Gaube, Wohnraumfenster und sonstigen Dachdurchbrüchen), inkl. Firstanschluss-Ortgangziegel.
Dachdeckung: **Biberschwanz- / Flachdachziegel**
Firstanschlussortgangziegel: .....
Farbe / Oberfläche: wie Flächendeckung
Verlegung: mit korrosionsgeschützten Klammern
Dachneigung: .....°
Art d. Anschlusses: .....
Angeb. Fabrikat: .....

| 10€ | 15€ | **17€** | 18€ | 30€ | [m] | ⏱ 0,10 h/m | 020.000.017 |

57 First, Firstziegel, mörtellos, inkl. Lüfter — KG 363
Firstdeckung mit konischen Firstformziegeln, auf Firstlatte, inkl. Anfängerziegel und Lüfterelementen.
Dachdeckung: **Biberschwanz- / Falzziegel**
Farbe / Oberfläche: wie Flächendeckung
Verlegung: mit korrosionsgeschützten Klammern
Dachneigung: .....°
Angeb. Fabrikat: .....

| 28€ | 40€ | **44€** | 50€ | 60€ | [m] | ⏱ 0,35 h/m | 020.000.018 |

▶ min
▷ von
ø Mittel
◁ bis
◀ max

58 First, Firstziegel, vermörtelt, inkl. Lüfter — KG 363
Firstdeckung mit konischen Firstformziegeln, vermörtelt, auf Firstlatte, inkl. Anfängerziegel, Mörtel der Ziegelfarbe angepasst.
Dachdeckung: **Biberschwanz- / Falzziegel**
Farbe / Oberfläche: wie Flächendeckung
Dachneigung: .....°
Angeb. Fabrikat: .....

| 29€ | 40€ | **46€** | 51€ | 59€ | [m] | ⏱ 0,32 h/m | 020.000.019 |

Nr.	Kurztext / Langtext						Kostengruppe
▶	▷	ø netto €	◁	◀	[Einheit]	Ausf.-Dauer	Positionsnummer

59 First, Firststein, geklammert, Dachstein — KG 363
Firstdeckung der Betondachsteindeckung, mit konischen Firstformsteinen, auf Firstlatte, inkl. Anfangsstein und Lüfterelementen.
Dachdeckung: .....
Farbe / Oberfläche: wie Flächendeckung
Verlegung: mit korrosionsgeschützten Klammern
Dachneigung: .....°
Angeb. Fabrikat: .....

| 19 € | 36 € | **42 €** | 48 € | 64 € | [m] | ⏱ 0,36 h/m | 020.000.020 |

60 Pultdachabschluss, Abschlussziegel — KG 363
Pultfirstdeckung mit Pultfirstziegeln, bei oberen Abschlüssen von Pultdächern, ohne Verblechung, inkl. Pult-Ortganziegel.
Dachdeckung: Falzziegel
Farbe / Oberfläche: wie Flächendeckung
Verlegung: mit korrosionsgeschützten Klammern
Dachneigung: .....°
Angeb. Fabrikat: .....

| 34 € | 52 € | **58 €** | 63 € | 88 € | [m] | ⏱ 0,15 h/m | 020.000.021 |

61 Pultdachanschluss, Metallblech Z333 — KG 363
Anschlussblech, für Anschlüsse der Dachdeckung, mechanisch befestigt.
Metallblech: .....
Blechdicke: .....
Zuschnitt: ca. 333 mm
Kantungen: .....
Oberfläche: .....
Einbauort: .....

| 16 € | 33 € | **38 €** | 41 € | 51 € | [m] | ⏱ 0,25 h/m | 020.000.022 |

62 Grateindeckung, Ziegel, mörtellos — KG 363
Gratdeckung mit konischen Grat-Formziegeln, auf Gratlatte mit Gratlattenhalter, inkl. Anfängerziegel und Lüfterelementen.
Dachdeckung: **Biberschwanz- / Falzziegel**
Farbe / Oberfläche: wie Flächendeckung
Verlegung: mit korrosionsgeschützten Klammern
Gratneigung: .....°
Angeb. Fabrikat: .....

| 38 € | 46 € | **49 €** | 58 € | 72 € | [m] | ⏱ 0,35 h/m | 020.000.023 |

63 Grateindeckung, Ziegel, vermörtelt — KG 363
Gratdeckung mit konischen Grat-Formziegeln, vermörtelt, inkl. Anfängerziegel, Mörtel der Ziegelfarbe angepasst.
Dachdeckung: ....
Farbe / Oberfläche: wie Flächendeckung
Gratneigung: .....°
Angeb. Fabrikat: .....

| 32 € | 44 € | **50 €** | 58 € | 70 € | [m] | ⏱ 0,32 h/m | 020.000.024 |

LB 020 Dachdeckungsarbeiten

Nr.	Kurztext / Langtext					[Einheit]	Ausf.-Dauer	Kostengruppe Positionsnummer
▶	▷	ø netto €	◁	◀				

64 Gratdeckung, Schiefer — KG 363
Grate als eingebundene Anfangs- und Endorte für vor beschriebenes Schieferdach, gemäß Fachregeln eindecken.
Dachdeckung: .....
Ausführung: Anfangort als Stichort, Endort als Doppelort

| 15€ | 18€ | **21€** | 23€ | 39€ | [m] | ⏱ 0,45 h/m | 020.001.097 |

65 Durchgangsziegel, Dunstrohr, DN100 — KG 363
Dunstrohr-Formziegel, passend zur Dachdeckung, mit schlagregensicherem Dunstrohraufsatz.
Material: Ton
Dunstrohr: DN100
Farbe / Oberfläche: passend zur Dacheindeckung
Angeb. Fabrikat: .....

| 69€ | 102€ | **112€** | 127€ | 166€ | [St] | ⏱ 0,45 h/St | 020.000.025 |

66 Dunstrohr, Kunststoff, DN100 — KG 363
Dunstrohr-Durchgangsformstück, einstellbar auf Dachneigung, mit schlagregensicherer Abdeckhaube.
Material: **Kunststoff / PVC**
Dunstrohr: DN100
Farbe: naturrot
Angeb. Fabrikat: .....

| 33€ | 61€ | **68€** | 81€ | 105€ | [St] | ⏱ 0,30 h/St | 020.000.026 |

67 Durchgangselement, Solarleitung — KG 363
Durchgangselement / Formziegel mit Adapter für Solarträger, in Dachaufbau.
Material: ...., geeignet für sparrenunabhängigen Anschluss eines Solarträger
Typ: .....
Adapter Farbe / Oberfläche: passend zur Dacheindeckung
Angeb. Fabrikat: .....

| 26€ | 57€ | **70€** | 115€ | 194€ | [St] | ⏱ 0,25 h/St | 020.001.119 |

68 Lüfterziegel, trocken verlegt — KG 363
Lüfterziegel, passend zur Dachdeckung, inkl. Lüftungsprofil (Insektenschutz) aus korrosionsgeschütztem Material.
Dachdeckung: ....
Farbe / Oberfläche: wie Flächendeckung
freier Lüftungsquerschnitt: .....
Verlegung: .....
Angeb. Fabrikat: .....

| 7€ | 14€ | **17€** | 20€ | 26€ | [St] | ⏱ 0,01 h/St | 020.000.027 |

69 Leitungsdurchgang, Formziegel — KG 363
Formziegel (Antennenziegel) für Leitungsdurchgang, in Dachaufbau, geeignet für Durchgang eines Antennenfußes.
Material: Ton, mit Aufsatz aus PVC
Farbe / Oberfläche: wie Flächendeckung
Angeb. Fabrikat: .....

| 27€ | 52€ | **66€** | 84€ | 123€ | [St] | ⏱ 0,40 h/St | 020.000.028 |

Kosten: Stand 1.Quartal 2018 Bundesdurchschnitt

▶ min
▷ von
ø Mittel
◁ bis
◀ max

Nr.	Kurztext / Langtext				[Einheit]	Ausf.-Dauer	Kostengruppe Positionsnummer
▶	▷ ø netto € ◁ ◀						

70 Tonziegel, Reserve   KG **363**
Reserveziegel, liefern und nach Vorgabe durch den Auftraggeber im Gebäude lagern.
Dachdeckung: .....
Farbe / Oberfläche: wie Flächendeckung
Angeb. Fabrikat: .....

0,4€	4,1€	**4,7€**	7,3€	12€	[St]	–	020.000.029

71 Wandanschluss Ziegel / Dachstein   KG **363**
Anarbeiten der Dachdeckung an aufgehende Wand.
Dachdeckung: .....
Bauteilanschluss: aufgehende Wand, trocken verlegt
Abrechnung: m

10€	23€	**27€**	44€	66€	[m]	⏱ 0,35 h/m	020.001.120

72 Ziegel beidecken, Dachdeckung   KG **363**
Beidecken der Ziegel-Dachdeckung, im Bereich von Anschlüssen an Dachflächenfenster, Kehlen, Schornsteine, Dachgauben und dgl., inkl. erforderlicher Zuschneide- oder Fräsarbeiten. Abrechnung nach zugeschnittener Länge.
Dachdeckung: .....
Bearbeitung: .....

4€	12€	**14€**	21€	40€	[m]	⏱ 0,20 h/m	020.000.030

73 Verklammerung, Dachdeckung   KG **363**
Dachdeckung im Flächenbereich zusätzlich sturmsicher verklammern; Klammeranzahl gem. Regelwerk des Deutschen Dachdeckerhandwerks DDH.
Windzone: **1 / 2 / 3 / 4**
Gebäudehöhe: .....
Gebäudelage: .....
Verklammerung: .....
Befestigung: **korrosionsgeschützt / nichtrostend**

0,8€	2,9€	**4,0€**	7,0€	14€	[m²]	⏱ 0,06 h/m²	020.000.031

74 Wandbekleidung Holzschindel   KG **335**
Fassadenbekleidung als vorgehängte, hinterlüftete Fassade aus gespaltenen Holzschindeln nach DIN 18516-1 auf Mauerwerk. Verankerung und Befestigung mit bauaufsichtlich zugelassenen Verankerungsmitteln und nichtrostenden Befestigungsmitteln.
Verankerungsuntergrund: Vollsteinmauerwerk, verputzt
Unterkonstruktion: Holzschalung mit Bitumenpappe
Holzart: **Fichte / Weißtanne / Lärche / Rotzeder**
Güteklasse: **1 / 2**
Spaltung: .....
Form: .....
Reihenabstand: ..... mm
Mindestdicke am Fuß: 8 mm, Breite: ..... mm
Oberfläche: spaltrau
Unterseite: gefast / rechtwinklig
Verlegung gem. Verlegeplan: im .....-Verband als **Einfach- / Doppel- / Dreifachdeckung**
Wandhöhe: über Gelände bis ..... m

LB 020 Dachdeckungsarbeiten

Nr.	Kurztext / Langtext					[Einheit]	Ausf.-Dauer	Kostengruppe Positionsnummer
▶	▷	ø netto €	◁	◀				

Für die Ausführung werden vom AG folgende Unterlagen zur Verfügung gestellt:
– Entwurfszeichnungen, Plannr.: .....
– Übersichtszeichnungen, Plannr.: .....
Angeb. Fabrikat: .....

| 74 € | 109 € | **126 €** | 161 € | 207 € | [m²] | ⏱ 1,50 h/m² | 020.001.100 |

75 Eckausbildung Holzschindelbekleidung   KG **335**

Eckausbildung des Schindelwandbelags aus profiliertem Holz-Eckprofil, Profil gemäß anliegender Skizze.
Skizze: Nr. ......
Holzart: **Fichte / Weißtanne / Lärche / Rotzeder**
Oberfläche: allseitig gehobelt
Befestigung: korrosionsbeständige Schrauben

| 9 € | 20 € | **21 €** | 24 € | 35 € | [m] | ⏱ 0,30 h/m | 020.001.101 |

76 Randanschluss Holzschindelbekleidung   KG **335**

Eindecken Holzschindelfassade an Außenecken mit Anpassen an vorhandene Eckprofile. Überdeckungen und Befestigungen gemäß Fachregeln.

| 7 € | 20 € | **21 €** | 22 € | 35 € | [m] | ⏱ 0,27 h/m | 020.001.102 |

77 Dachfenster/Dachausstieg, Holz   KG **362**

Dachausstiegs-Fenster aus Nadelholz, inkl. Eindeckrahmen, bestehend aus:
– Fenster mit stufenlosem 180°-Öffnungswinkel und Schwingfunktion bis zum Anschlag, Öffnungsgriff unten
– mit Sicherheitsöffnung und Teleskop-Montageschienen
– profilierte rutschsichere Trittfläche
– Blend- und Eindeckrahmen aus Polyurethan, wärmegedämmt
– inkl. dichtem Anschluss an Fensterrahmen und innenseitiger Luft- / Dampfsperre
Einbauort: Dachfläche, Neigung .....°
Deckung mit: .....
Bauphysik Fenster:
Wärmeschutz: U_w .....
Schalldämmung: R_w,R .....
Blendrahmen-Außenmaß: ca. 490 x 760 mm
Verglasung: .....
Hagelwiderstand: Klasse ....
Oberfläche Flügel- und Blendrahmen: ......
Oberfläche Eindeckrahmen: .....
Angeb. Fabrikat: .....

| 144 € | 260 € | **336 €** | 413 € | 733 € | [St] | ⏱ 1,80 h/St | 020.000.033 |

Kosten:
Stand 1.Quartal 2018
Bundesdurchschnitt

▶ min
▷ von
ø Mittel
◁ bis
◀ max

Nr.	Kurztext / Langtext							Kostengruppe
▶	▷	ø netto €	◁	◀	[Einheit]	Ausf.-Dauer	Positionsnummer

78 Wohndachfenster, Holz, lasiert — KG 362

Dachflächenfenster aus Nadelholz, lasiert, als Klapp-Schwing-Fenster, inkl. Eindeck- und Dämmrahmen bestehend aus:
- Fenster mit stufenlosem 45°-Öffnungswinkel und stufenloser Schwingfunktion, Öffnungsgriff unten, mit Lüftungsklappe und Luftfilter
- Außenabdeckung aus Aluminium, einbrennlackiert
- Eindeckrahmen aus Aluminium
- Verglasung bestehend aus Außenscheibe ESG ..... mm, selbstreinigend beschichtet / Innenscheibe VSG 2x ..... mm mit Edelmetallbeschichtung; SZR ..... mm, Spezialgasfüllung
- Dämmrahmen aus ..... mit Anschlussausbildung zur Dachdämmung
- Anschlussschürze aus diffusionsoffenem Material mit Wasserableitrinne

Einbauort: Dachfläche, Neigung .....°
Deckung mit: .....
Bauphysik Fenster
Wärmeschutz: U_W .....
Schalldämmung: R_W,R .....
Hagelwiderstand: Klasse .....
Blendrahmen-Außenmaß: **1.340 x 1.140 / 1.400 x 1.600 mm**
Oberfläche Flügel- und Blendrahmen 2-K-PU-Beschichtung, Farbe.....
Oberfläche Eindeckrahmen: .....
Angeb. Fabrikat: .....

| 428 € | 690 € | **802 €** | 928 € | 1.364 € | [St] | ⏱ 6,25 h/St | 020.000.034 |

79 Stundensatz Facharbeiter, Dachdeckung

Stundenlohnarbeiten für Vorarbeiter, Facharbeiter und Gleichgestellte (z.B. Spezialbaufacharbeiter, Baufacharbeiter, Gesellen, Maschinenführer, Fahrer und ähnliche Fachkräfte). Leistung nach besonderer Anordnung der Bauüberwachung. Anmeldung und Nachweis gemäß VOB/B.

| 39 € | 48 € | **51 €** | 56 € | 63 € | [h] | ⏱ 1,00 h/h | 020.001.095 |

80 Stundensatz Helfer, Dachdeckung

Stundenlohnarbeiten für Werker, Helfer und Gleichgestellte (z.B. Baufachwerker, Helfer, Ungelernte, Angelernte). Leistung nach besonderer Anordnung der Bauüberwachung. Anmeldung und Nachweis gemäß VOB/B.

| 36 € | 40 € | **41 €** | 43 € | 48 € | [h] | ⏱ 1,00 h/h | 020.001.096 |

LB 021 Dachabdichtungsarbeiten

Kosten: Stand 1.Quartal 2018, Bundesdurchschnitt

Legende:
- ▶ min
- ▷ von
- ø Mittel
- ◁ bis
- ◀ max

Nr.	Positionen	Einheit	▶ min	▷ von ø brutto € / ø netto €	ø Mittel	◁ bis	◀ max
1	Dachfläche prüfen	m²	– / –	4 / 3	**5** / **4**	6 / 5	– / –
2	Dachfläche reinigen	m²	0,2 / 0,1	0,7 / 0,6	**0,9** / **0,8**	1,4 / 1,2	2,6 / 2,2
3	Voranstrich, Dampfsperre, inkl. Reinigung	m²	0,6 / 0,5	1,8 / 1,5	**2,1** / **1,8**	3,1 / 2,6	5,7 / 4,8
4	Voranstrich, Dampfsperre	m²	0,5 / 0,4	1,7 / 1,5	**2,1** / **1,8**	3,1 / 2,6	6,4 / 5,4
5	Trennlage/untere Lage, V13, auf Holz	m²	2 / 1	4 / 3	**4** / **4**	5 / 4	7 / 6
6	Trennlage/untere Lage, G200 DD, auf Holz	m²	3 / 2	7 / 6	**9** / **8**	11 / 9	13 / 11
7	Dampfsperre hochführen, aufgehende Bauteile	m	2 / 1	4 / 4	**5** / **4**	7 / 6	10 / 8
8	Abdichtung, Bodenfeuchte, PYE G200S4	m²	6 / 5	11 / 9	**12** / **10**	15 / 13	21 / 18
9	Dampfsperre, V60S4 Al01, auf Beton	m²	3 / 3	10 / 8	**11** / **9**	14 / 11	22 / 19
10	Dampfsperre, Polyolefin-Kunststoffbahn	m²	2 / 1	4 / 3	**5** / **4**	6 / 5	9 / 8
11	Wärmedämmung DAA, EPS 035, bis 80mm	m²	11 / 8,9	17 / 15	**19** / **16**	23 / 19	29 / 24
12	Wärmedämmung DAA, EPS 035, bis 140mm	m²	16 / 13	21 / 18	**24** / **20**	27 / 23	35 / 29
13	Wärmedämmung DAA, EPS 035, bis 240mm	m²	– / –	45 / 37	**51** / **43**	54 / 46	– / –
14	Gefälledämmung DAA, EPS, i. M. bis 160mm	m²	15 / 13	25 / 21	**29** / **25**	35 / 29	49 / 41
15	Gefälledämmung DAA, EPS, i. M. bis 200mm	m²	25 / 21	30 / 26	**33** / **28**	44 / 37	54 / 46
16	Gefälledämmung DAA, PUR, i. M. bis 160mm	m²	29 / 24	41 / 34	**47** / **39**	54 / 45	73 / 62
17	Wärmedämmung DAA, CG, bis 140mm	m²	57 / 48	78 / 66	**89** / **75**	98 / 82	123 / 103
18	Wärmedämmung DUK, XPS, Umkehrdach	m²	22 / 19	33 / 28	**36** / **30**	49 / 41	64 / 54
19	Wärmedämmung DAA, MW, 120-160mm	m²	– / –	24 / 20	**27** / **23**	33 / 28	– / –
20	Übergang, Dämmkeile, Hartschaum, 60x60mm	m	1 / 1	3 / 3	**4** / **3**	6 / 5	13 / 11
21	Unterkonstruktion, Kanthölzer, bis 100x60mm	m	7 / 6	9 / 7	**10** / **8**	11 / 9	12 / 10
22	Unterkonstruktion, Holzbohlen, 40x120mm	m	10 / 8	16 / 13	**18** / **15**	24 / 20	39 / 32
23	Fugenabdichtung, Silikon	m	2 / 1	5 / 4	**6** / **5**	7 / 6	10 / 9
24	Bewegungsfuge, Typ I	m	23 / 20	27 / 23	**30** / **25**	37 / 31	49 / 41

© BKI Baukosteninformationszentrum; Erläuterungen zu den Tabellen siehe Seite 46
Mustertexte geprüft: Zentralverband des Deutschen Dachdeckerhandwerks

Dachabdichtungsarbeiten — Preise €

Nr.	Positionen	Einheit	▶	▷	ø brutto € ø netto €	◁	◀
25	Dachabdichtung PYE G200, S4/S5, untere Lage	m²	5	12	**14**	17	26
			4	10	**11**	14	22
26	Dachabdichtung PYE PV200 S5, obere Lage	m²	7	13	**16**	20	31
			6	11	**13**	17	26
27	Dachabdichtung PYE PV 200 S5 Cu01, Wurzelschutz, obere Lage	m²	–	20	**24**	29	–
			–	17	**20**	24	–
28	Dachabdichtung zweilagig, Polymerbitumen-Schweißbahnen	m²	22	25	**26**	31	37
			18	21	**22**	26	31
29	Wandanschluss, gedämmt, zweilagige Abdichtung	m	11	33	**39**	55	84
			9	28	**33**	46	71
30	Attikaabschluss, gedämmt, zweilagige Abdichtung	m	12	29	**39**	47	67
			10	24	**32**	40	56
31	Dachabdichtung, Kunststoffbahn, einlagig, Wurzelschutz	m²	8	23	**27**	34	63
			7	20	**23**	29	53
32	Dachabdichtung, EVA-Kunststoffbahn, einlagig, Wurzelschutz	m²	16	27	**30**	35	50
			14	22	**25**	29	42
33	Dachabdichtung, EPDM-Kunststoffbahn, einlagig	m²	21	26	**30**	35	44
			18	22	**25**	29	37
34	Dachabdichtung, mechanische Befestigung	m²	4	8	**9**	12	15
			4	7	**8**	10	13
35	Wandanschluss, gedämmt, Kunststoffbahn, einlagig	m	12	32	**38**	50	86
			10	27	**32**	42	72
36	Attikaanschluss, Kunststoffbahn, einlagig	m	16	29	**34**	39	48
			14	25	**29**	33	41
37	Bodenabdichtung, Balkon, PYE PV 200 S5, zweilagig	m²	26	32	**35**	41	50
			22	27	**29**	35	42
38	Wandanschluss, Abdichtung, Balkon	m	19	39	**49**	71	105
			16	33	**41**	59	89
39	Anschluss, Flüssigabdichtung, Dach	m	27	46	**51**	73	112
			23	39	**43**	62	94
40	Flüssigabdichtung, PU-Harz/Vlies	m²	68	92	**110**	122	146
			58	77	**92**	103	123
41	Abdichtungsanschluss, Fenstertür, Abdeckblech	m	22	50	**60**	74	112
			19	42	**51**	62	94
42	Wandanschluss, Dachabdichtung, Aluminiumprofil	m	5	17	**21**	32	55
			4	14	**17**	27	46
43	Notüberlauf, Attika	St	68	201	**248**	364	669
			57	169	**209**	306	562
44	Flachdachablauf, Wassereinlauf, PE, DN70	St	52	84	**111**	118	142
			43	71	**93**	99	119
45	Flachdachablauf, Wassereinlauf, PE, DN100	St	75	211	**251**	384	636
			63	177	**211**	323	534
46	Aufstockelement, bauseitigen Dachablauf	St	51	63	**73**	85	116
			43	53	**61**	71	98

© **BKI** Baukosteninformationszentrum; Erläuterungen zu den Tabellen siehe Seite 46
Mustertexte geprüft: Zentralverband des Deutschen Dachdeckerhandwerks

Kostenstand: 1.Quartal 2018, Bundesdurchschnitt

LB 021 Dachabdichtungsarbeiten

Kosten: Stand 1.Quartal 2018 Bundesdurchschnitt

▶ min
▷ von
ø Mittel
◁ bis
◀ max

Dachabdichtungsarbeiten — Preise €

Nr.	Positionen	Einheit	▶	▷ ø brutto € / ø netto €		◁	◀
47	Trennlage, PE Folie	m²	–	2	3	4	–
			–	2	2	3	–
48	Flachdachdurchdringung, Dunstrohr, bis 150mm	St	35	80	97	112	151
			30	67	81	94	127
49	Rohreinfassung, Manschette/Dichtring, Dach	St	31	65	75	97	149
			26	54	63	82	125
50	Aufsetzkranz, eckig, Lichtkuppel, Kunststoff, gedämmt	St	250	376	428	507	653
			210	316	360	426	549
51	Lichtkuppel, eckig, zweischalig Acrylglas, Aufsetzkranz	St	728	1.235	1.408	1.877	2.914
			612	1.038	1.183	1.577	2.449
52	Schutzmatte, PU-Kautschuk, Dachabdichtung	m²	7	11	13	17	28
			6	9	11	14	23
53	Kiesfangleiste, Lochblech, verzinktes Stahlblech	m	8	17	21	25	35
			7	14	18	21	29
54	Kiesschüttung, 16/32, Dach	m²	4	10	12	19	39
			3	9	10	16	33
55	Trennlage, PE-Folie, Dach	m²	0,6	2,5	3,4	4,4	7,3
			0,5	2,1	2,9	3,7	6,1
56	Kiesstreifen, 50cm	m	4	9	11	16	24
			3	8	9	14	20
57	Plattenbelag, Betonwerkstein, 50x50cm	m²	43	68	76	93	126
			36	57	64	78	106
58	Absturzsicherung, Verankerungspunkt, Flachdach	St	159	189	199	210	240
			134	159	168	177	202
59	Stundensatz Facharbeiter, Dachdichtung	h	49	56	59	61	67
			41	47	49	51	57
60	Stundensatz Helfer, Dachdichtung	h	43	49	51	55	60
			36	41	43	46	51

Nr.	Kurztext / Langtext					[Einheit]	Ausf.-Dauer	Kostengruppe Positionsnummer
	▶	▷	ø netto €	◁	◀			

1 Dachfläche prüfen KG **363**
Dachfläche auf Hohlstellen, Fehlstellen und Risse prüfen, für Dachabdichtung, Fehlstellen markieren.
Untergrund: Beton
Dachgröße: .....
–€   3€   **4€**   5€   –€   [m²]   ⏱ 0,01 h/m²   021.000.087

2 Dachfläche reinigen KG **363**
Dachfläche reinigen, von groben Verschmutzungen, festsitzenden Mörtelresten u.dgl., Schutt aufnehmen und in bauseitigen Container sammeln.
Untergrund: .....
Schmutzschicht: ca. 10 mm
Verschmutzte Fläche: ca. .....% der Grundfläche
0,1€   0,6€   **0,8€**   1,2€   2,2€   [m²]   ⏱ 0,02 h/m²   021.000.001

Nr.	Kurztext / Langtext							Kostengruppe
▶	▷	ø netto €	◁	◀	[Einheit]	Ausf.-Dauer	Positionsnummer

3   Voranstrich, Dampfsperre, inkl. Reinigung — KG 363

Voranstrich bzw. Haftgrund für Dampfsperre aus Bitumenbahnen, vollflächig auf oberflächentrockene Flächen, einschl. reinigen der grob verschmutzten Bodenflächen, sowie aufnehmen und sammeln des losen Bauschutts.
Ausführung: .....
Untergrund: .....
Neigung: .....
Angeb. Fabrikat: .....

| 0,5€ | 1,5€ | **1,8**€ | 2,6€ | 4,8€ | [m²] | ⏱ 0,04 h/m² | 021.000.002 |

4   Voranstrich, Dampfsperre — KG 363

Voranstrich bzw. Haftgrund für Dampfsperre aus Bitumenbahnen, vollflächig auf oberflächentrockene Flächen.
Ausführung: .....
Untergrund: .....
Neigung: .....
Angeb. Fabrikat: .....

| 0,4€ | 1,5€ | **1,8**€ | 2,6€ | 5,4€ | [m²] | ⏱ 0,04 h/m² | 021.000.003 |

5   Trennlage/untere Lage, V13, auf Holz — KG 363

Trennlage oder Vordeckung, aus Bitumenbahn mit Glasvlieseinlage, Nähte überlappend, im Nahtbereich mechanisch befestigt.
Funktion: .....
Untergrund: Holzwerkstoff aus .....
Ausführung Bahn: V13
Einbauort: Dach
Neigung: .....
Angeb. Fabrikat: .....

| 1€ | 3€ | **4**€ | 4€ | 6€ | [m²] | ⏱ 0,10 h/m² | 021.000.004 |

6   Trennlage/untere Lage, G200 DD, auf Holz — KG 363

Unterdeckung, aus Bitumen-Dachdichtungsbahn mit Glasgewebeeinlage, Nähte überlappend, im Nahtbereich mechanisch befestigt.
Untergrund: Holzwerkstoffplatten
Ausführung Bahn: G 200 DD
Wassserdichtheit: Klasse W1
Einbauort: Dach
Neigung: .....
Angeb. Fabrikat: .....

| 2€ | 6€ | **8**€ | 9€ | 11€ | [m²] | ⏱ 0,10 h/m² | 021.000.054 |

7   Dampfsperre hochführen, aufgehende Bauteile — KG 363

Hochführen der Dampfsperre an aufgehenden Bauteilen, bis OK Wärmedämmung, starr anschließen.
Bauteil: .....
Untergrund: .....
Dampfsperre: .....

| 1€ | 4€ | **4**€ | 6€ | 8€ | [m] | ⏱ 0,10 h/m | 021.000.055 |

LB 021 Dachabdichtungsarbeiten

Nr.	Kurztext / Langtext						Kostengruppe
▶	▷	ø netto €	◁	◀	[Einheit]	Ausf.-Dauer	Positionsnummer

8 Abdichtung, Bodenfeuchte, PYE G200S4 — KG **363**

Bauwerksabdichtung aus Polymerbitumen-Schweißbahn, modifiziert mit thermoplastischen Elastomeren, gegen Bodenfeuchte, auf Untergrund vollflächig verschweißen, Nähte überlappend und verklebt.
Untergrund: Betonboden mit Bitumen-Voranstrich
Bahnentyp: PYE G200S4
Angeb. Fabrikat: .....

| 5€ | 9€ | **10**€ | 13€ | 18€ | [m²] | ⏱ 0,15 h/m² | 021.000.006 |

9 Dampfsperre, V60S4 Al01, auf Beton — KG **363**

Dampfsperre aus Bitumen-Schweißbahn, Stöße überlappend.
Untergrund: Betondecke mit Bitumenvoranstrich
Bahnentyp: V60S4+Al01
Verklebung: punktförmig
Einbauort: .....
Angeb. Fabrikat: .....

| 3€ | 8€ | **9**€ | 11€ | 19€ | [m²] | ⏱ 0,10 h/m² | 021.000.005 |

10 Dampfsperre, Polyolefin-Kunststoffbahn — KG **363**

Dampfsperre aus Kunststoffbahn, verschweißt, Stöße überlappend.
Untergrund: Betondecke
Bahnentyp: Polyolefin-Kunststoffbahn - FPO
Verklebung: punktförmig
Einbauort: .....
Angeb. Fabrikat: .....

| 1€ | 3€ | **4**€ | 5€ | 8€ | [m²] | ⏱ 0,04 h/m² | 021.000.007 |

A 1 Wärmedämmung DAA, EPS 035 — Beschreibung für Pos. **11-13**

Wärmedämmung aus Polystyrol-Hartschaumplatten, für nichtbelüftetes Flachdach, einlagig und dicht gestoßen verlegen, streifenweise geklebt. verlegen, streifenweise geklebt.
Untergrund: Dampfsperre
Dämmstoff: EPS
Anwendungstyp: DAA - dm
Brandverhalten: Klasse E

11 Wärmedämmung DAA, EPS 035, bis 80mm — KG **363**

Wie Ausführungsbeschreibung A 1
Plattenrand: umlaufend gefalzt
Nennwert der Wärmeleitfähigkeit: 0,035 W/(mK)
Dämmstoffdicke: über 60 bis 80 mm
Angeb. Fabrikat: .....

| 9€ | 15€ | **16**€ | 19€ | 24€ | [m²] | ⏱ 0,14 h/m² | 021.000.008 |

Kosten: Stand 1.Quartal 2018 Bundesdurchschnitt

▶ min
▷ von
ø Mittel
◁ bis
◀ max

Nr.	Kurztext / Langtext				[Einheit]	Ausf.-Dauer	Kostengruppe Positionsnummer
▶	▷	ø netto €	◁	◀			

12 Wärmedämmung DAA, EPS 035, bis 140mm — KG 363
Wie Ausführungsbeschreibung A 1
Plattenrand: umlaufend gefalzt
Nennwert der Wärmeleitfähigkeit: 0,035 W/(mK)
Dämmstoffdicke: 140 mm
Angeb. Fabrikat: .....

| 13€ | 18€ | **20€** | 23€ | 29€ | [m²] | ⏱ 0,14 h/m² | 021.000.009 |

13 Wärmedämmung DAA, EPS 035, bis 240mm — KG 363
Wie Ausführungsbeschreibung A 1
Plattenrand: umlaufend gefalzt
Nennwert der Wärmeleitfähigkeit: 0,035 W/(mK)
Dämmstoffdicke: 140 mm
Angeb. Fabrikat: .....

| –€ | 37€ | **43€** | 46€ | –€ | [m²] | ⏱ 0,15 h/m² | 021.000.096 |

14 Gefälledämmung DAA, EPS, i. M. bis 160mm — KG 363
Gefälledämmung aus Polystyrol-Hartschaumplatten, für nichtbelüftetes Flachdach, aus vorgefertigten
Dämmplatten, einlagig und dicht gestoßen gemäß Verlegeplan verkleben.
Untergrund: Dampfsperre
Dämmstoff: EPS
Plattenrand: .....
Anwendungstyp: DAA - dm
Nennwert der Wärmeleitfähigkeit: 0,035 W/(mK)
Brandverhalten Klasse: E
Dämmstoffdicke: ..... bis ..... mm, i. M. 160 mm
Gefälle: .....
Angeb. Fabrikat: .....

| 13€ | 21€ | **25€** | 29€ | 41€ | [m²] | ⏱ 0,20 h/m² | 021.000.011 |

15 Gefälledämmung DAA, EPS, i. M. bis 200mm — KG 363
Gefälledämmung aus Polystyrol-Hartschaumplatten, für nichtbelüftetes Flachdach, aus vorgefertigten
Dämmplatten, einlagig und dicht gestoßen gemäß Verlegeplan verkleben.
Untergrund: Dampfsperre
Dämmstoff: EPS
Plattenrand: .....
Anwendungstyp: DAA - ds
Nennwert der Wärmeleitfähigkeit: 0,035 W/(mK)
Brandverhalten Klasse: E
Dämmstoffdicke: ..... bis ..... mm, i. M. 200 mm
Gefälle: .....
Angeb. Fabrikat: .....

| 21€ | 26€ | **28€** | 37€ | 46€ | [m²] | ⏱ 0,20 h/m² | 021.000.056 |

LB 021 Dachabdichtungsarbeiten

Kosten:
Stand 1.Quartal 2018
Bundesdurchschnitt

Nr.	Kurztext / Langtext						Kostengruppe
▶	▷	ø netto €	◁	◀	[Einheit]	Ausf.-Dauer	Positionsnummer

16 Gefälledämmung DAA, PUR, i. M. bis 160mm — KG **363**

Gefälledämmung aus Polyurethan-Hartschaumplatten, für nichtbelüftetes Flachdach, aus vorgefertigten Dämmplatten, einlagig und dicht gestoßen gemäß Verlegeplan verkleben.
Untergrund: Dampfsperre
Dämmstoff: PUR
Plattenrand: .....
Anwendungstyp: DAA - ds
Nennwert der Wärmeleitfähigkeit: 0,025 W/(mK)
Brandverhalten Klasse: E
Dämmstoffdicke: 120-250 mm, i. M. 160 mm
Gefälle: .....
Angeb. Fabrikat: .....

| 24€ | 34€ | **39**€ | 45€ | 62€ | [m²] | ⏱ 0,20 h/m² | 021.000.012 |

17 Wärmedämmung DAA, CG, bis 140mm — KG **363**

Wärmedämmung aus Schaumglas-Dämmplatten, hoch druckbelastbar, einlagig dicht stoßen und mit Heißbitumen vollflächig verkleben, Platten mit versetzten, pressgestoßenen und bitumengefüllten Fugen, inkl. Deckaufstrich aus Heißbitumen.
Untergrund: Rohbetondecke
Dämmstoff: CG
Plattenrand: .....
Anwendungstyp: DAA - ds
Nennwert der Wärmeleitfähigkeit: 0,045 W/(mK)
Brandverhalten Klasse: A1
Dämmstoffdicke: bis 140 mm
Angeb. Fabrikat: .....

| 48€ | 66€ | **75**€ | 82€ | 103€ | [m²] | ⏱ 0,25 h/m² | 021.000.013 |

18 Wärmedämmung DUK, XPS, Umkehrdach — KG **363**

Wärmedämmung aus extrudierten Polystyrol-Hartschaumplatten, für Umkehrdach als Wärmedämmung oberhalb der Dachabdichtung, einlagig.
Untergrund: Dachabdichtung mit Trennlage
Dämmstoff: XPS
Plattenrand: umlaufend gefalzt
Anwendungstyp: DUK - .....
Nennwert der Wärmeleitfähigkeit: 0,040 W/(mK)
Brandverhalten Klasse: E
Dämmstoffdicke: .....
Einbauort: Flachdach
Nutzung: .....
Angeb. Fabrikat: .....

| 19€ | 28€ | **30**€ | 41€ | 54€ | [m²] | ⏱ 0,20 h/m² | 021.000.062 |

▶ min
▷ von
ø Mittel
◁ bis
◀ max

Nr.	**Kurztext** / Langtext							Kostengruppe
▶	▷	**ø netto €**	◁	◀	[Einheit]	Ausf.-Dauer	Positionsnummer

19 Wärmedämmung DAA, MW, 120-160mm — KG **363**

Wärmedämmung aus Mineralwolle-Dämmplatten, einlagig dicht stoßen und punktweise verkleben.
Untergrund: Rohbetondecke
Dämmstoff: MW
Plattenrand: .....
Anwendungstyp: DAA-dm
Nennwert der Wärmeleitfähigkeit: 0,035-040 W/(mK)
Brandverhalten Klasse: A1
Dämmstoffdicke: 120-160 mm
Angeb. Fabrikat: .....

–€   20€   **23€**   28€   –€   [m²]   ⏱ 0,22 h/m²   021.000.099

20 Übergang, Dämmkeile, Hartschaum, 60x60mm — KG **363**

Dämmkeil aus Hartschaum, am Anschluss der Flachdachdämmung an aufgehende Bauteilen, Ecken mit Gehrungsschnitt.
Dämmstoff: **PUR / EPS**
Zuschnittwinkel: 45°
Abmessung: 60 x 60 mm
Angeb. Fabrikat: .....

1€   3€   **3€**   5€   11€   [m]   ⏱ 0,04 h/m   021.000.014

21 Unterkonstruktion, Kanthölzer, bis 100x60mm — KG **363**

Unterkonstruktion aus Kanthölzern, für Flachdachbauteile, zur Befestigung von Blechen oder Einbauteilen, mit korrosionsgeschützten Befestigungsmitteln, Dicke der Kanthölzer entsprechend der Wärmedämmung, inkl. Holzschutz.
Holzart: Nadelholz
Festigkeitsklasse: C24 DG DIN EN 14081-1
Bauteil: **in Dachabdichtung / Attika / Brüstung**
Funktion: .....
Querschnitt: 60 x 60 bis 100 x 60 mm
Oberfläche: .....
Holzschutz / Gebrauchsklasse: .....

6€   7€   **8€**   9€   10€   [m]   ⏱ 0,10 h/m   021.000.015

22 Unterkonstruktion, Holzbohlen, 40x120mm — KG **363**

Unterkonstruktion aus Holzbohlen, für Flachdachbauteile, zur Befestigung der Dachabdichtung, mit korrosionsgeschützten Befestigungsmitteln, Bohlendicke entsprechend der Wärmedämmung, inkl. Holzschutz.
Holzart: Nadelholz
Festigkeitsklasse: C24 DG DIN EN 14081-1
Bauteil: **Flachdachrand / Attika / Brüstung**
Funktion: .....
Querschnitt: **40 x 120 / .....** mm
Oberfläche: .....
Holzschutz / Gebrauchsklasse: .....

8€   13€   **15€**   20€   32€   [m]   ⏱ 0,20 h/m   021.000.016

LB 021 Dachabdichtungsarbeiten

Kosten:
Stand 1.Quartal 2018
Bundesdurchschnitt

▶ min
▷ von
ø Mittel
◁ bis
◀ max

Nr.	Kurztext / Langtext							Kostengruppe
▶	▷	ø netto €	◁	◀	[Einheit]	Ausf.-Dauer	Positionsnummer	

23 Fugenabdichtung, Silikon — KG 363

Elastische Verfugung mit Silikon, inkl. notwendiger Flankenvorbehandlung an den Anschlussflächen und Hinterlegen der Fugenhohlräume mit geeignetem Hinterstopfmaterial.
Fuge: .....
Fugendicke: .....

▶	▷	ø	◁	◀	[Einheit]	Ausf.-Dauer	Positionsnummer
1€	4€	**5**€	6€	9€	[m]	⏱ 0,05 h/m	021.000.017

24 Bewegungsfuge, Typ I — KG 363

Bewegungsfuge für Flachdachaufbau.
Fugentyp: I
Aufbau Flachdach: .....
Angeb. Fabrikat: .....

| 20€ | 23€ | **25**€ | 31€ | 41€ | [m] | ⏱ 0,35 h/m | 021.000.141 |

25 Dachabdichtung PYE G200, S4/S5, untere Lage — KG 363

Untere Lage der Dachabdichtung, für nicht genutzte Dächer, aus Polymerbitumen-Schweißbahn, Stöße überlappend, vollflächig verschweißen.
Untergrund: EPS-Gefälledämmung
Bahnenart: PYE-G 200 **S4/S5**
Eigenschaftsklasse: E1 - DIN 18351
Anwendungstyp: DU
Flachdachgefälle: über 2%
Flachdach des Anwendungsklasse DIN 18531: **K1 / K2**
Höhe Dachrand über Grund: .....
Angeb. Fabrikat: .....

| 4€ | 10€ | **11**€ | 14€ | 22€ | [m²] | ⏱ 0,12 h/m² | 021.000.019 |

26 Dachabdichtung PYE PV200 S5, obere Lage — KG 363

Obere Lage der Dachabdichtung, für **nicht genutzte / genutzte** Dächer, aus Polymerbitumen-Schweißbahn, Stöße überlappend, vollflächig verschweißen.
Untergrund: Bitumenbahn
Bahnenart: PYE-PV 200 S5
Eigenschaftsklasse: E1 - DIN 18351
Anwendungstyp: DO
Brandverhalten: E
Flachdachgefälle: >2%
Höhe Dachrand über Grund: .....
Angeb. Fabrikat: .....

| 6€ | 11€ | **13**€ | 17€ | 26€ | [m²] | ⏱ 0,14 h/m² | 021.000.020 |

Nr.	Kurztext / Langtext							Kostengruppe
▶	▷	ø netto €	◁	◀	[Einheit]	Ausf.-Dauer	Positionsnummer

27 Dachabdichtung PYE PV 200 S5 Cu01, Wurzelschutz, obere Lage   KG 363

Obere Lage der Dachabdichtung als Wurzelschutzbahn, aus Polymerbitumen-Schweißbahn, Stöße überlappend, vollflächig verschweißen.
Untergrund: PYE-Schweißbahn
Bahnenart: PYE-PV 200 S5+Cu01
Eigenschaftsklasse: E1 - DIN 18351
Anwendungstyp: DO
Brandverhalten: E
Flachdachgefälle: >2%
Höhe der Attika über Grund: .....
Angeb. Fabrikat: .....

| –€ | 17€ | **20**€ | 24€ | –€ | [m²] | ⏱ 0,20 h/m² | 021.000.021 |

28 Dachabdichtung zweilagig, Polymerbitumen-Schweißbahnen   KG 363

Dachabdichtung aus Polymerbitumenbahnen, zweilagig, Stöße überlappend, vollflächig verschweißen.
Untergrund: EPS-Gefälledämmung
Flachdachgefälle: >2%
1.Untere Lage: PYE-G 200 S4/S5
Anwendungstyp: DU/E1 - DIN 18531
2.Obere Lage: PYE-PV200 S5
Anwendungstyp: DO/E1 - DIN 18531
Höhe Attika über Grund: .....
Angeb. Fabrikat: .....

| 18€ | 21€ | **22**€ | 26€ | 31€ | [m²] | ⏱ 0,25 h/m² | 021.000.065 |

29 Wandanschluss, gedämmt, zweilagige Abdichtung   KG 363

Anschluss der Dachabdichtung aus Polymerbitumenbahnen an aufgehende Bauteile, zweilagige Bahnenausführung wie Flächenabdichtung, einschl.:
 – hochgeführte Wärmedämmung aus Polystyrol
 – Kantholz als oberer Abschluss der Dämmung
 – Dämmstoffkeile
 – Anschluss mind. 150 mm über Oberkante Abdichtung / Belag
 – Klemmschiene aus Aluminium als mechanischer Befestigung am oberen Rand des Anschlusses
 – Schutz aus Überhangstreifen / Abdeckprofil, inkl. elastischer Versiegelung der Anschlussfuge
Aufgehendes Bauteil: **Wand / Brüstung**
Untergrund: .....
Anwendungskategorie nach DIN 18531: **K1 / K2**
Abdichtungsbahnen nach DIN 18531: **DU/E2 und DO/E1** bzw. **DU/E1 und DO/E1**
Einwirkungsklasse: IA
Wärmedämmung: EPS, 80 mm
Nennwert der Wärmeleitfähigkeit: 0,035 W/(mK)
Dämmkeil: EPS 60 x 60 mm
Nadelholz, Festigkeitsklasse: C24 DG DIN EN 14081-1, 80 x 60 mm
Abdeckprofil: **Titanzink / Aluminium / .....**, Z = 250 mm, dreifach gekantet
Attikahöhe: .....
Angeb. Fabrikat: .....
Nadelholz, Festigkeitsklasse: C24 DG DIN EN 14081-1

| 9€ | 28€ | **33**€ | 46€ | 71€ | [m] | ⏱ 0,40 h/m | 021.000.022 |

LB 021 Dachabdichtungsarbeiten

Nr.	Kurztext / Langtext					[Einheit]	Ausf.-Dauer	Kostengruppe Positionsnummer
▶	▷	ø netto €	◁	◀				

Kosten:
Stand 1.Quartal 2018
Bundesdurchschnitt

30 — Attikaabschluss, gedämmt, zweilagige Abdichtung — KG **363**

Anschluss der Dachabdichtung an Attika, zweilagige Bahnenausführung wie Flächenabdichtung, einschl.:
– hochgeführte Wärmedämmung aus Polystyrol
– Dämmstoffkeile
– Anschluss auf Attika
– Attika-Abdeckung mit Blechprofil

Untergrund: .....
Anwendungskategorie nach DIN 18531: **K1 / K2**
Abdichtungsbahnen nach DIN 18531: **DU/E2 und DO/E1** bzw. **DU/E1 und DO/E1**
Eigenschaftsklasse: .....
Einwirkungsklasse: **IA / IIA / IB / IIB**
Wärmedämmung: EPS, 80 mm
Nennwert der Wärmeleitfähigkeit: 0,035 W/(mK)
Dämmkeil: EPS 60 x 60 mm
Attikaabdeckung: **Titanzink / Kupfer / Aluminium**, mit Systemhalter
Zuschnitt: Z ..... mm, fünffach gekantet
Angeb. Fabrikat: .....

| 10€ | 24€ | **32**€ | 40€ | 56€ | [m] | ⏱ 0,30 h/m | 021.000.023 |

31 — Dachabdichtung, Kunststoffbahn, einlagig, Wurzelschutz — KG **363**

Dachabdichtung aus Kunststoffbahnen, einlagig und wurzelfest, Naht- und Stoßverbindungen verschweißen, Bahn mechanisch befestigt. Mechanische Befestigung wird in gesonderter Position vergütet.
Untergrund: Gefälledämmung aus **EPS / MW**
Bahnenart: Ethylen-Vinyl-Acetat Terpolymer - EVA-BV-K(PV)
Bahnendicke: 2,0 mm
Kaschierung: Polyestervlies
Flachdachgefälle: **<2% / >=2%**
Anwendungstyp: DE
Brandverhalten: E
Farbe: .....
Höhe Attika über Grund: .....
Angeb. Fabrikat: .....

| 7€ | 20€ | **23**€ | 29€ | 53€ | [m²] | ⏱ 0,14 h/m² | 021.000.024 |

32 — Dachabdichtung, EVA-Kunststoffbahn, einlagig, Wurzelschutz — KG **363**

Dachabdichtung aus Kunststoffbahnen, einlagig und wurzelfest, Naht- und Stoßverbindungen verschweißen, Bahn mechanisch befestigt. Mechanische Befestigung wird in gesonderter Position vergütet.
Untergrund: Gefälledämmung aus **EPS / MW**
Bahnenart: Ethylen-Vinyl-Acetat Terpolymer - EVA-BV-K(PV)
Kaschierung: Polyestervlies
Bahnendicke: 2,0 mm
Anwendungstyp: DE
Brandverhalten: E
Flachdachgefälle: **<2% / >=2%**
Höhe Attika über Grund: .....
Angeb. Fabrikat: .....

| 14€ | 22€ | **25**€ | 29€ | 42€ | [m²] | ⏱ 0,14 h/m² | 021.000.044 |

▶ min
▷ von
ø Mittel
◁ bis
◀ max

Nr.	Kurztext / Langtext					Kostengruppe	
▶	▷ ø netto € ◁ ◀				[Einheit]	Ausf.-Dauer	Positionsnummer

33 Dachabdichtung, EPDM-Kunststoffbahn, einlagig KG **363**

Dachabdichtung aus Kunststoffbahnen, einlagig, bitumenverträglich, selbstklebend, einschl. Kaschierung aus Glasgewebe/-gelege, klebend verlegen, Nähte homogen verbinden.
Untergrund: Gefälledämmung aus **EPS / PUR**
Bahnenart: Ethylen-Propylen-Dien-Kautschuk- EPDM
Bahnendicke 1,5 mm,
Kaschierung: **Glasgewebe / -gelege**
Flachdachgefälle: >=2%
Anwendungstyp: DE,
Anforderungen hinsichtlich Widerstandsfähigkeit gegen Flugfeuer und strahlende Wärme: B ROOF
Farbe: .....
Höhe Attika über Grund: .....
Angeb. Fabrikat: .....

| 18€ | 22€ | **25**€ | 29€ | 37€ | [m²] | ⏱ 0,18 h/m² | 021.000.142 |

34 Dachabdichtung, mechanische Befestigung KG **363**

Mechanische Befestigung der einlagigen Kunststoff-Dachdichtung, Ausführung nach Herstellervorgabe, Anzahl und Anordnung der Befestiger gemäß Verlegeplan, befestigt durch Dämmung in den tragfähigen Untergrund.
Untergrund: .....
Befestigungsbereich: **Eckbereich / Randbereich / Feldmitte**
Befestigungen: **Linien- / Punktbefestiger**
Angeb. Fabrikat: .....

| 4€ | 7€ | **8**€ | 10€ | 13€ | [m²] | ⏱ 0,08 h/m² | 021.000.045 |

35 Wandanschluss, gedämmt, Kunststoffbahn, einlagig KG **363**

Anschluss der Dachabdichtung aus Kunststoffbahnen an aufgehende Bauteile, einlagig, einschl.:
- hochgeführte Wärmedämmung aus Polyurethan, kaschiert, mind. 200 mm über wasserführender Schicht
- Kantholz als oberer Abschluss der Dämmung
- Dämmstoffkeile
- Klemmprofil aus Aluminium zur mechanischen oberen Befestigung der Kunststoffbahn
- elastische Versiegelung der Anschlussfuge
- Abdeckprofil aus Metallblech über Dämmung, Kantholz und Klemmprofil

Aufgehendes Bauteil: **Wand / Brüstung**
Untergrund: **Leichtbeton / Beton / Ziegelmauerwerk**
Abdichtungsbahn: .....
Wärmedämmung: PUR, 60 mm
Nennwert der Wärmeleitfähigkeit: 0,025 W/(mK)
Dämmkeil: PUR 60 x 60 mm
Kantholz: S10 80 x 60 mm
Klemmschiene: Aluminium, natur
Abdeckprofil: **Titanzink / Kupfer / .....**
Zuschnitt: Z300, vierfach gekantet
Flachdachgefälle: >2°
Höhe Attika über Grund: .....
Angeb. Fabrikat: .....

| 10€ | 27€ | **32**€ | 42€ | 72€ | [m] | ⏱ 0,45 h/m | 021.000.025 |

LB 021 Dachabdichtungsarbeiten

Kosten:
Stand 1.Quartal 2018
Bundesdurchschnitt

Nr.	Kurztext / Langtext					Kostengruppe
▶	▷	ø netto €	◁	◀	[Einheit]	Ausf.-Dauer Positionsnummer

36 Attikaanschluss, Kunststoffbahn, einlagig KG **363**

Anschluss der Dachabdichtung aus Kunststoffbahnen an Attika, einlagig, wie Flächenabdichtung, für nicht genutzte Dächer, einschl.:
– hochgeführte Wärmedämmung aus Polyurethan, Aluminiumkaschiert
– Dämmstoffkeile
– Anschluss auf Attika
– Attika-Abdeckung mit Blechprofil

Untergrund: .....
Abdichtungsbahnen: .....
Wärmedämmung: PUR, 60 mm
Nennwert der Wärmeleitfähigkeit: 0,025 W/(mK)
Dämmkeil: PUR 60 x 60 mm
Attikaabdeckung: **Titanzink / Kupfer / Aluminium / Verbundblech**, mit Systemhalter
Zuschnitt: Z ..... mm, fünffach gekantet
Flachdachgefälle: >2°
Angeb. Produkt: .....

| 14€ | 25€ | **29€** | 33€ | 41€ | [m] | ⏱ 0,40 h/m | 021.000.026 |

37 Bodenabdichtung, Balkon, PYE PV 200 S5, zweilagig KG **352**

Abdichtung von Balkonflächen aus Polymerbitumenbahnen, zweilagig, Stöße überlappend, vollflächig verschweißen; inkl. Voranstrich.
Untergrund: Stahlbetonbalkonplatte
Voranstrich: **Bitumen / Emulsion**, 300 g/m²
Untere Lage: PYE-PV 200 S5, E1 - DIN 18531
Obere Lage: PYE-G 200 S5, E1 - DIN 18531
Einwirkungsklasse: IA
Balkongefälle: .....
Geschoss: in allen Geschossen
Angeb. Fabrikat: .....

| 22€ | 27€ | **29€** | 35€ | 42€ | [m²] | ⏱ 0,25 h/m² | 021.000.042 |

38 Wandanschluss, Abdichtung, Balkon KG **352**

Anschluss der Balkonabdichtung aus Polymerbitumenbahnen an aufgehende Bauteile, zweilagig, Ausführung wie Flächenabdichtung, einschl.:
– hochgeführte Wärmedämmung aus Polystyrol
– Kantholz als oberer Abschluss der Dämmung
– Dämmstoffkeile
– Anschluss mind. 150 mm über Oberkante Belag
– Klemmprofil aus Aluminium, natur, als mechanische obere Befestigung der Abdichtung, inkl. elastische Fugenversiegelung
– Schutz aus Abdeckprofil aus Metallblech

▶ min
▷ von
ø Mittel
◁ bis
◀ max

Nr.	Kurztext / Langtext					Kostengruppe		
▶	▷	ø netto €	◁	◀	[Einheit]	Ausf.-Dauer	Positionsnummer	

Aufgehendes Bauteil: **Wand / Brüstung**
Untergrund: .....
Abdichtungsbahnen nach DIN 18531: **DU/E2 und DO/E1 bzw. DU/E1 und DO/E1**
Einwirkungsklasse: **IA / IIA / IB / IIB**
Wärmedämmung: EPS, 80 mm
Nennwert der Wärmeleitfähigkeit: 0,035 W/(mK)
Dämmkeil: 50 x 50 mm
Kantholz: 80 x 60 mm, S10
Abdeckprofil: **Titanzink / Aluminium / .....**, Z=250 mm, dreifach gekantet
Angeb. Fabrikat: .....
16€   33€   **41**€   59€   89€   [m]   ⏱ 0,50 h/m   021.000.043

39   **Anschluss, Flüssigabdichtung, Dach**   KG **363**
Anschluss der Flüssigabdichtung auf Dachflächen, mit Flüssigkunststoff aus Polyurethanharz mit Vliesarmierung, zweikomponentig.
Untergrund: .....
Abdichtungsfläche: .....
Anschlussfläche:.....
Vliesarmierung: Polyestervlies
Abdichtung: Polyurethan
Dicke Abdichtung: ca. 2,0 mm
Nutzklassen: .....
Beanspruchungsklasse: .....
Eigenschaftsklasse: .....
Anwendung: DE
Anwendungskategorie: **K1 / K2**
Einbauort: ......
Angeb. Fabrikat: .....
23€   39€   **43**€   62€   94€   [m]   ⏱ 0,20 h/m   021.000.058

40   **Flüssigabdichtung, PU-Harz/Vlies**   KG **363**
Abdichtung mit zweikomponentigen Polyurethanharz und Vlies für Dachflächen mit Wurzelfestigkeit, geprüft nach FLL-Richtlinien, lösemittelfrei und UV-stabil.
Verarbeitung nach Verarbeitungsrichtlinien bzw. Herstellerrichtlinien und technischen Informationen.
Beanspruchung: hoch und mäßig
Klimazone: M/S
Nutzungsdauer: W3 (25 Jahre)
Dachneigung: S1-S4
Temperaturbeständigkeit: TL4 (-30°C) - TH4 (+90°C)
Widerstand: gegen Flugfeuer und strahlende Wärme, DIN EN 13501-5
Klasse: ROOF (t1) entspricht DIN 4102-7/B2
Brandverhalten: nach DIN EN 13501-1 Klasse: E
Schichtdicke: mind. 2,0 mm
Polyestervlies: **165 / 200** g, µ-Wert 3.100
Farbton **grüngrau / gelbgrau**
Öko. Anforderung: 80% der Harze aus nachwachsenden Rohstoffen
Angeb. Fabrikat: .....
58€   77€   **92**€   103€   123€   [m²]   ⏱ 0,60 h/m²   021.000.084

LB 022 Klempnerarbeiten

Kosten: Stand 1. Quartal 2018, Bundesdurchschnitt

▶ min
▷ von
ø Mittel
◁ bis
◀ max

Nr.	Positionen	Einheit	▶	▷ ø brutto € / ø netto €		◁	◀
1	Lüftungsblech, Insektenschutz	m	4	9	**12**	15	22
			3	8	**10**	13	19
2	Trauflüftungselement/Insektenschutz aus Kunststoff	m	3	5	**6**	7	10
			3	4	**5**	6	9
3	Traufblech, Titanzink, Z 333	m	9,5	16	**18**	23	34
			8,0	13	**15**	19	29
4	Traufblech, Kupfer, Z 333	m	16	23	**25**	28	44
			13	19	**21**	23	37
5	Traufblech, Aluminium, Z 333	m	9,6	14	**17**	19	26
			8,0	12	**14**	16	22
6	Traufblech, Eckausbildung	St	–	16	**20**	24	–
			–	13	**16**	20	–
7	Dachrinne, Titanzink, Z 250	m	12	26	**30**	40	80
			10	22	**25**	34	68
8	Dachrinne, Titanzink, Z 400	m	22	33	**37**	46	72
			18	27	**31**	39	61
9	Dachrinne, Titanzink, Kastenrinne, bis Z333	m	22	33	**36**	44	58
			18	28	**31**	37	49
10	Dachrinne, Kupfer, bis Z333	m	16	30	**35**	42	65
			13	25	**29**	36	55
11	Dachrinne, Aluminium, bis Z333	m	26	42	**48**	97	149
			22	35	**41**	82	125
12	Rinnenstutzen, Titanzink	St	6	18	**22**	28	44
			5	15	**18**	23	37
13	Rinnenstutzen, Kupfer	St	18	29	**33**	43	58
			15	24	**28**	36	49
14	Rinnenkessel, Titanzink	St	66	117	**138**	156	226
			55	98	**116**	131	190
15	Rinnenkessel, Kupfer	St	–	169	**197**	224	–
			–	142	**166**	189	–
16	Wasserspeier, bis DN120	St	37	90	**107**	136	204
			31	76	**90**	114	171
17	Rinnenendstück, Rinnenboden, Titanzink	St	3	8	**10**	13	23
			3	6	**8**	11	19
18	Rinnenendstück, Rinnenboden, Kupfer	St	3	7	**8**	14	23
			2	6	**7**	11	20
19	Eckausbildung Dachrinne	St	19	28	**33**	38	48
			16	24	**28**	32	40
20	Fallrohr, Titanzink, DN100	m	19	26	**29**	34	52
			16	22	**24**	28	44
21	Fallrohr, Kupfer, bis DN100	m	23	32	**35**	43	60
			19	27	**29**	36	51
22	Fallrohr, Aluminium, bis DN100	m	18	26	**28**	31	39
			15	22	**23**	26	33
23	Fallrohrbogen, Titanzink, bis DN100	St	7	15	**17**	23	41
			6	12	**14**	19	35
24	Fallrohrbogen, Kupfer, bis DN100	St	8	19	**24**	30	46
			7	16	**20**	26	39

© BKI Baukosteninformationszentrum; Erläuterungen zu den Tabellen siehe Seite 46

Klempnerarbeiten — Preise €

Nr.	Positionen	Einheit	▶	▷ ø brutto € ø netto €	◁	◀
25	Etagen-/Sockelknie, Regenfallrohr	St	10 9	23 20	**28** **23**	42 35	70 59
26	Standrohrkappe, Fallrohr, Titanzink/Kupfer	St	3 2	6 5	**7** **6**	9 8	15 12
27	Fallrohrklappe, Fallrohr, Titanzink/Kupfer	St	26 22	40 33	**45** **38**	56 47	80 67
28	Laubfangkorb, Abläufe, Titanzink/Kupfer	St	4 3	7 6	**8** **7**	10 9	16 14
29	Standrohr, Guss/SML	St	40 34	62 52	**71** **60**	91 76	130 110
30	Standrohr, Titanzink/Kupfer	St	26 22	70 59	**82** **69**	93 79	129 109
31	Notüberlauf, Flachdach	St	59 49	142 119	**171** **144**	284 239	504 423
32	Traufstreifen, Kupfer, Z 333	m	13 11	21 18	**25** **21**	30 26	44 37
33	Traufstreifen, Titanzink, Z 333	m	7 6	16 13	**19** **16**	26 22	40 34
34	Verbundblech, gekantet, bis 500mm	m	15 12	35 29	**44** **37**	58 49	87 73
35	Kiesfangleiste, Lochblech	m	10 8	21 17	**23** **20**	30 25	49 41
36	Blechkehle, Titanzink, bis Z 667	m	23 20	32 27	**35** **29**	45 38	75 63
37	Blechkehle, Kupfer, bis Z 667	m	30 25	54 45	**59** **50**	89 75	129 109
38	Ortgangblech, Titanzink, Z 500	m	14 12	31 26	**36** **30**	46 38	71 60
39	Ortgangblech, Kupfer, Z 333	m	20 17	30 26	**35** **30**	49 42	75 63
40	Trauf-/Ortgangblech, Verbundblech, Z 500	m	15 12	22 19	**25** **21**	36 31	72 61
41	Attikaabdeckung, Titanzink, bis Z 700	m	23 20	47 40	**56** **47**	70 59	115 97
42	Attikaabdeckung, Kupfer, bis Z 700	m	33 27	61 52	**78** **65**	91 76	116 98
43	Firstanschlussblech, Titanzink, gekantet, Z 500	m	14 12	33 28	**42** **35**	57 48	83 70
44	Firsthaube, mehrfach gekantet	m	28 24	62 52	**71** **60**	86 72	130 109
45	Überhangblech, bis Z 400	m	18 15	23 19	**24** **20**	29 25	42 35
46	Wandanschlussblech, Titanzink	m	13 11	25 21	**30** **26**	38 32	62 53
47	Wandanschlussblech, Kupfer	m	22 18	40 34	**47** **40**	63 53	91 77
48	Wandanschluss, Verbundblech	m	22 18	34 28	**38** **32**	55 46	81 68

© BKI Baukosteninformationszentrum; Erläuterungen zu den Tabellen siehe Seite 46   Kostenstand: 1.Quartal 2018, Bundesdurchschnitt

LB 022 Klempnerarbeiten

Nr.	Kurztext / Langtext		ø netto €			[Einheit]	Ausf.-Dauer	Kostengruppe Positionsnummer

A 1 Traufblech — Beschreibung für Pos. **3-5**

Traufblech als Einhängeblech, am Übergang von Dachfläche zu Dachrinne, mit Tropfkante, an den Stößen lose überlappt, aus Metallblech, mit Tropfkante, inkl. Befestigungsmittel. Endausbildungen und Ecken in gesonderter Position.

3 Traufblech, Titanzink, Z 333 KG **363**
Wie Ausführungsbeschreibung A 1
Untergrund: Holzkonstruktion
Material: Titanzinkblech
Blechdicke: .....
Zuschnitt: 333 mm
Kantungen: .....
Oberfläche: .....
Tropfkante: **mit / ohne Wulst**

| 8 € | 13 € | **15 €** | 19 € | 29 € | [m] | 0,20 h/m | 022.000.007 |

4 Traufblech, Kupfer, Z 333 KG **363**
Wie Ausführungsbeschreibung A 1
Untergrund: Holzkonstruktion
Material: Kupferblech
Blechdicke: .....
Zuschnitt: 333 mm
Kantungen: .....
Oberfläche: .....
Tropfkante: **mit / ohne Wulst**

| 13 € | 19 € | **21 €** | 23 € | 37 € | [m] | 0,25 h/m | 022.000.008 |

5 Traufblech, Aluminium, Z 333 KG **363**
Wie Ausführungsbeschreibung A 1
Untergrund: Holzkonstruktion
Material: Aluminiumblech
Blechdicke: .....
Zuschnitt: 333 mm
Kantungen: .....
Oberfläche: .....
Tropfkante: **mit / ohne Wulst**

| 8 € | 12 € | **14 €** | 16 € | 22 € | [m] | 0,20 h/m | 022.000.058 |

6 Traufblech, Eckausbildung KG **363**
Eckausbildung für Traufblech, inkl. Haftstreifen sowie Befestigungsmittel.
Untergrund: Holzkonstruktion
Material: .....
Blechdicke: .....
Zuschnitt: 333 mm
Kantungen: .....
Oberfläche: .....

| – € | 13 € | **16 €** | 20 € | – € | [St] | 0,25 h/St | 022.000.089 |

Kosten:
Stand 1.Quartal 2018
Bundesdurchschnitt

▶ min
▷ von
ø Mittel
◁ bis
◀ max

Nr.	**Kurztext** / Langtext							Kostengruppe
▶	▷	**ø netto €**	◁	◀		[Einheit]	Ausf.-Dauer	Positionsnummer

A 2 Dachrinne Titanzink — Beschreibung für Pos. **7-8**

Dachrinne als Halbrundrinne, vorgehängt, mit Wulst und Falz, sowie Stoßverbindung, Rinne verlegt im Gefälle, inkl. geeigneter Rinnenhalter und Befestigungsmittel. Endausbildungen und Rinnenwinkel in gesonderter Position.
Material: Titanzink-Blech

7 Dachrinne, Titanzink, Z 250 — KG **363**

Wie Ausführungsbeschreibung A 2
Blechdicke: .....
Zuschnitt: 250 mm
Oberfläche: .....
Eingehängt in: **Traufstreifen / Einhängeblech**
Abstand Rinnenhalter / Sparrenabstand: ..... cm
Befestigung Rinnenhalter: in **Traufbohle / Sparrenköpfe**
Rinnenhalter in UK: **eingelassen / nicht eingelassen**
Angeb. Fabrikat: .....

| 10€ | 22€ | **25€** | 34€ | 68€ | | [m] | ⏱ 0,30 h/m | 022.000.009 |

8 Dachrinne, Titanzink, Z 400 — KG **363**

Wie Ausführungsbeschreibung A 2
Blechdicke: .....
Zuschnitt: 400 mm
Oberfläche: .....
Eingehängt in: **Traufstreifen / Einhängeblech**
Abstand Rinnenhalter / Sparrenabstand: ..... cm
Befestigung Rinnenhalter: in **Traufbohle / Sparrenköpfe**
Rinnenhalter in UK: **eingelassen / nicht eingelassen**
Angeb. Fabrikat: .....

| 18€ | 27€ | **31€** | 39€ | 61€ | | [m] | ⏱ 0,30 h/m | 022.000.010 |

9 Dachrinne, Titanzink, Kastenrinne, bis Z333 — KG **363**

Dachrinne als Kastenrinne, vorgehängt, mit Wulst und Falz sowie Stoßverbindung, Rinne verlegt im Gefälle, inkl. geeigneter Rinnenhalter und Befestigungsmittel. Endausbildungen und Rinnenwinkel in gesonderter Position.
Material: Titanzink-Blech
Blechdicke: .....
Zuschnitt: bis 333 mm
Oberfläche: .....
Eingehängt in: **Traufstreifen / Einhängeblech**
Abstand Rinnenhalter / Sparrenabstand: ..... cm
Befestigung Rinnenhalter: in **Traufbohle / Sparrenköpfe**
Rinnenhalter in UK: **eingelassen / nicht eingelassen**
Angeb. Fabrikat: .....

| 18€ | 28€ | **31€** | 37€ | 49€ | | [m] | ⏱ 0,34 h/m | 022.000.011 |

LB 022
Klempnerarbeiten

Nr.	Kurztext / Langtext					[Einheit]	Ausf.-Dauer	Kostengruppe Positionsnummer
▶	▷	ø netto €	◁	◀				

Kosten:
Stand 1.Quartal 2018
Bundesdurchschnitt

10 Dachrinne, Kupfer, bis Z333 — KG 363
Dachrinne als Halbrundrinne, vorgehängt, mit Wulst und Falz sowie Stoßverbindung, Rinne verlegt im Gefälle, inkl. geeigneter Rinnenhalter und Befestigungsmittel. Endausbildungen und Rinnenwinkel in gesonderter Position.
Material: Kupfer-Blech
Blechdicke: .....
Zuschnitt: bis 333 mm
Oberfläche: .....
Eingehängt in: **Traufstreifen / Einhängeblech**
Abstand Rinnenhalter / Sparrenabstand: ..... cm
Befestigung Rinnenhalter: in **Traufbohle / Sparrenköpfe**
Rinnenhalter in UK: **eingelassen / nicht eingelassen**
Angeb. Fabrikat: .....

| 13€ | 25€ | **29€** | 36€ | 55€ | [m] | ⏱ 0,30 h/m | 022.000.012 |

11 Dachrinne, Aluminium, bis Z333 — KG 363
Dachrinne als Halbrundrinne, vorgehängt, mit Wulst und Falz sowie Stoßverbindung, Rinne verlegt im Gefälle, inkl. geeigneter Rinnenhalter und Befestigungsmittel. Endausbildungen und Rinnenwinkel in gesonderter Position.
Material: Aluminium-Blech
Blechdicke: .....
Zuschnitt: bis 333 mm
Oberfläche: .....
Farbe: .....
Eingehängt in: **Traufstreifen / Einhängeblech**
Abstand Rinnenhalter / Sparrenabstand: ..... cm
Befestigung Rinnenhalter: in **Traufbohle / Sparrenköpfe**
Rinnenhalter in UK: **eingelassen / nicht eingelassen**
Angeb. Fabrikat: .....

| 22€ | 35€ | **41€** | 82€ | 125€ | [m] | ⏱ 0,30 h/m | 022.000.059 |

12 Rinnenstutzen, Titanzink — KG 363
Rinnenstutzen, in Dachrinne und Fallrohr eingepasst, inkl. aller notwendigen Anpassarbeiten und Verlötungen.
Material: Titanzink-Blech
Blechdicke: .....
Form: .....
Nenngröße: .....
Oberfläche: .....
Fallrohr: rund
Angeb. Fabrikat: .....

| 5€ | 15€ | **18€** | 23€ | 37€ | [St] | ⏱ 0,15 h/St | 022.000.013 |

▶ min
▷ von
ø Mittel
◁ bis
◀ max

Nr.	Kurztext / Langtext					Kostengruppe	
▶	▷	ø netto €	◁	◀	[Einheit]	Ausf.-Dauer	Positionsnummer

13 Rinnenstutzen, Kupfer — KG 363
Rinnenstutzen, in Dachrinne und Fallrohr eingepasst, inkl. aller notwendigen Anpassarbeiten und Verlötungen.
Material: Kupfer-Blech
Blechdicke: .....
Form: .....
Nenngröße: .....
Oberfläche: .....
Fallrohr: rund
Angeb. Fabrikat: .....

| 15 € | 24 € | **28 €** | 36 € | 49 € | [St] | 0,15 h/St | 022.000.014 |

14 Rinnenkessel, Titanzink — KG 363
Rinnenkessel für Fallrohre, mit Ornament, Kessel an Rinnenquerschnitt angepasst, inkl. aller notwendigen Anpassarbeiten und Verlötungen.
Material: Titanzink-Blech
Blechdicke: .....
Kesselgröße: .....
Nenngröße: .....
Oberfläche: .....
Ornament, **eingeschwungen / ausgeschwungen**
Fallrohr / Rinne: **rund / rechteckig**
Angeb. Fabrikat: .....

| 55 € | 98 € | **116 €** | 131 € | 190 € | [St] | 0,60 h/St | 022.000.015 |

15 Rinnenkessel, Kupfer — KG 363
Rinnenkessel für Fallrohre, mit Ornament, Kessel an Rinnenquerschnitt angepasst, inkl. aller notwendigen Anpassarbeiten und Verlötungen.
Material: Kupfer-Blech
Blechdicke: .....
Kesselgröße: .....
Nenngröße: .....
Oberfläche: .....
Ornament, **eingeschwungen / ausgeschwungen**
Fallrohr / Rinne: **rund / rechteckig**
Angeb. Fabrikat: .....

| – € | 142 € | **166 €** | 189 € | – € | [St] | 0,60 h/St | 022.000.097 |

16 Wasserspeier, bis DN120 — KG 363
Wasserspeier, angeschlossen an Abdichtung.
Anschluss an Dachrinne / durch Attika
Material: **Kupfer- / Zink- / Edelstahl- / Alu-**Blech
Blechdicke: .....
Nenngröße: bis DN120
Attikabreite: .....
Form: .....
Oberfläche: .....
Einbauort: **Dachrinne / Attikablech**
Angeb. Fabrikat: .....

| 31 € | 76 € | **90 €** | 114 € | 171 € | [St] | 0,35 h/St | 022.000.050 |

LB 022 Klempnerarbeiten

Kosten: Stand 1.Quartal 2018 Bundesdurchschnitt

Nr.	Kurztext / Langtext	▶ min	▷ von	ø Mittel netto €	◁ bis	◀ max	[Einheit]	Ausf.-Dauer	Kostengruppe Positionsnummer
17	**Rinnenendstück, Rinnenboden, Titanzink** Rinnenendstück für Dachrinne, passend zur Dachrinne, in Rinnenquerschnitt eingepasst bzw. eingelötet. Material: Titanzink-Blech Blechdicke: ..... Oberfläche: ..... Dachrinne: **rund / rechteckig** Nenngröße Rinne: ..... Angeb. Fabrikat:	3 €	6 €	8 €	11 €	19 €	[St]	0,10 h/St	KG **363** 022.000.016
18	**Rinnenendstück, Rinnenboden, Kupfer** Rinnenendstück für Dachrinne, passend zur Dachrinne, in Rinnenquerschnitt eingepasst bzw. eingelötet. Material: Kupfer-Blech Blechdicke: ..... Oberfläche: ..... Dachrinne: **rund / rechteckig** Nenngröße Rinne: ..... Angeb. Fabrikat:	2 €	6 €	7 €	11 €	20 €	[St]	0,10 h/St	KG **363** 022.000.017
19	**Eckausbildung Dachrinne** Eckausbildung der Dachrinne. Ecke: Innen- und Außenecke Winkel: ..... Grad Rinnentyp: ..... Material:	16 €	24 €	28 €	32 €	40 €	[St]	0,30 h/St	KG **363** 022.000.087
20	**Fallrohr, Titanzink, DN100** Regenfallrohr, rund, aus Metallblech, befestigt mittels Rohrschellen und Schraubstift. Abrechnung der Befestigung in WDVS nach gesonderter Position. Untergrund: ..... Material: Titanzink-Blech Blechdicke: ..... Nenngröße: DN100 Oberfläche: ..... Verankerungstiefe: ..... Angeb. Fabrikat:	16 €	22 €	24 €	28 €	44 €	[m]	0,21 h/m	KG **363** 022.000.167

Nr.	Kurztext / Langtext					Kostengruppe	
▶	▷ ø netto € ◁ ◀				[Einheit]	Ausf.-Dauer	Positionsnummer

21 Fallrohr, Kupfer, bis DN100 — KG **363**
Regenfallrohr, rund, aus Metallblech, befestigt mittels Rohrschellen und Schraubstift. Abrechnung der Befestigung in WDVS nach gesonderter Position.
Untergrund: .....
Material: Kupfer-Blech
Blechdicke: .....
Nenngröße: **DN60 / DN80 / DN100**
Oberfläche: .....
Verankerungstiefe: .....
Angeb. Fabrikat: .....

| 19€ | 27€ | **29€** | 36€ | 51€ | [m] | ⏱ 0,20 h/m | 022.000.020 |

22 Fallrohr, Aluminium, bis DN100 — KG **363**
Regenfallrohr, rund, aus Metallblech, befestigt mittels Rohrschellen und Schraubstift. Abrechnung der Befestigung in WDVS nach gesonderter Position.
Untergrund: .....
Material: Aluminium-Blech
Blechdicke: .....
Nenngröße: **DN80 / DN100**
Oberfläche: .....
Verankerungstiefe: .....
Angeb. Fabrikat: .....

| 15€ | 22€ | **23€** | 26€ | 33€ | [m] | ⏱ 0,20 h/m | 022.000.062 |

23 Fallrohrbogen, Titanzink, bis DN100 — KG **363**
Fallrohrbogen, rund, aus Metallblech, verbunden mit Fallrohr.
Material: Titanzink-Blech
Blechdicke: .....
Nenngröße: **DN60 / DN80 / DN100**
Bogenwinkel: .....
Ausführung: geschweißt
Oberfläche: .....
Angeb. Fabrikat: .....

| 6€ | 12€ | **14€** | 19€ | 35€ | [St] | ⏱ 0,10 h/St | 022.000.021 |

24 Fallrohrbogen, Kupfer, bis DN100 — KG **363**
Fallrohrbogen, rund, aus Metallblech, wasserdicht verbunden mit Fallrohr.
Material: Kupfer-Blech
Blechdicke: .....
Nenngröße: **DN60 / DN80 / DN100**
Bogenwinkel: .....
Ausführung: geschweißt
Oberfläche: .....
Angeb. Fabrikat: .....

| 7€ | 16€ | **20€** | 26€ | 39€ | [St] | ⏱ 0,10 h/St | 022.000.022 |

LB 022 Klempnerarbeiten

Nr.	Kurztext / Langtext					[Einheit]	Ausf.-Dauer	Kostengruppe Positionsnummer
▶	▷	ø netto €	◁	◀				

Kosten:
Stand 1.Quartal 2018
Bundesdurchschnitt

25 Etagen-/Sockelknie, Regenfallrohr   KG 363
Etagen-/Sockelknie, rund, aus Metallblech, mit Fallrohr verbunden.
Material: .....
Blechdicke: .....
Nenngröße: **DN80 / DN87 / DN100**
Ausladung: ..... mm
Oberfläche: .....
Angeb. Fabrikat: .....

| 9€ | 20€ | **23**€ | 35€ | 59€ | [St] | ⏱ 0,16 h/St | 022.000.063 |

26 Standrohrkappe, Fallrohr, Titanzink/Kupfer   KG 363
Standrohrkappe für Standrohre, passend zum angeschlossenen Fallrohr.
Material: **Titanzink / Kupfer**
Oberfläche: .....
Ausführung: **mit / ohne Muffe**
Angeb. Fabrikat: .....

| 2€ | 5€ | **6**€ | 8€ | 12€ | [St] | ⏱ 0,10 h/St | 022.000.025 |

27 Fallrohrklappe, Fallrohr, Titanzink/Kupfer   KG 363
Fallrohrklappe, passend zum Fallrohr.
Material: **Titanzink / Kupfer**
Oberfläche: **..... / vorbewittert / vorpatiniert - Farbton .....**
Laubfang: **mit / ohne**
Angeb. Fabrikat: .....

| 22€ | 33€ | **38**€ | 47€ | 67€ | [St] | ⏱ 0,15 h/St | 022.000.026 |

28 Laubfangkorb, Abläufe, Titanzink/Kupfer   KG 363
Laubfangkorb, für Dachrinnen-Ablauf.
Material: **Titanzink / Kupfer**
Oberfläche: .....
Ablaufgröße: .....
Angeb. Fabrikat: .....

| 3€ | 6€ | **7**€ | 9€ | 14€ | [St] | ⏱ 0,06 h/St | 022.000.027 |

29 Standrohr, Guss/SML   KG 363
Standrohr, rund, im Sockelbereich der Dachentwässerung, als Übergang zur Grundleitung, Standrohr mit Rohrschellen am Gebäude befestigt, inkl. Anschluss an Rohrleitungsnetz.
Material: **Gussrohr / SML-Rohr**
Form: **rund / rechteckig**
Nenngröße: DN.....
Oberfläche: .....
Revisionsöffnung: **mit / ohne**
Angeb. Fabrikat: .....

| 34€ | 52€ | **60**€ | 76€ | 110€ | [St] | ⏱ 0,36 h/St | 022.000.023 |

▶ min
▷ von
ø Mittel
◁ bis
◀ max

Nr.	Kurztext / Langtext							Kostengruppe
▶	▷	ø netto €	◁	◀	[Einheit]	Ausf.-Dauer	Positionsnummer

30 Standrohr, Titanzink/Kupfer KG 363

Standrohr abgestimmt auf Fallrohr, vor Gebäudesockel einbauen, mit runder Revisionsöffnung einschl. Deckel und Schrauben, mit Muffe, wasserdicht verbunden mit Fallrohr.
Material: **Titanzink- / Kupfer-Blech**
Form: **rund / rechteckig**
Nenngröße: DN.....
Materialstärke: ..... mm
Oberfläche: .....
Angeb. Fabrikat: .....

| 22€ | 59€ | **69**€ | 79€ | 109€ | [St] | ⏱ 0,36 h/St | 022.000.024 |

31 Notüberlauf, Flachdach KG 363

Notüberlauf in Attika, außenseitig mit Tropfnase, innenseitig mit Kragen, einschl. Anschluss an Dachdichtung. Einbau waagrecht, Gefälle: .....°
Material: .....
Materialdicke: .....
Zuschnitt: ca. ..... mm
Anstauhöhe: .....
Abflussleistung: .....
Form: **rund / rechteckig**
Oberfläche: .....
Anschlussart / Eindichtung: .....
Abdichtung Dachfläche: .....

| 49€ | 119€ | **144**€ | 239€ | 423€ | [St] | ⏱ 0,80 h/St | 022.000.069 |

32 Traufstreifen, Kupfer, Z 333 KG 363

Traufstreifen mit Tropfkante, auf Holzunterkonstruktion, an den Stößen lose überlappt, inkl. Haftstreifen sowie Befestigungsmittel. Ecken in gesonderter Position.
Material: Kupfer-Blech
Blechdicke: .....
Zuschnitt / Kantungen: ca. 333 mm, dreifach gekantet
Oberfläche: .....

| 11€ | 18€ | **21**€ | 26€ | 37€ | [m] | ⏱ 0,15 h/m | 022.000.029 |

33 Traufstreifen, Titanzink, Z 333 KG 363

Traufstreifen mit Tropfkante, auf Holzunterkonstruktion, an den Stößen lose überlappt, inkl. Haftstreifen sowie Befestigungsmittel. Ecken in gesonderter Position.
Material: Titanzink-Blech
Blechdicke: .....
Zuschnitt / Kantungen: ca. 333 mm, dreifach gekantet
Oberfläche: .....

| 6€ | 13€ | **16**€ | 22€ | 34€ | [m] | ⏱ 0,15 h/m | 022.000.028 |

LB 022 Klempnerarbeiten

Kosten:
Stand 1.Quartal 2018
Bundesdurchschnitt

Nr.	Kurztext / Langtext				[Einheit]	Ausf.-Dauer	Kostengruppe Positionsnummer
▶	▷ ø netto € ◁ ◀						

34 Verbundblech, gekantet, bis 500mm — KG 363

Verbundblech, als folienkaschiertes, verzinktes Stahlblech, auf Holzunterkonstruktion, an den Stößen überlappen, unter 10° Dachneigung mit Falzen verbinden. Endausbildungen und Ecken in gesonderter Position.
Blechdicke: .....
Zuschnitt: bis 500 mm
Kantungen: .....
Oberfläche: .....
Bauteil: **Dachrinne / Kehlblech**
Dachneigung .....°
Angeb. Fabrikat: .....

12€ 29€ **37€** 49€ 73€   [m]   ⏱ 0,35 h/m   022.000.072

35 Kiesfangleiste, Lochblech — KG 363

Kiesfangleiste, als Abschluss im Randbereich der Kiesschüttung, mit Montagehaltern fixiert, inkl. Anschluss an die Dachabdichtung.
Material: **Stahlblech / Aluminiumblech / Edelstahlblech**
Ausführung: verzinkt, gelocht
Abmessung: .....
Einbauort: Gründach

8€ 17€ **20€** 25€ 41€   [m]   ⏱ 0,10 h/m   022.000.053

36 Blechkehle, Titanzink, bis Z 667 — KG 363

Kehlblech, auf Holzunterkonstruktion, inkl. Befestigungsmittel.
Material: Titanzinkblech
Blechdicke: .....
Ausführung: .....
Zuschnitt: ca. **400 / 500 / 667** mm
Kantungen: .....
Oberfläche: .....
Dachneigung .....°

20€ 27€ **29€** 38€ 63€   [m]   ⏱ 0,20 h/m   022.000.030

37 Blechkehle, Kupfer, bis Z 667 — KG 363

Kehlblech, auf Holzunterkonstruktion, inkl. Befestigungsmittel.
Material: Kupferblech
Blechdicke: .....
Ausführung: .....
Zuschnitt: ca. **400 / 500 / 667** mm
Kantungen: .....
Oberfläche: .....
Dachneigung .....°

25€ 45€ **50€** 75€ 109€   [m]   ⏱ 0,20 h/m   022.000.031

▶ min
▷ von
ø Mittel
◁ bis
◀ max

Nr.	**Kurztext** / Langtext							Kostengruppe
▶	▷	**ø netto €**	◁	◀	[Einheit]		Ausf.-Dauer	Positionsnummer

| 38 | **Ortgangblech, Titanzink, Z 500** | | | | | | | KG **363** |

Ortgangverblechung (Windleiste), auf Holzunterkonstruktion, inkl. Befestigungsmittel.
Material: Titanzinkbech
Blechdicke: .....
Ausführung: **gefalzt / glatt / .....**
Zuschnitt: 500 mm
Kantungen: .....
Oberfläche: .....
Dachneigung .....°

| 12€ | 26€ | **30€** | 38€ | 60€ | [m] | ⏱ 0,20 h/m | 022.000.032 |

| 39 | **Ortgangblech, Kupfer, Z 333** | | | | | | | KG **363** |

Ortgangverblechung (Windleiste), auf Holzunterkonstruktion, inkl. Befestigungsmittel.
Material: Kupferblech
Blechdicke: .....
Ausführung: **gefalzt / glatt / .....**
Zuschnitt: 333 mm
Kantungen: .....
Oberfläche: .....
Dachneigung .....°

| 17€ | 26€ | **30€** | 42€ | 63€ | [m] | ⏱ 0,20 h/m | 022.000.033 |

| 40 | **Trauf-/Ortgangblech, Verbundblech, Z 500** | | | | | | | KG **363** |

Trauf- oder Ortgangverblechung aus folienkaschiertem Verbundblech, mit Tropfkante, zum Anschluss an Dachabdichtung aus Kunststoffbahnen, auf Holzunterkonstruktion, inkl. Befestigungsmittel, an den Stößen verbunden, ggf. mit Schiebenähten. Endausbildungen und Ecken in gesonderter Position.
Einbauort: Traufe / Ortgang
Blechdicke: .....
Zuschnitt: bis 500 mm
Kantungen: .....
Oberfläche: .....
Angeb. Fabrikat: .....

| 12€ | 19€ | **21€** | 31€ | 61€ | [m] | ⏱ 0,16 h/m | 022.000.054 |

LB 022
Klempnerarbeiten

Nr.	Kurztext / Langtext					[Einheit]	Ausf.-Dauer	Kostengruppe Positionsnummer
▶	▷	ø netto €	◁	◀				

Kosten:
Stand 1.Quartal 2018
Bundesdurchschnitt

41 Attikaabdeckung, Titanzink, bis Z 700 — KG 363
Attika- oder Mauerabdeckung aus Metallblech, inkl. Haftstreifen und Befestigungsmittel, an den Längenstößen verbunden, ggf. mittels Schiebenähten.
Untergrund: **Stahlbeton / Mauerwerk**
Bauteil: **Attika / Mauer**
Gebäudehöhe: ..... m
Windzone: .....
Material: Titanzinkblech
Blechdicke: .....
Attika- / Mauerlänge: .....
Attika- / Mauerbreite: .....
Zuschnitt: **333 / 400 / 500 / 700** mm
Kantungen: .....
Oberfläche: .....
Querneigung: .....°

20 €   40 €   **47 €**   59 €   97 €   [m]   ⏱ 0,40 h/m   022.000.034

42 Attikaabdeckung, Kupfer, bis Z 700 — KG 363
Attika- oder Mauerabdeckung aus Metallblech, inkl. Haftstreifen und Befestigungsmittel, an den Längenstößen verbunden, ggf. mittels Schiebenähten.
Untergrund: **Stahlbeton / Mauerwerk**
Bauteil: **Attika / Mauer**
Gebäudehöhe: ..... m
Windzone: .....
Material: Kupferblech
Blechdicke: .....
Attika- / Mauerlänge: .....
Attika- / Mauerbreite: .....
Zuschnitt: **333 / 400 / 500 / 700** mm
Kantungen: .....
Oberfläche: .....
Querneigung: .....°

27 €   52 €   **65 €**   76 €   98 €   [m]   ⏱ 0,45 h/m   022.000.035

43 Firstanschlussblech, Titanzink, gekantet, Z 500 — KG 363
Firstanschlussblech, auf Holzunterkonstruktion, inkl. Befestigungsmittel. Endausbildungen und Ecken in gesonderter Position.
Material: Titanzink-Blech
Blechdicke: .....
Zuschnitt: bis 500 mm
Kantungen: .....
Oberfläche: .....
Dachneigung: .....°

12 €   28 €   **35 €**   48 €   70 €   [m]   ⏱ 0,30 h/m   022.000.073

- ▶ min
- ▷ von
- ø Mittel
- ◁ bis
- ◀ max

Nr.	Kurztext / Langtext							Kostengruppe
▶	▷	ø netto €	◁	◀	[Einheit]	Ausf.-Dauer	Positionsnummer

44 Firsthaube, mehrfach gekantet — KG 363
Firstabdeckung bzw. Firsthaube aus Metallblech, auf Holzunterkonstruktion, inkl. Befestigungsmittel. Endausbildungen und Ecken in gesonderter Position.
Material: .....
Blechdicke: .....
Zuschnitt: .....
Kantungen: .....
Oberfläche: .....
Dachneigung .....°

| 24 € | 52 € | **60 €** | 72 € | 109 € | [m] | ⏱ 0,50 h/m | 022.000.074 |

45 Überhangblech, bis Z 400 — KG 363
Überhangblech aus Metallblech, mit Tropfkante, an den Stößen verbunden, ggf. mit Schiebenähten, inkl. elastischer Fugendichtung. Endausbildungen und Ecken in gesonderter Position.
Untergrund: **Stahlbeton / Mauerwerk**
Material: **Titanzink / Kupfer**
Blechdicke: .....
Zuschnitt: bis 400 mm
Kantungen: .....
Oberfläche: .....
Anschluss an: **Putzprofil / Profilschiene**

| 15 € | 19 € | **20 €** | 25 € | 35 € | [m] | ⏱ 0,20 h/m | 022.000.037 |

46 Wandanschlussblech, Titanzink — KG 363
Wandanschluss aus Metallblech, an den Stößen verbunden, inkl. elastischer Fugendichtung. Endausbildungen und Ecken in gesonderter Position.
Untergrund: .....
Material: Titanzink-Blech
Blechdicke: .....
Zuschnitt: 500 mm
Kantungen: .....
Oberfläche: .....
Überhangblech: **mit / ohne**

| 11 € | 21 € | **26 €** | 32 € | 53 € | [m] | ⏱ 0,35 h/m | 022.000.038 |

47 Wandanschlussblech, Kupfer — KG 363
Wandanschluss aus Metallblech, an den Stößen verbunden, inkl. elastischer Fugendichtung. Endausbildungen und Ecken in gesonderter Position.
Untergrund: .....
Material: Kupfer-Blech
Blechdicke: .....
Zuschnitt: 500 mm
Kantungen: .....
Oberfläche: .....
Überhangblech: **mit / ohne**

| 18 € | 34 € | **40 €** | 53 € | 77 € | [m] | ⏱ 0,35 h/m | 022.000.039 |

LB 022 Klempnerarbeiten

Kosten:
Stand 1.Quartal 2018
Bundesdurchschnitt

Nr.	Kurztext / Langtext				[Einheit]	Ausf.-Dauer	Kostengruppe Positionsnummer
▶	▷ ø netto € ◁ ◀						

48 Wandanschluss, Verbundblech — KG 363

Wandanschluss aus Verbundblech, an den Stößen verbunden, inkl. elastischer Fugendichtung. Endausbildungen und Ecken in gesonderter Position.
Untergrund: .....
Material: folienkaschiertes Verbundblech
Blechdicke: .....
Zuschnitt: 500 mm
Kantungen: .....
Oberfläche: .....
Überhangblech: **mit / ohne**
Angeb. Fabrikat: .....

| 18 € | 28 € | **32 €** | 46 € | 68 € | [m] | ⏱ 0,35 h/m | 022.000.055 |

49 Fassadenrinne, Stahlblech — KG 363

Fassaden- / Terrassenrinne, begehbar und rollstuhlbefahrbar, gegen Ausheben gesichert, bestehend aus:
– beidseitige Kiesleiste
– geschlossene Rinnenboden
– Dränschlitze 3-5 mm
– eingepasster Rost
– Rinne stufenlos höhenverstellbar bis 80 mm
Endstücke und Ecken nach gesonderter Position
Material: Stahlblech, verzinkt
Rinnenbreite: .....
Rinnenhöhe: .....
Maschenweite 30 x 10 mm
Abflussleistung: ..... l/s*m
Angeb. Fabrikat: .....

| 83 € | 131 € | **149 €** | 183 € | 300 € | [m] | ⏱ 0,80 h/m | 022.000.064 |

50 Wandanschluss, Nocken, Titanzink — KG 363

Wandanschluss aus Nockenblechen; Endausbildungen und Ecken in gesonderter Position.
Untergrund: .....
Dachdeckung: .....
Material: Titanzink-Blech
Blechdicke: .....
Nockengröße: .....
Oberfläche: .....

| 12 € | 27 € | **33 €** | 41 € | 52 € | [m] | ⏱ 0,25 h/m | 022.000.040 |

▶ min
▷ von
ø Mittel
◁ bis
◀ max

Nr.	Kurztext / Langtext					Kostengruppe	
▶	▷ ø netto €	◁	◀	[Einheit]	Ausf.-Dauer	Positionsnummer	

51 **Fensterbankabdeckung, Titanzink, Z 250**   KG **334**

Fensterbankabdeckung aus Metallblech, mit Tropfkante, an den Stößen verbunden, ggf. mittels Schiebenähten, inkl. Befestigungsmittel. Endausbildungen und Ecken in gesonderter Position.
Untergrund: .....
Material: Titanzink-Blech
Blechdicke: .....
Zuschnitt: 250 mm
Kantungen: .....
Oberfläche: .....
Tropfkante: **mit / ohne** Wulst

| 19€ | 30€ | **34**€ | 44€ | 65€ | [m] | ⏱ 0,30 h/m | 022.000.041 |

52 **Antennenmasteinfassung, Titanzink/Kupfer, mind. 300mm**   KG **363**

Antennenmasteinfassung, aus Einzelblechen, ggf. mit Dichtungsband bei Dachneigung unter 7°, inkl. Befestigungsmittel.
Untergrund: .....
Material: **Titanzink / Kupfer**
Durchmesser: .....
Anschlusshöhe: mind. 300 mm
Blechdicke: .....
Oberfläche: .....
Flächendeckung: .....
Dachneigung: .....°

| 57€ | 73€ | **79**€ | 89€ | 132€ | [St] | ⏱ 0,70 h/St | 022.000.071 |

53 **Fensterbankabdeckung, Kupfer, Z 250**   KG **334**

Fensterbankabdeckung aus Metallblech, mit Tropfkante, an den Stößen verbunden, ggf. mittels Schiebenähten, inkl. Befestigungsmittel. Endausbildungen und Ecken in gesonderter Position.
Untergrund: .....
Material: Kupfer-Blech
Blechdicke: .....
Zuschnitt: 250 mm
Kantungen: .....
Oberfläche: .....
Tropfkante: **mit / ohne** Wulst

| 24€ | 29€ | **31**€ | 44€ | 62€ | [m] | ⏱ 0,30 h/m | 022.000.042 |

LB 022
Klempnerarbeiten

Nr.	Kurztext / Langtext					Kostengruppe
▶ ▷	ø netto € ◁ ◀				[Einheit] Ausf.-Dauer	Positionsnummer

54 Schornsteinverwahrung, Kupfer, mind.150mm — KG 363

Verwahrung für Schornsteine oder Einbauten, aus Metallblech, ggf. mit Dichtungsband bei Dachneigung unter 7°, inkl. Befestigungsmittel und Überhangblech mit elastischer Fugenabdichtung.
Bauteil: **Schornstein / Dachflächenfenster**
Abmessungen: .....
Untergrund: Holzkonstruktion
Material: Kupfer
Blechdicke: .....
Zuschnitt: .....
Zuschnitt Überhangblech: .....
Oberfläche: .....
Dachneigung: .....°
Anschlusshöhe: mind. 150 mm

| 87€ | 150€ | **178€** | 207€ | 288€ | [St] | ⏱ 1,20 h/St | 022.000.065 |

55 Schornsteinbekleidung, Winkel-/Stehfalzdeckung, Titanzink — KG 363

Metallblechbekleidung des Schornsteins, mit Winkel-Stehfalzdeckung als hinterlüftete Konstruktion, auf UK aus Metallprofilen mit Mineralwolle-Dämmung, inkl. sämtlicher Befestigungsmittel.
Schornsteinhöhe: .....
Material: Titanzink-Blech
Blechdicke: .....
Bandbreite: **720 mm für Achsmaß 600 mm / 620 mm für Achsmaß 500 mm**
Oberfläche: .....
Dachneigung: .....°

| 71€ | 121€ | **137€** | 190€ | 277€ | [m²] | ⏱ 1,00 h/m² | 022.000.044 |

56 Walzbleianschluss, Blechstreifen — KG 363

Anschluss an aufgehendes Bauteil mit Walzbleistreifen, inkl. verzinktem Überhangstreifen.
Material: Walzblei
Blechdicke: .....
Zuschnitt: **250 / 400** mm
Überhangstreifen: Material: ....., Z...., verzinkt....-fach gekantet
Dachneigung: .....°
Anschlusshöhe: mind. 150 mm

| 22€ | 39€ | **50€** | 69€ | 96€ | [m²] | ⏱ 0,40 h/m² | 022.000.056 |

57 Trennlage, Blechflächen, V13 — KG 363

Trennlage für Blechdach, aus Bitumen-Dachbahn mit Glasvlieseinlage, auch als Vor- und Notdeckung geeignet, Bahnenstöße überlappt, auf Holzschalung genagelt.
Dachdeckung: Stehfalzdeckung
Dachneigung: .....°
Trennlage: V13
Angeb. Fabrikat: .....
Anmerkung:
bei Titanzink ist unter 15° ist eine Dränagebahn bzw. strukturierte Trennlage einzubauen.

| 3€ | 6€ | **8€** | 9€ | 13€ | [m²] | ⏱ 0,06 h/m² | 022.000.047 |

Kosten:
Stand 1.Quartal 2018
Bundesdurchschnitt

▶ min
▷ von
ø Mittel
◁ bis
◀ max

Nr.	Kurztext / Langtext				Kostengruppe		
▶	▷ ø netto € ◁ ◀			[Einheit]	Ausf.-Dauer	Positionsnummer	

58 Gaubendeckung, Doppelstehfalz, Titanzink / Kupfer — KG 363

Blechdeckung auf Dachgauben, als Doppel-Stehfalzdeckung, Falze mit Dichtbändern für flach geneigte Dächer und Anschlüsse an aufgehende Bauteile, First-, Trauf-, Ortgang- und Kehlausbildungen in gesonderten Positionen.
Untergrund: Holzschalung mit Trennlage
Material: **Titanzink / Kupfer**
Blechdicke: .....
Bandbreite: .....
Oberfläche: .....
Dachneigung: .....°
Angeb. Fabrikat: .....

| 50€ | 84€ | **101€** | 117€ | 161€ | [m²] | ⏱ 1,00 h/m² | 022.000.049 |

59 Schornsteinverwahrung, Titanzink — KG 363

Verwahrung für Schornsteine, aus Metallblech, ggf. mit Dichtungsband bei Dachneigung unter 7°, inkl. Befestigungsmittel und Überhangblech mit elastischer Fugenabdichtung. Abrechnung nach Anschlusslänge.
Abmessungen: .....
Untergrund: Holzkonstruktion
Material: Titanzink
Blechdicke: .....
Zuschnitt: .....
Zuschnitt Überhangblech: .....
Oberfläche: .....
Dachneigung: .....°
Anschlusshöhe: mind. 150 mm

| 32€ | 52€ | **60€** | 87€ | 139€ | [m] | ⏱ 0,80 h/m | 022.000.043 |

60 Gaubendeckung, Doppelstehfalz, Edelstahl — KG 363

Blechdeckung auf Dachgauben, als Doppel-Stehfalzdeckung. Falze mit Dichtbändern für flach geneigte Dächer und Anschlüsse an aufgehende Bauteile, First-, Trauf-, Ortgang- und Kehlausbildungen in gesonderten Positionen.
Untergrund: Holzschalung mit Trennlage
Material: Edelstahlblech
Werkstoffnummer: .....
Blechdicke: .....
Bandbreite: .....
Oberfläche: .....
Dachneigung: .....°
Angeb. Fabrikat: .....

| 73€ | 79€ | **90€** | 103€ | 141€ | [m²] | ⏱ 1,20 h/m² | 022.000.066 |

© BKI Baukosteninformationszentrum; Erläuterungen zu den Tabellen siehe Seite 46   Kostenstand: 1.Quartal 2018, Bundesdurchschnitt

LB 022 Klempnerarbeiten

Nr.	Kurztext / Langtext					[Einheit]	Ausf.-Dauer	Kostengruppe Positionsnummer
▶	▷	ø netto €	◁	◀				

Kosten:
Stand 1.Quartal 2018
Bundesdurchschnitt

▶ min
▷ von
ø Mittel
◁ bis
◀ max

61 Dachdeckung, Doppelstehfalz, Titanzink — KG 363
Blechdachdeckung als Doppel-Stehfalzdeckung. Falze mit Dichtbändern, Anschlüsse an aufgehende Bauteile, First-, Trauf-, Ortgang- und Kehlausbildungen in gesonderten Positionen.
Untergrund: Holzschalung mit Trennlage
Material: Titanzinkblech
Blechdicke: .....
Bandbreite: .....
Oberfläche: .....
Dachneigung: .....°
Angeb. Fabrikat: .....

▶	▷	ø	◁	◀	Einh.	Dauer	Pos.-Nr.
40€	67€	**79**€	91€	124€	[m²]	⏱ 0,85 h/m²	022.000.045

62 Dachdeckung, Doppelstehfalz, Kupfer — KG 363
Blechdachdeckung als Doppel-Stehfalzdeckung und ggf. Falze mit Dichtbändern für flach geneigte Dächer. Anschlüsse an aufgehende Bauteile, First-, Trauf-, Ortgang- und Kehlausbildungen in gesonderten Positionen.
Untergrund: Holzschalung mit Trennlage
Material: Kupferblech
Blechdicke: .....
Bandbreite: .....
Oberfläche: .....
Dachneigung: .....°
Angeb. Fabrikat: .....

▶	▷	ø	◁	◀	Einh.	Dauer	Pos.-Nr.
58€	92€	**102**€	112€	134€	[m²]	⏱ 0,80 h/m²	022.000.046

63 Dachdeckung, Bandblech, Aluminium — KG 363
Blechdachdeckung mit selbsttragenden, gefalzten Band-Elementen aus Aluminium, Stöße ggf. mit Dichtbändern bei Dächern bis 7°, inkl. Trennlage auf Pfetten, Stoßverbinder und Passstücke; Anschlüsse an aufgehende Bauteile, First-, Trauf-, Ortgang- und Kehlausbildungen in gesonderten Positionen.
Unterkonstruktion: Holzpfetten
Pfettenabstand: .....
Material: Aluminiumblech
Blechdicke: .....
Elementbreite: .....
Elementlänge: .....
Oberfläche: .....
Dachneigung: .....°
Schneelast: .....kN/m²
Angeb. Fabrikat: .....

▶	▷	ø	◁	◀	Einh.	Dauer	Pos.-Nr.
29€	46€	**48**€	56€	75€	[m²]	⏱ 0,70 h/m²	022.000.057

64 Anschlüsse Blechdach, Titanzink — KG 363
Anschluss der Blechdachdeckung an aufgehende Bauteile.
Anschluss: **parallel / im Winkel von .....° zur Verlegerichtung**
Dachneigung: .....
Untergrund: Holzschalung mit Trennlage
Material: Titanzinkblech
Blechdicke: .....
Bahnenbreite: .....

▶	▷	ø	◁	◀	Einh.	Dauer	Pos.-Nr.
27€	36€	**42**€	46€	53€	[m]	⏱ 0,38 h/m	022.000.084

Nr.	Kurztext / Langtext					Ausf.-Dauer	Kostengruppe Positionsnummer
▶	▷	ø netto €	◁	◀	[Einheit]		

65 Anschlüsse Blechdach, Kupfer KG 363
Anschluss der Blechdachdeckung an aufgehende Bauteile.
Anschluss: **parallel / im Winkel von .....° zur Verlegerichtung**
Dachneigung: .....
Untergrund: Holzschalung mit Trennlage
Material: Kupferblech
Blechdicke: .....
Bahnenbreite: .....

| –€ | 42€ | **48€** | 53€ | –€ | [m] | ⏱ 0,38 h/m | 022.000.140 |

66 Traufe, Blechdach, Titanzink KG 363
Ausführung der Traufe bei Blechdachdeckung
Dachneigung: .....
Untergrund: Holzschalung mit Trennlage
Material: Titanzinkblech
Blechdicke: .....
Zuschnitt: .....
Profilierungen: .....

| 11€ | 19€ | **22€** | 30€ | 45€ | [m] | ⏱ 0,30 h/m | 022.000.085 |

67 Traufe, Blechdach, Kupfer KG 363
Ausführung der Traufe bei Blechdachdeckung
Dachneigung: .....
Untergrund: Holzschalung mit Trennlage
Material: Kupferblech
Blechdicke: .....
Zuschnitt: .....
Profilierungen: .....

| –€ | 26€ | **32€** | 41€ | –€ | [m] | ⏱ 0,30 h/m | 022.000.143 |

68 Ortgang, Blechdach, Titanzink KG 363
Ausführung des Ortgangs bei Blechdachdeckung. Für die Ausführung werden vom AG folgende Unterlagen zur Verfügung gestellt:
 – Entwurfszeichnungen, Plannr.: .....
 – Übersichtszeichnungen, Plannr.: .....
Dachneigung: .....
Untergrund: Holzschalung mit Trennlage
Material: Titanzinkblech
Blechdicke: .....
Zuschnitt: .....
Profilierungen: .....
Ansichtshöhe seitlicher Übergang: .....

| 18€ | 34€ | **36€** | 44€ | 60€ | [m] | ⏱ 0,32 h/m | 022.000.086 |

LB 022 Klempnerarbeiten

Nr.	Kurztext / Langtext		ø netto €			[Einheit]	Ausf.-Dauer	Kostengruppe Positionsnummer

Kosten:
Stand 1.Quartal 2018
Bundesdurchschnitt

69 Ortgang, Blechdach, Kupfer — KG 363
Ausführung des Ortgangs bei Blechdachdeckung. Für die Ausführung werden vom AG folgende Unterlagen zur Verfügung gestellt:
 – Entwurfszeichnungen, Plannr.: .....
 – Übersichtszeichnungen, Plannr.: .....
Dachneigung: .....
Untergrund: Holzschalung mit Trennlage
Material: Kupferblech
Blechdicke: .....
Zuschnitt: .....
Profilierungen: .....
Ansichtshöhe seitlicher Übergang: .....

–€ 42€ **46**€ 51€ –€ [m] ⏱ 0,32 h/m 022.000.146

70 Vorhangfassade, Bandblechscharen, Titanzink — KG 363
Fassadenbekleidung aus Metallblech, als vorgehängte, hinterlüftete Fassade, senkrecht verlegt; Anschlüsse an aufgehende Bauteile, First-, Trauf-, Ortgang- und Kehlausbildungen in gesonderten Positionen.
Untergrund: Holzschalung mit Trennlage
Deckungsart: **Stehfalzdeckung / Winkelfalz-Stehfalzdeckung**
Material: Titanzinkblech
Blechdicke: .....
Bandbreite: .....
Oberfläche: .....
Dachneigung: .....°
Angeb. Fabrikat: .....
Für die Ausführung werden vom AG folgende Unterlagen zur Verfügung gestellt:
 – Verlegeplan, Plannr.: .....
 – Übersichtszeichnungen, Plannr.: .....

51€ 78€ **89**€ 109€ 151€ [m²] ⏱ 1,20 h/m² 022.000.067

71 Vorhangfassade, Bandblechscharen, Kupfer — KG 363
Fassadenbekleidung aus Metallblech, als vorgehängte, hinterlüftete Fassade, senkrecht verlegt; Anschlüsse an aufgehende Bauteile, First-, Trauf-, Ortgang- und Kehlausbildungen in gesonderten Positionen.
Untergrund: Holzschalung mit Trennlage
Deckungsart: **Stehfalzdeckung / Winkelfalz-Stehfalzdeckung**
Material: Kupferblech
Blechdicke: .....
Bandbreite: .....
Oberfläche: .....
Dachneigung: .....°
Angeb. Fabrikat: .....
Für die Ausführung werden vom AG folgende Unterlagen zur Verfügung gestellt:
 – Verlegeplan, Plannr.: .....
 – Übersichtszeichnungen, Plannr.: .....

–€ 95€ **106**€ 129€ –€ [m²] ⏱ 1,20 h/m² 022.000.149

▶ min
▷ von
ø Mittel
◁ bis
◀ max

Nr.	**Kurztext** / Langtext							Kostengruppe
▶	▷	**ø netto €**	◁	◀	[Einheit]	Ausf.-Dauer	Positionsnummer

72 Schneefangrohr, Stehfalzdeckung — KG **369**
Schneefangrohr für Stehfalzdeckung, inkl. Halteprofilen, geklemmt, inkl. Anpassen der Dachdeckung.
Schneelastzone: .....
Gebäudehöhe über NN: ..... m
Dachneigung: .....
Länge oberhalb der Schneefangkonstruktion: ..... m
Sparrenabstand: ..... cm
Ausführung: .....
Angeb. Fabrikat: .....

| 18€ | 28€ | **32**€ | 36€ | 47€ | [m] | ⏱ 0,25 h/m | 022.000.068 |

73 Schneefangrohr, Rundprofil — KG **369**
Schneefangrohr, inkl. Halteprofilen, in Holz-Dachkonstruktion befestigen.
Schneelastzone: .....
Gebäudehöhe über NN: ..... m
Dachneigung: .....
Länge oberhalb der Schneefangkonstruktion: ..... m
Sparrenabstand: ..... cm
Ausführung: .....
Befestigungsabstand: ca. 80 cm

| 20€ | 35€ | **41**€ | 53€ | 83€ | [m] | ⏱ 0,25 h/m | 022.000.002 |

74 Schneefanggitter, Titanzink — KG **369**
Schneefanggitter in Steildachfläche, mit verstärkten Stützen, in Holz-Dachkonstruktion befestigen.
Schneelastzone: .....
Gebäudehöhe über NN: ..... m
Dachneigung: .....
Länge oberhalb der Schneefangkonstruktion: ..... m
Sparrenabstand: ..... cm
Material: Titanzink
Dachdeckung: .....
Gitterhöhe: bis 200 mm
Angeb. Fabrikat: .....

| 14€ | 23€ | **28**€ | 36€ | 51€ | [m] | ⏱ 0,25 h/m | 022.000.003 |

75 Schneefanggitter, Kupfer — KG **369**
Schneefanggitter in Steildachfläche, mit verstärkten Stützen, in Holz-Dachkonstruktion befestigen.
Schneelastzone: .....
Gebäudehöhe über NN: ..... m
Dachneigung: .....
Länge oberhalb der Schneefangkonstruktion: ..... m
Sparrenabstand: ..... cm
Material: Kupfer
Dachdeckung: .....
Gitterhöhe: bis 200 mm
Angeb. Fabrikat: .....

| 32€ | 43€ | **49**€ | 58€ | 74€ | [m] | ⏱ 0,25 h/m | 022.000.004 |

LB 022 Klempnerarbeiten

Kosten:
Stand 1.Quartal 2018
Bundesdurchschnitt

▶ min
▷ von
ø Mittel
◁ bis
◀ max

Nr.	Kurztext / Langtext					[Einheit]	Ausf.-Dauer	Kostengruppe Positionsnummer
▶	▷	ø netto €	◁	◀				

76 Sicherheitsdachhaken, verzinkt KG **369**
Sicherheits-Dachhaken, in Holz-Dachkonstruktion, inkl. Anpassarbeiten der Dachdeckung, Haken mit Einhängelasche.
Material: verzinkter Stahl
Ausführung: Typ B
Abmessung: 25 x 6 mm
Angeb. Fabrikat: .....
7€   13€   **15€**   20€   34€   [St]   ⏱ 0,15 h/St   022.000.001

77 Sicherheitstritt, Standziegel KG **369**
Sicherheitstritt für Schornsteinfeger, aus Standgitter oder -ziegel und Auflagerbügeln, an Dachlattung mit zusätzlicher Unterstützung befestigen.
Trittlänge: ca. 41 cm
Dachdeckung: .....
Angeb. Fabrikat: .....
46€   60€   **68€**   73€   88€   [St]   ⏱ 0,35 h/St   022.000.005

78 Dachleiter, Aluminium KG **369**
Sicherheits-Dachleiter, an bauseitigem Sicherheitsdachhaken fixieren.
Material: Aluminium
Oberfläche: .....
Dachneigung: ..... °
Leiterbreite: ca. 350 mm
Leiterlänge: .....
Angeb. Fabrikat: .....
77€   183€   **216€**   236€   376€   [St]   ⏱ 0,20 h/St   022.000.075

79 Solarträgerelement, Edelstahlblech KG **363**
Solarträgerelement aus Schwerlastdachhaken, zur Aufnahme eines Solarpaneels, bestehend aus Befestigungsplatte und Tragbügel, befestigt an Dachkonstruktion. Abrechnung je Solarelement.
Paneeltyp: .....
Lastaufnahme: .....
Material: Edelstahlblech
Dachdeckung: .....
Dachneigung .....°
Angeb. Fabrikat: .....
83€   102€   **126€**   145€   373€   [St]   ⏱ 1,20 h/St   022.000.076

80 Stundensatz Facharbeiter, Flaschnerarbeiten
Stundenlohnarbeiten für Vorarbeiter, Facharbeiter und Gleichgestellte (z.B. Spezialbaufacharbeiter, Baufacharbeiter, Obermonteure, Monteure, Gesellen, Maschinenführer, Fahrer und ähnliche Fachkräfte). Leistung nach besonderer Anordnung der Bauüberwachung. Anmeldung und Nachweis gemäß VOB/B.
39€   44€   **46€**   51€   61€   [h]   ⏱ 1,00 h/h   022.000.077

81 Stundensatz Helfer, Flaschnerarbeiten
Stundenlohnarbeiten für Werker, Helfer und Gleichgestellte (z.B. Baufachwerker, Helfer, Hilfsmonteure, Ungelernte, Angelernte). Leistung nach besonderer Anordnung der Bauüberwachung. Anmeldung und Nachweis gemäß VOB/B.
22€   32€   **37€**   42€   53€   [h]   ⏱ 1,00 h/h   022.000.078

B Ausbau

Titel des Leistungsbereichs	LB-Nr.
Putz- und Stuckarbeiten, Wärmedämmsysteme	023
Fliesen- und Plattenarbeiten	024
Estricharbeiten	025
Fenster, Außentüren	026
Tischlerarbeiten	027
Parkett-, Holzpflasterarbeiten	028
Beschlagarbeiten	029
Rollladenarbeiten	030
Metallbauarbeiten	031
Verglasungsarbeiten	032
Baureinigungsarbeiten	033
Maler- und Lackiererarbeiten - Beschichtungen	034
Bodenbelagarbeiten	036
Tapezierarbeiten	037
Vorgehängte hinterlüftete Fassaden	038
Trockenbauarbeiten	039

LB 023 Putz- und Stuckarbeiten, Wärmedämmsysteme

Putz- und Stuckarbeiten, Wärmedämmsysteme — Preise €

Kosten: Stand 1. Quartal 2018, Bundesdurchschnitt

- ▶ min
- ▷ von
- ø Mittel
- ◁ bis
- ◀ max

Nr.	Positionen	Einheit	▶	▷	ø brutto € ø netto €	◁	◀
1	Fenster abkleben	m²	1	3	**4**	5	8
			1	3	3	4	6
2	Untergrund prüfen	m²	0,1	0,7	**0,9**	1,5	3,2
			0,1	0,6	0,7	1,3	2,7
3	Haftbrücke, Betonfläche, für Gipsputze	m²	1,0	4,0	**5,0**	8,0	16
			0,8	3,4	4,2	6,8	13
4	Haftbrücke, Betonfläche, für Kalk-/Kalkzementputz	m²	2	5	**7**	11	16
			1	4	6	9	13
5	Installationsschlitz schließen, spachteln	m	4	10	**12**	19	33
			3	9	10	16	28
6	Putzarmierung, Glasfaser, innen, Teilbereich	m	1	2	**3**	6	9
			1	2	3	5	7
7	Putzarmierung, Glasfaser, innen	m²	3	6	**8**	11	22
			2	5	6	9	19
8	Putzträger, Metallgittergewebe	m²	5	11	**13**	18	28
			5	9	11	15	23
9	Putzträger verzinkt, Fachwerk	m	3	7	**9**	10	14
			2	6	8	8	12
10	Ausgleichsputz, bis 10mm	m²	3	8	**10**	13	19
			3	7	8	11	16
11	Ausgleichsputz, bis 20mm	m²	3	11	**14**	18	28
			3	9	12	15	24
12	Glattstrich, Fensteranschlussfolie, Laibung	m	4	10	**13**	17	26
			3	8	11	14	21
13	Unterputzprofil, verzinkt, Unterputz, innen	m	3	5	**6**	7	10
			2	4	5	6	9
14	Unterputzprofil, Edelstahl, Unterputz, innen	m	6	8	**9**	10	12
			5	7	7	8	10
15	Unterputzprofil, einstellbar, unebene Untergründe	m	6	7	**7**	8	9
			5	6	6	7	7
16	Eckprofil, verzinkt	m	0,6	3,1	**4,3**	5,2	8,1
			0,5	2,6	3,6	4,4	6,8
17	Eckprofil, Aluminium	m	3	5	**6**	7	10
			2	4	5	6	8
18	Eckprofil, Edelstahl	m	3	7	**9**	10	13
			2	6	7	8	11
19	Eckprofil, Kunststoff	m	1	5	**6**	7	11
			1	4	5	6	9
20	Abschlussprofil, innen, verzinkt	m	2	6	**7**	11	19
			2	5	6	9	16
21	Abschlussprofil, innen, Edelstahl	m	6	12	**14**	17	37
			5	10	12	14	31
22	Innenputz, einlagig, Q3, geglättet	m²	11	14	**15**	18	25
			9	12	13	15	21
23	Innenputz, einlagig, Q3, gefilzt	m²	14	19	**19**	22	26
			12	16	16	18	22
24	Mehrdicke, 5mm, Putz	m²	2	4	**5**	6	8
			2	3	4	5	7

© BKI Baukosteninformationszentrum; Erläuterungen zu den Tabellen siehe Seite 46
Mustertexte geprüft: Fachverband der Stuckateure für Ausbau und Fassade Baden-Württemberg

Kostenstand: 1. Quartal 2018, Bundesdurchschnitt

Putz- und Stuckarbeiten, Wärmedämmsysteme — Preise €

Nr.	Positionen	Einheit	▶	▷ ø brutto € ø netto €		◁	◀
25	Mehrdicke, 10mm, Putz	m²	3	5	**7**	8	11
			3	5	**6**	7	9
26	Laibung, innen, bis 150mm	m	3,3	5,4	**6,6**	8,1	12
			2,8	4,6	**5,6**	6,8	10
27	Laibung, innen, 250-400mm	m	6,7	11	**14**	16	23
			5,6	9,1	**12**	13	19
28	Kalk-Gipsputz, Innenwand, einlagig, Q2	m²	11	15	**16**	17	20
			9	12	**13**	14	17
29	Ebenheit, Mehrpreis	m²	3	4	**4**	4	5
			3	3	**3**	3	4
30	Kalk-Gipsputz, Innenwand, einlagig, Q3	m²	13	18	**18**	21	25
			11	15	**15**	17	21
31	Kalk-Zementputz, Innenwand, einlagig, Q3	m²	12	15	**15**	17	23
			10	12	**13**	15	19
32	Kalk-Zementputz, Innenwand, zweilagig, Q2, gefilzt	m²	14	17	**20**	22	31
			12	15	**16**	19	26
33	Gipsputz, Innenwand, einlagig, Q3	m²	12	15	**16**	18	22
			10	12	**13**	15	19
34	Gipsputz, Innenwand, Dünnlage, Q3, geglättet	m²	8	13	**15**	18	22
			7	11	**13**	15	18
35	Gipsputz, Laibungen, innen	m	1	7	**9**	13	23
			1	6	**8**	11	20
36	Lehmputz, innen, Maschinenputz, einlagig	m²	20	24	**25**	26	30
			16	20	**21**	22	25
37	Lehmputz, Innenwand, zweilagig	m²	36	39	**43**	44	50
			30	33	**36**	37	42
38	Beiputzen, Tür-/Türzarge	m	5	10	**13**	21	47
			4	9	**11**	18	39
39	Stuckprofil, innen	m	32	53	**63**	90	125
			27	45	**53**	75	105
40	Putzbänder, Faschen, Putzdekor	m	4	16	**20**	34	66
			4	14	**17**	29	55
41	Kellenschnitt, Wand/Deckenübergang	m	0,8	1,6	**2,1**	3,3	5,3
			0,6	1,4	**1,8**	2,8	4,5
42	Akustikputz, Decke, innen, einlagig	m²	16	72	**85**	110	171
			13	61	**72**	92	143
43	Kalk-Gipsputz, Decken, einlagig, Q3, geglättet	m²	9	14	**18**	20	26
			7	12	**15**	17	22
44	Gipsputz, Decken, einlagig, Q2, geglättet	m²	13	15	**16**	17	20
			11	12	**13**	14	17
45	Gipsputz, Decken, einlagig, Q3, geglättet	m²	13	16	**17**	18	21
			11	13	**14**	15	18
46	WDVS, MW 035, 120mm, Silikat-Reibeputz	m²	73	78	**81**	84	92
			61	65	**68**	71	77
47	WDVS, MW 035, 180mm, Silikat-Reibeputz	m²	86	94	**101**	107	114
			72	79	**85**	90	96
48	WDVS, EPS, 120mm, Silikat-Reibeputz	m²	69	74	**76**	78	85
			58	62	**63**	66	72

© BKI Baukosteninformationszentrum; Erläuterungen zu den Tabellen siehe Seite 46
Mustertexte geprüft: Fachverband der Stuckateure für Ausbau und Fassade Baden-Württemberg

Kostenstand: 1.Quartal 2018, Bundesdurchschnitt

LB 023 Putz- und Stuckarbeiten, Wärmedämmsysteme

Nr.	Kurztext / Langtext					[Einheit]	Ausf.-Dauer	Kostengruppe Positionsnummer
▶	▷	ø netto €	◁	◀				

Leistung einschl. aller für die Schlitzauffüllung notwendigen Materialien.
Putzart: .....
Schlitzbreite: ..... mm
Schlitztiefe: ..... mm
Deckputz: .....
Angeb. Fabrikat: .....

| 3€ | 9€ | 10€ | 16€ | 28€ | [m] | ⏱ 0,20 h/m | 023.000.051 |

6 Putzarmierung, Glasfaser, innen, Teilbereich — KG **345**

Putzarmierung von Innenwandflächen, in rissegefährdetem Bereich, Einbetten in Armierungsputz, Stöße überlappt.
Einbaubreite: bis 200 mm
Material: Glasfasergewebe
Angeb. Fabrikat: .....

| 1€ | 2€ | 3€ | 5€ | 7€ | [m] | ⏱ 0,10 h/m | 023.000.082 |

7 Putzarmierung, Glasfaser, innen — KG **345**

Putzarmierung von Innenwandflächen, vollflächig, eingebettet in Armierungsputz, Stöße überlappt.
Material: Glasfasergewebe
Angeb. Fabrikat: .....

| 2€ | 5€ | 6€ | 9€ | 19€ | [m²] | ⏱ 0,20 h/m² | 023.000.057 |

8 Putzträger, Metallgittergewebe — KG **345**

Putzträger aus Metallgittergewebe, zur Überdeckung von nachträglich verschlossenen Längsschlitzen in Beton- und Mauerwerkswänden, sowie an Betondecken und an Übergängen von Beton- und Mauerwerk.
Einbauort: .....
Material: **verzinkter Stahl / Edelstahl**
Breite: .....
Angeb. Fabrikat: .....

| 5€ | 9€ | 11€ | 15€ | 23€ | [m²] | ⏱ 0,14 h/m² | 023.000.010 |

9 Putzträger verzinkt, Fachwerk — KG **345**

Putzarmierung von Fachwerk-Holzbalken, Ausführung wie folgt:
 – Holzbalken mit Bitumenbahn überlappend belegen
 – verzinkten Putzträger über Balken spannen und auf Putzuntergrund befestigen
Spannweite: 350 mm
Angeb. Fabrikat: .....

| 2€ | 6€ | 8€ | 8€ | 12€ | [m] | ⏱ 0,15 h/m | 023.000.059 |

10 Ausgleichsputz, bis 10mm — KG **345**

Ausgleichsputz als Unterputz, auf unebenen Untergrund, Oberfläche entsprechend aufzubringendem Unter- bzw. Oberputz plan ziehen und horizontal aufkämmen. Standzeit mindestens 1 Tag pro mm.
Untergrund: Mauerwerk, **stark / schwach** saugend
Mörteldicke: 5-10 mm
Raumhöhe: bis 3,00 m
Mörtel: Kalkzementmörtel **CII / CIII**

| 3€ | 7€ | 8€ | 11€ | 16€ | [m²] | ⏱ 0,20 h/m² | 023.000.047 |

▶ min
▷ von
ø Mittel
◁ bis
◀ max

Kosten: Stand 1.Quartal 2018 Bundesdurchschnitt

Nr.	Kurztext / Langtext				[Einheit]	Ausf.-Dauer	Kostengruppe Positionsnummer
▶	▷ ø netto €	◁	◀				

11 Ausgleichsputz, bis 20mm — KG **345**

Ausgleichsputz als Unterputz, auf unebenen Untergrund, Oberfläche entsprechend aufzubringendem Unter- bzw. Oberputz plan ziehen und horizontal aufkämmen. Standzeit mindestens 1 Tag pro mm.
Untergrund: Mauerwerk, **stark / schwach** saugend
Putzdicke: 10-20 mm
Mörtel: Kalkzementmörtel **CII / CIII**

| 3€ | 9€ | **12€** | 15€ | 24€ | [m²] | 0,22 h/m² | 023.000.009 |

12 Glattstrich, Fensteranschlussfolie, Laibung — KG **335**

Glattstrich mit Mörtel auf Fensterlaibungen, zur Herstellung eines ebenen und tragfähigen Untergrunds für die überputzbare Fensteranschlussfolie.
Laibungstiefe: .....
Untergrund: .....
Mörtel: .....
Putzstärke: ..... mm

| 3€ | 8€ | **11€** | 14€ | 21€ | [m] | 0,15 h/m | 023.000.145 |

13 Unterputzprofil, verzinkt, Unterputz, innen — KG **345**

Unterputzprofil mit geeignetem Ansetzmörtel anbringen.
Putzdicke: bis 15 mm
Profil-Nr. .....
Material: verzinkter Stahl
Angeb. Fabrikat: .....

| 2€ | 4€ | **5€** | 6€ | 9€ | [m] | 0,08 h/m | 023.000.011 |

14 Unterputzprofil, Edelstahl, Unterputz, innen — KG **345**

Unterputzprofil mit geeignetem Ansetzmörtel anbringen.
Putzdicke: bis 15 mm
Profil-Nr. .....
Material: Edelstahl
Angeb. Fabrikat: .....

| 5€ | 7€ | **7€** | 8€ | 10€ | [m] | 0,08 h/m | 023.000.083 |

15 Unterputzprofil, einstellbar, unebene Untergründe — KG **345**

Justierbare verzinkte Unterputzprofile mit drehbaren Distanzhaltern, für sehr unebene Flächen, für Ausgleichsputze, Dämmputze, spritzbare Vormauerungen und dgl..
Putzdicken von 10 bis 15mm
Angeb. Fabrkat: .....

| 5€ | 6€ | **6€** | 7€ | 7€ | [m] | 0,10 h/m | 023.000.172 |

16 Eckprofil, verzinkt — KG **345**

Eckprofil mit geeignetem Ansetzmörtel anbringen.
Putzdicke: .....
Profil-Nr. .....
Material: verzinkter Stahl
Angeb. Fabrikat: .....

| 0,5€ | 2,6€ | **3,6€** | 4,4€ | 6,8€ | [m] | 0,06 h/m | 023.000.085 |

© BKI Baukosteninformationszentrum; Erläuterungen zu den Tabellen siehe Seite 46
Mustertexte geprüft: Fachverband der Stuckateure für Ausbau und Fassade Baden-Württemberg

LB 023
Putz- und Stuckarbeiten, Wärmedämmsysteme

Kosten:
Stand 1.Quartal 2018
Bundesdurchschnitt

▶ min
▷ von
ø Mittel
◁ bis
◀ max

Nr. ▶	Kurztext / Langtext ▷ ø netto € ◁ ◀				[Einheit]	Ausf.-Dauer	Kostengruppe Positionsnummer
17	**Eckprofil, Aluminium**						KG **345**
Eckprofil mit geeignetem Ansetzmörtel anbringen. Putzdicke: ..... Profil-Nr. ..... Material: Aluminium Angeb. Fabrikat:							
2€	4€	**5€**	6€	8€	[m]	⏱ 0,06 h/m	023.000.173
18	**Eckprofil, Edelstahl**						KG **345**
Eckprofil mit geeignetem Ansetzmörtel anbringen. Putzdicke: ..... Profil-Nr. ..... Material: Edelstahl Angeb. Fabrikat:							
2€	6€	**7€**	8€	11€	[m]	⏱ 0,06 h/m	023.000.086
19	**Eckprofil, Kunststoff**						KG **345**
Eckprofil mit geeignetem Ansetzmörtel anbringen. Putzdicke: ..... Profil-Nr. ..... Material: Kunststoff Angeb. Fabrikat:							
1,1€	4€	**5€**	6€	9€	[m]	⏱ 0,10 h/m	023.000.087
20	**Abschlussprofil, innen, verzinkt**						KG **345**
Putzan- und abschlussprofil zu angrenzenden Bauteilen Putzdicke: ca. 10-15 mm Profil-Nr. ..... Material: verzinkter Stahl Angeb. Fabrikat:							
2€	5€	**6€**	9€	16€	[m]	⏱ 0,09 h/m	023.000.014
21	**Abschlussprofil, innen, Edelstahl**						KG **345**
Putzan- und Abschlussprofil zu angrenzenden Bauteilen Putzdicke: ca. 10-15 mm Profil-Nr. ..... Material: Edelstahl Angeb. Fabrikat:							
5€	10€	**12€**	14€	31€	[m]	⏱ 0,09 h/m	023.000.088

Nr.	Kurztext / Langtext						Kostengruppe	
▶	▷	ø netto €	◁	◀	[Einheit]	Ausf.-Dauer	Positionsnummer	

22 Innenputz, einlagig, Q3, geglättet — KG **345**
Einlagiger Innenputz, geeignet für matte fein strukturierte Beschichtungen oder fein strukturierte Wandbekleidungen.
Putzart: **Kalkputz / Kalkzementputz / Zementputz / Gipsputz**
Putzdicke: 10 mm
Untergrund: .....
Oberfläche: Q3 - **geglättet / abgezogen**
Angeb. Fabrikat: .....

| 9€ | 12€ | **13€** | 15€ | 21€ | [m²] | ⏱ 0,20 h/m² | 023.000.133 |

23 Innenputz, einlagig, Q3, gefilzt — KG **345**
Einlagiger Innenputz, geeignet für matte, **nicht strukturierte / nicht gefüllte** Beschichtungen.
Putzart: **Kalkputz / Kalkzementputz / Zementputz / Gipsputz**
Putzdicke: 10 mm
Untergrund: .....
Oberfläche: Q3 - gefilzt
Angeb. Fabrikat: .....

| 12€ | 16€ | **16€** | 18€ | 22€ | [m²] | ⏱ 0,20 h/m² | 023.000.134 |

24 Mehrdicke, 5mm, Putz — KG **345**
Mehrdicke für einlagigen Putz an Wandflächen.
Putzart: **Kalkputz / Kalkzementputz / Zementputz / Gipsputz**
Mehrdicke: bis 5 mm

| 2€ | 3€ | **4€** | 5€ | 7€ | [m²] | ⏱ 0,07 h/m² | 023.000.135 |

25 Mehrdicke, 10mm, Putz — KG **345**
Mehrdicke für einlagigen Putz an Wandflächen.
Putzart: **Kalkputz / Kalkzementputz / Zementputz / Gipsputz**
Mehrdicke: bis 10 mm

| 3€ | 5€ | **6€** | 7€ | 9€ | [m²] | ⏱ 0,09 h/m² | 023.000.136 |

A 1 Laibung, innen — Beschreibung für Pos. **26-27**
Laibungen an Öffnungen, Aussparungen oder Nischen verputzen, Gewebeeckwinkel, APU-Profil oder Fugendichtband in gesonderten Positionen.

26 Laibung, innen, bis 150mm — KG **336**
Wie Ausführungsbeschreibung A 1
Putzart: .....
Oberfläche: .....
Laibungstiefe: bis 150 mm

| 3€ | 5€ | **6€** | 7€ | 10€ | [m] | ⏱ 0,13 h/m | 023.000.138 |

27 Laibung, innen, 250-400mm — KG **345**
Wie Ausführungsbeschreibung A 1
Putzart: .....
Oberfläche: .....
Laibungstiefe: 250-400 mm

| 6€ | 9€ | **12€** | 13€ | 19€ | [m] | ⏱ 0,20 h/m | 023.000.139 |

LB 023 Putz- und Stuckarbeiten, Wärmedämmsysteme

Kosten:
Stand 1.Quartal 2018
Bundesdurchschnitt

Nr. ▶	Kurztext / Langtext ▷ ø netto € ◁ ◀	[Einheit]	Ausf.-Dauer	Kostengruppe Positionsnummer
28	**Kalk-Gipsputz, Innenwand, einlagig, Q2**			KG **345**
	Einlagiger Kalk-Gipsputz, innen. Untergrund: ..... Putzdicke: 15 mm Oberflächenqualität: Q2, **geglättet / gefilzt** Ausführung: ..... Angeb. Fabrikat:			
	9€ 12€ **13€** 14€ 17€	[m²]	⏱ 0,22 h/m²	023.000.015
29	**Ebenheit, Mehrpreis**			KG **345**
	Mehrpreis für Putz mit erhöhten Anforderungen an die Ebenheit nach DIN 18202 Tab. 3 Zeile 7. Leistung inkl. Putzlehren. Putzart: ..... Oberflächenqualität: Q3 - geglättet / gefilzt /			
	3€ 3€ **3€** 3€ 4€	[m²]	⏱ 0,05 h/m²	023.000.091
30	**Kalk-Gipsputz, Innenwand, einlagig, Q3**			KG **345**
	Einlagiger Kalk-Gipsputz nach DIN V 18550, an Wandflächen. Putzdicke: 15mm Untergrund: ..... Oberfläche: Q3, **eben abgezogen / gefilzt / geglättet** Angeb. Fabrikat:			
	11€ 15€ **15€** 17€ 21€	[m²]	⏱ 0,25 h/m²	023.000.018
31	**Kalk-Zementputz, Innenwand, einlagig, Q3**			KG **345**
	Einlagiger Kalk-Zementputz, innen, wasserabweisend, als Untergrund für Wandbeläge aus Feinkeramik. Belag: großformatige **Fliesen / Naturwerkstein** Untergrund: ..... Putzdicke: 15 mm Oberflächenqualität: einlagig Q3, **geglättet / gefilzt** Putzklasse: CSII Angeb. Fabrikat:			
	10€ 12€ **13€** 15€ 19€	[m²]	⏱ 0,22 h/m²	023.000.196
32	**Kalk-Zementputz, Innenwand, zweilagig, Q2, gefilzt**			KG **345**
	Zweilagiger Kalk-Zementputz, innen, wasserabweisend, für matte, gefüllte Beschichtungen oder mittel bis grobstrukturierte Wandbeläge. Untergrund: ..... Putzdicke: 15 mm Oberflächenqualität: Q2 - gefilzt Druckfestigkeitsklasse: CS **II / III** Angeb. Fabrikat:			
	12€ 15€ **16€** 19€ 26€	[m²]	⏱ 0,36 h/m²	023.000.096

▶ min
▷ von
ø Mittel
◁ bis
◀ max

Nr.	Kurztext / Langtext					Kostengruppe	
▶	▷ ø netto € ◁ ◀				[Einheit]	Ausf.-Dauer	Positionsnummer

33 Gipsputz, Innenwand, einlagig, Q3 — KG **345**

Einlagiger Gipsputz auf Wänden, innen, für Raufasertapete (Körnung fein) oder matte, gefüllte Beschichtung.
Untergrund: .....
Putzdicke: 15 mm
Oberflächenqualität: Q3 – **geglättet / gefilzt / abgezogen**
Druckfestigkeitsklasse: B1 / .... / B7
Ausführung: in allen Geschossen
Angeb. Fabrikat: .....

| 10€ | 12€ | **13**€ | 15€ | 19€ | [m²] | ⏱ 0,23 h/m² | 023.000.175 |

34 Gipsputz, Innenwand, Dünnlage, Q3, geglättet — KG **345**

Gips-Dünnputz auf Wänden, innen, nach dem Ansteifen abglätten, für feinstrukturierte Wandbeläge und matte, fein strukturierte Beschichtungen.
Untergrund: .....
Putzdicke: 3-5 mm
Oberflächenqualität: Q3 - geglättet
Dünnputz: C6/20/2
Wandhöhe: .....
Angeb. Fabrikat: .....

| 7€ | 11€ | **13**€ | 15€ | 18€ | [m²] | ⏱ 0,20 h/m² | 023.000.072 |

35 Gipsputz, Laibungen, innen — KG **336**

Gipsputz an Laibungen an Öffnungen, Aussparungen oder Nischen. Gewebeeckwinkel, APU-Profil oder Fugendichtband in gesonderter Position.
Laibungstiefe: .....
Putzdicke: 10 mm
Oberfläche: Q2
Angeb. Fabrikat: .....

| 1€ | 6€ | **8**€ | 11€ | 20€ | [m] | ⏱ 0,12 h/m | 023.000.024 |

36 Lehmputz, innen, Maschinenputz, einlagig — KG **345**

Lehmputz, einlagig, maschinengängig.
Untergrund: Ziegelmauerwerk
Bauteil: **Innenwand / Decke**
Putzdicke: 10 mm
Körnung: bis 1,2 mm
Druckfestigkeitsklasse: S **I / II**
Oberflächenqualität: gefilzt
Oberbelag: .....
Angeb. Fabrikat: .....

| 16€ | 20€ | **21**€ | 22€ | 25€ | [m²] | ⏱ 0,25 h/m² | 023.000.040 |

LB 023
Putz- und Stuckarbeiten, Wärmedämmsysteme

Kosten:
Stand 1.Quartal 2018
Bundesdurchschnitt

▶ min
▷ von
ø Mittel
◁ bis
◀ max

Nr.	Kurztext / Langtext ▶ ▷ ø netto € ◁ ◀					[Einheit]	Ausf.-Dauer	Kostengruppe Positionsnummer
37	**Lehmputz, Innenwand, zweilagig**							KG **345**
	Lehmputz, zweilagig, auf Innenwand, Ausführung gem. Regeln "Lehmputz auf Innenwand".							
	Untergrund:							
	Unterputz: Lehmputz, 10 mm,							
	Oberputz: Lehmputz, Körnung 3 mm							
	Druckfestigkeitsklasse: S **I / II**							
	Oberfläche: gerieben							
	Angeb. Fabrikat:							
	30€	33€	**36**€	37€	42€	[m²]	⏱ 0,42 h/m²	023.000.186
38	**Beiputzen, Tür-/Türzarge**							KG **345**
	Stahlzarge nachträglich einputzen, an Flächenputz angleichen.							
	Breite des einzuputzenden Wandbereichs:							
	Stahlzargenprofil:							
	Oberflächenqualität:							
	Ausführung Putz:							
	4€	9€	**11**€	18€	39€	[m]	⏱ 0,10 h/m	023.000.058
39	**Stuckprofil, innen**							KG **345**
	Vorgefertigtes Stuckprofil, als Gesims, Oberfläche poliert und mehrfach profiliert.							
	Einbau: am Übergang Wand zu Decke.							
	Untergrund: vorbereitet, als aufgerauter Unterputz.							
	Profilbreite: bis 150 mm							
	Profil-Nr.:							
	Angeb. Fabrikat:							
	27€	45€	**53**€	75€	105€	[m]	⏱ 0,50 h/m	023.000.041
40	**Putzbänder, Faschen, Putzdekor**							KG **335**
	Putzfaschen an Fensteröffnungen, außen.							
	Breite: ca. 100 mm							
	Putz:							
	Fenstergröße:							
	4€	14€	**17**€	29€	55€	[m]	⏱ 0,20 h/m	023.000.042
41	**Kellenschnitt, Wand/Deckenübergang**							KG **335**
	Kellenschnitt des frisch verputzten Bauteils, am Übergang zwischen Wand und Decke.							
	0,6€	1,4€	**1,8**€	2,8€	4,5€	[m]	⏱ 0,01 h/m	023.000.163
42	**Akustikputz, Decke, innen, einlagig**							KG **353**
	Einlagiger Akustik-Putz an Decke, innen, für nachfolgende Beschichtung.							
	Untergrund:							
	Putzdicke: 10 mm							
	Oberflächenqualität:							
	Mörtel: Zementmörtel mit Zuschlägen							
	Schallabsorption-Klasse:							
	Arbeitshöhe:							
	Angeb. Fabrikat:							
	13€	61€	**72**€	92€	143€	[m²]	⏱ 0,50 h/m²	023.000.055

Nr.	Kurztext / Langtext							Kostengruppe
▶	▷	ø netto €	◁	◀	[Einheit]	Ausf.-Dauer	Positionsnummer	

43 Kalk-Gipsputz, Decken, einlagig, Q3, geglättet — KG **353**

Einlagiger Kalk-Gipsputz, an Deckenflächen innen, für Beschichtung oder mittel- bis grob strukturierte Wandbekleidungen.
Untergrund: .....
Putzdicke: 15 mm
Oberflächenqualität: Q3 - geglättet
Mörtel: **B3 / B6**
Arbeitshöhe: .....
Angeb. Fabrikat: .....

| 7€ | 12€ | **15**€ | 17€ | 22€ | [m²] | ⏱ 0,25 h/m² | 023.000.102 |

44 Gipsputz, Decken, einlagig, Q2, geglättet — KG **353**

Einlagiger Gipsputz, an Deckenflächen innen, für grob strukturierte Wandbekleidungen und matte, gefüllte Beschichtungen.
Untergrund: .....
Putzdicke: 10 mm
Oberflächenqualität: Q2 -geglättet
Mörtel: B4
Arbeitshöhe: .....
Angeb. Fabrikat: .....

| 11€ | 12€ | **13**€ | 14€ | 17€ | [m²] | ⏱ 0,25 h/m² | 023.000.176 |

45 Gipsputz, Decken, einlagig, Q3, geglättet — KG **353**

Einlagiger Gipsputz, an Deckenflächen innen, für grob strukturierte Wandbekleidungen und matte, gefüllte Beschichtungen.
Untergrund: .....
Putzdicke: 10 mm
Oberflächenqualität: Q3 -geglättet
Mörtel: B4
Arbeitshöhe: .....
Angeb. Fabrikat: .....

| 11€ | 13€ | **14**€ | 15€ | 18€ | [m²] | ⏱ 0,28 h/m² | 023.000.177 |

**LB 023
Putz- und Stuckarbeiten, Wärmedämm-systeme**

Kosten:
Stand 1.Quartal 2018
Bundesdurchschnitt

Nr.	Kurztext / Langtext				[Einheit]	Ausf.-Dauer	Kostengruppe Positionsnummer
▶	▷ ø netto €	◁	◀				

A 2 WDVS, MW, Silikat-Reibeputz
Beschreibung für Pos. **46-47**

Wärmedämm-Verbundsystem aus Mineralwolle-Lamellenplatten, auf tragfähigen Untergrund der Außenwand dicht gestoßen befestigt, Armierungsputz aus mineralischem Werktrockenmörtel, inkl. Armierungsgewebe. Farbe auf Oberputz abgestimmt, Oberputz aus Silikatputz, einschl. Grundierung, in Reibeputz-Struktur.
Dämmstoff: MW
Anwendung: WAP - zh

46 WDVS, MW 035, 120mm, Silikat-Reibeputz
KG **335**

Wie Ausführungsbeschreibung A 2
Untergrund: **saugend / nicht saugend**
Nennwert der Wärmeleitfähigkeit: 0,035 W/(mK)
Brandverhalten: A1
Dämmplattendicke: 120 mm
Plattenrand: .....
Putzdicke: .....
Körnung: 3 mm
Bauwerkshöhe: .....
Angeb. Fabrikat: .....

▶	▷	ø	◁	◀	[Einheit]	Ausf.-Dauer	Positionsnummer
61 €	65 €	**68** €	71 €	77 €	[m²]	⏱ 1,00 h/m²	023.000.140

47 WDVS, MW 035, 180mm, Silikat-Reibeputz
KG **335**

Wie Ausführungsbeschreibung A 2
Untergrund: **saugend / nicht saugend**
Nennwert der Wärmeleitfähigkeit: 0,035 W/(mK)
Brandverhalten: A1
Dämmplattendicke: 180 mm
Plattenrand: .....
Putzdicke: .....
Körnung: 3 mm
Bauwerkshöhe: .....
Angeb. Fabrikat: .....

▶	▷	ø	◁	◀	[Einheit]	Ausf.-Dauer	Positionsnummer
72 €	79 €	**85** €	90 €	96 €	[m²]	⏱ 1,00 h/m²	023.000.181

▶ min
▷ von
ø Mittel
◁ bis
◀ max

Nr.	Kurztext / Langtext							Kostengruppe	
▶	▷	ø netto €	◁	◀		[Einheit]	Ausf.-Dauer	Positionsnummer	

A 3   WDVS, EPS, Silikat-Reibeputz   Beschreibung für Pos. **48-49**

Wärmedämm-Verbundsystem aus extrudierter Polystyrol-Hartschaumplatte, auf tragfähigen Untergrund der Außenwand befestigt, dicht gestoßen verlegen, Armierungsputz aus mineralischer Werktrockenmörtel mit Armierungsgewebe. Farbe auf Oberputz abgestimmt, Oberputz aus Silikatputz, einschl. Grundierung, in Reibeputz-Struktur.
Dämmstoff: EPS
Anwendung: WAP - zh

48   WDVS, EPS, 120mm, Silikat-Reibeputz   KG **335**

Wie Ausführungsbeschreibung A 3
Untergrund: **saugend / nicht saugend**
Nennwert der Wärmeleitfähigkeit: 0,035 W/(mK)
Brandverhalten: Klasse E
Dämmplattendicke: 120 mm
Plattenrand: .....
Putzdicke: .....
Körnung: 3 mm
Bauwerkshöhe: .....
Angeb. Fabrikat: .....

| 58€ | 62€ | **63€** | 66€ | 72€ | | [m²] | ⏱ 0,95 h/m² | 023.000.108 |

49   WDVS, EPS, 180mm, Silikat-Reibeputz   KG **335**

Wie Ausführungsbeschreibung A 3
Untergrund: **saugend / nicht saugend**
Nennwert der Wärmeleitfähigkeit: 0,035 W/(mK)
Brandverhalten: Klasse E
Dämmplattendicke: 180 mm
Plattenrand: .....
Putzdicke: .....
Körnung: 3 mm
Bauwerkshöhe: .....
Angeb. Fabrikat: .....

| 69€ | 72€ | **80€** | 80€ | 91€ | | [m²] | ⏱ 1,00 h/m² | 023.000.185 |

A 4   WDVS, Wärmedämmung, EPS 035   Beschreibung für Pos. **50-51**

Wärmedämmung aus Polystyrol-Hartschaumplatten, für Wärmedämm-Verbundsystem, dicht gestoßen befestigt.
Dämmstoff: EPS
Anwendung: WAP

50   WDVS, Wärmedämmung, EPS 035, 200mm   KG **335**

Wie Ausführungsbeschreibung A 4
Untergrund: **saugend / nicht saugend**
Nennwert der Wärmeleitfähigkeit: 0,035 W/(mK)
Brandverhalten: E
Plattenrand: .....
Plattendicke: 200 mm
Angeb. Fabrikat: .....

| 39€ | 42€ | **49€** | 52€ | 60€ | | [m²] | ⏱ 0,32 h/m² | 023.000.121 |

LB 023 Putz- und Stuckarbeiten, Wärmedämmsysteme

Kosten:
Stand 1.Quartal 2018
Bundesdurchschnitt

Nr. ▶	Kurztext / Langtext ▷ ø netto € ◁ ◀	[Einheit]	Ausf.-Dauer	Kostengruppe Positionsnummer

51 **WDVS, Wärmedämmung, EPS 035, 300mm** — KG **335**
Wie Ausführungsbeschreibung A 4
Untergrund: **saugend / nicht saugend**
Nennwert der Wärmeleitfähigkeit: 0,035 W/(mK)
Brandverhalten: E
Plattenrand: .....
Plattendicke: 300 mm
Angeb. Fabrikat: .....
52€   63€   **65**€   71€   77€   [m²]   ⏱ 0,35 h/m²   023.000.124

A 5 **WDVS, Wärmedämmung, Mineralwolle** — Beschreibung für Pos. **52-53**
Wärmedämmung aus Mineralwolle-Platten, für Wärmedämm-Verbundsystem, dicht gestoßen befestigt.
Dämmstoff: MW
Anwendung: WAP - zh

52 **WDVS, Wärmedämmung, MW 035, 160mm** — KG **335**
Wie Ausführungsbeschreibung A 5
Untergrund: **saugend / nichtsaugend**
Nennwert der Wärmeleitfähigkeit: 0,035 W/(mK)
Brandverhalten: A1
Plattendicke: 160 mm
Angeb. Fabrikat: .....
–€   –€   **50**€   –€   –€   [m²]   ⏱ 0,38 h/m²   023.000.113

53 **WDVS, Wärmedämmung, MW 035, 200mm** — KG **335**
Wie Ausführungsbeschreibung A 5
Untergrund: **saugend / nichtsaugend**
Nennwert der Wärmeleitfähigkeit: 0,035 W/(mK)
Brandverhalten: A1
Plattendicke: 200 mm
Angeb. Fabrikat: .....
40€   46€   **62**€   52€   58€   [m²]   ⏱ 0,40 h/m²   023.000.115

54 **WDVS, Brandbarriere, bis 300mm** — KG **353**
Brandbarriere in Wärmedämm-Verbundsystem, aus Mineralwolle, linienartig in Flächendämmung eingebaut, auf tragfähigen Untergrund der Außenwand. Abrechnung nach m.
Dämmstoff Barriere: MW
Nennwert Wärmeleitfähigkeit: **0,035 / 0,040** W/(mK)
Anwendung: WAP - zh
Brandverhalten: A1
Plattendicke: 100-300 mm
Einbauort: **Sturzbereich / durchlaufender Brandriegel**
Flächendämmung: Polystyrolplatten, Brandverhalten E
Angeb. Fabrikat: .....
5€   7€   **9**€   10€   13€   [m]   ⏱ 0,20 h/m   023.000.146

▶ min
▷ von
ø Mittel
◁ bis
◀ max

Nr.	Kurztext / Langtext				[Einheit]	Ausf.-Dauer	Kostengruppe Positionsnummer
▶	▷	ø netto €	◁	◀			

55 WDVS, Montagequader, Druckplatte — KG 335

Formgeschäumter Montagequader aus druckbeständigem Hartschaum oberflächenbündig in WDVS für wärmebrückenfreie Befestigung von Lasten.
Lasten: .....
Dämmstoffstärke: ..... mm
Material: **EPS- / PU- Hartschaum**
Nennwert Wärmeleitfähigkeit: ..... W/(mK)
Abmessung: ..... mm

| 11€ | 36€ | **49€** | 72€ | 130€ | [St] | ⏱ 0,80 h/St | 023.000.166 |

56 WDVS, Dübelung, Wärmedämmung — KG 335

Wärmedämmschicht des Wärmedämm-Verbundsystems dübeln, aus Polystyrolplatten, auf nicht tragfähigen Untergründen, Dübel bauaufsichtlich zugelassen.
Dämmdicke: .....
Anzahl Dübel: .....
Gebäudehöhe: .....
Windzone: .....

| 3€ | 8€ | **10€** | 12€ | 19€ | [m²] | ⏱ 0,10 h/m² | 023.000.034 |

57 WDVS, Armierungsputz, Glasfasereinlage — KG 335

Armierungsputz für Wärmedämm-Verbundsystem, mit alkalibeständigem Glasfasergewebe bewehrt, vollflächig auf Dämmstoffplatten; Glasfasergewebe in Armierungsputz einbetten, Gewebestöße 10cm überlappend.
Untergrund: Dämmplatten
Dämmstoff: .....
Putzfarbe: .....
Angeb. Fabrikat: .....

| 7€ | 12€ | **14€** | 16€ | 22€ | [m²] | ⏱ 0,18 h/m² | 023.000.037 |

58 WDVS, Eckausbildung, Profil — KG 335

Eckausbildung in Wärmedämm-Verbundsystem, mit Eck- bzw. Kantenprofil, eingebettet in Armierungsschicht, inkl. Eckausbildung des Armierungsgewebes.
Eckprofil: **Kunststoffprofil / Leichtmetallprofil**
Profilnummer: .....
Flächendämmung: .....
Angeb. Fabrikat: .....

| 3€ | 5€ | **6€** | 7€ | 11€ | [m] | ⏱ 0,13 h/m | 023.000.045 |

59 WDVS, Sockeldämmung, XPS — KG 335

Sockeldämmung, abgestimmt auf das getrennt beschriebene WDVS, auf bauseitigen Untergrund geklebt, angearbeitet an Sockelabschlussprofil.
Material: XPS
Anwendung: PW - dh
Brandverhalten: Klasse E
Dicke: ..... mm
Sockelhöhe: ..... m
Profil: **Kunststoff / Leichtmetall**

| 29€ | 36€ | **38€** | 42€ | 51€ | [m²] | ⏱ 0,15 h/m² | 023.000.167 |

LB 023
Putz- und Stuckarbeiten, Wärmedämm-systeme

Kosten:
Stand 1.Quartal 2018
Bundesdurchschnitt

Nr.	Kurztext / Langtext						Kostengruppe
▶	▷	ø netto €	◁	◀	[Einheit]	Ausf.-Dauer	Positionsnummer

60 WDVS, Sockelprofil — KG **335**

Sockelabschlussprofil des Wärmedämm-Verbundsystems, für Abschluss Flächendämmung und Anschluss Sockeldämmung aus extrudierten Polystyrol-Hartschaumplatten, Profil vollflächig in Armierungsschicht eingebettet.
Material Profil: **Kunststoff- / Leichtmetall**
Befestigung: .....
Dämmstoffdicke: .....
Angeb. Fabrikat: .....

| 6€ | 10€ | **12€** | 14€ | 20€ | [m] | ⏱ 0,20 h/m | 023.000.116 |

61 WDVS, Fensteranschluss — KG **335**

Fensteranschluss des Wärmedämm-Verbundsystems: Heranführen aller Systemschichten an Fenster, einschl. Anschluss- und Kantenschutzprofil, Profile vollflächig in Armierungsschicht eingebettet, inkl. Eckausbildung des Armierungsgewebes.
Material Profil: **Kunststoff- / Leichtmetall**
Flächendämmung: .....
Angeb. Fabrikat: .....

| 2€ | 4€ | **5€** | 6€ | 8€ | [m] | ⏱ 0,12 h/m | 023.000.053 |

62 WDVS, Laibungsausbildung — KG **335**

Gedämmte Fensterlaibungen, für vor beschriebenes WDV-System, herstellen. Oberputz, Eckausbildung mit Eckwinkel und Armierungsgewebe, sowie Fenster- / Türanschluss mit Anputzprofil und Fugendichtband, werden nach gesonderter Position vergütet.
Laibungstiefe: ..... cm
Untergrund: **saugend / nicht saugend**
Klebeschicht: .....
Dämmung: **Mineralwolle MW 035 / expandiertes Polystyrol EPS 035**
Dämmdicke: ..... mm

| 5€ | 12€ | **16€** | 17€ | 21€ | [m] | ⏱ 0,15 h/m | 023.000.164 |

63 Mineralischer Oberputz, WDVS — KG **335**

Oberputz, mineralisch, für Wärmedämm-Verbundsystem, auf Armierungsputz, einschl. Grundierung.
Putzart: .....
Korngröße: 3 mm
Struktur: gerieben (Scheibenputz- oder Rillenputzstruktur)
Untergrund Dämmstoff: .....
Untergrund Armierungsputz: .....
Angeb. Fabrikat: .....

| 8€ | 11€ | **12€** | 13€ | 16€ | [m²] | ⏱ 0,25 h/m² | 023.000.049 |

▶ min
▷ von
ø Mittel
◁ bis
◀ max

Nr.	Kurztext / Langtext					[Einheit]	Ausf.-Dauer	Kostengruppe Positionsnummer
▶	▷	ø netto €	◁	◀				

64 Organischer Oberputz, WDVS   KG 335
Oberputz, organisch, für Wärmedämm-Verbundsystem, auf Armierungsputz, einschl. Grundierung.
Putzart: .....
Korngröße: 3 mm
Struktur: gerieben (Scheibenputz- oder Rillenputzstruktur)
Untergrund Dämmstoff: .....
Untergrund Armierungsputz: .....
Angeb. Fabrikat: .....

| 7€ | 12€ | **14€** | 16€ | 19€ | [m²] | ⏱ 0,28 h/m² | 023.000.141 |

65 Außenputz, zweilagig, Wand   KG 335
Putzsystem auf Außenwänden, mineralisch, bestehend aus Unterputz und Oberputz.
Untergrund: Ziegelmauerwerk
Unterputz: Kalkzement-Putzmörtel GP, CS II
Unterputzdicke: 20 mm
Oberputz: Normalmörtel GP
Druckfestigkeit: PII, CS II
kapillare Wasseraufnahme: W1, wasserhemmend
Körnung Oberputz: 3,0 mm
Farbe: .....
Struktur: gerieben
Verputzhöhe: bis 3,50 m
Angeb. Fabrikat: .....

| 14€ | 24€ | **28€** | 31€ | 38€ | [m²] | ⏱ 0,48 h/m² | 023.000.036 |

66 Kunstharzputz, außen   KG 335
Kunstharzputz, außen, mit algizider und fungizider Filmkonservierung.
Untergrund: Unterputz .....
Putz: Dispersionsputz DIN EN 15824
Struktur: **Kratz- / Rillenputzstruktur**
Korngröße: **1,5 / 2,0 / 3,0** mm
Wasserdampfdiffusion: V1
kapillare Wasseraufnahme: W2 / W3
Farbton: nach Bemusterung, durch den Auftraggeber
Angeb. Fabrikat: .....

| 12€ | 15€ | **16€** | 19€ | 23€ | [m²] | ⏱ 0,25 h/m² | 023.000.112 |

67 Schlämmputz, außen   KG 335
Einlagiger Schlämmputz, an Außenwandflächen aus Ziegelmauerwerk, glatt, wenig saugend.
Putz: Kalkzementputz
Mörtel: Kalkzement-Normalputzmörtel GP
Druckfestigkeit: CS II
Kapillare Wasseraufnahme: W2 - wasserhemmend
Putzdicke: 2-5 mm
Wandhöhe: ca. 4,00 m
Angeb. Fabrikat: .....

| 8€ | 11€ | **13€** | 15€ | 18€ | [m²] | ⏱ 0,18 h/m² | 023.000.044 |

© BKI Baukosteninformationszentrum; Erläuterungen zu den Tabellen siehe Seite 46
Mustertexte geprüft: Fachverband der Stuckateure für Ausbau und Fassade Baden-Württemberg
Kostenstand: 1.Quartal 2018, Bundesdurchschnitt

LB 023 Putz- und Stuckarbeiten, Wärmedämmsysteme

Kosten:
Stand 1.Quartal 2018
Bundesdurchschnitt

▶ min
▷ von
ø Mittel
◁ bis
◀ max

Nr.	Kurztext / Langtext					[Einheit]	Ausf.-Dauer	Kostengruppe Positionsnummer
▶	▷	ø netto €	◁	◀				

68   **Außenputz, zweilagig, Laibungen**   KG **335**

Zweilagiger Außenputz, auf Fensterlaibungen. Gewebeeckwinkel, APU-Profil oder Fugendichtband in gesonderter Position.
Untergrund: Mauerwerk, saugfähig, rau
Unterputz: Normalputzmörtel GP, CS II
Oberputz: Edelputzmörtel CR
Oberfläche: gerieben
Körnung: 2,5 mm
Kapillare Wasseraufnahme: W1 - wasserhemmend
Laibungsbreite: 300 mm
Farbton: nach Bemusterung, durch den Auftraggeber
Angeb. Fabrikat: .....

| 6€ | 11€ | **13**€ | 15€ | 21€ | [m] | ⏱ 0,22 h/m | 023.000.046 |

69   **Beschichtung, Dispersionssilikatfarbe, Außenputz**   KG **335**

Fassadenbeschichtung mit Dispersionssilikatfarbe:
– Untergrundvorbehandlung: Untergrund auf Eignung, Trag- sowie Haftfähigkeit prüfen, Flächen säubern
– Grundbeschichtung für mineralische, saugende und sandende Untergründe, aus Silikat
– Zwischenbeschichtung aus Silikat
– Fassadenbeschichtung mit Dispersionssilikatfarbe, scheuerbeständig und diffusionsfähig
Untergrund: normal saugender Außenputz (Mörtelgruppe PI, PII, PIII)
Glanzgrad: stumpfmatt
Deckvermögen: Klasse .....
Farbton: weiß
Angeb. Fabrikat: .....

| 4€ | 6€ | **7**€ | 9€ | 11€ | [m²] | ⏱ 0,16 h/m² | 023.000.070 |

70   **Fensteranschluss, Putzprofil**   KG **335**

Anputz-Profil aus Kunststoff, als Übergang zu angrenzenden Fensterprofilen.
Einbaubereich: **Innenputz / Außenputz / WDVS**
Putzdicke: .....
Profil-Nr.: .....
Ausführung: **dicht / schlagregendicht**
Angeb. Fabrikat: .....

| 3€ | 5€ | **5**€ | 6€ | 8€ | [m] | ⏱ 0,10 h/m | 023.000.063 |

71   **Dämmung, Kellerdecke, EPS 040, bis 140mm**   KG **353**

Wärmedämmung aus Polystyrol-Hartschaumplatten, als Untersicht der Kellerdecke, dicht gestoßen verklebt und ggf. gedübelt.
Dämmstoff: EPS
Anwendung: DI
Oberfläche: **glatt / geprägt**
Wärmeleitfähigkeit: 0,032 W/(mK)
Dämmplattendicke: **120 / 140** mm
Brandverhalten: .....
Plattenrand: .....
Angeb. Fabrikat: .....

| 36€ | 38€ | **42**€ | 45€ | 54€ | [m²] | ⏱ 0,32 h/m² | 023.000.148 |

Nr.	Kurztext / Langtext					Kostengruppe
▶	▷ ø netto € ◁ ◀				[Einheit]	Ausf.-Dauer Positionsnummer

72 Dämmung, Kellerdecke, MW 032, bis 140mm — KG 353

Wärmedämmung aus Mineralwolleplatten, als Untersicht der Kellerdecke, dicht gestoßen verklebt und ggf. gedübelt.
Dämmstoff: MW
Anwendung: DI
Oberfläche: **glatt / geprägt**
Wärmeleitfähigkeit: 0,032 W/(mK)
Dämmplattendicke: **120 / 140** mm
Brandverhalten: .....
Plattenrand: .....
Angeb. Fabrikat: .....

| 46 € | 48 € | **53** € | 57 € | 71 € | [m²] | 0,32 h/m² | 023.000.149 |

73 Mehrschichtplatte, 50mm — KG 335

Wärmedämmung aus Holzwolle-Mehrschichtplatten mit Polystyrol-Dämmkern, auf Bauteilen, dicht gestoßen verklebt und ggf. gedübelt.
Bauteil: .....
Untergrund: Stahlbeton
Dämmstoff: EPS
Anwendung: DI
Brandverhalten: E
Nennwert der Wärmeleitfähigkeit: 0,040 W/(mK)
Dämmplattendicke: 50 mm
Plattenrand: .....
Angeb. Fabrikat: ...

| 17 € | 26 € | **28** € | 35 € | 46 € | [m²] | 0,30 h/m² | 023.000.152 |

74 Mehrschichtplatte, 75mm — KG 335

Wärmedämmung aus Holzwolle-Mehrschichtplatten mit Polystyrol-Dämmkern, auf Bauteilen, dicht gestoßen verklebt und ggf. gedübelt.
Bauteil: .....
Untergrund: Stahlbeton
Dämmstoff: EPS
Anwendung: DI
Brandverhalten: E
Nennwert der Wärmeleitfähigkeit: 0,040 W/(mK)
Dämmplattendicke: 75 mm
Plattenrand: .....
Angeb. Fabrikat: ...

| 23 € | 34 € | **38** € | 44 € | 58 € | [m²] | 0,33 h/m² | 023.000.151 |

75 Gerüstankerlöcher schließen — KG 335

Dübellöcher der Gerüstanker, im Zuge des Abbaus des Gerüstes, schließen und Oberfläche nahtlos angleichen und beschichten, Dämmverschluss der Löcher und Beschichtung mit Oberputz, Art und Ausführung abgestimmt auf das verwendete WDVS-System, dessen Putzstruktur und Beschichtung.

| 0,3 € | 1,9 € | **2,7** € | 5,3 € | 11 € | [St] | 0,15 h/St | 023.000.168 |

LB 023 Putz- und Stuckarbeiten, Wärmedämmsysteme

Nr.	Kurztext / Langtext							Kostengruppe
▶	▷	ø netto €	◁	◀	[Einheit]	Ausf.-Dauer	Positionsnummer

76 Stundensatz Facharbeiter, Putzarbeiten

Stundenlohnarbeiten für Vorarbeiter, Facharbeiter und Gleichgestellte (z.B. Spezialbaufacharbeiter, Baufacharbeiter, Obermonteure, Monteure, Gesellen, Maschinenführer, Fahrer und ähnliche Fachkräfte). Leistung nach besonderer Anordnung der Bauüberwachung. Anmeldung und Nachweis gemäß VOB/B.

| 35 € | 43 € | **46** € | 50 € | 62 € | [h] | ⏱ 1,00 h/h | 023.000.153 |

77 Stundensatz Helfer, Putzarbeiten

Stundenlohnarbeiten für Werker, Helfer und Gleichgestellte (z.B. Baufachwerker, Helfer, Hilfsmonteure, Ungelernte, Angelernte). Leistung nach besonderer Anordnung der Bauüberwachung. Anmeldung und Nachweis gemäß VOB/B.

| 26 € | 35 € | **40** € | 42 € | 49 € | [h] | ⏱ 1,00 h/h | 023.000.154 |

Kosten:
Stand 1.Quartal 2018
Bundesdurchschnitt

▶ min
▷ von
ø Mittel
◁ bis
◀ max

023
024
025
026
027
028
029
030
031
032
033
034
036
037
038
039

LB 024 Fliesen- und Plattenarbeiten

Fliesen- und Plattenarbeiten — Preise €

Kosten: Stand 1.Quartal 2018, Bundesdurchschnitt

Legend:
- ▶ min
- ▷ von
- ø Mittel
- ◁ bis
- ◀ max

Nr.	Positionen	Einheit	▶	▷	ø brutto € / ø netto €	◁	◀
1	Feuchtemessung	St	26	31	**35**	36	41
			22	26	**30**	30	34
2	Untergrund prüfen, Haftzugfestigkeit	St	16	19	**21**	23	26
			13	16	**18**	19	22
3	Haftbrücke, Fliesenbelag	m²	1	3	**3**	5	8
			1	2	**3**	4	6
4	Grundierung, Fliesenbelag	m²	0,5	1,7	**2,2**	3,7	9,8
			0,4	1,4	**1,8**	3,1	8,2
5	Spachtelung, Wand, Mosaikbelag	m²	2	5	**6**	10	17
			1	4	**5**	8	14
6	Spachtelung, Boden, Fliesenbelag, großformatig	m²	0,8	7,6	**8,9**	12	21
			0,7	6,4	**7,5**	10	18
7	Spachtelung, Boden, Mosaikbelag	m²	1	5	**8**	10	18
			1	4	**6**	9	15
8	Verbundabdichtung, streichbar, Wand	m²	7	14	**16**	20	31
			6	11	**13**	17	26
9	Verbundabdichtung, streichbar, Boden	m²	8	12	**15**	17	24
			6	10	**12**	15	20
10	Abdichtung, Nassräume, KH/Quarz	m²	38	45	**48**	56	69
			32	38	**40**	47	58
11	Dichtband, Ecken, Wand/Boden	m	3	6	**8**	9	14
			3	5	**6**	8	12
12	Dichtmanschette, Rohre, bis 42mm	St	2	5	**6**	9	15
			1	4	**5**	8	13
13	Dichtmanschette, Bodeneinlauf, bis 100mm	St	8	22	**29**	34	48
			7	18	**24**	28	41
14	Revisionstür, 20x20	St	7,0	28	**37**	50	77
			5,9	24	**31**	42	65
15	Revisionstür, 30x30	St	14	29	**33**	51	80
			12	24	**28**	42	68
16	Trennschiene, Aluminium	m	5	12	**16**	28	58
			4	10	**13**	23	49
17	Trennschiene, Edelstahl	m	10	16	**18**	30	55
			8	14	**15**	25	46
18	Eckschutzschiene, Aluminium	m	4	9	**13**	14	16
			4	8	**11**	12	14
19	Eckschutzschiene, Edelstahl	m	8	14	**16**	23	44
			6	12	**13**	20	37
20	Eckschutzschiene, Kunststoff	m	3	7	**9**	11	17
			2	6	**7**	9	14
21	Wandfliesen, 10x10cm	m²	43	58	**63**	70	89
			36	49	**53**	59	75
22	Wandfliesen, 20x20cm	m²	39	50	**54**	61	74
			33	42	**45**	51	62
23	Wandfliesen, 30x30cm	m²	46	61	**65**	72	92
			38	51	**55**	61	77
24	Wandfliesen, 10x10cm, Dekor	m²	65	77	**83**	93	103
			55	65	**69**	78	87

© BKI Baukosteninformationszentrum; Erläuterungen zu den Tabellen siehe Seite 46

Kostenstand: 1.Quartal 2018, Bundesdurchschnitt

Fliesen- und Plattenarbeiten — Preise €

Nr.	Positionen	Einheit	▶	▷ ø brutto € / ø netto €		◁	◀
25	Wandfliesen, 20x20cm, Dekor	m²	59	67	**76**	84	92
			50	56	**64**	70	77
26	Wandfliesen, 30x30cm, Dekor	m²	53	62	**69**	75	85
			44	52	**58**	63	72
27	Wandbelag, Glasmosaik, Dünnbett	m²	104	169	**180**	195	233
			88	142	**152**	164	196
28	Wandbelag, Mittelmosaik, Dünnbett	m²	118	135	**147**	163	181
			99	114	**124**	137	152
29	Fliesenspiegel, bis 1,0x2,0m	m²	76	86	**96**	108	118
			64	72	**81**	91	99
30	Fliesenspiegel, bis 2,0x2,0m	m²	70	80	**90**	100	112
			59	67	**76**	84	94
31	Sockelfliesen, Fliesenbelag	m	6	14	**16**	21	35
			5	12	**14**	17	29
32	Hohlkehlsockel, Fliesenbelag	m	14	26	**32**	40	65
			12	22	**27**	34	54
33	Bordürestreifen, Fliesen	m	4	13	**16**	24	51
			4	11	**13**	20	43
34	Bodenfliesen, Glasmosaik, farbig/Dekor	m²	181	219	**251**	282	309
			152	184	**211**	237	260
35	Bodenfliesen, 10x10cm	m²	52	74	**85**	96	119
			44	62	**72**	81	100
36	Bodenfliesen, 20x20cm	m²	47	59	**64**	74	94
			40	49	**54**	62	79
37	Bodenfliesen, 30x30cm	m²	36	56	**61**	70	90
			30	47	**51**	59	76
38	Bodenfliesen, 30x60cm	m²	42	49	**56**	64	68
			35	42	**47**	54	57
39	Bodenfliesen, 20x20cm, strukturiert	m²	54	63	**71**	82	88
			45	53	**60**	69	74
40	Bodenfliesen, 30x30cm, strukturiert	m²	53	59	**68**	76	84
			44	49	**57**	64	71
41	Bodenfliesen, 30x30cm, R11	m²	66	77	**80**	84	93
			55	65	**67**	71	78
42	Bodenfliesen, Großküche, 20x20cm, R12	m²	45	54	**62**	70	77
			38	46	**52**	59	64
43	Bodenfliesen, Großküche, 30x30cm, R12	m²	63	79	**85**	92	109
			53	66	**71**	78	92
44	Bodenfliesen, Gewerbe, 30x30cm, Rüttelverlegung	m²	69	76	**87**	94	105
			58	64	**73**	79	88
45	Bodenfliesenbeläge, Treppen	m	84	103	**110**	119	142
			71	87	**92**	100	119
46	Sockelfliesenbeläge, Treppen	m	10	18	**21**	26	34
			8	15	**18**	22	28
47	Fliesen, BIa-Feinsteinzeug, bis 20x20cm	m²	47	58	**60**	73	94
			40	48	**51**	61	79
48	Fliesen, BIIa/BIIb-Steinzeug, glasiert, bis 20x20cm	m²	28	50	**57**	71	96
			24	42	**48**	59	81

© BKI Baukosteninformationszentrum; Erläuterungen zu den Tabellen siehe Seite 46   Kostenstand: 1.Quartal 2018, Bundesdurchschnitt

LB 024 Fliesen- und Plattenarbeiten

Preise €

Nr.	Positionen	Einheit	▶ min	▷ von	ø brutto € / ø netto €	◁ bis	◀ max
49	Fliesen, BIII-Steingut, glasiert, bis 20x20cm	m²	37	56	**62**	69	85
			31	47	**52**	58	71
50	Fliesen, AI/AII-Spaltplatte, frostsicher, bis 20x20cm	m²	54	76	**80**	89	111
			45	64	**67**	75	93
51	Fliesen, AI/AII-Klinker, frostsicher, bis 20x20cm	m²	43	57	**63**	69	81
			36	48	**53**	58	68
52	Fliesen, Schwimmbad, 15x15cm	m²	97	117	**134**	150	165
			81	98	**113**	126	139
53	Fliesen, Schwimmbad, 20x20cm	m²	103	121	**139**	152	174
			87	102	**117**	128	146
54	Duschwannenträger einfliesen	St	10	32	**40**	52	76
			9	27	**34**	43	64
55	Badewannenträger einfliesen	St	50	67	**73**	102	136
			42	56	**61**	86	114
56	Gehrungsschnitt, Fliesen	m	0,2	6,3	**9,5**	13	23
			0,2	5,3	**8,0**	11	19
57	Fliesen anarbeiten, Stützen	m	16	19	**21**	23	26
			13	16	**18**	19	22
58	Bodenablauf einfliesen	m	16	21	**23**	25	28
			13	18	**19**	21	23
59	Untergrund reinigen, Boden	m²	0,1	2,0	**2,6**	5,3	13
			0,1	1,7	**2,2**	4,4	11
60	Leitsystem, Rippenfliesen, Steinzeug, innen	m	–	61	**72**	90	–
			–	51	**61**	76	–
61	Begleitstreifen, Kontraststreifen, Steinzeug, innen	m	–	49	**57**	71	–
			–	41	**48**	60	–
62	Aufmerksamkeitsfeld, Noppenfliesen, Steinzeug, innen	St	–	167	**196**	245	–
			–	140	**165**	206	–
63	Fußabstreifer, Rahmen, Edelstahl, 1.500x1.200mm	St	282	271	**382**	454	542
			237	228	**321**	382	455
64	Fußabstreifer, Rahmen, Edelstahl, 2.000x2.000mm	St	304	493	**531**	765	1.034
			256	414	**446**	643	869
65	Fußabstreifer, Rahmen, bis 2,00m²	St	151	427	**556**	719	1.069
			127	359	**467**	604	899
66	Fußabstreifer, Rahmen, über 2,00m²	St	895	1.456	**1.681**	1.851	2.298
			752	1.223	**1.413**	1.555	1.931
67	Elastische Verfugung, Fliesen, Silikon	m	3	5	**6**	7	9
			3	4	**5**	6	8
68	Elastoplastische Verfugung, Fliesen, Acryl	m	4	6	**6**	8	9
			4	5	**5**	7	8
69	Elastische Verfugung, Fliesen, chemisch beständig	m	5	7	**7**	9	10
			4	6	**6**	8	8
70	Verfugung, Fliesen, Kunstharz	m	6	7	**8**	9	10
			5	6	**7**	8	9
71	Bewegungsfugen, Fliesenbelag, Profil	m	16	19	**22**	25	27
			13	16	**19**	21	23

Kosten:
Stand 1.Quartal 2018
Bundesdurchschnitt

▶ min
▷ von
ø Mittel
◁ bis
◀ max

Fliesen- und Plattenarbeiten — Preise €

Nr.	Positionen	Einheit	▶	▷ ø brutto € / ø netto €	◁	◀
72	Randstreifen abschneiden	m	0,2 / 0,1	0,6 / 0,5	**0,8** / **0,6**	1,3 / 1,1	2,4 / 2,0
73	Stundensatz Facharbeiter, Fliesenarbeiten	h	38 / 32	50 / 42	**55** / **46**	58 / 49	65 / 55
74	Stundensatz Helfer, Fliesenarbeiten	m²	41 / 35	46 / 39	**48** / **40**	50 / 42	55 / 46

Nr.	Kurztext / Langtext							Kostengruppe
▶	▷ ø netto € ◁ ◀				[Einheit]	Ausf.-Dauer	Positionsnummer	

1 Feuchtemessung — KG **352**
Feuchtemessung des Fliesenuntergrunds als Prüfung der Belegreife, über die Prüfpflicht des Auftragnehmers hinaus. Messung mit CM-Prüfinstrument, Preis je Prüfung inkl. Protokollierung und Übergabe an den Auftraggeber.

| 22€ | 26€ | **30€** | 30€ | 34€ | [St] | ⏱ 0,25 h/St | 024.000.061 |

2 Untergrund prüfen, Haftzugfestigkeit — KG **352**
Fliesenuntergrund durch Haftzugprüfung prüfen. Preis je Prüfung inkl. Protokollierung und Übergabe an den Auftraggeber.
Hinweis: Nur für Prüfpflicht des Auftragnehmers hinaus gehen.

| 13€ | 16€ | **18€** | 19€ | 22€ | [St] | ⏱ 0,50 h/St | 024.000.066 |

3 Haftbrücke, Fliesenbelag — KG **352**
Haftbrücke, für Fliesenbelag.
Bauteil: Wand- / Bodenflächen
Untergrund: .....
Angeb. Fabrikat: .....

| 1€ | 2€ | **3€** | 4€ | 6€ | [m²] | ⏱ 0,05 h/m² | 024.000.005 |

4 Grundierung, Fliesenbelag — KG **352**
Grundierung mit Tiefengrund, für Fliesenbelag.
Bauteil: Wand- / Bodenflächen
Untergrund: .....
Angeb. Fabrikat: .....

| 0,4€ | 1,4€ | **1,8€** | 3,1€ | 8,2€ | [m²] | ⏱ 0,05 h/m² | 024.000.004 |

5 Spachtelung, Wand, Mosaikbelag — KG **345**
Spachteln und Schleifen von Wandflächen, als Untergrundvorbereitung für Verlegung von Glasmosaik. Leistungsausführung nach Anordnung durch Bauüberwachung. Ausgleich mit Feinspachtelmasse, weiß.
Flächenanteil: 100%.
Untergrund: Kalkzementputz
Schichtdicke: bis 5 mm
Wandbelag: Glasmosaik - transluzent, 2 x 2 cm
Ebenheitstoleranz: Tab. 3, Zeile 4 - DIN 18202

| 1€ | 4€ | **5€** | 8€ | 14€ | [m²] | ⏱ 0,20 h/m² | 024.000.045 |

LB 024 Fliesen- und Plattenarbeiten

Nr.	Kurztext / Langtext					[Einheit]	Ausf.-Dauer	Kostengruppe / Positionsnummer
▶	▷	ø netto €	◁	◀				

6 Spachtelung, Boden, Fliesenbelag, großformatig — KG 352
Spachteln und Schleifen von Bodenflächen, als Untergrundvorbereitung für Verlegung von Fliesen, Leistungsausführung nach Anordnung durch Bauüberwachung.
Flächenanteil: bis 100%
Untergrund: Zementestrich
Schichtdicke: 5-20 mm
Bodenbelag: großformatige Feinkeramik ..... x ..... cm
Ebenheitstoleranz: Tab. 3, Zeile 3 - DIN 18202.

▶	▷	ø	◁	◀	[Einheit]	Ausf.-Dauer	Positionsnummer
0,7€	6,4€	**7,5€**	10€	18€	[m²]	0,25 h/m²	024.000.003

7 Spachtelung, Boden, Mosaikbelag — KG 352
Spachteln und Schleifen von Bodenflächen, als Untergrundvorbereitung für Verlegung von Mosaikfliesen. Leistungsausführung nach Anordnung durch Bauüberwachung.
Flächenanteil: bis 100%
Untergrund: Zementestrich
Schichtdicke: bis 5 mm
Ebenheitstoleranz: Tab. 3, Zeile 4 - DIN 18202.

| 1,0€ | 4€ | **6€** | 9€ | 15€ | [m²] | 0,22 h/m² | 024.000.046 |

8 Verbundabdichtung, streichbar, Wand — KG 345
Innenraum-Abdichtung gegen Feuchtigkeit, in Verbindung mit Fliesenbelag, im Dünnbettverfahren. Grundierung, Bewehrungseinlage und Anarbeiten an Durchdringungen und Ausbildung der Boden-Wand-Übergänge in gesonderten Positionen.
Untergrund: .....
Art der Abdichtung: **Polymerdispersion DM / rissüberbrückende mineralische Dichtschlämme CM / Reaktionsharz RM**
Einwirkungsklasse: W1-I DIN EN 18534
Einbauort: Wohnung, Innenraum Wand - Dusche
Angeb. Fabrikat: .....

| 6€ | 11€ | **13€** | 17€ | 26€ | [m²] | 0,20 h/m² | 024.000.007 |

9 Verbundabdichtung, streichbar, Boden — KG 352
Innenraum-Abdichtung gegen Feuchtigkeit, in Verbindung mit Fliesenbelag, im Dünnbettverfahren. Grundierung, Bewehrungseinlage und Anarbeiten an Durchdringungen und Ausbildung der Boden-Wand-Übergänge in gesonderten Positionen.
Untergrund: .....
Art der Abdichtung: **Polymerdispersion DM / rissüberbrückende mineralische Dichtschlämme CM / Reaktionsharz RM**
Einwirkungsklasse: W1-I DIN EN 18534
Einbauort: Wohnung, Innenraum Boden - Dusche.
Angeb. Fabrikat: .....

| 6€ | 10€ | **12€** | 15€ | 20€ | [m²] | 0,20 h/m² | 024.000.008 |

Kosten: Stand 1.Quartal 2018 Bundesdurchschnitt

▶ min
▷ von
ø Mittel
◁ bis
◀ max

Nr.	Kurztext / Langtext					Kostengruppe	
▶	▷	ø netto €	◁	◀	[Einheit]	Ausf.-Dauer	Positionsnummer

10 Abdichtung, Nassräume, KH/Quarz KG **352**
Innenraum-Verbundabdichtung unter Fliesenbelag in Nassräumen, mit sehr hoher Einwirkung aus Brauchwasser, zwei zeitlich getrennte Arbeitsgänge, inkl. Untergrundvorbehandlung (Grundierung), Bewehrungseinlage und Quarzsandabstreuung. Anarbeiten an Durchdringungen und Ausbildung der Boden-Wand-Übergänge in gesonderten Positionen.
Untergrund: trockene Flächen
Bauteil: **Wand / Boden**
Art der Abdichtung: Reaktionsharz RM
Einwirkungsklasse: W3-I DIN EN 18534
Einbauort: **Duschanlage in Sportstätten / Flächen in Gewerbestätten**
Angeb. Fabrikat: .....

| 32€ | 38€ | 40€ | 47€ | 58€ | [m²] | ⏱ 0,25 h/m² | 024.000.011 |

11 Dichtband, Ecken, Wand/Boden KG **352**
Dichtband mit Randgewebe, im Übergang Wand-Boden, an Bewegungsfugen und an Übergängen der Verbundabdichtung, Stöße verkleben, inkl. aller Anarbeitungen. Eckausbildung in gesonderter Position.
Bandbreite: 12 cm
Untergrund: trockene, grundierte Wand- und Bodenflächen
Angeb. Fabrikat: .....

| 3€ | 5€ | 6€ | 8€ | 12€ | [m] | ⏱ 0,10 h/m | 024.000.009 |

12 Dichtmanschette, Rohre, bis 42mm KG **352**
Anschluss der Innenflächenabdichtung an Rohrdurchdringungen, mit Dichtmanschetten, inkl. aller Nebenarbeiten.
Durchdringung: bis D= 42 mm
Einbauort: **Wand- / Bodenbereich**
Angeb. Fabrikat: .....

| 1€ | 4€ | 5€ | 8€ | 13€ | [St] | ⏱ 0,16 h/St | 024.000.010 |

13 Dichtmanschette, Bodeneinlauf, bis 100mm KG **325**
Anschluss der Innenwandabdichtung an Durchdringungen, mit Dichtmanschetten, inkl. aller Nebenarbeiten.
Durchdringung: bis D= 100 mm
Bauteil: .....
Angeb. Fabrikat: .....

| 7€ | 18€ | 24€ | 28€ | 41€ | [St] | ⏱ 0,18 h/St | 024.000.012 |

LB 024 Fliesen- und Plattenarbeiten

Nr.	Kurztext / Langtext					Kostengruppe	
▶	▷ ø netto € ◁ ◀				[Einheit]	Ausf.-Dauer	Positionsnummer

28 Wandbelag, Mittelmosaik, Dünnbett — KG **345**

Wandfliesenbelag aus Mittel-Glasmosaikfliesen, ohne Nassbelastung, in Dünnbett, zementhaltiger Mörtel, auf verlegefertigen Untergrund, inkl. Verfugung, Fliesen licht- und farbecht. Feinspachtelung des Untergrunds in gesonderter Position.
Untergrund: .....
Material: Glas-Mittelmosaik
Fliesendicke: 3,0 mm
Fliesenformat: 5 x 5 cm
Farbton: .....
Verlegeschicht: Dünnbettmörtel C2TE-S2 DIN EN 12004
Verfugung: Reaktionsharzmörtel RG, farblich abgestimmt
Angeb. Fabrikat: .....

99 €   114 €   **124 €**   137 €   152 €   [m²]   ⌚ 1,10 h/m²   024.000.080

Kosten: Stand 1.Quartal 2018 Bundesdurchschnitt

A 4 Fliesenspiegel — Beschreibung für Pos. **29-30**

Fliesenspiegel, aus Fliesen im Dünnbett, zementhaltiger Mörtel, inkl. farblich abgestimmter Verfugung, Fliesen frostbeständig.

29 Fliesenspiegel, bis 1,0x2,0m — KG **345**

Wie Ausführungsbeschreibung A 4
Untergrund: .....
Material: glasbeschichtete keramische Fliesen
Gruppe: .....
Fliesendicke: .....
Fliesenformat: 15 x 15 cm
Oberfläche: .....
Spiegelgröße: bis 1,00 x 2,00 m
Verlegung: .....
Angeb. Fabrikat: .....

64 €   72 €   **81 €**   91 €   99 €   [m²]   ⌚ 1,30 h/m²   024.000.081

30 Fliesenspiegel, bis 2,0x2,0m — KG **345**

Wie Ausführungsbeschreibung A 4
Untergrund: .....
Material: glasbeschichtete keramische Fliesen
Gruppe: .....
Fliesendicke: .....
Fliesenformat: 15 x 15 cm
Oberfläche: .....
Spiegelgröße: bis 2,00 x 2,00 m
Verlegung: .....
Angeb. Fabrikat: .....

59 €   67 €   **76 €**   84 €   94 €   [m²]   ⌚ 1,20 h/m²   024.000.082

▶ min
▷ von
ø Mittel
◁ bis
◀ max

Nr.	Kurztext / Langtext							Kostengruppe
▶	▷	ø netto €	◁	◀	[Einheit]	Ausf.-Dauer	Positionsnummer

31 Sockelfliesen, Fliesenbelag   KG 352

Sockelfliesenbelag in Dünnbett, zementhaltiger Mörtel, inkl. Verfugung, Fliesen frostbeständig, licht- und farbecht. Sockelecken, innen oder außen, in gesonderter Position.
Untergrund: .....
Verlegung:
Material: **Steingut / Steinzeug / Feinsteinzeug**
Gruppe: .....
Fliesendicke: .....
Fliesenformat: .....
Oberfläche: **glasiert / unglasiert**
Verfugung: farblich abgestimmt
Farbton: .....
Angeb. Fabrikat: .....

| 5€ | 12€ | **14**€ | 17€ | 29€ | [m] | ⏱ 0,14 h/m | 024.000.026 |

32 Hohlkehlsockel, Fliesenbelag   KG 352

Hohlkehlsockel aus Fliesenbelag, in Dünnbett, zementhaltiger Mörtel, abgestimmt auf Bodenbelag, inkl. Verfugung, Fliesen frostbeständig, licht- und farbecht. Sockelecken, innen oder außen, in gesonderter Position.
Untergrund: .....
Material: **Steingut / Steinzeug / Feinsteinzeug**
Gruppe: .....
Fliesenformat: .....
Oberfläche: **glasiert / unglasiert**
Verfugung: farblich abgestimmt
Farbton: .....
Angeb. Fabrikat: .....

| 12€ | 22€ | **27**€ | 34€ | 54€ | [m] | ⏱ 0,18 h/m | 024.000.027 |

33 Bordürestreifen, Fliesen   KG 345

Bordüre (Dekorband) aus Fliesen, in Dünnbett, zementhaltiger Mörtel, inkl. Verfugung, Fliesen licht- und farbecht.
Innen- oder Außenecken in gesonderter Position.
Untergrund: .....
Material: **Steingut / Steinzeug / Feinsteinzeug**
Gruppe: .....
Fliesenformat: .....
Oberfläche: **glasiert / unglasiert**
Verfugung: farblich abgestimmt
Farbton: .....
Angeb. Fabrikat: .....

| 4€ | 11€ | **13**€ | 20€ | 43€ | [m] | ⏱ 0,10 h/m | 024.000.028 |

LB 024
Fliesen- und Plattenarbeiten

Kosten:
Stand 1.Quartal 2018
Bundesdurchschnitt

Nr.	Kurztext / Langtext						Kostengruppe		
▶	▷	ø netto €	◁	◀		[Einheit]	Ausf.-Dauer	Positionsnummer

A 5 Bodenfliesen, Glasmosaik   Beschreibung für Pos. **34**

Bodenfliesenbelag aus Glasmosaik, Nassbereich, in Dünnbett, zementhaltiger Mörtel auf verlegefertigen Untergrund, inkl. Verfugung, Fliesen licht- und farbecht. Feinspachtelung des Untergrunds in gesonderter Position.

34 Bodenfliesen, Glasmosaik, farbig/Dekor   KG **352**

Wie Ausführungsbeschreibung A 5
Untergrund: .....
Material: Glasmosaik
Fliesendicke: 3,0 mm
Fliesenformat: .....cm
Farbton: **farbig / Dekor**
Verlegeschicht: Dünnbettmörtel C2F-S1 DIN EN 12004
Verfugung: Reaktionsharzmörtel RG, farblich abgestimmt,
Angeb. Fabrikat: .....

| 152 € | 184 € | **211** € | 237 € | 260 € | [m²] | ⏱ 1,40 h/m² | 024.000.084 |

A 6 Bodenfliesen   Beschreibung für Pos. **35-38**

Bodenfliesenbelag in Dünnbett, zementhaltiger Mörtel, inkl. Verfugung. Fliesen frostbeständig, licht- und farbecht. Sonderfliesen, Hohlkehlen, Bordürfliesen etc. in gesonderten Positionen.

35 Bodenfliesen, 10x10cm   KG **352**

Wie Ausführungsbeschreibung A 6
Untergrund: .....
Material: **Steingut / Steinzeug / Feinsteinzeug**
Gruppe: .....
Fliesendicke: .....
Fliesenformat: 10 x 10 cm
Oberfläche: **glasiert / unglasiert**
Abrieb: .....
Belastung: .....
Rutschhemmung: .....
Verdrängungsraum: .....
Verfugung: farblich abgestimmt
Farbton: .....
Verlegung: .....
Angeb. Fabrikat: .....

| 44 € | 62 € | **72** € | 81 € | 100 € | [m²] | ⏱ 1,00 h/m² | 024.000.029 |

▶ min
▷ von
ø Mittel
◁ bis
◀ max

Nr.	**Kurztext** / Langtext						Kostengruppe	
▶	▷	**ø netto €**	◁	◀	[Einheit]	Ausf.-Dauer	Positionsnummer	

| **36** | **Bodenfliesen, 20x20cm** | | | | | | | KG **352** |

Wie Ausführungsbeschreibung A 6
Untergrund: .....
Material: **Steingut / Steinzeug / Feinsteinzeug**
Gruppe: ......
Fliesendicke: .....
Fliesenformat: 20 x 20 cm
Oberfläche: **glasiert / unglasiert**
Abrieb: .....
Belastung: .....
Rutschhemmung: .....
Verdrängungsraum: .....
Verfugung: farblich abgestimmt
Farbton: .....
Verlegung: .....
Angeb. Fabrikat: .....

| 40€ | 49€ | **54€** | 62€ | 79€ | [m²] | ⏱ 0,80 h/m² | 024.000.031 |

| **37** | **Bodenfliesen, 30x30cm** | | | | | | | KG **352** |

Wie Ausführungsbeschreibung A 6
Untergrund: .....
Material: **Steingut / Steinzeug / Feinsteinzeug**
Gruppe: ......
Fliesendicke: .....
Fliesenformat: 30 x 30 cm
Oberfläche: **glasiert / unglasiert**
Abrieb: .....
Belastung: .....
Rutschhemmung: .....
Verdrängungsraum: .....
Verfugung: farblich abgestimmt
Farbton: .....
Verlegung: .....
Angeb. Fabrikat: .....

| 30€ | 47€ | **51€** | 59€ | 76€ | [m²] | ⏱ 0,70 h/m² | 024.000.032 |

LB 024 Fliesen- und Plattenarbeiten

Kosten:
Stand 1.Quartal 2018
Bundesdurchschnitt

	Nr.	Kurztext / Langtext						Kostengruppe
▶	▷	ø netto €	◁	◀		[Einheit]	Ausf.-Dauer	Positionsnummer

38 Bodenfliesen, 30x60cm — KG **352**

Wie Ausführungsbeschreibung A 6
Untergrund: .....
Material: **Steingut / Steinzeug / Feinsteinzeug**
Gruppe: ......
Fliesendicke: .....
Fliesenformat: 30 x 60 cm
Oberfläche: **glasiert / unglasiert**
Abrieb: .....
Belastung: .....
Rutschhemmung: .....
Verdrängungsraum: .....
Verfugung: farblich abgestimmt
Farbton: .....
Verlegung: .....
Angeb. Fabrikat: .....

| 35 € | 42 € | **47 €** | 54 € | 57 € | [m²] | ⏱ 0,65 h/m² | 024.000.088 |

A 7 Bodenfliesen, strukturiert — Beschreibung für Pos. **39-40**

Bodenfliesenbelag in Dünnbett, zementhaltiger Mörtel, inkl. Verfugung, Fliesen rückseitig verklebt sowie frostbeständig, licht- und farbecht. Sonderfliesen, Hohlkehlen, Bordürfliesen etc. in gesonderten Positionen.

39 Bodenfliesen, 20x20cm, strukturiert — KG **352**

Wie Ausführungsbeschreibung A 7
Untergrund: .....
Material: **Steingut / Steinzeug / Feinsteinzeug**
Gruppe: ......
Fliesendicke: .....
Fliesenformat: 20 x 20 cm
Oberfläche: strukturiert
Abrieb: .....
Belastung: .....
Rutschhemmung: .....
Verdrängungsraum: .....
Verfugung: farblich abgestimmt
Farbton: .....
Verlegung: .....
Angeb. Fabrikat: .....

| 45 € | 53 € | **60 €** | 69 € | 74 € | [m²] | ⏱ 0,80 h/m² | 024.000.089 |

▶ min
▷ von
ø Mittel
◁ bis
◀ max

Nr.	Kurztext / Langtext					Kostengruppe	
▶	▷	ø netto €	◁	◀	[Einheit]	Ausf.-Dauer	Positionsnummer

40 **Bodenfliesen, 30x30cm, strukturiert** — KG **352**
Wie Ausführungsbeschreibung A 7
Untergrund: .....
Material: **Steingut / Steinzeug / Feinsteinzeug**
Gruppe: .....
Fliesendicke: .....
Fliesenformat: 30 x 30 cm
Oberfläche: strukturiert
Abrieb: .....
Belastung: .....
Rutschhemmung: .....
Verdrängungsraum: .....
Verfugung: farblich abgestimmt
Farbton: .....
Verlegung: .....
Angeb. Fabrikat: .....

| 44 € | 49 € | **57** € | 64 € | 71 € | [m²] | ⏱ 0,80 h/m² | 024.000.090 |

41 **Bodenfliesen, 30x30cm, R11** — KG **352**
Bodenfliesenbelag mit behindertengerechter Oberfläche, in Dünnbettmörtel inkl. Verfugung, Fliesen frost-
beständig, licht- und farbecht.
Untergrund: .....
Material: Feinsteinzeug bzw. keramische Fliesen
Gruppe: Ia
Fliesendicke: .....
Fliesenformat: 30 x 30 cm
Oberfläche: unglasiert, mit Profilierung
Abrieb: .....
Belastung: .....
Rutschhemmung: R11
Verdrängungsraum: .....
Verfugung: farblich abgestimmt
Farbton: .....
Verlegung: .....
Angeb. Fabrikat: .....

| 55 € | 65 € | **67** € | 71 € | 78 € | [m²] | ⏱ 0,75 h/m² | 024.000.114 |

LB 024
Fliesen- und Plattenarbeiten

Kosten:
Stand 1.Quartal 2018
Bundesdurchschnitt

▶	min
▷	von
ø	Mittel
◁	bis
◀	max

Nr.	**Kurztext** / Langtext					Kostengruppe		
▶	▷	**ø netto €**	◁	◀	[Einheit]	Ausf.-Dauer	Positionsnummer	

42 **Bodenfliesen, Großküche, 20x20cm, R12** KG **352**
Bodenfliesenbelag für Großküche, profiliert und rutschhemmend, in Dünnbettmörtel inkl. Verfugung, Fliesen frostbeständig, licht- und farbecht.
Untergrund: .....
Material: Feinsteinzeug bzw. keramische Fliesen
Gruppe: la
Fliesendicke: .....
Fliesenformat: 20 x 20 cm
Oberfläche: unglasiert, mit Profilierung
Abrieb: .....
Belastung: .....
Rutschhemmung: R12
Verdrängungsraum: V4
Verfugung: öl- und säurebeständig, farblich abgestimmt
Farbton: .....
Verlegung: .....
Angeb. Fabrikat: .....

| 38€ | 46€ | **52**€ | 59€ | 64€ | [m²] | ⏱ 0,80 h/m² | 024.000.091 |

43 **Bodenfliesen, Großküche, 30x30cm, R12** KG **352**
Bodenfliesenbelag für Großküche, in Dünnbettmörtel inkl. Verfugung, Fliesen frost-, öl- und säurebeständig, licht- und farbecht.
Untergrund: .....
Material: Feinsteinzeug bzw. keramische Fliesen
Gruppe: la
Fliesendicke: .....
Fliesenformat: 30 x 30 cm
Oberfläche: unglasiert, mit Profilierung
Abrieb: .....
Belastung: .....
Rutschhemmung: R12
Verdrängungsraum: V4
Verfugung: öl- und säurebeständig, farblich abgestimmt
Farbton: .....
Verlegung: .....
Angeb. Fabrikat: .....

| 53€ | 66€ | **71**€ | 78€ | 92€ | [m²] | ⏱ 0,75 h/m² | 024.000.092 |

© **BKI** Baukosteninformationszentrum; Erläuterungen zu den Tabellen siehe Seite 46   Kostenstand: 1.Quartal 2018, Bundesdurchschnitt

Nr.	Kurztext / Langtext					Kostengruppe		
▶	▷	ø netto €	◁	◀	[Einheit]	Ausf.-Dauer	Positionsnummer	

44 Bodenfliesen, Gewerbe, 30x30cm, Rüttelverlegung KG **352**
Bodenfliesenbelag für Gewerbeflächen, in Rüttelverlegung, inkl. Verfugung, Fliesen frost-, öl- und säurebeständig, licht- und farbecht.
Untergrund: .....
Material: Feinsteinzeug bzw. keramische Fliesen
Gruppe: Ia
Fliesendicke: .....
Fliesenformat: 30 x 30 cm
Oberfläche: unglasiert, mit Profilierung
Abrieb: .....
Belastung: .....
Rutschhemmung: R11
Verdrängungsraum: .....
Druckfestigkeit: .....
Verfugung: öl- und säurebeständig, farblich abgestimmt
Farbton: .....
Verlegung: .....
Angeb. Fabrikat: .....
58 €   64 €   **73 €**   79 €   88 €   [m²]   ⏱ 0,75 h/m²   024.000.095

45 Bodenfliesenbeläge, Treppen KG **352**
Treppenstufenbelag aus Fliesen, bestehend aus Setz- und Trittstufe mit Profilierung an Vorderkante, inkl. Verfugung, Fliesen frostbeständig, licht- und farbecht.
Untergrund: **Stahlbeton-Treppenplatte / .....**
Material: Feinsteinzeug bzw. keramische Fliesen
Gruppe: BIa
Steigungsverhältnis: .....
Mörtel: **Dickbettmörtel / Dünnbettmörtel**
Fliesendicke: .....
Fliesenformat: .....
Oberfläche: **glasiert / unglasiert**
Abrieb: .....
Belastung: .....
Rutschhemmung: R11
Verfugung: farblich abgestimmt
Farbton: .....
Verlegung: eben, im Fugenschnitt
Angeb. Fabrikat: .....
71 €   87 €   **92 €**   100 €   119 €   [m]   ⏱ 1,30 h/m   024.000.034

LB 024
Fliesen- und Plattenarbeiten

Kosten:
Stand 1.Quartal 2018
Bundesdurchschnitt

Nr.	Kurztext / Langtext					Kostengruppe
▶	▷	ø netto €	◁	◀	[Einheit]	Ausf.-Dauer Positionsnummer

46 Sockelfliesenbeläge, Treppen — KG 352

Sockelfliesenbelag für Treppe oder Podestrand, passend zur Trittstufe bestehend aus Setz- und Trittstufe mit Profilierung an Vorderkante, inkl. Verfugung, Fliesen frostbeständig, licht- und farbecht.
Untergrund: .....
Material: Feinsteinzeug bzw. keramische Fliesen
Gruppe: BIa
Mörtel: **Dickbettmörtel / Dünnbettmörtel**
Verlegung: **stehend / liegend**
Fliesendicke: .....
Fliesenformat: .....
Verfugung: farblich abgestimmt
Farbton: .....
Angeb. Fabrikat: .....

| 8 € | 15 € | **18** € | 22 € | 28 € | [m] | ⏱ 0,20 h/m | 024.000.035 |

47 Fliesen, BIa-Feinsteinzeug, bis 20x20cm — KG 345

Fliesenbelag aus Feinsteinzeug in Dünnbettmörtel, inkl. Verfugung, Fliesen frostbeständig, licht- und farbecht. Sonderfliesen, Hohlkehlen, Bordürfliesen etc. in gesonderten Positionen.
Untergrund: .....
Einbauort: **Innen- / Außenbereich**
Bauteil: **Wand / Boden**
Material: Feinsteinzeug
Gruppe: BIa
Fliesendicke: .....
Fliesenformat: **15 x 15 / 20 x 20 cm**
Oberfläche: unglasiert
Verfugung: farblich abgestimmt
Farbton: .....
Verlegung: .....
Angeb. Fabrikat: .....

| 40 € | 48 € | **51** € | 61 € | 79 € | [m²] | ⏱ 0,70 h/m² | 024.000.053 |

48 Fliesen, BIIa/BIIb-Steinzeug, glasiert, bis 20x20cm — KG 345

Fliesenbelag aus Steinzeug in Dünnbettmörtel, inkl. Verfugung, Fliesen frostbeständig, licht- und farbecht. Sonderfliesen, Hohlkehlen, Bordürfliesen etc. in gesonderten Positionen.
Untergrund: .....
Einbauort: **Innen- / Außenbereich**
Bauteil: **Wand / Boden**
Material: Steinzeug
Gruppe: **BIIa / BIIb**
Fliesendicke: .....
Fliesenformat: **15 x 15 / 20 x 20 cm**
Oberfläche: **glasiert / unglasiert**
Verfugung: farblich abgestimmt
Farbton: .....
Verlegung: .....
Angeb. Fabrikat: .....

| 24 € | 42 € | **48** € | 59 € | 81 € | [m²] | ⏱ 0,70 h/m² | 024.000.054 |

▶ min
▷ von
ø Mittel
◁ bis
◀ max

Nr.	Kurztext / Langtext					Kostengruppe		
▶	▷	ø netto €	◁	◀	[Einheit]	Ausf.-Dauer	Positionsnummer	

49   **Fliesen, BIII-Steingut, glasiert, bis 20x20cm**   KG **345**

Fliesenbelag aus Steingut in Dünnbettmörtel, innen, inkl. Verfugung, Fliesen licht- und farbecht. Sonderfliesen, Hohlkehlen, Bordürfliesen etc. in gesonderten Positionen.
Untergrund: .....
Material: Steingut
Gruppe: BIII
Fliesendicke: .....
Fliesenformat: **15 x 15 / 20 x 20** cm
Oberfläche: glasiert
Verfugung: farblich abgestimmt
Farbton: .....
Verlegung: .....
Angeb. Fabrikat: .....

31 €   47 €   **52** €   58 €   71 €   [m²]   ⏱ 0,75 h/m²   024.000.055

50   **Fliesen, AI/AII-Spaltplatte, frostsicher, bis 20x20cm**   KG **352**

Fliesenbelag aus Spaltplatten, im Außenbereich, inkl. Verfugung, Fliesen frostbeständig, licht- und farbecht. Sonderfliesen, Hohlkehlen, Bordürfliesen etc. in gesonderten Positionen.
Untergrund: .....
Bauteil: **Wand / Boden**
Material: Spaltplatten
Gruppe: **AI / AII**
Fliesendicke: .....
Fliesenformat: **15 x 15 / 20 x 20** cm
Oberfläche: **glasiert / unglasiert**
Mörtelbett: .....
Verfugung: farblich abgestimmt
Farbton: .....
Verlegung: .....
Angeb. Fabrikat: .....

45 €   64 €   **67** €   75 €   93 €   [m²]   ⏱ 0,90 h/m²   024.000.056

51   **Fliesen, AI/AII-Klinker, frostsicher, bis 20x20cm**   KG **352**

Bodenbelag aus Klinkerplatten, im Außenbereich, inkl. Verfugung, Fliesen frostsicher, licht- und farbecht. Sonderformate und Sonderformen in gesonderten Positionen.
Untergrund: .....
Material: Klinker
Gruppe: **AI / AII**
Plattendicke: .....
Plattenformat: **15 x 15 / 20 x 20** cm
Oberfläche: **glasiert / unglasiert**
Mörtelbett: Zementmörtel
Rutschhemmung: .....
Verfugung: farblich abgestimmt
Farbe: .....
Verlegung: .....
Angeb. Fabrikat: .....

36 €   48 €   **53** €   58 €   68 €   [m²]   ⏱ 0,70 h/m²   024.000.057

**LB 024
Fliesen- und
Plattenarbeiten**

Nr.	**Kurztext** / Langtext					Kostengruppe	
▶	▷	**ø netto €**	◁	◀	[Einheit]	Ausf.-Dauer	Positionsnummer

A 8 Fliesen, Schwimmbad   Beschreibung für Pos. **52-53**

Fliesenplattenbelag für Schwimmbad, mit Spezialkleber, inkl. Verfugung, Fliesen frostsicher, licht- und farbecht. Sonderformate und Sonderformen in gesonderten Positionen.

52 Fliesen, Schwimmbad, 15x15cm   KG **345**

Wie Ausführungsbeschreibung A 8
Untergrund: .....
Einbaubereich: **innen / außen**
Material: stranggepresste Platten
Plattendicke: .....
Plattenformat: 15 x 15 cm
Oberfläche: glasiert
Gruppe: Ala
Mörtelbett: .....
Rutschhemmung: .....
Verfugung: farblich abgestimmt
Farbe: .....
Verlegung: .....
Angeb. Fabrikat: .....

81 €   98 €   **113 €**   126 €   139 €   [m²]   ⏱ 1,30 h/m²   024.000.097

53 Fliesen, Schwimmbad, 20x20cm   KG **345**

Wie Ausführungsbeschreibung A 8
Untergrund: .....
Einbaubereich: **innen / außen**
Material: stranggepresste Platten
Plattendicke: .....
Plattenformat: 20 x 20 cm
Oberfläche: glasiert
Gruppe: Ala
Mörtelbett: .....
Rutschhemmung: .....
Verfugung: farblich abgestimmt
Farbe: .....
Verlegung: .....
Angeb. Fabrikat: .....

87 €   102 €   **117 €**   128 €   146 €   [m²]   ⏱ 1,40 h/m²   024.000.058

54 Duschwannenträger einfliesen   KG **345**

Bauseitige Duschwannenträger gem. Fliesenplan belegen mit Wandfliesen. Leistung inkl. Zuschnitt und Verfugung der Fliesen, sowie Herstellen einer Öffnung, im Fliesenraster anlegen.
Öffnungsgröße: ..... x ..... mm
Typ: .....
Fliesen-Größe: .....
Oberfläche: .....
Abwicklung / Höhe Duschtasse: .....
Angeb. Fabrikat: .....

9 €   27 €   **34 €**   43 €   64 €   [St]   ⏱ 0,25 h/St   024.000.098

Kosten:
Stand 1.Quartal 2018
Bundesdurchschnitt

▶ min
▷ von
ø Mittel
◁ bis
◀ max

Nr.	Kurztext / Langtext				[Einheit]	Ausf.-Dauer	Kostengruppe Positionsnummer
▶	▷ ø netto € ◁ ◀						

55 Badewannenträger einfliesen — KG 345

Bauseitige Badenwannenträger gem. Fliesenplan belegen mit Wandfliesen. Leistung inkl. Zuschnitt und Verfugung der Fliesen, sowie Herstellen einer Öffnung im Fliesenraster anlegen.
Öffnungsgröße: ..... x ..... mm
befliesende Fläche aus: 1 x lange Seite und **einer / zwei** kurzen Seiten
Fliesen-Typ: .....
Größe: .....
Oberfläche: .....
Abmessung Wanne (L x B x H): ..... x ..... x ..... mm
Angeb. Fabrikat: .....

| 42€ | 56€ | **61€** | 86€ | 114€ | [St] | ⏱ 0,40 h/St | 024.000.064 |

56 Gehrungsschnitt, Fliesen — KG 352

Schrägschnitt für Fliesen, alle Winkel.
Fliesenart: .....
Fliesengröße: .....

| 0,2€ | 5,3€ | **8,0€** | 11€ | 19€ | [m] | ⏱ 0,20 h/m | 024.000.047 |

57 Fliesen anarbeiten, Stützen — KG 352

Fliesen an Stützen anarbeiten, Abfall entsorgen, inkl. Deponiegebühren.
Fliesenbelag: .....
Stützenquerschnitt: .....

| 13€ | 16€ | **18€** | 19€ | 22€ | [m] | ⏱ 0,33 h/m | 024.000.108 |

58 Bodenablauf einfliesen — KG 352

Bodenablauf einfliesen, einschl. Schneiden der Fliesen, Abfall entsorgen, inkl. Deponiegebühren.
Fliesenbelag: .....
Ablauf: .....

| 13€ | 18€ | **19€** | 21€ | 23€ | [m] | ⏱ 0,40 h/m | 024.000.109 |

59 Untergrund reinigen, Boden — KG 352

Reinigen des Untergrunds von Staub, Schmutz und losen Bestandteilen, inkl. Entsorgen des Abfalls sowie Deponiegebühren.

| 0,1€ | 1,7€ | **2,2€** | 4,4€ | 11€ | [m²] | ⏱ 0,04 h/m² | 024.000.001 |

60 Leitsystem, Rippenfliesen, Steinzeug, innen — KG 345

Bodenindikatoren als taktiles Blindenleitsystem aus Rippenfliesen in Reihe verlegt im Innenbereich.
Einbauort: .....
Untergrund: .....
Fliese: Feinsteinzeug, unglasiert
Fliesenabmessung: 300 x 300 mm
Dicke: 14 mm
Oberfläche: mind. R11
Farbe: .....
Verlegung: Dünnbett
Angeb. Fabrikat: .....

| –€ | 51€ | **61€** | 76€ | –€ | [m] | ⏱ 0,22 h/m | 024.000.115 |

LB 024
Fliesen- und Plattenarbeiten

Kosten:
Stand 1.Quartal 2018
Bundesdurchschnitt

▶ min
▷ von
ø Mittel
◁ bis
◀ max

Nr.	Kurztext / Langtext					Kostengruppe	
▶	▷	ø netto €	◁	◀	[Einheit]	Ausf.-Dauer	Positionsnummer

61 Begleitstreifen, Kontraststreifen, Steinzeug, innen — KG 345

Kontrastreicher Begleitstreifen zum Leitsystem mit unglasierten Steinzeugfliesen im Innenbereich.
Einbauort: …..
Untergrund: …..
Fliesenabmessung: 300 x 300 mm
Dicke: 12 mm
Oberfläche: R11
Farbe: …..
Verlegung: Dünnbett
Angeb. Fabrikat: …..

–€   41€   **48€**   60€   –€   [m]   ⏱ 0,24 h/m   024.000.116

62 Aufmerksamkeitsfeld, Noppenfliesen, Steinzeug, innen — KG 345

Bodenindikatoren als taktiles Aufmerksamkeitsfeld aus Noppenfliesen mit unglasierten Steinzeugfliesen im Innenbereich.
Einbauort: …..
Untergrund: …..
Fliesenabmessung: 300 x 300 mm
Dicke: 14 mm
Oberfläche: R10
Farbe: …..
Verlegung: Dünnbett
Feldfläche: 900/900 mm
Angeb. Fabrikat: …..

–€   140€   **165€**   206€   –€   [St]   ⏱ 0,70 h/St   024.000.117

A 9 Fußabstreifer, Rahmen, Edelstahl — Beschreibung für Pos. 63-64

Mattenrahmen aus Metallprofil, für Fußabstreifer-Matte, liefern, nivellieren, unterfüttern und abgestimmt auf Fliesenraster versetzen, inkl. aller notwendigen Befestigungsmittel.

63 Fußabstreifer, Rahmen, Edelstahl, 1.500x1.200mm — KG 352

Wie Ausführungsbeschreibung A 9
Material: Edelstahl Werkstoff-Nr. …..
Stegbreite: ca. 5 mm
Streifen aus: **Kautschuk bzw. Gummi / Rauhaarrips**
Rahmengröße: ca. 1.500 x 1.200 mm
Angeb. Fabrikat: …..

237€   228€   **321€**   382€   455€   [St]   ⏱ 0,45 h/St   024.000.101

64 Fußabstreifer, Rahmen, Edelstahl, 2.000x2.000mm — KG 352

Wie Ausführungsbeschreibung A 9
Material: Edelstahl Werkstoff-Nr. …..
Stegbreite: ca. 5 mm
Streifen aus: **Kautschuk bzw. Gummi / Rauhaarrips**
Rahmengröße: ca. 2.000 x 2.000 mm
Angeb. Fabrikat: …..

256€   414€   **446€**   643€   869€   [St]   ⏱ 0,50 h/St   024.000.037

Nr.	**Kurztext** / Langtext					Kostengruppe	
▶	▷	**ø netto €**	◁	◀	[Einheit]	Ausf.-Dauer	Positionsnummer

A 10 Fußabstreifer, Rahmen   Beschreibung für Pos. **65-66**

Fußabstreiferanlage, aus Rahmen und eingelegtem Reinstreifen:
- Mattenrahmen aus Aluminium
- Reinstreifen aus profiliertem Gummiprofil, aufrollbar, geräuschdämmend und quer unterspülbar
- Winkelrahmen zur ganzflächigen, ebenen Auflage
- Nivellieren mit anschließendem Bodenbelag, ggf. unterfüttern und versetzen
- inkl. aller notwendigen Befestigungsmittel

65 Fußabstreifer, Rahmen, bis 2,00m²   KG **352**

Wie Ausführungsbeschreibung A 10
Untergrund: .....
Einsatz: **innen / außen**
Belastung: Normale bis starke Lauffrequentierung, überrollbar mit Einkaufswagen, Handhubwagen, rollstuhlgeeignet
Anlagengröße: bis 2,00 m²
Anlagenhöhe: bis 27 mm
Winkelrahmen: bis 30 x 30 x 3 mm
Rahmenmaterial: .....
Streifen aus: Kautschuk bzw. **Gummi / Rauhaarrips**
Angeb. Fabrikat: .....

▶	▷	ø	◁	◀	[Einheit]	Dauer	Pos.-Nr.
127 €	359 €	**467 €**	604 €	899 €	[St]	⏱ 0,60 h/St	024.000.038

66 Fußabstreifer, Rahmen, über 2,00m²   KG **352**

Wie Ausführungsbeschreibung A 10
Untergrund: .....
Einsatz: **innen / außen**
Belastung: Normale bis starke Lauffrequentierung, überrollbar mit Einkaufswagen, Handhubwagen, rollstuhlgeeignet
Anlagengröße: über 2,00 m²
Anlagenhöhe: bis 27 mm
Winkelrahmen: bis 30 x 30 x 3 mm
Rahmenmaterial: .....
Streifen aus: Kautschuk bzw. **Gummi / Rauhaarrips**
Angeb. Fabrikat: .....

▶	▷	ø	◁	◀	[Einheit]	Dauer	Pos.-Nr.
752 €	1.223 €	**1.413 €**	1.555 €	1.931 €	[St]	⏱ 1,40 h/St	024.000.039

67 Elastische Verfugung, Fliesen, Silikon   KG **345**

Elastische Verfugung von Fliesen, mit Silikon-Dichtstoff, inkl. notwendiger Flankenvorbehandlung an den Anschlussflächen und Hinterlegen der Fugenhohlräume mit geeignetem Hinterstopfmaterial, Fuge glatt gestrichen.
Fugenbreite: .....
Fugentiefe: .....
Farbe: nach Bemusterung

▶	▷	ø	◁	◀	[Einheit]	Dauer	Pos.-Nr.
3 €	4 €	**5 €**	6 €	8 €	[m]	⏱ 0,06 h/m	024.000.040

LB 024 Fliesen- und Plattenarbeiten

Kosten:
Stand 1.Quartal 2018
Bundesdurchschnitt

▶ min
▷ von
ø Mittel
◁ bis
◀ max

Nr. ▶	Kurztext / Langtext ▷ ø netto € ◁ ◀				[Einheit]	Ausf.-Dauer	Kostengruppe Positionsnummer
68	**Elastoplastische Verfugung, Fliesen, Acryl**						KG **345**
	Elastoplastische Verfugung von Fliesen, mit Acryl-Dichtstoff, inkl. notwendiger Flankenvorbehandlung an den Anschlussflächen und Hinterlegen der Fugenhohlräume mit geeignetem Hinterstopfmaterial, Fuge glatt gestrichen. Fugenbreite: ..... Fugentiefe: ..... Farbe: nach Bemusterung						
	4€	5€	**5**€	7€	8€	[m] ⏱ 0,06 h/m	024.000.102
69	**Elastische Verfugung, Fliesen, chemisch beständig**						KG **345**
	Elastische und chemisch beständige Verfugung von Fliesen, inkl. notwendiger Flankenvorbehandlung an den Anschlussflächen und Hinterlegen der Fugenhohlräume mit geeignetem Hinterstopfmaterial, Fuge glatt gestrichen. Fugenbreite: ..... Fugentiefe: ..... Farbe: nach Bemusterung						
	4€	6€	**6**€	8€	8€	[m] ⏱ 0,06 h/m	024.000.103
70	**Verfugung, Fliesen, Kunstharz**						KG **345**
	Verfugung von Fliesen mit Kunstharz, inkl. notwendiger Flankenvorbehandlung an den Anschlussflächen und Hinterlegen der Fugenhohlräume mit geeignetem Hinterstopfmaterial, Fuge glatt gestrichen. Fugenbreite: ..... Farbe: nach Bemusterung						
	5€	6€	**7**€	8€	9€	[m] ⏱ 0,06 h/m	024.000.104
71	**Bewegungsfugen, Fliesenbelag, Profil**						KG **345**
	Bewegungsfuge mit Kunststoffprofil aus PVC, mit Dichtmasse aus Weichkunststoff. Fugenbreite: ..... Fugentiefe: ..... Farbe: nach Bemusterung						
	13€	16€	**19**€	21€	23€	[m] ⏱ 0,14 h/m	024.000.105
72	**Randstreifen abschneiden**						KG **352**
	Randdämmstreifen oberhalb Bodenbelag abschneiden, Abfall entsorgen, inkl. Deponiegebühren. Streifenmaterial:						
	0,1€	0,5€	**0,6**€	1,1€	2,0€	[m] ⏱ 0,01 h/m	024.000.049
73	**Stundensatz Facharbeiter, Fliesenarbeiten**						
	Stundenlohnarbeiten für Vorarbeiter, Facharbeiter und Gleichgestellte (z.B. Spezialbaufacharbeiter, Baufacharbeiter, Obermonteure, Monteure, Gesellen, Maschinenführer, Fahrer und ähnliche Fachkräfte). Leistung nach besonderer Anordnung der Bauüberwachung. Anmeldung und Nachweis gemäß VOB/B.						
	32€	42€	**46**€	49€	55€	[h] ⏱ 1,00 h/h	024.000.059
74	**Stundensatz Helfer, Fliesenarbeiten**						
	Stundenlohnarbeiten für Werker, Helfer und Gleichgestellte (z.B. Baufachwerker, Helfer, Hilfsmonteure, Ungelernte, Angelernte). Leistung nach besonderer Anordnung der Bauüberwachung. Anmeldung und Nachweis gemäß VOB/B.						
	35€	39€	**40**€	42€	46€	[m²] ⏱ 1,00 h/m²	024.000.060

023
024
025
026
027
028
029
030
031
032
033
034
036
037
038
039

LB 025 Estricharbeiten

Estricharbeiten — Preise €

Kosten: Stand 1. Quartal 2018, Bundesdurchschnitt

Legende:
- ▶ min
- ▷ von
- ø Mittel
- ◁ bis
- ◀ max

Nr.	Positionen	Einheit	▶	▷	ø brutto € / ø netto €	◁	◀
1	Untergrundreinigung, Estricharbeiten	m²	<0,1	0,5	**0,6**	1,3	3,1
			<0,1	0,4	**0,5**	1,1	2,6
2	Estrich abstellen, bis 70mm	m	3	6	**7**	9	14
			3	5	**6**	7	12
3	Voranstrich, Abdichtung	m²	0,9	1,5	**1,8**	2,6	4,5
			0,7	1,3	**1,5**	2,2	3,8
4	Bodenabdichtung, Bodenfeuchte, Bitumenbahn	m²	5	10	**12**	17	28
			4	8	**10**	14	24
5	Trockenschüttung, 10mm	m²	2	3	**3**	4	5
			2	2	**3**	3	4
6	Trockenschüttung, bis 30mm	m²	5	8	**9**	10	14
			4	7	**8**	9	11
7	Trittschalldämmung MW 15-5mm 035 DES sh	m²	3,3	4,3	**4,7**	5,7	8,0
			2,7	3,6	**3,9**	4,8	6,7
8	Trittschalldämmung MW 30-5mm 035 DES sh	m²	3,1	6,2	**7,5**	12	19
			2,6	5,2	**6,3**	10	16
9	Fußbodenheizung, PE-Träger/PS-Dämmung	m²	8	9	**10**	12	13
			6	8	**9**	10	11
10	Systemplatte FB-Heizung, mit Dämmung	m²	7	12	**14**	19	31
			6	10	**12**	16	26
11	Rohrträgerplatte FB-Heizung, ohne Dämmmaterial	m²	10	11	**12**	13	14
			9	10	**10**	11	12
12	Wärmedämmung, Estrich EPS 20mm 040 DEO dm	m²	2,6	4,4	**5,0**	6,5	8,4
			2,2	3,7	**4,2**	5,5	7,1
13	Wärmedämmung, Estrich EPS 40mm 040 DEO dm	m²	4,7	6,4	**7,6**	8,2	11
			3,9	5,4	**6,4**	6,9	9,4
14	Wärmedämmung, Estrich EPS 60mm 040 DEO dm	m²	4,9	6,8	**8,3**	8,7	12
			4,2	5,7	**7,0**	7,3	10,0
15	Wärmedämmung, Estrich EPS 100mm 040 DEO dm	m²	5,9	7,9	**9,4**	10	15
			4,9	6,6	**7,9**	8,6	12
16	Wärmedämmung, Estrich PUR 20mm 025 DEO dh	m²	4,0	8,0	**10**	12	14
			3,4	6,7	**8,8**	10,0	12
17	Wärmedämmung, Estrich PUR 80mm 025 DEO dh	m²	14	17	**20**	24	30
			12	14	**17**	20	25
18	Wärmedämmung, Estrich CG bis 70mm 045 DEO ds	m²	15	36	**38**	41	55
			13	31	**32**	35	47
19	Wärmedämmung, Estrich EPB bis 80mm 052 DEO	m²	9	12	**13**	15	19
			8	10	**11**	12	16
20	Trennlage, Dämmung, Estrich	m²	0,2	0,8	**1,0**	1,5	2,9
			0,1	0,7	**0,8**	1,2	2,4
21	Trennlage, Dämmung, Gussasphalt	m²	0,5	1,1	**1,4**	1,7	2,5
			0,5	1,0	**1,2**	1,4	2,1
22	Randdämmstreifen, Polystyrol	m	0,1	0,8	**1,0**	1,6	3,4
			0,1	0,6	**0,8**	1,3	2,8
23	Randdämmstreifen, PE-Schaum	m	0,1	0,7	**0,9**	1,5	2,8
			0,1	0,6	**0,7**	1,3	2,4
24	Estrich, CT C25 F4 S45	m²	13	16	**17**	19	23
			11	13	**14**	16	19

© BKI Baukosteninformationszentrum; Erläuterungen zu den Tabellen siehe Seite 46

Estricharbeiten — Preise €

Nr.	Positionen	Einheit	▶	▷ ø brutto € / ø netto €	◁	◀
25	Estrich, CT C25 F4 S70	m²	19	23 / **25**	26	31
			16	19 / **21**	22	26
26	Heizestrich, CT C25 F4 S65 H45	m²	14	18 / **20**	22	28
			12	15 / **17**	18	23
27	Schnellestrich, CT C40 F7 S45	m²	20	25 / **28**	31	36
			17	21 / **24**	26	30
28	Estrich, CA C25 F4 S45	m²	14	17 / **18**	19	23
			12	14 / **15**	16	19
29	Heizestrich, CA C25 F4 S65 H45	m²	16	19 / **20**	21	26
			14	16 / **17**	18	22
30	Estrich, CAF C25 F4 S50	m²	12	15 / **16**	17	19
			10	13 / **14**	15	16
31	Heizestrich, CAF C25 F4 S65 H45	m²	12	18 / **20**	21	24
			10	15 / **17**	18	20
32	Estrich, AS IC10 S25	m²	24	29 / **32**	36	45
			20	25 / **27**	30	38
33	Nutzestrich, CT C25 F4 S45	m²	13	16 / **17**	17	21
			11	14 / **14**	15	18
34	Nutzestrich, CT C25 F5 S95	m²	20	24 / **26**	31	36
			17	20 / **22**	26	30
35	Verbundestrich, CT C25 F4 V45	m²	11	14 / **15**	16	19
			10	12 / **13**	14	16
36	Verbundestrich, MA C40 RWA20 V30	m²	–	20 / **23**	29	–
			–	16 / **19**	24	–
37	Estrich glätten, maschinell	m²	0,2	1,5 / **2,2**	2,4	4,1
			0,1	1,3 / **1,9**	2,0	3,5
38	Trockenestrich, GF-Platte einlagig, auf Trennlage	m²	36	45 / **48**	53	58
			30	38 / **40**	45	48
39	Trockenestrich, Verbundplatte	m²	40	50 / **55**	59	65
			33	42 / **46**	49	55
40	Sinterschicht abschleifen, Boden	m²	0,5	1,0 / **1,5**	1,7	2,7
			0,4	0,9 / **1,2**	1,5	2,3
41	Scheinfugen schneiden, füllen	m	6	8 / **10**	11	14
			5	7 / **8**	10	12
42	Bewegungsfuge, elastische Dichtmasse	m	0,8	6,9 / **8,9**	14	26
			0,7	5,8 / **7,5**	12	22
43	Bewegungsfuge, Metallprofil	m	4	35 / **50**	87	200
			4	29 / **42**	73	168
44	Randwinkel, Stahl	m	20	53 / **62**	99	173
			17	44 / **52**	83	146
45	Estrich spachteln, bis 5mm	m²	3	5 / **5**	7	9
			3	4 / **5**	6	8
46	Beschichtung, Acryl, Estrich	m²	13	18 / **20**	23	28
			11	15 / **17**	20	24
47	Beschichtung, Polyurethanharz, Estrich	m²	18	23 / **27**	35	44
			15	20 / **22**	30	37
48	Beschichtung, Epoxidharz, Estrich	m²	9	22 / **27**	39	61
			8	19 / **22**	33	51

LB 025 Estricharbeiten

Nr.	Kurztext / Langtext							Kostengruppe
▶	▷	ø netto €	◁	◀		[Einheit]	Ausf.-Dauer	Positionsnummer

A 3 — Wärmedämmung, Estrich PUR, DEO dh
Beschreibung für Pos. **16-17**

Wärmedämmschicht aus kaschierten Polyurethan-Dämmplatten unter schwimmenden Estrich.
Untergrund: Rohdecke
Dämmstoff: PUR, Aluminiumkaschierung
Anwendungstyp: DEO - dh
Brandverhalten: E

16 — Wärmedämmung, Estrich PUR 20mm 025 DEO dh
KG **352**

Wie Ausführungsbeschreibung A 3
Nennwert Wärmeleitfähigkeit: 0,023 W/(mK)
Dämmstoffdicke: 20 mm
Nutzlast: ..... kN/m²
Plattenrand: .....
Angeb. Fabrikat: .....

| 3 € | 7 € | **9 €** | 10 € | 12 € | [m²] | ⏱ 0,05 h/m² | 025.000.053 |

17 — Wärmedämmung, Estrich PUR 80mm 025 DEO dh
KG **352**

Wie Ausführungsbeschreibung A 3
Nennwert Wärmeleitfähigkeit: 0,023 W/(mK)
Dämmstoffdicke: 80 mm
Nutzlast: ..... kN/m²
Plattenrand: .....
Angeb. Fabrikat: .....

| 12 € | 14 € | **17 €** | 20 € | 25 € | [m²] | ⏱ 0,08 h/m² | 025.000.056 |

18 — Wärmedämmung, Estrich CG bis 70mm 045 DEO ds
KG **352**

Wärmedämmschicht unter Estrich aus Schaumglas-Dämmplatten vollflächig und vollfugig in Heißbitumen eingebettet.
Unterlage: **eben / Gefällebeton 2,5%**
Bitumenverbrauch: ca. 4,0 kg/m²
Dämmstoff: CG
Anwendungstyp: DAA - ds
Nennwert Wärmeleitfähigkeit: 0,044 W/(mK)
Dämmstoffdicke: bis 70 mm
Brandverhalten: A1
Angeb. Fabrikat: .....

| 13 € | 31 € | **32 €** | 35 € | 47 € | [m²] | ⏱ 0,14 h/m² | 025.000.010 |

Kosten:
Stand 1.Quartal 2018
Bundesdurchschnitt

▶ min
▷ von
ø Mittel
◁ bis
◀ max

Nr.	Kurztext / Langtext				[Einheit]	Ausf.-Dauer	Kostengruppe Positionsnummer
▶	▷ ø netto € ◁ ◀						

19 — Wärmedämmung, Estrich EPB bis 80mm 052 DEO — KG 352
Wärmedämmschicht aus Perlite-Dämmplatten, unter schwimmenden Gussasphalt-Estrich.
Untergrund: Rohdecke
Dämmstoff: expandierte Perlite
Verlegung: zweilagig
Nennwert Wärmeleitfähigkeit: 0,052 W/(mK)
Anwendungstyp: DEO - .....
Dämmstoffdicke: bis 80 mm
Nutzlast: .....kN/m²
Brandverhalten: C s1 d0
Angeb. Fabrikat: .....

| 8 € | 10 € | **11 €** | 12 € | 16 € | [m²] | ⏱ 0,08 h/m² | 025.000.009 |

20 — Trennlage, Dämmung, Estrich — KG 352
Trennlage zwischen Dämmschicht und Estrich, einlagig, mit mind. 80 mm Stoßüberlappung.
Estrich: .....
Trennlage: PE-Folie, 0,2 mm
Angeb. Fabrikat: .....

| 0,1 € | 0,7 € | **0,8 €** | 1,2 € | 2,4 € | [m²] | ⏱ 0,03 h/m² | 025.000.011 |

21 — Trennlage, Dämmung, Gussasphalt — KG 352
Abdeckung zwischen Dämmschicht und Gussasphaltestrich, einlagig, hitzebeständig, mit mind. 80mm Stoßüberlappung.
Trennlage: .....
Angeb. Fabrikat: .....

| 0,5 € | 1,0 € | **1,2 €** | 1,4 € | 2,1 € | [m²] | ⏱ 0,03 h/m² | 025.000.012 |

22 — Randdämmstreifen, Polystyrol — KG 352
Randdämmstreifen für schwimmenden Estrich an Wänden und aufgehenden Bauteilen. Ausführung mit Überstand über Estrich und die Lage der Trittschalldämmung einbeziehend.
Material: Polystyrol
Einbauhöhe: .....
Form: .....
Angeb. Fabrikat: .....

| 0,1 € | 0,6 € | **0,8 €** | 1,3 € | 2,8 € | [m] | ⏱ 0,02 h/m | 025.000.023 |

23 — Randdämmstreifen, PE-Schaum — KG 352
Randdämmstreifen für schwimmenden Estrich an Wänden und aufgehenden Bauteilen. Ausführung mit Überstand über Estrich und die Lage der Trittschalldämmung einbeziehend.
Material: Polyethylen-Schaum, ca. 10 mm
Einbauhöhe: .....
Form: .....
Angeb. Fabrikat: .....

| 0,1 € | 0,6 € | **0,7 €** | 1,3 € | 2,4 € | [m] | ⏱ 0,02 h/m | 025.000.036 |

LB 025 Estricharbeiten

Kosten:
Stand 1.Quartal 2018
Bundesdurchschnitt

▶ min
▷ von
ø Mittel
◁ bis
◀ max

Nr.	Kurztext / Langtext						Kostengruppe
▶	▷	ø netto €	◁	◀	[Einheit]	Ausf.-Dauer	Positionsnummer

24 Estrich, CT C25 F4 S45 KG **352**
Zementestrich als schwimmender Estrich für Bodenbelag auf Dämmschicht.
Estrichart: CT
Druckfestigkeitsklasse: C25
Biegezugfestigkeitsklasse: F4
Estrichdicke: 45 mm
Einbauort: .....
Untergrund: eben
Nutzlast: ..... kN/m²
Belag: ....
Dämmung: .....
Besondere Anforderungen: .....

| 11€ | 13€ | **14€** | 16€ | 19€ | [m²] | ⏱ 0,20 h/m² | 025.000.013 |

25 Estrich, CT C25 F4 S70 KG **352**
Zementestrich als schwimmender Estrich für Bodenbelag auf Dämmschicht.
Estrichart: CT
Druckfestigkeitsklasse: C25
Biegezugfestigkeitsklasse: F4
Estrichdicke: 70 mm
Einbauort: .....
Untergrund: eben
Nutzlast: ..... kN/m²
Belag: ....
Dämmung: .....
Besondere Anforderungen: .....

| 16€ | 19€ | **21€** | 22€ | 26€ | [m²] | ⏱ 0,25 h/m² | 025.000.041 |

26 Heizestrich, CT C25 F4 S65 H45 KG **352**
Zementestrich als Heizestrich mit eingebetteten Leitungen für Bodenbelag auf Dämmschicht in Bauart A. Leistung inkl. Aufheizen und Abheizen des Fußbodenaufbaus sowie Protokollieren des Vorgangs und CM-Messung als Nachweis.
Untergrund: eben
Estrichart: CT
Druckfestigkeitsklasse: C25
Biegezugfestigkeitsklasse: F4
Bauart A - Heizrohre auf der Dämmschicht
Heizrohrdicke: ..... mm
Estrichdicke: .... mm + Rohrdurchmesser
Rohrüberdeckung: 45 mm
Einbauort: .....
Untergrund: eben
Nutzlast: ..... kN/m²
Belag: ....
Dämmung: .....
Besondere Anforderungen: .....

| 12€ | 15€ | **17€** | 18€ | 23€ | [m²] | ⏱ 0,25 h/m² | 025.000.034 |

Nr.	Kurztext / Langtext						Kostengruppe	
▶	▷	ø netto €	◁	◀	[Einheit]	Ausf.-Dauer	Positionsnummer	

27 Schnellestrich, CT C40 F7 S45 — KG 352

Zementestrich als schwimmender Schnellestrich für Bodenbelag auf Dämmschicht.
Estrichart: CT, Schnellestrich
Druckfestigkeitsklasse: C40
Biegezugfestigkeitsklasse: F7
Estrichdicke: 45 mm
Einbauort: .....
Untergrund: eben
Nutzlast: ..... kN/m²
Belag: ....
Dämmung: .....
Besondere Anforderungen: .....

| 17€ | 21€ | **24€** | 26€ | 30€ | [m²] | ⏱ 0,30 h/m² | 025.000.019 |

28 Estrich, CA C25 F4 S45 — KG 352

Calciumsulfat-Estrich als schwimmender Estrich für Bodenbelag auf Dämmschicht.
Estrichart: CA
Druckfestigkeitsklasse: C25
Biegezugfestigkeitsklasse: F4
Estrichdicke: 45 mm
Einbauort: .....
Untergrund: eben
Nutzlast: ..... kN/m²
Belag: ....
Dämmung: .....
Besondere Anforderungen: .....

| 12€ | 14€ | **15€** | 16€ | 19€ | [m²] | ⏱ 0,20 h/m² | 025.000.014 |

29 Heizestrich, CA C25 F4 S65 H45 — KG 352

Calciumsulfat-Estrich als Heizestrich mit eingebetteten Leitungen für Bodenbelag auf Dämmschicht in Bauart A. Leistung inkl. Aufheizen und Abheizen des Fußbodenaufbaus sowie Protokollieren des Vorgangs und CM-Messung als Nachweis.
Untergrund: eben
Estrichart: CA
Druckfestigkeitsklasse: C25
Biegezugfestigkeitsklasse: F4
Bauart A - Heizrohre auf der Dämmschicht
Heizrohrdicke: ..... mm
Estrichdicke: .... mm + Rohrdurchmesser
Rohrüberdeckung: 45 mm
Einbauort: .....
Untergrund: eben
Nutzlast: ..... kN/m²
Belag: ....
Dämmung: .....
Besondere Anforderungen: .....

| 14€ | 16€ | **17€** | 18€ | 22€ | [m²] | ⏱ 0,22 h/m² | 025.000.016 |

LB 025 Estricharbeiten

Kosten:
Stand 1.Quartal 2018
Bundesdurchschnitt

Nr.	Kurztext / Langtext		ø netto €			[Einheit]	Ausf.-Dauer	Kostengruppe Positionsnummer
▶	▷		ø netto €	◁	◀			

30   **Estrich, CAF C25 F4 S50**   KG **352**

Calciumsulfat-Estrich als schwimmender Fließestrich für Bodenbelag auf Dämmschicht.
Estrichart: CAF
Druckfestigkeitsklasse: C25
Biegezugfestigkeitsklasse: F4
Estrichdicke: 50 mm
Einbauort: .....
Untergrund: eben
Nutzlast: ..... kN/m^2
Belag: ....
Dämmung: .....
Besondere Anforderungen: .....

| 10€ | 13€ | **14**€ | 15€ | 16€ | [m^2] | ⏱ 0,20 h/m^2 | 025.000.030 |

31   **Heizestrich, CAF C25 F4 S65 H45**   KG **352**

Calciumsulfat-Fließestrich als Heizestrich mit eingebetteten Leitungen für Bodenbelag auf Dämmschicht in Bauart A. Leistung inkl. Aufheizen und Abheizen des Fußbodenaufbaus sowie Protokollieren des Vorgangs und CM-Messung als Nachweis.
Untergrund: eben
Estrichart: CAF
Druckfestigkeitsklasse: C25
Biegezugfestigkeitsklasse: F4
Bauart A - Heizrohre auf der Dämmschicht
Heizrohrdicke: ..... mm
Estrichdicke: .... mm + Rohrdurchmesser
Rohrüberdeckung: 45 mm
Einbauort: .....
Untergrund: eben
Nutzlast: ..... kN/m^2
Belag: ....
Dämmung: .....
Besondere Anforderungen: .....

| 10€ | 15€ | **17**€ | 18€ | 20€ | [m^2] | ⏱ 0,25 h/m^2 | 025.000.029 |

32   **Estrich, AS IC10 S25**   KG **352**

Gussasphaltestrich als schwimmender Estrich für Bodenbelag auf Dämmschicht.
Estrichart: AS
Härteklasse: IC 10
Estrichdicke: 25 mm
Einbauort: .....
Untergrund: eben
Nutzlast: ..... kN/m^2
Belag: ....
Dämmung: .....
Besondere Anforderungen: .....

| 20€ | 25€ | **27**€ | 30€ | 38€ | [m^2] | ⏱ 0,35 h/m^2 | 025.000.015 |

▶ min
▷ von
ø Mittel
◁ bis
◀ max

Nr.	Kurztext / Langtext					[Einheit]	Ausf.-Dauer	Kostengruppe Positionsnummer
▶	▷	ø netto €	◁	◀				

33 Nutzestrich, CT C25 F4 S45   KG **352**
Zementestrich als schwimmender Estrich für direkte Nutzung mit Oberflächenschutz auf Dämmschicht.
Estrichart: CT
Druckfestigkeitsklasse: C25
Biegezugfestigkeitsklasse: F4
Verschleißwiderstand A15
Estrichdicke: 45 mm
Einbauort: .....
Untergrund: eben
Nutzlast: ..... kN/m²
Oberflächenschutz: ....
Dämmung: .....
Besondere Anforderungen: .....
11 €   14 €   **14** €   15 €   18 €   [m²]   ⏱ 0,20 h/m²   025.000.031

34 Nutzestrich, CT C25 F5 S95   KG **352**
Zementestrich als schwimmender Estrich für direkte Nutzung mit Oberflächenschutz auf Dämmschicht.
Estrichart: CT
Druckfestigkeitsklasse: C25
Biegezugfestigkeitsklasse: F5
Verschleißwiderstand A15
Estrichdicke: 95 mm
Einbauort: .....
Untergrund: eben
Nutzlast: 10 kN/m²
Oberflächenschutz: ....
Dämmung: .....
Besondere Anforderungen: .....
17 €   20 €   **22** €   26 €   30 €   [m²]   ⏱ 0,20 h/m²   025.000.069

35 Verbundestrich, CT C25 F4 V45   KG **352**
Zementestrich als Nutzestrich für direkte Nutzung mit Oberflächenschutz im Verbund mit Untergrund.
Estrichart: CT
Druckfestigkeitsklasse: C25
Biegezugfestigkeitsklasse: F4
Verschleißwiderstand A15
Estrichdicke: 45 mm
Einbauort: .....
Untergrund: eben
Nutzlast: ..... kN/m²
Oberflächenschutz: ....
Dämmung: .....
Besondere Anforderungen: .....
10 €   12 €   **13** €   14 €   16 €   [m²]   ⏱ 0,20 h/m²   025.000.022

LB 025 Estricharbeiten

Kosten:
Stand 1.Quartal 2018
Bundesdurchschnitt

Nr.	Kurztext / Langtext				[Einheit]	Ausf.-Dauer	Kostengruppe Positionsnummer
▶ min	▷ von	ø Mittel	◁ bis	◀ max			

36 Verbundestrich, MA C40 RWA20 V30   KG **352**
Magnesiaestrich als Nutzestrich für direkte Nutzung mit Oberflächenschutz im Verbund mit Untergrund.
Estrichart: MA
Druckfestigkeitsklasse: C40
Biegezugfestigkeitsklasse: F7
Oberflächenhärte: SH 150
Estrichdicke: 30 mm
Beanspruchungsgruppe: III, leicht
Einbauort: **Verkaufsräume / .....**
Untergrund: eben
Nutzlast: ..... kN/m²
Oberflächenschutz: ....
Dämmung: .....
Besondere Anforderungen: .....

| – € | 16 € | **19 €** | 24 € | – € | [m²] | ⏱ 0,25 h/m² | 025.000.025 |

37 Estrich glätten, maschinell   KG **325**
Maschinelles Abscheiben und Flügelglätten der Estrichoberfläche, nach ausreichendem Ansteifen des Estrichs (noch plastisch verformbar, aber schon begehbar).
Leistung aus 2 Arbeitsgängen:
  – Oberfläche abscheiben
  – Oberfläche maschinell flügelglätten, in mehreren Übergängen bis zur kellengglatten Oberfläche
Beim Abscheiben oder Flügelglätten darf die Oberfläche weder mit zusätzlichem Wasser genässt, noch mit Zement abgepudert werden.
Estrichart: .....
Oberfläche: **ohne Anforderung / R9 / R10**

| 0,1 € | 1,3 € | **1,9 €** | 2,0 € | 3,5 € | [m²] | ⏱ 0,02 h/m² | 025.000.021 |

38 Trockenestrich, GF-Platte einlagig, auf Trennlage   KG **352**
Trockenestrich aus Gipsfaserplatten mit Stufenfalz, schwimmend, Platte als monolithische Gipsfaserplatte, für Brandbelastung von Deckenoberseite.
Rohdecke: **eben / im Gefälle**
Untergrund: .....
Plattenart: GF-I-W2-C1, einlagig ohne Dämmschicht
Plattendicke: **18 / 23** mm
Brandverhalten: A2
Feuerwiderstand: **REI30 / REI60 / REI90,** in Verbindung mit Unterlage aus nicht brennbarem Baustoff
Brandbelastung: von oben
Besondere Anforderungen: .....
Einbauort: Wohnräume.....
Nutzlast: 2 kN/m²
Ebenheit nach DIN 18202: Tabelle 3, **Zeile 3 / Zeile 4**
Eignung Oberfläche: .....
Angeb. Fabrikat: .....

| 30 € | 38 € | **40 €** | 45 € | 48 € | [m²] | ⏱ 0,23 h/m² | 025.000.026 |

Nr.	Kurztext / Langtext					Kostengruppe	
▶	▷	ø netto €	◁	◀	[Einheit]	Ausf.-Dauer	Positionsnummer

39   Trockenestrich, Verbundplatte   KG 352

Trockenestrich aus Verbundplatten, bestehend aus Gipsfaserplatte mit Stufenfalz und aufkaschierter Trittschalldämmung aus Holzweichfaser, für Brandbelastung von Deckenoberseite.
Rohdecke: **eben / im Gefälle**
Untergrund: .....
Gipsfaserplattendicke: **18 / 23** mm
Dämmstoff: WF
Dämmschichtdicke: 10 mm
Steifigkeitsgruppe: ca. 40
Brandverhalten: E
Verbundplattendicke: **28 / 33** mm
Feuerwiderstand: **REI60 / REI90,** in Verbindung mit Unterlagen aus nicht brennbarem Baustoff
Brandbelastung: von oben
Besondere Anforderungen: .....
Einbauort: Wohnräume.....
Belastung: 2 kN/m²
Ebenheit nach DIN 18202: Tabelle 3: **Zeile 2 / Zeile 3**
Eignung Oberfläche: .....
Angeb. Fabrikat: .....

| 33€ | 42€ | **46**€ | 49€ | 55€ | [m²] | ⏱ 0,25 h/m² | 025.000.027 |

40   Sinterschicht abschleifen, Boden   KG 352

Sinterschicht von Calziumsulfatestrichen abschleifen, als Vorbereitung für Bodenbelag. Entfernte Schichten aufnehmen, Fläche mit Industriestaubsauger staubfrei absaugen, Schutt sammeln und komplett entsorgen.
Geforderte Ebenheit nach DIN 18202, Tabelle 3 **Zeile 3 / Zeile 4**: .....

| 0,4€ | 0,9€ | **1,2**€ | 1,5€ | 2,3€ | [m²] | ⏱ 0,04 h/m² | 025.000.017 |

41   Scheinfugen schneiden, füllen   KG 352

Scheinfuge in frischen Estrich schneiden und nach Belegreife des Estrichs mit Fugendichtmasse kraftschlüssig füllen, mit Quarzsand satt abstreuen.
Fugenmaterial: Kunstharz, 2-Komponenten-Polyurethan-Masse
Fugentiefe: 1/3 der Estrichdicke
Fugenbreite: 5 mm

| 5€ | 7€ | **8**€ | 10€ | 12€ | [m] | ⏱ 0,12 h/m | 025.000.073 |

42   Bewegungsfuge, elastische Dichtmasse   KG 352

Bewegungsfuge in Estrich, mit elastischem Füllstoff und öl-, säure und bitumenbeständigem plastoelastischem Dichtstoff, inkl. Vorbehandlung der Estrichflächen.
Fugenbreite: .....
Fugentiefe: .....
Angeb. Fabrikat: .....

| 0,7€ | 5,8€ | **7,5**€ | 12€ | 22€ | [m] | ⏱ 0,12 h/m | 025.000.020 |

LB 025 Estricharbeiten

Nr.	Kurztext / Langtext						Kostengruppe
▶	▷ ø netto € ◁ ◀				[Einheit]	Ausf.-Dauer	Positionsnummer

Kosten:
Stand 1.Quartal 2018
Bundesdurchschnitt

▶ min
▷ von
ø Mittel
◁ bis
◀ max

---

43 Bewegungsfuge, Metallprofil — KG **352**

Fugenprofil für gefliesten Fußboden, im Bereich von Bewegungsfugen, bestehend aus zwei parallelen L-Profilen mit gelochtem Befestigungswinkel, inkl. Fugeneinlage aus schwarzem, elastischem Kunststoffprofil, Profil abriebfest, witterungs- und temperaturbeständig, sowie öl-, säure und bitumenbeständig. Ecken, T-Anschlüsse und dgl. in gesonderten Positionen.
Metallprofilhöhe: .....
Profilwerkstoff: Aluminium
Fugenbreite: .....
Angeb. Fabrikat: .....

| 4€ | 29€ | **42**€ | 73€ | 168€ | [m] | ⏱ 0,20 h/m | 025.000.038 |

---

44 Randwinkel, Stahl — KG **352**

Randwinkel für Estrichabstellung.
Material: Winkelstahl, ungleichmäßig
Abmessung: ..... x ..... mm
Stärke: t = ... mm
Oberflächen: **rostschützend grundiert / verzinkt**
Halterungen: ca. alle 300 mm mit Bohrung im kurzen Flansch
Montage: mit feuerverzinkten Schrauben und Dübel.
Untergrund: Stahlbeton
Einbauort: .....

| 17€ | 44€ | **52**€ | 83€ | 146€ | [m] | ⏱ 0,15 h/m | 025.000.074 |

---

45 Estrich spachteln, bis 5mm — KG **352**

Spachteln und Schleifen von Bodenflächen, als Untergrundvorbereitung für Verlegung von Glasmosaik.
Leistung nur nach Anordnung durch die Bauüberwachung.
Untergrund: Zementestrich
Flächenanteil: 100%
Schichtdicke: bis 5 mm
Ebenheitstoleranz: gem. DIN 18202, Tab.3 Zeile 4
Angeb. Fabrikat: .....

| 3€ | 4€ | **5**€ | 6€ | 8€ | [m²] | ⏱ 0,08 h/m² | 025.000.018 |

---

46 Beschichtung, Acryl, Estrich — KG **352**

Beschichtung von Betonflächen, mit 1-komponentigem wasserverdünnbaren, diffusionsoffenem Acryl-Bodenbeschichtungsstoff:
- Untergrund auf Eignung, Trag- sowie Haftzugfähigkeit prüfen, Flächen reinigen
- Grundierung, wasserverdünnt
- Zwischenbeschichtung
- Schlussbeschichtung, farbig
- Versiegelung, farblos und seidenmatt

Untergrund: normal saugende Betonflächen
Farbton: **grau / farbig nach RAL / NCS** .....
Angeb. Fabrikat: .....

| 11€ | 15€ | **17**€ | 20€ | 24€ | [m²] | ⏱ 0,12 h/m² | 025.000.033 |

Nr.	Kurztext / Langtext						Kostengruppe	
▶	▷	ø netto €	◁	◀	[Einheit]	Ausf.-Dauer	Positionsnummer	

47 Beschichtung, Polyurethanharz, Estrich KG **352**
Beschichtung von Estrichflächen mit Mehrkomponenten-Polyurethanharz mit Zwischen- und Deckbeschichtung einschl. Grundierung.
Untergrund: .....
Beanspruchung: ....
Rutschgefahr: ....
Mindest-Schichtdicke: ..... mm
Farbton: grau
Auftragsmenge: .....
Angeb. Fabrikat: .....
15€   20€   **22**€   30€   37€   [m²]   ⏱ 0,14 h/m²   025.000.078

48 Beschichtung, Epoxidharz, Estrich KG **352**
Beschichtung von Estrichflächen mit Mehrkomponenten-Epoxidharz mit Zwischen- und Deckbeschichtung einschl. Grundierung.
Untergrund: .....
Beanspruchung: ....
Rutschgefahr: ....
Mindest-Schichtdicke: ..... mm
Farbton: grau
Auftragsmenge: .....
Angeb. Fabrikat: .....
8€   19€   **22**€   33€   51€   [m²]   ⏱ 0,12 h/m²   025.000.024

49 Aussparung, Mattenrahmen KG **352**
Aussparung im Zementestrich herstellen, für Einbau Winkelrahmen der Fussmatte.
Größe: bis 1.000 / 1.200 mm
Höhe: 15-20 mm
Einbauort: .....
20€   41€   **61**€   64€   86€   [St]   ⏱ 0,30 h/St   025.000.075

50 Abbindebeschleuniger, CT-Estrich, Mehrpreis KG **352**
Betonzusatzmittel, als Abbindebeschleuniger für Zementestriche. Mehrpreis für m² verlegten Estrich.
Estrich: .....
Dicke d=..... mm
Begehbarkeit: nach ..... Tagen
Belegefähigkeit: nach ..... Tagen
Oberbelag: .....
Angeb. Fabrikat: .....
1€   4€   **5**€   6€   10€   [m²]   ⏱ 0,01 h/m²   025.000.076

51 Markierung, Messstellen KG **352**
Estrich-Messstelle markieren, für Restfeuchtigkeitsprüfung und Höhenkontrolle des Estrichs durch Bodenverleger, als sichere Kennzeichnung eines rohr- und kabelfreien Bereichs im neu verlegten Estrich oder geeignet zur Kontrolle der Estrichstärke. Abstand zu nächsten Installationsleitung größer 100mm. Ausführung nach Abstimmung mit der Bauüberwachung des Architekten.
Funktion Messstelle: .....
0,8€   3,5€   **4,4**€   6,1€   9,8€   [St]   ⏱ 0,10 h/St   025.000.059

LB 025 Estricharbeiten

Nr.	Kurztext / Langtext						Kostengruppe
▶	▷	ø netto €	◁	◀	[Einheit]	Ausf.-Dauer	Positionsnummer

52 Messung, Feuchte — KG 352
Messen und Protokollieren der Restfeuchte des Estrichs, vor Bodenverlegung, mit Calciumcarbid-(CM-)Messgerät; als zusätzliche Leistung über die Prüfpflicht des Bodenlegers hinaus.
Estrichart: .....
Estrichdicke: .....

| 11 € | 33 € | **42 €** | 58 € | 87 € | [St] | 0,50 h/St | 025.000.060 |

53 Prüfung Oberflächenfestigkeit — KG 352
Prüfen der Haftzugfestigkeit de Oberfläche des bauseitigen Stahlbetonuntergrund, durch unabhängiges Prüfinstitut, schriftliche Dokumentation, Übergabe an Bauherr zweifach.
Geplanter Belag: **Verbundestrich / .....** . Preis je Prüfstelle.

| 25 € | 34 € | **38 €** | 45 € | 57 € | [St] | 0,25 h/St | 000.077 |

54 Stundensatz Facharbeiter, Estricharbeiten
Stundenlohnarbeiten für Vorarbeiter, Facharbeiter und Gleichgestellte (z.B. Spezialbaufacharbeiter, Baufacharbeiter, Obermonteure, Monteure, Gesellen, Maschinenführer, Fahrer und ähnliche Fachkräfte). Leistung nach besonderer Anordnung der Bauüberwachung. Anmeldung und Nachweis gemäß VOB/B.

| 30 € | 40 € | **43 €** | 48 € | 57 € | [h] | 1,00 h/h | 025.000.061 |

55 Stundensatz Helfer, Estricharbeiten
Stundenlohnarbeiten für Werker, Helfer und Gleichgestellte (z.B. Baufachwerker, Helfer, Hilfsmonteure, Ungelernte, Angelernte). Leistung nach besonderer Anordnung der Bauüberwachung. Anmeldung und Nachweis gemäß VOB/B.

| 30 € | 38 € | **41 €** | 45 € | 51 € | [h] | 1,00 h/h | 025.000.062 |

Kosten:
Stand 1.Quartal 2018
Bundesdurchschnitt

▶ min
▷ von
ø Mittel
◁ bis
◀ max

023
024
025
026
027
028
029
030
031
032
033
034
036
037
038
039

LB 026 Fenster, Außentüren

Kosten:
Stand 1.Quartal 2018
Bundesdurchschnitt

- ▶ min
- ▷ von
- ø Mittel
- ◁ bis
- ◀ max

Preise €

Nr.	Positionen	Einheit	▶	▷	ø brutto € / ø netto €	◁	◀
1	Haustürelement, Holz, einflüglig	St	1.341 / 1.127	2.192 / 1.842	**2.477** / **2.082**	2.830 / 2.378	3.885 / 3.264
2	Haustürelement, Holz, mehrteilig	St	3.016 / 2.535	4.006 / 3.367	**4.422** / **3.716**	5.490 / 4.613	7.437 / 6.250
3	Haustürelement, Kunststoff, einflüglig	St	– / –	1.702 / 1.430	**2.398** / **2.015**	3.068 / 2.578	– / –
4	Haustürelement, Kunststoff, mehrteilig	St	2.399 / 2.016	3.372 / 2.833	**3.908** / **3.284**	4.397 / 3.695	5.759 / 4.839
5	Haustürelement, Holz, Passivhaus, einflüglig	St	2.579 / 2.167	2.998 / 2.520	**3.291** / **2.765**	3.453 / 2.902	3.826 / 3.215
6	Seitenteil, Holz, verglast, Haustür	St	647 / 544	791 / 664	**899** / **755**	1.006 / 846	1.105 / 929
7	Seitenteil, Kunststoff, verglast, Haustür	St	535 / 450	651 / 547	**723** / **608**	788 / 662	882 / 741
8	Metall-Türelement, einflüglig	St	702 / 590	1.781 / 1.497	**2.127** / **1.787**	2.853 / 2.398	4.667 / 3.922
9	Holzfenster, einflüglig, bis 0,70m²	St	312 / 262	397 / 334	**428** / **360**	496 / 417	652 / 548
10	Holzfenster, einflüglig, über 0,70m²	St	334 / 281	555 / 466	**631** / **530**	769 / 646	1.112 / 934
11	Holzfenster, einflüglig, Passivhaus, bis 1,00m²	St	470 / 395	637 / 535	**714** / **600**	791 / 665	920 / 773
12	Holzfenster, mehrteilig, Passivhaus, über 2,50m²	St	1.214 / 1.021	1.876 / 1.577	**2.138** / **1.796**	2.320 / 1.950	2.897 / 2.435
13	Holz-Alu-Fenster, einflüglig, bis 0,70m²	St	449 / 377	518 / 435	**561** / **472**	592 / 498	675 / 567
14	Holz-Alu-Fenster, einflüglig, bis 1,70m²	St	478 / 402	710 / 597	**807** / **678**	1.024 / 860	1.405 / 1.181
15	Holz-Alu-Fenster, zweiflüglig	St	1.159 / 974	1.719 / 1.445	**1.931** / **1.622**	2.152 / 1.808	3.516 / 2.955
16	Holz-Alu-Fenstertür, zweiflüglig	St	1.606 / 1.349	2.221 / 1.867	**2.528** / **2.124**	2.943 / 2.473	3.710 / 3.117
17	Kunststofffenster, einflüglig, bis 0,70m²	St	164 / 138	260 / 218	**295** / **248**	345 / 290	489 / 411
18	Kunststofffenster, einflüglig, bis 1,70m²	St	259 / 217	413 / 347	**458** / **385**	558 / 469	839 / 705
19	Kunststofffenster, mehrteilig, bis 1,70m²	St	365 / 307	513 / 431	**613** / **516**	715 / 600	897 / 753
20	Kunststofffenster, mehrteilig, über 1,70m²	St	490 / 412	755 / 634	**874** / **735**	1.201 / 1.009	2.145 / 1.803
21	Kunststofffenster, einflüglig, Passivhaus	St	404 / 340	444 / 373	**496** / **417**	581 / 488	900 / 756
22	Holzfenster, mehrteilig, über 2,50m²	St	703 / 591	1.407 / 1.182	**1.688** / **1.418**	2.221 / 1.866	3.672 / 3.086
23	Metall-Glas-Fenster, einflüglig, bis 2m²	St	290 / 244	732 / 615	**858** / **721**	1.066 / 896	1.495 / 1.256
24	Metall-Glas-Fenster, zweiflüglig, bis 4,5m²	St	917 / 771	1.692 / 1.422	**1.986** / **1.669**	2.570 / 2.160	3.928 / 3.301

© BKI Baukosteninformationszentrum; Erläuterungen zu den Tabellen siehe Seite 46

Kostenstand: 1.Quartal 2018, Bundesdurchschnitt

Fenster, Außentüren — Preise €

Nr.	Positionen	Einheit	▶	▷ ø brutto € / ø netto €		◁	◀
25	Metall-Glas-Fenster, mehrteilig, außen, 5,00m²	St	1.856 / 1.560	2.559 / 2.150	**2.877** / **2.418**	4.423 / 3.717	7.182 / 6.036
26	Metall-Glas-Fenstertür, einflüglig	St	918 / 771	2.076 / 1.744	**2.691** / **2.262**	3.203 / 2.692	4.105 / 3.450
27	Pfosten-Riegel-Fassade, Holz/Holz-Aluminium	m²	390 / 328	659 / 554	**732** / **615**	937 / 788	1.262 / 1.061
28	Pfosten-Riegel-Fassade, Metall	m²	242 / 203	613 / 515	**750** / **630**	1.008 / 847	1.569 / 1.318
29	Einsatzelement, Türöffnungen	St	842 / 707	1.624 / 1.365	**1.975** / **1.659**	2.588 / 2.175	3.773 / 3.171
30	Einsatzelement, Fensteröffnungsflügel	St	314 / 264	585 / 491	**719** / **604**	853 / 717	1.211 / 1.018
31	Einsatzelement, wärmegedämmtes Paneel	m²	80 / 67	189 / 159	**218** / **183**	230 / 193	281 / 236
32	Sicherheitsglas, ESG/VSG-Mehrpreis	m²	26 / 22	56 / 47	**66** / **55**	79 / 67	111 / 93
33	Festverglasung, Zweifach-Isolierverglasung, 35db	m²	155 / 130	321 / 270	**403** / **338**	578 / 486	1.237 / 1.039
34	Fensterbank, außen, Aluminium, beschichtet	m	17 / 15	34 / 28	**39** / **33**	47 / 39	67 / 56
35	Abdichtung, Fensteranschluss	m	4 / 3	8 / 6	**10** / **9**	17 / 15	26 / 22
36	RAL-Anschluss, Fenster	m	– / –	22 / 18	**27** / **22**	35 / 29	– / –
37	Stundensatz Facharbeiter, Fensterbauarbeiten	h	47 / 40	56 / 47	**60** / **50**	66 / 55	80 / 68
38	Stundensatz Helfer, Fensterbauarbeiten	h	41 / 35	47 / 39	**50** / **42**	55 / 46	63 / 53

Nr.	Kurztext / Langtext					Kostengruppe
▶	▷ ø netto € ◁ ◀			[Einheit]	Ausf.-Dauer	Positionsnummer

1   Haustürelement, Holz, einflüglig   KG **334**

Hauseingangstürelement aus Holz, einflüglig, aus Türblatt, Zarge, Bändern, Türgriff, Bodendichtung und Verriegelung, vorgerichtet für Profilzylinder; einschl. Einbau in Rohbau und Ausstopfen der Fuge mit Mineralwolle. Äußere und innere Abdichtungen nach gesonderter Position.
Material / Profilsystem: **Holz / .....**
Anschlag: stumpf einschlagend, rechts oder links angeschlagen, nach innen öffnend, doppelt gefälzt
lichtes Rohbaumaß (B x H): ..... x ..... mm
Anforderungen:
  – Wärmeschutz, U_d = 1,3 W/(m²K)
  – Gesamtenergiedurchlassgrad g = ...
  – Einbruchhemmung: Klasse RC .....
Türblatt:
  – wärmegedämmte mehrschichtige Konstruktion
  – mit Dämmstoffeinlage
  – Türblattdicke: ..... mm
  – Beplankung: Nadelholz, astfrei, Holzart .....

LB 026 Fenster, Außentüren

Nr. **Kurztext** / Langtext
▶ ▷ **ø netto €** ◁ ◀ [Einheit] Ausf.-Dauer Positionsnummer Kostengruppe

Kosten:
Stand 1.Quartal 2018
Bundesdurchschnitt

▶ min
▷ von
ø Mittel
◁ bis
◀ max

Zarge:
- Holz-Blockrahmen
- Profil: .....
- Kante: **eckig / rund**
- verdeckte Befestigung, innenseitige Abdeckleisten, dreiseitig
- Hinterfüllung des Zargenhohlraums mit Mineralwolle
- Türschwelle thermisch getrennt

Bänder / Beschläge:
- Bänder: ..... Stück, Stahl vernickelt, -.....-fache Verriegelung
- Drücker-Knauf-Wechselgarnitur für Hauseingangstüren auf Rosetten
- Material: Aluminium, Klasse ES 2, mit Zylinderziehschutz

Schloss / Zubehör:
- Schloss für Hausabschlusstüren, Klasse 3, vorgerichtet für Profilzylinder
- Falzdichtung: dreiseitig umlaufend
- Bodendichtung: automatisch absenkbar
- Stulp aus nichtrostendem Stahl
- elektromagnetischer Türöffner mit Tagesfalle
- Spion

Oberflächen:
- Holzprofile: **lasierend / deckend** beschichtet, Farbe: .....
- sichtbare Aluminiumteile: anodisch oxidiert, E6, Farbton: natur
- sichtbare Edelstahlteile: gebürstet

Einbauort: Erdgeschoss

Montage:
- Wandaufbau: einschalig im Anschlussbereich
- Befestigungsuntergrund: .....
- Einbauebene: .....

Zeichnungen, Plan-Nr.: .....
Angeb. Fabrikat: .....
Hinweis: Position ggf. mit Anforderungen zu Windlast, Luftdurchlässigkeit, Schlagregendichtheit, Schalldämm-Maß, Mechanische Festigkeit und Bedienkräften erweitern.

1.127 €   1.842 €   **2.082 €**   2.378 €   3.264 €   [St]   ⏱ 5,50 h/St   026.000.029

2   Haustürelement, Holz, mehrteilig   KG **334**

Hauseingangstürelement aus Holz, zweiflüglig, aus Geh- und Stand-Türflügel, Zarge, Bändern, Türgriff, Bodendichtung, Verriegelung, vorgerichtet für Profilzylinder; einschl. Einbau in Rohbau und Ausstopfen der Fuge mit Mineralwolle. Äußere und innere Abdichtungen nach gesonderter Position.

Material / Profilsystem: **Holz / .....**
Anschlag: stumpf einschlagend, rechts oder links angeschlagen, nach innen öffnend, doppelt gefälzt
lichtes Rohbaumaß (B x H): ..... x ..... mm
Teilung: senkrecht
Feld 1: Gehflügel, Breite: .....
Feld 2: Stehflügel mit Anschlag, Breite: .....
Anforderungen:
- Wärmeschutz, U_d = 1,3 W/(m²K)
- Gesamtenergiedurchlassgrad g = ...
- Einbruchhemmung: Klasse RC .....

Nr.	Kurztext / Langtext						Kostengruppe	
▶	▷	ø netto €	◁	◀	[Einheit]	Ausf.-Dauer	Positionsnummer	

Türblatt:
- wärmegedämmte mehrschichtige Konstruktion
- mit Dämmstoffeinlage
- Türblattdicke: ..... mm
- Beplankung: Nadelholz, astfrei, Holzart .....

Zarge:
- Holz-Blockrahmen
- Profil: .....
- Kante: **eckig / rund**
- verdeckte Befestigung, innenseitige Abdeckleisten, dreiseitig
- Hinterfüllung des Zargenhohlraums mit Mineralwolle
- Türschwelle thermisch getrennt,

Bänder / Beschläge:
- Bänder: ..... Stück, Stahl vernickelt, -.....-fache Verriegelung, Stehflügel mit .....-Riegel
- Drücker-Knauf-Wechselgarnitur für Hauseingangstüren auf Rosetten
- Material: Aluminium, Klasse ES 2, mit Zylinderziehschutz

Schloss / Zubehör:
- Schloss für Hausabschlusstüren, Klasse 3, vorgerichtet für Profilzylinder
- Falzdichtung: dreiseitig umlaufend
- Bodendichtung: automatisch absenkbar
- Stulp aus nichtrostendem Stahl
- elektromagnetischer Türöffner mit Tagesfalle
- Spion

Oberflächen:
- Holzprofile: **lasierend / deckend** beschichtet, Farbe: .....
- sichtbare Aluminiumteile: anodisch oxidiert, E6, Farbton: natur
- sichtbare Edelstahlteile: gebürstet

Einbauort: Erdgeschoss

Montage:
- Wandaufbau: einschalig im Anschlussbereich
- Befestigungsuntergrund: .....
- Einbauebene: .....

Zeichnungen, Plan-Nr.: .....
Angeb. Fabrikat: .....

Hinweis: Position ggf. mit Anforderungen zu Windlast, Luftdurchlässigkeit, Schlagregendichtheit, Schalldämm-Maß, Mechanische Festigkeit und Bedienkräften erweitern.

| 2.535€ | 3.367€ | **3.716€** | 4.613€ | 6.250€ | [St] | ⏱ 11,00 h/St | 026.000.001 |

---

3   Haustürelement, Kunststoff, einflüglig   KG **334**

Hauseingangstürelement aus Kunststoff, einflüglig, aus Türblatt und Zarge, mit Bänder, Türgriff, Bodendichtung und Verriegelung, vorgerichtet für Profilzylinder; einschl. Einbau in Rohbau und Ausstopfen der Fuge mit Mineralwolle. Äußere und innere Abdichtungen nach gesonderter Position.

Material / Profilsystem: **PVC-U / .....**
Anschlag: **flächenversetzt / -bündig**, rechts oder links angeschlagen, nach innen öffnend,
lichtes Rohbaumaß (B x H): ..... x ..... mm

Anforderungen:
- Wärmeschutz, U_d <=1,3 W/(m²K)
- Gesamtenergiedurchlassgrad g = ...
- Einbruchhemmung: Klasse RC .....

023
024
025
026
027
028
029
030
031
032
033
034
036
037
038
039

LB 026 Fenster, Außentüren

Nr.	Kurztext / Langtext					Kostengruppe
▶	▷ ø netto € ◁ ◀			[Einheit]	Ausf.-Dauer	Positionsnummer

Türblatt:
– Paneel mit zweifacher Beplankung Kunststoff, Dämmkern aus Mineralwolle und Dampfsperre
– Oberfläche:.....
– mit Wetterschenkel
– mit Glasausschnitt (B X H): ..... x ..... mm
– Füllung: Isolier-Verglasung, **2x VSG / 2x ESG**, U_g = ... W/(m²K), Psi = ... W/(mK), Lichtdurchlässigkeit 75 bis 80%

Zarge:
– Profil: .....
– verdeckte Befestigung, innenseitige Abdeckleisten, dreiseitig
– Hinterfüllung des Zargenhohlraums mit Mineralwolle
– Türschwelle thermisch getrennt,

Bänder / Beschläge:
– Bänder: ..... Stück, Stahl vernickelt, -.....-fache Verriegelung
– Drücker-Knauf-Wechselgarnitur für Hauseingangstüren auf Rosetten
– Material: Aluminium, Klasse ES 2, mit Zylinderziehschutz

Schloss / Zubehör:
– Schloss für Hausabschlusstüren, Klasse 3, vorgerichtet für Profilzylinder
– Falzdichtung: dreiseitig umlaufend
– Bodendichtung: automatisch absenkbar
– Stulp aus nichtrostendem Stahl

Oberflächen:
– Rahmen- und Flügelprofil **weiß / mit farbiger Folienbeschichtung** in **gleichem / unterschiedlichem** Farbton ....
– sichtbare Aluminiumteile: anodisch oxidiert, E6, Farbton: natur
– sichtbare Edelstahlteile: gebürstet

Einbauort: Erdgeschoss

Montage:
– Wandaufbau: einschalig im Anschlussbereich
– Befestigungsuntergrund: .....
– Einbauebene: .....

Zeichnungen, Plan-Nr.: .....
Angeb. Fabrikat: .....
Hinweis: Position ggf. mit Anforderungen zu Windlast, Luftdurchlässigkeit, Schlagregendichtheit, Schalldämm-Maß, Mechanische Festigkeit und Bedienkräften erweitern.

| –€ | 1.430€ | **2.015**€ | 2.578€ | –€ | [St] | 5,50 h/St | 026.000.048 |

---

4   Haustürelement, Kunststoff, mehrteilig   KG **334**

Hauseingangstürelement aus Kunststoff, mehrteilig, aus Türblatt und Rahmenelement mit Fest-Verglasung, mit Bänder, Türgriff, Bodendichtung und Verriegelung, vorgerichtet für Profilzylinder; einschl. Einbau in Rohbau und Ausstopfen der Fuge mit Mineralwolle. Äußere und innere Abdichtungen nach gesonderter Position.
Material / Profilsystem: **PVC-U / .....**
Anschlag: **flächenversetzt / -bündig**, rechts oder links angeschlagen, nach innen öffnend,
lichtes Rohbaumaß (B x H): ..... x ..... mm
Teilung: senkrecht
Feld 1: Türelement, verglast, drehend, Breite: .....
Feld 2: festverglast: Breite: .....

▶ min
▷ von
ø Mittel
◁ bis
◀ max

Nr.	**Kurztext** / Langtext					Kostengruppe	
▶	▷	**ø netto €**	◁	◀	[Einheit]	Ausf.-Dauer	Positionsnummer

Anforderungen:
- Wärmeschutz, U_d = 1,3 W/(m²K)
- Gesamtenergiedurchlassgrad g = ...
- Einbruchhemmung: Klasse RC .....

Türblatt:
- Paneel mit zweifacher Beplankung Kunststoff, Dämmkern aus Mineralwolle und Dampfsperre
- Oberfläche:.....
- mit Wetterschenkel

Seitenfeld:
- mit Glasausschnitt (B X H): ..... x ..... mm
- Füllung: Isolier-Verglasung, **2x VSG / 2x ESG**, U_g = ... W/(m²K), Psi = ... W/(mK), Lichtdurchlässigkeit 75 bis 80%

Zarge/Rahmen:
- Profil: .....
- verdeckte Befestigung, innenseitige Abdeckleisten, dreiseitig
- Hinterfüllung des Zargenhohlraums mit Mineralwolle
- Türschwelle thermisch getrennt

Bänder / Beschläge:
- Bänder: ..... Stück, Stahl vernickelt, -.....-fache Verriegelung
- Drücker-Knauf-Wechselgarnitur für Hauseingangstüren auf Rosetten
- Material: Aluminium, Klasse ES 2, mit Zylinderziehschutz

Schloss / Zubehör:
- Schloss für Hausabschlusstüren, Klasse 3, vorgerichtet für Profilzylinder
- Falzdichtung: dreiseitig umlaufend
- Bodendichtung: automatisch absenkbar
- Stulp aus nichtrostendem Stahl

Oberflächen:
- Rahmen- und Flügelprofil **weiß / mit farbiger Folienbeschichtung** in **gleichem / unterschiedlichem** Farbton
- sichtbare Aluminiumteile: anodisch oxidiert, E6, Farbton: natur
- sichtbare Edelstahlteile: gebürstet

Einbauort: Erdgeschoss

Montage:
- Wandaufbau: einschalig im Anschlussbereich
- Befestigungsuntergrund: .....
- Einbauebene: .....

Zeichnungen, Plan-Nr.: .....
Angeb. Fabrikat: .....
Hinweis: Position ggf. mit Anforderungen zu Windlast, Luftdurchlässigkeit, Schlagregendichtheit, Schalldämm-Maß, Mechanische Festigkeit und Bedienkräften erweitern.

▶	▷	**ø netto €**	◁	◀	[Einheit]	Ausf.-Dauer	Positionsnummer
2.016€	2.833€	**3.284€**	3.695€	4.839€	[St]	8,00 h/St	026.000.002

5   Haustürelement, Holz, Passivhaus, einflüglig   KG **334**

Hauseingangstürelement aus Holz, einflüglig, aus Türblatt, Zarge, Bändern, Türgriff, Bodendichtung und Verriegelung, vorgerichtet für Profilzylinder; einschl. Einbau in Rohbau und Ausstopfen der Fuge mit Mineralwolle. Äußere und innere Abdichtungen nach gesonderter Position.

lichtes Rohbaumaß (B x H): ..... x ..... mm
Material / Profilsystem: **Holz / .....**
Anschlag: stumpf einschlagend, rechts oder links angeschlagen, nach innen öffnend, doppelt gefälzt

**LB 026
Fenster,
Außentüren**

Nr.	Kurztext / Langtext					Kostengruppe
▶	▷	ø netto €	◁	◀	[Einheit]	Ausf.-Dauer Positionsnummer

15 Holz-Alu-Fenster, zweiflüglig   KG **334**

Zweiflügliges Fenster aus Holz-Alu-Konstruktion, aus einem Fenster- und zwei Flügelrahmen, Beschlagsgarnitur mit Fenstergriff einschl. Einbau in Rohbau und Ausstopfen der Fuge mit Mineralwolle. Äußere und innere Abdichtungen nach gesonderter Position.
Holzart: .....
Deckschale: Aluminium
Profilsystem: ..... mit **Mittel- und innere Überschlagsdichtung / Anschlagdichtung**, mit Wetterschenkel
Rahmen / Flügel: **flächenversetzt / bündig**
Anschluss unten: an Fensterbank: **außen / innen**
Anschluss oben: an Rollladenkasten
lichtes Rohbaumaß (B x H): ..... x ..... mm
Teilung: senkrecht
Feld 1: Dreh-Kipp, Breite: .....
Feld 2: Dreh, mit Anschlag, Breite: .....
Anforderungen:
– Wärmeschutz U_W = 1,3 W/(m²K)
– Gesamtenergiedurchlass: ..... %
– Einbruchhemmung: Widerstandsklasse **RC-2 (Erdgeschoss) / RC-1-N (Obergeschoss)**
Füllung / Ausfachung:
– Zweifach-Isolierverglasung,
– Lichtdurchlässigkeit 75 bis 80%
Beschlag / Zubehör:
– Dreh-Kipp-Beschlag, **verdeckt liegend/ aufliegend**, mit Fehlbedienungssperre
– Fenstergriff mit Rosette, Einhandbedienung, aus Aluminium, Befestigung verdeckt
Oberflächen:
– Holzprofile innen: **transparent / lasierend / deckend** beschichtet, imprägniert
– Deckschale - Aluminium: PES-pulverbeschichtet, Schichtdicke / Korrosionsbelastung: ..... **/ C3**
– Rahmen- und Flügelprofil **weiß / .....** in **gleichem / unterschiedlichem** Farbton.
– Aluminium sichtbar, anodisch oxidiert, E6, natur
– Stahloberfläche: verzinkt, chromatiert
Einbauort: .....
Montage:
– Wandaufbau: einschalig im Anschlussbereich
– Befestigungsuntergrund: .....
– Einbauebene: .....
Zeichnungen, Plan-Nr.: .....
Angeb. Fabrikat: .....
Hinweis: Position ggf.mit Anforderungen zu Windlast, Luftdurchlässigkeit, Schlagregendichtheit, Schalldämm-Maß, Mechanische Festigkeit und Bedienkräften erweitern.

| 974€ | 1.445€ | **1.622€** | 1.808€ | 2.955€ | [St] | ⏱ 3,20 h/St | 026.000.014 |

Kosten:
Stand 1.Quartal 2018
Bundesdurchschnitt

▶ min
▷ von
ø Mittel
◁ bis
◀ max

Nr.	**Kurztext** / Langtext						Kostengruppe	
▶	▷	**ø netto €**	◁	◀	[Einheit]	Ausf.-Dauer	Positionsnummer	

16 Holz-Alu-Fenstertür, zweiflüglig — KG **334**

Einflügige Fenstertür aus Holz-Alu-Konstruktion, aus Fenster- und Flügelrahmen, Beschlagsgarnitur mit Fenstergriff, einschl. Bohrungen und Verbindungsmitteln für die Verschraubung mit den bauseitigen Anschlüssen.
Holzart: .....
Deckschale: Aluminium
Profilsystem: ..... mit **Mittel- und innere Überschlagsdichtung / Anschlagdichtung**, mit Wetterschenkel
Rahmen / Flügel: **flächenversetzt / bündig**
Anschluss unten: an Fensterbank: **außen / innen**
Anschluss oben: an Rollladenkasten
lichtes Rohbaumaß (B x H): ..... x ..... mm
Teilung: senkrecht
 – Feld 1: Dreh-Kipp (B x H): ..... x ..... mm
 – Feld 2: Dreh (B x H): ..... x ..... mm, mit Anschlag
Anforderungen:
 – Wärmeschutz U_W = 1,3 W/(m²K)
 – Gesamtenergiedurchlass: .... %
 – Einbruchhemmung: Widerstandsklasse **RC-2 (Erdgeschoss)/ RC-1-N (Obergeschoss)**
Füllung / Ausfachung:
 – Zweifach-Isolierverglasung, innen VSG, außen ESG
 – Lichtdurchlässigkeit 75 bis 80%
Beschlag / Zubehör:
 – Dreh-Kipp-Beschlag, **verdeckt liegend/ aufliegend**, mit Fehlbedienungssperre
 – Fenstergriff mit Rosette, Einhandbedienung, aus Aluminium, Befestigung verdeckt
 – Fenstertür-Ziehgriff, Aluminium,
 – Systembodenschwelle: Aluminium-Formteil
 – Wetterschutzschiene aus Aluminium
Oberflächen:
 – Holzprofile innen: transparent / lasierend / deckend beschichtet, imprägniert
 – Deckschale - Aluminium: PES-pulverbeschichtet, Schichtdicke / Korrosionsbelastung: **..... / C3**
 – Rahmen- und Flügelprofil **weiß / ..... in gleichem / unterschiedlichem** Farbton.
 – Aluminium sichtbar, anodisch oxidiert, E6, natur
 – Stahloberfläche: verzinkt, chromatiert
Einbauort: .....
Montage:
 – Wandaufbau: einschalig im Anschlussbereich
 – Befestigungsuntergrund: .....
 – Einbauebene: .....
Zeichnungen, Plan-Nr.: .....
Angeb. Fabrikat: .....
Hinweis: Position ggf.mit Anforderungen zu Windlast, Luftdurchlässigkeit, Schlagregendichtheit, Schalldämm-Maß, Mechanische Festigkeit und Bedienkräften erweitern.

| 1.349 € | 1.867 € | **2.124 €** | 2.473 € | 3.117 € | [St] | ⏱ 3,80 h/St | 026.000.030 |

LB 026 Fenster, Außentüren

Nr.	Kurztext / Langtext					Kostengruppe
▶ ▷	ø netto € ◁ ◀			[Einheit]	Ausf.-Dauer	Positionsnummer

A 3 Kunststofffenster, einflüglig — Beschreibung für Pos. 17-18

Einflügliges Fenster aus Kunststoff, aus Fenster- und Flügelrahmen, Dreh- Kipp-Beschlagsgarnitur mit Fenstergriff, einschl. Einbau in Rohbau und Ausstopfen der Fuge mit Mineralwolle. Äußere und innere Abdichtungen nach gesonderter Position.
Material: Polyvinylchlorid (PVC-U), mit bleifreien Stabilisatoren,
Profilsystem: Mehrkammerprofilsystem mit Stahlverstärkung, mit **Mitteldichtung / Anschlagdichtung**, mit Wetterschenkel
Rahmen / Flügel: **flächenversetzt / bündig**
Anschluss unten: an Fensterbank: **außen / innen**
Anschluss oben: an Rollladenkasten
lichtes Rohbaumaß (B x H): siehe Unterposition
Anforderungen:
- Wärmeschutz U_W = 1,3 W/(m²K)
- Gesamtenergiedurchlass: .... %
- Einbruchhemmung: Widerstandsklasse **RC-2 (Erdgeschoss) / RC-1-N (Obergeschoss)**

Füllung / Ausfachung:
- Zweifach-Isolierverglasung,
- Lichtdurchlässigkeit 75 bis 80%

Beschlag / Zubehör:
- Dreh-Kipp-Beschlag, **verdeckt liegend / aufliegend** eingebaut, mit Fehlbedienungssperre
- Fenstergriff mit Rosette, Einhandbedienung, aus Aluminium, Befestigung verdeckt

Oberflächen:
- Rahmen- und Flügelprofil **weiß / mit Folienbeschichtung** Dekor/Farbe ..... **in gleichem / unterschiedlichem** Farbton
- Aluminium-Oberflächen, anodisch oxidiert, E6, natur
- Stahloberfläche: verzinkt, chromatiert

Einbauort: .....
Montage:
- Wandaufbau: einschalig im Anschlussbereich
- Befestigungsuntergrund: .....
- Einbauebene: .....

Zeichnungen, Plan-Nr.: .....
Angeb. Fabrikat: .....
Hinweis: Position ggf. mit Anforderungen zu Windlast, Luftdurchlässigkeit, Schlagregendichtheit, Schalldämm-Maß, Mechanische Festigkeit und Bedienkräften erweitern.

Kosten: Stand 1. Quartal 2018, Bundesdurchschnitt

▶ min ▷ von ø Mittel ◁ bis ◀ max

---

17   Kunststofffenster, einflüglig, bis 0,70m²   KG **334**
Wie Ausführungsbeschreibung A 3
lichtes Rohbaumaß (B x H): ..... x ..... mm
Fenstergröße: bis 0,70 m²

| 138 € | 218 € | **248** € | 290 € | 411 € | [St] | 1,60 h/St | 026.000.006 |

18   Kunststofffenster, einflüglig, bis 1,70m²   KG **334**
Wie Ausführungsbeschreibung A 3
lichtes Rohbaumaß (B x H): ..... x ..... mm
Fenstergröße: 0,70 bis 1,70 m²

| 217 € | 347 € | **385** € | 469 € | 705 € | [St] | 1,60 h/St | 026.000.007 |

Nr.	Kurztext / Langtext					Kostengruppe		
▶	▷	ø netto €	◁	◀	[Einheit]	Ausf.-Dauer	Positionsnummer	

A 4 Kunststofffenster, mehrteilig Beschreibung für Pos. **19-20**

Fenster aus Holz, mehrteilig, aus Fenster- und Flügelrahmen, Dreh- Kipp-Beschlagsgarnituren und Fenstergriffen, OL-Kipp-Beschlagsgarnituren mit Öffnungsgestängen und Griffen, einschl. Einbau in Rohbau und Ausstopfen der Fuge mit Mineralwolle. Äußere und innere Abdichtungen nach gesonderter Position.
Holzart: .....
Profilsystem: ..... mit **Mittel- und innere Überschlagsdichtung / Anschlagdichtung**, mit Wetterschenkel
Rahmen / Flügel: **flächenversetzt / bündig**
Anschluss unten: an Fensterbank: **außen / innen**
Anschluss oben: an Rollladenkasten
Anforderungen:
- Wärmeschutz U_W = 1,3 W/(m²K)
- Gesamtenergiedurchlass: .... %
- Einbruchhemmung: Widerstandsklasse **RC-2 (Erdgeschoss)/ RC-1-N (Obergeschoss)**

Füllung / Ausfachung:
- Zweifach-Isolierverglasung,
- Lichtdurchlässigkeit 75 bis 80%

Beschlag / Zubehör:
- Material: Aluminium, Befestigung verdeckt
- Dreh-Kipp-Beschlag, **verdeckt liegend / aufliegend**/ eingebaut, mit Fehlbedienungssperre
- Fenstergriff mit Rosette, Einhandbedienung,
- OL-Beschlag, aufliegend eingebaut, mit Öffnungsgestänge

Oberflächen:
- Rahmen- und Flügelprofil **weiß / mit Folienbeschichtung** Dekor/Farbe ..... **in gleichem / unterschiedlichem** Farbton
- Aluminium-Oberflächen, anodisch oxidiert, E6, natur
- Stahloberfläche: verzinkt, chromatiert

Einbauort: .....
Montage:
- Wandaufbau: einschalig im Anschlussbereich
- Befestigungsuntergrund: .....
- Einbauebene: .....

Zeichnungen, Plan-Nr.: .....
Angeb. Fabrikat: .....
Hinweis: Position ggf.mit Anforderungen zu Windlast, Luftdurchlässigkeit, Schlagregendichtheit, Schalldämm-Maß, Mechanische Festigkeit und Bedienkräften erweitern.

19 Kunststofffenster, mehrteilig, bis 1,70m² KG **334**

Wie Ausführungsbeschreibung A 4
lichtes Rohbaumaß (B x H): ..... x ..... mm
Teilung: senkrecht und waagrecht
- Feld 1: Dreh-Kipp, ... x ..... mm
- Feld 2: Dreh-Kipp, ... x ..... mm
- Feld 3: Kipp, ... x ..... mm
- Feld 4: Kipp, ... x ..... mm

Fenstergröße: bis 1,70 m²

| 307 € | 431 € | **516** € | 600 € | 753 € | [St] | ⏱ 2,00 h/St | 026.000.033 |

**LB 026
Fenster,
Außentüren**

Nr.	Kurztext / Langtext							Kostengruppe
▶	▷	ø netto €	◁	◀		[Einheit]	Ausf.-Dauer	Positionsnummer

20   Kunststofffenster, mehrteilig, über 1,70m²   KG **334**

Wie Ausführungsbeschreibung A 4
lichtes Rohbaumaß (B x H): ..... x ..... mm
Teilung: senkrecht und waagrecht
– Feld 1: Dreh-Kipp, ... x ..... mm
– Feld 2: Dreh-Kipp, ... x ..... mm
– Feld 3: Kipp, ... x ..... mm
– Feld 4: Kipp, ... x ..... mm
Fenstergröße: über 1,70 m²

| 412 € | 634 € | **735** € | 1.009 € | 1.803 € | [St] | ⏱ 3,50 h/St | 026.000.008 |

21   Kunststofffenster, einflüglig, Passivhaus   KG **334**

Einflügliges Fenster aus Kunststoff, für Passivhaus, aus Fenster- und Flügelrahmen, Dreh- Kipp-Beschlags-
garnitur mit Fenstergriff, einschl. Anschluss an Rohbau und Ausstopfen der Fuge mit Mineralwolle. Äußere
und innere Abdichtungen nach gesonderter Position.
Material: Polyvinylchlorid (PVC-U), mit bleifreien Stabilisatoren,
Profilsystem: Mehrkammerprofil mit Stahlverstärkung, mit **Mitteldichtung / Anschlagdichtung**,
Rahmen / Flügel: **flächenversetzt / bündig**
Anschluss unten: an Fensterbank: **außen / innen**
Anschluss oben: an Rollladenkasten
lichtes Rohbaumaß (B x H): ..... x ..... mm
Anforderungen:
– Wärmeschutz U_w = 0,8 W/(m²K)
– Gesamtenergiedurchlass: .... %
– Einbruchhemmung: Widerstandsklasse **RC-2 (Erdgeschoss) / RC-1-N (Obergeschoss)**
Füllung / Ausfachung:
– Dreifach-Isolierverglasung,
– Lichtdurchlässigkeit 75 bis 80%
Beschlag / Zubehör:
– Dreh-Kipp-Beschlag, **verdeckt liegend / aufliegend** eingebaut, mit Fehlbedienungssperre
– Fenstergriff mit Rosette, Einhandbedienung, aus Aluminium eloxiert, Befestigung verdeckt
Oberflächen:
– Rahmen- und Flügelprofil **weiß / mit Folienbeschichtung** Dekor/Farbe..... **in gleichem / unterschied-
   lichem** Farbton
– Aluminium-Oberfläche anodisch oxidiert, E6, natur
– Stahloberfläche: verzinkt, chromatiert
Einbauort: .....
Montage:
– Wandaufbau: einschalig im Anschlussbereich
– Befestigungsuntergrund: .....
– Einbauebene: .....
Zeichnungen, Plan-Nr.: .....
Angeb. Fabrikat: .....
*Hinweis: Position ggf. mit Anforderungen zu Windlast, Luftdurchlässigkeit, Schlagregendichtheit, Schall-
dämm-Maß, Mechanische Festigkeit und Bedienkräften erweitern.*

| 340 € | 373 € | **417** € | 488 € | 756 € | [St] | ⏱ 1,60 h/St | 026.000.035 |

Kosten:
Stand 1. Quartal 2018
Bundesdurchschnitt

▶ min
▷ von
ø Mittel
◁ bis
◀ max

Nr.	Kurztext / Langtext					Kostengruppe	
▶	▷	ø netto €	◁	◀	[Einheit]	Ausf.-Dauer	Positionsnummer

22 Holzfenster, mehrteilig, über 2,50m²   KG **334**

Fenster aus Holz, mehrteilig, aus Fenster- und Flügelrahmen, mit Beschlagsgarnituren, Fenstergriffe und Öffnungsgestängen, einschl. Einbau in Rohbau und Ausstopfen der Fuge mit Mineralwolle. Äußere und innere Abdichtungen nach gesonderter Position.
Holzart: .....
Profilsystem: ..... mit **Mittel- und innere Überschlagsdichtung / Anschlagdichtung**, mit Wetterschenkel,
Rahmen / Flügel: **flächenversetzt / bündig**
Anschluss unten: an Fensterbank: **außen / innen**
Anschluss oben: an Rollladenkasten
lichtes Rohbaumaß (B x H): 2.510 x 2.135 mm
Teilung: senkrecht und waagrecht
  – Feld 1: Dreh-Kipp, 1.255 x 1.505 mm
  – Feld 2: Dreh-Kipp, 1.255 x 1.505 mm
  – Feld 3: Kipp, 1.255 x 6.25 mm
  – Feld 4: Kipp, 1.255 x 6.25 mm
Anforderungen:
  – Wärmeschutz U_W = 1,1 W/(m²K)
  – Gesamtenergiedurchlass: .... %
  – Einbruchhemmung: Widerstandsklasse **RC-2 (Erdgeschoss) / RC-1-N (Obergeschoss)**
Füllung / Ausfachung:
  – Zweifach-Isolierverglasung,
  – Lichtdurchlässigkeit 75 bis 80%
Beschlag / Zubehör:
  – Material: Aluminium, Befestigung verdeckt
  – Dreh-Kipp-Beschläge, **verdeckt liegend / aufliegend** eingebaut, mit Fehlbedienungssperre
  – Fenstergriff mit Rosette, Einhandbedienung,
  – OL-Beschlag, aufliegend, mit Öffnungsgestänge und Griff
  – Alu-Schutzschiene des Wetterschenkels, mit Endkappen, Profil: .....
Oberflächen:
  – Holzprofile: **transparent / lasierend / deckend** beschichtet, imprägniert
  – Rahmen- und Flügelprofil **weiß / ... in gleichem / unterschiedlichem** Farbton
  – Aluminium-Oberfläche anodisch oxidiert, E6, natur
  – Stahloberfläche: verzinkt, chromatiert
Einbauort: .....
Montage:
  – Wandaufbau: einschalig im Anschlussbereich
  – Befestigungsuntergrund: .....
  – Einbauebene: .....
Zeichnungen, Plan-Nr.: .....
Angeb. Fabrikat: .....
Hinweis: Position ggf.mit Anforderungen zu Windlast, Luftdurchlässigkeit, Schlagregendichtheit, Schalldämm-Maß, Mechanische Festigkeit und Bedienkräften erweitern.

591€   1.182€   **1.418**€   1.866€   3.086€   [St]   ⏱ 3,00 h/St   026.000.011

**LB 026
Fenster,
Außentüren**

Nr.	Kurztext / Langtext						Kostengruppe
▶	▷	ø netto €	◁	◀	[Einheit]	Ausf.-Dauer	Positionsnummer

Beschlag / Zubehör:
– Material: Aluminium, Befestigung verdeckt
– Dreh-Kipp-Beschläge, **verdeckt liegend / aufliegend** eingebaut, mit Fehlbedienungssperre
– Fenstergriff mit Rosette, Einhandbedienung
– OL-Beschlag, aufliegend, mit Öffnungsgestänge und Griff

Oberflächen:
– Fensterprofile: **nasslackiert / PES-pulverbeschichtet**, Schichtdicke / Korrosionsbelastung: ..... **/ C3**
– Rahmen- und Flügelprofil **weiß / ......** in **gleichem / unterschiedlichem** Farbton
– - Aluminium sichtbar, anodisch oxidiert, C-0
– Stahloberfläche: verzinkt, chromatiert

Einbauort: .....

Montage:
– Wandaufbau: einschalig im Anschlussbereich
– Befestigungsuntergrund: .....
– Einbauebene: .....

Zeichnungen, Plan-Nr.: .....
Angeb. Fabrikat: .....

Hinweis: Position ggf. mit Anforderungen zu Windlast, Luftdurchlässigkeit, Schlagregendichtheit, Schalldämm-Maß, Mechanische Festigkeit und Bedienkräften erweitern.

| 1.560€ | 2.150€ | **2.418€** | 3.717€ | 6.036€ | [St] | ⏱ 4,40 h/St | 026.000.032 |

Kosten:
Stand 1.Quartal 2018
Bundesdurchschnitt

26   Metall-Glas-Fenstertür, einflüglig   KG **334**

Einflüglige Fenstertür in Metall-Konstruktion, aus Fenster- und Flügelrahmen, Dreh-Kipp-Beschlagsgarnitur mit Fenstergriff, einschl. Einbau in Rohbau und Ausstopfen der Fuge mit Mineralwolle. Äußere und innere Abdichtungen nach gesonderter Position.

Rahmen-Material: Aluminium
Profilsystem: ..... mit **Mittel- und innere Überschlagsdichtung / Anschlagdichtung**
Rahmen / Flügel: **flächenversetzt / bündig**
Anschluss unten: an Fensterbank: **außen / innen**
Anschluss oben: an Rollladenkasten
lichtes Rohbaumaß (B x H): ..... x ..... mm

Anforderungen:
– Wärmeschutz U_W = 1,3 W/(m²K)
– Gesamtenergiedurchlass: ..... %
– Einbruchhemmung: Widerstandsklasse **RC-2 (Erdgeschoss) / RC-1-N (Obergeschoss)**

Füllung / Ausfachung:
– Zweifach-Isolierverglasung, innen VSG, außen ESG
– Lichtdurchlässigkeit 75 bis 80%

Beschlag / Zubehör:
– Dreh-Kipp-Beschlag, **verdeckt liegend / aufliegend**, mit Fehlbedienungssperre
– Fenstergriff mit Rosette, Einhandbedienung, aus Aluminium, Befestigung verdeckt
– Fenstertür-Ziehgriff, Aluminium,
– Systembodenschwelle: Aluminium-Formteil

Oberflächen:
– Fensterprofile: PES-pulverbeschichtet, Schichtdicke/ Korrosionsbelastung: ..... **/ C3**
– Rahmen- und Flügelprofil **weiß / ......** in **gleichem / unterschiedlichem** Farbton
– Aluminium sichtbar, anodisch oxidiert, C-0
– Stahloberfläche: verzinkt, chromatiert

Einbauort: .....

▶ min
▷ von
ø Mittel
◁ bis
◀ max

Nr.	Kurztext / Langtext						Kostengruppe	
▶	▷	ø netto €	◁	◀		[Einheit]	Ausf.-Dauer	Positionsnummer

Montage:
 – Wandaufbau: einschalig im Anschlussbereich
 – Befestigungsuntergrund: .....
 – Einbauebene: .....
Zeichnungen, Plan-Nr.: .....
Angeb. Fabrikat: .....
Hinweis: Position ggf.mit Anforderungen zu Windlast, Luftdurchlässigkeit, Schlagregendichtheit, Schalldämm-Maß, Mechanische Festigkeit und Bedienkräften erweitern.

| 771 € | 1.744 € | **2.262** € | 2.692 € | 3.450 € | | [St] | ⏱ 3,80 h/St | 026.000.031 |

27   **Pfosten-Riegel-Fassade, Holz/Holz-Aluminium**   KG **337**

Holz-Alu-Pfosten-Riegel-Konstruktion für mehrgeschossige Fassade, selbsttragend, wärmegedämmt, aus Holztragprofil, innerem und äußerem Anpressprofil mit Dichtungen und Abdeckprofil, geeignet für **versetzten / bündigen** Einbau von Öffnungselementen; einschl. Bohrungen und Verbindungsmitteln für die Verschraubung mit den bauseitigen Anschlüssen und Einbau aller Komponenten. Öffnungselemente und Paneele nach gesonderter Position.

lichtes Rohbaumaß (B x H): ..... x ..... mm
Profile:
 – Ansichtsbreite des Profils: **50 / 60** mm
 – Profiltiefe: ..... mm
 – Bautiefe des Tragprofils: ..... mm
 – Bautiefe des Riegelprofils: .....
 – Form der Deckleiste: **rechteckig / u-förmig**
 – Abmessung: .....
 – Aufteilung / Form: mehrteilig, mit durchlaufendem Pfosten .....
Rahmenmaterial:
 – Tragprofil aus Holzprofilen, Holzart: schichtverleimte nordische Kiefer
 – Wärmedurchgang Rahmen U_f = ... W/(m²K)
Anforderungen:
 – Wärmeschutz U_{cw} = ... W/(m²K)
 – Gesamtenergiedurchlass: ..... %
 – Windlast .....
 – Rahmendurchbiegung: B
 – Luftdurchlässigkeit: Klasse .....
 – Schlagregendichtheit: Klasse .....
 – Schalldämm-Maß: R_w ..... dB
 – Stoßfestigkeit: Klasse .....
Glasfüllung:
 – transparent, **Isolierverglasung / Sonnenschutz- / Wärmeschutzverglasung**, zweifach
 – Wärmedurchgang Glas U_g = ... W/(m²K)
 – Wärmedurchgang Glasrand Psi = ... W/(mK)
 – Lichtdurchlässigkeit: ..... %
 – Abstandhalter: **Aluminium / Edelstahl / Kunststoff**
Oberflächen:
 – Holzprofile: **transparent / lasierend / deckend** beschichtet, mit Holzschutz
 – äußere Pressleiste: Beschichtung aus **Nasslackierung / PES-Pulverbeschichtung, RAL- / NCS**, Farbe .....
 – Schichtdicke / Korrosionsbelastung: **.....** / **C3**, DIN EN ISO 12944
Einbauort: .....

LB 026 Fenster, Außentüren

Nr.	Kurztext / Langtext						Kostengruppe
▶	▷	ø netto €	◁	◀	[Einheit]	Ausf.-Dauer	Positionsnummer

Montage:
- Wandaufbau im Anschlussbereich: mehrschalig, hinterlüftete Konstruktion
- Befestigungsuntergrund: Stahlbeton
- Dichtung: gemäß Vorgabe Systemgeber
- Fugen vollständig ausstopfen mit Mineralwolle
- äußere Abdichtung: umlaufend mit dampfdiffusionsoffener Folie (sd-Wert kleiner als 1,0 m)
- innere Abdichtung: **dreiseitig / allseitig** umlaufend dampfsperrend mit .....-Band, zusätzliche Dichtung für unteren Anschluss der inneren Dichtebene: mit dampfdiffusionsdichter Folie

Angeb. Fabrikat: .....

328 €   554 €   **615 €**   788 €   1.061 €   [m²]   ⏱ 2,50 h/m²   026.000.017

28   Pfosten-Riegel-Fassade, Metall   KG **337**

Pfosten-Riegel-Konstruktion aus Metallprofilen für mehrgeschossige Fassade, selbsttragend, wärmegedämmt, aus Tragprofil, innerem und äußerem Anpressprofil mit Dichtungen und Abdeckprofil, geeignet für **versetzten / bündigen** Einbau von Öffnungselementen; einschl. Bohrungen und Verbindungsmitteln für die Verschraubung mit den bauseitigen Anschlüssen und Einbau aller Komponenten. Öffnungselemente und Paneele nach gesonderter Position.

lichtes Rohbaumaß (B x H): ..... x ..... mm
Profile:
- Ansichtsbreite des Profils: **50 / 60** mm
- Profiltiefe: ..... mm
- Bautiefe des Tragprofils: ..... mm
- Bautiefe des Riegelprofils: .....
- Form der Deckleiste: **rechteckig / u-förmig**
- Abmessung: .....
- Aufteilung / Form: mehrteilig, mit durchlaufendem Pfosten .....

Rahmenmaterial:
- Tragprofil aus Metall, Material **Stahl / Aluminium**

- Wärmedurchgang Rahmen U_f = ... W/(m²K)

Anforderungen:
- Wärmeschutz U_{cw} = ... W/(m²K)
- Gesamtenergiedurchlass: ..... %
- Windlast: .....
- Rahmendurchbiegung: B
- Luftdurchlässigkeit: Klasse: .....
- Schlagregendichtheit: Klasse: .....
- Schalldämm-Maß: R_w ..... dB
- Stoßfestigkeit: Klasse .....

Glasfüllung:
- transparent, Isolierverglasung / Sonnenschutz- / Wärmeschutzverglasung, zweifach
- Wärmedurchgang Glas U_g = ... W/(m²K)
- Wärmedurchgang Glasrand Psi = ... W/(mK)
- Lichtdurchlässigkeit: ..... %
- Abstandhalter: **Aluminium / Edelstahl / Kunststoff**

Oberflächen:
- Tragprofil und Deckleiste in **gleichem / unterschiedlichem** Farbton
- äußere Pressleiste: **Beschichtung aus Nasslackierung / Pulverbeschichtung, RAL- / NCS, Farbe** .....

Kosten: Stand 1.Quartal 2018 Bundesdurchschnitt

▶ min
▷ von
ø Mittel
◁ bis
◀ max

Nr.	**Kurztext** / Langtext						Kostengruppe	
▶	▷	**ø netto €**	◁	◀	[Einheit]	Ausf.-Dauer	Positionsnummer	

Montage / Einbauort:
- Wandaufbau im Anschlussbereich: mehrschalig, hinterlüftete Konstruktion
- Befestigungsuntergrund: Stahlbeton
- Dichtung: gemäß Vorgabe Systemgeber
- Fugen vollständig ausstopfen mit Mineralwolle
- äußere Abdichtung: umlaufend mit dampfdiffusionsoffener Folie (sd-Wert kleiner als 1,00 m)
- innere Abdichtung: **dreiseitig / allseitig** umlaufend dampfsperrend mit .....-Band, zusätzliche Dichtung für unteren Anschluss der inneren Dichtebene: mit dampfdiffusionsdichter Folie

Zeichnungen, Plan-Nr.: .....

| 203€ | 515€ | **630€** | 847€ | 1.318€ | [m²] | ⏱ 2,50 h/m² | 026.000.018 |

29   Einsatzelement, Türöffnungen   KG **337**

Türanlage wärmegedämmt, für Einsatz in Pfosten-Riegel-Fassade, aus thermisch getrennten Rohrrahmenprofilen, ein- und zweiflüglig, montiert nach Richtlinie des Systemherstellers.

Profilsystem: .....
Elementmaß: .....
Grund- und Türkonstruktion: .....
Aufteilung / Form
- zweiteilig, aus Zarge und Türflügel, nach **innen / außen** aufschlagend
- doppelte Anschlagdichtung seitlich und oben, beidseitig mit umlaufender Schattenfuge b = ... mm

Anforderungen:
Rahmen:
- Rohrrahmen aus Aluminium, Mehrkammerprofilsystem, mit thermischer Trennung, mit **Mitteldichtung / Anschlagdichtung**

Füllung / Ausfachung:
- transparent, Isolierverglasung, zweifach
- Lichtdurchlässigkeit 75 bis 80%

Anforderungen:
- Wärmeschutz U_d = ... W/(m²K)
- Gesamtenergiedurchlass: ..... %
- Luftdurchlässigkeit: Klasse .....
- Schlagregendichtheit: Klasse .....
- Schalldämm-Maß: R_W ..... dB
- Mechanische Festigkeit: Klasse .....
- Einbruchhemmung: Widerstandsklasse RC 2
- Bedienungskräfte: Klasse .....

Beschlag / Zubehör:
- Türgriff aus Aluminium, Einhandbedienung, eloxiert, Befestigung verdeckt liegend
- Öffnungsbegrenzer

Oberflächen:
- Rahmen- und Flügelprofil in **gleichem / unterschiedlichem** Farbton
- Beschichtung aus **Nasslackierung / PES-Pulverbeschichtung**, **RAL- / NCS**-Farbton nach Mustervorlage
- Schichtdicke / Korrosionsbelastung: ..... / C3
- Aluminium sichtbar, anodisch oxidiert, C-0

Montage:
- zusätzliche Dichtung am unteren Anschluss mit dampfdiffusionsdichter Folie
- im Schwellenbereich ist mindestens eine Dichtung einzusetzen

Zeichnungen, Plan-Nr.: .....

| 707€ | 1.365€ | **1.659€** | 2.175€ | 3.171€ | [St] | ⏱ 4,50 h/St | 026.000.019 |

**LB 026
Fenster,
Außentüren**

	Nr.	Kurztext / Langtext						Kostengruppe
	▶	▷ ø netto € ◁ ◀				[Einheit]	Ausf.-Dauer	Positionsnummer

30 Einsatzelement, Fensteröffnungsflügel KG **337**

Fensterelement, Dreh-Kipp, als Mehrpreis für den Einsatz in Pfosten-Riegel-Fassade aus Holz- oder Metallprofilen, montiert nach Richtlinie des Systemherstellers, einschl. Bohrungen und Verbindungsmittel für den Einbau, Einbau aller Komponenten und Gangbarmachen des Fensters.
Material: **Holz / Aluminium**
Abmessung (B x H): ..... x ..... mm
Wärmeschutz U_w = 1,3 W/(m²K)

Beschlag und Griff: .....
Füllung: Zweifach-Isolierverglasung, Lichtdurchlässigkeit 75 bis 80%
Einbau in: Pfosten-Riegel-Fassade

| 264€ | 491€ | **604€** | 717€ | 1.018€ | [St] | ⏱ 2,00 h/St | 026.000.020 |

31 Einsatzelement, wärmegedämmtes Paneel KG **337**

Paneel für Einsatz in Pfosten-Riegel-Fassade, montiert nach Richtlinie des Systemherstellers. Einbau in Pfosten-Riegel-Fassade. Leistung einschl. Lieferung und Einbau aller Komponenten.
Paneelmaterial: **Metall- / Glas-Metall**
Elementmaß: .....
Paneeldicke: .....
Art / Form:
– Innenblech t = ... mm, **Aluminium / Stahlblech** verzinkt, umlaufend zweifach gekantet
– Außenblech, **Aluminium t = ... mm, inkl. erforderlicher Aussteifungen / ESG-H**, rückseitig farb-emailliert / beschichtet
– Füllung Paneelkern: ....., Raumgewicht mind. ..... kg/m³
– Paneelhersteller: .....
Anforderung:
– Schallschutz R_w = ... dB
– Wärmeschutz U_p = ... W/(m²K)
Oberfläche:
– außen / innen: **Nasslackierung / PES-Pulverbeschichtung / Aluminium-Rahmenoberfläche, anodisch oxidiert, C-0**
– Schichtdicke / Korrosionsbelastung: ..... / C3
– Farbton: .....

| 67€ | 159€ | **183€** | 193€ | 236€ | [m²] | ⏱ 0,80 h/m² | 026.000.021 |

32 Sicherheitsglas, ESG/VSG-Mehrpreis KG **334**

Isolierverglasung als Sicherheitsglas, Mehrpreis für den Einsatz in die vorbeschriebene Pfosten-Riegel-Fassade, montiert im Brüstungsbereich der Fassade als absturzsichernde Verglasung. einschl. Befestigung mit Glashalteleisten und Dichtstoff.
Einbau in: Pfosten-Riegel-Fassade.
Art / Form:
– Innenscheibe: **ESG / VSG**, t = ... mm
– Scheibenzwischenraum: d = ... mm
– Außenscheiben: **ESG / VSG**, t = ... mm
– Glashersteller: .....

Kosten:
Stand 1.Quartal 2018
Bundesdurchschnitt

▶ min
▷ von
ø Mittel
◁ bis
◀ max

Nr.	Kurztext / Langtext					Kostengruppe	
▶	▷	ø netto €	◁	◀	[Einheit]	Ausf.-Dauer	Positionsnummer

Anforderung:
– transparent
– Wärmedurchgang Glas U_g = ... W/(m²K)
– Wärmedurchgang Glasrand Psi = ... W/(mK)
– Lichtdurchlässigkeit ca. 75 %
– Schallschutz: R_W = ... dB

| 22 € | 47 € | **55 €** | 67 € | 93 € | [m²] | ⏱ 0,50 h/m² | 026.000.022 |

33 **Festverglasung, Zweifach-Isolierverglasung, 35db**   KG **334**

Ausfachung mit Glas und Verfugung bzw. Einbringen der Dichtungsprofile.
Scheibengröße: .....
Ausführung:
– Rahmenmaterial: **Holz / Holz-Alu / Aluminium / Kunststoff / Stahl**
– Glashalteleisten: **Holz / Aluminium / Kunststoff / Stahl**
– Innenscheibe: Floatglas, **4 / 6** mm
– Scheibenzwischenraum: **12 / 16** mm
– Außenscheibe: Floatglas, **4 / 6** mm
– Füllung: **Argon / Krypton**
– Abstandhalter aus: **Aluminium / Edelstahl / Propylen**
U_g-Wert: **1,1 / 1,2** W/(m²K)
g-Wert: ca. 62 %
Schallschutz: Klasse III 35 dB
Lichtdurchlässigkeit: ca. 78 %
Psi-Wert Glasrandverbund: **0,08 / 0,055 / 0,04** W/(mK)
Farbe: .....
Verglasungssystem: Vf5 .....
Versiegelung: beidseitig
Dichtstoffgruppe: E - elastisch bleibend, bzw. systemgerechte Verglasungs-Dichtungsprofile

| 130 € | 270 € | **338 €** | 486 € | 1.039 € | [m²] | ⏱ 0,70 h/m² | 026.000.024 |

34 **Fensterbank, außen, Aluminium, beschichtet**   KG **334**

Fensterbank aus Aluminium-Strangpressprofil, außen, verdeckt befestigt, Unterstopfen mit Mineralwolle, mit Bordstücken mit Bewegungsausgleich, eingebaut im Gefälle von mind. 8 %, Profil entdröhnt, mit Schutz gegen Abheben.
Profilsystem: .....
Ausladung: .....
Fensterbanklänge: .....
Abwicklung: .....
Kantungen: .....
Oberfläche: anodisch oxidiert
Farbton: C-0, natur
Einbauort: .....
Einbauhöhe: .....
Angeb. Fabrikat: .....

| 15 € | 28 € | **33 €** | 39 € | 56 € | [m] | ⏱ 0,30 h/m | 026.000.023 |

LB 026 Fenster, Außentüren

Kosten:
Stand 1.Quartal 2018
Bundesdurchschnitt

Nr.	Kurztext / Langtext				[Einheit]	Kostengruppe
▶	▷	ø netto €	◁	◀		Ausf.-Dauer Positionsnummer

35 Abdichtung, Fensteranschluss — KG 334
Luftdichte und schlagregendichte Anschlüsse an Fensterprofile, Einbau an Fugeninnen- und außenseite, Material innen mit höherem Diffusionswiderstand als außen, außen als diffusionsoffenes Klebeband; Klebeband befestigt auf der Stirnseite des Fensterprofils. Leistung inkl. Material und Nebenarbeiten.
Innenseite: .....
Außenseite: .....
Anschluss: .....
Angeb. Fabrikat: .....

| 3€ | 6€ | **9€** | 15€ | 22€ | [m] | ⏱ 0,10 h/m | 026.000.036 |

36 RAL-Anschluss, Fenster — KG 334
RAL-Anschluss des Fensters an Massivwand, inkl. Ausstopfen der Fuge mit Mineralwolle.
Ausführung: Laibungsmontage, stumpfer Anschluss, bündig mit Vorderkante der Wandöffnung
Fenstergewicht: ..... kg
vertikale Nutzlast: Klasse 2 (P=400 N)
Gebäudehöhe: .....
Windzone: .....
Untergrund: **Leicht-Hochlochziegel als Planstein / KS-Mauerwerk / Stb-Wand**

| –€ | 18€ | **22€** | 29€ | –€ | [m] | ⏱ 0,17 h/m | 026.000.054 |

37 Stundensatz Facharbeiter, Fensterbauarbeiten
Stundenlohnarbeiten für Vorarbeiter, Facharbeiter und Gleichgestellte (z.B. Spezialbaufacharbeiter, Baufacharbeiter, Obermonteure, Monteure, Gesellen, Maschinenführer, Fahrer und ähnliche Fachkräfte). Leistung nach besonderer Anordnung der Bauüberwachung. Anmeldung und Nachweis gemäß VOB/B.

| 40€ | 47€ | **50€** | 55€ | 68€ | [h] | ⏱ 1,00 h/h | 026.000.043 |

38 Stundensatz Helfer, Fensterbauarbeiten
Stundenlohnarbeiten für Werker, Helfer und Gleichgestellte (z.B. Baufachwerker, Helfer, Hilfsmonteure, Ungelernte, Angelernte). Leistung nach besonderer Anordnung der Bauüberwachung. Anmeldung und Nachweis gemäß VOB/B.

| 35€ | 39€ | **42€** | 46€ | 53€ | [h] | ⏱ 1,00 h/h | 026.000.044 |

▶ min
▷ von
ø Mittel
◁ bis
◀ max

LB 027 Tischlerarbeiten

Tischlerarbeiten — Preise €

Kosten: Stand 1.Quartal 2018, Bundesdurchschnitt

▶ min
▷ von
ø Mittel
◁ bis
◀ max

Nr.	Positionen	Einheit	▶	▷ ø brutto € / ø netto €		◁	◀
1	Holz-Türelement, T-RS, einflüglig, 750x2.000/2.125	St	–	477	**531**	595	–
			–	401	**446**	500	–
2	Holz-Türelement, T-RS, einflüglig, 875x2.000/2.125	St	352	512	**570**	770	1.041
			296	430	**479**	647	875
3	Holz-Türelement, T-RS, einflüglig, 1.000x2.000/2.125	St	577	773	**888**	995	1.754
			485	650	**747**	836	1.474
4	Holz-Türelement, T30/EI30, einflüglig, 750x.2.000/2.125	St	757	1.115	**1.220**	1.370	2.414
			636	937	**1.025**	1.151	2.028
5	Holz-Türelement, T30/EI30, einflüglig, 875x2.000/2.125	St	1.068	1.405	**1.549**	1.977	2.707
			898	1.181	**1.302**	1.661	2.275
6	Holz-Türelement, T30/EI30, einflüglig, 1.000x2.000/2.125	St	1.082	1.607	**1.724**	2.011	3.284
			909	1.350	**1.448**	1.690	2.760
7	Innen-Türelement, Röhrenspan, einflüglig, 750x2.000/2.125	St	253	385	**444**	540	754
			213	323	**373**	454	634
8	Innen-Türelement, Röhrenspan, einflüglig, 875x2.000/2.125	St	265	454	**535**	713	1.094
			223	382	**449**	600	919
9	Innen-Türelement, Röhrenspan, einflüglig, 1.000x2.000/2.125	St	327	693	**814**	889	1.132
			275	582	**684**	747	951
10	Innen-Türelement, Röhrenspan, zweiflüglig	St	1.208	1.691	**1.879**	2.258	2.908
			1.015	1.421	**1.579**	1.897	2.444
11	Türblatt, einflüglig, kunststoffbeschichtet, 750x2000/2125	St	123	162	**281**	335	434
			103	136	**236**	282	365
12	Türblatt, einflüglig, kunststoffbeschichtet, 875x2.000/2.125	St	136	189	**309**	346	470
			114	159	**260**	291	395
13	Türblatt, einflüglig, kunststoffbeschichtet, 1.000x2.000/2.125	St	150	215	**338**	363	509
			126	181	**284**	305	428
14	Türblatt, einflüglige Tür, Vollspan, 750x2.000/2.125	St	203	263	**299**	325	382
			171	221	**251**	273	321
15	Türblatt, einflüglige Tür, Vollspan, 875x2.000/2.125	St	211	328	**387**	483	622
			177	275	**325**	406	523
16	Türblatt, einflüglige Tür, Vollspan, 1.000x2.000/2.125	St	219	338	**417**	548	703
			184	284	**351**	460	591
17	Türblatt, zweiflüglig, Vollspan	St	711	900	**1.018**	1.076	1.370
			598	756	**855**	905	1.151
18	Holz-Umfassungszarge, innen, 750x2.000/2.125	St	147	176	**194**	237	313
			124	148	**163**	199	263
19	Holz-Umfassungszarge, innen, 1.000x2.000/2.125	St	294	380	**425**	441	561
			247	319	**357**	371	471

© **BKI** Baukosteninformationszentrum; Erläuterungen zu den Tabellen siehe Seite 46

Kostenstand: 1.Quartal 2018, Bundesdurchschnitt

Tischlerarbeiten — Preise €

Nr.	Positionen	Einheit	▶	▷ ø brutto € ø netto €	◁	◀
20	Stahl-Umfassungszarge, innen, 750x2.000/2.125	St	129 108	175 147	**203** **171**	223 187	257 216
21	Stahl-Umfassungszarge, innen, 1.000x2.000/2.125	St	164 137	225 189	**254** **214**	280 236	341 287
22	Stahl-Umfassungszarge, innen, mit Oberlicht	St	276 232	334 281	**344** **289**	398 335	511 429
23	Stahleckzarge, innen, 750x2.000/2.125	St	101 85	122 103	**136** **114**	151 127	173 145
24	Stahleckzarge, innen, 875x2.000/2.125	St	111 93	128 107	**138** **116**	155 130	175 147
25	Stahleckzarge, innen, 1.000x2.000/2.125	St	120 101	131 110	**145** **122**	163 137	179 150
26	Massivholzzarge, innen	St	219 184	383 322	**457** **384**	578 486	805 677
27	Holz-Umfassungszarge, Oberlicht	St	322 271	473 398	**546** **459**	776 652	1.048 881
28	Ganzglas-Türblatt, innen	St	149 125	565 475	**645** **542**	887 746	1.368 1.150
29	Schiebetürelement, innen	St	515 433	919 773	**1.052** **884**	1.387 1.165	2.162 1.817
30	Anschlussdichtung, Tür	St	4 4	5 5	**6** **5**	7 6	8 7
31	Anschlagschiene, Aluminium, Tür	St	19 16	22 19	**25** **21**	27 23	31 26
32	Anschlagschiene, Messing, Tür	St	89 74	32 27	**35** **29**	38 32	44 37
33	Fensterbank, innen, Holz; bis 875mm	St	51 43	75 63	**81** **68**	97 81	122 102
34	Fensterbank, innen, Holz; über 875 bis 1.500mm	St	71 60	93 78	**105** **88**	131 110	167 140
35	Fensterbank, innen, Holz; über 1.500 bis 2.500mm	St	104 87	157 132	**184** **154**	207 174	260 219
36	Holz-/Abdeckleisten, Fichte	m	8 6	18 15	**22** **18**	28 23	41 35
37	Verfugung, elastisch	m	3 3	6 5	**7** **6**	10 8	14 12
38	Bodentreppe, gedämmt	St	487 409	636 535	**704** **592**	952 800	1.272 1.069
39	Bodentreppe, F30/EI30	St	1.062 892	1.357 1.140	**1.660** **1.395**	2.153 1.809	3.190 2.681
40	Unterkonstruktion, Innenwandbekleidung	m²	24 20	29 25	**35** **30**	41 35	57 48
41	Innenwandbekleidung, Sperrholz	m²	13 11	106 89	**151** **127**	178 149	295 248
42	Innenwandbekleidung, Sperrholzplatten, mit UK	m²	69 58	161 135	**211** **177**	283 238	380 319
43	Innenwandbekleidung, Spanplatten, mit UK	m²	113 95	138 116	**158** **133**	173 145	198 166

© BKI Baukosteninformationszentrum; Erläuterungen zu den Tabellen siehe Seite 46 Kostenstand: 1.Quartal 2018, Bundesdurchschnitt

LB 027 Tischlerarbeiten

Tischlerarbeiten — Preise €

Nr.	Positionen	Einheit	▶ min	▷ ø brutto € / ø netto €	ø	◁	◀ max
44	Schalung, Spanplatten	m²	24	51	**66**	86	121
			20	43	**56**	72	102
45	WC-Trennwand, Metallrahmen/Vollkernverbundplatten	m²	96	136	**138**	248	383
			81	115	**116**	209	322
46	WC-Schamwand Urinale	St	90	152	**175**	244	332
			75	128	**147**	205	279
47	Prallwand-Unterkonstruktion	m²	28	39	**44**	50	64
			24	33	**37**	42	54
48	Prallwandbekleidung, ballwurfsicher	m²	42	72	**93**	111	143
			35	60	**79**	93	120
49	Akustikvlies-Abdeckung, schwarz	m²	3	6	**7**	9	13
			3	5	**6**	8	11
50	Geräteraum-Schwingtor, Metall/Holz	St	1.978	3.205	**3.637**	4.220	5.861
			1.662	2.693	**3.056**	3.546	4.926
51	Sporthallentüren, zweiflüglig, Zarge	St	4.676	5.716	**5.892**	7.728	10.319
			3.930	4.804	**4.951**	6.494	8.672
52	Garderobenleiste	m	25	80	**108**	144	206
			21	67	**90**	121	173
53	Garderobenschrank	St	280	391	**459**	547	672
			235	328	**385**	459	564
54	Einbauküche, melaminharzbeschichtet	St	1.019	2.920	**3.721**	4.479	6.037
			856	2.454	**3.127**	3.764	5.073
55	Teeküche, melaminharzbeschichtet	St	898	3.149	**3.997**	5.476	8.611
			755	2.646	**3.359**	4.602	7.236
56	Unterschrank, Küche, bis 600mm	St	186	381	**467**	572	793
			156	320	**392**	481	667
57	Oberschrank, Küche, bis 600mm	St	149	228	**244**	288	375
			125	192	**205**	242	315
58	Treppenstufe, Holz	St	61	134	**168**	256	448
			52	113	**141**	215	377
59	Handlauf-Profil, Holz	m	25	42	**49**	62	98
			21	35	**41**	52	82
60	Geländer, gerade, Rundstabholz	m	206	318	**349**	414	575
			173	268	**293**	348	483
61	Stundensatz Tischler-Facharbeiter	h	44	53	**57**	61	71
			37	44	**48**	51	59
62	Stundensatz Tischler-Helfer	h	22	35	**42**	46	55
			18	30	**35**	39	46

Kosten:
Stand 1.Quartal 2018
Bundesdurchschnitt

▶ min
▷ von
ø Mittel
◁ bis
◀ max

Nr.	Kurztext / Langtext					Kostengruppe
▶	▷	ø netto €	◁	◀	[Einheit] Ausf.-Dauer	Positionsnummer

A 1 Holz-Türelement, T-RS, einflüglig   Beschreibung für Pos. **1-3**

Rauchschutztür aus Holz, einflüglig, selbstschließend Drehtür, mit Zarge, Bänder, Türgriffe, Bodendichtungen und Verriegelung, vorgerichtet für Profilzylinder; einschl. Bohrungen und Verbindungsmittel für die Verschraubung mit den bauseitigen Anschlüssen, Einbau aller Komponenten und gangbar machen der Türanlage.

Einbauort:
– Erdgeschoss
– Wandaufbau im Anschlussbereich: Massivwand t = ... mm, beidseitig Putz
– Montage Zarge: an Normalbeton

Baurichtmaß (B x H): ..... x ..... mm
Maulweite Zarge: .....
Wanddicke: .....

Anforderung Rauschutz:
– Klasse: S200 – C5
– Selbstschließende Eigenschaften: .....
– Zulassung: **CE-Zeichen / ABZ / ABP mit der Nr. ....**

Anforderungen Außentür:
– Klimaklasse: II
– Nutzungskategorie DIN EN 1191: Klasse .....
– Beanspruchungsgruppe: Klasse **1 / 2 / 3 / 4**
– Bauteilwiderstandsklasse: RC .....
– Schalldämmmaß R_w,R: ..... dB
– Geltungsbereich: **Normalraum / Feuchtraum / Nassraum**

Türblätter:
– Blattdicke: 42 mm, unten 30 mm kürzbar, gefälzt
– Mittelfuge: stumpf,
– Einleimer: **Kunststoff / Vollholz Holzart ....., / ABS-Kante**

Zarge:
– Form: Umfassungszarge aus Stahl t = ... mm, **mit / ohne** seitlicher Schattennut .....
– Spiegelbreite: 30/32 mm
– Spiegel: versetzt,
– Bodeneinstand: **30 mm / ohne**
– eingeschweißte Bandtaschen

Bänder / Beschläge:
– ..... Stück Dreirollenbänder, dreidimensional verstellbar, Bandhöhe ..... mm, Stahl vernickelt
– FS-Drückergarnitur für Brandschutztüren auf Rosetten
– Material: Aluminium, Klasse ES ....., mit Zylinderziehschutz
– Drückerhöhe: **normal 1.050 mm / behindertengerecht 850 mm**

Schloss / Zubehör:
– Schloss für Wohnungsabschluss, vorgerichtet für Profilzylinder P2BZ
– Falzdichtung: dreiseitig umlaufende Brandschutzdichtung in Grau
– Bodendichtung: automatisch absenkbar
– Stulp aus nichtrostendem Stahl
– Obentürschließer, silberfarbig, bandseitige Normalmontage, Schließer mit Gleitschiene

Oberflächen:
– Holzoberflächen: Kanten mit verdeckten Anleimern, Furnier 0,8 mm, Schichtstoff Uni-Farbton
– Stahlzarge: verzinkt und grundiert, für Endbeschichtung
– Aluminiumteile: eloxiert E6EV1
– Edelstahlteile: gebürstet

023
024
025
026
027
028
029
030
031
032
033
034
036
037
038
039

LB 027
Tischlerarbeiten

Nr.	Kurztext / Langtext		ø netto €			[Einheit]	Ausf.-Dauer	Kostengruppe Positionsnummer
▶	▷			◁	◀			

Montage und Abdichtung:
– Befestigung: verdeckt, mit Maueranker
– Hinterfüllung des Zargenhohlraums
– Abdichtung mit vorkomprimiertem Rauchschutz-Dichtband, Einbau zwischen Zarge und Bauwerk, umlaufend mit überstreichbarem, elastoplastischem Dichtstoff, Farbton passend zur Wandfarbe

Zeichnungen, Plan-Nr.: .....
Angeb. Fabrikat: .....

Kosten:
Stand 1.Quartal 2018
Bundesdurchschnitt

1 Holz-Türelement, T-RS, einflüglig, 750x2.000/2.125   KG **344**
Wie Ausführungsbeschreibung A 1
Baurichtmaß (B x H): 750 x **2.000 / 2.125** mm
–€   401€   **446**€   500€   –€   [St]   ⏱ 2,80 h/St   027.000.084

2 Holz-Türelement, T-RS, einflüglig, 875x2.000/2.125   KG **344**
Wie Ausführungsbeschreibung A 1
Baurichtmaß (B x H): 875 x **2.000 / 2.125** mm
296€   430€   **479**€   647€   875€   [St]   ⏱ 2,80 h/St   027.000.049

3 Holz-Türelement, T-RS, einflüglig, 1.000x2.000/2.125   KG **344**
Wie Ausführungsbeschreibung A 1
Baurichtmaß (B x H): 1.000 x **2.000 / 2.125** mm
485€   650€   **747**€   836€   1.474€   [St]   ⏱ 2,80 h/St   027.000.050

A 2   Holz-Türelement, T30/EI30, einflüglig   Beschreibung für Pos. **4-6**
Feuerschutztür, aus Holz, einflüglig, selbstschließende Drehtür mit Zarge, Bänder, Türgriffe, Bodenabdichtungen und Verriegelung, vorgerichtet für Profilzylinder, einschl. Bohrungen und Verbindungsmittel für die Verschraubung mit den bauseitigen Anschlüssen, Einbau aller Komponenten und gangbar machen der Türanlage.
Einbauort:
– Erdgeschoss
– Wandaufbau im Anschlussbereich: Massivwand t = ... mm, beidseitig Putz
– Montage Zarge: an Normalbeton
Baurichtmaß (B x H): ..... x ..... mm
Maulweite Zarge: .....
Wanddicke: .....
Anforderung Brandschutz
– Klasse: T30 / EI 30-C
– Selbstschließende Eigenschaften: C .....
– Zulassung: **CE-Zeichen / ABZ / ABP mit der Nr.** .....
Anforderungen Außentür:
– Klimaklasse: II
– Nutzungskategorie DIN EN 1191: Klasse .....
– Beanspruchungsgruppe: Klasse **1 / 2 / 3 / 4**
– Bauteilwiderstandsklasse: RC .....
– Schalldämmmaß R_w,R: ..... dB
– Geltungsbereich: **Normalraum / Feuchtraum / Nassraum**
Türblätter:
– Blattdicke: 42 mm, unten 30 mm kürzbar, gefälzt
– Mittelfuge: stumpf,
– Einleimer: **Kunststoff / Vollholz Holzart ....., / ABS-Kante**

▶ min
▷ von
ø Mittel
◁ bis
◀ max

Nr.	**Kurztext** / Langtext						Kostengruppe	
▶	▷	ø netto €	◁	◀		[Einheit]	Ausf.-Dauer	Positionsnummer

Zarge:
- Form: Umfassungszarge aus Stahl t = ... mm, **mit / ohne** seitlicher Schattennut .....
- Spiegelbreite: 30/32 mm
- Spiegel: versetzt
- Bodeneinstand: **30 mm / ohne**
- eingeschweißte Bandtaschen

Bänder / Beschläge:
- ..... Stück Dreirollenbänder, dreidimensional verstellbar, Bandhöhe ..... mm, Stahl vernickelt
- FS-Drückergarnitur für Brandschutztüren auf Rosetten
- Material: Aluminium, Klasse ES ....., mit Zylinderziehschutz
- Drückerhöhe: **normal 1.050 mm / behindertengerecht 850 mm**

Schloss / Zubehör:
- Schloss für Wohnungsabschluss, vorgerichtet für Profilzylinder P2BZ
- Falzdichtung: dreiseitig umlaufende Brandschutzdichtung in Grau
- Bodendichtung: automatisch absenkbar
- Stulp aus nichtrostendem Stahl
- Obentürschließer, silberfarbig, bandseitige Normalmontage, Schließer mit Gleitschiene

Oberflächen:
- Holzoberflächen: Kanten mit verdeckten Anleimern, Furnier 0,8 mm, Schichtstoff Uni-Farbton: .....
- Stahlzarge: verzinkt und grundiert, für Endbeschichtung
- Aluminiumteile: eloxiert E6EV1
- Edelstahlteile: gebürstet

Montage und Abdichtung:
- Befestigung: verdeckt, mit Maueranker
- Hinterfüllung des Zargenhohlraums
- Abdichtung mit vorkomprimiertem Rauchschutz-Dichtband, Einbau zwischen Zarge und Bauwerk, umlaufend mit überstreichbarem, elastoplastischem Dichtstoff, Farbton passend zur Wandfarbe

Zeichnungen, Plan-Nr.: .....
Angeb. Fabrikat: .....

4	**Holz-Türelement, T30/EI30, einflüglig, 750x2.000/2.125**						KG **344**	
	Wie Ausführungsbeschreibung A 2							
	Baurichtmaß (B x H): 750 x **2.000 / 2.125** mm							
636€	937€	**1.025€**	1.151€	2.028€		[St]	3,00 h/St	027.000.051

5	**Holz-Türelement, T30/EI30, einflüglig, 875x2.000/2.125**						KG **344**	
	Wie Ausführungsbeschreibung A 2							
	Baurichtmaß (B x H): 875 x **2.000 / 2.125** mm							
898€	1.181€	**1.302€**	1.661€	2.275€		[St]	3,00 h/St	027.000.052

6	**Holz-Türelement, T30/EI30, einflüglig, 1.000x2.000/2.125**						KG **344**	
	Wie Ausführungsbeschreibung A 2							
	Baurichtmaß (B x H): 1.000 x **2.000 / 2.125** mm							
909€	1.350€	**1.448€**	1.690€	2.760€		[St]	3,00 h/St	027.000.053

LB 027
Tischlerarbeiten

Nr.	Kurztext / Langtext					Kostengruppe
▶	▷	ø netto €	◁	◀	[Einheit]	Ausf.-Dauer Positionsnummer

Kosten:
Stand 1.Quartal 2018
Bundesdurchschnitt

▶ min
▷ von
ø Mittel
◁ bis
◀ max

A 3   Innen-Türelement, Röhrenspan, einflüglig   Beschreibung für Pos. **7-9**

Zimmertür, einflüglig, Element bestehend aus Türblatt und Zarge, für Einbau in Hlz-Mauerwerkswand, einschl. Bohrungen und Verbindungsmittel für die Verschraubung mit den bauseitigen Anschlüssen.
Baurichtmaß (B x H): ..... x ..... mm
Anforderungen:
– Klimaklasse: a - DIN EN 1121
– mechanische Beanspruchungsgruppe: Klasse 1 - DIN EN 1192
– Bauteilwiderstandsklasse: RC 1 –DIN EN 1627
– Schalldämmmaß R_w,R: ..... dB
– Geltungsbereich: **Normalraum / Feuchtraum / Nassraum**

Türblatt:
– Röhrenspan, Dicke 40 mm, unten 30 mm kürzbar
– stumpf einschlagend, mit Laibungsfalz
– **rechts / links** angeschlagen

Zarge:
– **Stahl- / Holzumfassungszarge, ein- / mehrteilig**
– verdeckte Befestigung, Maueranker
– Ansichtsbreite b = ca. ..... mm
– Ecken auf Gehrung geschnitten
- **Laibungsmontage / Blendrahmenmontage / Vorsatzmontage**
– Hinterfüllung des Zargenhohlraums

Bänder / Beschläge:
– dreiteilige Bänder: ..... Stück, dreidimensional einstellbar, Stahl vernickelt
– Drückergarnitur auf Langschild,
– Material: Aluminium
– Drückerhöhe: **normal 1.050 mm / behindertengerecht 850 mm**

Schloss / Zubehör:
– Bundbart-Zimmertür-(BB) Einsteckschloss, Klasse 1
– Falzdichtung: dreiseitig umlaufende Dichtung EPDM (APTK)
– Farbe: .....

Oberflächen:
– Holzoberflächen: mit Grundierfolie belegt für Beschichtung
– Aluminiumteile: eloxiert E6EV1

Einbauort: .....
Montage:
– Wandaufbau im Anschlussbereich: beidseitig Putz
– Montage Zarge: an Mauerwerkswand, Hlz, t = ...
Angeb. Fabrikat: .....

7	Innen-Türelement, Röhrenspan, einflüglig, 750x2.000/2.125					KG **344**
Wie Ausführungsbeschreibung A 3						
Baurichtmaß (B x H): 750 x **2.000 / 2.125** mm						
213€	323€	**373**€	454€	634€	[St]	⏱ 1,50 h/St 027.000.054

8	Innen-Türelement, Röhrenspan, einflüglig, 875x2.000/2.125					KG **344**
Wie Ausführungsbeschreibung A 3						
Baurichtmaß (B x H): 875 x **2.000 / 2.125** mm						
223€	382€	**449**€	600€	919€	[St]	⏱ 1,50 h/St 027.000.055

Nr.	Kurztext / Langtext						Kostengruppe	
▶	▷	ø netto €	◁	◀	[Einheit]	Ausf.-Dauer	Positionsnummer	

9 Innen-Türelement, Röhrenspan, einflüglig, 1.000x2.000/2.125 KG **344**
Wie Ausführungsbeschreibung A 3
Baurichtmaß (B x H): 1.000 x **2.000 / 2.125** mm

| 275€ | 582€ | **684**€ | 747€ | 951€ | [St] | ⏱ 1,50 h/St | 027.000.056 |

10 Innen-Türelement, Röhrenspan, zweiflüglig KG **344**
Zimmertür, zweiflüglig, Element bestehend aus Türblatt und Zarge, für Einbau in Hlz-Mauerwerkswand, einschl. Bohrungen und Verbindungsmittel für die Verschraubung mit den bauseitigen Anschlüssen.
Baurichtmaß (B x H): ..... x ..... mm
Anforderungen:
– Klimaklasse: a - DIN EN 1121
– mechanische Beanspruchungsgruppe: Klasse 1 - DIN EN 1192
– Bauteilwiderstandsklasse: RC 1 –DIN EN 1627
– Schalldämmmaß R_W,R: ..... dB
– Geltungsbereich: **Normalraum / Feuchtraum / Nassraum**
Türblatt:
– Röhrenspan, Dicke 40 mm, unten 30 mm kürzbar
– stumpf einschlagend, mit Laibungsfalz
– **rechts / links** angeschlagen
Zarge:
– **Stahl- / Holzumfassungszarge, ein-/mehrteilig**
– verdeckte Befestigung, Maueranker
– Ansichtsbreite b = ca. ..... mm
– Ecken auf Gehrung geschnitten
– **Laibungsmontage / Blendrahmenmontage / Vorsatzmontage**
– Hinterfüllung des Zargenhohlraums
Bänder / Beschläge:
– dreiteilige Bänder: ..... Stück, dreidimensional einstellbar, Stahl vernickelt
– Drückergarnitur auf Langschild, Material: Aluminium
– Drückerhöhe: **normal 1.050 mm / behindertengerecht 850 mm**
Schloss / Zubehör:
– Bundbart-Zimmertür-(BB) Einsteckschloss, Klasse 1
– Falzdichtung: dreiseitig umlaufende Dichtung EPDM (APTK)
– Farbe: .....
Oberflächen:
– Holzoberflächen: mit Grundierfolie belegt für Beschichtung
– Aluminiumteile: eloxiert E6EV1
Einbauort: .....
Montage:
– Wandaufbau im Anschlussbereich: beidseitig Putz
– Montage Zarge: an Mauerwerkswand, Hlz, t = ...
Angeb. Fabrikat: .....

| 1.015€ | 1.421€ | **1.579**€ | 1.897€ | 2.444€ | [St] | ⏱ 4,00 h/St | 027.000.006 |

LB 027
Tischlerarbeiten

Nr.	Kurztext / Langtext					Kostengruppe	
▶	▷ ø netto € ◁ ◀				[Einheit]	Ausf.-Dauer	Positionsnummer

A 4 — Türblatt, einflüglig, kunststoffbeschichtet — Beschreibung für Pos. **11-13**

Türblatt für einflüglige Tür, in bauseitige Stahlzarge, inkl. Einbau aller Komponenten und gangbar machen der Türanlage.

Einsatzbereich: **Wohnbereich / Objektbereich**

Form / Material:
– dreiseitig gefälzter Rahmen mit verdecktem Massivholz-Anleimer
– Material: .....
– Türblattdicke: 42 mm
– emissionsfreie Materialien
– Decklage: Hochdruck-Schichtpressstoffplatten, beidseitig
– Einlage / Füllung: Röhrenspan-Einlage

Anforderungen:
– Klimaklasse: b - DIN EN 1121
– mechanische Beanspruchungsgruppe: **1 / 2 / 3 / 4** - DIN EN 1192
– Bauteilwiderstandsklasse: **RC 1N / RC 2** - DIN EN 1627
– Schalldämmmaß R_w,R: ..... dB
– Geltungsbereich: **Normalraum / Feuchtraum / Nassraum**

Zubehör:
– ..... Stück dreiteilige Bänder, Unterkonstruktion 3-D-verstellbar, H = 160mm, Stahl vernickelt
– PZ-Schloss, für bauseitigen Profilzylinder
– Türdrückergarnitur auf Rosetten, aus Aluminium, mit Stift 9 mm
– Drückerhöhe: **normal 1.050 mm / behindertengerecht 850 mm**

Oberfläche:
– glatt, mit HPL-Schichtstoff 0,8 mm
– Farbe: RAL-Ton, Bemusterung

Einbauort: .....
Montage: Einbau **rechts / links**, in bauseitige Stahlzarge
Angeb. Fabrikat: .....

Kosten:
Stand 1.Quartal 2018
Bundesdurchschnitt

▶ min
▷ von
ø Mittel
◁ bis
◀ max

11	Türblatt, einflüglig, kunststoffbeschichtet, 750x2.000/2.125						KG **344**
Wie Ausführungsbeschreibung A 4							
Türblattgröße (B x H): 750 x **2.000 / 2.125** mm							
103€	136€	**236€**	282€	365€	[St]	⏱ 0,10 h/St	027.000.059

12	Türblatt, einflüglig, kunststoffbeschichtet, 875x2.000/2.125						KG **344**
Wie Ausführungsbeschreibung A 4							
Türblattgröße (B x H): 875 x **2.000 / 2.125** mm							
114€	159€	**260€**	291€	395€	[St]	⏱ 0,10 h/St	027.000.060

13	Türblatt, einflüglig, kunststoffbeschichtet, 1.000x2.000/2.125						KG **344**
Wie Ausführungsbeschreibung A 4							
Türblattgröße (B x H): 1.000 x **2.000 / 2.125** mm							
126€	181€	**284€**	305€	428€	[St]	⏱ 0,15 h/St	027.000.061

Nr.	Kurztext / Langtext					Kostengruppe	
▶	▷	ø netto €	◁	◀	[Einheit]	Ausf.-Dauer	Positionsnummer

A 5 Türblatt, einflüglige Tür, Vollspan   Beschreibung für Pos. **14-16**

Türblatt Vollspan für einflüglige Tür, in bauseitige Stahlzarge, Tür hochbeansprucht.
Einsatzbereich: **Wohnbereich / Objektbereich**
Form / Material:
– dreiseitig gefälzter Rahmen mit verdecktem Massivholz-Anleimer
– Material: .....
– Türblattdicke: 50 mm
– emissionsfreie Materialien
– Decklage: Hochdruck-Schichtpressstoffplatten, beidseitig
– Einlage / Füllung: Vollspan-Einlage
Anforderungen:
– Klimaklasse: b - DIN EN 1121
– mechanische Beanspruchungsgruppe: **3 / 4** - DIN EN 1192
– Bauteilwiderstandsklasse: **RC 1N / RC 2N / RC 2** - DIN EN 1627
– Schalldämmmaß R_W,R: ..... dB
– Geltungsbereich: **Normalraum / Feuchtraum / Nassraum**
Zubehör:
– ..... Stück dreiteilige Bänder, H = 160 mm, Stahl vernickelt
– PZ-Schloss
– Türdrückergarnitur auf Rosetten, aus Aluminium, mit Stift 9 mm
– Drückerhöhe: **normal 1.050 mm / behindertengerecht 850 mm**
Oberfläche:
– glatt, furniert mit .....
– Beschichtung: **transparent lackiert / gebeizt und transparent lackiert / unbehandelt**
Einbauort: .....
Montage: Einbau **rechts / links**, in bauseitige Stahlzarge
Angeb. Fabrikat: .....

14 Türblatt, einflüglige Tür, Vollspan, 750x2.000/2.125   KG **344**
Wie Ausführungsbeschreibung A 5
Türblattgröße (B x H): 750 x **2.000 / 2.125** mm
171€   221€   **251**€   273€   321€   [St]   ⏱ 0,18 h/St   027.000.087

15 Türblatt, einflüglige Tür, Vollspan, 875x2.000/2.125   KG **344**
Wie Ausführungsbeschreibung A 5
Türblattgröße (B x H): 875 x **2.000 / 2.125** mm
177€   275€   **325**€   406€   523€   [St]   ⏱ 0,20 h/St   027.000.063

16 Türblatt, einflüglige Tür, Vollspan, 1.000x2.000/2.125   KG **344**
Wie Ausführungsbeschreibung A 5
Türblattgröße (B x H): 1.000 x **2.000 / 2.125** mm
184€   284€   **351**€   460€   591€   [St]   ⏱ 0,20 h/St   027.000.064

17 Türblatt, zweiflüglig, Vollspan   KG **344**
Türblatt Vollspan für zweiflüglige Tür, in bauseitige Stahlzarge, Tür hochbeansprucht, inkl. Einbau aller Komponenten und gangbar machen der Türanlage.
Türblattgröße (B x H): 1.125 x **2.000 / 2.125** mm
Einsatzbereich: **Wohnbereich / Objektbereich**

LB 027
Tischlerarbeiten

Nr.	Kurztext / Langtext					Kostengruppe
▶	▷ ø netto € ◁ ◀				[Einheit]	Ausf.-Dauer Positionsnummer

Form / Material:
- dreiseitig gefälzter Rahmen mit verdecktem Massivholz-Anleimer
- Material: .....
- Türblattdicke: 50 mm
- emissionsfreie Materialien
- Decklage: Hochdruck-Schichtpressstoffplatten, beidseitig
- Einlage / Füllung: Vollspan-Einlage

Anforderungen:
- Klimaklasse: b
- mechanische Beanspruchungsgruppe: **3 / 4** - DIN EN 1192
- Bauteilwiderstandsklasse: **RC 1N / RC 2N / RC 2** - DIN EN 1627
- Schalldämmmaß R_w,R: ..... dB
- Geltungsbereich: **Normalraum / Feuchtraum / Nassraum**

Zubehör:
- ..... Stück dreiteilige Bänder, H = 160 mm, Stahl vernickelt
- PZ-Schloss
- Türdrückergarnitur auf Rosetten, aus Aluminium, mit Stift 9 mm
- Drückerhöhe: **normal 1.050 mm / behindertengerecht 850 mm**

Oberfläche:
- glatt, furniert mit .....
- Beschichtung: **transparent lackiert / gebeizt und transparent lackiert / unbehandelt**

Einbauort: .....
Montage: Einbau **rechts / links**, in bauseitige Stahlzarge
Angeb. Fabrikat: .....

598 €   756 €   **855 €**   905 €   1.151 €   [St]   ⏱ 0,30 h/St   027.000.037

A 6   Holz-Umfassungszarge, innen   Beschreibung für Pos. **18-19**

Holz-Umfassungszarge, für **rechts / links** angeschlagenes Türblatt, in Innenwand, einschl. Bohrungen und Verbindungsmittel für die Verschraubung mit den bauseitigen Anschlüssen.

Wandstärke: .....
Maulweite: .....
Falztiefe: .....

Aufteilung / Form:
- dreiseitig umlaufendes Profil
- Zargenprofil: .....
- Zarge **ohne / mit** beidseitiger Schattennut aus Aluprofil

Zarge:
- Umfassungszarge (Futterzarge), mehrteilig, aus Holzwerkstoff
- Ecken auf Gehrung
- **gleicher Zargenspiegel 60 mm / ungleicher Zargenspiegel 60 / 45 mm**
- Zargenprofil für **stumpf einschlagendes Türblatt / stumpf einschlagendes Türblatt mit Laibungsfalz / gefälztes Türblatt**
- Dicke Türblatt: 42 mm

Bänder / Beschläge:
- vorbereitet zur Aufnahme für dreiteilige Bänder: ..... Stück, dreidimensional einstellbar
- eingebautes Schließblech, vernickelt
- Drückerhöhe: **1.050 mm / 850 mm barrierefrei**

Zubehör:
- Falzdichtung: dreiseitig umlaufende Dichtung EPDM (APTK)
- Farbe: .....

Kosten:
Stand 1.Quartal 2018
Bundesdurchschnitt

▶ min
▷ von
ø Mittel
◁ bis
◀ max

Oberflächen:
- Holzoberflächen: .....

Einbauort:
- Erdgeschoss
- Wandaufbau im Anschlussbereich einschalig, beidseitig Putz ca. 2 x 15 mm

Montage:
- Montage Zarge: an Trockenbauwand, **ein- / zweilagig** beplankt, t = ... mm
- Laibungsmontage
- verdeckte Befestigung, **verschraubt / mit Anker**
- Hinterfüllung des Zargenhohlraums, mit .....

Angeb. Fabrikat: .....

| 18 | Holz-Umfassungszarge, innen, 750x2.000/2.125 | | | | | | | KG 344 |

Wie Ausführungsbeschreibung A 6
lichtes Rohbaumaß (B x H): 750 x **2.000 / 2.125** mm

| 124€ | 148€ | **163**€ | 199€ | 263€ | [St] | ⏱ 1,10 h/St | 027.000.065 |

| 19 | Holz-Umfassungszarge, innen, 1.000x2.000/2.125 | | | | | | | KG 344 |

Wie Ausführungsbeschreibung A 6
lichtes Rohbaumaß (B x H): 1.000 x **2.000 / 2.125** mm

| 247€ | 319€ | **357**€ | 371€ | 471€ | [St] | ⏱ 1,10 h/St | 027.000.067 |

A 7 Stahl-Umfassungszarge, innen — Beschreibung für Pos. 20-21

Stahl-Umfassungszarge, für **rechts / links** angeschlagenes Türblatt, einflüglig, in KS-Mauerwerkswand, einschl. Bohrungen und Verbindungsmittel für die Verschraubung mit den bauseitigen Anschlüssen.

Wandstärke: .....
Maulweite: .....
Falztiefe: .....

Aufteilung / Form:
- dreiseitig umlaufendes Profil
- Zarge **einteilig / zweiteilig** für nachträglichen Einbau
- Zarge **ohne / mit** beidseitiger Schattennut aus Aluprofil

Zarge:
- Blechdicke: **1,5 / 2,0** mm
- Ecken verschweißt
- **gleicher Zargenspiegel .... / ungleicher Zargenspiegel .....**
- Zargenprofil für **stumpf einschlagendes Türblatt / stumpf einschlagendes Türblatt mit Laibungsfalz / gefälztes Türblatt**
- Dicke Türblatt: 42 mm

Bänder / Beschläge:
- vorbereitet zur Aufnahme für dreiteilige Bänder: ..... Stück, dreidimensional einstellbar
- eingebautes Schließblech, vernickelt
- Drückerhöhe: **1.050 mm / 850 mm barrierefrei**

Zubehör:
- Falzdichtung: dreiseitig umlaufende Dichtung EPDM (APTK)
- Farbe: .....

Oberflächen:
- **verzinkt / rostschützend grundiert für bauseitige Beschichtung**

Einbauort: Erdgeschoss
Wandaufbau: im Anschlussbereich einschalig, beidseitig Putz ca. 2 x 15 mm

LB 027 Tischlerarbeiten

Nr.	Kurztext / Langtext					[Einheit]	Ausf.-Dauer	Kostengruppe Positionsnummer
▶	▷	ø netto €	◁	◀				

Einbau:
- verdeckte Befestigung, **verschraubt / mit Anker**
- ggf. Hinterfüllung des Zargenhohlraums

Angeb. Fabrikat: .....

20 **Stahl-Umfassungszarge, innen, 750x2.000/2.125** KG **344**
Wie Ausführungsbeschreibung A 7
lichtes Rohbaumaß (B x H): 750 x **2.000 / 2.125** mm

| 108€ | 147€ | **171€** | 187€ | 216€ | [St] | ⏱ 1,10 h/St | 027.000.068 |

21 **Stahl-Umfassungszarge, innen, 1.000x2.000/2.125** KG **344**
Wie Ausführungsbeschreibung A 7
lichtes Rohbaumaß (B x H): 1.000 x **2.000 / 2.125** mm

| 137€ | 189€ | **214€** | 236€ | 287€ | [St] | ⏱ 1,10 h/St | 027.000.070 |

22 **Stahl-Umfassungszarge, innen, mit Oberlicht** KG **344**
Stahl-Umfassungszarge, für **rechts / links** angeschlagenes Türblatt, in KS-Mauerwerkswand, einschl. Bohrungen und Verbindungsmittel für die Verschraubung mit den bauseitigen Anschlüssen.
lichtes Rohbaumaß (B x H): 875 x 2.400 mm
Wandstärke: .....
Maulweite: .....
Falztiefe: .....
Aufteilung / Form:
- dreiseitig umlaufendes Profil
- Zarge **einteilig / zweiteilig** für nachträglichen Einbau
- Zarge **ohne / mit** beidseitiger Schattennut aus Aluprofil

Zarge:
- Blechdicke: **1,5 / 2,0** mm
- Ecken verschweißt
- **gleicher Zargenspiegel .... / ungleicher Zargenspiegel .....**
- Zargenprofil für **stumpf einschlagendes Türblatt / stumpf einschlagendes Türblatt mit Laibungsfalz / gefälztes Türblatt**
- Dicke Türblatt: 42 mm

Bänder / Beschläge:
- vorbereitet zur Aufnahme für dreiteilige Bänder: ..... Stück, dreidimensional einstellbar
- eingebautes Schließblech, vernickelt

Zubehör:
- Falzdichtung: dreiseitig umlaufende Dichtung EPDM (APTK)
- Farbe: .....

Oberflächen:
- **verzinkt / rostschützend grundiert für bauseitige Beschichtung**

Einbauort: .....
Monage:
- Wandaufbau: im Anschlussbereich einschalig, beidseitig Putz ca. 2 x 15 mm
- verdeckte Befestigung, **verschraubt / mit Anker**
- ggf. Hinterfüllung des Zargenhohlraums

Angeb. Fabrikat: .....

| 232€ | 281€ | **289€** | 335€ | 429€ | [St] | ⏱ 1,40 h/St | 027.000.083 |

Kosten:
Stand 1.Quartal 2018
Bundesdurchschnitt

▶ min
▷ von
ø Mittel
◁ bis
◀ max

Nr.	Kurztext / Langtext					Kostengruppe	
▶	▷	ø netto €	◁	◀	[Einheit]	Ausf.-Dauer	Positionsnummer

A 8 Stahleckzarge, innen   Beschreibung für Pos. 23-25

Stahleckzarge, für **rechts / links** angeschlagenes Türblatt, einflüglig, in Mauerwerkswand, einschl. Bohrungen und Verbindungsmittel für die Verschraubung mit den bauseitigen Anschlüssen.
Wandstärke: .....
Falztiefe: .....
Aufteilung / Form:
  – dreiseitig umlaufendes Profil
  – Zarge einteilig für nachträglichen Einbau
Zarge:
  – Blechdicke: **1,5 / 2,0** mm
  – Ecken verschweißt
  – Zargenprofil für **stumpf einschlagendes Türblatt / stumpf einschlagendes Türblatt mit Laibungsfalz / gefälztes Türblatt**
  – Dicke Türblatt: 42 mm
Bänder / Beschläge:
  – vorbereitet zur Aufnahme für dreiteilige Bänder
Zubehör:
  – Falzdichtung: dreiseitig umlaufende Dichtung EPDM (APTK)
  – Farbe: .....
Oberflächen:
  – **verzinkt / rostschützend grundiert für bauseitige Beschichtung**
Einbauort: .....
Monage:
  – Wandaufbau: im Anschlussbereich einschalig, beidseitig Putz ca. 2 x 15 mm
  – verdeckte Befestigung, **verschraubt / mit Anker**
  – ggf. Hinterfüllung des Zargenhohlraums
Angeb. Fabrikat: .....

23	Stahleckzarge, innen, 750x2.000/2.125						KG **344**
Wie Ausführungsbeschreibung A 8							
lichtes Rohbaumaß (B x H): 750 x **2.000** / **2.125** mm							
85 €	103 €	**114 €**	127 €	145 €	[St]	⏱ 1,15 h/St	027.000.097

24	Stahleckzarge, innen, 875x2.000/2.125						KG **344**
Wie Ausführungsbeschreibung A 8							
lichtes Rohbaumaß (B x H): 875 x **2.000** / **2.125** mm							
93 €	107 €	**116 €**	130 €	147 €	[St]	⏱ 1,20 h/St	027.000.098

25	Stahleckzarge, innen, 1.000x2.000/2.125						KG **344**
Wie Ausführungsbeschreibung A 8							
lichtes Rohbaumaß (B x H): 1.000 x **2.000** / **2.125** mm							
Drückerhöhe: **1050** mm / **850** mm barrierefrei							
101 €	110 €	**122 €**	137 €	150 €	[St]	⏱ 1,30 h/St	027.000.099

26	Massivholzzarge, innen						KG **344**

Holzstockzarge, für **rechts / links** angeschlagenes Türblatt, in Hlz-Mauerwerkswand, einschl. Bohrungen und Verbindungsmittel für die Verschraubung mit den bauseitigen Anschlüssen.
lichtes Rohbaumaß (B x H): ..... x ..... mm

LB 027
Tischlerarbeiten

Nr.	Kurztext / Langtext					Kostengruppe
▶	▷ ø netto € ◁ ◀				[Einheit]	Ausf.-Dauer Positionsnummer

Kosten:
Stand 1.Quartal 2018
Bundesdurchschnitt

▶ min
▷ von
ø Mittel
◁ bis
◀ max

Aufteilung / Form:
- dreiseitig umlaufendes Profil
- Zargenprofil: .....
- Zarge **ohne / mit** beidseitiger Schattennut aus Aluprofil

Zarge:
- Stockzarge, massiv
- Holzart: .....
- Ecken auf Gehrung
- **gleicher Zargenspiegel 55 mm / ungleicher Zargenspiegel 70 / 55mm**
- Zargenprofil für **stumpf einschlagendes Türblatt / stumpf einschlagendes Türblatt mit Laibungsfalz / gefälztes Türblatt**
- Dicke Türblatt: 50 mm

Bänder / Beschläge:
- vorbereitet zur Aufnahme für dreiteilige Bänder: ..... Stück, dreidimensional einstellbar
- eingebautes Schließblech, vernickelt
- Türdrückerhöhe: **1.050 mm / 850 mm barrierefrei**

Zubehör:
- Falzdichtung: dreiseitig umlaufende Dichtung EPDM (APTK)
- Farbe: .....

Oberflächen:
- Holzoberflächen: .....

Einbauort:
- Erdgeschoss
- Wandaufbau im Anschlussbereich: beidseitig Putz ca. 2 x 15 mm

Montage:
- Montage Zarge: an Mauerwerkswand, Hlz, t = ... mm
- **Laibungsmontage / Schattennutmontage / Blendrahmenmontage**
- verdeckte Befestigung, **verschraubt / mit Anker**
- Hinterfüllung des Zargenhohlraums, mit .....

Angeb. Fabrikat: .....

| 184 € | 322 € | **384 €** | 486 € | 677 € | [St] | ⏱ 1,20 h/St | 027.000.007 |

27 Holz-Umfassungszarge, Oberlicht   KG **344**

Holz-Umfassungszarge mit Oberlicht, für rechts / links angeschlagenes Türblatt, in Innenwand, einschl. Bohrungen und Verbindungsmittel für die Verschraubung mit den bauseitigen Anschlüssen.

lichtes Rohbaumaß (B x H): ..... x ..... mm
Zargendurchgang Türblatt: h = ... mm
Wandstärke: .....
Maulweite: .....
Falztiefe: .....

Aufteilung / Form:
- dreiseitig umlaufendes Profil
- Oberlicht mit Kämpfer getrennt
- Zarge **ohne / mit** beidseitiger Schattennut aus Aluprofil

Nr.	Kurztext / Langtext					Kostengruppe	
▶	▷	ø netto €	◁	◀	[Einheit]	Ausf.-Dauer	Positionsnummer

Zarge:
- Umfassungszarge (Futterzarge), mehrteilig, aus Holzwerkstoff
- Ecken auf Gehrung
- **gleicher Zargenspiegel 60 mm / ungleicher Zargenspiegel 60 / 45 mm**
- Zargenprofil für **stumpf einschlagendes Türblatt / stumpf einschlagendes Türblatt mit Laibungsfalz / gefälztes Türblatt**
- Dicke Türblatt: 42 mm

Füllung Oberlicht:
- Verglasung als **Klarglas / Ornamentglas**
- Verglasung: **Normalglas / ESG 8 mm / VSG 8 mm**
- Deckleiste: Massivholz, Oberfläche wie Zarge

Bänder / Beschläge:
- vorbereitet zur Aufnahme für dreiteilige Bänder: ..... Stück, dreidimensional einstellbar
- eingebautes Schließblech, vernickelt

Zubehör:
- Falzdichtung: dreiseitig umlaufende Dichtung EPDM (APTK)
- Farbe: .....

Oberflächen:
- Holzoberflächen: .....

Einbauort:
- Erdgeschoss
- Wandaufbau im Anschlussbereich: beidseitig Putz ca. 2 x 15 mm

Montage:
- Montage Zarge: an Trockenbauwand, **ein- / zweilagig** beplankt, t = ... mm
- Laibungsmontage
- verdeckte Befestigung, **verschraubt / mit Anker**
- Hinterfüllung des Zargenhohlraums, mit .....

Angeb. Fabrikat: .....

| 271€ | 398€ | **459€** | 652€ | 881€ | [St] | ⏱ 1,40 h/St | 027.000.009 |

28 Ganzglas-Türblatt, innen   KG **344**

Ganzglastürblatt mit Band, Schloss und Drücker, Einbau rechts / links in bauseitige Normzarge, inkl. Einbau aller Komponenten und gangbar machen der Türanlage.

Türblattgröße (B x H): **625 / 750 / 875 / 1.000 x 2.000 / 2.125**

Einsatzbereich: **Wohnbereich / Objektbereich / Sondertür**

Profil / Art:
- Einscheibensicherheitsglas d = **8 / 10** mm
- Glasfläche: **neutral / strukturiert / satiniert**
- Kanten gefast, geschliffen und poliert

Zubehör:
- ..... Stück Spezial-Bänder mit Edelstahl-Bolzen (für Feuchträume) für ..... kg Flügelgewicht
- Glastürschloss nach DIN 18251, Klasse 3, vorgerichtet für Profil-Zylinder
- Drücker-/Knopfgarnitur mit Rundformdrücker und Drehknopf - mit Funktion, Edelstahl
- Knopf- / Drückergarnitur auf Rosetten aus Edelstahl
- Stift: 9 mm
- untere Türschiene zum Aufstecken, Höhe .....

Oberfläche:
- Türschloss Aluminium E6EV1

LB 027
Tischlerarbeiten

Nr.	Kurztext / Langtext						Kostengruppe	
▶	▷	ø netto €	◁	◀	[Einheit]	Ausf.-Dauer	Positionsnummer	

Kosten:
Stand 1.Quartal 2018
Bundesdurchschnitt

Einbauort: .....
Montage: Einbau in bauseitige Stahlzarge
Angeb. Fabrikat: .....

| 125€ | 475€ | **542**€ | 746€ | 1.150€ | [St] | ⌚ 0,20 h/St | 027.000.016 |

29 Schiebetürelement, innen KG **344**

Schiebetür, in bauseitiges Einbauelement für Montagewand, mit Laufschiene und Laufwagen, Schiebetürblatt einschl. Riegel-Einsteckschloss mit Klappring, Griffmuscheln beidseitig, sowie mit Bodenführung montiert auf Fertigbelag, inkl. gangbar machen der Türanlage.
Ständertiefe: **75 / 100** mm
Fertigwanddicke: **100 / 125 / 150** mm
Türblattgröße (B x H): .....
Einbauort: .....
Form / Material:
 – dreiseitig gefälzter Rahmen mit verdecktem Massivholz-Anleimer
 – Material: .....
 – Türblattdicke: 42 mm
 – emissionsfreie Materialien
 – Decklage: Hochdruck-Schichtpressstoffplatten, beidseitig
 – Einlage / Füllung: Röhrenspan-Einlage
Anforderungen:
 – Klimaklasse: II
 – mechanische Beanspruchungsgruppe: **N / M / S / E**
 – Schalldämmmaß R_W,R = ... dB
 – Geltungsbereich: **Normalraum / Feuchtraum / Nassraum**
Oberfläche:
 – glatt, Furnier .....
 – Beschichtung: **transparent lackiert / gebeizt und transparent lackiert**
- Farbe / Beizton: .....
Angeb. Fabrikat: .....

| 433€ | 773€ | **884**€ | 1.165€ | 1.817€ | [St] | ⌚ 2,40 h/St | 027.000.021 |

30 Anschlussdichtung, Tür KG **344**

Anschlussdichtung der Tür mit komprimiertem Dichtband.
Fugenbreite: bis 10 mm
Dichtband:.....
Mauerwerk:.....

| 4€ | 5€ | **5**€ | 6€ | 7€ | [St] | ⌚ 0,10 h/St | 027.000.107 |

31 Anschlagschiene, Aluminium, Tür KG **344**

Anschlagschiene aus Metallwinkel, mit Abstandhalter, Klemmanker und Dichtungsprofil, in Türzarge einrichten.
Werkstoff: Aluminium
Profil: bis 40 x 40 x 3 mm

| 16€ | 19€ | **21**€ | 23€ | 26€ | [St] | ⌚ 0,30 h/St | 027.000.108 |

▶ min
▷ von
ø Mittel
◁ bis
◀ max

Nr.	Kurztext / Langtext					Kostengruppe		
▶	▷	ø netto €	◁	◀	[Einheit]	Ausf.-Dauer	Positionsnummer	

32 Anschlagschiene, Messing, Tür — KG **344**
Anschlagschiene aus Metallwinkel, mit Abstandhalter, Klemmanker und Dichtungsprofil, in Türzarge einrichten.
Werkstoff: Messing
Profil: bis 40 x 40 x 3 mm

| 74 € | 27 € | **29 €** | 32 € | 37 € | [St] | ⏱ 0,30 h/St | 027.000.109 |

A 9 Fensterbank, innen, Holz, — Beschreibung für Pos. **33-35**
Fensterbank, innen, auf Ausgleichshölzern aus Sperrholz oder Hartfaserplatten, befestigt im Mauerwerk.
Anschluss an aufgehende Bauteile mit transparenter Silikonfuge.

33 Fensterbank, innen, Holz; bis 875mm — KG **344**
Wie Ausführungsbeschreibung A 9
Material: .....
Plattendicke: .....
Oberfläche: furniert, transparent lackiert
Holzart Furnier: .....
Kanten: **gerundet / gefast**
Einzellänge: bis 875 mm
Breite: .....
Angeb. Fabrikat: .....

| 43 € | 63 € | **68 €** | 81 € | 102 € | [St] | ⏱ 0,25 h/St | 027.000.072 |

34 Fensterbank, innen, Holz; über 875 bis 1.500mm — KG **344**
Wie Ausführungsbeschreibung A 9
Material: .....
Plattendicke: .....
Oberfläche: furniert, transparent lackiert
Holzart Furnier: .....
Kanten: **gerundet / gefast**
Einzellänge: bis 875 bis 1.500 mm
Breite: .....
Angeb. Fabrikat: .....

| 60 € | 78 € | **88 €** | 110 € | 140 € | [St] | ⏱ 0,30 h/St | 027.000.073 |

35 Fensterbank, innen, Holz; über 1.500 bis 2.500mm — KG **344**
Wie Ausführungsbeschreibung A 9
Material: .....
Plattendicke: .....
Oberfläche: furniert, transparent lackiert
Holzart Furnier: .....
Kanten: **gerundet / gefast**
Einzellänge: über 1.500 bis 2.500 mm
Breite: .....
Angeb. Fabrikat: .....

| 87 € | 132 € | **154 €** | 174 € | 219 € | [St] | ⏱ 0,35 h/St | 027.000.074 |

LB 027
Tischlerarbeiten

Kosten:
Stand 1.Quartal 2018
Bundesdurchschnitt

Nr.	Kurztext / Langtext					[Einheit]	Ausf.-Dauer	Kostengruppe Positionsnummer
▶	▷	ø netto €	◁	◀				

36 **Holz-/Abdeckleisten, Fichte** — KG **334**
Deckleisten, sichtbar bleibend, im Innenbereich.
Material: Fichte
Abmessung: 20 x 50 mm
Einzellängen: 2.800 mm
Klassensortierung: Klasse J2
Flächenkategorie: Offene Flächen mit durchsichtiger Behandlung
Oberfläche: Sichtseiten gehobelt und feingeschliffen
Kanten: allseitig gefast
Eckstöße: **stumpf gestoßen / Gehrung**
Befestigung: nicht sichtbar, Befestigungslöcher mit Holzstopfen verschlossen
Untergrund: .....

| 6€ | 15€ | **18€** | 23€ | 35€ | [m] | ⏱ 0,10 h/m | 027.000.023 |

37 **Verfugung, elastisch** — KG **334**
Elastische Verfugung mit 1-Komponenten-Dichtstoff, Fuge glatt gestrichen, inkl. notwendiger Flankenvorbehandlung an den Anschlussflächen und Hinterlegen der Fugenhohlräume mit geeignetem Hinterstopfmaterial.
Material: **Silikonbasis / Acrylbasis**
Fugenbreite: .....

| 3€ | 5€ | **6€** | 8€ | 12€ | [m] | ⏱ 0,05 h/m | 027.000.017 |

38 **Bodentreppe, gedämmt** — KG **359**
Einschubtreppe zwischen bauseitiger Konstruktion, gedämmt, von oben und unten zu öffnen, vorgerüstet für Profilzylinder, mit Stufen aus Hartholz, Deckel vorgerichtet für bauseitige Bekleidung von unten.
Vorh. Konstruktion: **Gebälk / Spanplattenschalung**
Decken-Öffnung: ..... x **600 / 700** mm
Aufteilung / Form: **zwei- / dreiteilig**
Handlauf: **mit / ohne**
Schutzgeländer: **mit / ohne**
Oberflächen: beschichtet mit .....
Dämmwert: U = ... W/(m²K)
Dichtwert: a = ... m³/hm
Feuerwiderstandsklasse: **ohne Anforderung / E 30 von unten / EI 30 von oben und unten**
Einbauort: .....
Raumhöhe: .....
Kastenhöhe: .....
Angeb. Fabrikat: .....

| 409€ | 535€ | **592€** | 800€ | 1.069€ | [St] | ⏱ 2,40 h/St | 027.000.076 |

▶ min
▷ von
ø Mittel
◁ bis
◀ max

Nr.	Kurztext / Langtext					Kostengruppe		
▶	▷	ø netto €	◁	◀	[Einheit]	Ausf.-Dauer	Positionsnummer

39 Bodentreppe, F30/EI30 — KG 359

Einschubtreppe zwischen bauseitiger Konstruktion, für Feuerschutz F30 / EI 30, von oben und unten zu öffnen, vorgerüstet für Profilzylinder, mit Stufen aus Hartholz, Deckel vorgerichtet für bauseitige Bekleidung von unten.
Vorh. Konstruktion: **Gebälk / Spanplattenschalung**
Decken-Öffnung: ..... x **600 / 700** mm
Aufteilung / Form: **zwei- / dreiteilig**
Handlauf: **mit / ohne**
Schutzgeländer: **mit / ohne**
Oberflächen: beschichtet mit .....
Dämmwert: U = ... W/(m²K)
Dichtwert: a = ... m³/hm
Feuerwiderstandsklasse: F30
Einbauort: .....
Raumhöhe: .....
Kastenhöhe: .....
Angeb. Fabrikat: .....

| 892 € | 1.140 € | **1.395** € | 1.809 € | 2.681 € | [St] | ⏱ 2,40 h/St | 027.000.077 |

40 Unterkonstruktion, Innenwandbekleidung — KG 345

Unterkonstruktion für Holzwandbekleidung, abgestimmt mit Innenwandbekleidung.
Material: Nadelholz
Sortierklasse: S10
Querschnitt 50 x 30 mm
Montage: **horizontal / vertikal**
Untergrund: Mauerwerk
Abstand Unterkonstruktion: ..... mm

| 20 € | 25 € | **30** € | 35 € | 48 € | [m²] | ⏱ 0,35 h/m² | 027.000.025 |

41 Innenwandbekleidung, Sperrholz — KG 345

Wandbekleidung aus Sperrholzplatten, im Innenbereich, Sichtseite in A-Qualität, sichtbar befestigen mit korrosionsgeschützten Schrauben.
Untergrund: Holz
Nutzungsklasse: 1
Dicke: 15 mm
Angeb. Fabrikat: .....

| 11 € | 89 € | **127** € | 149 € | 248 € | [m²] | ⏱ 0,35 h/m² | 027.000.026 |

42 Innenwandbekleidung, Sperrholzplatten, mit UK — KG 345

Wandbekleidung aus Sperrholzplatten im Innenbereich, Sichtseite in A-Qualität, mit Unterkonstruktion aus sägerauer Lattung, mit korrosionsgeschützten Schrauben auf Rohwand befestigen; inkl. ggf. hinterfüttern.
Nutzungsklasse: 1
Plattendicke: ......
Lattenquerschnitt: .....
Raster: .....
Dübelabstand: .....
Angeb. Fabrikat: .....

| 58 € | 135 € | **177** € | 238 € | 319 € | [m²] | ⏱ 0,55 h/m² | 027.000.028 |

LB 027
Tischlerarbeiten

Nr.	Kurztext / Langtext				[Einheit]	Ausf.-Dauer	Kostengruppe Positionsnummer
▶	▷ ø netto € ◁ ◀						

43 Innenwandbekleidung, Spanplatten, mit UK KG **345**
Wandbekleidung aus Holzspanplatten im Innenbereich, Sichtseite in A-Qualität, mit Unterkonstruktion aus sägerauer Lattung, mit korrosionsgeschützten Schrauben auf Rohwand befestigen; inkl. ggf. hinterfüttern.
Nutzungsklasse: .....
Beplankung: Spanplatte DIN EN 312
Plattentyp: ....., E1
Plattendicke: ......
Lattenquerschnitt: .....
Raster: .....
Dübelabstand: .....
Angeb. Fabrikat: .....
95 €   116 €   **133 €**   145 €   166 €   [m²]   ⏱ 0,55 h/m²   027.000.119

44 Schalung, Spanplatten KG **346**
Schalung aus kunstharzgebundenen Spanplatten mit Nut und Feder, als Unterlage für Bekleidungen.
Unterkonstruktion: Holz
Plattentyp: **P7 / P5**
Dicke: 22 mm
Angeb. Fabrikat: .....
20 €   43 €   **56 €**   72 €   102 €   [m²]   ⏱ 0,30 h/m²   027.000.027

45 WC-Trennwand, Metallrahmen/Vollkernverbundplatten KG **346**
Sanitärtrennwand aus Vollkernverbundplatten für Reihen-WC Kabinen, mit sichtbarem Rahmen aus beschichtetem Metallrohr.
 – Trennwand wasserfest, fäulnissicher und gegen mechanische Beschädigungen widerstandsfähig
 – Zwischenwände, wasserfest mit beidseitiger Melamin-Schichtstoffplatten, feuchtfest verleimt
 – Wandanschlüsse aus Aluminium-C-Profilen, nicht sichtbar
 – Kopfleiste aus Aluminium-C-Profilen
 – Füße aus Aluminium-Vollmaterial mit trittsicherer Abdeckrosette
Trennwandhöhe: .....
Bodenfreistellung: 150 mm
Trennwanddicke: 25 mm
Zwischenwanddicke: 30 mm
Melaminschicht: 3 mm
Angeb. Fabrikat: .....
81 €   115 €   **116 €**   209 €   322 €   [m²]   ⏱ 1,70 h/m²   027.000.031

46 WC-Schamwand Urinale KG **346**
Schamwand liefern und montieren. Ausführung und Oberflächen hergestellt im System der WC-Trennwandanlagen, Farbe abgestimmt auf die eingebauten Trennwände, wie vor beschrieben.
Einbauort: Toiletten im .....-Geschoss
Angeb. Fabrikat: .....
75 €   128 €   **147 €**   205 €   279 €   [St]   ⏱ 1,40 h/St   027.000.081

47 Prallwand-Unterkonstruktion KG **345**
Unterkonstruktion für Prallwand, mit Kraftabbau.
Anforderungsprofil: Prüfung gem. FA Bau Nr. 390
Ballwurfsicherheit: Ballwurfsicher **ja / nein**
Prallwand-UK bestehend aus:

Kosten:
Stand 1.Quartal 2018
Bundesdurchschnitt

▶ min
▷ von
ø Mittel
◁ bis
◀ max

Nr.	**Kurztext** / Langtext							Kostengruppe	
▶	▷	**ø netto €**	◁	◀		[Einheit]	Ausf.-Dauer	Positionsnummer	

Grundlattung:
- aus Massivholzriegeln, an Metallwinkelaufständerung, zur Schaffung von Hinterlüftungsraum
- Mindestquerschnitt: 40 x 60 mm
- Festigkeitsklasse: **C30 / C24**
- Sortierklasse: S13
- Güteklasse: **I / II**
- Achsabstand: ca. 700 mm

Schwinglattung:
- quer zur Aufstandslattung verlaufend
- als durchgehender Streifen aus siebenfach verleimtem Sperrholz, BFU-verleimt, (B x D): ca. 60 x 12 mm
- im Achsabstand von ca. 485 mm auf der Grundlattung montiert

Montagelattung:
- quer zur Schwinglattung verlaufend
- als durchgehender Streifen aus siebenfach verleimtem Sperrholz, BFU-verleimt, (B x D): ca. 60 x 12 mm
- im Achsabstand von ca. 350 mm auf Schwinglattung montiert

Angeb. Fabrikat: .....

| 24 € | 33 € | **37** € | 42 € | 54 € | | [m²] | ⏱ 0,20 h/m² | 027.000.032 |

48   Prallwandbekleidung, ballwurfsicher   KG **345**

Ballwurf- und anprallsichere Wandbekleidung mit Furnierschichtholzplatte, Einbau auf bauseitiger Unterkonstruktion.

Abmessungen:
- Plattenbreite: .....
- Längeneinteilung: Platten in diversen Einzellängen (max. Länge von ..... mm)
- Dicke: **20 / 26** mm
- Fugenbreite: max. ..... mm

Qualität:
- Sichtqualität
- Oberflächengüte: **E / I / II**
- Erscheinungsklasse: **0 / A**
- Holzart Furnier: .....

Oberfläche:
- Längskanten fein geschliffen sowie gerundet (Radius max. 3 mm), anschließend lackiert
- Stirnkanten rechtwinklig besäumt, geschliffen sowie gebrochen
- Furnierverlauf: horizontal

Verwendungsbereich: **Trockenbereich / Feuchtbereich / Außenbereich**

Verleimung:
- baubiologisch einwandfrei, Emissionsklasse E 0

Befestigung:
- sichtbare Verschraubung mit Linsen-Senkkopfschrauben, Oberfläche verzinkt und hell bichromatisiert, höhengleich und splitterfrei montiert
- Verbrauch: 4 Schrauben/m², max. Schraubabstand: ..... mm
- Verdeckte Befestigung ist aus Gründen der Revisionsfähigkeit ausdrücklich untersagt

Verlegehöhe: max. ..... mm über OK FFB

Angeb. Fabrikat: .....

| 35 € | 60 € | **79** € | 93 € | 120 € | | [m²] | ⏱ 0,40 h/m² | 027.000.033 |

023
024
025
026
027
028
029
030
031
032
033
034
036
037
038
039

LB 027
Tischlerarbeiten

Kosten:
Stand 1.Quartal 2018
Bundesdurchschnitt

▶ min
▷ von
ø Mittel
◁ bis
◀ max

Nr.	Kurztext / Langtext					[Einheit]	Ausf.-Dauer	Kostengruppe / Positionsnummer
▶	▷	ø netto €	◁	◀				

49 Akustikvlies-Abdeckung, schwarz — KG 345

Akustisch wirksamer Vliesstoff, in Decken und Wänden.
Material: Rohglasvlies
Baustoffklasse: A2
Flächengewicht: 75-80 g/m²
Luftdurchlässigkeit: 2.300 l/m²/s
Farbe: schwarz
Einbauort: .....
Angeb. Fabrikat: .....

| 3 € | 5 € | **6 €** | 8 € | 11 € | [m²] | ⏱ 0,10 h/m² | 027.000.035 |

50 Geräteraum-Schwingtor, Metall/Holz — KG 344

Geräteraumtor in Prallwand, als Rahmenkonstruktion, komplette Anlage einschl. Blendrahmen, bestehend aus:
– 2 Seitenpfosten, 1 Querverbinder (Torstock) in verleimter Holzrahmenkonstruktion, Sichtseiten gehobelt und geschliffen
– Torrahmen als Schwingtorrahmen aus Gitterrahmenkonstruktion aus Stahlrechteckrohr

Torgröße (B x H): ca. 4.500 x 2.850 mm
Rahmendicke: mind. 56 mm
Beschichtung Stahlteile: .....
Angeb. Fabrikat: .....

| 1.662 € | 2.693 € | **3.056 €** | 3.546 € | 4.926 € | [St] | ⏱ 4,50 h/St | 027.000.036 |

51 Sporthallentüren, zweiflüglig, Zarge — KG 344

Sporthallen-Türelement, zweiflüglig, geeignet für kraftabbauende Anforderungen in Sporthalle, Element bestehend aus:
– Türzarge und zwei Türflügeln
– zwei vertikale Seitenzargen, ein horizontaler Zargenverbinder, zusätzliche horizontale Aussteifungstraverse
– zwei Türflügelrahmen, mit Schall- / Wärmedämmung durch vollflächige Kernfüllung der Rahmenfelder mittels MDF-Platten, sowie Anpressdichtung
– Aufdoppelung hallenseitig aus Sperrholzplatte
– Hallengegenseite aus Spanplatte mit Schichtstoffplatte, Kantenbelegung in Buche
– Beschläge: zwei Bänder pro Türflügel, ein Einsteckschloss, ein Treibriegel, eine Bodenschließmulde, eine Treibriegelstange, ein Turnhallenbeschlag mit Drückergarnitur, zwei Bodentürstopper und feststehendem Bauteil
– Montage aller Teile nicht sichtbar

Rohbaumass (B x H): 2.500 x 2.350 mm
Sperrholzplatte: 12 mm BFU-20
Spanplatte: 19 mm
Angeb. Fabrikat: .....

| 3.930 € | 4.804 € | **4.951 €** | 6.494 € | 8.672 € | [St] | ⏱ 8,00 h/St | 027.000.039 |

Nr.	Kurztext / Langtext					Kostengruppe		
▶	▷	ø netto €	◁	◀	[Einheit]	Ausf.-Dauer	Positionsnummer

52 Garderobenleiste   KG 371

Garderobenleiste mit integrierten Garderobenhaken, Leiste aus profiliertem Rundstabprofil, in aufgehender Wand mittels Dübeln und Schrauben unsichtbar befestigt.
Rundstahl: D = 42 mm
Material: **Esche / Eiche / Buche**
Oberfläche: transparent DD-lackiert
Haken: **Einzel- / Doppelhaken**
Material: **Edelstahl / Aluminium**
Oberfläche: .....
Länge: .....
Wandabstand: .....
Anzahl Haken: .....
Angeb. Fabrikat: .....

| 21 € | 67 € | **90 €** | 121 € | 173 € | [m] | ⏱ 0,40 h/m | 027.000.038 |

53 Garderobenschrank   KG 371

Garderoben-Wertschrank GS und TÜV-geprüft, liefern und auf zu liefernder Unterkonstruktion montieren.
Konstruktion aus:
– Korpus aus HPL-Vollkernplatten und Aluminiumprofilen in Steckbauweise
– Material wasserbeständig, reinigungsfreundlich und fäulnissicher.
– Oberfläche kratz- und schlagbeständig.
– Tür aus HPL-Vollkernplatte, Ecken abgerundet, Radius 5 mm.
– Türbänder aus Edelstahl 1.4301, stabile Ausführung.
– Tür mit Türstopper und Öffnungsbegrenzer. Ausrüstung mit: 1 Wertfach oben (Höhe innen = ... mm), darunter 1 Garderobenteil (Höhe innen = ... mm) mit Kleiderstange und ..... Haken.
– Nummerierung / Stahlblechsockel / untergebaute Sitzbank / untergebaute Aufbewahrungsbox als gesonderte Option

Schließung: **Sicherheits-Zylinder-Hebel-Schloss als Hauptschließanlage / Münzpfandschloss für den Einwurf von 1 Euro als Hauptschließanlage**
Farbe: nach Musterkarte und Wahl durch den Bauherrn (mind. ..... Wahlfarben)
Montage Schränke: auf Sockelkonstruktion, Material Aluminium
Konstruktion mit verstellbaren Schraubfüßen: h=100-150 mm
Oberfläche: **pulverbeschichtet Farbe wie Schrankanlage / eloxiert C.....**
Höhe: ..... mm
Tiefe: 525 mm
Breite: 300 mm
Angeb. Fabrikat: .....

| 235 € | 328 € | **385 €** | 459 € | 564 € | [St] | ⏱ 0,55 h/St | 027.000.082 |

54 Einbauküche, melaminharzbeschichtet   KG 371

Einbauküche mit Arbeitsplatte, Hochschrank, Unter- und Oberschränken aus melaminharzbeschichteten Holzwerkstoffplatten.
Arbeitshöhe: ca. 860 mm
Tiefe: ca. 630 mm
Bestehend aus:
– drei Unterschränke je 600 x 600 mm
– ein Unterschrank 1.200 x 600 mm
– ein Hochschrank 600 x 2.150 mm
– eine Arbeitsplatte 3.000 x 630 mm
– fünf Oberschränke je 600 x 680 mm

LB 027
Tischlerarbeiten

Nr.	Kurztext / Langtext				[Einheit]	Kostengruppe Ausf.-Dauer	Positionsnummer
▶	▷	ø netto €	◁	◀			

Ausführung:
- ein Unterschrank mit seitlicher Sichtseite, bündig mit Arbeitsplatte, mit fünf Auszügen, einschl. zwei Besteckeinsätzen und fünf Griffstangen ca. 580 mm
- ein Unterschrank, für integrierbaren Backofen mit Schaltkasten für Kochfeld, unten mit feststehender Blende
- ein Unterschrank, für integrierbare Spülmaschine
- ein Spülen-Unterschrank, mit zwei Türen; Blende vor Spülbecken, Abfallsammler mit selbst öffnendem Deckel für getrennte Müllsortierung (3 Behälter), zwei Griffstangen
- ein Hochschrank, unten eine Türe und zwei Fachböden, oben vorgerichtet für integrierbaren Kühlschrank, einschl. Dekorblende, UK Kühlschrank-Türe = OK Arbeitsplatte, zwei Griffstangen
- vier Oberschränke, davon 1 Oberschrank mit Sichtseite, Schränke jeweils mit 2 Fachböden und Tür, ohne Griffstangen, die Türen und die Sichtseiten unten ca. 15 mm überstehend
- ein Oberschrank, vorgerüstet für integrierbaren Dunstabzug, innenliegender Blende des Abzugs und Regalfächern, eine Türe mit Griffstange
- eine Rückwand zwischen Unter- und Oberschrank, ca. 30 mm vor der Betonwand geführt, einschl. Unterkonstruktion
- eine Arbeitsplatte, bündig mit Unterschrank, einschl. zweier Ausschnitte für Spül- und Abtropfbecken und Kochfeld, Sichtkante zweiseitig (vorne und seitlich) mit Multiplex-Anleimer; Sockel, einschl. Zuluft-Lüftungsgitter für Kühlschrank Be- und Entlüftung

Oberflächen:
- alle Korpusse: melaminharzbeschichtet
- Arbeitsplatte: melaminharzbeschichtet
- Farbe: .....

Angeb. Fabrikat: .....

| 856 € | 2.454 € | **3.127 €** | 3.764 € | 5.073 € | [St] | ⏱ 7,50 h/St | 027.000.042 |

55 Teeküche, melaminharzbeschichtet   KG **371**

Teeküche mit Arbeitsplatte, Unter- und Oberschränken aus melaminharzbeschichteten Holzwerkstoffplatten.
Arbeitshöhe: ca. 860 mm
Tiefe: ca. 630 mm
Bestehend aus:
- 4 Unterschränke 600 x 600 mm
- 1 Arbeitsplatte 2.400 x 630 mm
- 4 Oberschränke 600 x 380 mm

Ausführung:
- ein Unterschrank mit seitlicher Sichtseite, bündig mit Arbeitsplatte, mit fünf Auszügen, einschl. zwei Besteckeinsätzen und 5 Griffstangen
- ein Unterschrank mit seitlicher Sichtseite, für Kochfeld mit integriertem Schaltkasten, unten mit feststehender Blende, ein Tür und Abfallsammler mit selbst öffnendem Deckel für getrennte Müllsortierung (3 Behälter), eine Griffstange
- ein Unterschrank, für integrierbare Spülmaschine
- vier Oberschränke, davon ein Oberschrank mit Sichtseite, Schränke jeweils mit zwei Fachböden und Tür, ohne Griffstangen, die Türen und die Sichtseiten unten ca. 15 mm überstehend, ein Oberschrank vorgerüstet für integrierbaren Dunstabzug, mit innenliegender Blende des Abzugs und Regalfächern
- eine Arbeitsplatte als Dreischichtplatte, seitlich bündig mit Unterschränken, einschl. einem Ausschnitt für Kochfeld, Sichtkante zweiseitig (vorne und seitlich) mit Multiplex-Anleimer; Sockel

Oberflächen:
- alle Korpusse: melaminharzbeschichtet, Farbe: .....
- Arbeitsplatte: Dekor .....

▶ min
▷ von
ø Mittel
◁ bis
◀ max

Nr.	Kurztext / Langtext					Kostengruppe	
▶	▷	ø netto €	◁	◀	[Einheit]	Ausf.-Dauer	Positionsnummer

Angeb. Fabrikat: .....
755 €   2.646 €   **3.359 €**   4.602 €   7.236 €   [St]   ⏱ 6,00 h/St   027.000.041

56 Unterschrank, Küche, bis 600mm — KG **371**

Unterschrank für Küche, vorn und seitlich Sichtseiten, unten mit feststehender Blende, mit 3 Einlege-Fachböden sowie einer Tür mit Griffstange.
Material: Gütespanplatte
Oberflächen: melaminharzbeschichtet
Farbe: .....
Schrankgröße: 600 x 600 mm
Arbeitshöhe: 860 mm
Griffstange: 550 mm
Vorgerichtet für: Kochfeld mit integriertem Schaltkasten
Angeb. Fabrikat: .....
156 €   320 €   **392 €**   481 €   667 €   [St]   ⏱ 0,60 h/St   027.000.043

57 Oberschrank, Küche, bis 600mm — KG **371**

Oberschrank für Küche, vorn und seitlich Sichtseiten, mit 3 Einlege-Fachböden sowie einer Tür mit Griffstange.
Material: Gütespanplatte
Oberflächen: melaminharzbeschichtet
Farbe: .....
Schrankgröße: 600 x 450 mm
Schrankhöhe: 700 mm
Griffstange: 500 mm
Angeb. Fabrikat: .....
125 €   192 €   **205 €**   242 €   315 €   [St]   ⏱ 1,00 h/St   027.000.044

58 Treppenstufe, Holz — KG **352**

Treppenstufe aus Massivholz, feingehobelt und geschliffen, auf bauseitiger Stahlbetonunterkonstruktion, schallentkoppelt verlegt, unsichtbar befestigt, Vorderkante gerundet. Endstufen nach gesonderter Position.
Material: Eiche massiv, t = 42 mm
Setzstufen: **..... mm Untertritt / bündig ohne Untertritt**
Stufenlänge: .....
Stufentiefe: .....
Stufenhöhe: .....
Oberfläche: transparent beschichtet
Steigungsmaß: .....
Angeb. Fabrikat: .....
52 €   113 €   **141 €**   215 €   377 €   [St]   ⏱ 0,14 h/St   027.000.045

LB 027
Tischlerarbeiten

Nr.	Kurztext / Langtext						Kostengruppe
▶	▷	ø netto €	◁	◀	[Einheit]	Ausf.-Dauer	Positionsnummer

59 Handlauf-Profil, Holz KG 359

Holz-Handlauf aus Massivholz, steigend, in verschiedenen Längen, Stab unten gefräst, zum Anschluss an bauseitiges Stahl-Tragprofil, Befestigung von unten mit Senkkopfschrauben. Wandlaufhalter, Rundungen und Abkröpfung / Gehrung nach gesonderter Position.
Einbau: **außen / innen**
Material: Buche
Durchmesser Handlauf: **30 / 40** mm
Oberfläche: **geschliffen und poliert, natur / transparent lackiert**
Nutmaß: ca. 20 x 5 mm

| 21€ | 35€ | **41**€ | 52€ | 82€ | [m] | ⏱ 0,25 h/m | 027.000.046 |

60 Geländer, gerade, Rundstabholz KG 359

Geländer als Holzkonstruktion mit Handlauf aus geformtem Vollholzprofil und Füllung aus senkrechten Vollstäben, auf bauseitige Treppenwangen, Befestigungen des Handlaufs an den Enden an die aufgehenden Wände mittels Schrauben und Dübeln.
Gesamthöhe: ca. 1,00 m
Länge: .....
Geländerform: .....
Material Handlauf und Füllstäbe: **Eiche / Buche**
Handlauf: Rundstab D = 42,4 mm
Senkrechte Füllstäbe: Rundstab D = ... mm
Oberflächen: **geschliffen und poliert / transparent lackiert**

| 173€ | 268€ | **293**€ | 348€ | 483€ | [m] | ⏱ 0,70 h/m | 027.000.047 |

61 Stundensatz Tischler-Facharbeiter

Stundenlohnarbeiten für Vorarbeiter, Facharbeiter und Gleichgestellte (z.B. Spezialbaufacharbeiter, Baufacharbeiter, Obermonteure, Monteure, Gesellen, Maschinenführer, Fahrer und ähnliche Fachkräfte). Leistung nach besonderer Anordnung der Bauüberwachung. Anmeldung und Nachweis gemäß VOB/B.

| 37€ | 44€ | **48**€ | 51€ | 59€ | [h] | ⏱ 1,00 h/h | 027.000.079 |

62 Stundensatz Tischler-Helfer

Stundenlohnarbeiten für Werker, Helfer und Gleichgestellte (z.B. Baufachwerker, Helfer, Hilfsmonteure, Ungelernte, Angelernte). Leistung nach besonderer Anordnung der Bauüberwachung. Anmeldung und Nachweis gemäß VOB/B.

| 18€ | 30€ | **35**€ | 39€ | 46€ | [h] | ⏱ 1,00 h/h | 027.000.080 |

Kosten:
Stand 1.Quartal 2018
Bundesdurchschnitt

▶ min
▷ von
ø Mittel
◁ bis
◀ max

| 023 |
| 024 |
| 025 |
| 026 |
| **027** |
| 028 |
| 029 |
| 030 |
| 031 |
| 032 |
| 033 |
| 034 |
| 036 |
| 037 |
| 038 |
| 039 |

LB 028 Parkett-, Holzpflasterarbeiten

Parkett-, Holzpflasterarbeiten — Preise €

Kosten: Stand 1.Quartal 2018 Bundesdurchschnitt

▶ min
▷ von
ø Mittel
◁ bis
◀ max

Nr.	Positionen	Einheit	▶	▷ ø brutto € ø netto €		◁	◀
1	Untergrund reinigen	m²	0,1	0,7	**0,9**	1,9	4,5
			0,1	0,6	**0,8**	1,6	3,8
2	Untergrund prüfen, Haftzugfestigkeit	St	16	19	**21**	23	26
			13	16	**18**	19	22
3	Untergrund vorstreichen, Haftgrund	m²	0,6	1,8	**2,3**	2,9	4,5
			0,5	1,5	**2,0**	2,5	3,8
4	Untergrund spachteln, Höhenausgleich	m²	3	6	**7**	10	21
			2	5	**6**	9	18
5	Trennlage, Baumwollfilz	m²	1	2	**3**	4	6
			0,9	2,1	**2,5**	3,2	4,6
6	Trennlage, Wellpappe	m²	–	3	**5**	6	–
			–	2	**4**	5	–
7	Unter-/Trennlage Boden, Korkschrotpappe	m²	–	5	**8**	10	–
			–	4	**7**	9	–
8	Schüttung, Perlite	m²	–	4	**6**	8	–
			–	3	**5**	6	–
9	Unterboden, Holzspanplatte P2, 22mm	m²	6,5	16	**21**	27	39
			5,5	13	**17**	23	33
10	Unterboden, Holzspanplatte P2, 28mm	m²	–	21	**27**	36	–
			–	18	**23**	30	–
11	Blindboden, Nadelholz	m²	19	33	**43**	52	70
			16	28	**36**	44	59
12	Dielenbodenbelag, Lärche	m²	124	136	**155**	164	178
			104	115	**130**	138	150
13	Dielenbodenbelag, Eiche	m²	98	122	**133**	204	289
			82	103	**112**	171	243
14	Stabparkett, Eiche, bis 22mm, roh	m²	83	91	**103**	117	129
			69	76	**87**	98	109
15	Stabparkett, Esche, bis 22mm, roh	m²	85	93	**106**	120	132
			71	78	**89**	100	111
16	Stabparkett, Ahorn, bis 22mm, roh	m²	87	95	**108**	122	135
			73	80	**91**	103	114
17	Stabparkett, Buche, bis 22mm, roh	m²	79	87	**98**	111	123
			66	73	**83**	93	103
18	Lamellenparkett, Esche, bis 25mm, roh	m²	–	50	**57**	61	–
			–	42	**48**	51	–
19	Lamellenparkett, Eiche, bis 25mm, roh	m²	19	40	**48**	55	70
			16	34	**40**	46	59
20	Stabparkett, Eiche, bis 22mm, versiegelt	m²	72	91	**93**	102	123
			61	76	**78**	86	103
21	Stabparkett, Buche, bis 22mm, versiegelt	m²	73	99	**104**	117	138
			61	83	**87**	98	116
22	Fertigparkett, Ahorn, bis 15mm, beschichtet	m²	72	81	**85**	92	103
			61	68	**71**	77	86
23	Fertigparkett, Eiche, bis 15mm, beschichtet	m²	61	67	**76**	86	96
			51	57	**64**	73	80
24	Fertigparkett, Buche, bis 15mm, beschichtet	m²	60	66	**75**	84	93
			50	55	**63**	71	78

© BKI Baukosteninformationszentrum; Erläuterungen zu den Tabellen siehe Seite 46

Kostenstand: 1.Quartal 2018, Bundesdurchschnitt

Parkett-, Holzpflasterarbeiten — Preise €

Nr.	Positionen	Einheit	▶	▷	ø brutto € ø netto €	◁	◀
25	Lamellenparkett, Vollholz, bis 12mm, versiegelt	m²	51 43	57 48	**61** **51**	67 56	74 62
26	Lamellenparkett, Vollholz, 22mm, versiegelt	m²	68 57	74 62	**78** **66**	89 75	102 86
27	Lamparkett, Eiche, 10mm, versiegelt	m²	47 40	71 60	**99** **83**	115 97	145 122
28	Lamparkett, Ahorn, 10mm, versiegelt	m³	– –	75 63	**106** **89**	120 101	– –
29	Lamparkett, Esche, 10mm, versiegelt	m²	– –	72 60	**103** **87**	117 98	– –
30	Mosaikparkett, Eiche, 8mm, beschichtet	m²	36 31	51 43	**54** **46**	60 50	72 61
31	Mosaikparkett, Esche, 8mm, beschichtet	m²	– –	62 52	**71** **60**	80 67	– –
32	Mosaikparkett, Buche, 8mm, beschichtet	m²	– –	60 51	**68** **57**	78 66	– –
33	Mehrschichtparkett, beschichtet	m²	68 57	79 66	**83** **70**	87 73	100 84
34	Holzpflaster	m²	73 61	84 70	**85** **71**	94 79	108 90
35	Vollholzparkett schleifen	m²	7 6	10 9	**11** **10**	15 12	18 15
36	Vollholzparkett beschichten, versiegeln	m²	7 6	12 10	**15** **12**	21 18	35 30
37	Vollholzparkett schleifen und versiegeln	m²	5 4	18 15	**23** **20**	26 22	37 31
38	Stufenbelag, Stabparkett, Eiche	St	101 85	135 113	**141** **118**	151 127	168 141
39	Stufenbelag, Fertigparkett, Buche	m²	– –	36 30	**45** **38**	54 46	– –
40	Stufenbelag, Fertigparkett, Eiche	m²	– –	32 27	**43** **36**	52 43	– –
41	Randstreifen abschneiden	m	0,1 0,1	0,3 0,3	**0,4** **0,3**	0,6 0,5	0,9 0,8
42	Randabschluss, Korkstreifen, Dehnfuge	m	2 1	6 5	**8** **7**	13 11	25 21
43	Sockelleiste, Buche	m	5 4	9 8	**11** **9**	14 12	21 18
44	Sockelleiste, Eiche	m	4 3	10 8	**12** **10**	16 13	31 26
45	Sockelleiste, Esche/Ahorn	m	5 4	10 8	**12** **10**	14 11	18 15
46	Sockelleiste, Eckausbildung	St	<0,1 <0,1	0,7 0,6	**1,1** **0,9**	1,7 1,5	3,4 2,8
47	Parkettbelag anarbeiten, gerade	m	1 1	8 6	**11** **9**	15 13	25 21
48	Aussparung, Parkett	St	5 5	19 16	**26** **22**	49 41	103 86

© BKI Baukosteninformationszentrum; Erläuterungen zu den Tabellen siehe Seite 46 — Kostenstand: 1.Quartal 2018, Bundesdurchschnitt

LB 028 Parkett-, Holzpflasterarbeiten

Parkett-, Holzpflasterarbeiten — Preise €

Nr.	Positionen	Einheit	▶	▷	ø brutto € / ø netto €	◁	◀
49	Heizkörperrosetten, Parkett	St	1	3	**4**	6	11
			1	3	**3**	5	10
50	Trennschiene, Metall	m	8	17	**20**	26	39
			7	14	**17**	22	33
51	Übergangsprofil/Abdeckschiene, Edelstahl	m	5,4	14	**18**	20	31
			4,5	12	**15**	17	26
52	Übergangsprofil/Abdeckschiene, Aluminium	m	12	20	**24**	36	52
			10	16	**20**	30	44
53	Übergangsprofil/Abdeckschiene; Messing	m	8,9	19	**21**	27	40
			7,5	16	**18**	22	34
54	Verfugung, elastisch, Silikon	m	1	5	**6**	8	11
			1	4	**5**	7	9
55	Erstpflege, Parkettbelag	m²	0,2	2,2	**3,0**	4,0	7,1
			0,2	1,8	**2,5**	3,4	6,0
56	Schutzabdeckung, Platten/Folie	m²	0,5	2,6	**3,7**	4,3	5,8
			0,4	2,2	**3,1**	3,6	4,9
57	Stundensatz Parkettleger-Facharbeiter	h	39	51	**56**	61	75
			33	43	**47**	51	63
58	Stundensatz Parkettleger-Helfer	h	34	41	**45**	50	59
			28	35	**37**	42	49

Kosten: Stand 1.Quartal 2018, Bundesdurchschnitt

▶ min ▷ von ø Mittel ◁ bis ◀ max

Nr.	Kurztext / Langtext					[Einheit]	Ausf.-Dauer	Kostengruppe Positionsnummer
▶	▷	ø netto €	◁	◀				

1 Untergrund reinigen — KG **352**
Vorhandene Bodenbeläge von groben Verschmutzungen und losen Teilen reinigen, inkl. Entsorgen des anfallenden Bauschutts samt Deponiegebühr.

| 0,1 € | 0,6 € | **0,8 €** | 1,6 € | 3,8 € | [m²] | ⏱ 0,02 h/m² | 028.000.001 |

2 Untergrund prüfen, Haftzugfestigkeit — KG **352**
Untergrund des Parkettbelags durch Haftzugprüfung prüfen. Preis je Prüfung inkl. Protokollierung und Übergabe an den Auftraggeber.
Untergrund: Zementestrich
Hinweis: Nur für Prüfpflicht des Auftragnehmers hinaus gehen.

| 13 € | 16 € | **18 €** | 19 € | 22 € | [St] | ⏱ 0,50 h/St | 028.000.067 |

3 Untergrund vorstreichen, Haftgrund — KG **352**
Voranstrich oder Haftgrund für nachfolgende Bodenbeläge, vollflächig auf oberflächentrockene Flächen, inkl. Reinigung der Bodenflächen.
Ausführung für: **Klebung / Spachtelung / .....**
Untergrund: .....
Angeb. Fabrikat: .....

| 0,5 € | 1,5 € | **2,0 €** | 2,5 € | 3,8 € | [m²] | ⏱ 0,03 h/m² | 028.000.004 |

Nr.	Kurztext / Langtext					Kostengruppe	
▶	▷ ø netto € ◁ ◀				[Einheit]	Ausf.-Dauer	Positionsnummer

4 Untergrund spachteln, Höhenausgleich — KG 352
Nivellierspachtel auf bauseitigen Estrich, als Höhenausgleich, geeignet für Bodenbelag, inkl. Säubern des Estrichs. Leistung nur nach schriftlicher Anweisung durch die Bauleitung.
Untergrund: Zementestrich
Bodenbelag: .....
Spachteldicke: bis ..... mm

| 2€ | 5€ | **6€** | 9€ | 18€ | [m²] | ⏱ 0,07 h/m² | 028.000.003 |

5 Trennlage, Baumwollfilz — KG 352
Trennlage auf Estrich aus Baumwollfilz, einlagig, unter nachfolgenden Bodenbelag.
Estrich: .....
Dicke Trennlage: 0,5 mm
Angeb. Fabrikat: .....

| 0,9€ | 2,1€ | **2,5€** | 3,2€ | 4,6€ | [m²] | ⏱ 0,03 h/m² | 028.000.006 |

6 Trennlage, Wellpappe — KG 352
Trennlage auf Estrich aus Wellpappe, einlagig, unter nachfolgenden Bodenbelag.
Estrich: .....
Dicke Trennlage: 5 mm
Angeb. Fabrikat: .....

| –€ | 2€ | **4€** | 5€ | –€ | [m²] | ⏱ 0,04 h/m² | 028.000.049 |

7 Unter-/Trennlage Boden, Korkschrotpappe — KG 352
Unterlage auf Estrich aus Korkschrot, unter schwimmend verlegtem Bodenbelag, zur Verbesserung der Trittschalldämmung.
Estrich: .....
Dicke Unterlage: 3 mm
Angeb. Fabrikat: .....

| –€ | 4€ | **7€** | 9€ | –€ | [m²] | ⏱ 0,05 h/m² | 028.000.050 |

8 Schüttung, Perlite — KG 352
Schüttung aus Perlite, bituminiert, gerade abziehen.
Dicke: 10mm
Körnung: .....
Gewicht: .....

| –€ | 3€ | **5€** | 6€ | –€ | [m²] | ⏱ 0,06 h/m² | 028.000.051 |

A 1 Unterboden, Holzspanplatte — Beschreibung für Pos. **9-10**
Unterboden für Parkettbelag, aus kunstharzgebundenen Holzspanplatten, mit Nut-Feder-Verbindung, für schwimmende Verlegung, Platten verleimen und mechanisch befestigen.
Untergrund: Holzkonstruktion

9 Unterboden, Holzspanplatte P2, 22mm — KG 352
Wie Ausführungsbeschreibung A 1
Plattentyp: P2
Emissionsklasse: E1
Plattendicke: 22 mm

| 5€ | 13€ | **17€** | 23€ | 33€ | [m²] | ⏱ 0,24 h/m² | 028.000.026 |

© BKI Baukosteninformationszentrum; Erläuterungen zu den Tabellen siehe Seite 46   Kostenstand: 1.Quartal 2018, Bundesdurchschnitt

LB 028 Parkett-, Holzpflasterarbeiten

Kosten:
Stand 1.Quartal 2018
Bundesdurchschnitt

Nr.	Kurztext / Langtext				[Einheit]	Ausf.-Dauer	Kostengruppe Positionsnummer
▶	▷	ø netto €	◁	◀			

10 Unterboden, Holzspanplatte P2, 28mm KG **352**
Wie Ausführungsbeschreibung A 1
Plattentyp: P2
Emissionsklasse: E1
Plattendicke: 28 mm

| –€ | 18€ | **23**€ | 30€ | –€ | [m²] | ⏱ 0,26 h/m² | 028.000.053 |

11 Blindboden, Nadelholz KG **352**
Blindboden aus gespundeter, einseitig gehobelter Schalung, auf Deckenbalken, als Untergrund für Parkettbelag; einschl. chemischem Holzschutz für tragende, sichtbar bleibende Bauteile.
Holzart: .....
Sortierklasse: S10
Brettdicke: 24 mm
Brettbreite: 150 mm
Holzschutz Gebrauchsklasse: .....

| 16€ | 28€ | **36**€ | 44€ | 59€ | [m²] | ⏱ 0,45 h/m² | 028.000.025 |

A 2 Dielenbodenbelag Beschreibung für Pos. **12-13**
Dielenboden-Belag, auf vorbereitetem Untergrund, Dielen aus massivem Laubholz, gehobelt und geschliffen. Durchdringungen und Randanschlüsse in gesonderter Position.

12 Dielenbodenbelag, Lärche KG **352**
Wie Ausführungsbeschreibung A 2
Untergrund: .....
Holzart: Lärche LADC, künstlich getrocknet
Sortierung: A
Bohlendicke: 24 mm
Bohlenformat: ..... mm
Verlegung: parallel zu den Längswänden, dicht gestoßen
Befestigung: .....
Fußboden-Heizung: .....
Oberfläche: .....
Einbauort: .....
Angeb. Fabrikat: .....

| 104€ | 115€ | **130**€ | 138€ | 150€ | [m²] | ⏱ 0,95 h/m² | 028.000.070 |

▶ min
▷ von
ø Mittel
◁ bis
◀ max

Nr.	Kurztext / Langtext							Kostengruppe
▶	▷	ø netto €	◁	◀	[Einheit]	Ausf.-Dauer	Positionsnummer	

13 Dielenbodenbelag, Eiche — KG 352
Wie Ausführungsbeschreibung A 2
Untergrund: .....
Holzart: Eiche QCXR, künstlich getrocknet
Sortierung: Kreis
Bohlendicke: 25 mm
Bohlenformat: b = 250 mm, l = ca. 1.250 mm
Verlegung: parallel zu den Längswänden, dicht gestoßen
Befestigung: .....
Fußboden-Heizung: .....
Oberfläche: transparent
Beschichtung: .....
Einbauort: .....
Angeb. Fabrikat: .....

| 82 € | 103 € | **112 €** | 171 € | 243 € | [m²] | ⏱ 0,95 h/m² | 028.000.007 |

A 3 Stabparkett, bis 22mm, roh — Beschreibung für Pos. **14-17**
Stabparkett mit Nut und Feder, verklebt. Schleifen, Versiegelung, Durchdringungen und Randanschlüsse in gesonderten Positionen.

14 Stabparkett, Eiche, bis 22mm, roh — KG 352
Wie Ausführungsbeschreibung A 3
Untergrund: .....
Holzart: Eiche QCXR, künstlich getrocknet
Sortierung: Kreis - natürliche, ruhige Oberfläche
Parkettdicke: 14-22 mm
Parkettformat: .....
Fußboden-Heizung: .....
Verlegung: parallel zu den Längswänden
Verband: Schiffsbodenmuster
Farbe / Struktur: festgelegt von AG, nach Bemusterung
Einbauort: .....
Angeb. Fabrikat: .....

| 69 € | 76 € | **87 €** | 98 € | 109 € | [m²] | ⏱ 0,60 h/m² | 028.000.054 |

15 Stabparkett, Esche, bis 22mm, roh — KG 352
Wie Ausführungsbeschreibung A 3
Untergrund: .....
Holzart: Esche FXEX, künstlich getrocknet
Sortierung: Kreis - natürliche, ruhige Oberfläche
Parkettdicke: 14-22 mm
Parkettformat: .....
Fußboden-Heizung: .....
Verlegung: parallel zu den Längswänden
Verband: Schiffsbodenmuster
Farbe / Struktur: festgelegt von AG, nach Bemusterung
Einbauort: .....
Angeb. Fabrikat: .....

| 71 € | 78 € | **89 €** | 100 € | 111 € | [m²] | ⏱ 0,60 h/m² | 028.000.055 |

© BKI Baukosteninformationszentrum; Erläuterungen zu den Tabellen siehe Seite 46 — Kostenstand: 1.Quartal 2018, Bundesdurchschnitt

LB 028 Parkett-, Holzpflaster-arbeiten

Kosten:
Stand 1.Quartal 2018
Bundesdurchschnitt

▶ min
▷ von
ø Mittel
◁ bis
◀ max

Nr. ▶	Kurztext / Langtext ▷ ø netto € ◁ ◀	[Einheit]	Kostengruppe Ausf.-Dauer Positionsnummer
16	**Stabparkett, Ahorn, bis 22mm, roh**		KG **352**

Wie Ausführungsbeschreibung A 3
Untergrund: .....
Holzart: Ahorn ACCM, künstlich getrocknet
Sortierung: **Kreis / Dreieck / Quadrat**
Parkettdicke: 14-22 mm
Parkettformat: .....
Fußboden-Heizung: .....
Verlegung: parallel zu den Längswänden
Verband: Schiffsbodenmuster
Farbe / Struktur: festgelegt von AG, nach Bemusterung
Einbauort: .....
Angeb. Fabrikat: .....

73 €	80 €	**91** €	103 €	114 €	[m²]	⏱ 0,60 h/m²	028.000.056

17	**Stabparkett, Buche, bis 22mm, roh**		KG **352**

Wie Ausführungsbeschreibung A 3
Untergrund: .....
Holzart: Buche FASY, künstlich getrocknet
Sortierung: **Kreis / Dreieck / Quadrat**
Parkettdicke: 14-22 mm
Parkettformat: .....
Fußboden-Heizung: .....
Verlegung: parallel zu den Längswänden
Verband: Schiffsbodenmuster
Farbe / Struktur: festgelegt von AG, nach Bemusterung
Einbauort: .....
Angeb. Fabrikat: .....

66 €	73 €	**83** €	93 €	103 €	[m²]	⏱ 0,60 h/m²	028.000.009

18	**Lamellenparkett, Esche, bis 25mm, roh**		KG **352**

Lamellenparkett, verklebt. Durchdringungen und Randanschlüsse in gesonderter Position.
Untergrund: .....
Holzart: Esche FXEX, künstlich getrocknet
Sortierung: **Kreis / Dreieck / Quadrat**
Holzformat: .....
Parkettdicke: 15-25 mm
Parkettformat: b = 18 mm, l = 120-160 mm
Fußboden-Heizung: .....
Verlegerichtung: parallel zu den Längswänden
Farbe/Struktur: festgelegt von AG, nach Bemusterung
Einbauort: .....
Angeb. Fabrikat: .....

– €	42 €	**48** €	51 €	– €	[m²]	⏱ 0,45 h/m²	028.000.057

Nr.	Kurztext / Langtext					Kostengruppe	
▶	▷	ø netto €	◁	◀	[Einheit]	Ausf.-Dauer	Positionsnummer

19 Lamellenparkett, Eiche, bis 25mm, roh KG **352**
Lamellenparkett, verklebt. Durchdringungen und Randanschlüsse in gesonderter Position.
Untergrund: .....
Holzart: Eiche QCXR, künstlich getrocknet
Sortierung: **Kreis / Dreieck / Quadrat**
Holzformat: .....
Parkettdicke: 15-25 mm
Parkettformat: B = 18 mm, L = 120-160 mm
Fußboden-Heizung: .....
Verlegerichtung: parallel zu den Längswänden
Farbe/Struktur: festgelegt von AG, nach Bemusterung
Einbauort: .....
Angeb. Fabrikat: .....
16€   34€   **40**€   46€   59€   [m²]   ⏱ 0,45 h/m²   028.000.008

A 4 Stabparkett, bis 22mm, versiegelt Beschreibung für Pos. **20-21**
Stabparkett mit Nut und Feder, verklebt. Leistung inkl. Schleifen, Versiegelung, Herstellen von Durchdringungen und Abschneiden der Randstreifen (Anmerkung: Gemäß VOB/C sind diese Leistungen getrennt auszuschreiben).

20 Stabparkett, Eiche, bis 22mm, versiegelt KG **352**
Wie Ausführungsbeschreibung A 4
Untergrund: .....
Fußboden-Heizung: .....
Holzart: Eiche QCXR, künstlich getrocknet
Sortierung: **Kreis / Dreieck / Quadrat**
Parkettdicke: 14-22 mm
Parkettformat: .....
Verlegerichtung: parallel zu den Längswänden
Verband: .....
Farbe / Struktur: festgelegt von AG, nach Bemusterung
Versiegelung: .....
Einbauort: .....
Angeb. Fabrikat: .....
61€   76€   **78**€   86€   103€   [m²]   ⏱ 0,70 h/m²   028.000.034

LB 028 Parkett-, Holzpflasterarbeiten

Kosten:
Stand 1.Quartal 2018
Bundesdurchschnitt

Nr.	Kurztext / Langtext						Kostengruppe	
▶	▷	ø netto €	◁	◀	[Einheit]	Ausf.-Dauer	Positionsnummer	

26 Lamellenparkett, Vollholz, 22mm, versiegelt — KG 352
Wie Ausführungsbeschreibung A 6
Untergrund: .....
Fußboden-Heizung: .....
Holzart: ....., künstlich getrocknet
Sortierung: **Kreis / Dreieck / Quadrat**
Parkettdicke: 22 mm
Parkettformat: B = 18 mm, L = ... mm
Verlegerichtung: parallel zu den Längswänden
Versiegelung: .....
Farbe / Struktur: festgelegt von AG, nach Bemusterung
Einbauort: .....
Angeb. Fabrikat: .....

▶	▷	ø	◁	◀			
57 €	62 €	**66** €	75 €	86 €	[m²]	⏱ 0,65 h/m²	028.000.031

A 7 Lamparkett, 10mm, versiegelt — Beschreibung für Pos. 27-29
Lamparkett mit Nut und Feder, verklebt. Leistung inkl. Schleifen, Versiegelung, Herstellen von Durchdringungen und Abschneiden der Randstreifen. (Anmerkung: Gemäß VOB/C sind die Leistungen getrennt auszuschreiben).

27 Lamparkett, Eiche, 10mm, versiegelt — KG 352
Wie Ausführungsbeschreibung A 7
Untergrund: .....
Fußboden-Heizung: .....
Holzart: Eiche **QCILEU / QCXR AM**, künstlich getrocknet
Sortierung: **Kreis / Dreieck / Quadrat**
Parkettdicke: 10 mm
Parkettformat: B = ...mm, L = ...mm
Verlegerichtung: parallel zu den Längswänden
Verband: .....
Farbe / Struktur: festgelegt von AG, nach Bemusterung
Einbauort: .....
Angeb. Fabrikat: .....

40 €	60 €	**83** €	97 €	122 €	[m²]	⏱ 0,65 h/m²	028.000.036

28 Lamparkett, Ahorn, 10mm, versiegelt — KG 352
Wie Ausführungsbeschreibung A 7
Untergrund: .....
Fußboden-Heizung: .....
Holzart: Ahorn ACCM, künstlich getrocknet
Sortierung: **Kreis / Dreieck / Quadrat**
Parkettdicke: 10 mm
Parkettformat: B = ...mm, L = ...mm
Verlegerichtung: parallel zu den Längswänden
Verband: .....
Farbe / Struktur: festgelegt von AG, nach Bemusterung
Einbauort: .....
Angeb. Fabrikat: .....

– €	63 €	**89** €	101 €	– €	[m³]	⏱ 0,65 h/m³	028.000.061

▶ min
▷ von
ø Mittel
◁ bis
◀ max

Nr.	Kurztext / Langtext					Kostengruppe	
▶	▷	ø netto €	◁	◀	[Einheit]	Ausf.-Dauer	Positionsnummer

29 Lamparkett, Esche, 10mm, versiegelt — KG 352
Wie Ausführungsbeschreibung A 7
Untergrund: .....
Fußboden-Heizung: .....
Holzart: Esche FXEX, künstlich getrocknet
Sortierung: **Kreis / Dreieck / Quadrat**
Parkettdicke: 10 mm
Parkettformat: B = ...mm, L = ...mm
Verlegerichtung: parallel zu den Längswänden
Verband: .....
Farbe / Struktur: festgelegt von AG, nach Bemusterung
Einbauort: .....
Angeb. Fabrikat: .....

| –€ | 60€ | **87€** | 98€ | –€ | [m²] | ⏱ 0,65 h/m² | 028.000.062 |

A 8 Mosaikparkett, 8mm, beschichtet — Beschreibung für Pos. **30-32**
Mosaikparkett mit Nut und Feder, verklebt. Durchdringungen und Randanschlüsse in gesonderter Position.

30 Mosaikparkett, Eiche, 8mm, beschichtet — KG 352
Wie Ausführungsbeschreibung A 8
Untergrund: .....
Fußboden-Heizung: .....
Holzart: Eiche QCXR, künstlich getrocknet
Parkettdicke: 8 mm
Parkettformat: B = max. 25 mm, L = 115-165 mm
Verlegerichtung: parallel zu den Längswänden
Verband: .....
Oberfläche: fertig beschichtet
Farbe / Struktur: festgelegt von AG, nach Bemusterung
Einbauort: .....
Angeb. Fabrikat: .....

| 31€ | 43€ | **46€** | 50€ | 61€ | [m²] | ⏱ 0,50 h/m² | 028.000.037 |

31 Mosaikparkett, Esche, 8mm, beschichtet — KG 352
Wie Ausführungsbeschreibung A 8
Untergrund: .....
Fußboden-Heizung: .....
Holzart: Esche FXEX, künstlich getrocknet
Parkettdicke: 8 mm
Parkettformat: B = max. 25 mm, L = 115-165 mm
Verlegerichtung: parallel zu den Längswänden
Verband: .....
Oberfläche: fertig beschichtet
Farbe / Struktur: festgelegt von AG, nach Bemusterung
Einbauort: .....
Angeb. Fabrikat: .....

| –€ | 52€ | **60€** | 67€ | –€ | [m²] | ⏱ 0,50 h/m² | 028.000.063 |

LB 028 Parkett-, Holzpflasterarbeiten

Kosten:
Stand 1.Quartal 2018
Bundesdurchschnitt

Nr.	Kurztext / Langtext				[Einheit]	Ausf.-Dauer	Kostengruppe Positionsnummer
▶	▷	ø netto €	◁	◀			

32 Mosaikparkett, Buche, 8mm, beschichtet KG **352**
Wie Ausführungsbeschreibung A 8
Untergrund: .....
Fußboden-Heizung: .....
Holzart: Buche FASY, künstlich getrocknet
Parkettdicke: 8 mm
Parkettformat: b = max. 25 mm, l = 115-165 mm
Verlegerichtung: parallel zu den Längswänden
Verband: .....
Oberfläche: fertig beschichtet
Farbe / Struktur: festgelegt von AG, nach Bemusterung
Einbauort: .....
Angeb. Fabrikat: .....

| –€ | 51€ | **57€** | 66€ | –€ | [m²] | ⏱ 0,50 h/m² | 028.000.064 |

33 Mehrschichtparkett, beschichtet KG **352**
Mehrschichtparkettelemente mit Nut und Feder, dicht gestoßen. Durchdringungen und Randanschlüsse in gesonderter Position.
Untergrund: .....
Fußboden-Heizung: .....
Elemente: 3-Schichtparkett
Nutzschichtdicke: mind. 2,5 mm
Elementdicke: 8 mm
Parkettformat: .....
Befestigung: nach Herstellerangaben
Verlegerichtung: parallel zu den Längswänden
Verband: .....
Oberfläche: fertig beschichtet
Farbe / Struktur: festgelegt von AG, nach Bemusterung
Einbauort: .....
Angeb. Fabrikat: .....

| 57€ | 66€ | **70€** | 73€ | 84€ | [m²] | ⏱ 0,55 h/m² | 028.000.038 |

▶ min
▷ von
ø Mittel
◁ bis
◀ max

Nr.	Kurztext / Langtext	Kostengruppe
▶ ▷ ø netto € ◁ ◀	[Einheit]	Ausf.-Dauer Positionsnummer

34 Holzpflaster   KG **352**

Holzpflaster mit durchlaufenden Längsfugen, inkl. Schleifen und Versiegeln.
Durchdringungen und Randanschlüsse in gesonderter Position.
Untergrund: Zementestrich
Fußboden-Heizung: .....
Holzpflaster: **RE** (repräsentative Räume und Wohnräume) / **WE** (Werkräume) / **GE** (gewerblicher und industrieller Einsatz)
Holzart: .....
Dicke: **RE** 22-80 mm / **WE** 30-80mm / **GE** 50-100mm
Format: **RE** (B x L): 40-80 x 40-120 mm / **WE** (B x L): 40-80 x 40-140 mm / **WE mit Fahrverkehr und GE** (B x L): 60-80 x 60-140 mm
Versiegelung: **kalt- / warmwachsen / heißeinbrennen / ölen / lasieren**
Verlegerichtung: parallel zu den Längswänden
Farbe / Struktur: festgelegt von AG, nach Bemusterung
Einbauort: .....
Angeb. Fabrikat: .....
61€   70€   **71€**   79€   90€   [m²]   ⏱ 0,85 h/m²   028.000.044

35 Vollholzparkett schleifen   KG **352**

Schleifen von Vollholz-Parkettböden, als Vorbehandlung für die Oberflächenbeschichtung, mit materialabhängiger Abstufung der Schleifkörnung bis Körnung 180. Nach dem Schleifen restloses Entstauben der Oberfläche mit Besen und Staubsauger.
6€   9€   **10€**   12€   15€   [m²]   ⏱ 0,15 h/m²   028.000.010

36 Vollholzparkett beschichten, versiegeln   KG **352**

Vollholz-Parkettoberfläche beschichten oder versiegeln in 2 - 3 Arbeitsgängen mit rutschhemmender Oberfläche. Auftrag bis zur Sättigung und anschließend wachsen.
Versiegelung: .....
Oberfläche: .....
Parkett: .....
Angeb. Fabrikat: .....
6€   10€   **12€**   18€   30€   [m²]   ⏱ 0,20 h/m²   028.000.011

37 Vollholzparkett schleifen und versiegeln   KG **352**

Parkett-Oberfläche fertigstellen, in folgenden Arbeitsschritten:
 – Schleifen von Vollholz-Parkettböden, als Vorbehandlung für die Oberflächenbeschichtung, mit Abstufung der Schleifkörnung bis 180
 – Entstauben der Oberfläche mit Besen und Staubsauger
 – Beschichten / Versiegeln, rutschhemmend
Versiegelung / Beschichtung: .....
Parkett: .....
Angeb. Fabrikat: .....
Parkett-Oberfläche fertigstellen, in folgenden Arbeitsschritten:
 – Schleifen von Vollholz-Parkettböden, als Vorbehandlung für die Oberflächenbeschichtung, mit Abstufung der Schleifkörnung bis 180
 – Entstauben der Oberfläche mit Besen und Staubsauger
 – Beschichten / Versiegeln, rutschhemmend

LB 028 Parkett-, Holzpflasterarbeiten

Kosten:
Stand 1.Quartal 2018
Bundesdurchschnitt

▶ min
▷ von
ø Mittel
◁ bis
◀ max

Nr.	Kurztext / Langtext					[Einheit]	Ausf.-Dauer	Kostengruppe Positionsnummer
	▶	▷	ø netto €	◁	◀			

Versiegelung / Beschichtung: .....
Parkett: .....
Angeb. Fabrikat: .....

| 4€ | 15€ | **20€** | 22€ | 31€ | [m²] | ⏱ 0,30 h/m² | 028.000.012 |

38 Stufenbelage, Stabparkett, Eiche KG **352**

Stabparkett für Stufenbelag, mit regelmäßigem Stoß, mit Trittstufenüberstand, Treppenlauf gerade, vollflächig verkleben und Oberfläche anschließend schleifen.
Untergrund: Stahlbeton
Material: Vollholz-Parkettstäbe DIN EN 13226
Holzart: Eiche QCXE, Sortierungssymbol: Kreis, Dicke: 22 mm
Stufenlänge 100 cm
Trittstufenbreite: 28 cm
Ansicht: eine freie Kopfseite

| 85€ | 113€ | **118€** | 127€ | 141€ | [St] | ⏱ 0,60 h/St | 028.000.074 |

39 Stufenbelag, Fertigparkett, Buche KG **352**

Fertigparkett mit Nut und Feder, auf Stufe verklebt.
Untergrund: Betonstufe
Holzart: Buche-Nutzschicht auf Mehrschichtplatte
Nutzschichtdicke: mind. 4 mm
Parkettdicke: 11-15 mm
Parkettformat: ….
Steigungsverhältnis: .....
Verband: Schiffsbodenmuster
Oberfläche: fertig beschichtet
Farbe / Struktur: durch AG, nach Bemusterung
Einbauort: .....
Angeb. Fabrikat: .....

| –€ | 30€ | **38€** | 46€ | –€ | [m²] | ⏱ 0,50 h/m² | 028.000.065 |

40 Stufenbelag, Fertigparkett, Eiche KG **352**

Fertigparkett mit Nut und Feder, auf Stufe verklebt.
Untergrund: Betonstufe
Holzart: Eiche-Nutzschicht auf Mehrschichtplatte
Nutzschichtdicke: mind. 4 mm
Parkettdicke: 11-15 mm
Parkettformat: ….
Steigungsverhältnis: .....
Verband: Schiffsbodenmuster
Oberfläche: fertig beschichtet
Farbe / Struktur: durch AG, nach Bemusterung
Einbauort: .....
Angeb. Fabrikat: .....

| –€ | 27€ | **36€** | 43€ | –€ | [m²] | ⏱ 0,50 h/m² | 028.000.066 |

Nr.	Kurztext / Langtext							Kostengruppe
▶	▷	ø netto €	◁	◀	[Einheit]	Ausf.-Dauer	Positionsnummer

41 Randstreifen abschneiden — KG 352
Randdämmstreifen abschneiden, Abfall entsorgen, inkl. Deponiegebühren.
Randdämmstreifen: .....

| 0,1 € | 0,3 € | **0,3 €** | 0,5 € | 0,8 € | [m] | ⏱ 0,01 h/m | 028.000.023 |

42 Randabschluss, Korkstreifen, Dehnfuge — KG 352
Randanschluss von Holzbelägen an aufgehende Bauteile, mit Korksteifen.
Material: Naturkork
Breite: ca. 10 mm
Höhe: oberflächengleich
Einbauort: .....
Untergrund: .....

| 1 € | 5 € | **7 €** | 11 € | 21 € | [m] | ⏱ 0,10 h/m | 028.000.020 |

43 Sockelleiste, Buche — KG 352
Sockelleisten bei Dielen- oder Parkettbelägen, an aufgehenden Wandflächen, mit gerundetem Viertelstab-Profil, Stöße und Stirnseiten schräg abgeschnitten und Schnittkanten sauber geschliffen.
Holzart: Buche
Viertelstab-Profil: ca. 16 x 16 mm
Oberfläche: farblos lackbeschichtet
Befestigung: mit nicht rostenden Nägeln

| 4 € | 8 € | **9 €** | 12 € | 18 € | [m] | ⏱ 0,08 h/m | 028.000.014 |

44 Sockelleiste, Eiche — KG 352
Sockelleisten bei Dielen- oder Parkettbelägen, an aufgehenden Wandflächen verdübelt, mit gerundetem Rechteck-Profil, unten angeschrägt, Stöße und Stirnseiten schräg abgeschnitten und Schnittkanten sauber geschliffen.
Holzart: Eiche
Profil: .....
Oberfläche: farblos lackbeschichtet
Befestigung: mit nicht rostenden Senkkopf-Schrauben, verdübelt

| 3 € | 8 € | **10 €** | 13 € | 26 € | [m] | ⏱ 0,08 h/m | 028.000.015 |

45 Sockelleiste, Esche/Ahorn — KG 352
Sockelleisten bei Dielen- oder Parkettbelägen, an aufgehenden Wandflächen verdübelt, mit gerundetem Schmetterlings-Profil, unten angeschrägt, Stöße und Stirnseiten schräg abgeschnitten und Schnittkanten sauber geschliffen.
Holzart: **Ahorn / Esche**
Viertelstab-Profil: ca. 25 x 25 mm
Oberfläche: farblos lackbeschichtet
Befestigung: mit nicht rostenden Nägeln

| 4 € | 8 € | **10 €** | 11 € | 15 € | [m] | ⏱ 0,08 h/m | 028.000.016 |

LB 028 Parkett-, Holzpflasterarbeiten

Kosten:
Stand 1.Quartal 2018
Bundesdurchschnitt

▶ min
▷ von
ø Mittel
◁ bis
◀ max

Nr.	Kurztext / Langtext					Kostengruppe
▶	▷ ø netto €	◁	◀	[Einheit]	Ausf.-Dauer	Positionsnummer

46 Sockelleiste, Eckausbildung KG **352**
Eckausbildung der Sockelleiste, Ausführung mit vorgefertigten Innen- und Außenecken.
Leistenprofil: .....
Holzart: .....
Höhe: .....
Holzdicke: .....

| <0,1€ | 0,6€ | **0,9€** | 1,5€ | 2,8€ | [St] | ⏱ 0,02 h/St | 028.000.045 |

47 Parkettbelag anarbeiten, gerade KG **352**
Parkettbelag an nicht mit Leisten überdeckte Anschlüsse anarbeiten, wie Randfriese, raumhohe Fenster, Treppenaugen, etc.
Parkett: .....
Parkettdicke: .....

| 1€ | 6€ | **9€** | 13€ | 21€ | [m] | ⏱ 0,25 h/m | 028.000.017 |

48 Aussparung, Parkett KG **352**
Öffnung oder Aussparung in Parkett herstellen.
Format: rechteckig
Abmessung: .....
Parkett: .....

| 5€ | 16€ | **22€** | 41€ | 86€ | [St] | ⏱ 0,30 h/St | 028.000.027 |

49 Heizkörperrosetten, Parkett KG **352**
Heizrohrrosette aus Metall, Einfassung Heizungsrohr, in Boden befestigt.
Material: .....
Farbe: .....
Angeb. Fabrikat: .....

| 1,1€ | 3€ | **3€** | 5€ | 10€ | [St] | ⏱ 0,01 h/St | 028.000.069 |

50 Trennschiene, Metall KG **352**
Metall-Trennschiene in Holz-Bodenbelag.
Material: .....
Schenkelhöhe: ..... mm
Einbauort: Material-Übergang
Anker: .....
Untergrund: .....
Belag / Parkett: .....
Angeb. Fabrikat: .....

| 7€ | 14€ | **17€** | 22€ | 33€ | [m] | ⏱ 0,12 h/m | 028.000.021 |

Nr.	Kurztext / Langtext						Kostengruppe	
▶	▷	ø netto €	◁	◀	[Einheit]	Ausf.-Dauer	Positionsnummer	

A 9   Übergangsprofil/Abdeckschiene   Beschreibung für Pos. **51-53**

Abdeckschienen aus leicht gerundetem Profil, im Bereich des Belagwechsels unter dem Türblatt befestigen.

51   Übergangsprofil/Abdeckschiene, Edelstahl   KG **352**

Wie Ausführungsbeschreibung A 9
Material: Edelstahl
Oberfläche: .....
Belag / Parkett: .....
Angeb. Fabrikat: .....

| 5€ | 12€ | **15€** | 17€ | 26€ | [m] | ⏱ 0,12 h/m | 028.000.039 |

52   Übergangsprofil/Abdeckschiene, Aluminium   KG **352**

Wie Ausführungsbeschreibung A 9
Material: Aluminium, eloxiert
Oberfläche: .....
Belag / Parkett: .....
Angeb. Fabrikat: .....

| 10€ | 16€ | **20€** | 30€ | 44€ | [m] | ⏱ 0,12 h/m | 028.000.040 |

53   Übergangsprofil/Abdeckschiene; Messing   KG **352**

Wie Ausführungsbeschreibung A 9
Übergangsprofil in Holz-Bodenbelag, aus leicht gerundetem Metallprofil, im Bereich des Belagwechsels unter dem Türblatt befestigen.
Material: Messing
Oberfläche: .....
Belag / Parkett: .....
Angeb. Fabrikat: .....

| 7€ | 16€ | **18€** | 22€ | 34€ | [m] | ⏱ 0,12 h/m | 028.000.041 |

54   Verfugung, elastisch, Silikon   KG **352**

Elastische Verfugung für Parkettbelag, mit Silikon-Dichtstoff, inkl. notwendiger Flankenvorbehandlung an den Anschlussflächen und Hinterlegen der Fugenhohlräume mit geeignetem Hinterstopfmaterial, Fuge glatt gestrichen.
Parkettbelag: .....
Fugenbreite: .....
Farbe: nach Bemusterung

| 1€ | 4€ | **5€** | 7€ | 9€ | [m] | ⏱ 0,05 h/m | 028.000.022 |

55   Erstpflege, Parkettbelag   KG **352**

Erstpflege des Parkettbelags, Leistungsausführung innerhalb einer Woche nach Aufforderung durch die Bauleitung des Architekten.
Angestrebte Rutschhemmung: .....

| 0,2€ | 1,8€ | **2,5€** | 3,4€ | 6,0€ | [m²] | ⏱ 0,03 h/m² | 028.000.024 |

LB 028 Parkett-, Holzpflasterarbeiten

Nr.	Kurztext / Langtext					[Einheit]	Ausf.-Dauer	Kostengruppe Positionsnummer
▶	▷	ø netto €	◁	◀				

56 Schutzabdeckung, Platten/Folie KG **352**
Parkettböden vollflächig abdecken, zum Schutz vor Verschmutzung durch nachfolgende Gewerke, Stöße verkleben; inkl. Entfernung der Abdeckung und Entsorgung.
Schutzabdeckung: Holzplatte und Unterlage aus PE-Folie
0,4 €   2,2 €   **3,1 €**   3,6 €   4,9 €   [m²]   ⏱ 0,05 h/m²   028.000.030

57 Stundensatz Parkettleger-Facharbeiter
Stundenlohnarbeiten für Vorarbeiter, Facharbeiter und Gleichgestellte (z.B. Spezialbaufacharbeiter, Baufacharbeiter, Obermonteure, Monteure, Gesellen, Maschinenführer, Fahrer und ähnliche Fachkräfte). Leistung nach besonderer Anordnung der Bauüberwachung. Anmeldung und Nachweis gemäß VOB/B.
33 €   43 €   **47 €**   51 €   63 €   [h]   ⏱ 1,00 h/h   028.000.042

58 Stundensatz Parkettleger-Helfer
Stundenlohnarbeiten für Werker, Helfer und Gleichgestellte (z.B. Baufachwerker, Helfer, Hilfsmonteure, Ungelernte, Angelernte). Leistung nach besonderer Anordnung der Bauüberwachung. Anmeldung und Nachweis gemäß VOB/B.
28 €   35 €   **37 €**   42 €   49 €   [h]   ⏱ 1,00 h/h   028.000.043

Kosten:
Stand 1.Quartal 2018
Bundesdurchschnitt

▶ min
▷ von
ø Mittel
◁ bis
◀ max

| 023 |
| 024 |
| 025 |
| 026 |
| 027 |
| **028** |
| 029 |
| 030 |
| 031 |
| 032 |
| 033 |
| 034 |
| 036 |
| 037 |
| 038 |
| 039 |

LB 029 Beschlagarbeiten

Beschlagarbeiten — Preise €

Nr.	Positionen	Einheit	▶	▷	ø brutto € ø netto €	◁	◀
1	Fenstergriff, Aluminium	St	15	36	**42**	62	100
			12	30	**36**	52	84
2	Fenstergriff, abschließbar	St	22	47	**53**	64	85
			19	39	**45**	53	71
3	Drückergarnitur, Metall	St	37	162	**204**	264	387
			31	136	**171**	222	326
4	Drückergarnitur, Stahl-Nylon	St	21	63	**80**	125	334
			17	53	**67**	105	280
5	Drückergarnitur, Aluminium	St	20	59	**73**	98	168
			17	50	**62**	82	141
6	Drückergarnitur, Edelstahl	St	64	169	**203**	255	390
			53	142	**171**	214	328
7	Drückergarnitur, Edelstahl, barrierefrei	St	–	279	**321**	385	–
			–	234	**269**	323	–
8	Drückergarnitur, Edelstahl, Ellenbogenbetätigung	St	–	311	**358**	429	–
			–	262	**301**	361	–
9	Türdrückergarnitur, provisorisch	St	–	11	**20**	30	–
			–	9	**17**	25	–
10	Bad-/WC-Garnitur, Aluminium	St	29	66	**81**	105	147
			24	56	**68**	88	124
11	Bad-/WC-Garnitur, Edelstahl	St	46	104	**143**	185	256
			39	87	**120**	156	215
12	Stoßgriff, Tür, Aluminium	St	75	211	**237**	357	668
			63	177	**200**	300	561
13	Obentürschließer, einflüglige Tür	St	102	229	**280**	457	899
			86	192	**235**	384	756
14	Obentürschließer, zweiflüglige Tür	St	368	548	**563**	638	899
			309	461	**473**	536	756
15	Obentürschließer Innentür	St	274	342	**380**	426	475
			230	288	**320**	358	399
16	Bodentürschließer, einflüglige Tür	St	387	424	**483**	528	579
			326	356	**406**	444	487
17	Türantrieb, kraftbetätigte Tür, einflüglig	St	2.890	3.899	**4.303**	5.027	6.215
			2.429	3.276	**3.616**	4.224	5.223
18	Türantrieb, kraftbetätigte Tür, zweiflüglig	St	2.638	3.835	**4.639**	5.033	6.498
			2.217	3.223	**3.898**	4.230	5.461
19	Elektrischer Türantrieb	St	1.921	2.295	**2.669**	2.909	3.336
			1.615	1.929	**2.242**	2.444	2.803
20	Sensorleiste	St	423	507	**551**	639	786
			355	426	**463**	537	661
21	Fingerschutz Türkante	St	81	124	**164**	178	207
			68	104	**138**	150	174
22	Türöffner elektrisch	St	57	74	**80**	89	118
			48	62	**67**	75	100
23	Fluchttürsicherung, elektrische Verriegelung	St	583	889	**967**	1.149	1.560
			490	747	**813**	966	1.311
24	Türstopper, Wandmontage	St	6	19	**27**	34	50
			5	16	**22**	28	42

Kosten: Stand 1. Quartal 2018, Bundesdurchschnitt

▶ min
▷ von
ø Mittel
◁ bis
◀ max

© BKI Baukosteninformationszentrum; Erläuterungen zu den Tabellen siehe Seite 46

Beschlagarbeiten — Preise €

Nr.	Positionen	Einheit	▶	▷ ø brutto € ø netto €	◁	◀
25	Türstopper, Bodenmontage	St	6	23	**29**	45	86
			5	19	**24**	38	72
26	Türspion, Aluminium	St	10	18	**22**	25	33
			9	15	**18**	21	27
27	Lüftungsprofil, Fenster	St	52	144	**188**	205	302
			44	121	**158**	172	254
28	Lüftungsgitter, Türblatt	St	17	36	**42**	67	110
			15	30	**35**	56	92
29	Doppel-Schließzylinder	St	20	57	**71**	118	227
			17	48	**59**	100	190
30	Halb-Schließzylinder	St	19	49	**60**	100	240
			16	41	**50**	84	201
31	Profilzylinderverlängerung, je 5mm	St	0,9	3,6	**4,5**	5,8	8,7
			0,8	3,0	**3,8**	4,9	7,3
32	Profilzylinderverlängerung, je 10mm	St	2	4	**5**	6	10
			2	3	**4**	5	9
33	Profilblindzylinder	St	4	12	**14**	23	44
			3	10	**12**	19	37
34	Generalhaupt-, Generalschlüssel	St	2	9	**11**	16	28
			2	7	**9**	13	23
35	Schlüssel, Buntbart	St	3	7	**9**	14	24
			2	6	**7**	11	20
36	Gruppen-, Hauptschlüssel	St	2	7	**9**	13	23
			2	6	**7**	11	20
37	Schlüsselschrank, wandhängend	St	87	220	**302**	432	632
			73	185	**254**	363	531
38	Riegelschloss, Profil-Halbzylinder	St	45	107	**114**	123	197
			38	90	**96**	103	165
39	Absenkdichtung, Tür	St	58	91	**101**	116	154
			49	76	**85**	97	130
40	Hausbriefkasten, Aufputz	St	680	1.009	**1.248**	1.291	1.433
			571	848	**1.048**	1.085	1.205
41	Briefkasten, 1 Nutzer	St	35	173	**236**	348	505
			29	145	**198**	293	424
42	WC-Schild, taktil, Kunststoff	St	–	35	**40**	50	–
			–	29	**33**	42	–
43	Handlaufbeschriftung, taktil, Alu, 36,5/173, Blinden-/Profilschrift	St	–	64	**76**	95	–
			–	54	**64**	80	–

LB 029
Beschlagarbeiten

Kosten:
Stand 1.Quartal 2018
Bundesdurchschnitt

▶ min
▷ von
ø Mittel
◁ bis
◀ max

Nr.	Kurztext / Langtext					Kostengruppe
▶	▷	ø netto €	◁	◀	[Einheit]	Ausf.-Dauer Positionsnummer

1 Fenstergriff, Aluminium — KG **334**
Fenstergriff, als RAL-geprüfte Konstruktion, einschl. Rosette. 4-Punkt-Kugelrastung, spürbarer Positionierung.
Ausführung: Dreh-Kipp-Griff
Form / Typ: .....
Benutzerkategorie DIN EN 1906: Klasse 2
Befestigung: unsichtbar
Dauerhaftigkeit DIN EN 1906: **6 / 7** (Stift abhängig von Benutzerkategorie und Dauerhaftigkeit)
Rosette: **oval / eckig**
Material: Aluminium
Oberfläche: naturfarbig
Angeb. Fabrikat: .....

12 €   30 €   **36 €**   52 €   84 €   [St]   ⏱ 0,28 h/St   029.000.013

2 Fenstergriff, abschließbar — KG **334**
Fenstergriff, abschließbar, als RAL-geprüfte Konstruktion, einschl. Rosette und 3 Schlüssel. Kugelrastung für spürbare Positionierung.
Ausführung: Dreh-Kipp-Griff
Form / Typ: .....
Benutzerkategorie DIN EN 1906: Klasse 2
Befestigung: unsichtbar
Dauerhaftigkeit DIN EN 1906: **6 / 7** (Stift abhängig von Benutzerkategorie und Dauerhaftigkeit)
Rosette: **oval / eckig**
Material: Aluminium
Oberfläche: naturfarbig
Angeb. Fabrikat: .....

19 €   39 €   **45 €**   53 €   71 €   [St]   ⏱ 0,30 h/St   029.000.040

3 Drückergarnitur, Metall — KG **344**
Türgriff aus Metall, als RAL-geprüfte Konstruktion, einschl. Rosette. Kugelrastung, spürbarer Positionierung.
Art der Tür: .....
Türblattdicke: ..... mm
Ausführung: **Normalgarnitur / Wechselgarnitur**
Form / Typ: .....
Benutzerkategorie DIN EN 1906: Klasse .....
Befestigung: unsichtbar
Dauerhaftigkeit DIN EN 1906: **6 / 7** (Stift abhängig von Benutzerkategorie und Dauerhaftigkeit)
Rosette: **oval / eckig**, mit Hochhaltefeder
Material: **Edelstahl / Aluminium**
Oberfläche: .....
Benutzerkategorie DIN EN 1906: Klasse .....
Angeb. Fabrikat: .....

31 €   136 €   **171 €**   222 €   326 €   [St]   ⏱ 0,30 h/St   029.000.004

Nr.	Kurztext / Langtext						Kostengruppe
▶	▷	ø netto €	◁	◀	[Einheit]	Ausf.-Dauer	Positionsnummer

4 Drückergarnitur, Stahl-Nylon — KG **344**

Türgriff aus Stahlkern mit Nylonoberfläche, als RAL-geprüfte Konstruktion, einschl. Rosette. Kugelrastung, spürbarer Positionierung.
Art der Tür: .....
Türblattdicke: ..... mm
Ausführung: **Normalgarnitur / Wechselgarnitur**
Form / Typ: .....
Benutzerkategorie DIN EN 1906: Klasse .....
Befestigung: unsichtbar
Dauerhaftigkeit DIN EN 1906: 6 / 7 (Stift abhängig von Benutzerkategorie und Dauerhaftigkeit)
Rosette: **oval / eckig**, mit Hochhaltefeder
Material: Kern aus Stahl, Oberfläche aus Nylon
Farbe: .....
Angeb. Fabrikat: .....

| 17€ | 53€ | **67€** | 105€ | 280€ | [St] | ⏱ 0,30 h/St | 029.000.014 |

5 Drückergarnitur, Aluminium — KG **344**

Türgriff aus Aluminium, als RAL-geprüfte Konstruktion, einschl. Rosette. Kugelrastung, spürbarer Positionierung.
Art der Tür: .....
Türblattdicke: ..... mm
Ausführung: **Normalgarnitur / Wechselgarnitur**
Form / Typ: .....
Benutzerkategorie DIN EN 1906: Klasse .....
Befestigung: unsichtbar
Dauerhaftigkeit DIN EN 1906: **6 / 7** (Stift abhängig von Benutzerkategorie und Dauerhaftigkeit)
Rosette: **oval / eckig**, mit Hochhaltefeder
Material: Aluminium
Oberfläche Aluminium: **Natur / Neusilber / Messing / Bronze**
Angeb. Fabrikat: .....

| 17€ | 50€ | **62€** | 82€ | 141€ | [St] | ⏱ 0,30 h/St | 029.000.007 |

6 Drückergarnitur, Edelstahl — KG **344**

Türgriff aus Edelstahl, als RAL-geprüfte Konstruktion, einschl. Rosette. Kugelrastung, spürbarer Positionierung.
Art der Tür: .....
Türblattdicke: ..... mm
Ausführung: **Normalgarnitur / Wechselgarnitur**
Form / Typ: .....
Benutzerkategorie DIN EN 1906: Klasse .....
Befestigung: unsichtbar
Dauerhaftigkeit DIN EN 1906: 6 / 7 (Stift abhängig von Benutzerkategorie und Dauerhaftigkeit)
Rosette: **oval / eckig**, mit Hochhaltefeder
Material: Edelstahl
Oberfläche Edelstahl: **matt gebürstet / spiegelpoliert**
Angeb. Fabrikat: .....

| 53€ | 142€ | **171€** | 214€ | 328€ | [St] | ⏱ 0,30 h/St | 029.000.008 |

LB 029 Beschlagarbeiten

Nr.	Kurztext / Langtext							Kostengruppe
▶	▷	ø netto €	◁	◀	[Einheit]	Ausf.-Dauer	Positionsnummer	

7 Drückergarnitur, Edelstahl, barrierefrei KG **344**

Türgriff aus Edelstahl, Anordnung unten, zur Handbetätigung aus Rollstuhl, einschl. Langschild.
Art der Tür: .....
Türblattdicke: ..... mm
Ausführung: Wechselgarnitur
Form / Typ: .....
Benutzerkategorie DIN EN 1906: Klasse .....
Befestigung: unsichtbar
Dauerhaftigkeit DIN EN 1906: **6 / 7** (Stift abhängig von Benutzerkategorie und Dauerhaftigkeit)
Langschild: oval
Material: Edelstahl
Oberfläche Edelstahl: **matt gebürstet / spiegelpoliert**
Angeb. Fabrikat: .....

–€   234€   **269**€   323€   –€   [St]   ⏱ 0,30 h/St   029.000.041

8 Drückergarnitur, Edelstahl, Ellenbogenbetätigung KG **344**

Türgriff aus Edelstahl zur Hand- und Ellenbogenbetätigung, als RAL-geprüfte Konstruktion, einschl. Langschild. Kugelrastung, spürbarer Positionierung.
Art der Tür: .....
Türblattdicke: ..... mm
Ausführung: Wechselgarnitur
Form / Typ: .....
Benutzerkategorie DIN EN 1906: Klasse .....
Befestigung: unsichtbar
Dauerhaftigkeit DIN EN 1906: **6 / 7** (Stift abhängig von Benutzerkategorie und Dauerhaftigkeit)
Langschild: oval
Material: Edelstahl
Oberfläche Edelstahl: **matt gebürstet / spiegelpolier**t
Angeb. Fabrikat: .....

–€   262€   **301**€   361€   –€   [St]   ⏱ 0,30 h/St   029.000.042

9 Türdrückergarnitur, provisorisch KG **349**

Provisorische Türdrückergarnitur, einbauen und vorhalten für die Zeit bis zur Inbetriebnahme, Demontage auf Anforderung durch Bauüberwachung.
Material und Oberfläche: nach Wahl des AN

–€   9€   **17**€   25€   –€   [St]   ⏱ 0,20 h/St   029.000.034

Kosten:
Stand 1.Quartal 2018
Bundesdurchschnitt

▶ min
▷ von
ø Mittel
◁ bis
◀ max

Nr.	Kurztext / Langtext							Kostengruppe
▶	▷	ø netto €	◁	◀	[Einheit]	Ausf.-Dauer	Positionsnummer

10 Bad-/WC-Garnitur, Aluminium KG **344**
Türdrückergarnitur aus Aluminium, als RAL-geprüfte Konstruktion, einschl. Rosette. Präzise Einhaltung der Montageposition und minimiertes Spiel.
Art der Tür: .....
Türblattdicke: ..... mm
Ausführung: Bad-WC-Garnitur mit beidseitigem Drücker
Form / Typ: .....
Benutzerkategorie DIN EN 1906: Klasse .....
Befestigung: unsichtbar
Dauerhaftigkeit DIN EN 1906: 6 / 7 (Stift abhängig von Benutzerkategorie und Dauerhaftigkeit)
Rosette: **oval / eckig**
Material: Aluminium
Oberfläche: **eloxiert / anodisiert**
Farbton: **Hellsilber / Dunkelbronze**
Angeb. Fabrikat: .....

| 24€ | 56€ | **68€** | 88€ | 124€ | [St] | ⏱ 0,35 h/St | 029.000.015 |

11 Bad-/WC-Garnitur, Edelstahl KG **344**
Türdrückergarnitur aus Edelstahl, als RAL-geprüfte Konstruktion, einschl. Rosette. Präzise Einhaltung der Montageposition und minimiertes Spiel.
Art der Tür: .....
Türblattdicke: ..... mm
Ausführung: Bad-WC-Garnitur mit beidseitigem Drücker
Form / Typ: .....
Benutzerkategorie DIN EN 1906: Klasse .....
Befestigung: unsichtbar
Dauerhaftigkeit DIN EN 1906: 6 / 7 (Stift abhängig von Benutzerkategorie und Dauerhaftigkeit)
Rosette: **oval / eckig**
Material: Edelstahl
Oberfläche: **matt gebürstet / spiegelpoliert**
Angeb. Fabrikat: .....

| 39€ | 87€ | **120€** | 156€ | 215€ | [St] | ⏱ 0,50 h/St | 029.000.016 |

12 Stoßgriff, Tür, Aluminium KG **344**
Stoßgriff für Türen, verdeckt verschraubt.
Grifflänge: .....
Achsmaß: 100 mm
Griffdurchmesser: 30 mm
Türblattdicke: .....
Material: Aluminium
Oberfläche: **eloxiert / anodisiert**
Farbton: **Hellsilber / Dunkelbronze**
Angeb. Fabrikat: .....

| 63€ | 177€ | **200€** | 300€ | 561€ | [St] | ⏱ 0,60 h/St | 029.000.017 |

LB 029 Beschlagarbeiten

Nr.	Kurztext / Langtext					[Einheit]	Ausf.-Dauer	Kostengruppe Positionsnummer
▶	▷	ø netto €	◁	◀				

Kosten:
Stand 1.Quartal 2018
Bundesdurchschnitt

13 Obentürschließer, einflüglige Tür — KG **344**

Obentürschließer für einflüglige Tür, für Rauch- / Feuerschutztür zugelassen.
Art / Form: Basisschließer und Normalgestänge
Anforderungen:
– Schließergröße EN 2-4
– Schließgeschwindigkeit und Endanschlag von vorn einstellbar über Ventil
– Sicherheitsventil gegen Überlastung
– Normalgestänge, für DIN links und DIN rechts, Normalmontage (Türblatt) auf der Bandseite und Kopfmontage (Sturz) auf der Bandgegenseite
Für Türflügelbreite: max. 1.100 mm
Öffnungswinkel: max. 180°
Feststellbereich ca. 70-150°
Oberfläche: .....
Angeb. Fabrikat: .....

86€   192€   **235**€   384€   756€   [St]   ⏱ 1,50 h/St   029.000.009

14 Obentürschließer, zweiflüglige Tür — KG **344**

Obentürschließer für zweiflüglige Tür, mit mechanischer Feststellung.
Art / Form: Basisschließer und Normalgestänge
Anforderungen:
– mit integrierter mechanischer Schließfolgeregelung
– von vorn einstellbare Schließkraft, Schließergröße EN 2-6
– Schließgeschwindigkeit und Endanschlag mit von vorne regulierbarer Öffnungsdämpfung mit optischer Größenanzeige
– Sicherheitsventil gegen Überlastung
– Normalmontage auf Türblatt oder auf Bandseite, mit Montageplatte
Oberfläche: .....
Angeb. Fabrikat: .....

309€   461€   **473**€   536€   756€   [St]   ⏱ 2,00 h/St   029.000.018

15 Obentürschließer Innentür — KG **344**

Obentürschließer für Innentür, Türschließer mit einstellbarer Geschwindigkeit und mit Gleitschiene.
Türgröße: .....
Art der Tür: .....

230€   288€   **320**€   358€   399€   [St]   ⏱ 0,50 h/St   027.000.114

16 Bodentürschließer, einflüglige Tür — KG **344**

Bodentürschließer für einflüglige Pendel- und Anschlag-Innentüren, Schließgeschwindigkeit einstellbar, mit fixer Öffnungsdämpfung.
Schließkraft Größe nach DIN EN 1154: .....
Bauhöhe: 42 mm
Feststellung: **ohne Feststellung / mit Feststellung** .....Grad
Material und Oberfläche der Deckplatte: **Edelstahl / Aluminium, eloxiert EV**..... **/ Messing, matt**
Angeb. Fabrikat: .....

326€   356€   **406**€   444€   487€   [St]   ⏱ 2,00 h/St   029.000.019

▶ min
▷ von
ø Mittel
◁ bis
◀ max

Nr.	Kurztext / Langtext					[Einheit]	Ausf.-Dauer	Kostengruppe Positionsnummer
▶	▷	ø netto €	◁	◀				

17 Türantrieb, kraftbetätigte Tür, einflüglig — KG 344

Drehtür-Automatik für kraftbetätigte, behindertengerechte Türanlage, einflüglig, für bauseitige Anschlagtüren, als geräuscharmer elektromechanischer Drehtürantrieb für Innen- und Außentüren, in 70mm Bauhöhe. Geprüft und zertifiziert nach DIN 18650 / EN 16005, mit Montageplattensatz.
Digitale Steuerung (Kategorie 2 nach DIN EN 954-1 und Performance Level "d" nach DIN EN ISO 13849-1).
Ausführung: drückend oder ziehend, **Türblattmontage / Kopfmontage** auf der **Band-/ Bandgegenseite** mit Gleitschiene. Ausrüstung des Türflügels mit Sensorleiste, Notschalter, Flächentaster, Türöffner, integrierter Öffnungsbegrenzer und Programmschalter als gesonderte Positionen.
Türblattabmessung (B x L): ..... x ..... mm
Angeb. Fabrikat: .....

2.429€   3.276€   **3.616**€   4.224€   5.223€   [St]   2,50 h/St   029.000.035

18 Türantrieb, kraftbetätigte Tür, zweiflüglig — KG 344

Drehtür-Automatik für kraftbetätigte, behindertengerechte Türanlage, zweiflüglig, für bauseitige Anschlagtüren, als geräuscharmer elektromechanischer Drehtürantrieb für Innen- und Außentüren, in 70mm Bauhöhe. Geprüft und zertifiziert nach DIN 18650 / EN 16005, mit Montageplattensatz.
Digitale Steuerung (Kategorie 2 nach DIN EN 954-1 und Performance Level "d" nach DIN EN ISO 13849-1).
Ausführung: drückend oder ziehend, **Türblattmontage / Kopfmontage** auf der **Band-/ Bandgegenseite** mit Gleitschiene. Ausrüstung der Türflügels mit Sensorleiste, Notschalter, Flächentaster, Türöffner, integrierter Öffnungsbegrenzer und Programmschalter als gesonderte Positionen.
Türblattabmessung (B x L): ..... x ..... mm
Angeb. Fabrikat: .....

2.217€   3.223€   **3.898**€   4.230€   5.461€   [St]   3,00 h/St   029.000.036

19 Elektrischer Türantrieb — KG 344

Antrieb für einflüglige Tür, elektrisch, mit Bewegungsmeldern, Tastern, Sicherheitseinrichtung und Einstellungsmöglichkeiten.
Tür: ......
Türbreite: .....
Tiefe der Laibung: .....

1.615€   1.929€   **2.242**€   2.444€   2.803€   [St]   5,30 h/St   027.000.116

20 Sensorleiste — KG 344

Sensorleiste, geprüft nach DIN 18650 / EN 16005, auf dem Türblatt montiert, zur Absicherung des Schwenkbereiches der Tür in Öffnungs- und Schließrichtung pro Türflügel sind 2 Stück Sensorleisten anzubieten.
Die Nebenschließkantenabsicherung im Bereich der Türbänder erfolgt aufgrund der durchgeführten Sicherheitsanalyse: **bauseitig / durch den Türhersteller**. Anlenkelement mit Sensorik integriert, zur platzsparenden Montage von Sensor und Gestänge bzw. Gleitschiene in einer Ebene geprüft nach DIN 18650 / EN 16005, auf dem Türblatt montiert.
Türflügelbreite: 1.125 mm
Sensorleiste für Innen- und Außentüren und für alle Bodenverhältnisse (z.B. Reinstreifenmatte, Metallschiene, dunkle und absorbierende Böden, glänzende und nasse Fliesen, Gitterroste).
integrierte Wandausblendung und Energiesparmodus.
Ausführung:
 – GC GR, mit integriertem, zweiteiligem Gleitschienenprofil
 – Adapter für die Integration der Sensorleiste mit dem Gestänge
Abrechnung je Türflügel (2 Sensorleisten je Türflügel)
Angeb. Fabrikat: .....

355€   426€   **463**€   537€   661€   [St]   1,00 h/St   029.000.047

LB 029 Beschlagarbeiten

Nr.	Kurztext / Langtext					[Einheit]	Ausf.-Dauer	Kostengruppe Positionsnummer
▶	▷	ø netto €	◁	◀				

Kosten:
Stand 1. Quartal 2018
Bundesdurchschnitt

▶ min
▷ von
ø Mittel
◁ bis
◀ max

21 Fingerschutz Türkante KG 344
Fingerschutz zur Sicherung der Türkante. Ausführung für **handbetätigte / kraftbetätigte** Türflügel. Sicherung unsichtbar befestigt.
Montage: **Bandseite / Gegenbandseite**
Material: **Aluminium, eloxiert / farbbeschichtet RAL-.....**
Ausführung: feuerhemmend
Länge: bis 2.500 mm
Angeb. Fabrikat: ......

| 68 € | 104 € | **138 €** | 150 € | 174 € | [St] | ⏱ 0,30 h/St | 029.000.037 |

22 Türöffner elektrisch KG 344
Türöffner elektrisch, zur Freigabe der Tür, 24 V DC, 100% Einschaltdauer und Riegelschaltkontakt zur Abschaltung des Antriebs bei verriegelter Tür mit Fallen Riegel-Schloss (1 Stück pro Antrieb).
Angeb. Fabrikat: .....

| 48 € | 62 € | **67 €** | 75 € | 100 € | [St] | ⏱ 0,30 h/St | 029.000.048 |

23 Fluchttürsicherung, elektrische Verriegelung KG 344
Fluchttürsicherung zur Sicherung einer Tür im Verlauf von Flucht- und Rettungswegen mit elektrischer Verriegelung gemäß EltVTR. Geeignet zum Anschluss an Drehtürantriebe, Motorschlösser, Brandmeldeanlagen, Einbruchmeldeanlagen sowie zur Weiterleitung von Meldungen an die Gebäudeleittechnik, u.v.m., System bestehend aus:
Türzentrale in Bus-Technik mit integrierter Steuerung, Nottasten Hinweisschild und Netzteil
Geprüft nach EltVTR.
Ausstattung:
Steuerung mit beleuchteter Nottaste
LED-Anzeigen für die Betriebszustände:
- Tür **verriegelt / entriegelt / kurzzeitentriegelt**
- Tür **offen / geschlossen**
- Alarm, Voralarm, Störung

Farbige Klemmen zur Unterscheidung der Anschlüsse für die Peripherie. Flächig zu betätigende, barrierefreie Schlaghaube mit Sabotageschutz.
Integriertes Nottasten-Hinweisschild, unbeleuchtet
Netzteil:
- Netzspannung 230 V AC
- Betriebsspannung 24 V DC
- Ausgangsstrom max. 650 mA (bei AP-Zentralen)
- Ausgangsstrom max. 600 mA (bei UP-Zentralen)

Anschlüsse:
3 programmierbare Eingänge zum Anschluss von Zeitschaltuhr, Brandmeldeanlage, Einbruchmeldeanlage, Zutrittskontrolle, Schlösser mit Zylinderkontakt u.v.m.
Funktion: High aktiv, Low aktiv und Deaktiv je Zustand wählbar
2 programmierbare Ausgänge zum Anschluss von Drehtürantrieb, Motorschloss, Drückersperrschloss, zusätzlichem Türöffner, optischer oder akustischer Alarmanzeige u.v.m.
Funktion: Öffner, Schließer und Deaktiv je Zustand wählbar
Eingang für indirekte Freischaltung durch externe Nottasten
- Eingang für Beleuchtung des Nottasten-Hinweisschildes
- Eingang für externen Schlüsseltaster zur Steuerung der Betriebsarten
- Eingang für Rückmeldung des Türzustands
- Eingang für Rückmeldung des Verriegelungszustands

Nr.	Kurztext / Langtext							Kostengruppe	
▶	▷	ø netto €	◁	◀		[Einheit]	Ausf.-Dauer	Positionsnummer	

Vorgerichtet zur Vernetzung über BUS mit Visualisierungssoftware.
Tableau TE 220/TTE 220 und OPC-Schnittstelle OPC 220
Funktionen:
– Abbruch und Nachtriggern in Verbindung mit Kurzzeitentriegelung
– Kombination mit Drehtürantrieben ohne zusätzliche Komponenten möglich
– EMA,- BMA Signale sowie der Zeitschaltuhr können über den BUS an alle Teilnehmer einer Buslinie weitergeleitet werden. Jeweils 5 Gruppen möglich.
– Integrierte Schleusenfunktion (Aktiv, Passiv und kombiniert). 10 Gruppen möglich.
– Weiterleitung von Systemzuständen an GLT über potentialfreie Ausgänge
– Weiterleitung von Sammelmeldungen wie Türzustand, Alarm und Verriegelt an GLT
– Integrierter Summer zu akustischen Signalisierung bei Alarmen und Voralarm
– Integrierte Wochenzeitschaltuhr
– Alarmspeicher mit Datum und Uhrzeit
– Automatische Speicherung des Betriebszustandes und der Nutzerdaten nach Netzausfällen bis zu 24h
System bestehend aus den Einzelkomponenten:
– TZ 320 UP Steuerungseinheit
– NET 320, Netzteil
– FWS 320, Fluchtwegschild
– 3-fach-Rahmen
– Aufputzmontage
– Verwendung für Türen: **einflüglig / zweiflüglig**
– kontaktloser Kartenleser (RFID)
– Lesereichweiten 3 cm (Key) bis 8 cm (Card)
– Zur Montage in verschiedene Schalterprogramme
– optische und akustische Anzeige, 3 LEDs (rot, grün, orange)
– Signalgeber
– Sabotageerkennung
– Schutzart in Abhängigkeit der Schalterprogramme unterschiedlichster Hersteller
– Spannungsversorgung 8-30V DC
– Stromaufnahme max. 100mA/ 24V
– Umgebungstemperatur -25°C bis +60°C
– B x H x T: ca. 50 x 50 x 43 mm
– Zur Integration in 3-fach-Rahmen der Türzentrale
– Verkabelung durch AN Elektro
Angeb. Fabrikat: .....

| 490€ | 747€ | **813**€ | 966€ | 1.311€ | | [St] | ⌚ 1,50 h/St | 029.000.049 |

| **24** | **Türstopper, Wandmontage** | | | | | | | KG **344** |

Wand-Türstopper mit schwarzem Gummipuffer, befestigt mit korrosionsgeschützter Schraube.
Untergrund: .....
Einbaubereich **Außenbereich / Innenbereich**
Gehäuse: Edelstahl
Oberfläche: **poliert / gebürstet**
Form: **rund / eckig**
Angeb. Fabrikat: .....

| 5€ | 16€ | **22**€ | 28€ | 42€ | | [St] | ⌚ 0,10 h/St | 029.000.010 |

LB 029 Beschlagarbeiten

Kosten: Stand 1.Quartal 2018 Bundesdurchschnitt

Nr.	Kurztext / Langtext	ø netto €			[Einheit]	Ausf.-Dauer	Kostengruppe Positionsnummer
▶	▷	ø	◁	◀			

25 — Türstopper, Bodenmontage — KG 344
Boden-Türstopper mit schwarzem Gummipuffer, befestigt mit korrosionsgeschützter Schraube.
Untergrund: .....
Einbaubereich **Außenbereich / Innenbereich**
Gehäuse: Edelstahl
Oberfläche: **poliert / gebürstet**
Form: **rund / eckig**
Angeb. Fabrikat: .....

| 5 € | 19 € | **24 €** | 38 € | 72 € | [St] | ⏱ 0,15 h/St | 029.000.011 |

26 — Türspion, Aluminium — KG 344
Türspion mit Linsensystem, einschl. Deckklappe.
Türblattdicke: .....
Einbauhöhe: **..... / Eignung für Rollstuhlfahrer**
Rohrdurchmesser: 15 mm
Material: Aluminium
Oberfläche: **anodisiert / eloxiert**
Farbton: .....
Angeb. Fabrikat: .....

| 9 € | 15 € | **18 €** | 21 € | 27 € | [St] | ⏱ 0,15 h/St | 029.000.020 |

27 — Lüftungsprofil, Fenster — KG 334
Lüftungsprofil für Fenster, als schallgedämmte Nachströmöffnung, rahmenintegriert, bestehend aus Innenteil, Luftkanal und Wetterschutzgitter.
Fensterrahmen: **Vollprofil / Hohlprofil**
Profiltiefe: .....
Luftrichtung: Zuluft
Volumenstrom: mind. ..... m³/h
Material: stranggepresstes Aluminium und Kunststoff
Farbe: weiß, ähnlich RAL 9010
Filterart: Staub- und Insektenfilter
Filterklasse: G2
Normschallpegeldifferenz: Dn,w 40dB
Schalldämmmaß: R_w 34dB
Angeb. Fabrikat: .....

| 44 € | 121 € | **158 €** | 172 € | 254 € | [St] | ⏱ 0,35 h/St | 029.000.022 |

28 — Lüftungsgitter, Türblatt — KG 344
Lüftungsgitter in Holz-Türblatt, als Überströmöffnung zwischen Wohnräumen, stufenlos regulierbar und verschließbar; Komplettsystem bestehend aus Rahmen und Gitter, inkl. beidseitiger elastischer Verfugung.
Freier Querschnitt: A = ... cm²
Rahmengröße: .....
Farbe: weiß
Material: **Aluminium / Kunststoff**
Angeb. Fabrikat: .....

| 15 € | 30 € | **35 €** | 56 € | 92 € | [St] | ⏱ 0,15 h/St | 029.000.026 |

▶ min
▷ von
ø Mittel
◁ bis
◀ max

Nr.	Kurztext / Langtext					Kostengruppe	
▶	▷ ø netto € ◁ ◀				[Einheit]	Ausf.-Dauer	Positionsnummer

29 Doppel-Schließzylinder — KG 344
Profil-Doppelzylinder, Sicherheitsstufe gemäß beiliegendem Schließkonzept, mit je 6 Stiftzuhaltungen, inkl. vernickelter Stulpschraube und je 3 Schlüsseln.
Länge A: 30,5 mm
Länge B: 30,5 mm
Schließart: **verschieden- / gleichschließend**
Material: Messing, matt vernickelt
Farbe: .....
Angeb. Fabrikat: .....

| 17€ | 48€ | **59€** | 100€ | 190€ | [St] | ⏱ 0,15 h/St | 029.000.001 |

30 Halb-Schließzylinder — KG 344
Profil-Halbzylinder, Sicherheitsstufe gemäß beiliegendem Schließkonzept, mit je 6 Stiftzuhaltungen, inkl. vernickelter Stulpschraube und je 3 Schlüsseln.
Länge A: 10 mm
Länge B: 30,5 mm
Schließart: **verschieden- / gleichschließend**
Material: Messing, matt vernickelt
Farbe: .....
Angeb. Fabrikat: .....

| 16€ | 41€ | **50€** | 84€ | 201€ | [St] | ⏱ 0,13 h/St | 029.000.002 |

31 Profilzylinderverlängerung, je 5mm — KG 344
Verlängerung des Profilzylinders je Seite und angefangene 5mm.

| 0,8€ | 3,0€ | **3,8€** | 4,9€ | 7,3€ | [St] | – | 029.000.038 |

32 Profilzylinderverlängerung, je 10mm — KG 344
Verlängerung des Profilzylinders je Seite und angefangene 10mm.

| 2€ | 3€ | **4€** | 5€ | 9€ | [St] | – | 029.000.012 |

33 Profilblindzylinder — KG 344
Profil-Blindzylinder, inkl. vernickelter Stulpschraube.
Länge A: 30,5 mm
Länge B: 30,5 mm
Material: Messing, matt vernickelt
Angeb. Fabrikat: .....

| 3€ | 10€ | **12€** | 19€ | 37€ | [St] | ⏱ 0,15 h/St | 029.000.003 |

34 Generalhaupt-, Generalschlüssel — KG 344
Generalhauptschlüssel für Profilzylinder der Schließanlage. Schlüssel **bei gleichzeitiger Bestellung mit der Schließanlage / als Nachlieferung.**

| 2€ | 7€ | **9€** | 13€ | 23€ | [St] | – | 029.000.027 |

35 Schlüssel, Buntbart — KG 344
Buntbart-BB-Schlüssel für Türschlösser Klasse 1, gleichschließend.
Material: Messing verchromt, poliert

| 2€ | 6€ | **7€** | 11€ | 20€ | [St] | – | 029.000.006 |

LB 029 Beschlagarbeiten

Kosten:
Stand 1.Quartal 2018
Bundesdurchschnitt

	Nr.	Kurztext / Langtext				[Einheit]	Ausf.-Dauer	Kostengruppe Positionsnummer
▶	▷	ø netto €	◁	◀				

36 Gruppen-, Hauptschlüssel — KG 344
Gruppen-, Hauptschlüssel für Profilzylinder der beschriebenen Schließanlage; Schlüssel als **gleichzeitige Bestellung mit der Schließanlage / als Nachlieferung**.

| 2 € | 6 € | **7 €** | 11 € | 20 € | [St] | – | 029.000.028 |

37 Schlüsselschrank, wandhängend — KG 344
Schlüsselkasten mit Zylinderschloss, Türöffnung: größer 90°, inkl. farbig sortiertem Musterbeutel mit Schlüsselanhängern und Indexblatt zur Selbstbeschriftung, an Wand befestigt.
Material: **Aluminium / Kunststoff**
Oberfläche: **farbig RAL ..... / EV .....**
Für Schlüsselanzahl: .....
Angeb. Fabrikat: .....

| 73 € | 185 € | **254 €** | 363 € | 531 € | [St] | ⏱ 0,80 h/St | 029.000.024 |

38 Riegelschloss, Profil-Halbzylinder — KG 344
Montage von Riegelschloss in Türblatt, einschl. aller Bohr- und Fräsarbeiten, vorgerichtet für Profil-Halbzylinder.

| 38 € | 90 € | **96 €** | 103 € | 165 € | [St] | ⏱ 0,15 h/St | 029.000.030 |

39 Absenkdichtung, Tür — KG 344
Absenkdichtung an Innentür, zum Abdichten von Boden-Luftspalten, band- und schlossseitig auslösend, Anschlag mit stirnseitigen Befestigungswinkeln, inkl. Druckplatten für Normfalz und PVC-Dichtprofil.
Spaltweite: bis ..... mm
Art der Tür: **Zimmertür / Schallschutztür R_w .....**
Nutmaß (B x H): ..... x .....
Schalldämmwert: .....
Angeb. Fabrikat: .....

| 49 € | 76 € | **85 €** | 97 € | 130 € | [St] | ⏱ 0,20 h/St | 029.000.031 |

40 Hausbriefkasten, Aufputz — KG 611
Briefkasten **mit / ohne Zeitungsfach**, Aufputzmontage.
Material: Edelstahl
Oberfläche: geschliffen Korn 240
Größe: ..... x ..... x ..... mm
Einwurfschlitz: 240 x 32 mm
Schließung: 2 gleichschließende Schlüssel
Befestigungsmaterial: 4 Schrauben mit Wanddübel
Untergrund: verputzter **Stahlbeton / Mauerwerk**
Angeb. Fabrikat: .....

| 571 € | 848 € | **1.048 €** | 1.085 € | 1.205 € | [St] | ⏱ 0,80 h/St | 029.000.039 |

▶ min
▷ von
ø Mittel
◁ bis
◀ max

Nr.	Kurztext / Langtext							Kostengruppe
▶	▷	ø netto €	◁	◀	[Einheit]	Ausf.-Dauer	Positionsnummer

41 Briefkasten, 1 Nutzer — KG 334

Briefkasten mit Einwurfklappe, Gehäuse, Tür mit Schloss, mit Schriftfeld, leicht und geräuscharm bedienbar, selbstständig dicht schließend, wärmegedämmt. Durchwurf- und Entnahmesicher DIN EN 13724.
Montage: **vor Maueröffnung / auf Türblatt /.....**
Material: **Aluminium, eloxiert / farbbeschichtet RAL-.....**
Ausführung: **ohne Brandlast / feuerhemmend**
Abmessung (L x B x H): ..... x ..... x ..... mm
Angeb. Fabrikat: .....

| 29 € | 145 € | **198 €** | 293 € | 424 € | [St] | 0,50 h/St | 029.000.050 |

42 WC-Schild, taktil, Kunststoff — KG 344

WC-Schild mit Piktogramm und taktiler Beschriftung in Brailleschrift.
Einbauort: .....
Befestigung: .....
Material: Polyamid
Abmessung: 200/100 mm
Dicke: 3 mm
Oberfläche: .....
Design: .....
Angeb. Fabrikat: .....

| –€ | 29 € | **33 €** | 42 € | –€ | [St] | 0,10 h/St | 029.000.043 |

A 1 Handlaufbeschriftung, taktil, Alu, Braille/Profilschrift — Beschreibung für Pos. 43

Taktile Handlaufbeschriftung aus Aluminiumschild mit Blinden- und Profilschrift.
Anwendungsbereich: **innen / außen**
Handlauf: .....
Befestigung: geklebt
Form: **flach / rund**
Qualität: eloxiert nach EV1
Farbe: silberfarben

43 Handlaufbeschriftung, taktil, Alu, 36,5/173, Blinden-/Profilschrift — KG 359

Wie Ausführungsbeschreibung A 1
Abmessung h/l: 36,5 / 173 mm
Beschriftung: bis 12 Zeichen

| –€ | 54 € | **64 €** | 80 € | –€ | [St] | 0,10 h/St | 029.000.046 |

LB 030 Rollladenarbeiten

Kosten:
Stand 1.Quartal 2018
Bundesdurchschnitt

▶ min
▷ von
ø Mittel
◁ bis
◀ max

Rollladenarbeiten — Preise €

Nr.	Positionen	Einheit	▶	▷ ø brutto € / ø netto €		◁	◀
1	Rollladen-/Raffstorekasten	m	53 / 45	62 / 52	**67** / **56**	70 / 58	86 / 72
2	Deckel, Rollladenkasten	m	12 / 10	19 / 16	**23** / **20**	29 / 25	38 / 32
3	Vorbaurollladen, Führungsschiene	St	149 / 125	299 / 252	**345** / **290**	434 / 365	657 / 552
4	Rollladen, inkl. Führungsschiene, Gurt	St	96 / 81	194 / 163	**230** / **193**	293 / 246	434 / 365
5	Elektromotor, Rollladen	St	65 / 55	148 / 125	**170** / **143**	207 / 174	307 / 258
6	Jalousie/Raffstore/Lamellen, außen	St	176 / 148	503 / 422	**596** / **501**	768 / 646	1.174 / 987
7	Markise ausstellbar, Textil, bis 2,50m²	St	531 / 446	812 / 682	**852** / **716**	888 / 747	1.148 / 965
8	Gelenkarmmarkise, Terrassenmarkise	St	2.549 / 2.142	2.965 / 2.492	**2.984** / **2.507**	3.149 / 2.646	3.430 / 2.882
9	Verdunkelung, innen, bis 3,50m²	St	127 / 107	182 / 153	**206** / **173**	251 / 211	335 / 282
10	Schiebeladen, 2-teilig, Metall/Holz, manuell	St	757 / 636	1.056 / 887	**1.138** / **957**	1.291 / 1.085	1.723 / 1.448
11	Fensterladen, Holz, zweiteilig	St	257 / 216	544 / 457	**651** / **547**	890 / 748	1.429 / 1.201
12	Windwächter-Anlage, Sonnenschutz	St	290 / 243	688 / 578	**884** / **743**	1.006 / 845	1.435 / 1.206
13	Sonnenschutz-Wetterstation	St	446 / 375	853 / 717	**961** / **807**	1.150 / 966	1.850 / 1.554
14	Stundensatz Facharbeiter, Rollladenarbeiten	h	38 / 32	50 / 42	**57** / **48**	59 / 50	66 / 56
15	Stundensatz Helfer, Rollladenarbeiten	h	34 / 28	41 / 35	**45** / **38**	47 / 40	52 / 44

Nr.	Kurztext / Langtext					Kostengruppe	
▶	▷	ø netto €	◁	◀	[Einheit]	Ausf.-Dauer	Positionsnummer

1 Rollladen-/Raffstorekasten   KG **338**

Rollladen-Kasten, tragend, vorbereitet zum Einbau von gurtbetriebenem Rollladen-Element aus Welle und Panzer / Behang.
Befestigungsuntergund: .....
Fensterbreite: .....
Wanddicke: .....
Dämmung: **ohne / mit**
Kastenmaterial: **Leichtbeton / Kunststoff**
Dämmstoff: PUR
Nennwert Wärmeleitfähigkeit: 0,025 W/(mK)
Dämmstoffdicke: ..... mm
Oberflächen: außen für WDVS, innen für Putz
Einbauhöhe: bis 3,00 m
Angeb. Fabrikat: .....

| 45€ | 52€ | **56**€ | 58€ | 72€ | [m] | ⏱ 0,30 h/m | 030.000.001 |

2 Deckel, Rollladenkasten   KG **338**

Deckel für Rollladen-Kasten, bestehend aus Abdeckplatte und aufgeklebter Wärmedämmschicht, als sichtbare, revisionierbare Abdeckung in bestehende Öffnung.
Kastengröße: .....
Material: Deckel aus Hart-PVC, PUR-Dämmstoff
Nennwert Wärmeleitfähigkeit: 0,025 W/(mK)
Dämmstoffdicke: ..... mm
Oberfläche: Farbe nach Musterkarte
Einbauhöhe: bis 3,00 m
Angeb. Fabrikat: .....

| 10€ | 16€ | **20**€ | 25€ | 32€ | [m] | ⏱ 0,05 h/m | 030.000.002 |

3 Vorbaurollladen, Führungsschiene   KG **338**

Rollladen als Einzelrollladen-Vorbauelement, aus dreiseitig geschlossenem Kasten, mit abnehmbaren Revisionsdeckel, Behang/Panzer. Welle und Antrieb durch handbetriebenen Gurtaufzug, inkl. Aufbaugurtwickler innen, schwenkbar, Behangstäbe schallreduzierend gelagert für geräuscharmen Lauf.
Anforderung:
  – Windwiderstand: Klasse **1 / 2**
  – Einbruchhemmung: RC2
  – Lebensdauerklasse 3 nach DIN EN 13659:2009-01
  – revisionierbar
U-Wert: ..... W/(m²K)
Luftschalldämmung: R_w 40dB
Dämmung: **ohne / mit**, Dämmstoffdicke: ..... mm
Kastengröße: .....
Fensterhöhe: .....
Kastenecken: **gerundet / scharfkantig**
Materialien:
  – Kasten: Aluminium
  – Welle: Stahlrohr, verzinkt
  – Behang: **Aluminium / PVC-U** - Hohlkammerprofil, 35-50 mm, Körper ausgeschäumt
  – Führungsschiene: **Kunststoff / Aluminium**

LB 030
Rollladenarbeiten

Nr.	Kurztext / Langtext					Kostengruppe	
▶	▷ ø netto € ◁ ◀				[Einheit]	Ausf.-Dauer	Positionsnummer

Oberfläche und Farbe:
— Behang: **Kunststoff / Holzfläche / Aluminium**, Farbton: .....
— Führungsschiene: **naturfarben / pulverbeschichtet**, Farbton: .....
Einbauhöhe: bis 3,00 m
Befestigungsuntergrund: .....
Angeb. Fabrikat: .....

| 125€ | 252€ | **290€** | 365€ | 552€ | [St] | ⏱ 0,80 h/St | 030.000.003 |

4   **Rollladen, inkl. Führungsschiene, Gurt**   KG **338**

Rollladen als Einzelrollladen, in bauseitigen Kasten eingesetzt, aus einteiliger Welle, Behang, Behangstäbe nicht rostend verbunden für schallreduzierten Lauf, Führungsschienen mit Gurt und wandintegriertem Gurtaufzug mit Einlasswickler; inkl. Abdeckplatte und Hochhebesicherung.
Anforderung:
Windwiderstand: Klasse **1 / 2**
Einbruchhemmung: Klasse RC 2
Dämmung: **ohne / mit**
Dämmstoffdicke: ..... mm
Kastengröße: .....
Fensterhöhe: .....
Materialien:
— Abdeckplatte: **Kunststoff / Aluminium**
— Welle: Stahlrohr, verzinkt
— Behang: **Kunststoff-PVC-Hohlprofil, 35-50 mm / Kiefernholzstab (B x H) 14,5 x 47 mm mit Schlussstab aus Hartholz / Aluminium-Strangpress-Hohlprofil, 35-50 mm**
— Behangfüllung: ausgeschäumt
— Führungsschiene: **Kunststoff / Aluminium**
Oberfläche und Farbe:
— Behang: **Kunststoff / Holzfläche / Aluminium**, Farbton: .....
— Führungsschiene: **Kunststoff / Aluminium, naturfarben / pulverbeschichtet**, Farbton: .....
Einbauhöhe: bis 3,00 m
Befestigungsuntergrund: .....
Einbau Gurtwickler: in verputzte Wandfläche
Angeb. Fabrikat: .....

| 81€ | 163€ | **193€** | 246€ | 365€ | [St] | ⏱ 0,60 h/St | 030.000.004 |

5   **Elektromotor, Rollladen**   KG **338**

Elektromotor für Rollladenantrieb, Anschluss durch das Gewerk Elektroarbeiten. Der Entfall von Gurt und Gurtwickler ist im Preis zu berücksichtigen.
Rollladengröße: .....
Behang (B x H): .....
Einbauhöhe: bis 3,00 m
Angeb. Fabrikat: .....

| 55€ | 125€ | **143€** | 174€ | 258€ | [St] | ⏱ 0,20 h/St | 030.000.005 |

Kosten:
Stand 1.Quartal 2018
Bundesdurchschnitt

▶ min
▷ von
ø Mittel
◁ bis
◀ max

Nr.	Kurztext / Langtext					Kostengruppe	
▶	▷ ø netto €	◁	◀		[Einheit]	Ausf.-Dauer	Positionsnummer

6   Jalousie/Raffstore/Lamellen, außen   KG 338

Außenjalousie-Anlage, mit Kegelrad-Getriebe, elektrisch betrieben, Anlage, einschl. Blenden und Führungsschienen oder -seile, Behang aus konkav-konvex geformten, wetterbeständigen Lamellen, Behang seitlich geräuscharm geführt mit Spezialprofil, Lamellen nichtrostend mit Kunststoffband verbunden, Oberschiene als stranggepresstes Profil, Unterschiene als Hohlprofil. Heben, Senken und Verstellen der Lamellen durch Elektromotor. Anschluss über mitzuliefernde Steckerkupplung, Nennspannung 220 V, Nennleistung abgestimmt auf Anlagengröße, Zuleitung und Anschluss an Steckerkupplung durch Gewerk Elektroarbeiten.

Abmessungen:
- Fenstergröße: .....
- Verfügbarer Querschnitt: .....
- Wetterschutzblende: .....
- Seitenblende: .....

Anforderung:
- Windwiderstand: Klasse **1 / 2**
- Einbruchhemmung: Klasse RC 2
- Lebensdauerklasse 3 nach DIN EN 13659:2009-01
- revisionierbar

Material / Teile:
- Behang: Lamellen aus Aluminium, gebördelt, Lamellenbreite 35mm, Lamellendicke 0,22-0,30 mm, mit Lochstanzungen bei Seilführung
- Führungsschiene: Aluminium stranggepresst
- Alt. Führungsseil: Edelstahl
- Unterschiene: Stahl, verzinkt Oberflächen
- Lamellen / Behang: einbrennlackiert
- Schienen und Blenden: **naturfarben / pulverbeschichtet**
- Kunststoffteile: schwarz.
- Ober- und Unterschiene: Aluminium
- Farben: .....

Befestigungsuntergrund: .....
Einbauhöhe: bis 3,00 m
Angeb. Fabrikat: .....

| 148€ | 422€ | **501**€ | 646€ | 987€ | [St] | ⏱ 1,80 h/St | 030.000.006 |

7   Markise ausstellbar, Textil, bis 2,50m²   KG 338

Markisolette, **elektrisch / manuell** betrieben, Anlage einschl. Wetterschutzblende, Führungsschienen und Fallrohr; Behang aus textilem Kunststoff-Garn.

Befestigungsuntergrund: .....
Dämmung: **mit / ohne**
Dämmstoffdicke: .....
Fenstergröße: .....
Anlagengröße: .....
Blendengröße: .....

Material und Form:
- Behang: Acryl, Gewicht ca. 300 g/m², lichtecht, wetterbeständig und reißfest, B1
- Tuchwelle aus stranggepresstem Aluminium-Profil, mit Nut zur Aufnahme des Behangs mittels Keder
- Führungsschiene: Aluminium-Strangpress-Profil
- alternativ Führungsseil: Edelstahl / kunststoffummanteltes Stahlseil
- Unterschiene: Stahl, verzinkt

LB 030 Rollladenarbeiten

Nr.	Kurztext / Langtext					Kostengruppe	
▶	▷	ø netto €	◁	◀	[Einheit]	Ausf.-Dauer	Positionsnummer

Oberflächen:
- Behang: schmutzabweisend, verrottungssicher, schnelltrocknend, luftdurchlässig und wasserabweisend
- Stahlteile: einbrennlackiert
- Aluminiumteile: **pulverbeschichtet / eloxiert, C1 - natur**
- Farben: .....
- Kunststoffteile: schwarz

Bedienung der Anlage:
- Elektromotor als Rohrantrieb 230V, Schutzart IP 44, Zuleitung und Anschluss durch Gewerk Elektroarbeiten
- Alternativ Kurbelantrieb mit Spindelsperre
- Handsender

Steuerung:
- 240V / 24V Sicherheits-Kleinspannung
- Schutzart IP54, "Tor zu" in Totmannschaltung (Dauerdruck) mit Drucktastern "Auf-Halt-Zu"
- selbstüberwachende, elektromechanische Schließkantensicherung
- betriebsfertig verkabelt, mit CEE-Stecker

Windwiderstand: Klasse **1 / 2**
Antrieb: .....
Einbauhöhe: bis 3,00 m
Angeb. Fabrikat: .....

| 446 € | 682 € | **716 €** | 747 € | 965 € | [St] | ⏱ 2,20 h/St | 030.000.007 |

Kosten:
Stand 1.Quartal 2018
Bundesdurchschnitt

▶ min
▷ von
ø Mittel
◁ bis
◀ max

| 8 | Gelenkarmmarkise, Terrassenmarkise | | | | | | KG **338** |

Gelenkarmmarkise liefern und montieren. Anlage bestehend aus korrosionsgeschützten Konsolen für Befestigung der Anlage, Verankerung im Untergrund.

Einbau: **Wand / Decke**
Befestigungsuntergund: .....
Regenschutzhaube: .....
Gelenkarme aus stranggepresstem Aluminium-Profil Form: .....
Ausfall-Profil: Form .....
Tuchwelle aus: .....
Tragrohr aus: .....
Aluminiumteile: pulverbeschichtet ähnlich RAL .....
Abmessung Anlage - ausgefahren (L x B): ..... x ..... m
Betrieb: **elektrisch / Kurbelbetrieb**
Bespannung / Behang: **Acrylfaser / Polyester**, imprägniert, lichtecht und UV-beständig
Farbe / Muster: nach Mustervorlage und Wahl des Bauherrn
Preisgruppe: .....
Einbauhöhe: bis 3,0 m
Angeb. Fabrikat Markise: .....
Angeb. Fabrikat Motor: .....

| 2.142 € | 2.492 € | **2.507 €** | 2.646 € | 2.882 € | [St] | ⏱ 3,00 h/St | 030.000.017 |

Nr.	Kurztext / Langtext					Kostengruppe	
▶	▷	ø netto €	◁	◀	[Einheit]	Ausf.-Dauer	Positionsnummer

9 Verdunkelung, innen, bis 3,50m² — KG 372

Verdunkelungsanlage, innen, einsetzen in bauseitigen Kasten, bestehend aus Behang, seitlichen Führungs-schienen, einteiliger Welle, Fallstab und Gurt, Behang lichtdicht, mit schallreduziertem Lauf, sowie mit wand-integriertem Gurtaufzug mit Einlasswickler, inkl. Abdeckplatte.
Befestigungsuntergrund: .....
Einbau Gurtwickler: verputzte Wandfläche
Rohbaurichtmaß Kasten: .....
Fensterhöhe: .....
Material:
- Abdeckplatte: **Kunststoff / Aluminium**
- Behang: Textilgewebe mit Aussteifungen gegen Faltenwurf
- Führungs- / Lichtschutzschiene aus Stahlblech
- Fallstab aus Stahl mit elastischem Kunststoff-Dichtprofil
- Welle: Stahlrohr, verzinkt
- Einfallschiene: Stahl / Aluminium

Oberflächen:
- Behang: **lichtdicht schwarz**
- Fallstab und Einfallschiene: einbrennlackiert schwarz
- Kunststoffteile: schwarz

Einbauhöhe: bis 3,00 m
Angeb. Fabrikat: .....

| 107 € | 153 € | **173 €** | 211 € | 282 € | [St] | ⏱ 0,50 h/St | 030.000.008 |

10 Schiebeladen, 2-teilig, Metall/Holz, manuell — KG 338

Schiebeladen, manuell betrieben, bestehend aus Rahmen einschl. Füllung, Schiebebeschlägen mit Führung, sowie oberer Tragschiene und unterer Führungsschiene, Füllung aus waagrecht eingebauten Holzlamellen, wetterbeständig beschichtet, Laden geräuscharm geführt, Füllung nichtrostend in Rahmen befestigt, Trag-schiene mit Arretierungen und Endpuffer.
Windwiderstand: Klasse **1 / 2**
Einbruchwiderstand: Klasse **RC2 / RC .....**
Befestigungsuntergrund: .....
Fenstergröße: .....
Schiebeladengröße: .....
Abmessung Tragprofil: .....
Abmessung Führungsprofil: .....
Material und Form:
- Rahmen Schiebeladen: Rohrprofil aus **Aluminium / Stahl**, Ecken verschweißt und verschliffen
- Füllung Schiebeladen: **Stahlblech / Lamellen aus Nadelholz, Douglasie / Lärche**, Unterseite profiliert, Lamellenbreite 45mm, Lamellendicke 20-25 mm
- Trag- und Führungsschiene: **Aluminium- / Edelstahl -**Flachprofil

Oberflächen:
- Holzflächen: gehobelt und geschliffen, lasierend, offenporig beschichtet
- Aluminiumteile: **pulverbeschichtet / E6**, C1 - natur
- Stahlblech: pulverbeschichtet
- Farben: .....
- Edelstahlteile: matt

LB 030 Rollladenarbeiten

| Nr. | Kurztext / Langtext ▶ ▷ ø netto € ◁ ◀ | [Einheit] | Ausf.-Dauer | Kostengruppe Positionsnummer |

Befestigungsuntergrund: .....
Einbauhöhe: **bis 3,00 / über 3,00** m
Angeb. Fabrikat: .....

| 636 € | 887 € | **957** € | 1.085 € | 1.448 € | [St] | ⏱ 3,00 h/St | 030.000.009 |

11 Fensterladen, Holz, zweiteilig   KG **338**

Fensterladen, paarweise, manuell bedient, bestehend aus Rahmen einschl. Füllung, Beschlägen mit Verankerung in Außenwänden, Feststeller und Verriegelungen, Füllung aus Holzlamellen, wetterbeständig beschichtet, Laden geräuscharm geführt, Lamellen nichtrostend in Rahmen befestigt.
Windwiderstand: Klasse **1 / 2**
Einbruchwiderstand: Klasse **RC2 / RC** .....
Befestigungsuntergrund: .....
Dämmung: **ohne / mit**
Dämmstoffdicke: ..... mm
Fenstergröße: .....
Ladengröße (Paar): .....
Material und Form:
  – Rahmen Fensterladen und Füllung: Holzprofil 40 x 40 mm, profiliert
  – Holzart: **Douglasie / Lärche / Eiche**
  – Füllung Fensterladen: Holzprofil, Sortierklasse S10 **Douglasie / Lärche / Eiche**, Schmalseiten und Unterseite profiliert, Lamellenbreite 45 mm, Lamellendicke 20-25 mm, Ecken stabil verbunden und verschliffen.
Einbauhöhe: **bis 3,00 / über 3,00** m
Angeb. Fabrikat: .....

| 216 € | 457 € | **547** € | 748 € | 1.201 € | [St] | ⏱ 2,50 h/St | 030.000.010 |

12 Windwächter-Anlage, Sonnenschutz   KG **338**

Windwächter-Anlage für Sonnenschutzanlage bzw. Markise, Montage an exponierter Stelle der Außenwand, vorgerichtet für bauseitigen Verkabelungsanschluss, inkl. Steuerung für Einbau in bauseitigen Schaltschrank.
Befestigungsuntergrund: .....
Dämmung: **ohne / mit**
Dämmstoffdicke: ..... mm
Oberfläche: **pulverbeschichtet / einbrennlackiert**
Farbe: .....
Einbauhöhe: **bis 3,00 / über 3,00** m
Anlage / Markise: .....
Angeb. Fabrik**a**t: .....

| 243 € | 578 € | **743** € | 845 € | 1.206 € | [St] | ⏱ 0,35 h/St | 030.000.011 |

Kosten:
Stand 1.Quartal 2018
Bundesdurchschnitt

▶ min
▷ von
ø Mittel
◁ bis
◀ max

Nr.	**Kurztext** / Langtext							Kostengruppe
▶	▷	**ø netto €**	◁	◀	[Einheit]	Ausf.-Dauer	Positionsnummer

13 Sonnenschutz-Wetterstation KG **338**

Sonnenschutz-Wetterstation, aus kompaktem, massivem, witterungs- und UV-beständigem Kunststoff. Anschluss am Messwertgeber steckbar, über 4-adrige Anschlussleitung. Leitung bis max. 200m verlängerbar. Folgende Messwerte erfassend:
 – Sonneneinstrahlung getrennt nach Himmelsrichtungen
 – Erfassung der Dämmerung ohne zusätzlichen Messwertgeber
 – Beheizbare Niederschlagssensorfläche, unter 15°C selbstständig zuschaltend

Spannungsversorgung: 24 V DC über die Sonnenschutzzentrale, ohne zusätzliche Netzteile
Abmessungen Anlage: (B x H x T): ..... x ..... x ..... mm
Befestigungsuntergrund: .....
Angeb. Fabrikat: .....

| 375€ | 717€ | **807€** | 966€ | 1.554€ | [St] | 0,30 h/St | 030.000.018 |

14 Stundensatz Facharbeiter, Rollladenarbeiten

Stundenlohnarbeiten für Vorarbeiter, Facharbeiter und Gleichgestellte (z.B. Spezialbaufacharbeiter, Baufacharbeiter, Obermonteure, Monteure, Gesellen, Maschinenführer, Fahrer und ähnliche Fachkräfte). Leistung nach besonderer Anordnung der Bauüberwachung. Anmeldung und Nachweis gemäß VOB/B.

| 32€ | 42€ | **48€** | 50€ | 56€ | [h] | 1,00 h/h | 030.000.014 |

15 Stundensatz Helfer, Rollladenarbeiten

Stundenlohnarbeiten für Werker, Helfer und Gleichgestellte (z.B. Baufachwerker, Helfer, Hilfsmonteure, Ungelernte, Angelernte). Leistung nach besonderer Anordnung der Bauüberwachung. Anmeldung und Nachweis gemäß VOB/B.

| 28€ | 35€ | **38€** | 40€ | 44€ | [h] | 1,00 h/h | 030.000.015 |

LB 031 Metallbauarbeiten

Metallbauarbeiten — Preise €

Kosten:
Stand 1. Quartal 2018
Bundesdurchschnitt

Nr.	Positionen	Einheit	▶ min	▷ von	ø brutto € / ø netto €	◁ bis	◀ max
1	Handlauf, Stahl, außen, verzinkt, Rundrohr: 33,7mm	m	29 / 25	41 / 34	**45** / **38**	50 / 42	61 / 51
2	Handlauf, Stahl, außen, verzinkt, Rundrohr: 42,4mm	m	44 / 37	56 / 47	**63** / **53**	72 / 60	90 / 76
3	Handlauf, nichtrostend, Rundrohr 33,7mm	m	30 / 25	64 / 54	**90** / **76**	100 / 84	138 / 116
4	Handlauf, nichtrostend, Rundrohr 42,4mm	m	35 / 29	75 / 63	**94** / **79**	114 / 96	147 / 124
5	Handlauf, nichtrostend, Rundrohr 48,3mm	m	63 / 53	90 / 76	**115** / **96**	150 / 126	189 / 159
6	Handlauf, Stahl, gebogen	m	99 / 83	123 / 103	**141** / **118**	155 / 130	176 / 148
7	Handlauf, Stahl, Wandhalterung	St	22 / 19	44 / 37	**53** / **44**	71 / 59	103 / 87
8	Handlauf, Enden	St	8 / 7	18 / 15	**22** / **19**	23 / 19	35 / 29
9	Handlauf, Bogenstück	St	16 / 14	32 / 27	**43** / **37**	53 / 45	70 / 59
10	Handlauf, Ecken/Gehrungen	St	13 / 11	31 / 26	**38** / **32**	49 / 41	80 / 67
11	Brüstungsgeländer, Fenstertür	St	268 / 226	426 / 358	**493** / **414**	537 / 451	694 / 584
12	Schutzgitter vor Fenster	St	178 / 149	304 / 255	**340** / **285**	451 / 379	582 / 489
13	Brüstungs-/Treppengeländer, Flachstahlfüllung	m	169 / 142	328 / 276	**380** / **319**	462 / 389	712 / 598
14	Brüstungs-/Treppengeländer, Lochblechfüllung	m	165 / 139	253 / 212	**287** / **241**	324 / 272	416 / 349
15	Geländerausfachung, Edelstahlseil	m	8 / 7	16 / 14	**18** / **15**	20 / 17	26 / 22
16	Brüstung, VSG-Ganzglas/Edelstahl	m	865 / 727	1.095 / 920	**1.144** / **961**	1.145 / 962	1.376 / 1.156
17	Stahl-Umfassungszarge, 625x2.000/2.125	St	112 / 94	177 / 149	**214** / **180**	254 / 214	266 / 224
18	Stahl-Umfassungszarge, 875x2.000/2.125	St	122 / 103	208 / 175	**243** / **204**	300 / 252	388 / 326
19	Stahl-Umfassungszarge, 1.125x2.000/2.125	St	201 / 169	335 / 282	**389** / **327**	425 / 357	659 / 554
20	Stahltür, einflüglig, 1.000x2.130	St	326 / 274	894 / 751	**1.111** / **934**	1.578 / 1.326	2.720 / 2.285
21	Stahltür, zweiflüglig	St	1.342 / 1.128	2.067 / 1.737	**2.564** / **2.154**	3.321 / 2.791	4.710 / 3.958
22	Stahltür, Rauchschutz, RS, 875x2.000/2.125	St	907 / 762	1.146 / 963	**1.502** / **1.262**	1.800 / 1.513	2.080 / 1.748
23	Stahltür, Rauchschutz, RS, 1.000x2.000/2.125	St	1.050 / 883	1.403 / 1.179	**1.800** / **1.513**	2.042 / 1.716	2.235 / 1.878
24	Stahltür, Rauchschutz, RS, 1.250x2.000/2.125	St	1.685 / 1.416	2.213 / 1.860	**2.472** / **2.077**	2.971 / 2.497	3.499 / 2.940

© BKI Baukosteninformationszentrum; Erläuterungen zu den Tabellen siehe Seite 46
Mustertexte geprüft: Bundesverband Metall

Kostenstand: 1.Quartal 2018, Bundesdurchschnitt

Metallbauarbeiten — Preise €

Nr.	Positionen	Einheit	▶	▷ ø brutto € ø netto €		◁	◀
25	Stahltür, Rauchschutz, zweiflüglig	St	2.763	5.412	**6.172**	7.015	9.554
			2.321	4.548	**5.187**	5.895	8.029
26	Stahltür, Brandschutz, T30 RS, 875x2.000/2.125	St	605	840	**944**	1.256	1.639
			508	706	**793**	1.055	1.377
27	Stahltür, Brandschutz, T30 RS, 1.000x2.000/2.125	St	713	955	**1.045**	1.292	1.686
			599	802	**878**	1.085	1.417
28	Stahltür, Brandschutz, T30 RS, 1.250x2.000/2.125	St	833	1.295	**1.483**	1.803	2.701
			700	1.088	**1.247**	1.515	2.270
29	Stahltür, Brandschutz, T30 RS, zweiflüglig	St	1.577	2.627	**3.029**	4.569	7.846
			1.325	2.207	**2.545**	3.839	6.594
30	Stahlrahmentür, Glasfüllung, T30 RS, innen	St	2.740	3.794	**4.274**	4.921	6.366
			2.303	3.188	**3.592**	4.136	5.349
31	Stahlrahmentür, Glasfüllung, T30 RS, zweiflüglig, innen	St	5.373	7.901	**8.884**	10.306	13.154
			4.515	6.639	**7.465**	8.660	11.054
32	Stahltür, Brandschutz, T90, 875x2.000/2.125	St	–	1.279	**1.481**	1.761	–
			–	1.074	**1.244**	1.480	–
33	Stahltür, Brandschutz, T90, 1.000x2.000/2.125	St	1.331	1.840	**2.322**	2.608	2.857
			1.118	1.546	**1.952**	2.192	2.401
34	Stahltür, Brandschutz, T90-2, zweiflüglig	St	3.310	4.207	**4.650**	5.187	6.444
			2.782	3.535	**3.907**	4.359	5.415
35	Stahlrahmen, Rolltor, grundiert	St	2.032	2.408	**2.577**	2.887	3.263
			1.708	2.023	**2.165**	2.426	2.742
36	Rolltor, Leichtmetall, außen	St	3.485	7.573	**9.468**	11.180	16.033
			2.929	6.364	**7.956**	9.395	13.473
37	Rollgitteranlage, elektrisch	St	4.632	5.657	**6.363**	6.910	7.838
			3.893	4.754	**5.347**	5.807	6.587
38	Sektional-/Falttor, Leichtmetall, außen	St	1.528	3.820	**4.648**	5.688	9.006
			1.284	3.210	**3.906**	4.780	7.568
39	Garagen-Schwingtor, Handbetrieb	St	1.362	2.266	**2.741**	4.083	5.776
			1.144	1.904	**2.303**	3.431	4.854
40	Außenwandbekleidung, Wellblech, MW, UK	m²	76	112	**126**	166	229
			64	94	**106**	140	193
41	Außenwandbekleidung, Glattblech, beschichtet	m²	91	186	**212**	259	339
			76	156	**178**	218	285
42	Vordach, Trägerprofile/ESG	St	1.283	2.593	**3.173**	3.869	5.104
			1.078	2.179	**2.666**	3.251	4.289
43	Deckenabschluss, Flachstahl	m	28	85	**105**	154	270
			24	71	**88**	129	227
44	Estrichabschluss, Flachstahlprofil	m	50	82	**95**	114	146
			42	69	**80**	96	123
45	Aluminiumprofile, Stahlkonstruktion	m	16	26	**32**	38	54
			13	22	**27**	32	45
46	Auflagerwinkel, Gitterroste, Stahl, verzinkt	m	17	27	**31**	35	44
			14	22	**26**	30	37
47	Gitterroste, Stahl, verzinkt	m²	76	156	**185**	224	296
			63	131	**155**	188	249

© **BKI** Baukosteninformationszentrum; Erläuterungen zu den Tabellen siehe Seite 46
Mustertexte geprüft: Bundesverband Metall

LB 031 Metallbauarbeiten

Metallbauarbeiten — Preise €

Nr.	Positionen	Einheit	▶ min	▷ von	**ø brutto €** / ø netto €	◁ bis	◀ max
48	Stahltreppe, gerade, einläufig, Trittbleche	St	1.549 / 1.301	3.404 / 2.860	**4.319** / **3.630**	5.621 / 4.723	7.804 / 6.558
49	Stahltreppe, gerade, mehrläufig, Trittbleche	St	3.465 / 2.912	6.897 / 5.796	**7.474** / **6.281**	7.921 / 6.656	11.078 / 9.310
50	Spindeltreppe, Stahl, 1 Geschoss	St	2.717 / 2.284	3.934 / 3.306	**4.486** / **3.770**	4.774 / 4.012	6.248 / 5.250
51	Steigleiter, Stahl, verzinkt, bis 5,00m	St	170 / 143	501 / 421	**638** / **536**	1.058 / 889	1.786 / 1.501
52	Steigleiter mit Rückenschutz, Stahl, verzinkt, über 5,00m	St	873 / 734	1.616 / 1.358	**2.024** / **1.701**	2.840 / 2.387	4.276 / 3.593
53	Kellertrennwandsystem, verzinkte Konstruktion	m	28 / 23	37 / 31	**41** / **34**	42 / 35	50 / 42
54	Briefkastenanlage, freistehend, bis 8 WE	St	1.320 / 1.109	2.539 / 2.133	**3.074** / **2.583**	5.790 / 4.866	9.256 / 7.778
55	Briefkasten, Stahlblech, Wand	St	486 / 408	516 / 433	**586** / **493**	656 / 552	834 / 701
56	Stundensatz Schlosser-Facharbeiter	h	55 / 46	62 / 52	**64** / **53**	71 / 59	86 / 72
57	Stundensatz Schlosser-Helfer	h	37 / 31	49 / 41	**52** / **44**	55 / 47	64 / 53

Nr.	Kurztext / Langtext			[Einheit]	Kostengruppe Ausf.-Dauer Positionsnummer

A 1 Handlauf, außen, Stahl, verzinkt, Rundrohr — Beschreibung für Pos. 1-2

Handlauf aus Stahlrundrohr, außen, Handlauf steigend, in verschiedenen Längen. Wandlaufhalter, Rohrkappen und Abkröpfung / Gehrung in gesonderten Positionen.
Einbauort: in allen Geschossen
Material: Stahl nach DIN EN 10025
Güte: S 235 JR + AR
Korrosionsbelastung DIN EN 12944: Klasse **C1 / C2**
Korrosionsschutz für Zeitraum Klasse: **L = 2-5 Jahre / M = 5-15 Jahre / H = über 15 Jahre**
Oberfläche: verzinkt (für nachfolg. Beschichtung)

▶ min
▷ von
ø Mittel
◁ bis
◀ max

1 Handlauf, Stahl, außen, verzinkt, Rundrohr: 33,7mm — KG **359**
Wie Ausführungsbeschreibung A 1
Durchmesser: 33,7 mm
Wanddicke: 2,0 mm

25€   34€   **38**€   42€   51€   [m]   ⏱ 0,35 h/m   031.000.045

2 Handlauf, Stahl, außen, verzinkt, Rundrohr: 42,4mm — KG **359**
Wie Ausführungsbeschreibung A 1
Durchmesser: 42,4 mm
Wanddicke: 2,0 mm

37€   47€   **53**€   60€   76€   [m]   ⏱ 0,35 h/m   031.000.046

Nr.	Kurztext / Langtext						Kostengruppe	
▶	▷	ø netto €	◁	◀	[Einheit]	Ausf.-Dauer	Positionsnummer	

A 2   Handlauf, nichtrostend, Rundrohr — Beschreibung für Pos. 3-5

Handlauf aus Edelstahlrundrohr innen, Handlauf steigend, in verschiedenen Längen. Wandlaufhalter, Rohrkappen und Abkröpfung / Gehrung in gesonderten Positionen.
Einbauort: .....
Material: Edelstahl
Werkstoffnummer.: .....
Oberfläche: **geschliffen mit Korn ca. ..... / gebürstet / blank**

3   Handlauf, nichtrostend, Rundrohr 33,7mm — KG **359**
Wie Ausführungsbeschreibung A 2
Durchmesser: 33,7 mm
Wanddicke: 2,0 mm

| 25€ | 54€ | **76€** | 84€ | 116€ | [m] | ⏱ 0,35 h/m | 031.000.047 |

4   Handlauf, nichtrostend, Rundrohr 42,4mm — KG **359**
Wie Ausführungsbeschreibung A 2
Durchmesser: 42,4 mm
Wanddicke: 2,0 mm

| 29€ | 63€ | **79€** | 96€ | 124€ | [m] | ⏱ 0,35 h/m | 031.000.048 |

5   Handlauf, nichtrostend, Rundrohr 48,3mm — KG **359**
Wie Ausführungsbeschreibung A 2
Durchmesser: 48,3 mm
Wandstärke: 2,0 mm

| 53€ | 76€ | **96€** | 126€ | 159€ | [m] | ⏱ 0,35 h/m | 031.000.049 |

6   Handlauf, Stahl, gebogen — KG **359**
Handlauf, wie vor beschrieben, Mehrpreis für Ausführung des Handlaufs in gebogener Form, eben und ansteigend.
Biege-Radius: .....

| 83€ | 103€ | **118€** | 130€ | 148€ | [m] | ⏱ 0,40 h/m | 031.000.004 |

7   Handlauf, Stahl, Wandhalterung — KG **359**
Handlaufhalter, aus Flachstahl-Rosette und an Handlauf mittels abgekröpftem Rundstahl von unten angeschweißt, inkl. Befestigungselemente aus nichtrostendem Stahl.
Einbauort: alle Geschosse
Befestigungsuntergrund Wand: Sichtbeton
Einbauort: .....
Einbau in: **Normalraum / Feuchtraum / Nassraum**
Korrosionsschutz: .....
Material: Stahl nach DIN EN 10025
Güte: S 235 JR + AR
Wandhalter: Rundstahl **12 / 16** mm
Wandabstand: 50 mm
Rosette: Flachstahl 10 mm, rund D = 100 mm, zwei Bohrungen
Oberfläche: verzinkt, für nachfolgende Beschichtung
Farbe: .....

| 19€ | 37€ | **44€** | 59€ | 87€ | [St] | ⏱ 0,30 h/St | 031.000.006 |

LB 031 Metallbauarbeiten

Nr.	Kurztext / Langtext	▶	▷	ø netto €	◁	◀	[Einheit]	Ausf.-Dauer	Kostengruppe Positionsnummer

Kosten:
Stand 1. Quartal 2018
Bundesdurchschnitt

▶ min
▷ von
ø Mittel
◁ bis
◀ max

8 Handlauf, Enden — KG 359
Rohrende für Handlauf
Rohrprofil: **26,6 / 33,7 / 42,4 / 60** mm
Wanddicke: 2,0 mm
Ausführung Rohrende: **flache Kappe / gewölbte Kappe / gekröpfte 90°**

| 7€ | 15€ | **19€** | 19€ | 29€ | [St] | 0,20 h/St | 031.000.007 |

9 Handlauf, Bogenstück — KG 359
Bogen als Übergang des Handlaufs an Ecken bzw. am Übergang von ansteigendem zu ebenem Handlauf.
Bogen: **30° / 45° / 90°**

| 14€ | 27€ | **37€** | 45€ | 59€ | [St] | 0,25 h/St | 031.000.008 |

10 Handlauf, Ecken/Gehrungen — KG 359
Eck- / Übergangswinkel des Handlaufs, an Ecken bzw. am Übergang von ansteigendem zu ebenem Handlauf.
Gehrung Winkel: **30° / 45° / 90°**

| 11€ | 26€ | **32€** | 41€ | 67€ | [St] | 0,20 h/St | 031.000.009 |

11 Brüstungsgeländer, Fenstertür — KG 359
Brüstungsgeländer vor Fenstertür, als Absturzsicherung, inkl. Bohrungen und Befestigungsmaterial aus Edelstahl.
Abmessung (L x B): ..... x ..... mm
Material: **Flachstahl / Breitflachstahl** nach DIN 10058 bzw. DIN 59200, Qualität: S 235 JR AR
OK Brüstung gem. Bauordnung mind. ..... m über FFB
Abstand zum Fensterprofil max. ..... mm
Form:
– Rahmen aus Flachstahl ..... x ..... mm
– Füllung aus senkrechten Stäben aus **Rundstahl / Flachstahl** D/t = ... mm
– Abstand Stäbe: gem. Vorgabe **der Bauordnung / des Versicherungsträger**, d = ... m
Einbauort: .....- Geschoss
Absturzhöhe: ..... m
Nutzung: **Wohngebäude / öffentliches Gebäude**
Oberfläche: **verzinkt / verzinkt und lackiert / verzinkt und pulverbeschichtet**
Farbe: **RAL ...... / NCS .....**
Montage:
– mittels angeschweißter Stahllaschen
– verdeckte Befestigung des Brüstungsgeländer **in der Fensterlaibung / auf vorgerichtetem Fensterprofil**
Befestigungsuntergrund:
Laibung der Wandöffnung aus **WDVS mit Stahlbeton / Mauerwerk / .....** bzw. Fensterprofil aus **Kunststoff / Holz / .....**

| 226€ | 358€ | **414€** | 451€ | 584€ | [St] | 3,50 h/St | 031.000.072 |

Nr.	Kurztext / Langtext					Kostengruppe	
▶	▷ ø netto € ◁ ◀				[Einheit]	Ausf.-Dauer	Positionsnummer

12 Schutzgitter vor Fenster — KG **334**

Schutzgitter, Einbruchschutz für Fenster, incl. Klebedübel und Befestigungsmaterial aus Edelstahl.
Material: **Flachstahl / Breitflachstahl** nach DIN 10058 bzw. DIN 59200
Qualität: S 235 JR AR
Abmessung (L x B): ..... x ..... mm
Form: Rahmen aus Flachstahl ..... x ..... mm
Befestigung: verdeckt, in Laibung mit .... angeschweißten Stahllaschen
Füllung aus **Rundstahl / Flachstahl** D/t = ... mm
Oberfläche: **verzinkt / verzinkt und lackiert / verzinkt und pulverbeschichtet**
Farbe: **RAL ...... / NCS .....**
Untergrund: **Stahlbeton / Mauerwerk / .....**

| 149 € | 255 € | **285 €** | 379 € | 489 € | [St] | ⏱ 2,80 h/St | 031.000.066 |

13 Brüstungs-/Treppengeländer, Flachstahlfüllung — KG **359**

Treppengeländer als Stahlkonstruktion, mit Handlauf aus nichtrostendem Stahl und Füllung aus senkrechten Stäben aus Flachmaterial, montiert neben den Treppenläufen, in allen Geschossen.
Konstruktion der Ausführungsklasse DIN EN 1090: EXC .....
Abmessungen
Höhe: **0,90 / 1,00** m über OKFF / **Vorderkante Stufe**
Höhe nach **LBO / Arbeitsstättenrichtlinie / Vorgabe durch den Versicherer**
Gesamthöhe: ca. **1,10 / 1,20** m, Abstand zu VK-Bodenbelag max. **40 / 60** mm
gemäß **LBO / DIN 18065**
Form:
– Geländer .....-fach im Winkel von .....° abgekantet
– ..... Stützen mit Befestigungen unten
– ..... Befestigungen des Handlaufs an den Enden
Material / Befestigung:
– Handlauf: Rohr D = 42,4 mm, Material nichtrostender Stahl
– Rohrenden mit Kappen geschlossen
– Geländerpfosten: T-Stahlprofil ..... mm
– Befestigungsteile: Stegblech (B x L x T) = ... x ..... x ..... mm, Ankerplatte (B x L x T) = ... x ..... x ..... mm, je Befestigung ..... Dübel
– im Außenbereich und in Feuchträumen alle Befestigungselemente aus nichtrostendem Stahl
– Geländerrahmen: Ober-, Untergurt aus Flachstahl ..... x ..... mm, Geländerstützen verschweißt
– Geländerfüllung: senkrechte Stäbe aus Flachstahl ..... x ..... mm, alle 120 mm senkrecht eingeschweißt
Oberflächen:
– nichtrostender Stahl: fein geschliffen, Korn ca. 240
– Stahlteile: **verzinkt und deckend beschichtet / feuerverzinkt,** Farbe .....
Einbauort / Montage:
– **öffentliches Gebäude / Privatwohnhaus** in allen Geschossen
– **Normalraum / Feuchtraum / Nassraum**
– Befestigungsuntergrund Handlaufenden: Hlz-Mauerwerk mit WDVS
– Befestigungsuntergrund Stahlbeton-Balkonplatte: Sichtbeton
Für die Ausführung werden vom AG folgende Unterlagen zur Verfügung gestellt:
– Entwurfszeichnungen, Plannr.: .....
– Übersichtszeichnungen, Plannr.: .....
– statische Berechnung, Plannr.: .....

| 142 € | 276 € | **319 €** | 389 € | 598 € | [m] | ⏱ 2,50 h/m | 031.000.010 |

LB 031 Metallbauarbeiten

Nr.	Kurztext / Langtext					[Einheit]	Kostengruppe
▶	▷	ø netto €	◁	◀			Ausf.-Dauer Positionsnummer

Zarge:
- Z-Zarge aus Stahl t = ... mm, **mit / ohne** Gegenzarge
- verdeckte Befestigung, Maueranker
- eingeschweißte Bandtaschen
- Hinterfüllung des Zargenhohlraums
- Abdichtung außenseitig mit vorkomprimiertem Dichtband zwischen Zarge und Bauwerk / raumseitig umlaufend mit überstreichbarem Dichtstoff, Farbton passend zur Türblattfarbe

Türflügel:
- Volltürblatt, d = 50 mm, Stahlblech t = ... mm
- Füllung aus Mineralwolle U_t = ... W/(m²K)
- dreiseitig **gefälzt / flächenbündig, rechts / links** angeschlagen
- Flügelprofil: Tiefe = ... mm, Ansichtsbreite = ... mm
- Füllung: zweifach Isolierverglasung (B x H) = ... x ..... mm, 2x ESG, U_g = ... W/(m²K), Psi = ... W/(mK), Lichtdurchlässigkeit 75 bis 80%, innenseitige Glasleisten, vierseitig

Bänder / Beschläge:
- Federbänder: 2 Stück, Material Edelstahl
- Drücker-Knauf-Wechselgarnitur für Hauseingangstüren auf Rosetten
- Material: Edelstahl, Klasse ES2, mit Zylinderziehschutz

Schloss / Zubehör:
- Schloss für Hausabschlusstüren, Klasse 3, vorgerichtet für Profilzylinder, mit 6 Stiftzuhaltungen, Zylindergehäuse und Zylinderkern aus Messing, matt vernickelt, mit Aufbohrschutz, Länge ..... mm, einschl. ..... Schlüssel, in vorgerichtete Schlösser einbauen, einschl. schließbar machen
- Falzdichtung: elastische Dämpfungs- / Dichtungsprofile aus **APTK / EPDM**, umlaufend
- Stulp aus nichtrostendem Stahl
- Türstopper, Aluminium mit schwarzer Gummieinlage, montiert auf .....

Oberflächen:
- Stahlblech: **verzinkt grundiert / verzinkt, grundiert und Farb-Beschichtung Nasslack / Pulverbeschichtung**, Farbe .....
- Beschläge: Edelstahl: gebürstet

Montage:
- Wandaufbau im Anschlussbereich: Massivwand außen WDVS, innen Putz
- Montage Zarge: an Normalbeton, in Wandöffnungen mit stumpfem Anschlag

Geltungsbereich: **Normalraum / Feuchtraum / Nassraum**
Angeb. Fabrikat: .....

| 1.128€ | 1.737€ | **2.154€** | 2.791€ | 3.958€ | [St] | ⏱ 3,40 h/St | 031.000.016 |

A 4 Stahltür, Rauchschutz
Beschreibung für Pos. **22-24**

Stahltür- Rauchschutztürelement, bauartgeprüft nach DIN 18095, einflüglig, mit Zulassung für den Anwendungsfall.
Element bestehend aus:
Zarge und Türblatt, selbstschließende Drehtür, Einbau in Innenwand, einschl. Bohrungen und Verbindungsmittel für die Verschraubung mit den bauseitigen Anschlüssen. Einbau aller Komponenten und gangbar machen, sowie Kennzeichnung mit geeignetem Kennzeichnungsschild.

Anforderung Brandschutz:
- **dicht- + selbstschließend DS bzw. C/ rauchdicht + selbstschließend RS bzw. Sm-C**
- Selbstschließende Eigenschaften: **C1 / ..... / C5**
- Zulassung: CE-Kennzeichnung / allgemeine bauaufsichtliche Zulassung ABZ / allgemeines bauaufsichtliches Prüfzeugnis ABP mit der Nr. ‚...........' (Bieterangabe)

Kosten:
Stand 1.Quartal 2018
Bundesdurchschnitt

▶ min
▷ von
ø Mittel
◁ bis
◀ max

Nr.	Kurztext / Langtext					Kostengruppe		
▶	▷	ø netto €	◁	◀	[Einheit]	Ausf.-Dauer	Positionsnummer	

Anforderungen Innentür:
 – Klimaklasse DIN EN 1121: I = Innentür zwischen klimatisierten Räumen
 – mechanische Beanspruchungsgruppe DIN EN 1192: M, mittlere Beanspruchung = Verwaltungsgebäude
 – Bauteilwiderstandsklasse DIN EN 1627: RC 1 N
 – Schallschutz: Schalldämmmaß Rwp =..... dB nach DIN 4109 und VDI 2719
Geltungsbereich: **Normalraum / Feuchtraum / Nassraum**
Türblatt:
 – Blattdicke: 50 mm, Stahlblech t = ... mm
 – Füllung aus Mineralwolle U_t = ... W/(m²K)
 – dreiseitig gefälzt / flächenbündig, **rechts / links** angeschlagen
 – Flügelprofil: Tiefe = ... mm, Ansichtsbreite = ... mm
 – Türelement schwellenlos, **mit automatischer Absenkdichtung / mit Halbrundprofil und Auflaufdichtung / mit Schwellenanschlag** (Bodenversatz)
Zarge:
 – Maulweite: ..... mm
 – Ansichtsbreite: ..... mm
Umfassungszarge aus Stahl t= 2 mm
 – verdeckte Befestigung, Maueranker
 – eingeschweißte Bandtaschen
 – Hinterfüllung des Zargenhohlraums
 – verdeckte Befestigung
Bänder / Beschläge:
 – ..... Stück Dreirollenbänder je Flügel, dreidimensional verstellbar, Bandhöhe ca.120 / 160 mm, Stahl vernickelt
Drücker:
 – FS- /RD- Drückergarnitur DIN 18273 für Rauchschutztüren
 – Benutzungskategorie: Klasse 3
 – Dauerhaftigkeit: Klasse 6
 – Sicherheit für Personen: Klasse 1 – öffentlicher Bereich
 – Einbruchsicherheit: Mäßig einbruchhemmend (Klasse 2)
 – Material: Aluminium mit Stahlkern / Edelstahl Werkstoff 1.4401
Schloss / Zubehör:
 – Einsteckschloss nach DIN 18250 T1, für Wohnungsabschluss, / alternativ werkseitiger Einbau eines Blindzylinders
 – Falzdichtung: dreiseitig umlaufende Brandschutzdichtung in Grau
 – Rauchschutz mit Bodendichtung, automatisch absenkbar
 – Stulp aus nichtrostendem Stahl
 – Schutzbeschlag: **Schild / Rosette**, Klasse ES **2 / 3**, mit Zylinderziehschutz
Türschließung:
 – Gleitschienen-Obentürschließer DIN EN 1154
 – Montage: bandseitig / gegenbandseitig
Oberflächen:
 – Stahlprofile: **verzinkt grundiert / chromatiert, grundiert und Farbeschichtung Nasslack / Pulverbeschichtung**, Farbe: .....
 – Aluminiumteile: Pulverbeschichtet, Farbe: **..... / silber eloxiert E6/C0**
 – Edelstahlteile: gebürstet

LB 031 Metallbauarbeiten

| Nr. | Kurztext / Langtext | | | | [Einheit] | Ausf.-Dauer | Kostengruppe Positionsnummer |

▶ min
▷ von
ø Mittel
◁ bis
◀ max

Kosten:
Stand 1.Quartal 2018
Bundesdurchschnitt

Montage/Einbauort/Verankerungsgrund:
– Erdgeschoss / .....
– Wandaufbau im Anschlussbereich: .....
– Montage gemäß Einbauanleitung **der Zulassung / des Herstellers**
– Abdichten und Versiegeln der Anschlussfugen mit Brandschutz-Silikon-Fugendichtstoff, Farbton .....
Angeb. Fabrikat: ..... (Hersteller/Typ)

22 Stahltür, Rauchschutz, RS, 875x2.000/2.125 KG **344**
Wie Ausführungsbeschreibung A 4
Baurichtmaß (B x H): 875 x **2.000 / 2.125** mm
762 €   963 €   **1.262** €   1.513 €   1.748 €   [St]   ⏱ 2,60 h/St   031.000.055

23 Stahltür, Rauchschutz, RS, 1.000x2.000/2.125 KG **344**
Wie Ausführungsbeschreibung A 4
Baurichtmaß (B x H): 1.000 x **2.000 / 2.125** mm
883 €   1.179 €   **1.513** €   1.716 €   1.878 €   [St]   ⏱ 2,80 h/St   031.000.056

24 Stahltür, Rauchschutz, RS, 1.250x2.000/2.125 KG **344**
Wie Ausführungsbeschreibung A 4
Baurichtmaß (B x H): 1.000 x **2.000 / 2.125** mm
1.416 €   1.860 €   **2.077** €   2.497 €   2.940 €   [St]   ⏱ 2,90 h/St   031.000.057

25 Stahltür, Rauchschutz, zweiflüglig KG **344**
Stahl-Rauchschutztürelement, bauartgeprüft nach DIN 18095, zweiflüglig, mit Zulassung für den Anwendungsfall.
Element bestehend aus:
Zarge und Türblätter, selbstschließend, Einbau in Innenwand, einschl. Bohrungen und Verbindungsmittel für die Verschraubung mit den bauseitigen Anschlüssen. Einbau aller Komponenten und gangbar machen und Kennzeichnung mit geeignetem Kennzeichnungsschild.
Baurichtmaß (B x H): ..... x .....mm
Anforderung Brandschutz:
– **dicht- + selbstschließend DS bzw. C/ rauchdicht + selbstschließend RS bzw. Sm-C**
– Selbstschließende Eigenschaften: **C1 / ..... / C5 (offen stehen gehalten / ...... / sehr häufige Betätigung)**
– Zulassung: **CE-Kennzeichnung / allgemeine bauaufsichtliche Zulassung ABZ / allgemeines bauaufsichtliches Prüfzeugnis ABP mit der Nr. .....**
Anforderungen Innentür:
– Klimaklasse DIN EN 1121: .....
– mechanische Beanspruchungsgruppe DIN EN 1192: .....
– Bauteilwiderstandsklasse DIN EN 1627: RC 1 N
– Schallschutz: Schalldämmmaß Rwp =..... dB nach DIN 4109 und VDI 2719
Geltungsbereich: **Normalraum / Feuchtraum / Nassraum**
Türflügel:
– Blattdicke: 50 mm, Stahlblech t = ... mm
– Füllung aus Mineralwolle U_t = ... W/(m²K)
– doppelt gefälzt, flächenbündig,
– Öffnungsflügel **rechts / links** angeschlagen
– Flügelprofil: Tiefe = ... mm, Ansichtsbreite = ... mm
– Türelement schwellenlos, **mit automatischer Absenkdichtung / mit Halbrundprofil und Auflaufdichtung / mit Schwellenanschlag (Bodenversatz)**

Nr.	Kurztext / Langtext					Kostengruppe	
▶	▷	ø netto €	◁	◀	[Einheit]	Ausf.-Dauer	Positionsnummer

Zarge:
- Maulweite: ..... mm
- Ansichtsbreite: ..... mm

Umfassungszarge aus Stahl t= 2 mm
- verdeckte Befestigung, Maueranker
- eingeschweißte Bandtaschen,
- Hinterfüllung des Zargenhohlraums
- verdeckte Befestigung.

Bänder / Beschläge:
- ..... Stück Dreirollenbänder je Flügel, dreidimensional verstellbar, Bandhöhe ca.120 / 160 mm, Stahl vernickelt

Drücker:
- FS- /RD- Drückergarnitur DIN 18273 für Rauchschutztüren
- Benutzungskategorie: Klasse 3
- Dauerhaftigkeit: Klasse 6
- Sicherheit für Personen: Klasse 1 – öffentlicher Bereich
- Einbruchsicherheit: Mäßig einbruchhemmend (Klasse 2)
- Material: Aluminium mit Stahlkern / Edelstahl Werkstoff 1.4401

Schloss / Zubehör:
- Einsteckschloss nach DIN 18250 T1, für Wohnungsabschluss, / alternativ werkseitiger Einbau eines Blindzylinders
- Falzdichtung: dreiseitig umlaufende Brandschutzdichtung in grau
- Rauchschutz mit Bodendichtung, automatisch absenkbar
- Stulp aus nichtrostendem Stahl
- Schutzbeschlag: **Schild / Rosette**, Klasse ES **2 / 3**, mit Zylinderziehschutz

Türschließung:
- Türschließer mit Schließfolgeregelung und Mitnehmerklappe
- **Gleitschienen-Obentürschließer DIN EN 1154 / mit automatischem Türantrieb / Türfeststellanlage mit integriertem Rauchmelder / mit Fluchttürfunktion-Trafo-Wechselfunktion**
- Montage: **bandseitig / gegenbandseitig**

Oberflächen
- Stahlprofile: **verzinkt grundiert / chromatiert, grundiert und Farbeschichtung Nasslack / Pulverbeschichtung, Farbe: .....**
- Aluminiumteile: **Pulverbeschichtet, Farbe:.... / silber eloxiert E6/C0**
- Edelstahlteile: gebürstet

Montage/Einbauort/Verankerungsgrund:
- Erdgeschoss / .....
- Wandaufbau im Anschlussbereich: .....
- Montage gemäß Einbauanleitung der Zulassung.
- Abdichten und Versiegeln der Anschlussfugen mit Brandschutz-Silikon-Fugendichtstoff, Farbton .....

Angeb. Fabrikat: .....

| 2.321 € | 4.548 € | **5.187** € | 5.895 € | 8.029 € | [St] | ⏱ 3,90 h/St | 031.000.040 |

A 5 Stahltür, Brandschutz, EI2 30   Beschreibung für Pos. **26-28**

Feuerhemmendes Stahl-Feuerschutztürelement, bauartgeprüft nach DIN 18095, einflüglig, mit Zulassung für den Anwendungsfall.
Element bestehend aus:
Zarge und Türblatt, selbstschließende Drehtür, Einbau in Innenwand, einschl. Bohrungen und Verbindungsmittel für die Verschraubung mit den bauseitigen Anschlüssen. Einbau aller Komponenten und gangbar machen der Türanlage.

LB 031
Metallbauarbeiten

Nr.	Kurztext / Langtext			[Einheit]	Kostengruppe
▶	▷	ø netto € ◁ ◀			Ausf.-Dauer Positionsnummer

Anforderung Brandschutz:
- **feuerhemmend + rauchdicht + selbstschließend T30 RS bzw. EI2 30-C (D) / feuerhemmend + dicht- + selbstschließend T30 D bzw. EI2 30-C (D)**
- Selbstschließende Eigenschaften: **C1** / ..... / **C5 (offen stehen gehalten** / ...... / **sehr häufige Betätigung**)
- Zulassung: **CE-Kennzeichnung / allgemeine bauaufsichtliche Zulassung ABZ / allgemeines bauaufsichtliches Prüfzeugnis ABP mit der Nr. .....**

Anforderungen Innentür:
- Klimaklasse DIN EN 1121: I = Innentür zwischen klimatisierten Räumen
- mechanische Beanspruchungsgruppe DIN EN 1192: M, mittlere Beanspruchung = Verwaltungsgebäude
- Bauteilwiderstandsklasse DIN EN 1627: RC 1 N
- Schallschutz: Schalldämmmaß Rwp =..... dB nach DIN 4109 und VDI 2719

Geltungsbereich: **Normalraum / Feuchtraum / Nassraum**

Türflügel:
- Volltürblatt, d= 50 mm, Stahlblech t= 1,5 mm,
- Füllung aus Mineralwolle nach DIN EN 13162 U_t= ..... W/m²K
- doppelt gefälzt, flächenbündig,
- Öffnungsflügel rechts / links angeschlagen
- Flügelprofil: Tiefe = ...mm, Ansichtsbreite = ...mm
- Türelement schwellenlos, **mit automatischer Absenkdichtung / mit Halbrundprofil und Auflaufdichtung / mit Schwellenanschlag (Bodenversatz)**

Zarge:
- Maulweite: ..... mm
- Ansichtsbreite: ..... mm

Umfassungszarge aus Stahl t= 2 mm
- verdeckte Befestigung, Maueranker
- eingeschweißte Bandtaschen
- Hinterfüllung des Zargenhohlraums
- verdeckte Befestigung

Bänder / Beschläge
- ..... Stück Dreirollenbänder je Flügel, dreidimensional verstellbar, Bandhöhe ca.120 / 160 mm, Stahl vernickelt

Drücker:
- FS- /RD- Drückergarnitur DIN 18273 für Brandschutz-/ Rauchschutztüren
- Benutzungskategorie: Klasse 3
- Dauerhaftigkeit: Klasse 6
- Sicherheit für Personen: Klasse 1 – öffentlicher Bereich
- Einbruchsicherheit: Mäßig einbruchhemmend (Klasse 2)
- Material: Aluminium mit Stahlkern / Edelstahl Werkstoff 1.4401

Schloss / Zubehör:
- Einsteckschloss nach DIN 18250 T1, für Wohnungsabschluss, vorgerichtet für Profilzylinder
- Falzdichtung: dreiseitig umlaufende Brandschutzdichtung in Grau
- Rauchschutz mit Bodendichtung, automatisch absenkbar
- Stulp aus nichtrostendem Stahl
- Schutzbeschlag: **Schild / Rosette**, Klasse ES **2** / **3**, mit Zylinderziehschutz
- Türstopper aus Aluminium mit schwarzer Gummieinlage, montiert auf .....

Türschließung:
- **Gleitschienen-Obentürschließer DIN EN 1154 / mit automatischem Türantrieb / Türfeststellanlage und integriertem Rauchmelder / mit Fluchttürfunktion-Trafo-Wechselfunktion**
- Montage: **bandseitig / gegenbandseitig**

Kosten:
Stand 1.Quartal 2018
Bundesdurchschnitt

▶ min
▷ von
ø Mittel
◁ bis
◀ max

Nr.	**Kurztext** / Langtext						Kostengruppe	
▶	▷	**ø netto €**	◁	◀	[Einheit]	Ausf.-Dauer	Positionsnummer	

Oberflächen:
- Stahlprofile: **verzinkt grundiert / chromatiert, grundiert und Farbeschichtung Nasslack / Pulverbeschichtung, Farbe: .....**
- Aluminiumteile: **farblos natur, eloxiert E6 EV1 / silberfarbig**
- Edelstahlteile: gebürstet

Montage/Einbauort/Verankerungsgrund:
- Erdgeschoss / .....
- Wandaufbau im Anschlussbereich: .....
- Montage gemäß Einbauanleitung der Zulassung.
- Abdichten und Versiegeln der Anschlussfugen mit Brandschutz-Silikon-Fugendichtstoff, Farbton .....

Angeb. Fabrikat: ..... (Hersteller/Typ)

26 Stahltür, Brandschutz, T30 RS, 875x2.000/2.125 — KG **344**
Wie Ausführungsbeschreibung A 5
Baurichtmaß (B x H): 875 x **2.000 / 2.125** mm

| 508€ | 706€ | **793**€ | 1.055€ | 1.377€ | [St] | ⏱ 3,20 h/St | 031.000.058 |

27 Stahltür, Brandschutz, T30 RS, 1.000x2.000/2.125 — KG **344**
Wie Ausführungsbeschreibung A 5
Baurichtmaß (B x H): 1.000 x **2.000 / 2.125** mm

| 599€ | 802€ | **878**€ | 1.085€ | 1.417€ | [St] | ⏱ 3,40 h/St | 031.000.059 |

28 Stahltür, Brandschutz, T30 RS, 1.250x2.000/2.125 — KG **344**
Wie Ausführungsbeschreibung A 5
Baurichtmaß (B x H): 1.250 x **2.000 / 2.125** mm

| 700€ | 1.088€ | **1.247**€ | 1.515€ | 2.270€ | [St] | ⏱ 3,60 h/St | 031.000.061 |

29 Stahltür, Brandschutz, T30 RS, zweiflüglig — KG **344**
Feuerhemmende Stahl-Feuerschutztürelement, bauartgeprüft nach DIN 18095, zweiflüglig, mit Zulassung für den Anwendungsfall.
Element bestehend aus selbstschließender Drehtür, Einbau in Innenwand, einschl. Bohrungen und Verbindungsmittel für die Verschraubung mit den bauseitigen Anschlüssen. Einbau aller Komponenten und gangbar machen und, Kennzeichnung mit geeignetem Kennzeichnungsschild.
Baurichtmaß (B x H): ..... x ..... mm
Anforderung Brandschutz:
- **feuerhemmend + rauchdicht + selbstschließend T30 RS bzw. EI2 30-C (D) / feuerhemmend + dicht- + selbstschließend T30 D bzw. EI2 30-C (D)**
- Selbstschließende Eigenschaften: **C1 / ..... / C5 (offen stehend gehalten / ..... / sehr häufige Betätigung)**
- Zulassung: **CE-Kennzeichnung / allgemeine bauaufsichtliche Zulassung ABZ / allgemeines bauaufsichtliches Prüfzeugnis ABP mit der Nr. .....**

Anforderungen Innentür:
- Klimaklasse DIN EN 1121: I = Innentür zwischen klimatisierten Räumen.
- mechanische Beanspruchungsgruppe DIN EN 1192: M, mittlere Beanspruchung = Verwaltungsgebäude
- Bauteilwiderstandsklasse DIN EN 1627: RC 1 N
- Schallschutz: Schalldämmmaß Rwp =..... dB nach DIN 4109 und VDI 2719

Geltungsbereich: **Normalraum / Feuchtraum / Nassraum**

LB 031
Metallbauarbeiten

Nr.	Kurztext / Langtext					Kostengruppe	
▶	▷	ø netto €	◁	◀	[Einheit]	Ausf.-Dauer	Positionsnummer

Kosten:
Stand 1.Quartal 2018
Bundesdurchschnitt

Türblatt:
Volltürblatt, d= 50 mm, Stahlblech t= 1,5 mm
– Füllung aus Mineralwolle nach DIN EN 13162 U_t= ..... W/m²K
– doppelt gefälzt, flächenbündig,
– Öffnungsflügel **rechts / links** angeschlagen
– Flügelprofil: Tiefe = ... mm, Ansichtsbreiten = ... mm
– **Türelement schwellenlos, mit automatischer Absenkdichtung / mit Halbrundprofil und Auflaufdichtung / mit Schwellenanschlag (Bodenversatz)**

Zarge:
– Maulweite: ..... mm
– Ansichtsbreite: ..... mm

Umfassungszarge aus Stahl t= 2 mm
– verdeckte Befestigung, Maueranker
– eingeschweißte Bandtaschen
– Hinterfüllung des Zargenhohlraums

Bänder / Beschläge
– ..... Stück Dreirollenbänder je Flügel, dreidimensional verstellbar, Bandhöhe ca.120 / 160 mm, Stahl vernickelt

Drücker:
– FS- /RD- Drückergarnitur DIN 18273 für Brandschutz-/ Rauchschutztüren
– Benutzungskategorie: Klasse 3
– Dauerhaftigkeit: Klasse 6
– Sicherheit für Personen: Klasse 1 – öffentlicher Bereich
– Einbruchsicherheit: Mäßig einbruchhemmend (Klasse 2)
– Material: **Aluminium mit Stahlkern / Edelstahl Werkstoff 1.4401**

Schloss / Zubehör:
– Einsteckschloss nach DIN 18250 T1, für Wohnungsabschluss, / alternativ werkseitiger Einbau eines Blindzylinders
– Falzdichtung: dreiseitig umlaufende Brandschutzdichtung in grau
– Rauchschutz mit Bodendichtung, automatisch absenkbar
– Stulp aus nichtrostendem Stahl
– Schutzbeschlag: **Schild / Rosette**, Klasse ES **2 / 3**, mit Zylinderziehschutz

Türschließung:
– Türschließer mit Schließfolgeregelung
– **Gleitschienen-Obentürschließer DIN EN 1154 / mit automatischem Türantrieb / Türfeststellanlage mit integriertem Rauchmelder / mit Fluchttürfunktion-Trafo-Wechselfunktion**
– Montage: **bandseitig / gegenbandseitig**

Oberflächen:
– Stahlprofile **verzinkt grundiert / chromatiert, grundiert und Farbeschichtung Nasslack / Pulverbeschichtung, Farbe: .....**
– Aluminiumteile: **Pulverbeschichtung, Farbe:.... / silber eloxiert E6/C0**
– Edelstahlteile: gebürstet

Montage/Einbauort/Verankerungsgrund:
– Erdgeschoss / .....
– Wandaufbau im Anschlussbereich: .....
– Montage gemäß Einbauanleitung der Zulassung.
– Abdichten und Versiegeln der Anschlussfugen mit Brandschutz-Silikon-Fugendichtstoff, Farbton .....

Angeb. Fabrikat: .....

▶ min
▷ von
ø Mittel
◁ bis
◀ max

| 1.325€ | 2.207€ | **2.545€** | 3.839€ | 6.594€ | [St] | ⏱ 5,40 h/St | 031.000.041 |

Nr.	Kurztext / Langtext					Kostengruppe	
▶	▷	ø netto €	◁	◀	[Einheit]	Ausf.-Dauer	Positionsnummer

30 Stahlrahmentür, Glasfüllung, T30 RS, innen   KG **344**

Feuerhemmendes Stahl-/ Aluminium-Rohrrahmen-Feuerschutztürelement, bauartgeprüft nach DIN 18095, einflüglig, mit Zulassung für den Anwendungsfall.
Element bestehend aus:
Rahmen und Türblatt mit Glasfüllung, Oberteil / Seitenteil mit verglastem Blindflügel, selbstschließende Drehtür, Einbau in Innenwand, einschl. Bohrungen und Verbindungsmittel für die Verschraubung mit den bauseitigen Anschlüssen. Einbau aller Komponenten und gangbar machen und Kennzeichnung mit geeignetem Kennzeichnungsschild.
Baurichtmaß (B x H): 1.135 x **2.000 / 2.130** mm
– mit Oberteil als Blindflügel (B x H): ..... x ..... mm
– mit Seitenteil als Blindflügel (B x H): ..... x ..... mm
Anforderung Brandschutz:
– **feuerhemmend + rauchdicht + selbstschließend T30 RS bzw. EI2 30-C (D) / feuerhemmend + dicht- + selbstschließend T30 D bzw. EI2 30-C (D)**
– **Selbstschließende Eigenschaften: C1 / ..... / C5 (offen stehend gehalten / ...... / sehr häufige Betätigung)**
– Zulassung: **CE-Kennzeichnung / allgemeine bauaufsichtliche Zulassung ABZ / allgemeines bauaufsichtliches Prüfzeugnis ABP mit der Nr. .....**
Anforderungen Innentür:
– Klimaklasse DIN EN 1121: I = Innentür zwischen klimatisierten Räumen
– mechanische Beanspruchungsgruppe DIN EN 1192: M, mittlere Beanspruchung = Verwaltungsgebäude
– Bauteilwiderstandsklasse DIN EN 1627: RC 1 N
– Schallschutz: Schalldämmmaß Rwp =..... dB nach DIN 4109 und VDI 2719
Geltungsbereich: **Normalraum / Feuchtraum / Nassraum**
Türflügel:
– verglaste Rohrrahmenkonstruktion, thermisch getrennt
– doppelt gefälzt, flächenbündig
– Öffnungsflügel **rechts / links** angeschlagen
– Flügelprofil: Tiefe = ... mm, Ansichtsbreite = ... mm
– Türelement schwellenlos**, mit automatischer Absenkdichtung / mit Halbrundprofil und Auflaufdichtung / mit Schwellenanschlag (Bodenversatz)**
Verglasung:
– Füllung: Verglasung B ..... x H ..... mm
– Lichtdurchlässigkeit über 75 bis 80%
– Glasleisten, vierseitig, Ansichtsbreite .....
Rahmen
– Rohrrahmen aus feuerverzinktem Stahl, thermische Trennung, mit feuerhemmender Zwischenlage
– Profil: Tiefe = ...mm, Ansichtsbreite = ...mm
– verdeckte Befestigung.
Bänder / Beschläge
– ..... Stück Dreirollenbänder je Flügel, dreidimensional verstellbar, Bandhöhe ca. 120 / 160 mm, Stahl vernickelt
Drücker:
– FS- /RD- Drückergarnitur DIN 18273 für Brandschutz-/ Rauchschutztüren
– Benutzungskategorie: Klasse 3
– Dauerhaftigkeit: Klasse 6
– Sicherheit für Personen: Klasse 1 – öffentlicher Bereich
– Einbruchsicherheit: Mäßig einbruchhemmend (Klasse 2)
– Material: **Aluminium mit Stahlkern / Edelstahl Werkstoff 1.4401**

LB 031 Metallbauarbeiten

Nr.	Kurztext / Langtext						Kostengruppe
▶	▷	ø netto €	◁	◀	[Einheit]	Ausf.-Dauer	Positionsnummer

Schloss / Zubehör:
- Einsteckschloss nach DIN 18250 T1, für Wohnungsabschluss, / alternativ werkseitiger Einbau eines Blindzylinders
- Falzdichtung: dreiseitig umlaufende Brandschutzdichtung in Grau
- Rauchschutz mit Bodendichtung, automatisch absenkbar
- Stulp aus nichtrostendem Stahl
- Schutzbeschlag: S**child / Rosette**, Klasse ES **2 / 3**, mit Zylinderziehschutz

Türschließung:
- **Gleitschienen-Obentürschließer DIN EN 1154 / mit automatischem Türantrieb / Türfeststellanlage mit integriertem Rauchmelder / mit Fluchttürfunktion-Trafo-Wechselfunktion**
- Montage: **bandseitig / gegenbandseitig**

Oberflächen
- Stahlprofile: **verzinkt grundiert / chromatiert, grundiert und Farbeschichtung Nasslack / Pulverbeschichtung, Farbe: .....**
- Aluminiumteile: **Pulverbeschichtet, Farbe:.... / silber eloxiert E6/C0**
- Edelstahlteile: gebürstet

Montage/Einbauort/Verankerungsgrund:
- Erdgeschoss / .....
- Wandaufbau im Anschlussbereich: .....
- Montage gemäß Einbauanleitung der Zulassung.
- Abdichten und Versiegeln der Anschlussfugen mit Brandschutz-Silikon-Fugendichtstoff, Farbton .....

Angeb. Fabrikat: .....

| 2.303€ | 3.188€ | **3.592**€ | 4.136€ | 5.349€ | [St] | ⏱ 4,00 h/St | 031.000.019 |

31   **Stahlrahmentür, Glasfüllung, T-30 RS, zweiflüglig, innen**   KG **344**

Feuerhemmendes **Stahl-/ Aluminium**-Rohrrahmen-Feuerschutztürelement, bauartgeprüft nach DIN 18095, zweiflüglig, mit Zulassung für den Anwendungsfall.
Element bestehend aus:
Rahmen und Türblättern mit Glasfüllung, Oberteil / Seitenteil mit verglastem Blindflügel, selbstschließende Drehtür, Einbau in Innenwand, einschl. Bohrungen und Verbindungsmittel für die Verschraubung mit den bauseitigen Anschlüssen. Einbau aller Komponenten und gangbar machen und Kennzeichnung mit geeignetem Kennzeichnungsschild.

Baurichtmaß (B x H): ..... x ..... mm
- mit Oberteil als Blindflügel (B x H): ..... x ..... mm
- mit Seitenteil als Blindflügel (B x H): ..... x ..... mm

Anforderung Brandschutz:
- **feuerhemmend + rauchdicht + selbstschließend T30 RS bzw. EI2 30-C (D) / feuerhemmend + dicht- + selbstschließend T30 D bzw. EI2 30-C (D)**
- Selbstschließende Eigenschaften: **C1 / ..... / C5 (offen stehend gehalten / ...... / sehr häufige Betätigung)**
- Zulassung: **CE-Kennzeichnung / allgemeine bauaufsichtliche Zulassung ABZ / allgemeines bauaufsichtliches Prüfzeugnis ABP mit der Nr. ‚...........' (Bieterangabe)**

Anforderungen Innentür:
- Klimaklasse DIN EN 1121: I = Innentür zwischen klimatisierten Räumen
- mechanische Beanspruchungsgruppe DIN EN 1192: M, mittlere Beanspruchung = Verwaltungsgebäude
- Bauteilwiderstandsklasse DIN EN 1627: RC 1 N
- Schallschutz: Schalldämmmaß Rwp = ... dB nach DIN 4109 und VDI 2719

Geltungsbereich: **Normalraum / Feuchtraum / Nassraum**

Kosten:
Stand 1.Quartal 2018
Bundesdurchschnitt

▶ min
▷ von
ø Mittel
◁ bis
◀ max

Nr.	Kurztext / Langtext					Kostengruppe		
▶	▷	ø netto €	◁	◀	[Einheit]	Ausf.-Dauer	Positionsnummer	

Türflügel:
- verglaste Rohrrahmenkonstruktion, thermisch getrennt
- doppelt gefälzt, flächenbündig,
- Öffnungsflügel rechts / links angeschlagen
- Flügelprofil: Tiefe = ...mm, Ansichtsbreite = ...mm
- Türelement schwellenlos, **mit automatischer Absenkdichtung / mit Halbrundprofil und Auflaufdichtung / mit Schwellenanschlag (Bodenversatz)**

Verglasung:
- Füllung: Verglasung B ..... x H .....
- Lichtdurchlässigkeit über 75 bis 80%
- Glasleisten, vierseitig, Ansichtsbreite .....

Rahmen:
- Rohrrahmen aus feuerverzinktem Stahl, thermische Trennung, mit feuerhemmender Zwischenlage
- Profil: Tiefe = ...mm, Ansichtsbreite = ... mm
- verdeckte Befestigung.

Bänder / Beschläge:
- ..... Stück Dreirollenbänder je Flügel, dreidimensional verstellbar, Bandhöhe ca.**120 / 160** mm, Stahl vernickelt

Drücker:
- FS- /RD- Drückergarnitur DIN 18273 für Brandschutz-/ Rauchschutztüren,
- Benutzungskategorie: Klasse 3
- Dauerhaftigkeit: Klasse 6
- Sicherheit für Personen: Klasse 1 – öffentlicher Bereich
- Einbruchsicherheit: Mäßig einbruchhemmend (Klasse 2)
- Material: **Aluminium mit Stahlkern / Edelstahl Werkstoff 1.4401**

Schloss / Zubehör:
- Einsteckschloss nach DIN 18250 T1, für Wohnungsabschluss, / alternativ werkseitiger Einbau eines Blindzylinders
- Falzdichtung: dreiseitig umlaufende Brandschutzdichtung in grau
- Rauchschutz mit Bodendichtung, automatisch absenkbar
- Stulp aus nichtrostendem Stahl
- Schutzbeschlag: **Schild / Rosette**, Klasse ES **2 / 3**, mit Zylinderziehschutz

Türschließung:
- Türschließer mit Schließfolgeregelung und Mitnehmerklappe
- **Gleitschienen-Obentürschließer DIN EN 1154 / mit automatischem Türantrieb / Türfeststellanlage mit integriertem Rauchmelder / mit Fluchttürfunktion-Trafo-Wechselfunktion**
- Montage: **bandseitig / gegenbandseitig**

Oberflächen:
- Stahlprofile: **verzinkt grundiert / chromatiert, grundiert und Farbeschichtung Nasslack / Pulverbeschichtung, Farbe: .....**
- Aluminiumteile: **Pulverbeschichtet, Farbe: ..... / silber eloxiert E6/C0**
- Edelstahlteile: gebürstet

Montage/Einbauort/Verankerungsgrund:
- **Erdgeschoss / .....**
- Wandaufbau im Anschlussbereich: .....
- Montage gemäß Einbauanleitung der Zulassung.
- Abdichten und Versiegeln der Anschlussfugen mit Brandschutz-Silikon-Fugendichtstoff, Farbton .....

023
024
025
026
027
028
029
030
031
032
033
034
036
037
038
039

LB 031
Metallbauarbeiten

Nr.	Kurztext / Langtext						Kostengruppe
▶	▷	ø netto €	◁	◀	[Einheit]	Ausf.-Dauer	Positionsnummer

Angeb. Fabrikat:
– Rohrrahmen (Hersteller/Typ): .....
– Glas/Füllung (Hersteller/Typ): .....

| 4.515€ | 6.639€ | **7.465€** | 8.660€ | 11.054€ | [St] | ⏱ 5,20 h/St | 031.000.042 |

A 6 Stahltür, Brandschutz, EI2 90   Beschreibung für Pos. **32-33**

Feuerbeständige Stahl-Feuerschutztürelement, bauartgeprüft nach DIN 18095, einflügig, mit Zulassung für den Anwendungsfall.
Element bestehend aus:
selbstschließende Drehtür, Einbau in Innenwand, einschl. Bohrungen und Verbindungsmittel für die Verschraubung mit den bauseitigen Anschlüssen. Einbau aller Komponenten und gangbar machen der Türanlage.
Anforderung Brandschutz:
– **feuerbeständig + dicht- + selbstschließend T90 D bzw. EI2-90-C (D)**
– Selbstschließende Eigenschaften: **C1 / ..... / C5** (offen stehend gehalten / ...... / sehr häufige Betätigung)
– Zulassung: CE-Kennzeichnung / allgemeine bauaufsichtliche Zulassung ABZ / allgemeines bauaufsichtliches Prüfzeugnis ABP mit der Nr. .....

Anforderungen Innentür:
– Klimaklasse DIN EN 1121: I = Innentür zwischen klimatisierten Räumen
– mechanische Beanspruchungsgruppe DIN EN 1192: M, mittlere Beanspruchung = Verwaltungsgebäude
– Bauteilwiderstandsklasse DIN EN 1627: RC 1 N
– Schallschutz: Schalldämmmaß Rwp =..... dB nach DIN 4109 und VDI 2719

Geltungsbereich: **Normalraum / Feuchtraum / Nassraum**
Türflügel:
– Volltürblatt, d= 50 mm, Stahlblech t= 1,5 mm
– Füllung aus Mineralwolle nach DIN EN 13162 U_t= ..... W/m²K
– doppelt gefälzt, flächenbündig,
– Öffnungsflügel rechts / links angeschlagen
– Flügelprofil: Tiefe = ...mm, Ansichtsbreite = ...mm
– **Türelement schwellenlos, mit automatischer Absenkdichtung / mit Halbrundprofil und Auflaufdichtung / mit Schwellenanschlag (Bodenversatz)**

Zarge:
– Maulweite: ..... mm
– Ansichtsbreite: ..... mm
Umfassungszarge aus Stahl t= 2 mm
– verdeckte Befestigung, Maueranker
– eingeschweißte Bandtaschen
– Hinterfüllung des Zargenhohlraums

Bänder / Beschläge
– ..... Stück Dreirollenbänder je Flügel, dreidimensional verstellbar, Bandhöhe ca.120 / 160 mm, Stahl vernickelt

Drücker:
– FS- /RD- Drückergarnitur DIN 18273 für Brandschutz-/ Rauchschutztüren
– Benutzungskategorie: Klasse 3
– Dauerhaftigkeit: Klasse 6
– Sicherheit für Personen: Klasse 1 – öffentlicher Bereich
– Einbruchsicherheit: Mäßig einbruchhemmend (Klasse 2)
– Material: Aluminium mit Stahlkern / Edelstahl Werkstoff 1.4401

Kosten:
Stand 1.Quartal 2018
Bundesdurchschnitt

▶ min
▷ von
ø Mittel
◁ bis
◀ max

Nr.	**Kurztext** / Langtext					Kostengruppe	
▶	▷	**ø netto €**	◁	◀	[Einheit]	Ausf.-Dauer	Positionsnummer

Schloss / Zubehör:
- Einsteckschloss nach DIN 18250 T1, für Wohnungsabschluss, vorgerichtet für Profilzylinder
- Falzdichtung: dreiseitig umlaufende Brandschutzdichtung in grau
- Rauchschutz mit Bodendichtung, automatisch absenkbar
- Stulp aus nichtrostendem Stahl
- Schutzbeschlag: Schild / Rosette, Klasse ES 2 / 3, mit Zylinderziehschutz

Türschließung:
- Gleitschienen-Obentürschließer DIN EN 1154 / mit automatischem Türantrieb / Türfeststellanlage und integriertem Rauchmelder / mit Fluchttürfunktion-Trafo-Wechselfunktion
- Montage: bandseitig / gegenbandseitig

Oberflächen:
- Stahlprofile: verzinkt grundiert / chromatiert, grundiert und Farbeschichtung Nasslack / Pulverbeschichtung, Farbe: .....
- Aluminiumteile: farblos natur, eloxiert E6 EV1 oder silberfarbig
- Edelstahlteile: gebürstet

Montage/Einbauort/Verankerungsgrund:
- Erdgeschoss / .....
- Wandaufbau im Anschlussbereich: .....
- Montage gemäß Einbauanleitung der Zulassung.
- Abdichten und Versiegeln der Anschlussfugen mit Brandschutz-Silikon-Fugendichtstoff, Farbton .....

Angeb. Fabrikat: .....

32   Stahltür, Brandschutz, T90, 875x2.000/2.125   KG **344**
Wie Ausführungsbeschreibung A 6
Baurichtmaß (B x H): 875 x **2.000 / 2.125** mm
–€   1.074€   **1.244**€   1.480€   –€   [St]   ⏱ 3,20 h/St   031.000.062

33   Stahltür, Brandschutz, T90, 1.000x2.000/2.125   KG **344**
Wie Ausführungsbeschreibung A 6
Baurichtmaß (B x H): 1.000 x **2.000 / 2.125** mm
1.118€   1.546€   **1.952**€   2.192€   2.401€   [St]   ⏱ 3,40 h/St   031.000.063

34   Stahltür, Brandschutz, T90-2, zweiflüglig   KG **344**
Feuerbeständiges Stahl-Feuerschutztürelement, bauartgeprüft nach DIN 18095, zweiflüglig, mit Zulassung für den Anwendungsfall.
Element bestehend selbstschließender Drehtür, Einbau in Innenwand, einschl. Bohrungen und Verbindungsmittel für die Verschraubung mit den bauseitigen Anschlüssen. Einbau aller Komponenten und gangbar machen der Türanlage.
Baurichtmaß (B x H): ..... x ..... mm
Anforderung Brandschutz:
- **feuerbeständig + dicht- + selbstschließend T90 D bzw. EI2-90-C (D)**
- Selbstschließende Eigenschaften: **C1 / ..... / C5 (offen stehend gehalten / ...... / sehr häufige Betätigung)**
- Zulassung: CE-Kennzeichnung / allgemeine bauaufsichtliche Zulassung ABZ / allgemeines bauaufsichtliches Prüfzeugnis ABP mit der Nr. .....

Anforderungen Innentür:
- Klimaklasse DIN EN 1121: I = Innentür zwischen klimatisierten Räumen
- mechanische Beanspruchungsgruppe DIN EN 1192: M, mittlere Beanspruchung = Verwaltungsgebäude
- Bauteilwiderstandsklasse DIN EN 1627: RC 1 N
- Schallschutz: Schalldämmmaß Rwp =..... dB nach DIN 4109 und VDI 2719

LB 031
Metallbauarbeiten

Nr.	Kurztext / Langtext					[Einheit]	Ausf.-Dauer	Kostengruppe Positionsnummer
▶	▷	ø netto €	◁	◀				

Geltungsbereich: **Normalraum / Feuchtraum / Nassraum**
Türflügel:
- Volltürblatt, d= 50 mm, Stahlblech t=1,5 mm,
- Füllung aus Mineralwolle nach DIN EN 13162 U_t= ..... W/m²K
- doppelt gefälzt, flächenbündig,
- Öffnungsflügel rechts / links angeschlagen
- Flügelprofil: Tiefe = ...mm, Ansichtsbreiten = ...mm
- Türelement schwellenlos, mit **automatischer Absenkdichtung / mit Halbrundprofil und Auflauf-dichtung / mit Schwellenanschlag (Bodenversatz)**

Zarge:
- Maulweite: ..... mm
- Ansichtsbreite: ..... mm

Umfassungszarge aus Stahl t= 2 mm
- verdeckte Befestigung, Maueranker
- eingeschweißte Bandtaschen,
- Hinterfüllung des Zargenhohlraums

Bänder / Beschläge:
- ..... Stück Dreirollenbänder je Flügel, dreidimensional verstellbar, Bandhöhe ca.120 / 160 mm, Stahl vernickelt

Drücker:
- FS- /RD- Drückergarnitur DIN 18273 für Brandschutz-/ Rauchschutztüren
- Benutzungskategorie: Klasse 3
- Dauerhaftigkeit: Klasse 6
- Sicherheit für Personen: Klasse 1 – öffentlicher Bereich
- Einbruchsicherheit: Mäßig einbruchhemmend (Klasse 2)
- Material: Aluminium mit Stahlkern / Edelstahl Werkstoff 1.4401

Schloss / Zubehör:
- Einsteckschloss nach DIN 18250 T1, für Wohnungsabschluss / alternativ werkseitiger Einbau eines Blindzylinders
- Falzdichtung: dreiseitig umlaufende Brandschutzdichtung in grau
- Rauchschutz mit Bodendichtung, automatisch absenkbar
- Stulp aus nichtrostendem Stahl
- Schutzbeschlag: Schild / Rosette, Klasse ES 2 / 3, mit Zylinderziehschutz

Türschließung:
- Türschließer mit Schließfolgeregelung und Mitnehmerklappe
- **Gleitschienen-Obentürschließer DIN EN 1154 / mit automatischem Türantrieb / Türfeststell-anlage mit integriertem Rauchmelder / mit Fluchttürfunktion-Trafo-Wechselfunktion**
- Montage: bandseitig / gegenbandseitig

Oberflächen:
- Stahlprofile: **verzinkt grundiert / chromatiert, grundiert und Farbeschichtung Nasslack / Pulver-beschichtung, Farbe: .....**
- Aluminiumteile: **farblos natur, eloxiert E6 EV1 oder silberfarbig**
- Edelstahlteile: gebürstet

Kosten:
Stand 1.Quartal 2018
Bundesdurchschnitt

▶ min
▷ von
ø Mittel
◁ bis
◀ max

Nr.	**Kurztext** / Langtext					Kostengruppe		
▶	▷	**ø netto €**	◁	◀	[Einheit]	Ausf.-Dauer	Positionsnummer

Montage/Einbauort/Verankerungsgrund:
– Erdgeschoss / .....
– Wandaufbau im Anschlussbereich: .....
– Montage gemäß Einbauanleitung der Zulassung.
– Abdichten und Versiegeln der Anschlussfugen mit Brandschutz-Silikon-Fugendichtstoff, Farbton .....
Angeb. Fabrikat: .....
2.782 €   3.535 €   **3.907 €**   4.359 €   5.415 €   [St]   ⏱ 4,60 h/St   031.000.043

35   Stahlrahmen, Rolltor, grundiert   KG **334**
Stahlrahmen für Rolltor einteilig, stabil im bauseitigen Untergrund befestigt.
Abmessung (B x H): ..... x ..... m
Konstruktion:
Material: Stahl S235JR+Ar
Oberfläche: Rostschutz grundiert, für Beschichtung
Bauseitiger Untergrund: **Stahlbeton / Mauerwerk**
1.708 €   2.023 €   **2.165 €**   2.426 €   2.742 €   [St]   ⏱ 3,60 h/St   031.000.032

36   Rolltor, Leichtmetall, außen   KG **334**
Leichtmetall-Rolltoranlage nach ASR A1.7 Türen und Tore (für kraftbetätigte Türen und Tore) und DIN EN 13241-1 als Hallentor mit Rolltorführungsschienen, Welle und Rolltorpanzer, wärmegedämmt, elektromechanischem Antrieb nach DIN VDE 0700 Teil 238, einschl. Verkabelungen, Bohrungen und Verbindungsmittel für die Verschraubung mit den bauseitigen Anschlüssen, Einbau aller Komponenten, gangbar machen der Toranlage und sicherheitstechnische Prüfung gemäß ASR A 1.7, Abs. 10.
lichtes Öffnungsmaß: .....
lichte Höhe: .....
Wärmeschutz: U_w-Wert = ... W/(m²K) nach DIN EN ISO 10077-1, DIN V 4108-4
Windlast, Prüfdruck **P1 / P2 / P3**, Klasse ..... nach DIN EN 12210
Schlagregendichtheit, Klasse ..... nach DIN EN 12208
Schalldämmmaß: R_w, R 24 dB nach DIN 4109
Einbruchhemmung: Widerstandsklasse ..... nach DIN EN 1627
Panzer: Aluminium-Hohlprofil, wärmegedämmt, unteres Abschlussprofil
Führungsschienen: verschleißfeste Gleiteinlagen
Welle: Stahlrohr
Material / Montage:
– Befestigung der Führungsschienen an Bauteile aus Stahlbeton mit Dübelmontage
– Befestigung der Wellenlager an Bauteile aus Stahlbeton mit Dübelmontage
Zubehör:
– Torantrieb, links oder rechts angeschlagen
– Aufsteckantrieb 400 V Drehspannung, IP54
– Nothandkurbel und integrierte Fangvorrichtung
– Torsteuerung als Totmannsteuerung, mit ..... Stück Drucktaster
– Torbedienung und mit ..... Stück Schlüsselschalter
– Rollkasten aus farbbeschichtetem Alu-Blech
– Einbruchsicherung mit **Schloss / Elektromechanische Sicherung gegen Anheben**
– Bodendichtung aus EPDM-Lippenprofil
– Sturzgegendichtung aus EPDM-Lippenprofil
Oberflächen:
– Stahlteile feuerverzinkt
– Aluminiumteile: anodisch oxidiert, **Pulver- / Nasslackbeschichtung**

LB 031 Metallbauarbeiten

Nr.	Kurztext / Langtext					[Einheit]	Ausf.-Dauer	Kostengruppe Positionsnummer
▶	▷	ø netto €	◁	◀				

Einbauort:
– Rollraum oberhalb der Öffnung, **vor der Wand / hinter Sturzprofil an Deckenplatte**
Für die Ausführung werden vom AG folgende Unterlagen zur Verfügung gestellt:
– Entwurfszeichnungen, Plannr.: .....
– Übersichtszeichnungen, Plannr.: .....
– statische Berechnung, Plannr.: .....
Angeb. Fabrikat: .....

| 2.929€ | 6.364€ | **7.956€** | 9.395€ | 13.473€ | | [St] | ⏱ 8,00 h/St | 031.000.021 |

37 Rollgitteranlage, elektrisch   KG **334**

Rollgitter-Anlage mit allen notwendigen Zubehörteilen, in bauseitige Öffnung; stabiles und einbruchhemmendes Rollgitter mit Motorbedienung und elektronischer Steuerung, Anlage mit Körperschalldämmung für leisen Lauf, Führungsschienen mit Einlage für materialschonenden Betrieb, Rollgitterkasten aus Leichtmetall-Formteil, Anlage mit einbruchhemmender Hochschiebesicherung, mit Notbedienung.
Einbruchwiderstand: Klasse RC .....
Abmessung Rollgitter: .....
Verfügbarer Querschnitt: .....
Material und Form:
– Gitter: **Flachstahl- / Aluminium-Wabe**, 155 x 120 mm, Berechnungsgewicht .... kg/m²
– Antriebswelle aus Stahl, achteckig
– Führungsschiene aus Aluminium, stranggepresst
– Rollgitter-Kasten: **Aluminium-/ Stahlblech-Formteil**, mehrfach gekantet, mit seitlichen Blenden
– Endstab aus stranggepresstem Aluminium mit Gummi-Abschlussprofil
Oberflächen:
– Aluminiumteile: E6, C1 - natur / pulverbeschichtet
– Schienen und Blenden: pulverbeschichtet
– Farben: .....
Bedienung der Anlage:
– Notbedienung als Handkurbel
– Deckenzugtaster mit Kette, montiert innen
– Schlüsselschalter als Aufputz-/ Unterputzschalter, außen / innen und außen
– Handsender
Steuerung:
– **240V / 24V** Sicherheits-Kleinspannung
– Schutzart IP54, "Tor zu" in Totmannschaltung (Dauerdruck) mit Drucktastern "Auf-Halt-Zu"
– selbstüberwachende, elektromechanische Schließkantensicherung
– betriebsfertig verkabelt, mit CEE-Stecker
Einbausituation: .....
Angeb. Fabrikat: .....

| 3.893€ | 4.754€ | **5.347€** | 5.807€ | 6.587€ | | [St] | ⏱ 9,00 h/St | 031.000.076 |

Kosten:
Stand 1.Quartal 2018
Bundesdurchschnitt

▶ min
▷ von
ø Mittel
◁ bis
◀ max

38   Sektional-/Falttor, Leichtmetall, außen   KG **334**

Leichtmetall-Sektionaltor, als Hallentor nach ASR A1.7 Türen und Tore (für kraftbetätigte Türen und Tore) und DIN EN 13241-1, wärmegedämmt, mit Führungsschienen, Umlenkung, elektromechanischem Antrieb nach DIN VDE 0700 Teil 238, einschl. Verkabelungen, Bohrungen und Verbindungsmittel für die Verschraubung mit den bauseitigen Anschlüssen, Einbau aller Komponenten und gangbar machen der Toranlage.
lichtes Öffnungsmaß: ......
lichte Höhe: .....

Wärmeschutz: U_W-Wert = ... W/(m²K) nach DIN EN ISO 10077-1, DIN V 4108-4

Windlast, Prüfdruck **P1 / P2 / P3**, Klasse ..... nach DIN EN 12210

Schlagregendichtheit, Klasse ..... nach DIN EN 12208

Schalldämmmaß: R_W, R 24 dB nach DIN 4109

Einbruchhemmung: Widerstandsklasse ..... nach DIN EN 1627

Paneel: Aluminium, doppelwandig, PUR-ausgeschäumt, unteres Abschlussprofil

Führungsschienen: verschleißfeste Gleiteinlagen

Material / Montage:
– Befestigung der Führungsschienen an Bauteile aus Stahlbeton mit Dübelmontage
– Befestigung der Wellenlager an Bauteile aus Stahlbeton mit Dübelmontage

Zubehör:
– Torantrieb elektro-mechanisch, links oder rechts angeschlagen, Aufsteckantrieb 400 V Drehspannung, IP54, Nothandkurbel und integrierte Fangvorrichtung
– Torsteuerung als Totmannsteuerung, mit ..... Stück Drucktaster
– Torbedienung und mit ..... Stück Schlüsselschalter
– Rollkasten aus farbbeschichtetem Alu-Blech
– Einbruchsicherung mit **Schloss / Elektromechanische Sicherung gegen Anheben**
– Bodendichtung aus EPDM-Lippenprofil
– Sturzgegendichtung aus EPDM-Lippenprofil

Oberflächen:
– Stahlteile feuerverzinkt
– Aluminiumteile: anodisch oxidiert, **Pulver- / Nasslackbeschichtung**

Einbau:
– hinter Sturzprofil an Deckenplatte

Für die Ausführung werden vom AG folgende Unterlagen zur Verfügung gestellt:
– Entwurfszeichnungen, Plannr.: .....
– Übersichtszeichnungen, Plannr.: .....
– statische Berechnung, Plannr.: .....

Angeb. Fabrikat: .....

1.284€   3.210€   **3.906**€   4.780€   7.568€   [St]   ⏱ 5,00 h/St   031.000.022

LB 031
Metallbauarbeiten

Nr.	Kurztext / Langtext						[Einheit]	Kostengruppe	
▶	▷	ø netto €	◁	◀				Ausf.-Dauer	Positionsnummer

39   Garagen-Schwingtor, Handbetrieb   KG **334**

Kipptor-Anlage nach DIN EN 13241-1 als Garagenabschluss, aus Rahmen und Kipptorblatt, mit Anschlagdämpfung und Öffnungshilfe im Handbetrieb, ruhiger Torlauf durch zwei kugelgelagerte Laufrollen in verzinkten Deckenlaufschienen mit Anschlagbegrenzung aus Gummi.
Alle Teile der Hubeinrichtung durch Einzel-Schraubverbindungen fein justier- und austauschbar, eingebaut in Stahlbetonkonstruktion; einschl. Bohrungen und Verbindungsmittel für die Verschraubung mit den bauseitigen Anschlüssen, Einbau aller Komponenten, gangbar machen der Toranlage und sicherheitstechnische Prüfung gemäß ASR A 1.7, Abs. 10.
lichtes Rohbaumaß: .....
Bauart: nach DIN EN 12604, Schutz vor Quetsch- und Scherstellen
Mindestabstände: 25 mm in allen Bereichen der Hubeinrichtung
Absturzsicherung: Multifederpaket, flexible Abdichtprofile

Kosten:
Stand 1.Quartal 2018
Bundesdurchschnitt

Betätigung: **handbetätigtes Tor / kraftbetätigtes Tor** zusammen mit Antrieb
Torzarge: aus Stahl mit Blendbrett
Torblattrahmen: verwindungsfreie Profilstahlrohre, auf Gehrung stumpf geschweißt, völlig geschlossen
  – Hubeinrichtung, mit wartungsfreien Gleitlagern
Schloss:
  – Verschluss: **durch 2 seitliche Schließriegel / 3 Punkt-Verriegelung bei elektrisch betätigtem Tor**
  – Schloss vorgerichtet für Einbau eines bauseitigen Profilzylinders
  – Türgriff mit Langschild, vernickelt Neusilber, mit Lochung für PZ
Beplankung:
  – außenseitig beplankt mit senkrechter, gehobelter und feingeschliffener Nordische-Fichte-Schalung
    t = 21 mm und waagrechte Sockelleiste als Schutz gegen aufsteigende Feuchtigkeit, Deckbreite der Beplankungsprofile d = 120 mm
  – Befestigung der Beplankung spannungsfrei durch Holzschraubleisten, Schwellenschiene, schraubbar, aus V2A-Edelstahl
Oberflächen Holz:
  – Profilschalung Nordische Fichte: **Grundlasur und Endlasur / Endlackiert nach RAL .....**, Farbton .....
Oberfläche Stahl:
  – **verzinkt und deckend beschichtet / feuerverzinkt**
  – Korrosionsbelastung DIN EN 12944: Klasse **C1 / C2**
  – Korrosionsschutz für Zeitraum Klasse: **L = 2-5 Jahre / M = 5-15 Jahre / H = über 15 Jahre**
Farbton: .....
Montage:
  – oben und seitlich an Stahlbetonkonstruktion
Für die Ausführung werden vom AG folgende Unterlagen zur Verfügung gestellt:
  – Entwurfszeichnungen, Plannr.: .....
  – Übersichtszeichnungen, Plannr.: .....
  – statische Berechnung, Plannr.: .....
Angeb. Fabrikat: .....

▶ min
▷ von
ø Mittel
◁ bis
◀ max

1.144 €   1.904 €   **2.303 €**   3.431 €   4.854 €   [St]   ⏱ 4,80 h/St   031.000.023

Nr.	Kurztext / Langtext					Kostengruppe		
▶	▷	ø netto €	◁	◀	[Einheit]	Ausf.-Dauer	Positionsnummer	

40 Außenwandbekleidung, Wellblech, MW, UK KG **335**

Außenwandbekleidung mit Wellblech aus Stahl-Wellblechprofilen Typ W18/76 nach DIN EN 10327, bandverzinkt und beschichtet, mit Mineralfaserdämmung und Aluminium-Unterkonstruktion; sämtliche Materialien in nichtbrennbarer Ausführung. Fenstersturz und Laibungen nach gesonderter Position.
Profilplatten: L= ca. 4.500 mm, Verlegung horizontal
Unterkonstruktion: ca. alle 650 mm befestigt, Profil einstellbar zur Aufnahme der bauseitigen Toleranzen bis ..... mm
Hinterlüftungsschicht: mind. 20 mm
Dämmung: Mineralwolle MW, Typ WAB, Wärmeleitfähigkeit: 0,035 W/(mK)
Brandverhalten: A1
Dämmschichtdicke ..... mm, einlagig, zwischen Z-Profilen
Material / Montage:
 – Befestigung der Unterkonstruktion aus Z-Profile am Untergrund erfolgt mit Rahmendübeln
 – Wellblech-Plattenstöße überlappend, regelhafte und exakte Befestigung auf UK mit Aluminiumschrauben d = 6,5 mm
 – Unterer und oberer Abschluss, sowie Anschlüsse und Eckausbildung, Ausklinkungen, eventuell erforderliche Ergänzungskonstruktionen bei Außen- und Innenecken
Oberflächen:
 – Wellblech-Oberfläche: Sichtseite farbbeschichtet RAL ....., Rückseite RAL .....
Einbauort:
 – verputzte Außenwände mit Wandhöhe bis ..... m
 – bauseitiger Untergrund: Hochlochziegel, Stahlbeton im Deckenbereich.
Für die Ausführung werden vom AG folgende Unterlagen zur Verfügung gestellt:
 – Entwurfszeichnungen, Plannr.: .....
 – Übersichtszeichnungen, Plannr.: .....
 – statische Berechnung, Plannr.: .....
Angeb. Fabrikat: .....

| 64€ | 94€ | **106**€ | 140€ | 193€ | [m²] | ⏱ 0,40 h/m² | 031.000.024 |

LB 031 Metallbauarbeiten

Nr.	Kurztext / Langtext				[Einheit]	Ausf.-Dauer	Kostengruppe Positionsnummer
▶	▷	ø netto €	◁	◀			

Kosten:
Stand 1.Quartal 2018
Bundesdurchschnitt

52 Steigleiter mit Rückenschutz, Stahl, verzinkt, über 5,00m — KG 339

Steigleiter mit Seitenholm und Rückenschutz, inkl. Bohrungen, Klebedübel und Verbindungsmittel.
Verwendungszweck:
Steigleiter **für Wartungs- und Kontrollzwecke nach DIN 18799-1 / für Maschinenzugänge nach DIN EN ISO 14122-1 / als Not- oder Feuerleiter an Gebäuden nach DIN 14094-1**
Ausführungsklasse nach DIN EN 1090: .....
Maße:
– Holme: Rohr D = 48,3 mm
– Sprossen: Rechteckrohr 25 x 25 x 1,5 mm
– lichte Weite: 400 mm, äußere Leiterbreite: 500 mm
– Wandabstand d = 200 mm
– Leiterlänge / Aufstiegshöhe: über 5,00 m
Material:
– Stahl, S235JR, feuerverzinkt / nichtrostender Stahl Werkstoff -Nr...... / Leichtmetall
Zubehör:
– Rückenschutzkorb, ab 3,0 / 5,0 m Leiterhöhe
– Umsteigepodest, für mehrzügige Leiter..... Stück, ggf. Ruhepodest
– Attika-Übersteigteil mit 2 Stufen Abstieg, 1 Stück
Montage:
– alle 2,00m am Holm befestigt, inkl. aller notwendigen nichtrostenden Verankerungsmittel
Einbauort: Außenbereich
Befestigungsgrund: **Stahlbetonwand / Mauerwerkswand**
Für die Ausführung werden vom AG folgende Unterlagen zur Verfügung gestellt:
– Entwurfszeichnungen, Plannr.: .....
– Übersichtszeichnungen, Plannr.: .....
– statische Berechnung, Plannr.: .....

| 734 € | 1.358 € | **1.701 €** | 2.387 € | 3.593 € | [St] | ⏱ 2,10 h/St | 031.000.035 |

53 Kellertrennwandsystem, verzinkte Konstruktion — KG 346

Kellertrennwandsystem aus verzinkten Stahlprofilen, Profile ca. 115mm breit und im Abstand von 35mm an verzinkten Winkeleisen 28x22mm vernietet. Montage des Trennwandsystems mit ca. 50mm Bodenabstand.
Raumhöhe: von 2,50 bis 2,70 m
Untergrund:
– Decke: Betondecke mit Dämmung 100 mm
– Boden: beschichteter Estrich t= 55 mm
Türen, T-Stöße und Wandanschlüsse nach getrennter Position
Ausführung/Aufteilung: gemäß Plannr.: .....
Produkt: Typ ...... Fa. ......, o. glw. Art.
Angeb. Fabrikat (Hersteller / Typ): .....

| 23 € | 31 € | **34 €** | 35 € | 42 € | [m²] | ⏱ 0,25 h/m | 031.000.078 |

▶ min
▷ von
ø Mittel
◁ bis
◀ max

Nr.	Kurztext / Langtext					Kostengruppe
▶	▷	ø netto €	◁	◀	[Einheit]	Ausf.-Dauer Positionsnummer

54 Briefkastenanlage, freistehend, bis 8 WE KG 551

Briefkastenanlage nach DIN EN 13724 als freistehende Anlage aus verzinktem Stahlblech, bestehend aus Unterkonstruktion und Gehäuse, Layout / Gestaltung nach Angaben des AG/Architekten, Anlage mittig geteilt, eine Hälfte mit Briefkästen, andere Hälfte mit Klingelschildern, Beleuchtung und Rufstelle / Lautsprecher. Elektrischer Anschluss, Erdarbeiten und Stahlbetonfundament in gesonderten Positionen.
Ausführung:
– Unterkonstruktion als Rechteckrohrständer 80 x 40 mm
– Anzahl Briefkästen: .....
– Kastengröße: .....
– Klappe und Einwurf: L 230-280 x T 30-35 mm
– Anzahl beleuchtete Klingeltaster mit Namensschild: .....
– eine Sprechstelle als Gitter mit Lautsprecher
– Beschriftung: dunkle Buchstaben auf beschichtetem Grund
– Oberfläche Stahlblech: Sichtseite farbbeschichtet RAL ....., nicht sichtbare Teile in Standardfarbe
– Anlagengröße: .....
Für die Ausführung werden vom AG folgende Unterlagen zur Verfügung gestellt:
– Entwurfszeichnungen, Plannr.: .....
– Übersichtszeichnungen, Plannr.: .....
Angeb. Fabrikat: .....

1.109€   2.133€   **2.583**€   4.866€   7.778€   [St]   ⏱ 1,20 h/St   031.000.039

55 Briefkasten, Stahlblech, Wand KG 551

Durchwurf-Briefkasten nach DIN EN 13724, aus verzinktem Stahlblech, Einbau in Wand, bestehend aus Gehäuse, Einwurfschlitz und Entnahmetür, mit Namens-Einschubleiste, mit Klingelknopf, Beleuchtung und Rufstelle / Lautsprecher. Elektrischer Anschluss in gesonderter Position.
Ausführung:
– Kastengröße: .....
– Klappe und Einwurf: L 230-280 x T 30-35 mm
– Verriegelung mit Zylinderschloss, 3 Schlüssel
– beleuchteter Klingeltaster mit Namensschild: .....
– Sprechstelle als Gitter mit Lautsprecher
– Beschriftung: dunkle Buchstaben auf beschichtetem Grund
– Oberfläche Stahlblech: Sichtseite farbbeschichtet RAL ....., nicht sichtbare Teile in Standardfarbe
– Anlagengröße: .....
Für die Ausführung werden vom AG folgende Unterlagen zur Verfügung gestellt:
– Entwurfszeichnungen, Plannr.: .....
– Übersichtszeichnungen, Plannr.: .....
Angeb. Fabrikat: .....

408€   433€   **493**€   552€   701€   [St]   ⏱ 25,00 h/St   031.000.075

56 Stundensatz Schlosser-Facharbeiter

Stundenlohnarbeiten für Vorarbeiter, Facharbeiter und Gleichgestellte (z.B. Spezialbaufacharbeiter, Baufacharbeiter, Obermonteure, Monteure, Gesellen, Maschinenführer, Fahrer und ähnliche Fachkräfte). Leistung nach besonderer Anordnung der Bauüberwachung

46€   52€   **53**€   59€   72€   [h]   ⏱ 1,00 h/h   031.000.064

57 Stundensatz Schlosser-Helfer

Stundenlohnarbeiten für Werker, Helfer und Gleichgestellte (z.B. Baufachwerker, Helfer, Hilfsmonteure, Ungelernte, Angelernte). Leistung nach besonderer Anordnung der Bauüberwachung.

31€   41€   **44**€   47€   53€   [h]   ⏱ 1,00 h/h   031.000.065

© **BKI** Baukosteninformationszentrum; Erläuterungen zu den Tabellen siehe Seite 46
Mustertexte geprüft: Bundesverband Metall

Kostenstand: 1.Quartal 2018, Bundesdurchschnitt

LB 032 Verglasungsarbeiten

Kosten:
Stand 1. Quartal 2018
Bundesdurchschnitt

▶ min
▷ von
ø Mittel
◁ bis
◀ max

Verglasungsarbeiten — Preise €

Nr.	Positionen	Einheit	▶	▷ ø brutto € / ø netto €		◁	◀
1	Verglasung, Floatglas, 6mm	m²	49 / 41	55 / 47	**60** / **51**	64 / 54	70 / 59
2	Verglasung, Floatglas, 8mm	m²	64 / 54	72 / 60	**76** / **64**	87 / 73	100 / 84
3	Verglasung, ESG-Glas, 4mm	m²	71 / 60	77 / 64	**82** / **69**	85 / 71	91 / 76
4	Verglasung, ESG-Glas, 6mm	m²	89 / 75	97 / 81	**100** / **84**	104 / 88	112 / 94
5	Verglasung, ESG-Glas, 8mm	m²	89 / 75	109 / 91	**120** / **101**	124 / 105	134 / 112
6	Verglasung, ESG-Glas, 10mm	m²	129 / 108	147 / 124	**150** / **126**	162 / 136	180 / 152
7	Verglasung, VSG-Glas, 8mm	m²	76 / 64	98 / 82	**115** / **97**	120 / 101	136 / 114
8	Verglasung, VSG-Glas, 10mm	m²	– / –	120 / 101	**142** / **119**	161 / 136	– / –
9	Isolierverglasung, Pfosten-Riegel-Fassade	m²	161 / 135	242 / 204	**292** / **245**	319 / 268	401 / 337
10	Zweifach-Isolierverglasung, 0,9W/mk, Einzelfenster	m²	– / –	139 / 117	**148** / **124**	172 / 144	– / –
11	Zweifach-Isolierverglasung, 1,1W/mk, Einzelfenster	m²	93 / 78	110 / 93	**116** / **98**	126 / 106	141 / 119
12	Zweifach-Isolierverglasung, 0,9W/m²K, Türen	m²	– / –	139 / 117	**152** / **127**	180 / 152	– / –
13	Zweifach-Isolierverglasung, 1,1W/mk, Türen	m²	– / –	119 / 100	**130** / **110**	157 / 132	– / –
14	Duschabtrennung, Glas	St	1.119 / 941	1.368 / 1.149	**1.486** / **1.249**	1.654 / 1.390	2.010 / 1.689
15	0220 Ganzglastür, bis 101/213,5 cm	St	484 / 406	657 / 552	**785** / **660**	852 / 716	980 / 824
16	Brandschutzverglasung, Innenwände	m²	157 / 132	339 / 285	**372** / **312**	404 / 340	508 / 426
17	Profilbauverglasung, 1-schalig	m²	70 / 59	80 / 67	**81** / **68**	90 / 76	100 / 84
18	Profilbauverglasung, 2-schalig, U_w=1,8	m²	130 / 110	173 / 145	**185** / **155**	200 / 168	280 / 235
19	Vordachverglasung	St	87 / 73	174 / 147	**194** / **163**	229 / 193	303 / 255
20	Brandschutzglas, EI30/G30	m²	368 / 309	385 / 324	**423** / **356**	474 / 399	584 / 491
21	Sicherheitsverglasung, ESG-Glas	m²	129 / 108	137 / 115	**140** / **117**	143 / 120	159 / 134
22	Geländerverglasung, VSG-Glas	m²	115 / 97	184 / 155	**218** / **183**	255 / 215	351 / 295
23	Sichtschutzfolie, geklebt	m²	37 / 31	79 / 67	**93** / **78**	122 / 102	204 / 172
24	Stundensatz Glaser-Facharbeiter	h	52 / 43	58 / 49	**62** / **52**	66 / 55	72 / 61

© **BKI** Baukosteninformationszentrum; Erläuterungen zu den Tabellen siehe Seite 46

Nr.	Kurztext / Langtext						Kostengruppe	
▶	▷	ø netto €	◁	◀	[Einheit]	Ausf.-Dauer	Positionsnummer	

A 1 Verglasung, Einfachglas
Beschreibung für Pos. 1-2

Einscheiben-Verglasung mit Einbau und Glasdichtung.
Verglasungsfläche: Fenster
Rahmenmaterial: .....
Befestigung: .....
Verglasungssystem: .....
Farbwirkung: neutral
Versiegelung: beidseitig
Dichtstoffgruppe: .....
Verglasung: Floatglas

1 Verglasung, Floatglas, 6mm   KG **334**
Wie Ausführungsbeschreibung A 1
Scheibendicke: 6 mm
Scheibengröße: .....
Angeb. Fabrikat: .....

| 41€ | 47€ | **51€** | 54€ | 59€ | [m²] | ⏱ 0,47 h/m² | 032.000.022 |

2 Verglasung, Floatglas, 8mm   KG **334**
Wie Ausführungsbeschreibung A 1
Scheibendicke: 8 mm
Scheibengröße: .....
Angeb. Fabrikat: .....

| 54€ | 60€ | **64€** | 73€ | 84€ | [m²] | ⏱ 0,47 h/m² | 032.000.023 |

A 2 Verglasung, Einscheibensicherheitsglas
Beschreibung für Pos. 3-6

Einscheiben-Sicherheitsverglasung einschl. Befestigung mit Glashalteleisten und Dichtstoff.
Ausführung nach Zeichnung: .....
Verglasungsfläche: .....
Rahmen: .....
Material: .....
Befestigungsleisten: .....
Verglasungssystem: .....
Farbwirkung: neutral
Versiegelung: beidseitig
Dichtstoffgruppe: mind. C - elastisch bleibend
Verglasung: ESG

3 Verglasung, ESG-Glas, 4mm   KG **334**
Wie Ausführungsbeschreibung A 2
Scheibendicke: 4 mm
Scheibengröße: .....
Angeb. Fabrikat: .....

| 60€ | 64€ | **69€** | 71€ | 76€ | [m²] | ⏱ 0,50 h/m² | 032.000.024 |

LB 032 Verglasungsarbeiten

Kosten:
Stand 1. Quartal 2018
Bundesdurchschnitt

Nr.	Kurztext / Langtext				[Einheit]	Ausf.-Dauer	Kostengruppe Positionsnummer
▶	▷	ø netto €	◁	◀			

4	Verglasung, ESG-Glas, 6mm						KG **334**
Wie Ausführungsbeschreibung A 2							
Scheibendicke: 6 mm							
Scheibengröße:							
Angeb. Fabrikat:							
75 €	81 €	**84 €**	88 €	94 €	[m²]	⏱ 0,50 h/m²	032.000.025

5	Verglasung, ESG-Glas, 8mm						KG **334**
Wie Ausführungsbeschreibung A 2							
Scheibendicke: 8 mm							
Scheibengröße:							
Angeb. Fabrikat:							
75 €	91 €	**101 €**	105 €	112 €	[m²]	⏱ 0,50 h/m²	032.000.026

6	Verglasung, ESG-Glas,10mm						KG **334**
Wie Ausführungsbeschreibung A 2							
Scheibendicke: 8 mm							
Scheibengröße:							
Angeb. Fabrikat:							
108 €	124 €	**126 €**	136 €	152 €	[m²]	⏱ 0,50 h/m²	032.000.027

A 3 **Verglasung, Verbundsicherheitsglas** — Beschreibung für Pos. **7-8**
Verbund-Sicherheitsverglasung einschl. Befestigung mit Glashalteleisten und Dichtstoff.
Ausführung nach Zeichnung: .....
Verglasungsfläche: .....
Tragkonstruktion: .....
Material: .....
Befestigungsart: .....
Kantenausbildung: .....
Verglasungssystem: .....
Dichtstoff: .....
Verglasung: VSG
Widerstandsklasse: A 1

7	Verglasung, VSG-Glas, 8mm						KG **334**
Wie Ausführungsbeschreibung A 3							
Scheibendicke: 8 mm							
Scheibengröße: 1,0-2,0 m²							
Angeb. Fabrikat:							
64 €	82 €	**97 €**	101 €	114 €	[m²]	⏱ 0,70 h/m²	032.000.029

8	Verglasung, VSG-Glas, 10mm						KG **334**
Wie Ausführungsbeschreibung A 3							
Scheibendicke: 10 mm							
Scheibengröße: 1,0-2,0 m²							
Angeb. Fabrikat:							
– €	101 €	**119 €**	136 €	– €	[m²]	⏱ 0,75 h/m²	032.000.030

▶ min
▷ von
ø Mittel
◁ bis
◀ max

Nr.	**Kurztext** / Langtext							Kostengruppe
▶	▷	**ø netto €**	◁	◀	[Einheit]		Ausf.-Dauer	Positionsnummer

9   Isolierverglasung, Pfosten-Riegel-Fassade — KG **337**

Mehrscheiben-Isolierverglasung inkl. Einbau der Glashalteprofile, Deckschalen, Dichtprofile oder Verfugung.
Bauteil: Pfosten-Riegel-Fassade
Scheibengrößen: .....
Fassadensystem
 – Rahmenmaterial: .....
 – Glaspressleisten aus .....
Technische Daten Verglasung:
 – .....-Scheiben-Isolierverglasung
 – U_g-Wert: ..... W/(m²K)
 – g-Wert: ..... %
 – Psi-Wert Glasrandverbund: .....
 – Schallschutz: Klasse .... dB
 – Lichtdurchlässigkeit TL: ..... %
 – Lichtreflexion außen TR: ..... %
 – allg. Farbwiedergabe: .....
 – Verglasungssystem: Pressleistenverglasung
 – Farbe: .....
Angeb. Fabrikat: .....

| 135€ | 204€ | **245**€ | 268€ | 337€ | [m²] | ⏱ 1,40 h/m² | 032.000.002 |

A 4   Zweifach-Isolierverglasung, Einzelfenster — Beschreibung für Pos. **10-11**

Zweifach-Isolierverglasung inkl. Befestigung und beidseitige Versiegelung.
Verglasungsfläche: Außenfenster
Scheibengröße: .....
Rahmenmaterial: .....
Befestigung: .....
Abstandhalter: .....
Verglasungssystem: Vf5
Versiegelung: beidseitig
Technische Daten Verglasung:
 – g-Wert: ..... %
 – Psi-Wert Glasrandverbund: ..... W/(mK)
Schallschutz: Klasse .... dB
Lichtdurchlässigkeit TL: ..... %
Lichtreflexion außen TR: ..... %
allg. Farbwiedergabe: .....
Dichtstoffgruppe: E

10   Zweifach-Isolierverglasung, 0,9W/mk, Einzelfenster — KG **334**

Wie Ausführungsbeschreibung A 4
U_g-Wert: 0,9 W/(m²K)

| –€ | 117€ | **124**€ | 144€ | –€ | [m²] | ⏱ 0,60 h/m² | 032.000.032 |

11   Zweifach-Isolierverglasung, 1,1W/mk, Einzelfenster — KG **334**

Wie Ausführungsbeschreibung A 4
U_g-Wert: 1,1 W/(m²K)

| 78€ | 93€ | **98**€ | 106€ | 119€ | [m²] | ⏱ 0,60 h/m² | 032.000.033 |

LB 032 Verglasungsarbeiten

Nr.	Kurztext / Langtext						
▶	▷	ø netto €	◁	◀	[Einheit]	Ausf.-Dauer	Kostengruppe Positionsnummer

A 5   Zweifach-Isolierverglasung, Türen Beschreibung für Pos. **12-13**

Zweifach-Isolierverglasung inkl. Befestigung und beidseitige Versiegelung.
Verglasungsfläche: Außentür
Rahmenmaterial Fenster: .....
Abstandhalter aus: .....
Befestigung: .....
Verglasungssystem: Vf5

12   Zweifach-Isolierverglasung, 0,9W/m²K, Türen   KG **337**

Wie Ausführungsbeschreibung A 5
Scheibengröße: .....
Technische Daten Verglasung:
  – U_g-Wert: 0,9 W/(m²K)
  – g-Wert: 44%
  – Psi-Wert Glasrandverbund: ..... W/(mK)
Schallschutz: Klasse II 30-34 dB
Lichtdurchlässigkeit TL: 64%
Lichtreflexion außen TR: 25%
allgemeine Farbwiedergabe: 98%
Dichtstoffgruppe: E
Angeb. Fabrikat: ....

| –€ | 117€ | **127**€ | 152€ | –€ | [m²] | ⏱ 0,60 h/m² | 032.000.034 |

13   Zweifach-Isolierverglasung, 1,1W/mk, Türen   KG **337**

Wie Ausführungsbeschreibung A 5
Scheibengröße: .....
Technische Daten Verglasung:
  – U_g-Wert: 1,1 W/(m²K)
  – g-Wert: 65%
  – Psi-Wert Glasrandverbund: ..... W/(mK)
Schallschutz: Klasse II 30-34 dB
Lichtdurchlässigkeit TL: 82%
Lichtreflexion außen TR: 11%
allgemeine Farbwiedergabe: 98%
Dichtstoffgruppe: E
Angeb. Fabrikat: ....

| –€ | 100€ | **110**€ | 132€ | –€ | [m²] | ⏱ 0,60 h/m² | 032.000.035 |

Kosten:
Stand 1.Quartal 2018
Bundesdurchschnitt

▶ min
▷ von
ø Mittel
◁ bis
◀ max

Nr.	Kurztext / Langtext					Kostengruppe	
▶	▷ ø netto € ◁ ◀				[Einheit]	Ausf.-Dauer	Positionsnummer

14 Duschabtrennung, Glas KG **412**
Duschabtrennung nach DIN EN 14428, aus Seitenteil und Drehtür, als Ganzglaskonstruktion, mit geschliffenen Kanten. Glasscheibe raumhoch, unten und oben gehalten, mit Anschluss an zu fliesende Wandflächen als stumpfer Stoß. Drücker und Glashalter im System.
Abmessung: b ..... x h ..... mm
Ausführung: ESG **10 / 12** mm
Oberfläche: **Klarglas / satiniert**
Flügel: **links / rechts** angeschlagend
Bänder: .....
Schloss: .....
Drückergarnitur: .....
Angeb. Fabrikat: .....

| 941€ | 1.149€ | **1.249€** | 1.390€ | 1.689€ | [St] | ⏱ 3,00 h/St | 032.000.018 |

15 0220 Ganzglastür, bis 101/213,5 cm KG **344**
Ganzglastürblatt mit geschliffenen Kanten in vorhandene Zarge einbauen.
Abmessung: ..... x ..... mm
Anschlag: **links / rechts**
Ausführung: ESG **10 /12** mm
Bänder: .....
Schloss: .....
Drückergarnitur: .....
Einbauort: .....
Angeb. Fabrikat: .....

| 406€ | 552€ | **660€** | 716€ | 824€ | [St] | ⏱ 0,20 h/St | 032.000.019 |

16 Brandschutzverglasung, Innenwände KG **346**
Einscheiben-Brandschutzverglasung, für festverglaste Profilsysteme, inkl. Einbau der Glashalteprofile, Deckschalen, Dichtprofile oder Verfugung.
Feuerwiderstandsklasse: **F30 / F60 / F90**
Zulassung Verglasung: .....
Prüfnummer / Prüfinstitut: .....
Angeb. Fabrikat: .....

| 132€ | 285€ | **312€** | 340€ | 426€ | [m²] | ⏱ 0,80 h/m² | 032.000.006 |

LB 032 Verglasungsarbeiten

Kosten:
Stand 1.Quartal 2018
Bundesdurchschnitt

Nr.	Kurztext / Langtext				[Einheit]	Ausf.-Dauer	Kostengruppe Positionsnummer
▶	▷	ø netto €	◁	◀			

17 Profilbauverglasung, 1-schalig KG **332**

Profilbau-Verglasung, U-förmige Glasplatten, DIN EN 572-2 oder bauaufsichtlich zugelassen. Einbau inkl. Systemprofile, Polster- und Dichtungsprofile. Sonderprofile, Öffnungen, Lüftungsflügel und Fensterbänke nach gesonderter Position.
Einbau der Glaselemente: einschalig
Untergrund: .....
Verglasung aus: **Klar- / Ornamentglas**
Längsdrähte: **mit / ohne**
Glasdicke: t= **6 / 7** mm
Glasfarbe: .....
Sonstige Glaseigenschaften: .....
U-Wert der Konstruktion: ..... W/m²K
g-Wert: .....
Lichttransmission: ..... %
Einbauort: Innenbereich
Ansichtsfläche (B x H): ..... x ..... mm
Angeb. Fabrikat: .....

| 59€ | 67€ | **68**€ | 76€ | 84€ | [m²] | ⏱ 2,10 h/m² | 032.000.036 |

18 Profilbauverglasung, 2-schalig, U_w=1,8 KG **332**

Profilbau-Verglasung, zweischlaig, U-förmige Glasplatten, DIN EN 572-2 oder bauaufsichtlich zugelassen. Einbau inkl.. Systemprofile, Polster- und Dichtungsprofile. Sonderprofile, Öffnungen, Lüftungsflügel und Fensterbänke nach gesonderter Position.
Einbau der Glaselemente: als Isolierverglasung, zweischalig
Untergrund: .....
Verglasung aus: Wärmeschutz- und Sonnenschutzglas
Längsdrähte: mit / ohne
Abmessung: ..... mm
Glasdicken: t= 7mm
Glasfarbe: .....
Sonstige Glaseigenschaften: .....
U_g-Wert der Konstruktion: 1,8 W/m²K
g-Wert: 0,45
Lichttransmission: 41%
Rahmen: thermisch getrennte Alu-Systemprofile, anodisch eloxiert C-0
Einbauort: Aussenwand
Ansichtsfläche (B x H): ..... x ..... mm
Angeb. Fabrikat: .....

| 110€ | 145€ | **155**€ | 168€ | 235€ | [m²] | ⏱ 2,80 h/m² | 032.000.040 |

▶ min
▷ von
ø Mittel
◁ bis
◀ max

Nr.	Kurztext / Langtext					Kostengruppe	
▶	▷	ø netto €	◁	◀	[Einheit]	Ausf.-Dauer	Positionsnummer

19 Vordachverglasung — KG 362

Vordachverglasung mit Sicherheitsglas, Scheiben vorgebohrt für punktförmige Halterung, Auflagerung auf Neoprenlager auf zugelassener Gesamtkonstruktion.
Rahmenmaterial: **Aluminium / Stahl**
Verglasung: Verbundsicherheitsglas aus **TVG / ESG**
Scheibendicke: .....
Neigung Verglasungsfläche: ca. ..... °
Farbwirkung: .....
Scheibenrand: fein geschliffen
Bohrungen: ..... St
Haltebereich: Verguss falls erforderlich, mit Neopren-Unterlage
Befestigung: Edelstahlschrauben
Scheibengröße (B x H): ..... x ..... mm
Angeb. Fabrikat: .....

| 73 € | 147 € | **163** € | 193 € | 255 € | [St] | 0,35 h/St | 032.000.009 |

20 Brandschutzglas, EI30/G30 — KG 344

Brandschutz-Einscheiben-Verglasung, inkl. Einbau der Glashalteleisten und beidseitiger Glasdichtung.
Verglasung: Monoglas DIN 4102
Brandschutz: EI30 / G30
Dicke: ca. 16 mm (gem. Erfordernis / Zulassung / Prüfzeugnis)
Verglasungsfläche: .....
Rahmenmaterial: **Holz / Holz-Alu / Aluminium / Kunststoff / Stahl**
Glashalteleisten aus: **Holz / Holz-Alu / Aluminium / Stahl**
Scheibengröße (B x H): ..... x ..... mm
Angeb. Fabrikat: .....

| 309 € | 324 € | **356** € | 399 € | 491 € | [m²] | 0,60 h/m² | 032.000.037 |

21 Sicherheitsverglasung, ESG-Glas — KG 344

Einscheiben-Sicherheitsverglasung in bestehende Öffnungen im Innenbereich, mit Heat-Soak-Prüfung, inkl. beidseitige Versiegelung und Einbau der Glashalteleisten.
Rahmenmaterial: **Holz / Aluminium / Kunststoff / Stahl**
Glashalteleisten aus: **Holz / Aluminium / Kunststoff / Stahl**
Verglasung: ESG
Scheibendicke: **6 / 8 mm**
Verglasungssystem: **Va3 / Vf3 / .....**
Farbwirkung: neutral
Dichtstoffgruppe: mind. C - elastisch bleibend
Scheibengröße (B x H): ..... x ..... mm
Angeb. Fabrikat: .....

| 108 € | 115 € | **117** € | 120 € | 134 € | [m²] | 0,55 h/m² | 032.000.011 |

LB 032 Verglasungsarbeiten

Kosten:
Stand 1.Quartal 2018
Bundesdurchschnitt

Nr.	Kurztext / Langtext				[Einheit]	Ausf.-Dauer	Kostengruppe Positionsnummer
▶ min	▷ von	ø netto € Mittel	◁ bis	◀ max			

22 Geländerverglasung, VSG-Glas — KG 359

Verbund-Sicherheitsverglasung in bestehende Konstruktionen als durchwurfhemmende Sonderverglasung nach DIN EN 356, einschl. Einbau der Klemmprofile.
Widerstandsklasse: **RC 2** / ..... DIN EN 1627
Rahmenmaterial: .....
Glashalteleisten aus: .....
Verglasung: VSG
Scheibendicke: nach Anforderung und Prüfzeugnis
Folie: **farblos / matt**
Anforderung: durchwurfhemmend, P4A, DIN EN 356
Verglasungssystem: **Vf3** / .....
Farbwirkung: neutral, Weißglas
Dichtstoffgruppe: mind. C - elastisch bleibend, DIN 18545-2
Scheibengröße (B x H): ..... x ..... mm
Angeb. Fabrikat: .....

| 97€ | 155€ | **183**€ | 215€ | 295€ | [m²] | ⏱ 0,70 h/m² | 032.000.013 |

23 Sichtschutzfolie, geklebt — KG 334

Sichtschutzfolie mit gleichmäßiger Lichtstreuung, auf bestehende Verglasung einseitig innen aufkleben.
Folie: PVC
Foliendicke: 80 nm
Beschichtung: matt, UV- und kratzbeständig
Solarenergietransmissionsgrad: ..... %
Solarenergieabsorptionsgrad: ..... %
Solarenergiereflektionsgrad: ..... %
UV-Transmission: .....%
sichtbare Lichttransmission: ca.66%
sichtbare Lichtreflektion: ..... %
Brandschutzanforderungen: .....
Abmessung: .....
Angeb. Fabrikat: .....

| 31€ | 67€ | **78**€ | 102€ | 172€ | [m²] | ⏱ 0,15 h/m² | 032.000.039 |

24 Stundensatz Glaser-Facharbeiter

Stundenlohnarbeiten für Vorarbeiter, Facharbeiter und Gleichgestellte (z.B. Spezialbaufacharbeiter, Baufacharbeiter, Obermonteure, Monteure, Gesellen, Maschinenführer, Fahrer und ähnliche Fachkräfte). Leistung nach besonderer Anordnung der Bauüberwachung. Anmeldung und Nachweis gemäß VOB/B.

| 43€ | 49€ | **52**€ | 55€ | 61€ | [h] | ⏱ 1,00 h/h | 032.000.016 |

| 023 |
| 024 |
| 025 |
| 026 |
| 027 |
| 028 |
| 029 |
| 030 |
| 031 |
| **032** |
| 033 |
| 034 |
| 036 |
| 037 |
| 038 |
| 039 |

LB 033 Baureinigungsarbeiten

Nr.	Kurztext / Langtext						Kostengruppe
▶	▷	ø netto €	◁	◀	[Einheit]	Ausf.-Dauer	Positionsnummer

4 Bodenbelag reinigen, Betonflächen — KG 397

Feinreinigung von Betonböden mit Oberflächenbeschichtung, inkl. Sockelleisten, mit einem auf den Belag abgestimmten und vom Hersteller empfohlenen Reinigungs- und Pflegemittel, Reinigen bis zum Erlangen einer vollständig schmutzfreien Oberfläche. Leistung inkl. Entfernen aller Verunreinigungen und Aufkleber. Bodenbeläge verlegt in allen Geschossen.

Beschichtung: **Kunstharz / Acryl / Ölfarbe / .....**

| 0,1€ | 0,6€ | **0,8€** | 1,7€ | 2,7€ | [m²] | ⧗ 0,03 h/m² | 033.000.002 |

5 Bodenbelag reinigen, Parkett, Holzdielen — KG 397

Feinreinigung von Holzböden mit Oberflächenbeschichtung, inkl. Sockelleisten, mit einem auf den Belag abgestimmten und vom Hersteller empfohlenen Reinigungs- und Pflegemittel, Reinigen bis zum Erlangen einer vollständig schmutzfreien Oberfläche. Leistung inkl. Entfernen aller Verunreinigungen und Aufkleber. Bodenbeläge verlegt in allen Geschossen.

Beschichtung: **Öl-Kunstharzsiegel / Wasserlack / PU-Wassersiegel / Spezial-Hartwachs / .....**

| 0,3€ | 1,6€ | **1,9€** | 3,6€ | 7,0€ | [m²] | ⧗ 0,05 h/m² | 033.000.003 |

6 Bodenbelag reinigen, Fliesen/Platten — KG 397

Feinreinigung von Fliesen- oder Plattenbelag, inkl. Sockelleisten, durch Wischen mit einem auf den Belag abgestimmten Reinigungsmittel, Reinigen bis zum Erlangen einer vollständig schmutzfreien Oberfläche. Leistung inkl. Entfernen des Zementschleiers und Entfernen aller Verunreinigungen und Aufkleber. Auf die dauerelastischen Verfugungen ist besondere Rücksicht zu nehmen. Bodenbeläge verlegt in allen Geschossen.

Oberfläche: **glasiert / unglasiert**

| 0,4€ | 1,0€ | **1,2€** | 2,6€ | 5,6€ | [m²] | ⧗ 0,04 h/m² | 033.000.004 |

7 Bodenbelag reinigen, Teppich — KG 397

Feinreinigung von textilem Bodenbelag, inkl. Sockel, Reinigen mittels Vakuum- bzw. Bürstsaugen bis zum Erlangen einer vollständig schmutzfreien Oberfläche. Leistung inkl. Entfernen aller Verunreinigungen. Bodenbeläge verlegt in allen Geschossen.

Faser: **Kunstfaser / Naturfaser**
Teppichart: **Velour / Nadelfilz / Schlingenware**
Struktur: **hochflorig / feinflorig / .....**
Sockel: **Kunststoffprofil / Kernsockelprofil mit textilem Belag / Holzsockelleiste**

| 0,1€ | 0,7€ | **0,8€** | 1,3€ | 2,3€ | [m²] | ⧗ 0,03 h/m² | 033.000.005 |

8 Fassade reinigen, Hochdruckreiniger — KG 397

Reinigung der Fassadenflächen durch Druckstrahlen mit temperiertem Wasser, bis zum Erlangen einer vollständig schmutzfreien Oberfläche. Leistung inkl. aller Schutz- und Abdeckarbeiten von Fenstern, von angrenzenden Bauteilen.

Arbeitshöhe: bis ..... m
Fensteranteil: .....
Abgrenzung zu anderen Bauteilen: .....
Passantenschutz notwendig: **ja / nein**

| 10€ | 14€ | **16€** | 18€ | 23€ | [m²] | ⧗ 0,35 h/m² | 033.000.006 |

9 Decke reinigen, Metalldecke — KG 397

Reinigen von Metall-Decken im Innenbereich, mit Beschichtung, mit und ohne Akustiklochung, inkl. Oberflächen der Einbauleuchten, Rauchmelder, etc.

| 0,4€ | 1,0€ | **1,4€** | 1,6€ | 2,4€ | [m²] | ⧗ 0,05 h/m² | 033.000.022 |

Kosten: Stand 1.Quartal 2018 Bundesdurchschnitt

▶ min
▷ von
ø Mittel
◁ bis
◀ max

Nr.	**Kurztext** / Langtext							Kostengruppe
▶	▷	**ø netto €**	◁	◀	[Einheit]		Ausf.-Dauer	Positionsnummer

| 10 | Decke reinigen, Gipsfaser / Gipsplatten, beschichtet | | | | | | | KG **397** |

Reinigen von Gipsplatten-Decken, glatt, im Innenbereich, mit Beschichtung aus scheuerbeständiger Dispersionsfarbe, inkl. Oberflächen der Einbauleuchten, Rauchmelder etc.

| 0,7€ | 1,4€ | **1,6€** | 1,9€ | 2,6€ | [m²] | ⏱ | 0,06 h/m² | 033.000.024 |

| 11 | Glasflächen reinigen, Fassadenelemente | | | | | | | KG **397** |

Reinigung der verglasten Fassadenelemente durch Einwaschen mit einem Strip und einem Fensterwischer abziehen, unter Hinzunahme von geeignetem Reinigungsmittel, danach die Randbereiche trocken ledern und polieren bis zum Erlangen einer vollständig sauberen und trockenen Oberfläche. Abrechnung der einfachen Ansichtsfläche der zu reinigenden Bauteile:
- Reinigen der Glasflächen ESG, VSG nach Herstellerangaben
- Reinigen der beschichteten Rahmen- und Konstruktionsprofile, aller Beschläge, Verdunkelungs- und Sonnenschutz-Elemente
- Reinigen der äußeren und inneren Fensterbänke und inkl. aller Schutz- und Abdeckbleche

Reinigungsbereich: **nur außen / innen und außen / nur innen**
Arbeitshöhe: bis ..... m
Abgrenzung zu anderen Bauteilen: .....
Passantenschutz notwendig: **ja / nein**
Reinigungsart: **Erstreinigung / Unterhaltsreinigung**

| 0,6€ | 2,1€ | **2,7€** | 5,0€ | 9,1€ | [m²] | ⏱ | 0,10 h/m² | 033.000.007 |

| 12 | Wandflächen reinigen, beschichtet | | | | | | | KG **397** |

Reinigen von Wänden / Stützen im Innenbereich Oberflächen bedingt durch wischen, saugen oder kehren.
Bauteile: .....
Oberflächen: **Gipsplatten / Beschichtung ..... / Tapete ..... mit Beschichtung .....**

| 0,6€ | 1,3€ | **1,5€** | 1,8€ | 2,2€ | [m²] | ⏱ | 0,05 h/m² | 033.000.021 |

| 13 | Wandbelag reinigen, Fliesen | | | | | | | KG **397** |

Feinreinigung von Wandbelägen aus Fliesen oder Platten, in allen Geschossen, mit einem geeigneten Reinigungsmittel, Reinigen bis zum Erlangen einer vollständig schmutzfreien Oberfläche. Leistung inkl. Entfernen des Zementschleiers und Entfernen aller Verunreinigungen und Aufkleber. Auf die dauerelastischen Verfugungen ist besondere Rücksicht zu nehmen.
Wandhöhe: bis ..... m
Oberfläche: **glasiert / unglasiert**

| 0,2€ | 0,6€ | **0,7€** | 1,6€ | 3,5€ | [m²] | ⏱ | 0,03 h/m² | 033.000.008 |

| 14 | Wandbelag reinigen, Hartbeläge; Holz, Schichtstoff | | | | | | | KG **397** |

Feinreinigung von Wandbekleidungen, mit einem geeigneten und vom Hersteller empfohlenen Reinigungs- und Pflegemittel, Reinigen bis zum Erlangen einer vollständig schmutzfreien Oberfläche. Leistung inkl. Reinigen der Beschläge und Entfernen aller Verunreinigungen und Aufkleber.
Bekleidungshöhe: bis ..... m
Oberfläche: **beschichtet / unbeschichtet**
Wandbekleidung: **Hartbelag / Holz / Schichtstoff / .....**

| 0,3€ | 0,7€ | **0,9€** | 1,3€ | 2,1€ | [m²] | ⏱ | 0,03 h/m² | 033.000.009 |

LB 033 Baureinigungsarbeiten

Nr.	Kurztext / Langtext					[Einheit]	Ausf.-Dauer	Kostengruppe Positionsnummer
▶	▷	ø netto €	◁	◀				

15 Türen reinigen KG **397**

Feinreinigung von Türelementen aus Zargen und Türblatt (allseitig), mit einem geeigneten und vom Hersteller empfohlenen Reinigungs- und Pflegemittel, bis zum Erlangen einer vollständig schmutzfreien Oberfläche. Leistung inkl. Reinigen der Beschläge und Entfernen aller Verunreinigungen und Aufkleber.
Türabmessung: .....
Maulweite Zarge: .....
Oberfläche: **lackbeschichtet / Schichtstoff / unbeschichtet / Glas**
Materialien: **Metall / Holz / Glasfüllung .....**

0,5€   2,0€   **2,7€**   4,0€   6,8€   [St]   ⏱ 0,10 h/St   033.000.010

16 Heizkörper reinigen KG **397**

Feinreinigung von Heizkörpern, mit einem geeigneten Reinigungsmittel, bis zum Erlangen einer vollständig schmutzfreien Oberfläche. Leistung inkl. Reinigen der Armatur, Halterung und Zuleitung und Entfernen aller Verunreinigungen und Aufkleber, sowie ggf. Aufnehmen und Entsorgen der bauseitigen Schutzfolien.
Abmessung Heizkörper: .....
Oberfläche: lackbeschichtet
Bauform: **Platten- / Röhrenheizkörper / .....**

0,4€   1,0€   **1,2€**   1,6€   2,2€   [m²]   ⏱ 0,04 h/m²   033.000.011

17 Waschtisch/Duschwanne reinigen KG **397**

Erstreinigung von Sanitäreinrichtungen, mit einem geeigneten und vom Hersteller empfohlenen Reinigungs- und Pflegemittel, bis zum Erlangen einer vollständig schmutzfreien Oberfläche. Leistung inkl. Reinigen der Armaturen, Zu- und Abläufe und Halterungen, sowie Entfernen aller Verunreinigungen und Aufkleber.
Einbauteil: **Waschbecken / Duschwanne**
Material: **Keramik / emailliertes Stahlblech**
Oberfläche **matt / hochglänzend**

0,6€   2,4€   **3,2€**   3,3€   6,0€   [St]   ⏱ 0,10 h/St   033.000.012

18 WC-Schüssel/Urinal reinigen KG **397**

Erstreinigung von wandhängenden Sanitäreinrichtungen, mit einem geeigneten Reinigungsmittel, bis zum Erlangen einer vollständig schmutzfreien Oberfläche. Leistung inkl. Reinigen der Armaturen, Zu- und Abläufe, Deckel und Halterungen, sowie Entfernen aller Verunreinigungen und Aufkleber.
Einbauteil: **WC-Schüssel / Urinal**
Material: Keramik
Oberfläche: **matt / hochglänzend**

0,6€   2,5€   **2,9€**   3,9€   6,0€   [St]   ⏱ 0,08 h/St   033.000.013

19 Rohre/Handläufe reinigen KG **397**

Feinreinigung von Einrichtungen, mit einem geeigneten Reinigungsmittel, bis zum Erlangen einer vollständig schmutzfreien Oberfläche. Leistung inkl. Reinigen der Halterungen, sowie Entfernen aller Verunreinigungen und Aufkleber.
Teil: **Rohrleitungen / Handläufe**
Material: **lackiertes Stahlrohr / Holzprofil**
Oberfläche: **matt / hochglänzend**

<0,1€   0,3€   **0,4€**   0,7€   1,2€   [m]   ⏱ 0,02 h/m   033.000.014

Kosten:
Stand 1.Quartal 2018
Bundesdurchschnitt

▶ min
▷ von
ø Mittel
◁ bis
◀ max

Nr.	Kurztext / Langtext					[Einheit]	Ausf.-Dauer	Kostengruppe Positionsnummer
▶	▷	ø netto €	◁	◀				

20 Geländer reinigen — KG 397

Feinreinigung von Geländern, bestehend aus Handlauf, Ober- und Untergurt sowie Füllung, mit einem geeigneten Reinigungsmittel, bis zum Erlangen einer vollständig schmutzfreien Oberfläche. Leistung inkl. Reinigen der Halterungen, sowie Entfernen aller Verunreinigungen und Aufkleber.
Abmessung Geländer: .....
Bauart: **Rundstäbe / Flachstäbe / Metallblech**
Material: **lackierter Stahl / beschichtete Holzkonstruktion**
Oberflächen: **matt / hochglänzend**

| 0,2€ | 0,8€ | **1,0€** | 1,5€ | 2,3€ | [m] | ⏱ 0,04 h/m | 033.000.016 |

21 Teeküche reinigen — KG 397

Reinigen einer Teeküche, innen und außen, mit Einbauteilen und Ausstattungen.
Teeküche bestehend aus:
– Arbeitstischanlagen / Unterschränke: Tiefe ..... bis ..... cm, im Mittel ..... cm geschlossen
– Wandhänge- / Hochschränken: Tiefe ..... bis ..... cm, im Mittel ..... cm geschlossen
– Hochschränken, Regalen: Tiefe ..... bis ..... cm, im Mittel ..... cm
– Einbauspüle, Kochfeld, Kühlschrank, Mikrowelle, Geschirrspüler, Unterbauleuchte etc.
– Beschlägen und Griffen aus Edelstahl inkl. Blenden

| 19€ | 24€ | **25€** | 30€ | 36€ | [St] | ⏱ 0,90 h/St | 033.000.026 |

22 Einbauschrank reinigen — KG 397

Reinigung Einbauschrank, innen und außen.
Schrankart: Akten- und Garderobenschränke, Regale, Einbauschränke inkl. Fachböden
Einteilungen: Tiefe ..... bis ..... cm, im Mittel ..... cm geschlossen

| 5€ | 7€ | **9€** | 11€ | 13€ | [St] | ⏱ 0,20 h/St | 033.000.027 |

23 Einzelfenster reinigen — KG 397

Reinigung eines mehrteiligen Einzelfensters. Reinigen aller Fensterflügel und Festverglasungen, Innen- und Außenflächen, Paneel-, Glas- und Rahmenflächen, Beschläge, Fugen und Dichtungen durch nass wischen mit einem abgestimmten Reinigungsmittel, danach trocken ledern und polieren bis zum Erlangen einer vollständig schmutzfreien Oberflächen. Leistung inkl. zerstörungsfreier Entfernung aller Aufkleber, sowie inkl. erhöhtem Aufwand für verfestigte Verschmutzungen der Außenseiten.
Rahmenmaterial: **Kunststoff / Holz / Holz-Alu / Aluminium**
Fenstergröße: .....
Arbeitshöhe: bis ..... m
Arbeit von **innen / vom Gerüst / von Hubsteiger**
Abgrenzung zu anderen Bauteilen: .....
Passantenschutz notwendig: **ja / nein**

| 0,5€ | 2,8€ | **3,7€** | 4,6€ | 7,2€ | [St] | ⏱ 0,12 h/St | 033.000.020 |

24 Sonnenschutz reinigen — KG 397

Reinigung von außenliegendem Sonnenschutz, mit einem geeigneten Reinigungsmittel, bis zum Erlangen einer vollständig schmutzfreien und trockenen Oberfläche. Leistung inkl. reinigen der Führungsprofile, Schutzabdeckung, Halterung und aller Beschläge.
Arbeitshöhe: .....
Arbeitsebene: **vom Flachdach / vom Gerüst / von Hubsteiger**
Art d. Reinigung: **Erstreinigung / Unterhaltsreinigung**

| –€ | 2€ | **2€** | 3€ | –€ | [m²] | ⏱ 0,07 h/m² | 033.000.017 |

LB 033 Baureinigungsarbeiten

Kosten:
Stand 1.Quartal 2018
Bundesdurchschnitt

Nr.	Kurztext / Langtext						Kostengruppe
▶	▷ ø netto € ◁ ◀				[Einheit]	Ausf.-Dauer	Positionsnummer

25 Aufzugsanlage reinigen — KG 397

Reinigung der Aufzugskabine inkl. aller Haltestellen aus verschiedenen Oberflächen mit vom Hersteller zugelassenen Reinigungsmitteln bis zum Erlangen einer vollständig schmutzfreien und trockenen Oberfläche.
Anzahl der Haltestellen: ..... St
Grundfläche Aufzug: ..... m²
Beschreibung Wandfläche: .....
Beschreibung Bodenbelag: .....
Leistung inkl. Reinigung der Unterfahrt und sämtliche Geräte.

| 22 € | 40 € | **46 €** | 77 € | 118 € | [St] | ⏱ 11,00 h/St | 033.000.030 |

26 Technikraum reinigen — KG 397

Reinigung des Technikraumes, mit einem geeigneten Reinigungsmittel, bis zum Erlangen einer vollständig schmutzfreien und trockenen Oberfläche. Leistung: Reinigen der Böden, Wände und Decken, sowie der kompletten Ausstattung, Befestigungsprofile, Halterung und aller Beschläge und Armaturen - gemäß anliegender Einzelbeschreibung.
Arbeitshöhe: .....
Arbeitsebene: .....
Art d. Reinigung: **Feinreinigung / Unterhaltsreinigung**

| 0,5 € | 1,3 € | **1,7 €** | 2,1 € | 3,2 € | [m²] | ⏱ 0,06 h/m² | 033.000.032 |

27 Baureinigung, Außenbereich — KG 397

Beseitigung von Bauschutt aller Art im Außenbereich; z.B. Papierabfälle, Reste von Isolierungen, Bodenbelagsreste, Verpackungsmaterial, Mörtelreste und dergleichen Sammeln, Aufnehmen, Fördern bis ..... m und im bauseitigen Container deponieren, sortiert nach Art.
Entsorgung nach gesonderter Position.

| 0,1 € | 0,3 € | **0,5 €** | 0,6 € | 1,1 € | [m²] | ⏱ 0,02 h/m² | 033.000.015 |

28 Stundensatz Baureiniger-Facharbeiter

Stundenlohnarbeiten für Vorarbeiter, Facharbeiter und Gleichgestellte (z.B. Spezialbaufacharbeiter, Baufacharbeiter, Obermonteure, Monteure, Gesellen, Maschinenführer, Fahrer und ähnliche Fachkräfte). Leistung nach besonderer Anordnung der Bauüberwachung. Anmeldung und Nachweis gemäß VOB/B.

| 20 € | 24 € | **26 €** | 28 € | 31 € | [h] | ⏱ 1,00 h/h | 033.000.028 |

29 Stundensatz Baureiniger-Helfer

Stundenlohnarbeiten für Werker, Helfer und Gleichgestellte (z.B. Baufachwerker, Helfer, Hilfsmonteure, Ungelernte, Angelernte). Leistung nach besonderer Anordnung der Bauüberwachung. Anmeldung und Nachweis gemäß VOB/B.

| 17 € | 22 € | **26 €** | 29 € | 37 € | [h] | ⏱ 1,00 h/h | 033.000.029 |

▶ min
▷ von
ø Mittel
◁ bis
◀ max

LB 034 Maler- und Lackierarbeiten - Beschichtungen

Kosten: Stand 1.Quartal 2018, Bundesdurchschnitt

▶ min ▷ von ø Mittel ◁ bis ◀ max

Preise €

Nr.	Positionen	Einheit	▶	▷	ø brutto € ø netto €	◁	◀
1	Bauteile abkleben	St	0,3	1,4	**1,7**	2,8	4,6
			0,3	1,2	**1,4**	2,4	3,9
2	Boden abdecken, Folie	m²	0,3	1,3	**1,7**	2,5	5,2
			0,3	1,1	**1,5**	2,1	4,3
3	Boden abdecken, Platten	m²	0,8	1,8	**2,2**	3,7	6,3
			0,7	1,5	**1,8**	3,1	5,3
4	Untergrund reinigen	m²	0,1	1,0	**1,4**	2,0	3,2
			0,1	0,8	**1,2**	1,7	2,7
5	Stoßfuge schließen, Fertigteil-Decke	m	3	5	**6**	9	16
			2	4	**5**	7	14
6	Spachtelung, Q3, ganzflächig	m²	2	6	**8**	10	17
			1	5	**7**	9	14
7	Spachtelung, Q4, Innenputz	m²	4	6	**9**	12	22
			3	5	**7**	10	18
8	Grundierung, Gipsplatten/Gipsfaserplatten	m²	0,4	1,3	**1,7**	2,7	4,7
			0,3	1,1	**1,4**	2,2	3,9
9	Grundierung, Betonflächen, innen	m²	0,4	1,5	**2,0**	2,7	4,3
			0,3	1,2	**1,7**	2,3	3,6
10	Erstbeschichtung, innen, Dispersion, sb	m²	3	4	**5**	7	11
			2	4	**4**	6	9
11	Erstbeschichtung, innen, Putz rau, Dispersion sb	m²	–	4	**6**	7	–
			–	3	**5**	6	–
12	Erstbeschichtung, innen, Dispersion, wb	m²	3	4	**5**	6	10
			2	4	**4**	5	9
13	Erstbeschichtung, Raufasertapete, Dispersion	m²	3	4	**4**	4	5
			2	3	**3**	4	4
14	Erstbeschichtung, Glasfasertapete, Dispersion	m²	4	5	**5**	6	7
			3	4	**5**	5	6
15	Erstbeschichtung, Dispersions-Silikatfarbe, innen, weiß	m²	3	5	**5**	7	11
			2	4	**5**	6	9
16	Erstbeschichtung, Silikatfarbe, Putzflächen, innen	m²	4	5	**6**	7	8
			3	5	**5**	6	7
17	Erstbeschichtung, Silikatfarbe, innen, linear	m	0,7	2,0	**2,5**	3,4	4,9
			0,6	1,7	**2,1**	2,9	4,1
18	Erstbeschichtung, Dispersions-Silikatfarbe, Sichtbeton innen, linear	m	2	4	**5**	5	9
			1	3	**4**	5	8
19	Erstbeschichtung, Kalkfarbe, innen	m²	3	5	**6**	8	14
			3	4	**5**	7	11
20	Erstbeschichtung, Kalkfarbe, innen	m²	4	8	**10**	10	13
			4	7	**8**	9	11
21	Feinputzspachtelung, Glättetechnik	m²	54	85	**106**	130	163
			45	71	**89**	109	137
22	Streichputz, innen	m²	5	9	**10**	11	14
			4	7	**9**	10	12
23	Erstbeschichtung, Silikatfarbe, Außenputz	m²	7	10	**11**	14	21
			6	8	**9**	12	18

© **BKI** Baukosteninformationszentrum; Erläuterungen zu den Tabellen siehe Seite 46
Mustertexte geprüft: Bundesverband Farbe Gestaltung Bautenschutz

Kostenstand: 1.Quartal 2018, Bundesdurchschnitt

Maler- und Lackierarbeiten - Beschichtungen — Preise €

Nr.	Positionen	Einheit	▶	▷ ø brutto € / ø netto €		◁	◀
24	Erstbeschichtung, Dispersionsfarbe, Außenputz	m²	6	9	**11**	12	16
			5	8	**9**	10	13
25	Erstbeschichtung, Fassade, Silikonharz	m²	–	12	**14**	16	–
			–	10	**12**	14	–
26	Erstbeschichtung, Laibung	m	–	2	**3**	5	–
			–	2	**3**	4	–
27	Imprägnierung, Sichtbetonwand, außen	m²	3	5	**7**	8	9
			3	5	**6**	7	8
28	Graffiti-Schutz, Wand	m²	10	23	**26**	48	84
			8	19	**22**	40	70
29	Bodenbeschichtung, Beton, Acryl	m²	6	11	**12**	15	21
			5	9	**11**	12	17
30	Bodenbeschichtung, Beton, Epoxid	m²	9	14	**17**	19	27
			8	12	**14**	16	22
31	Bodenbeschichtung, Beton, ölbeständig	m²	7	15	**19**	25	41
			6	13	**16**	21	34
32	Beschichtung rutschhemmend	m²	26	28	**30**	32	34
			22	24	**25**	27	29
33	Erstbeschichtung, Holzprofile	m	2	6	**7**	9	13
			2	5	**6**	8	11
34	Erstbeschichtung, Holzfenster, deckend	m²	20	24	**26**	29	35
			17	20	**22**	24	30
35	Schlussbeschichtung, Holzfenster	m²	8	11	**13**	15	17
			7	10	**11**	12	15
36	Holzschutz, bläueschützend	m²	1	3	**4**	5	6
			1	2	**3**	4	5
37	Erstbeschichtung, Lasur, Holzbauteile außen	m²	5	13	**16**	18	24
			4	11	**14**	16	20
38	Erstbeschichtung, Lasur, Holzbauteile maßhaltig, innen	m²	9	12	**14**	16	22
			7	11	**12**	14	18
39	Erstbeschichtung, Holzbauteile, außen, deckend	m²	15	19	**21**	27	37
			12	16	**18**	22	31
40	Erstbeschichtung, Holzfußboden	m²	10	17	**22**	26	35
			9	14	**19**	22	30
41	Erstbeschichtung, Handläufe/Pfosten	m	5	8	**9**	11	17
			4	7	**8**	9	14
42	Erstbeschichtung, Metallgeländer	m	12	25	**30**	41	65
			10	21	**26**	34	54
43	Schlussbeschichtung, grundierte Heizkörper	m²	8	12	**14**	18	27
			7	10	**12**	15	23
44	Erstbeschichtung, Metallrohre/Heizungsrohre	m	2	4	**4**	6	12
			2	3	**3**	5	10
45	Erstbeschichtung, Stahlbleche	m	5	8	**10**	14	23
			4	7	**8**	12	20
46	Beschichtung, Stahlbleche	m²	8	20	**23**	31	44
			7	17	**19**	26	37

© BKI Baukosteninformationszentrum; Erläuterungen zu den Tabellen siehe Seite 46
Mustertexte geprüft: Bundesverband Farbe Gestaltung Bautenschutz

Kostenstand: 1.Quartal 2018, Bundesdurchschnitt

LB 034 Maler- und Lackierarbeiten - Beschichtungen

Maler- und Lackierarbeiten - Beschichtungen — Preise €

Nr.	Positionen	Einheit	▶ min	▷ von	ø brutto € / ø netto €	◁ bis	◀ max
47	Erstbeschichtung, Lüftungsrohre, Stahl	m²	13	17	**20**	25	35
			11	14	**17**	21	29
48	Erstbeschichtung, Stahlzargen	m	4	11	**13**	17	25
			3	9	**11**	15	21
49	Brandschutzbeschichtung, F30, Stahlbauteile	m²	22	48	**57**	73	99
			18	41	**48**	61	84
50	Decklack, Brandschutzbeschichtungen, Stahlteile	m²	8	9	**12**	14	17
			6	8	**10**	12	14
51	Brandschutzbeschichtung Rund-/Profilstahl	m	18	33	**37**	40	61
			15	27	**31**	33	51
52	Fugenabdichtung, plastoelastisch, Acryl	m	0,6	2,3	**2,7**	4,1	8,0
			0,5	1,9	**2,3**	3,4	6,8
53	Fugenabdichtung elastisch, Silikon	m	2	3	**4**	5	6
			1	3	**3**	4	5
54	Beschriftung, geklebt	St	2	5	**8**	11	15
			1	4	**7**	9	12
55	Markierung, Kunststofffolie	m	2	5	**6**	9	15
			1	4	**5**	8	13
56	PKW-Stellplatzmarkierung, Farbe	m	2	6	**9**	12	23
			2	5	**7**	10	20
57	Trockenstrahlen, Betonfläche, unbeschichtet	m²	1	2	**2**	3	5
			0,9	1,7	**1,8**	2,8	4,5
58	OS-Beschichtung, Ausbruch und Fehlstellen verfüllen	m²	7	14	**17**	19	26
			6	12	**14**	16	22
59	OS8-Beschichtung, Verlauf-/Kratzspachtelung	m²	7	12	**15**	16	20
			6	10	**12**	14	17
60	OS8-Beschichtung, Deckversiegelung mit Abstreuung	m²	8	14	**16**	19	24
			6	12	**13**	16	20
61	OS8-Beschichtung, Sockel	m	7	8	**9**	10	11
			6	7	**7**	8	9
62	Stundensatz Geselle/Facharbeiter, Maler-/Lackierarbeiten	h	36	49	**53**	56	61
			30	41	**45**	47	52
63	Stundensatz Helfer, Maler-/Lackierarbeiten	h	25	35	**42**	49	63
			21	30	**35**	41	53

Kosten: Stand 1.Quartal 2018 Bundesdurchschnitt

▶ min
▷ von
ø Mittel
◁ bis
◀ max

Nr.	Kurztext / Langtext					[Einheit]	Ausf.-Dauer	Kostengruppe Positionsnummer
	▶	▷	ø netto €	◁	◀			

1 Bauteile abkleben KG **397**
Bauteile abkleben, als Vorbereitung der Beschichtung. Nach erfolgter Beschichtung entfernen und komplett entsorgen.
Bauteil: **Fenster / Sockel / Holzprofil**
0,3 €   1,2 €   **1,4 €**   2,4 €   3,9 €   [St]   ⏱ 0,03 h/St   034.000.080

Nr.	Kurztext / Langtext					Kostengruppe	
▶	▷	**ø netto €**	◁	◀	[Einheit]	Ausf.-Dauer	Positionsnummer

2 Boden abdecken, Folie KG 397
Böden während Malerarbeiten vollflächig abdecken und abkleben, mit reißfester Schutzfolie gegen Verschmutzung, inkl. Entfernen der Schutzmaßnahme nach Abschluss der Arbeiten.

| 0,3€ | 1,1€ | **1,5€** | 2,1€ | 4,3€ | [m²] | ⏱ 0,03 h/m² | 034.000.049 |

3 Boden abdecken, Platten KG 397
Böden während Malerarbeiten vollflächig abdecken, zum Schutz vor mechanischen Beschädigungen, inkl. Entfernen der Schutzmaßnahme nach Abschluss der Arbeiten.

| 0,7€ | 1,5€ | **1,8€** | 3,1€ | 5,3€ | [m²] | ⏱ 0,08 h/m² | 034.000.050 |

4 Untergrund reinigen KG 345
Reinigen des Untergrunds (Wand- und Deckenflächen) von grobem Schmutz und losen Bestandteilen, sammeln, fördern und in Behältnis des AG lagern.
Untergrund: **Putz / Mauerwerk / Beton**

| 0,1€ | 0,8€ | **1,2€** | 1,7€ | 2,7€ | [m²] | ⏱ 0,03 h/m² | 034.000.004 |

5 Stoßfuge schließen, Fertigteil-Decke KG 353
Stoßfuge von Betonfertigteil-Decken auffüllen, als Untergrundvorbereitung für Tapezierarbeiten, Höhenunterschiede beispachteln.
Fugenbreite: .....
Kanten: **gefast / gerade**
Material: kunststoffmodifizierter Zementmörtel
Angeb. Fabrikat: .....

| 2€ | 4€ | **5€** | 7€ | 14€ | [m] | ⏱ 0,08 h/m | 034.000.066 |

6 Spachtelung, Q3, ganzflächig KG 345
Ganzflächiges Spachteln und Schleifen von Wand- und Deckenflächen, als Untergrundvorbereitung für Neubeschichtung.
Qualitätsstufe: Q3
Untergrund: **glatter Putz / Gipsbauplatten**
Angeb. Fabrikat: .....

| 1€ | 5€ | **7€** | 9€ | 14€ | [m²] | ⏱ 0,14 h/m² | 034.000.010 |

7 Spachtelung, Q4, Innenputz KG 345
Spachtelung des Innenputzes an Wänden, mit erhöhter Ebenheitsforderung nach DIN 18202, für Beschichtung. Ausführung ganzflächig in zwei Arbeitsgängen, einschl. Zwischen- und Endschliff.
Beschichtung: .....
Qualitätsstufe: Q4
Untergrund: **glatter Putz / Gipsbauplatten**
Angeb. Fabrikat: .....

| 3€ | 5€ | **7€** | 10€ | 18€ | [m²] | ⏱ 0,16 h/m² | 034.000.060 |

8 Grundierung, Gipsplatten/Gipsfaserplatten KG 345
Decken- / Wandflächen aus Gipsplatten vorbereiten und grundieren.
Höhe der Bauteile: .....
Angeb. Fabrikat: .....

| 0,3€ | 1,1€ | **1,4€** | 2,2€ | 3,9€ | [m²] | ⏱ 0,03 h/m² | 034.000.013 |

LB 034 Maler- und Lackierarbeiten - Beschichtungen

Kosten: Stand 1.Quartal 2018 Bundesdurchschnitt

▶ min
▷ von
ø Mittel
◁ bis
◀ max

Nr.	Kurztext / Langtext							Kostengruppe
▶	▷	ø netto €	◁	◀	[Einheit]	Ausf.-Dauer	Positionsnummer	

9 Grundierung, Betonflächen, innen — KG 336

Grundbeschichtung, wasserverdünnbar, geeignet für spätere Dispersions-Deckbeschichtung.
Untergrund: schalungsrauer Beton, innen
Angeb. Fabrikat: …..

▶	▷	ø	◁	◀			
0,3€	1,2€	**1,7€**	2,3€	3,6€	[m²]	⏱ 0,03 h/m²	034.000.014

10 Erstbeschichtung, innen, Dispersion, sb — KG 345

Erstbeschichtung von Wänden und Decken, Dispersionsfarbe, lösemittel- und weichmacherfrei nach VDL-Richtlinie 01 mit Grund- und Schlussbeschichtung.
Untergrund: mineralisch,…..
Oberfläche: …..
Körnung: …..
Nassabrieb: Klasse 2 (scheuerbeständig)
Kontrastverhältnis: Klasse 1
Farbe: weiß
Glanzgrad: …..
Angeb. Fabrikat: …..

2€	4€	**4€**	6€	9€	[m²]	⏱ 0,12 h/m²	034.000.016

11 Erstbeschichtung, innen, Putz rau, Dispersion sb — KG 345

Erstbeschichtung von Wänden und Decken, Dispersionsfarbe, lösemittel- und weichmacherfrei nach VDL-Richtlinie 01 mit Grund- und Schlussbeschichtung.
Untergrund: Putz…..
Oberfläche: rau
Körnung: …..
Nassabrieb: Klasse 2 (scheuerbeständig)
Kontrastverhältnis: Klasse 1
Farbe: weiß
Glanzgrad: …..
Angeb. Fabrikat: …..

–€	3€	**5€**	6€	–€	[m²]	⏱ 0,13 h/m²	034.000.084

12 Erstbeschichtung, innen, Dispersion, wb — KG 345

Erstbeschichtung von Wänden und Decken, Dispersionsfarbe, lösemittel- und weichmacherfrei nach VDL-Richtlinie 01 mit Grund- und Schlussbeschichtung.
Untergrund: mineralisch,…..
Oberfläche: …..
Körnung …..
Nassabrieb: Klasse 3 (waschbeständig)
Farbe: weiß
Kontrastverhältnis: Klasse 1
Glanzgrad: …..
Angeb. Fabrikat: …..

2€	4€	**4€**	5€	9€	[m²]	⏱ 0,12 h/m²	034.000.017

Nr.	Kurztext / Langtext						Kostengruppe
▶	▷	ø netto €	◁	◀	[Einheit]	Ausf.-Dauer	Positionsnummer

13   Erstbeschichtung, Raufasertapete, Dispersion   KG 345

Erstbeschichtung von Wänden und Decken, Dispersionsfarbe, lösemittel- und weichmacherfrei nach VDL-Richtlinie 01 mit Grund- und Schlussbeschichtung.
Untergrund: Raufasertapete
Struktur: .....
Nassabrieb: .....
Kontrastverhältnis: Klasse 1
Farbe: weiß
Glanzgrad: .....
Angeb. Fabrikat: .....

| 2€ | 3€ | 3€ | 4€ | 4€ | [m²] | ⏱ 0,10 h/m² | 037.000.005 |

14   Erstbeschichtung, Glasfasertapete, Dispersion   KG 345

Erstbeschichtung von Wänden und Decken, Dispersionsfarbe, lösemittel- und weichmacherfrei nach VDL-Richtlinie 01 mit Grund- und Schlussbeschichtung.
Untergrund: Glasfasergewebe
Struktur: .....
Nassabrieb: .....
Kontrastverhältnis: Klasse 1
Farbe: weiß
Glanzgrad: .....
Angeb. Fabrikat: .....

| 3€ | 4€ | 5€ | 5€ | 6€ | [m²] | ⏱ 0,14 h/m² | 037.000.008 |

15   Erstbeschichtung, Dispersions-Silikatfarbe, innen, weiß   KG 345

Erstbeschichtung mit Dispersions-Silikat-Farbe auf Decken und Wandflächen, Farbe lösemittel- und weichmacherfrei nach VDL-Richtlinie 01, diffusionsfähig. Ausführung aus Grund-, Zwischen- und Schlussbeschichtung.
Untergrund: Innenputz, Putzmörtelgruppe CS .....
Nassabrieb: Klasse ....
Kontrastverhältnis: Klasse 1
Farbton: weiß
Glanzgrad: .....
Angeb. Fabrikat: .....

| 2€ | 4€ | 5€ | 6€ | 9€ | [m²] | ⏱ 0,14 h/m² | 034.000.018 |

**LB 034
Maler- und
Lackierarbeiten
- Beschichtungen**

Nr.	Kurztext / Langtext						Kostengruppe
▶	▷	ø netto €	◁	◀	[Einheit]	Ausf.-Dauer	Positionsnummer

16 Erstbeschichtung, Silikatfarbe, Putzflächen, innen — KG **345**

Erstbeschichtung mit Silikatfarbe, auf Wand- oder Deckenfläche, innen, Farbe mit mineralischen Füllstoffen und anorganischen Farbpigmenten, mit hoher Diffusionsfähigkeit, Ausführung aus Grund-, Zwischen- und Schlussbeschichtung.
Untergrund: Putzmörtel ....., **gefilzt / geglättet**, Q4
Bauteil: .....
Farbton: mittel abgetönt
Glanzgrad: stumpfmatt
Korngröße: fein
Kontrastverhältnis: Klasse 1
Nassabrieb: Klasse 3 (waschbeständig)
Sd-Wert: 0,01 m, Klasse I
Brandverhalten: A2-s1-d0
Angeb. Fabrikat: .....

3 €   5 €   **5 €**   6 €   7 €   [m²]   ⏱ 0,18 h/m²   034.000.070

17 Erstbeschichtung, Silikatfarbe, innen, linear — KG **345**

Erstbeschichtung mit Silikatfarbe, auf längenorientierte Bauteile, innen, Farbe mit mineralischen Füllstoffen und anorganischen Farbpigmenten, mit hoher Diffusionsfähigkeit. Abrechnung nach m. Ausführung aus Grund-, Zwischen- und Schlussbeschichtung.
Untergrund: Putzmörtel ....., **gefilzt / geglättet**, Q4
Bauteil: .....
Bauteilbreite: bis **15/ 30 / 60** cm
Farbton: abgetönt
Glanzgrad: stumpfmatt
Korngröße: fein
Kontrastverhältnis: Klasse 1
Nassabrieb: Klasse 3 (waschbeständig)
Sd-Wert: 0,01 m, Klasse I
Brandverhalten: A2-s1-d0
Angeb. Fabrikat: .....

0,6 €   1,7 €   **2,1 €**   2,9 €   4,1 €   [m]   ⏱ 0,08 h/m   034.000.071

18 Erstbeschichtung, Dispersions-Silikatfarbe, Sichtbeton innen, linear — KG **345**

Erstbeschichtung mit Dispersions-Silikat-Farbe, lösemittel- / weichmacherfrei nach VDL-Richtlinie 01, auf Sichtbetonflächen von längenorientierten Bauteilen, innen, Farbe mit mineralischen Füllstoffen und anorganischen Farbpigmenten. Abrechnung nach m, bestehend aus Grund-, Zwischen- und Schlussbeschichtung.
Betonoberfläche: **rau / schalglatt**
Bauteil: .....
Bauteilbreite: bis **15 / 30 / 60** cm
Farbton: .....
Farbcode: **RAL / NCS**
Glanzgrad: .....
Angeb. Fabrikat: .....

1 €   3 €   **4 €**   5 €   8 €   [m]   ⏱ 0,07 h/m   034.000.069

Kosten:
Stand 1.Quartal 2018
Bundesdurchschnitt

▶ min
▷ von
ø Mittel
◁ bis
◀ max

Nr.	Kurztext / Langtext							Kostengruppe
▶	▷	ø netto €	◁	◀	[Einheit]	Ausf.-Dauer	Positionsnummer	

19 — Erstbeschichtung, Kalkfarbe, innen — KG 345

Erstbeschichtung mit Dispersionsfarbe, auf Sichtmauerwerk innen, lösemittel- und weichmacherfrei nach VDL-Richtlinie 01, bestehend aus Grund-, Zwischen- und Schlussbeschichtung.
Untergrund: **Kalksandstein / Ziegel**
Bauteil: .....
Farbton: **weiß / farbig**
Farbcode: **RAL / NCS**
Glanzgrad: .....
Nassabrieb: **Klasse 2 / Klasse 3**
Angeb. Fabrikat: .....

| 3€ | 4€ | **5€** | 7€ | 11€ | [m²] | ⏱ 0,18 h/m² | 034.000.021 |

20 — Erstbeschichtung, Kalkfarbe, innen — KG 345

Erstbeschichtung mit Kalkfarbe, auf Wand- und Deckenflächen, innen, nass in nass gestrichen zur Vermeidung von Ansätzen, bestehend aus Grund-, Zwischen- und Schlussbeschichtung.
Untergrund: Mörtel CS I, **gefilzt / geglättet**, Q4
Bauteil: .....
Farbton: **weiß / mittelgetönt**
Brandverhalten: A1
Angeb. Fabrikat: .....

| 4€ | 7€ | **8€** | 9€ | 11€ | [m²] | ⏱ 0,20 h/m² | 034.000.072 |

21 — Feinputzspachtelung, Glättetechnik — KG 345

Feinputzspachtelung in Glättetechnik, auf Kalk-Zementputz- oder Betonwandflächen, in mehreren Arbeitsgängen:
– Grundbeschichtung mit Tiefgrund
– pigmentierte Haftgrundierung für dekorative Maltechniken
– vollflächige Feinspachtelung und Zwischenschliff mit mineralischem Feinputz / -spachtel
– zweimalige Zwischenbeschichtung: Fleckspachtelauftrag und Zwischenschliff mit kleinen Spachtelschlägen
– Schlussbeschichtung: gespachtelte Fläche schleifen, anfeuchten, Nassstellen abtupfen, mit Flachbürste Malmittel auftragen und mit Schwamm abtupfen. Malmittel aus Acrylharzen und Additiven

Untergrund: **gefilzte Kalk-Zement-Putzflächen / gespachtelter Betonwandfläche**
Spachtelungen: aus Löschkalk, mit Naturerden bzw. feinem Marmor
Schlussbeschichtung: Acrylharz mit Additiven
Farbton: nach Muster
Angeb. Fabrikat: .....

| 45€ | 71€ | **89€** | 109€ | 137€ | [m²] | ⏱ 1,40 h/m² | 034.000.022 |

22 — Streichputz, innen — KG 345

Streichputz, innen, als Zwischen- und Schlussbeschichtung mit streich- und rollfähigem, gut füllendem, organisch gebundenem Material.
Struktur: **feinkörnig / grobkörnig**
Farbe: .....
Preisgruppe: .....
Glanzgrad: matt
Bauteil: .....
Angeb. Fabrikat: .....

| 4€ | 7€ | **9€** | 10€ | 12€ | [m²] | ⏱ 0,22 h/m² | 034.000.081 |

LB 034 Maler- und Lackierarbeiten - Beschichtungen

Kosten:
Stand 1.Quartal 2018
Bundesdurchschnitt

▶ min
▷ von
ø Mittel
◁ bis
◀ max

Nr.	Kurztext / Langtext					[Einheit]	Ausf.-Dauer	Kostengruppe Positionsnummer
▶	▷	ø netto €	◁	◀				

23 Erstbeschichtung, Silikatfarbe, Außenputz — KG **335**
Erstbeschichtung Außenputz, Sispersionssilikat-Farbe, wetterbeständig, bestehend aus Untergrundprüfung und säubern der Flächen, Grund-, Zwischen- und Schlussbeschichtung.
Untergrund: Außenputz **CS II/CS III/CS IV**, **glatt / rau / stark rau** Körnung: .....
Farbton: **weiß / farbig**
Farbcode: **RAL / NCS**
Angeb. Fabrikat: .....

| 6€ | 8€ | **9**€ | 12€ | 18€ | [m²] | ⏱ 0,20 h/m² | 034.000.023 |

24 Erstbeschichtung, Dispersionsfarbe, Außenputz — KG **335**
Erstbeschichtung Außenputz, Dispersionsfarbe, wetterbeständig, bestehend aus Untergrundprüfung und säubern der Flächen, Grund-, Zwischen- und Schlussbeschichtung.
Untergrund: Außenputz **CS II/CS III/CS IV**, **glatt / rau / stark rau**
Durchlässigkeit für Wasser: Klasse W3 (niedrig)
Wasserdampf-Diffusionsstromdichte: Klasse V1 (hoch)
Körnung: .....
Glanzgrad: G3 - matt
Oberfläche filmkonserviert geschützt vor Algen- und Pilzbefall
Farbton: **weiß / farbig**
Farbcode: **RAL / NCS**
Angeb. Fabrikat: .....

| 5€ | 8€ | **9**€ | 10€ | 13€ | [m²] | ⏱ 0,18 h/m² | 034.000.094 |

25 Erstbeschichtung, Fassade, Silikonharz — KG **335**
Erstbeschichtung von Wänden, außen, mit Silikonharz aus Grund-, Zwischen- und Schlussbeschichtung.
Untergrund: Außenputz **CS II/CS III/CS IV**, **glatt / rau / stark rau**
Durchlässigkeit für Wasser: Klasse W3 (niedrig)
Wasserdampf-Diffusionsstromdichte: Klasse V1 (hoch)
Körnung: .....
Glanzgrad: G3 - matt
Oberfläche: filmkonserviert geschützt vor Algen- und Pilzbefall
Farbton: **weiß / farbig**
Farbcode: **RAL / NCS**
Angeb. Fabrikat: .....

| –€ | 10€ | **12**€ | 14€ | –€ | [m²] | ⏱ 0,22 h/m² | 034.000.097 |

26 Erstbeschichtung, Laibung — KG **335**
Erstbeschichtung von längenorientierten Bauteilen, Leistung wie Grundposition.
Untergrund: .....
Glanzgrad: matt
Angeb. Fabrikat: .....

| –€ | 2€ | **3**€ | 4€ | –€ | [m] | ⏱ 0,08 h/m | 034.000.096 |

Nr.	Kurztext / Langtext				[Einheit]	Ausf.-Dauer	Kostengruppe Positionsnummer
▶	▷ ø netto € ◁ ◀						

27 Imprägnierung, Sichtbetonwand, außen — KG 335

Imprägnierung von bereits gereinigten Betonwandflächen im Außenbereich, mit farbloser Beton-Hydrophobierung, bis zur Sättigung, vorzugsweise im Flutverfahren.
Untergrund: Betonfläche
Oberfläche: schlaglatt, normal saugend
Beschichtungsstoff: **Imprägnierung / Hydrophobierung**
Farbton: **farblos / farblos und farbtonvertiefend**

| 3€ | 5€ | **6€** | 7€ | 8€ | [m²] | ⏱ 0,08 h/m² | 034.000.025 |

28 Graffiti-Schutz, Wand — KG 335

Graffitischutzbeschichtung auf senkrechten Wandflächen, inkl. Grundreinigung der Flächen.
Untergrund: .....
Oberfläche: **nicht saugend / normal saugend / stark saugend**
Beschichtungsstoff: **Imprägnierung / 1-K-Acryllack**
Farbton: **farblos / farblos und farbtonvertiefend**
Angeb. Fabrikat: .....

| 8€ | 19€ | **22€** | 40€ | 70€ | [m²] | ⏱ 0,24 h/m² | 034.000.055 |

29 Bodenbeschichtung, Beton, Acryl — KG 352

Beschichten von Betonflächen mit 1-komponentigem Acryl-Bodenbeschichtungsstoff, Ausführung wie folgt:
- Untergrund auf Eignung, Trag- sowie Haftfähigkeit prüfen, Flächen säubern
- Grundierung
- Zwischenbeschichtung
- Schlussbeschichtung
- Versiegelung, farblos, seidenmatt

Untergrund: normal saugende Betonflächen
Farbton: **grau / farbig**
Farbcode: **RAL / NCS**
Angeb. Fabrikat: .....

| 5€ | 9€ | **11€** | 12€ | 17€ | [m²] | ⏱ 0,18 h/m² | 034.000.026 |

30 Bodenbeschichtung, Beton, Epoxid — KG 325

Beschichten von Betonflächen mit 2-komponentigem Epoxydharz-Bodensiegel, Ausführung wie folgt:
- Untergrund auf Eignung, Trag- sowie Haftfähigkeit prüfen, Flächen säubern
- Spachtelung kleiner Fehlstellen mit Flächenspachtel, max. 0,5% der Gesamtfläche
- Grundierung
- 1. Zwischenbeschichtung mit Epoxid-Siegel
- 2. Zwischenbeschichtung mit Epoxid-Siegel
- Versiegelung, rutschhemmend R ....., mit PUR-Bodensiegel

Untergrund: normal saugende Betonflächen
Farbton: **grau / kieselgrau / farbig**
Farbcode: **RAL / NCS**
Angeb. Fabrikat: .....

| 8€ | 12€ | **14€** | 16€ | 22€ | [m²] | ⏱ 0,18 h/m² | 034.000.027 |

LB 034 Maler- und Lackierarbeiten - Beschichtungen

Kosten:
Stand 1.Quartal 2018
Bundesdurchschnitt

Nr.	Kurztext / Langtext					[Einheit]	Ausf.-Dauer	Kostengruppe Positionsnummer
▶	▷	ø netto €	◁	◀				

31 Bodenbeschichtung, Beton, ölbeständig   KG 352

Beschichten von Betonflächen mit 2-komponentigem heizölbeständigen Beschichtungssystem, jeder Schichtauftrag in wechselnder Farbe, Ausführung wie folgt:
  – Untergrund auf Eignung, Trag- und Haftfähigkeit sowie Rissfreiheit prüfen, Flächen säubern
  – Spachtelung kleiner Fehlstellen mit Flächenspachtel, max. 0,5% der Gesamtfläche
  – Grundierung Ölwannenbeschichtungsstoff
  – Zwischenbeschichtung mit Ölwannenbeschichtungsstoff
  – Schlussbeschichtung mit Ölwannenbeschichtungsstoff

Untergrund: normal saugende Betonflächen
Verbrauch: .....
Farbton: **grau / farbig**
Farbcode: **RAL / NCS**
Oberfläche: seidenmatt
Angeb. Fabrikat: .....

| 6€ | 13€ | **16€** | 21€ | 34€ | [m²] | ⏱ 0,18 h/m² | 034.000.028 |

32 Beschichtung rutschhemmend   KG 352

Beschichtung mit Rutschhemmung.
Bauteil: .....
Lage: .....
Rautiefe: 0,2 mm
Beschichtung: OS 5b
Mindestschichtdicke: 2.250 µm
Rissüberbrückungskl.: gering, I T
Farbe: .....
Auftragsmengen: .....
Prüfzeugnisnummer: .....
Angeb. Fabrikat: .....

| 22€ | 24€ | **25€** | 27€ | 29€ | [m²] | ⏱ 0,32 h/m² | 034.000.098 |

33 Erstbeschichtung, Holzprofile   KG 364

Beschichten von Holzprofilen, wie folgt:
  – Untergrund auf Eignung sowie auf Haftfähigkeit prüfen und säubern
  – Grundbeschichtung mit Alkydharzlack
  – Schlussbeschichtung mit Alkydharzlack

Farbe: **weiß / farbig**
Farbcode: **RAL / NCS**
Angeb. Fabrikat: .....

| 2€ | 5€ | **6€** | 8€ | 11€ | [m] | ⏱ 0,10 h/m | 034.000.029 |

▶ min
▷ von
ø Mittel
◁ bis
◀ max

Nr.	Kurztext / Langtext					Kostengruppe	
▶	▷	ø netto €	◁	◀	[Einheit]	Ausf.-Dauer	Positionsnummer

34 Erstbeschichtung, Holzfenster, deckend — KG 334

Erstbeschichtung für Holzfenster und Fenstertüren, Rahmen werkseitig imprägniert mit Holzschutz, grundiert und mit erster Zwischenbeschichtung, wie folgt:
- Untergrund auf Eignung, Trag- sowie Haftfestigkeit prüfen, Flächen anschleifen
- Zwischenbeschichtung innen und außen mit Alkydharzlack
- Schlussbeschichtung innen und außen mit Alkydharzlack

Holzart: **Fichte / Kiefer / Hemlock**
Farbe: **weiß / farbig**
Farbcode: **RAL / NCS**
Angeb. Fabrikat: .....

| 17€ | 20€ | **22**€ | 24€ | 30€ | [m²] | ⏱ 0,60 h/m² | 034.000.030 |

35 Schlussbeschichtung, Holzfenster — KG 334

Schlussbeschichtung für Holzfenster und Fenstertüren, als einlagige Beschichtung, Rahmen werkseitig imprägniert mit Holzschutz, grundiert und mit erster Zwischenbeschichtung, wie folgt:
- vorhandene Beschichtung anschleifen
- Schlussbeschichtung innen und außen mit Alkydharzlack

Holzart: .....
Farbe: **weiß / farbig**
Farbcode: **RAL / NCS**
Angeb. Fabrikat: .....

| 7€ | 10€ | **11**€ | 12€ | 15€ | [m²] | ⏱ 0,20 h/m² | 034.000.031 |

36 Holzschutz, bläueschützend — KG 335

Bläueschutz für Holzbauteile im Außenbereich, vor Einbau, einschl. Säubern der Holzoberfläche, Beschichtung mit Holzimprägnierung, allseitig, stark saugende Stellen ggf. mehrmals imprägnieren.
Angeb. Fabrikat: .....

| 1€ | 2€ | **3**€ | 4€ | 5€ | [m²] | ⏱ 0,08 h/m² | 034.000.034 |

37 Erstbeschichtung, Lasur, Holzbauteile außen — KG 364

Erstbeschichtung auf unbehandelten Holzbauteilen im Aussenbereich, mit Acrylharzlasur, wie folgt:
- Holzoberfläche säubern und Holzimprägnierung aufbringen
- Zwischenbeschichtung **allseitig / einseitig**
- Schlussbeschichtung **allseitig / einseitig**, farbig, lasierend

Untergrund: unbeschichtete, begrenzt maßhaltige Holzbauteile
Holzart: .....
Glanzgrad: **seidenmatt / seidenglänzend**
Farbe: weiß
Angeb. Fabrikat: .....

| 4€ | 11€ | **14**€ | 16€ | 20€ | [m²] | ⏱ 0,25 h/m² | 034.000.035 |

LB 034 Maler- und Lackierarbeiten - Beschichtungen

Kosten:
Stand 1.Quartal 2018
Bundesdurchschnitt

Nr.	Kurztext / Langtext					Kostengruppe		
▶	▷	ø netto €	◁	◀	[Einheit]	Ausf.-Dauer	Positionsnummer

38 Erstbeschichtung, Lasur, Holzbauteile maßhaltig, innen — KG **345**

Erstbeschichtung auf unbehandelten Holzbauteilen im Innenbereich, mit wasserverdünnbarer Acrylharzlasur, wie folgt:
– Grundbeschichtung mit Imprägnierlasur
– Schlussbeschichtung mit schichtbildender Holzlasur
Untergrund: maßhaltige Holzbauteile
Holzoberfläche: **glatt / geschliffen / glatt gehobelt**
Holzart: .....
Glanzgrad: **glänzend / matt**
Farbe: .....
Angeb. Fabrikat: .....

| 7 € | 11 € | **12 €** | 14 € | 18 € | [m²] | ⏱ 0,22 h/m² | 034.000.020 |

39 Erstbeschichtung, Holzbauteile, außen, deckend — KG **335**

Erstbeschichtung von unbehandelten Holzbauteilen im Außenbereich, farbig und deckend, mit wasserverdünnbarem Dispersions-Lack, wie folgt:
– Holzoberfläche säubern und Holzimprägnierung aufbringen
– Zwischenbeschichtung **allseitig / einseitig**
– Schlussbeschichtung **allseitig / einseitig**
Untergrund: unbeschichtete, begrenzt maßhaltige Holzbauteile
Holzoberfläche: **glatt / geschliffen / glatt gehobelt**
Holzart: **Fichte / Meranti**
Glanzgrad: **seidenmatt / seidenglänzend**
Farbe: **weiß / farbig**
Farbcode: **RAL / NCS**
Angeb. Fabrikat: .....

| 12 € | 16 € | **18 €** | 22 € | 31 € | [m²] | ⏱ 0,28 h/m² | 034.000.036 |

40 Erstbeschichtung, Holzfußboden — KG **352**

Erstbeschichtung von Vollholz-Bodenfläche, transparent, jeweils mit Zwischenschliff, wie folgt:
– Möglichkeit 1: imprägnierende Grundierung, bis zur Sättigung, anschließend wachsen
– Möglichkeit 2: Versiegeln mit mattem, rutschhemmenden Öl-Kunstharzsiegel in 3 Aufträgen
– Möglichkeit 3: Versiegeln durch dreimaliges Beschichtung mit Wasserlack
– Möglichkeit 4: Versiegeln mit halbmattem PUR-Wasserlack
Untergrund: **Stabparkett / Lamellenparkett**
Holzart: .....
Angeb. Fabrikat: .....

| 9 € | 14 € | **19 €** | 22 € | 30 € | [m²] | ⏱ 0,30 h/m² | 034.000.065 |

41 Erstbeschichtung, Handläufe/Pfosten — KG **359**

Erstbeschichtung auf verzinkten Geländerprofilen, deckend, einschl. aller Halterungen und Anschlüsse, wie folgt:
– Untergrundvorbereitung: verzinkte Flächen gründlich reinigen, Schadstellen entrosten
– Schadstellen mit zinkverträglicher Korrosionsschutzbeschichtung grundieren
– Grundbeschichtung mit wasserverdünnbarem 2-Komponenten-Reaktionsharzbeschichtungsstoff für Zinkuntergründe
– Schlussbeschichtung mit deckendem Alkydharzlack

▶ min
▷ von
ø Mittel
◁ bis
◀ max

Nr.	Kurztext / Langtext							Kostengruppe
▶	▷	ø netto €	◁	◀	[Einheit]	Ausf.-Dauer	Positionsnummer

Untergrund: verzinkte Geländerkonstruktion
Glanzgrad: **seidenglänzend / glänzend**
Farbe: **weiß / farbig**, RAL .....
Angeb. Fabrikat: .....

| 4€ | 7€ | **8**€ | 9€ | 14€ | [m] | ⏱ 0,20 h/m | 034.000.040 |

42 Erstbeschichtung, Metallgeländer   KG **359**

Erstbeschichtung auf unbeschichteten Stahlflächen, außen, inkl. Vorbehandlung und Grundierung, mit Alkydharzlack, wetterbeständig, deckend, wie folgt:
– Korrodierte Einzelstellen entrosten, Vorbereitungsgrad mind. Sa 2 1/2
– Zwischenbeschichtung mit Haftgrund oder Vorlack
– Schlussbeschichtung mit deckendem Alkydharzlack
Untergrund: unbeschichtete Stahlbekleidungen u.dgl.
Korrodierter Flächenanteil: bis .....**%** der Gesamtfläche
Glanzgrad: **seidenglänzend / glänzend**
Farbe: **weiß / farbig**, RAL .....
Angeb. Fabrikat: .....

| 10€ | 21€ | **26**€ | 34€ | 54€ | [m] | ⏱ 0,40 h/m | 034.000.059 |

43 Schlussbeschichtung, grundierte Heizkörper   KG **423**

Schlussbeschichtung, deckend, auf Metall-Heizkörper, Heizkörper werksseitig grundiert, einschl. aller Halterungen und Anschlussleitungen, wie folgt:
– Grundbeschichtung überprüfen und vereinzelte Beschädigungen ausbessern
– Schadstellen Korrosionsschutzbeschichtung grundieren
– Schlussbeschichtung mit deckendem, hitzebeständigem Heizkörperlack
Untergrund: beschichtete Bestands-Radiatoren
Heizkörper: **eingebaut / nicht eingebaut**
Beschichtungsfläche: .....
Glanzgrad: **seidenglänzend / glänzend**
Farbe: **weiß / farbig**, RAL .....
Angeb. Fabrikat: .....

| 7€ | 10€ | **12**€ | 15€ | 23€ | [m²] | ⏱ 0,20 h/m² | 034.000.038 |

44 Erstbeschichtung, Metallrohre/Heizungsrohre   KG **422**

Erstbeschichtung von Metallrohren, mit korrosionsschützendem Grundbeschichtungsstoff sowie deckendem Heizkörperlack.
Rohrdurchmesser: **15 mm / 30 mm**
Glanzgrad: **seidenglänzend / glänzend**
Farbe: **weiß / farbig**, RAL .....
Angeb. Fabrikat: .....

| 2€ | 3€ | **3**€ | 5€ | 10€ | [m] | ⏱ 0,06 h/m | 034.000.037 |

45 Erstbeschichtung, Stahlbleche   KG **461**

Erstbeschichtung auf unbeschichtete Stahlblechflächen, innen, inkl. Vorbehandlung und Grundierung, mit Alkydharzlack, deckend, wie folgt:
– Korrodierte Einzelstellen entrosten, Vorbereitungsgrad mind. Sa 2
– Grundbeschichtung, ganzflächig mit Korrosionsschutzbeschichtungsstoff
– Zwischenbeschichtung mit Vorlack
– Schlussbeschichtung mit deckendem Alkydharzlack

LB 034 Maler- und Lackierarbeiten - Beschichtungen

Kosten:
Stand 1.Quartal 2018
Bundesdurchschnitt

▶ min
▷ von
ø Mittel
◁ bis
◀ max

Nr.	Kurztext / Langtext							Kostengruppe
▶	▷	ø netto €	◁	◀		[Einheit]	Ausf.-Dauer	Positionsnummer

Untergrund: **unbeschichtete Profilstahlkonstruktionen / Bodenrandwinkel / Treppenkonstruktionen und der gleichen**
Korrodierter Flächenanteil: bis ..... **%** der Gesamtfläche
Abwicklung: bis **50 mm / 150 mm / 500 mm**
Glanzgrad: **seidenglänzend / glänzend**
Farbe: **weiß / farbig,** RAL .....
Angeb. Fabrikat: .....

| 4€ | 7€ | **8**€ | 12€ | 20€ | [m] | ⏱ 0,10 h/m | 034.000.041 |

46   Beschichtung, Stahlbleche   KG **345**
Erstbeschichtung auf unbeschichtete Stahlblechflächen, innen, inkl. Vorbehandlung und Grundierung, mit Alkydharzlack, deckend, wie folgt:
– Korrodierte Einzelstellen entrosten, Vorbereitungsgrad mind. Sa 2
– Grundbeschichtung, ganzflächig mit Korrosionsschutzbeschichtungsstoff
– Zwischenbeschichtung mit Vorlack
– Schlussbeschichtung mit deckendem Alkydharzlack
Untergrund: unbeschichtete Stahlbekleidungen u.dgl.
Korrodierter Flächenanteil: bis ..... **%** der Gesamtfläche
Glanzgrad: **seidenglänzend / glänzend**
Farbe: **weiß / farbig,** RAL .....
Angeb. Fabrikat: .....

| 7€ | 17€ | **19**€ | 26€ | 37€ | [m²] | ⏱ 0,30 h/m² | 034.000.042 |

47   Erstbeschichtung, Lüftungsrohre, Stahl   KG **431**
Erstbeschichtung auf unbeschichtete Stahlrohre, innen, inkl. Vorbehandlung und Grundierung, mit Alkydharzlack, deckend, wie folgt:
– Stahlflächen gründlich reinigen, schleifen und entrosten, mind. Sa 2
– Grundbeschichtung mit Korrosionsschutzbeschichtungsstoff
– Zwischenbeschichtung mit Vorlack
– Schlussbeschichtung mit deckendem Alkydharzlack
Untergrund: unbeschichtete Lüftungsrohre aus Stahl
Durchmesser: .....
Korrodierter Flächenanteil: bis .....**%** der Gesamtfläche
Glanzgrad: **seidenglänzend / glänzend**
Farbe: **weiß / farbig,** RAL .....
Angeb. Fabrikat: .....

| 11€ | 14€ | **17**€ | 21€ | 29€ | [m²] | ⏱ 0,28 h/m² | 034.000.043 |

48   Erstbeschichtung, Stahlzargen   KG **344**
Erstbeschichtung auf grundierten Stahlzargen, innen, mit Alkydharzlack, deckend, wie folgt:
– Grundbeschichtung überprüfen, ggf. ausbessern
– Grundbeschichtung mit Korrosionsschutzbeschichtungsstoff
– Zwischenbeschichtung mit Vorlack
– Schlussbeschichtung mit deckendem Alkydharzlack

Nr.	Kurztext / Langtext					Kostengruppe		
▶	▷	ø netto €	◁	◀	[Einheit]	Ausf.-Dauer	Positionsnummer	

Untergrund: werkseitig grundierte Stahlblechzargen
Abwicklung Zarge: .....
Korrodierter Flächenanteil: bis .....% der Gesamtfläche
Glanzgrad: **seidenglänzend / glänzend**
Farbe: **weiß / farbig,** RAL .....
Angeb. Fabrikat: .....

| 3€ | 9€ | **11€** | 15€ | 21€ | [m] | ⏱ 0,25 h/m | 034.000.044 |

49   **Brandschutzbeschichtung, F30, Stahlbauteile**   KG **361**

Brandschutzbeschichtung von Stahlbauteile, wasserbasierende Beschichtung, gemäß Zulassung aufbringen, inkl. Vorbehandlung, Grundierung und Deckbeschichtung.
Vorbehandlung: Vorbereitungsgrad Sa 2 1/2
Stahlkonstruktion: **Stahlträger / Fachwerkbinder / Stützen**
Beschichtungsverfahren: **Pinsel / Rolle / Spritzverfahren**
Farbton: **RAL / NCS**
Herstellerfarbkarte: .....
Gef. Feuerwiderstand: F30
Arbeitshöhe: .....
Anwendung: Innenbereich
Einbauort: .....
Angeb. Fabrikat: .....

| 18€ | 41€ | **48€** | 61€ | 84€ | [m²] | ⏱ 0,50 h/m² | 034.000.045 |

50   **Decklack, Brandschutzbeschichtungen, Stahlteile**   KG **333**

Brandschutzbeschichtung auf Stahl, mit Decklack.
Stahlkonstruktion: **Stahlträger / Fachwerkbinder / Stützen**
Profile und Abmessungen: .....
Bereich: **innen / außen**
Beschichtungsverfahren: **Pinsel / Rolle / Spritzverfahren**
Farbton: **RAL / NCS**
Herstellerfarbkarte: .....
Gef. Feuerwiderstand: **F30 / F60 / F90**
Beschichtungsstoff: .....
Arbeitshöhe: .....
Angeb. Fabrikat: .....

| 6€ | 8€ | **10€** | 12€ | 14€ | [m²] | ⏱ 0,15 h/m² | 034.000.046 |

**LB 034
Maler- und
Lackierarbeiten
- Beschichtungen**

Nr.	**Kurztext** / Langtext						Kostengruppe
▶	▷	**ø netto €**	◁	◀	[Einheit]	Ausf.-Dauer	Positionsnummer

51 **Brandschutzbeschichtung Rund-/Profilstahl** — KG **345**
Brandschutzbeschichtung von Stahlbauteilen, wasserbasierende Beschichtung für Innenanwendung, gemäß Zulassung aufbringen, inkl. Vorbehandlung, Grundierung und Deckbeschichtung.
Vorbehandlung: Vorbereitungsgrad Sa 2 1/2
Stahlkonstruktion: **Rundstahl / Stabstahl / Rohrstahl**
Profile und Abmessungen: .....
Beschichtungsverfahren: **Pinsel / Rolle / Spritzverfahren**
Farbton: **RAL / NCS**
Herstellerfarbkarte: .....
Gef. Feuerwiderstand: **F30 / F60**
Arbeitshöhe: .....
Anwendung: Innenbereich
Einbauort: .....
Angeb. Fabrikat: .....

| 15€ | 27€ | **31€** | 33€ | 51€ | [m] | ⏱ 0,30 h/m | 034.000.064 |

52 **Fugenabdichtung, plastoelastisch, Acryl** — KG **345**
Plastoelastische Verfugung mit anstrichverträglichem Ein-Komponenten-Dichtstoff auf Acryldispersionsbasis, inkl. notwendiger Flankenvorbehandlung an den Anschlussflächen und Hinterlegen der Fugenhohlräume mit geeignetem Hinterfüllmaterial, Fuge glatt gestrichen.
Fugenbreite: bis **8 / 12** mm
Angeb. Fabrikat: .....

| 0,5€ | 1,9€ | **2,3€** | 3,4€ | 6,8€ | [m] | ⏱ 0,04 h/m | 034.000.047 |

53 **Fugenabdichtung elastisch, Silikon** — KG **345**
Elastische Verfugung mit Ein-Komponenten-Dichtstoff auf Silikonbasis, inkl. notwendiger Flankenvorbehandlung an den Anschlussflächen und Hinterlegen der Fugenhohlräume mit geeignetem Hinterfüllmaterial, Fuge glatt gestrichen.
Fugenbreite: bis **8 / 12** mm
Angeb. Fabrikat: .....

| 1€ | 3€ | **3€** | 4€ | 5€ | [m] | ⏱ 0,05 h/m | 034.000.048 |

54 **Beschriftung, geklebt** — KG **345**
Buchstaben / Beschriftung auf bauseitigen Untergrund kleben
Einbauort: **außen / innen**
Untergrund: **Holztürblatt / Wandfläche**
Oberfläche: .....
Schriftart: .....
Buchstabengröße: .....
Farbe: .....
Angeb. Fabrikat: .....

| 1€ | 4€ | **7€** | 9€ | 12€ | [St] | ⏱ 0,10 h/St | 034.000.052 |

Kosten:
Stand 1.Quartal 2018
Bundesdurchschnitt

▶ min
▷ von
ø Mittel
◁ bis
◀ max

Nr.	Kurztext / Langtext						Kostengruppe	
▶	▷	ø netto €	◁	◀	[Einheit]	Ausf.-Dauer	Positionsnummer	

55 Markierung, Kunststofffolie — KG 352

Markierung aus Kunststofffolie, für Verlegung auf Fußboden im Innenbereich, rutschhemmend, UV-beständig, zweifarbig, auf glatte Flächen.
Untergrund: .....
Abmessung: .....
Farben: schwarz / gelb
Angeb. Fabrikat: .....

| 1€ | 4€ | **5€** | 8€ | 13€ | [m] | ⏱ 0,08 h/m | 034.000.054 |

56 PKW-Stellplatzmarkierung, Farbe — KG 325

Markierung aus 2-Komponenten-Markierungsfarbe, in Tiefgarage, geeignet für hohe Verkehrsbelastung, Markierung rutschhemmend und UV-beständig; inkl. exaktem Einmessen der Striche.
Untergrund: **Beton / Gussasphalt**
Strichbreite: ca. 120 mm
Strichfarbe: weiß
Angeb. Fabrikat: .....

| 2€ | 5€ | **7€** | 10€ | 20€ | [m] | ⏱ 0,15 h/m | 034.000.061 |

57 Trockenstrahlen, Betonfläche, unbeschichtet — KG 325

Strahlen mit festen Strahlmittel zum Abtragen und Entfernen loser und mürber Teile, sowie leicht ablösender Schichten. Nachreinigung der Betonoberfläche durch Absaugung, bzw. Abblasen mit ölfreier Druckluft, einschl. Bauteil vor erneuter Verschmutzung schützen. Strahlgut sammeln und anfallender Bauschutts entsprechend der behördlichen Auflagen zu entsorgen.
Bauteil: TG-Boden
Lage: Untergeschoss
Betongüte: C35/45 - WU-Bodenplatte
Oberfläche: gescheibt und geglättet
Abtragsart: Kugelstrahlen im Kreuzgang - Zementleimschichten, trennende Substanzen, evtl. vorh. Versiegelungen sind zu entfernen, Poren und Lunker zu öffnen
Oberflächenzugfestigkeit (gef. Haftzugwerte): im Mittel 2,0 N/mm², kleinster Einzelwert 1,5 N/mm²

| 1€ | 1,7€ | **1,8€** | 2,8€ | 4,5€ | [m²] | ⏱ 0,16 h/m² | 034.000.099 |

58 OS-Beschichtung, Ausbruch und Fehlstellen verfüllen — KG 325

Ausbruch- und Fehlstellen, Rautiefen über 1 mm, Poren und Lunkern, im Untergrund mit Reaktionsharzmörtel, im System der OS-8-Beschichtung, auffüllen und glätten.

| 6€ | 12€ | **14€** | 16€ | 22€ | [m²] | ⏱ 0,45 h/m² | 034.000.100 |

LB 034 Maler- und Lackierarbeiten - Beschichtungen

Kosten:
Stand 1.Quartal 2018
Bundesdurchschnitt

▶ min
▷ von
ø Mittel
◁ bis
◀ max

Nr.	Kurztext / Langtext					[Einheit]	Ausf.-Dauer	Kostengruppe Positionsnummer
▶	▷	ø netto €	◁	◀				

59 OS8-Beschichtung, Verlauf-/Kratzspachtelung — KG 325

Kratz- bzw. Verlaufspachtelung des OS-8-Beschichtungssytem, wie beschrieben, aufbringen auf horizontale Flächen.
Bauteil: TG-WU-Bodenplatte gegen Grund
Oberfläche: vorbehandelt, geglättet
Lage: Untergeschoss
Rautiefe: bis 1,0 mm
Beschichtung: OS 8
Mindestschichtdicke: 1.750 µm
Rutschhemmung: R9
Farbe: grau

| 6€ | 10€ | **12€** | 14€ | 17€ | [m²] | ⏱ 0,30 h/m² | 034.000.101 |

60 OS8-Beschichtung, Deckversiegelung mit Abstreuung — KG 325

Deckversiegelung mit Abstreuung aus Quarzsand für Oberflächenschutzsystem.
Beschichtungssystem: OS-8.

| 6€ | 12€ | **13€** | 16€ | 20€ | [m²] | ⏱ 0,23 h/m² | 034.000.102 |

61 OS8-Beschichtung, Sockel — KG 352

Beschichtung Sockelbereich an Stahlbetonwänden und Stützen, einschl. sorgfältiges, geradliniges Abkleben der Sockelhöhe.
Arbeitsschritte, wie folgt:
1. Aufbringen einer Grundierung aus einem lösemittelfreien, nicht pigmentierten, zweikomponentigen Epoxidharz, auf den vorbereiteten Untergrund von Oberkante Hohlkehle bis auf eine Höhe von 0,50m über Rohfußboden.
2. Aufbringen einer Kratzspachtelung auf die grundierten Flächen, bestehend aus einem lösemittelfreien, nichtpigmentierten, zweikomponentigen Epoxidharz und Quarzsand gemäß Herstellervorschrift.
3. Loses Abstreuen mit feuergetrocknetem Quarzsand 0,3-0,8mm.
4. Aufbringen einer Deckversiegelung aus einem lösemittelfreien, pigmentierten, zweikomponentigen Epoxidharz.
Farbton nach Wahl AG aus Standardfarbkarte.

| 6€ | 7€ | **7€** | 8€ | 9€ | [m] | ⏱ 0,16 h/m | 034.000.103 |

62 Stundensatz Geselle/Facharbeiter, Maler-/Lackierarbeiten

Stundenlohnarbeiten für Vorarbeiter, Geselle, Facharbeiter und Gleichgestellte, sowie ähnliche Fachkräfte. Leistung nach besonderer Anordnung der Bauüberwachung. Anmeldung und Nachweis gemäß VOB/B.

| 30€ | 41€ | **45€** | 47€ | 52€ | [h] | ⏱ 1,00 h/h | 034.000.078 |

63 Stundensatz Helfer, Maler-/Lackierarbeiten

Stundenlohnarbeiten für Arbeitnehmer ohne Facharbeiterqualifikation (Helfer, Hilfsarbeiter, Ungelernte, Angelernte). Leistung nach besonderer Anordnung der Bauüberwachung. Anmeldung und Nachweis gemäß VOB/B.

| 21€ | 30€ | **35€** | 41€ | 53€ | [h] | ⏱ 1,00 h/h | 034.000.079 |

023
024
025
026
027
028
029
030
031
032
033
034
036
037
038
039

LB 036 Bodenbelagarbeiten

Kosten: Stand 1. Quartal 2018, Bundesdurchschnitt

Legende: ▶ min | ▷ von | ø Mittel | ◁ bis | ◀ max

Nr.	Positionen	Einheit	▶ min	▷ von	ø brutto € / ø netto €	◁ bis	◀ max
1	Randstreifen abschneiden	m	0,1 / 0,1	0,4 / 0,4	**0,5** / **0,5**	1,2 / 1,1	2,9 / 2,5
2	Untergrund prüfen, Haftzugfestigkeit	St	16 / 13	19 / 16	**21** / **18**	23 / 19	26 / 22
3	Sinterschicht abschleifen, Calciumsulfatestrich	m²	0,1 / 0,1	1,1 / 0,9	**1,5** / **1,3**	2,1 / 1,7	3,7 / 3,1
4	Untergrund reinigen	m²	0,2 / 0,2	0,9 / 0,7	**1,1** / **0,9**	2,5 / 2,1	6,6 / 5,5
5	Boden kugelstrahlen	m²	2 / 2	4 / 3	**5** / **4**	6 / 5	8 / 7
6	Haftgrund, Bodenbelag	m²	0,6 / 0,5	1,4 / 1,2	**1,7** / **1,4**	2,5 / 2,1	4,4 / 3,7
7	Ausgleichsspachtelung, Estrich, bis 5mm	m²	– / –	2 / 2	**4** / **3**	6 / 5	– / –
8	Untergrundvorbereitung, Belagsarbeiten	m²	3 / 3	5 / 4	**6** / **5**	7 / 6	10 / 9
9	Estrichfugen/-risse verharzen	m	5 / 5	8 / 7	**10** / **8**	14 / 11	25 / 21
10	Metallband, leitfähiger Bodenbelag	m	1 / 1	1 / 1	**2** / **1**	2 / 2	2 / 2
11	Hohlkehle, Bodenbelag	m	11 / 9	13 / 11	**14** / **12**	17 / 14	22 / 18
12	Unterlage, Bodenbelag, Wollfilz/Jutefilz	m²	– / –	9 / 7	**10** / **9**	13 / 11	– / –
13	Unterlage, Bodenbelag, Schaumstoff	m²	– / –	6 / 5	**8** / **7**	11 / 9	– / –
14	Sportboden, Elastikschicht	m²	28 / 23	44 / 37	**52** / **44**	65 / 54	84 / 71
15	Sportboden, Nutzschicht, Linoleum	m²	26 / 22	31 / 26	**33** / **28**	34 / 29	38 / 32
16	Sportboden, Nutzschicht, PVC	m²	26 / 22	30 / 25	**31** / **26**	32 / 27	35 / 29
17	Sportboden, rutschhemmende Beschichtung, PUR	m²	0,4 / 0,3	3,6 / 3,0	**5,4** / **4,6**	6,7 / 5,6	9,6 / 8,1
18	Sportboden, Versiegelung, Kunstharz	m²	– / –	22 / 18	**23** / **20**	26 / 22	– / –
19	Gerätehülsenabdeckung, mit Rahmen/Deckel	St	20 / 17	46 / 38	**63** / **53**	84 / 70	122 / 103
20	Spielfeldmarkierung, PUR-Spielfeldfarbe	m	3 / 3	4 / 3	**4** / **3**	5 / 4	6 / 5
21	Textiler Belag, Nadelvlies	m²	18 / 15	28 / 23	**31** / **26**	43 / 37	68 / 58
22	Textiler Belag, Kugelgarn	m²	29 / 25	36 / 30	**39** / **33**	43 / 36	50 / 42
23	Textiler Belag, Naturhaar-Polyamidgemisch	m²	33 / 27	44 / 37	**45** / **38**	50 / 42	61 / 52
24	Textiler Belag, Tuftingteppich	m²	34 / 29	44 / 37	**47** / **40**	51 / 43	61 / 52

© BKI Baukosteninformationszentrum; Erläuterungen zu den Tabellen siehe Seite 46

Bodenbelagarbeiten — Preise €

Nr.	Positionen	Einheit	▶	▷ ø brutto € ø netto €		◁	◀
25	Textiler Belag, Kunstfaser/Web-Teppich	m²	30	35	**37**	40	50
			25	30	**31**	34	42
26	Textiler Belag, Naturfaser/Wolle/Sisal	m²	39	54	**62**	81	105
			33	46	**52**	68	88
27	Korkunterlage, Linoleum	m²	11	16	**19**	20	26
			9	14	**16**	17	22
28	Linoleumbelag, 2,5mm	m²	23	29	**32**	36	49
			20	25	**27**	31	41
29	Linoleumbelag, über 2,5mm	m²	24	33	**36**	41	51
			20	28	**30**	34	43
30	Linoleumbahnen verschweißen	m²	0,2	1,4	**1,9**	2,7	4,5
			0,1	1,2	**1,6**	2,2	3,8
31	Bodenbelag, PVC, 2,0mm	m²	16	23	**25**	32	47
			14	19	**21**	27	40
32	Bodenbelag, PVC, 3,0mm	m²	21	30	**35**	42	57
			18	25	**30**	35	48
33	PVC-Bahnen verschweißen	m²	0,9	1,7	**2,2**	2,8	3,9
			0,7	1,5	**1,8**	2,3	3,3
34	Bodenbelag, Kautschuk, 2,0mm	m²	26	34	**37**	47	60
			22	28	**31**	39	51
35	Bodenbelag, Kautschukplatten, bis 4,0mm	m²	46	56	**60**	72	97
			39	47	**50**	60	81
36	Bodenbelag, Naturkorkparkett, 12mm	m²	32	49	**55**	63	74
			27	41	**47**	53	62
37	Bodenbelag, Laminat, schwimmend, 7,2mm	m²	25	32	**34**	35	41
			21	27	**28**	29	35
38	Bodenbelag, Laminat, schwimmend 8,2mm	m²	26	35	**36**	39	48
			22	29	**30**	33	40
39	Bodenbelag, Laminat, nur liefern	m²	16	22	**28**	31	40
			13	19	**23**	26	34
40	Bodenbeläge verlegen	m²	6	10	**12**	17	24
			5	8	**10**	14	20
41	Treppenstufe, Elastischer Bodenbelag	St	14	31	**37**	37	79
			12	26	**31**	31	66
42	Treppenstufe, Textiler Belag	St	21	33	**39**	44	61
			17	28	**33**	37	51
43	Treppenstufe, Laminat	St	–	24	**27**	32	–
			–	20	**23**	27	–
44	Treppenkante, Kunststoffprofil	m	8	15	**18**	21	29
			7	13	**15**	18	24
45	Treppenkante, Aluminiumprofil	m	–	17	**20**	24	–
			–	14	**17**	21	–
46	Fußabstreifer, Reinstreifen	St	431	778	**885**	1.143	1.715
			362	654	**743**	960	1.442
47	Fußabstreifer, Kokosfasermatte	m²	82	162	**179**	193	242
			69	136	**151**	162	203
48	Rohrdurchführung anarbeiten, Bodenbelag	St	2	4	**5**	6	8
			2	3	**4**	5	7

© BKI Baukosteninformationszentrum; Erläuterungen zu den Tabellen siehe Seite 46 — Kostenstand: 1.Quartal 2018, Bundesdurchschnitt

LB 036 Bodenbelagarbeiten

Kosten: Stand 1.Quartal 2018 Bundesdurchschnitt

Nr.	Kurztext / Langtext				[Einheit]	Ausf.-Dauer	Kostengruppe Positionsnummer
▶	▷	ø netto €	◁	◀			

9 Estrichfugen/-risse verharzen — KG 352
Fugen und Risse im Estrichuntergrund vernadeln, in folgenden Arbeitsschritten:
– ca. 20 mm tiefe Einschnitte in ausreichender Länge quer zum Rissverlauf
– im Abstand von ca. 400 mm Stahleinlagen (Stahlstifte) in Einschnitte legen
– Fugen und Risse mit Kunstharz aus 2-Komponenten-Polyurethan-Masse ausfüllen und mit Quarzsand satt abstreuen
Untergrund: Zementestrich
Angeb. Fabrikat: .....

| 5 € | 7 € | **8** € | 11 € | 21 € | [m] | ⏱ 0,12 h/m | 036.000.004 |

10 Metallband, leitfähiger Bodenbelag — KG 325
Metallband unter leitfähigen Bodenbelägen, in leitfähigen Kleber einbetten; Anschluss an Potenzialausgleich erfolgt bauseits.
Untergrund: .....
Material: Kupfer
Leitfähiger Oberbelag: .....

| 1 € | 1 € | **1** € | 2 € | 2 € | [m] | ⏱ 0,04 h/m | 036.000.008 |

11 Hohlkehle, Bodenbelag — KG 352
Hohlkehlen für öl- und säurebeständigen Bodenbelag, am Übergang zwischen Boden und aufgehenden Bauteilen und Einbauten, inkl. Untergrundvorbereitung.
Schenkellänge: 30 x 30 mm
Untergrund: .....
Angeb. Fabrikat: .....

| 9 € | 11 € | **12** € | 14 € | 18 € | [m] | ⏱ 0,18 h/m | 036.000.009 |

12 Unterlage, Bodenbelag, Wollfilz/Jutefilz — KG 352
Unterlage Bodenbelag, aus Filz, lose verlegen.
Filz: .....
Filzdicke: ca. 7 mm

| – € | 7 € | **9** € | 11 € | – € | [m²] | ⏱ 0,12 h/m² | 036.000.054 |

13 Unterlage, Bodenbelag, Schaumstoff — KG 352
Unterlage Bodenbelag, aus Schaumstoff, verkleben.
Schaumstoffdicke: ca. 6 mm

| – € | 5 € | **7** € | 9 € | – € | [m²] | ⏱ 0,12 h/m² | 036.000.055 |

14 Sportboden, Elastikschicht — KG 325
Flächenelastischer Sportboden, Einbau über flächenbündig eingebauter Fußbodenheizung, wie folgt:
– biegesteife, mehrlagige Lastverteilerschicht (ggf. mehrschichtig)
– Elastikschicht aus Spezialschaum
– wärmeverteilende und durchstoßschützende Schicht aus Spezial-Leitblech, 1 mm, verzinkt
– Oberbelag, in gesonderter Position
Gesamtaufbauhöhe: ca. 38 mm
Bauseitige Bodenheizung: Stromdichte über 50 W/m²
Angeb. Fabrikat: .....

| 23 € | 37 € | **44** € | 54 € | 71 € | [m²] | ⏱ 0,20 h/m² | 036.000.010 |

▶ min
▷ von
ø Mittel
◁ bis
◀ max

| Nr. | **Kurztext** / Langtext | | ø netto € | | | [Einheit] | Ausf.-Dauer | Kostengruppe Positionsnummer |

15   Sportboden, Nutzschicht, Linoleum   KG 325

Sportboden-Oberbelag auf Lastverteilerschicht, geklebt, Oberbelag sporthallengeeignet, für starke Beanspruchung, inkl. Verfugen der Bahnenstöße mit Schmelzdraht. Herstellen von Durchdringungen im Bereich der Sportgerätehülsen und Belegen der Abdeckungen nach gesonderter Position.
Oberbelag: Linoleum
Brandverhalten Klasse: .....
Dicke: ca. 3 mm
Nutzschichtdicke: ca. 2,4 mm
Farbe: .....
Dispersions-Kleber: D .....
Emissionen: EC.....
Angeb. Fabrikat: .....
22 €   26 €   **28 €**   29 €   32 €   [m²]   ⏱ 0,16 h/m²   036.000.011

16   Sportboden, Nutzschicht, PVC   KG 325

Sportboden-Oberbelag auf Lastverteilerschicht, geklebt, Oberbelag sporthallengeeignet, für starke Beanspruchung, inkl. Verfugen der Bahnenstöße mit Schmelzdraht. Herstellen von Durchdringungen im Bereich der Sportgerätehülsen und Belegen der Abdeckungen nach gesonderter Position.
Oberbelag: PVC
Brandverhalten Klasse: .....
Dicke: ca. 3 mm
Nutzschichtdicke: .....
Farbe: .....
Dispersions-Kleber: D .....
Emissionen: EC.....
Angeb. Fabrikat: .....
22 €   25 €   **26 €**   27 €   29 €   [m²]   ⏱ 0,16 h/m²   036.000.056

17   Sportboden, rutschhemmende Beschichtung, PUR   KG 325

Rutschhemmende Beschichtung auf Sporthallenboden, aus Polyurethan- Versiegelung, geeignet als Schutz- und Verschleißschicht, sowie als entlastende Reinigungshilfe, inkl. Nachweis des Gleitreibungsbeiwerts.
Angeb. Fabrikat: .....
0,3 €   3,0 €   **4,6 €**   5,6 €   8,1 €   [m²]   ⏱ 0,12 h/m²   036.000.012

18   Sportboden, Versiegelung, Kunstharz   KG 325

Versiegelung des Sporthallenbodens, aus Kunstharz, geeignet als Schutz- und Verschleißschicht, sowie als entlastende Reinigungshilfe, inkl. Nachweis des Gleitreibungsbeiwerts.
Angeb. Fabrikat: .....
– €   18 €   **20 €**   22 €   – €   [m²]   ⏱ 0,12 h/m²   036.000.057

19   Gerätehülsenabdeckung, mit Rahmen/Deckel   KG 325

Aussparungen in Sporthallenboden, im Bereich der Gerätehülsen, Aussparungen innerhalb der Elastik- und Lastverteilerschicht sowie im Oberbelag; Hülsen bündig nach Vorgaben des Sportgeräte-Einrichtungsplan einbauen, für nachfolgende Sportgeräte geeignet:
– Bodenhülsen für Reck
– Bodenhülsen für Sprossenwandarretierung
– Bodenhülsen für Spannreck und Spannstufenbarren
– Bodenhülsen für Sprungpferd
– Bodenhülsen für Volleyball-Netz
– Bodenhülsen für Badminton-Netz

LB 036 Bodenbelagarbeiten

Nr.	Kurztext / Langtext					[Einheit]	Kostengruppe Ausf.-Dauer Positionsnummer
▶	▷	ø netto €	◁	◀			

Durchmesser des Rahmen und Deckel nach Erfordernis, Rahmen aus Aluring bzw. Rotguss-Rahmen mit umlaufender Dichtung und Sicherheitsdeckel. Leistung inkl. liefern der Gerätedeckels und Belegen des Deckels mit vor beschriebenem Oberbelag, sowie Ausfugen der Aussparung im Bereich der Gerätehülsen mit elastischem farblich auf den Oberbelag abgestimmtem Fugenmaterial.
Angeb. Fabrikat: .....

| 17 € | 38 € | **53 €** | 70 € | 103 € | [St] | ⌀ 0,90 h/St | 036.000.014 |

20 Spielfeldmarkierung, PUR-Spielfeldfarbe   KG **325**

Markieren der Spielfelder im Sporthallenboden, mit Spezial-PUR-Spielfeldfarbe, inkl. Einmessen sowie Vorbehandlung des Oberbelags. Ausführung nach genehmigtem und freigegebenem Sportgeräte-Einrichtungsplan; Markierungen unter 1,00 m werden als 1,00 m abgerechnet.
Markierungsbreiten: 20-50 mm
Markierungen: .....
Abmessung und Farben: gemäß Richtlinien der Sportverbände
Angeb. Fabrikat: .....

| 3 € | 3 € | **3 €** | 4 € | 5 € | [m] | ⌀ 0,05 h/m | 036.000.013 |

21 Textiler Belag, Nadelvlies   KG **352**

Textiler Bodenbelag aus Kunstfasern, als Nadelvliesbelag, für gewerblichen Anwendungsbereich mit starker Beanspruchung, vollflächig geklebt. Durchdringungen, elektrisch leitende Verklebung und Metallnetz nach gesonderter Position.
Belagdicke: 3,5 mm
Bahnenbreite: 200 cm
Untergrund: fertig gespachtelt
Beanspruchungsklasse: 33
Komfortklasse: LC 1, einfach
Trittschallverbesserung: 22 dB
Wärmedurchlasswiderstand: 0,12 (m²K/W)
Ableitwiderstand: ..... Ohm
Aufladungsspannung: max. 2 kV (antistatisch)
Brandverhalten: Bfl-s1
Eignungen Stuhlrollen: Typ H
Eignung Fussbodenheizung: .....
Nutzschicht: Polyamid, vermischt mit anderen Fasern
Oberfläche: grobfaserig, ...
Farbe: .....
Rücken: PAC-Vlies
Verklebung: Dispersionskleber D.....
Emissionen: .....
Einbauort: .....
Angeb. Fabrikat: .....

| 15 € | 23 € | **26 €** | 37 € | 58 € | [m²] | ⌀ 0,18 h/m² | 036.000.015 |

▶ min
▷ von
ø Mittel
◁ bis
◀ max

Kosten:
Stand 1.Quartal 2018
Bundesdurchschnitt

Nr.	Kurztext / Langtext					Kostengruppe	
▶	▷	ø netto €	◁	◀	[Einheit]	Ausf.-Dauer	Positionsnummer

22 Textiler Belag, Kugelgarn   KG 352

Textiler Bodenbelag aus Kunstfasern, als Polvlies- (Kugelgarn)belag, für gewerblichen Anwendungsbereich mit starker Beanspruchung, vollflächig geklebt. Durchdringungen, elektrisch leitende Verklebung und Metallnetz nach gesonderter Position.
Belagdicke: 5,5 mm
Bahnenbreite: 200 cm
Untergrund: fertig gespachtelt
Beanspruchungsklasse: 33
Komfortklasse: LC 2, gut
Trittschallverbesserung: 20 dB
Wärmedurchlasswiderstand: 0,08 (m^2K/W)
Ableitwiderstand: ..... Ohm
Aufladungsspannung: max. 2 kV (antistatisch)
Brandverhalten: Cfl-s1
Eignungen Stuhlrollen: Typ H
Eignung Fussbodenheizung: ja
Nutzschicht: Faserkugel aus Polyamid, vermischt mit anderen Fasern
Oberfläche: Kugelgarn - Struktur 21
Farbe: .....
Rücken: latexiert
Verklebung: Dispersionskleber D1
Emissionen: EC1
Einbauort: .....
Angeb. Fabrikat: .....

| 25€ | 30€ | **33€** | 36€ | 42€ | [m^2] | ⏱ 0,18 h/m^2 | 036.000.072 |

LB 036 Bodenbelagarbeiten

Kosten:
Stand 1.Quartal 2018
Bundesdurchschnitt

Nr.	Kurztext / Langtext				[Einheit]	Ausf.-Dauer	Kostengruppe Positionsnummer
▶	▷	ø netto €	◁	◀			

23 Textiler Belag, Naturhaar-Polyamidgemisch — KG **352**

Textiler Bodenbelag als Teppich, aus Natur-Kunstfasergemisch, für privaten Anwendungsbereich, vollflächig geklebt. Durchdringungen, elektrisch leitende Verklebung und Metallnetz nach gesonderter Position.
Belagdicke: ca. 5 mm
Belagbreite: 200 cm
Untergrund: fertig gespachtelt
Beanspruchungsklasse: **21 / 22 / 22+ / 23**
Komfortklasse: LC4, luxeriös
Trittschallverbesserung: mind. 22 dB
Wärmedurchlasswiderstand: 0,10 (m²K/W)
Ableitwiderstand: ..... Ohm
Aufladungsspannung: .....
Brandverhalten: Cfl-s1
Eignungen Stuhlrollen: Typ H
Eignung Fussbodenheizung: nein
Nutzschicht: Naturhaar-Polyamidgemisch
Polmaterial: 40% Natur-Ziegenhaar, 60% Polyamid 6
Oberfläche: **feinfasrig meliert / .....**
Farbe: .....
Lichtechtheit: 5
Wasserechtheit: 4-5
Rücken: Schwerbeschichtung
Verklebung: Dispersionskleber D.....
Emissionen: .....
Einbauort: .....
Angeb. Fabrikat: .....

| 27 € | 37 € | **38** € | 42 € | 52 € | [m²] | ⏱ 0,18 h/m² | 036.000.074 |

▶ min
▷ von
ø Mittel
◁ bis
◀ max

Nr.	Kurztext / Langtext						Kostengruppe	
▶	▷	ø netto €	◁	◀		[Einheit]	Ausf.-Dauer	Positionsnummer

24 Textiler Belag, Tuftingteppich — KG **352**

Textiler Bodenbelag aus Kunstfasergemisch, als Tuftingteppich, für privaten Anwendungsbereich, vollflächig geklebt. Durchdringungen, elektrisch leitende Verklebung und Metallnetz nach gesonderter Position.
Belagdicke: ca. 7 mm
Bahnenbreite: 400 cm
Untergrund: fertig gespachtelt
Beanspruchungsklasse: 23
Komfortklasse: LC3
Trittschallverbesserung: mind. 24 dB
Wärmedurchlasswiderstand: 0,11 (m²K/W)
Ableitwiderstand: 10 hoch 9 Ohm
Aufladungsspannung: .....
Brandverhalten: Cfl-s1
Eignungen Stuhlrollen: Typ H
Eignung Fussbodenheizung: nein
Nutzschicht: 100% Polyamid
Polmaterial: PA
Oberfläche: Schlinge, 1/10"
Farbe: .....
Lichtechtheit: 5
Wasserechtheit: 4
Rücken: Textilrücken
Verklebung: Dispersionskleber D.....
Emissionen: .....
Einbauort: .....
Angeb. Fabrikat: .....

| 29 € | 37 € | **40 €** | 43 € | 52 € | | [m²] | ⏱ 0,18 h/m² | 036.000.017 |

LB 036 Bodenbelagarbeiten

Kosten:
Stand 1.Quartal 2018
Bundesdurchschnitt

Nr.	Kurztext / Langtext					[Einheit]	Ausf.-Dauer	Kostengruppe Positionsnummer
▶ min	▷ von	ø netto € Mittel	◁ bis	◀ max				

25 Textiler Belag, Kunstfaser/Web-Teppich — KG 352

Textiler Bodenbelag als Webteppich, aus Kunstfasergemisch, für privaten Anwendungsbereich, vollflächig geklebt. Durchdringungen, elektrisch leitende Verklebung und Metallnetz nach gesonderter Position.
Belagdicke: ca. 4,5 mm
Bahnenbreite: 400 cm
Untergrund: fertig gespachtelt
Beanspruchungsklasse: 23
Komfortklasse: LC3
Trittschallverbesserung: mind. 22 dB
Wärmedurchlasswiderstand: 0,12 (m²K/W)
Ableitwiderstand: 10 Ohm
Aufladungsspannung: .....
Brandverhalten: Cfl-s1
Eignungen Stuhlrollen: Typ H
Eignung Fussbodenheizung: nein
Trägermaterial: 100% PES-Vlies
Nutzschicht: Polyamidgemisch
Polmaterial: 100% Polyamid
Oberfläche: Web-Schlinge.....-gemustert
Farbe: .....
Lichtechtheit: 5
Wasserechtheit: 4
Rücken: latexiert
Verklebung: Dispersionskleber D.....
Emissionen: .....
Einbauort: .....
Angeb. Fabrikat: .....

▶	▷	ø	◁	◀	[Einheit]	Ausf.-Dauer	Positionsnummer
25€	30€	**31€**	34€	42€	[m²]	⏱ 0,18 h/m²	036.000.016

▶ min
▷ von
ø Mittel
◁ bis
◀ max

Nr.	**Kurztext** / Langtext					Kostengruppe	
▶	▷	**ø netto €**	◁	◀	[Einheit]	Ausf.-Dauer	Positionsnummer

26 Textiler Belag, Naturfaser/Wolle/Sisal — KG **352**

Textiler Bodenbelag als Webteppich, aus Naturfaser, für privaten Anwendungsbereich, vollflächig geklebt. Durchdringungen, elektrisch leitende Verklebung und Metallnetz nach gesonderter Position.
Belagdicke: ca...... mm
Bahnenbreite: 400 cm
Untergrund: fertig gespachtelt
Beanspruchungsklasse: 23
Komfortklasse: LC2
Trittschallverbesserung: mind. ..... dB
Wärmedurchlasswiderstand: ..... (m²K/W)
Ableitwiderstand: .... Ohm
Aufladungsspannung: .....
Brandverhalten: Efl-s1
Eignungen Stuhlrollen: Typ H
Eignung Fussbodenheizung: ja
Trägermaterial: .....
Nutzschicht: **Sisal / Wolle / .....**
Oberfläche: gewebt.....-gemustert
Farbe: .....
Lichtechtheit: 5
Wasserechtheit: 4
Rücken: latexiert
Verklebung: Dispersionskleber D.....
Emissionen: .....
Einbauort: .....
Angeb. Fabrikat: .....

| 33€ | 46€ | **52**€ | 68€ | 88€ | [m²] | ⏱ 0,18 h/m² | 036.000.018 |

27 Korkunterlage, Linoleum — KG **352**

Unterlage für Bodenbelag aus glattem Kork, auf Untergrund verkleben mit geeignetem Dispersions-Kleber.
Untergrund: fertig gespachtelt
Oberbelag: Linoleum, d = 2,5 mm
Korkplattendicke: **2,0 / 3,2** mm
Wärmedurchlasswiderstand: **0,031 / 0,050** (m²K/W)
Brandverhalten: .....
Verklebung: .....
Emissionen: .....
Einbauort: .....
Angeb. Fabrikat: .....

| 9€ | 14€ | **16**€ | 17€ | 22€ | [m²] | ⏱ 0,12 h/m² | 036.000.019 |

LB 036 Bodenbelagarbeiten

Kosten:
Stand 1.Quartal 2018
Bundesdurchschnitt

Nr.	Kurztext / Langtext					Kostengruppe
▶	▷	**ø netto €**	◁	◀	[Einheit]	Ausf.-Dauer Positionsnummer

28 Linoleumbelag, 2,5mm — KG **352**

Bodenbelag aus Linoleum-Bahnen, stuhlrollengeeignet, permanent antistatisch, zigarettenglutbeständig, für öffentlichen/gewerblichen Anwendungsbereich. Herstellen von Durchdringungen, elektrisch leitende Verklebung und Metallnetz, nach gesonderter Position.
Belagdicke: 2,5 mm
Bahnenbreite: 200 cm
Untergrund: fertig gespachtelt
Beanspruchungsklasse: 34
Komfortklasse: LC2
Trittschallverbesserung: mind. 5 dB
Wärmedurchlasswiderstand: 0,014 (m²K/W)
Ableitwiderstand: .... Ohm, antistatisch
Aufladungsspannung: max. 2 kV
Brandverhalten: Cfl-s1
Eignungen Stuhlrollen: Typ W
Eignung Fussbodenheizung: ja
Rutschhemmung: R9
Oberfläche: meliert.....
Farbe: .....
Lichtechtheit: 6
Verklebung: Dispersionskleber D.....
Emissionen: .....
Einbauort: .....
Angeb. Fabrikat: .....

| 20€ | 25€ | **27€** | 31€ | 41€ | [m²] | ⏱ 0,17 h/m² | 036.000.020 |

▶ min
▷ von
ø Mittel
◁ bis
◀ max

Nr.	Kurztext / Langtext					Kostengruppe		
▶	▷	ø netto €	◁	◀	[Einheit]	Ausf.-Dauer	Positionsnummer

29 Linoleumbelag, über 2,5mm — KG 352

Bodenbelag aus Linoleum-Bahnen, stuhlrollengeeignet, permanent antistatisch, zigarettenglutbeständig, für öffentlichen/gewerblichen Anwendungsbereich. Herstellen von Durchdringungen, elektrisch leitende Verklebung und Metallnetz, nach gesonderter Position.
Belagdicke: **3,2 / 4,0** mm
Bahnenbreite: 200 cm
Untergrund: fertig gespachtelt
Beanspruchungsklasse: **34 / 42 / 43**
Trittschallverbesserung: mind. **6/7** dB
Wärmedurchlasswiderstand: **0,018/0,023** (m²K/W)
Ableitwiderstand: .... Ohm, antistatisch
Aufladungsspannung: max. 2 kV
Brandverhalten: Cfl-s1
Eignungen Stuhlrollen: Typ W
Eignung Fussbodenheizung: ja
Rutschhemmung: R9
Oberfläche: meliert.....
Farbe: .....
Lichtechtheit: 6
Verklebung: Dispersionskleber D.....
Emissionen: .....
Einbauort: .....
Angeb. Fabrikat: .....

| 20€ | 28€ | **30**€ | 34€ | 43€ | [m²] | ⏱ 0,17 h/m² | 036.000.021 |

30 Linoleumbahnen verschweißen — KG 352

Belagsnähte des Linoleumbelags fräsen und thermisch verschweißen, mittels Schweißschnur.
Nahtbreite: 4 mm
Farbe: .....
Angeb. Fabrikat: .....

| 0,1€ | 1,2€ | **1,6**€ | 2,2€ | 3,8€ | [m²] | ⏱ 0,02 h/m² | 036.000.022 |

LB 036 Bodenbelagarbeiten

Kosten:
Stand 1.Quartal 2018
Bundesdurchschnitt

Nr.	Kurztext / Langtext					Kostengruppe
▶ ▷	ø netto €	◁	◀	[Einheit]	Ausf.-Dauer	Positionsnummer

35 Bodenbelag, Kautschukplatten, bis 4,0mm — KG 352

Bodenbelag aus Kautschuk-Platten, für gewerblichen Anwendungsbereich mit sehr starker Beanspruchung, stuhlrollengeeignet, UV-beständig, permanent antistatisch, zigarettenglutbeständig, vollflächig geklebt.
Untergrund: fertig gespachtelt
Materialstärke: 2,7-3,2 mm
Plattenformat: 100 x 100 cm
Beanspruchungsklasse: 34
Aufladungsspannung: max. 2 kV (antistatisch)
Trittschallverbesserung: bis 12 dB
Brandverhalten: BfL-s1
Eignung: Stuhlrollen, Typ W
Eignung Fussbodenheizung: ja
Rutschhemmung: R10
Nutzschicht: homogen
Oberfläche/Dessin: Noppen, 0,5 mm, verlegt im Fugenschnitt
Farbe: .....
Lichtechtheit: 6
Verklebung: .....
Emissionen: .....
Einbauort: .....
Angeb. Fabrikat: .....

| 39 € | 47 € | **50** € | 60 € | 81 € | [m²] | ⏱ 0,20 h/m² | 036.000.025 |

36 Bodenbelag, Naturkorkparkett, 12mm — KG 352

Bodenbelag aus mehrschichtigem Naturkork-Fertigparkett, aus Kork-HDF-Kork-Verbundplatte, für privaten Anwendungsbereich mit intensiver Beanspruchung, ohne Verklebung.
Untergrund: fertig gespachtelt
Materialstärken: 3,0 - 6,0 - 3,0 (mm)
Plattenformat: 120 x 20 cm
Beanspruchungsklasse: 23
Aufladungsspannung: max. 2 kV (antistatisch)
Trittschallverbesserung: bis 17 dB
Brandverhalten: EfL-s1
Eignung: Stuhlrollen, Typ W
Rutschhemmung: R9
Nutzschicht: homogen
Muster / Farbe / Korkart: .....
Oberfläche: Acryllack-Beschichtung
Verklebung: ohne, Klickverbindung
Emissionen: EC1
Einbauort: .....
Angeb. Fabrikat: .....

| 27 € | 41 € | **47** € | 53 € | 62 € | [m²] | ⏱ 0,24 h/m² | 036.000.026 |

▶ min
▷ von
ø Mittel
◁ bis
◀ max

Nr.	Kurztext / Langtext							Kostengruppe	
▶	▷	ø netto €	◁	◀		[Einheit]	Ausf.-Dauer	Positionsnummer	

37 Bodenbelag, Laminat, schwimmend, 7,2mm KG **352**
Bodenbelag aus mehrschichtigem Laminat, HDF-Trägerplatte, für Wohnbereich mit starker Beanspruchung, ohne Verklebung.
Untergrund: fertig gespachtelt
Materialstärken: 7,2 mm
Plattenformat: ..... cm
Beanspruchungsklasse: 23
Aufladungsspannung: max. 2 kV (antistatisch)
Trittschallverbesserung: bis ..... dB
Brandverhalten: EfL-s1
Eignung: Stuhlrollen, Typ W
Eignung Fussbodenheizung: ja
Rutschhemmung: R9
Nutzschicht: homogen
Muster / Farbe / Korkart: .....
Oberfläche: Melaminharzbeschichtung
Lichtechtheit: 6
Verklebung: .....
Emissionen: .....
Einbauort: .....
Angeb. Fabrikat: .....

| 21€ | 27€ | **28€** | 29€ | 35€ | [m²] | ⏱ 0,30 h/m² | 036.000.063 |

38 Bodenbelag, Laminat, schwimmend 8,2mm KG **352**
Bodenbelag aus mehrschichtigem Laminat, HDF-Trägerplatte, für gewerblichen Anwendungsbereich mit mäßige Beanspruchung, ohne Verklebung.
Untergrund: fertig gespachtelt
Materialstärken: 7,2 mm
Plattenformat: ..... cm
Beanspruchungsklasse: 31
Aufladungsspannung: max. 2 kV (antistatisch)
Trittschallverbesserung: bis ..... dB
Brandverhalten: EfL-s1
Eignung: Stuhlrollen, Typ W
Eignung Fussbodenheizung: ja
Rutschhemmung: R9
Nutzschicht: homogen
Muster / Farbe / Korkart: .....
Oberfläche: Melaminharzbeschichtung
Lichtechtheit: 6
Verklebung: .....
Emissionen: .....
Einbauort: .....
Angeb. Fabrikat: .....

| 22€ | 29€ | **30€** | 33€ | 40€ | [m²] | ⏱ 0,30 h/m² | 036.000.064 |

LB 036 Bodenbelagarbeiten

Kosten:
Stand 1.Quartal 2018
Bundesdurchschnitt

Nr.	Kurztext / Langtext					Kostengruppe
▶	▷ ø netto € ◁ ◀				[Einheit]	Ausf.-Dauer Positionsnummer

39 Bodenbelag, Laminat, nur liefern — KG 352

Bodenbelag aus mehrschichtigem Laminat, HDF-Trägerplatte, nur liefern, ohne Verlegung, für gewerblichen Anwendungsbereich mit mäßige Beanspruchung.
Untergrund: fertig gespachtelt
Materialstärken: 7,2 mm
Plattenformat: ..... cm
Beanspruchungsklasse: 31
Aufladungsspannung: max. 2 kV (antistatisch)
Trittschallverbesserung: bis ..... dB
Brandverhalten: EfL-s1
Eignung: Stuhlrollen, Typ W
Eignung Fussbodenheizung: ja
Rutschhemmung: R9
Nutzschicht: homogen
Muster / Farbe / Korkart: .....
Oberfläche: Melaminharzbeschichtung
Lichtechtheit: 6
Verklebung: .....
Emissionen: .....
Einbauort: .....
Angeb. Fabrikat: .....

13€   19€   **23**€   26€   34€   [m²]   –   036.000.045

40 Bodenbeläge verlegen — KG 352

Bauseitig gestellten Bodenbelag verlegen, mit geeignetem Kleber.
Dispersions-Kleber: .....
Emissionen: EC.....
Untergrund: gespachtelter Zementestrich
Belag: .....

5€   8€   **10**€   14€   20€   [m²]   ⏱ 0,18 h/m²   036.000.046

41 Treppenstufe, Elastischer Bodenbelag — KG 352

Elastischer Bodenbelag für Trittstufen, inkl. Kantenschutzprofil, Belag verkleben.
Untergrund: Stahlbeton, grundiert
Belag: .....
Profil: .....
Steigungsverhältnis: 17,5 x 28,0 cm
Stufenbreite: .....
Farbe: .....
Kleber: .....
Emissionen: EC.....
Angeb. Fabrikat: .....

12€   26€   **31**€   31€   66€   [St]   ⏱ 0,35 h/St   036.000.027

▶ min
▷ von
ø Mittel
◁ bis
◀ max

Nr.	Kurztext / Langtext					Kostengruppe
▶	▷ ø netto € ◁ ◀				[Einheit] Ausf.-Dauer	Positionsnummer

42 Treppenstufe, Textiler Belag — KG 352
Textiler Bodenbelag für Trittstufen, inkl. Kantenschutzprofil, Belag verkleben.
Untergrund: Stahlbeton
Belagsmaterial: .....
Profil: .....
Steigungsverhältnis: 17,5 x 28,0 cm
Stufenbreite: .....
Farbe: .....
Kleber: .....
Emissionen: EC.....
Angeb. Fabrikat: .....

| 17€ | 28€ | **33€** | 37€ | 51€ | [St] | ⏱ 0,35 h/St | 036.000.028 |

43 Treppenstufe, Laminat — KG 352
Bodenbelag aus Laminat, für Trittstufen, inkl. Kantenschutzprofil, Belag verkleben.
Untergrund: .....
Belag: Laminat
Belagdicke: .....
Kantenschutz: .....
Trittstufe: 17,5 cm
Stufenbreite: .....
Oberfläche: .....
Kleber: .....
Emissionen: EC.....
Angeb. Fabrikat: .....

| –€ | 20€ | **23€** | 27€ | –€ | [St] | ⏱ 0,25 h/St | 036.000.065 |

44 Treppenkante, Kunststoffprofil — KG 352
Treppenprofil für Trittstufen, verkleben.
Untergrund: .....
Profil: .....
Ausführung: Längsrillen, Schenkellänge bis 45 mm
Material: Kunststoff
Belagsdicke: .....
Stufenbreite: .....
Farbe: .....
Kleber: .....
Emissionen: EC.....
Angeb. Fabrikat: .....

| 7€ | 13€ | **15€** | 18€ | 24€ | [m] | ⏱ 0,15 h/m | 036.000.029 |

LB 036 Bodenbelagarbeiten

Kosten:
Stand 1.Quartal 2018
Bundesdurchschnitt

▶ min
▷ von
ø Mittel
◁ bis
◀ max

Nr.	Kurztext / Langtext				[Einheit]	Ausf.-Dauer	Kostengruppe Positionsnummer
▶	▷	ø netto €	◁	◀			

45 Treppenkante, Aluminiumprofil KG **352**

Treppenprofil für Trittstufen, verkleben.
Untergrund: .....
Profil: .....
Ausführung: Längsrillen, Schenkellänge bis 45 mm
Material: Aluminium
Belagsdicke: .....
Stufenbreite: .....
Farbe: .....
Kleber: .....
Emissionen: EC.....
Angeb. Fabrikat: .....

| –€ | 14€ | **17€** | 21€ | –€ | [m] | ⏱ 0,19 h/m | 036.000.066 |

46 Fußabstreifer, Reinstreifen KG **325**

Fußabstreiferanlage aus Rahmen und Borstengliedermatte mit Reinstreifen, bestehend aus profiliertem Gummiprofil, eingelegt in Aluminiumeinfassung; aufrollbar, geräuschdämmend und quer unterspülbar, mit Winkelrahmen zur ganzflächigen, ebenen Auflage, einschl. Nivellieren mit anschließendem Bodenbelag, inkl. aller notwendigen Befestigungsmittel.
Einsatzbereich: .....
Untergrund: .....
Rahmenmaterial: .....
Belastung: Normale bis starke Lauffrequentierung, rollstuhlgeeignet
Anlagengröße: .....
Anlagenhöhe: .....
Profilgröße: .....
Angeb. Fabrikat: .....

| 362€ | 654€ | **743€** | 960€ | 1.442€ | [St] | ⏱ 0,15 h/St | 036.000.030 |

47 Fußabstreifer, Kokosfasermatte KG **325**

Fußabstreifer aus Kokos, Rücken PVC-kaschiert, in bauseitige Aussparung im Fußboden.
Abmessung: .....
Materialstärke: .....
Angeb. Fabrikat: .....

| 69€ | 136€ | **151€** | 162€ | 203€ | [m²] | ⏱ 0,10 h/m² | 036.000.043 |

48 Rohrdurchführung anarbeiten, Bodenbelag KG **352**

Oberbelag an Rohrdurchführung anarbeiten.
Oberbelag: .....
Dicke: .....
Durchführung: rund
Durchmesser: 42 mm

| 2€ | 3€ | **4€** | 5€ | 7€ | [St] | ⏱ 0,05 h/St | 036.000.031 |

Nr.	Kurztext / Langtext							Kostengruppe
▶	▷	ø netto €	◁	◀	[Einheit]	Ausf.-Dauer	Positionsnummer

49 Bodenbelag anarbeiten, Stützen KG **352**
Oberbelag an Stützen anarbeiten.
Oberbelag: .....
Dicke: .....
Stützenquerschnitt: .....

| –€ | 5€ | **7**€ | 10€ | –€ | [St] | ⏱ 0,08 h/St | 036.000.067 |

50 Abdeckschiene, Metall KG **352**
Abdeckschienen aus L-Metallprofil, in Belaghöhe auf bauseitigen Estrich, Bodenbelag oberflächenbündig anarbeiten.
Profilhöhe: 3 mm
Material: .....
Oberfläche: .....
Angeb. Fabrikat: .....

| 6€ | 10€ | **12**€ | 14€ | 21€ | [m] | ⏱ 0,15 h/m | 036.000.032 |

51 Übergangsprofil, Metall KG **352**
Übergangsprofil aus Metall, leicht gerundetem Profil, im Bereich des Belagwechsels unter dem Türblatt.
Material: .....
Oberfläche: .....
Angeb. Fabrikat: .....

| 5€ | 9€ | **11**€ | 14€ | 22€ | [m] | ⏱ 0,15 h/m | 036.000.048 |

52 Dehnfugenprofil, Metall KG **352**
Bewegungsfugenprofil aus L-Profil, in Belaghöhe auf bauseitigen Estrich montieren, Bodenbelag oberflächenbündig anarbeiten.
Material: **Aluminium / Edelstahl**
Oberfläche: .....
Angeb. Fabrikat: .....

| 14€ | 23€ | **28**€ | 35€ | 49€ | [m] | ⏱ 0,20 h/m | 036.000.033 |

53 Verfugung, elastisch, Silikon KG **352**
Elastische Verfugung mit 1-Komponenten-Dichtstoff auf Silikonbasis, Fuge glatt gestrichen, inkl. notwendiger Flankenvorbehandlung an den Anschlussflächen und Hinterlegen der Fugenhohlräume mit geeignetem Hinterstopfmaterial.
Angeb. Fabrikat: .....

| 1€ | 3€ | **4**€ | 5€ | 9€ | [m] | ⏱ 0,04 h/m | 036.000.034 |

54 Sockelausbildung, Holzleiste KG **352**
Sockelleisten an aufgehenden Wandflächen, mit Holz-Profil, Stöße und Stirnseiten schräg abgeschnitten und Schnittkanten sauber geschliffen, Ecken mit Gehrungsschnitten.
Material: .....
Profil: ca. 60 x 16 mm
Oberfläche: stoßfest farblos lackiert
Befestigung: verdübelt, mit nichtrostenden Senkkopf-Schrauben

| 2€ | 8€ | **10**€ | 15€ | 37€ | [m] | ⏱ 0,08 h/m | 036.000.035 |

LB 036 Bodenbelagarbeiten

Kosten:
Stand 1.Quartal 2018
Bundesdurchschnitt

	Nr.	Kurztext / Langtext					Kostengruppe	
▶	▷	ø netto €	◁	◀	[Einheit]	Ausf.-Dauer	Positionsnummer

55 Sockelausbildung, textiler Belag KG **352**
Sockelleisten an aufgehenden Wandflächen, für textilen Belag, Ecken mit Gehrungsschnitten.
Material: PVC
Leistenhöhe: ca. 60 mm
Belag: .....
Farbe: .....
Befestigung: verdübelt, mit nichtrostenden Senkkopf-Schrauben
Angeb. Fabrikat: .....

| 2€ | 4€ | **5**€ | 7€ | 11€ | [m] | ⏱ 0,04 h/m | 036.000.036 |

56 Sockelausbildung, Sporthalle KG **352**
Sockelleisten für Sportbodenbelag, an aufgehenden Wandflächen, Sockelleiste mit Entlüftung an der Vorderseite und integrierter Abdichtung gegen Putzwasser an der Unterseite.
Material: Eiche
Profil: ca. 70 x 30 mm
Oberfläche: transparent beschichtet
Befestigung: verdübelt, mit nichtrostenden Senkkopf-Schrauben
Angeb. Fabrikat: .....

| 6€ | 11€ | **13**€ | 15€ | 21€ | [m] | ⏱ 0,10 h/m | 036.000.037 |

57 Sockelausbildung, PVC KG **352**
Sockelleisten an aufgehenden Wandflächen aus PVC, inkl. Verschweißen der Übergänge und Stöße, Ecken mit Gehrungsschnitten.
Material: PVC, weich
Leistenhöhe: ca. 60 mm
Belag: .....
Farbe: .....
Befestigung: verdübelt, mit nichtrostenden Senkkopf-Schrauben
Angeb. Fabrikat: .....

| 2€ | 4€ | **5**€ | 7€ | 12€ | [m] | ⏱ 0,04 h/m | 036.000.038 |

58 Sockelausbildung, Lino-/Kautschuk KG **352**
Sockelleisten an aufgehenden Wandflächen aus Linoleum, inkl. Verschweißen der Übergänge und Stöße, Ecken mit Gehrungsschnitten.
Material: Linoleum
Leistenhöhe: ca. 60 mm
Belag: .....
Farbe: .....
Befestigung: verdübelt, mit nichtrostenden Senkkopf-Schrauben
Angeb. Fabrikat: .....

| 3€ | 7€ | **8**€ | 13€ | 21€ | [m] | ⏱ 0,08 h/m | 036.000.039 |

▶ min
▷ von
ø Mittel
◁ bis
◀ max

Nr.	Kurztext / Langtext							Kostengruppe
▶	▷	ø netto €	◁	◀	[Einheit]	Ausf.-Dauer	Positionsnummer

59 Sockelausbildung, Aluminiumprofil — KG 325
Sockelleisten an aufgehenden Wandflächen aus Linoleum, inkl. Verschweißen der Übergänge und Stöße, Ecken mit Gehrungsschnitten.
Material: Aluminium
Profilhöhe: 70 mm
Farbe / Oberfläche: eloxiert, natur, gebürstet
Befestigung: verdübelt, mit nichtrostenden Senkkopf-Schrauben
Angeb. Fabrikat: .....

| 5€ | 10€ | **12€** | 15€ | 21€ | [m] | ⏱ 0,08 h/m | 036.000.080 |

60 Erstpflege, Bodenbelag — KG 325
Erstpflege des Oberbelags, mit Pflegemitteln abgestimmt auf benötigte Oberflächeneigenschaften.
Arbeiten innerhalb einer Woche nach Aufforderung durch die Bauleitung des Architekten ausführen.
Angeb. Fabrikat: .....

| 0,2€ | 1,4€ | **1,9€** | 3,7€ | 7,8€ | [m²] | ⏱ 0,02 h/m² | 036.000.040 |

61 Schutzabdeckung, Bodenbelag, Hartfaserplatte — KG 397
Bodenbelag mit Hartfaserplatten zum Schutz vor mechanischen Beschädigungen für nachfolgende Arbeiten vollflächig abdecken und abkleben, inkl. Entfernen und Entsorgen nach Abschluss der Arbeiten.

| 2€ | 3€ | **4€** | 5€ | 6€ | [m²] | ⏱ 0,10 h/m² | 036.000.041 |

62 Schutzabdeckung, Kunststofffolie — KG 397
Bodenbelag mit fester Kunststofffolie zum Schutz vor Verschmutzung für nachfolgende Arbeiten vollflächig abdecken und Stöße verkleben, inkl. Entfernen und Entsorgen nach Abschluss der Arbeiten.
Folie: PE-Folie, 0,5 mm

| 1€ | 2€ | **2€** | 2€ | 3€ | [m²] | ⏱ 0,03 h/m² | 036.000.049 |

63 Stundensatz Bodenleger-Facharbeiter
Stundenlohnarbeiten für Vorarbeiter, Facharbeiter und Gleichgestellte (z.B. Spezialbaufacharbeiter, Baufacharbeiter, Obermonteure, Monteure, Gesellen, Maschinenführer, Fahrer und ähnliche Fachkräfte). Leistung nach besonderer Anordnung der Bauüberwachung. Anmeldung und Nachweis gemäß VOB/B.

| 31€ | 41€ | **45€** | 49€ | 59€ | [h] | ⏱ 1,00 h/h | 036.000.050 |

64 Stundensatz Bodenleger-Helfer
Stundenlohnarbeiten für Werker, Helfer und Gleichgestellte (z.B. Baufachwerker, Helfer, Hilfsmonteure, Ungelernte, Angelernte). Leistung nach besonderer Anordnung der Bauüberwachung. Anmeldung und Nachweis gemäß VOB/B.

| 21€ | 30€ | **35€** | 41€ | 49€ | [h] | ⏱ 1,00 h/h | 036.000.051 |

LB 037 Tapezierarbeiten

Kosten: Stand 1. Quartal 2018, Bundesdurchschnitt

Legende:
- ▶ min
- ▷ von
- ø Mittel
- ◁ bis
- ◀ max

Nr.	Positionen	Einheit	▶	▷ ø brutto €	ø	◁	◀
					ø netto €		
1	Schutzabdeckung, Inneneinrichtung	m²	0,7	–	**3,0**	–	7,7
			0,6	–	**2,5**	–	6,5
2	Schutzabdeckung, Böden, Hartfaserplatte	m²	2	4	**6**	10	14
			1	4	**5**	8	12
3	Schutzabdeckung, Boden, Folie/Schutzvlies	m²	0,4	1,5	**1,8**	2,4	3,8
			0,4	1,3	**1,5**	2,0	3,2
4	Schutzabdeckung, Boden, Pappe	m²	0,8	1,6	**2,0**	2,3	3,3
			0,6	1,3	**1,7**	2,0	2,7
5	Spachteln Q3, ganzflächig, Wand	m²	2	5	**6**	8	11
			2	4	**5**	7	9
6	Grundbeschichtung, Gipsplatten /Gipsfaserplatten	m²	0,4	0,9	**1,0**	1,4	2,2
			0,4	0,8	**0,8**	1,2	1,8
7	Untergrund vorbehandeln, Streichmakulatur	m²	0,3	2,0	**2,5**	4,8	7,9
			0,3	1,7	**2,1**	4,0	6,6
8	Raufasertapete, fein/weiß, Decke	m²	3	5	**5**	6	9
			3	4	**5**	5	8
9	Raufasertapete, grob/weiß, Decke	m²	3	5	**6**	8	10
			3	4	**5**	6	8
10	Raufasertapete, fein/weiß, Wand	m²	3	5	**6**	9	17
			3	4	**5**	7	15
11	Raufasertapete, lineare Bauteile	m	0,7	1,9	**2,2**	5,9	11
			0,6	1,6	**1,9**	4,9	9,6
12	Raufasertapete, Dispersion	m²	5	7	**8**	9	13
			4	6	**7**	8	11
13	Malervlies	m²	5	7	**8**	9	11
			4	6	**6**	7	9
14	Glasfasergewebe, fein, Wand	m²	4	7	**8**	9	11
			4	6	**7**	8	9
15	Glasfasergewebe, grob, Wand	m²	6	8	**9**	10	12
			5	7	**8**	9	10
16	Glasfasergewebe, fein, Decke	m²	5	8	**9**	10	12
			5	6	**8**	8	10
17	Glasfasergewebe, grob, Decke	m²	6	8	**10**	11	13
			5	7	**8**	9	11
18	Glasfasergewebe, lineare Bauteile	m	0,4	2,2	**3,0**	3,9	5,4
			0,3	1,9	**2,5**	3,2	4,5
19	Glasfasergewebe, Dispersion	m²	9	13	**15**	18	25
			8	11	**12**	15	21
20	Prägetapete, Wand	m²	10	13	**16**	21	31
			8	11	**14**	17	26
21	Verfugung, Acryl, überstreichbar	m	2	5	**6**	8	10
			2	4	**5**	6	8
22	Stundensatz Geselle/Facharbeiter, Tapezierarbeiten	h	–	39	**44**	49	–
			–	32	**37**	41	–
23	Stundensatz Helfer, Tapezierarbeiten	h	32	39	**41**	43	48
			26	32	**35**	36	40

© BKI Baukosteninformationszentrum; Erläuterungen zu den Tabellen siehe Seite 46
Mustertexte geprüft: Bundesverband Farbe Gestaltung Bautenschutz

Kostenstand: 1.Quartal 2018, Bundesdurchschnitt

Nr.	Kurztext / Langtext						Kostengruppe
▶	▷	ø netto €	◁	◀	[Einheit]	Ausf.-Dauer	Positionsnummer

1 Schutzabdeckung, Inneneinrichtung KG **397**
Schutzabdeckung von Einrichtungsgegenständen, für Tapezierarbeiten, inkl. vorhalten, wieder entfernen und entsorgen, Ränder überlappt und staubdicht verschlossen durch Abkleben.
Material: **Textilie / Folie**
Vorhaltedauer: 4 Wochen

| 0,6€ | –€ | **2,5€** | –€ | 6,5€ | [m²] | ⏱ 0,05 h/m² | 037.000.013 |

2 Schutzabdeckung, Böden, Hartfaserplatte KG **397**
Schutzabdeckung von Böden liefern, herstellen, vorhalten, wieder entfernen und entsorgen, Ränder überlappt und staubdicht verschlossen durch Abkleben.
Abdeckung **Hartfaserplatte / nach Wahl des Bieters**
Vorhaltedauer: 4 Wochen

| 1€ | 4€ | **5€** | 8€ | 12€ | [m²] | ⏱ 0,12 h/m² | 037.000.014 |

A 1 Schutzabdeckung, Boden Beschreibung für Pos. **3-4**
Schutzabdeckung von Böden, für Tapezierarbeiten, inkl. vorhalten, wieder entfernen und entsorgen, Ränder überlappt und staubdicht verschlossen durch Abkleben.

3 Schutzabdeckung, Boden, Folie/Schutzvlies KG **397**
Wie Ausführungsbeschreibung A 1
Abdeckung: **reißfeste Folie / Schutzvlies**
Vorhaltedauer: 4 Wochen

| 0,4€ | 1,3€ | **1,5€** | 2,0€ | 3,2€ | [m²] | ⏱ 0,04 h/m² | 037.000.030 |

4 Schutzabdeckung, Boden, Pappe KG **397**
Wie Ausführungsbeschreibung A 1
Abdeckung: **Pappe / Karton**
Vorhaltedauer: 4 Wochen

| 0,6€ | 1,3€ | **1,7€** | 2,0€ | 2,7€ | [m²] | ⏱ 0,04 h/m² | 037.000.031 |

5 Spachteln Q3, ganzflächig, Wand KG **345**
Ganzflächiges Spachteln und Schleifen von Wand- und Deckenflächen, als Untergrundvorbereitung für Neubekleidung.
Qualitätsstufe: Q3
Untergrund: glatter Putz und Gipsplatten
Einbauort: Wand
Raumhöhe: 3,00m.

| 2€ | 4€ | **5€** | 7€ | 9€ | [m²] | ⏱ 0,08 h/m² | 037.000.048 |

6 Grundbeschichtung, Gipsplatten /Gipsfaserplatten KG **345**
Decken- / Wandflächen aus Gipsbauplatten vorbereiten und grundieren.
Einbauort: Wand
Raumhöhe: 3,00m
Oberbelag: Malervlies / .....

| 0,4€ | 0,8€ | **0,8€** | 1,2€ | 1,8€ | [m²] | ⏱ 0,04 h/m² | 037.000.050 |

LB 037
Tapezierarbeiten

Nr.	**Kurztext** / Langtext						Kostengruppe
▶	▷	ø netto €	◁	◀	[Einheit]	Ausf.-Dauer	Positionsnummer

7 Untergrund vorbehandeln, Streichmakulatur — KG **345**

Unterlage für hochwertige Wandbespannung aus saugfähigem Rohpapier, auf vorbereitete Wandfläche kleben.
Material: **Makulatur / spaltbare Makulatur**
Dicke: ..... g/m²
Eignung für Wandbekleidung aus: .....
vorh. Oberfläche: Qualititätsstufe **Q3 / Q4**
Raumhöhe: .....
Angeb. Fabrikat: .....

| 0,3€ | 1,7€ | **2,1€** | 4,0€ | 6,6€ | [m²] | ⏱ 0,02 h/m² | 037.000.044 |

8 Raufasertapete, fein/weiß, Decke — KG **345**

Raufasertapete, aus Papierlagen mit strukturbildenden Holzspänen, auf vorbereitete Flächen auf Stoß kleben, zur nachfolgenden Beschichtung mit Dispersionsfarbe.
Einbauort: Decke
Wandhöhe: .....
Untergrund: .....
Struktur: Holzspan
Oberfläche: fein, weiß
Angeb. Fabrikat: .....

| 3€ | 4€ | **5€** | 5€ | 8€ | [m²] | ⏱ 0,12 h/m² | 037.000.035 |

9 Raufasertapete, grob/weiß, Decke — KG **345**

Raufasertapete, aus Papierlagen mit strukturbildenden Holzspänen, auf vorbereitete Flächen auf Stoß kleben, zur nachfolgenden Beschichtung mit Dispersionsfarbe.
Einbauort: Decke
Wandhöhe: .....
Untergrund: .....
Struktur: Holzspan
Oberfläche: grob, weiß
Angeb. Fabrikat: .....

| 3€ | 4€ | **5€** | 6€ | 8€ | [m²] | ⏱ 0,12 h/m² | 037.000.036 |

10 Raufasertapete, fein/weiß, Wand — KG **345**

Raufasertapete, aus Papierlagen mit strukturbildenden Holzspänen, auf vorbereitete Flächen auf Stoß kleben, zur nachfolgenden Beschichtung mit Dispersionsfarbe.
Einbauort: Wand
Raumhöhe: .....
Untergrund: .....
Struktur: Holzspan
Oberfläche: fein, weiß
Angeb. Fabrikat: .....

| 3€ | 4€ | **5€** | 7€ | 15€ | [m²] | ⏱ 0,12 h/m² | 037.000.037 |

Kosten:
Stand 1.Quartal 2018
Bundesdurchschnitt

▶ min
▷ von
ø Mittel
◁ bis
◀ max

Nr.	Kurztext / Langtext							Kostengruppe
▶	▷	ø netto €	◁	◀	[Einheit]	Ausf.-Dauer	Positionsnummer	

11 Raufasertapete, lineare Bauteile KG 345

Raufasertapete, aus Papierlagen mit strukturbildenden Holzspänen, auf vorbereitete Flächen auf Stoß kleben, zur nachfolgenden Beschichtung mit Dispersionsfarbe.
Bauteile: Stützen, Pfeiler, Lisenen, Laibungen u.dgl.
Höhe: .....
Bauteilbreite: **bis 15 / 30 / 60** cm
Untergrund: .....
Material: .....
Struktur: Holzspan
Oberfläche: fein / grob
Körnung: .....
Angeb. Fabrikat: .....

| 0,6€ | 1,6€ | **1,9€** | 4,9€ | 9,6€ | [m] | ⌚ 0,06 h/m | 037.000.029 |

12 Raufasertapete, Dispersion KG 345

Raufasertapete und nachfolgende Dispersions-Beschichtung, auf Wand- oder Deckenflächen, einschl. Grundierung, Raufasertapete auf Stoß kleben.
Untergrund: .....
Material: Raufaser aus Papierlagen
Struktur: Holzspan
Oberfläche: **fein / mittel / grob / .....**
Körnung: .....
Dispersionsfarbe: lösemittel- und weichmacherfrei
Nassabrieb: **Klasse 3 (waschbeständig) / Klasse 2 (scheuerbeständig)**
Kontrastverhältnis: Klasse ......
Beschichtungsgänge: **einmal / zweimal**
Farbe: **weiß / farbig**
Farbcode: **RAL / NCS**
Glanzgrad: **glänzend / mittlerer Glanz / matt / stumpfmatt**
Raumhöhe: 2,75 m
Angeb. Fabrikat: .....

| 4€ | 6€ | **7€** | 8€ | 11€ | [m²] | ⌚ 0,24 h/m² | 037.000.006 |

13 Malervlies KG 345

Malervlies auf trockenen und tragfähigen Untergrund, gleichmäßig saugfähig, sauber, glatt und hinreichend ebenflächig.
Wandbelag als Malervlies:
 – Gewicht ca. 130 g/m²
 – Wasserdampfdurchlässigkeit DIN 52615 diffusionsäquivalenten Luftschichtdicke: 0,05 m
 – Brandverhalten DIN EN 13501-1: B-s1,d0 - schwer entflammbar
 – Frei von PVC, gesundheitsgefährdenden Weichmachern und Lösungsmitteln
 – Frei von Glasfaser
 – Ohne Zusatz von Schwermetallverbindungen und Formaldehyd
 – Dimensionsstabil sowie rissüberbrückend
 – Gute Untergrundabdeckung durch Vorpigmentierung, für einmaligen Anstrich.
 – mehrfach mit handelsüblichen Farben überstreichbar
 – nach Benetzung mit Wasser leicht entfernbar

LB 037
Tapezierarbeiten

Nr.	Kurztext / Langtext					[Einheit]	Ausf.-Dauer	Kostengruppe Positionsnummer
▶	▷	ø netto €	◁	◀				

Bauteile: Wände
Raumhöhe: bis 3,00m
Untergrund: vorbehandelte Beton-, Putz- und Gipsplattenflächen

| 4€ | 6€ | **6**€ | 7€ | 9€ | [m²] | ⏱ 0,16 h/m² | 037.000.051 |

14 Glasfasergewebe, fein, Wand   KG **345**

Glasfasertapete auf vorbereitete Flächen auf Stoß kleben, zur nachfolgenden Beschichtung mit Dispersionsfarbe.
Einbauort: Wand
Raumhöhe: .....
Material: .....
Tapete: Glasfasergewebe
Untergrund: .....
Oberfläche: fein
Angeb. Fabrikat: .....

| 4€ | 6€ | **7**€ | 8€ | 9€ | [m²] | ⏱ 0,14 h/m² | 037.000.039 |

15 Glasfasergewebe, grob, Wand   KG **345**

Glasfasertapete auf vorbereitete Flächen auf Stoß kleben, zur nachfolgenden Beschichtung mit Dispersionsfarbe.
Einbauort: Wand
Raumhöhe: .....
Material: .....
Tapete: Glasfasergewebe
Untergrund: .....
Oberfläche: grob
Angeb. Fabrikat: .....

| 5€ | 7€ | **8**€ | 9€ | 10€ | [m²] | ⏱ 0,14 h/m² | 037.000.040 |

16 Glasfasergewebe, fein, Decke   KG **345**

Glasfasertapete auf vorbereitete Flächen auf Stoß kleben, zur nachfolgenden Beschichtung mit Dispersionsfarbe.
Einbauort: Decke
Raumhöhe: .....
Material: .....
Tapete: Glasfasergewebe
Untergrund: .....
Oberfläche: fein
Angeb. Fabrikat: .....

| 5€ | 6€ | **8**€ | 8€ | 10€ | [m²] | ⏱ 0,14 h/m² | 037.000.041 |

Kosten:
Stand 1.Quartal 2018
Bundesdurchschnitt

▶ min
▷ von
ø Mittel
◁ bis
◀ max

Nr.	Kurztext / Langtext							Kostengruppe
▶	▷	ø netto €	◁	◀	[Einheit]	Ausf.-Dauer	Positionsnummer

17   Glasfasergewebe, grob, Decke   KG **345**

Glasfasertapete auf vorbereitete Flächen auf Stoß kleben, zur nachfolgenden Beschichtung mit Dispersionsfarbe.
Einbauort: Decke
Raumhöhe: .....
Material: .....
Tapete: Glasfasergewebe
Untergrund: .....
Oberfläche: grob
Angeb. Fabrikat: .....

| 5€ | 7€ | **8**€ | 9€ | 11€ | [m²] | ⏱ 0,14 h/m² | 037.000.042 |

18   Glasfasergewebe, lineare Bauteile   KG **345**

Glasfasertapete und nachfolgende Dispersions-Beschichtung, auf längenorientierten Bauteilen, einschl. Grundierung und Tapete auf Stoß kleben.
Bauteile: Stützen, Pfeiler, Lisenen, Laibungen u.dgl.
Bauteilbreite: **bis 15 / 30 / 60** cm
Untergrund: .....
Material: .....
Tapete: Glasfasergewebe
Oberfläche: **fein / mittel / grob**
Struktur: .....
Angeb. Fabrikat: .....

| 0,3€ | 1,9€ | **2,5**€ | 3,2€ | 4,5€ | [m] | ⏱ 0,07 h/m | 037.000.027 |

19   Glasfasergewebe, Dispersion   KG **345**

Glasfasertapete und nachfolgende Dispersions-Beschichtung, auf Wand- oder Deckenflächen, einschl. Grundierung, Glasfasertapete auf Stoß kleben.
Untergrund: .....
Bauteil: .....
Material: .....
Oberfläche: **fein / mittel / grob**
Struktur: .....
Dispersionsfarbe: lösemittel- und weichmacherfrei
Nassabrieb: **Klasse 3 (waschbeständig) / Klasse 2 (scheuerbeständig)**
Kontrastverhältnis: Klasse .....
Beschichtungsgänge: **einmal / zweimal**
Farbe: **weiß / farbig**
Farbcode: **RAL / NCS**
Glanzgrad: **glänzend / mittlerer Glanz / matt / stumpfmatt**
Raumhöhe: .....
Angeb. Fabrikat: .....

| 8€ | 11€ | **12**€ | 15€ | 21€ | [m²] | ⏱ 0,20 h/m² | 037.000.009 |

LB 037 Tapezierarbeiten

Kosten: Stand 1.Quartal 2018 Bundesdurchschnitt

Nr.	Kurztext / Langtext					[Einheit]	Ausf.-Dauer	Kostengruppe Positionsnummer
▶	▷	ø netto €	◁	◀				

20 Prägetapete, Wand — KG 345
Prägetapete, auf vorbereitete Flächen auf Stoß kleben, zur nachfolgenden Beschichtung mit Dispersionsfarbe.
Einbauort: Wände
Raumhöhe: .....
Untergrund: .....
Material: .....
Art, Form: Prägetapete, gemäß beiliegendem Muster / Hersteller-Nr. .....
Ansatz: **ansatzfrei / gerade / versetzt / gestürzt / horizontal**
Rapport: ..... cm
Rollenbreite: **53 / .....** cm
Verarbeitung: **Kleistertechnik / Wandklebetechnik / Vorkleisterung**
Entfernung: **restlos abziehbar / spaltbar abziehbar / nass**
Angeb. Fabrikat: .....

| 8 € | 11 € | **14 €** | 17 € | 26 € | [m²] | ⏱ 0,15 h/m² | 037.000.017 |

21 Verfugung, Acryl, überstreichbar — KG 345
Plastoelastische Verfugung mit anstrichverträglichem Ein-Komponenten-Dichtstoff auf Acryldispersionsbasis, inkl. ggf. notwendiger Flankenvorbehandlung an den Anschlussflächen und Hinterlegen der Fugenhohlräume mit geeignetem Hinterfüllmaterial, Fuge geglättet.
Untergrund: **Putz / Gipsplattenflächen**
Farbton: weiß
Fugenbreite: bis ..... mm

| 2 € | 4 € | **5 €** | 6 € | 8 € | [m] | ⏱ 0,10 h/m | 037.000.012 |

22 Stundensatz Geselle/Facharbeiter, Tapezierarbeiten
Stundenlohnarbeiten für Arbeitnehmer ohne Facharbeiterqualifikation (Helfer, Hilfsarbeiter, Ungelernte, Angelernte). Leistung nach besonderer Anordnung der Bauüberwachung. Nachweis gemäß VOB/B.

| – € | 32 € | **37 €** | 41 € | – € | [h] | ⏱ 1,00 h/h | 037.000.034 |

23 Stundensatz Helfer, Tapezierarbeiten
Stundenlohnarbeiten für Arbeitnehmer ohne bestandene Gesellenprüfung (Helfer, Hilfsarbeiter, Ungelernte, Angelernte). Leistung nach besonderer Anordnung der Bauüberwachung. Nachweis gemäß §15 Nr. 3 VOB/B, Anmeldung gemäß §2 Nr.10 VOB/B.

| 26 € | 32 € | **35 €** | 36 € | 40 € | [h] | ⏱ 1,00 h/h | 037.000.047 |

▶ min
▷ von
ø Mittel
◁ bis
◀ max

023
024
025
026
027
028
029
030
031
032
033
034
036
037
038
039

LB 038 Vorgehängte hinterlüftete Fassaden

Vorgehängte hinterlüftete Fassaden — Preise €

Nr.	Positionen	Einheit	▶ min	▷ von	ø brutto € ø netto €	◁ bis	◀ max
1	Unterkonstruktion, Traglattung	m²	3 3	8 6	**10** **8**	14 12	25 21
2	Unterkonstruktion, Holz-UK zweilagig	m²	8 7	25 21	**26** **22**	41 34	62 52
3	Unterkonstruktion, Rauspund	m²	8 7	21 18	**26** **22**	34 29	47 39
4	Unterkonstruktion, Leichtmetall	m²	20 16	49 41	**60** **50**	83 70	117 98
5	Fassadendämmung, MW 034, 80mm, kaschiert	m²	15 13	20 17	**22** **18**	28 24	38 32
6	Fassadendämmung, MW 034, 120 m, kaschiert	m²	16 13	22 18	**24** **20**	29 24	40 33
7	Fassadendämmung, MW 034, 160mm, kaschiert	m²	– –	26 22	**32** **27**	40 34	– –
8	Fassadendämmung, MW 034, 80mm	m²	14 12	20 17	**22** **18**	27 23	40 33
9	Fassadendämmung, MW 034, 160mm	m²	– –	25 21	**31** **26**	39 32	– –
10	Fassadendämmung, MW 035, 160mm, 2-lagig	m²	– –	30 25	**37** **31**	47 39	– –
11	Winddichtung, Polyestervlies	m²	6 5	9 8	**11** **9**	12 10	15 13
12	Fassadenbekleidung, Holz, Boden-Deckelschalung	m²	64 54	82 69	**89** **75**	99 84	125 105
13	Fassadenbekleidung, Holz, Stülpschalung	m²	65 54	76 64	**81** **68**	90 76	111 94
14	Fassadenbekleidung, HPL-Platte	m²	135 113	153 129	**162** **136**	188 158	223 187
15	Fassadenbekleidung, Harzkompositplatten	m²	160 135	177 149	**198** **167**	220 185	274 230
16	Fassadenbekleidung, Holzzementplatten	m²	100 84	111 94	**125** **105**	143 120	165 139
17	Fassadenbekleidung, Faserzement-Platten	m²	48 40	53 45	**60** **50**	68 57	79 66
18	Fassadenbekleidung, Faserzement-Tafeln	m²	81 68	115 97	**131** **110**	148 124	200 168
19	Fassadenbekleidung, Faserzement-Stülpdeckung	m²	77 65	108 91	**124** **105**	139 117	176 148
20	Fassadenbekleidung, Metall, Bandblech	m²	61 51	84 70	**93** **78**	98 83	121 102
21	Fassadenbekleidung, Metall, Wellblech	m²	49 41	58 49	**61** **51**	64 53	71 60
22	Fassadenbekleidung, Aluminiumverbundplatten	m²	135 113	190 160	**204** **171**	259 217	342 287
23	Fassadenbekleidung, Schindeln	m²	76 64	97 81	**102** **86**	110 93	136 114
24	Fassadenbekleidung, Ziegelplatten	m²	99 83	149 125	**168** **141**	173 146	205 173

Kosten:
Stand 1.Quartal 2018
Bundesdurchschnitt

▶ min
▷ von
ø Mittel
◁ bis
◀ max

© BKI Baukosteninformationszentrum; Erläuterungen zu den Tabellen siehe Seite 46   Kostenstand: 1.Quartal 2018, Bundesdurchschnitt

Vorgehängte hinterlüftete Fassaden — Preise €

Nr.	Positionen	Einheit	▶	▷	ø brutto € ø netto €	◁	◀
25	Fensterbank, Aluminium, außen	St	27	47	**56**	81	120
			23	39	**47**	68	101
26	Laibung, Fenster/Tür	m	23	42	**46**	60	95
			19	35	**39**	50	80
27	Attikaabdeckung, Aluminiumblech	m	33	66	**79**	103	165
			27	56	**67**	87	139
28	Dauergerüstanker, Fassade	St	23	38	**40**	44	64
			19	32	**34**	37	54
29	Statischer Nachweis	psch	790	1.608	**1.794**	2.028	4.177
			664	1.352	**1.508**	1.704	3.510
30	Stundensatz Facharbeiter, vorgehängte Fassaden	h	54	60	**63**	68	78
			45	50	**53**	57	66
31	Stundensatz Helfer, vorgehängte Fassaden	h	36	47	**55**	61	68
			30	39	**46**	52	57

Nr.	Kurztext / Langtext					Kostengruppe	
▶	▷	ø netto €	◁	◀	[Einheit]	Ausf.-Dauer	Positionsnummer

1   Unterkonstruktion, Traglattung — KG **335**

Traglattung für Fassadenbekleidung, inkl. Befestigungsmittel. Evtl. schwarze Beschichtung der Traglattung nach gesonderter Position.
Art der Fassadenbekleidung: …..
Befestigungsgrund: **Holz / Stahlbeton / …..**
Holzart: Nadelholz
Sortierklasse: S10
Lattenquerschnitt: **30 x 50 / 40 x 60 / …..**
Lattenabstand: …..

| 3 € | 6 € | **8 €** | 12 € | 21 € | [m²] | 0,12 h/m² | 038.000.003 |

2   Unterkonstruktion, Holz-UK zweilagig — KG **335**

Lattung für Fassadenbekleidung, bestehend auf senkrechter sowie waagrechter Lattung, inkl. Befestigungsmittel. Evtl. schwarze Beschichtung der Traglattung nach gesonderter Position.
Art der Holz-Fassadenbekleidung: …..
Befestigungsgrund: **Holz / Stahlbeton / …..**
Holzart: Nadelholz
Sortierklasse: S10
Holzschutz: Gebrauchsklasse …..
Lattenquerschnitte: 30 x 50 mm
Lattenabstände: …..

| 7 € | 21 € | **22 €** | 34 € | 52 € | [m²] | 0,16 h/m² | 038.000.010 |

LB 038 Vorgehängte hinterlüftete Fassaden

Kosten:
Stand 1.Quartal 2018
Bundesdurchschnitt

▶ min
▷ von
ø Mittel
◁ bis
◀ max

Nr.	Kurztext / Langtext						Kostengruppe
▶	▷	ø netto €	◁	◀	[Einheit]	Ausf.-Dauer	Positionsnummer

3 Unterkonstruktion, Rauspund — KG 335

Holzschalung als Unterlage für Fassadenbekleidung, aus Rauspund mit chem. Holzschutz, Befestigung entspr. dem Anwendungsfall, geeignet für den Außenbereich.
Holzart: Nadelholz
Brettdicke: 24 mm
Schalung: Rauspund
Holzschutz: Gebrauchsklasse .....
Befestigungsgrund: Holz
Befestigung gemäß: ..... / **anliegender statischer Bemessung**
Verlegung: **waagrecht / senkrecht**

| 7€ | 18€ | **22€** | 29€ | 39€ | [m²] | ⏱ 0,30 h/m² | 038.000.011 |

4 Unterkonstruktion, Leichtmetall — KG 335

Aluminium-Unterkonstruktion für hinterlüftete Außenwandbekleidung, justierbar, bestehend aus Wandwinkeln und Tragprofilen; Befestigung in bauseitigem Grund mit Dübeln und Schrauben. Profilarten und -abstände, Abmessungen von Fest- und Gleitpunkten sowie alle Verbindungs- und Verankerungsmittel gemäß statischer Berechnung.
Bekleidung: **großformatige Wandtafeln / .....**
Verlegung: ...... / **Stülpschalung**
Befestigung: **verdeckt / sichtbar / geklebt**
Abstand UK bis VK Bekleidung: .....
Material: Aluminium
Befestigungsgrund: **Ziegelmauerwerk / .....**
Fassadenhöhe: .....
Angeb. Fabrikat: .....

| 16€ | 41€ | **50€** | 70€ | 98€ | [m²] | ⏱ 0,24 h/m² | 038.000.012 |

A 1 Fassadendämmung, Mineralwolle, kaschiert — Beschreibung für Pos. 5-7

Wärmedämmung der vorgehängten, hinterlüfteten Fassade, aus Mineralwolle mit einseitiger, schwarzer Vlieskaschierung, zwischen Unterkonstruktion hinter Bekleidung.
Unterkonstruktion: .....
Dämmstoff: MW
Anwendung: WAB

5 Fassadendämmung, MW 034, 80mm, kaschiert — KG 335

Wie Ausführungsbeschreibung A 1
Nennwert der Wärmeleitfähigkeit: 0,034 W/(mK)
Brandverhalten Klasse: A1
Dämmschichtdicke: 80 mm
Einbau: zwischen .....
Angeb. Fabrikat: .....

| 13€ | 17€ | **18€** | 24€ | 32€ | [m²] | ⏱ 0,24 h/m² | 038.000.030 |

Nr.	Kurztext / Langtext				[Einheit]	Ausf.-Dauer	Kostengruppe Positionsnummer
▶	▷ ø netto €	◁	◀				

6	Fassadendämmung, MW 034, 120mm, kaschiert						KG **335**

Wie Ausführungsbeschreibung A 1
Nennwert der Wärmeleitfähigkeit: 0,034 W/(mK)
Brandverhalten Klasse: A1
Dämmschichtdicke: 120 mm
Einbau: zwischen .....
Angeb. Fabrikat: .....

13€	18€	**20**€	24€	33€	[m²]	⏱ 0,24 h/m²	038.000.031

7	Fassadendämmung, MW 034, 160mm, kaschiert						KG **335**

Wie Ausführungsbeschreibung A 1
Nennwert der Wärmeleitfähigkeit: 0,034 W/(mK)
Brandverhalten Klasse: A1
Dämmschichtdicke: 160 mm
Einbau: zwischen .....
Angeb. Fabrikat: .....

–€	22€	**27**€	34€	–€	[m²]	⏱ 0,24 h/m²	038.000.032

A 2	Fassadendämmung, Mineralwolle	Beschreibung für Pos. **8-10**

Wärmedämmung der vorgehängten, hinterlüfteten Fassade, aus Mineralwolle, zwischen Unterkonstruktion.
Unterkonstruktion: .....
Dämmstoff: MW
Anwendung: WAB

8	Fassadendämmung, MW 034, 80mm						KG **335**

Wie Ausführungsbeschreibung A 2
Nennwert der Wärmeleitfähigkeit: 0,034 W/(mK)
Brandverhalten Klasse: A1
Dämmschichtdicke: 80 mm
Einbau: zwischen .....
Angeb. Fabrikat: .....

12€	17€	**18**€	23€	33€	[m²]	⏱ 0,24 h/m²	038.000.026

9	Fassadendämmung, MW 034, 160mm						KG **335**

Wie Ausführungsbeschreibung A 2
Nennwert der Wärmeleitfähigkeit: 0,034 W/(mK)
Brandverhalten Klasse: A1
Dämmschichtdicke: 160 mm
Einbau: zwischen .....
Angeb. Fabrikat: .....

–€	21€	**26**€	32€	–€	[m²]	⏱ 0,24 h/m²	038.000.028

**LB 038
Vorgehängte hinterlüftete Fassaden**

Kosten:
Stand 1.Quartal 2018
Bundesdurchschnitt

▶ min
▷ von
ø Mittel
◁ bis
◀ max

Nr.	Kurztext / Langtext						Kostengruppe
▶	▷	ø netto €	◁	◀	[Einheit]	Ausf.-Dauer	Positionsnummer

10 Fassadendämmung, MW 035, 160mm, 2-lagig KG **335**
Wie Ausführungsbeschreibung A 2
Nennwert der Wärmeleitfähigkeit: 0,034 W/(mK)
Brandverhalten Klasse: A1
Dämmschichtdicke: 160 mm, 2 lagig
Einbau: zwischen .....
Angeb. Fabrikat: .....

| –€ | 25€ | **31**€ | 39€ | –€ | [m²] | ⏱ 0,24 h/m² | 038.000.029 |

11 Winddichtung, Polyestervlies KG **335**
Winddichtung der vorgehängten Fassadenbekleidung, mit Unterspannbahn aus armiertem Polyestervlies, UV-beständig und diffusionsoffen, inkl. Anschlüsse an durchdringende Bauteile.
Unterspannbahn: .....
Sd-Wert: <=0,1 m
Rissfestigkeit: >250N/50 mm
Wassersäule: >200 mm
Brandverhalten Klasse: **E / .....**
Farbe: schwarz
Angeb. Fabrikat: .....

| 5€ | 8€ | **9**€ | 10€ | 13€ | [m²] | ⏱ 0,12 h/m² | 038.000.013 |

12 Fassadenbekleidung, Holz, Boden-Deckelschalung KG **335**
Fassadenbekleidung mit Boden-Deckel-Schalung aus Holz, als vorgehängte, hinterlüftete Fassade, auf vorhandene Unterkonstruktion senkrecht montieren, Befestigung sichtbar.
Unterkonstruktion: **Holz-UK / Aluminium-UK**
Befestigungsuntergrund: .....
Fassadenbekleidung: **Lärche / nordisches Nadelholz / Douglasie**
Brettdicke: .....
Brettbreite: Boden ....., Deckel .....
Oberfläche: **sägerau natur / gehobelt / .....**
Holzschutz Gebrauchsklasse 3: **ohne / transparent / deckend .....**
Befestigung: nicht rostende **Nägeln / Schrauben**

| 54€ | 69€ | **75**€ | 84€ | 105€ | [m²] | ⏱ 0,64 h/m² | 038.000.004 |

13 Fassadenbekleidung, Holz, Stülpschalung KG **335**
Fassadenbekleidung mit Stülpschalung aus Holz, als vorgehängte, hinterlüftete Fassade, auf vorhandene Unterkonstruktion, Befestigung sichtbar.
Unterkonstruktion: **Holz-UK / Aluminium-UK**
Befestigungsuntergrund: .....
Fassadenbekleidung: **Lärche / nordisches Nadelholz / Douglasie**
Ausführung: Bretter dreiseitig gehobelt, an Unterseite einfach gefalzt
Brettdicke: .....
Brettbreite: .....
Oberfläche: **sägerau natur / gehobelt / .....**
Profilierung Unterseite: **einfach gefalzt / .....**
Holzschutz Gebrauchsklasse 3: **ohne / transparent / deckend .....**
Befestigung: nicht rostend aus **Nägeln / Schrauben**

| 54€ | 64€ | **68**€ | 76€ | 94€ | [m²] | ⏱ 0,76 h/m² | 038.000.005 |

Nr.	Kurztext / Langtext					[Einheit]	Ausf.-Dauer	Kostengruppe Positionsnummer
▶	▷	ø netto €	◁	◀				

14 Fassadenbekleidung, HPL-Platte KG 335

Fassadenbekleidung mit Hochdruck-Schichtstroffpress-Tafeln (HPL), als vorgehängte, hinterlüftete Fassade, auf vorhandene Unterkonstruktion, Befestigung sichtbar; Leistung ohne Hinterlegung der Fugen mit schwarzem Material.
Unterkonstruktion: **Holz-UK / Aluminium-UK**
Befestigungsuntergrund: .....
Plattentyp: .....
Tafeldicke: 8 mm
Tafelgröße: .....
Zuschnitt aus Tafelgröße: .....
Oberfläche: .....
Farbe: ähnlich RAL .....
Befestigung: nicht rostende **Klammern / Schrauben/ Nieten**
Farbton Befestigung: **Kopf lackiert in RAL ..... / Kopf Stahl natur**
Angeb. Fabrikat: .....

113€   129€   **136**€   158€   187€   [m²]   ⏱ 0,75 h/m²   038.000.015

15 Fassadenbekleidung, Harzkompositplatten KG 335

Fassadenbekleidung mit faserverstärkten Harzkompositplatten, als vorgehängte, hinterlüftete Fassade, auf vorhandene Unterkonstruktion, Befestigung sichtbar.
Unterkonstruktion: Aluminium-UK
Befestigungsuntergrund: .....
Plattentyp: .....
Tafeldicke: .....
Tafelgröße: .....
Zuschnitt aus Tafelgröße: .....
Oberfläche: .....
Farbe: ähnlich RAL .....
Befestigung: Befestigungselemente, kopfbeschichtet
Angeb. Fabrikat: .....

135€   149€   **167**€   185€   230€   [m²]   ⏱ 0,75 h/m²   038.000.034

16 Fassadenbekleidung, Holzzementplatten KG 335

Fassadenbekleidung mit Holzzementplatten, als vorgehängte, hinterlüftete Fassade, auf vorhandene Unterkonstruktion, Befestigung sichtbar.
Unterkonstruktion: Holz-UK
Befestigungsuntergrund: .....
Plattentyp: .....
Tafeldicke: .....
Tafelgröße: .....
Zuschnitt aus Tafelgröße: .....
Oberfläche:beschichtet
Farbe: ähnlich RAL .....
Befestigung: Befestigungselemente, kopfbeschichtet
Angeb. Fabrikat: .....

84€   94€   **105**€   120€   139€   [m²]   ⏱ 0,75 h/m²   038.000.035

**LB 038
Vorgehängte
hinterlüftete
Fassaden**

Nr.	Kurztext / Langtext					Kostengruppe		
▶	▷	ø netto €	◁	◀	[Einheit]	Ausf.-Dauer	Positionsnummer

17 Fassadenbekleidung, Faserzement-Platten KG **335**

Fassadenbekleidung mit kleinformatigen Faserzement-Tafeln, als vorgehängte, hinterlüftete Fassade, auf vorhandene Unterkonstruktion, inkl. aller Befestigungsmittel, Schneide- und Bohrarbeiten.
Unterkonstruktion: .....
Befestigungsuntergrund: .....
Deckungsart: .....
Brandverhalten: A
Tafeldicke: ..... mm
Plattengröße: ..... x ..... mm
Fugenausbildung: .....
Oberfläche: .....
Oberflächenschutz: .....
Kantenausbildung: .....
Farbe: .....
Befestigung: .....
Angeb. Fabrikat: .....

| 40 € | 45 € | **50 €** | 57 € | 66 € | [m²] | ⏱ 0,48 h/m² | 038.000.036 |

18 Fassadenbekleidung, Faserzement-Tafeln KG **335**

Fassadenbekleidung mit großformatigen Faserzement-Tafeln, als vorgehängte, hinterlüftete Fassade, auf vorhandene Unterkonstruktion, inkl. aller Befestigungsmittel, Schneide- und Bohrarbeiten.
Unterkonstruktion: .....
Befestigungsuntergrund: .....
Plattentyp: .....
Brandverhalten: A
Tafeldicke: 8 mm
Tafelgröße: 3.100 x 1.500 / 1.250 mm
Zuschnitt aus Tafelgröße: .....
Fugenbreite: .....
Oberfläche: körnig, seidig matt
Oberflächenschutz: Reinacrylatbeschichtung mit Oberflächenversiegelung
Kantenausbildung: .....
Farbe: .....
Befestigung: sichtbar mit Schrauben
Farbe Befestigungsmittel: kopfbeschichtet
Angeb. Fabrikat: .....

| 68 € | 97 € | **110 €** | 124 € | 168 € | [m²] | ⏱ 0,50 h/m² | 038.000.037 |

Kosten:
Stand 1.Quartal 2018
Bundesdurchschnitt

▶ min
▷ von
ø Mittel
◁ bis
◀ max

Nr.	Kurztext / Langtext					[Einheit]	Ausf.-Dauer	Kostengruppe Positionsnummer
▶	▷	ø netto €	◁	◀				

19 Fassadenbekleidung, Faserzement-Stülpdeckung   KG 335

Fassadenbekleidung mit großformatigen Faserzement-Tafeln, als vorgehängte, hinterlüftete Fassade, als Stülpdeckung mit senkrechte Fugen und hinterlegen Fugenband, in der Überdeckung befestigt, auf vorhandene Unterkonstruktion; inkl. aller Befestigungsmittel, Schneide- und Bohrarbeiten.
Unterkonstruktion: Holz-UK
Befestigungsuntergrund: .....
Platten: .....
Brandverhalten: A
Tafeldicke: 10 mm
Tafelgröße: .....
Zuschnitt aus Tafelgröße: .....
Fugenbreite: .....
Oberfläche: strukturiert
Oberflächenschutz: deckend beschichtet
Kantenausbildung: .....
Farbe: .....
Befestigung: in der Überdeckung
Angeb. Fabrikat: .....

| 65 € | 91 € | **105** € | 117 € | 148 € | [m²] | ⏱ 0,46 h/m² | 038.000.038 |

20 Fassadenbekleidung, Metall, Bandblech   KG 335

Fassadenbekleidung mit senkrecht verlegten Metallblechbändern, als vorgehängte, hinterlüftete Fassade, auf vorhandene Unterkonstruktion, einschl. unterem Einhängeblech.
Befestigungsuntergrund: Holzschalung mit Trennlage V13
Metallblech: Titan-Zinkblech
Blechdicke: .....
Deckungsart: **Stehfalz / Winkelstehfalz**
Bänderbreite: **670 mm für Achsmaß 600 mm / 570 mm für Achsmaß 500 mm**
Oberfläche: **walzblank / vorbewittert**
Befestigung: nicht rostend und unsichtbar mit **Haften / Klammern / Schrauben**
Angeb. Fabrikat: .....

| 51 € | 70 € | **78** € | 83 € | 102 € | [m²] | ⏱ 0,45 h/m² | 038.000.009 |

21 Fassadenbekleidung, Metall, Wellblech   KG 335

Fassadenbekleidung mit Wellblech-Fassadenplatten, als vorgehängte, hinterlüftete Fassade, vertikal auf vorhandene Metall-Unterkonstruktion, Längs- und Querstöße überlappend, Befestigung sichtbar; Konstruktion mit unterem Einhängeblech und inkl. aller Befestigungsmittel, Schneide- und Bohrarbeiten.
Unterkonstruktion: .....
Befestigungsuntergrund: .....
Plattentyp: Stahl-Wellblech, Profil 18/76 mm
Blechdicke: .....
Tafelbreite: **für Achsmaß 600 mm / für Achsmaß 500 mm**
Oberfläche: beidseitig feuerverzinkt, Sichtseite beschichtet
Farbton: .....
Hafte: **aufgenietet / geschraubt**
Einhängeblech: ca. 250 mm, d = 0,8 mm
Angeb. Fabrikat: .....

| 41 € | 49 € | **51** € | 53 € | 60 € | [m²] | ⏱ 0,30 h/m² | 038.000.007 |

LB 038
Vorgehängte hinterlüftete Fassaden

Kosten:
Stand 1.Quartal 2018
Bundesdurchschnitt

Nr.	Kurztext / Langtext						Kostengruppe
▶	▷	ø netto €	◁	◀	[Einheit]	Ausf.-Dauer	Positionsnummer

22   **Fassadenbekleidung, Aluminiumverbundplatten**   KG **335**

Fassadenbekleidung mit Aluminiumverbundplatten, als vorgehängte, hinterlüftete Fassade, inkl. justierbare zweilagige Unterkonstruktion, Befestigung unsichtbar, Leistung ohne Hinterlegung der Fugen mit schwarzem Material.
Unterkonstruktion: Aluminium
Befestigungsuntergrund: .....
Plattentyp: .....
Tafeldicke: .....
Tafelgröße: .....
Oberfläche: .....
Farbe: .....
Befestigung: **nicht rostende Klammern / Befestigungswinkel**
Farbton Befestigung: **lackiert in RAL ..... / eloxiert natur**
Angeb. Fabrikat: .....

| 113€ | 160€ | **171€** | 217€ | 287€ | [m²] | ⏱ 0,75 h/m² | Fa0.380.000 |

23   **Fassadenbekleidung, Schindeln**   KG **335**

Fassadenbekleidung mit Schindelmaterial, als vorgehängte, hinterlüftete Fassade, auf vorhandene Unterkonstruktion, inkl. Befestigungsmittel aus Edelstahl.
Befestigungsuntergrund:.....
Schindelart: **Schiefer / gespaltene Holzschindeln / ......**
Materialspezifikation: .....
Schindelform: **Segmentbogen / rechteckig / .....**
Schindeldicke: .....
Schindelgröße: .....
Deckungsart: .....
Überdeckung: **Einfach- / Doppel- / Dreifachdeckung**
Angeb. Fabrikat: .....

| 64€ | 81€ | **86€** | 93€ | 114€ | [m²] | ⏱ 1,00 h/m² | 038.000.008 |

24   **Fassadenbekleidung, Ziegelplatten**   KG **335**

Fassadenbekleidung mit waagrecht verlegten Ziegelplatten, als vorgehängte, hinterlüftete Fassade, auf vorhandene Unterkonstruktion, Befestigung mit Aluminium-Federprofil und Spezial-Plattenhalter.
Unterkonstruktion: .....
Befestigungsuntergrund: .....
Ziegeltyp: .....
Ziegeldicke: .....
Ziegelformat: .....
Oberfläche / Farbe: .....
Fugenausbildung: .....
Angeb. Fabrikat: .....

| 83€ | 125€ | **141€** | 146€ | 173€ | [m²] | ⏱ 0,40 h/m² | 038.000.017 |

▶ min
▷ von
ø Mittel
◁ bis
◀ max

Nr.	Kurztext / Langtext							Kostengruppe	
▶	▷	ø netto €	◁	◀		[Einheit]	Ausf.-Dauer	Positionsnummer	

25 Fensterbank, Aluminium, außen KG **334**
Fensterbank aus Aluminumprofil, außen, mit Bordstücken mit Bewegungsausgleich, eingebaut im Gefälle von mind. 8%, Profil entdröhnt, mit Schutz gegen Abheben.
Profilsystem: .....
Befestigungsuntergrund: .....
Ausladung: .....
Fensterbanklänge: .....
Abwicklung: .....
Kantungen: .....
Oberfläche: eloxiert
Farbton: .....
Einbauort: außen
Einbauhöhe: .....
Angeb. Fabrikat: .....

| 23 € | 39 € | 47 € | 68 € | 101 € | [St] | 0,40 h/St | 038.000.021 |

26 Laibung, Fenster/Tür KG **334**
Laibungsbekleidung der vorgehängten, hinterlüfteten Fassade, inkl. Unterkonstruktion, Zuschnitt der Platten bzw. Tafeln, sowie Befestigung.
Bereich: **Fensterlaibung / Türlaibung**
Unterkonstruktion: Aluminium-UK
Befestigungsuntergrund: ......
Plattentyp: .....
Tafeldicke: .....
Tafelgröße: .....
Laibungstiefe: ....
Oberfläche: .....
Farbe: .....
Befestigung: **nicht rostende Klammern / Befestigungswinkel**
Farbton Befestigung: **lackiert in RAL ..... / eloxiert natur**
Angeb. Fabrikat: .....

| 19 € | 35 € | 39 € | 50 € | 80 € | [m] | 0,35 h/m | 038.000.042 |

27 Attikaabdeckung, Aluminiumblech KG **335**
Attikaabdeckung mit Aluminiumblech, einschl. erforderliche Stoßverbinder und Unterkonstruktionen.
Windzone: .....
Geländekategorie: .....
Gebäudehöhe: .....
Dicke: d = 2 mm
Kantungen: ..... St
Abwicklung ca. ..... mm
Oberfläche: **anodisch eloxiert / naßlackiert / chromatiert und pulverbeschichtet**
Farbton: .....
Detail siehe Anlagen / Plan-Nr.: .....

| 27 € | 56 € | 67 € | 87 € | 139 € | [m] | 0,45 h/m | 038.000.046 |

LB 039 Trockenbauarbeiten

Trockenbauarbeiten — Preise €

Kosten:
Stand 1.Quartal 2018
Bundesdurchschnitt

▶ min
▷ von
ø Mittel
◁ bis
◀ max

Nr.	Positionen	Einheit	▶ min	▷ von ø netto €	ø brutto €	◁ bis	◀ max
82	Gipsplatten-Bekleidung, Stütze, 2x20mm, R90	m²	–	99	**109**	124	–
			–	83	**92**	104	–
83	Gipsplatten-Bekleidung, Holzbalken, R90	m²	–	72	**81**	101	–
			–	61	**68**	85	–
84	Gipsplatten-Bekleidung, Stahlträger, R30	m²	–	53	**63**	73	–
			–	45	**53**	62	–
85	Gipsplatten-/Gipsfaser-Bekleidung, Lüftungskanal	m²	37	62	**73**	80	100
			31	52	**61**	67	84
86	Laibung, Fenster, Gipsfaserplatte	m	15	16	**16**	17	19
			13	14	**14**	15	16
87	Laibung, Fenster, Gipsplatte Typ A	m	5	14	**18**	26	45
			4	12	**15**	22	38
88	Laibung, Dachfenster, Gipsverbundplatte, 20mm	m	24	36	**43**	60	79
			20	31	**37**	50	67
89	Imprägnierung, GK-Platten	m²	0,7	3,0	**3,5**	4,8	8,1
			0,6	2,5	**3,0**	4,0	6,8
90	Dampfsperre/Dampfbremse, GF-/GK-Bekleidung	m²	2	6	**7**	10	23
			1	5	**6**	9	19
91	Mineralwolledämmung, zwischen Sparren	m²	13	18	**21**	24	34
			11	15	**18**	20	29
92	Wärmedämmung, zwischen Holz-UK, bis 80 mm	m²	4	8	**9**	11	15
			3	6	**7**	9	12
93	Doppelboden, Plattenbelag/Unterkonstruktion	m²	88	129	**147**	184	311
			74	108	**123**	155	262
94	Revisionsöffnung, Doppelboden	St	42	58	**62**	65	81
			35	49	**52**	54	68
95	Trockenestrich, GF-Platten, einlagig	m²	22	29	**32**	36	44
			18	24	**27**	30	37
96	Ausgleichschicht, Mineralstoff, Trockenestrich	m²	6	15	**18**	23	38
			5	13	**15**	20	32
97	WC-Wandanlage, Alu-Profile/HPL-Platten, wasserfest	m²	116	175	**199**	263	373
			97	147	**168**	221	314
98	Urinaltrennwand, Schichtstoff-Verbundelemente	St	138	226	**257**	306	447
			116	190	**216**	258	375
99	Verfugung, Acryl-Dichtstoff überstreichbar	m	0,9	2,6	**3,3**	3,9	5,8
			0,8	2,2	**2,8**	3,3	4,9
100	Spachtelung, Gipsplatten, erhöhte Qualität Q3	m²	2	6	**7**	10	14
			1	5	**6**	8	12
101	Gipsplatten-Bekleidung anarbeiten, Installationsdurchführung	St	2	10	**13**	20	35
			2	8	**11**	17	29
102	Stundensatz Facharbeiter, Trockenbau	h	37	48	**54**	59	68
			31	41	**46**	49	57
103	Stundensatz Helfer, Trockenbau	h	23	38	**46**	49	58
			19	32	**38**	41	48

Nr.	Kurztext / Langtext					[Einheit]	Ausf.-Dauer	Kostengruppe Positionsnummer
▶	▷	ø netto €	◁	◀				

1 Unterdecke, abgehängt, MW 15mm KG **353**

Unterdecke aus Mineralwolleplatten, als abgehängte Decke, inkl. Unterkonstruktion für Einlegekonstruktion, abgehängt mit Schnellabhängern, Wandanschlussausbildung mit Winkelprofil nach gesonderter Position. Mineralwolleplatten gesundheitlich unbedenklich nach TRGS 500, mit RAL Gütezeichen der Gütegemeinschaft Mineralwolle.
Unterkonstruktion: sichtbar, weiß beschichtet, T-Schienen 24 mm breit
Decklage: Mineralwolleplatten
Schallabsorption: aw = ...
Kantenausbildung: .....
Ausführung: **glatt / gelocht**
Oberflächendesign: .....
Brandverhalten: A2-s1,d0
Plattendicke: 15 mm
Farbe: weiß - endbeschichtet
Systemraster: 62,5 x 62,5 cm
Brandschutz: .....
Einbauhöhe: ca. 2,825 m
Abhängehöhe: bis 1,00 m
Angeb. Fabrikat: .....

| 18€ | 25€ | **28**€ | 34€ | 49€ | [m²] | ⏱ 0,50 h/m² | 039.000.001 |

2 Randanschluss, Decke, MW KG **353**

Wandanschluss mit L-förmigen Wandwinkel, für abgehängte Mineralwolleplattendecke, sichtbar, Profile in den Ecken stumpf gestoßen.
Untergrund: **Stahlbeton / Mauerwerk aus .....**
Winkelgröße: 25 x 20 mm
Oberfläche: weiß - endbeschichtet
Brandschutz: .....

| 3€ | 3€ | **4**€ | 4€ | 5€ | [m] | ⏱ 0,10 h/m | 039.000.002 |

LB 039 Trockenbauarbeiten

Kosten:
Stand 1.Quartal 2018
Bundesdurchschnitt

Nr.	Kurztext / Langtext				[Einheit]	Ausf.-Dauer	Kostengruppe Positionsnummer
▶	▷	ø netto €	◁	◀			

3   Metall-Kassettendecke, abgehängt   KG 353

Unterdecke aus Metallkassetten, als abgehängte Decke, inkl. Unterkonstruktion, abgehängt mit Schnellabhängern, Decke mit vollflächiger Auflage aus Rieselschutz (z.B. Vlies) und akustisch wirkender Mineralwolledämmung; Fugen und Übergänge der Kassetten als Pressfuge ausbilden. Wandanschlussausbildung nach gesonderter Position.

Unterkonstruktion: **Klemmschienensystem / Auflagesystem**
Kassetten: beschichtetes **Aluminiumblech / verzinktes Stahlblech**
Plattendicke: mind. 0,6 mm
Systemraster: **312,5 x 312,5 / 600 x 600 / 625 x 625** mm
Ausführung Kassetten: **abklappbar / abnehmbar**
Oberfläche: einbrennlackiert / pulverbeschichtet
Farbe: weiß RAL .....
Design: .....
Freier Querschnitt ..... %
Dämmung: MW - DI, mit RAL-Gütesiegel
Dämmdicke: 40 mm
Brandverhalten: A2-s1,d0
Einbauhöhe: ca. ..... m
Abhängehöhe: bis 1,00 m
Angeb. Fabrikat: .....

| 38 € | 52 € | **56** € | 69 € | 91 € | [m²] | ⏱ 0,65 h/m² | 039.000.004 |

4   Metall-Paneeldecke, abgehängt, 200mm   KG 353

Unterdecke aus Metallpaneelen, als abgehängte Decke, inkl. Unterkonstruktion, abgehängt mit Schnellabhängern, Decke mit vollflächiger Auflage aus Rieselschutz (z.B. Vlies) und akustisch wirkender Mineralwolledämmung; Fugen und Übergänge der Kassetten als Pressfuge ausbilden. Wandanschlussausbildung nach gesonderter Position.

Unterkonstruktion: **Klemmschienensystem / Auflagesystem**
Kassetten: beschichtetes **Aluminiumblech / verzinktes Stahlblech**
Plattendicke: mind. 0,6 mm
Systembreite: 200 mm
Ausführung Kassetten: **abklappbar / abnehmbar**
Oberfläche: einbrennlackiert / pulverbeschichtet
Farbe: weiß RAL .....
Design: .....
Freier Querschnitt ..... %
Dämmung: MW - DI, mit RAL-Gütesiegel
Dämmdicke: 40 mm
Brandverhalten: A2-s1,d0
Einbauhöhe: ca. ..... m
Abhängehöhe: bis 1,00 m
Angeb. Fabrikat: .....

| – € | 46 € | **51** € | 62 € | – € | [m²] | ⏱ 0,70 h/m² | 039.000.094 |

▶ min
▷ von
ø Mittel
◁ bis
◀ max

Nr.	**Kurztext** / Langtext						Kostengruppe	
▶	▷	**ø netto €**	◁	◀	[Einheit]	Ausf.-Dauer	Positionsnummer	

5   Decke, abgehängt, Gipsplatte, einlagig, Federschiene   KG **353**

Unterdecke aus Gipsplatten, als abgehängte Decke, inkl. Unterkonstruktion. Wandanschlussausbildung nach gesonderter Position.
Unterkonstruktion: Federschiene, verzinktes Stahlprofil aus Hutprofil 98 x 15
Bekleidung: Gipsplatten, Typ A
Plattendicke: 12,5 mm
Oberfläche: Qualitätsstufe Q2
Dämmung: **ohne Dämmung / akustisch wirkende MW-Platte, d = 15 mm**
Brandschutz: ohne Anforderung
Einbauhöhe: ca. ..... m
Abhängehöhe: bis 0,50 m
Angeb. Fabrikat: .....

| 34€ | 40€ | **41**€ | 48€ | 61€ | [m²] | ⏱ 0,52 h/m² | 039.000.063 |

6   Decke, abgehängt, Gipsplatte, einlagig   KG **353**

Unterdecke aus Gipsplatten, als abgehängte Decke, inkl. Unterkonstruktion. Wandanschlussausbildung nach gesonderter Position.
Unterkonstruktion: Metallprofile CD 60/27/06, UD 28/27/06
Abhängung: **Nonius-Schnellabhänger / Draht mit Öse**
Bekleidung: Gipsplatte Typ A
Plattendicke: 1 x 12,5 mm
Oberfläche: Qualitätsstufe Q2
Dämmung: **ohne Dämmung / akustisch wirkende MW-Platte, d = 40 mm**
Brandschutz: ohne Anforderung
Untergrund: .....
Einbauhöhe: ca. ..... m
Abhängehöhe: bis 0,50 m
Angeb. Fabrikat: .....

| 21€ | 34€ | **38**€ | 43€ | 55€ | [m²] | ⏱ 0,52 h/m² | 039.000.005 |

7   Akustikdecke, abgehängt, Gips-Lochplatten   KG **353**

Akustikdecke aus gelochten Gipsplatten, als abgehängte Decke, Rückseite mit Faservlies, inkl. Unterkonstruktion. Wandanschlussausbildung nach gesonderter Position.
Unterkonstruktion: Metallprofile CD 60/27/06, UD 28/27/06
Abhängung: **Nonius-Schnellabhänger / Draht mit Öse**
Bekleidung: Gipsplatte Typ A
Plattendicke: 12,5 mm
Oberfläche: Qualitätsstufe Q2
Ausführung: **glatt / gelocht**
Oberflächendesign: .....
Dämmung: **ohne Dämmung / akustisch wirkende MW-Platte, d= 40 mm**
Schallabsorption: aw = ...
Brandschutz: ohne Anforderung
Untergrund: .....
Einbauhöhe: ca. ..... m
Abhängehöhe: bis 0,50 m
Angeb. Fabrikat: .....

| –€ | 49€ | **55**€ | 66€ | –€ | [m²] | ⏱ 0,80 h/m² | 039.000.095 |

LB 039 Trockenbauarbeiten

Kosten:
Stand 1.Quartal 2018
Bundesdurchschnitt

Nr.	Kurztext / Langtext				[Einheit]	Ausf.-Dauer	Kostengruppe Positionsnummer
▶	▷ ø netto € ◁ ◀						

8 Akustikdecke, abgehängt, Gips-Kassettenplatten — KG **353**

Unterdecke aus Gipsplatten, als abgehängte Decke, inkl. Unterkonstruktion als Tragerost. Wandanschlussausbildung nach gesonderter Position.
Unterkonstruktion: .....
Abhängung: **Nonius-Schnellabhänger / Draht mit Öse**
Bekleidung: Gipskassetten
Plattendicke: 1 x 12,5 mm
Kassettenformat: .....Oberfläche: Qualitätsstufe **Q2**
Dämmung: **ohne Dämmung / akustisch wirkende MW-Platte, d = 40 mm**
Brandschutz: ohne Anforderung
Untergrund: .....
Einbauhöhe: ca. ..... m
Abhängehöhe: bis 0,50 m
Angeb. Fabrikat: .....

– €   46 €   **51** €   62 €   – €   [m²]   ⏱ 0,75 h/m²   039.000.096

9 Decke, abgehängt, GK/GF, zweilagig — KG **353**

Unterdecke aus mehrlagigen Gips- / Gipsfaserplatten, als abgehängte Decke, inkl. Unterkonstruktion, abgehängt mit Schnellabhängern. Wandanschlussausbildung nach gesonderter Position.
Unterkonstruktion: Metallprofile CD 60/27/06, UD 28/27/06
Bekleidung:: **Gipsplatte Typ A / Gipsfaserplatte**
Plattendicke: 2 x 12,5 mm
Oberfläche: Qualitätsstufe Q2
Dämmung: **ohne Dämmung / akustisch wirkende MW-Platte, d = 40 mm**
Schallabsorption: aw = ...
Brandschutz: ohne Anforderung
Untergrund: .....
Einbauhöhe: ca. ..... m
Abhängehöhe: bis 0,50 m
Angeb. Fabrikat: .....

37 €   46 €   **50** €   59 €   79 €   [m²]   ⏱ 0,60 h/m²   039.000.006

10 Decke, abgehängt, GK/GF, zweilagig, F90-A/EI-90 — KG **353**

Unterdecke aus Gipsplatten, als abgehängte Decke an Holzbalkendecke, inkl. Unterkonstruktion, abgehängt mit Schnellabhängern. Wandanschlussausbildung nach gesonderter Position.
Unterkonstruktion: Metallprofile CD 60/27/06, UD 28/27/06
Abhängung: **Nonius-Schnellabhänger / Draht mit Öse**
Bekleidung: **Gipsplatte Typ F / D / Gipsfaserplatte**
Plattendicke: 1 x 18 mm und 1 x 25 mm
Oberfläche: Qualitätsstufe Q2
Dämmung: **ohne Dämmung / akustisch wirkende MW-Platte, d = 40 mm**
Brandschutz: **F90 / EI90**, Brandbelastung von unten
Untergrund: Holzkonstruktion
Einbauhöhe: bis ..... m
Abhängehöhe: bis 0,50 m
Angeb. Fabrikat: .....

– €   75 €   **95** €   124 €   – €   [m²]   ⏱ 0,70 h/m²   039.000.007

▶ min
▷ von
ø Mittel
◁ bis
◀ max

Nr.	Kurztext / Langtext					Kostengruppe		
▶	▷	ø netto €	◁	◀	[Einheit]	Ausf.-Dauer	Positionsnummer	

11 Decke, abgehängt, Gipsplatten 2x20 mm, F90A/EI90   KG 353

Unterdecke aus vliesummantelten Gips-Feuerschutzplatten, als abgehängte Decke an Trapezblech, inkl. Unterkonstruktion, abgehängt mit Schnellabhängern. Wandanschlussausbildung nach gesonderter Position.
Unterkonstruktion: Metallprofile CD 60/27/06, UD 28/27/06
Abstand Tragprofil: 400 mm
Abhängung: **Nonius-Schnellabhänger / Draht mit Öse**
Bekleidung: Gipsplatte mit Vliesarmierung, Typ GM-F, A1
Plattendicke: 2 x 20 mm
Oberfläche: Qualitätsstufe Q2
Brandschutz: **F90A / EI90**, Brandbelastung von unten
Untergrund: .....
Einbauhöhe: bis ..... m
Abhängehöhe: bis 0,50 m
Angeb. Fabrikat: .....

| –€ | 74€ | **80€** | 91€ | –€ | [m²] | ⏱ 0,90 h/m² | 039.000.097 |

12 Decke, abgehängt, Zementplatten, Feuchtraum   KG 353

Unterdecke aus Zementplatten, für Feuchtraum, als abgehängte Decke inkl. Unterkonstruktion, abgehängt mit Schnellabhängern. Wandanschlussausbildung nach gesonderter Position.
Unterkonstruktion: Metallprofile CD 60/27/06, UD 28/27/06
Abhängung: **Nonius-Schnellabhänger / Draht mit Öse**
Bekleidung: **Zementbauplatte, Fugen verklebt**
Plattendicke: 1 x 12,5 mm
Oberfläche: Qualitätsstufe **Q2**
Feuchteklasse: A01
Untergrund: .....
Einbauhöhe: bis 3,20 m
Abhängehöhe: bis 0,50 m
Angeb. Fabrikat: .....

| –€ | 74€ | **69€** | 80€ | –€ | [m²] | ⏱ 0,70 h/m² | 039.000.098 |

13 Decke, abgehängt, F90A/EI90, selbsttragend   KG 353

Freitragende Unterdecke mit ober- und unterseitiger Beplankung aus Brandschutz-Bauplatten, als abgehängte Decke, inkl. Unterkonstruktion. Randanschlüsse, Durchführungen und dgl. nach gesonderter Position.
Unterkonstruktion: Tragprofil aus Metallprofil
Bekleidung: zementgebundene Silikat-Bauplatten
Plattendicke: .....
Brandverhalten: A1
Rohdichte: ..... kg/m³
Oberfläche: Qualitätsstufe Q2
Brandschutz: **F90A / EI90**, Brandbelastung von oben und unten
Randanschlüsse: .....
Raumhöhe: .....
Untergrund: .....
Einbauhöhe: .....
Spannweite: .....
Angeb. Fabrikat: .....

| 65€ | 91€ | **103€** | 125€ | 173€ | [m²] | ⏱ 0,75 h/m² | 039.000.075 |

LB 039 Trockenbauarbeiten

Kosten: Stand 1.Quartal 2018 Bundesdurchschnitt

▶ min
▷ von
ø Mittel
◁ bis
◀ max

Nr.	Kurztext / Langtext					Kostengruppe	
▶	▷	ø netto €	◁	◀	[Einheit]	Ausf.-Dauer	Positionsnummer

14 Verstärkung, Unterkonstruktion, abgehängte Decke — KG 353
Verstärkung der Unterkonstruktion für abgehängte Decke, mit OSB-Holzplattenstreifen, geeignet für die Montage von Einbauteilen.
Bauteile: **Anbauleuchten / Gardinenleisten / Abhängekonstruktionen**
Abmessung Holzstreifen: .....

| 2€ | 5€ | 7€ | 9€ | 13€ | [m²] | ⏱ 0,04 h/m² | 039.000.050 |

15 Decke, abgehängt, Unterkonstruktion, Federschiene — KG 353
Federschiene, Unterkonstruktion der abgehängten GK- / GF-Decke.
Federschiene: aus verzinktem Stahlblechprofil, Hutprofil 98 x 15
Untergrund: .....
Angeb. Fabrikat: .....

| 6€ | 9€ | 13€ | 16€ | 21€ | [m²] | ⏱ 0,06 h/m² | 039.000.064 |

16 Decke, Weitspannträger — KG 353
Weitspannträger Unterkonstruktion, freitragende Decke, ohne Brandbeanspruchung, Tragprofil aus Metall-Systemprofilen, geeignet für unterseitige Beplankung mit Gipsplatten.
Platten: .....
Untergrund: .....
Angeb. Fabrikat: .....

| 6€ | 11€ | 15€ | 16€ | 20€ | [m²] | ⏱ 0,08 h/m² | 039.000.076 |

17 Randanschluss, Schattennutprofil — KG 353
Randanschluss mit Schattenfugen-Profil, für Gipsplatten-Deckenbekleidung, einschl. Unterkonstruktion, Profil flächenbündig anspachteln und glatt feinschleifen.
Brandschutz: .....
Fugenbreite: ca. 15 mm
Fugentiefe: 12,5 mm
Untergrund: .....

| 3€ | 8€ | 9€ | 12€ | 20€ | [m] | ⏱ 0,16 h/m | 039.000.009 |

18 Verblendung, Deckensprung — KG 353
Verblendung von Deckensprung in abgehängter Decke, inkl. Unterkonstruktion und einlagiger Beplankung mit Gipsplatten. Eck- / Kantenprofil am Übergang der abgehängten Decke nach getrennter Position.
Blendenhöhe: 50-800 mm
Unterteilung: 50-400 mm
Höhe: 400-800 mm
Abhängehöhe: bis 0,50 m
Bekleidung: Gipsplatte Typ A, 1x 12,5 mm
Oberfläche: Qualitätsstufe Q2

| 14€ | 24€ | 30€ | 38€ | 53€ | [m] | ⏱ 0,14 h/m | 039.000.010 |

Nr.	Kurztext / Langtext					Kostengruppe	
▶	▷	ø netto €	◁	◀	[Einheit]	Ausf.-Dauer	Positionsnummer

19 Öffnungen/Ausschnitte, bis DN200 — KG **353**

Leuchtenausschnitt in abgehängter Decke, für runde Einbauleuchten (Downlights), einschl. evtl. Auswechselung der Unterkonstruktion.
Durchmesser: ca. 150 mm
Brandschutz: EI....., von unten
Bekleidung: .....
Plattendicke: ..... mm

| 2€ | 7€ | **10€** | 17€ | 37€ | [St] | ⏱ 0,20 h/St | 039.000.011 |

20 Aussparung, Langfeldleuchte — KG **353**

Leuchtenausschnitt in abgehängter Decke, für Langfeld-Einbauleuchten, einschl. evtl. Auswechselung der Unterkonstruktion.
Aussparungsgröße (B x L): 150 x 2.000 mm
Brandschutz: EI....., von unten
Bekleidung: .....
Plattendicke: ..... mm

| 5€ | 12€ | **14€** | 18€ | 28€ | [m] | ⏱ 0,25 h/m | 039.000.012 |

21 Ausschnitt, Schalterdose — KG **353**

Schalterdosenausschnitte in Montagewand. Abrechnung je Ausschnitt.
Durchmesser: **67 / 74**
Brandschutz Bauteil: ohne Anforderung
Bekleidung: .....
Plattendicke: ..... mm

| 0,9€ | 2,7€ | **3,3€** | 4,8€ | 8,1€ | [St] | ⏱ 0,10 h/St | 039.000.077 |

22 Bekleidung, Dachgeschoss, Gipsplatten, einlagig — KG **353**

Bekleidung aus Gipsplatten im Dachgeschoss, inkl. Unterkonstruktion aus Holzlatten und Verspachtelung. Anschlussausbildung nach gesonderter Position.
Holzlattung: .....
Achsmaß: a= .....
Bekleidung: Gipsplatte Typ **A / F / D**
Plattendicke: 1x 12,5 mm
Oberfläche: Qualitätsstufe Q2
Untergrund: .....
Angeb. Fabrikat: .....

| –€ | 27€ | **31€** | 37€ | –€ | [m²] | ⏱ 0,06 h/m² | 039.000.100 |

LB 039 Trockenbauarbeiten

Kosten:
Stand 1.Quartal 2018
Bundesdurchschnitt

Nr.	Kurztext / Langtext				[Einheit]	Ausf.-Dauer	Kostengruppe Positionsnummer
▶	▷	ø netto €	◁	◀			

23 Bekleidung, Dachgeschoss, Gipsplatten, zweilagig, inkl. Holz-Unterkonstruktion — KG 353

Bekleidung aus Gipsplatten im Dachgeschoss, inkl. Unterkonstruktion aus Holzlatten und Verspachtelung. Anschlussausbildung nach gesonderter Position.
Holzlattung: .....
Achsmaß: a= .....
Bekleidung: Gipsplatte Typ **A / F / D**
Plattendicke: 2x 12,5 mm
Oberfläche: Qualitätsstufe Q2
Untergrund: .....
Angeb. Fabrikat: .....

| –€ | 35€ | **40€** | 48€ | –€ | [m²] | ⏱ 0,18 h/m² | 039.000.101 |

24 Bekleidung Dachschräge, Gipsplatte, MW-Dämmung — KG 353

Bekleidung aus Gipsplatten im Dachgeschoss, Dämmung zwischen Sparren aus Mineralwolleplatten, inkl. Unterkonstruktion aus Holzlatten und Verspachtelung. Anschlussausbildung nach gesonderter Position.
Holzlattung: .....
Bekleidung: Gipsplatte Typ **A / F / D**
Plattendicke: 1x 12,5 mm
Oberfläche: Qualitätsstufe Q2
Dämmung: MW
Dämmdicke: **120 / 140 / 160 / 180 mm**
Angeb. Fabrikat: .....

| –€ | 42€ | **49€** | 58€ | –€ | [m²] | ⏱ 0,75 h/m² | 039.000.102 |

25 Bekleidung Dachschräge, Gipsfaserplatte, Holz-UK — KG 353

Bekleidung aus Gipsfaserplatten im Dachgeschoss, inkl. Unterkonstruktion aus Holzlatten und Verspachtelung. Anschlussausbildung nach gesonderter Position.
Holzlattung: .....
Achsmaß a= ..... m
Bekleidung: Gipsfaserplatte
Plattendicke: 1x 12,5 mm
Oberfläche: Qualitätsstufe Q2
Angeb. Fabrikat: .....

| –€ | 33€ | **38€** | 46€ | –€ | [m²] | ⏱ 0,60 h/m² | 039.000.103 |

26 Bekleidung Dachgeschoss, Zementplatte, Feuchtraum — KG 353

Bekleidung aus Zement-Bauplatten im Dachgeschoss, inkl. Unterkonstruktion aus Holzlatten, Verklebung der Plattenfugen und Verspachtelung. Anschlussausbildung nach gesonderter Position.
Holzlattung: .....
Achsmaß: a= .....
Bekleidung: Zement-Bauplatte
Plattendicke: 1x 12,5 mm
Oberfläche: Qualitätsstufe Q2
Angeb. Fabrikat: .....

| –€ | 59€ | **67€** | 81€ | –€ | [m²] | ⏱ 0,80 h/m² | 039.000.104 |

▶ min
▷ von
ø Mittel
◁ bis
◀ max

Nr.	Kurztext / Langtext							Kostengruppe	
▶	▷	ø netto €	◁	◀	[Einheit]	Ausf.-Dauer	Positionsnummer		

27 Montagewand, Holz-UK, 100mm, Gipsplatten, zweilagig, MW 40mm, EI30 — KG **342**

Nichttragende Trennwand, als beidseitig beplankte Holzständerwand, mit Dämmschicht aus Mineralwolle-platten, abrutschsicher und dicht gestoßen, einschl. Verspachtelung von Fugen und Befestigungsmitteln.
Boden: Estrich
Unterkonstruktion: Einfach-Ständerwerk aus Holzprofilen
Profilquerschnitt: 60 x 60 mm
Ständerabstand: 62,5 cm
Beplankung: Gipsplatte **Typ A / Typ H2 / DF / DFH2**
Plattendicken: 2x 12,5 mm, je Seite
Oberfläche: Qualitätsstufe Q2
Dämmung: MW
Nennwert der Wärmeleitfähigkeit: 0,040 W/(mK)
Strömungswiderstand: mind. 5 kPa s/m^2
Dämmdicke: 40 mm
Anschlüsse: **starrer Anschluss / gleitender Anschluss**
Brandschutz: EI 30
Brandbelastung: .....
Wanddicke: 100 mm
Wandhöhe: .....
Einbaubereich: **1 / 2**
Angeb. Fabrikat: .....

| 51 € | 59 € | **64 €** | 73 € | 85 € | [m²] | ⏱ 0,40 h/m² | 039.000.078 |

28 Montagewand, Holz-UK, 85mm, GF einlagig, MW 40mm, EI30 — KG **342**

Nichttragende Trennwand aus Gipsfaserplatten, als beidseitig beplankte Holzständerwand, mit Dämmschicht aus Mineralwolleplatten, abrutschsicher und dicht gestoßen, einschl. Verspachtelung von Fugen und Befestigungsmitteln.
Unterkonstruktion: Einfach-Ständerwerk aus Holzprofilen
Profilquerschnitt: 60 x 60 mm
Ständerabstand: 62,5 cm
Beplankung: Gipsfaserplatte**, GF-I-W2-C1**
Plattendicken: 1x 12,5 mm, je Seite
Oberfläche: Qualitätsstufe **Q2 / Q3 / Q4**
Dämmung: MW
Strömungswiderstand: mind 5 kPa s/m^2
Dämmdicke: 40 mm
Anschlüsse: **starrer Anschluss / gleitender Anschluss**
Brandschutz: EI30
Wanddicke: 85 mm
Wandhöhe: .....
Einbaubereich: **1 / 2**
Angeb. Fabrikat: .....

| – € | 43 € | **50 €** | 57 € | – € | [m²] | ⏱ 0,65 h/m² | 039.000.105 |

LB 039 Trockenbauarbeiten

Kosten:
Stand 1.Quartal 2018
Bundesdurchschnitt

▶	min
▷	von
ø	Mittel
◁	bis
◀	max

Nr.	Kurztext / Langtext							Kostengruppe
▶	▷	ø netto €	◁	◀	[Einheit]	Ausf.-Dauer	Positionsnummer

33   Montagewand, Metall-UK, 125mm, Gipsplatten zweilagig, MW 60mm, EI30   **KG 342**

Nichttragende innere Trennwand, als beidseitig beplankte Metallständerwand, mit Dämmschicht aus Mineralwolleplatten, abrutschsicher und dicht gestoßen, einschl. Verspachtelung von Fugen und Befestigungsmitteln.
Boden: **Estrich / Rohboden**
Unterkonstruktion: Einfach-Ständerwerk aus verzinkten Stahlblechprofilen
Profilgröße: 75 mm
Beplankung: **Gipsplatte Typ A / Typ H2**
Plattendicken je Seite: 2x 12,5 mm
Oberfläche: Qualitätsstufe Q2
Dämmung: MW
Nennwert der Wärmeleitfähigkeit: ..... W/(mK)
Strömungswiderstand: mind. 5 kPa s/m²
Dämmdicke: 60 mm
Anschlüsse: **starrer Anschluss / gleitender Anschluss**
Brandschutz: EI 30
Brandbelastung: beidseitig
Wanddicke: 125 mm
Wandhöhe: bis 4,00 m
Einbaubereich: **1 / 2**
Angeb. Fabrikat: .....

39 €   52 €   **58** €   66 €   86 €   [m²]   ⏱ 0,65 h/m²   039.000.145

34   Montagewand, Metall-UK, 150mm, Gipsplatten zweilagig, MW 40mm, EI30   **KG 342**

Nichttragende innere Trennwand, als beidseitig beplankte Montagewand mit Dämmschicht aus Mineralwolleplatten, abrutschsicher und dicht gestoßen, einschl. Verspachtelung von Fugen und Befestigungsmitteln.
Boden: **Estrich / Rohboden**
Unterkonstruktion: Einfach-Ständerwerk aus verzinkten Stahlblechprofilen
Profilgröße: 100 mm
Beplankung: **Gipsplatte Typ A / Typ H2**
Plattendicken je Seite: 2x 12,5 mm
Oberfläche: Qualitätsstufe Q2
Dämmung: MW
Nennwert der Wärmeleitfähigkeit: ..... W/(mK)
Strömungswiderstand: mind. 5 kPa s/m²
Dämmdicke: 40 mm
Anschlüsse: **starrer Anschluss / gleitender Anschluss**
Brandschutz: EI 30
Brandbelastung: beidseitig
Wanddicke: 150 mm
Wandhöhe: bis 4,00 m
Einbaubereich: **1 / 2**
Angeb. Fabrikat: .....

39 €   52 €   **57** €   67 €   91 €   [m²]   ⏱ 0,65 h/m²   039.000.017

Nr.	Kurztext / Langtext					Kostengruppe		
▶	▷	ø netto €	◁	◀	[Einheit]	Ausf.-Dauer	Positionsnummer	

35 — Montagewand, Metall-UK, 100mm, Gipsplatten DF zweilagig, MW 50mm, EI90 — KG 342

Nichttragende innere Trennwand, als beidseitig beplankte Montagewand, mit Dämmschicht aus Mineralwolleplatten, abrutschsicher und dicht gestoßen, einschl. Verspachtelung von Fugen und Befestigungsmitteln.
Boden: **Estrich / Rohboden**
Unterkonstruktion: Einfach-Ständerwerk aus verzinkten Stahlblechprofilen
Profilgröße: 50 mm
Beplankung: Gipsplatte **Typ DF / Typ DFH2**
Plattendicken je Seite: 2x 12,5 mm
Oberfläche: Qualitätsstufe Q2
Dämmung: MW
Nennwert der Wärmeleitfähigkeit: ..... W/(mK)
Strömungswiderstand: mind. 5 kPa s/m²
Dämmdicke: 50 mm
Rohdichte Dämmung: .....
Anschlüsse: **starrer Anschluss / gleitender Anschluss**
Brandschutz: EI 90
Brandbelastung: beidseitig
Schalldämmung: R_w,R = 55 dB
Wärmedurchgangskoeffizient: 0,61 W/(mK)
Wanddicke: 100 mm
Wandhöhe: bis 4,00 m
Einbaubereich: **1 / 2**
Angeb. Fabrikat: .....

| 46 € | 58 € | **63** € | 74 € | 102 € | [m²] | ⏱ 0,65 h/m² | 039.000.018 |

36 — Montagewand, Metall-UK, 100mm, Zementplatten, einlagig, Feuchtraum — KG 342

Nichttragende innere Trennwand, als beidseitig beplankte Montagewand mit Zementplatten für Feuchtraum, mit Dämmschicht aus Mineralwolleplatten, abrutschsicher und dicht gestoßen, einschl. Verspachtelung von Fugen und Befestigungsmitteln.
Boden: **Estrich / Rohboden**
Unterkonstruktion: Einfach-Ständerwerk aus verzinkten Stahlblechprofilen
Profilgröße: 75 mm
Beplankung: Zementplatten
Plattendicken je Seite: 1x 12,5 mm
Oberfläche: Qualitätsstufe Q2
Dämmung: MW
Strömungswiderstand: mind. 5 kPa s/m²
Dämmdicke: 50 mm
Rohdichte Dämmung: .....
Anschlüsse: **starrer Anschluss / gleitender Anschluss**
Wanddicke: 100 mm
Einbaubereich: **1 / 2**
Angeb. Fabrikat: .....

| – € | 63 € | **69** € | 83 € | – € | [m²] | ⏱ 0,70 h/m² | 039.000.109 |

LB 039 Trockenbauarbeiten

Nr.	Kurztext / Langtext							Kostengruppe
▶	▷	ø netto €	◁	◀	[Einheit]	Ausf.-Dauer	Positionsnummer

37 Montagewand, Metall, 125mm, Zementplatten, doppellagig, Feuchtraum KG **342**

Nichttragende innere Trennwand, als beidseitig beplankte Montagewand mit Zementplatten für Feuchtraum, mit Dämmschicht aus Mineralwolleplatten, abrutschsicher und dicht gestoßen, einschl. Verspachtelung von Fugen und Befestigungsmitteln.

Boden: **Estrich / Rohboden**
Unterkonstruktion: Einfach-Ständerwerk aus verzinkten Stahlblechprofilen
Profilgröße: 75 mm
Bekleidung: Zementplatten
Beplankung: je Seite: 2x 12,5 mm
Oberfläche: Qualitätsstufe **Q2 / Q3 / Q4**
Dämmung: MW
Strömungswiderstand: mind. 5 kPa s/m²
Dämmdicke: 50 mm
Rohdichte Dämmung: .....
Anschlüsse: **starrer Anschluss / gleitender Anschluss**
Wanddicke: 125 mm
Einbaubereich: **1 / 2**
Angeb. Fabrikat: .....

| –€ | 85 € | **92** € | 105 € | –€ | [m²] | ⏱ 0,90 h/m² | 039.000.110 |

38 Montagewand, Gipsplatten, Brandwand, nichttragend KG **342**

Nichttragende innere Trennwand, als beidseitig beplankte Montagewand, mit Stahlblecheinlage und Dämmschicht aus Mineralwolleplatten, abrutschsicher und dicht gestoßen, einschl. Verspachtelung von Fugen und Befestigungsmitteln.

Boden: **Estrich / Rohboden**
Unterkonstruktion: Einfach-Ständerwerk aus verzinkten Stahlblechprofilen
Profilgröße: 50 mm
Profilabstand: 312,5 mm
Bekleidung: Gips-Feuerschutzplatte GM-F, vliesarmiert, A1
Beplankung: 2x 12,5 mm, je Seite
Stahlblecheinlage je Seite: 0,5 mm
Oberfläche: Qualitätsstufe Q2
Dämmung: MW
Strömungswiderstand: mind. 5 kPa s/m²
Dämmdicke: 80 mm
Rohdichte Dämmung: 40 kg/m²
Anschlüsse: **starrer Anschluss / gleitender Anschluss**
Brandschutz: **F90A / EI 90-M**
Brandbelastung: beidseitig
Wanddicke: 111 mm
Wandhöhe: .....
Einbaubereich: **1 / 2**
Angeb. Fabrikat: .....

| –€ | 95 € | **104** € | 121 € | –€ | [m²] | ⏱ 1,60 h/m² | 039.000.113 |

Kosten:
Stand 1.Quartal 2018
Bundesdurchschnitt

▶ min
▷ von
ø Mittel
◁ bis
◀ max

Nr.	**Kurztext** / Langtext						Kostengruppe	
▶	▷	**ø netto €**	◁	◀	[Einheit]	Ausf.-Dauer	Positionsnummer	

39 Montagewand, Gipsplatten, Brandwand KG **342**

Nichttragende innere Trennwand, als beidseitig beplankte Montagewand, mit Stahlblecheinlage und Dämmschicht aus Mineralwolleplatten, abrutschsicher und dicht gestoßen, einschl. Verspachtelung von Fugen und Befestigungsmitteln.

Boden: **Estrich / Rohboden**
Unterkonstruktion: Einfach-Ständerwerk aus verzinkten Stahlblechprofilen
Profilgröße: 100 mm
Profilabstand: 312,5 mm
Bekleidung: Gipsplatte, Typ DF
Beplankung: 1x 20 und 1x 12,5 mm, je Seite
Stahlblecheinlage je Seite: 0,5 mm
Oberfläche: Qualitätsstufe Q2
Dämmung: MW
Strömungswiderstand: mind. 5 kPa s/m²
Dämmdicke: 80 mm
Rohdichte Dämmung: 40 kg/m²
Anschlüsse: **starrer Anschluss / gleitender Anschluss**
Brandschutz: **F90A / EI 90-M**
Brandbelastung: beidseitig
Wanddicke: 166 mm
Wandhöhe: .....
Einbaubereich: **1 / 2**
Angeb. Fabrikat: .....

| –€ | 111€ | **122**€ | 145€ | –€ | [m²] | ⏱ 1,70 h/m² | 039.000.114 |

40 Montagewand, Gipsplatten, Sicherheitswand RC3 KG **342**

Nichttragende innere Trennwand, als beidseitig beplankte Sicherheitswand, mit Stahlblecheinlage und Dämmschicht aus Mineralwolleplatten, abrutschsicher und dicht gestoßen, einschl. Verspachtelung von Fugen und Befestigungsmitteln.

Boden: **Estrich / Rohboden**
Unterkonstruktion: Einfach-Ständerwerk aus verzinkten Stahlblechprofilen
Profilgröße: 100 mm
Bekleidung: Gipsplatte, Typ DF
Beplankung: 2x 12,5 mm, je Seite
Stahlblecheinlage je Seite: 0,5 mm
Oberfläche: Qualitätsstufe Q2
Dämmung: MW
Strömungswiderstand: mind. 5 kPa s/m²
Dämmdicke: 80 mm
Rohdichte Dämmung: .....
Anschlüsse: **starrer Anschluss / gleitender Anschluss**
Brandschutz: **F90A / EI 90-M**
Brandbelastung: beidseitig
Wanddicke: 152 mm
Einbruchhemmung: RC3
Wandhöhe: .....
Einbaubereich: **1 / 2**
Angeb. Fabrikat: .....

| –€ | 105€ | **118**€ | 133€ | –€ | [m²] | ⏱ 1,75 h/m² | 039.000.115 |

LB 039 Trockenbauarbeiten

Kosten:
Stand 1.Quartal 2018
Bundesdurchschnitt

Nr.	**Kurztext** / Langtext						Kostengruppe	
▶	▷	ø netto €	◁	◀	[Einheit]	Ausf.-Dauer	Positionsnummer	

41 Montagewand, außen, Metall-UK, Zementplatte, nichttragend — KG **342**

Nichttragende Außenwand aus Metallprofilen, Zementplatten, GK-Platten und Dampfsperre, als beidseitig beplankte Montagewand, mit Dämmschicht aus Mineralwolleplatten, abrutschsicher und dicht gestoßen, einschl. Verspachtelung von Fugen und Befestigungsmitteln.
Boden: **Estrich / Rohboden**
Unterkonstruktion: Einfach-Ständerwerk aus verzinkten Stahlblechprofilen
Profilgröße: 100 mm
Bekleidung außen: Zementplatte A1, 1x 12,5 mm
Bekleidung innen: 2x 12,5 mm Gipsplatte, Typ A
Oberfläche innen: Qualitätsstufe Q2
Dämmung: MW, A1
Nennwert der Wärmeleitfähigkeit: 035 W/(mK)
Dämmdicke: 50 mm
Rohdichte Dämmung: …..
Anschlüsse: **starrer Anschluss / gleitender Anschluss**
Brandschutz: …..
Brandbelastung: …..
Schalldämmung: R_W, R = 50 dB
Wärmedurchgangskoeffizient: 0,61 W/(mK)
Wanddicke: ca. 138 mm
Wandhöhe:…..
Einbaubereich: **1 / 2**
Angeb. Fabrikat: …..

| –€ | 76€ | **83€** | 96€ | –€ | [m²] | ⏱ 0,95 h/m² | 039.000.116 |

42 Montagewand, Metall-UK, 200mm, GK doppellagig, doppeltes Ständerwerk — KG **342**

Nichttragende innere Trennwand, als beidseitig beplankte Installationswand mit doppeltem Ständerwerk, mit Dämmschicht aus Mineralwolleplatten, abrutschsicher und dicht gestoßen, einschl. Verspachteln und Schleifen von Fugen und Befestigungsmitteln.
Boden: Estrich / Rohboden
Unterkonstruktion: Doppelständerwerk aus verzinkten Stahlblech-Profilen
Profilgröße: 75 mm
Bekleidung: Gipsplatte Typ **DF / DFH2**
Beplankung: je Seite: 2x 12,5 mm
Oberfläche: Qualitätsstufe Q2
Dämmung: MW
Nennwert der Wärmeleitfähigkeit: ….. W/(mK)
Strömungswiderstand: mind. 5 kPa s/m²
Dämmdicke: 2x 40 mm
Anschlüsse: starrer Anschluss
Brandschutz: …..
Brandbelastung: beidseitig
Schalldämmung: R_W, R >61 dB
Wärmedurchgangskoeffizient: 0,60 W/(m²K)
Wanddicke: über 200 mm
Wandhöhe: bis 3,00 m
Einbaubereich: **1 / 2**
Angeb. Fabrikat: …..

| 39€ | 57€ | **67€** | 77€ | 98€ | [m²] | ⏱ 0,80 h/m² | 039.000.019 |

▶ min
▷ von
ø Mittel
◁ bis
◀ max

Nr.	Kurztext / Langtext					Kostengruppe	
▶	▷	ø netto €	◁	◀	[Einheit]	Ausf.-Dauer	Positionsnummer

43 Montagewand, Metall-UK, 125mm, GKF einlagig, doppeltes Ständerwerk, MW80mm — KG **342**

Nichttragende innere Trennwand, als beidseitig beplankte Installationswand mit doppeltem Ständerwerk, mit Dämmschicht aus Mineralwolleplatten, abrutschsicher und dicht gestoßen, einschl. Verspachtelung von Fugen und Befestigungsmitteln.

Boden: **Estrich / Rohboden**
Unterkonstruktion: Doppelständerwerk aus verzinkten Stahlblechprofilen
Profilgröße: 100 mm
Beplankung: Gipsplatte **Typ DF / Typ DFH2**
Plattendicken je Seite: 1x 12,5 mm
Oberfläche: Qualitätsstufe Q2
Dämmung: MW
Nennwert der Wärmeleitfähigkeit: ..... W/(mK)
Strömungswiderstand: mind. 5 kPa s/m²
Dämmdicke 80 mm
Anschlüsse: **starrer Anschluss / gleitender Anschluss**
Brandschutz: EI 30
Brandbelastung: beidseitig
Schalldämmung: $R_{w,R}$ = 52 dB
Wärmedurchgangskoeffizient: 0,60 W/(mK)
Wanddicke: 125 mm
Wandhöhe: bis 2,75 m
Einbaubereich: **1 / 2**
Angeb. Fabrikat: .....

| 59€ | 73€ | **79€** | 87€ | 115€ | [m²] | ⏱ 0,75 h/m² | 039.000.015 |

44 Montagewand, Metall-UK, 100mm, GK einlagig, Schallschutz — KG **342**

Nichttragende innere Trennwand, als beidseitig beplankte Metallständerwand mit Schallschutzfunktion, mit Dämmschicht aus Mineralwolleplatten, abrutschsicher und dicht gestoßen, einschl. Verspachtelung von Fugen und Befestigungsmitteln.

Boden: **Estrich / Rohboden**
Unterkonstruktion: Einfach-Ständerwerk aus verzinkten Stahlblechprofilen
Profilgröße: 75 mm
Beplankung: Gipsplatte Typ **DF / DFH2**
Plattendicken je Seite: 2x 12,5 mm
Oberfläche: Qualitätsstufe Q2
Dämmung: MW
Strömungswiderstand: mind. 5 kPa s/m²
Dämmdicke: 60 mm
Anschlüsse: **starrer Anschluss / gleitender Anschluss**
Schallschutz: ca. $R_{w,R}$ 58 dB
Wanddicke: 100 mm
Wandhöhe: .....
Einbaubereich: **1 / 2**
Angeb. Fabrikat: .....

| –€ | 48€ | **51€** | 62€ | –€ | [m²] | ⏱ 0,70 h/m² | 039.000.117 |

LB 039 Trockenbauarbeiten

Kosten:
Stand 1.Quartal 2018
Bundesdurchschnitt

Nr.	Kurztext / Langtext					Kostengruppe
▶	▷ ø netto € ◁ ◀				[Einheit]	Ausf.-Dauer Positionsnummer

45 Montagewand, Metall-UK, 150mm, GK doppellagig, Schallschutz — KG 342

Nichttragende innere Trennwand, als beidseitig beplankte Metallständerwand mit Schallschutzfunktion, mit Dämmschicht aus Mineralwolleplatten, abrutschsicher und dicht gestoßen, einschl. Verspachtelung von Fugen und Befestigungsmitteln.
Boden: **Estrich / Rohboden**
Unterkonstruktion: Einfach-Ständerwerk aus verzinkten Stahlblechprofilen
Profilgröße: 100 mm
Beplankung: Gipsplatte Typ DFR
Plattendicken je Seite: 2x 12,5 mm
Oberfläche: Qualitätsstufe Q2
Dämmung: MW
Strömungswiderstand: mind. 5 kPa s/m²
Dämmdicke: 80 mm
Anschlüsse: **starrer Anschluss / gleitender Anschluss**
Schallschutz: ca. R_w,R 67 dB
Wanddicke: 150 mm
Wandhöhe: .....
Einbaubereich: **1 / 2**
Angeb. Fabrikat: .....

–€ 　 67€ 　 **74€** 　 85€ 　 –€ 　 [m²] 　 ⏱ 0,95 h/m² 　 039.000.118

46 Montagewand, Metall-UK, 100mm, Gips-Hartplatten, Schall-/Brandschutz — KG 342

Nichttragende innere Trennwand, als beidseitig beplankte Metallständerwand mit Schallschutzfunktion, mit Dämmschicht aus Mineralwolleplatten, abrutschsicher und dicht gestoßen, einschl. Verspachtelung von Fugen und Befestigungsmitteln. Boden: **Estrich / Rohboden**
Unterkonstruktion: Einfach-Ständerwerk aus verzinkten Stahlblechprofilen
Profilgröße: 75 mm
Beplankung: Hartgipsplatte Typ DFH2IR
Plattendicken je Seite: 1x 12,5 mm
Oberfläche: Qualitätsstufe Q2
Dämmung: MW
Strömungswiderstand: mind. 5 kPa s/m²
Dämmdicke: 60 mm
Anschlüsse: **starrer Anschluss / gleitender Anschluss**
Schallschutz: .....
Brandschutz: EI30
Wanddicke: 100 mm
Wandhöhe: .....
Einbaubereich: **1 / 2**
Angeb. Fabrikat: .....

–€ 　 50€ 　 **56€** 　 66€ 　 –€ 　 [m²] 　 ⏱ 0,70 h/m² 　 039.000.119

▶ min
▷ von
ø Mittel
◁ bis
◀ max

Nr.	Kurztext / Langtext							Kostengruppe	
▶	▷	ø netto €	◁	◀		[Einheit]	Ausf.-Dauer	Positionsnummer	

47 Montagewand, Metall-UK, 125mm, Gips-Hartplatten, doppelt, Schall-/Brandschutz   KG **342**

Nichttragende innere Trennwand, als beidseitig beplankte Metallständerwand mit Schallschutzfunktion, mit Dämmschicht aus Mineralwolleplatten, abrutschsicher und dicht gestoßen, einschl. Verspachtelung von Fugen und Befestigungsmitteln. Boden: Estrich / Rohboden
Unterkonstruktion: Einfach-Ständerwerk aus verzinkten Stahlblechprofilen
Profilgröße: 75 mm
Beplankung: Hartgipsplatte Typ DFH2IR
Plattendicken je Seite: 2x 12,5 mm
Oberfläche: Qualitätsstufe Q2
Dämmung: MW
Strömungswiderstand: mind. 5 kPa s/m²
Dämmdicke: 60 mm
Anschlüsse: **starrer Anschluss / gleitender Anschluss**
Schallschutz: .....
Brandschutz: EI90
Wanddicke: 125 mm
Wandhöhe: .....
Einbaubereich: 1 / 2
Angeb. Fabrikat: .....

| –€ | 66€ | **74**€ | 86€ | –€ | [m²] | ⏱ 0,95 h/m² | 039.000.120 |

48 Innenwand, Gipswandbauplatte, Mauerwerk   KG **342**

Mauerwerk der nichttragenden Trennwand aus Gipswandbauplatten, eingebaut auf Rohdecke.
Wanddicke: **80 / 100 mm**
Brandschutz: .....
Brandbelastung: .....
Brandverhalten: A1
Rohdichte: ..... kg/m³
Oberfläche: Qualitätsstufe Q2, für Putzauftrag
Wandanschluss: .....
Einbaubereich **1 / 2**
Wandhöhe: .....
Angeb. Fabrikat: .....

| 39€ | 46€ | **49**€ | 55€ | 63€ | [m²] | ⏱ 0,60 h/m² | 039.000.079 |

49 Anschluss, Montagewand, Dach-/Wandschräge   KG **342**

Anschluss der nichttragenden Montagewand an Dachschräge. Abrechnung nach Länge des Anschlusses, in der Schräge gemessen.
Wanddicke: .....
Wandhöhe: von .... bis ....
Bekleidung: Gipsplatte Typ ...., d = 12,5 mm
Beplankung: **einlagig / zweilagig** je Wandseite
Dachschrägenneigung: ..... °

| 1€ | 5€ | **7**€ | 9€ | 13€ | [m] | ⏱ 0,20 h/m | 039.000.070 |

LB 039 Trockenbauarbeiten

Kosten:
Stand 1.Quartal 2018
Bundesdurchschnitt

▶ min
▷ von
ø Mittel
◁ bis
◀ max

Nr.	Kurztext / Langtext							Kostengruppe
▶	▷	ø netto €	◁	◀	[Einheit]	Ausf.-Dauer	Positionsnummer

50 Anschluss, gleitend, Montagewand — KG 342
Gleitender Anschluss für Montagewand, bis 20mm, inkl. aller notwendiger Profilschienen.
Anschluss: **oben / seitlich**
Breite, Höhe: .....
Brandschutz: .....

| 5€ | 11€ | **14€** | 20€ | 34€ | [m] | ⏱ 0,30 h/m | 039.000.026 |

51 Ecken, Kantenprofil, Montagewand — KG 342
Eckausbildung der Montagewand, im Grundriss rechtwinklig, Ausführung mit Eck- / Kantenprofil.

| 1€ | 5€ | **6€** | 9€ | 20€ | [m] | ⏱ 0,18 h/m | 039.000.053 |

52 Wandabschluss, frei, Montagewand — KG 342
Freies Wandende der Montagewand, inkl. der Eck- / Kantenprofile.
Beplankung: **einlagig / zweilagig**
Gipsplatte: Typ .....
Breite der Stirnfläche: .....
Oberfläche: Qualitätsstufe Q2

| 6€ | 12€ | **14€** | 18€ | 25€ | [m] | ⏱ 0,30 h/m | 039.000.062 |

53 Montagewand, T-Anschluss — KG 342
T-Verbindung für Montagewand, Ausführung mit starrer Verbindung und Beplankung.
Ausführung: **unterbrochen / mit Innenneckprofilen**

| 0,8€ | 6,3€ | **7,5€** | 12€ | 20€ | [m] | ⏱ 0,16 h/m | 039.000.028 |

54 Montagewand, Sockelunterschnitt — KG 342
Ausbildung eines unterschnittenen Sockels in vor beschriebener zweilagig beplankten Montagewand.
FB-Aufbau: ca. .....mm
Leistung im Zuge der Wandmontage:
 – Unterschnitt herstellen
 – fehlende zweite Beplankung durch zusätzliche Gipsplattenstreifen innerhalb der Wand ergänzen
Höhe Sockelprofil ab OK FFB: ca. 80 mm
Tiefe Sockelprofil: 12,5 mm
Ausführung in Abstimmung mit dem Fußbodenleger, gemäß Hersteller-Detailblatt (Fabr. ....., o.glw. A).

| 2€ | 5€ | **6€** | 7€ | 12€ | [m] | – | 039.000.147 |

55 Türöffnung, Montagewand — KG 342
Türöffnung in Gipskarton- bzw. Gipsplatten-Montagewänden herstellen, mit Türpfosten aus UA-Profilen, inkl. aller erforderlicher Türpfostenwinkel-Profile bzw. verstärkten Profilen bei Wandhöhen über 2.600mm und schweren Türblättern.
Baurichtmaß (B x H): 750 x 2.000 bis 1.000 x 2.125 mm
Bekleidung: Gipsplatte Typ .....
Beplankung: **einlagig / zweilagig** je Seite
Wandhöhe: .....
Wanddicke: **75 / 100 / 125 / 150 mm**

| 25€ | 45€ | **53€** | 68€ | 115€ | [St] | ⏱ 0,50 h/St | 039.000.020 |

Nr.	Kurztext / Langtext					Kostengruppe
▶	▷	ø netto €	◁	◀	[Einheit]	Ausf.-Dauer Positionsnummer

56 Fensteröffnung, Montagewand — KG 342

Fensteröffnung in Gipskarton- bzw. Gipsplatten-Montagewänden mit Rand aus UA-Profilen, inkl. aller erforderlicher Spezial-Profilen bzw. verstärkten Profilen bei Wandhöhen über 2.600 mm.
Baurichtmaß (B x H): 750 x 2.000 bis 1.000 x 2.125 mm
Bekleidung: Gipsplatte Typ .....
Beplankung: **einlagig / zweilagig** je Seite
Wandhöhe: .....
Wanddicke: **75 / 100 / 125 / 150 mm**

| 23€ | 45€ | **54**€ | 61€ | 74€ | [St] | ⏱ 0,50 h/St 039.000.072 |

57 Türzargen, Aluminium beschichtet — KG 344

Türzarge als Umfassungszarge, in Montagewand einbauen, mit Anschlagdämpfung als Hohlkammerprofil, Hohlraum dicht hinterfüllt mit Mineralwolle. Zarge mit Kerbe im Schließblech genau auf Meterriss ausrichten.
Türzarge: **einteilig / dreiteilig**
Material: Aluminium-Strangpressprofile
Profildicke: **1,5 / 2 mm**
Türblätter: **gefälzt / ungefälzt**
Türband: Objektbänder, Typ ..... / .....
Zargenoberfläche: .....
Baurichtmaß (B x H): **625 / 750 / 875 / 1.000 x 2.130 mm**
Wanddicke: .....
Anschlag: DIN **links / rechts**
Angeb. Fabrikat: .....

| 81€ | 125€ | **140**€ | 167€ | 232€ | [St] | ⏱ 1,10 h/St 039.000.021 |

58 Türzargen, Umfassungszarge, einbauen — KG 344

Einbau von bauseitig gelieferten und gestellten Umfassungszargen in Montagewände.
Material: **Stahlblech / Aluminiumblech**
Ausführung: **einteilig / dreiteilig**
Fußbodeneinstand: **mit / ohne**
Baurichtmaß (B x H): **625 / 750 / 875 / 1.000 x 2.130 mm**
Ständerwandbekleidung: .....
Wanddicke: **100 / 125 / 150 mm**

| 25€ | 43€ | **51**€ | 61€ | 76€ | [St] | ⏱ 0,75 h/St 039.000.022 |

59 Revisionsklappe 15x15 — KG 345

Revisionsklappe für Wandbekleidung bzw. Vorsatzschale, Klappe ohne sichtbaren Verschluss, Einbau- und Klapprahmen aus Aluminium, Öffnen der Klappe durch leichtes Andrücken, Ausführung mit Fangarmsicherung; inkl. Herstellen der Aussparung und flächenbündiger Beplankung und Verspachtelung.
Brandschutz: ohne Anforderung
Bekleidung: .....
Beplankung: **einlagig / zweilagig** je Seite
Beplankung: .....
Plattendicke: ..... mm
Klappengröße (H x B): 150 x 150 mm
Angeb. Fabrikat: .....

| 18€ | 28€ | **29**€ | 46€ | 66€ | [St] | ⏱ 0,25 h/St 039.000.088 |

LB 039 Trockenbauarbeiten

Kosten:
Stand 1.Quartal 2018
Bundesdurchschnitt

▶	min
▷	von
ø	Mittel
◁	bis
◀	max

Nr.	Kurztext / Langtext					Kostengruppe
▶	▷ ø netto € ◁ ◀				[Einheit]	Ausf.-Dauer Positionsnummer

60 Revisionsklappe 40x60 — KG 345

Revisionsklappe für Wandbekleidung bzw. Vorsatzschale, Klappe ohne sichtbaren Verschluss, Einbau- und Klapprahmen aus Aluminium, Öffnen der Klappe durch leichtes Andrücken, Ausführung mit Fangarmsicherung; inkl. Herstellen der Aussparung und flächenbündiger Beplankung und Verspachtelung.
Brandschutz: ohne Anforderung.
Bekleidung: .....
Beplankung: **einlagig / zweilagig** je Seite
Plattendicke: ..... mm
Klappengröße (H x B): 400 x 600 mm
Angeb. Fabrikat: .....

40€   52€   **57€**   65€   81€   [St]   ⏱ 0,28 h/St   039.000.089

61 Revisionsöffnung/-klappe, eckig, Brandschutz EI90 — KG 342

Revisionsklappe für Wandbekleidung bzw. Vorsatzschale mit Brandschutzanforderung, Klappe ohne sichtbaren Verschluss, Einbau- und Klapprahmen aus Aluminium, Öffnen der Klappe durch leichtes Andrücken, Ausführung mit Fangarmsicherung; inkl. Herstellen der Aussparung und flächenbündiger Beplankung und Verspachtelung der Revisionsklappe.
Bekleidung: .....
Beplankung: **einlagig / zweilagig** je Seite
Plattendicke: ..... mm
Klappengröße (H x B): bis 500 x 500 mm
Brandschutz: EI 90
Angeb. Fabrikat: .....

137€   245€   **282€**   334€   464€   [St]   ⏱ 0,55 h/St   039.000.025

62 Montagewand, Verstärkung UK, OSB-Platten — KG 342

Verstärkung der Unterkonstruktion der Montagewand mit Mehrschichtholz-Plattenstreifen, eingebaut in Oberschrankhöhe.
Plattenstreifen: 300 mm

7€   13€   **15€**   19€   28€   [m]   ⏱ 0,12 h/m   039.000.048

63 Montagewand, Verstärkung UK, CW-Profile — KG 342

Verstärkung der Unterkonstruktion der Montagewand, mit zusätzlichen CW-Profil.
Profilstärke: 0,6 mm

2€   8€   **10€**   13€   20€   [m]   ⏱ 0,10 h/m   039.000.047

64 Tragständer/Traverse, wandhängende Lasten — KG 342

Traggerüst im Wandhohlraum, befestigt an Rohfußboden und Decke, aus verzinkten Stahlblechprofilen, Objektbefestigung mit Gewindestangen, U-Scheiben und Stahlmuttern von selbstschneidenden Schrauben M 12.
Wandhöhe: .....
Einbaubereich: **1 / 2**
Wandhängende Lasten: bis 1,5 kN/m

5€   21€   **25€**   32€   49€   [St]   ⏱ 0,20 h/St   039.000.073

Nr.	**Kurztext** / Langtext							Kostengruppe	
▶	▷	**ø netto €**	◁	◀		[Einheit]	Ausf.-Dauer	Positionsnummer	

65   Vorsatzschale, GK/GF   KG **345**

Nichttragende innere, freistehende Vorsatzschale oder Schachtwand, einschl. Verspachtelung von Fugen und Befestigungsmitteln.
Befestigung: .....
Unterkonstruktion: Einfach-Ständerwerk aus verzinkten Stahlblechprofilen
Profilgröße: **50 / 75 mm**
Bekleidung: .....
Plattendicke: 1x / 2x ..... mm
Oberfläche: Qualitätsstufe Q2
Anschluss: starrer Anschluss ..... m
Brandschutz: **EI 0 / EI 30**
Brandbelastung: einseitig
Wanddicke: .....
Wandhöhe: ..... m
Einbaubereich: **1 / 2**
Angeb. Fabrikat: .....

| 23 € | 37 € | **41 €** | 46 € | 61 € | [m²] | ⏱ 0,40 h/m² | 039.000.031 |

66   Vorsatzschale, GK/GF, Feuchträume   KG **345**

Nichttragende innere, freistehende Vorsatzschale, als Installationswand / Schachtwand im Feuchtbereich, mit Dämmschicht aus Mineralwolleplatten, abrutschsicher und dicht gestoßen, einschl. Verspachtelung von Fugen und Befestigungsmitteln.
Befestigung: frei stehend zwischen Stb-Boden und Stb-Decke
Unterkonstruktion: Einfach-Ständerwerk aus verzinkten Stahlblechprofilen
Profilgröße: **50 / 75 mm**
Beplankung: **Gipsplatte Typ H2 / Gipsfaserplatte**
Plattendicken einseitig: 12,5 mm
Oberfläche: Qualitätsstufe Q2
Dämmung: MW, d= ..... mm ..... kg/m³
Wärmeleitfähigkeit: ..... W/(mK)
Strömungswiderstand: mind. 5 kPa s/m²
Anschluss: starrer Anschluss
Brandschutz: EI 0
Wanddicke: **62,5 / 75 / 87,5 / 112,5 mm**
Wandhöhe: ..... m
Einbaubereich: **1 / 2**
Angeb. Fabrikat: .....

| 33 € | 43 € | **47 €** | 54 € | 71 € | [m²] | ⏱ 0,40 h/m² | 039.000.029 |

LB 039 Trockenbauarbeiten

Nr.	Kurztext / Langtext					Kostengruppe		
▶	▷	ø netto €	◁	◀	[Einheit]	Ausf.-Dauer	Positionsnummer

Kosten: Stand 1.Quartal 2018 Bundesdurchschnitt

67 Vorsatzschale, Zementplatten, Feuchträume — KG **345**

Nichttragende innere, freistehende Vorsatzschale, in Feuchträumen, mit Dämmschicht aus Mineralwolleplatten, abrutschsicher und dicht gestoßen, einschl. Dampfsperre und Verspachtelung von Fugen und Befestigungsmitteln.
Befestigung: frei stehend zwischen Stb-Boden und Stb-Decke
Unterkonstruktion: Einfach-Ständerwerk aus verzinkten Stahlblechprofilen
Profilgröße: **50 / 75 mm**
Beplankung: Zementplatten
Plattendicken einseitig: 12,5 mm
Oberfläche: Qualitätsstufe Q1 (für Fliesenbelegung)
Dämmung: MW, d=.....mm..... kg/m³
Anschluss: starrer Anschluss
Dampfsperre: PE-Folie, 0,2 mm
Wanddicke: bis 112,5 mm
Wandhöhe: ..... m
Einbaubereich: **1 / 2**
Angeb. Fabrikat: .....

| –€ | 55€ | **63**€ | 74€ | –€ | [m²] | ⏱ 0,60 h/m² | 039.000.121 |

68 Vorsatzschale, GK/GF, Schallschutz, R>50dB — KG **345**

Nichttragende innere, freistehende Vorsatzschale oder Schachtwand, schalldämmend, mit Dämmschicht aus Mineralwolleplatten, abrutschsicher und dicht gestoßen, einschl. Verspachtelung von Fugen und Befestigungsmitteln.
Befestigung: .....
Unterkonstruktion: Einfach-Ständerwerk aus verzinkten Stahlblechprofilen
Profilgröße: .....
Bekleidung: .....
Plattendicken: 1x / 2x ..... mm
Oberfläche: Qualitätsstufe Q2
Dämmung: .....
Wärmedurchgangskoeffizient: ..... W/(m²K)
Strömungswiderstand: mind. 5 kPa s/m²
Dämmdicke: .....
flächenbezogene Masse: ..... kg/m²
Anschlüsse: starrer Anschluss
Brandschutz: EI 0
Schalldämmung: R_w, R = <50 dB
Wanddicke: .....
Wandhöhe: .....
Einbaubereich: **1 / 2**
Angeb. Fabrikat: .....

| 27€ | 36€ | **41**€ | 50€ | 69€ | [m²] | ⏱ 0,45 h/m² | 039.000.030 |

▶ min
▷ von
ø Mittel
◁ bis
◀ max

Nr.	Kurztext / Langtext						Kostengruppe	
▶	▷	ø netto €	◁	◀	[Einheit]	Ausf.-Dauer	Positionsnummer	

69 Schachtwand, Gipsplatten, EI 90 — KG **342**

Nichttragende innere, freistehende Schachtwand, einschl. Verspachtelung von Fugen und Befestigungsmitteln.
Befestigung: .....
Unterkonstruktion: Einfach-Ständerwerk aus verzinkten Stahlblechprofilen
Profilgröße: **50 / 75 mm**
Bekleidung: Gipsplatte Typ DF .....
Plattendicke: 2x ..... mm
Oberfläche: Qualitätsstufe Q2
Anschluss: starrer Anschluss
Brandschutz: EI 90
Brandbelastung: einseitig
Wanddicke: .....
Wandhöhe: .....
Angeb. Fabrikat: .....

▶	▷	ø netto €	◁	◀	[Einheit]	Ausf.-Dauer	Positionsnummer
40 €	47 €	**52 €**	60 €	72 €	[m²]	⏱ 0,55 h/m²	039.000.056

70 Verkofferung/Bekleidung, Rohrleitungen — KG **345**

Bekleidung von Installationsleitungen, mit Hohlraumdämmung aus Mineralwolle, inkl. Verspachtelung.
Abrechnung der notwendigen Eck- / Kantenprofile und V-Fräsungen nach getrennter Position.
Ansicht: **zweiseitig / dreiseitig**
Höhe Verkofferung: ..... mm
Abwicklung: .....
Plattenbekleidung: **Gipsplatte / Gipsfaserplatte**
Plattendicke: 1x 12,5 mm
Oberfläche: Qualitätsstufe Q2
Dämmung: MW, A1, 30 kg/m³, 5 kPa x s/m²
Untergrund: .....
Angeb. Fabrikat: .....

▶	▷	ø netto €	◁	◀	[Einheit]	Ausf.-Dauer	Positionsnummer
36 €	48 €	**54 €**	67 €	99 €	[m]	⏱ 0,40 h/m	039.000.032

71 Verkofferung/Bekleidung, Rohrleitungen, 2x12,5 — KG **345**

Bekleidung von Installationsleitungen, mit Hohlraumdämmung aus Mineralwolle, einschl. Verspachtelung.
Abrechnung der notwendigen **Eck- / Kantenprofile** und V-Fräsungen nach getrennter Position.
Unterkonstruktion: **zweiseitig / dreiseitig**
Höhe Verkofferung: .....
Abwicklung: .....
Plattenbekleidung: **Gipsplatte / Gipsfaserplatte**
Plattendicke: 2x 12,5 mm
Oberfläche: Qualitätsstufe Q2
Dämmung: MW, A1, 30 kg/m³, 5 kPa x s/m²
Untergrund: .....
Angeb. Fabrikat: .....

▶	▷	ø netto €	◁	◀	[Einheit]	Ausf.-Dauer	Positionsnummer
– €	44 €	**50 €**	74 €	– €	[m²]	⏱ 0,80 h/m²	039.000.122

LB 039 Trockenbauarbeiten

Nr.	Kurztext / Langtext				[Einheit]	Ausf.-Dauer	Kostengruppe Positionsnummer
▶	▷	ø netto €	◁	◀			

72 Kabelkanal EI30, einlagig, 1x20mm, Feuerschutzplatte GM-F KG **345**

Kabelkanal EI30, horizontal, einlagig, in den Ecken stirnseitig verklammert, Stöße mit Streifen hinterlegen, Auflagerung der Kabelrinne direkt auf Brandschutz-Beplankung.
Bekleidung: **zwei- / dreiseitig / vierseitig**
Einbauhöhe der Unterkante: ..... m
Kanalmaße innen (B x H): ..... x ..... mm
Befestigungsgrund: Stahlbeton.
Brandschutztechnische Anforderungen an die Bekleidung: feuerbeständig EI 30 DIN EN 13501
Beplankung: Feuerschutz-Gipsplatten GM-F DIN EN 15283-1
Plattendicke: 1x 20 mm
Oberfläche Platte: nichtbrennbare, gipsbeschichtete Glasvliesummantelung
Brandverhalten: A1 DIN EN 13501-1
Befestigung / Abstände / Stützweiten: befestigt mit nicht brennbaren und für den Untergrund zugelassenen Befestigungsmitteln, Abhängung aus Gewindestangen und Montageschienen.
Ausführung: nach örtlicher Abstimmung mit Brandschutzgutachter
Einbauort: ......
Untergrund: .....
Angeb. Fabrikat: .....

–€ 67€ **77**€ 96€ –€ [m²] ⏱ 1,10 h/m² 039.000.137

73 Kabelkanal EI60, zweilagig, 2x15mm, Feuerschutzplatte GM-F KG **345**

Kabelkanal EI60, horizontal, zweilagig, in den Ecken stirnseitig verklammert, Auflagerung der Kabelrinne direkt auf Brandschutz-Beplankung.
Bekleidung: **zwei- / dreiseitig / vierseitig**
Einbauhöhe der Unterkante: ..... m
Kanalmaße innen(B x H): ..... x ..... mm
Befestigungsgrund: Stahlbeton
Brandschutztechnische Anforderungen an die Bekleidung: feuerbeständig EI60 DIN EN 13501
Beplankung: Feuerschutz-Gipsplatten GM-F DIN EN 15283-1
Plattendicke: 2x 15 mm
Oberfläche Platten: nichtbrennbare, gipsbeschichtete Glasvliesummantelung
Brandverhalten: A1 DIN EN 13501-1
Befestigung / Abstände / Stützweiten: befestigt mit nicht brennbaren und für den Untergrund zugelassenen Befestigungsmitteln, Abhängung aus Gewindestangen und Halfen-Montageschienen
Ausführung: nach örtlicher Abstimmung mit Brandschutzgutachter
Einbauort: ......
Angeb. Fabrikat: .....

–€ 86€ **99**€ 123€ –€ [m²] ⏱ 1,40 h/m² 039.000.138

Kosten:
Stand 1.Quartal 2018
Bundesdurchschnitt

▶ min
▷ von
ø Mittel
◁ bis
◀ max

Nr.	**Kurztext** / Langtext							Kostengruppe
▶	▷	ø netto €	◁	◀	[Einheit]	Ausf.-Dauer	Positionsnummer

74   Kabelkanal EI90, zweilagig, 2x20mm, Feuerschutzplatte GM-F   KG **345**

Kabelkanal EI90, horizontal, zweilagig, in den Ecken stirnseitig verklammert, Auflagerung der Kabelrinne direkt auf Brandschutz-Beplankung.
Bekleidung: **zwei- / dreiseitig / vierseitig**
Einbauhöhe der Unterkante: ..... m
Kanalmaße innen(B x H): ..... x ..... mm
Befestigungsgrund: Stahlbeton
Brandschutztechnische Anforderungen an die Bekleidung: feuerbeständig EI 90 DIN EN 13501
Beplankung: Feuerschutz-Gipsplatten GM-F DIN EN 15283-1
Plattendicke: 2x 20 mm
Oberfläche Platten: nichtbrennbare, gipsbeschichtete Glasvliesummantelung
Brandverhalten: A1 DIN EN 13501-1
Befestigung / Abstände / Stützweiten: befestigt mit nicht brennbaren und für den Untergrund zugelassenen Befestigungsmitteln, Aufhängungskonstruktion aus Gewindestangen und Halfen-Montageschienen
Ausführung: nach örtlicher Abstimmung mit Brandschutzgutachter
Einbauort: ......
Angeb. Fabrikat: .....

–€   96€   **110**€   137€   –€   [m²]   ⏱ 1,40 h/m²   039.000.139

75   Trockenputz, Gipsverbundplatte mit Dämmung   KG **345**

Wandbekleidung aus Gipsverbundplatten mit aufkaschierter Dämmschicht, auf vorbereitete Wandflächen, inkl. Verspachtelung.
Plattendicke: 1x 12,5 mm
Dämmschicht: **MW / EPS**
Wärmedämmung: ..... W/mK
Dämmdicke: **40 / 60 / 80 mm**
Oberfläche: Qualitätsstufe Q2
Brandverhalten Klasse: **A1 / E**
Einbauhöhe: ..... m
Untergrund: .....
Angeb. Fabrikat: .....

24€   33€   **36**€   46€   63€   [m²]   ⏱ 0,35 h/m²   039.000.033

76   Trockenputz, Gipsbauplatte A/H2   KG **345**

Wandbekleidung als Trockenputz aus Gipsplatten, auf vorbereitete Wandflächen, Anschlüsse ringsum, an Boden und Wände starr, inkl. Verspachtelung.
Bekleidung: Gipsplatte Typ **A/H2**
Plattendicke: 1x 9,5 / 12,5 mm
Oberfläche: Qualitätsstufe Q2
Einbauhöhe: ..... m
Untergrund: **Mauerwerk / Stahlbeton**
Angeb. Fabrikat: .....

17€   24€   **27**€   31€   42€   [m²]   ⏱ 0,35 h/m²   039.000.034

LB 039 Trockenbauarbeiten

Kosten:
Stand 1.Quartal 2018
Bundesdurchschnitt

▶ min
▷ von
ø Mittel
◁ bis
◀ max

Nr.	Kurztext / Langtext						Kostengruppe
▶	▷	ø netto €	◁	◀	[Einheit]	Ausf.-Dauer	Positionsnummer

77 Untergrundausgleich, Grund- und Traglattung — KG **364**

Holzlattung als Grund- und Traglattung, scharfkantig, im Achsabstand von ca. 30cm, inkl. Ausgleich von Unebenheiten.
Lattenquerschnitt: **30 x 50 / 40 x 60 / 60 x 60 / 60 x 120 mm**
Untergrund: .....

| 2€ | 7€ | **8€** | 11€ | 17€ | [m²] | ⏱ 0,12 h/m² | 039.000.041 |

78 Gipsplatten-/Gipsfaser-Bekleidung, einlagig auf Unterkonstruktion — KG **364**

Einlagige Bekleidung von Wand oder Decke mit Gipsplatten, auf vorhandener Unterkonstruktion, inkl. Verspachtelung.
Bauteil: .....
Untergrund: .....
Achsmaß: .....
Bekleidung: einseitig, **Gipsfaserplatte / Gipsplatte Typ A / H2**
Plattendicke: 1x 12,5 mm
Einbauhöhe: bis 3,00 m
Oberfläche: Qualitätsstufe Q2
Angeb. Fabrikat: .....

| 12€ | 19€ | **21€** | 26€ | 38€ | [m²] | ⏱ 0,32 h/m² | 039.000.035 |

79 Gipsplatten-/Gipsfaser-Bekleidung, doppelt, auf Unterkonstruktion — KG **364**

Zweilagige Bekleidung von Wand oder Decke mit Gipsplatten, auf vorhandener Unterkonstruktion, inkl. Verspachtelung.
Bauteil: .....
Untergrund: .....
Achsmaß: .....
Bekleidung: einseitig, **Gipsfaserplatte / Gipsplatte Typ A / H2**
Plattendicke: 2x 12,5 mm
Einbauhöhe: bis 3,00 m
Oberfläche: Qualitätsstufe Q2
Angeb. Fabrikat: .....

| 32€ | 40€ | **43€** | 50€ | 62€ | [m²] | ⏱ 0,44 h/m² | 039.000.036 |

80 Gipsplatten-/Gipsfaser-Bekleidung, doppelt, EI 90, auf Unterkonstruktion — KG **364**

Zweilagige Bekleidung von Wand oder Decke mit Gipsplatten, auf vorhandener Unterkonstruktion, einschl. Verspachtelung.
Bauteil: .....
Befestigungsuntergrund: .....
Achsmaß: .....
Bekleidung: Gipsplatte **Typ DF / Typ DF H2,** einseitig
Plattendicke: 2x 12,5 mm
Brandschutz: EI90
Brandbelastung: von unten, in Verbindung mit der Dachkonstruktion aus Holzsparren und harter Bedachung
Einbauhöhe: bis 3,00 m
Oberfläche: Qualitätsstufe Q2
Angeb. Fabrikat: .....

| 56€ | 68€ | **74€** | 86€ | 113€ | [m²] | ⏱ 0,50 h/m² | 039.000.037 |

© **BKI** Baukosteninformationszentrum; Erläuterungen zu den Tabellen siehe Seite 46
Mustertexte geprüft: Fachverband der Stuckateure für Ausbau und Fassade Baden-Württemberg

Nr.	Kurztext / Langtext						Kostengruppe	
▶	▷	ø netto €	◁	◀	[Einheit]	Ausf.-Dauer	Positionsnummer

81 Gipsplatten-Bekleidung, Holzstütze, R30   KG **364**

Einlagige Bekleidung Holzstütze, allseitig, einschl. Unterkonstruktion, Kantenschutz und Verspachtelung.
Bauteil: Holzstütze
Holzart: .....
Abwicklung Bekleidung: ..... mm
Feuerschutz: R30
Bekleidung: Gipsplatte Typ **DF / DF H2**, vierseitig
Plattendicke: 1x 15 mm
Brandverhalten: A1 DIN EN 13501-1 Oberfläche: Qualitätsstufe Q2
Einbauort: .....
Einbauhöhe über Fußboden: ..... m
Angeb. Fabrikat: .....

| –€ | 51€ | **56€** | 65€ | –€ | [m²] | ⏱ 0,90 h/m² | 039.000.123 |

82 Gipsplatten-Bekleidung, Stütze, 2x20mm, R90   KG **364**

Zweilagige Bekleidung Metallstützen, allseitig, einschl. Unterkonstruktion, Kantenschutz und Verspachtelung.
Bauteil: Stahlstütze
Profilart: Hohlprofil
Abwicklung Bekleidung: ..... mm
Feuerschutz: R90
Bekleidung: Gipsplatte Typ **DF / DF H2**, vierseitig
Plattendicke: 2x 20mm,
Brandverhalten: A1 DIN EN 13501-1
Oberfläche: Qualitätsstufe Q2
Einbauort: .....
Einbauhöhe über Fußboden: ..... m
Angeb. Fabrikat: .....

| –€ | 83€ | **92€** | 104€ | –€ | [m²] | ⏱ 1,30 h/m² | 039.000.124 |

83 Gipsplatten-Bekleidung, Holzbalken, R90   KG **364**

Einlagige Bekleidung Holzbalken mit Gipsplatten, mit Kantenschutz, einschl. Verspachtelung.
Bauteil: Holzbalken
Profil: .....
Bekleidung: Gipsplatte A1, GM-F, dreiseitig
Plattendicke: 1x **15 / 25** mm
Oberfläche: Qualitätsstufe **Q2 / Q3 / Q4**
Feuerwiderstand: F90A / R 90
Angeb. Fabrikat: .....

| –€ | 61€ | **68€** | 85€ | –€ | [m²] | ⏱ 0,60 h/m² | 039.000.125 |

© **BKI** Baukosteninformationszentrum; Erläuterungen zu den Tabellen siehe Seite 46
Mustertexte geprüft: Fachverband der Stuckateure für Ausbau und Fassade Baden-Württemberg

Kostenstand: 1.Quartal 2018, Bundesdurchschnitt

LB 039 Trockenbauarbeiten

Kosten:
Stand 1.Quartal 2018
Bundesdurchschnitt

▶ min
▷ von
ø Mittel
◁ bis
◀ max

Nr.	Kurztext / Langtext						Kostengruppe		
▶	▷	ø netto €	◁	◀		[Einheit]	Ausf.-Dauer	Positionsnummer

91 Mineralwolledämmung, zwischen Sparren — KG 364

Wärmedämmung zwischen Sparren, als Matte, stumpf gestoßen, Matte gegenüber Sparrenabstand mit 10mm Übermaß zuschneiden und bündig mit Sparrenunterkante dicht gestoßen und abgleitsicher einbauen.
Dämmstoff: MW
Anwendung: **DZ / WH**
Nennwert der Wärmeleitfähigkeit: 0,035 W/(mK)
Brandverhalten: A1
Dämmdicke: .....
Sparrenabstand: 600-800 mm
Angeb. Fabrikat: .....

| 11 € | 15 € | **18 €** | 20 € | 29 € | [m²] | ⏱ 0,20 h/m² | 039.000.039 |

92 Wärmedämmung, zwischen Holz-UK, bis 80 mm — KG 342

Dämmschicht in Installationsebene, 1-lagig, zwischen Holztragprofile einbauen, Dämmbahn mit 10mm Übermaß zuschneiden, dicht stoßen und fugenfrei einbauen.
Einbauort: Außenwände, innenliegende Installationsebene,
Abstand Unterkonstruktion: 62,5 cm
Dämmstoff: **Mineralwolle / Zellulose**
Anwendung: **DZ / WH**
Nennwert der Wärmeleitfähigkeit: 0,035 W/(mK)
Brandverhalten: .....
Dämmdicke: **40 / 60 / 80 mm**
Angeb. Fabrikat: .....

| 3 € | 6 € | **7 €** | 9 € | 12 € | [m²] | ⏱ 0,10 h/m² | 039.000.067 |

93 Doppelboden, Plattenbelag/Unterkonstruktion — KG 352

Doppelboden-Anlage, bestehend aus Unterkonstruktion und Plattenbelag, Tragkonstruktion aus höhenverstellbaren, nivellierbaren, korrosionsgeschützten Stahlprofilen, mit Auflagerplatte, vorbereitet zur Aufnahme der Plattenbeläge.
Bauuntergrund: .....
Belastung: .....
Lastklasse: .....
Bauhöhe: .....
Plattenbelag: **Mineralplatte / Stahlwanne mit Füllung aus Leichtbeton**
Plattendicke: .....
Plattenformat: 600 x 600 mm
Oberfläche: .....
Brandverhalten: .....
Brandbelastung: .....
Angeb. Fabrikat: .....

| 74 € | 108 € | **123 €** | 155 € | 262 € | [m²] | ⏱ 0,70 h/m² | 039.000.055 |

Nr.	Kurztext / Langtext					Kostengruppe		
▶	▷	ø netto €	◁	◀	[Einheit]	Ausf.-Dauer	Positionsnummer

94 Revisionsöffnung, Doppelboden   KG 352

Revisionsöffnungen für Doppelboden-System, mit aufnehmbarer Doppel-Bodenplatte als Abdeckplatte, Einbaurahmen mit höhenverstellbarem Spezialprofil.
Einbau: fußbodeneben in den vorgenannten Hohlboden
Brandverhalten: Klasse A1 nach EN 13501
Abmessung: 600 x 600 mm
Angeb. Fabrikat: .....

| 35€ | 49€ | **52**€ | 54€ | 68€ | [St] | ⏱ 0,20 h/St | 039.000.140 |

95 Trockenestrich, GF-Platten, einlagig   KG 352

Trockenestrich aus Gipsfaserplatten mit Stufenfalz, Stöße versetzt, Boden geeignet zur Aufnahme von Weich- oder Parkettbelag.
Untergrund: .....
Platten: GF-I-W2-C1, **einlagig / einlagig mit Dämmschicht**
Plattendicke: 18 mm
Brandschutz: .....
Ausgleichsschicht: .....
Dämmschicht: MW d=..... mm
Trennschicht: .....
Randabwicklung: .....
Türdurchgänge: ..... Durchgänge, Größen .....
Angeb. Fabrikat: .....

| 18€ | 24€ | **27**€ | 30€ | 37€ | [m²] | ⏱ 0,30 h/m² | 039.000.043 |

96 Ausgleichschicht, Mineralstoff, Trockenestrich   KG 352

Ausgleichsschicht unter Trockenestrich, aus Schüttung aus gebrochenem Mineralstoff, einschl. Verdichten.
Schüttungsdicke i. M.: bis 30 mm (verdichtet)
Körnung: bis 2 mm
Angeb. Fabrikat: .....

| 5€ | 13€ | **15**€ | 20€ | 32€ | [m²] | ⏱ 0,15 h/m² | 039.000.049 |

97 WC-Wandanlage, Alu-Profile/HPL-Platten, wasserfest   KG 346

WC-Trennwandanlage aus wasserfesten HPL-Platten, mit Tragkonstruktion aus farbig beschichteten Aluminium-Profilen.
Wände mit HPL-Kompaktplatten, d=13mm, wasserbeständig, fäulnissicher, schmutzabweisend, kratz-, bruch- und stoßfest, in raumatter Oberflächenstruktur. Konstruktion beidseits der Tür senkrecht bis zum Boden durchgehende Aluminium-Rundprofile mit integrierten Türanschlagstegen und geräuschdämpfendem Gummikeder. Über der Vorderfront ein waagrechtes durchgehendes Aluminium-Profil, vordere Kante in Anlehnung die senkrechten Rohre stark abgerundet.
Oberfläche / Farben: .....
Wandanschluss durch Aluminium-U-Profile. Integrierte Füße aus Aluminium, auf dem Boden verdübelt; mit trittsicheren Abdeckrosetten, Farbe wie Rundrohre.
Ausstattung je Kabine
1 Kleiderhaken
1 Tür-Puffer
Anlagen-Höhe: h = 2,00 m, inkl. 15 cm Bodenabstand
Angeb. Fabrikat: .....

| 97€ | 147€ | **168**€ | 221€ | 314€ | [m²] | ⏱ 0,45 h/m² | 039.000.044 |

LB 039 Trockenbauarbeiten

Kosten:
Stand 1.Quartal 2018
Bundesdurchschnitt

Nr.	Kurztext / Langtext							Kostengruppe
▶	▷	ø netto €	◁	◀		[Einheit]	Ausf.-Dauer	Positionsnummer

98 Urinaltrennwand, Schichtstoff-Verbundelemente KG **342**

Urinaltrennwand, wandhängend, Ecken gerundet, aus Schichtstoff-Verbundelementen, beidseitig mit **HPL-Vollkernplatten / ESG-Sicherheitsglas mit Siebdruck-Oberfläche**.
Befestigungsuntergrund: **Trockenbauwand / Mauerwerkswand**
Abmessung (H x B): 900 x 450 mm
Bodenfreiheit: ca. 600 mm
Ausführung: **HPL-Vollkernplatten / ESG-Sicherheitsglas mit Siebdruck-Oberfläche**
Wanddicke HPL.: 3 - 30 - 3 mm
Glasdicke 2: ..... mm
Angeb. Fabrikat: .....

| 116€ | 190€ | **216€** | 258€ | 375€ | [St] | ⏱ 0,75 h/St | 039.000.083 |

99 Verfugung, Acryl-Dichtstoff überstreichbar KG **342**

Plastoelastische Verfugung mit überstreichbarem Ein-Komponenten-Dichtstoff auf Acryldispersionsbasis, inkl. Flankenvorbehandlung an den Anschlussflächen und Hinterlegen der Fugenhohlräume mit geeignetem Hinterfüllmaterial, Fuge geglättet.
Fugenbreite: bis **8 / 12 mm**
Untergrund: **Gipsplatten / Gipsfaserplatten**
Bauteile: **begleitend / aufgehend**
Angeb. Fabrikat: .....

| 0,8€ | 2,2€ | **2,8€** | 3,3€ | 4,9€ | [m] | ⏱ 0,05 h/m | 039.000.045 |

100 Spachtelung, Gipsplatten, erhöhte Qualität Q3 KG **345**

Spachtelung der Oberfläche mit Qualitätsstufe Q2 zum Erreichen einer höheren Qualitätsstufe, bei Gipsplattenbekleidungen an Wänden, geeignet für feinstrukturierten Wandbelag bzw. Farbanstrich.
Oberfläche: Qualitätsstufe Q3

| 1€ | 5€ | **6€** | 8€ | 12€ | [m²] | ⏱ 0,10 h/m² | 039.000.061 |

101 Gipsplatten-Bekleidung anarbeiten, Installationsdurchführung KG **342**

Gipsplatten-Bekleidung anarbeiten an Leitungen. Preis je Wandseite (St).
Leitung: **Sanitär- / Lüftungs- / Heizungsleitung**
Leitungsprofil: **rechteckig / rund**
Abmessungen: bis **0,1 / 0,5 m²**

| 2€ | 8€ | **11€** | 17€ | 29€ | [St] | ⏱ 0,12 h/St | 039.000.074 |

102 Stundensatz Facharbeiter, Trockenbau

Stundenlohnarbeiten für Vorarbeiter, Facharbeiter und Gleichgestellte (z.B. Spezialbaufacharbeiter, Baufacharbeiter, Obermonteure, Monteure, Gesellen, Maschinenführer, Fahrer und ähnliche Fachkräfte). Leistung nach besonderer Anordnung der Bauüberwachung. Anmeldung und Nachweis gemäß VOB/B.

| 31€ | 41€ | **46€** | 49€ | 57€ | [h] | ⏱ 1,00 h/h | 039.000.084 |

103 Stundensatz Helfer, Trockenbau

Stundenlohnarbeiten für Werker, Helfer und Gleichgestellte (z.B. Baufachwerker, Helfer, Hilfsmonteure, Ungelernte, Angelernte). Leistung nach besonderer Anordnung der Bauüberwachung. Anmeldung und Nachweis gemäß VOB/B.

| 19€ | 32€ | **38€** | 41€ | 48€ | [h] | ⏱ 1,00 h/h | 039.000.085 |

▶ min
▷ von
ø Mittel
◁ bis
◀ max

C Gebäudetechnik

Titel des Leistungsbereichs	LB-Nr.
Wärmeversorgungsanlagen - Betriebseinrichtungen	040
Wärmeversorgungsanlagen - Leitungen, Armaturen, Heizflächen	041
Gas- und Wasseranlagen - Leitungen, Armaturen	042
Abwasseranlagen - Leitungen, Abläufe, Armaturen	044
Gas-, Wasser-, und Entwässerungsanlagen - Ausstattung, Elemente, Fertigbäder	045
Dämm- und Brandschutzarbeiten an technischen Anlagen	047
Niederspannungsanlagen - Kabel/Leitungen, Verlegesysteme, Installationsgeräte	053
Niederspannungsanlagen - Verteilersysteme und Einbaugeräte	054
Leuchten und Lampen	058
Aufzüge	069
Raumlufttechnische Anlagen	075

LB 040 Wärmeversorgungsanlagen - Betriebseinrichtungen

Kosten: Stand 1.Quartal 2018 Bundesdurchschnitt

▶ min
▷ von
ø Mittel
◁ bis
◀ max

Preise €

Nr.	Positionen	Einheit	▶	▷	ø brutto € ø netto €	◁	◀
1	Gas-Brennwerttherme, Wand, bis 15kW	St	3.105 2.609	3.640 3.059	**4.592** **3.859**	5.545 4.660	6.393 5.372
2	Gas-Brennwerttherme, Wand, bis 25kW	St	3.262 2.741	3.901 3.278	**4.879** **4.100**	5.871 4.934	6.784 5.701
3	Gas-Brennwerttherme, Wand, bis 50kW	St	3.562 2.993	4.240 3.563	**5.153** **4.331**	6.341 5.328	7.163 6.019
4	Gas-Niedertemperaturkessel, bis 25kW	St	3.392 2.851	4.084 3.432	**4.958** **4.166**	5.741 4.824	6.915 5.811
5	Gas-Niedertemperaturkessel, bis 50kW	St	4.584 3.852	5.035 4.231	**5.219** **4.386**	5.340 4.488	6.662 5.598
6	Gas-Niedertemperaturkessel, bis 70kW	St	5.630 4.731	7.074 5.945	**7.521** **6.320**	8.836 7.425	11.743 9.868
7	Gas-Brennwertkessel, bis 70kW	St	6.119 5.142	6.876 5.778	**8.089** **6.797**	9.916 8.332	11.481 9.648
8	Gas-Brennwertkessel, bis 150kW	St	5.803 4.877	8.361 7.026	**9.543** **8.019**	10.328 8.679	11.875 9.979
9	Gas-Brennwertkessel, bis 400kW	St	9.014 7.575	16.756 14.081	**17.831** **14.984**	20.630 17.336	26.222 22.035
10	Gas-Brennwertkessel, bis 600kW	St	11.917 10.014	19.416 16.316	**24.236** **20.366**	25.635 21.542	31.637 26.586
11	Öl-Brennwerttherme, Wand, bis 15kW	St	4.920 4.135	5.809 4.881	**6.834** **5.743**	8.201 6.891	9.568 8.040
12	Öl-Brennwerttherme, Wand, bis 25kW	St	5.368 4.511	6.337 5.325	**7.455** **6.265**	8.946 7.518	10.437 8.771
13	Öl-Brennwertkessel, bis 50kW	St	6.865 5.769	7.430 6.244	**8.077** **6.787**	8.884 7.466	9.692 8.144
14	Öl-Brennwertkessel, bis 70kW	St	8.735 7.340	10.034 8.432	**11.804** **9.920**	14.165 11.903	16.526 13.887
15	Öl-Brennwertkessel, bis 100kW	St	11.953 10.045	13.730 11.538	**16.153** **13.574**	19.384 16.289	21.968 18.461
16	Heizöltank, stehend, 5.000 Liter	St	2.489 2.092	5.819 4.890	**7.237** **6.081**	8.488 7.133	13.933 11.708
17	Abgasanlage, Edelstahl	St	2.706 2.274	5.810 4.883	**5.933** **4.985**	7.759 6.520	10.278 8.637
18	Neutralisationsanlage, Brennwertgeräte	St	210 176	572 481	**731** **614**	1.753 1.473	3.169 2.663
19	Heizungsverteiler, Vorlaufverteiler/Rücklaufsammler	St	547 460	1.415 1.189	**1.807** **1.518**	2.380 2.000	4.322 3.632
20	Holz/Pellet-Heizkessel, bis 25kW	St	5.935 4.987	9.426 7.921	**11.123** **9.347**	12.277 10.317	14.278 11.998
21	Holz/Pellet-Heizkessel, bis 50kW	St	9.991 8.396	10.880 9.143	**12.662** **10.640**	15.904 13.365	18.239 15.327
22	Holz/Pellet-Heizkessel, bis 120kW	St	17.159 14.420	23.948 20.124	**26.754** **22.483**	29.079 24.436	36.517 30.687
23	Pellet-Fördersystem, Förderschnecke	St	866 728	943 792	**983** **826**	1.006 845	1.083 910
24	Pellet-Fördersystem, Saugleitung	St	1.144 962	2.218 1.864	**2.805** **2.357**	3.718 3.125	4.384 3.684

© BKI Bausteninformationszentrum; Erläuterungen zu den Tabellen siehe Seite 46
Mustertexte 2016 geprüft: Zentralverband Sanitär Heizung Klima (ZVSHK)

Kostenstand: 1.Quartal 2018, Bundesdurchschnitt

Wärmeversorgungsanlagen - Betriebseinrichtungen — Preise €

Nr.	Positionen	Einheit	ø brutto € / ø netto €		
25	Erdgas-BHKW-Anlage, 1,0kW$_{el}$, 2,5kW$_{th}$	St	18.213	**21.015**	23.944
			15.305	**17.659**	20.121
26	Erdgas-BHKW-Anlage, 1,5-3,0kW$_{el}$, 4-10kW$_{th}$	St	26.873	**29.930**	33.114
			22.583	**25.151**	27.827
27	Erdgas-BHKW-Anlage, 5-20kW$_{el}$, 10-45kW$_{th}$	St	52.218	**59.860**	68.775
			43.881	**50.302**	57.794
28	Flach-Solarkollektoranlage, thermisch, bis 10m²	St	6.317	**6.737**	7.249
			5.309	**5.662**	6.092
29	Flach-Solarkollektoranlage, thermisch, 10-20m²	St	8.852	**9.336**	10.125
			7.438	**7.845**	8.509
30	Flach-Solarkollektoranlage, thermisch, 20-30m²	St	12.596	**14.417**	18.085
			10.585	**12.115**	15.198
31	Heizungspufferspeicher bis 500 Liter	St	2.738	**3.184**	3.719
			2.301	**2.676**	3.125
32	Heizungspufferspeicher bis 1.000 Liter	St	2.853	**3.439**	4.012
			2.397	**2.890**	3.371
33	Trinkwarmwasserbereiter, Durchflussprinzip, 1-15l/min	St	3.089	**3.432**	3.947
			2.596	**2.884**	3.317
34	Trinkwarmwasserbereiter, Durchflussprinzip, 1-30l/min	St	3.519	**3.910**	4.496
			2.957	**3.286**	3.779
35	Wärmepumpe, 10-15kW, Wasser	St	11.372	**13.379**	15.386
			9.557	**11.243**	12.930
36	Wärmepumpe, 15-25kW, Wasser	St	13.290	**15.635**	17.980
			11.168	**13.139**	15.109
37	Wärmepumpe, 25-35kW, Wasser	St	16.374	**19.263**	22.153
			13.760	**16.188**	18.616
38	Wärmepumpe, 35-50kW, Wasser	St	20.542	**24.167**	27.792
			17.262	**20.308**	23.355
39	Wärmepumpe, 10-15kW, Sole	St	12.111	**14.248**	16.385
			10.177	**11.973**	13.769
40	Wärmepumpe, 25-35kW, Sole	St	19.053	**22.416**	25.778
			16.011	**18.837**	21.662
41	Wärmepumpe, 35-50kW, Sole	St	24.531	**28.860**	33.189
			20.614	**24.252**	27.890
42	Wärmepumpe, bis 10kW, Luft	St	15.004	**17.652**	20.300
			12.609	**14.834**	17.059
43	Wärmepumpe, 20-35kW, Luft	St	22.804	**26.829**	30.853
			19.163	**22.545**	25.927
44	Brunnenanlage, WP bis 15kW	St	10.189	**12.736**	15.538
			8.562	**10.703**	13.057
45	Brunnenanlage, WP 15-25kW	St	11.717	**14.647**	17.869
			9.846	**12.308**	15.016
46	Brunnenanlage, WP 25-35kW	St	14.010	**17.512**	21.365
			11.773	**14.716**	17.954
47	Brunnenanlage, WP 35-50kW	St	25.472	**31.840**	38.845
			21.405	**26.757**	32.643
48	Erdsondenanlage, Wärmepumpe	m	68 75 **80** 82 89		
			57 63 **67** 69 75		

© **BKI** Baukosteninformationszentrum; Erläuterungen zu den Tabellen siehe Seite 46
Mustertexte 2016 geprüft: Zentralverband Sanitär Heizung Klima (ZVSHK)

LB 040 Wärmeversorgungsanlagen - Betriebseinrichtungen

Wärmeversorgungsanlagen - Betriebseinrichtungen — Preise €

Nr.	Positionen	Einheit	▶ min	▷ von ø brutto € / ø netto €	ø Mittel	◁ bis	◀ max
49	Ausdehnungsgefäß, bis 500 Liter	St	64 / 54	186 / 156	**221** / **185**	424 / 356	748 / 629
50	Ausdehnungsgefäß, über 500 Liter	St	909 / 764	1.681 / 1.413	**1.889** / **1.588**	2.219 / 1.865	3.409 / 2.865
51	Trinkwarmwasserspeicher	St	1.042 / 876	1.790 / 1.505	**2.142** / **1.800**	2.986 / 2.510	4.821 / 4.052
52	Speicher-Wassererwärmer mit Solar, bis 400 Liter	St	2.385 / 2.005	3.236 / 2.719	**3.515** / **2.954**	3.679 / 3.092	4.205 / 3.534
53	Umwälzpumpen, bis 2,50m³/h	St	112 / 94	273 / 229	**335** / **281**	452 / 380	647 / 543
54	Umwälzpumpen, bis 5,00m³/h	St	314 / 264	463 / 389	**530** / **446**	595 / 500	709 / 596
55	Umwälzpumpen, ab 5,00m³/h	St	720 / 605	900 / 756	**1.031** / **866**	1.155 / 970	1.761 / 1.480
56	Absperrklappen, bis DN25	St	64 / 54	100 / 84	**107** / **90**	123 / 103	133 / 112
57	Absperrklappen, DN32	St	72 / 61	100 / 84	**122** / **103**	142 / 120	170 / 143
58	Absperrklappen, DN65	St	103 / 87	136 / 114	**176** / **148**	198 / 167	232 / 195
59	Absperrklappen, DN125	St	148 / 124	340 / 286	**367** / **309**	528 / 444	720 / 605
60	Rückschlagventil, DN65	St	63 / 53	100 / 84	**122** / **102**	151 / 127	192 / 162
61	Dreiwegeventil, DN40	St	150 / 126	325 / 273	**467** / **393**	576 / 484	752 / 632
62	Heizungsverteiler, Wandmontage, 3 Heizkreise	St	– / –	190 / 160	**217** / **182**	243 / 204	– / –
63	Heizungsverteiler, Wandmontage, 5 Heizkreise	St	– / –	311 / 261	**344** / **289**	411 / 345	– / –
64	Füllset, Heizung	St	14 / 12	21 / 18	**23** / **19**	26 / 22	33 / 28

Kosten:
Stand 1.Quartal 2018
Bundesdurchschnitt

▶ min
▷ von
ø Mittel
◁ bis
◀ max

Nr.	**Kurztext** / Langtext						Kostengruppe
▶	▷ **ø netto €** ◁ ◀				[Einheit]	Ausf.-Dauer	Positionsnummer

A 1   Gas-Brennwerttherme, Wand   Beschreibung für Pos. **1-3**

Brennwertkessel, für geschlossene Heizungsanlage, für Erdgas, Kesselkörper aus Metall, wandhängende Montage, einschl. sicherheitstechnischer Einrichtungen, mit MSR in digitaler Ausführung; einschl. interner Verdrahtung.

1   Gas-Brennwerttherme, Wand, bis 15kW   KG **421**
Wie Ausführungsbeschreibung A 1
Kesselkörper: **Edelstahl / Aluminium**
Erdgas: **E / L / Flüssiggas / Bioerdgas**
Wärmeleistung: bis 15 kW, modulierend 30-100%
Auslegungsvorlauftemperatur: **bis 75 / 85°C**
Max. zulässiger Betriebsdruck: **4 / 6 / 10 bar**
Heizmedium: Wasser
Norm-Nutzungsgrad bei 40 / 30°C: **102 / über 108%** (bezogen auf den unteren Heizwert)
2.609€   3.059€   **3.859**€   4.660€   5.372€   [St]   ⏱ 3,80 h/St   040.000.085

2   Gas-Brennwerttherme, Wand, bis 25kW   KG **421**
Wie Ausführungsbeschreibung A 1
Kesselkörper: **Edelstahl / Aluminium**
Erdgas: **E / L / Flüssiggas / Bioerdgas**
Wärmeleistung: ..... kW, modulierend 30-100%
Auslegungsvorlauftemperatur: **bis 75 / 85°C**
Max. zulässiger Betriebsdruck: **4 / 6 / 10 bar**
Heizmedium: Wasser
Norm-Nutzungsgrad bei 40 / 30°C: **102 / über 108%** (bezogen auf den unteren Heizwert)
2.741€   3.278€   **4.100**€   4.934€   5.701€   [St]   ⏱ 3,80 h/St   040.000.035

3   Gas-Brennwerttherme, Wand, bis 50kW   KG **421**
Wie Ausführungsbeschreibung A 1
Kesselkörper: **Edelstahl / Aluminium**
Erdgas: **E / L / Flüssiggas / Bioerdgas**
Wärmeleistung: ..... kW, modulierend 30-100%
Auslegungsvorlauftemperatur: **bis 75 / 85°C**
Max. zulässiger Betriebsdruck: **4 / 6 / 10 bar**
Heizmedium: Wasser
Norm-Nutzungsgrad bei 40 / 30°C: **102 / über 108%** (bezogen auf den unteren Heizwert)
2.993€   3.563€   **4.331**€   5.328€   6.019€   [St]   ⏱ 4,10 h/St   040.000.036

040
041
042
044
045
047
053
054
058
069
075

LB 040 Wärmeversorgungsanlagen - Betriebseinrichtungen

Nr.	Kurztext / Langtext					Kostengruppe
▶ ▷	ø netto € ◁ ◀			[Einheit]	Ausf.-Dauer	Positionsnummer

A 2   Gas-Niedertemperaturkessel Beschreibung für Pos. **4-6**

Niedertemperatur-Heizkessel, für geschlossene Heizungsanlage, für Erdgas, Kesselkörper aus Metall, für stehende Montage einschl. sicherheitstechnischer Einrichtungen, mit MSR in digitaler Ausführung; einschl. interner Verdrahtung.

4   Gas-Niedertemperaturkessel, bis 25kW   KG **421**

Wie Ausführungsbeschreibung A 2
Abmessungen Kesselkörper: Länge ..... mm, Breite ..... mm, Höhe ..... mm
Gesamtabmessungen: Länge ..... mm, Breite (mit Kesselregulierung) ..... mm, Höhe ..... mm
Gewicht komplett mit Wärmedämmung ..... kg
Kesselkörper: **Stahl / Guss**
Erdgas: **E / L / Flüssiggas / Bioerdgas**
Wärmeleistung: ..... kW, zweistufig **50% / 100%**
Auslegungsvorlauftemperatur: bis 95°C
Auslegungsrücklauftemperatur: **bis 45 / 60°C**
Max. zulässiger Betriebsdruck: **4 / 6 / 10 bar**
Heizmedium: Wasser
Norm-Nutzungsgrad bei 75 / 60°C: **96 / 98%** (bezogen auf den unteren Heizwert)

2.851€   3.432€   **4.166**€   4.824€   5.811€   [St]   ⓐ 4,20 h/St   040.000.037

5   Gas-Niedertemperaturkessel, bis 50kW   KG **421**

Wie Ausführungsbeschreibung A 2
Abmessungen Kesselkörper: Länge ..... mm, Breite ..... mm, Höhe ..... mm
Gesamtabmessungen: Länge ..... mm, Breite (mit Kesselregulierung) ..... mm, Höhe ..... mm
Gewicht komplett mit Wärmedämmung ..... kg
Kesselkörper: **Stahl / Guss**
Erdgas: **E / L / Flüssiggas / Bioerdgas**
Wärmeleistung: ..... kW, modulierend 30-100%
Auslegungsvorlauftemperatur: bis 95°C
Auslegungsrücklauftemperatur: **bis 45 / 60°C**
Max. zulässiger Betriebsdruck: **4 / 6 / 10 bar**
Heizmedium: Wasser
Norm-Nutzungsgrad bei 75 / 60°C: **96 / 98%** (bezogen auf den unteren Heizwert)

3.852€   4.231€   **4.386**€   4.488€   5.598€   [St]   ⓐ 6,40 h/St   040.000.038

6   Gas-Niedertemperaturkessel, bis 70kW   KG **421**

Wie Ausführungsbeschreibung A 2
Abmessungen Kesselkörper: Länge ..... mm, Breite ..... mm, Höhe ..... mm
Gesamtabmessungen: Länge ..... mm, Breite (mit Kesselregulierung) ..... mm, Höhe ..... mm
Gewicht komplett mit Wärmedämmung ..... kg
Kesselkörper: **Stahl / Guss**
Erdgas: **E / L / Flüssiggas / Bioerdgas**
Wärmeleistung: ..... kW, modulierend 30-100%
Auslegungsvorlauftemperatur: bis 95°C
Auslegungsrücklauftemperatur: **bis 45 / 60°C**
Max. zulässiger Betriebsdruck: **4 / 6 / 10 bar**
Heizmedium: Wasser
Norm-Nutzungsgrad bei 75 / 60°C: **96 / 98%** (bezogen auf den unteren Heizwert)

4.731€   5.945€   **6.320**€   7.425€   9.868€   [St]   ⓐ 8,40 h/St   040.000.002

Kosten: Stand 1.Quartal 2018 Bundesdurchschnitt

▶ min
▷ von
ø Mittel
◁ bis
◀ max

Nr.	**Kurztext** / Langtext					Kostengruppe
▶	▷	**ø netto €** ◁ ◀	[Einheit]	Ausf.-Dauer	Positionsnummer

A 3   Gas-Brennwertkessel   Beschreibung für Pos. **7-10**

Gas-Brennwertkessel für geschlossene Heizungsanlagen; für den Betrieb mit gleitend abgesenkter Kesselwasser-Temperatur ohne untere Begrenzung, modulierender Brenner, mit Edelstahl-Heizflächen. Alle abgasberührten Teile, wie Brennkammer, Nachschaltheizflächen und Abgassammelkasten, aus Edelstahl. Kesselkörper allseitig wärmegedämmt, Ummantelung aus Stahlblech, epoxidharzbeschichtet. Lieferumfang: Kessel mit schwenkbarer Kesseltür, inkl. Erdgas-Unit-Brenner, Reinigungsdeckel am Abgassammelkasten, Gegenflanschen mit Schrauben und Dichtungen an allen Stutzen, Wärmedämmung, Brennkammerschauglas. inkl. elektronischer Kesselkreisregelung, komplett mit allen Fühlern, Thermostaten und dem Sicherheitstemperaturbegrenzer.

7   Gas-Brennwertkessel, bis 70kW   KG **421**
Wie Ausführungsbeschreibung A 3
Abmessungen Kesselkörper: Länge ..... mm, Breite ..... mm, Höhe ..... mm
Gesamtabmessungen: Länge ..... mm, Breite (Kesselregulierung) ..... mm, Höhe ..... mm
Gewicht komplett mit Wärmedämmung ..... kg
Erdgas: **E / L / Flüssiggas / Bioerdgas**
Max. Nennwärmeleistung ..... kW
Feuerungst. Wirkungsgrad: bis 108%
Abgasseitiger Widerstand: ..... mbar
Zul. Vorlauftemperatur: bis **90 / 100°C**
Max. zulässiger Betriebsdruck: **4 / 6 / 10 bar**
Wasserinhalt: ..... Liter
Abgasrohr lichte Weite: ..... mm
5.142 €   5.778 €   **6.797 €**   8.332 €   9.648 €   [St]   ⏱ 5,50 h/St   040.000.039

8   Gas-Brennwertkessel, bis 150kW   KG **421**
Wie Ausführungsbeschreibung A 3
Abmessungen Kesselkörper: Länge ..... mm, Breite ..... mm, Höhe ..... mm
Gesamtabmessungen: Länge ..... mm, Breite (Kesselregulierung) ..... mm, Höhe ..... mm
Gewicht komplett mit Wärmedämmung ..... kg
Erdgas: **E / L / Flüssiggas / Bioerdgas**
Max. Nennwärmeleistung ..... kW
Feuerungst. Wirkungsgrad: bis 108%
Abgasseitiger Widerstand: ..... mbar
Zul. Vorlauftemperatur: bis **90 / 100°C**
Max. zulässiger Betriebsdruck: **4 / 6 / 10 bar**
Wasserinhalt: ..... Liter
Abgasrohr lichte Weite: ..... mm
4.877 €   7.026 €   **8.019 €**   8.679 €   9.979 €   [St]   ⏱ 5,80 h/St   040.000.003

040
041
042
044
045
047
053
054
058
069
075

LB 040
Wärmeversorgungsanlagen
- Betriebseinrichtungen

Kosten:
Stand 1.Quartal 2018
Bundesdurchschnitt

▶ min
▷ von
ø Mittel
◁ bis
◀ max

Nr.	Kurztext / Langtext					[Einheit]	Ausf.-Dauer	Kostengruppe Positionsnummer
▶	▷	ø netto €	◁	◀				

9 Gas-Brennwertkessel, bis 400kW — KG **421**

Wie Ausführungsbeschreibung A 3
Abmessungen Kesselkörper: Länge ..... mm, Breite ..... mm, Höhe ..... mm
Gesamtabmessungen: Länge ..... mm, Breite (Kesselregulierung) ..... mm, Höhe ..... mm
Gewicht komplett mit Wärmedämmung ..... kg
Erdgas: **E / L / Flüssiggas / Bioerdgas**
Max. Nennwärmeleistung ..... kW
Feuerungst. Wirkungsgrad: bis 106%
Abgasseitiger Widerstand: ..... mbar
Zul. Vorlauftemperatur: bis 120°C
Max. zulässiger Betriebsdruck: **4 / 6 / 10 bar**
Wasserinhalt: ..... Liter
Abgasrohr lichte Weite: ..... mm

7.575€   14.081€   **14.984€**   17.336€   22.035€   [St]   ⏱ 8,00 h/St   040.000.041

10 Gas-Brennwertkessel, bis 600kW — KG **421**

Wie Ausführungsbeschreibung A 3
Abmessungen Kesselkörper: Länge ..... mm, Breite ..... mm, Höhe ..... mm
Gesamtabmessungen: Länge ..... mm, Breite (Kesselregulierung) ..... mm, Höhe ..... mm
Gewicht komplett mit Wärmedämmung ..... kg
Erdgas: **E / L / Flüssiggas / Bioerdgas**
Max. Nennwärmeleistung ..... kW
Feuerungst. Wirkungsgrad: bis 106%
Abgasseitiger Widerstand: ..... mbar
Zul. Vorlauftemperatur: bis 120°C
Max. zulässiger Betriebsdruck: **4 / 6 / 10 bar**
Wasserinhalt: ..... Liter
Abgasrohr lichte Weite: ..... mm

10.014€   16.316€   **20.366€**   21.542€   26.586€   [St]   ⏱ 10,00 h/St   040.000.010

11 Öl-Brennwerttherme, Wand, bis 15kW — KG **421**

Öl-Brennwertkessel, für geschlossene Heizungsanlage, für Heizöl EL, Kesselkörper aus Metall, wandhängende Montage, mit modulierendem Brenner, einschl. Ummantelung mit Wärmedämmung, einschl. sicherheitstechnischer Einrichtungen, mit MSR in digitaler Ausführung, einschl. interner Verdrahtung.
Kesselkörper: **Edelstahl / Aluminium / Gusseisen**
Heizöl: **EL schwefelarm / A Bio 10**
Wärmeleistung: ..... kW, modulierend 30-100%
Auslegungsvorlauftemperatur: **bis 75 / 85°C**
Max. zulässiger Betriebsdruck: **3 bar**
Heizmedium: Wasser
Norm-Nutzungsgrad bei **50 / 30**°C: **98 / über 104%** (bezogen auf den unteren Heizwert)
Ausführung gemäß Einzelbeschreibung: .....

4.135€   4.881€   **5.743€**   6.891€   8.040€   [St]   ⏱ 4,20 h/St   040.000.080

Nr.	Kurztext / Langtext					Kostengruppe	
▶	▷ ø netto € ◁ ◀				[Einheit]	Ausf.-Dauer	Positionsnummer

12 Öl-Brennwerttherme, Wand, bis 25kW — KG 421

Öl-Brennwertkessel, für geschlossene Heizungsanlage, für Heizöl EL, Kesselkörper aus Metall, wandhängende Montage, mit modulierendem Brenner, einschl. Ummantelung mit Wärmedämmung, einschl. sicherheitstechnischer Einrichtungen, mit MSR in digitaler Ausführung; einschl. interner Verdrahtung.
Kesselkörper: **Edelstahl / Aluminium / Gusseisen**
Heizöl: **EL schwefelarm / A Bio 10**
Wärmeleistung: ..... kW, modulierend 30-100%
Auslegungsvorlauftemperatur: **bis 75 / 85°C**
Max. zulässiger Betriebsdruck: **3 bar**
Heizmedium: Wasser
Norm-Nutzungsgrad bei **50 / 30°C**: **98 / über 104%** (bezogen auf den unteren Heizwert)
Ausführung gemäß Einzelbeschreibung: .....

| 4.511€ | 5.325€ | **6.265**€ | 7.518€ | 8.771€ | [St] | ⏱ 4,20 h/St | 040.000.083 |

13 Öl-Brennwertkessel, bis 50kW — KG 421

Öl-Brennwertkessel für Heizöl EL, für geschlossene Heizungsanlagen; für den Betrieb mit gleitend abgesenkter Kesselwasser-Temperatur ohne untere Begrenzung, modulierender Brenner, mit Metall-Heizflächen, Brennwert-Wärmetauscher aus Edelstahl. Kesselkörper allseitig wärmegedämmt, Ummantelung aus Stahlblech, epoxidharzbeschichtet. Lieferumfang: Kessel mit schwenkbarer Kesseltür, inkl. Erdöl-Unit-Brenner, Reinigungsdeckel am Abgassammelkasten, Gegenflanschen mit Schrauben und Dichtungen an allen Stutzen, Wärmedämmung, Brennkammerschauglas, inkl. elektronischer Kesselkreisregelung, komplett mit allen Fühlern, Thermostaten und dem Sicherheitstemperaturbegrenzer.
Abmessungen Kesselkörper: Länge ..... mm, Breite ..... mm, Höhe ..... mm
Gesamtabmessungen: Länge ..... mm, Breite (Kesselregulierung) ..... mm, Höhe ..... mm
Gewicht komplett mit Wärmedämmung ..... kg
Erdgas: **EL schwefelarm / A Bio 10**
Max. Nennwärmeleistung ..... kW
Feuerungst. Wirkungsgrad: bis 103%
Abgasseitiger Widerstand: ..... mbar
Zul. Vorlauftemperatur: bis **90 / 100°C**
Max. zulässiger Betriebsdruck: **3 bar**
Wasserinhalt: ..... Liter
Abgasrohr lichte Weite: ..... mm
Ausführung gemäß Einzelbeschreibung: .....

| 5.769€ | 6.244€ | **6.787**€ | 7.466€ | 8.144€ | [St] | ⏱ 6,20 h/St | 040.000.081 |

040
041
042
044
045
047
053
054
058
069
075

LB 040 Wärmeversorgungsanlagen - Betriebseinrichtungen

Kosten:
Stand 1.Quartal 2018
Bundesdurchschnitt

Nr.	Kurztext / Langtext			[Einheit]	Kostengruppe
▶	▷ ø netto € ◁ ◀				Ausf.-Dauer Positionsnummer

14 Öl-Brennwertkessel, bis 70kW KG **421**

Öl-Brennwertkessel für Heizöl EL, für geschlossene Heizungsanlagen; für den Betrieb mit gleitend abgesenkter Kesselwasser-Temperatur ohne untere Begrenzung, modulierender Brenner, mit Guss-Heizflächen, Brennwert-Wärmetauscher aus Edelstahl. Kesselkörper allseitig wärmegedämmt, Ummantelung aus Stahlblech, epoxidharzbeschichtet. Lieferumfang: Kessel mit schwenkbarer Kesseltür, inkl. Erdöl-Brenner, Reinigungsdeckel am Abgassammelkasten, Gegenflanschen mit Schrauben und Dichtungen an allen Stutzen, Wärmedämmung, Brennkammerschauglas, inkl. elektronischer Kesselkreisregelung, komplett mit allen Fühlern, Thermostaten und dem Sicherheitstemperaturbegrenzer.
Abmessungen Kesselkörper: Länge ..... mm, Breite ..... mm, Höhe ..... mm
Gesamtabmessungen: Länge ..... mm, Breite (Kesselregulierung) ..... mm, Höhe ..... mm
Gewicht komplett mit Wärmedämmung ..... kg
Erdgas: **EL schwefelarm / A Bio 10**
Max. Nennwärmeleistung ..... kW
Feuerungst. Wirkungsgrad: bis 103%
Abgasseitiger Widerstand: ..... mbar
Zul. Vorlauftemperatur: bis **90 / 100°C**
Max. zulässiger Betriebsdruck: **3 bar**
Wasserinhalt: ..... Liter
Abgasrohr lichte Weite: ..... mm
Ausführung gemäß Einzelbeschreibung: .....
7.340 €   8.432 €   **9.920** €   11.903 €   13.887 €   [St]   ⏱ 7,60 h/St   040.000.084

15 Öl-Brennwertkessel, bis 100kW KG **421**

Öl-Brennwertkessel für Heizöl EL, für geschlossene Heizungsanlagen; für den Betrieb mit gleitend abgesenkter Kesselwasser-Temperatur ohne untere Begrenzung, modulierender Brenner, mit Guss-Heizflächen, Brennwert-Wärmetauscher aus Edelstahl. Kesselkörper allseitig wärmegedämmt, Ummantelung aus Stahlblech, epoxidharzbeschichtet. Lieferumfang: Kessel mit schwenkbarer Kesseltür, inkl. Erdöl-Brenner, Reinigungsdeckel am Abgassammelkasten, Gegenflanschen mit Schrauben und Dichtungen an allen Stutzen, Wärmedämmung, Brennkammerschauglas, inkl. elektronischer Kesselkreisregelung, komplett mit allen Fühlern, Thermostaten und dem Sicherheitstemperaturbegrenzer.
Abmessungen Kesselkörper: Länge ..... mm, Breite ..... mm, Höhe ..... mm
Gesamtabmessungen: Länge ..... mm, Breite (Kesselregulierung) ..... mm, Höhe ..... mm
Gewicht komplett mit Wärmedämmung ..... kg
Erdgas: **EL schwefelarm / A Bio 10**
Max. Nennwärmeleistung ..... kW
Feuerungst. Wirkungsgrad: bis 103%
Abgasseitiger Widerstand: ..... mbar
Zul. Vorlauftemperatur: bis **90 / 100°C**
Max. zulässiger Betriebsdruck: **3 bar**
Wasserinhalt: ..... Liter
Abgasrohr lichte Weite: ..... mm
Ausführung gemäß Einzelbeschreibung: .....
10.045 €   11.538 €   **13.574** €   16.289 €   18.461 €   [St]   ⏱ 8,40 h/St   040.000.082

▶ min
▷ von
ø Mittel
◁ bis
◀ max

Nr.	Kurztext / Langtext							Kostengruppe	
▶	▷	ø netto €		◁	◀	[Einheit]	Ausf.-Dauer	Positionsnummer	

16 Heizöltank, stehend, 5.000 Liter — KG 421

Heizöllagerbehälter in stehender Ausführung, für oberirdische Lagerung im Gebäude. Leckschutzauskleidung mit Bauartzulassung. Überwachung mit Vakuum. Eventueller Zusatz: Heizölauffangbehälter, Entlüftungsleitung, Füllleitung, Entlüftungshaube, Grenzwertgeber, Tankinhaltsanzeiger, Tankeinbaugarnitur, Sicherheitsrohr, Doppelpumpenaggregat, Absperrkombination, Filterkombination, Schnellschlussventile, Kugelhähne, Motor- und Schutzschalter, Elektroleitungen, Bezeichnungsschilder, Doppelkugel-Fußventil

Material Behälter: **Stahl / GKF**
Brutto-Lagervolumen: 5.000 Liter
Max. Abmessung: Länge ..... mm, Breite ..... mm, Höhe ...... mm
Einbringung: **am Stück / geteilt**, mit Unterstützungskonstruktion
Einheit: Stück

| 2.092 € | 4.890 € | **6.081 €** | 7.133 € | 11.708 € | [St] | ⏱ 2,00 h/St | 040.000.032 |

17 Abgasanlage, Edelstahl — KG 429

Schornsteinanlage, industriell gefertigtes, doppelwandiges, wärmegedämmtes, druck- und kondensatdichtes Schornstein- und Abgassystem in Elementbauweise, bauaufsichtlich zugelassen, Feuerstätte mit niedrigen Abgastemperaturen, feuchte bzw. kondensierende Betriebsweise, ausbrenngeprüft bis 1.000°C. Eventuell Zusatz: mit Konsolblechen, Zwischenstütze, Inspektionselement, Wandführungsstützen, Mündungsabschluss, Verbindungskupplung, Wetterkragen einschl. Befestigung, Dichtungen und Verbindungsstücke, mit Inspektionselementen, Schiebeelementen, Gleitmittel, Befestigungsbänder, Dichtungsmittel für Kesselanschluss, Messöffnung, Klemmbänder, Unterstützung.

Installation: **Außenwandmontage / im Schacht**
Material: Edelstahl
Wandstärke: 1 mm
Schornsteinhöhe: ..... m

| 2.274 € | 4.883 € | **4.985 €** | 6.520 € | 8.637 € | [St] | ⏱ 6,00 h/St | 040.000.033 |

18 Neutralisationsanlage, Brennwertgeräte — KG 421

Neutralisationsanlage geeignet für Kondenswasser aus Erdgas/Heizöl. Gehäuse aus durchsichtigem Kunststoff mit Markierung für minimalen und maximalen Füllstand. Komplett mit Neutralisationsgranulat befüllt, Halteschellen und vorbereitetem Abwasseranschluss für HT-Rohr, inkl. Siphon.

Brennwertgeräte: bis ..... kW
Gesamtabmessungen Länge: ..... mm
Durchmesser: ..... mm
Anschluss Fallstrang: ca. 4,00 m

| 176 € | 481 € | **614 €** | 1.473 € | 2.663 € | [St] | ⏱ 0,90 h/St | 040.000.027 |

040
041
042
044
045
047
053
054
058
069
075

LB 040 Wärmeversorgungsanlagen - Betriebseinrichtungen

Kosten:
Stand 1.Quartal 2018
Bundesdurchschnitt

Nr.	Kurztext / Langtext					[Einheit]	Ausf.-Dauer	Kostengruppe Positionsnummer
▶	▷	ø netto €	◁	◀				

19 — Heizungsverteiler, Vorlaufverteiler/Rücklaufsammler — KG 421

Heizungsverteiler als kombinierter Vorlaufverteiler und Rücklaufsammler, Quadratform und eingeschweißtem Trennsteg. **Mit / ohne** Zwischenisolierung zur thermischen Trennung von Vor- und Rücklauf, Wärmedämmung mit Schutzmantel. Mit paarweise nebeneinander angeordneten Stutzen (fluchtend) mit Vorschweißflanschen, auf Spindelhöhe ausgerichtet, mit Anschlussstutzen für Entleerung, Entlüftung, Druckmessung und Temperaturmessung an jeder Kammer, mit Messstutzen für Regelung, Stutzenabstand variabel entsprechend Durchmesser und Wärmedämmstärke des Stutzens. Mit Konsolen für Wand- / Bodenbefestigung. Inklusive Bohrungen und Befestigungselementen.
Material: Stahl
Schutzmantel: **Aluminium / Stahlblech verzinkt**
Max. Heizwasserdurchsatz: ..... m³/h
Max. Mediumtemperatur: **100 / 120°C**
Max. Betriebs-Druck: **6 / 10 bar**
Anzahl der Gruppen: (je 2 Stutzen)
Dimension: ..... x DN.....
Doppelkammer-Größe: 150 x 150 mm²

| 460€ | 1.189€ | **1.518**€ | 2.000€ | 3.632€ | [St] | ⏱ 2,00 h/St | 040.000.028 |

A 4 — Holz/Pellet-Heizkessel — Beschreibung für Pos. 20-22

Heizkessel für geschlossene Warmwasserheizungsanlagen für Festbrennstoff. Zur Erzeugung von Warmwasser, Kesselkörper aus Metall, für stehende Montage, einschl. sicherheitstechnischer Einrichtungen. Anschlussstutzen für Vor-, Rücklauf, Entlüftung, Füllung, Entleerung. Mit CE-Registrierung und Bauartzulassung.

20 — Holz/Pellet-Heizkessel, bis 25kW — KG 421

Wie Ausführungsbeschreibung A 4
Kesselkörper: **Stahl / Guss**
Brennstoff: **Stückholz / Pellet**
Wärmeleistung: ..... kW
Auslegungsvorlauftemperatur: bis 110°C
Max. zulässiger Betriebsdruck: **6 / 10 / 16 / 25 bar**
Heizmedium: Wasser
Norm-Nutzungsgrad: bei **75 / 60°C**: **92 / 94%** (bezogen auf den unteren Heizwert)
Abmessungen Kesselkörper: Länge ..... mm, Breite: ..... mm, Höhe: ..... mm
Gesamtabmessungen: Länge ..... mm, Breite (mit Kesselregulierung) ..... mm, Höhe: ..... mm
Gewicht komplett mit Wärmedämmung: ..... kg
Wasserinhalt: ..... Liter

| 4.987€ | 7.921€ | **9.347**€ | 10.317€ | 11.998€ | [St] | ⏱ 5,00 h/St | 040.000.043 |

▶ min
▷ von
ø Mittel
◁ bis
◀ max

Nr.	Kurztext / Langtext				[Einheit]	Ausf.-Dauer	Kostengruppe Positionsnummer
▶	▷	ø netto €	◁	◀			

21 Holz/Pellet-Heizkessel, bis 50kW — KG 421
Wie Ausführungsbeschreibung A 4
Kesselkörper: **Stahl / Guss**
Brennstoff: **Stückholz / Pellet**
Wärmeleistung: ..... kW
Auslegungsvorlauftemperatur: bis 110°C
Max. zulässiger Betriebsdruck: **6 / 10 / 16 / 25 bar**
Heizmedium: Wasser
Norm-Nutzungsgrad: bei **75 / 60°C**: **92 / 94%** (bezogen auf den unteren Heizwert)
Abmessungen Kesselkörper: Länge ..... mm, Breite: ..... mm, Höhe: ..... mm
Gesamtabmessungen: Länge ..... mm, Breite (mit Kesselregulierung) ..... mm, Höhe: ..... mm
Gewicht komplett mit Wärmedämmung: ..... kg
Wasserinhalt: ..... Liter

8.396 €   9.143 €   **10.640 €**   13.365 €   15.327 €   [St]   ⏱ 5,20 h/St   040.000.044

22 Holz/Pellet-Heizkessel, bis 120kW — KG 421
Wie Ausführungsbeschreibung A 4
Kesselkörper: **Stahl / Guss**
Brennstoff: **Stückholz / Pellet**
Wärmeleistung: ..... kW
Auslegungsvorlauftemperatur: bis 110°C
Max. zulässiger Betriebsdruck: **6 / 10 / 16 / 25 bar**
Heizmedium: Wasser
Norm-Nutzungsgrad: bei **75 / 60°C**: **92 / 94%** (bezogen auf den unteren Heizwert)
Abmessungen Kesselkörper: Länge ..... mm, Breite: ..... mm, Höhe: ..... mm
Gesamtabmessungen: Länge ..... mm, Breite (mit Kesselregulierung) ..... mm, Höhe: ..... mm
Gewicht komplett mit Wärmedämmung: ..... kg
Wasserinhalt: ..... Liter

14.420 €   20.124 €   **22.483 €**   24.436 €   30.687 €   [St]   ⏱ 6,00 h/St   040.000.004

23 Pellet-Fördersystem, Förderschnecke — KG 421
Austragungssystem für Pelletfeuerungen bestehend aus: Lagerbodenschnecke mit ziehendem Antrieb und Übergabetrichter für Beschickung des Kessels mit Brennstoff. Antriebseinheit mit Stirnradgetriebemotor. Auswurf mit Revisionsdeckel, Sicherheitsendschalter und Fallrohr/Adapter zur nachfolgenden Fördereinrichtung. Schnecke und Kanal Stahl geschweißt. Rohrförderschnecke für Pellets, Steigungswinkel bis 65°. Ziehender Antrieb mit Auswurf über einer Fallstrecke. Der Antrieb erfolgt über Stirnradgetriebemotor. Steuerung im Schaltkasten vorverkabelt.
Pelletfeuerungen: mit Förderschnecken
Lagerbodenschnecke: L ..... m
Schneckendurchmesser: ..... mm
waagrechte Länge: ..... m
Durchmesser Förderschnecke: max. 120 mm
Länge der Rohrförderschnecke: ..... m
Max. Förderkapazität: **5 / 10** kg/h
Anschluss 230 V / 50 Hz: 0,5 kW

728 €   792 €   **826 €**   845 €   910 €   [St]   ⏱ 0,60 h/St   040.000.026

LB 040 Wärmeversorgungsanlagen - Betriebseinrichtungen

Kosten:
Stand 1.Quartal 2018
Bundesdurchschnitt

Nr.	Kurztext / Langtext					[Einheit]	Ausf.-Dauer	Kostengruppe Positionsnummer
▶	▷	ø netto €	◁	◀				

24 Pellet-Fördersystem, Saugleitung KG **421**

Austragungssystem für Pelletfeuerungen mit Saugturbine im Metallgehäuse. Zwischenbehälter, Saugschlauch mit Drahtspirale, Rückluftschlauch, Austragungsschnecke im Lager mit max. 2.500mm offenem Schneckenkanal, Absaugung von Übergabestation, Kapazitätsfühler mit Relais, Steuerung im Schaltkasten vorverkabelt, Zeitschaltuhr zur Einstellung der Saugzeit.
Gesamtschlauchlänge: bis 30 m
Länge Saugschlauch mit Drahtspirale: 15 m
Länge Rückluftschlauch: 15 m
Austragungssystem: Saugprinzip
Max. Förderkapazität: **5 / 10** kg/h
Anschluss 230 V / 50 Hz: 1,1 kW

| 962 € | 1.864 € | **2.357** € | 3.125 € | 3.684 € | [St] | ⏱ 0,30 h/St | 040.000.029 |

25 Erdgas-BHKW-Anlage, 1,0kW$_{el}$, 2,5kW$_{th}$ KG **421**

Blockheizkraftwerk als Kompaktmodul in Gehäuse, schallgedämmt, zur Erzeugung von Heizwärme und Strom. Mit Schaltschrank, Verkabelung innerhalb des Moduls hitze- und schwingungsfest verlegt, einschl. Brennstoffversorgungseinrichtungen bestehend aus: Gasregelstrecke, Gasfilter, Gasabsperrarmaturen, Manometern..... einschl. Abgassystem, als Viertakt-Otto-Motor, einschl. aller erforderlichen elektrischen Anschlüsse und aller erforderlichen Anschlüsse für Brennstoff, Heizwasser, Abgas (ca. 10-15m) und Kondensat.
Betriebsweise: konstant
Kondensat-Hebeanlage: **ja / nein**
Brennstoff: Erdgas
Aufstellung: schallentkoppelt, stationär im Gebäude
Thermische Leistung: bis 2,5 kW$_{th}$
Elektrische Leistung: bis 1,0 kW$_{el}$
Elektrischer Wirkungsgrad: mind. 25%
Gesamtwirkungsgrad: mind. 90%
Schallleistungspegel max: 60 dB(A)
Schaltschrank: **integriert / separat**
Ausführung gemäß nachfolgender Einzelbeschreibung: .....

| – € | 15.305 € | **17.659** € | 20.121 € | – € | [St] | ⏱ 8,00 h/St | 040.000.053 |

▶ min
▷ von
ø Mittel
◁ bis
◀ max

Nr.	Kurztext / Langtext					Kostengruppe	
▶	▷	ø netto €	◁	◀	[Einheit]	Ausf.-Dauer	Positionsnummer

26 Erdgas-BHKW-Anlage, 1,5-3,0kW$_{el}$, 4-10kW$_{th}$ KG 421

Blockheizkraftwerk als Kompaktmodul in Gehäuse, schallgedämmt, zur Erzeugung von Heizwärme und Strom. Mit Schaltschrank, Verkabelung innerhalb des Moduls hitze- und schwingungsfest verlegt, einschl. Brennstoffversorgungseinrichtungen bestehend aus: Gasregelstrecke, Gasfilter, Gasabsperrarmaturen, Manometern..... einschl. Abgassystem, als Viertakt-Otto-Motor, Leistung einschl. aller erforderlichen elektrischen Anschlüsse und aller erforderlichen Anschlüsse für Brennstoff, Heizwasser, Abgas (ca. 10-15m) und Kondensat.

Betriebsweise: konstant
Kondensat-Hebeanlage: **ja / nein**
Brennstoff: Erdgas
Aufstellung: schallentkoppelt, stationär im Gebäude
Thermische Leistung: bis 4.0-10,0 kW$_{th}$
Elektrische Leistung: bis 1,5-3,0 kW$_{el}$
Elektrischer Wirkungsgrad: mind. 25%
Gesamtwirkungsgrad: mind. 90%
Schallleistungspegel max: 60 dB(A)
Schaltschrank: **integriert / separat**
Ausführung gemäß nachfolgender Einzelbeschreibung: .....

–€   22.583€ **25.151€** 27.827€   –€   [St]   ⏱ 8,50 h/St   040.000.054

27 Erdgas-BHKW-Anlage, 5-20kW$_{el}$, 10-45kW$_{th}$ KG 421

Blockheizkraftwerk als Kompaktmodul in Gehäuse, schallgedämmt, zur Erzeugung von Heizwärme und Strom. Mit Schaltschrank, Verkabelung innerhalb des Moduls hitze- und schwingungsfest verlegt, einschl. Brennstoffversorgungseinrichtungen bestehend aus: Gasregelstrecke, Gasfilter, Gasabsperrarmaturen, Manometern..... einschl. Abgassystem, als Viertakt-Otto-Motor, Leistung einschl. aller erforderlichen elektrischen Anschlüsse und aller erforderlichen Anschlüsse für Brennstoff, Heizwasser, Abgas (ca. 10-15m) und Kondensat.

Betriebsweise: konstant
Kondensat-Hebeanlage: **ja / nein**
Brennstoff: Erdgas
Aufstellung: schallentkoppelt, stationär im Gebäude
Thermische Leistung: bis 10,0-45,0 kW$_{th}$
Elektrische Leistung: bis 5,0-20,0 kW$_{el}$
Elektrischer Wirkungsgrad: mind. 25%
Gesamtwirkungsgrad: mind. 90%
Schallleistungspegel max: 60 dB(A)
Schaltschrank: **integriert / separat**
Ausführung gemäß nachfolgender Einzelbeschreibung: .....

–€   43.881€ **50.302€** 57.794€   –€   [St]   ⏱ 12,00 h/St   040.000.055

LB 040 Wärmeversorgungsanlagen - Betriebseinrichtungen

Kosten: Stand 1.Quartal 2018 Bundesdurchschnitt

Nr.	Kurztext / Langtext	ø netto €			[Einheit]	Ausf.-Dauer	Kostengruppe Positionsnummer
▶	▷	ø netto €	◁	◀			

A 5 Flach-Solarkollektoranlage, thermisch
Beschreibung für Pos. 28-30

Flachkollektor für Heizung in Aufdachmontage mit konstruktiver Verankerung sowie systembedingten Befestigungsmitteln und gedämmter Solarpumpenregelgruppe. Module mit korrosions- und witterungsbeständigem Rahmen und mit hochselektiver Vakuumbeschichtung, rückseitig hochtemperaturbeständige Wärmeschutzdämmung, mit durchgehender Wanne, hochtransparentes, gehärtetes Solarsicherheitsglas, mit Bauartzulassung, 2 Fühlerhülsen für Fühler. Leistung einschl. Anschlussfitting für Kupferrohr sowie sämtlicher Verbindungs- und Dichtungsmaterialien und ca. 40m fertigisolierter Solaranschlussleitungen mit Dachdurchführungen und Frostschutz-Befüllung.

28 Flach-Solarkollektoranlage, thermisch, bis 10m² — KG **421**
Wie Ausführungsbeschreibung A 5
Frostschutz-Befüllung (Menge, Art und Mischungsverhältnis): .....
Kollektor-Neigungswinkel: min/max 15-75°
Mindest-Ertrag: 500 kWh/(m²a) gemäß Prüfverfahren nach EN12975-2
Maximaler Betriebsdruck: 10 bar
Aperturfläche: bis 10 m²
Ausführung gemäß nachfolgender Einzelbeschreibung: .....

–€   5.309€   **5.662**€   6.092€   –€   [St]   ⏱ 4,90 h/St   040.000.056

29 Flach-Solarkollektoranlage, thermisch, 10-20m² — KG **421**
Wie Ausführungsbeschreibung A 5
Frostschutz-Befüllung (Menge, Art und Mischungsverhältnis): .....
Kollektor-Neigungswinkel: min/max 15-75°
Mindest-Ertrag: 500 kWh/(m²a) gemäß Prüfverfahren nach EN12975-2
Maximaler Betriebsdruck: 10 bar
Aperturfläche: 10 bis 20 m²
Ausführung gemäß nachfolgender Einzelbeschreibung: .....

–€   7.438€   **7.845**€   8.509€   –€   [St]   ⏱ 5,80 h/St   040.000.057

30 Flach-Solarkollektoranlage, thermisch, 20-30m² — KG **421**
Wie Ausführungsbeschreibung A 5
Frostschutz-Befüllung (Menge, Art und Mischungsverhältnis): .....
Kollektor-Neigungswinkel: min/max 15-75°
Mindest-Ertrag: 500 kWh/(m²a) gemäß Prüfverfahren nach EN12975-2
Maximaler Betriebsdruck: 10 bar
Aperturfläche: 20 bis 30 m²
Ausführung gemäß nachfolgender Einzelbeschreibung: .....

–€   10.585€   **12.115**€   15.198€   –€   [St]   ⏱ 7,00 h/St   040.000.058

31 Heizungspufferspeicher bis 500 Liter — KG **421**
Pufferspeicher für den Einsatz in Heizungsanlagen mit Wärmeschutzmantel, einschl. Schaltung und Regelung, sowie Anschlussleitungen.
Speicher: Stahl, innen unbehandelt, außen Grundbeschichtung
Nenninhalt: bis 500 Liter
Maximaler zulässiger Betriebsüberdruck: 6 bar
Ausführung gemäß nachfolgender Einzelbeschreibung: .....

–€   2.301€   **2.676**€   3.125€   –€   [St]   ⏱ 3,40 h/St   040.000.059

▶ min
▷ von
ø Mittel
◁ bis
◀ max

Nr.	Kurztext / Langtext						Kostengruppe
▶	▷	ø netto €	◁	◀	[Einheit]	Ausf.-Dauer	Positionsnummer

32 Heizungspufferspeicher bis 1.000 Liter   KG **421**

Pufferspeicher für den Einsatz in Heizungsanlagen mit Wärmeschutzmantel, einschl. Schaltung und Regelung, sowie Anschlussleitungen.
Speicher: Stahl, innen unbehandelt, außen Grundbeschichtung
Nenninhalt: bis 1.000 Liter
Maximaler zulässiger Betriebsüberdruck: 6 bar
Ausführung gemäß nachfolgender Einzelbeschreibung: .....

–€   2.397€   **2.890**€   3.371€   –€   [St]   ⏱ 4,60 h/St   040.000.060

A 6 Trinkwarmwasserbereiter, Durchflussprinzip   Beschreibung für Pos. **33-34**

Trinkwarmwasserbereiter zur Brauchwasserbereitung im Durchlaufprinzip mit Wärmetauscher aus kupferverlöteten Edelstahlplatten, mit Umwälzpumpe und Fertigdämmung einschl. Absperrkugelhähnen, zusätzlich mit Zirkulationspumpe, Rückflussverhinderer, Verrohrungs- und Verschraubungsteile in der Station montiert und an Regelung angeschlossen. Entlüftungsmöglichkeiten auf der Heizungsseite, mit Rückflussverhinderer der Heizkreispumpe, elektronischer Trinkwasserregler (proportional) zur konstanten Warmwassertemperaturregelung in Abhängigkeit der eingestellten Warmwassertemperatur und Zapfleistung durch Modulation der Heizkreispumpe.

33 Trinkwarmwasserbereiter, Durchflussprinzip, 1-15l/min   KG **421**

Wie Ausführungsbeschreibung A 6
Technische Daten:
Betriebsdruck Heizung: 3 bar
Betriebsdruck Trinkwasser: 6 bar
Maximale zulässige Vorlauftemperatur Heizung: 95°C
Versorgungsspannung 230 VAC / 50 HZ
Zapfleistung Warmwasser (55-60°C): 1-15 l/min
Ausführung gemäß nachfolgender Einzelbeschreibung: .....

–€   2.596€   **2.884**€   3.317€   –€   [St]   ⏱ 0,40 h/St   040.000.061

34 Trinkwarmwasserbereiter, Durchflussprinzip, 1-30l/min   KG **421**

Wie Ausführungsbeschreibung A 6
Technische Daten:
Betriebsdruck Heizung: 3 bar
Betriebsdruck Trinkwasser: 6 bar
Maximale zulässige Vorlauftemperatur Heizung: 95°C
Versorgungsspannung 230 VAC / 50 HZ
Zapfleistung Warmwasser (55-60°C): 1-30 l/min
Ausführung gemäß nachfolgender Einzelbeschreibung: .....

–€   2.957€   **3.286**€   3.779€   –€   [St]   ⏱ 0,40 h/St   040.000.062

040
041
042
044
045
047
053
054
058
069
075

LB 040 Wärmeversorgungsanlagen - Betriebseinrichtungen

Kosten:
Stand 1.Quartal 2018
Bundesdurchschnitt

Nr.	Kurztext / Langtext				[Einheit]	Ausf.-Dauer	Kostengruppe Positionsnummer
▶	▷ ø netto € ◁ ◀						

A 7 Wärmepumpe, Wasser Beschreibung für Pos. **35-38**

Elektrisch angetriebene Wärmepumpe für Raumheizung und zur Erwärmung von Trinkwasser für Innenaufstellung, mit Verdichter, einschl. Schwingungsdämpfer, Regelung für Warmwasserbereitung und einen geregelten Heizkreis. Leistung einschl. Anschlusszubehör und Inbetriebnahme

35 Wärmepumpe, 10-15kW, Wasser KG **421**
Wie Ausführungsbeschreibung A 7
Wärmequelle: Wasser, gemäß beigefügter Wasseranalyse
Minimale Wärmequellentemperatur: ca. 10°C
Maximale Vorlauftemperatur:
mind. 60°C zur Raumheizung
mind. 72°C zur WW-Bereitung
Nennwärmeleistung: 10-15 kW (bei W10W35)
Leistungszahl (COP): mind. 5,5 (bei W10W35)
Maximaler Schallleistungspegel 55 dB(A)
Maximaler Betriebsdruck: mind. PN 6
Bemessungsbetriebsspannung: 400 V AC
Ausführung gemäß nachfolgender Einzelbeschreibung: .....
–€   9.557€ **11.243€** 12.930€   –€   [St]   ⏱ 6,00 h/St   040.000.063

36 Wärmepumpe, 15-25kW, Wasser KG **421**
Wie Ausführungsbeschreibung A 7
Wärmequelle: Wasser, gemäß beigefügter Wasseranalyse
Minimale Wärmequellentemperatur: ca. 10°C
Maximale Vorlauftemperatur:
mind. 60°C zur Raumheizung
mind. 72°C zur WW-Bereitung
Nennwärmeleistung: 15-25 kW (bei W10W35)
Leistungszahl (COP): mind. 5,5 (bei W10W35)
Maximaler Schallleistungspegel 55 dB(A)
Maximaler Betriebsdruck: mind. PN 6
Bemessungsbetriebsspannung: 400 V AC
Ausführung gemäß nachfolgender Einzelbeschreibung: .....
–€   11.168€ **13.139€** 15.109€   –€   [St]   ⏱ 6,00 h/St   040.000.069

▶ min
▷ von
ø Mittel
◁ bis
◀ max

37 Wärmepumpe, 25-35kW, Wasser KG **421**
Wie Ausführungsbeschreibung A 7
Wärmequelle: Wasser, gemäß beigefügter Wasseranalyse
Minimale Wärmequellentemperatur: ca. 10°C
Maximale Vorlauftemperatur:
mind. 60°C zur Raumheizung
mind. 72°C zur WW-Bereitung
Nennwärmeleistung: 25-35 kW (bei W10W35)
Leistungszahl (COP): mind. 5,5 (bei W10W35)
Maximaler Schallleistungspegel 55 dB(A)
Maximaler Betriebsdruck: mind. PN 6
Bemessungsbetriebsspannung: 400 V AC
Ausführung gemäß nachfolgender Einzelbeschreibung: .....
–€   13.760€ **16.188€** 18.616€   –€   [St]   ⏱ 6,00 h/St   040.000.070

Nr.	Kurztext / Langtext					Kostengruppe	
▶	▷	ø netto €	◁	◀	[Einheit]	Ausf.-Dauer	Positionsnummer

38 Wärmepumpe, 35-50kW, Wasser — KG **421**

Wie Ausführungsbeschreibung A 7
Wärmequelle: Wasser, gemäß beigefügter Wasseranalyse
Minimale Wärmequellentemperatur: ca. 10°C
Maximale Vorlauftemperatur:
mind. 60°C zur Raumheizung
mind. 72°C zur WW-Bereitung
Nennwärmeleistung: 35-50 kW (bei W10W35)
Leistungszahl (COP): mind. 5,5 (bei W10W35)
Maximaler Schallleistungspegel 55 dB(A)
Maximaler Betriebsdruck: mind. PN 6
Bemessungsbetriebsspannung: 400 V AC
Ausführung gemäß nachfolgender Einzelbeschreibung: .....

–€   17.262€   **20.308**€   23.355€   –€   [St]   ⏱ 7,00 h/St   040.000.071

A 8 Wärmepumpe, Sole — Beschreibung für Pos. **39-41**

Elektrisch angetriebene Wärmepumpe für Raumheizung und zur Erwärmung von Trinkwasser für Innenaufstellung, mit Verdichter einschl. Schwingungsdämpfer sowie Regelung für Warmwasserbereitung und einen geregelten Heizkreis. Leistung einschl. Anschlusszubehör und Inbetriebnahme.

39 Wärmepumpe, 10-15kW, Sole — KG **421**

Wie Ausführungsbeschreibung A 8
Wärmequelle: **Erdwärme / Sole**
Solequalität: .....
Minimale Wärmequellentemperatur: 0°C
Maximale Vorlauftemperatur:
mind. 60°C zur Raumheizung
mind. 72°C zur WW-Bereitung
Nennwärmeleistung: 10-15 kW (bei B0W35)
Leistungszahl (COP): mind. 4,5 (bei B0W35)
Maximaler Schallleistungspegel: 55 dB(A)
Maximaler Betriebsdruck: mind. PN 6
Bemessungsbetriebsspannung: 400 V AC
Ausführung gemäß nachfolgender Einzelbeschreibung: .....

–€   10.177€   **11.973**€   13.769€   –€   [St]   ⏱ 6,00 h/St   040.000.064

040
041
042
044
045
047
053
054
058
069
075

LB 040 Wärmeversorgungsanlagen - Betriebseinrichtungen

Nr.	Kurztext / Langtext				[Einheit]	Ausf.-Dauer	Kostengruppe Positionsnummer
▶	▷	ø netto €	◁	◀			

40 **Wärmepumpe, 25-35kW, Sole** — KG **421**

Wie Ausführungsbeschreibung A 8
Wärmequelle: **Erdwärme / Sole**
Solequalität: …..
Minimale Wärmequellentemperatur: 0°C
Maximale Vorlauftemperatur:
mind. 60°C zur Raumheizung
mind. 72°C zur WW-Bereitung
Nennwärmeleistung: 25-35 kW (bei B0W35)
Leistungszahl (COP): mind. 4,7 (bei B0W35)
Maximaler Schallleistungspegel: 55 dB(A)
Maximaler Betriebsdruck: mind. PN 6
Bemessungsbetriebsspannung: 400 V AC
Ausführung gemäß nachfolgender Einzelbeschreibung: …..

–€   16.011€ **18.837€** 21.662€   –€   [St]   ⏱ 6,00 h/St   040.000.073

41 **Wärmepumpe, 35-50kW, Sole** — KG **421**

Wie Ausführungsbeschreibung A 8
Wärmequelle: **Erdwärme / Sole**
Solequalität: …..
Minimale Wärmequellentemperatur: 0°C
Maximale Vorlauftemperatur:
mind. 60°C zur Raumheizung
mind. 72°C zur WW-Bereitung
Nennwärmeleistung: 35-50 kW (bei B0W35)
Leistungszahl (COP): mind. 4,7 (bei B0W35)
Maximaler Schallleistungspegel: 55 dB(A)
Maximaler Betriebsdruck: mind. PN 6
Bemessungsbetriebsspannung: 400 V AC
Ausführung gemäß nachfolgender Einzelbeschreibung: …..

–€   20.614€ **24.252€** 27.890€   –€   [St]   ⏱ 7,00 h/St   040.000.074

Kosten:
Stand 1.Quartal 2018
Bundesdurchschnitt

▶ min
▷ von
ø Mittel
◁ bis
◀ max

Nr.	Kurztext / Langtext						Kostengruppe	
▶	▷	ø netto €	◁	◀	[Einheit]	Ausf.-Dauer	Positionsnummer	

A 9 — Wärmepumpe, Luft   Beschreibung für Pos. **42-43**

Elektrisch angetriebene Wärmepumpe für Raumheizung und zur Erwärmung von Trinkwasser für Innen-/Außenaufstellung, mit Verdichter, einschl. Schwingungsdämpfer sowie Regelung für Warmwasserbereitung und einen geregelten Heizkreis. Leistung einschl. Anschlusszubehör und Inbetriebnahme.

42 — Wärmepumpe, bis 10kW, Luft   KG **421**

Wie Ausführungsbeschreibung A 9
Wärmequelle: Luft
Minimale Wärmequellentemperatur: -18°C
Maximaler Vorlauftemperatur:
mind. 55°C zur Raumheizung mit zusätzlichem elektrischen Heizstab
mind. 72°C zur WW-Bereitung
Montage / Aufstellung: schallentkoppelt
Nennwärmeleistung bis 10 kW (bei A2W35)
Leistungszahl (COP): mind. 4,0 (bei A2W35)
Maximaler Schallleistungspegel: 60 dB(A)
Maximaler Betriebsdruck: mind. PN 6
Bemessungsbetriebsspannung: 400 V AC
Ausführung gemäß nachfolgender Einzelbeschreibung: …..

–€   12.609€   **14.834**€   17.059€   –€   [St]   ⏱ 6,00 h/St   040.000.065

43 — Wärmepumpe, 20-35kW, Luft   KG **421**

Wie Ausführungsbeschreibung A 9
Wärmequelle: Luft
Minimale Wärmequellentemperatur: -18°C
Maximaler Vorlauftemperatur:
mind. 55°C zur Raumheizung mit zusätzlichem elektrischen Heizstab
mind. 72°C zur WW-Bereitung
Montage / Aufstellung: schallentkoppelt
Nennwärmeleistung 20-35 kW (bei A2W35)
Leistungszahl (COP): mind. 3,4 (bei A2W35)
Maximaler Schallleistungspegel: 65 dB(A)
Maximaler Betriebsdruck: mind. PN 6
Bemessungsbetriebsspannung: 400 V AC
Ausführung gemäß nachfolgender Einzelbeschreibung: …..

–€   19.163€   **22.545**€   25.927€   –€   [St]   ⏱ 6,00 h/St   040.000.076

040
041
042
044
045
047
053
054
058
069
075

LB 040 Wärmeversorgungsanlagen - Betriebseinrichtungen

Nr.	Kurztext / Langtext					Kostengruppe	
▶	▷	ø netto €	◁	◀	[Einheit]	Ausf.-Dauer	Positionsnummer

Kosten:
Stand 1.Quartal 2018
Bundesdurchschnitt

A 10   Brunnenanlage
Beschreibung für Pos. **44-47**

Brunnenanlage für Wärmepumpe mit Filterrohren im Bereich des Grundwasserspiegels oder durchlässigen Horizonts und Filterkies, Schacht aus Fertigteilen, mit Sumpf- oder Aufsatzrohr sowie Bodenkappe, Brunnenkopf (Flanschanschluss) mit Durchgang für Pumpensteigrohre, Kabelverbindung, inkl. Einbau von Steigrohren, einschl. Zubehör. Schächte für Saug- und Schluckbrunnen aus Beton-/Stahlbetonfertigteilen, ohne Schachtunterteil, mit Steigeisengang und Abdeckung. Liefern und Montieren der erdverlegten Leitungen DN50 (von den Brunnen bis zum Übergabepunkt Innenkante Gebäude), inkl. aller Form-, Verbindungsteile, Armaturen, Anschlussverschraubungen und Dichtungen. Erdkabel für Brunnenpumpe verlegen und anklemmen, Leistung einschl. Pumpversuch zur Leistungsermittlung, Erstellung einer Wasseranalyse über das Brunnenwasser, mit Gutachten zur Erlangung der wasserrechtlichen Erlaubnis für die thermische Nutzung von Grundwasser. Die Baustelleneinrichtung mit An- und Abtransport des Bohrgerätes sowie Aufstellen / Umsetzen der Bohranlage von Bohrpunkt zu Bohrpunkt auf hindernisfreiem, von LKW befahrbarem Gelände, ist Leistungsbestandteil.

44   Brunnenanlage, WP bis 15kW
KG **421**

Wie Ausführungsbeschreibung A 10
Brunnenbohrung:
Bodenmaterial (Beschreibung der Homogenbereiche nach Unterlagen des AG): .....
Bohrtiefe: 0-15 m
Wärmepumpe: 10-15 kW, mehrstufige Unterwasserpumpe
Nennförderstrom: bis 3,5 m³/h (für GW dT 4K)
Beton-/Stahlbetonfertigteilen: DN1.500
Lichte Schachttiefe: über 1,5 m bis 2,0 m
Ausführung gemäß nachfolgender Einzelbeschreibung: .....

–€   8.562€   **10.703€**   13.057€   –€   [St]   ⏱ 14,00 h/St   040.000.066

45   Brunnenanlage, WP 15-25kW
KG **421**

Wie Ausführungsbeschreibung A 10
Brunnenbohrung:
Bodenmaterial (Beschreibung der Homogenbereiche nach Unterlagen des AG): .....
Bohrtiefe: 0-15 m
Wärmepumpe: 15-25 kW, mehrstufige Unterwasserpumpe
Nennförderstrom: bis 5,5 m³/h (für GW dT 4K)
Beton-/Stahlbetonfertigteilen: DN1.500
Lichte Schachttiefe: über 1,5 m bis 2,0 m
Ausführung gemäß nachfolgender Einzelbeschreibung: .....

–€   9.846€   **12.308€**   15.016€   –€   [St]   ⏱ 17,00 h/St   040.000.077

▶ min
▷ von
ø Mittel
◁ bis
◀ max

46   Brunnenanlage, WP 25-35kW
KG **421**

Wie Ausführungsbeschreibung A 10
Brunnenbohrung:
Bodenmaterial (Beschreibung der Homogenbereiche nach Unterlagen des AG): .....
Bohrtiefe: 0-15 m
Wärmepumpe: 25-35 kW, mehrstufige Unterwasserpumpe
Nennförderstrom: bis 7,5 m³/h (für GW dT 4K)
Beton-/Stahlbetonfertigteilen: DN1.500
Lichte Schachttiefe: über 1,5 m bis 2,0 m
Ausführung gemäß nachfolgender Einzelbeschreibung: .....

–€   11.773€   **14.716€**   17.954€   –€   [St]   ⏱ 20,00 h/St   040.000.078

Nr.	Kurztext / Langtext						Kostengruppe	
▶	▷	ø netto €	◁	◀	[Einheit]	Ausf.-Dauer	Positionsnummer	

47 Brunnenanlage, WP 35-50kW KG 421
Wie Ausführungsbeschreibung A 10
Brunnenbohrung:
Bodenmaterial (Beschreibung der Homogenbereiche nach Unterlagen des AG): .....
Bohrtiefe: 0-15 m
Wärmepumpe: 35-50 kW, mehrstufige Unterwasserpumpe
Nennförderstrom: bis 11,0 m³/h (für GW dT 4K)
Beton-/Stahlbetonfertigteilen: DN1.500
Lichte Schachttiefe: über 1,5 m bis 2,0 m
Ausführung gemäß nachfolgender Einzelbeschreibung: .....
–€   21.405€ **26.757**€ 32.643€   –€   [St]   ⏱ 22,00 h/St   040.000.079

48 Erdsondenanlage, Wärmepumpe KG 421
Erdsondenanlage mit druckgeprüften Doppel U Sonden und Füllung des Ringraums mit Zement-Bentonit-Suspension. Ausführung der Erdwärmesondenbohrung(en) einschl. eventuell notwendiger Verrohrung des Bohrlochs. Leistung inkl. Antrag auf wasserrechtliche Genehmigung einschl. Bohrgenehmigung zur Vorlage bei der zuständigen Behörde und Nebenarbeiten und Versicherungen. Graphische Darstellung der Bohrergebnisse, Ausbauzeichnung. Baustelleneinrichtung mit An- und Abtransport Bohrgerät, Mannschaft und Ausrüstung, Auf- und Abbau des Bohrgeräts je Ansatzpunkt einschl. Umsetzen.
Bohrloch: ca. 160 mm
Doppel U Sonden: 32 mm einschl. Fußstück
Durchflussspülung und Befüllung: **mit Wasser / Wasser-Glykol**
Sondentiefe: bis 50 m
Überstand Sonden über Gelände: ca. 1,00 m
Ausführung gemäß nachfolgender Einzelbeschreibung: .....
57€   63€   **67**€   69€   75€   [m]   ⏱ 0,20 h/m   040.000.067

49 Ausdehnungsgefäß, bis 500 Liter KG 421
Membran-Druckausdehnungsgefäß mit Abnahmebescheinigung/Heizungswasser.
Zulässiger Betriebsdruck: **3 / 6 / 10 bar**
Vordruck Druckausdehnungsgefäß: ..... bar
Nennvolumen Ausdehnungsgefäß: ..... Liter
Werkstoff: Stahl
Aufstellung: stehend
Oberfläche außen: Lackiert
54€   156€   **185**€   356€   629€   [St]   ⏱ 2,50 h/St   040.000.008

50 Ausdehnungsgefäß, über 500 Liter KG 421
Membran-Druckausdehnungsgefäß mit Abnahmebescheinigung/Heizungswasser.
Zulässiger Betriebsdruck: **3 / 6 / 10 bar**
Vordruck Druckausdehnungsgefäß: ..... bar
Nennvolumen Ausdehnungsgefäß: ..... Liter
Werkstoff: Stahl
Aufstellung: stehend
Oberfläche außen: Lackiert
764€   1.413€   **1.588**€   1.865€   2.865€   [St]   ⏱ 3,00 h/St   040.000.011

LB 040 Wärmeversorgungsanlagen - Betriebseinrichtungen

Kosten:
Stand 1.Quartal 2018
Bundesdurchschnitt

Nr.	Kurztext / Langtext						Kostengruppe	
▶	▷	ø netto €	◁	◀		[Einheit]	Ausf.-Dauer	Positionsnummer

51 Trinkwarmwasserspeicher — KG 421

Speicher Wassererwärmung für Trinkwasser. Mit Einbauheizfläche als Glattrohrwärmetauscher aus geschweißtem nichtrostendem Stahlrohr. Warmwasserdauerleistung bei Erwärmung von 10 auf 60°C und Heizwasser-Vorlauftemperatur von 70°C ...... l/h. Behälter mit Korrisionsschutzeinrichtung, mit Anschlussstutzen für Heizmitteleintritt, Mess- und Regeleinrichtung, Kalt-, Warm- und Zirkulationswasser. Mit Wärmedämmung und Ummantelung, abnehmbar.

Bauart: **stehend / liegend**
Speicherinhalt: ..... Liter
Leistungskennzahl Nl: ..... [ ]
Maximale Speichertemperatur: 95°C
Zulässiger Druck: **4 / 6 / 10 bar**
Maximale Heizwassertemperatur: .....°C
Behälter: **Stahl emailliert / Edelstahl**
Durchmesser ohne Wärmedämmung: ..... m
Höhe: ..... m
Gewicht: ..... kg

| 876 € | 1.505 € | **1.800 €** | 2.510 € | 4.052 € | [St] | ⏱ 5,80 h/St | 040.000.020 |

52 Speicher-Wassererwärmer mit Solar, bis 400 Liter — KG 421

Bivalenter Speicher-Wassererwärmer für Trinkwasser, mit zwei innenliegenden Heizflächen, mit Einbauheizfläche für Solaraufheizung und weiterem Wärmeerzeuger. Leistung einschl. Anschlüssen für Medien und für Messwertgeber, mit Revisionsöffnung, mit abnehmbarer Wärmedämmung und Ummantelung, mit Anschlussleitungen.

Speicher: Bauart stehend
Material: **nichtrostendem Stahl / Stahl emailliert**
Speicherinhalt: bis 400 Liter
DIN 4708-2 bei Erwärmung von 10 auf 45°C
Leistungskennzahl je Heizfläche mindestens NL 2,5
(nach DIN 4708 bei Speicher-/VL-Temperatur 60/70°C)
Ausführung gemäß nachfolgender Einzelbeschreibung: .....

| 2.005 € | 2.719 € | **2.954 €** | 3.092 € | 3.534 € | [St] | ⏱ 2,50 h/St | 040.000.068 |

53 Umwälzpumpen, bis 2,50m³/h — KG 421

Kreiselpumpe als Umwälzpumpe, Ausführung als Nassläufer, für Heizwasser, Wärmedämmschalen nach EnEV.
Leistung: **regelbar / stufenlos regelbar**
Regelgröße: **Druck / Differenzdruck / Temperatur / Signal**
Max. Betriebstemperatur: **90 / 100 / 110°C**
Max. Betriebsdruck: **6 / 10 / 16 bar**
Maximale Druckerhöhung: ..... bar
Max. Förderleistung: ..... m³/h
Gewindeanschluss / Flanschanschluss: DN.....
Werkstoff Gehäuse: **Bronze / Gusseisen / Rotguss / Stahl, nichtrostend**
Werkstoff Laufrad: **Bronze / Kunststoff / Stahl, nichtrostend**
Energieeffizienzklasse: **A / B / C**

| 94 € | 229 € | **281 €** | 380 € | 543 € | [St] | ⏱ 0,70 h/St | 040.000.009 |

▶ min
▷ von
ø Mittel
◁ bis
◀ max

Nr.	**Kurztext** / Langtext					Kostengruppe	
▶	▷	**ø netto €**	◁	◀	[Einheit]	Ausf.-Dauer	Positionsnummer

54   Umwälzpumpen, bis 5,00m³/h   KG **422**

Kreiselpumpe als Umwälzpumpe, Ausführung als Nassläufer, für Heizwasser, Wärmedämmschalen nach EnEV.
Leistung: **regelbar / stufenlos regelbar**
Regelgröße: **Druck / Differenzdruck / Temperatur / Signal**
Max. Betriebstemperatur: **90 / 100 / 110°C**
Max. Betriebsdruck: **6 / 10 / 16 bar**
Maximale Druckerhöhung: ..... bar
Max. Förderleistung: ..... m³/h
Gewindeanschluss / Flanschanschluss: DN.....
Werkstoff Gehäuse: **Bronze / Gusseisen / Rotguss / Stahl, nichtrostend**
Werkstoff Laufrad: **Bronze / Kunststoff / Stahl, nichtrostend**
Energieeffizienzklasse: **A / B / C**

| 264€ | 389€ | **446€** | 500€ | 596€ | [St] | ⏱ 0,80 h/St | 040.000.012 |

55   Umwälzpumpen, ab 5,00m³/h   KG **422**

Kreiselpumpe als Umwälzpumpe, Ausführung als Nassläufer, für Heizwasser, Wärmedämmschalen nach EnEV.
Leistung: **regelbar / stufenlos regelbar**
Regelgröße: **Druck / Differenzdruck / Temperatur / Signal**
Max. Betriebstemperatur: **90 / 100 / 110°C**
Max. Betriebsdruck: **6 / 10 / 16 bar**
Maximale Druckerhöhung: ..... bar
Max. Förderleistung: ..... m³/h
Gewindeanschluss / Flanschanschluss: DN.....
Werkstoff Gehäuse: **Bronze / Gusseisen / Rotguss / Stahl, nichtrostend**
Werkstoff Laufrad: **Bronze / Kunststoff / Stahl, nichtrostend**
Energieeffizienzklasse: **A / B / C**

| 605€ | 756€ | **866€** | 970€ | 1.480€ | [St] | ⏱ 1,00 h/St | 040.000.013 |

56   Absperrklappen, bis DN25   KG **422**

Absperrklappe als Zwischenflanscharmatur, für Betrieb mit Heizungswasser, inkl. zwei Gegenflanschen.
Heizungswasser: **bis 120°C / über 120°C**
Gehäuse: **Grauguss / Bronze / .....**
Nenndruck PN: **6 / 10 / 16 bar**
Nenndurchmesser Rohr: bis DN25
Betätigung: über **Handhebel / Rasterhebel**
Baulänge: .....

| 54€ | 84€ | **90€** | 103€ | 112€ | [St] | ⏱ 0,35 h/St | 040.000.049 |

57   Absperrklappen, DN32   KG **422**

Absperrklappe als Zwischenflanscharmatur, für Betrieb mit Heizungswasser, inkl. zwei Gegenflanschen.
Heizungswasser: **bis 120°C / über 120°C**
Gehäuse: **Grauguss / Bronze / .....**
Nenndruck PN: **6 / 10 / 16 bar**
Nenndurchmesser Rohr: DN32
Betätigung: über **Handhebel / Rasterhebel**
Baulänge: .....

| 61€ | 84€ | **103€** | 120€ | 143€ | [St] | ⏱ 0,38 h/St | 040.000.014 |

LB 040 Wärmeversorgungsanlagen - Betriebseinrichtungen

Nr.	Kurztext / Langtext						Kostengruppe
▶	▷	ø netto €	◁	◀	[Einheit]	Ausf.-Dauer	Positionsnummer

58 Absperrklappen, DN65　　KG **422**
Absperrklappe als Zwischenflanscharmatur, für Betrieb mit Heizungswasser, inkl. zwei Gegenflanschen.
Heizungswasser: **bis 120°C / über 120°C**
Gehäuse: **Grauguss / Bronze / .....**
Nenndruck PN: **6 / 10 / 16 bar**
Nenndurchmesser Rohr: DN65
Betätigung: über **Handhebel / Rasterhebel**
Baulänge: .....

| 87€ | 114€ | **148€** | 167€ | 195€ | [St] | ⏱ 0,50 h/St | 040.000.017 |

59 Absperrklappen, DN125　　KG **422**
Absperrklappe als Zwischenflanscharmatur, für Betrieb mit Heizungswasser, inklusive zwei Gegenflanschen.
Heizungswasser: **bis 120°C / über 120°C**
Gehäuse: **Grauguss / Bronze / .....**
Nenndruck PN: **6 / 10 / 16 bar**
Nenndurchmesser Rohr: DN125
Betätigung: über **Handhebel / Rasterhebel**
Baulänge: .....

| 124€ | 286€ | **309€** | 444€ | 605€ | [St] | ⏱ 0,80 h/St | 040.000.019 |

60 Rückschlagventil, DN65　　KG **422**
Rückschlagventil in Zwischenflanschenausführung mit Spezialzentrierung, zum Einbau zwischen Rohrleitungsflanschen, inklusive Gegenflanschen, entsprechend langen Schrauben und Dichtungen.
Nennweite: DN65
Nenndruck: PN 6

| 53€ | 84€ | **102€** | 127€ | 162€ | [St] | ⏱ 0,40 h/St | 040.000.021 |

61 Dreiwegeventil, DN40　　KG **421**
Dreiwege-Mischventil mit Verschraubung, Kennlinie A-AB gleichprozentig, B-AB linear. Für Heizungsverteilungen inkl. elektrischem Stellantrieb für 3-Punkt oder Auf-Zu-Regelung sowie Verschraubungen und Dichtungen.
Material Gehäuse: Grauguss
Nenndruck: PN 16
Nennweite: DN40
Max. Vorlauftemperatur: 95°C
kvs-Wert: 25 m³/h
Spannung: 230 V, 50 Hz

| 126€ | 273€ | **393€** | 484€ | 632€ | [St] | ⏱ 0,90 h/St | 040.000.022 |

Kosten:
Stand 1.Quartal 2018
Bundesdurchschnitt

▶ min
▷ von
ø Mittel
◁ bis
◀ max

Nr.	Kurztext / Langtext					Kostengruppe		
▶	▷	ø netto €	◁	◀	[Einheit]	Ausf.-Dauer	Positionsnummer	

62 Heizungsverteiler, Wandmontage, 3 Heizkreise — KG **421**

Heizungsverteiler als kombinierter Vor- und Rücklaufverteiler. Abgangsstutzen Vor- und Rücklauf nebeneinander, als Rohrstutzen, mit Vorschweißflansch. Für Abgänge DN25-DN100 mit Stutzenabstand 350mm, bei größeren Dimensionen 400mm. Flanschstutzen DN25-DN100 sind auf gleiche Spindelhöhe, für Armaturen entsprechend den Baulängenreihen F1, F4, oder K1, abgestimmt. Entleerungsmuffen DN15 für Vor- und Rücklaufbalken. Verteiler werkseitig druckgeprüft und grundiert. Heizkreisverteiler für 3 Heizkreise (1 Anschluss Wärmeerzeuger Vor-/Rücklauf, 2 Anschlüsse für Heizkreise (DN25-DN100). Inkl. Wärmedämmschalen für Verteiler entsprechend Heizungsanlagenverordnung.
Material: Stahl
Vorschweißflansch: **PN 6 / PN 10 / PN 16**

–€	160€	**182**€	204€	–€	[St]	⏱ 0,75 h/St	040.000.050

63 Heizungsverteiler, Wandmontage, 5 Heizkreise — KG **421**

Heizungsverteiler als kombinierter Vor- und Rücklaufverteiler. Abgangsstutzen Vor- und Rücklauf nebeneinander, als Rohrstutzen, mit Vorschweißflansch. Für Abgänge DN25-DN100 mit Stutzenabstand 350mm, bei größeren Dimensionen 400mm. Flanschstutzen DN25-DN100 sind auf gleiche Spindelhöhe, für Armaturen entsprechend den Baulängenreihen F1, F4, oder K1, abgestimmt. Entleerungsmuffen DN15 für Vor- und Rücklaufbalken. Verteiler werkseitig druckgeprüft und grundiert. Heizkreisverteiler für 5 Heizkreise (1 Anschluss Wärmeerzeuger Vor-/Rücklauf, 2 Anschlüsse für Heizkreise (DN25-DN100). Inkl. Wärmedämmschalen für Verteiler entsprechend Heizungsanlagenverordnung.
Material: Stahl
Vorschweißflansch: **PN 6 / PN 10 / PN 16**

–€	261€	**289**€	345€	–€	[St]	⏱ 0,90 h/St	040.000.051

64 Füllset, Heizung — KG **421**

Manuelle Heizungsfüll-/-nachfüllstation mit flexibler Schlauchanbindung zum Befüllen von Warmwasser-Heizungsanlagen. Bestehend aus Absperrarmatur mit Systemtrenner, einem Wandschlauchhalter, 5m Wasserschlauch 1/2" für maximal 12bar Betriebsdruck, zwei halben Schlauchverschraubungen 1/2" aus Messing, inklusive Befestigungselementen für Wandbefestigung.
Temperaturbereich: bis 40°C (Füllwasser)

12€	18€	**19**€	22€	28€	[St]	⏱ 0,10 h/St	040.000.052

LB 041 Wärmeversorgungsanlagen - Leitungen, Armaturen, Heizflächen

Kosten: Stand 1.Quartal 2018 Bundesdurchschnitt

Legende:
- ▶ min
- ▷ von
- ø Mittel
- ◁ bis
- ◀ max

Preise €
ø brutto €
ø netto €

Nr.	Positionen	Einheit	▶ min	▷ von	ø Mittel	◁ bis	◀ max
1	Strangregulierventil, Guss, DN15	St	17 / 14	30 / 25	**39** / **33**	48 / 40	55 / 46
2	Überströmventil, Guss, DN15	St	38 / 32	60 / 51	**76** / **64**	85 / 71	123 / 104
3	Schmutzfänger, Guss, DN40	St	46 / 38	60 / 50	**69** / **58**	69 / 58	87 / 73
4	Schnellentlüfter, DN10 (Schwimmerentlüfter)	St	8 / 7	22 / 19	**28** / **23**	40 / 34	88 / 74
5	Zeigerthermometer, Bimetall	St	10 / 8	17 / 15	**20** / **17**	37 / 31	60 / 50
6	Manometer, Rohrfeder	St	22 / 18	42 / 35	**56** / **47**	89 / 75	190 / 160
7	Absperrventil, Guss, DN15	St	22 / 18	36 / 30	**43** / **36**	52 / 43	76 / 64
8	Absperrventil, Guss, DN20	St	36 / 30	50 / 42	**55** / **46**	63 / 53	83 / 70
9	Absperrventil, Guss, DN32	St	45 / 38	83 / 70	**98** / **82**	131 / 110	198 / 166
10	Absperrventil, Guss, DN65	St	147 / 124	195 / 164	**196** / **165**	216 / 181	266 / 224
11	Badheizkörper/Handtuchheizkörper, Stahl beschichtet	St	250 / 210	497 / 417	**587** / **493**	695 / 584	1.260 / 1.059
12	Rohrleitung, C-Stahlrohr, DN15	m	3,7 / 3,1	10 / 8,6	**14** / **12**	16 / 14	20 / 17
13	Rohrleitung, C-Stahlrohr, DN25	m	19 / 16	23 / 19	**24** / **20**	26 / 22	29 / 24
14	Rohrleitung, C-Stahlrohr, DN50	m	26 / 22	43 / 36	**52** / **43**	57 / 48	80 / 67
15	Rohrleitung, C-Stahlrohr, Bogen, DN50	St	– / –	114 / 96	**142** / **119**	170 / 143	– / –
16	Rohrleitung, Stahlrohr, DN65	m	28 / 24	34 / 28	**36** / **30**	40 / 34	52 / 44
17	Rohrleitung, Stahlrohr, DN100	m	– / –	47 / 40	**57** / **48**	67 / 56	– / –
18	Rohrleitung, Stahlrohr, DN150	m	– / –	62 / 53	**69** / **58**	76 / 64	– / –
19	Heizkreisverteiler, Pumpenwarmwasserheizungen	St	193 / 162	287 / 241	**331** / **278**	390 / 327	504 / 423
20	Röhrenheizkörper, Stahl, h=500	St	– / –	11 / 9,1	**12** / **10,0**	14 / 12	– / –
21	Röhrenheizkörper, Stahl, h=900	St	– / –	13 / 11	**18** / **15**	23 / 19	– / –
22	Röhrenheizkörper, Stahl, h=1.800	St	– / –	22 / 19	**25** / **21**	30 / 25	– / –
23	Kompaktheizkörper, Stahl, H=500, L= bis 700	St	141 / 118	162 / 136	**176** / **148**	197 / 166	229 / 192
24	Kompaktheizkörper, Stahl, H=500, L=bis 2.100	St	324 / 272	372 / 313	**404** / **340**	453 / 381	526 / 442

© **BKI** Baukosteninformationszentrum; Erläuterungen zu den Tabellen siehe Seite 46
Mustertexte 2016 geprüft: Zentralverband Sanitär Heizung Klima (ZVSHK)

Kostenstand: 1.Quartal 2018, Bundesdurchschnitt

Wärmeversorgungsanlagen - Leitungen, Armaturen, Heizflächen — Preise €

Nr.	Positionen	Einheit	▶	▷ ø brutto € ø netto €	◁	◀
25	Kompaktheizkörper, Stahl, H=600, L=bis 700	St	162 136	186 156	**202** **170**	226 190	263 221
26	Kompaktheizkörper, Stahl, H=600, L=bis 2.100	St	331 278	380 320	**414** **348**	463 389	538 452
27	Kompaktheizkörper, Stahl, H=900, L=bis 700	St	193 162	222 187	**241** **203**	270 227	338 284
28	Kompaktheizkörper, Stahl, H=900, L=bis 2.100	St	456 383	525 441	**570** **479**	639 537	798 671
29	Radiavektoren, Profilrohre, H=140, L=bis 700	St	348 293	493 414	**535** **450**	633 532	698 587
30	Radiavektoren, Profilrohre, H=140, L=bis 2.100	St	561 472	871 732	**887** **746**	1.075 903	1.385 1.164
31	Radiavektoren, Profilrohre, h=210, L=bis 700	St	357 300	497 418	**552** **464**	676 568	873 734
32	Radiavektoren, Profilrohre, H=210, L=bis 2.100	St	719 604	1.083 910	**1.187** **998**	1.331 1.118	1.686 1.417
33	Radiavektoren, Profilrohre, H=280, L=bis 700	St	362 304	562 472	**641** **539**	776 653	1.010 849
34	Radiavektoren, Profilrohre, H=280, L=bis 1.400	St	473 397	812 682	**949** **798**	1.172 985	1.512 1.270
35	Thermostatventil, Guss, DN15	St	11 9	16 13	**20** **16**	24 20	29 24
36	Heizkörperverschraubung, DN15	St	10 8	19 16	**23** **19**	47 40	73 61
37	Heizkörper abnehmen/montieren	St	24 21	38 32	**48** **40**	63 53	123 103
38	Kappenventil, Ausdehnungsgefäß, DN20	St	– –	24 20	**30** **25**	37 31	– –
39	Muffenkugelhahn, Guss, DN15	St	7 6	17 14	**21** **18**	27 23	40 34
40	Membran-Sicherheitsventil, Guss	St	8 7	15 12	**19** **16**	25 21	29 24
41	Verteilerschrank, Aufputz, 5 Heizkreise, Fußbodenheizung	St	– –	416 350	**442** **372**	470 395	– –
42	Verteilerschrank, Unterputz, 5 Heizkreise, Fußbodenheizung	St	– –	431 362	**481** **405**	515 433	– –
43	Fußboden-Heizkreisverteiler, 5 Heizkreise	St	227 191	268 225	**292** **245**	324 272	372 313

LB 041 Wärmeversorgungsanlagen - Leitungen, Armaturen, Heizflächen

Kosten:
Stand 1.Quartal 2018
Bundesdurchschnitt

▶ min
▷ von
ø Mittel
◁ bis
◀ max

Nr.	Kurztext / Langtext					Kostengruppe		
▶	▷	ø netto €	◁	◀	[Einheit]	Ausf.-Dauer	Positionsnummer	

1 Strangregulierventil, Guss, DN15 KG **421**

Strangregulierventil als Durchgangsventil in Schrägsitzausführung. Stufenlose Voreinstellung über Handrad. Ablesbarkeit der Voreinstellung unabhängig von der Handradstellung. Alle Funktionselemente auf der Handradseite. Montage im Vor- und Rücklauf möglich. Ventilgehäuse und Kopfstück, Spindel und Ventilkegel aus entzinkungsbeständigem Messing (Ms-EZB), Kegel mit Dichtung aus PTFE, wartungsfreie Spindelabdichtung durch doppelten O-Ring. Messventil und Füll- und Entleerkugelhahn anschließ- und austauschbar. Inklusive Verschraubung beidseitig.
Strangregulierventil: PN **6 / 10 / 16 bar**
Ventilgehäuse und Kopfstück aus: **Rotguss / Grauguss**
Betriebstemperatur **120°C / 150°C**
Nennweite: DN15
Anschlussgewinde: R 1/2" IG

| 14€ | 25€ | **33**€ | 40€ | 46€ | [St] | ⏱ 0,20 h/St | 041.000.009 |

2 Überströmventil, Guss, DN15 KG **421**

Differenzdruck-Überströmventil mit Federhaube aus Kunststoff, Membrane aus EPDM, einschl. Anzeigenhülse, inkl. beidseitiger Verschraubung.
Ausführung: **Eckausführung / gerade Ausführung**
Material: **Messing / Rotguss / Grauguss** mit eingebauter Differenzdruck-Anzeige
Differenzdruck: zwischen 0,05 und 0,5 bar
Betriebstemperatur: **110°C / 120°C / 150°C**
Betriebsdruck: max. **3 / 6 / 10 bar**
Nennweite: DN15
Anschlussgewinde R 1/2" IG

| 32€ | 51€ | **64**€ | 71€ | 104€ | [St] | ⏱ 0,35 h/St | 041.000.010 |

3 Schmutzfänger, Guss, DN40 KG **421**

Schmutzfänger, mit doppeltem Sieb, aus Niro-Stahldrahtgeflecht.
Betriebsdruck: PN **6 / 10 / 16**
Gehäuse: Grauguss
Betriebstemperatur: **110°C / 120°C / 150°C**
Nennweite: DN40
Anschlussgewinde: R 1 3/4" IG

| 38€ | 50€ | **58**€ | 58€ | 73€ | [St] | ⏱ 0,30 h/St | 041.000.011 |

4 Schnellentlüfter, DN10 (Schwimmerentlüfter) KG **421**

Schwimmerentlüfter zur permanenten, automatischen Entlüftung von Heizungsanlagen.
Anschlussgewinde: R 3/8" IG
Material Gehäuse: **Messing / Grauguss**
Material Schwimmer: Kunststoff
Betriebstemperatur: 115°C
Betriebsdruck PN **6 / 10 / 16** bar

| 7€ | 19€ | **23**€ | 34€ | 74€ | [St] | ⏱ 0,10 h/St | 041.000.012 |

Nr.	Kurztext / Langtext							Kostengruppe
▶	▷	ø netto €	◁	◀	[Einheit]	Ausf.-Dauer	Positionsnummer

5 Zeigerthermometer, Bimetall KG **421**

Zeigerthermometer, Tauchrohr radial, aus nichtrostendem Stahl, inklusive Tauchhülse, eingeschweißt in Medienrohr.
Messelement: Bimetall
Tauchrohr-Einbaulänge: **63 / 80 / 100 / 160 mm**
Tauchrohrdurchmesser: **6 / 8 / 10 mm**
Gehäuse: **Aluminium / Edelstahl**
Übersteckring: **Messing / Edelstahl**, poliert
Gehäusedurchmesser: **63 / 80 / 100 / 160 mm**
Anzeigebereich: **-40 / 0°C** bis **60 / 100 / 160°C**
Zifferblatt: Aluminium, weiß, Skalenaufdruck schwarz
Instrumentenglas Schutzart: IP65
Messgenauigkeit: Klasse 1

| 8€ | 15€ | **17€** | 31€ | 50€ | [St] | ⌀ 0,05 h/St | 041.000.013 |

6 Manometer, Rohrfeder KG **421**

Manometer, als Rohrfedermanometer mit verstellbarer Markierung, Rohrfeder aus nichtrostendem Stahl.
Anschlusszapfen: R 1/4, radial nach unten
Anschluss: **hinten / seitlich**
Gehäusedurchmesser: **63 / 80 / 100 / 160 mm**
Gehäuse: Messing
Übersteckring: Messing, poliert
Anzeigebereich: **bis 3 / 6 / 10 / 16 / 25 bar**
Nenndruck: PN **6 / 10 / 16 / 25 bar**
Messgenauigkeit: 1,6% vom Skalenendwert

| 18€ | 35€ | **47€** | 75€ | 160€ | [St] | ⌀ 0,05 h/St | 041.000.014 |

A 1 Absperrventil, Guss Beschreibung für Pos. **7-10**

Absperrventil als Durchgangsventil in Schrägsitzausführung, mit Entleerung. Spindel und Ventilkegel aus entzinkungsbeständigem Messing (Ms-EZB), Kegel mit Dichtung aus PTFE, wartungsfreie Spindelabdichtung durch doppelten O-Ring, inklusive beidseitiger Verschraubung, zwei Gegenflanschen mit Schrauben, Pressverbindung inklusive Pressfittinge.

7 Absperrventil, Guss, DN15 KG **422**

Wie Ausführungsbeschreibung A 1
Betriebsdruck PN: **6 / 10 / 16 bar**
Gehäuse und Kopfstück: **Rotguss / Grauguss**
Betriebstemperatur: **120°C / 150°C**
Nennweite: DN15
Anschluss: R 1/2" IG x R 1/2" IG

| 18€ | 30€ | **36€** | 43€ | 64€ | [St] | ⌀ 0,30 h/St | 041.000.033 |

040
041
042
044
045
047
053
054
058
069
075

LB 041 Wärmeversorgungsanlagen - Leitungen, Armaturen, Heizflächen

Kosten:
Stand 1.Quartal 2018
Bundesdurchschnitt

▶ min
▷ von
ø Mittel
◁ bis
◀ max

Nr.	Kurztext / Langtext					[Einheit]	Ausf.-Dauer	Kostengruppe Positionsnummer
▶	▷	ø netto €	◁	◀				

8   Absperrventil, Guss, DN20 KG **422**
Wie Ausführungsbeschreibung A 1
Betriebsdruck PN: **6 / 10 / 16 bar**
Gehäuse und Kopfstück: **Rotguss / Grauguss**
Betriebstemperatur: **120°C / 150°C**
Nennweite: DN20
Anschluss: R 3/4 " IG x R 3/4 " IG

| 30€ | 42€ | **46**€ | 53€ | 70€ | [St] | ⏱ 0,32 h/St | 041.000.034 |

9   Absperrventil, Guss, DN32 KG **422**
Wie Ausführungsbeschreibung A 1
Betriebsdruck PN: **6 / 10 / 16 bar**
Gehäuse und Kopfstück: **Rotguss / Grauguss**
Betriebstemperatur: **120°C / 150°C**
Nennweite: DN32
Anschluss: R 1 1/4 " IG x R 1 1/4 " IG

| 38€ | 70€ | **82**€ | 110€ | 166€ | [St] | ⏱ 0,40 h/St | 041.000.036 |

10   Absperrventil, Guss, DN65 KG **422**
Wie Ausführungsbeschreibung A 1
Betriebsdruck PN: **6 / 10 / 16 bar**
Gehäuse und Kopfstück: **Rotguss / Grauguss**
Betriebstemperatur: **120°C / 150°C**
Nennweite: DN65
Anschluss: R 2 1/2 " IG x R 2 1/2 " IG

| 124€ | 164€ | **165**€ | 181€ | 224€ | [St] | ⏱ 0,60 h/St | 041.000.039 |

11   Badheizkörper/Handtuchheizkörper, Stahl beschichtet KG **423**
Handtuchheizkörper mit Thermostat und elektrischem Heizeinsatz. Rohre horizontal, gerade, mit integrierter 2-Rohr Armatur und Anschlussverschraubung, inkl. elektr. Raumtemperaturregelung, Elektroheizpatrone mit Trockenlaufschutz, einschl. Montage und Anschluss.
Material: Stahl
Beschichtung: Pulverbeschichtung
Farbe: **weiß / Sonderfarbton**
Maximale Betriebstemperatur: **90 / 120°C**
Maximaler Betriebsdruck PN: **6 / 10 bar**
Höhe: 1.800 mm
Breite: 600 mm
Tiefe: 40 mm
Heizleistung: 800 W
Elektrische Heizpatrone 230 V / 50 Hz: 600 W
Schutzart: IP 3X

| 210€ | 417€ | **493**€ | 584€ | 1.059€ | [St] | ⏱ 1,80 h/St | 041.000.015 |

Nr.	Kurztext / Langtext						Kostengruppe	
▶	▷	ø netto €	◁	◀		[Einheit]	Ausf.-Dauer	Positionsnummer

A 2 Rohrleitung, C-Stahlrohr — Beschreibung für Pos. 12-14

Rohrleitung in Stangen, geschweißte Ausführung, Rohre außen grundiert mit Kunststoffmantel aus Polypropylen, inkl. Fittings, Materialwechsel bei Armaturen etc. bis DN50, falls nicht separat aufgeführt.

12 Rohrleitung, C-Stahlrohr, DN15 — KG 422
Wie Ausführungsbeschreibung A 2
C-Stahlrohr:
Werkstoff: RSt. 34-2
Farbe: ..... / **cremeweiß RAL 9001**
Nennweite: 18 x 1,2 mm

| 3€ | 9€ | **12€** | 14€ | 17€ | [m] | ⏱ 0,18 h/m | 041.000.001 |

13 Rohrleitung, C-Stahlrohr, DN25 — KG 422
Wie Ausführungsbeschreibung A 2
Rohrleitung: C-Stahlrohr
Werkstoff: RSt. 34-2
Farbe: ..... / **cremeweiß RAL 9001**
Nennweite: 28 x 1,5 mm

| 16€ | 19€ | **20€** | 22€ | 24€ | [m] | ⏱ 0,25 h/m | 041.000.018 |

14 Rohrleitung, C-Stahlrohr, DN50 — KG 422
Wie Ausführungsbeschreibung A 2
Rohrleitung: C-Stahlrohr
Werkstoff: RSt. 34-2
Farbe: ..... / **cremeweiß RAL 9001**
Nennweite: 54 x 1,5 mm

| 22€ | 36€ | **43€** | 48€ | 67€ | [m] | ⏱ 0,36 h/m | 041.000.021 |

15 Rohrleitung, C-Stahlrohr, Bogen, DN50 — KG 422
Form- und Verbindungsstücke als Bogen 90°, für Rohrleitung in geschweißter Ausführung.
Rohrleitung: C-Stahlrohr
Werkstoff: RSt. 34-2
Nennweite: 54 x 1,5 mm

| –€ | 96€ | **119€** | 143€ | –€ | [St] | ⏱ 0,40 h/St | 041.000.002 |

A 3 Rohrleitung, Stahlrohr — Beschreibung für Pos. 16-18

Rohrleitung aus nahtlosem Stahlrohr, für Heizungswasser, Form- und Verbindungsstücke werden gesondert vergütet. Inkl. Rohrbefestigung.

16 Rohrleitung, Stahlrohr, DN65 — KG 422
Wie Ausführungsbeschreibung A 3
Rohrleitung: Stahlrohr
Oberfläche: schwarz
Rohrdurchmesser: 76,1 mm
Verlegung: bis **3,50 / 5,00 / 7,00 m über Gelände / Fußboden**

| 24€ | 28€ | **30€** | 34€ | 44€ | [m] | ⏱ 0,40 h/m | 041.000.022 |

LB 041
Wärmeversorgungsanlagen - Leitungen, Armaturen, Heizflächen

Kosten: Stand 1.Quartal 2018 Bundesdurchschnitt

- ▶ min
- ▷ von
- ø Mittel
- ◁ bis
- ◀ max

Nr.	Kurztext / Langtext					[Einheit]	Ausf.-Dauer	Kostengruppe Positionsnummer
▶	▷	ø netto €	◁	◀				

17 Rohrleitung, Stahlrohr, DN100 KG **422**
Wie Ausführungsbeschreibung A 3
Rohrleitung: Stahlrohr
Oberfläche: schwarz
Rohrdurchmesser: 108 mm
Verlegung: bis **3,50 / 5,00 / 7,00 m über Gelände / Fußboden**

–€   40€   **48€**   56€   –€   [m]   ⏱ 0,48 h/m   041.000.024

18 Rohrleitung, Stahlrohr, DN150 KG **422**
Wie Ausführungsbeschreibung A 3
Rohrleitung: Stahlrohr
Oberfläche: schwarz
Rohrdurchmesser: 168,3 mm
Verlegung: bis **3,50 / 5,00 / 7,00 m über Gelände / Fußboden**

–€   53€   **58€**   64€   –€   [m]   ⏱ 0,55 h/m   041.000.025

19 Heizkreisverteiler, Pumpenwarmwasserheizungen KG **422**
Heizkreisverteiler für Pumpenwarmwasserheizungen als Verteiler/Sammlerkombination. Mit Flanschanschlüssen für ..... Anschlussstutzen, abnehmbarer Wärmedämmung und Befestigungsklammern, inkl. Stand- / Wandkonsolen.
Maximale Betriebstemperatur: **bis / über 120°C**
Maximaler Betriebsdruck: **4 / 6 / 10 / 16 bar**
Werkstoff: Stahl
Maximale Anschlussdimension: DN.....
Achsabstand der Anschlüsse: ..... mm
Inklusive: **Stand- / Wandkonsolen**
Aufstellung: **Boden / Wand**
Schutzmantel: **Aluminium / Stahl verzinkt**

162€   241€   **278€**   327€   423€   [St]   ⏱ 1,20 h/St   041.000.007

A 4 Röhrenheizkörper, Stahl Beschreibung für Pos. **20-22**
Röhrenheizkörper als Mehrsäuler in Gliederbauweise mit vertikalen Präzisionsrundrohren und Kopfstück vollständig verschweißt. Wärmeleistung geprüft. Lieferung montagefertig mit 2 bis 4 stirnseitigen Anschlüssen für Vorlauf, Rücklauf, Entlüftung und Entleerung. Mit Lieferung, fachgerechter Montage sowie Montagezubehör für Massivwände oder Leichtbauwänden. Wandkonsolen, verzinkt mit Schalldämmteil für Mehrsäuler.

20 Röhrenheizkörper, Stahl, h=500 KG **423**
Wie Ausführungsbeschreibung A 4
Wärmekörper: mit Pulver-Einbrenn-Fertiglackierung
Farbe: RAL 9010
Max. Betriebstemperatur: **bis 120°C / über 120°C**
Max. Betriebsdruck: **4 / 6 / 10 / 12 bar**
Bauhöhe: 500 mm
Bautiefe: ..... mm
Glieder: ..... St
Normwärmeabgabe je Glied: ..... W
Hinweis: Preisangaben pro HK-Glied

–€   9€   **10€**   12€   –€   [St]   ⏱ 0,12 h/St   041.000.003

Nr.	Kurztext / Langtext				[Einheit]	Ausf.-Dauer	Kostengruppe Positionsnummer
▶	▷ ø netto € ◁ ◀						

21 Röhrenheizkörper, Stahl, h=900 — KG **423**

Wie Ausführungsbeschreibung A 4
Wärmekörper: mit Pulver-Einbrenn-Fertiglackierung
Farbe: RAL 9010
Max. Betriebstemperatur: **bis 120°C / über 120°C**
Max. Betriebsdruck: **4 / 6 / 10 / 12 bar**
Bauhöhe: 900 mm
Bautiefe: ..... mm
Glieder: ..... St
Normwärmeabgabe je Glied: ..... W
Hinweis: Preisangaben pro HK-Glied

–€   11€   **15**€   19€   –€   [St]   ⏱ 0,18 h/St   041.000.027

22 Röhrenheizkörper, Stahl, h=1.800 — KG **423**

Wie Ausführungsbeschreibung A 4
Wärmekörper: mit Pulver-Einbrenn-Fertiglackierung
Farbe: RAL 9010
Max. Betriebstemperatur: **bis 120°C / über 120°C**
Max. Betriebsdruck: **4 / 6 / 10 / 12 bar**
Bauhöhe: 1.800 mm
Bautiefe: ..... mm
Glieder: ..... St
Fabrikat: .....
Typ: .....
Normwärmeabgabe je Glied: .... W
Hinweis: Preisangaben pro HK-Glied

–€   19€   **21**€   25€   –€   [St]   ⏱ 0,24 h/St   041.000.028

LB 041 Wärmeversorgungsanlagen - Leitungen, Armaturen, Heizflächen

Kosten:
Stand 1.Quartal 2018
Bundesdurchschnitt

▶ min
▷ von
ø Mittel
◁ bis
◀ max

Nr.	Kurztext / Langtext						Kostengruppe
▶	▷	ø netto €	◁	◀	[Einheit]	Ausf.-Dauer	Positionsnummer

A 5   Kompaktheizkörper, Stahl   Beschreibung für Pos. 23-28

Kompaktheizkörper als Plattenheizkörper, Sickenteilung 33 1/3 mm. Übergreifende obere Abdeckung und geschlossene seitliche Blenden. Zweischichtlackierung, lösungsmittelfrei im Heizbetrieb, entfettet, eisenphosphoriert, grundiert mit kathodischem Elektrotauchlack und elektrostatisch pulverbeschichtet, Rückseite mit 4 Befestigungslaschen (ab Baulänge 1.800mm = 6 Stück). Inkl. Montageset, bestehend aus Bohrkonsolen, Abstandshalter und Sicherungsbügel zur Befestigung sowie Blind- und Entlüftungsstopfen. Mit Lieferung, fachgerechter Montage sowie Montagezubehör, Einschraubventil mit Voreinstellung.

23   Kompaktheizkörper, Stahl, H=500, L= bis 700   KG 423

Wie Ausführungsbeschreibung A 5
Material: Stahlblech St. 12.03
Blechstärke: 1,25 mm
Farbe: weiß
Anschlüsse: G 1/2 **vertikal links / rechts**
Betriebsdruck: max. **4 / 6 / 10 bar**
Medium: Heißwasser bis **110 / 120°C**
Bautiefe: ..... mm
Bauhöhe: 500 mm
Baulänge: bis 700 mm
Fabrikat: .....
Typ: .....
Normwärmeabgabe: ..... W

| 118€ | 136€ | **148€** | 166€ | 192€ | [St] | 1,00 h/St | 041.000.004 |

24   Kompaktheizkörper, Stahl, H=500, L= bis 2.100   KG 423

Wie Ausführungsbeschreibung A 5
Material: Stahlblech St. 12.03
Blechstärke: 1,25 mm
Farbe: weiß
Anschlüsse: G 1/2 **vertikal links / rechts**
Betriebsdruck: max. **4 / 6 / 10 bar**
Medium: Heißwasser bis **110 / 120°C**
Bautiefe: ..... mm
Bauhöhe: 500 mm
Baulänge: 1.401-2.100 mm
Fabrikat: .....
Typ: .....
Normwärmeabgabe je Glied: ..... W

| 272€ | 313€ | **340€** | 381€ | 442€ | [St] | 1,30 h/St | 041.000.061 |

Nr.	Kurztext / Langtext						Kostengruppe
▶	▷	ø netto €	◁	◀	[Einheit]	Ausf.-Dauer	Positionsnummer

25 Kompaktheizkörper, Stahl, H=600, L= bis 700   KG **423**
Wie Ausführungsbeschreibung A 5
Material: Stahlblech St. 12.03
Blechstärke: 1,25 mm
Farbe: weiß
Anschlüsse: G 1/2 **vertikal links / rechts**
Betriebsdruck: max. **4 / 6 / 10 bar**
Medium: Heißwasser bis **110 / 120°C**
Bautiefe: ..... mm
Bauhöhe: 600 mm
Baulänge: bis 700 mm
Fabrikat: .....
Typ: .....
Normwärmeabgabe: ....W

| 136€ | 156€ | **170**€ | 190€ | 221€ | [St] | ⏱ 1,00 h/St | 041.000.062 |

26 Kompaktheizkörper, Stahl, H=600, L= bis 2.100   KG **423**
Wie Ausführungsbeschreibung A 5
Material: Stahlblech St. 12.03
Blechstärke: 1,25 mm
Farbe: weiß
Anschlüsse: G 1/2 **vertikal links / rechts**
Betriebsdruck: max. **4 / 6 / 10 bar**
Medium: Heißwasser bis **110 / 120°C**
Bautiefe: ..... mm
Bauhöhe: 600 mm
Baulänge: 1.401-2.100 mm
Fabrikat: .....
Typ: .....
Normwärmeabgabe je Glied: ..... W

| 278€ | 320€ | **348**€ | 389€ | 452€ | [St] | ⏱ 1,30 h/St | 041.000.064 |

27 Kompaktheizkörper, Stahl, H=900, L= bis 700   KG **423**
Wie Ausführungsbeschreibung A 5
Material: Stahlblech St. 12.03
Blechstärke: 1,25 mm
Farbe: weiß
Anschlüsse: G 1/2 **vertikal links / rechts**
Betriebsdruck: max. **4 / 6 / 10 bar**
Medium: Heißwasser bis **110 / 120°C**
Bautiefe: ..... mm
Bauhöhe: 900 mm
Baulänge: bis 700 mm
Fabrikat: .....
Typ: .....
Normwärmeabgabe: ....W

| 162€ | 187€ | **203**€ | 227€ | 284€ | [St] | ⏱ 1,00 h/St | 041.000.065 |

LB 041
Wärmeversorgungsanlagen
- Leitungen, Armaturen, Heizflächen

Kosten:
Stand 1.Quartal 2018
Bundesdurchschnitt

Nr.	Kurztext / Langtext				[Einheit]	Ausf.-Dauer	Kostengruppe Positionsnummer
▶	▷	ø netto €	◁	◀			

28 **Kompaktheizkörper, Stahl, H=900, L= bis 2.100** KG **423**
Wie Ausführungsbeschreibung A 5
Material: Stahlblech St. 12.03
Blechstärke: 1,25 mm
Farbe: weiß
Anschlüsse: G 1/2 **vertikal links / rechts**
Betriebsdruck: max. **4 / 6 / 10 bar**
Medium: Heißwasser bis **110 / 120°C**
Bautiefe: ..... mm
Bauhöhe: 900 mm
Baulänge: 1.401-2.100 mm
Fabrikat: .....
Typ: .....
Normwärmeabgabe je Glied: ..... W

| 383 € | 441 € | **479** € | 537 € | 671 € | [St] | ⏱ 1,30 h/St | 041.000.067 |

A 6 **Radiavektor, Profilrohr** Beschreibung für Pos. **29-34**
Radiavektor in vollständig geschweißter Ausführung mit 2 bis 5 hintereinander und 1 bis 4 übereinander angeordneten wasserführenden Profilrohren. Lieferung montagefertig mit 2 bis 4 stirnseitigen Anschlüssen für Vorlauf, Rücklauf, Entlüftung und Entleerung, fachgerechte Montage sowie Montagezubehör.

29 **Radiavektoren, Profilrohre, H=140, L= bis 700** KG **423**
Wie Ausführungsbeschreibung A 6
Wärmeleistung: ..... W
Wärmekörper: mit Pulvereinbrenn-Fertiglackierung
Farbe: RAL 9010
Anschluss: **wechselseitig / gleichseitig Standkonsolen EFK mit Kunststoffkappe FK**
Max. Betriebstemperatur: **100 / 120°C**
Max. Betriebsdruck: **4 / 6 / 10 bar**
Fabrikat: .....
Modell: .....
Typ: .....
Bauhöhe: 140 mm
Bautiefe: ..... mm
Baulänge: bis 700 mm

| 293 € | 414 € | **450** € | 532 € | 587 € | [St] | ⏱ 1,60 h/St | 041.000.005 |

▶ min
▷ von
ø Mittel
◁ bis
◀ max

Nr.	Kurztext / Langtext							Kostengruppe
▶	▷	ø netto €	◁	◀	[Einheit]	Ausf.-Dauer	Positionsnummer

30 Radiavektoren, Profilrohre, H=140, L= bis 2.100 KG **423**
Wie Ausführungsbeschreibung A 6
Wärmeleistung: ..... W
Wärmekörper: mit Pulvereinbrenn-Fertiglackierung
Farbe: RAL 9010
Anschluss: **wechselseitig / gleichseitig Standkonsolen EFK mit Kunststoffkappe FK**
Max. Betriebstemperatur: **100 / 120°C**
Max. Betriebsdruck: **4 / 6 / 10 bar**
Fabrikat: .....
Modell: .....
Typ: .....
Bauhöhe: 140 mm
Bautiefe: ..... mm
Baulänge: 1.401-2.100 mm

| 472€ | 732€ | **746**€ | 903€ | 1.164€ | [St] | ⏱ 1,72 h/St | 041.000.047 |

31 Radiavektoren, Profilrohre, h=210, L= bis 700 KG **423**
Wie Ausführungsbeschreibung A 6
Wärmeleistung: .....W
Wärmekörper: mit Pulvereinbrenn-Fertiglackierung
Farbe: RAL 9010
Anschluss: **wechselseitig / gleichseitig Standkonsolen EFK mit Kunststoffkappe FK**
Max. Betriebstemperatur: **100 / 120°C**
Max. Betriebsdruck: **4 / 6 / 10 bar**
Fabrikat: .....
Modell: .....
Typ: .....
Bauhöhe: 210 mm
Bautiefe: ..... mm
Baulänge: bis 700 mm

| 300€ | 418€ | **464**€ | 568€ | 734€ | [St] | ⏱ 1,60 h/St | 041.000.031 |

32 Radiavektoren, Profilrohre, H=210, L= bis 2.100 KG **423**
Wie Ausführungsbeschreibung A 6
Wärmeleistung: .....W
Wärmekörper: mit Pulvereinbrenn-Fertiglackierung
Farbe: RAL 9010
Anschluss: **wechselseitig / gleichseitig Standkonsolen EFK mit Kunststoffkappe FK**
Max. Betriebstemperatur: **100 / 120°C**
Max. Betriebsdruck: **4 / 6 / 10 bar**
Fabrikat: .....
Modell: .....
Typ: .....
Bauhöhe: 210 mm
Bautiefe: ..... mm
Baulänge: 1.401-2.100 mm

| 604€ | 910€ | **998**€ | 1.118€ | 1.417€ | [St] | ⏱ 1,72 h/St | 041.000.050 |

© BKI Baukosteninformationszentrum; Erläuterungen zu den Tabellen siehe Seite 46
Mustertexte 2016 geprüft: Zentralverband Sanitär Heizung Klima (ZVSHK)

Kostenstand: 1.Quartal 2018, Bundesdurchschnitt

LB 041 Wärmeversorgungsanlagen - Leitungen, Armaturen, Heizflächen

Kosten:
Stand 1.Quartal 2018
Bundesdurchschnitt

▶ min
▷ von
ø Mittel
◁ bis
◀ max

Nr. ▶	Kurztext / Langtext ▷ ø netto € ◁ ◀	[Einheit]	Ausf.-Dauer	Kostengruppe Positionsnummer
33	**Radiavektoren, Profilrohre, H=280, L= bis 700**			KG **423**

Wie Ausführungsbeschreibung A 6
Wärmeleistung: .....W
Wärmekörper: mit Pulvereinbrenn-Fertiglackierung
Farbe: RAL 9010
Anschluss: **wechselseitig / gleichseitig Standkonsolen EFK mit Kunststoffkappe FK**
Max. Betriebstemperatur: **100 / 120°C**
Max. Betriebsdruck: **4 / 6 / 10 bar**
Fabrikat: .....
Modell: .....
Typ: .....
Bauhöhe: 280 mm
Bautiefe: ..... mm
Baulänge: bis 700 mm

304 €   472 €   **539 €**   653 €   849 €   [St]   ⏱ 1,60 h/St   041.000.032

| **34** | **Radiavektoren, Profilrohre, H=280, L= bis 1.400** | | | KG **423** |

Wie Ausführungsbeschreibung A 6
Wärmeleistung: .....W
Wärmekörper: mit Pulvereinbrenn-Fertiglackierung
Farbe: RAL 9010
Anschluss: **wechselseitig / gleichseitig Standkonsolen EFK mit Kunststoffkappe FK**
Max. Betriebstemperatur: **100 / 120°C**
Max. Betriebsdruck: **4 / 6 / 10 bar**
Fabrikat: .....
Modell: .....
Typ: .....
Bauhöhe: 280 mm
Bautiefe: ..... mm
Baulänge: bis 1.400 mm

397 €   682 €   **798 €**   985 €   1.270 €   [St]   ⏱ 1,64 h/St   041.000.051

| **35** | **Thermostatventil, Guss, DN15** | | | KG **423** |

Heizkörperventil, als Durchgangs-, Eck- oder Axialventil. Gehäuse aus korrosionsbeständigem, entzinkungsfreiem Rotguss. Mit Niro-Spindelabdichtung und doppelter O-Ring-Abdichtung. Thermostat-Oberteil und äußerer O-Ring ohne Entleeren der Anlage auswechselbar. Anschluss Innengewinde für Gewinderohr, oder in Verbindung mit Klemmverschraubung für Kupfer-, Präzisionsstahl- oder Verbundrohr. Inkl. Thermostat-Kopf mit eingebautem Fühler.
Zul. Betriebstemperatur: 120°C
Zul. Betriebsdruck: **6 / 10 bar**
Nennweite: DN155

9 €   13 €   **16 €**   20 €   24 €   [St]   ⏱ 0,10 h/St   041.000.006

Nr.	Kurztext / Langtext					Kostengruppe
▶	▷ ø netto € ◁ ◀				[Einheit]	Ausf.-Dauer Positionsnummer

36 Heizkörperverschraubung, DN15 KG **423**

Heizkörper-Anschlussmontageeinheit für den Unterputz-Anschluss von Ventilheizkörpern aus **der Wand / aus dem Boden,** bestehend aus dem Kugelhahnblock mit Anschlussnippel in Eckform, Anschlussverschraubungs-Set, 2 Heizkörper-Anschlussrohre sowie Montageeinheit. Inkl. Schiebehülsen und allen sonstigen Verbindungs- und Befestigungsmaterialien.
Mittenabstand Anschluss: 50 mm
Nennweite: DN15

| 8 € | 16 € | **19** € | 40 € | 61 € | [St] | 0,10 h/St | 041.000.008 |

37 Heizkörper abnehmen/montieren KG **423**

Heizkörper nach Aufforderung der Bauleitung einmal geschlossen abnehmen und wieder geschlossen montieren.
Heizkörper: **Röhren- / Plattenheizkörper / Konvektor**
Einheit: Stück

| 21 € | 32 € | **40** € | 53 € | 103 € | [St] | 1,00 h/St | 041.000.053 |

38 Kappenventil, Ausdehnungsgefäß, DN20 KG **422**

Muffen-Kappenventil aus Messing zum Einbau in die Ausdehnungsleitung vor dem Membran-Ausdehnungsgefäß, mit Plombiervorrichtung / Stahlkappe gegen unbeabsichtigtes Schließen gesichert.
Gewindeanschluss DN20

| – € | 20 € | **25** € | 31 € | – € | [St] | 0,30 h/St | 041.000.054 |

39 Muffenkugelhahn, Guss, DN15 KG **422**

Muffenkugelhahn, Gehäuse und Kugel aus Rotguss, Kugelabdichtung PTFE, O-Ringe EPDM, Bedienungsknebel aus Kunststoff, inkl. Wärmedämm-Halbschalen aus PUR sowie Spannringe.
Nennweite: DN15

| 6 € | 14 € | **18** € | 23 € | 34 € | [St] | 0,50 h/St | 041.000.055 |

40 Membran-Sicherheitsventil, Guss KG **422**

Membran-Sicherheitsventil für geschlossene Heizungsanlagen mit Membran-Ausdehnungsgefäß, federbelastet, bauteilgeprüft, Gehäuse aus Rotguss.
Muffenanschluss Eintritt: DN20
Austritt: DN25
Abblaseleistung: -100 kW
Ansprechdruck: **-2,5 / 3,0 bar**

| 7 € | 12 € | **16** € | 21 € | 24 € | [St] | 0,45 h/St | 041.000.056 |

LB 041 Wärmeversorgungsanlagen - Leitungen, Armaturen, Heizflächen

Kosten:
Stand 1.Quartal 2018
Bundesdurchschnitt

▶ min
▷ von
ø Mittel
◁ bis
◀ max

Nr.	Kurztext / Langtext						Kostengruppe
▶	▷	ø netto €	◁	◀	[Einheit]	Ausf.-Dauer	Positionsnummer

41 Verteilerschrank, Aufputz, 5 Heizkreise, Fußbodenheizung KG **422**

Verteilerschrank für Aufputz-Montag, zur Aufnahme von Heizkreisverteilern / Heizkreisverteilern mit Durchflussmengenmesser. Stufenlos verstellbaren Blendrahmen, horizontal und vertikal einstellbare Verteilerbefestigung, vorgestanzte Ausprägungen zur beidseitigen vertikalen Anschlussmöglichkeit, integrierte Normschiene zur Befestigung der Regelungskomponenten. Beidseitig vorgestanzte Ausprägungen zur Kabeleinführung, Umlenkrohr, Estrich-Abschlussblende und Blendrahmen demontierbar, Türbereich mit Kantenschutz, Schranktür mit Kippsicherung und Verriegelung.
Werkstoff: Stahlblech lackiert
Farbe: **weiß / RAL**
Abmessungen: stufenlose Höhenverstellung von 700-850 mm
Bautiefe: 110-160 mm
Breite ohne Rahmen: 605 mm

| –€ | 350 € | **372 €** | 395 € | –€ | [St] | ⏱ 1,00 h/St | 041.000.057 |

42 Verteilerschrank, Unterputz, 5 Heizkreise, Fußbodenheizung KG **422**

Verteilerschrank für Unterputz-Montage, zur Aufnahme von Heizkreisverteilern / Heizkreisverteilern mit Durchflussmengenmesser. Stufenlos verstellbaren Blendrahmen, horizontal und vertikal einstellbare Verteilerbefestigung, vorgestanzte Ausprägungen zur beidseitigen vertikalen Anschlussmöglichkeit, integrierte Normschiene zur Befestigung der Regelungskomponenten. Beidseitig vorgestanzte Ausprägungen zur Kabeleinführung, Umlenkrohr, Estrich-Abschlussblende und Blendrahmen demontierbar, Türbereich mit Kantenschutz, Schranktür mit Kippsicherung und Verriegelung.
Werkstoff: Stahlblech lackiert
Farbe: **weiß / RAL**
Abmessungen: stufenlose Höhenverstellung von 700-850 mm
Bautiefe: 110-160 mm
Breite ohne Rahmen: 605 mm

| –€ | 362 € | **405 €** | 433 € | –€ | [St] | ⏱ 1,20 h/St | 041.000.058 |

43 Fußboden-Heizkreisverteiler, 5 Heizkreise KG **422**

Heizkreisverteiler, ohne Kugelhähne als Verteiler und Sammler zur Anbindung der angeschlossenen Heiz- bzw. Kühlkreise. Eigenschaften: schallgedämmte Verteilerkonsolen zur Montage im Verteilerschrank. Flachdichtende Verteilerendstücke mit Entlüftung und Entleerung. Anbindeleitung von rechts oder links möglich, Heizkreisanschluss mit einem jeweiligen Mittenabstand **50 / 55 / 60 mm**. Heikreisverteiler auf Konsolen vormontiert und druckgeprüft, Verteilerrohr mit integrierten Durchflussmengenmessern. Absperrbar, Sammlerrohr mit integrierten Feinregulierventilen zur definierten Voreinstellung der einzelnen Heiz- bzw. Kühlkreise. Ventile vorbereitet zum Anbau der Stellantriebe. Verteilerabgänge: 5 (jeweils Vor- und Rücklauf).
Werkstoff: **Edelstahl / Messing**
Konsolen: Stahl verzinkt
Abmessungen Mittenabstand: Vor- / Rücklaufbalken 210 mm
Mittenabstand Wand zu Vorlaufbalken: 39 mm / zu Rücklaufbalken: 65 mm
Tiefe gesamt: <90 mm
Heizkreisanschluss: G 3/4 Eurokonus
Verteilerrohr: DN25
Nenndruck: **PN 6 / PN 10**
Anzeigebereich: 0-10 l/min
Verteilerabgänge: 5 (jeweils Vor- und Rücklauf)
Baulänge gesamt: 455 mm

| 191 € | 225 € | **245 €** | 272 € | 313 € | [St] | ⏱ 1,06 h/St | 041.000.059 |

| 040 |
| **041** |
| 042 |
| 044 |
| 045 |
| 047 |
| 053 |
| 054 |
| 058 |
| 069 |
| 075 |

LB 042 Gas- und Wasseranlagen - Leitungen, Armaturen

Preise €

Kosten: Stand 1.Quartal 2018 Bundesdurchschnitt

▶ min
▷ von
ø Mittel
◁ bis
◀ max

Nr.	Positionen	Einheit	▶	▷ ø brutto € / ø netto €		◁	◀
1	Hauseinführung, DN25	St	20	71	**105**	160	235
			17	60	**88**	135	197
2	Hauswasserstation, Druckminderer/Wasserfilter, DN40	St	233	359	**409**	553	823
			196	302	**344**	465	692
3	Leitung, Metallverbundrohr, DN10	m	2,7	7,0	**8,7**	11	16
			2,3	5,9	**7,3**	9,1	14
4	Leitung, Metallverbundrohr, DN20	m	6,4	18	**19**	28	44
			5,3	15	**16**	24	37
5	Leitung, Metallverbundrohr, DN32	m	16	24	**29**	33	41
			14	20	**24**	28	34
6	Leitung, Metallverbundrohr, DN50	m	–	46	**49**	51	–
			–	39	**41**	43	–
7	Leitung, Kupferrohr, 15mm	m	13	18	**20**	22	25
			11	15	**17**	18	21
8	Leitung, Kupferrohr, 22mm	m	11	17	**21**	32	47
			9,4	15	**18**	27	39
9	Leitung, Kupferrohr, 35mm	m	27	34	**37**	37	50
			23	28	**31**	31	42
10	Leitung, Kupferrohr, 54mm	m	40	54	**57**	63	73
			33	46	**48**	53	61
11	Leitung, Edelstahlrohr, 15mm	m	7,9	15	**18**	20	24
			6,6	13	**15**	17	20
12	Leitung, Edelstahlrohr, 22mm	m	12	22	**22**	26	34
			10	19	**19**	22	29
13	Leitung, Edelstahlrohr, 35mm	m	21	32	**34**	39	50
			18	27	**28**	33	42
14	Leitung, Edelstahlrohr, 54mm	m	30	41	**44**	55	73
			25	34	**37**	46	61
15	Löschwasserleitung, verzinktes Rohr, DN50	m	45	48	**50**	52	55
			38	41	**42**	44	46
16	Löschwasserleitung, verzinktes Rohr, DN100	m	–	74	**83**	89	–
			–	62	**70**	75	–
17	Kugelhahn, DN15	St	6	13	**18**	18	38
			5	11	**15**	15	32
18	Kugelhahn, DN25	St	16	25	**27**	29	35
			13	21	**23**	24	29
19	Kugelhahn, DN50	St	52	57	**58**	62	68
			44	48	**49**	52	57
20	Eckventil, DN15	St	6	18	**22**	37	58
			5	15	**18**	31	49
21	Absperr-Schrägsitzventil DN15	St	48	60	**66**	73	84
			40	51	**56**	61	70
22	Absperr-Schrägsitzventil, DN25	St	77	91	**101**	108	125
			65	77	**85**	90	105
23	Absperr-Schrägsitzventil, DN50	St	235	260	**268**	283	308
			197	219	**225**	238	259

© **BKI** Baukosteninformationszentrum; Erläuterungen zu den Tabellen siehe Seite 46
Mustertexte 2016 geprüft: Zentralverband Sanitär Heizung Klima (ZVSHK)

Kostenstand: 1.Quartal 2018, Bundesdurchschnitt

Gas- und Wasseranlagen - Leitungen, Armaturen — Preise €

Nr.	Positionen	Einheit	▶	▷ ø brutto € ø netto €	◁	◀
24	Absperr-Schrägsitzventil, DN65	St	–	357 **398**	442	–
			–	300 **334**	372	–
25	Warmwasser-Zirkulationspumpe, DN20	St	166	250 **288**	350	486
			140	210 **242**	294	409
26	Zirkulations-Regulierventil, DN20	St	75	88 **98**	103	117
			63	74 **82**	87	98
27	Zirkulations-Regulierventil, DN32	St	158	178 **185**	202	222
			133	149 **155**	170	187
28	Füll- und Entleerventil, DN15	St	7	14 **18**	44	79
			6	12 **15**	37	66
29	Membran-Sicherheitsventil, Warmwasserbereiter	St	35	50 **61**	77	127
			29	42 **51**	65	107
30	Enthärtungsanlage	St	1.401	1.771 **1.858**	1.867	2.374
			1.177	1.489 **1.561**	1.569	1.995
31	Leitung, Kupferrohr ummantelt, DN10	m	–	3,4 **3,8**	4,2	–
			–	2,9 **3,2**	3,5	–
32	Leitung, Kupferrohr ummantelt, DN20	m	6,8	7,7 **8,0**	8,4	9,5
			5,7	6,5 **6,7**	7,0	8,0

Nr.	Kurztext / Langtext					Kostengruppe
▶	▷ ø netto € ◁	◀	[Einheit]	Ausf.-Dauer	Positionsnummer	

1 Hauseinführung, DN25 KG **412**

Wanddurchführung für Erdgas / Trinkwasser mit Absperrarmatur nach Vorschrift des zuständigen Versorgungsunternehmens. Anschlüsse mit / ohne anschweißenden Dichtungsbahnen für Bauten, einschl. Herstellen der für Hauseinführung notwendigen Kernbohrung.
Wand: **Beton / Mauerwerk**
Dicke: bis 24 cm
Abdichtung: **drückendes / nichtdrückendes** Wasser
Medium: Erdgas, Trinkwasser
Material: **Gusseisen / Kunststoff / Stahl**
Medienleitung: DN25
Anschluss PN: 10 bar

17€   60€   **88**€   135€   197€   [St]   ⏱ 0,40 h/St   042.000.010

2 Hauswasserstation, Druckminderer/Wasserfilter, DN40 KG **412**

Hauswasserstation geprüft, mit Druckminderer (Armaturengruppe I) mit Feinfilter in Klarsichthaube aus Polyethylen. Filtrationsfeinheit 0,1mm mit Rückspülvorrichtung, Ablaufhahn DN15 (R1/2) und Rückflussverhinderer. Mit Vor- und Hinterdruckmanometer, einstellbar. Gerade Bauform mit Anschlüsse mit Verschraubungen DN40 (R11/2).
Vordruck max.: 16 bar
Hinterdruck: 1,5 bis 6 bar
Mindestdruckgefälle: ca. 1 bar
Betriebstemperatur max.: 40°C

196€   302€   **344**€   465€   692€   [St]   ⏱ 0,80 h/St   042.000.009

LB 042
Gas- und Wasseranlagen - Leitungen, Armaturen

Kosten:
Stand 1.Quartal 2018
Bundesdurchschnitt

▶ min
▷ von
ø Mittel
◁ bis
◀ max

Nr.	Kurztext / Langtext					Kostengruppe
▶	▷ ø netto € ◁ ◀				[Einheit]	Ausf.-Dauer Positionsnummer

A 1 Leitung, Metallverbundrohr — Beschreibung für Pos. **3-6**

Metallverbundrohr aus Mehrschichtverbundwerkstoff (PE, Aluminium, PE), für Trinkwasser warm und kalt. Einschließlich Dichtungs- und Befestigungsmittel, Form- und Verbindungsstücke (Fitting) werden gesondert vergütet. Längskraftschlüssige Verbindung durch Verpressen des Rohrs auf den Fitting.

3 Leitung, Metallverbundrohr, DN10 KG **412**
Wie Ausführungsbeschreibung A 1
Außendurchmesser: 16 mm
Wandstärke: 2 mm
Lieferung: **Stangen / Ringe**
Verlegehöhe: **3,50 / 5,00 / 7,00 m** über Fußboden
2€   6€   **7€**   9€   14€   [m]   ⏱ 0,28 h/m   042.000.008

4 Leitung, Metallverbundrohr, DN20 KG **412**
Wie Ausführungsbeschreibung A 1
Außendurchmesser: 26 mm
Wandstärke: 3 mm
Lieferung: **Stangen / Ringe**
Verlegehöhe: **3,50 / 5,00 / 7,00 m** über Fußboden
5€   15€   **16€**   24€   37€   [m]   ⏱ 0,28 h/m   042.000.045

5 Leitung, Metallverbundrohr, DN32 KG **412**
Wie Ausführungsbeschreibung A 1
Außendurchmesser: 40 mm
Wandstärke: 3,5 mm
Lieferung: **Stangen / Ringe**
Verlegehöhe: **3,50 / 5,00 / 7,00 m** über Fußboden
14€   20€   **24€**   28€   34€   [m]   ⏱ 0,28 h/m   042.000.046

6 Leitung, Metallverbundrohr, DN50 KG **412**
Wie Ausführungsbeschreibung A 1
Außendurchmesser: 65 mm
Wandstärke: 4,5 mm
Lieferung: **Stangen / Ringe**
Verlegehöhe: **3,50 / 5,00 / 7,00 m** über Fußboden
–€   39€   **41€**   43€   –€   [m]   ⏱ 0,28 h/m   042.000.049

A 2 Leitung, Kupferrohr — Beschreibung für Pos. **7-10**

Kupferrohr, blank, in Stangen, einschl. Rohrverbindung **löten / pressen**, mit Aufhängung.

7 Leitung, Kupferrohr, 15mm KG **412**
Wie Ausführungsbeschreibung A 2
Aufhängung Oberkante Rohr: bis **3,50 / 5,0 / 7,00 / ..... m**
Nennweite: 15 mm
Wandstärke: 1 mm
11€   15€   **17€**   18€   21€   [m]   ⏱ 0,25 h/m   042.000.001

Nr.	Kurztext / Langtext							Kostengruppe
▶	▷	ø netto €	◁	◀	[Einheit]	Ausf.-Dauer	Positionsnummer	

8 Leitung, Kupferrohr, 22mm   KG **412**
Wie Ausführungsbeschreibung A 2
Aufhängung Oberkante Rohr: bis **3,50 / 5,00 / 7,00 / ..... m**
Nennweite: 22 mm
Wandstärke: 1 mm

| 9€ | 15€ | **18€** | 27€ | 39€ | [m] | ⏱ 0,25 h/m | 042.000.012 |

9 Leitung, Kupferrohr, 35mm   KG **412**
Wie Ausführungsbeschreibung A 2
Aufhängung Oberkante Rohr: bis **3,50 / 5,00 / 7,00 / ..... m**
Nennweite: 35 mm
Wandstärke: 1,5mm

| 23€ | 28€ | **31€** | 31€ | 42€ | [m] | ⏱ 0,25 h/m | 042.000.014 |

10 Leitung, Kupferrohr, 54mm   KG **412**
Wie Ausführungsbeschreibung A 2
Aufhängung Oberkante Rohr: bis **3,50 / 5,00 / 7,00 / ..... m**
Nennweite: 54 mm
Wandstärke: 2 mm

| 33€ | 46€ | **48€** | 53€ | 61€ | [m] | ⏱ 0,25 h/m | 042.000.016 |

A 3 Leitung, Edelstahlrohr   Beschreibung für Pos. **11-14**
Rohrleitung; Edelstahl aus nichtrostendem Cr-Ni-Mo-Stahl, in geschweißter Ausführung, in Stangen, beständig gegen alle natürlichen Trinkwasserinhaltsstoffe, verlegt nach den Richtlinien des Herstellers, einschl. Rohrverbindung sowie Befestigungsmaterial, körperschallgedämmt.

11 Leitung, Edelstahlrohr, 15mm   KG **412**
Wie Ausführungsbeschreibung A 3
Werkstoff-Nr.: .....
Maximaler Betriebsdruck: 16 bar
Maximale Temperatur: 85°C
Nennweite: 15 mm
Wandstärke: 1 mm
Verlegung in Gebäuden bis **3,50 / 5,00 / 7,00 / ..... m über Gelände / Fußboden**

| 7€ | 13€ | **15€** | 17€ | 20€ | [m] | ⏱ 0,14 h/m | 042.000.004 |

12 Leitung, Edelstahlrohr, 22mm   KG **412**
Wie Ausführungsbeschreibung A 3
Werkstoff-Nr.: .....
Maximaler Betriebsdruck: 16 bar
Maximale Temperatur: 85°C
Nennweite: 22 mm
Wandstärke: 1,2 mm
Verlegung in Gebäuden bis **3,50 / 5,00 / 7,00 / ..... m über Gelände / Fußboden**

| 10€ | 19€ | **19€** | 22€ | 29€ | [m] | ⏱ 0,14 h/m | 042.000.024 |

LB 042
Gas- und Wasseranlagen - Leitungen, Armaturen

Kosten:
Stand 1.Quartal 2018
Bundesdurchschnitt

▶ min
▷ von
ø Mittel
◁ bis
◀ max

Nr.	Kurztext / Langtext ▶ ▷ ø netto € ◁ ◀	[Einheit]	Ausf.-Dauer	Kostengruppe Positionsnummer

13 Leitung, Edelstahlrohr, 35mm — KG 412
Wie Ausführungsbeschreibung A 3
Werkstoff-Nr.: .....
Maximaler Betriebsdruck: 16 bar
Maximale Temperatur: 85°C
Nennweite: 35 mm
Wandstärke: 1,5 mm
Verlegung in Gebäuden bis **3,50 / 5,00 / 7,00** / ..... m über Gelände / Fußboden

▶	▷	ø	◁	◀			
18€	27€	**28€**	33€	42€	[m]	⏱ 0,14 h/m	042.000.026

14 Leitung, Edelstahlrohr, 54mm — KG 412
Wie Ausführungsbeschreibung A 3
Werkstoff-Nr.: .....
Maximaler Betriebsdruck: 16 bar
Maximale Temperatur: 85°C
Nennweite: 54 mm
Wandstärke: 2 mm
Verlegung in Gebäuden bis **3,50 / 5,00 / 7,00** / ..... m über Gelände / Fußboden

25€	34€	**37€**	46€	61€	[m]	⏱ 0,14 h/m	042.000.028

15 Löschwasserleitung, verzinktes Rohr, DN50 — KG 475
Rohrleitung, Gewinderohr mittelschwer, geschweißt, einschl. Rohrbefestigung und Verbindungsstücke.
Oberfläche: verzinkt
Durchmesser: 60,3 mm
Wandstärke: 2,9 mm
Verlegung in Gebäuden: bis **3,50 / 5,00 / 7,00** / ..... m über Gelände / Fußboden

38€	41€	**42€**	44€	46€	[m]	⏱ 0,40 h/m	042.000.033

16 Löschwasserleitung, verzinktes Rohr, DN100 — KG 475
Rohrleitung, Gewinderohr mittelschwer, geschweißt, einschl. Rohrbefestigung und Verbindungsstücke.
Oberfläche: verzinkt
Durchmesser: 108,9 mm
Wandstärke: 3,6 mm
Verlegung in Gebäuden: bis **3,50 / 5,00 / 7,00** / ..... m über Gelände / Fußboden

–€	62€	**70€**	75€	–€	[m]	⏱ 0,70 h/m	042.000.036

17 Kugelhahn, DN15 — KG 412
Kugelhahn in Durchgangsform.
Nennweite: DN15
Gehäuse: **Rotguss / Messing**, für Trinkwasser
Anschluss Außengewinde: R/Rp 1/2"

5€	11€	**15€**	15€	32€	[St]	⏱ 0,35 h/St	042.000.038

Nr.	Kurztext / Langtext						Kostengruppe
▶	▷	ø netto €	◁	◀	[Einheit]	Ausf.-Dauer	Positionsnummer

18 Kugelhahn, DN25 — KG **412**
Kugelhahn in Durchgangsform.
Nennweite: DN25
Gehäuse: **Rotguss / Messing**, für Trinkwasser
Anschluss Außengewinde: R/Rp 1 "

| 13€ | 21€ | **23€** | 24€ | 29€ | [St] | ⏱ 0,35 h/St | 042.000.040 |

19 Kugelhahn, DN50 — KG **412**
Kugelhahn in Durchgangsform.
Nennweite: DN50
Gehäuse: **Rotguss / Messing**, für Trinkwasser
Anschluss Außengewinde: R/Rp 2 "

| 44€ | 48€ | **49€** | 52€ | 57€ | [St] | ⏱ 0,35 h/St | 042.000.054 |

20 Eckventil, DN15 — KG **412**
Eckventil, verchromt mit Rosette. Als Absperr- und Anschlussventil, mit Schneidringverschraubung.
Gehäuse: entzinkungsbeständiges Messing
Nennweite: DN15
Geräuschverhalten Gruppe: **I / II**

| 5€ | 15€ | **18€** | 31€ | 49€ | [St] | ⏱ 0,20 h/St | 042.000.006 |

21 Absperr-Schrägsitzventil DN15 — KG **412**
Absperr-Schrägsitzventil, in Durchgangsform, Muffenanschluss, für Trinkwasser, mit Entleerung, Schallschutz-Zulassung, Gehäuse, mit wartungsfreier Spindelabdichtung, mit PTFE-Dichtung. Inkl. Dämmschale und Übergänge auf Kunststoff- bzw. Edelstahlrohr. Absperrung mit Handgriff.
Nennweite: DN15
Gehäuse: **Rotguss / Messing**
Maximaler Betriebsdruck: **10 / 16 bar**

| 40€ | 51€ | **56€** | 61€ | 70€ | [St] | ⏱ 0,30 h/St | 042.000.007 |

22 Absperr-Schrägsitzventil, DN25 — KG **412**
Absperr-Schrägsitzventil, in Durchgangsform, Muffenanschluss, für Trinkwasser, mit Entleerung, Schallschutz-Zulassung, Gehäuse, mit wartungsfreier Spindelabdichtung, mit PTFE-Dichtung. Inkl. Dämmschale und Übergänge auf Kunststoff- bzw. Edelstahlrohr. Absperrung mit Handgriff.
Nennweite: DN25
Gehäuse: **Rotguss / Messing**
Maximaler Betriebsdruck: **10 / 16 bar**

| 65€ | 77€ | **85€** | 90€ | 105€ | [St] | ⏱ 0,30 h/St | 042.000.056 |

23 Absperr-Schrägsitzventil, DN50 — KG **412**
Absperr-Schrägsitzventil, in Durchgangsform, Flanschanschluss (inkl. Gegenflanschen), für Trinkwasser, mit Entleerung, Schallschutz-Zulassung, Gehäuse, mit wartungsfreier Spindelabdichtung, mit PTFE-Dichtung. Inkl. Dämmschale und Übergänge auf Kunststoff- bzw. Edelstahlrohr. Absperrung mit Handgriff.
Nennweite: DN50
Gehäuse: **Rotguss / Messing**
Maximaler Betriebsdruck: **10 / 16 bar**

| 197€ | 219€ | **225€** | 238€ | 259€ | [St] | ⏱ 0,30 h/St | 042.000.059 |

LB 042
Gas- und Wasseranlagen - Leitungen, Armaturen

Kosten:
Stand 1.Quartal 2018
Bundesdurchschnitt

▶ min
▷ von
ø Mittel
◁ bis
◀ max

Nr.	Kurztext / Langtext					[Einheit]	Ausf.-Dauer	Kostengruppe Positionsnummer
	▶	▷	ø netto €	◁	◀			

24 Absperr-Schrägsitzventil, DN65 KG **412**

Absperr-Schrägsitzventil, in Durchgangsform, Flanschanschluss (inkl. Gegenflanschen), für Trinkwasser, mit Entleerung, Schallschutz-Zulassung, Gehäuse, mit wartungsfreier Spindelabdichtung, mit PTFE-Dichtung. Inkl. Dämmschale und Übergänge auf Kunststoff- bzw. Edelstahlrohr. Absperrung mit Handgriff.
Nennweite: DN65
Gehäuse: **Rotguss / Messing**
Maximaler Betriebsdruck: **10 / 16 bar**

| –€ | 300€ | **334€** | 372€ | –€ | [St] | ⏱ 0,30 h/St | 042.000.060 |

25 Warmwasser-Zirkulationspumpe, DN20 KG **412**

Elektronisch geregelte Zirkulationspumpe, als wellenloser Pumpenläufer ohne Lagerbuchsen, mit Rückschlagventil, beiderseits mit zweiteiligen Lötverschraubungen, flachdichtend. Als Dauerläufer mit Drehzahlregelung. Druck- und temperaturabhängige Drehzalanpassung.
Pumpengehäuse: Rotguss
Elektroanschluss: 230 V / 50 Hz
Leistungsaufnahme: ..... Watt
Anschluss: DN20

| 140€ | 210€ | **242€** | 294€ | 409€ | [St] | ⏱ 0,80 h/St | 042.000.050 |

A 4 Zirkulations-Regulierventil Beschreibung für Pos. **26-27**

Zirkulations-Regulierventil, Schallzulassung, mit Temperatur- und digitaler Stellungsanzeige zum hydraulischen Strangabgleich und zur Strangabsperrung, mit Entleerung im Gehäuse, mit Niro-Press-Verschraubung.

26 Zirkulations-Regulierventil, DN20 KG **412**

Wie Ausführungsbeschreibung A 4
Gehäuse: **Rotguss / Messing**
Anschluss: DN20

| 63€ | 74€ | **82€** | 87€ | 98€ | [St] | ⏱ 0,25 h/St | 042.000.061 |

27 Zirkulations-Regulierventil, DN32 KG **412**

Wie Ausführungsbeschreibung A 4
Gehäuse: **Rotguss / Messing**
Anschluss: DN32

| 133€ | 149€ | **155€** | 170€ | 187€ | [St] | ⏱ 0,25 h/St | 042.000.063 |

28 Füll- und Entleerventil, DN15 KG **412**

Füll- und Entleerkugelhahn, mit Stopfbuchse, Kette und Kappe.
Anschluss: 1/2"
Gehäuse: Rotguss

| 6€ | 12€ | **15€** | 37€ | 66€ | [St] | ⏱ 0,20 h/St | 042.000.041 |

29 Membran-Sicherheitsventil, Warmwasserbereiter KG **412**

Membran-Sicherheitsventil mit Sicherheitsventil-Austauschsatz, für geschlossene, druckfeste Warmwasserbereiter, bauteilgeprüft, mit vergrößertem Austritt.
Gehäuse: **Rotguss / Messing**
Eintritt: DN25
Austritt: DN32
Ansprechdruck: 8 bar
Nenninhalt WWB: bis 5.000 Liter

| 29€ | 42€ | **51€** | 65€ | 107€ | [St] | ⏱ 0,40 h/St | 042.000.048 |

Nr.	Kurztext / Langtext					Kostengruppe	
▶	▷	ø netto €	◁	◀	[Einheit]	Ausf.-Dauer	Positionsnummer

30 Enthärtungsanlage — KG 412

Vollautomatische Enthärtungsanlage mit selbstständiger Ermittlung der Rohwasserhärte. Vollautomatische Einstellung auf die gewünschte Resthärte per Knopfdruck und permanenter Überprüfung und Nachregulierung bei Abweichungen. Eingebaute Desinfektionseinrichtung mit platinierten Titanelektroden zur Desinfektion des Ionenaustauschers.
Nenndurchfluss: 1,8 m³/h bei 0,8 bar
Max. Durchfluss (kurzzeitig): 3,5 m³/h
Rohranschluss: DN25
Einbaulänge: 195 mm
Salzvorratsbehälter: 36 kg
Salzverbrauch: 0,36 kg je m³, bei Enthärtung von 20° dH auf 8° dH
Nenndruck: PN 10
Kapazität je kg Salz: 5,0 mol
Betriebstemperatur: max. 30°C
Betriebsdruck: 2-7 bar
Mindestfließdruck bei Nenndurchfluss: 2 bar
Elektroanschluss: 230 V / 50 Hz

| 1.177€ | 1.489€ | **1.561**€ | 1.569€ | 1.995€ | [St] | ⏱ 1,00 h/St | 042.000.064 |

A 5 Leitung, Kupferrohr ummantelt — Beschreibung für Pos. 31-32

Leitung für Trinkwasser-, Heizung-, Gas-, Flüssiggas-Installationen sowie für alle Leitungen ohne Wärmedämmanforderungen. Zum Pressen und Löten geeignet. Ummantelung zur Verminderung von Tauwasserbildung, Schutz vor mechanischer Beschädigung und Korrosionsschutz. Lieferung in Ringen, inkl. Rohrverbindung sowie Befestigungsmaterial, körperschallgedämmt.

31 Leitung, Kupferrohr ummantelt, DN10 — KG 412

Wie Ausführungsbeschreibung A 5
Stegmantel: Kunststoff
Farbe: grau
Zulässige Betriebstemperatur: 100°C
Brandverhalten: B2
Beanspruchungsklasse: B
Lieferung: in Ringen
Rohr: 12 x 1 mm
Mantel Außendurchmesser: 16 mm
Maximaler Betriebsdruck über 16 bar

| –€ | 3€ | **3**€ | 4€ | –€ | [m] | ⏱ 0,15 h/m | 042.000.065 |

32 Leitung, Kupferrohr ummantelt, DN20 — KG 412

Wie Ausführungsbeschreibung A 5
Stegmantel: Kunststoff
Farbe: grau
Zulässige Betriebstemperatur: 100°C
Brandverhalten: B2
Beanspruchungsklasse: B
Lieferung: in Ringen
Rohr: 22 x 1 mm
Mantel Außendurchmesser: 27 mm
Maximaler Betriebsdruck über 16 bar

| 6€ | 6€ | **7**€ | 7€ | 8€ | [m] | ⏱ 0,15 h/m | 042.000.068 |

© **BKI** Bausteninformationszentrum; Erläuterungen zu den Tabellen siehe Seite 46
Mustertexte 2016 geprüft: Zentralverband Sanitär Heizung Klima (ZVSHK)

LB 044 Abwasseranlagen - Leitungen, Abläufe, Armaturen

Kosten:
Stand 1.Quartal 2018
Bundesdurchschnitt

▶ min
▷ von
ø Mittel
◁ bis
◀ max

Abwasseranlagen - Leitungen, Abläufe, Armaturen — Preise €

Nr.	Positionen	Einheit	▶	▷ ø brutto € / ø netto €		◁	◀
1	Bodenablauf, DN100	St	397 / 334	450 / 378	**474** / **398**	569 / 478	671 / 564
2	Hebeanlage, DN100	St	785 / 660	3.823 / 3.213	**5.856** / **4.921**	8.073 / 6.784	13.132 / 11.036
3	Dachentwässerung DN75	St	68 / 57	98 / 82	**116** / **97**	143 / 120	184 / 154
4	Rohrbelüfter DN50	St	40 / 34	62 / 52	**75** / **63**	81 / 68	99 / 83
5	Rohrbelüfter DN70	St	68 / 57	86 / 72	**96** / **81**	103 / 87	121 / 102
6	Rohrbelüfter DN100	St	69 / 58	86 / 72	**94** / **79**	103 / 86	132 / 111
7	Grundleitung, PVC-U, DN100	m	20 / 17	23 / 19	**24** / **20**	25 / 21	27 / 23
8	Abwasserleitung, Guss, DN70	m	32 / 27	36 / 30	**39** / **32**	39 / 32	43 / 36
9	Formstück, Bogen, Guss, DN70	St	13 / 11	22 / 18	**25** / **21**	30 / 25	48 / 40
10	Formstück, Abzweig, Guss, DN70	St	23 / 19	25 / 21	**26** / **22**	27 / 23	31 / 26
11	Putzstück, Guss, DN70	St	19 / 16	29 / 24	**33** / **28**	41 / 35	51 / 43
12	Abwasserleitung, Guss, DN100	m	41 / 35	48 / 40	**52** / **43**	54 / 45	59 / 50
13	Formstück, Bogen, Guss, DN100	St	19 / 16	25 / 21	**26** / **22**	31 / 26	40 / 34
14	Formstück, Abzweig, Guss, DN100	St	15 / 13	25 / 21	**33** / **27**	34 / 29	41 / 35
15	Putzstück, Guss, DN100	St	35 / 30	44 / 37	**50** / **42**	51 / 43	60 / 50
16	Abwasserleitung, Guss, DN125	m	48 / 41	61 / 52	**78** / **66**	87 / 73	98 / 82
17	Formstück, Bogen, Guss, DN125	St	24 / 21	30 / 25	**35** / **29**	42 / 35	52 / 43
18	Formstück, Abzweig, Guss, DN125	St	17 / 14	35 / 29	**43** / **36**	53 / 45	68 / 57
19	Abwasserleitung, Guss, DN150	m	– / –	86 / 72	**102** / **86**	112 / 94	– / –
20	Formstück, Bogen, Guss, DN150	St	28 / 24	41 / 34	**50** / **42**	56 / 47	64 / 54
21	Formstück, Abzweig, Guss, DN150	St	41 / 35	68 / 57	**85** / **71**	95 / 80	106 / 89
22	Putzstück, Guss, DN150	St	85 / 71	102 / 86	**121** / **102**	133 / 112	157 / 132
23	Abwasserleitung, HT-Rohr, DN50	m	11 / 9	14 / 12	**14** / **12**	15 / 13	17 / 14
24	Formstück, HT-Bogen, DN50	St	4 / 3	6 / 5	**6** / **5**	9 / 8	12 / 11

© **BKI** Baukosteninformationszentrum; Erläuterungen zu den Tabellen siehe Seite 46
Mustertexte 2016 geprüft: Zentralverband Sanitär Heizung Klima (ZVSHK)
Kostenstand: 1.Quartal 2018, Bundesdurchschnitt

Abwasseranlagen - Leitungen, Abläufe, Armaturen — Preise €

Nr.	Positionen	Einheit	▶	▷ ø brutto € / ø netto €	◁	◀
25	Formstück, HT-Abzweig, DN50	St	5 / 4	8 / 7	**10** / **8**	13 / 11	18 / 16
26	Abwasserleitung, HT-Rohr, DN70	m	19 / 16	22 / 19	**24** / **20**	29 / 25	37 / 31
27	Formstück, HT-Bogen, DN70	St	3 / 3	6 / 5	**6** / **5**	11 / 10	16 / 14
28	Formstück, HT-Abzweig, DN70	St	4 / 3	7 / 6	**9** / **7**	10 / 8	13 / 11
29	Abwasserleitung, HT-Rohr, DN100	m	18 / 15	23 / 19	**25** / **21**	27 / 23	33 / 27
30	Formstück, HT-Bogen, DN100	St	4 / 4	7 / 6	**9** / **7**	10 / 9	15 / 12
31	Formstück, HT-Abzweig, DN100	St	5 / 4	18 / 15	**21** / **17**	47 / 39	86 / 72
32	Formstück, HT-Doppelabzweig, DN100	St	18 / 15	26 / 22	**35** / **30**	50 / 42	55 / 46
33	Formstück, HT-Übergangsrohr, DN100	St	0,9 / 0,7	3,4 / 2,9	**4,5** / **3,8**	7,4 / 6,2	11 / 9,4
34	Abwasserleitung, PE-Rohr, DN70	m	8 / 6	18 / 15	**22** / **18**	25 / 21	32 / 27
35	Formstück, PE-Bogen, DN70	St	5 / 4	7 / 6	**8** / **7**	9 / 8	11 / 10
36	Formstück, PE-Abzweig, DN70	St	– / –	9 / 8	**11** / **9**	12 / 10	– / –
37	Abwasserleitung, PE-Rohr, DN100	m	34 / 29	48 / 41	**54** / **46**	74 / 62	110 / 92
38	Formstück, PE-Bogen, DN100	St	– / –	16 / 13	**21** / **18**	26 / 22	– / –
39	Formstück, PE-Abzweig, DN100	St	– / –	17 / 15	**25** / **21**	28 / 24	– / –
40	Formstück, PE-Putzstück, DN100	St	– / –	31 / 26	**39** / **33**	47 / 40	– / –
41	Abwasserleitung, PE-Rohr, DN150	m	– / –	61 / 51	**73** / **61**	85 / 71	– / –
42	Formstück, PE-Abzweig, DN150	St	74 / 63	84 / 70	**95** / **80**	103 / 87	115 / 97
43	Doppelabzweig, SML, DN100	St	– / –	50 / 42	**53** / **45**	57 / 48	– / –
44	Druckleitung, Schmutzwasserhebeanlage DN40	m	– / –	23 / 19	**30** / **25**	33 / 28	– / –
45	Abflussleitung, PP-Rohre, DN50, schallgedämmt	m	18 / 16	23 / 19	**26** / **22**	30 / 25	36 / 30
46	Abflussleitung, PP-Rohre, DN75, schallgedämmt	m	20 / 17	25 / 21	**29** / **24**	32 / 27	39 / 32
47	Abflussleitung, PP-Rohre, DN90, schallgedämmt	m	25 / 21	31 / 26	**36** / **30**	40 / 34	48 / 40
48	Abflussleitung, PP-Rohre, DN110, schallgedämmt	m	25 / 21	31 / 26	**35** / **30**	39 / 33	48 / 40

© **BKI** Baukosteninformationszentrum; Erläuterungen zu den Tabellen siehe Seite 46
Mustertexte 2016 geprüft: Zentralverband Sanitär Heizung Klima (ZVSHK)

Kostenstand: 1.Quartal 2018, Bundesdurchschnitt

LB 044 Abwasseranlagen - Leitungen, Abläufe, Armaturen

Abwasseranlagen - Leitungen, Abläufe, Armaturen — Preise €

Nr.	Positionen	Einheit	▶	▷ ø brutto € / ø netto €		◁	◀
49	Abwasser-Rohrbogen, PP, DN50, schallgedämmt	St	5,7 4,8	8,2 6,9	**9,4** **7,9**	11 9,5	14 12
50	Abwasser-Rohrbogen, PP, DN75, schallgedämmt	St	7,2 6,1	10 8,8	**12** **10**	14 12	18 15
51	Abwasser-Rohrbogen, PP, DN90, schallgedämmt	St	10 8,4	15 12	**17** **14**	20 17	25 21
52	Abwasser-Rohrbogen, PP, DN110, schallgedämmt	St	22 19	32 27	**37** **31**	44 37	55 46
53	Abwasser-Abzweig, PP, DN50-50, schallgedämmt	St	9,5 8,0	14 12	**16** **13**	19 16	24 20
54	Abwasser-Abzweig, PP, DN75-75, schallgedämmt	St	12 10	17 15	**20** **17**	24 20	30 25
55	Abwasser-Abzweig, PP, DN90-90, schallgedämmt	St	17 14	25 21	**29** **24**	34 29	43 36
56	Abwasser-Abzweig, PP, DN110-110, schallgedämmt	St	18 15	26 22	**30** **25**	36 31	45 38
57	Bodenablauf, Gully, bodengleiche Dusche	St	530 445	582 489	**646** **543**	775 652	892 749
58	Bodenablauf, Rinne, bodengleiche Dusche	St	680 572	726 610	**907** **762**	1.088 915	1.252 1.052
59	Duschrinne, Edelstahl, 900mm	St	305 257	395 332	**452** **380**	525 441	632 531
60	Abdeckung, Duschrinne, Edelstahl	St	– –	100 84	**125** **105**	162 136	– –

Nr.	Kurztext / Langtext						Kostengruppe
▶	▷ ø netto € ◁ ◀				[Einheit]	Ausf.-Dauer	Positionsnummer

1 Bodenablauf, DN100 — KG **411**

Bodenablauf für frostfreie Räume, mit Geruchsverschluss und Reinigungsöffnung, mit 2 Isolierflanschen, sowie Aufstockelement.
Nennweite: DN100
Ablaufleistung: 2,0 l/s
Gehäuse: Gusseisen
Isolierflansch: DN100
Aufstockelement: **45 / 300 mm** (kürzbar)
Abgang: **waagrecht / senkrecht**
Rost: V4A / Gusseisen grundbeschichtet
Abmessung (L x B): 150 x 150 mm

| 334 € | 378 € | **398 €** | 478 € | 564 € | [St] | ⏱ 0,80 h/St | 044.000.036 |

Kosten: Stand 1.Quartal 2018 Bundesdurchschnitt

▶ min
▷ von
ø Mittel
◁ bis
◀ max

Nr.	Kurztext / Langtext							Kostengruppe
▶	▷	ø netto €	◁	◀	[Einheit]	Ausf.-Dauer	Positionsnummer

2 Hebeanlage, DN100 KG **411**

Automatische Schmutzwasser-Hebeanlage bestehend aus: Kunststoffsammelbehälter mit automatisch schaltender Tauchmotorpumpe und Rückschlagklappe, zwei um 90° versetzte Zulaufstutzen, Entlüftungs- und Druckstutzen. Abdeckung mit Zwischengehäuse, höhenverstellbar. Abdeckplatte wahlweise als Strukturblech, Ausführung mit Bodenablauf und Geruchsverschluss. Alarmschaltgerät netzunabhängig, mit Ausschalter, piezokeramischem Signalgeber. Grüne Betriebsleuchte, potenzialfreier Kontakt zur Ansteuerung einer Leitwarte, Versorgungsteil mit Batterie für 5 Stunden Betrieb bei Netzausfall.
Zulauf: DN100
Schallpegel bei Betrieb: max. 85 dBA
Spannung: **230 V / 12V = 1,2VA**
Förderleistung: **5,00 m³/h**
Förderhöhe: **13 m**

| 660€ | 3.213€ | **4.921€** | 6.784€ | 11.036€ | [St] | ⏱ 8,00 h/St | 044.000.037 |

3 Dachentwässerung DN75 KG **363**

Dachwasserablauf für Dachentwässerung mit planmäßig vollgefüllt betriebener Regenwasserleitung, mit Grundkörper aus Kunststoff, Flanschring für Anschluss an Dampfsperre, Befestigungsscheibe für Flanschring, mit Ablaufkörper, sowie Befestigungsscheibe für Einsatzring. Höhenverstellbares Aufsatzstück, mit Laubfangkorb, Isolierkörper, einschl. Befestigungsmaterial.
Nennweite: DN75
Werkstoff Grund- und Ablaufkörper: PE-HD
Anschlussstutzen Abflussleistung: PE-HD
Ablaufleistung: 1-12 l/s
Dimension: DN75

| 57€ | 82€ | **97€** | 120€ | 154€ | [St] | ⏱ 0,60 h/St | 044.000.038 |

4 Rohrbelüfter DN50 KG **411**

Rohrbelüfter zur Belüftung von Abwasserleitungen. Mit Sieb für Lufteinlassöffnung, mit Lippendichtung für Abwasserleitung. Allgemeiner bauaufsichtlicher Zulassung.
Abmessung: DN50

| 34€ | 52€ | **63€** | 68€ | 83€ | [St] | ⏱ 0,15 h/St | 044.000.039 |

5 Rohrbelüfter DN70 KG **411**

Rohrbelüfter zur Belüftung von Abwasserleitungen. Mit Sieb für Lufteinlassöffnung, mit Lippendichtung für Abwasserleitung. Allgemeiner bauaufsichtlicher Zulassung.
Abmessung: DN70

| 57€ | 72€ | **81€** | 87€ | 102€ | [St] | ⏱ 0,15 h/St | 044.000.051 |

6 Rohrbelüfter DN100 KG **411**

Rohrbelüfter zur Belüftung von Abwasserleitungen. Mit Sieb für Lufteinlassöffnung, mit Lippendichtung für Abwasserleitung. Allgemeiner bauaufsichtlicher Zulassung.
Abmessung: DN100

| 58€ | 72€ | **79€** | 86€ | 111€ | [St] | ⏱ 0,15 h/St | 044.000.052 |

LB 044 Abwasseranlagen - Leitungen, Abläufe, Armaturen

Kosten: Stand 1.Quartal 2018 Bundesdurchschnitt

- ▶ min
- ▷ von
- ø Mittel
- ◁ bis
- ◀ max

Nr.	Kurztext / Langtext					[Einheit]	Ausf.-Dauer	Kostengruppe Positionsnummer
▶	▷	ø netto €	◁	◀				

7 Grundleitung, PVC-U, DN100 KG **411**
Abwasserleitung als Grundleitung aus PVC-U-Rohren, allgemeine bauaufsichtliche Zulassung, Verlegung in vorhandenem Graben.
Grundleitung für: **Schmutzwasser / Regenwasser**
Bettung: **gesondert vergütet / bauseits**
Nennweite: DN100
Baulänge **1,00 / 2,00 / 5,00 m**

| 17€ | 19€ | **20**€ | 21€ | 23€ | [m] | ⏱ 0,25 h/m | 044.000.035 |

8 Abwasserleitung, Guss, DN70 KG **411**
Abwasserleitungen aus muffenlosen Gussrohren, innen mit Epoxid-Teer-Schutzschicht, außen mit Schutzfarbe versehen. Inklusive aller Verbindungsmaterialien, verschraubbare Spannhülsen aus nichtrostendem Stahl mit Gummidichtmanschette, auch kraftschlüssig, sowie allen Befestigungsteilen. Verlegung in Gebäuden.
Nennweite: DN70
Schutzfarbe: **rotbraun / grau**
Verlegehöhe: bis **3,50 / 5,00 / 10,00 m**

| 27€ | 30€ | **32**€ | 32€ | 36€ | [m] | ⏱ 0,40 h/m | 044.000.034 |

9 Formstück, Bogen, Guss, DN70 KG **411**
Bogen aller Winkelgrade zur vorbeschriebenen Schmutzwasser- und Regenwasserleitung.
Nennweite: DN70
Winkelgrad: ..... °

| 11€ | 18€ | **21**€ | 25€ | 40€ | [St] | ⏱ 0,20 h/St | 044.000.001 |

10 Formstück, Abzweig, Guss, DN70 KG **411**
Abzweig aller Winkelgrade zur vorbeschriebenen Schmutzwasser- und Regenwasserleitung.
Winkelgrad: ..... °

| 19€ | 21€ | **22**€ | 23€ | 26€ | [St] | ⏱ 0,30 h/St | 044.000.002 |

11 Putzstück, Guss, DN70 KG **411**
Reinigungsöffnung zur vorbeschriebenen Schmutzwasser- und Regenwasserleitung.
Öffnung: **rechteckig / rund**
Nennweite: DN70

| 16€ | 24€ | **28**€ | 35€ | 43€ | [St] | ⏱ 0,20 h/St | 044.000.003 |

12 Abwasserleitung, Guss, DN100 KG **411**
Abwasserleitungen aus muffenlosen Gussrohren, innen mit Epoxid-Teer-Schutzschicht, außen mit Schutzfarbe versehen. Inklusive aller Verbindungsmaterialien, verschraubbare Spannhülsen aus nichtrostendem Stahl mit Gummidichtmanschette, auch kraftschlüssig, sowie allen Befestigungsteilen. Verlegung in Gebäuden.
Schutzfarbe: **rotbraun / grau**
Nennweite: DN100
Verlegehöhe: bis **3,50 / 5,00 / 10,00 m**

| 35€ | 40€ | **43**€ | 45€ | 50€ | [m] | ⏱ 0,50 h/m | 044.000.004 |

Nr.	Kurztext / Langtext							Kostengruppe
▶	▷	ø netto €	◁	◀	[Einheit]	Ausf.-Dauer	Positionsnummer	

13 **Formstück, Bogen, Guss, DN100**   KG **411**
Bogen aller Winkelgrade zur vorbeschriebenen Schmutzwasser- und Regenwasserleitung.
Nennweite: DN100
Winkelgrad: ….. °

16€	21€	**22€**	26€	34€	[St]	0,25 h/St	044.000.005

14 **Formstück, Abzweig, Guss, DN100**   KG **411**
Abzweig aller Winkelgrade zur vorbeschriebenen Schmutzwasser- und Regenwasserleitung.
Nennweite: DN100
Winkelgrad: ….. °

13€	21€	**27€**	29€	35€	[St]	0,40 h/St	044.000.006

15 **Putzstück, Guss, DN100**   KG **411**
Reinigungsöffnung mit **rechteckiger / runder** Öffnung zur vorbeschriebenen Schmutzwasser- und Regenwasserleitung.
Nennweite: DN100

30€	37€	**42€**	43€	50€	[St]	0,25 h/St	044.000.007

16 **Abwasserleitung, Guss, DN125**   KG **411**
Abwasserleitungen aus muffenlosen Gussrohren, innen mit Epoxid-Teer-Schutzschicht, außen mit Schutzfarbe versehen. Inklusive aller Verbindungsmaterialien, verschraubbare Spannhülsen aus nichtrostendem Stahl mit Gummidichtmanschette, auch kraftschlüssig, sowie allen Befestigungsteilen. Verlegung in Gebäuden.
Schutzfarbe: **rotbraun / grau**
Nennweite: DN125
Verlegehöhe: bis **3,50 / 5,00 / 10,00 m**

41€	52€	**66€**	73€	82€	[m]	0,50 h/m	044.000.008

17 **Formstück, Bogen, Guss, DN125**   KG **411**
Bogen aller Winkelgrade zur vorbeschriebenen Schmutzwasser- und Regenwasserleitung.
Nennweite: DN125
Winkelgrad: ….. °

21€	25€	**29€**	35€	43€	[St]	0,30 h/St	044.000.009

18 **Formstück, Abzweig, Guss, DN125**   KG **411**
Abzweig aller Winkelgrade zur vorbeschriebenen Schmutzwasser- und Regenwasserleitung.
Nennweite: DN125
Winkelgrad: ….. °

14€	29€	**36€**	45€	57€	[St]	0,40 h/St	044.000.010

19 **Abwasserleitung, Guss, DN150**   KG **411**
Abwasserleitungen aus muffenlosen Gussrohren, innen mit Epoxid-Teer-Schutzschicht, außen mit Schutzfarbe versehen. Inklusive aller Verbindungsmaterialien, verschraubbare Spannhülsen aus nichtrostendem Stahl mit Gummidichtmanschette, auch kraftschlüssig, sowie allen Befestigungsteilen. Verlegung in Gebäuden.
Schutzfarbe: **rotbraun / grau**
Nennweite: DN150
Verlegehöhe: bis **3,50 / 5,00 / 10,00 m**

–€	72€	**86€**	94€	–€	[m]	0,50 h/m	044.000.012

LB 044 Abwasseranlagen - Leitungen, Abläufe, Armaturen

Kosten:
Stand 1.Quartal 2018
Bundesdurchschnitt

▶ min
▷ von
ø Mittel
◁ bis
◀ max

Nr.	Kurztext / Langtext					[Einheit]	Ausf.-Dauer	Kostengruppe Positionsnummer
▶	▷	ø netto €	◁	◀				
20	**Formstück, Bogen, Guss, DN150**							**KG 411**
Bogen aller Winkelgrade zur vorbeschriebenen Schmutzwasser- und Regenwasserleitung.								
Nennweite: DN150								
Winkelgrad: ..... °								
24€	34€	**42**€	47€	54€		[St]	⏱ 0,30 h/St	044.000.013
21	**Formstück, Abzweig, Guss, DN150**							**KG 411**
Abzweig aller Winkelgrade zur vorbeschriebenen Schmutzwasser- und Regenwasserleitung.								
Nennweite: DN150								
Winkelgrad: ..... °								
35€	57€	**71**€	80€	89€		[St]	⏱ 0,45 h/St	044.000.014
22	**Putzstück, Guss, DN150**							**KG 411**
Reinigungsöffnung zur vorbeschriebenen Schmutzwasser- und Regenwasserleitung.								
Öffnung: **rechteckig / rund**								
Nennweite: DN150								
71€	86€	**102**€	112€	132€		[St]	⏱ 0,30 h/St	044.000.015
23	**Abwasserleitung, HT-Rohr, DN50**							**KG 411**
HT-Abwasserrohre mit Steckmuffensystem und mit werkseitig eingebautem Lippendichtring zur Entwässerung innerhalb von Gebäuden und zur Ableitung von aggressiven Medien. Chemische Beständigkeit: Resistent gegenüber anorganischen Salzen, Laugen und Milchsäuren in Konzentrationen, wie sie zum Beispiel in Laborwässern vorhanden sind. Material heißwasserbeständig, lichtstabilisiert, dauerhaft schwer entflammbar.								
Material: Polypropylen (PP)								
Nennweite: DN50								
Wandstärke: 1,8 mm								
9€	12€	**12**€	13€	14€		[m]	⏱ 0,30 h/m	044.000.016
24	**Formstück, HT-Bogen, DN50**							**KG 411**
Bogen aller Winkelgrade zur vorbeschriebenen HT-Rohrabwasserleitung.								
Nennweite: DN50								
Wandstärke: 1,8 mm								
Winkelgrad: ..... °								
3€	5€	**5**€	8€	11€		[St]	⏱ 0,10 h/St	044.000.017
25	**Formstück, HT-Abzweig, DN50**							**KG 411**
Abzweig aller Winkelgrade zur vorbeschriebenen HT-Rohrabwasserleitung mit zwei Steckmuffen mit werkseitig vormontierten Lippendichtringen.								
Nennweite: DN50								
Wandstärke: 1,8 mm								
Winkelgrad: ..... °								
4€	7€	**8**€	11€	16€		[St]	⏱ 0,15 h/St	044.000.018

Nr.	Kurztext / Langtext					[Einheit]	Ausf.-Dauer	Kostengruppe Positionsnummer
▶	▷	ø netto €	◁	◀				

26 Abwasserleitung, HT-Rohr, DN70 — KG 411
HT-Abwasserrohre mit Steckmuffensystem und mit werkseitig eingebautem Lippendichtring zur Entwässerung innerhalb von Gebäuden und zur Ableitung von aggressiven Medien. Chemische Beständigkeit: Resistent gegenüber anorganischen Salzen, Laugen und Milchsäuren in Konzentrationen, wie sie zum Beispiel in Laborwässern vorhanden sind. Material heißwasserbeständig, lichtstabilisiert, dauerhaft schwer entflammbar.
Material: Polypropylen (PP)
Nennweite: DN70
Wandstärke: 1,9 mm

| 16€ | 19€ | **20€** | 25€ | 31€ | [m] | 0,30 h/m | 044.000.019 |

27 Formstück, HT-Bogen, DN70 — KG 411
Bogen aller Winkelgrade zur vorbeschriebenen HT-Rohrabwasserleitung mit zwei Steckmuffen mit werkseitig vormontierten Lippendichtringen.
Nennweite: DN70
Wandstärke: 1,9 mm

| 3€ | 5€ | **5€** | 10€ | 14€ | [St] | 0,10 h/St | 044.000.020 |

28 Formstück, HT-Abzweig, DN70 — KG 411
Abzweig aller Winkelgrade zur vorbeschriebenen HT-Rohrabwasserleitung mit zwei Steckmuffen mit werkseitig vormontierten Lippendichtringen.
Nennweite: DN70
Wandstärke: 1,9 mm
Winkelgrad: ..... °

| 3€ | 6€ | **7€** | 8€ | 11€ | [St] | 0,15 h/St | 044.000.021 |

29 Abwasserleitung, HT-Rohr, DN100 — KG 411
HT-Abwasserrohre mit Steckmuffensystem und mit werkseitig eingebautem Lippendichtring zur Entwässerung innerhalb von Gebäuden und zur Ableitung von aggressiven Medien. Chemische Beständigkeit: Resistent gegenüber anorganischen Salzen, Laugen und Milchsäuren in Konzentrationen, wie sie zum Beispiel in Laborwässern vorhanden sind. Material heißwasserbeständig, lichtstabilisiert, dauerhaft schwer entflammbar.
Material: Polypropylen (PP)
Nennweite: DN100
Wandstärke: 2,7 mm

| 15€ | 19€ | **21€** | 23€ | 27€ | [m] | 0,35 h/m | 044.000.022 |

30 Formstück, HT-Bogen, DN100 — KG 411
Bogen aller Winkelgrade zur vorbeschriebenen HT-Rohrabwasserleitung mit zwei Steckmuffen mit werkseitig vormontierten Lippendichtringen.
Nennweite: DN100

| 4€ | 6€ | **7€** | 9€ | 12€ | [St] | 0,10 h/St | 044.000.023 |

31 Formstück, HT-Abzweig, DN100 — KG 411
Abzweig aller Winkelgrade zur vorbeschriebenen HT-Rohrabwasserleitung mit zwei Steckmuffen mit werkseitig vormontierten Lippendichtringen.
Nennweite: DN100
Wandstärke: 2,7 mm
Winkelgrad: ..... °

| 4€ | 15€ | **17€** | 39€ | 72€ | [St] | 0,20 h/St | 044.000.024 |

© BKI Baukosteninformationszentrum; Erläuterungen zu den Tabellen siehe Seite 46
Mustertexte 2016 geprüft: Zentralverband Sanitär Heizung Klima (ZVSHK)

Kostenstand: 1.Quartal 2018, Bundesdurchschnitt

LB 044 Abwasseranlagen - Leitungen, Abläufe, Armaturen

Nr. ▶	Kurztext / Langtext ▷ ø netto € ◁ ◀	[Einheit]	Ausf.-Dauer	Kostengruppe Positionsnummer
32	**Formstück, HT-Doppelabzweig, DN100**			KG **411**
	HT-Eck-Doppelabzweig Abgänge mit gleichen bzw. reduzierten Durchmessern, 87, 70, 45°, in Eck- / Gabelform. Anschluss: DN100			
	15€ 22€ **30€** 42€ 46€	[St]	0,20 h/St	044.000.048
33	**Formstück, HT-Übergangsrohr, DN100**			KG **411**
	Übergangsrohr exzentrisch, als Zulage für Abwasserleitung, aus PP-Rohren, mit Steckmuffen. Anschluss: DN100 Übergang auf: **DN70 / DN50**			
	0,7€ 2,9€ **3,8€** 6,2€ 9,4€	[St]	0,12 h/St	044.000.049
34	**Abwasserleitung, PE-Rohr, DN70**			KG **411**
	Abwasserleitung aus PE-Rohr, heißwasserbeständig und schallgedämmt, Verlegung in Gebäuden, Form- und Verbindungsstücke werden gesondert vergütet, einschl. Rohrbefestigungen, körperschallgedämmt. Nennweite: DN70			
	6€ 15€ **18€** 21€ 27€	[m]	0,30 h/m	044.000.025
35	**Formstück, PE-Bogen, DN70**			KG **411**
	Bogen aller Winkelgrade zur vorbeschriebenen PE-Rohrabwasserleitung. Nennweite: DN70 Winkelgrad: ..... °			
	4€ 6€ **7€** 8€ 10€	[St]	0,10 h/St	044.000.026
36	**Formstück, PE-Abzweig, DN70**			KG **411**
	Abzweig aller Winkelgrade zur vorbeschriebenen PE-Rohrabwasserleitung. Nennweite: DN70 Winkelgrad: ..... °			
	–€ 8€ **9€** 10€ –€	[St]	0,16 h/St	044.000.027
37	**Abwasserleitung, PE-Rohr, DN100**			KG **411**
	Abwasserleitung aus PE-Rohr, heißwasserbeständig und schallgedämmt, Verlegung in Gebäuden, Form- und Verbindungsstücke werden gesondert vergütet, einschl. Rohrbefestigungen, körperschallgedämmt. Nennweite: DN100			
	29€ 41€ **46€** 62€ 92€	[m]	0,34 h/m	044.000.028
38	**Formstück, PE-Bogen, DN100**			KG **411**
	Bogen aller Winkelgrade zur vorbeschriebenen PE-Rohrabwasserleitung. Nennweite: DN100 Winkelgrad: ..... °			
	–€ 13€ **18€** 22€ –€	[St]	0,10 h/St	044.000.029
39	**Formstück, PE-Abzweig, DN100**			KG **411**
	Abzweig aller Winkelgrade zur vorbeschriebenen PE-Rohrabwasserleitung. Nennweite: DN100 Winkelgrad: ..... °			
	–€ 15€ **21€** 24€ –€	[St]	0,16 h/St	044.000.030

Kosten:
Stand 1.Quartal 2018
Bundesdurchschnitt

▶ min
▷ von
ø Mittel
◁ bis
◀ max

Nr.	Kurztext / Langtext				[Einheit]	Ausf.-Dauer	Kostengruppe Positionsnummer
▶	▷	ø netto €	◁	◀			

40 Formstück, PE-Putzstück, DN100 — KG 411
Reinigungsöffnung zur vorbeschriebenen PE-Rohrabwasserleitung.
Öffnung: **rechteckig / rund**
Nennweite: DN100

| –€ | 26€ | **33**€ | 40€ | –€ | [St] | ⏱ 0,10 h/St | 044.000.031 |

41 Abwasserleitung, PE-Rohr, DN150 — KG 411
Abwasserleitung aus PE-Rohr, heißwasserbeständig und schallgedämmt, Verlegung in Gebäuden, Form- und Verbindungsstücke werden gesondert vergütet, einschl. Rohrbefestigungen, körperschallgedämmt.
Nennweite: DN150

| –€ | 51€ | **61**€ | 71€ | –€ | [m] | ⏱ 0,40 h/m | 044.000.032 |

42 Formstück, PE-Abzweig, DN150 — KG 411
Abzweig aller Winkelgrade zur vorbeschriebenen PE-Rohrabwasserleitung.
Nennweite: DN150
Winkelgrad: ..... °

| 63€ | 70€ | **80**€ | 87€ | 97€ | [St] | ⏱ 0,10 h/St | 044.000.033 |

43 Doppelabzweig, SML, DN100 — KG 411
SML Eck-Doppelabzweig 87, 70, 45°, Abgänge mit gleichen bzw. reduzierten Durchmessern, in Eck-/ Gabelform.
Anschluss: DN100

| –€ | 42€ | **45**€ | 48€ | –€ | [St] | ⏱ 0,32 h/St | 044.000.050 |

44 Druckleitung, Schmutzwasserhebeanlage DN40 — KG 411
Druckleitung, Schmutzwasserhebeanlage, aus korrosoinsfestem Material, Verlegung unterhalb / in der Bodenplatte zum bauseitigen Anschluss oberhalb des Fertigbodens, Durchdringungen abgedichtet gegen drückendes / nichtdrückendes Wasser, komplett mit allen Anschluss- und Abdichtungsmateriallien.
Druckleitung: DN40
Maximaldruck: **4 / 6 bar**

| –€ | 19€ | **25**€ | 28€ | –€ | [m] | ⏱ 0,30 h/m | 044.000.047 |

A 1 Abflussleitung, PP-Rohre, schallgedämmt — Beschreibung für Pos. 45-48
Schallgedämmtes Abflussrohr für Entwässerungsanlagen innerhalb von Gebäuden. Einsetzbar bis 95°C (kurzzeitig); geeignet zur Ableitung chemisch aggressiver Abwässer mit einem pH-Wert von 2 bis 12. Rohrverbindungen sind bis zu einem Wasserüberdruck von 0,5 bar dicht.
Material Rohre und Formteile: mineralverstärktes Polypropylen (PP)
Material Lippendichtring: Styrol-Butadien-Kautschuk (SBR)

45 Abflussleitung, PP-Rohre, DN50, schallgedämmt — KG 411
Wie Ausführungsbeschreibung A 1
Nennweite DN50
Baulänge: 1,00 m

| 16€ | 19€ | **22**€ | 25€ | 30€ | [m] | ⏱ 0,28 h/m | 044.000.053 |

LB 044 Abwasseranlagen - Leitungen, Abläufe, Armaturen

Kosten:
Stand 1.Quartal 2018
Bundesdurchschnitt

Nr. ▶	▷	Kurztext / Langtext ø netto €	◁	◀	[Einheit]	Ausf.-Dauer	Kostengruppe Positionsnummer
46		**Abflussleitung, PP-Rohre, DN75, schallgedämmt**					KG **411**
		Wie Ausführungsbeschreibung A 1 Nennweite DN75 Baulänge: 1,00 m					
17€	21€	**24€**	27€	32€	[m]	0,28 h/m	044.000.054
47		**Abflussleitung, PP-Rohre, DN90, schallgedämmt**					KG **411**
		Wie Ausführungsbeschreibung A 1 Nennweite DN90 Baulänge: 1,00 m					
21€	26€	**30€**	34€	40€	[m]	0,28 h/m	044.000.055
48		**Abflussleitung, PP-Rohre, DN110, schallgedämmt**					KG **411**
		Wie Ausführungsbeschreibung A 1 Nennweite DN110 Baulänge: 1,00 m					
21€	26€	**30€**	33€	40€	[m]	0,32 h/m	044.000.056

A 2 **Abwasser-Rohrbogen, PP, schallgedämmt** Beschreibung für Pos. **49-52**
Bogen aller Winkelgrade schallgedämmt für Entwässerungsanlagen innerhalb von Gebäuden. Einsetzbar bis 95°C (kurzzeitig); geeignet zur Ableitung chemisch aggressiver Abwässer mit einem pH-Wert von 2 bis 12. Rohrverbindungen sind bis zu einem Wasserüberdruck von 0,5 bar dicht.
Material Rohre und Formteile: mineralverstärktes Polypropylen (PP)
Material Lippendichtring: Styrol-Butadien-Kautschuk (SBR)

Nr.		Kurztext					
49		**Abwasser-Rohrbogen, PP, DN50, schallgedämmt**					KG **411**
		Wie Ausführungsbeschreibung A 2 Nennweite DN50 Baulänge: 1,00 m Winkelgrad: ..... °					
5€	7€	**8€**	10€	12€	[St]	0,12 h/St	044.000.057
50		**Abwasser-Rohrbogen, PP, DN75, schallgedämmt**					KG **411**
		Wie Ausführungsbeschreibung A 2 Nennweite DN75 Baulänge: 1,00 m Winkelgrad: ..... °					
6€	9€	**10€**	12€	15€	[St]	0,12 h/St	044.000.058
51		**Abwasser-Rohrbogen, PP, DN90, schallgedämmt**					KG **411**
		Wie Ausführungsbeschreibung A 2 Nennweite DN90 Baulänge: 1,00 m Winkelgrad: ..... °					
8€	12€	**14€**	17€	21€	[St]	0,12 h/St	044.000.059

▶ min
▷ von
ø Mittel
◁ bis
◀ max

Nr.	Kurztext / Langtext				[Einheit]	Ausf.-Dauer	Kostengruppe
▶	▷ ø netto € ◁ ◀						Positionsnummer

52 Abwasser-Rohrbogen, PP, DN110, schallgedämmt KG **411**
Wie Ausführungsbeschreibung A 2
Nennweite DN110
Baulänge: 1,00 m
Winkelgrad: ..... °

| 19€ | 27€ | **31€** | 37€ | 46€ | [St] | ⏱ 0,12 h/St | 044.000.060 |

A 3 Abwasser-Abzweig, PP, DN50-50, schallgedämmt Beschreibung für Pos. **53-56**
Abzweig aller Winkelgrade schallgedämmt für Entwässerungsanlagen innerhalb von Gebäuden. Einsetzbar bis 95°C (kurzzeitig); geeignet zur Ableitung chemisch aggressiver Abwässer mit einem pH-Wert von 2 bis 12. Rohrverbindungen sind bis zu einem Wasserüberdruck von 0,5 bar dicht.
Material Rohre und Formteile: mineralverstärktes Polypropylen (PP)
Material Lippendichtring: Styrol-Butadien-Kautschuk (SBR)

53 Abwasser-Abzweig, PP, DN50-50, schallgedämmt KG **411**
Wie Ausführungsbeschreibung A 3
Nennweite DN50
Baulänge: 1,00 m
Winkelgrad: ..... °

| 8€ | 12€ | **13€** | 16€ | 20€ | [St] | ⏱ 0,16 h/St | 044.000.061 |

54 Abwasser-Abzweig, PP, DN75-75, schallgedämmt KG **411**
Wie Ausführungsbeschreibung A 3
Nennweite DN75
Baulänge: 1,00 m
Winkelgrad: ..... °

| 10€ | 15€ | **17€** | 20€ | 25€ | [St] | ⏱ 0,16 h/St | 044.000.062 |

55 Abwasser-Abzweig, PP, DN90-90, schallgedämmt KG **411**
Wie Ausführungsbeschreibung A 3
Nennweite DN90
Baulänge: 1,00 m
Winkelgrad: ..... °

| 14€ | 21€ | **24€** | 29€ | 36€ | [St] | ⏱ 0,16 h/St | 044.000.063 |

56 Abwasser-Abzweig, PP, DN110-110, schallgedämmt KG **411**
Wie Ausführungsbeschreibung A 3
Nennweite DN110
Baulänge: 1,00 m
Winkelgrad: ..... °

| 15€ | 22€ | **25€** | 31€ | 38€ | [St] | ⏱ 0,16 h/St | 044.000.064 |

LB 044 Abwasseranlagen - Leitungen, Abläufe, Armaturen

Kosten:
Stand 1.Quartal 2018
Bundesdurchschnitt

▶ min
▷ von
ø Mittel
◁ bis
◀ max

Nr.	Kurztext / Langtext						Kostengruppe
▶	▷	ø netto €	◁	◀	[Einheit]	Ausf.-Dauer	Positionsnummer

57 Bodenablauf, Gully, bodengleiche Dusche KG **411**
Boden-/Deckenablauf DIN EN 1253-1 aus Gusseisen, mit herausnehmbarem Glockengeruchverschluss, mit Pressdichtungsflansch, Abgang **senkrecht / waagrecht**, Gehäuse epoxiert, mit Aufsatzstück aus Gusseisen, epoxiert, mit Pressdichtungsflansch, stufenlos höhenverstellbar, mit Abdichtring, rückstausicher, mit Rostrahmen aus nichtrostendem Stahl.
Durchmesser: DN70-100
Rostrahmen-Nennmaß (B x L): 150 x 150 mm
Gitterrost: nichtrostender Stahl, rutschhemmend, Klasse: L 15
zusätzliche Ausführungsoptionen: .....
Fabrikat: .....
Typ: .....
445€   489€   **543**€   652€   749€   [St]   ⏱ 1,20 h/St   044.000.067

58 Bodenablauf, Rinne, bodengleiche Dusche KG **411**
Rinnenablauf für Dusche, höhenverstellbar, Gehäuse aus nichtrostendem Stahl, mit Geruchverschluss und Reinigungsöffnung, mit Anschlussrand.
Anschluss: DN50-70
Baulänge: über 600 bis 1.000 mm
Abgang: **seitlich / senkrecht**
Rost: nichtrostendem Stahl, Klasse K 3
zusätzliche Ausführungsoptionen: .....
Fabrikat: .....
Typ: .....
572€   610€   **762**€   915€   1.052€   [St]   ⏱ 1,00 h/St   044.000.068

59 Duschrinne, Edelstahl, 900mm KG **411**
Entwässerungsrinne für den Duschbereich aus Edelstahl mit umlaufendem Anschlussrand mit Anschluss für Abdichtung und herausnehmbarem Geruchverschluss.
Ablaufstutzen: DN50, für Steckrohrmuffensysteme
Ablaufleistung 0,6l/s
Belastbarkeit: K 3
Rinnenlänge 900 mm
Rinnenbreite: ..... mm
257€   332€   **380**€   441€   531€   [St]   ⏱ 1,00 h/St   044.000.065

60 Abdeckung, Duschrinne, Edelstahl KG **411**
Abdeckung für Duschrinne aus Edelstahl.
Länge: 900 mm
Design: .....
Oberfläche: poliert
Belastungsklasse: K3
–€   84€   **105**€   136€   –€   [St]   ⏱ 0,15 h/St   044.000.066

| 040 |
| 041 |
| 042 |
| **044** |
| 045 |
| 047 |
| 053 |
| 054 |
| 058 |
| 069 |
| 075 |

LB 045
Gas-, Wasser- und Entwässerungsanlagen - Ausstattung, Elemente, Fertigbäder

Kosten:
Stand 1.Quartal 2018
Bundesdurchschnitt

▶ min
▷ von
ø Mittel
◁ bis
◀ max

Gas-, Wasser- und Entwässerungsanlagen - Ausstattung, Elemente, Fertigbäder — Preise €

Nr.	Positionen	Einheit	▶	▷	ø brutto € / ø netto €	◁	◀
1	Handwaschbecken, Keramik	St	55	78	**91**	134	187
			46	65	**77**	113	157
2	Waschtisch, Keramik 600x500	St	105	214	**228**	282	435
			88	180	**192**	237	366
3	Waschtisch, Keramik 500x400	St	91	161	**212**	243	315
			77	136	**178**	204	264
4	Behindertengerechter Waschtisch	St	226	257	**302**	408	559
			190	216	**254**	343	469
5	Raumsparsiphon, Waschtisch, unterfahrbar	St	98	109	**126**	151	189
			82	92	**106**	127	159
6	Einhebel-Mischbatterie	St	120	178	**210**	281	410
			101	150	**176**	236	345
7	Spiegel, Kristallglas	St	17	38	**43**	59	88
			15	32	**36**	50	74
8	Spiegel, hochkant, für Waschtisch	St	57	64	**75**	98	121
			48	54	**63**	82	101
9	Badewanne, Stahl 170	St	285	434	**470**	546	835
			240	364	**395**	459	701
10	Einhandmischer, Badewanne	St	58	183	**256**	390	532
			49	154	**215**	328	447
11	Thermostatarmatur, Badewanne	St	298	398	**497**	671	969
			251	334	**418**	564	814
12	WC, wandhängend	St	195	252	**255**	278	364
			164	212	**214**	233	306
13	WC, behindertengerecht	St	625	747	**868**	1.042	1.302
			525	627	**729**	875	1.094
14	WC-Spülkasten, mit Betätigungsplatte	St	170	189	**215**	252	308
			143	159	**181**	212	259
15	Notruf, behindertengerechtes WC	St	402	564	**678**	794	950
			338	474	**570**	667	798
16	WC-Sitz	St	45	86	**96**	118	168
			38	72	**81**	99	141
17	WC-Bürste	St	5	32	**57**	60	74
			4	27	**48**	50	62
18	WC-Toilettenpapierhalter	St	24	44	**54**	65	91
			20	37	**45**	54	76
19	Duschwanne, Stahl 80x80	St	107	177	**211**	239	310
			90	148	**177**	201	261
20	Duschwanne, Stahl 90x90	St	157	260	**313**	341	483
			132	218	**263**	286	406
21	Duschwanne, Stahl 100x100	St	208	302	**360**	414	543
			175	254	**303**	348	457
22	Duschwanne, Stahl 100x80	St	355	454	**516**	520	619
			298	382	**434**	437	520
23	Einhebelarmatur, Dusche	St	153	393	**409**	506	704
			128	330	**344**	426	592
24	Duschabtrennung, Kunststoff	St	650	803	**880**	1.117	1.417
			546	675	**739**	938	1.191

© **BKI** Baukosteninformationszentrum; Erläuterungen zu den Tabellen siehe Seite 46
Mustertexte 2016 geprüft: Zentralverband Sanitär Heizung Klima (ZVSHK)

Kostenstand: 1.Quartal 2018, Bundesdurchschnitt

Gas-, Wasser- und Entwässerungsanlagen - Ausstattung, Elemente, Fertigbäder — Preise €

Nr.	Positionen	Einheit	▶	▷ ø brutto € / ø netto €	◁	◀
25	Urinal, Keramik	St	174	221 **251**	280	321
			146	186 **211**	235	270
26	Installationselement, Urinal	St	193	222 **237**	271	314
			162	186 **199**	227	264
27	Bidet, Keramik	St	181	372 **479**	581	1.228
			152	312 **402**	488	1.032
28	Einhandmischer, Bidet	St	159	205 **240**	288	397
			134	172 **202**	242	333
29	Ausgussbecken, Stahl	St	57	146 **162**	422	693
			48	123 **136**	354	583
30	Seifenspender, Wandmontage	St	47	89 **106**	151	224
			39	74 **89**	127	188
31	Papierhandtuchspender, Wandmontage	St	25	55 **67**	91	144
			21	46 **56**	76	121
32	Einhandmischer, Spültisch	St	35	178 **236**	327	502
			29	149 **198**	275	422
33	Installationselement, WC	St	34	142 **223**	248	317
			29	119 **187**	208	266
34	Installationselement, behindertengerechtes WC, mit Stützgriffen	St	564	694 **868**	1.042	1.215
			474	584 **729**	875	1.021
35	Installationselement, Hygiene-Spül-WC, mit Stützgriffen	St	613	755 **944**	1.132	1.321
			515	634 **793**	951	1.110
36	Installationselement, Hygiene-Spül-WC	St	247	299 **352**	423	486
			207	252 **296**	355	409
37	Installationselement, Waschtisch	St	46	89 **118**	139	186
			38	75 **99**	117	157
38	Installationselement, behindertengerechter Waschtisch, mit Stützgriffen	St	317	394 **453**	543	620
			266	331 **381**	457	521
39	Installationselement, behindertengerechter Waschtisch, höhenverstellbar	St	217	246 **289**	341	391
			182	207 **243**	287	328
40	Wandablauf, bodengleiche Dusche	St	491	556 **654**	772	850
			412	467 **550**	649	715
41	Installationselement, Stützgriff	St	147	192 **226**	272	310
			124	162 **190**	228	261
42	Unterkonstruktion Stützgriff/Sitz	St	65	86 **101**	121	138
			55	72 **85**	101	116
43	Haltegriff, Edelstahl, 600mm	St	69	99 **107**	137	176
			58	84 **90**	115	148
44	Haltegriff, Kunststoff, 300mm	St	72	103 **126**	150	208
			60	87 **106**	126	174
45	Duschhandlauf, Edelstahl, 600mm	St	–	369 **490**	624	–
			–	310 **412**	524	–
46	Haltegriffkombination, BW-Duschbereich	St	315	403 **503**	604	1.057
			264	338 **423**	507	888

040
041
042
044
045
047
053
054
058
069
075

LB 045
Gas-, Wasser- und Entwässerungsanlagen
- Ausstattung, Elemente, Fertigbäder

Kosten:
Stand 1.Quartal 2018
Bundesdurchschnitt

▶ min
▷ von
ø Mittel
◁ bis
◀ max

Nr.	Kurztext / Langtext					Kostengruppe		
▶	▷	ø netto €	◁	◀	[Einheit]	Ausf.-Dauer	Positionsnummer	

10 Einhandmischer, Badewanne — KG **412**
Einhandmischer für Badewanne in Wandmontage, eigensicher gegen Rückfließen, aus Metall, verchromt, Kugelmischsystem mit Griff, Luftsprudler und Rosetten, inkl. Temperaturbegrenzer.
Einbau: **Auf- / Unterputz**
Ausführungsoptionen: .....
Fabrikat: .....
Typ: .....

| 49€ | 154€ | **215**€ | 328€ | 447€ | [St] | ⏱ 0,80 h/St | 045.000.004 |

11 Thermostatarmatur, Badewanne — KG **412**
Thermostat-**Wandeinbaubatterie / Wandbatterie**, aus Messing, sichtbare Teile verchromt, mit Temperaturwähler, Grad-Markierung und Temperatursperre, Geräuschverhalten DIN 4109 Gruppe I, mit Prüfzeichen. Armatur für Wanne, mit Absperrung und automatischer Rückstellung, mit Armhebel, Betätigungselement aus Metall, verchromt.
Ausführungsoptionen: .....
Fabrikat: .....
Typ: .....

| 251€ | 334€ | **418**€ | 564€ | 814€ | [St] | ⏱ 1,20 h/St | 045.000.069 |

12 WC, wandhängend — KG **412**
WC-Anlage, bestehend aus: 1x Tiefspül-WC aus Sanitärporzellan, wandhängend, inkl. Befestigung und Schallschutzset.
Länge: ..... m
Breite: ..... m
Farbe: .....
Spülrand: **mit / ohne**

| 164€ | 212€ | **214**€ | 233€ | 306€ | [St] | ⏱ 1,80 h/St | 045.000.005 |

13 WC, behindertengerecht — KG **412**
Tiefspül-WC, wandhängend an Installationselement, als barrierefreie Ausführung DIN 18040, aus Sanitärporzellan, spülrandlos, glasiert, weiß, mit wasserabweisender Beschichtung, inkl. WC-Sitz und Rückenstütze und Schallschutzset.
Spülwasserbedarf: 6 l
Abgang: waagrecht
Fabrikat: .....
Typ: .....

| 525€ | 627€ | **729**€ | 875€ | 1.094€ | [St] | ⏱ 2,00 h/St | 045.000.038 |

14 WC-Spülkasten, mit Betätigungsplatte — KG **412**
Unterputz-Spülkasten aus Kunststoff mit wassersparender Zweimengenspültechnik, schwitzwasserisoliert, für Wasseranschluss links, rechts oder hinten mittig, inkl. Betätigungsplatte für Betätigung von vorne, mit 2-Mengenauslösung, Befestigungsrahmen und Befestigung.
Inhalt: **3 / 6 Liter**
Geräuschklasse: I
Größe: ..... x ..... x ..... m
Farbe: .....

| 143€ | 159€ | **181**€ | 212€ | 259€ | [St] | ⏱ 0,85 h/St | 045.000.006 |

Nr.	Kurztext / Langtext					Kostengruppe	
▶	▷ ø netto € ◁ ◀				[Einheit]	Ausf.-Dauer	Positionsnummer

15 Notruf, behindertengerechtes WC — KG **452**

Notruf behindertengerechtes WC als Kompakt-Set, bestehend aus: 1-Kammer-Signalleuchte rot, Zugtaster, Abstelltaster, Meldeeinheit und Netzteil, einschl. Stromquelle für Sicherheitszwecke DIN VDE 0100-560 (VDE 0100-560), Weiterleitung Störung an Meldeeinheit, Weiterleitung Notruf an Meldeeinheit
Ausführungsoptionen: .....
Fabrikat: .....
Typ: .....

| 338€ | 474€ | **570€** | 667€ | 798€ | [St] | ⏱ 1,20 h/St | 045.000.074 |

16 WC-Sitz — KG **412**

WC-Sitz mit Deckel und Scharnieren.
Scharniere: **Edelstahl- / Kunststoff**
Farbe: .....
Material: ....

| 38€ | 72€ | **81€** | 99€ | 141€ | [St] | ⏱ 0,20 h/St | 045.000.007 |

17 WC-Bürste — KG **611**

WC-Bürstengarnitur mit herausnehmbarem Glaseinsatz, Bürste mit Griff und Ersatzbürstenkopf, inkl. Befestigungsmaterial.
Farbe: .....

| 4€ | 27€ | **48€** | 50€ | 62€ | [St] | ⏱ 0,20 h/St | 045.000.008 |

18 WC-Toilettenpapierhalter — KG **611**

Toilettenpapierhalter, offene Form mit gebogenem Halter und Abdeckung, für Wandaufbau, inkl. Befestigungsmaterial.
Rollenbreite: 100 und 120 mm
Material: Nylon
Farbe: Standardfarbe nach Wahl
Befestigungsschrauben **sichtbar / verdeckt**

| 20€ | 37€ | **45€** | 54€ | 76€ | [St] | ⏱ 0,20 h/St | 045.000.017 |

A 2 Duschwanne, Stahl — Beschreibung für Pos. **19-22**

Duschwannenanlage bestehend aus Duschwanne, emaillierter Stahl, inkl. Füße für Duschwanne, Wannenprofil-Dämmstreifen und Ablaufgarnitur für Duschwannen mit Haube. Dämmstreifen für Bade- und Duschwannen, aus Polyethylen-Schaumstoff, oberseitig mit Silikonfolie kaschiert

19 Duschwanne, Stahl 80x80 — KG **412**

Wie Ausführungsbeschreibung A 2
Größe: 80 x 80 x 6 cm
Farbe: .....
Ablauf: **40 / 50** mm
Farbe: ...

| 90€ | 148€ | **177€** | 201€ | 261€ | [St] | ⏱ 1,40 h/St | 045.000.009 |

LB 045
**Gas-, Wasser- und Entwässerungsanlagen
- Ausstattung, Elemente, Fertigbäder**

Kosten:
Stand 1.Quartal 2018
Bundesdurchschnitt

▶ min
▷ von
ø Mittel
◁ bis
◀ max

Nr.	Kurztext / Langtext				[Einheit]	Ausf.-Dauer	Kostengruppe Positionsnummer
	▶ ▷ ø netto € ◁ ◀						

20 Duschwanne, Stahl 90x90 KG **412**
Wie Ausführungsbeschreibung A 2
Größe: 90 x 90 x 6 cm
Farbe: .....
Ablauf: **40 / 50** mm
Farbe: ...
132€   218€   **263**€   286€   406€   [St]   ⏱ 1,40 h/St   045.000.030

21 Duschwanne, Stahl 100x100 KG **412**
Wie Ausführungsbeschreibung A 2
Größe: 100 x 100 x 6 cm
Farbe: .....
Ablauf: **40 / 50** mm
Farbe: ...
175€   254€   **303**€   348€   457€   [St]   ⏱ 1,40 h/St   045.000.031

22 Duschwanne, Stahl 100x80 KG **412**
Wie Ausführungsbeschreibung A 2
Größe: 100 x 80 x 6 cm
Farbe: .....
Ablauf: **40 / 50** mm
Farbe: ...
298€   382€   **434**€   437€   520€   [St]   ⏱ 1,40 h/St   045.000.033

23 Einhebelarmatur, Dusche KG **412**
Unterputz-Einhebelarmatur für Dusche in Wandmontage, eigensicher gegen Rückfließen, aus Metall, verchromt. Kugelmischsystem mit Griff und Rosetten, inkl. Temperaturbegrenzer.
Anschluss: DN15
128€   330€   **344**€   426€   592€   [St]   ⏱ 0,80 h/St   045.000.010

24 Duschabtrennung, Kunststoff KG **611**
Duschabtrennung für Duschwanne, als Einzelanlage, bestehend aus Tür, Rahmen aus Kunststoff, mit Seitenwänden, inkl. Befestigung mit Wandanschlussprofil, wassergeschützt angesetzt, einschl. Dichtungen.
Tür: **Drehtür / Schiebefalztür**
Kunststoff: **klar / mit Dekor** mit schmutzabweisender Beschichtung
Rahmenfarbe: **weiß / Standardfarbe**
Seitenwände: **1 / 2**
Breite Eingang: 800 mm
Breite Seitenteil: 800 mm
Höhe: 2.000 mm
546€   675€   **739**€   938€   1.191€   [St]   ⏱ 2,00 h/St   045.000.041

Nr.	Kurztext / Langtext						Kostengruppe	
▶	▷	ø netto €	◁	◀	[Einheit]	Ausf.-Dauer	Positionsnummer	

25 Urinal, Keramik — KG 412
Urinal-Anlage, Urinal aus Sanitärporzellan, verdeckter Zulauf und hinterer Abgang, verdeckter Schraubbefestigung, inkl. herausnehmbarem Sieb aus Edelstahl mit einer geschlossenen Randeinfassung aus EPDM und Absaugsiphon.
Farbe: .....
Stutzen AD: 50 mm
Abgang: waagrecht

| 146€ | 186€ | **211€** | 235€ | 270€ | [St] | 1,50 h/St | 045.000.011 |

26 Installationselement, Urinal — KG 419
Urinal-Installationselement mit selbsttragendem Montagerahmen, Oberfläche pulverbeschichtet, mit verstellbaren Fußstützen verzinkt, für einen Fußbodenaufbau 0 - 20 cm, mit zwei kompletten Keramikbefestigungen und vormontiertem Passstück, Absperrventil und Schmutzfänger, mit Einbaukasten und Schutzteil, Einlaufbogen und PE-Fertigablaufanschlussbogen, inkl. Anschlussgarnitur für Einlauf und Ablaufsiphon, einschl. Befestigungsmaterial.
Keramikbefestigungen: M8
Absperrventil: R 1/2
Einlaufbogen: DN25
Ablaufbogen: DN40

| 162€ | 186€ | **199€** | 227€ | 264€ | [St] | 1,30 h/St | 045.000.012 |

27 Bidet, Keramik — KG 412
Bidet aus Sanitärporzellan, wandhängend, inkl. Befestigung und Schallschutzset.
Farbe: .....

| 152€ | 312€ | **402€** | 488€ | 1.032€ | [St] | 2,40 h/St | 045.000.014 |

28 Einhandmischer, Bidet — KG 412
Einhandmischer für Bidet mit Keramikkartusche, Zugknopfablaufgarnitur, Kugelgelenk-Strahlregler und flexiblen Anschlüssen.
Farbe: .....

| 134€ | 172€ | **202€** | 242€ | 333€ | [St] | 0,80 h/St | 045.000.015 |

29 Ausgussbecken, Stahl — KG 412
Ausgussbecken aus emaillierten Stahl, mit Rückwand, für wandhängenden Einbau, mit Klapprost aus Stahl, verzinkt, inkl. Befestigung.
Größe: 500 x 350 mm
Farbe: weiß

| 48€ | 123€ | **136€** | 354€ | 583€ | [St] | 1,20 h/St | 045.000.021 |

30 Seifenspender, Wandmontage — KG 611
Seifenspender für Flüssigseife, Wandmontage, inkl. Befestigung. Ausführungsform rechteckig. Spender für Einwegbehälter, mit vollständiger Erstbefüllung, Entnahme durch Drücken, Gehäuse verschließbar, inkl. Befestigung
Gehäuse: **Kunststoff / Stahl nichtrostend**
Inhalt: **0,5 / 0,75 Liter**

| 39€ | 74€ | **89€** | 127€ | 188€ | [St] | 0,40 h/St | 045.000.022 |

**LB 045
Gas-, Wasser- und Entwässerungs-anlagen
- Ausstattung, Elemente, Fertigbäder**

Kosten:
Stand 1.Quartal 2018
Bundesdurchschnitt

Nr.	Kurztext / Langtext						Kostengruppe
▶	▷	ø netto €	◁	◀	[Einheit]	Ausf.-Dauer	Positionsnummer
31	Papierhandtuchspender, Wandmontage						KG **611**

Papierhandtuchspender, für Wandmontage, für Falt-Papierhandtücher, inkl. Erstbefüllung und Befestigung.
Fassungsvermögen: 300 Stück
Handtücher in: Lagen-Falzung, **25 / 33 cm**
Gehäuse: **Kunststoff/ Stahl nichtrostend**
Vorratsbehälter: verschließbar

21€	46€	**56€**	76€	121€	[St]	⏱ 0,35 h/St	045.000.023

32	Einhandmischer, Spültisch						KG **412**

Einhandmischer für Spültisch, Kugelmischsystem, schwenkbarer Auslauf, Luftsprudler.
Oberfläche: verchromt
Durchmesser: DN15

29€	149€	**198€**	275€	422€	[St]	⏱ 0,70 h/St	045.000.024

33	Installationselement, WC						KG **419**

WC-Installationselement für wandhängendes WC, Rahmen aus Stahl, pulverbeschichtet mit verstellbaren Fußstützen verzinkt, für einen Fußbodenaufbau von 0-20cm mit UP-Spülkasten, Betätigungsplatte mit Befestigungsrahmen, umstellbar auf Spül-Stopp-Funktion, für Betätigung von vorn. Vormontierter Wasseranschluss, Eckventil, schallgeschützter Klemm- / Pressanschluss aus Rotguss, C-Anschlussbogen, WC-Anschlussgarnitur, Befestigungsmaterial für Element und WC, inkl. Klein- und Befestigungsmaterial.
Wasseranschluss: Rp1/2
Anschlussbogen: **DN90 / DN100**

29€	119€	**187€**	208€	266€	[St]	⏱ 1,00 h/St	045.000.026

34	Installationselement, behindertengerechtes WC, mit Stützgriffen						KG **419**

Installationselement als Einzelelement, statisch belastbar und stufenlos höhenverstellbar, für wandhängendes behindertengerechtes WC, mit beidseitiger Befestigungsmöglichkeit von Stützgriffen, inkl. Einbauspülkasten DIN EN 14055 und Ablaufbogen aus PE-HD-Rohr. Element für Metallständerwände und Vorwandmontage, zum Beplanken mit **Gipskarton / Gipsfaserplatten,** für Aufbau auf Rohfußboden, zur Wand- und Fußbodenbefestigung. Leistung mit Befestigung und Anschlüssen für Zu- und Abläufe.
Verstellbereich: 0 bis 200 mm
Einbauhöhe: über 1.000 bis 1.200 mm
Breite: 850 bis 1.000 mm
Fabrikat: .....
Typ: .....

474€	584€	**729€**	875€	1.021€	[St]	⏱ 1,30 h/St	045.000.042

▶ min
▷ von
ø Mittel
◁ bis
◀ max

Nr.	Kurztext / Langtext					Kostengruppe	
▶	▷	ø netto €	◁	◀	[Einheit]	Ausf.-Dauer	Positionsnummer

35 Installationselement, Hygiene-Spül-WC, mit Stützgriffen KG **419**

Installationselement als Einzelelement, statisch belastbar und stufenlos höhenverstellbar, für wandhängendes Hygiene-Spül-WC, mit beidseitiger Befestigungsmöglichkeit von Stützgriffen, inkl. Einbauspülkasten DIN EN 14055 mit Wasserzuleitung und Elektroanschluss für Anschluss von Behinderten-Hygiene-Spül-WC sowie Ablaufbogen aus PE-HD-Rohr. Element für Metallständerwände und Vorwandmontage, zum Beplanken mit **Gipskarton / Gipsfaserplatten,** für Aufbau auf Rohfußboden, zur Wand- und Fußbodenbefestigung. Leistung mit Befestigung und Anschlüssen für Zu- und Abläufe.
Verstellbereich: 0 bis 200 mm
Einbauhöhe: über 1.000 bis 1.200 mm
Breite: 850 bis 1.000 mm
Fabrikat: .....
Typ: .....

| 515 € | 634 € | **793** € | 951 € | 1.110 € | [St] | ⏱ 1,50 h/St | 045.000.043 |

36 Installationselement, Hygiene-Spül-WC KG **419**

Installationselement als Einzelelement, statisch belastbar und stufenlos höhenverstellbar, für wandhängendes Hygiene-Spül-WC, inkl. Einbauspülkasten DIN EN 14055 mit Wasserzuleitung und Elektroanschluss für Anschluss von Behinderten-Hygiene-Spül-WC sowie Ablaufbogen aus PE-HD-Rohr. Element für Metallständerwände und Vorwandmontage, zum Beplanken mit **Gipskarton / Gipsfaserplatten,** für Aufbau auf Rohfußboden, zur Wand- und Fußbodenbefestigung. Leistung mit Befestigung und Anschlüssen für Zu- und Abläufe.
Verstellbereich: 0 bis 200 mm
Einbauhöhe: über 1.000 bis 1.200 mm
Breite: 400 bis 600 mm
Fabrikat: .....
Typ: .....

| 207 € | 252 € | **296** € | 355 € | 409 € | [St] | ⏱ 1,30 h/St | 045.000.044 |

37 Installationselement, Waschtisch KG **419**

Installationselement für Waschtisch mit Einlocharmatur, Rahmen aus Stahl, pulverbeschichtet, schallgeschützter Befestigung für Wandscheiben, Ablaufbogen, Gumminippel, Befestigungsmaterial für Element (Bodenbefestigung) und Waschtisch, selbstbohrende Schrauben für Befestigung an Ständerwand, inkl. Klein- und Befestigungsmaterial.
Ablaufbogen: **DN40 / DN50**
Gumminippel: 40/30

| 38 € | 75 € | **99** € | 117 € | 157 € | [St] | ⏱ 0,90 h/St | 045.000.025 |

38 Installationselement, behindertengerechter Waschtisch, mit Stützgriffen KG **419**

Installationselement als Einzelelement, statisch belastbar und stufenlos höhenverstellbar, für wandhängenden behindertengerechter Waschtisch, mit beidseitiger Befestigungsmöglichkeit von Stützgriffen, inkl. Unterputz-Geruchverschluss. Element für Metallständerwände und Vorwandmontage, zum Beplanken mit **Gipskarton / Gipsfaserplatten,** für Aufbau auf Rohfußboden, zur Wand- und Fußbodenbefestigung. Leistung mit Befestigung und Anschlüssen für Zu- und Abläufe.
Verstellbereich: 0 bis 200 mm
Einbauhöhe Installationselement: über 1.000 bis 1.200 mm
Breite Installationselement: 1.200 bis 1.300 mm
Fabrikat: .....
Typ: .....

| 266 € | 331 € | **381** € | 457 € | 521 € | [St] | ⏱ 1,20 h/St | 045.000.047 |

LB 045
Gas-, Wasser- und Entwässerungsanlagen
- Ausstattung, Elemente, Fertigbäder

Kosten:
Stand 1.Quartal 2018
Bundesdurchschnitt

▶ min
▷ von
ø Mittel
◁ bis
◀ max

Nr.	Kurztext / Langtext						Kostengruppe
▶	▷	ø netto €	◁	◀	[Einheit]	Ausf.-Dauer	Positionsnummer

39 Installationselement, behindertengerechter Waschtisch, höhenverstellbar KG **419**

Installationselement als Einzelelement, statisch belastbar und stufenlos höhenverstellbar, für nachträglich im fertigen Bad höhenverstellbaren wandhängenden behindertengerechter Waschtisch, mit Unterputz-Geruchverschluss. Element für Metallständerwände und Vorwandmontage, zum Beplanken mit **Gipskarton / Gipsfaserplatten,** für Aufbau auf Rohfußboden, zur Wand- und Fußbodenbefestigung. Leistung mit Befestigung und Anschlüssen für Zu- und Abläufe.
Verstellbereich Keramik: 200 mm
Einbauhöhe: über 1.000 bis 1.200 mm
Breite: 400 bis 600 mm
Fabrikat: .....
Typ: .....

182 €   207 €   **243 €**   287 €   328 €   [St]   ⏱ 1,70 h/St   045.000.050

40 Wandablauf, bodengleiche Dusche KG **419**

Installationselement als Einzelelement für Dusch-Wandablauf, für Metallständerwände und Vorwandmontage, zum Beplanken mit **Gipskarton / Gipsfaserplatten.** Element für Wand- und Fußbodenbefestigung, statisch selbsttragend, für Aufbau auf Rohfußboden. Befestigung und Anschluss für Ablauf seitlich, für bodengleiche Dusche, stufenlos höhenverstellbar, mit Dichtvlies umlaufend zur Anbindung von Abdichtsystemen, mit Geruchverschluss, Reinigungsöffnung und **Kunststoff / Edelstahl-**Abdeckung.
Einbauhöhe: über 400 bis 600 mm
Breite: 400 bis 600 mm
Fabrikat: .....
Typ: .....

412 €   467 €   **550 €**   649 €   715 €   [St]   ⏱ 1,00 h/St   045.000.072

41 Installationselement, Stützgriff KG **419**

Installationselement als Einzelelement, statisch belastbar und stufenlos höhenverstellbar, für wandhängenden Stützgriff, für Metallständerwände und Vorwandmontage, zum Beplanken mit **Gipskarton / Gipsfaserplatten,** für Aufbau auf Rohfußboden, zur Wand- und Fußbodenbefestigung.
Belastung: bis ..... kg
Verstellbereich: 0 bis 200 mm
Einbauhöhe: über 1.000 bis 1.200 mm
Breite: 300 bis 400 mm
Fabrikat: .....
Typ: .....

124 €   162 €   **190 €**   228 €   261 €   [St]   ⏱ 1,30 h/St   045.000.048

42 Unterkonstruktion Stützgriff/Sitz KG **419**

Unterkonstruktion für wandhängenden **Stützgriff / Sitz,** für Metallständerwände und Vorwandmontage, zum Beplanken mit **Gipskarton / Gipsfaserplatten**. Montageplatte als wasserfest verleimte Furnierholzplatte, einschl. Befestigungsmaterial an Metallständern.
Belastung: bis kg .....
Stärke Montageplatte: mind. 30 mm
Höhe Montageplatte: 250 bis 500 mm
Breite Montageplatte: 300 bis 400 mm
Fabrikat: .....
Typ: .....

55 €   72 €   **85 €**   101 €   116 €   [St]   ⏱ 1,30 h/St   045.000.049

Nr.	Kurztext / Langtext					Kostengruppe	
▶	▷	ø netto €	◁	◀	[Einheit]	Ausf.-Dauer	Positionsnummer

43 Haltegriff, Edelstahl, 600mm — KG 412
Haltegriff aus Edelstahl, gebürstet, mit Befestigung.
Grifflänge: 600 mm
Griffdurchmesser: 32 mm
Wandabstand: 50 mm
Belastung max.: 200 kg
Fabrikat: .....
Typ: .....

| 58€ | 84€ | **90**€ | 115€ | 148€ | [St] | ⏱ 0,30 h/St | 045.000.034 |

44 Haltegriff, Kunststoff, 300mm — KG 412
Haltegriff, gerade Form, aus Kunststoff mit Stahlkern.
Profilquerschnitt: rund
Länge: 300 mm
Befestigung: mit Rosetten, Schrauben verdeckt
zusätzliche Ausführungsoptionen: .....
Fabrikat: .....
Typ: .....

| 60€ | 87€ | **106**€ | 126€ | 174€ | [St] | ⏱ 0,30 h/St | 045.000.052 |

45 Duschhandlauf, Edelstahl, 600mm — KG 412
Duschhandlauf mit 90° Winkel aus verchromtem Messingrohr mit Befestigung.
Höhenverstellbarkeit: ..... mm
Seitenverstellbarkeit: ..... mm
Rohrdurchmesser: 32 mm
Fabrikat: .....
Typ: .....

| –€ | 310€ | **412**€ | 524€ | –€ | [St] | ⏱ 0,40 h/St | 045.000.035 |

46 Haltegriffkombination, BW-Duschbereich — KG 412
Winkelgriff mit Brausehalter, senkrecht und waagrecht angeordnete, im rechten Winkel verbundene Stangen mit Kunststoff-Befestigungsrosetten und Brausehalter. Eignung für Handbrausen verschiedener Hersteller, Brausehalter stufenlos neigbar und höhenverstellbar, aus Kunststoff mit Stahlkern.
Farbton: weiß
senkrechte Länge: 1.000 bis 1.300 mm
waagrechte Länge: 600 bis 1.000 mm
Profilquerschnitt: rund
Befestigung: mit Flansch, Schrauben verdeckt
zusätzliche Ausführungsoptionen: .....
Fabrikat: .....
Typ: .....

| 264€ | 338€ | **423**€ | 507€ | 888€ | [St] | ⏱ 0,45 h/St | 045.000.053 |

LB 045
Gas-, Wasser- und Entwässerungsanlagen
- Ausstattung, Elemente, Fertigbäder

Kosten:
Stand 1.Quartal 2018
Bundesdurchschnitt

▶ min
▷ von
ø Mittel
◁ bis
◀ max

Nr.	Kurztext / Langtext				[Einheit]	Ausf.-Dauer	Kostengruppe Positionsnummer
▶	▷ ø netto € ◁ ◀						

47 Duschsitz, klappbar — KG 412
Klappsitz für Dusche aus Rahmen in Kunststoff, mit korrosionsgeschütztem Stahlkern, Arretierung und Fallbremse, inkl. Befestigung mit verdeckten Schrauben.
Wandbefestigung: **Leichtbauwände inkl. Unterkonstruktion / Mauerwerk / Beton**
zusätzliche Ausführungsoptionen: .....
Fabrikat: .....
Typ: .....

| 330€ | 406€ | **507€** | 609€ | 695€ | [St] | ⏱ 0,15 h/St | 045.000.054 |

48 WC-Rückenstütze — KG 412
Rückenstütze für WC mit Befestigungselementen.
WC-Ausladung: von 650 bis 700 mm
Material: Kunststoff
Farbton: weiß
zusätzliche Ausführungsoptionen: .....
Fabrikat: .....
Typ: .....

| 169€ | 271€ | **338€** | 406€ | 507€ | [St] | ⏱ 0,10 h/St | 045.000.055 |

49 Stützgriff, fest, WC — KG 412
Stützgriff, fest, für WC, aus Kunststoff mit Stahlkern, inkl. Befestigung mit Flansch, Schrauben verdeckt.
Farbton: weiß
Ausladung: 850 mm
belastbar: bis 100 kg am Griffvorderteil
zusätzliche Ausführungsoptionen: .....
Fabrikat: .....
Typ: .....

| 259€ | 304€ | **381€** | 457€ | 514€ | [St] | ⏱ 0,15 h/St | 045.000.056 |

50 Stützgriff, fest, WC mit Spülauslösung — KG 412
Stützgriff, fest, für WC, aus Kunststoff mit Stahlkern, mit Spülauslösung, manuell, inkl. Befestigung mit Flansch, Schrauben verdeckt.
Farbton: weiß
Ausladung: 850 mm
belastbar: bis 100 kg am Griffvorderteil
zusätzliche Ausführungsoptionen: .....
Fabrikat: .....
Typ: .....

| 390€ | 438€ | **476€** | 523€ | 595€ | [St] | ⏱ 0,35 h/St | 045.000.057 |

Nr.	Kurztext / Langtext				[Einheit]	Ausf.-Dauer	Kostengruppe Positionsnummer
▶	▷ ø netto €	◁	◀				

51 Stützgriff, klappbar, WC   KG 412
Stützklappgriff, klappbar, für WC, aus Kunststoff mit Stahlkern, mit Arretierung und Fallbremse, inkl. Befestigung mit Flansch, Schrauben verdeckt.
Farbton: weiß
Ausladung: 850 mm
belastbar: bis 100 kg am Griffvorderteil
zusätzliche Ausführungsoptionen: .....
Fabrikat: .....
Typ: .....

| 295 € | 364 € | **455 €** | 546 € | 623 € | [St] | ⏱ 0,35 h/St | 045.000.058 |

52 Stützgriff, fest, Waschtisch   KG 412
Stützgriff, fest, für Waschtisch, aus Kunststoff mit Stahlkern, inkl. Befestigung mit Flansch, Schrauben verdeckt.
Farbton: weiß
Ausladung: 600 mm, belastbar bis 100 kg am Griffvorderteil
Fabrikat: .....
Typ: .....

| 206 € | 254 € | **317 €** | 381 € | 435 € | [St] | ⏱ 0,35 h/St | 045.000.060 |

53 Stützgriff, klappbar, Waschtisch   KG 412
Stützklappgriff, klappbar, für Waschtisch, aus Kunststoff mit Stahlkern, mit Arretierung und Fallbremse, inkl. Befestigung mit Flansch, Schrauben verdeckt.
Farbton: weiß
Ausladung: 600 mm
belastbar: bis 100 kg am Griffvorderteil
Fabrikat: .....
Typ: .....

| 296 € | 337 € | **370 €** | 403 € | 444 € | [St] | ⏱ 0,42 h/St | 045.000.061 |

LB 047 Dämm- und Brandschutzarbeiten an technischen Anlagen

Kosten:
Stand 1.Quartal 2018
Bundesdurchschnitt

▶ min
▷ von
ø Mittel
◁ bis
◀ max

Dämm- und Brandschutzarbeiten an Technischen Anlagen — Preise €

Nr.	Positionen	Einheit	▶	▷ ø brutto € / ø netto €	ø	◁	◀
1	Kompaktdämmhülse, Rohrleitung DN15	m	6,0 / 5,0	7,3 / 6,1	**7,4** / **6,2**	8,1 / 6,8	9,4 / 7,9
2	Kompaktdämmhülse, Rohrleitung DN25	m	7,8 / 6,5	9,9 / 8,3	**12** / **9,9**	14 / 12	16 / 13
3	Wärmedämmung, Rohrleitung, DN15	m	10 / 8	19 / 16	**22** / **19**	23 / 19	33 / 28
4	Rohrdämmung, MW-alukaschiert, DN15	m	5,2 / 4,3	12 / 9,8	**14** / **12**	18 / 15	27 / 23
5	Rohrdämmung, MW-alukaschiert, DN25	m	9,8 / 8,2	18 / 15	**22** / **19**	29 / 24	39 / 33
6	Rohrdämmung, MW-alukaschiert, DN40	m	– / –	25 / 21	**30** / **25**	35 / 29	– / –
7	Rohrdämmung, MW-alukaschiert, DN65	m	25 / 21	30 / 25	**40** / **34**	52 / 44	64 / 54
8	Rohrdämmung, MW/Blech DN20	m	– / –	25 / 21	**27** / **23**	30 / 25	– / –
9	Rohrdämmung, MW/Blech DN40	m	– / –	31 / 26	**39** / **32**	46 / 39	– / –
10	Lüftungskanal Mineral alukaschiert	m	15 / 13	23 / 19	**26** / **22**	29 / 24	35 / 30
11	Brandschutzabschottung, R90, DN15	St	8,3 / 7,0	15 / 12	**17** / **14**	23 / 19	34 / 28
12	Brandschutzabschottung, R90, DN20	St	37 / 31	41 / 35	**42** / **36**	44 / 37	50 / 42
13	Brandschutzabschottung, R90, DN25	St	37 / 31	42 / 36	**45** / **38**	46 / 39	52 / 44
14	Brandschutzabschottung, R90, DN32	St	– / –	49 / 41	**55** / **46**	63 / 53	– / –
15	Brandschutzabschottung, R90, DN40	St	56 / 47	61 / 52	**67** / **56**	70 / 59	85 / 71
16	Brandschutzabschottung, R90, DN50	St	95 / 80	100 / 84	**106** / **89**	110 / 92	121 / 102
17	Brandschutzabschottung, R90, DN65	St	102 / 86	110 / 92	**117** / **99**	123 / 103	134 / 113
18	Körperschalldämmung	m	8 / 7	10 / 8	**11** / **9**	12 / 10	15 / 13
19	Wärmedämmung, Schrägsitzventil, DN15	St	– / –	17 / 14	**18** / **15**	19 / 16	– / –
20	Wärmedämmung, Schrägsitzventil, DN20	St	– / –	21 / 18	**25** / **21**	29 / 25	– / –
21	Wärmedämmung, Schrägsitzventil, DN32	St	– / –	30 / 25	**32** / **27**	34 / 28	– / –
22	Wärmedämmung, Schrägsitzventil, DN50	St	– / –	41 / 34	**45** / **38**	47 / 40	– / –

© BKI Baukosteninformationszentrum; Erläuterungen zu den Tabellen siehe Seite 46
Mustertexte 2016 geprüft: Zentralverband Sanitär Heizung Klima (ZVSHK)

Kostenstand: 1.Quartal 2018, Bundesdurchschnitt

Nr.	Kurztext / Langtext						Kostengruppe
▶	▷	ø netto €	◁	◀	[Einheit]	Ausf.-Dauer	Positionsnummer

A 1   Kompaktdämmhülse, Rohrleitung   Beschreibung für Pos. 1-2

Wärmedämmung für Rohrleitungen haustechnischer Anlagen auf Rohfußboden (gegen beheizte Räume oder auf Zusatzdämmung). Kompaktdämmhülsen in Anti-Körperschall-Ausführung. Zur Verlegung im Dämmbereich des Fußbodenaufbaus. Polsterlage aus miteinander vernadelten Kunststoff-Fasern und geschlossenzelligem Polyethylen mit reißfestem Gittergewebe.

1   Kompaktdämmhülse, Rohrleitung DN15   KG 422

Wie Ausführungsbeschreibung A 1
Nennwert der Wärmeleitfähigkeit: 0,040 W/(mK)
Normalentflammbar: B2
Nennweite: DN15
Dämmschichtdicke 1/2 gemäß EnEV: 13 mm
Bauhöhe: 36 mm

| 5€ | 6€ | **6€** | 7€ | 8€ | [m] | ⌚ 0,05 h/m | 047.000.005 |

2   Kompaktdämmhülse, Rohrleitung DN25   KG 422

Wie Ausführungsbeschreibung A 1
Nennwert der Wärmeleitfähigkeit: 0,040W/(mK)
Normalentflammbar: B2
Nennweite: DN25
Dämmschichtdicke 1/2 gemäß EnEV: 20 mm
Bauhöhe: 51 mm

| 7€ | 8€ | **10€** | 12€ | 13€ | [m] | ⌚ 0,05 h/m | 047.000.017 |

3   Wärmedämmung, Rohrleitung, DN15   KG 422

Wärmedämmung für Rohrleitungen haustechnischer Anlagen im sichtbaren Bereich unter der Decke. Mineralfaserschalen einseitig geschlitzt, nicht brennbar, einseitig Alu-Folie kaschiert. Sämtliche Quer- und Längsfugen werden dicht gestoßen und mit 10cm breiten selbstklebenden Alustreifen verbunden. Sicherung der Längsfuge mit Alu-Klebestreifen in der Mitte der Bahnenbreite. Verkleidung mit PVC-Mantel (Isogenopack) 0,35mm stark, schwer entflammbar.
Verlegung bis: **3,50 /5,00 / 7,00 m** über Fußboden
Nennwert der Wärmeleitfähigkeit: 0,040 W/(mK)
Rohrdurchmesser: 18 mm
Dämmschichtstärke 1/1 gemäß EnEV: 20 mm

| 8€ | 16€ | **19€** | 19€ | 28€ | [m] | ⌚ 0,30 h/m | 047.000.006 |

LB 047
Dämm- und Brandschutzarbeiten an technischen Anlagen

Kosten:
Stand 1.Quartal 2018
Bundesdurchschnitt

▶ min
▷ von
ø Mittel
◁ bis
◀ max

Nr.	Kurztext / Langtext				[Einheit]	Ausf.-Dauer	Kostengruppe Positionsnummer
▶	▷	ø netto €	◁	◀			

A 2 Rohrdämmung, MW-alukaschiert
Beschreibung für Pos. 4-7

Wärmedämmung einschl. Ummantelung an Rohrleitungen für Heizung, Warmwasser und Zirkulation nach EnEV in Gebäuden. Dämmung aus Mineralwolle, als Matte, auf verzinktem Drahtgeflecht mit verzinktem Draht versteppt, befestigen mit Stahlhaken aus dem Werkstoff des Drahtgeflechts. Längs- und Rundstöße mit selbstklebender Aluminiumfolie überklebt.

4 Rohrdämmung, MW-alukaschiert, DN15   KG **422**
Wie Ausführungsbeschreibung A 2
Rohrleitung: Stahl, schwarz
Nennweite: DN15
Baustoffklasse: A1
Dämmstärke Wärmedämmung: 100% nach EnEV
Dämmschichtdicke: 20 mm
Nennwert der Wärmeleitfähigkeit: 0,035 W/(mK) bei 40°C
Oberkante Dämmung über Gelände / Fußboden: **bis 3,50 m / bis 5,00 m**

| 4€ | 10€ | **12€** | 15€ | 23€ | [m] | ⏱ 0,30 h/m | 047.000.002 |

5 Rohrdämmung, MW-alukaschiert, DN25   KG **422**
Wie Ausführungsbeschreibung A 2
Rohrleitung: Stahl, schwarz
Nennweite: DN25
Baustoffklasse: A1
Dämmstärke Wärmedämmung: 100% nach EnEV
Dämmschichtdicke: 30 mm
Nennwert der Wärmeleitfähigkeit: 0,035 W/(mK) bei 40°C
Oberkante Dämmung über Gelände / Fußboden: **bis 3,50 m / bis 5,00 m**

| 8€ | 15€ | **19€** | 24€ | 33€ | [m] | ⏱ 0,30 h/m | 047.000.008 |

6 Rohrdämmung, MW-alukaschiert, DN40   KG **422**
Wie Ausführungsbeschreibung A 2
Rohrleitung: Stahl, schwarz
Nennweite: DN40
Baustoffklasse: A1
Dämmstärke Wärmedämmung: 100% nach EnEV
Dämmschichtdicke: 20 mm
Nennwert der Wärmeleitfähigkeit: 0,035 W/(mK) bei 40°C
Oberkante Dämmung über Gelände / Fußboden: **bis 3,50 m / bis 5,00 m**

| –€ | 21€ | **25€** | 29€ | –€ | [m] | ⏱ 0,30 h/m | 047.000.031 |

7 Rohrdämmung, MW-alukaschiert, DN65   KG **422**
Wie Ausführungsbeschreibung A 2
Rohrleitung: Stahl, schwarz
Nennweite: DN65
Baustoffklasse: A1
Dämmstärke Wärmedämmung: 100% nach EnEV
Dämmschichtdicke: 70 mm
Nennwert der Wärmeleitfähigkeit: 0,035 W/(mK) bei 40°C
Oberkante Dämmung über Gelände / Fußboden: **bis 3,50 m / bis 5,00 m**

| 21€ | 25€ | **34€** | 44€ | 54€ | [m] | ⏱ 0,30 h/m | 047.000.012 |

Nr.	Kurztext / Langtext						Kostengruppe
▶	▷	ø netto €	◁	◀	[Einheit]	Ausf.-Dauer	Positionsnummer

A 3   Rohrdämmung, MW/Blech — Beschreibung für Pos. 8-9

Wärmedämmung einschl. Ummantelung an Rohrleitungen für Heizung, Warmwasser und Zirkulation nach EnEV in Gebäuden. Dämmung aus Mineralwolle, als Matte, auf verzinktem Drahtgeflecht mit verzinktem Draht versteppt, befestigen mit Stahlhaken aus dem Werkstoff des Drahtgeflechts. Ummantelung aus nichtprofiliertem Blech, Blechdicke für normale mechanische Beanspruchung, Überlappungen verschrauben, einschl. Stützkonstruktion aus Hartschaum.

8   Rohrdämmung, MW/Blech DN20 — KG 422

Wie Ausführungsbeschreibung A 3
Rohrleitung: Stahl, schwarz
Nennweite: DN20
Baustoffklasse: A1
Dämmstärke Wärmedämmung: 100% nach EnEV
Dämmschichtdicke: 20 mm
Nennwert der Wärmeleitfähigkeit: 0,035 W/(mK) bei 40°C
Ummantelung: **Stahl feuerverzinkt / Alu-Ummantelung**
Oberkante Dämmung über Gelände / Fußboden: **bis 3,50 / bis 5,00 m**

▶	▷	ø netto €	◁	◀	[Einheit]	Ausf.-Dauer	Positionsnummer
–€	21€	**23**€	25€	–€	[m]	⏱ 0,30 h/m	047.000.003

9   Rohrdämmung, MW/Blech DN40 — KG 422

Wie Ausführungsbeschreibung A 3
Rohrleitung: Stahl, schwarz
Nennweite: DN40
Baustoffklasse: A1
Dämmstärke Wärmedämmung: 100% nach EnEV
Dämmschichtdicke: 40 mm
Nennwert der Wärmeleitfähigkeit: 0,035 W/(mK) bei 40°C
Ummantelung: **Stahl feuerverzinkt / Alu-Ummantelung**
Oberkante Dämmung über Gelände / Fußboden: **bis 3,50m / bis 5,00 m**

▶	▷	ø netto €	◁	◀	[Einheit]	Ausf.-Dauer	Positionsnummer
–€	26€	**32**€	39€	–€	[m]	⏱ 0,30 h/m	047.000.013

10   Lüftungskanal Mineral alukaschiert — KG 431

Wärmedämmung an Lüftungskanälen, in Gebäuden. Für gerade Kanäle, Dämmung aus Mineralwolle, als Matte, auf verzinktem Drahtgeflecht mit verzinktem Draht versteppt, Befestigen mit Stahlhaken aus dem Werkstoff des Drahtgeflechts, Wärmeleitfähigkeit für haustechnische Anlagen nach EnEV. Zur Ausbildung einer Dampfsperre sind sämtliche Kanten, Stöße, Ausschnitte, usw. mit Aluminium-Umklebeband dicht zu verkleben.
Oberkante Dämmung über Gelände / Fußboden: **3,50 / 5,00 m**
Baustoffklasse: A1
Wärmeleitfähigkeit 0,035 W/(mK): bei 40° Mitteltemperatur
Wärmedämmung: 100% nach EnEV
Dämmschichtdicke: **30 / 50 mm**
Kanalumfang: 0,5-4 m

▶	▷	ø netto €	◁	◀	[Einheit]	Ausf.-Dauer	Positionsnummer
13€	19€	**22**€	24€	30€	[m]	⏱ 0,40 h/m	047.000.001

LB 047 Dämm- und Brandschutzarbeiten an technischen Anlagen

Kosten: Stand 1.Quartal 2018 Bundesdurchschnitt

Nr.	Kurztext / Langtext				[Einheit]	Ausf.-Dauer	Kostengruppe Positionsnummer
▶	▷	ø netto €	◁	◀			

A 4 Brandschutzabschottung, R90
Beschreibung für Pos. 11-17

Brandschutzabschottung von Rohrleitungen haustechnischer Anlagen nach MLAR / LAR. Dämmstoff aus Mineralwolle, nicht brennbar. Zur Verlegung in rundem Wanddurchbruch, ohne Hüllrohr, Verfüllung des Ringspalts mit Mörtel MG III, beidseitige Weiterführung der Dämmung.

11 Brandschutzabschottung, R90, DN15 — KG 422
Wie Ausführungsbeschreibung A 4
Bauteil: **Wand / Decke / leichte Trennwand**
Feuerwiderstandsklasse: R90
Montagehöhe: bis **3,50 / 5,00 / 7,00 m** über Fußboden
Rohrleitung: **Stahl / Kupfer**
Ringspalt: bis 15 mm
Außendurchmesser der Rohrleitung: 18 mm
Außendurchmesser Schott: 60 mm
Dämmlänge: 1.000 mm

▶	▷	ø	◁	◀	[Einheit]	Ausf.-Dauer	Pos.-Nr.
7€	12€	**14€**	19€	28€	[St]	0,40 h/St	047.000.007

12 Brandschutzabschottung, R90, DN20 — KG 422
Wie Ausführungsbeschreibung A 4
Bauteil: **Wand / Decke / leichte Trennwand**
Feuerwiderstandsklasse: R90
Montagehöhe: bis **3,50 / 5,00 / 7,00 m** über Fußboden
Rohrleitung: **Stahl / Kupfer**
Ringspalt: bis 15 mm
Außendurchmesser der Rohrleitung: 22 mm
Außendurchmesser Schott: 60 mm
Dämmlänge: 1.000 mm

▶	▷	ø	◁	◀	[Einheit]	Ausf.-Dauer	Pos.-Nr.
31€	35€	**36€**	37€	42€	[St]	0,40 h/St	047.000.018

13 Brandschutzabschottung, R90, DN25 — KG 422
Wie Ausführungsbeschreibung A 4
Bauteil: **Wand / Decke / leichte Trennwand**
Feuerwiderstandsklasse: R90
Montagehöhe: bis **3,50 / 5,00 / 7,00 m** über Fußboden
Rohrleitung: **Stahl / Kupfer**
Ringspalt: bis 15 mm
Außendurchmesser der Rohrleitung: 28 mm
Außendurchmesser Schott: 80 mm
Dämmlänge: 1.000 mm

▶	▷	ø	◁	◀	[Einheit]	Ausf.-Dauer	Pos.-Nr.
31€	36€	**38€**	39€	44€	[St]	0,40 h/St	047.000.019

▶ min
▷ von
ø Mittel
◁ bis
◀ max

Nr.	Kurztext / Langtext							Kostengruppe
▶	▷	ø netto €	◁	◀	[Einheit]	Ausf.-Dauer	Positionsnummer	

14 Brandschutzabschottung, R90, DN32 KG **422**
Wie Ausführungsbeschreibung A 4
Bauteil: **Wand / Decke / leichte Trennwand**
Feuerwiderstandsklasse: R90
Montagehöhe: bis **3,50 / 5,00 / 7,00 m** über Fußboden
Rohrleitung: **Stahl / Kupfer**
Ringspalt: bis 15 mm
Außendurchmesser der Rohrleitung: 35 mm
Außendurchmesser Schott: 80 mm
Dämmlänge: 1.000 mm

| – € | 41 € | **46 €** | 53 € | – € | [St] | ⏱ 0,40 h/St | 047.000.020 |

15 Brandschutzabschottung, R90, DN40 KG **422**
Wie Ausführungsbeschreibung A 4
Bauteil: **Wand / Decke / leichte Trennwand**
Feuerwiderstandsklasse: R90
Montagehöhe: bis **3,50 / 5,00 / 7,00 m** über Fußboden
Rohrleitung: **Stahl / Kupfer**
Ringspalt: bis 15 mm
Außendurchmesser der Rohrleitung: 48 mm
Außendurchmesser Schott: 100 mm
Dämmlänge: 1.000 mm

| 47 € | 52 € | **56 €** | 59 € | 71 € | [St] | ⏱ 0,40 h/St | 047.000.021 |

16 Brandschutzabschottung, R90, DN50 KG **422**
Wie Ausführungsbeschreibung A 4
Bauteil: **Wand / Decke / leichte Trennwand**
Feuerwiderstandsklasse: R90
Montagehöhe: bis **3,50 / 5,00 / 7,00 m** über Fußboden
Rohrleitung: **Stahl / Kupfer**
Ringspalt: bis 15 mm
Außendurchmesser der Rohrleitung: 63 mm
Außendurchmesser Schott: 130 mm
Dämmlänge: 1.000 mm

| 80 € | 84 € | **89 €** | 92 € | 102 € | [St] | ⏱ 0,40 h/St | 047.000.022 |

17 Brandschutzabschottung, R90, DN65 KG **422**
Wie Ausführungsbeschreibung A 4
Bauteil: **Wand / Decke / leichte Trennwand**
Feuerwiderstandsklasse: R90
Montagehöhe: bis **3,50 / 5,00 / 7,00 m** über Fußboden
Rohrleitung: **Stahl / Kupfer**
Ringspalt: bis 15 mm
Außendurchmesser der Rohrleitung: 76 mm
Außendurchmesser Schott: 180 mm
Dämmlänge: 1.000 mm

| 86 € | 92 € | **99 €** | 103 € | 113 € | [St] | ⏱ 0,40 h/St | 047.000.023 |

LB 047
Dämm- und Brandschutzarbeiten an technischen Anlagen

Kosten:
Stand 1.Quartal 2018
Bundesdurchschnitt

▶ min
▷ von
ø Mittel
◁ bis
◀ max

Nr.	Kurztext / Langtext				[Einheit]	Ausf.-Dauer	Kostengruppe Positionsnummer
▶	▷	ø netto €	◁	◀			

18 Körperschalldämmung — KG 422
Körperschalldämmung aus PE mit robuster Außenhaut, aus hochflexiblem, geschlossenzelligem Weichpolyethylen Abwasserisoliersystem zur Körperschalldämmung, mit diffusionsdichter Außenhaut und montagefreundlicher Innengleitfolie, als Schall- und Schwitzwasserschutz für Abwasserrohre.
Einsatz: bis +105°C
Brandklasse: B2
Isolierstärke: 4 mm
Nennweite: DN50-150

| 7€ | 8€ | **9€** | 10€ | 13€ | [m] | ⏱ 0,20 h/m | 047.000.030 |

A 5 Wärmedämmung, Schrägsitzventil — Beschreibung für Pos. 19-22
Wärmedämmschalen, universell einsetzbar für alle gängigen Schrägsitz- und KFR-Typen. Bestehend aus einem zusammenklappbaren Formteil aus Polyethylen mit kratzfester Oberfläche aus PE-Gittergewebe. Entleerungsöffnungen vorgeprägt, Lieferung incl. Verschlussclipsen, mit handelsüblichen Klebern diffusionsdicht verschließbar.

19 Wärmedämmung, Schrägsitzventil, DN15 — KG 422
Wie Ausführungsbeschreibung A 5
Baustoffklasse: B1
Wärmeleitwert 0,034 W/(mK): bei 10°C und 0,040 W/(mK) bei 40°C
Wasserdampfdiffusionsfaktor µ: 5.000
Temperaturbereich: -80°C bis +100°C
Abmessungen: Länge: 130 mm, Breite: 70 mm, Höhe: 112 mm
Nennweite: DN15

| –€ | 14€ | **15€** | 16€ | –€ | [St] | ⏱ 0,10 h/St | 047.000.024 |

20 Wärmedämmung, Schrägsitzventil, DN20 — KG 422
Wie Ausführungsbeschreibung A 5
Baustoffklasse: B1
Wärmeleitwert 0,034 W/(mK) bei 10°C und 0,040 W/(mK) bei 40°C
Wasserdampfdiffusionsfaktor µ: 5.000
Temperaturbereich: -80°C bis +100°C
Abmessungen: Länge: 130 mm, Breite: 70 mm, Höhe: 112 mm
Nennweite: DN20

| –€ | 18€ | **21€** | 25€ | –€ | [St] | ⏱ 0,10 h/St | 047.000.025 |

21 Wärmedämmung, Schrägsitzventil, DN32 — KG 422
Wie Ausführungsbeschreibung A 5
Baustoffklasse: B1
Wärmeleitwert 0,034 W/(mK): bei 10°C und 0,040 W/(mK) bei 40°C
Wasserdampfdiffusionsfaktor µ: 5.000
Temperaturbereich: -80°C bis +100°C
Abmessungen: Länge: 195 mm, Breite: 137 mm, Höhe: 203 mm
Nennweite: DN32

| –€ | 25€ | **27€** | 28€ | –€ | [St] | ⏱ 0,10 h/St | 047.000.027 |

Nr.	Kurztext / Langtext						Kostengruppe
▶	▷	ø netto €	◁	◀	[Einheit]	Ausf.-Dauer	Positionsnummer
22	**Wärmedämmung, Schrägsitzventil, DN50**						KG **422**

Wie Ausführungsbeschreibung A 5
Baustoffklasse: B1
Wärmeleitwert 0,034 W/(mK) bei 10°C und 0,040 W/(mK) bei 40°C
Wasserdampfdiffusionsfaktor μ: 5.000
Temperaturbereich: -80°C bis +100°C
Abmessungen: Länge: 212 mm, Breite: 182 mm, Höhe: 253 mm
Nennweite: DN50

| –€ | 34€ | **38**€ | 40€ | –€ | [St] | ⏱ 0,10 h/St | 047.000.029 |

LB 053 Niederspannungsanlagen - Kabel/Leitungen, Verlegesysteme, Installationsgeräte

Niederspannungsanlagen - Kabel/Leitungen, Verlegesysteme, Installationsgeräte — Preise €

Kosten: Stand 1.Quartal 2018 Bundesdurchschnitt

▶ min
▷ von
ø Mittel
◁ bis
◀ max

Nr.	Positionen	Einheit	▶	▷ ø brutto € / ø netto €	◁	◀
1	Gitterrinne, Kabelträgersystem, 200mm	m	–	32 / 27	**35** / **29**	37 / 31	–
2	Kabelrinne, Kabelträgersystem, 100m	m	–	23 / 20	**26** / **22**	30 / 25	–
3	Kabelrinne, Kabelträgersystem, 200m	m	–	27 / 23	**29** / **24**	32 / 27	–
4	Kabelrinne, Kabelträgersystem, 300m	m	–	42 / 35	**45** / **38**	48 / 40	–
5	Kabelrinne, Kabelträgersystem, 400m	m	–	51 / 43	**55** / **46**	57 / 48	–
6	Potenzialausgleichsschiene, Stahl	St	–	42 / 35	**48** / **40**	71 / 59	–
7	Kunststoffkabel, NYY-J 1x6mm²	m	–	2,2 / 1,8	**2,3** / **1,9**	2,4 / 2,0	–
8	Kunststoffkabel, NYY-J 1x10mm²	m	–	3,2 / 2,7	**3,3** / **2,8**	3,7 / 3,1	–
9	Kunststoffkabel, NYY-J 1x16mm²	m	–	4,2 / 3,5	**4,3** / **3,6**	4,7 / 3,9	–
10	Kunststoffkabel, NYY-J 3x1,5mm²	m	–	1,8 / 1,5	**1,9** / **1,6**	2,0 / 1,7	–
11	Kunststoffmantelleitung, NYM-J 3x2,5mm²	m	–	2,4 / 2,0	**2,5** / **2,1**	2,6 / 2,2	–
12	Kunststoffmantelleitung, NYM-J 5x1,5mm²	m	–	2,4 / 2,0	**2,5** / **2,1**	2,6 / 2,2	–
13	Fernmeldeleitung, J-Y(ST)Y 2x2x0,8	m	–	1,4 / 1,2	**1,6** / **1,3**	1,7 / 1,4	–
14	Fernmeldeleitung, J-Y(ST)Y 4x2x0,8	m	–	1,7 / 1,4	**1,8** / **1,5**	1,9 / 1,6	–
15	Fernmeldeleitung, J-Y(ST)Y 10x2x0,8	m	–	3,7 / 3,1	**3,8** / **3,2**	4,2 / 3,5	–
16	Elektroinstallationsrohr, flexibel, 16m	m	–	3,7 / 3,1	**3,8** / **3,2**	4,2 / 3,5	–
17	Elektroinstallationsrohr, flexibel, 25m	m	–	4,1 / 3,4	**4,3** / **3,6**	4,7 / 3,9	–
18	Elektroinstallationsrohr, flexibel, 40m	m	–	8,0 / 6,7	**8,4** / **7,0**	9,1 / 7,6	–
19	Photovoltaik 2kW$_p$	St	–	3.816 / 3.207	**4.489** / **3.773**	5.118 / 4.301	–
20	Photovoltaik 10kW$_p$	St	–	15.178 / 12.754	**17.856** / **15.005**	20.356 / 17.106	–

© BKI Baukosteninformationszentrum; Erläuterungen zu den Tabellen siehe Seite 46

Kostenstand: 1.Quartal 2018, Bundesdurchschnitt

Nr.	Kurztext / Langtext							Kostengruppe
▶	▷	ø netto €	◁	◀	[Einheit]	Ausf.-Dauer	Positionsnummer

1   Gitterrinne, Kabelträgersystem, 200mm   KG **444**
Gitterrine als Kabelträgersystem, in Stahl, galvanisch verzinkt DIN EN 10346.
Norm: DIN EN 61537
Breite: 200 mm
Höhe: 55 mm
Materialstärke: 4 mm
Belastung: 2.400 N/m
Zubehör: Stoßstellenverbinder, Trennsteg, Wandausläger, Befestigungsmaterial
Angeb. Fabrikat: .....

| –€ | 27€ | **29€** | 31€ | –€ | [m] | ⏱ 0,20 h/m | 053.000.001 |

A 1   Kabelrinne, Kabelträgersystem   Beschreibung für Pos. **2-5**
Kabelrinne als Kabelträgersystem, in Stahl, galvanisch verzinkt DIN EN 1034.
Norm: DIN EN 61537
Höhe: 60 mm
Materialstärke: 1 mm
Belastung: 2.400 N/m
Zubehör: Stoßstellenverbinder, Trennsteg, Wandausläger, Befestigungsmaterial

2   Kabelrinne, Kabelträgersystem, 100m   KG **444**
Wie Ausführungsbeschreibung A 1
Breite: 100 mm
Angeb. Fabrikat: .....

| –€ | 20€ | **22€** | 25€ | –€ | [m] | ⏱ 0,20 h/m | 053.000.002 |

3   Kabelrinne, Kabelträgersystem, 200m   KG **444**
Wie Ausführungsbeschreibung A 1
Breite: 200 mm
Angeb. Fabrikat: .....

| –€ | 23€ | **24€** | 27€ | –€ | [m] | ⏱ 0,25 h/m | 053.000.007 |

4   Kabelrinne, Kabelträgersystem, 300m   KG **444**
Wie Ausführungsbeschreibung A 1
Breite: 300 mm
Angeb. Fabrikat: .....

| –€ | 35€ | **38€** | 40€ | –€ | [m] | ⏱ 0,30 h/m | 053.000.008 |

5   Kabelrinne, Kabelträgersystem, 400m   KG **444**
Wie Ausführungsbeschreibung A 1
Breite: 400 mm
Angeb. Fabrikat: .....

| –€ | 43€ | **46€** | 48€ | –€ | [m] | ⏱ 0,40 h/m | 053.000.009 |

LB 053 Niederspannungsanlagen - Kabel/Leitungen, Verlegesysteme, Installationsgeräte

Kosten:
Stand 1.Quartal 2018
Bundesdurchschnitt

▶ min
▷ von
ø Mittel
◁ bis
◀ max

Nr.	Kurztext / Langtext							Kostengruppe
▶	▷	ø netto €	◁	◀	[Einheit]	Ausf.-Dauer	Positionsnummer	

6   Potenzialausgleichsschiene, Stahl KG **444**
Potenzialausgleichsschiene, aus Stahl, galvanisch verzinkt.
Norm: VDE 0618, Teil 1
Leistung: zum Anschluss von:
2 x ein-/mehrdrähtiger Leiter 6-25 mm²
10 x ein-/mehrdrähtiger Leiter 2,5-6 mm²
Zubehör: Abdeckhaube aus schlagfestem Polystyrol, Befestigungsmaterial
Angeb. Fabrikat: .....
 –€   35€   **40€**   59€   –€   [St]   ⏱ 0,60 h/St   053.000.006

A 2   Kunststoffkabel, NYY-J   Beschreibung für Pos. **7-10**
Kunststoffkabel, Kupferleiter, rund, eindrähtig, Isolier-/Mantelwerkstoff PVC/PVC.
Norm: DIN VDE 0250-204
Nennspannung: 0,6/1 kV
Materialfarbe: schwarz
Verlegung: Einziehen in vorhandene Rohre, Kanäle, Hohlwände

7   Kunststoffkabel, NYY-J 1x6mm²   KG **444**
Wie Ausführungsbeschreibung A 2
Typ: NYY-J 1 x 6mm²
CU-Zahl: 58
 –€   2€   **2€**   2€   –€   [m]   ⏱ 0,05 h/m   053.000.003

8   Kunststoffkabel, NYY-J 1x10mm²   KG **444**
Wie Ausführungsbeschreibung A 2
Typ: NYY-J 1 x 10mm²
CU-Zahl: 96
 –€   3€   **3€**   3€   –€   [m]   ⏱ 0,05 h/m   053.000.010

9   Kunststoffkabell, NYY-J 1x16mm²   KG **444**
Wie Ausführungsbeschreibung A 2
Typ: NYY-J 1 x 16mm²
CU-Zahl: 154
 –€   4€   **4€**   4€   –€   [m]   ⏱ 0,05 h/m   053.000.011

10   Kunststoffkabel, NYY-J 3x1,5mm²   KG **444**
Wie Ausführungsbeschreibung A 2
Typ: NYY-J 3 x 1,5mm²
CU-Zahl: 43
 –€   2€   **2€**   2€   –€   [m]   ⏱ 0,05 h/m   053.000.004

A 3   Kunststoffmantelleitung, NYY-J   Beschreibung für Pos. **11-12**
Kunststoffmantelleitung, Kupferleiter, eindrähtig Isolier-/Mantelwerkstoff PVC/PVC
Norm: DIN VDE 0250
Nennspannung: 300 / 500 V
Farbe: grau
Verlegung: Einziehen in vorhandene Rohre, Kanäle, Hohlwände

Nr.	Kurztext / Langtext					[Einheit]	Ausf.-Dauer	Kostengruppe Positionsnummer
▶	▷	ø netto €	◁	◀				

11   Kunststoffmantelleitung, NYM-J 3x2,5mm²   KG **444**
Wie Ausführungsbeschreibung A 3
Typ: NYM-J 3 x 2,5 mm²
CU-Zahl: 72

| –€ | 2€ | **2**€ | 2€ | –€ | [m] | ⏱ 0,05 h/m | 053.000.012 |

12   Kunststoffmantelleitung, NYM-J 5x1,5mm²   KG **444**
Wie Ausführungsbeschreibung A 3
Typ: NYM-J 5 x 1,5 mm²
CU-Zahl: 43

| –€ | 2€ | **2**€ | 2€ | –€ | [m] | ⏱ 0,05 h/m | 053.000.015 |

A 4   Fernmeldeleitung, J-Y(ST)Y   Beschreibung für Pos. **13-15**
Fernmeldeleitung, Adern zu Paaren, in Lagen verseilt, Folienabwicklung, statischer Schirm aus Kunststoff, beschichteter AL-Folie, Beidraht, Außenmantel.
Norm: DIN VDE 0815
Farbe: grau
Verlegung: Einziehen in vorhandene Rohre, Kanäle, Hohlwände

13   Fernmeldeleitung, J-Y(ST)Y 2x2x0,8   KG **444**
Wie Ausführungsbeschreibung A 4
Typ: J-Y(St)Y 2 x 2 x 0,8 mm
CU-Zahl: 21

| –€ | 1€ | **1**€ | 1€ | –€ | [m] | ⏱ 0,05 h/m | 053.000.005 |

14   Fernmeldeleitung, J-Y(ST)Y 4x2x0,8   KG **444**
Wie Ausführungsbeschreibung A 4
Typ: J-Y(St)Y 4 x 2 x 0,8 mm
CU-Zahl: 41

| –€ | 1€ | **2**€ | 2€ | –€ | [m] | ⏱ 0,05 h/m | 053.000.017 |

15   Fernmeldeleitung, J-Y(ST)Y 10x2x0,8   KG **444**
Wie Ausführungsbeschreibung A 4
Typ: J-Y(St)Y 10 x 2 x 0,8 mm
CU-Zahl: 102

| –€ | 3€ | **3**€ | 4€ | –€ | [m] | ⏱ 0,05 h/m | 053.000.018 |

A 5   Elektroinstallationsrohr, flexibel   Beschreibung für Pos. **16-18**
Flexibles Elektroinstallationsrohr aus PVC-U.
Norm: DIN EN 61386-22
Ausführung: für mittlere Druckbeanspruchung, flammenwidrig
Farbe: grau RAL 7035
Verlegung: unter Putz, in vorhandenem Mauerschlitz

16   Elektroinstallationsrohr, flexibel, 16m   KG **444**
Wie Ausführungsbeschreibung A 5
Nenngröße: M 16

| –€ | 3€ | **3**€ | 4€ | –€ | [m] | ⏱ 0,10 h/m | 053.000.020 |

LB 053
Niederspannungsanlagen - Kabel/Leitungen, Verlegesysteme, Installationsgeräte

Kosten:
Stand 1.Quartal 2018
Bundesdurchschnitt

Nr.	Kurztext / Langtext				[Einheit]	Ausf.-Dauer	Kostengruppe Positionsnummer
	▶ ▷	ø netto €	◁	◀			
17	**Elektroinstallationsrohr, flexibel, 25m**						KG **444**
	Wie Ausführungsbeschreibung A 5 Nenngröße: M 25						
	–€ 3€	**4**€	4€	–€	[m]	0,10 h/m	053.000.021
18	**Elektroinstallationsrohr, flexibel, 40m**						KG **444**
	Wie Ausführungsbeschreibung A 5 Nenngröße: M 40						
	–€ 7€	**7**€	8€	–€	[m]	0,10 h/m	053.000.022

A 6 Photovoltaik Beschreibung für Pos. **19-20**

Solaranlage zur Stromgewinnung als Photovoltaiksystem zur Aufdach-/ Inndach-/Flachdachlösung, mit konstruktiver Verankerung. Leistung einschl. systembedingter Befestigungsmittel und Befestigungskonstruktionsmaterial, Befestigung gemäß statischem Einzelnachweis, mit Wechselrichter mit Datenlogger, Powermanagement, DC-Schalter und dreipoliger Einspeisung, einschl. ca. 100m Elektrokabel, komplett verdrahtet, mit Durchführungen, Anschlussarbeiten und Inbetriebnahme.

19	**Photovoltaik 2 kW$_p$**						KG **442**
	Wie Ausführungsbeschreibung A 6						
	Nennleistung System: 2 kW$_p$						
	Polykristalline PV-Module: mind. 250 Wp						
	Auflast (Schneelast): bis 5 kN/m²						
	Dynamische Last (Windlast): bis 2 kN/m²						
	Ausführung gemäß nachfolgender Einzelbeschreibung:						
	–€ 3.207€	**3.773**€	4.301€	–€	[St]	14,00 h/St	053.000.023
20	**Photovoltaik 10 kW$_p$**						KG **442**
	Wie Ausführungsbeschreibung A 6						
	Nennleistung System: 10 kW$_p$						
	Polykristalline PV-Module: mind. 250 Wp						
	Auflast (Schneelast): bis 5 kN/m²						
	Dynamische Last (Windlast): bis 2 kN/m²						
	Ausführung gemäß nachfolgender Einzelbeschreibung:						
	–€ 12.754€	**15.005**€	17.106€	–€	[St]	48,00 h/St	053.000.024

▶ min
▷ von
ø Mittel
◁ bis
◀ max

| 040 |
| 041 |
| 042 |
| 044 |
| 045 |
| 047 |
| **053** |
| 054 |
| 058 |
| 069 |
| 075 |

**LB 054
Niederspannungs-
anlagen -
Verteilersysteme
und Einbaugeräte**

054

Kosten:
Stand 1.Quartal 2018
Bundesdurchschnitt

▶ min
▷ von
ø Mittel
◁ bis
◀ max

Niederspannungsanlagen - Verteilersysteme und Einbaugeräte — Preise €

Nr.	Positionen	Einheit	▶	▷ ø brutto € / ø netto €		◁	◀
1	Installationsschalter, Ausschalter, UP	St	–	20	21	22	–
			–	17	18	18	–
2	Installationsschalter, Wechselschalter, UP	St	–	13	14	16	–
			–	11	12	13	–
3	Installationsschalter, Kreuzschalter, UP	St	–	19	21	22	–
			–	16	18	18	–
4	Installationsschalter, Ausschalter, AP	St	–	25	27	29	–
			–	21	23	25	–
5	Installationsschalter, Taster, Kontrolllicht	St	–	17	23	26	–
			–	15	19	22	–
6	Schukosteckdose, 16A, 250V, Wandmontage	St	–	17	19	20	–
			–	15	16	17	–
7	Antennendose, Kabelfernsehen/Sat	St	–	19	21	3	–
			–	16	18	2	–
8	Heizungs-Not-Ausschalter, AP	St	–	47	50	52	–
			–	39	42	44	–
9	Fehlerstromschutzschalter, Hutschienenmontage	St	–	87	98	104	–
			–	73	83	88	–

Nr.	Kurztext / Langtext						Kostengruppe
▶	▷	ø netto €	◁	◀	[Einheit]	Ausf.-Dauer	Positionsnummer

1   Installationsschalter, Ausschalter, UP   KG **444**
Installationsschalter, Ausschalter, mit Einsatz, Wippe, unter Putz, mit Schrauben an Schalterdose befestigen, mit anteiliger Abdeckung, WS.
Norm: DIN VDE 0632
Leistung: Kontroll-Ausschalter, 1-polig
Nennstrom: 10 A
Nennspannung: 250 V
Schutzart: IP 20
Farbe: reinweiß, RAL 9010
Angeb. Fabrikat: .....
–€   17€   **18**€   18€   –€   [St]   ⏱ 0,18 h/St   054.000.001

2   Installationsschalter, Wechselschalter, UP   KG **444**
Installationsschalter, Wechselschalter, mit Einsatz, Wippe, unter Putz, mit Schrauben an Schalterdose befestigen, mit anteiliger Abdeckung, WS.
Norm: DIN VDE 0632
Leistung: Aus-/Wechselschalter, 1-polig
Nennstrom: 10 A
Nennspannung: 250 V
Schutzart: IP 20
Farbe: reinweiß, RAL 9010
Angeb. Fabrikat: .....
–€   11€   **12**€   13€   –€   [St]   ⏱ 0,18 h/St   054.000.002

© BKI Baukosteninformationszentrum; Erläuterungen zu den Tabellen siehe Seite 46   Kostenstand: 1.Quartal 2018, Bundesdurchschnitt

Nr.	Kurztext / Langtext						Kostengruppe	
▶	▷	ø netto €	◁	◀	[Einheit]	Ausf.-Dauer	Positionsnummer	

3 Installationsschalter, Kreuzschalter, UP KG **444**
Installationsschalter, Kreuzschalter, mit Einsatz, Wippe, unter Putz, mit Schrauben an Schalterdose befestigen, mit anteiliger Abdeckung, WS.
Norm: DIN VDE 0632
Leistung: Kreuzschalter, 1-polig
Nennstrom: 10 A
Nennspannung: 250 V
Schutzart: IP 20
Farbe: reinweiß, RAL 9010
Angeb. Fabrikat: .....
–€   16€   **18**€   18€   –€   [St]   ⏱ 0,18 h/St   054.000.003

4 Installationsschalter, Ausschalter, AP KG **444**
Installationsschalter, Ausschalter, auf Putz, mit Schrauben befestigt.
Norm: DIN VDE 0632
Leistung: Ausschalter, 1-polig
Nennstrom: 10 A
Nennspannung: 250 V
Schutzart: IP 20
Farbe: grau, RAL 7032
Angeb. Fabrikat: .....
–€   21€   **23**€   25€   –€   [St]   ⏱ 0,18 h/St   054.000.004

5 Installationsschalter, Taster, Kontrolllicht KG **444**
Installationsschalter, Taster, mit Einsatz, mit Kontrolllicht, unter Putz, mit Schrauben an Schalterdose befestigen, Wippe und anteiliger Abdeckung, WS.
Norm: DIN VDE 0632
Leistung: Taster
Nennstrom: 10 A
Nennspannung: 250 V
Schutzart: IP 20
Farbe: reinweiß, RAL 9010
Angeb. Fabrikat: .....
–€   15€   **19**€   22€   –€   [St]   ⏱ 0,15 h/St   054.000.009

6 Schukosteckdose, 16A, 250V, Wandmontage KG **444**
Steckdose mit Schutzkontakt, auf Putz.
Norm: DIN VDE 0620
Leistung: Einfach-Steckdose, 2-polig
Nennstrom: 16 A
Nennspannung: 250 V
Schutzart: IP 44
Farbe: grau
Befestigung: mit Schrauben
Angeb. Fabrikat: .....
–€   15€   **16**€   17€   –€   [St]   ⏱ 0,12 h/St   054.000.007

LB 054 Niederspannungsanlagen - Verteilersysteme und Einbaugeräte

Kosten:
Stand 1.Quartal 2018
Bundesdurchschnitt

Nr.	Kurztext / Langtext					Kostengruppe
▶	▷	ø netto €	◁	◀	[Einheit]	Ausf.-Dauer Positionsnummer

7   **Antennendose, Kabelfernsehen/Sat**   KG **455**

Antennensteckdose, 2-Loch Universal-Super-Breitband-Dose, mit Federklemmen als Einzeldose für BK-(Kabelfernsehen) und Sat-ZF-Verteilung ausgelegt.
Frequenzbereiche: lückenlos, 5 ... 2.400 MHz auf beiden Auslässe, mit anteiliger Abdeckung
Dosenkörper: verwindungssteifer, passivierter Zink-Druckguss
Abdeckung: Serie AS / A: Art.-Nr.: A 561 PLTV
Technische Daten
EDU 04 F
IN TV (IEC-Stecker)
Frequenzbereich: 5-2.150 (2.400) MHz
Dämpfung: 4,0 dB
IN RF (IEC-Buchse)
Frequenzbereich: 5-2.150 (2.400) MHz
Dämpfung: 4,0 dB
Entkopplung
TV RF: VHF, UHF
SAT: 20/20 dB
Gleichstrompfad
TV IN (IEC-Stecker): 13/18 V, 22 kHz max. +24 V/0,5 A
Montage: unter Putz, in Schalterklemmdose, inkl. dauerhafter Beschriftung
Angeb. Fabrikat: .....

–€   16€   **18€**   2€   –€   [St]   ⏱ 0,20 h/St   053.000.019

8   **Heizungs-Not-Ausschalter, AP**   KG **444**

Heizungs-Not-Ausschalter, auf Putz.
Norm: DIN VDE 0620
Leistung: Heizungs-Not-Auschalter, 2-polig
Nennstrom: 16 A
Nennspannung: 250 V
Schutzart: IP 44
Farbe: grau
Befestigung: mit Schrauben
Angeb. Fabrikat: .....

–€   39€   **42€**   44€   –€   [St]   ⏱ 0,12 h/St   054.000.008

9   **Fehlerstromschutzschalter, Hutschienenmontage**   KG **444**

Fehlerstromschutzschalter, Bemessungsspannung 230/400AC, 50/60Hz, Hilfsschalter anbaubar, in Hutschienenmontage.
Norm: DIN VDE 0664, Teil 1, 3
Leistung: 4-polig, In = 63 A, In = 30 mA
Nennspannung: 250 V
Zubehör: anteiliges Verdrahtungs- und Klemmmaterial
Angeb. Fabrikat: .....

–€   73€   **83€**   88€   –€   [St]   ⏱ 0,45 h/St   054.000.010

▶ min
▷ von
ø Mittel
◁ bis
◀ max

| 040 |
| 041 |
| 042 |
| 044 |
| 045 |
| 047 |
| 053 |
| **054** |
| 058 |
| 069 |
| 075 |

LB 058 Leuchten und Lampen

Kosten:
Stand 1.Quartal 2018
Bundesdurchschnitt

Nr.	Kurztext / Langtext	ø netto €			[Einheit]	Ausf.-Dauer	Kostengruppe Positionsnummer

A 2 Einbaudownlight, LED
Beschreibung für Pos. 5-6

Einbaudownlight mit LED, Gehäuse aus Aluminium-Druckguss, pulverbeschichtet, Lightguide und Kunststoffabdeckung aus vergilbungsfreiem Kunststoff (PMMA), Abdeckung Kunststoff opal matt, Deckenbefestigung mit Federsystem.
Betriebsgerät: extern über Steckverbindung, mit Verbindungsleitung zwischen Leuchte und LED-Konverter 250 mm
Abstrahlwinkel: 110°
Lichtfarbe: 830, warmweiß
Lebensdauer: L70> 50.000h
Spannung: 220-240 V / 50-60 Hz
für Deckenstärke: 1-20 mm
Schutzart: IP40
Schutzklasse: II
Zubehör: Befestigungsmaterial

5 Einbaudownlight, LED, 9W — KG 445
Wie Ausführungsbeschreibung A 2
Durchmesser: 170 mm
Einbautiefe: 27-53 mm
Lichtleistung: LED 9W
Leuchtenlichtstrom: 940 lm
Angeb. Fabrikat: .....

–€	38€	**45€**	50€	–€	[St]	0,30 h/St	058.000.017

6 Einbaudownlight, LED, 17,8W — KG 445
Wie Ausführungsbeschreibung A 2
Durchmesser: 234 mm
Einbautiefe: 31-56 mm
Lichtleistung: LED 17,8 W
Leuchtenlichtstrom: 1.650 lm
Angeb. Fabrikat: .....

–€	46€	**50€**	66€	–€	[St]	0,40 h/St	058.000.018

▶ min
▷ von
ø Mittel
◁ bis
◀ max

| 040 |
| 041 |
| 042 |
| 044 |
| 045 |
| 047 |
| 053 |
| 054 |
| **058** |
| 069 |
| 075 |

LB 069 Aufzüge

Aufzüge — Preise €

Kosten: Stand 1.Quartal 2018, Bundesdurchschnitt

Nr.	Positionen	Einheit	▶ min	▷ von	ø brutto € / ø netto €	◁ bis	◀ max
1	Personenaufzug bis 320kg	St	29.664	36.386	**37.929**	41.480	47.040
			24.928	30.576	**31.873**	34.857	39.529
2	Personenaufzug bis 630kg, behindertengerecht, Typ 2	St	37.781	42.858	**45.480**	48.668	55.007
			31.748	36.015	**38.219**	40.897	46.224
3	Personenaufzug bis 1.275kg, behindertengerecht, Typ 3	St	47.284	64.266	**73.721**	83.200	101.062
			39.735	54.005	**61.951**	69.916	84.926
4	Personenaufzug über 1.000 bis 1.600kg	St	74.001	85.485	**92.646**	94.754	106.238
			62.185	71.836	**77.854**	79.625	89.275
5	Bettenaufzug, 2.500kg	St	68.312	84.024	**93.151**	94.328	117.588
			57.405	70.608	**78.279**	79.268	98.814
6	Kleingüteraufzug mit Traggerüst	St	7.955	9.726	**10.970**	11.486	13.411
			6.685	8.173	**9.218**	9.652	11.270
7	Verglasung Aufzug	m²	104	164	**192**	238	322
			87	138	**162**	200	271
8	Wartung Personenaufzug EN81-20	St	952	1.753	**1.892**	2.479	3.464
			800	1.473	**1.590**	2.083	2.911
9	Schutzauskleidung Aufzugskabine	St	–	3.231	**3.852**	5.219	–
			–	2.715	**3.237**	4.385	–
10	Stundensatz Facharbeiter, Förderanlagen	h	46	72	**80**	98	146
			39	61	**67**	82	123
11	Stundensatz Helfer, Förderanlagen	h	35	51	**60**	85	112
			29	43	**51**	72	95

▶ min
▷ von
ø Mittel
◁ bis
◀ max

Nr.	**Kurztext** / Langtext						Kostengruppe	
▶	▷	**ø netto €**	◁	◀	[Einheit]	Ausf.-Dauer	Positionsnummer	

1 Personenaufzug bis 320kg KG **461**

Seilaufzug, bis 320kg Nutzlast, als Personenaufzug, elektrisch betrieben EN 81-1, liefern und betriebsfertig montieren.
Ausführung gemäß Einzelbeschreibungen, Anlagen-Nr.: .....
Typ: Personenaufzug EN81-20
Gruppengröße: 4 Personen
Gruppensteuerung: Auf-/Abwärts-Sammelsteuerung
Geschwindigkeit: **1,6 / 1,0 / 0,5** m/s
Nennlast: 320 kg
Anzahl der Fahrten / Fahrzeit je Tag ca. **1,5 / 3,0 / 6,0** (Stunden je Tag) nach VDI 4707 Bl.1
Schallwerte 1 Meter vom Antrieb entfernt: max. 65 dB(A)
Schalwerte in der Kabine während der Fahrt: max. 51 dB(A)
Schallwert ein Meter vor geschlossener Schachttür: max. 53 dB(A)
Brandschutz: **Türen ohne Brandanforderung / E120 nach EN81-58**
Anzahl Haltestellen: .... Geschosse
Summe Zugänge: ..... Zugänge
Schachtausführung: Betonschacht nach EN81
Schachtbreite: ..... mm
Schachttiefe: ..... mm
Schachtgrubentiefe: ..... mm
Schachtkopfhöhe: ..... mm
Förderhöhe: ..... mm
Bieterangaben:
Motor: Energieeffizienzklasse ....., mit ..... kW
Nennstrom: .....
Anlaufstrom: .....
Hersteller / Typ des Antriebes: .....
Hersteller / Typ des Motors: .....
Hersteller / Typ der Steuerung: .....
Hersteller / Typ des Fahrkorbes: .....
Hersteller / Typ der elektronischen Steuerung: .....

24.928€   30.576€   **31.873**€   34.857€   39.529€   [St]   ⏱ 180,00 h/St   069.000.001

LB 069
Aufzüge

Nr.	Kurztext / Langtext				Kostengruppe		
▶	▷	ø netto €	◁	◀	[Einheit]	Ausf.-Dauer	Positionsnummer

2   **Personenaufzug bis 630kg, behindertengerecht, Typ 2**   KG **461**

Seilaufzug, behindertengerecht EN 81-70, 630kg Nutzlast, als Personenaufzug elektrisch betrieben EN 81-1, liefern und betriebsfertig montieren. Ausführung gemäß anliegender Einzelbeschreibungen.
Türbreite: mind. 90 cm
Fahrkorbbreite: mind. 110 cm
Fahrkorbtiefe: mind. 210 cm
Typ: Personenaufzug EN81-70 barrierefrei / behindertengerecht, Nutzung durch 1 Rollstuhlbenutzer mit Begleitperson nach EN 12183 oder durch elektrisch angetriebenen Rollstuhl der Klassen A oder B DIN EN 12184
Gruppengröße: 8 Personen
Gruppensteuerung: Auf-/Abwärts-Sammelsteuerung
Geschwindigkeit: **1,6 / 1,0 / 0,5 m/s**
Nennlast: 630 kg
Anzahl der Fahrten / Fahrzeit je Tag: ca. **1,5 / 3,0 / 6,0** (Stunden je Tag) nach VDI 4707 Bl.1
Schallwert 1 Meter vom Antrieb entfernt: max. ..... dB(A)
Schallwert in der Kabine während der Fahrt: max. 51 dB(A)
Schallwert 1 Meter vor geschlossener Schachttür: max. ..... dB(A)
Türausbildung: gem. DIN DIN 18091
Brandschutz: Türen **ohne Brandanforderung / E120 nach EN81-58,** Türausbildung gem. DIN 18091
Anzahl Haltestellen: ..... Geschosse
Summe Zugänge: ..... Zugänge
Schachtausführung: Betonschacht nach EN81
Schachtbreite: ..... mm
Schachttiefe: ..... mm
Schachtgrubentiefe: ..... mm
Schachtkopfhöhe: ..... mm
Förderhöhe: ..... mm
Aufzugsantrieb: im Schacht / im gesonderten Maschinenraum
Antrieb / Kabinenausstattung / Ausführung Schachtkorb und Türen, gemäß Einzelbeschreibung
Bieterangaben:
Motor: Energieeffizienzklasse ....., mit ..... kW
Nennstrom: .....
Anlaufstrom: .....
Hersteller / Typ des Antriebes: .....
Hersteller / Typ des Motors: .....
Hersteller / Typ der Steuerung: .....
Hersteller / Typ des Fahrkorbes: .....
Hersteller / Typ der elektronischen Steuerung: .....

31.748€   36.015€   **38.219**€   40.897€   46.224€   [St]   ⏱ 220,00 h/St   069.000.004

Kosten:
Stand 1.Quartal 2018
Bundesdurchschnitt

▶ min
▷ von
ø Mittel
◁ bis
◀ max

Nr.	Kurztext / Langtext					Kostengruppe
▶	▷ ø netto € ◁ ◀				[Einheit]	Ausf.-Dauer Positionsnummer

3 Personenaufzug bis 1.275kg, behindertengerecht, Typ 3   KG **461**

Seilaufzug, krankentrage und behindertengerecht EN 81-70, 1000kg Nutzlast, als Personenaufzug für
13 Personen, elektrisch betrieben EN 81-1, liefern und betriebsfertig montieren.
Ausführung gemäß anliegender Einzelbeschreibungen, Anlagen-Nr.: .....
Typ: Personenaufzug EN81-70 Tabelle 1 Typ 3, barrierefrei / behindertengerecht und krankentragegerecht,
Nutzung durch 1 Rollstuhlbenutzer und weitere Personen, mit der Möglichkeit des Wenden des Rollstuhls der
Klasse A oder B oder der Gehhilfe bzw. des Rollators
Gruppengröße: 13 Personen
Gruppensteuerung: Auf-/Abwärts-Sammelsteuerung
Geschwindigkeit: **1,6 / 1,0 / 0,5** m/s
Nennlast: 1.275 kg
Anzahl der Fahrten / Fahrzeit je Tag: ca. **1,5 / 3,0 / 6,0** (Stunden je Tag) nach VDI 4707 Bl.1
Schallwert 1 Meter vom Antrieb entfernt: max. ..... dB(A)
Schallwert in der Kabine während der Fahrt: max. 51 dB(A)
Schallwert: Meter vor geschlossener Schachttür max. ..... dB(A)
Türausbildung: gem. DIN DIN 18091
Brandschutz: Türen **ohne Brandanforderung / E120 nach EN81-58**
Anzahl Haltestellen: .... Geschosse
Summe Zugänge: ..... Zugänge
Schachtausführung: Betonschacht nach EN81
Schachtbreite: ..... mm
Schachttiefe: ..... mm
Schachtgrubentiefe: ..... mm
Schachtkopfhöhe: ..... mm
Förderhöhe: ..... mm
Aufzugsantrieb: im Schacht / im gesonderten Maschinenraum
Bieterangaben:
Motor: Energieeffizienzklasse ....., mit ..... kW
Nennstrom: .....
Anlaufstrom: .....
Türbreite: mind. 90 cm
Fahrkorbbreite: mind. 200 cm
Fahrkorbtiefe: mind. 140 cm
Hersteller / Typ des Antriebes: .....
Hersteller / Typ des Motors: .....
Hersteller / Typ der Steuerung: .....
Hersteller / Typ des Fahrkorbes: .....
Hersteller / Typ der elektronischen Steuerung: .....

39.735€   54.005€   **61.951**€   69.916€   84.926€   [St]   ⏱ 240,00 h/St   069.000.002

040
041
042
044
045
047
053
054
058
069
075

LB 069
Aufzüge

Kosten:
Stand 1.Quartal 2018
Bundesdurchschnitt

Nr.	Kurztext / Langtext	[Einheit]	Ausf.-Dauer	Positionsnummer
▶ ▷ ø netto € ◁ ◀				Kostengruppe

4 **Personenaufzug über 1.000 bis 1.600kg** — KG **461**

Seilaufzug, Personenaufzug, elektrisch betrieben EN 81-1, liefern und betriebsfertig montieren.
Ausführung gemäß anliegender Einzelbeschreibungen, Anlagen-Nr.: .....
Typ: Personenaufzug EN81-20
Gruppengröße: ..... Personen
Gruppensteuerung: Auf-/Abwärts-Sammelsteuerung
Geschwindigkeit: **1,6 / 1,0 / 0,5 m/s**
Nennlast: über 1.000 bis 1.600 kg
Anzahl der Fahrten / Fahrzeit je Tag: ca. **1,5 / 3,0 / 6,0** (Stunden je Tag) nach VDI 4707 Bl.1
Schallwert 1 Meter vom Antrieb entfernt: max. ..... dB(A)
Schallwert in der Kabine während der Fahrt: max. 51 dB(A)
Schallwert 1 Meter vor geschlossener Schachttür: max. ..... dB(A)
Brandschutz: **Türen ohne Brandanforderung / E120 nach EN81-58**
Anzahl Haltestellen: ..... Geschosse
Zugänge: ..... Zugänge
Schachtausführung: Betonschacht nach EN81
Schachtbreite: ..... mm
Schachttiefe: ..... mm
Schachtgrubentiefe: ..... mm
Schachtkopfhöhe: ..... mm
Förderhöhe: ..... mm
Aufzugsantrieb: **im Schacht / im gesonderten Maschinenraum**
Bieterangaben:
Motor: Energieeffizienzklasse ....., mit ..... kW
Nennstrom: .....
Anlaufstrom: .....
Hersteller / Typ des Antriebes: .....
Hersteller / Typ des Motors: .....
Hersteller / Typ der Steuerung: .....
Hersteller / Typ des Fahrkorbes: .....
Hersteller / Typ der elektronischen Steuerung: .....

62.185 €   71.836 €   **77.854 €**   79.625 €   89.275 €   [St]   240,00 h/St   069.000.003

▶ min
▷ von
ø Mittel
◁ bis
◀ max

Nr.	Kurztext / Langtext					Kostengruppe	
▶	▷	ø netto €	◁	◀	[Einheit]	Ausf.-Dauer	Positionsnummer

5 Bettenaufzug, 2.500kg — KG **461**

Seilaufzug, Bettenaufzug, elektrisch betrieben EN 81-1, liefern und betriebsfertig montieren. Ausführung gemäß anliegender Einzelbeschreibungen, Anlagen-Nr.: .....
Einsatzempfehlung: Bettenaufzug gem. DIN 15309, in Krankenhäuser und Kliniken, Bettengröße 1,00 x 2,30m, mit Geräten für die medizinische Versorgung und Notbehandlung der Patienten, mit Begleitperson am Kopfende und/oder seitlich stehend
Ausführung: barrierefrei EN81-70
Gruppengröße: 33 Personen
Gruppensteuerung: Auf-/Abwärts-Sammelsteuerung
Geschwindigkeit: **1,0 / 0,5** m/s
Nennlast: 2.500 kg
Anzahl der Fahrten / Fahrzeit je Tag: ca. ..... (Stunden je Tag) nach VDI 4707 Bl.1
Schallwert 1 Meter vom Antrieb entfernt: max. ..... dB(A)
Schallwert in der Kabine während der Fahrt: max. 51 dB(A)
Schallwert 1 Meter vor geschlossener Schachttür: max. ..... dB(A)
Brandschutz: E120 nach EN81-58
Anzahl Haltestellen: ..... Geschosse
Zugänge: ..... Zugänge / Türen gegenüber: ..... Geschosse
Schachtausführung: Betonschacht nach EN81
Schachtbreite: 2.775 mm
Schachttiefe: 3.250 mm
Schachtgrubentiefe: ..... mm
Schachtkopfhöhe: ..... mm
Förderhöhe: ..... mm
Aufzugsantrieb: **im Schacht / im gesonderten Maschinenraum**
Bieterangaben:
Motor: Energieeffizienzklasse ....., mit ..... kW
Nennstrom: .....
Anlaufstrom: .....
Hersteller / Typ des Antriebes: .....
Hersteller / Typ des Motors: .....
Hersteller / Typ der Steuerung: .....
Hersteller / Typ des Fahrkorbes: .....
Hersteller / Typ der elektronischen Steuerung: .....

57.405 €   70.608 €   **78.279** €   79.268 €   98.814 €   [St]   ⏱ 260,00 h/St   069.000.008

LB 069 Aufzüge

	Nr. Kurztext / Langtext			Kostengruppe
	▶ ▷ ø netto € ◁ ◀	[Einheit]	Ausf.-Dauer	Positionsnummer

6 Kleingüteraufzug mit Traggerüst — KG 461

Kleingüteraufzug, mit selbsttragendem, vormontiertem Schachtgerüst liefern und betriebsfertig montieren. Ausführung gemäß anliegender Einzelbeschreibungen, Anlagen-Nr.: .....
Aufzugstyp: Lastenaufzug, **elektrisch / hydraulisch** betrieben EN 81-3
Steuerung: Hol- und Sendesteuerung
Geschwindigkeit: **0,15 / 0,30 / 0,45** m/s
Nennlast: **50-100 / über 100-300** kg
Fahrzeit je Tag: ca. **1,5 / 3,0 / 6,0** (Stunden je Tag) nach VDI 4707 Bl.1
Schallwert 1 Meter vom Antrieb entfernt: max. ..... dB(A)
Schallwert 1 Meter vor geschlossener Schachttür: max. ..... dB(A)
Türausbildung: gem DIN DIN 18091
Anzahl Haltestellen: ...., Geschosse
Summe Zugänge: ..... Zugänge
Schachtausführung: Traggerüst aus korrosionsgeschützter Stahlkonstruktion, mit F30 Verkleidung aus verzinkten Stahlblechen
Schachtabmessung (L x B): ..... x ..... m
Schachtkopfhöhe: ..... mm
Kabine: verzinkte Stahlkonstruktion
Kabinenbreite: ..... mm
Kabinenlänge: ..... mm
Kabinenhöhe: ..... mm
Förderhöhe: ..... mm
Beladung: **1-seitig / 2-seitig gegenüberliegend**
Öffnung: **Schiebetür / Drehtür**
Öffnungshöhe: **Brüstungshöhe / bodenbündig**
Ausführung Fahrkorb / Türrahmen / Türblatt / Tableau gemäß Einzelbeschreibung
Türverriegelung: elektrisch überwacht
Aufzugsantrieb: im Schacht / im gesonderten Maschinenraum
Bieterangaben:
Motor: Energieeffizienzklasse ....., mit ..... kW
Nennstrom: .....
Anlaufstrom: .....
Hersteller / Typ des Antriebes: .....
Hersteller / Typ des Motors: .....
Hersteller / Typ der Steuerung: .....
Hersteller / Typ des Fahrkorbes: .....
Hersteller / Typ der elektronischen Steuerung: .....

▶	▷	ø	◁	◀	[Einheit]	Ausf.-Dauer	Positionsnummer
6.685 €	8.173 €	**9.218 €**	9.652 €	11.270 €	[St]	120,00 h/St	069.000.005

7 Verglasung Aufzug — KG 461

Absturzsichernde Verglasung des Aufzugs.
Verglasungen: VSG aus 2x 8 mm TVG mit PVB-Folie 0,76 mm bzw. nach Statik
Scheibengrößen:
 – Aufzugrückseite: ca. B ..... x H ..... mm
 – Seiten: 2x ca. B ..... x H ..... mm

▶	▷	ø	◁	◀	[Einheit]	Ausf.-Dauer	Positionsnummer
87 €	138 €	**162 €**	200 €	271 €	[m²]	1,50 h/m²	069.000.009

Kosten: Stand 1.Quartal 2018 Bundesdurchschnitt

▶ min
▷ von
ø Mittel
◁ bis
◀ max

Nr.	Kurztext / Langtext					Kostengruppe		
▶	▷ ø netto € ◁ ◀				[Einheit]	Ausf.-Dauer	Positionsnummer	

8　Wartung Personenaufzug EN81-20　　　　　　　　　　　　　　　　　　KG **461**

Vollwartung für Aufzugsanlagen, inkl. aller Verbrauchs- und Bedarfsstoffe, sowie aller Ersatzteile über den Gesamtgewährleistungszeitraum von 4 Jahren hinaus.
Aufzugstyp: Personenaufzug EN81-20..... Personen, Nutzlast bis ...... kg
Aufzug-Nr. ..... / Einbauort: .....
Vergütung: je **Aufzug / Kalenderjahr**

| 800€ | 1.473€ | **1.590**€ | 2.083€ | 2.911€ | [St] | – | 069.000.010 |

9　Schutzauskleidung Aufzugskabine　　　　　　　　　　　　　　　　　　KG **461**

Aufzugskabine des Personenaufzugs auskleiden, zum Schutz vor Baubetrieb, während der gesamten Bauzeit vorhalten, danach rückstandsfrei demontieren, Materlien entsorgen, inkl. Deponiekosten.
Abmessung: ca. ..... x ..... m
Auskleidung: Wandflächen (Höhe bis ca. 2,10 m) und Bodenfläche
Material: OSB-2-Platten, d=18mm, Hinterlegung mit Luftpolsterfolie
Stöße: verklebt mit Kunststoffband
Ausschnitte für Bedienelemente: ..... St
Vorhaltedauer: gesamte Bauzeit - siehe Bauzeiten-Terminplan

| –€ | 2.715€ | **3.237**€ | 4.385€ | –€ | [St] | ⏱ 18,00 h/St | 069.000.011 |

10　Stundensatz Facharbeiter, Förderanlagen

Stundenlohnarbeiten für Facharbeiter, Spezialfacharbeiter, Vorarbeiter und jeweils Gleichgestellte. Leistung nach besonderer Anordnung der Bauüberwachung. Nachweis und Anmeldung gemäß VOB/B.

| 39€ | 61€ | **67**€ | 82€ | 123€ | [h] | ⏱ 1,00 h/h | 069.000.006 |

11　Stundensatz Helfer, Förderanlagen

Stundenlohnarbeiten für Werker, Fachwerker und jeweils Gleichgestellte. Leistung nach besonderer Anordnung der Bauüberwachung. Nachweis und Anmeldung gemäß VOB/B.

| 29€ | 43€ | **51**€ | 72€ | 95€ | [h] | ⏱ 1,00 h/h | 069.000.007 |

LB 075 Raumlufttechnische Anlagen

Kosten: Stand 1.Quartal 2018 Bundesdurchschnitt

▶ min
▷ von
ø Mittel
◁ bis
◀ max

Raumlufttechnische Anlagen — Preise €

Nr.	Positionen	Einheit	▶	▷ ø brutto € / ø netto €		◁	◀
1	Absperrvorrichtung, K90, DN100	St	151 / 127	184 / 155	**195** / **164**	216 / 182	259 / 218
2	Be- und Entlüftungsgerät, bis 5.000m³/h	St	3.634 / 3.053	6.562 / 5.514	**8.153** / **6.851**	9.779 / 8.218	15.691 / 13.186
3	Be- und Entlüftungsgerät, bis 12.000m³/h	St	– / –	18.451 / 15.505	**18.472** / **15.522**	21.103 / 17.734	– / –
4	Abluftgeräte	St	1.373 / 1.153	1.814 / 1.524	**2.338** / **1.965**	2.544 / 2.138	3.054 / 2.567
5	Kanalschalldämpfer	St	228 / 191	459 / 386	**505** / **424**	620 / 521	800 / 672
6	Rundschalldämpfer	St	157 / 132	194 / 163	**208** / **175**	239 / 201	299 / 251
7	Flachschalldämpfer	St	90 / 76	108 / 91	**124** / **104**	135 / 113	153 / 128
8	Außenluft-/Fortluftgitter	St	75 / 63	214 / 180	**251** / **211**	333 / 280	460 / 387
9	Lüftungskanäle, verzinkt	m²	37 / 31	47 / 40	**51** / **43**	54 / 46	69 / 58
10	Lüftungskanäle, Kunststoff	m²	97 / 81	128 / 107	**167** / **140**	194 / 163	222 / 186
11	Lüftungskanäle, feuerbeständig L30/L90	m²	52 / 43	120 / 101	**167** / **140**	173 / 145	246 / 207
12	Formstücke, verzinkt, Lüftungskanäle	m²	49 / 41	68 / 57	**71** / **60**	86 / 72	114 / 96
13	Formstücke, Kunststoff, Lüftungskanäle	m²	– / –	180 / 151	**214** / **180**	246 / 207	– / –
14	Spiralfalzrohre, verzinkt, DN100	m	14 / 12	16 / 14	**18** / **15**	19 / 16	22 / 19
15	Spiralfalzrohre, verzinkt, DN125	m	16 / 13	20 / 17	**22** / **19**	29 / 25	39 / 33
16	Spiralfalzrohre, verzinkt, DN160	m	18 / 15	23 / 19	**24** / **20**	30 / 25	40 / 33
17	Spiralfalzrohre, verzinkt, DN180	m	– / –	24 / 20	**27** / **23**	34 / 29	– / –
18	Spiralfalzrohre, verzinkt, DN250	m	31 / 26	34 / 29	**39** / **33**	46 / 38	51 / 43
19	Spiralfalzrohre, verzinkt, DN500	St	50 / 42	55 / 46	**63** / **53**	70 / 59	76 / 64
20	Alurohre, flexibel, DN80	m	6 / 5	12 / 10	**13** / **11**	15 / 13	18 / 15
21	Alurohre, flexibel, DN100	m	9 / 8	15 / 12	**17** / **15**	24 / 21	32 / 27
22	Rohrbogen	St	11 / 10	18 / 15	**21** / **18**	27 / 22	34 / 29
23	Rohr T-Stück	St	14 / 12	18 / 15	**18** / **15**	20 / 17	25 / 21
24	Lüftungsgitter	St	35 / 29	72 / 61	**91** / **76**	112 / 94	182 / 153

© **BKI** Baukosteninformationszentrum; Erläuterungen zu den Tabellen siehe Seite 46
Mustertexte 2016 geprüft: Zentralverband Sanitär Heizung Klima (ZVSHK)

Kostenstand: 1.Quartal 2018, Bundesdurchschnitt

Raumlufttechnische Anlagen — Preise €

Nr.	Positionen	Einheit	▶	▷ ø brutto € / ø netto €		◁	◀
25	Drallauslass	St	89	312	**414**	519	704
			75	262	**348**	436	592
26	Brandschutzklappen	St	209	469	**600**	654	823
			176	394	**504**	549	691
27	Brandschutzklappen, Sonderausführung	St	457	3.718	**5.352**	7.110	10.307
			384	3.125	**4.497**	5.975	8.661
28	Warmwasser-Heizregister	St	222	639	**867**	889	1.644
			187	537	**728**	747	1.382
29	Tellerventil	St	21	48	**57**	79	122
			18	41	**48**	67	102
30	Wickelfalzrohr, Reduzierstück, DN100/80	St	13	17	**19**	23	27
			11	14	**16**	19	23
31	Drosselklappe, DN100	St	25	37	**46**	53	66
			21	31	**38**	45	55
32	Drosselklappe, 200x200mm	St	42	51	**62**	74	81
			36	43	**52**	62	68
33	Lüftungsgerät mit WRG, Bypass, Feuerstättenfunktion	St	–	2.403	**3.019**	3.875	–
			–	2.020	**2.537**	3.256	–
34	Außenwanddurchlass, DN110	St	–	99	**129**	159	–
			–	83	**108**	134	–
35	Außenwanddurchlass, DN160	St	–	230	**290**	317	–
			–	193	**243**	266	–
36	Lüftungsgerät für Abluft, nach DIN 18017	St	203	215	**220**	235	250
			170	181	**185**	197	210
37	KWL-Lüftungsgerät, dezentral in Außenwand, bis 100m³/h mit WRG	St	–	1.719	**1.910**	2.178	–
			–	1.445	**1.605**	1.830	–
38	KWL-Lüftungsgerät, zentral in Wohnung, bis 200m³/h mit WRG	St	–	3.846	**4.273**	4.871	–
			–	3.232	**3.591**	4.093	–
39	KWL-Lüftungsgerät, zentral in Wohnung, bis 350m³/h mit WRG	St	–	4.224	**4.693**	5.350	–
			–	3.550	**3.944**	4.496	–
40	KWL-Lüftungsgerät, zentral in Wohnung, bis 500m³/h mit WRG	St	–	5.525	**6.139**	6.998	–
			–	4.643	**5.159**	5.881	–

© **BKI** Baukosteninformationszentrum; Erläuterungen zu den Tabellen siehe Seite 46
Mustertexte 2016 geprüft: Zentralverband Sanitär Heizung Klima (ZVSHK)

Kostenstand: 1.Quartal 2018, Bundesdurchschnitt

LB 075 Raumlufttechnische Anlagen

Kosten:
Stand 1.Quartal 2018
Bundesdurchschnitt

▶ min
▷ von
ø Mittel
◁ bis
◀ max

Nr.	Kurztext / Langtext					[Einheit]	Ausf.-Dauer	Kostengruppe Positionsnummer
	▶	▷	ø netto €	◁	◀			

1 Absperrvorrichtung, K90, DN100 — KG 431

Brandschutz-Deckenschott, wartungsfrei, Anschlussstutzen oben und unten, als Absperrvorrichtung für Lüftungsanlagen, für Einbau in massive Decke gemäß Herstellerangaben. Verfüllung des Ringspalts mit Mörtel MG III. Absperrvorrichtung ohne Querschnittsveränderung, für Anschluss an nicht brennbare Luftleitung. Anschlüsse DN100
Feuerwiderstandsklasse: K90
Montagehöhe: bis **3,5 / 5,00 / 7,00 m** über Fußboden

| 127€ | 155€ | **164€** | 182€ | 218€ | [St] | ⏱ 1,60 h/St | 075.000.020 |

A 1 Be- und Entlüftungsgerät — Beschreibung für Pos. 2-3

Lüftungsanlage, Konstruktionsart: liegend, Zu- und Abluft übereinander; Gehäuse in doppelschaliger Ausführung aus korrosionsgeschütztem Material mit dazwischenliegender, formstabiler und fest mit den Deckblechen verbundener Schall- und Wärmedämmung (nichtbrennbar A1). Innen- und Außenschale aus verzinktem Stahlblech, Rahmenkonstruktion verzinkt. Türen an der Gerätevorderseite mit nachstellbaren, wartungsfreien Scharnieren und umlaufenden, formschlüssig eingelassenen und alterungsbeständigen Profilgummidichtungen. Die Türen sind mit Vorreibverschlüssen und Türgriffen ausgestattet. Anlagenbestandteile: Ventilator Zu- / Abluft, Filter Zuluft, Heizregister über Warmwasser / Dampf / elektrisch, Kühlregister über Kaltwasser / Direktverdampfer, Luftbefeuchter über Dampflanze, elektrisch / Sprühbefeuchter, Wärmerückgewinner über Kreuzstrom / Wärmerohr / Kreislaufverbundsystem / Rotor Mischkammer.

2 Be- und Entlüftungsgerät, bis 5.000m³/h — KG 431

Wie Ausführungsbeschreibung A 1
Zuluftmenge: ..... m³/h
Abluftmenge: ..... m³/h
Zulufttemperatur: min / max ..... / .....°C
Ablufttemperatur: min / max. ..... / .....°C
Zuluftfeuchte: min / max ..... % relativ
Gerätequerschnitt Zuluft: Breite ..... m, Höhe ..... m
Abluft: Breite ..... m, Höhe ..... m
Filter Zuluft: **M5** bzw. **F7 / F9**, Mindest-Wirkungsgrad: .....

| 3.053€ | 5.514€ | **6.851€** | 8.218€ | 13.186€ | [St] | ⏱ 3,50 h/St | 075.000.001 |

3 Be- und Entlüftungsgerät, bis 12.000m³/h — KG 431

Wie Ausführungsbeschreibung A 1
Zuluftmenge: ..... m³/h
Abluftmenge: ..... m³/h
Zulufttemperatur: min / max ..... / .....°C
Ablufttemperatur: min / max. ..... / .....°C
Zuluftfeuchte: min / max ..... % relativ
Gerätequerschnitt Zuluft: Breite ..... m, Höhe ..... m
Abluft: Breite ..... m, Höhe ..... m
Filter Zuluft: **M5** bzw. **F7 / F9**, Mindest-Wirkungsgrad: .....

| –€ | 15.505€ | **15.522€** | 17.734€ | –€ | [St] | ⏱ 6,00 h/St | 075.000.002 |

Nr.	**Kurztext** / Langtext							Kostengruppe	
▶	▷	**ø netto €**	◁	◀		[Einheit]	Ausf.-Dauer	Positionsnummer	

4 Abluftgeräte — KG **431**

Abluftventilator in Unterputzgehäuse ohne Brandschutz für den Unterputzeinbau in Wand und Decke. Luftdichte Rückschlagklappe, Steckverbindung für elektrischen Anschluss und Putzdeckel. Aus schwerentflammbarem Kunststoff Klasse B2. Ventilatoreinsatz mit zwei Leistungsstufen (60 / 30m^3). Für Bedarfs- und Grundlüftung. Betriebsbereite Lieferung mit Innenfassade, Schalldämmplatte, integrierter Steckverbindung für elektrischen Anschluss, Schutzisoliert, Klasse 2. Wartungsfreier, kugelgelagerter Energiesparmotor 230V, 50Hz, 16 / 8W. Flache Innenfassade, geräuschdämpfend für flüsterleisen Betrieb. Mit Filterwechselanzeige bei verschmutztem Dauerfilter. Filter mit einem Griff herausnehmbar.
Anschlussdurchmesser Luftaustritt: **DN75 / DN80**
Schutzart: IP 55
Energiesparmotor: 230 V, 50 Hz, **16 / 8 W**
Geräusch: Schallleistung ..... / ..... dB(A)

| 1.153€ | 1.524€ | **1.965**€ | 2.138€ | 2.567€ | | [St] | 2,00 h/St | 075.000.003 |

5 Kanalschalldämpfer — KG **431**

Kulissenschalldämpfer, das Gehäuse besteht aus verzinktem Stahlblech mit beidseitigen 4-Loch-Anschlussrahmen als Leichtbauprofil. Aufbau: Rahmen aus sendzimirverzinktem Stahlblech Absorptionsmaterial als Füllung aus Mineralwolle mit aufkaschierter Glasseidenvliesabdeckung, Baustoffklasse A2 (nicht brennbar) Standardkulisse für Einsatz vorwiegend bei mittleren und hohen Frequenzen. Inkl. Gummilippendichtungen und sämtlichen Befestigungs-, Verbindungs- und Abdichtungsmaterialien.
Breite: ..... mm
Höhe: ..... mm
Länge: ..... mm
Dämpfung (250 Hz): ..... dB

| 191€ | 386€ | **424**€ | 521€ | 672€ | | [St] | 1,00 h/St | 075.000.004 |

6 Rundschalldämpfer — KG **431**

Rohrschalldämpfer, Gehäuse aus Stahlblech verzinkt, Anschluss an die Kanalleitung durch 50 mm langen Stutzen aus Stahlblech verzinkt, Dämpfung nach dem Absorptionsprinzip durch ringförmige Kammer mit Mineralwollefüllung, welche zum Luftstrom hin mit verzinktem Lochblech abriebfest abgedeckt ist. Inkl. Gummilippendichtungen und sämtlichen Befestigungs-, Verbindungs- und Abdichtungsmaterialien.
Nennweite: ..... mm
Außendurchmesser: ..... mm
Dämpfung (250 Hz): ..... dB
Länge: ..... mm

| 132€ | 163€ | **175**€ | 201€ | 251€ | | [St] | 1,00 h/St | 075.000.005 |

7 Flachschalldämpfer — KG **431**

Schalldämpfer, rechteckig, als Flachschalldämpfer mit rundem Anschluss, aus Aluminium, in flexibler Ausführung, Absorbermaterial mineralfaserfrei, nicht brennbar Kl. A2.
Temperaturbeständig: bis 200°C
Nennweite Schalldämpfer: 100 mm
Dämpfung (250 Hz): mind.10 dB
Länge: ca. 500 mm
Abmessungen Außenrohr (B x H): 195 x 120 mm

| 76€ | 91€ | **104**€ | 113€ | 128€ | | [St] | 1,00 h/St | 075.000.033 |

LB 075 Raumlufttechnische Anlagen

Kosten:
Stand 1.Quartal 2018
Bundesdurchschnitt

Nr.	Kurztext / Langtext				[Einheit]	Ausf.-Dauer	Kostengruppe Positionsnummer
▶	▷	ø netto €	◁	◀			

8 Außenluft-/Fortluftgitter
KG **431**

Wetterschutzgitter für Außen- und Fortluft, rahmenlos, Schrauben- und Nietenlos zum Einbau in Maueröffnungen oder Fassadenverkleidungen, bestehend aus: Halterprofilen, Halter, Lamellen und Vogelschutzgitter, Gitter mit unterer Abtropflamelle und oberer Ausgleichslamelle nach Maßangabe.
Farbe .....
Montagehöhe: OK Wetterschutzgitter ca. ..... m über Gelände
Breite: ..... mm
Höhe: ..... mm
Lamellenabstand: ..... mm
Volumenstrom: ..... m³/h
Druckabfall: ..... Pa
Schallleistungspegel max.: ..... B(A)

63 €   180 €   **211 €**   280 €   387 €   [St]   ⏱ 1,00 h/St   075.000.006

9 Lüftungskanäle, verzinkt
KG **431**

Lüftungskanäle, gerade, in Rechteckform, aus verzinktem Stahlblech. Inklusive sämtlicher Verbindungsteile und Abdichtungen sowie allen notwendigen Befestigungsteilen und Aufhängekonstruktion.
Medium: Luft
Material: Stahlblech verzinkt
Kantenlänge: bis **500 / 1.000 / 2.000** mm
Temperatur: min / max ..... / .....°C
Montagehöhe: bis **3,50 / 5,00 / 7,00** m

31 €   40 €   **43 €**   46 €   58 €   [m²]   ⏱ 0,40 h/m²   075.000.008

10 Lüftungskanäle, Kunststoff
KG **431**

Lüftungskanäle, gerade, in Rechteckform, aus Kunststoff. Inklusive sämtlicher Verbindungsteile und Abdichtungen sowie allen notwendigen Befestigungsteilen und Aufhängekonstruktion.
Medium: Luft
Material: **PVC / PE / PP**
Kantenlänge: bis ..... mm
Temperatur: min / max ..... / .....°C
Montagehöhe: bis **3,50 / 5,00 / 7,00** m

81 €   107 €   **140 €**   163 €   186 €   [m²]   ⏱ 0,90 h/m²   075.000.009

11 Lüftungskanäle, feuerbeständig L30/L90
KG **431**

Zweischalige Lüftungsleitung als brandschutztechnische Bekleidung, von Luft führenden Kanälen und Rohrleitungen, für eine Feuerwiderstandsdauer von 30 / 90 Minuten. Fertigung aus Brandschutzplatten (A1), d=45mm, stumpf gestoßen. Die Stoßfugen der beiden Plattenlagen sind fugenversetzt, Versatz 100mm, auszuführen. Plattenverbindung mit Schrauben oder Klammern. Die Lüftungsleitungen sind auf Stahlprofile oder Traversen aufzulagern, die mit Gewindestangen abgehängt werden. Die Befestigung an Massivdecken, F90, erfolgt mit bauaufsichtlich zugelassenen Dübeln. Gewindestangen über 1,50m Länge sind brandschutztechnisch über die gesamte Länge zu bekleiden. Senkrechte Kanäle sind geschossweise, max. 5,00m, auf die Massivdecken, F90, aufzusetzen.
Brandschutztechnische Bekleidung: **L30 / L90**
Rohrleitungen: **Kunststoff / Stahl feuerverzinkt / Edelstahl**
Feuerwiderstandsklasse: **F30 / F90**
Montagehöhe: bis **3,50 / 5,00 / 7,00** m

43 €   101 €   **140 €**   145 €   207 €   [m²]   ⏱ 1,00 h/m²   075.000.010

▶ min
▷ von
ø Mittel
◁ bis
◀ max

Nr.	Kurztext / Langtext					Kostengruppe		
▶	▷	ø netto €	◁	◀	[Einheit]	Ausf.-Dauer	Positionsnummer

12 Formstücke, verzinkt, Lüftungskanäle — KG **431**

Lüftungskanäle, Formteile, in Rechteckform und als Übergänge auf rund bzw. oval, aus verzinktem Stahlblech, inkl. sämtlicher Verbindungsteile und Abdichtungen sowie allen notwendigen Befestigungsteilen.
Medium: Luft
Material: Stahlblech verzinkt
Kantenlänge: bis **500 / 1.000 / 2.000** mm
Temperatur: min / max ..... / .....°C
Montagehöhe: bis **3,50 / 5,00 / 7,00** m

| 41 € | 57 € | **60 €** | 72 € | 96 € | [m²] | ⌀ 0,40 h/m² | 075.000.011 |

13 Formstücke, Kunststoff, Lüftungskanäle — KG **431**

Lüftungskanäle, Formteile, in Rechteckform und als Übergänge auf rund bzw. oval, aus Kunststoff, inkl. sämtlicher Verbindungsteile und Abdichtungen sowie allen notwendigen Befestigungsteilen.
Medium: Luft
Material: **PVC / PE / PP**
Kantenlänge: bis ..... mm
Temperatur: min / max ..... / .....°C
Montagehöhe: bis **3,50 / 5,00 / 7,00** m

| –€ | 151 € | **180 €** | 207 € | –€ | [m²] | ⌀ 0,60 h/m² | 075.000.012 |

A 2 Spiralfalzrohre, verzinkt — Beschreibung für Pos. **14-19**

Lüftungsrundrohre, gerade als Wickelfalzrohr aus verzinktem Stahlblech, inkl. sämtlicher Verbindungsteile (z.B. Muffen, Steckverbindungen und Enddeckel) und Abdichtungen sowie allen notwendigen bauaufsichtlich zugelassenen Befestigungsteilen.

14 Spiralfalzrohre, verzinkt, DN100 — KG **431**

Wie Ausführungsbeschreibung A 2
Material: Stahlblech verzinkt
Nennweite: DN100
Montagehöhe: bis **3,50 / 5,00 / 7,00** m

| 12 € | 14 € | **15 €** | 16 € | 19 € | [m] | ⌀ 0,18 h/m | 075.000.013 |

15 Spiralfalzrohre, verzinkt, DN125 — KG **431**

Wie Ausführungsbeschreibung A 2
Material: Stahlblech verzinkt
Nennweite: DN125
Montagehöhe: bis **3,50 / 5,00 / 7,00** m

| 13 € | 17 € | **19 €** | 25 € | 33 € | [m] | ⌀ 0,20 h/m | 075.000.021 |

16 Spiralfalzrohre, verzinkt, DN160 — KG **431**

Wie Ausführungsbeschreibung A 2
Material: Stahlblech verzinkt
Nennweite: DN160
Montagehöhe: bis **3,50 / 5,00 / 7,00** m

| 15 € | 19 € | **20 €** | 25 € | 33 € | [m] | ⌀ 0,25 h/m | 075.000.022 |

LB 075 Raumlufttechnische Anlagen

Kosten:
Stand 1.Quartal 2018
Bundesdurchschnitt

Nr.	Kurztext / Langtext ▶ ▷ ø netto € ◁ ◀	[Einheit]	Ausf.-Dauer	Kostengruppe Positionsnummer
17	**Spiralfalzrohre, verzinkt, DN180**			KG **431**
	Wie Ausführungsbeschreibung A 2 Material: Stahlblech verzinkt Nennweite: DN180 Montagehöhe: bis **3,50 / 5,00 / 7,00** m			
	–€ 20€ **23**€ 29€ –€	[m]	⏱ 0,28 h/m	075.000.023
18	**Spiralfalzrohre, verzinkt, DN250**			KG **431**
	Wie Ausführungsbeschreibung A 2 Material: Stahlblech verzinkt Nennweite: DN250 Montagehöhe: bis **3,50 / 5,00 / 7,00** m			
	26€ 29€ **33**€ 38€ 43€	[m]	⏱ 0,33 h/m	075.000.026
19	**Spiralfalzrohre, verzinkt, DN500**			KG **431**
	Wie Ausführungsbeschreibung A 2 Material: Stahlblech verzinkt Nennweite: DN500 Montagehöhe: bis **3,50 / 5,00 / 7,00** m			
	42€ 46€ **53**€ 59€ 64€	[St]	⏱ 0,47 h/St	075.000.030
20	**Alurohre, flexibel, DN80**			KG **431**
	Elastische Luftleitung aus zweilagig gestauchtem Aluminium. Inkl. Befestigungsmaterial an Luftrohrstutzen. Nennweite: DN80 Länge: 1,25 m, ausziehbar bis 5,00 m Betriebsdruck: bis 1.000 Pa			
	5€ 10€ **11**€ 13€ 15€	[m]	⏱ 0,10 h/m	075.000.034
21	**Alurohre, flexibel, DN100**			KG **431**
	Elastische Luftleitung aus zweilagig gestauchtem Aluminium. Inkl. Befestigungsmaterial an Luftrohrstutzen. Nennweite: DN100 Länge: 1,25 m, ausziehbar bis 5,00 m Betriebsdruck: bis 1.000 Pa			
	8€ 12€ **15**€ 21€ 27€	[m]	⏱ 0,10 h/m	075.000.032
22	**Rohrbogen**			KG **431**
	Lüftungsrundrohre, als Rohrbogen aller Winkelgrade als Wickelfalzrohr aus verzinktem Stahlblech, inkl. sämtlicher Verbindungsteile (z.B. Muffen, Steckverbindungen) und Abdichtungen sowie allen notwendigen Befestigungsteilen. Material: Stahlblech verzinkt Nennweite: DN..... Montagehöhe bis: **3,50 / 5,00 / 7,00** m Winkelgrad: ..... °			
	10€ 15€ **18**€ 22€ 29€	[St]	⏱ 0,10 h/St	075.000.018

▶ min
▷ von
ø Mittel
◁ bis
◀ max

Nr.	Kurztext / Langtext						Kostengruppe	
▶	▷	ø netto €	◁	◀	[Einheit]	Ausf.-Dauer	Positionsnummer	

23 Rohr T-Stück KG 431

Lüftungsrundrohre, als Abzweig 90°, als Wickelfalzrohr aus verzinktem Stahlblech, inkl. sämtlicher Verbindungsteile (z.B. Muffen, Steckverbindungen) und Abdichtungen sowie allen notwendigen Befestigungsteilen.
Material: Stahlblech verzinkt
Nennweite: DN.....
Montagehöhe bis: **3,50 / 5,00 / 7,00** m

| 12 € | 15 € | **15** € | 17 € | 21 € | [St] | 0,10 h/St | 075.000.019 |

24 Lüftungsgitter KG 431

Lüftungsgitter, mit Anbauteilen, für Zu- und Abluft, für Einbau in Rundrohr / Rechteckkanal mit frontseitig waagrechten oder senkrechten Tropfenlenklamellen. Rahmen und Lamellen aus Stahlblech mit Epoxidharz-Pulverbeschichtung oder Einbrennlackierung. Anbauteile aus elektrolytisch verzinktem Stahlblech, mit angeklebter Schaumstoffdichtung und Schlitzschieber zur Luftmengenregulierung
Farbe: .....
Volumenstrom max.: ..... m³/h
Länge: ..... mm
Höhe: ..... mm

| 29 € | 61 € | **76** € | 94 € | 153 € | [St] | 0,30 h/St | 075.000.014 |

25 Drallauslass KG 431

Decken-Drallluftdurchlass für **Zuluft / Abluft**, **mit / ohne** Strahlverstellung. Luftdurchlass aus verzinktem Stahl, für Einbau in abgehängter Decke.
Luftdurchsatz max.: ..... m³/h
Breite: ..... mm
Länge: ..... mm
Höhe Anschlusskasten: ..... mm
Leitungsanschluss seitlich, DN.....

| 75 € | 262 € | **348** € | 436 € | 592 € | [St] | 0,90 h/St | 075.000.015 |

26 Brandschutzklappen KG 431

Brandschutzklappe für Lüftungskanäle, aus Stahl verzinkt, für Einbau in massive **Wand / Decke**. Gehäuse mit **1 / 2** Inspektionsöffnungen, Auslösung durch Schmelzlot. Kontrolle Klappenblatt über elektrische Endschalter.
Feuerwiderstandsklasse: **K30 / K60 / K90 / K120**
Höhe: ..... mm
Breite: ..... mm
Höhe: ..... mm
Einbaulänge: **500 / 600** mm
Einbau in: **Wand / Decke**
Auslösetemperatur: **72 / 95**°C
Kontrolle Klappenblatt: **0 / 1 / 2**

| 176 € | 394 € | **504** € | 549 € | 691 € | [St] | 1,80 h/St | 075.000.016 |

LB 075 Raumlufttechnische Anlagen

Nr. ▶	Kurztext / Langtext ▷ ø netto € ◁ ◀	[Einheit]	Ausf.-Dauer	Kostengruppe Positionsnummer

27 Brandschutzklappen, Sonderausführung KG **431**
Brandschutzklappe für Rundrohre. Zugelassen für fetthaltige Abluft aus Küchen. Gehäuse aus Stahl verzinkt / andere Materialien.
Feuerwiderstandsklasse: **K30 / K60 / K90 / K120**
Durchmesser: ..... mm
Einbaulänge: **500 / 600** mm
Einbau in: **Wand / Decke**

384€   3.125€   **4.497**€   5.975€   8.661€   [St]   ⏱ 3,00 h/St   075.000.017

28 Warmwasser-Heizregister KG **431**
Lufterhitzer mit Aluminiumlamellen, auf Kupferrohre aufgepresst Wärmetauscher mit 2 Rohrreihen, Gehäuse aus verzinktem Stahlblech Inspektionsöffnung für die Reinigung der Wärmetauscher, Wasseranschlussrohre mit glatten Enden für Lötverbindung / Anschraubenden, Luftrohranschluss mit 1x Einsteckstutzen sowie 1x Aufsteckstutzen.
Betriebstemperatur tmax.: 100°C
Max. Betriebsdruck: pmax. 8 bar
Wasseranschlussrohre: DN15
Luftrohranschluss: DN.....
Auslegungsheizwasserstrom (l/h): .....
Druckabfall Wasser (kPa): .....
Abmessungen (L x B x H): ..... x ..... x .....

187€   537€   **728**€   747€   1.382€   [St]   ⏱ 2,50 h/St   075.000.035

29 Tellerventil KG **431**
Tellerventil für Zu- / Abluft, mit Mengenregulierung. Für Montage in beliebiger Lage in Decke und Wand aus einbrennlackiertem Stahlblech, mit niedrigem Schallleistungspegel auch bei hohem Druckabfall, mit passendem Rohrmontagering (20mm) mit Bajonettverschluss. Inkl. Befestigungs-, Klein- und Dichtmaterial.
Anschlussdimension: DN100

18€   41€   **48**€   67€   102€   [St]   ⏱ 0,20 h/St   075.000.036

30 Wickelfalzrohr, Reduzierstück, DN100/80 KG **431**
Reduzierstück, zentrisch (symmetrisch), für Wickelfalz-Rundrohr verzinkt, mit werkseitig vormontierter Lippendichtung aus EPDM.
EPDM Anschlüsse**: DN100 / DN80**

11€   14€   **16**€   19€   23€   [St]   ⏱ 0,10 h/St   075.000.038

31 Drosselklappe, DN100 KG **431**
Drosselklappe aus verzinktem Stahlblech für Wickelfalz-Rundrohr verzinkt, mit Klappenflügel und außenliegender, stufenlos verstellbarer Feststellvorrichtung.
Anschlüsse: DN100

21€   31€   **38**€   45€   55€   [St]   ⏱ 0,12 h/St   075.000.039

32 Drosselklappe, 200x200mm KG **431**
Drosselklappe aus verzinktem Stahlblech für Wickelfalz-Rundrohr verzinkt, mit Klappenflügel und außenliegender, stufenlos verstellbarer Feststellvorrichtung.
Anschlüsse: 200 x 200 mm

36€   43€   **52**€   62€   68€   [St]   ⏱ 0,20 h/St   075.000.040

Kosten: Stand 1.Quartal 2018 Bundesdurchschnitt

▶ min
▷ von
ø Mittel
◁ bis
◀ max

Nr.	Kurztext / Langtext					Kostengruppe	
▶	▷	ø netto €	◁	◀	[Einheit]	Ausf.-Dauer	Positionsnummer

33 Lüftungsgerät mit WRG, Bypass, Feuerstättenfunktion   KG **431**

Wohnungslüftungsgerät mit Wärmerückgewinnung und Bypass zur kontrollierten Be- und Entlüftung von Wohnungen und Wohnhäusern mit einem zentralen Luftverteilsystem.
Effiziente Konstantvolumenstrom geregelte EC-Ventilatoren mit drei Ventilatorstufen, Luftmengen je Stufe individuell programmierbar. Wärmerückgewinnung aus der Abluft mit Kreuzgegenstrom-Wärmetauscher. Vereisungsschutzfunktion und Abtauautomatik. Integrierter automatischer Sommer-Bypass mit einstellbarer Schalttemperatur zur Unterbrechung der Wärmerückgewinnung im Sommer. Auskühlschutzfunktion zum Frostschutz in der Wohneinheit im Winter.
Umfassendes Selbstdiagnosesystem mit Fehlercodes und Meldungen in Klartextanzeige. Sicherheitsabschaltung des Lüftungsgerätes durch optionalen Rauchsensor möglich. TÜV-geprüfte integrierte Feuerstätten-Funktion mit permanenter Überwachung der Volumenstrom-Balance und Sicherheitsabschaltung im Fehlerfall zur sicheren Verhinderung von Unterdruck im Gebäude. Der gleichzeitige Betrieb von Lüftungsanlage und Feuerstätte ist ohne zusätzliche Sicherheitskomponenten möglich.
Menügeführte multilinguale Bedienung mit LCD-Klartextanzeige am Gerät und integrierte Echtzeituhr mit Wochentimer zur zeitlichen Steuerung der Betriebsarten ermöglichen den Betrieb des Lüftungsgerätes ohne zusätzliche Steuerelemente. Die Steuerung des Geräts kann optional mit einem drahtgebundenen Bedienelement, einem Funkbedienschalter oder bedarfsgerecht mit automatischer Luftmengenregelung durch Bestimmung der Abluftqualität mit einem Luftqualitätssensor erfolgen. Für eine externe Steuerung sind programmierbare Ein- und Ausgänge integriert. Filterwartungsanzeige mit einstellbarem Intervall.
Innenauskleidung des Geräts EPP, Außengehäuse Stahlblech, pulverbeschichtet RAL 9010, Revisionstüre Kunststoff lichtgrau RAL 7035. Luftkanalanschlüsse auf der Geräteoberseite, wandhängende Montage mit beiliegender Wandkonsole. Kondensatwasseranschluss an der Unterseite des Lüftungsgeräts.
Technische Daten:
Luftvolumenstrom Werkseinstellung: **90 / 160 / 250** m³/h
Schalldruckpegel (1m Abstand): **29 / 34 / 42** dB(A)
Wärmerückgewinnungsgrad: max. 95%
Wärmebereitstellungsgrad: max. 88%
Spannungsversorgung: 1~/N/PE 230 V 50Hz
Leistungsaufnahme, Stufen: **19 / 36 / 95** W
Leistungsaufnahme: max. 136 W
Stromaufnahme: max. 1,2 A
Schutzart: IP 20
Filterklasse Zuluft / Abluft: M5 / M5
Luftkanalanschlüsse: **4 x DN150 / DN160**
Kondensatanschluss: 20 mm
Abmessungen (B x H x T): 750 x 725 x 469 mm
Gewicht: 32 kg
Einsatzgrenzen Außentemperatur: -20°C bis +40°C
Einsatzgrenzen Raumtemperatur: +15°C bis +40°C

| –€ | 2.020€ | **2.537**€ | 3.256€ | –€ | [St] | ⏱ 6,50 h/St | 075.000.041 |

D Freianlagen

Titel des Leistungsbereichs	LB-Nr.
Landschaftsbauarbeiten	003
Landschaftsbauarbeiten - Pflanzen	004
Straßen, Wege, Plätze	080

LB 003 Landschaftsbauarbeiten

Kosten: Stand 1.Quartal 2018, Bundesdurchschnitt

Symbole:
- ▶ min
- ▷ von
- ø Mittel
- ◁ bis
- ◀ max

Nr.	Positionen	Einheit	▶ min	▷ von ø netto €	ø brutto €	◁ bis	◀ max
1	Baugelände abräumen	m²	0,7 / 0,6	2,0 / 1,7	**2,4** / **2,0**	3,1 / 2,6	4,9 / 4,1
2	Baugelände abräumen, entsorgen	t	101 / 85	125 / 105	**143** / **121**	150 / 126	168 / 142
3	Betonfundamente aufnehmen, entsorgen	m³	84 / 70	101 / 85	**110** / **92**	123 / 104	146 / 122
4	Betondecke abbrechen, entsorgen	t	50 / 42	58 / 48	**58** / **49**	66 / 55	76 / 64
5	Bauzaun, einschl. Tor	m	6 / 5	8 / 6	**8** / **7**	10 / 8	13 / 11
6	Maschendrahtzaun abbrechen bis 1,5m, entsorgen	m	6 / 5	10 / 9	**11** / **10**	14 / 12	20 / 17
7	Maschendrahtzaun bis 1,5m demontieren, entsorgen	m	4 / 3	6 / 5	**7** / **6**	8 / 7	11 / 9
8	Baustraße Natursteinmaterial, Liefermaterial	m²	8 / 7	11 / 10	**13** / **11**	16 / 13	19 / 16
9	Strauch herausnehmen, transportieren, einschlagen, 60-100cm	St	11 / 9	13 / 11	**14** / **12**	15 / 13	18 / 15
10	Strauch herausnehmen, transportieren, einschlagen, 100-150cm	St	16 / 13	22 / 18	**24** / **20**	26 / 22	30 / 25
11	Baum roden, Durchmesser StD 30cm, entsorgen	St	101 / 85	127 / 107	**132** / **111**	140 / 118	162 / 136
12	Baum herausnehmen, transportieren, einschlagen	St	80 / 67	104 / 87	**118** / **100**	119 / 100	148 / 124
13	Baum fällen, Durchmesser bis 15cm, entsorgen	St	27 / 22	50 / 42	**61** / **51**	70 / 59	92 / 77
14	Baum fällen, Durchmesser bis 50cm, entsorgen	St	84 / 71	131 / 110	**147** / **124**	175 / 147	226 / 190
15	Baum fällen, Durchmesser über 50cm, entsorgen	St	151 / 126	184 / 154	**200** / **168**	216 / 182	255 / 215
16	Wurzelstock fräsen, einarbeiten	St	40 / 33	58 / 48	**65** / **55**	74 / 62	110 / 92
17	Grasnarbe abschälen	m²	1 / 0,9	2 / 1,6	**2** / **1,9**	3 / 2,2	3 / 2,8
18	Baugelände roden	St	12 / 10	17 / 14	**19** / **16**	20 / 17	24 / 20
19	Baugelände roden	m²	4 / 3	6 / 5	**7** / **6**	8 / 7	10 / 9
20	Baustraße RCL-Schotter, Liefermaterial	m²	11 / 9	15 / 12	**17** / **14**	18 / 15	22 / 18
21	Organische Stoffe aufnehmen, entsorgen	m³	13 / 11	15 / 13	**15** / **13**	18 / 15	23 / 20
22	Oberboden abtragen, entsorgen	m³	9 / 8	13 / 11	**15** / **12**	17 / 14	22 / 18
23	Oberboden lösen, lagern	m³	4 / 3	6 / 5	**8** / **6**	8 / 7	11 / 9

© BKI Baukosteninformationszentrum; Erläuterungen zu den Tabellen siehe Seite 46
Mustertexte geprüft: Deutsche Gesellschaft für Garten- und Landschaftskultur e.V.

Kostenstand: 1.Quartal 2018, Bundesdurchschnitt

Landschaftsbauarbeiten — Preise €

Nr.	Positionen	Einheit	▶	▷	ø brutto € ø netto €	◁	◀
24	Oberboden liefern, andecken	m³	19	26	**29**	32	38
			16	22	**25**	26	32
25	Oberboden auftragen, lagernd	m³	4	7	**9**	11	14
			4	6	**7**	9	12
26	Oberboden liefern und einbauen, Gruppe 2-4	m³	20	24	**26**	30	38
			17	20	**22**	26	32
27	Oberboden liefern und einbauen, bis 30cm	m³	26	30	**32**	36	44
			22	25	**27**	30	37
28	Überschüssigen Boden laden, entsorgen	m³	10	13	**14**	16	20
			9	11	**12**	13	17
29	Bodenmaterial entsorgen, GK 1	m³	9	14	**16**	17	22
			8	11	**14**	15	18
30	Auffüllmaterial liefern, einbauen	m³	19	25	**27**	30	36
			16	21	**23**	25	31
31	Füllboden liefern, einbauen	m³	13	17	**18**	20	23
			11	14	**16**	17	20
32	Verdichtung Baugrube	m²	0,6	1,2	**1,5**	2,1	3,2
			0,5	1,1	**1,3**	1,7	2,7
33	Aufwuchs entfernen	m²	0,9	1,3	**1,5**	2,1	3,2
			0,8	1,1	**1,3**	1,8	2,7
34	Rohrgrabenaushub, GK1, Tiefe bis 1,0m, lagern	m³	21	25	**27**	30	35
			17	21	**23**	25	30
35	Rohrgrabenaushub, GK1, Tiefe bis 3,0m, lagern	m³	33	38	**41**	44	51
			27	32	**34**	37	43
36	Streifenfundamentaushub, bis 1,25m, lagern, GK1	m³	20	28	**31**	35	43
			17	24	**26**	29	36
37	Streifenfundamentaushub, bis 1,25m, entsorgen, GK1	m³	24	33	**35**	44	48
			20	27	**29**	37	41
38	Handaushub, Zulage	m³	41	52	**59**	63	70
			34	44	**49**	53	59
39	Pflanzgrube für Kleingehölz 20x20x20	St	2	3	**3**	3	3
			2	2	**2**	3	3
40	Pflanzgrube für Rankgehölz 50x50x50	St	8	9	**10**	10	11
			7	8	**9**	9	9
41	Pflanzgrube für Solitärbaum 80x80x80	St	14	16	**18**	19	22
			11	14	**15**	16	18
42	Pflanzgrube für Solitärbaum 100x100x100	St	19	24	**26**	32	44
			16	20	**22**	27	37
43	Pflanzgrube für Solitärbaum 150x150x100	St	23	34	**39**	43	49
			20	29	**33**	36	41
44	Pflanzgrube für Solitärbaum 200x200x100	St	38	44	**47**	48	55
			32	37	**39**	41	46
45	Pflanzgrube für Solitärbaum 300x300x100	St	54	80	**89**	104	127
			45	67	**74**	87	107
46	Pflanzgraben für Hecke herstellen	m	6	8	**8**	9	10
			5	6	**7**	7	9

© **BKI** Baukosteninformationszentrum; Erläuterungen zu den Tabellen siehe Seite 46
Mustertexte geprüft: Deutsche Gesellschaft für Garten- und Landschaftskultur e.V.

Kostenstand: 1.Quartal 2018, Bundesdurchschnitt

LB 003 Landschaftsbauarbeiten

Landschaftsbauarbeiten — Preise €

Kosten: Stand 1.Quartal 2018, Bundesdurchschnitt

Legende:
- ▶ min
- ▷ von
- ø Mittel
- ◁ bis
- ◀ max

Nr.	Positionen	Einheit	▶ min	▷ von	ø brutto € / ø netto €	◁ bis	◀ max
47	Vegetationsfläche, organische Düngung	m²	0,3 / 0,3	0,5 / 0,5	**0,6** / **0,5**	1,3 / 1,1	2,3 / 2,0
48	Bodenverbesserung, Komposterde	m²	0,8 / 0,7	1,5 / 1,3	**1,8** / **1,5**	2,5 / 2,1	4,1 / 3,5
49	Bodenverbesserung, Kiessand	m²	0,9 / 0,8	1,3 / 1,1	**1,5** / **1,3**	1,6 / 1,3	1,8 / 1,5
50	Bodenverbesserung, Rindenhumus	m²	0,9 / 0,7	1,5 / 1,2	**1,8** / **1,5**	2,1 / 1,8	2,8 / 2,4
51	Pflanzgrube verfüllen, Pflanzsubstrat	St	15 / 13	18 / 15	**19** / **16**	23 / 19	27 / 23
52	Pflanzgrube verfüllen, Baumsubstrat	St	38 / 32	44 / 37	**46** / **38**	47 / 40	51 / 43
53	Vegetationsflächen lockern, aufreißen	m²	0,4 / 0,3	0,6 / 0,5	**0,6** / **0,5**	0,8 / 0,6	1,2 / 1,0
54	Vegetationsflächen lockern, fräsen	m²	0,4 / 0,4	0,8 / 0,7	**1,0** / **0,8**	1,5 / 1,3	2,2 / 1,9
55	Tiefenlockerung, Boden	m²	0,3 / 0,3	0,4 / 0,4	**0,5** / **0,4**	0,5 / 0,4	0,6 / 0,5
56	Feinplanum, Rasenfläche	m²	0,7 / 0,6	1,1 / 1,0	**1,3** / **1,1**	1,6 / 1,3	2,1 / 1,8
57	Mulchsubstrat liefern, einbauen	m²	3 / 2	4 / 4	**5** / **4**	6 / 5	8 / 7
58	Baugrubensohle verfüllen	m³	11 / 9	12 / 10	**12** / **10**	13 / 11	16 / 13
59	Maschendrahtzaun, 1,00m	m	21 / 17	31 / 26	**36** / **30**	44 / 37	55 / 46
60	Maschendrahtzaun, 1,50m	m	33 / 27	50 / 42	**55** / **46**	59 / 50	82 / 69
61	Maschendrahtzaun, 2,00m	m	35 / 29	45 / 38	**52** / **44**	70 / 59	91 / 77
62	Stabgitterzaun, 0,80m	m	29 / 25	51 / 43	**57** / **48**	61 / 51	84 / 70
63	Stabgitterzaun, 1,20m	m	35 / 30	53 / 45	**60** / **50**	70 / 59	93 / 78
64	Stabgitterzaun, 1,40m	m	40 / 34	61 / 51	**65** / **54**	76 / 64	100 / 84
65	Stabgitterzaun, 2,00m	m	55 / 46	67 / 56	**80** / **67**	92 / 78	127 / 106
66	Drehflügeltor, einflüglig, lichte Weite 1,1m, H 1,2m	St	819 / 688	1.022 / 859	**1.163** / **977**	1.449 / 1.218	1.773 / 1.490
67	Drehflügeltor, einflüglig, lichte Weite 1,5m, H 1,2m	St	819 / 688	1.243 / 1.044	**1.334** / **1.121**	1.947 / 1.636	2.611 / 2.194
68	Drehflügeltor, zweiflüglig, lichte Weite 2,5m, H 1,2m	St	1.773 / 1.490	2.122 / 1.783	**2.150** / **1.807**	2.197 / 1.846	2.546 / 2.139
69	Drehflügeltor, zweiflüglig, lichte Weite 4,0m, H 1,2m	St	343 / 289	1.108 / 931	**1.697** / **1.426**	1.959 / 1.646	2.559 / 2.151
70	Abwasserleitung, PVC-Rohre, DN100	m	16 / 14	21 / 18	**23** / **20**	25 / 21	29 / 24

© BKI Baukosteninformationszentrum; Erläuterungen zu den Tabellen siehe Seite 46
Mustertexte geprüft: Deutsche Gesellschaft für Garten- und Landschaftskultur e.V.

Landschaftsbauarbeiten — Preise €

Nr.	Positionen	Einheit	▶	▷ ø brutto € / ø netto €		◁	◀
71	Abwasserleitung, PVC-Rohre, DN150	m	26 / 22	31 / 26	**33** / **28**	35 / 30	39 / 33
72	Abwasserleitung, PVC-Rohre, DN250	m	35 / 30	48 / 41	**55** / **47**	68 / 57	93 / 78
73	Formstück, PVC-Rohrbogen, DN100	St	8,7 / 7,3	12 / 10	**13** / **11**	15 / 12	18 / 15
74	Formstück, PVC-Rohrbogen, DN250	St	20 / 16	25 / 21	**26** / **22**	29 / 24	32 / 27
75	Abwasserkanal, Steinzeugrohre, DN100	m	29 / 24	35 / 29	**37** / **31**	39 / 33	45 / 38
76	Abwasserkanal, Steinzeugrohre, DN150	m	33 / 28	43 / 36	**46** / **38**	51 / 43	63 / 53
77	Abwasserkanal, Steinzeugrohre, DN300	m	68 / 57	82 / 69	**86** / **72**	90 / 76	101 / 85
78	Höhenausgleich, Schachtabdeckung, bis 30cm	St	54 / 46	72 / 61	**78** / **66**	86 / 72	99 / 83
79	Schachtabdeckung, Klasse D, Guss	St	180 / 151	249 / 209	**272** / **228**	318 / 267	436 / 367
80	Schachtabdeckung, Klasse B, Guss	St	155 / 130	198 / 167	**211** / **177**	250 / 210	339 / 285
81	Schachtabdeckung, Klasse A, Guss	St	147 / 124	185 / 156	**186** / **156**	188 / 158	226 / 190
82	Kontrollschacht, Stahlbeton, DN1000	St	1.169 / 982	1.249 / 1.050	**1.296** / **1.089**	1.342 / 1.127	1.471 / 1.236
83	Schachthals, DN1.000/625, 0,35m, Betonfertigteil	St	100 / 84	162 / 136	**193** / **162**	236 / 198	300 / 252
84	Schachthals, DN1.000/650, 0,60m, Betonfertigteil	St	131 / 110	188 / 158	**216** / **182**	264 / 222	357 / 300
85	Schachtring, Beton, DN1.000, 0,25m	St	69 / 58	87 / 73	**98** / **83**	111 / 93	135 / 114
86	Schachtring, Beton, DN1.000, 0,50m	St	73 / 61	96 / 80	**104** / **87**	115 / 97	140 / 118
87	Straßenablauf, Beton, C250	St	262 / 220	324 / 272	**346** / **291**	367 / 308	405 / 340
88	Hofablauf, Beton	St	184 / 155	208 / 175	**217** / **182**	244 / 205	279 / 235
89	Hofablauf, Beton, Geruchsverschluss	St	205 / 172	238 / 200	**255** / **214**	276 / 232	321 / 270
90	Hofablauf, Beton, Gusszarge, Geruchsverschluss	St	218 / 183	257 / 216	**283** / **238**	298 / 250	327 / 275
91	Hofablauf, PVC, Geruchsverschluss	St	254 / 214	295 / 248	**316** / **265**	356 / 299	406 / 341
92	Fassadenschlitzrinne, SW 3mm	m	158 / 133	192 / 161	**204** / **171**	225 / 189	283 / 238
93	Fassaden-Flachrinne, DN100	m	124 / 104	139 / 117	**147** / **124**	159 / 134	183 / 154
94	Entwässerungsrinne, Polymerbeton	St	235 / 197	268 / 225	**282** / **237**	338 / 284	427 / 359

© **BKI** Baukosteninformationszentrum; Erläuterungen zu den Tabellen siehe Seite 46
Mustertexte geprüft: Deutsche Gesellschaft für Garten- und Landschaftskultur e.V.

Kostenstand: 1.Quartal 2018, Bundesdurchschnitt

LB 003 Landschaftsbauarbeiten

Landschaftsbauarbeiten — Preise €

Kosten: Stand 1. Quartal 2018 Bundesdurchschnitt

Legende:
- ▶ min
- ▷ von
- ø Mittel
- ◁ bis
- ◀ max

Nr.	Positionen	Einheit	▶ min	▷ von	ø brutto € / ø netto €	◁ bis	◀ max
95	Entwässerungsrinne, Kl. A, Beton/Gussabdeckung	m	66 / 55	95 / 80	**112** / **94**	137 / 115	185 / 156
96	Entwässerungsrinne, Kl. B, Beton/Gussabdeckung	m	89 / 75	98 / 83	**102** / **86**	109 / 92	121 / 101
97	Entwässerungsrinne, Kl. C, Beton/Gussabdeckung	m	130 / 109	150 / 126	**163** / **137**	175 / 147	201 / 169
98	Entwässerungsrinne, Fassade/Terrasse	m	80 / 67	107 / 90	**116** / **98**	130 / 109	165 / 139
99	Entwässerungsrinne, rollstuhlbefahrbar, Klasse A, DN100	m	90 / 75	122 / 103	**130** / **109**	147 / 123	157 / 132
100	Abdeckung, Entwässerungsrinne, Guss, D400	St	70 / 59	96 / 80	**107** / **90**	118 / 100	140 / 117
101	Abdeckung, Entwässerungsrinne, Schlitzaufsatz	m	69 / 58	85 / 71	**98** / **83**	104 / 87	119 / 100
102	Sinkkasten, Anschluss zweiseitig	St	152 / 128	203 / 170	**225** / **189**	236 / 199	267 / 225
103	Ablaufkasten, Polymerbeton	St	187 / 157	212 / 178	**223** / **188**	238 / 200	273 / 229
104	Ablaufkasten, Klasse A, DN100	St	148 / 125	181 / 152	**193** / **162**	225 / 189	239 / 201
105	Regenwasserzisterne	St	2.893 / 2.431	3.833 / 3.221	**4.191** / **3.522**	4.714 / 3.961	5.815 / 4.887
106	Regenwasserkanal, PVC-U-Rohre, DN100	m	12 / 9,9	17 / 15	**20** / **17**	22 / 19	27 / 22
107	Regenwasserkanal, PVC-U-Rohre, DN150	m	18 / 15	25 / 21	**30** / **25**	32 / 27	38 / 32
108	Regenwasserkanal, PVC-U-Rohre, DN200	m	20 / 17	27 / 22	**29** / **24**	34 / 29	42 / 36
109	Versickerungsmulden herstellen	m²	3 / 2	5 / 4	**5** / **5**	8 / 7	12 / 10
110	Filtervlies, Rigolen	m²	2 / 2	3 / 2	**3** / **2**	3 / 3	4 / 4
111	Kiesbett herstellen, 0/2	m³	32 / 27	40 / 33	**41** / **34**	42 / 35	47 / 40
112	Kiesbett herstellen, 16/32	m³	37 / 32	46 / 39	**50** / **42**	56 / 47	66 / 56
113	Dränleitung, PVC-Vollsickerrohr, DN100	m	13 / 11	18 / 15	**19** / **16**	23 / 19	28 / 23
114	Formstück, Dränleitung, PVC, Abzweig	St	21 / 18	26 / 22	**28** / **23**	32 / 27	39 / 33
115	Formstück, Dränleitung, PVC, Bogen	St	8 / 7	12 / 10	**14** / **12**	17 / 14	23 / 19
116	Bewässerungseinrichtung, Hochstämme	St	42 / 35	64 / 54	**72** / **60**	80 / 67	112 / 94
117	Stahltor, einflüglig, beschichtet	St	845 / 710	1.027 / 863	**1.160** / **975**	1.218 / 1.023	1.524 / 1.281

© BKI Baukosteninformationszentrum; Erläuterungen zu den Tabellen siehe Seite 46
Mustertexte geprüft: Deutsche Gesellschaft für Garten- und Landschaftskultur e.V.

Kostenstand: 1. Quartal 2018, Bundesdurchschnitt

Landschaftsbauarbeiten						Preise €	
Nr.	Positionen	Einheit	▶	▷ ø brutto € ø netto €		◁	◀
118	Stahltor, zweiflüglig, beschichtet	St	916 770	1.137 955	**1.265** **1.063**	1.443 1.212	1.664 1.398
119	Zaunpfosten, Stahlrohr	St	20 17	38 32	**45** **38**	50 42	64 53
120	Holzzaun, Kiefer/Sandsteinpfosten	m	117 98	161 135	**186** **157**	192 161	221 186
121	Eckausbildung, Holzzaun	St	39 33	55 46	**64** **54**	66 55	90 76
122	Einzelfundamente, Zaunpfosten	St	334 281	420 353	**453** **381**	483 406	547 460
123	Poller, Beton	St	154 130	322 270	**328** **276**	347 291	465 390
124	Poller, Aluminium	St	212 178	378 318	**383** **322**	391 328	557 468
125	Poller, Stahl, beschichtet	St	295 248	360 302	**391** **329**	423 356	523 440
126	Poller, Naturstein	St	168 141	389 327	**421** **354**	463 389	828 696
127	Sitzquader, Naturstein	St	220 185	389 327	**450** **378**	488 411	648 545
128	Planum Gewässer	m²	3 3	6 5	**7** **6**	10 9	14 12
129	Gewässerabdichtung, Teichfolie	m²	15 12	22 18	**24** **20**	26 22	32 27
130	Sauberkeitsschicht, Teich, See	m²	3 2	4 3	**4** **3**	4 4	6 5
131	Wurzelanker im Teich, See	m²	– –	23 19	**24** **20**	26 22	– –
132	Befestigung, Gewässerabdichtungsbahn Uferbereich	m	10 9	12 10	**14** **11**	16 13	18 15
133	Teichrand herstellen	m²	6 5	9 7	**10** **9**	11 9	13 11
134	Dachfläche reinigen	m²	1 1,0	1 1,2	**2** **1,3**	2 1,4	2 1,5
135	Durchwurzelungsschutzschicht, PVC-P 0,8mm	m²	15 13	17 14	**18** **15**	20 16	21 18
136	Dachbegrünung, Trenn-, Schutz- u. Speichervlies, 300	m²	2 2	3 2	**3** **3**	4 3	5 4
137	Dachbegrünung, Trenn-, Schutz- u. Speichervlies, 500	m²	3 2	4 3	**5** **4**	5 5	7 6
138	Schüttdränage, Dachbegrünung, 5cm, Lava	m²	5 5	6 5	**7** **6**	8 6	9 7
139	Schüttdränage, Dachbegrünung, 5cm, Blähschiefer	m²	8 6	12 10	**13** **11**	15 12	18 15
140	Dränageelement, PE-Platte, 25mm, Dachbegrünung	m²	10 8	12 10	**13** **11**	15 13	18 15

LB 003 Landschaftsbauarbeiten

Landschaftsbauarbeiten — Preise €

Kosten: Stand 1.Quartal 2018, Bundesdurchschnitt

Legende:
- ▶ min
- ▷ von
- ø Mittel
- ◁ bis
- ◀ max

Nr.	Positionen	Einheit	▶	▷	ø brutto € / ø netto €	◁	◀
141	Dränageelement, PE-Platte, 40mm, Dachbegrünung	m²	12	14	**15**	16	18
			10	12	**13**	13	15
142	Flächendränage, begehbare Flachdächer, HDPE	m²	52	68	**77**	86	93
			44	57	**65**	72	78
143	Filtervlies, Dränageabdeckung, 100g/m²	m²	2	3	**4**	4	5
			2	3	**3**	4	4
144	Filtermatte, Dachbegrünung	m²	1	2	**2**	2	3
			1	2	**2**	2	3
145	Kontrollschacht, extensive Dachbegrünung, Höhe bis 20cm	St	64	73	**77**	82	96
			53	61	**64**	69	81
146	Kontrollschacht, intensive Dachbegrünung, Höhe bis 40cm	St	153	163	**164**	166	176
			128	137	**138**	140	148
147	Sicherheitsstreifen, Kies, Dachbegrünung	m²	7	9	**10**	11	13
			5	8	**8**	9	11
148	Kiesfangleiste, L-Profil, Dachbegrünung	m	15	21	**23**	26	32
			12	18	**19**	22	27
149	Einschichtsubstrat, extensive Dachbegrünung	m²	15	18	**19**	22	27
			12	15	**16**	18	22
150	Mehrschichtsubstrat, extensive Dachbegrünung	m²	19	21	**24**	24	27
			16	18	**20**	20	23
151	Mehrschichtsubstrat, intensive Dachbegrünung	m²	19	23	**25**	25	30
			16	19	**21**	21	25
152	Nassansaat, extensive Dachbegrünung, Saatgutmischung	m²	2	4	**5**	6	9
			2	4	**4**	5	8
153	Trockenansaat, extensive Dachbegrünung, Saatgutmischung	m²	2	3	**4**	4	6
			2	3	**3**	4	5
154	Düngung, Dachbegrünung, extensiv	m²	0,3	0,5	**0,6**	0,6	0,7
			0,2	0,4	**0,5**	0,5	0,6
155	Wässern, Dachbegrünung, extensiv	m²	0,3	0,4	**0,5**	0,5	0,6
			0,3	0,4	**0,4**	0,5	0,5
156	Stelzlager, Unterbau, Plattenbeläge, Dachbegrünung, H 25-40mm	St	4	6	**6**	7	7
			4	5	**5**	5	6
157	Stelzlager, Unterbau, Plattenbeläge, Dachbegrünung, H 35-70mm	St	4	6	**7**	7	8
			4	5	**6**	6	7
158	Stelzlager, Unterbau, Plattenbeläge, Dachbegrünung, H 45-225mm	St	6	7	**8**	9	9
			5	6	**7**	7	8
159	Stelzlager, Aufstockelement, höhenverstellbar, H 80mm	St	4	5	**5**	6	6
			3	4	**4**	5	5

© BKI Baukosteninformationszentrum; Erläuterungen zu den Tabellen siehe Seite 46
Mustertexte geprüft: Deutsche Gesellschaft für Garten- und Landschaftskultur e.V.

Landschaftsbauarbeiten — Preise €

Nr.	Positionen	Einheit	▶	▷ ø brutto €		◁	◀
				ø netto €			
160	Plattenlager, Betonplatten, höhenverstellbar, H 10mm	St	3	4	**4**	5	5
			3	3	**4**	4	4
161	Sekurant, Anseilsicherung, Stahl verzinkt	St	147	176	**188**	209	248
			123	148	**158**	175	208
162	Fertigstellungspflege, extensive Dachbegrünung	m²	1	2	**3**	4	6
			1,0	2,0	**2,3**	3,2	5,3
163	Trenn-, Schutz-, Speichervlies	m²	1	2	**2**	2	3
			1	2	**2**	2	2
164	Spielsand, Körnung 0/2	t	18	24	**27**	29	34
			15	20	**22**	25	28
165	Spielsand auswechseln, bis 40cm	m³	7	13	**13**	16	22
			6	11	**11**	14	19
166	Einfassung, Sandkasten	m²	39	46	**50**	60	72
			33	39	**42**	50	61
167	Wegeeinfassung, Naturstein	m	18	26	**29**	34	44
			15	22	**25**	28	37
168	Fallschutz auskoffern	m²	2	3	**4**	5	7
			1	3	**4**	5	6
169	Fallschutz, Kies	m²	20	23	**25**	29	34
			17	20	**21**	25	28
170	Fallschutzbelag, Gummigranulatplatten	m²	60	86	**92**	100	121
			50	72	**77**	84	102
171	Schall-Sichtschutzwand, Stahlbeton, 2,0m	St	243	385	**421**	468	548
			204	323	**354**	394	460
172	Ballfangzaun, Gittermatten	m	216	272	**279**	299	351
			181	229	**234**	252	295
173	Sichtschutzzaun aus Holzelementen Höhe 1,0m	m	81	101	**109**	122	130
			68	85	**92**	103	109
174	Sichtschutzzaun aus Holzelementen Höhe 2,0m	m	126	153	**159**	161	187
			106	128	**134**	135	158
175	Fahrradständer, Stahlrohrkonstruktion	St	415	453	**473**	502	560
			349	381	**397**	422	471
176	Abfallbehälter, Stahlblech	St	445	630	**707**	747	861
			374	529	**594**	628	723
177	Hinweisschild, Aluminium	St	162	203	**212**	222	261
			136	171	**178**	187	219
178	Baumschutzgitter, Metall	St	641	770	**818**	842	924
			539	647	**688**	708	777
179	Rankhilfe, Edelstahlseil	m	6	15	**18**	22	33
			5	13	**15**	19	27
180	Baumscheibe, Grauguss	St	1.378	1.930	**2.214**	2.784	3.485
			1.158	1.622	**1.861**	2.340	2.929
181	Stundensatz Facharbeiter, Landschaftsbauarbeiten	h	55	57	**60**	63	68
			46	48	**50**	53	57
182	Stundensatz Helfer, Landschaftsbauarbeiten	h	38	41	**42**	43	48
			32	34	**35**	36	40

© **BKI** Baukosteninformationszentrum; Erläuterungen zu den Tabellen siehe Seite 46
Mustertexte geprüft: Deutsche Gesellschaft für Garten- und Landschaftskultur e.V.

Kostenstand: 1.Quartal 2018, Bundesdurchschnitt

LB 003 Landschaftsbauarbeiten

Kosten: Stand 1.Quartal 2018, Bundesdurchschnitt

Nr.	Kurztext / Langtext	▶ min	▷ von	ø netto €	◁ bis	◀ max	[Einheit]	Ausf.-Dauer	Kostengruppe / Positionsnummer
1	**Baugelände abräumen** Freimachen des gesamten Baufeldes und der benötigten Flächen. Roden von Vegetation, Gehölzen und Bäume bis zu einem Stammdurchmesser von 20cm in 1,00m Höhe gemessen. Einschließlich Stubbenrodung und Abbruch unterirdischer Bauwerke und Fundamente bis jeweils 1m³ Größe, sortenreine Trennung der anfallenden Abfallstoffe und Lagerung zur Entsorgung, Abfuhr oder Wiederverwendung auf der Baustelle. Maschinenarbeit möglich.	0,6€	1,7€	**2,0€**	2,6€	4,1€	[m²]	0,05 h/m²	KG 214 / 003.000.001
2	**Baugelände abräumen, entsorgen** Baugelände von unbelasteten Steinen, Schutt und Unrat abräumen. Räumgut entsorgen. Maschineneinsatz: **ja / nein**	85€	105€	**121€**	126€	142€	[t]	2,90 h/t	KG 212 / 003.000.080
3	**Betonfundamente aufnehmen, entsorgen** Betonfundament jeder Art einschl. Unterbeton und Rückenstütze aufnehmen, abfahren und entsorgen. Abmessung (L x B x H): ..... x ..... x ...... cm	70€	85€	**92€**	104€	122€	[m³]	1,85 h/m³	KG 212 / 003.000.002
4	**Betondecke abbrechen, entsorgen** Betondecke unbewehrt, aufbrechen. Anfallende Stoffe sind zu entsorgen. Aufbruchtiefe: bis 15 cm	42€	48€	**49€**	55€	64€	[t]	0,80 h/t	KG 212 / 003.000.003
5	**Bauzaun, einschl. Tor** Bauzaun als Schutzzaun einschl. Tore aufstellen, vorhalten und beseitigen. Zaunhöhe: ..... m Material: Baustahlgewebe Vorhaltedauer: ..... Wochen	5€	6€	**7€**	8€	11€	[m]	0,18 h/m	KG 591 / 003.000.073
6	**Maschendrahtzaun abbrechen bis 1,5m, entsorgen** Zaun einschl. Stahlpfosten und Fundamente abbrechen, abfahren und entsorgen. Leistung inkl. Führen des Entsorgungsnachweises. Material: Maschendrahtzaun, kunststoffummantelt Zaunhöhe: bis 1,50 m Zaunlänge: ..... m	5€	9€	**10€**	12€	17€	[m]	0,25 h/m	KG 212 / 003.000.195
7	**Maschendrahtzaun bis 1,5m demontieren, entsorgen** Zaun einschl. Stahlpfosten demontieren, abfahren und entsorgen. Leistung inkl. Führen des Entsorgungsnachweises. Material: Maschendrahtzaun, kunststoffummantelt, inkl. Stahlpfosten Zaunhöhe: bis 1,50 m Zaunlänge: ..... m	3€	5€	**6€**	7€	9€	[m]	0,20 h/m	KG 212 / 003.000.072

▶ min ▷ von ø Mittel ◁ bis ◀ max

Nr.	Kurztext / Langtext					Kostengruppe	
▶	▷ ø netto € ◁ ◀				[Einheit]	Ausf.-Dauer	Positionsnummer

8	Baustraße Natursteinmaterial, Liefermaterial					KG **391**	

Baustraße Natursteinmaterial wie folgt herstellen:
– Höhe- und Lagerecht einmessen
– Planum profilgerecht herstellen und verdichten Ev = 45% einschl. Verdichtungsnachweis
– Material liefern und auf verdichtetem Planum einbauen und verdichten einschl. Nachweis DPr 100%
– während der Bauzeit Kiesoberfläche nach Erfordernis ergänzen und verdichten
– Fertighöhe Straße höhen- und fluchtgerecht gem. Absteckplan
Kein Recyclingmaterial
Frostschutzschicht: Mineralgemisch aus Hartgestein
Körnung: 0/32
Schichtdicke: 20 cm
Tragschicht: Kies-Schotter
Schichtdicke: 15 cm
Breite: ..... m

7€	10€	**11**€	13€	16€	[m²]	⏱ 0,12 h/m²	003.000.186

9	Strauch herausnehmen, transportieren, einschlagen, 60-100cm					KG **574**	

Strauch herausnehmen, mit Ballen, transportieren und bis zur Wiedereinpflanzung artgerecht einschlagen.
Größe: bis 60 bis 100 cm
Förderweg: ..... m

9€	11€	**12**€	13€	15€	[St]	⏱ 0,30 h/St	003.000.274

10	Strauch herausnehmen, transportieren, einschlagen, 100-150cm					KG **574**	

Strauch herausnehmen, mit Ballen, transportieren und bis zur Wiedereinpflanzung artgerecht einschlagen.
Größe: 100 bis 150 cm
Förderweg: ..... m

13€	18€	**20**€	22€	25€	[St]	⏱ 0,60 h/St	003.000.275

11	Baum roden, Durchmesser StD 30cm, entsorgen					KG **214**	

Baum fällen inkl. Wurzelstock fräsen und entsorgen. Stammdurchmesser gemessen 1,00m über Gelände.
Standortbedingung: .....
Baumart: .....
Stammdurchmesser: 25-35 cm
Baumhöhe: ..... m
Baum: **frei fallend / stückweise abnehmen**
Maschineneinsatz: **ja / nein**

85€	107€	**111**€	118€	136€	[St]	⏱ 2,50 h/St	003.000.137

12	Baum herausnehmen, transportieren, einschlagen					KG **574**	

Baum herausnehmen, mit Ballen, transportieren und bis zur Wiedereinpflanzung artgerecht einschlagen.
Stammumfang: bis 20 cm
Kronenbreite: bis 200 cm
Ballengröße: ..... cm
Förderweg: ..... m

67€	87€	**100**€	100€	124€	[St]	⏱ 2,55 h/St	003.000.276

LB 003 Landschaftsbauarbeiten

Kosten:
Stand 1.Quartal 2018
Bundesdurchschnitt

Nr.	Kurztext / Langtext				[Einheit]	Ausf.-Dauer	Kostengruppe Positionsnummer
▶	▷ ø netto € ◁ ◀						

A 1 Baum fällen, entsorgen — Beschreibung für Pos. **13-15**
Baum fällen inkl. Wurzelstock fräsen und entsorgen. Stammdurchmesser gemessen 1,00m über Gelände.

13 Baum fällen, Durchmesser bis 15cm, entsorgen — KG **214**
Wie Ausführungsbeschreibung A 1
Standortbedingung: .....
Baumart: verschiedene
Stammdurchmesser: bis 15 cm
Baumhöhe: ...... m
Baum: **frei fallend / stückweise abnehmen**
Maschineneinsatz: **ja / nein**

| 22€ | 42€ | **51**€ | 59€ | 77€ | [St] | ⏱ 1,60 h/St | 003.000.074 |

14 Baum fällen, Durchmesser bis 50cm, entsorgen — KG **214**
Wie Ausführungsbeschreibung A 1
Standortbedingung: .....
Baumart: verschiedene
Stammdurchmesser: bis 50 cm
Baumhöhe: ..... m
Baum: **frei fallend / stückweise abnehmen**
Maschineneinsatz: **ja / nein**

| 71€ | 110€ | **124**€ | 147€ | 190€ | [St] | ⏱ 3,20 h/St | 003.000.076 |

15 Baum fällen, Durchmesser über 50cm, entsorgen — KG **214**
Wie Ausführungsbeschreibung A 1
Standortbedingung: .....
Baumart: verschiedene
Stammdurchmesser: über 50 cm
Baumhöhe: ..... m
Baum: **frei fallend / stückweise abnehmen**
Maschineneinsatz: **ja / nein**

| 126€ | 154€ | **168**€ | 182€ | 215€ | [St] | ⏱ 3,80 h/St | 003.000.077 |

16 Wurzelstock fräsen, einarbeiten — KG **214**
Wurzelstock gerodeter Bäume fräsen und Material in Boden einarbeiten.
Baumart: .....
Durchmesser: bis 40 cm

| 33€ | 48€ | **55**€ | 62€ | 92€ | [St] | ⏱ 1,00 h/St | 003.000.079 |

17 Grasnarbe abschälen — KG **214**
Grasnarbe abtragen, auf Miete setzen, alle anfallende Stoffe sind zu entsorgen. Abrechnung in der Abwicklung.
Schichtdicke: bis 5 cm
Bodengruppe: .....
Maschineneinsatz: **ja / nein**

| 1€ | 1,6€ | **1,9**€ | 2,2€ | 2,8€ | [m²] | ⏱ 0,04 h/m² | 003.000.004 |

▶ min
▷ von
ø Mittel
◁ bis
◀ max

Nr.	Kurztext / Langtext						Kostengruppe	
▶	▷	ø netto €	◁	◀	[Einheit]	Ausf.-Dauer	Positionsnummer	

18   Baugelände roden   KG **214**
Baugelände roden. Räumgut abfahren. Auf dem Gelände vorhanden: Busch-, Hecken- und Baumbestand bis 10cm Stammdurchmesser (gemessen in 1m Stammhöhe).

| 10€ | 14€ | **16**€ | 17€ | 20€ | [St] | ⏱ 0,30 h/St | 003.000.078 |

19   Baugelände roden   KG **214**
Baugelände roden, Räumgut abfahren. Auf dem Gelände vorhanden: Busch-, Hecken- und Baumbestand bis 10cm Stammdurchmesser (gemessen in 1m Stammhöhe).

| 3€ | 5€ | **6**€ | 7€ | 9€ | [m²] | ⏱ 0,10 h/m² | 003.000.271 |

20   Baustraße RCL-Schotter, Liefermaterial   KG **391**
Behelfsmäßige Baustraße mit Recyclingmaterial (RCL-Schotter) herstellen und nach Beendigung der Baumaßnahme rückbauen und ordnungsgemäß entsorgen:
– Höhen- und Lagerecht einmessen
– Planum profilgerecht herstellen und verdichten Ev = 45% einschl. Verdichtungsnachweis
– Material liefern und auf verdichtetem Planum einbauen und verdichten einschl. Nachweis DPr 100%
Schichtdicke: 30 cm
Breite: ..... m

| 9€ | 12€ | **14**€ | 15€ | 18€ | [m²] | ⏱ 0,12 h/m² | 003.000.187 |

21   Organische Stoffe aufnehmen, entsorgen   KG **214**
Organische Stoffe aller Art aufnehmen und entsorgen.
Wuchshöhe: bis 70 cm

| 11€ | 13€ | **13**€ | 15€ | 20€ | [m³] | ⏱ 0,16 h/m³ | 080.000.027 |

22   Oberboden abtragen, entsorgen   KG **511**
Oberboden, profilgerecht abtragen, laden, fördern und geordnet lagern, eine Bodengruppe.
Bodengruppe: .....
Abtragstiefe: bis 30 cm
Förderweg: bis 10 km
Mengenermittlung nach Aufmaß an der Entnahmestelle.

| 8€ | 11€ | **12**€ | 14€ | 18€ | [m³] | ⏱ 0,15 h/m³ | 003.000.199 |

23   Oberboden lösen, lagern   KG **512**
Oberboden inkl. Vegetationsdecke abtragen und im Baustellenbereich in Mieten locker aufsetzen, eine Bodengruppe.
Bodengruppe: .....
Abtragstiefe: ..... cm
Förderweg: ..... km
Mengenermittlung nach Aufmaß an der Entnahmestelle.

| 3€ | 5€ | **6**€ | 7€ | 9€ | [m³] | ⏱ 0,10 h/m³ | 003.000.198 |

24   Oberboden liefern, andecken   KG **571**
Oberboden liefern und profilgerecht andecken.
Bereich: .....
Andeckung Dicke: ..... cm

| 16€ | 22€ | **25**€ | 26€ | 32€ | [m³] | ⏱ 0,19 h/m³ | 003.000.291 |

© **BKI** Baukosteninformationszentrum; Erläuterungen zu den Tabellen siehe Seite 46
Mustertexte geprüft: Deutsche Gesellschaft für Garten- und Landschaftskultur e.V.

LB 003 Landschaftsbauarbeiten

Kosten:
Stand 1. Quartal 2018
Bundesdurchschnitt

▶ min
▷ von
ø Mittel
◁ bis
◀ max

Nr.	Kurztext / Langtext					[Einheit]	Ausf.-Dauer	Kostengruppe Positionsnummer
▶	▷	ø netto €	◁	◀				

25 Oberboden auftragen, lagernd — KG 571
Lagernden Oberboden laden, fördern und im Baustellenbereich wieder einbauen.
Auftragsdicke: ..... cm
Förderweg: 500 m

| 4€ | 6€ | 7€ | 9€ | 12€ | [m³] | ⏱ 0,10 h/m³ | 003.000.094 |

26 Oberboden liefern und einbauen, Gruppe 2-4 — KG 571
Oberboden frei von keimfähigen Samen und Schadstoffen liefern und profilgerecht einbauen.
Bodengruppe: 2-4
Auftragsdicke: bis ..... cm
Ebenflächigkeit unter der 4-m Latte: ±3 cm
Abrechnung nach Lieferschein

| 17€ | 20€ | 22€ | 26€ | 32€ | [m³] | ⏱ 0,12 h/m³ | 003.000.190 |

27 Oberboden liefern und einbauen, bis 30cm — KG 571
Oberboden frei von keimfähigen Samen und Schadstoffen, liefern und profilgerecht einbauen.
Auftragsdicke: bis 30 cm
Ebenflächigkeit unter der 4-m Latte: ±3 cm
Abrechnung nach Lieferschein

| 22€ | 25€ | 27€ | 30€ | 37€ | [m³] | ⏱ 0,19 h/m³ | 003.000.188 |

28 Überschüssigen Boden laden, entsorgen — KG 512
Überschüssigen Boden laden, abfahren und entsorgen, inkl. Deponiegebühren.
Abrechnung nach Nachweis
Bodengruppe: .....

| 9€ | 11€ | 12€ | 13€ | 17€ | [m³] | ⏱ 0,15 h/m³ | 080.000.028 |

29 Bodenmaterial entsorgen, GK 1 — KG 512
Unterboden profilgerecht abtragen, laden, abfahren und einer Wiederverwertung zuführen. Abrechnung nach Abtragsprofilen.
Unterboden: unbelastet
Homogenbereich 1, Baumaßnahme der Geotechnischen Kategorie 1 DIN 4020
Homogenbereich 1 oben: ..... m
Homogenbereich 1 unten: 0,25 m
Bodengruppen DIN 18196: .....
Massenanteile der Steine DIN EN ISO 14688-1: über ..... bis ..... %
Massenanteile der Blöcke DIN EN ISO 14688-1: über ..... bis ..... %
Konsistenz DIN EN ISO 14688-1: .....
Lagerungsdichte: .....
Abtragsdicke: bis 0,25 m
Förderweg: bis ..... m

| 8€ | 11€ | 14€ | 15€ | 18€ | [m³] | ⏱ 0,20 h/m³ | 003.000.155 |

30 Auffüllmaterial liefern, einbauen — KG 311
Auffüllmaterial liefern und profilgerecht einbauen und verdichten.
Material: grobkörniger Boden

| 16€ | 21€ | 23€ | 25€ | 31€ | [m³] | ⏱ 0,16 h/m³ | 003.000.084 |

© BKI Bauksteninformationszentrum; Erläuterungen zu den Tabellen siehe Seite 46
Mustertexte geprüft: Deutsche Gesellschaft für Garten- und Landschaftskultur e.V.

Kostenstand: 1.Quartal 2018, Bundesdurchschnitt

Nr.	Kurztext / Langtext							Kostengruppe
▶	▷	ø netto €	◁	◀	[Einheit]	Ausf.-Dauer	Positionsnummer	

31 Füllboden liefern, einbauen — KG **311**

Erdwälle mit zu lieferndem Füllboden herstellen. Material verdichtungsfähig, unbelastet und für Bepflanzung geeignet. Grobplanie und Gefällemodellierung.
Böschungen: bis 60 °
Böschungshöhe: bis 3,00 m

| 11€ | 14€ | **16**€ | 17€ | 20€ | [m³] | ⌚ 0,12 h/m³ | 003.000.154 |

32 Verdichtung Baugrube — KG **311**

Gründungssohle in Baugrube abrütteln und verdichten. Beschreibung der Homogenbereiche nach Unterlagen des AG.
Abweichung der Sollhöhe: ±2,0 cm
Verdichtungsgrad: DPr 97%
Verformungsmodul EV: 45 MN/m²

| 0,5€ | 1,1€ | **1,3**€ | 1,7€ | 2,7€ | [m²] | ⌚ 0,02 h/m² | 003.000.092 |

33 Aufwuchs entfernen — KG **214**

Aufwuchs, Gräser und Kräuter mähen und Schnittgut entsorgen.
Wuchshöhe: bis 70 cm

| 0,8€ | 1,1€ | **1,3**€ | 1,8€ | 2,7€ | [m²] | ⌚ 0,02 h/m² | 003.000.005 |

A 2 Rohrgrabenaushub, GK1, lagern — Beschreibung für Pos. **34-35**

Boden für Rohrgraben, inkl. erforderliche Sicherung / Verbau des Grabens, profilgerecht lösen und auf Baustelle zwischenlagern. Die Wiederverwendung oder Entsorgung des Aushubs wird gesondert vergütet. Baumaßnahme der Geotechnischen Kategorie 1 DIN 4020.

34 Rohrgrabenaushub, GK1, Tiefe bis 1,0m, lagern — KG **311**

Wie Ausführungsbeschreibung A 2
Grabenbreite: 30-100 cm
Aushubtiefe: bis 1,00 m
Förderweg: bis ..... m
Homogenbereich 1
Homogenbereich 1 oben: 0 m
Homogenbereich 1 unten: 1,00 m
Anzahl der Bodengruppen: ..... St
Bodengruppen DIN 18196: .....
Massenanteile der Steine DIN EN ISO 14688-1: über ..... bis ..... %
Massenanteile der Blöcke DIN EN ISO 14688-1: über ..... bis ..... %
Konsistenz DIN EN ISO 14688-1: von ..... bis .....
Lagerungsdichte: ..... von ..... bis .....

| 17€ | 21€ | **23**€ | 25€ | 30€ | [m³] | ⌚ 0,30 h/m³ | 003.000.157 |

003
004
080

LB 003 Landschaftsbauarbeiten

Kosten: Stand 1.Quartal 2018 Bundesdurchschnitt

Nr.	Kurztext / Langtext					[Einheit]	Ausf.-Dauer	Kostengruppe Positionsnummer
▶	▷	ø netto €	◁	◀				

35 Rohrgrabenaushub, GK1, Tiefe bis 3,0m, lagern — KG 311

Wie Ausführungsbeschreibung A 2
Grabenbreite: 30-100 cm
Aushubtiefe: bis 3,00 m
Förderweg: bis ..... m
Homogenbereich 1
Homogenbereich 1 oben: 0 m
Homogenbereich 1 unten: 3,00 m
Anzahl der Bodengruppen: ..... St
Bodengruppen DIN 18196: .....
Massenanteile der Steine DIN EN ISO 14688-1: über ..... bis ..... %
Massenanteile der Blöcke DIN EN ISO 14688-1: über ..... bis ..... %
Konsistenz DIN EN ISO 14688-1: von ..... bis .....
Lagerungsdichte: ..... von ..... bis .....

| 27 € | 32 € | **34** € | 37 € | 43 € | [m³] | ⏱ 0,35 h/m³ | 003.000.201 |

36 Streifenfundamentaushub, bis 1,25m, lagern, GK1 — KG 322

Aushub Streifenfundament, Boden maschinell lösen, laden, fördern und auf Baustelle lagern, für Wiedereinbau; Fundamentsohle durch Handschachtung planieren.
Gesamtbreite: ..... m
Gesamtlänge: ..... m
Gesamtabtragstiefe: bis 1,25 m
Förderweg: ..... m
Baumaßnahmen der Geotechnischen Kategorie 1 DIN 4020.
Homogenbereich: 1
Homogenbereich 1 oben: ..... m
Homogenbereich 1 unten: ..... m
Anzahl der Bodengruppen: ..... St
Bodengruppen DIN 18196: .....
Massenanteile der Steine DIN EN ISO 14688-1: über ..... % bis ..... %
Massenanteile der Blöcke DIN EN ISO 14688-1: über ..... % bis ..... %
Konsistenz DIN EN ISO 14688-1: .....
Lagerungsdichte: .....
Homogenbereiche lt.: .....
Mengenermittlung nach Aufmaß an der Entnahmestelle.

| 17 € | 24 € | **26** € | 29 € | 36 € | [m³] | ⏱ 0,35 h/m³ | 003.000.286 |

▶ min
▷ von
ø Mittel
◁ bis
◀ max

Nr.	Kurztext / Langtext							Kostengruppe
▶	▷	ø netto €	◁	◀	[Einheit]	Ausf.-Dauer	Positionsnummer

| 37 | Streifenfundamentaushub, bis 1,25m, entsorgen, GK1 | | | | | | | KG **322** |

Aushub für Streifenfundament, lösen, fördern, laden, Aushub mit LKW des AN zur Verwertungsanlage abfahren.
Gesamtbreite: ..... m
Gesamtlänge: ..... m
Gesamtabtragstiefe: bis 1,25 m
Förderweg: ..... m
Baumaßnahmen der Geotechnischen Kategorie 1 DIN 4020
Homogenbereich: 1
Homogenbereich 1 oben: ..... m
Homogenbereich 1 unten: ..... m
Anzahl der Bodengruppen: ..... St
Bodengruppen DIN 18196: .....
Massenanteile der Steine DIN EN ISO 14688-1: über ..... % bis ..... %
Massenanteile der Blöcke DIN EN ISO 14688-1: über ..... % bis ..... %
Konsistenz DIN EN ISO 14688-1: .....
Lagerungsdichte: .....
Homogenbereiche lt.: .....
Abrechnung: **nach Verdrängung / auf Nachweisrapport / Wiegescheine der Deponie**

| 20€ | 27€ | **29€** | 37€ | 41€ | [m³] | ⏱ 0,35 h/m³ | 003.000.287 |

| 38 | Handaushub, Zulage | | | | | | | KG **541** |

Handaushub als Zulage für Erd- und Oberbauarbeiten in Rohrgräben.
Tiefe: ..... cm
Breite: ..... cm
Bodengruppe: .....

| 34€ | 44€ | **49€** | 53€ | 59€ | [m³] | ⏱ 0,95 h/m³ | 003.000.028 |

| 39 | Pflanzgrube für Kleingehölz 20x20x20 | | | | | | | KG **571** |

Pflanzgrube für Kleingehölz ausheben und verdrängten Boden zu Gießrändern aufhäufeln oder seitlich einplanieren. Grubensohle bis zur Pflanzung sauber halten.
Grubensohle lockern: Tiefe bis 10 cm
Größe: 20 x 20 x 20 cm
Bodengruppe: .....

| 2€ | 2€ | **2€** | 3€ | 3€ | [St] | ⏱ 0,20 h/St | 003.000.207 |

| 40 | Pflanzgrube für Rankgehölz 50x50x50 | | | | | | | KG **571** |

Pflanzgrube für Kleingehölz ausheben und verdrängten Boden zu Gießrändern aufhäufeln oder seitlich einplanieren. Grubensohle bis zur Pflanzung sauber halten.
Grubensohle lockern: Tiefe bis 20 cm
Größe: 50 x 50 x 50 cm
Bodengruppe: .....

| 7€ | 8€ | **9€** | 9€ | 9€ | [St] | ⏱ 0,22 h/St | 003.000.209 |

003
004
080

LB 003 Landschaftsbauarbeiten

Kosten: Stand 1.Quartal 2018 Bundesdurchschnitt

Nr.	Kurztext / Langtext				[Einheit]	Ausf.-Dauer	Kostengruppe Positionsnummer
▶	▷	ø netto €	◁	◀			

A 3 Pflanzgrube Solitär
Beschreibung für Pos. **41-45**

Pflanzgrube für Solitärbaum, Großgehölz ausheben und verdrängten Boden zu Gießrändern aufhäufeln oder seitlich einplanieren, Grubensohle bis zur Pflanzung sauber halten.

41 Pflanzgrube für Solitärbaum 80x80x80 KG **571**
Wie Ausführungsbeschreibung A 3
Grubensohle lockern: Tiefe bis 20 cm
Größe: 80 x 80 x 80 cm
Bodengruppe: ……
11€   14€   **15€**   16€   18€   [St]   ⏱ 0,28 h/St   003.000.292

42 Pflanzgrube für Solitärbaum 100x100x100 KG **571**
Wie Ausführungsbeschreibung A 3
Grubensohle lockern: Tiefe bis 20 cm
Größe: 100 x 100 x 100 cm
Bodengruppe: ……
16€   20€   **22€**   27€   37€   [St]   ⏱ 0,32 h/St   003.000.162

43 Pflanzgrube für Solitärbaum 150x150x100 KG **571**
Wie Ausführungsbeschreibung A 3
Grubensohle lockern: Tiefe bis 20 cm
Größe: 150 x 150 x 100 cm
Bodengruppe: ……
20€   29€   **33€**   36€   41€   [St]   ⏱ 0,50 h/St   003.000.163

44 Pflanzgrube für Solitärbaum 200x200x100 KG **571**
Wie Ausführungsbeschreibung A 3
Grubensohle lockern: Tiefe bis 20 cm
Größe: 200 x 200 x 100 cm
Bodengruppe: ……
32€   37€   **39€**   41€   46€   [St]   ⏱ 0,80 h/St   003.000.164

45 Pflanzgrube für Solitärbaum 300x300x100 KG **571**
Wie Ausführungsbeschreibung A 3
Grubensohle lockern: Tiefe bis 20 cm
Größe: 300 x 300 x 100 cm
Bodengruppe: ……
45€   67€   **74€**   87€   107€   [St]   ⏱ 1,20 h/St   003.000.268

46 Pflanzgraben für Hecke herstellen KG **571**
Boden für Pflanzgraben lösen, laden und geordnet entsorgen, Grabensohle lockern.
Maße (B x T): 40 x 40 cm
Bodengruppe: ……
5€   6€   **7€**   7€   9€   [m]   ⏱ 0,20 h/m   003.000.211

▶ min
▷ von
ø Mittel
◁ bis
◀ max

Nr.	Kurztext / Langtext							Kostengruppe
▶	▷	ø netto €	◁	◀	[Einheit]	Ausf.-Dauer	Positionsnummer	

47 Vegetationsfläche, organische Düngung — KG 571
Düngung der Vegetationsfläche, organischen Dünger aufbringen und einarbeiten.
Zeitpunkt der Ausführung: Nach Pflanzung
Material: Kern-Blut-Knochenmehl
Menge: 50 g/m²
Angeb. Fabrikat: …..

| 0,3€ | 0,5€ | **0,5€** | 1,1€ | 2,0€ | [m²] | ⏱ 0,02 h/m² | 003.000.008 |

48 Bodenverbesserung, Komposterde — KG 571
Bodenverbesserung der Vegetationsfläche mit Komposterde. Stoff gleichmäßig aufbringen und einarbeiten.
Material: weitgehend verrottet
Einzelkorn: bis 5 cm
Menge: ….. L/m²

| 0,7€ | 1,3€ | **1,5€** | 2,1€ | 3,5€ | [m²] | ⏱ 0,01 h/m² | 003.000.009 |

49 Bodenverbesserung, Kiessand — KG 571
Bodenverbesserung der Vegetationsfläche mit Kiessand. Material gleichmäßig aufbringen und einarbeiten.
Körnung: 0/4
Menge: 20 kg/m²

| 0,8€ | 1,1€ | **1,3€** | 1,3€ | 1,5€ | [m²] | ⏱ 0,05 h/m² | 003.000.010 |

50 Bodenverbesserung, Rindenhumus — KG 571
Bodenverbesserung der Vegetationsfläche mit Rindenhumus. Material gleichmäßig aufbringen und einarbeiten.
Material: gütegesichert RAL-GZ250/1-3
Dicke: 5 cm

| 0,7€ | 1,2€ | **1,5€** | 1,8€ | 2,4€ | [m²] | ⏱ 0,05 h/m² | 003.000.011 |

51 Pflanzgrube verfüllen, Pflanzsubstrat — KG 574
Pflanzgrube mit Pflanzsubstrat verfüllen.
Erzeugnis: …..
Schichtdicke: bis 50 cm

| 13€ | 15€ | **16€** | 19€ | 23€ | [St] | ⏱ 0,07 h/St | 003.000.012 |

52 Pflanzgrube verfüllen, Baumsubstrat — KG 574
Pflanzgrube der Bäume mit Baumsubstrat verfüllen.
Substrat: Humus-Basis Mischung
Körnung: 0/16
Schichtdicke: 30 cm
Angeb. Fabrikat: …..

| 32€ | 37€ | **38€** | 40€ | 43€ | [St] | ⏱ 0,07 h/St | 003.000.016 |

53 Vegetationsflächen lockern, aufreißen — KG 572
Vegetationstragschicht kreuzweise lockern durch aufreißen. Steine, Unrat ab Durchmesser 5cm und schwerverrottbare Pflanzenteile ablesen, Unkraut ausgraben. Anfallende Stoffe entsorgen.
Tiefe: 30 cm
Bodengruppe: …..

| 0,3€ | 0,5€ | **0,5€** | 0,6€ | 1,0€ | [m²] | ⏱ 0,01 h/m² | 003.000.019 |

003
004
080

LB 003 Landschaftsbauarbeiten

Kosten:
Stand 1.Quartal 2018
Bundesdurchschnitt

Nr.	Kurztext / Langtext				[Einheit]	Ausf.-Dauer	Kostengruppe Positionsnummer
▶	▷	ø netto €	◁	◀			

54 Vegetationsflächen lockern, fräsen — KG 572
Vegetationsflächen kreuzweise lockern durch Fräsen. Steine, Unrat ab Durchmesser 5cm, schwerverrottbare Pflanzenteile ablesen und Unkraut ausgraben. Anfallende Stoffe sind zu entsorgen.
Tiefe: bis 15 cm
Bodengruppe: .....

| 0,4€ | 0,7€ | **0,8€** | 1,3€ | 1,9€ | [m²] | ⏱ 0,01 h/m² | 003.000.018 |

55 Tiefenlockerung, Boden — KG 572
Vegetationsflächen kreuzweise lockern durch grubben. Steine, Unrat ab Durchmesser 5cm und schwerverrottbare Pflanzenteile ablesen, Unkraut ausgraben. Anfallende Stoffe sind zu entsorgen.
Tiefe: 25 cm
Bodengruppe: .....

| 0,3€ | 0,4€ | **0,4€** | 0,4€ | 0,5€ | [m²] | ⏱ 0,01 h/m² | 003.000.015 |

56 Feinplanum, Rasenfläche — KG 575
Feinplanum für Rasenfläche. Steine, Unrat ab 3cm und schwerverrottbare Pflanzenteile ablesen, Unkraut ausgraben. Anfallende Stoffe sind zu entsorgen.
Abweichung der Ebenheit: ±3cm

| 0,6€ | 1,0€ | **1,1€** | 1,3€ | 1,8€ | [m²] | ⏱ 0,03 h/m² | 003.000.014 |

57 Mulchsubstrat liefern, einbauen — KG 574
Baumscheibe mit Rindenmulch bedecken. Stoffe gleichmäßig aufbringen und einarbeiten. Abrechnung in der Abwicklung.
Qualität: RAL-GZ 250/1-3
Körnung: 10/20
Schichtdicke: mind. 8 cm

| 2€ | 4€ | **4€** | 5€ | 7€ | [m²] | ⏱ 0,04 h/m² | 003.000.017 |

58 Baugrubensohle verfüllen — KG 311
Zwischengelagerten Boden laden, fördern, einbauen und verdichten. Zuordnungsklasse Z0 bis Z2. Boden lagert innerhalb der Baustelle. Der Transport und das Abkippen hat getrennt nach Ordnungsklassen zu erfolgen. Transportweg ca. 500m.

| 9€ | 10€ | **10€** | 11€ | 13€ | [m³] | ⏱ 0,22 h/m³ | 003.000.185 |

▶ min
▷ von
ø Mittel
◁ bis
◀ max

Nr.	Kurztext / Langtext							Kostengruppe
▶	▷	ø netto €	◁	◀	[Einheit]		Ausf.-Dauer	Positionsnummer

A 4 Maschendrahtzaun
Beschreibung für Pos. **59-61**

Maschendrahtzaun aus kunststoffummanteltem Viereckdrahtgeflecht mit Rundrohrpfosten, Abdeckkappen, End- und Eckstreben. Leistung einschl. Fundament- und Verspannarbeiten, einschl. Erdarbeiten.
(Beschreibung der Homogenbereiche nach Unterlagen des AG.)

59 Maschendrahtzaun, 1,00m KG **531**
Wie Ausführungsbeschreibung A 4
Anzahl Eckstreben: ..... St
Anzahl Endstreben: 4 St
Betonfundamente: C 12/15
Fundamentmaße: a ..... cm, b ..... cm, c ..... cm
Zaunhöhe: 1,00 m
Pfostendurchmesser: 60 mm
Farbe: grün
Maschenweite: ..... mm
Pfostenabstand: 2,50 m

| 17 € | 26 € | **30 €** | 37 € | 46 € | [m] | ⏱ 0,20 h/m | 003.000.170 |

60 Maschendrahtzaun, 1,50m KG **531**
Wie Ausführungsbeschreibung A 4
Anzahl Eckstreben: ..... St
Anzahl Endstreben: 4 St
Betonfundamente: C 12/15
Fundamentmaße: a ..... cm, b ..... cm, c ..... cm
Zaunhöhe: 1,50 m
Pfostendurchmesser: 60 mm
Farbe: grün
Maschenweite: ..... mm
Pfostenabstand: 2,50 m

| 27 € | 42 € | **46 €** | 50 € | 69 € | [m] | ⏱ 0,22 h/m | 003.000.172 |

61 Maschendrahtzaun, 2,00m KG **531**
Wie Ausführungsbeschreibung A 4
Anzahl Eckstreben: ..... St
Anzahl Endstreben: 4 St
Betonfundamente: C 12/15
Fundamentmaße: a ..... cm, b ..... cm, c ..... cm
Zaunhöhe: 2,00 m
Pfostendurchmesser: 60 mm
Farbe: grün
Maschenweite: ..... mm
Pfostenabstand: 2,50 m

| 29 € | 38 € | **44 €** | 59 € | 77 € | [m] | ⏱ 0,30 h/m | 003.000.174 |

003
004
080

LB 003 Landschaftsbauarbeiten

Nr.	Kurztext / Langtext					Kostengruppe
▶	▷ ø netto € ◁ ◀				[Einheit]	Ausf.-Dauer Positionsnummer

A 5 Stabgitterzaun, Beschreibung für Pos. **62-65**

Stabgitterzaun aus Doppelstabmatte und waagrechten Doppelstäben, an den Kreuzpunkten im Rechteckverbund doppelt verschweißt. Pfosten aus feuerverzinktem, profiliertem Stahlblech mit PVC-U Abdeckkappen. Leistung inkl. Erd- und Fundamentarbeiten. (Beschreibung der Homogenbereiche nach Unterlagen des AG.)

62 Stabgitterzaun, 0,80m KG **531**
Wie Ausführungsbeschreibung A 5
Fundamentmaße: a ..... cm, b ..... cm, c ..... cm
Zaunhöhe: 0,80 m
Feldlänge: 2,50 m
Pfostenquerschnitt: 60 x 40 x 2 mm
Füllung: senkrecht 6 mm, waagrecht 8 mm
Maschenweite: 50 x 200 mm
Oberfläche: verzinkt
Angeb. Fabrikat: .....

25 €   43 €   **48** €   51 €   70 €   [m]   ⏱ 0,30 h/m   003.000.177

63 Stabgitterzaun, 1,20m KG **531**
Wie Ausführungsbeschreibung A 5
Fundamentmaße: a ..... cm, b ..... cm, c ..... cm
Zaunhöhe: 1,20 m
Feldlänge: 2,50 m
Pfostenquerschnitt: 60 x 40 x 2 mm
Füllung: senkrecht 6 mm, waagrecht 8 mm
Maschenweite: 50 x 200 mm
Oberfläche: verzinkt
Angeb. Fabrikat: .....

30 €   45 €   **50** €   59 €   78 €   [m]   ⏱ 0,32 h/m   003.000.179

64 Stabgitterzaun, 1,40m KG **531**
Wie Ausführungsbeschreibung A 5
Fundamentmaße: a ..... cm, b ..... cm, c ..... cm
Zaunhöhe: 1,40 m
Feldlänge: 2,50 m
Pfostenquerschnitt: 60 x 40 x 2 mm
Füllung: senkrecht 6 mm, waagrecht 8 mm
Maschenweite: 50 x 200 mm
Oberfläche: verzinkt
Angeb. Fabrikat: .....

34 €   51 €   **54** €   64 €   84 €   [m]   ⏱ 0,34 h/m   003.000.180

Kosten: Stand 1.Quartal 2018 Bundesdurchschnitt

▶ min
▷ von
ø Mittel
◁ bis
◀ max

Nr.	Kurztext / Langtext				[Einheit]	Ausf.-Dauer	Kostengruppe Positionsnummer
▶	▷ ø netto € ◁ ◀						

65 Stabgitterzaun, 2,00m — KG 531

Wie Ausführungsbeschreibung A 5
Fundamentmaße: a ..... cm, b ..... cm, c ..... cm
Zaunhöhe: 2,00 m
Feldlänge: 2,50 m
Pfostenquerschnitt: 60 x 40 x 2 mm
Füllung: senkrecht 6 mm, waagrecht 8 mm
Maschenweite: 50 x 200 mm
Oberfläche: verzinkt
Angeb. Fabrikat: .....

| 46€ | 56€ | **67**€ | 78€ | 106€ | [m] | ⏱ 0,38 h/m | 003.000.183 |

66 Drehflügeltor, einflüglig, lichte Weite 1,1m, H 1,2m — KG 531

Drehflügeltor für Stabgitterzaun, 1-flüglig, feuerverzinkt, mit Drückergarnitur, beidseitig fest, aus nichtrostendem Stahl, gebürstet.
lichte Weite: 1,10 m
Höhe 1,20 m
Gesamtpfostenlänge: 1,70 m
Pulverbeschichtung: Farbe RAL nach Wahl des AG
Betonfundamente: C20/25

| 688€ | 859€ | **977**€ | 1.218€ | 1.490€ | [St] | ⏱ 1,50 h/St | 003.000.296 |

67 Drehflügeltor, einflüglig, lichte Weite 1,5m, H 1,2m — KG 531

Drehflügeltor für Stabgitterzaun, 1-flüglig, feuerverzinkt, mit Drückergarnitur, beidseitig fest, aus nichtrostendem Stahl, gebürstet.
lichte Weite: 1,50 m
Höhe: 1,20 m
Gesamtpfostenlänge: 1,70 m
Pulverbeschichtung: Farbe RAL nach Wahl des AG
Betonfundamente: C20/25

| 688€ | 1.044€ | **1.121**€ | 1.636€ | 2.194€ | [St] | ⏱ 1,50 h/St | 003.000.298 |

68 Drehflügeltor, zweiflüglig, lichte Weite 2,5m, H 1,2m — KG 531

Drehflügeltor für Stabgitterzaun, 2-flüglig, feuerverzinkt, mit Drückergarnitur, beidseitig fest, aus nichtrostendem Stahl, gebürstet.
lichte Weite: 2,50 m
Höhe: 1,20 m
Gesamtpfostenlänge: 1,70 m
Pulverbeschichtung: Farbe RAL nach Wahl des AG
Betonfundamente: C20/25

| 1.490€ | 1.783€ | **1.807**€ | 1.846€ | 2.139€ | [St] | ⏱ 1,50 h/St | 003.000.299 |

LB 003 Landschaftsbauarbeiten

Nr.	Kurztext / Langtext							Kostengruppe
▶	▷	ø netto €	◁	◀		[Einheit]	Ausf.-Dauer	Positionsnummer

69 Drehflügeltor, zweiflüglig, lichte Weite 4,0m, H 1,2m — KG **531**

Drehflügeltor für Stabgitterzaun, 2-flüglig, feuerverzinkt, mit Drückergarnitur, beidseitig fest, aus nichtrostendem Stahl, gebürstet.
lichte Weite 4,00 m
Höhe 1,20 m
Gesamtpfostenlänge: 1,70 m
Pulverbeschichtung: Farbe RAL nach Wahl des AG
Betonfundamente: C20/25

| 289€ | 931€ | **1.426€** | 1.646€ | 2.151€ | | [St] | ⏱ 1,50 h/St | 003.000.301 |

A 6 Abwasserleitung, PVC-Rohre — Beschreibung für Pos. **70-72**

Abwasserleitung aus PVC-Rohren mit Anschluss an Kanal. Beim Herstellen des neuen Entwässerungskanals ist die Überleitung Zug um Zug auszubauen und zu beseitigen.

70 Abwasserleitung, PVC-Rohre, DN100 — KG **541**

Wie Ausführungsbeschreibung A 6
Nenngröße: DN100
Steifigkeitsklasse: SN ..... kN/m²
Grabentiefe: ..... m
Angeb. Fabrikat: .....

| 14€ | 18€ | **20€** | 21€ | 24€ | | [m] | ⏱ 0,25 h/m | 003.000.030 |

71 Abwasserleitung, PVC-Rohre, DN150 — KG **541**

Wie Ausführungsbeschreibung A 6
Nenngröße: DN150
Steifigkeitsklasse: SN ..... kN/m²
Grabentiefe: ..... m
Angeb. Fabrikat: .....

| 22€ | 26€ | **28€** | 30€ | 33€ | | [m] | ⏱ 0,28 h/m | 003.000.032 |

72 Abwasserleitung, PVC-Rohre, DN250 — KG **541**

Wie Ausführungsbeschreibung A 6
Nenngröße: DN250
Steifigkeitsklasse: SN ..... kN/m²
Grabentiefe: ..... m
Angeb. Fabrikat: .....

| 30€ | 41€ | **47€** | 57€ | 78€ | | [m] | ⏱ 0,38 h/m | 003.000.034 |

Kosten:
Stand 1.Quartal 2018
Bundesdurchschnitt

▶ min
▷ von
ø Mittel
◁ bis
◀ max

Nr.	Kurztext / Langtext				[Einheit]	Ausf.-Dauer	Kostengruppe Positionsnummer
▶	▷ ø netto €	◁	◀				

A 7 Formstück, PVC-Rohrbogen — Beschreibung für Pos. 73-74
Form- und Verbindungsstücke aus PVC-U-Rohren mit Steckmuffe und Dichtungsmittel.
Formteil: Bogen

73 Formstück, PVC-Rohrbogen, DN100 — KG 541
Wie Ausführungsbeschreibung A 7
Bogenwinkel: **15° / 30° / 40° / 87°**
Nennweite: DN100
Steifigkeitsklasse: SN ..... kN/m²
Angeb. Fabrikat: .....

| 7€ | 10€ | **11€** | 12€ | 15€ | [St] | 0,23 h/St | 003.000.097 |

74 Formstück, PVC-Rohrbogen, DN250 — KG 541
Wie Ausführungsbeschreibung A 7
Bogenwinkel: **15° / 30° / 40° / 87°**
Nennweite: DN250
Steifigkeitsklasse: SN ..... kN/m²
Angeb. Fabrikat: .....

| 16€ | 21€ | **22€** | 24€ | 27€ | [St] | 0,33 h/St | 003.000.206 |

A 8 Abwasserkanal, Steinzeugrohre — Beschreibung für Pos. 75-77
Abwasserkanal aus Steinzeugrohren, Rohrverbindung mit Steckmuffe L nach Verbindungssystem F, inkl. Formstücke. Verlegung in vorhandenen Graben.

75 Abwasserkanal, Steinzeugrohre, DN100 — KG 541
Wie Ausführungsbeschreibung A 8
Nenngröße: DN100
Scheiteldruckkraft: .....
Grabentiefe: ..... m
Angeb. Fabrikat: .....

| 24€ | 29€ | **31€** | 33€ | 38€ | [m] | 0,30 h/m | 003.000.041 |

76 Abwasserkanal, Steinzeugrohre, DN150 — KG 541
Wie Ausführungsbeschreibung A 8
Nenngröße: DN150
Scheiteldruckkraft: .....
Grabentiefe: ..... m
Angeb. Fabrikat: .....

| 28€ | 36€ | **38€** | 43€ | 53€ | [m] | 0,40 h/m | 003.000.042 |

77 Abwasserkanal, Steinzeugrohre, DN300 — KG 541
Wie Ausführungsbeschreibung A 8
Nenngröße: DN300
Scheiteldruckkraft: .....
Grabentiefe: ..... m
Angeb. Fabrikat: .....

| 57€ | 69€ | **72€** | 76€ | 85€ | [m] | 0,80 h/m | 003.000.043 |

003
004
080

**LB 003
Landschafts-
bauarbeiten**

Nr.	Kurztext / Langtext						Kostengruppe
▶	▷	ø netto €	◁	◀	[Einheit]	Ausf.-Dauer	Positionsnummer

| 78 | Höhenausgleich, Schachtabdeckung, bis 30cm | | | | | | KG **541** |

Höhenanpassung der Schachtabdeckung des Dränkontrollschachts. Leistung einschl. Anpassungsarbeiten und Entsorgung des verdrängten Bodens.
Höhenausgleich: bis 30 cm

| 46 € | 61 € | **66** € | 72 € | 83 € | [St] | ⏱ 1,10 h/St | 003.000.035 |

| 79 | Schachtabdeckung, Klasse D, Guss | | | | | | KG **541** |

Befahrbare Schachtabdeckung mit Deckel aus Gusseisen und Betonfüllung sowie Lüftungsöffnungen.
Durchmesser: .....
Belastungsklasse: D
Angeb. Fabrikat: .....

| 151 € | 209 € | **228** € | 267 € | 367 € | [St] | ⏱ 1,40 h/St | 003.000.055 |

| 80 | Schachtabdeckung, Klasse B, Guss | | | | | | KG **541** |

Befahrbare Schachtabdeckung mit Deckel aus Gusseisen und Betonfüllung sowie Lüftungsöffnungen.
Durchmesser: .....
Belastungsklasse: B
Angeb. Fabrikat: .....

| 130 € | 167 € | **177** € | 210 € | 285 € | [St] | ⏱ 1,20 h/St | 003.000.054 |

| 81 | Schachtabdeckung, Klasse A, Guss | | | | | | KG **541** |

Befahrbare Schachtabdeckung mit Deckel aus Gusseisen und Betonfüllung sowie Lüftungsöffnungen.
Durchmesser: .....
Belastungsklasse: A
Angeb. Fabrikat: .....

| 124 € | 156 € | **156** € | 158 € | 190 € | [St] | ⏱ 1,10 h/St | 003.000.053 |

| 82 | Kontrollschacht, Stahlbeton, DN1.000 | | | | | | KG **541** |

Kontrollschacht mit Fertigteilen aus Stahlbeton einschl. Schachtsohle, Steigrohr und Schachtabdeckung in vorhandene Baugrube.
Durchmesser: DN1.000
Schachttiefe: ..... m
Steigmaß: ..... mm
Angeb. Fabrikat: .....

| 982 € | 1.050 € | **1.089** € | 1.127 € | 1.236 € | [St] | ⏱ 1,20 h/St | 003.000.056 |

| 83 | Schachthals, DN1.000/625, 0,35m, Betonfertigteil | | | | | | KG **541** |

Schachthals aus Betonfertigteil mit Muffe und Lippengleitdichtung, inkl. Steigbügel.
Bauhöhe: 35 cm
Durchmesser: DN1.000/625
Steigbügel: Edelstahl, PE-ummantelt
Form: A
Steigmaß: 250 mm
Angeb. Fabrikat: .....

| 84 € | 136 € | **162** € | 198 € | 252 € | [St] | ⏱ 1,80 h/St | 003.000.213 |

Kosten:
Stand 1.Quartal 2018
Bundesdurchschnitt

▶ min
▷ von
ø Mittel
◁ bis
◀ max

Nr.	Kurztext / Langtext							Kostengruppe
▶	▷	ø **netto** €	◁	◀	[Einheit]	Ausf.-Dauer	Positionsnummer	

84 Schachthals, DN1.000/650, 0,60m, Betonfertigteil KG **541**
Schachthals aus Betonfertigteil mit Muffe und Lippengleitdichtung, inkl. Steigbügel.
Bauhöhe: 0,60 m
Durchmesser: DN1.000/650
Steigbügel: Edelstahl, PE-ummantelt
Form: A
Steigmaß: 250 mm
Angeb. Fabrikat: .....

| 110€ | 158€ | **182**€ | 222€ | 300€ | [St] | ⏱ 1,90 h/St | 003.000.214 |

85 Schachtring, Beton, DN1.000, 0,25m KG **541**
Schachterhöhung aus Betonfertigteil mit Falz, inkl. Steigeisen.
Bauhöhe: 25 cm
Durchmesser: DN1.000
Steigbügel Form: .....
Steigmaß: 250 mm
Angeb. Fabrikat: .....

| 58€ | 73€ | **83**€ | 93€ | 114€ | [St] | ⏱ 0,65 h/St | 003.000.051 |

86 Schachtring, Beton, DN1.000, 0,50m KG **541**
Schachterhöhung aus Betonfertigteil mit Falz, inkl. Steigeisen.
Bauhöhe: 500 cm
Durchmesser: DN1.000
Form: .....
Steigmaß: 250 mm
Angeb. Fabrikat: .....

| 61€ | 80€ | **87**€ | 97€ | 118€ | [St] | ⏱ 0,70 h/St | 003.000.052 |

87 Straßenablauf, Beton, C250 KG **541**
Straßenablauf aus Beton mit Auflagering, Schaft, Ablaufunterteil mit Steckmuffe L, Eimer verzinkt. Leistung einschl. Anschlussarbeiten.
Nennweite: DN150
Belastungsklasse: C250
Abmessungen: 500 x 500 mm
Angeb. Fabrikat: .....

| 220€ | 272€ | **291**€ | 308€ | 340€ | [St] | ⏱ 1,80 h/St | 003.000.036 |

88 Hofablauf, Beton KG **541**
Hofablauf aus Beton ohne Geruchsverschluss und mit Schaft mit Trockennocken, Auflagering, Aufsatz mit Rahmen und Rost, Eimer verzinkt. Leistung einschl. Anschlussarbeiten.
Nennweite: DN150
Durchmesser: 30 cm
Belastungsklasse: B150
Angeb. Fabrikat: .....

| 155€ | 175€ | **182**€ | 205€ | 235€ | [St] | ⏱ 1,90 h/St | 003.000.037 |

LB 003 Landschaftsbauarbeiten

Kosten:
Stand 1.Quartal 2018
Bundesdurchschnitt

Nr.	Kurztext / Langtext					[Einheit]	Ausf.-Dauer	Kostengruppe Positionsnummer
▶	▷	ø netto €	◁	◀				

89 Hofablauf, Beton, Geruchsverschluss KG **541**
Hofablauf aus Beton mit Geruchsverschluss und Schaft mit Trockennocken, Auflagering, Aufsatz mit Rahmen und Rost, Eimer verzinkt. Leistung einschl. Anschlussarbeiten.
Nennweite: DN150
Durchmesser: 30 cm
Belastungsklasse: B150
Angeb. Fabrikat: .....
172 €   200 €   **214** €   232 €   270 €   [St]   ⏱ 1,92 h/St   003.000.038

90 Hofablauf, Beton, Gusszarge, Geruchsverschluss KG **541**
Hofablauf aus Beton mit Geruchsverschluss und Gusszarge, einliegendem Maschenrost Stahl verzinkt, PP-Eimer. Leistung einschl. Anschlussarbeiten.
Nennweite: DN150
Durchmesser: 30 cm
Rostabmessung: 31 x 17 cm
Belastungsklasse: .....
Angeb. Fabrikat: .....
183 €   216 €   **238** €   250 €   275 €   [St]   ⏱ 2,00 h/St   003.000.039

91 Hofablauf, PVC, Geruchsverschluss KG **541**
Hofablauf aus PVC mit Geruchsverschluss und Rückstaueinrichtung und Eimer. Leistung einschl. Anschlussarbeiten.
Nennweite: DN150
Durchmesser: ..... cm
Belastungsklasse: .....
Angeb. Fabrikat: .....
214 €   248 €   **265** €   299 €   341 €   [St]   ⏱ 1,00 h/St   003.000.040

92 Fassadenschlitzrinne, SW 3mm KG **541**
Schlitzrinne zur Entwässerung vor Fassaden.
Unterteil: **perforiertem / geschlossenem**
Bauhöhe: 170 mm
Schlitzweite: 20 mm
Belastungsklasse: .....
Bettungsdicke: ..... cm
Angeb. Fabrikat: .....
133 €   161 €   **171** €   189 €   238 €   [m]   ⏱ 0,42 h/m   003.000.044

▶ min
▷ von
ø Mittel
◁ bis
◀ max

Nr.	Kurztext / Langtext					Kostengruppe		
▶	▷ ø netto € ◁ ◀				[Einheit]	Ausf.-Dauer	Positionsnummer	

93 Fassaden-Flachrinne, DN100 KG **541**

Flachrinne zur Entwässerung vor Fassaden mit Maschenrostabdeckung verzinkt, inkl. Formstücke und Anschlussarbeiten. Rinne mit bituminösen Abdichtung auf der Bodenplatte.
Nennweite: DN100
Belastungsklasse: A 15
Bauhöhe: 150 mm
Baulänge: 1,00 m
Bettungsdicke: ..... cm
Schlitzweite: ..... mm
Angeb. Fabrikat: .....

| 104€ | 117€ | **124€** | 134€ | 154€ | [m] | ⏱ 0,42 h/m | 003.000.046 |

94 Entwässerungsrinne, Polymerbeton KG **541**

Entwässerungsrinne im Außenbereich aus Polymerbeton mit Kantenschutz aus verzinktem Stahl, schraubloser Arretierung, Rinnensohle mit 0,5% Eigengefälle und Gitterrostabdeckung.
Belastungsklasse: .....
Nenngröße: .....
Baulänge: ..... cm
Bauhöhe: ..... cm
Bettungsdicke: ..... cm
Abgang: .....
Angeb. Fabrikat: .....

| 197€ | 225€ | **237€** | 284€ | 359€ | [St] | ⏱ 0,46 h/St | 003.000.045 |

95 Entwässerungsrinne, Kl. A, Beton/Gussabdeckung KG **541**

Entwässerungsrinne im Außenbereich als Kastenrinne aus Betonfertigteilen, Brückenklasse 60, mit Abdeckung aus Gusseisen, Rinnensohle mit 0,3 bis 0,5% Eigengefälle. Rinnenversetzung in Beton C8/10 mit beidseitiger Rückenstütze.
Belastungsklasse: A
Nenngröße: .....
Baulänge: ..... cm
Bauhöhe: ..... cm
Bettungsdicke: 10 cm
Rückenstütze: 15 cm
Angeb. Fabrikat: .....

| 55€ | 80€ | **94€** | 115€ | 156€ | [m] | ⏱ 0,46 h/m | 003.000.047 |

96 Entwässerungsrinne, Kl. B, Beton/Gussabdeckung KG **541**

Entwässerungsrinne im Außenbereich als Kastenrinne aus Betonfertigteil, Brückenklasse 60, mit Abdeckung aus Gusseisen, Rinnensohle mit 0,3 bis 0,5% Eigengefälle inkl. Formstücke. Rinnenversetzung in Beton C8/10 mit beidseitiger Rückenstütze.
Belastungsklasse: B
Nenngröße: .....
Baulänge: ..... cm
Bauhöhe: ..... cm
Bettungsdicke: 10 cm
Rückenstütze: 15 cm
Angeb. Fabrikat: .....

| 75€ | 83€ | **86€** | 92€ | 101€ | [m] | ⏱ 0,46 h/m | 003.000.048 |

003
004
080

© BKI Baukosteninformationszentrum; Erläuterungen zu den Tabellen siehe Seite 46
Mustertexte geprüft: Deutsche Gesellschaft für Garten- und Landschaftskultur e.V.

Kostenstand: 1.Quartal 2018, Bundesdurchschnitt

LB 003 Landschaftsbauarbeiten

Kosten:
Stand 1.Quartal 2018
Bundesdurchschnitt

▶ min
▷ von
ø Mittel
◁ bis
◀ max

Nr.	Kurztext / Langtext					[Einheit]	Ausf.-Dauer	Kostengruppe Positionsnummer
▶	▷	ø netto €	◁	◀				

97 Entwässerungsrinne, Kl. C, Beton/Gussabdeckung KG **541**

Entwässerungsrinne im Außenbereich als Kastenrinne aus Betonfertigteile, Brückenklasse 60, mit Abdeckung aus Gusseisen, Rinnensohle mit 0,3 bis 0,5% Eigengefälle einschl. Formstücke. Rinnenversetzung in Beton C8/10 mit beidseitiger Rückenstütze.
Klasse: C
Nenngröße: ..... cm
Baulänge: ..... cm
Bauhöhe: ..... cm
Bettungsdicke: 10 cm
Rückenstütze: 15 cm
Angeb. Fabrikat: .....

109 €   126 €   **137** €   147 €   169 €   [m]   ⏱ 0,46 h/m   003.000.049

98 Entwässerungsrinne, Fassade/Terrasse KG **363**

Entwässerungsrinne mit rollstuhlbefahrbarer Abdeckung und beidseitig integrierter Kiesleiste.
Material: .....
Nennweite: .....
Belastungsklasse: .....
Bauhöhe: ..... cm
Baulänge: ..... m
Abdeckung: .....
Schlitzweite: ..... mm
Angeb. Fabrikat: .....

67 €   90 €   **98** €   109 €   139 €   [m]   ⏱ 0,48 h/m   003.000.070

99 Entwässerungsrinne, rollstuhlbefahrbar, Klasse A, DN100 KG **541**

Entwässerungsrinne für Niederschlagswasser vor rollstuhlbefahrbaren Hauszugängen.
Belastungsklasse: A
Nenngröße: 100
Mindesttiefe: 150 mm
Bettung: C12/15
OK Rinnenabdeckung 2 cm unter OKFF

75 €   103 €   **109** €   123 €   132 €   [m]   ⏱ 0,45 h/m   003.000.270

100 Abdeckung, Entwässerungsrinne, Guss, D400 KG **541**

Abdeckung für Entwässerungsrinne aus Gusseisen, nach DIN 32984 für Bodenindikatoren im öffentlichen Raum, schraublos arretiert. Passend zu System.
Nennweite: DN200
Klasse: A15 bis D400
Profilstruktur: Leitstreifen / Aufmerksamkeitsfeld
Angeb. Fabrikat: .....

59 €   80 €   **90** €   100 €   117 €   [St]   ⏱ 0,18 h/St   003.000.273

Nr.	Kurztext / Langtext							Kostengruppe
▶	▷	ø netto €	◁	◀	[Einheit]	Ausf.-Dauer	Positionsnummer	

101 Abdeckung, Entwässerungsrinne, Schlitzaufsatz KG **541**
Abdeckung für Entwässerungsrinne aus Stahlguss, schraublos arretiert.
Nennweite: .....
Klasse: .....
Ausführung: als Schlitzaufsatz
Schlitzbreite: .....
Angeb. Fabrikat: .....
58 €   71 €   **83** €   87 €   100 €   [m]   ⏱ 0,15 h/m   003.000.278

102 Sinkkasten, Anschluss zweiseitig KG **541**
Sinkkasten für Regenwasser, mit zweiseitigem Anschluss an Entwässerungsrinne.
Nennweite: .....
Belastungsklasse: .....
Angeb. Fabrikat: .....
128 €   170 €   **189** €   199 €   225 €   [St]   ⏱ 0,42 h/St   003.000.058

103 Ablaufkasten, Polymerbeton KG **541**
Ablaufkasten aus Polymerbeton mit Kantenschutz, Lippenlabyrinthdichtung und Schlammeimer.
Nennweite: DN100 / DN150
Belastungsklasse: .....
Angeb. Fabrikat: .....
157 €   178 €   **188** €   200 €   229 €   [St]   ⏱ 0,45 h/St   003.000.057

104 Ablaufkasten, Klasse A, DN100 KG **541**
Ablaufkasten zu Entwässerungsrinne für Fußgänger- und Radfahrerverkehr, inkl. Anschluss an Abwasserleitung an KG-Rohr DN100.
Belastungsklasse: A
Nenngröße: 100
Mindesttiefe: 150 mm
Bettung: C12/15
125 €   152 €   **162** €   189 €   201 €   [St]   ⏱ 0,40 h/St   003.000.269

105 Regenwasserzisterne KG **542**
Regenwasserspeicher für Erdeinbau in vorbereitete Baugrube, inkl. Konus, Schachtabdeckung, aller Auslauf- und Zulaufmuffen.
Material: .....
Abmessung (L x B x H): ..... x ..... x ..... m
Volumen: ..... m³
Einbautiefe: ..... m
2.431 €   3.221 €   **3.522** €   3.961 €   4.887 €   [St]   ⏱ 1,80 h/St   003.000.142

003
004
080

LB 003 Landschaftsbauarbeiten

Kosten: Stand 1.Quartal 2018 Bundesdurchschnitt

Nr.	Kurztext / Langtext				[Einheit]	Ausf.-Dauer	Kostengruppe Positionsnummer
▶	▷ ø netto €	◁	◀				

A 9 — Regenwasserkanal, PVC-U-Rohre, DN100
Beschreibung für Pos. **106-108**

Regenwasserkanal aus PVC-U Rohren mit Formstücken in vorhandenen Graben, einschl. Anschluss- und Dichtungsarbeiten.

106 — Regenwasserkanal, PVC-U-Rohre, DN100 — KG 541
Wie Ausführungsbeschreibung A 9
Nenngröße: DN100
Steifigkeitsklasse: .....
Grabentiefe: ..... m
Überdeckungshöhe: ..... cm
Angeb. Fabrikat: .....

| 10€ | 15€ | **17€** | 19€ | 22€ | [m] | ⏱ 0,35 h/m | 003.000.144 |

107 — Regenwasserkanal, PVC-U-Rohre, DN150 — KG 541
Wie Ausführungsbeschreibung A 9
Nenngröße: DN150
Steifigkeitsklasse: .....
Grabentiefe: ..... m
Überdeckungshöhe: ..... cm
Angeb. Fabrikat: .....

| 15€ | 21€ | **25€** | 27€ | 32€ | [m] | ⏱ 0,46 h/m | 003.000.145 |

108 — Regenwasserkanal, PVC-U-Rohre, DN200 — KG 541
Wie Ausführungsbeschreibung A 9
Nenngröße: DN200
Steifigkeitsklasse: .....
Grabentiefe: ..... m
Überdeckungshöhe: ..... cm
Angeb. Fabrikat: .....

| 17€ | 22€ | **24€** | 29€ | 36€ | [m] | ⏱ 0,48 h/m | 003.000.212 |

109 — Versickerungsmulden herstellen — KG 541
Versickerungsmulde herstellen, der Erdaushub für Geländemodelierung ist mit einzurechnen. Überschüssigen Aushub und sonstige Stoffe abfahren und entsorgen, einschl. Entsorgungsnachweis

| 2€ | 4€ | **5€** | 7€ | 10€ | [m²] | ⏱ 0,10 h/m² | 003.000.059 |

110 — Filtervlies, Rigolen — KG 363
Filterschicht mit Vlies zwischen Dränschicht und Intensivsubstrat.
Material: 100% PP-Endloser, normal entflammbar GRK 2
Flächengewicht: 105 g/m²
Höchstzugkraft: 7,5 kN/m
Angeb. Fabrikat: .....

| 2€ | 2€ | **2€** | 3€ | 4€ | [m²] | ⏱ 0,03 h/m² | 003.000.060 |

▶ min
▷ von
ø Mittel
◁ bis
◀ max

© BKI Baukosteninformationszentrum; Erläuterungen zu den Tabellen siehe Seite 46
Mustertexte geprüft: Deutsche Gesellschaft für Garten- und Landschaftskultur e.V.

Nr.	Kurztext / Langtext					[Einheit]	Ausf.-Dauer	Kostengruppe Positionsnummer
▶	▷	ø netto €	◁	◀				

111 Kiesbett herstellen, 0/2 — KG 521
Kiesbett herstellen, inkl. Verdichten.
Einbaustärke: .....
Körnung: 0/2
Abweichung der Sollhöhe: ±2 cm
Verdichtungsgrad: DPr **97% / 103%**

| 27€ | 33€ | **34€** | 35€ | 40€ | [m³] | ⏱ 1,00 h/m³ | 003.000.165 |

112 Kiesbett herstellen, 16/32 — KG 521
Kiesbett mit gewaschenem Rollkies herstellen, inkl. Verdichten.
Einbaustärke: .....
Körnung: 16/32
Abweichung der Sollhöhe: ±2 cm
Verdichtungsgrad: DPr **97% / 103%**

| 32€ | 39€ | **42€** | 47€ | 56€ | [m³] | ⏱ 1,10 h/m³ | 003.000.061 |

113 Dränleitung, PVC-Vollsickerrohr, DN100 — KG 541
Dränleitung aus PVC-Vollsickerrohren mit Steckmuffen und Formstücken, einschl. Filtervlies und Sickerpackung aus Kies, sowie Grabarbeiten.
Nenngröße: DN100
Schlitzbreite: .....
Grabentiefe: .....
Sickerpackung: Rollkies
Körnung: .....
Angeb. Fabrikat: .....

| 11€ | 15€ | **16€** | 19€ | 23€ | [m] | ⏱ 0,15 h/m | 003.000.062 |

114 Formstück, Dränleitung, PVC, Abzweig — KG 327
Form- und Verbindungsstücke für Dränleitung, aus PVC-Vollsickerrohren
Formteil: Abzweig 45°
Durchmesser: DN.....
Rohrtyp: .....
Angeb. Fabrikat: .....

| 18€ | 22€ | **23€** | 27€ | 33€ | [St] | ⏱ 0,25 h/St | 003.000.282 |

115 Formstück, Dränleitung, PVC, Bogen — KG 327
Form- und Verbindungsstücke für Dränleitung, aus PVC-Vollsickerrohren, mit Steckmuffe.
Formteil: Bogen.....°
Durchmesser: DN.....
Rohrtyp: .....
Angeb. Fabrikat: .....

| 7€ | 10€ | **12€** | 14€ | 19€ | [St] | ⏱ 0,20 h/St | 003.000.283 |

003
004
080

LB 003 Landschaftsbauarbeiten

Nr.	Kurztext / Langtext				[Einheit]	Ausf.-Dauer	Kostengruppe Positionsnummer
▶	▷ ø netto € ◁ ◀						

116 Bewässerungseinrichtung, Hochstämme — KG 574

Bewässerungseinrichtung für Hochstamm mit Wasserverteilung aus Dränageleitung, T-Stück und Endkappe aus Metall, sowie Kiesabdeckung.
Bewässerungsring: 1,00 m
Dränleitung: DN80
Siebkies 8/16 mm
Schichtdicke: 10 cm
Einbautiefe: 30 cm

| 35€ | 54€ | **60€** | 67€ | 94€ | [St] | ⏱ 0,80 h/St | 003.000.141 |

117 Stahltor, einflüglig, beschichtet — KG 531

Einflügliges Stahltor mit Torsäulen und waagrechten Querstreben aus Rohrprofilen, verzinkt und beschichtet, mit Torfeststellung. Leistung einschl. Abdeckung sowie Grund- und Ankerplatte zum einbetonieren. Lieferung und Montage als komplette Leistung.
Torbreite: 1,50 m
Torhöhe: 1,20 m
Torsäulen: Quadratprofile
Abmessung: 180 x 180 x 5 mm
Torrahmen: Rechteckprofile
Abmessung: 80 x 40 x 3 mm
Torbeschlag: Knauf, Rundrosetten
Material: .....
Scharniere: angeschraubt
Beschichtung: Pulverlack
Farbe: .....

| 710€ | 863€ | **975€** | 1.023€ | 1.281€ | [St] | ⏱ 5,20 h/St | 003.000.116 |

118 Stahltor, zweiflüglig, beschichtet — KG 531

Zweiflügliges Stahltor mit Gang- und Standflügel, Torsäulen und waagrechten Querstreben aus Rohrprofilen, verzinkt und beschichtet, mit Torfeststellung. Kantriegel mit Bodenverankerung nur bei geöffnetem Gangflügel zu betätigen. Leistung einschl. Abdeckung sowie Grund- und Ankerplatte zum einbetonieren. Lieferung und Montage als komplette Leistung.
Torbreite: 5,00 m
Torhöhe: 1,60 m
Teilung: mittig
Gangflügel: links
Torsäulen: Quadratprofile
Abmessung: 200 x 200 x 5 mm
Torrahmen: Rechteckprofile
Abmessung: 80 x 40 x 3 mm
Torbeschlag: Knauf, Rundrosetten
Material: .....
Türbänder: verstellbar, M 20
Beschichtung: Pulverlack
Farbe: .....

| 770€ | 955€ | **1.063€** | 1.212€ | 1.398€ | [St] | ⏱ 7,40 h/St | 003.000.117 |

Kosten: Stand 1.Quartal 2018 Bundesdurchschnitt

▶ min
▷ von
ø Mittel
◁ bis
◀ max

Nr.	**Kurztext** / Langtext						Kostengruppe	
▶	▷	ø netto €	◁	◀	[Einheit]	Ausf.-Dauer	Positionsnummer	

119 Zaunpfosten, Stahlrohr KG **531**
Zaunpfosten aus Stahlrohr, feuerverzinkt und zinkphosphatiert, mit schwarzer Kunststoffkappe.
Durchmesser: 40 mm
Länge: 200 cm
Fundamenttiefe: 50 cm

| 17€ | 32€ | **38€** | 42€ | 53€ | [St] | ⏱ 0,30 h/St | 003.000.118 |

120 Holzzaun, Kiefer/Sandsteinpfosten KG **531**
Holzzaun mit Senkrechtlattung, Zaunpfosten aus Sandsäulen, einschl. Briefkastenanlage. Alle Holzteile aus Kiefer, kesseldruckimprägniert, gehobelt, Farbe braun. Verbindung der Holzteile durch Schrauben. Kopf der Latten abgeschrägt.
Zaunfeldlänge: 2,00 m, mit ca. 20 Latten
Lattenlänge: 120 cm
Lattenquerschnitt: 4 x 6 cm
Sandsäule Querschnitt: 15 x 10 cm
Briefkastenanlage (H x B): 59 x 73 cm

| 98€ | 135€ | **157€** | 161€ | 186€ | [m] | ⏱ 1,20 h/m | 003.000.121 |

121 Eckausbildung, Holzzaun KG **531**
Eckausbildung für Holzzaun, inkl. aller erforderlichen Materialien und Leistungen.

| 33€ | 46€ | **54€** | 55€ | 76€ | [St] | ⏱ 0,60 h/St | 003.000.122 |

122 Einzelfundamente, Zaunpfosten KG **531**
Einzelfundamenten für Zaunpfosten einschl. Aushub und Schalung. Überschüssiger Boden ist zu entsorgen.
Beton: C20/25
Fundamentmaße (B x T): 30 x 80 cm

| 281€ | 353€ | **381€** | 406€ | 460€ | [St] | ⏱ 1,00 h/St | 003.000.119 |

123 Poller, Beton KG **531**
Absperrpfosten aus Beton, Einbau in befestigter Fläche, einschl. Erd- und Fundamentarbeiten. (Beschreibung der Homogenbereiche nach Unterlagen des AG.)
Fundament: .....
Höhe über OK-Gelände: 0,90-1,00 m
Pfosten: 40 x 120
Angeb. Fabrikat: .....

| 130€ | 270€ | **276€** | 291€ | 390€ | [St] | ⏱ 1,00 h/St | 003.000.125 |

124 Poller, Aluminium KG **531**
Absperrpfosten rund aus Aluminium ortsfest einbetoniert / umklappbar mit Feuerwehrdreikant, einschl. Erd- und Fundamentarbeiten. (Beschreibung der Homogenbereiche nach Unterlagen des AG.)
Fundament: ..... cm
Höhe über OK-Gelände: ..... m
Durchmesser: ..... cm
Oberfläche nach RAL: 9006
Angeb. Fabrikat: .....

| 178€ | 318€ | **322€** | 328€ | 468€ | [St] | ⏱ 0,45 h/St | 003.000.126 |

LB 003 Landschaftsbauarbeiten

Kosten:
Stand 1.Quartal 2018
Bundesdurchschnitt

Nr. ▶	Kurztext / Langtext ▷ ø netto € ◁ ◀	[Einheit]	Ausf.-Dauer	Kostengruppe Positionsnummer

125 Poller, Stahl, beschichtet — KG 531
Absperrpfosten Aluminium mit Sicherheitsschloss zum Herausnehmen des Pfosten inkl. Bodenhülse, Erd- und Fundamentarbeiten. (Beschreibung der Homogenbereiche nach Unterlagen des AG.)
Pfosten: ..... cm
Höhe über OK-Gelände: 0,90-1,00 m
Fundament: ..... cm
Oberfläche: Weiß beschichtet mit rotem Folienring
Angeb. Fabrikat: .....

| 248€ | 302€ | **329€** | 356€ | 440€ | [St] | ⏱ 0,40 h/St | 003.000.127 |

126 Poller, Naturstein — KG 531
Absperrpfosten Granit, grau, Kanten gesägt, leicht gefast einschl. Erd- und Fundamentarbeiten. (Beschreibung der Homogenbereiche nach Unterlagen des AG.)
Fundament: 30 x 35 x 35 cm
Höhe über OK-Gelände: ..... m
Pfosten: 35 x 35 x 40 cm
Oberfläche: Geflammt
Angeb. Fabrikat: .....

| 141€ | 327€ | **354€** | 389€ | 696€ | [St] | ⏱ 0,60 h/St | 003.000.128 |

127 Sitzquader, Naturstein — KG 551
Sitzquader aus Naturstein, vorgefertigt, Ausführung entsprechend Musterfläche und Auswahl durch den Auftraggeber. Vergütung Musterfläche nach gesonderter Position.
Steinart: .....
Abmessung: .....
Kanten: .....
Oberflächen: **Strahlen mit ..... / Scharrieren / Stocken**
Einbauort: Außenbereich, auf bauseitiges Fundament.
Steinbruch des angebotenen Materials: .....

| 185€ | 327€ | **378€** | 411€ | 545€ | [St] | ⏱ 1,10 h/St | 003.000.279 |

128 Planum Gewässer — KG 560
Planum für Gewässer, einschl. verdichten und ausgleichen von Unebenheiten. Vor Beginn der Arbeiten sind Steine, Spitze Gegenstände und Fremdkörper größer 5cm zu entfernen.
Eine Bodengruppe, Bodengruppe DIN 18196: .....
Auf-und Abtrag: ±5 cm
Zulässige Abweichung der Sollhöhe: ±3 cm

| 3€ | 5€ | **6€** | 9€ | 12€ | [m²] | ⏱ 0,04 h/m² | 003.000.242 |

129 Gewässerabdichtung, Teichfolie — KG 560
Teichabdichtung aus EPDM-Kautschukfolie mit beidseitigem Schutzvlies.
Dichtungsbahn: EDPM- Kautschuk
Dicke: 0,2 mm
Angeb. Fabrikat: .....
Geotextil: Kunststoff, verrottungsfest
Gewicht: 200 g/m²
Angeb. Fabrikat

| 12€ | 18€ | **20€** | 22€ | 27€ | [m²] | ⏱ 0,04 h/m² | 003.000.261 |

▶ min
▷ von
ø Mittel
◁ bis
◀ max

Nr.	Kurztext / Langtext						Kostengruppe	
▶	▷	ø netto €	◁	◀	[Einheit]	Ausf.-Dauer	Positionsnummer	

130 Sauberkeitsschicht, Teich, See — KG 560
Sauberkeitsschicht für Dichtungsbahnen für **Teich / See** auf vorbereitetem Planum aus Sand.
Körnung: 0/2
Dicke: 5 cm

| 2€ | 3€ | 3€ | 4€ | 5€ | [m²] | ⏱ 0,02 h/m² | 003.000.244 |

131 Wurzelanker im Teich, See — KG 560
Wurzelanker / Verwurzelungsgewebe im Teich, See, Übergangsbereich zwischen Luft und Wasser.
Material: ....
Flächengröße: .....
Einbauort: .....
Angeb. Fabrikat: .....

| –€ | 19€ | 20€ | 22€ | –€ | [m²] | ⏱ 0,15 h/m² | 003.000.248 |

132 Befestigung, Gewässerabdichtungsbahn Uferbereich — KG 560
Befestigung der Gewässerabdichtungsbahn, Verwurzelungsgewebes und der Schutzlage im Uferbereich von **Seen / Teichen** im Graben mit Kies.
Grabenbreite: 40 cm
Tiefe: 20 cm
Körnung: 8/16

| 9€ | 10€ | 11€ | 13€ | 15€ | [m] | ⏱ 0,07 h/m | 003.000.251 |

133 Teichrand herstellen — KG 560
Teichrandstreifen mit gewaschenem Rundkies auf vorbereitete Schutzlage.
Breite: ..... cm
Dicke: ..... cm
Körnung: 16/32

| 5€ | 7€ | 9€ | 9€ | 11€ | [m²] | ⏱ 0,05 h/m² | 003.000.253 |

134 Dachfläche reinigen — KG 363
Reinigung der Dachfläche von grober Verschmutzung und festhaftender Verunreinigungen. Schutt aufnehmen und entsorgen.
Untergrund: .....
Dickenbereich Verschmutzung: 2 cm
Verschmutzter Flächenanteil: ca. ..... % der Grundfläche

| 1€ | 1,2€ | 1,3€ | 1,4€ | 1,5€ | [m²] | ⏱ 0,02 h/m² | 003.000.263 |

135 Durchwurzelungsschutzschicht, PVC-P 0,8mm — KG 363
Durchwurzelungsschutzschicht aus Kunststoffbahnen, als zusätzliche Lage auf der Dachabdichtung, lose verlegen
Material: Polyvinylchlorid (PVC-P) bitumenverträglich
Dicke: 0,8 mm

| 13€ | 14€ | 15€ | 16€ | 18€ | [m²] | ⏱ 0,15 h/m² | 003.000.264 |

LB 003 Landschaftsbauarbeiten

Kosten:
Stand 1.Quartal 2018
Bundesdurchschnitt

▶ min
▷ von
ø Mittel
◁ bis
◀ max

Nr.	Kurztext / Langtext					Kostengruppe		
▶	▷	ø netto €	◁	◀	[Einheit]	Ausf.-Dauer	Positionsnummer	

136 Dachbegrünung, Trenn-, Schutz- und Speichervlies, 300 — KG 363

Schutzlage als Schutz der Dachabdichtung vor mechanischer Beanspruchung und zur Wasserspeicherung fachgerecht verlegen.
Material: Chemiefaser
Dicke: 3 cm
Gewicht: 300 g/m²
Lagen: .....
Festigkeitsklasse: .....
Angeb. Fabrikat: .....

| 2€ | 2€ | **3€** | 3€ | 4€ | [m²] | 0,04 h/m² | 003.000.219 |

137 Dachbegrünung, Trenn-, Schutz- und Speichervlies, 500 — KG 363

Schutzlage als Schutz der Dachabdichtung vor mechanischer Beanspruchung und zur Wasserspeicherung fachgerecht verlegen.
Material: Chemiefaser
Dicke: ..... cm
Gewicht: 500 g/m²
Lagen: .....
Festigkeitsklasse: .....
Angeb. Fabrikat: .....

| 2€ | 3€ | **4€** | 5€ | 6€ | [m²] | 0,04 h/m² | 003.000.234 |

138 Schüttdränage, Dachbegrünung, 5cm, Lava — KG 363

Dränschicht für extensive Dachbegrünungen mit Schüttstoffen trittfest und frostbeständig herstellen.
Material: Lava
Körnung: .....
Schichtdicke: 5 cm
Masse trocken: ..... kg/m³
Masse bei max. Wasserkapazität: max. ..... kg/m³
Angeb. Fabrikat: .....

| 5€ | 5€ | **6€** | 6€ | 7€ | [m²] | 0,18 h/m² | 003.000.238 |

139 Schüttdränage, Dachbegrünung, 5cm, Blähschiefer — KG 363

Dränschicht für extensive Dachbegrünungen mit Schüttstoffen trittfest und frostbeständig herstellen.
Material: Blähschiefer, gebrochen
Körnung: .....
Schichtdicke: 5 cm
Masse trocken: ..... kg/m³
Masse bei max. Wasserkapazität: max. ..... kg/m³
Angeb. Fabrikat: .....

| 6€ | 10€ | **11€** | 12€ | 15€ | [m²] | 0,18 h/m² | 003.000.229 |

Nr.	**Kurztext** / Langtext						Kostengruppe
▶	▷	**ø netto €**	◁	◀	[Einheit]	Ausf.-Dauer	Positionsnummer

140 Dränageelement, PE-Platte, 25mm, Dachbegrünung — KG **363**

Dränelement für Dachbegrünung einbauen und verfüllen, inkl. Zuschnittarbeiten.
Einsatzbereich: Extensivbegrünung
Material: PE-Kunststoff
Füllmaterial: Blähton
Plattendicke: 25 mm
Druckfestigkeit max.: ..... kg/m²
Füllvolumen: ..... l/m²
Farbe: .....
Angeb. Fabrikat: .....

| 8€ | 10€ | **11€** | 13€ | 15€ | [m²] | ⏱ 0,10 h/m² | 003.000.231 |

141 Dränageelement, PE-Platte, 40mm, Dachbegrünung — KG **363**

Dränelement für Dachbegrünung einbauen und verfüllen, inkl. Zuschnittarbeiten.
Einsatzbereich: Extensivbegrünung
Material: PE-Kunststoff
Füllmaterial: Blähton
Plattendicke: 40 mm
Druckfestigkeit max.: ..... kg/m²
Füllvolumen: ..... l/m²
Farbe: .....
Angeb. Fabrikat: .....

| 10€ | 12€ | **13€** | 13€ | 15€ | [m²] | ⏱ 0,12 h/m² | 003.000.260 |

142 Flächendränage, begehbare Flachdächer, HDPE — KG **363**

Dränagematte als Flächendrainage unter Gehbelagsfläche auf Dachbegrünung liefern und einbauen.
Material: HDPE
Material Filterschicht: Polypropylen PP
Gewicht Filterschicht: ca. 135 g/m²
Druckfestigkeit (bei 18% Stauchung): 400 kN/m²
Gesamtnenndicke: ca.10 mm
Gesamtgewicht: 750 g/m²

| 44€ | 57€ | **65€** | 72€ | 78€ | [m²] | ⏱ 0,11 h/m² | 003.000.302 |

143 Filtervlies, Dränageabdeckung, 100g/m² — KG **363**

Filtervlies als Dränageabdeckung auf Dränschicht verlegen und an den Ränder hochführen.
Material: Kunststoffvlies
Gewicht: 100 g/m²
Überlappung: ..... cm
Angeb. Fabrikat: .....

| 2€ | 3€ | **3€** | 4€ | 4€ | [m²] | ⏱ 0,08 h/m² | 003.000.233 |

003
004
080

LB 003 Landschaftsbauarbeiten

Kosten:
Stand 1.Quartal 2018
Bundesdurchschnitt

▶ min
▷ von
ø Mittel
◁ bis
◀ max

Nr.	Kurztext / Langtext							Kostengruppe
▶	▷	ø netto €	◁	◀	[Einheit]	Ausf.-Dauer	Positionsnummer	

175 Fahrradständer, Stahlrohrkonstruktion — KG 551
Fahrradständer als Einzelständer für Wandmontage in Stahlrohrkonstruktion, feuerverzinkt.
Abmessung: ..... cm
Oberfläche: .....
Angeb. Fabrikat: .....

| 349€ | 381€ | **397€** | 422€ | 471€ | [St] | ⏱ 0,36 h/St | 003.000.130 |

176 Abfallbehälter, Stahlblech — KG 551
Abfallbehälter aus feuerverzinktem Stahl, Unterkonstruktion zum einbetonieren, einschl. Deckel, Erd- und Fundamentarbeiten. (Beschreibung der Homogenbereiche nach Unterlagen des AG.)
Fundament: ..... cm
Fassungsvermögen: l
Oberfläche nach RAL: .....
Angeb. Fabrikat: .....

| 374€ | 529€ | **594€** | 628€ | 723€ | [St] | ⏱ 0,20 h/St | 003.000.129 |

177 Hinweisschild, Aluminium — KG 551
Hinweisschild für Spielplatz aus Aluminium mit Fünffarbdruck und Piktogrammen. Schild rechteckig beschnitten und gerundet, Rückseite mit Klarlack beschichtet, feuerverzinkten Stahlrohr und Halterung, einschl. Erd- und Fundamentarbeiten.
Abmessung: 62 x 83 cm
Dicke: 2 mm
Höhe: 60 cm
Angeb. Fabrikat: .....

| 136€ | 171€ | **178€** | 187€ | 219€ | [St] | ⏱ 1,00 h/St | 003.000.136 |

178 Baumschutzgitter, Metall — KG 574
Baumschutzgitter aus Stahl, feuerverzinkt, zweiteilig als Halbschalen, einschl. Verbindungsschrauben.
Abmessung: 183 x 64 cm
Farbe: anthrazit
Angeb. Fabrikat: .....

| 539€ | 647€ | **688€** | 708€ | 777€ | [St] | ⏱ 1,20 h/St | 003.000.134 |

179 Rankhilfe, Edelstahlseil — KG 574
Rankseil als vertikale und horizontale Rankhilfe mit Klettersprossen im Abstand ca. 1,00m, Einbau in Teilstücken.
Material: Edelstahl
Durchmesser: 4 mm
Angeb. Fabrikat: .....

| 5€ | 13€ | **15€** | 19€ | 27€ | [m] | ⏱ 0,12 h/m | 003.000.133 |

180 Baumscheibe, Grauguss — KG 574
Baumscheibenabdeckung aus Guss, quadratisch, bestehend aus vier Segmenten.
Fläche A: 1,50 x 1,50 m
Gewicht: 43 kg
Farbe: .....
Angeb. Fabrikat: .....

| 1.158€ | 1.622€ | **1.861€** | 2.340€ | 2.929€ | [St] | ⏱ 1,30 h/St | 003.000.293 |

© BKI Baukosteninformationszentrum; Erläuterungen zu den Tabellen siehe Seite 46
Mustertexte geprüft: Deutsche Gesellschaft für Garten- und Landschaftskultur e.V.

Nr.	Kurztext / Langtext							Kostengruppe
▶	▷	ø netto €	◁	◀	[Einheit]	Ausf.-Dauer	Positionsnummer	

181 Stundensatz Facharbeiter, Landschaftsbauarbeiten

Stundenlohnarbeiten für Vorarbeiter, Facharbeiter und Gleichgestellte (z.B. Spezialbaufacharbeiter, Baufacharbeiter, Obermonteure, Monteure, Gesellen, Maschinenführer, Fahrer und ähnliche Fachkräfte). Leistung nach besonderer Anordnung der Bauüberwachung. Anmeldung und Nachweis gemäß VOB/B.

| 46€ | 48€ | **50**€ | 53€ | 57€ | [h] | ⏱ 1,00 h/h | 003.000.294 |

182 Stundensatz Helfer, Landschaftsbauarbeiten

Stundenlohnarbeiten für Werker, Helfer und Gleichgestellte (z.B. Baufachwerker, Helfer, Hilfsmonteure, Ungelernte, Angelernte). Leistung nach besonderer Anordnung der Bauüberwachung. Anmeldung und Nachweis gemäß VOB/B.

| 32€ | 34€ | **35**€ | 36€ | 40€ | [h] | ⏱ 1,00 h/h | 003.000.295 |

003
004
080

LB 004 Landschaftsbauarbeiten - Pflanzen

Landschaftsbauarbeiten; Pflanzen — Preise €

Kosten: Stand 1.Quartal 2018, Bundesdurchschnitt

Legende:
- ▶ min
- ▷ von
- ø Mittel
- ◁ bis
- ◀ max

Nr.	Positionen	Einheit	▶	▷ ø brutto € / ø netto €		◁	◀
1	Baumverankerung, Unterflur, Spanngurte	St	83 / 69	104 / 87	**113** / **95**	131 / 110	159 / 134
2	Baumverankerung, Unterflur, Schlaufbänder	St	87 / 73	162 / 136	**178** / **149**	190 / 159	296 / 249
3	Baumverankerung, Baumpfahl	St	13 / 11	15 / 12	**15** / **12**	16 / 14	18 / 15
4	Pflanzenverankerung, Pfahl-Zweibock	St	31 / 26	39 / 33	**43** / **36**	53 / 45	67 / 56
5	Pflanzenverankerung, Pfahl-Dreibock	St	42 / 35	53 / 44	**57** / **48**	66 / 56	88 / 74
6	Verdunstungsschutz, Baumstamm	St	13 / 11	17 / 14	**19** / **16**	22 / 19	29 / 24
7	Hochstamm einschlagen	St	8 / 6	8 / 7	**9** / **7**	10 / 8	10 / 9
8	Strauchpflanze einschlagen	St	2 / 2	3 / 3	**3** / **3**	4 / 3	5 / 4
9	Großgehölz einschlagen	St	10 / 8	12 / 10	**12** / **10**	13 / 11	14 / 12
10	Großgehölz nach Einschlag pflanzen	St	19 / 16	22 / 18	**23** / **19**	25 / 21	26 / 22
11	Heckenpflanzen nach Einschlag pflanzen	St	3 / 2	4 / 4	**4** / **4**	5 / 4	6 / 5
12	Strauchpflanzen nach Einschlag pflanzen	St	3 / 2	4 / 4	**5** / **4**	5 / 4	8 / 7
13	Solitär/Hochstamm nach Einschlag pflanzen	St	14 / 11	16 / 14	**19** / **16**	21 / 17	23 / 20
14	Bodendecker und Stauden nach Einschlag pflanzen	m²	0,9 / 0,7	2,2 / 1,8	**2,8** / **2,4**	4,5 / 3,8	6,4 / 5,4
15	Heckenschnitt, Hainbuche	m	4 / 3	5 / 4	**5** / **4**	6 / 5	7 / 6
16	Pflanzflächen mulchen, Rindenmulch	m²	4 / 3	5 / 4	**5** / **4**	5 / 5	6 / 5
17	Pflanzflächen lockern, Baumscheiben	m²	0,5 / 0,5	0,9 / 0,7	**1,0** / **0,8**	1,4 / 1,2	2,2 / 1,9
18	Hochstamm/Solitär, liefern/pflanzen, 100-125cm	St	30 / 25	43 / 36	**48** / **41**	52 / 44	100 / 84
19	Hochstamm/Solitär, liefern/pflanzen, 125-150cm	St	33 / 28	61 / 51	**78** / **66**	115 / 97	160 / 135
20	Hochstamm/Solitär, liefern/pflanzen, 150-200cm	St	44 / 37	90 / 76	**98** / **82**	151 / 127	223 / 187
21	Hochstamm/Solitär, liefern/pflanzen, über 200cm	St	133 / 112	174 / 146	**188** / **158**	213 / 179	256 / 215
22	Großgehölz mit Ballen, pflanzen	St	44 / 37	70 / 59	**83** / **69**	98 / 82	121 / 101
23	Sträucher liefern/pflanzen, bis 80cm	St	2 / 2	5 / 4	**6** / **5**	7 / 6	11 / 10
24	Sträucher liefern/pflanzen, 80-100cm	St	9 / 7	14 / 11	**16** / **14**	19 / 16	26 / 21

© BKI Baukosteninformationszentrum; Erläuterungen zu den Tabellen siehe Seite 46
Mustertexte geprüft: Deutsche Gesellschaft für Garten- und Landschaftskultur e.V.

Kostenstand: 1.Quartal 2018, Bundesdurchschnitt

Landschaftsbauarbeiten; Pflanzen — Preise €

Nr.	Positionen	Einheit	▶	▷ ø brutto € ø netto €		◁	◀
25	Sträucher liefern/pflanzen, 100-150cm	St	6 5	8 6	**8** **7**	10 8	12 10
26	Sträucher liefern/pflanzen, über 150cm	St	7 6	11 9	**12** **10**	13 11	16 14
27	Hecke, liefern/pflanzen, bis 100cm	St	0,9 0,8	1,2 1,0	**1,6** **1,4**	1,9 1,6	2,6 2,2
28	Hecke, liefern/pflanzen, über 150cm	St	8 6	10 8	**10** **9**	11 9	13 11
29	Blumenzwiebeln liefern/pflanzen	St	0,2 0,2	0,3 0,2	**0,3** **0,3**	0,4 0,3	0,5 0,4
30	Vorratsdüngung 50g	m²	0,1 0,1	0,3 0,3	**0,4** **0,3**	0,7 0,6	1,2 1,0
31	Rasenplanum	m²	1 0,9	2 1,7	**2** **1,8**	2 1,9	3 2,5
32	Rasensubstrat liefern, einsähen	m²	0,3 0,3	0,6 0,5	**0,8** **0,7**	1,1 0,9	1,5 1,2
33	Ansaat, Gebrauchsrasen	m²	0,3 0,3	0,5 0,4	**0,5** **0,4**	0,6 0,5	0,7 0,6
34	Ansaat, Spielrasen	m²	0,6 0,5	0,9 0,8	**1,0** **0,9**	1,5 1,3	2,5 2,1
35	Fertigrasen liefern, einbauen	m²	7 6	9 8	**10** **8**	10 9	12 10
36	Schotterrasen herstellen	m²	11 10	13 11	**14** **12**	15 13	17 15
37	Rasenfläche düngen	m²	0,1 0,1	0,3 0,3	**0,4** **0,4**	0,5 0,4	0,6 0,5
38	Fertigstellungspflege, Rasenflächen	m²	1 0,9	2 1,5	**2** **1,7**	3 2,2	3 2,9
39	Heckenpflanze, Hainbuche bis 100cm	St	9 8	12 10	**13** **11**	15 13	19 16
40	Heckenpflanze, Hainbuche bis 200cm	St	10 9	13 11	**13** **11**	15 12	18 15
41	Heckenpflanze, Eibe bis 200cm	St	69 58	89 75	**95** **80**	96 81	124 104
42	Heckenpflanze, Buchsbaum	St	3 2	5 4	**5** **4**	5 4	6 5
43	Heckenpflanze, Liguster bis 100cm	St	1 1,0	3 2,1	**3** **2,5**	4 3,2	5 4,3
44	Heckenpflanze, Liguster bis 200cm	St	2 2	4 3	**4** **3**	4 4	6 5
45	Heckenpflanze, Lorbeerkirsche bis 100cm	St	16 14	18 15	**20** **17**	21 17	22 19
46	Heckenpflanze, Lorbeerkirsche bis 200cm	St	43 36	52 43	**55** **46**	62 53	64 54
47	Heckenpflanze, Rot-Buche bis 200cm	St	23 19	31 26	**33** **28**	37 31	43 36
48	Heckenpflanze, Blut-Buche bis 200cm	St	25 21	33 28	**35** **30**	40 34	48 40

© **BKI** Baukosteninformationszentrum; Erläuterungen zu den Tabellen siehe Seite 46
Mustertexte geprüft: Deutsche Gesellschaft für Garten- und Landschaftskultur e.V.

Kostenstand: 1.Quartal 2018, Bundesdurchschnitt

LB 004 Landschaftsbauarbeiten - Pflanzen

Landschaftsbauarbeiten; Pflanzen — Preise €

Nr.	Positionen	Einheit	▶ min	▷ von ø brutto € / ø netto €	ø Mittel	◁ bis	◀ max
49	Heckenpflanze, Feld-Ahorn bis 100cm	St	8	12	**12**	14	15
			7	10	**10**	12	12
50	Heckenpflanze, Feld-Ahorn bis 200cm	St	12	17	**18**	21	22
			11	15	**15**	18	19
51	Solitärbaum, Säulen-Hainbuche	St	314	376	**406**	441	495
			264	316	**341**	371	416
52	Solitärbaum, Rotblühende Rosskastanie	St	316	451	**460**	572	752
			266	379	**386**	481	632
53	Solitärbaum, Spitz-Ahorn	St	283	342	**362**	384	460
			238	287	**305**	323	387
54	Solitärbaum, Feld-Ahorn	St	169	247	**298**	363	464
			142	208	**250**	305	390
55	Solitärbaum, Winterlinde	St	277	346	**381**	411	475
			233	291	**320**	346	399
56	Solitärbaum, Wald-Kiefer	St	244	451	**479**	496	603
			205	379	**403**	417	507
57	Solitärbaum, Hainbuche	St	175	238	**272**	339	434
			147	200	**228**	285	365
58	Solitärbaum, gemeine Eberesche	St	130	183	**212**	246	302
			109	154	**178**	206	254
59	Solitärbaum, Baum-Hasel	St	187	202	**271**	301	334
			157	169	**228**	253	281
60	Obstgehölz, Apfel in Sorten	St	154	238	**257**	320	409
			130	200	**216**	269	344
61	Obstgehölz, Zier-Apfel `Evereste`	St	149	240	**302**	369	472
			125	202	**254**	310	396
62	Obstgehölz, Weidenblättrige Birne, StU 16-18	St	277	367	**390**	433	465
			233	308	**328**	364	390
63	Obstgehölz, Zwerg-Blut-Pflaume, 80-100	St	24	31	**32**	37	48
			20	26	**27**	31	40
64	Obstgehölz, Blut-Pflaume, StU 16-18	St	110	144	**165**	188	224
			92	121	**139**	158	189
65	Obstgehölz, japanische Blütenkirsche, StU 12-14	St	241	282	**301**	319	344
			203	237	**253**	268	289
66	Obstgehölze, 175-200cm	St	39	53	**63**	70	85
			33	44	**53**	59	71
67	Weidentunnel, Silber-Weide	St	2	3	**4**	5	8
			2	3	**3**	4	6
68	Strauchpflanze, Purpur-Weide	St	1	2	**2**	3	4
			1	2	**2**	2	3
69	Strauchpflanze, Kupfer-Felsenbirne	St	29	36	**39**	41	55
			25	30	**33**	35	46
70	Strauchpflanze, Gewöhnliche Haselnuss	St	17	21	**22**	24	29
			15	18	**19**	20	24
71	Strauchpflanze, Rhododendron in Sorten	St	30	37	**39**	44	53
			25	31	**33**	37	45
72	Strauchpflanze, Hortensie in Sorten	St	9	12	**14**	16	22
			8	10	**11**	14	18

Kosten: Stand 1.Quartal 2018, Bundesdurchschnitt

▶ min
▷ von
ø Mittel
◁ bis
◀ max

Landschaftsbauarbeiten; Pflanzen — Preise €

Nr.	Positionen	Einheit	▶	▷	ø brutto € / ø netto €	◁	◀
73	Strauchpflanze, Flieder in Sorten	St	28	45	**52**	55	74
			23	38	**43**	47	62
74	Strauchpflanze, Forsythie	St	14	17	**17**	18	23
			12	14	**14**	15	19
75	Strauchpflanze, Lavendel	St	1	2	**2**	2	2
			1	1	**2**	2	2
76	Strauchpflanze, Kornelkirsche	St	25	32	**35**	39	44
			21	27	**30**	32	37
77	Strauchpflanze, Roter Hartriegel	St	2	3	**3**	4	6
			1	2	**3**	4	5
78	Strauchpflanze, Heckeneibe	St	24	52	**52**	70	95
			20	44	**44**	59	80
79	Strauchpflanze, Berberitze in Sorten	St	12	16	**17**	18	21
			10	13	**15**	15	18
80	Strauchpflanze, Zwergmispel in Sorten	St	2	3	**3**	4	5
			1	2	**2**	3	5
81	Strauchpflanze, Rotdorn in Sorten	St	4	6	**6**	8	10
			3	5	**5**	7	9
82	Strauchpflanze, Immergrüne Heckenkirsche	St	1	2	**2**	4	5
			1	2	**2**	3	4
83	Strauchpflanze, rote Heckenkirsche	St	2	4	**4**	6	9
			1	3	**4**	5	8
84	Strauchpflanze, Rote Johannisbeere in Sorten	St	3	3	**4**	4	6
			2	3	**3**	3	5
85	Strauchpflanze, Osterschneeball	St	5	6	**7**	7	8
			4	5	**6**	6	6
86	Staude, Ziergräser in Sorten	St	1	2	**2**	3	4
			1	2	**2**	2	3
87	Staude, Feinhalm-Chinaschilf	St	4	4	**4**	5	5
			3	4	**4**	4	5
88	Staude, Heckenrose	St	1	2	**2**	3	4
			1	2	**2**	2	3
89	Staude, wilde Rosen in Sorten	St	3	4	**4**	4	5
			3	3	**3**	4	4
90	Staude, Sommer-Salbei	St	2	2	**3**	3	3
			2	2	**2**	2	2
91	Staude, Kissen-Aster	St	2	2	**2**	2	2
			1	2	**2**	2	2
92	Staude, Weißer Blut-Storchenschnabel	St	1	2	**2**	2	2
			1	1	**1**	2	2
93	Staude, Pracht-Storchenschnabel	St	1	2	**3**	3	3
			1	2	**2**	2	3
94	Rankpflanze, Wilder Wein	St	4	7	**8**	9	11
			4	6	**7**	7	9
95	Fertigstellungspflege Stauden, Bodendecker	m²	0,3	1,0	**1,2**	1,5	2,2
			0,3	0,9	**1,0**	1,2	1,8
96	Fertigstellungspflege, Sträucher	St	36	50	**59**	62	72
			30	42	**49**	52	61

© **BKI** Baukosteninformationszentrum; Erläuterungen zu den Tabellen siehe Seite 46
Mustertexte geprüft: Deutsche Gesellschaft für Garten- und Landschaftskultur e.V.

Kostenstand: 1.Quartal 2018, Bundesdurchschnitt

LB 004 Landschaftsbauarbeiten - Pflanzen

Kosten:
Stand 1.Quartal 2018
Bundesdurchschnitt

Landschaftsbauarbeiten; Pflanzen — Preise €

Nr.	Positionen	Einheit	▶	▷ ø brutto € / ø netto €		◁	◀
97	Fertigstellungspflege, Hecken bis 2,00m	m	6	8	**8**	9	11
			5	7	**7**	8	9
98	Fertigstellungspflege, Baum	St	16	27	**38**	48	54
			14	23	**32**	40	45
99	Pflanzflächen wässern	m²	0,3	0,9	**1,2**	1,5	2,4
			0,2	0,8	**1,0**	1,3	2,0
100	Wässern der Staudenflächen	m²	0,3	0,8	**0,9**	1,1	1,6
			0,3	0,7	**0,8**	0,9	1,4
101	Wässern der Hecke	m²	2	2	**3**	4	5
			1	2	**2**	3	4
102	Wässern der Gehölzflächen und Sträucher	m²	1	2	**3**	3	5
			1	2	**2**	3	4
103	Wässern der Großgehölze	St	4	7	**8**	9	13
			3	6	**7**	7	11
104	Vegetationsmatte, liefern/verlegen	m²	25	33	**35**	39	52
			21	28	**30**	33	44
105	Wasserpflanzen liefern	St	2	3	**4**	6	9
			2	3	**3**	5	7

Nr.	Kurztext / Langtext						Kostengruppe	
▶	▷	ø netto €	◁	◀	[Einheit]	Ausf.-Dauer	Positionsnummer

1 Baumverankerung, Unterflur, Spanngurte — KG 574
Unterflur-Baumverankerung mit Stahlanker mit Gurtschlaufen und Spanngurten aus Polyestergewebe.
Breite: 50 mm
Angeb. Fabrikat: .....

| 69€ | 87€ | **95€** | 110€ | 134€ | [St] | ⏱ 1,20 h/St | 004.000.022 |

2 Baumverankerung, Unterflur, Schlaufbänder — KG 574
Unterflur-Baumverankerung mit Schlaufbänder und verstellbarer Schnalle an Ösenschrauben in Seitenwänden.
Breite: 50 mm
Angeb. Fabrikat: .....

| 73€ | 136€ | **149€** | 159€ | 249€ | [St] | ⏱ 0,80 h/St | 004.000.023 |

3 Baumverankerung, Baumpfahl — KG 574
Pflanzenverankerung mit Baumpfahl, schräg, Pfahl, weißgeschält, Pfahllänge 150cm, Zopfdicke 6/8cm, Bindegut aus Kokosstrick, dick (25g/m).

| 11€ | 12€ | **12€** | 14€ | 15€ | [St] | ⏱ 0,50 h/St | 004.000.133 |

▶ min
▷ von
ø Mittel
◁ bis
◀ max

Nr.	**Kurztext** / Langtext							Kostengruppe
▶	▷	**ø netto €**	◁	◀	[Einheit]		Ausf.-Dauer	Positionsnummer

4   Pflanzenverankerung, Pfahl-Zweibock   KG **574**

Pflanzenverankerung von Straßenbäumen im Straßenraum mit zwei senkrechten Baumpfählen, Zopf und Bindegurt.
Pfähle: unbehandelt, weißgeschält
Pfahllänge: 300 cm
Zopfdicke: 4-5 cm
Bindegut: Kokosstrick, mitteldick 12 g/m
Angeb. Fabrikat: .....

| 26€ | 33€ | **36€** | 45€ | 56€ | [St] | ⏱ 0,80 h/St | 004.000.024 |

5   Pflanzenverankerung, Pfahl-Dreibock   KG **574**

Pflanzenverankerung von Straßenbäumen im Straßenraum mit drei senkrechten Baumpfählen, Zopf und Bindegurt.
Pfähle unbehandelt, weißgeschält.
Die drei Baumpfähle sind oben im Dreieck zu versteifen.
Pfahllänge: 300 cm
Zopfdicke: 4-5 cm
Bindegut: Kokosstrick, mitteldick 12 g/m
Angeb. Fabrikat: .....

| 35€ | 44€ | **48€** | 56€ | 74€ | [St] | ⏱ 1,00 h/St | 004.000.025 |

6   Verdunstungsschutz, Baumstamm   KG **574**

Verdunstungsschutz am Stammfuß bis Stammkopf durch Schilfbandage, umwickelt mit Kokosstricken.
Stammdurchmesser: ..... cm
Stammhöhe: ..... cm
Angeb. Fabrikat: .....

| 11€ | 14€ | **16€** | 19€ | 24€ | [St] | ⏱ 0,50 h/St | 004.000.029 |

7   Hochstamm einschlagen   KG **574**

Hochstamm liefern und auf der Baustelle gem. Angaben des AG bis zur Verwendung einschlagen.
Lieferung wird gesondert vergütet.
Bodengruppe: .....

| 6€ | 7€ | **7€** | 8€ | 9€ | [St] | ⏱ 1,15 h/St | 004.000.131 |

8   Strauchpflanze einschlagen   KG **574**

Strauchpflanze liefern und auf der Baustelle gem. Angaben des AG bis zur Verwendung einschlagen.
Lieferung wird gesondert vergütet.
Bodengruppe: .....

| 2€ | 3€ | **3€** | 3€ | 4€ | [St] | ⏱ 0,30 h/St | 004.000.130 |

9   Großgehölz einschlagen   KG **574**

Hochstamm liefern und auf der Baustelle gem. Angaben des AG bis zur Verwendung einschlagen.
Lieferung wird gesondert vergütet.
Bodengruppe: .....

| 8€ | 10€ | **10€** | 11€ | 12€ | [St] | ⏱ 1,50 h/St | 004.000.132 |

© **BKI** Baukosteninformationszentrum; Erläuterungen zu den Tabellen siehe Seite 46
Mustertexte geprüft: Deutsche Gesellschaft für Garten- und Landschaftskultur e.V.

Kostenstand: 1.Quartal 2018, Bundesdurchschnitt

LB 004 Landschaftsbauarbeiten - Pflanzen

Kosten:
Stand 1.Quartal 2018
Bundesdurchschnitt

▶ min
▷ von
ø Mittel
◁ bis
◀ max

Nr.	Kurztext / Langtext				[Einheit]	Ausf.-Dauer	Kostengruppe Positionsnummer
▶	▷	ø netto €	◁	◀			

10 Großgehölz nach Einschlag pflanzen — KG **574**

Großgehölz bauseits lagernd, aus Einschlagort entnehmen und gem. Pflanzplan in vorbereitete Pflanzgrube pflanzen. Die Pflanzgrube ist mit seitlich lagerndem Boden zu verfüllen. Ein Gießrand ist herzustellen. Anwässern nach Bedarf.
Gehölzart: .....

| 16€ | 18€ | **19€** | 21€ | 22€ | [St] | ⏱ 1,00 h/St | 004.000.129 |

11 Heckenpflanzen nach Einschlag pflanzen — KG **574**

Heckenpflanzen bauseits lagernd, aus Einschlagort entnehmen und gem. Pflanzplan in vorbereiteten Pflanzgraben pflanzen. Die Pflanzgrube ist mit seitlich lagerndem Boden zu verfüllen. Ein Gießrand ist herzustellen. Anwässern nach Bedarf.
Gehölzart: .....

| 2€ | 4€ | **4€** | 4€ | 5€ | [St] | ⏱ 0,10 h/St | 004.000.134 |

12 Strauchpflanzen nach Einschlag pflanzen — KG **574**

Strauchpflanzen bauseits lagernd, aus Einschlagort entnehmen und gem. Pflanzplan in vorbereitete Pflanzgrube pflanzen. Die Pflanzgrube ist mit seitlich lagerndem Boden zu verfüllen. Ein Gießrand ist herzustellen. Anwässern nach Bedarf.
Gehölzart: .....

| 2€ | 4€ | **4€** | 4€ | 7€ | [St] | ⏱ 1,00 h/St | 004.000.135 |

13 Solitär/Hochstamm nach Einschlag pflanzen — KG **574**

Solitär/Hochstamm bauseits lagernd, aus Einschlagort entnehmen und gem. Pflanzplan in vorbereitete Pflanzgrube pflanzen. Die Pflanzgrube ist mit seitlich lagerndem Boden zu verfüllen. Ein Gießrand ist herzustellen. Anwässern nach Bedarf.
Gehölzart: .....

| 11€ | 14€ | **16€** | 17€ | 20€ | [St] | ⏱ 1,10 h/St | 004.000.136 |

14 Bodendecker und Stauden nach Einschlag pflanzen — KG **574**

Bodendecker und Stauden bauseits lagernd, aus Einschlagort entnehmen und gem. Pflanzplan in vorbereitete Pflanzgrube pflanzen. Die Pflanzgrube ist mit seitlich lagerndem Boden zu verfüllen. ein Gießrand ist herzustellen. Anwässern nach Bedarf.
Gehölzart: .....

| 0,7€ | 1,8€ | **2,4€** | 3,8€ | 5,4€ | [m²] | ⏱ 0,30 h/m² | 004.000.137 |

15 Heckenschnitt, Hainbuche — KG **574**

Unterhaltungsschnitt Hecke konisch und fluchtgerecht an beiden Seiten. Schnittgut ist ordnungsgemäß zu entsorgen.
Schnitthöhe: ..... m
Schnittbreite: ..... cm
geforderte Höhe: ..... m
Die Leistung umfasst 2 Arbeitsgänge pro Jahr.

| 3€ | 4€ | **4€** | 5€ | 6€ | [m] | ⏱ 0,10 h/m | 004.000.089 |

Nr.	Kurztext / Langtext					Kostengruppe	
▶	▷ ø netto € ◁ ◀				[Einheit]	Ausf.-Dauer	Positionsnummer
16	**Pflanzflächen mulchen, Rindenmulch**						KG **574**
	Mulchen der Pflanzfläche mit gütegesichertem Rindenmulch. Mulchdicke: über 10-15 cm Körnung: …..						
3€	4€	**4€**	5€	5€	[m²]	⏱ 0,10 h/m²	004.000.010
17	**Pflanzflächen lockern, Baumscheiben**						KG **574**
	Fertigstellungspflege mit Lockern, Säubern und Ausmähen von Pflanzflächen. Steine über 5cm Durchmesser, unerwünschter Aufwuchs und tote Triebe sind zu entfernen sowie Baumpfähle nachzurichten. Anfallende Stoffe sind abzufahren und zu entsorgen. Arbeitsgänge: 6 St						
0,5€	0,7€	**0,8€**	1,2€	1,9€	[m²]	⏱ 0,07 h/m²	004.000.030
18	**Hochstamm/Solitär, liefern/pflanzen, 100-125cm**						KG **574**
	Hochstamm in Solitärqualität mit Drahtballen liefern und pflanzen, einschl. ausheben und wiederverfüllen der Pflanzgrube sowie Herstellen der Baumscheibe mit Gießrand. Der überschüssige Boden ist im Baustellenbereich einzubauen. Gehölzeart: ….. Stammhöhe: 100-125 cm Pflanzgrube: doppelte Ballengröße Bodengruppe: …..						
25€	36€	**41€**	44€	84€	[St]	⏱ 1,60 h/St	004.000.079
19	**Hochstamm/Solitär, liefern/pflanzen, 125-150cm**						KG **574**
	Hochstamm in Solitärqualität mit Drahtballen liefern und pflanzen, einschl. ausheben und wiederverfüllen der Pflanzgrube sowie Herstellen der Baumscheibe mit Gießrand. Der überschüssige Boden ist im Baustellenbereich einzubauen. Gehölzeart: ….. Stammhöhe: 125-150 cm Pflanzgrube: doppelte Ballengröße Bodengruppe: …..						
28€	51€	**66€**	97€	135€	[St]	⏱ 1,60 h/St	004.000.080
20	**Hochstamm/Solitär, liefern/pflanzen, 150-200cm**						KG **574**
	Hochstamm in Solitärqualität mit Drahtballen liefern und pflanzen, einschl. ausheben und wiederverfüllen der Pflanzgrube sowie Herstellen der Baumscheibe mit Gießrand. Der überschüssige Boden ist im Baustellenbereich einzubauen. Gehölzeart: ….. Stammhöhe: 150-200 cm Pflanzgrube: doppelte Ballengröße Bodengruppe: …..						
37€	76€	**82€**	127€	187€	[St]	⏱ 1,90 h/St	004.000.081

003
004
080

LB 004 Landschaftsbauarbeiten - Pflanzen

Kosten:
Stand 1.Quartal 2018
Bundesdurchschnitt

▶ min
▷ von
ø Mittel
◁ bis
◀ max

Nr.	Kurztext / Langtext					[Einheit]	Ausf.-Dauer	Kostengruppe Positionsnummer
▶	▷	ø netto €	◁	◀				

21 Hochstamm/Solitär, liefern/pflanzen, über 200cm — KG 574
Hochstamm in Solitärqualität mit Drahtballen liefern und pflanzen, einschl. ausheben und wiederverfüllen der Pflanzgrube sowie Herstellen der Baumscheibe mit Gießrand. Der überschüssige Boden ist im Baustellenbereich einzubauen.
Gehölzeart: .....
Stammhöhe: über 200 cm
Pflanzgrube: doppelte Ballengröße
Bodengruppe: .....

| 112€ | 146€ | **158**€ | 179€ | 215€ | [St] | ⏱ 2,00 h/St | 004.000.082 |

22 Großgehölz mit Ballen, pflanzen — KG 574
Großgehölz mit Ballen in Baumgrubensubstrat pflanzen. Leistung inkl. ausheben und wiederverfüllen der Pflanzgrube sowie Herstellen der Baumscheibe mit Gießrand. Der überschüssige Boden ist im Baustellenbereich einbauen.
Gehölzeart: .....
Pflanzqualität: mit Ballen
Stammhöhe: 125-150 cm
Bodengruppe: .....
Angeb. Baumsubstrat: .....

| 37€ | 59€ | **69**€ | 82€ | 101€ | [St] | ⏱ 1,90 h/St | 004.000.031 |

23 Sträucher liefern/pflanzen, bis 80cm — KG 574
Strauch in herzustellende und wieder zu verfüllende Pflanzgrube pflanzen, einschl. Pflanzschnitt.
Strauchart: .....
Pflanzqualität: .....
Strauchhöhe: bis 80 cm
Pflanzgrube: doppelte Ballengröße
Bodengruppe: .....

| 2€ | 4€ | **5**€ | 6€ | 10€ | [St] | ⏱ 0,10 h/St | 004.000.084 |

24 Sträucher liefern/pflanzen, 80-100cm — KG 574
Strauch in herzustellende und wieder zu verfüllende Pflanzgrube pflanzen, einschl. Pflanzschnitt.
Strauchart: .....
Pflanzqualität: .....
Strauchhöhe: 80-100 cm
Pflanzgrube: doppelte Ballengröße
Bodengruppe: .....

| 7€ | 11€ | **14**€ | 16€ | 21€ | [St] | ⏱ 0,13 h/St | 004.000.083 |

25 Sträucher liefern/pflanzen, 100-150cm — KG 574
Strauch in herzustellende und wieder zu verfüllende Pflanzgrube pflanzen, einschl. Pflanzschnitt.
Strauchart: .....
Pflanzqualität: .....
Strauchhöhe: 100-150 cm
Pflanzgrube: doppelte Ballengröße
Bodengruppen: .....

| 5€ | 6€ | **7**€ | 8€ | 10€ | [St] | ⏱ 0,18 h/St | 004.000.085 |

© **BKI** Baukosteninformationszentrum; Erläuterungen zu den Tabellen siehe Seite 46
Mustertexte geprüft: Deutsche Gesellschaft für Garten- und Landschaftskultur e.V.

Nr.	Kurztext / Langtext							Kostengruppe
▶	▷	ø netto €	◁	◀	[Einheit]		Ausf.-Dauer	Positionsnummer

26 Sträucher liefern/pflanzen, über 150cm KG **574**
Strauch pflanzen in herzustellende und wieder zu verfüllende Pflanzgrube, einschl. Pflanzschnitt.
Strauchart: .....
Pflanzqualität: .....
Strauchhöhe: über 150 cm
Pflanzgrube: doppelte Ballengröße
Bodengruppe: .....

| 6€ | 9€ | **10€** | 11€ | 14€ | [St] | ⏱ 0,20 h/St | 004.000.006 |

27 Hecke, liefern/pflanzen, bis 100cm KG **574**
Heckenpflanze in Solitärqualität mit Ballen in vorbereiteten und wieder zu verfüllenden Pflanzgraben pflanzen, einschl. Pflanzschnitt. Überschüssiger Boden ist im Baustellenbereich einbauen.
Heckenpflanze: .....
Pflanzqualität: .....
Höhe: bis 100 cm
Pflanzabstand: 50 cm
Bodengruppe: .....

| 0,8€ | 1,0€ | **1,4€** | 1,6€ | 2,2€ | [St] | ⏱ 0,16 h/St | 004.000.086 |

28 Hecke, liefern/pflanzen, über 150cm KG **574**
Heckenpflanze in Solitärqualität mit Ballen in vorbereiteten und wieder zu verfüllenden Pflanzgraben pflanzen, einschl. Pflanzschnitt. Überschüssiger Boden ist im Baustellenbereich einbauen.
Heckenpflanze: .....
Pflanzqualität: .....
Höhe: über 150 cm
Bodengruppe: .....

| 6€ | 8€ | **9€** | 9€ | 11€ | [St] | ⏱ 0,24 h/St | 004.000.087 |

29 Blumenzwiebeln liefern/pflanzen KG **574**
Blumenzwiebel nach Planung in vorbereitete Pflanzfläche pflanzen.
Staudensorte: .....
Pflanzqualität: .....
Bodengruppe: .....

| 0,2€ | 0,2€ | **0,3€** | 0,3€ | 0,4€ | [St] | ⏱ 0,01 h/St | 004.000.009 |

30 Vorratsdüngung 50g KG **574**
Düngung der Pflanzfläche, mit organisch-mineralischem Dünger mit Langzeitwirkung. Dünger aufbringen und einarbeiten.
Menge: 50 g/m²
Angeb. Fabrikat: .....

| 0,1€ | 0,3€ | **0,3€** | 0,6€ | 1,0€ | [m²] | ⏱ 0,01 h/m² | 004.000.059 |

31 Rasenplanum KG **575**
Planum für Rasenfläche mit Entfernen von Steinen, Abfall, schwerverrottbaren Pflanzenteilen und unerwünschtem Aufwuchs. Die anfallende Stoffe sind zu entsorgen.
Bodengruppe: .....
Zulässige Abweichung der Ebenheit: ±1 cm

| 0,9€ | 1,7€ | **1,8€** | 1,9€ | 2,5€ | [m²] | ⏱ 0,02 h/m² | 004.000.017 |

LB 004 Landschaftsbauarbeiten - Pflanzen

Kosten:
Stand 1.Quartal 2018
Bundesdurchschnitt

Nr.	Kurztext / Langtext					[Einheit]	Ausf.-Dauer	Kostengruppe Positionsnummer
▶	▷	ø netto €	◁	◀				

32   Rasensubstrat liefern, einsähen   KG **575**
Rasenansaat mit Regel-Saatgutmischung in einem Arbeitsgang.
RSM-Mischung: .....
Saatgutmenge: 30 g/m²
Angeb. Fabrikat: .....

| 0,3€ | 0,5€ | **0,7€** | 0,9€ | 1,2€ | [m²] | ⏱ 0,01 h/m² | 004.000.016 |

33   Ansaat, Gebrauchsrasen   KG **575**
Rasenansaat mit Regel-Saatgutmischung als Gebrauchsrasen in zwei Arbeitsgängen.
RSM-Mischung: .....
Saatgutmenge: 25 g/m²
Angeb. Fabrikat: .....

| 0,3€ | 0,4€ | **0,4€** | 0,5€ | 0,6€ | [m²] | ⏱ 0,01 h/m² | 004.000.028 |

34   Ansaat, Spielrasen   KG **575**
Rasenansaat mit Regel-Saatgutmischung als Spielrasen in zwei Arbeitsgängen.
RSM-Mischung: .....
Saatgutmenge: 25 g/m²
Angeb. Fabrikat: .....

| 0,5€ | 0,8€ | **0,9€** | 1,3€ | 2,1€ | [m²] | ⏱ 0,01 h/m² | 004.000.027 |

35   Fertigrasen liefern, einbauen   KG **575**
Fertigrasen als Rollrasen mit Regel-Saatgutmischung.
RSM-Mischung: .....
Dicke: ..... cm
Bodengruppe: .....

| 6€ | 8€ | **8€** | 9€ | 10€ | [m²] | ⏱ 0,25 h/m² | 004.000.018 |

36   Schotterrasen herstellen   KG **575**
Schotterrasen mit Regel-Saatgutmischung als Gebrauchsrasen auf vorhandener Frostschutzschicht herstellen.
Gemisch aus: 30% Oberboden, 70% Schotter
Schotter: 16/45
Bodengruppe: .....
Dicke: 10 cm
RSM-Mischung: .....
Saatgutmenge: 30 g/m²
Angeb. Fabrikat: .....

| 10€ | 11€ | **12€** | 13€ | 15€ | [m²] | ⏱ 0,15 h/m² | 004.000.019 |

37   Rasenfläche düngen   KG **575**
Düngung der Rasenfläche mit langsam wirkendem Rasendünger nach dem ersten Schnitt.
Menge: 5 g/m²
Angeb. Fabrikat: .....

| 0,1€ | 0,3€ | **0,4€** | 0,4€ | 0,5€ | [m²] | ⏱ 0,01 h/m² | 004.000.020 |

▶ min
▷ von
ø Mittel
◁ bis
◀ max

Nr.	Kurztext / Langtext				[Einheit]	Ausf.-Dauer	Kostengruppe Positionsnummer
▶	▷	ø netto €	◁	◀			

38 Fertigstellungspflege, Rasenflächen — KG **575**

Fertigstellungspflege für Rasenflächen in mind. 5 Mähgängen, inkl. Entsorgung des Schnittguts. Die Schnitte müssen bei einer Wuchshöhe von 6-10cm durchgeführt werden. Der Schnittzeitpunkt ist mit der Bauleitung abzustimmen.

| 0,9€ | 1,5€ | **1,7€** | 2,2€ | 2,9€ | [m²] | ⏱ 0,01 h/m² | 004.000.021 |

39 Heckenpflanze, Hainbuche bis 100cm — KG **574**

Hainbuche - Carpinus betulus liefern und einpflanzen.
Pflanzqualität: Heckenpflanze 2x verpflanzt mit Ballen
Höhe: bis 100 cm
Bodengruppe: .....

| 8€ | 10€ | **11€** | 13€ | 16€ | [St] | ⏱ 0,17 h/St | 004.000.032 |

40 Heckenpflanze, Hainbuche bis 200cm — KG **574**

Hainbuche - Carpinus betulus liefern und einpflanzen.
Pflanzqualität: Heckenpflanze 2x verpflanzt mit Ballen
Höhe: bis 200 cm
Bodengruppe: .....

| 9€ | 11€ | **11€** | 12€ | 15€ | [St] | ⏱ 0,18 h/St | 004.000.111 |

41 Heckenpflanze, Eibe bis 200cm — KG **574**

Gewöhnliche Eibe - Taxus baccata liefern und einpflanzen.
Pflanzqualität: Heckenpflanze 5x verpflanzt mit Drahtballen
Höhe: bis 200 cm
Bodengruppe: .....

| 58€ | 75€ | **80€** | 81€ | 104€ | [St] | ⏱ 0,18 h/St | 004.000.113 |

42 Heckenpflanze, Buchsbaum — KG **574**

Buchsbaum - Buxus sempervierens liefern und einpflanzen.
Pflanzqualität: Heckenpflanze 2x verpflanzt im Container
Höhe: 20-25 cm
Bodengruppe: .....

| 2€ | 4€ | **4€** | 4€ | 5€ | [St] | ⏱ 0,17 h/St | 004.000.033 |

43 Heckenpflanze, Liguster bis 100cm — KG **574**

Liguster - Ligustrum vulgare liefern und einpflanzen.
Pflanzqualität: Heckenpflanze verpflanzter Strauch 6 Triebe ohne Ballen
Höhe: bis 100 cm
Bodengruppe: .....

| 1,0€ | 2,1€ | **2,5€** | 3,2€ | 4,3€ | [St] | ⏱ 0,17 h/St | 004.000.034 |

44 Heckenpflanze, Liguster bis 200cm — KG **574**

Liguster - Ligustrum vulgare liefern und einpflanzen.
Pflanzqualität: Heckenpflanze verpflanzter Strauch 8 Triebe ohne Ballen
Höhe: bis 200 cm
Bodengruppe: .....

| 2€ | 3€ | **3€** | 4€ | 5€ | [St] | ⏱ 0,18 h/St | 004.000.114 |

© BKI Baukosteninformationszentrum; Erläuterungen zu den Tabellen siehe Seite 46
Mustertexte geprüft: Deutsche Gesellschaft für Garten- und Landschaftskultur e.V.

Kostenstand: 1.Quartal 2018, Bundesdurchschnitt

LB 004 Landschaftsbauarbeiten - Pflanzen

Kosten: Stand 1.Quartal 2018 Bundesdurchschnitt

Nr.	Kurztext / Langtext ▶ ▷ ø netto € ◁ ◀	[Einheit]	Ausf.-Dauer	Kostengruppe Positionsnummer
45	**Heckenpflanze, Lorbeerkirsche bis 100cm**			KG **574**
	Kirschlorbeer - Prunus laurocerrasus liefern und einpflanzen. Pflanzqualität: Heckenpflanze 2x verpflanzt ohne Ballen mit 5-7 Trieben Höhe: bis 100 cm Bodengruppe:			
	14€ 15€ **17€** 17€ 19€	[St]	0,17 h/St	004.000.077
46	**Heckenpflanze, Lorbeerkirsche bis 200cm**			KG **574**
	Kirschlorbeer - Prunus laurocerrasus liefern und einpflanzen. Pflanzqualität: Heckenpflanze 2x verpflanzt ohne Ballen mit 8 Trieben Höhe: bis 200 cm Bodengruppe:			
	36€ 43€ **46€** 53€ 54€	[St]	0,18 h/St	004.000.115
47	**Heckenpflanze, Rot-Buche bis 200cm**			KG **574**
	Rot-Buche - Fagus sylvatica liefern und einpflanzen. Pflanzqualität: Heckenpflanze 3x verpflanzt mit Ballen geschnitten Höhe: 175-200 cm Bodengruppe:			
	19€ 26€ **28€** 31€ 36€	[St]	0,18 h/St	004.000.124
48	**Heckenpflanze, Blut-Buche bis 200cm**			KG **574**
	Blut-Buche - Fagus sylvatica purpurea liefern und einpflanzen. Pflanzqualität: Heckenpflanze 3x verpflanzt mit Ballen geschnitten Höhe: 175-200 cm Bodengruppe:			
	21€ 28€ **30€** 34€ 40€	[St]	0,18 h/St	004.000.126
49	**Heckenpflanze, Feld-Ahorn bis 100cm**			KG **574**
	Feld-Ahorn - Acer campestre liefern und einpflanzen. Pflanzqualität: Heckenpflanze 2x verpflanzt mit Ballen geschnitten Höhe: 100-125 cm Bodengruppe:			
	7€ 10€ **10€** 12€ 12€	[St]	0,17 h/St	004.000.127
50	**Heckenpflanze, Feld-Ahorn bis 200cm**			KG **574**
	Feld-Ahorn - Acer campestre liefern und einpflanzen. Pflanzqualität: Heckenpflanze 2x verpflanzt mit Ballen geschnitten Höhe: 175-200 cm Bodengruppe:			
	11€ 15€ **15€** 18€ 19€	[St]	0,18 h/St	004.000.128

▶ min
▷ von
ø Mittel
◁ bis
◀ max

Nr.	Kurztext / Langtext					Einheit	Ausf.-Dauer	Kostengruppe Positionsnummer
▶	▷	ø netto €	◁	◀				

51 Solitärbaum, Säulen-Hainbuche KG **574**
Säulen Hainbuche - Carpinus betulus Fastigiata liefern in herzustellende Pflanzgrube pflanzen, einschl. Pflanzenverankerung.
Pflanzqualität: Hochstamm 3x verpflanzt mit Drahtballen
Stammumfang: 10-12 cm
Bodengruppe: .....
Pflanzenverankerung: Pfahl-Zweibock
Pfähle: unbehandelt
Bindegut: Kokosstrick

| 264€ | 316€ | **341**€ | 371€ | 416€ | [St] | ⌛ 2,60 h/St | 004.000.078 |

52 Solitärbaum, Rotblühende Rosskastanie KG **574**
Rotblühende Rosskastanie - Aecsulus carnea liefern in herzustellende und wieder zu verfüllende Pflanzgrube pflanzen.
Pflanzqualität: Hochstamm 4x verpflanzt mit Drahtballen
Stammumfang: 18-20 cm
Bodengruppe: .....

| 266€ | 379€ | **386**€ | 481€ | 632€ | [St] | ⌛ 2,60 h/St | 004.000.036 |

53 Solitärbaum, Spitz-Ahorn KG **574**
Spitzahorn - Acer platanoides liefern in herzustellende und wieder zu verfüllende Pflanzgrube pflanzen.
Pflanzqualität: Hochstamm 4x verpflanzt mit Drahtballen
Stammumfang: 18-20 cm
Bodengruppe: .....

| 238€ | 287€ | **305**€ | 323€ | 387€ | [St] | ⌛ 2,60 h/St | 004.000.037 |

54 Solitärbaum, Feld-Ahorn KG **574**
Feld-Ahorn - Acer platanoides liefern in herzustellende und wieder zu verfüllende Pflanzgrube pflanzen.
Pflanzqualität: Hochstamm 3x verpflanzt mit Drahtballen
Bodengruppe: .....

| 142€ | 208€ | **250**€ | 305€ | 390€ | [St] | ⌛ 2,60 h/St | 004.000.038 |

55 Solitärbaum, Winterlinde KG **574**
Winterlinde - Tilia cordata liefern in herzustellende und wieder zu verfüllende Pflanzgrube pflanzen.
Pflanzqualität: Hochstamm 4x verpflanzt mit Drahtballen
Stammumfang: 25-30 cm
Höhe: 400-500 cm
Breite: 200-300 cm
Bodengruppe: .....

| 233€ | 291€ | **320**€ | 346€ | 399€ | [St] | ⌛ 3,40 h/St | 004.000.041 |

56 Solitärbaum, Wald-Kiefer KG **574**
Wald-Kiefer - Pinus sylvestris liefern in herzustellende und wieder zu verfüllende Pflanzgrube pflanzen.
Pflanzqualität: Hochstamm 4x verpflanzt mit Drahtballen
Stammumfang: 18-20 cm
Höhe: 100-150 cm
Bodengruppe: .....

| 205€ | 379€ | **403**€ | 417€ | 507€ | [St] | ⌛ 2,60 h/St | 004.000.064 |

003
004
080

LB 004 Landschaftsbauarbeiten - Pflanzen

Kosten:
Stand 1.Quartal 2018
Bundesdurchschnitt

▶ min
▷ von
ø Mittel
◁ bis
◀ max

Nr.	Kurztext / Langtext					[Einheit]	Ausf.-Dauer	Kostengruppe Positionsnummer
▶	▷	ø netto €	◁	◀				

57 Solitärbaum, Hainbuche KG **574**
Hainbuche - Carpinus betulus liefern in herzustellende und wieder zu verfüllende Pflanzgrube pflanzen, einschl. Pflanzenverankerung.
Pflanzqualität: Hochstamm 3x verpflanzt
Stammumfang: 16-18 cm
Bodengruppe: .....
Pflanzenverankerung: Pfahl-Zweibock
Pfähle: unbehandelt
Bindegut: Kokosstrick
147 €   200 €   **228** €   285 €   365 €   [St]   ⏱ 3,00 h/St   004.000.090

58 Solitärbaum, gemeine Eberesche KG **574**
Gemeine Eberesche - Sorbus aucuparie liefern in herzustellende und wieder zu verfüllende Pflanzgrube pflanzen.
Pflanzqualität: Hochstamm 3x verpflanzt mit Drahtballen
Stammumfang: 16-18 cm
Bodengruppe: .....
109 €   154 €   **178** €   206 €   254 €   [St]   ⏱ 2,00 h/St   004.000.100

59 Solitärbaum, Baum-Hasel KG **574**
Baum-Hasel - Corylus colurna liefern in herzustellende und wieder zu verfüllende Pflanzgrube pflanzen.
Pflanzqualität: Hochstamm 3x verpflanzt mit Drahtballen
Stammumfang: 16-18 cm
Bodengruppe: .....
157 €   169 €   **228** €   253 €   281 €   [St]   ⏱ 2,00 h/St   004.000.101

60 Obstgehölz, Apfel in Sorten KG **574**
Obstgehölze in Sorten liefern in herzustellende und wieder zu verfüllende Pflanzgrube pflanzen.
Pflanzqualität: Hochstamm 3x verpflanzt mit Drahtballen
Stammumfang: 16-18 cm
Bodengruppe: .....
130 €   200 €   **216** €   269 €   344 €   [St]   ⏱ 2,30 h/St   004.000.040

61 Obstgehölz, Zier-Apfel `Evereste` KG **574**
Zier-Apfel - Malus Evereste liefern in herzustellende und wieder zu verfüllende Pflanzgrube pflanzen.
Pflanzqualität: Hochstamm 3x verpflanzt mit Drahtballen
Stammumfang: 16-18 cm
Bodengruppe: .....
125 €   202 €   **254** €   310 €   396 €   [St]   ⏱ 2,30 h/St   004.000.091

62 Obstgehölz, Weidenblättrige Birne, StU 16-18 KG **574**
Weidenblättrige Birne -Pyrus salicifolia, liefern in herzustellende und wieder zu verfüllende Pflanzgrube pflanzen.
Pflanzqualität: Hochstamm 3x verpflanzt mit Drahtballen
Stammumfang: 16-18 cm
Bodengruppe: .....
233 €   308 €   **328** €   364 €   390 €   [St]   ⏱ 2,30 h/St   004.000.106

Nr.	Kurztext / Langtext							Kostengruppe
▶	▷	ø netto €	◁	◀	[Einheit]		Ausf.-Dauer	Positionsnummer

63 Obstgehölz, Zwerg-Blut-Pflaume, 80-100 — KG **574**

Zwerg-Blut-Pflaume Prunus cistena, liefern in herzustellende und wieder zu verfüllenden Pflanzgrube pflanzen.
Pflanzqualität: Hochstamm 3x verpflanzt mit Ballen
Höhe: 80-100 cm
Bodengruppe: .....

| 20€ | 26€ | **27€** | 31€ | 40€ | [St] | ⏱ 1,45 h/St | 004.000.107 |

64 Obstgehölz, Blut-Pflaume, StU 16-18 — KG **574**

Blut-Pflaume - Prunus cistena, liefern in herzustellende und wieder zu verfüllende Pflanzgrube pflanzen.
Pflanzqualität: Hochstamm 3x verpflanzt mit Ballen
Stammumfang: 16-18 cm
Bodengruppe: .....

| 92€ | 121€ | **139€** | 158€ | 189€ | [St] | ⏱ 1,80 h/St | 004.000.108 |

65 Obstgehölz, japanische Blütenkirsche, StU 12-14 — KG **574**

Japanische Blütenkirsche - Prunus serrulata, liefern in herzustellende und wieder zu verfüllende Pflanzgrube pflanzen.
Pflanzqualität: Hochstamm 3x verpflanzt mit Drahtballen
Stammumfang: 12-14 cm
Bodengruppe: .....

| 203€ | 237€ | **253€** | 268€ | 289€ | [St] | ⏱ 1,80 h/St | 004.000.110 |

66 Obstgehölze, 175-200cm — KG **574**

Obstgehölz in Solitärqualität in herzustellende und wieder zu verfüllende Pflanzgrube pflanzen.
Gehölzeart: .....
Pflanzqualität: Hochstamm 5x verpflanzt
Kronenansatz über Gelände: mind. 1,00 m
Stammhöhe: 175-200 cm
Stammumfang: 10-20 cm

| 33€ | 44€ | **53€** | 59€ | 71€ | [St] | ⏱ 1,30 h/St | 004.000.098 |

67 Weidentunnel, Silber-Weide — KG **574**

Silber-Weide - Salix alba liefern und pflanzen. Pflanzruten als Weidentunnel mit einander verflechten.
Material: geeignet für Einbau als Weidentunnel
Qualität: zweijährig, schlank und gleichmäßig biegsam
Äste: Länge ca. 3,00 m

| 2€ | 3€ | **3€** | 4€ | 6€ | [St] | ⏱ 0,08 h/St | 004.000.076 |

68 Strauchpflanze, Purpur-Weide — KG **574**

Purpur-Weide - Salix purpurea, liefern in herzustellende und wieder zu verfüllende Pflanzgrube pflanzen.
Pflanzqualität: Strauch ohne Ballen 4 Triebe
Höhe: 100-150 cm
Bodengruppe: .....

| 1€ | 2€ | **2€** | 2€ | 3€ | [St] | ⏱ 0,04 h/St | 004.000.070 |

003
004
080

LB 004 Landschaftsbauarbeiten - Pflanzen

Kosten:
Stand 1.Quartal 2018
Bundesdurchschnitt

Nr.	Kurztext / Langtext						Kostengruppe
▶	▷	ø netto €	◁	◀	[Einheit]	Ausf.-Dauer	Positionsnummer

69   Strauchpflanze, Kupfer-Felsenbirne   KG **574**
Kupfer-Felsenbirne - Amelanchier lamarckii, liefern in herzustellende und wieder zu verfüllenden Pflanzgrube pflanzen.
Pflanzqualität: Strauch 3x verpflanzt 3-5 Triebe mit Ballen
Höhe: 100-150 cm
Bodengruppe: .....
25€   30€   **33**€   35€   46€   [St]   ⏱ 0,95 h/St   004.000.042

70   Strauchpflanze, Gewöhnliche Haselnuss   KG **574**
Gewöhnliche Haselnuss - Corylus avellana, liefern in herzustellende und wieder zu verfüllende Pflanzgrube pflanzen.
Pflanzqualität: Strauch 3x verpflanzt mit Ballen
Höhe: 125-150 cm
Bodengruppe: .....
15€   18€   **19**€   20€   24€   [St]   ⏱ 0,95 h/St   004.000.043

71   Strauchpflanze, Rhododendron in Sorten   KG **574**
Rhododendron in Sorten, liefern in herzustellende und wieder zu verfüllende Pflanzgrube pflanzen.
Pflanzqualität: Strauch im Container l
Höhe: 40-50 cm
Bodengruppe: .....
25€   31€   **33**€   37€   45€   [St]   ⏱ 0,25 h/St   004.000.044

72   Strauchpflanze, Hortensie in Sorten   KG **574**
Hortensien - Hydrangea in Sorten, liefern in herzustellende und wieder zu verfüllende Pflanzgrube pflanzen.
Pflanzqualität: Strauch im Container 3 l
Höhe: 40-60 cm
Bodengruppe: .....
8€   10€   **11**€   14€   18€   [St]   ⏱ 0,20 h/St   004.000.045

73   Strauchpflanze, Flieder in Sorten   KG **574**
Gemeiner Flieder - Syringa vulgaris, liefern in herzustellende und wieder zu verfüllende Pflanzgrube pflanzen.
Pflanzqualität: Strauch 3x verpflanzt mit Ballen
Höhe: 125-150 cm
Bodengruppe: .....
23€   38€   **43**€   47€   62€   [St]   ⏱ 0,28 h/St   004.000.046

74   Strauchpflanze, Forsythie   KG **574**
Forsythie - Forsythia intermedia, liefern in herzustellende und wieder zu verfüllende Pflanzgrube pflanzen.
Pflanzqualität: Solitär 3x verpflanzt mit Drahtballen
Höhe: 125-150 cm
Bodengruppe: .....
12€   14€   **14**€   15€   19€   [St]   ⏱ 0,28 h/St   004.000.116

▶ min
▷ von
ø Mittel
◁ bis
◀ max

Nr.	Kurztext / Langtext							Kostengruppe
▶	▷	ø netto €	◁	◀	[Einheit]	Ausf.-Dauer	Positionsnummer	

75 Strauchpflanze, Lavendel — KG **574**
Lavendel - Lavandula angustifolia, liefern in herzustellende und wieder zu verfüllende Pflanzgrube pflanzen.
Pflanzqualität: im Container
Höhe: bis 25 cm
Bodengruppe: .....
| 1,0€ | 1€ | **2€** | 2€ | 2€ | [St] | 0,05 h/St | 004.000.117 |

76 Strauchpflanze, Kornelkirsche — KG **574**
Kornellkirsche - Cornus mas, liefern in herzustellende und wieder zu verfüllende Pflanzgrube pflanzen.
Pflanzqualität: Strauch 3x verpflanzt mit Ballen
Höhe: 150-175 cm
Bodengruppe: .....
| 21€ | 27€ | **30€** | 32€ | 37€ | [St] | 0,25 h/St | 004.000.047 |

77 Strauchpflanze, Roter Hartriegel — KG **574**
Roter Hartriegel - Cornus sanguinea, liefern in herzustellende und wieder zu verfüllende Pflanzgrube pflanzen.
Pflanzqualität: im Container
Höhe: 60-80 cm
Bodengruppe: .....
| 1€ | 2€ | **3€** | 4€ | 5€ | [St] | 0,25 h/St | 004.000.119 |

78 Strauchpflanze, Heckeneibe — KG **574**
Heckeneibe - Taxus mdeia, liefern in herzustellende und wieder zu verfüllende Pflanzgrube pflanzen.
Pflanzqualität: Strauch 5x verpflanzt mit Drahtballen
Höhe: 80-100 cm
Bodengruppe: .....
| 20€ | 44€ | **44€** | 59€ | 80€ | [St] | 0,28 h/St | 004.000.093 |

79 Strauchpflanze, Berberitze in Sorten — KG **574**
Berberitze - Berberis candidula, liefern in herzustellende und wieder zu verfüllende Pflanzgrube pflanzen.
Pflanzqualität: Busch 2x verpflanzt mit Ballen
Höhe: 40-50 cm
Bodengruppe: .....
| 10€ | 13€ | **15€** | 15€ | 18€ | [St] | 0,25 h/St | 004.000.071 |

80 Strauchpflanze, Zwergmispel in Sorten — KG **574**
Zwergmispel - Cotoneaster dammeri, liefern in herzustellende und wieder zu verfüllende Pflanzgrube pflanzen.
Pflanzqualität: Busch 2x verpflanzt im Container 2 l
Höhe: 40-60 cm
Bodengruppe: .....
| 1€ | 2€ | **2€** | 3€ | 5€ | [St] | 0,04 h/St | 004.000.072 |

81 Strauchpflanze, Rotdorn in Sorten — KG **574**
Rotdorn - Crataegus laevigata, liefern in herzustellende und wieder zu verfüllende Pflanzgrube pflanzen.
Pflanzqualität: Hochstamm 4x verpflanzt mit Drahtballen
Stammumfang: 20-25 cm
Bodengruppe: .....
| 3€ | 5€ | **5€** | 7€ | 9€ | [St] | 3,40 h/St | 004.000.073 |

003
004
080

LB 004 Landschaftsbauarbeiten - Pflanzen

Nr.	Kurztext / Langtext							Kostengruppe
▶	▷	ø netto €	◁	◀		[Einheit]	Ausf.-Dauer	Positionsnummer

82 Strauchpflanze, Immergrüne Heckenkirsche — KG 574

Immergrüne Heckenkirsche - Lonicera nitida, liefern in herzustellende und wieder zu verfüllende Pflanzgrube pflanzen.
Pflanzqualität: Strauch 2x verpflanzt mit Topfballen
Höhe: 40-60 cm
Bodengruppe: .....

| 1€ | 2€ | **2€** | 3€ | 4€ | [St] | ⏱ 0,04 h/St | 004.000.074 |

83 Strauchpflanze, rote Heckenkirsche — KG 574

Heckenkirsche - Lonicera xylosteum, liefern in herzustellende und wieder zu verfüllende Pflanzgrube pflanzen.
Pflanzqualität: Strauch .....x verpflanzt ohne Ballen 5 Triebe
Höhe: 100-150 cm
Bodengruppe: .....

| 1€ | 3€ | **4€** | 5€ | 8€ | [St] | ⏱ 0,08 h/St | 004.000.075 |

84 Strauchpflanze, Rote Johannisbeere in Sorten — KG 574

Rote Johannisbeere - Ribes robrum, liefern in herzustellende und wieder zu verfüllende Pflanzgrube pflanzen.
Pflanzqualität: im Container
Höhe: 30 cm
Bodengruppe: .....

| 2€ | 3€ | **3€** | 3€ | 5€ | [St] | ⏱ 0,05 h/St | 004.000.120 |

85 Strauchpflanze, Osterschneeball — KG 574

Osterschneeball - Virburnum burkwudii, liefern in herzustellende und wieder zu verfüllende Pflanzgrube pflanzen.
Pflanzqualität: im Container
Höhe bis 25 cm
Bodengruppe: .....

| 4€ | 5€ | **6€** | 6€ | 6€ | [St] | ⏱ 2,00 h/St | 004.000.138 |

86 Staude, Ziergräser in Sorten — KG 574

Ziergräser in verschiedenen Sorten liefern und einpflanzen.
Pflanzqualität: Staude, im Topfballen
Bodengruppe: .....

| 1€ | 2€ | **2€** | 2€ | 3€ | [St] | ⏱ 0,04 h/St | 004.000.053 |

87 Staude, Feinhalm-Chinaschilf — KG 574

Feinhalm-Chinaschilf - Miscanthus sinensis liefern und einpflanzen.
Pflanzqualität: Staude, im Topfballen
Bodengruppe: .....

| 3€ | 4€ | **4€** | 4€ | 5€ | [St] | ⏱ 0,04 h/St | 004.000.055 |

88 Staude, Heckenrose — KG 574

Heckenrose - Rosa canina liefern und einpflanzen.
Pflanzqualität: Staude ohne Ballen 3-4 Triebe
Höhe: 60-100 cm
Bodengruppe: .....

| 1€ | 2€ | **2€** | 2€ | 3€ | [St] | ⏱ 0,08 h/St | 004.000.057 |

Kosten:
Stand 1.Quartal 2018
Bundesdurchschnitt

▶ min
▷ von
ø Mittel
◁ bis
◀ max

Nr.	Kurztext / Langtext							Kostengruppe
▶	▷	ø netto €	◁	◀	[Einheit]	Ausf.-Dauer	Positionsnummer

89 Staude, wilde Rosen in Sorten — KG 574
Wilde Rosen in Sorten liefern und einpflanzen.
Pflanzqualität: Staude ohne Ballen 3-4 Triebe
Bodengruppe: .....

| 3€ | 3€ | **3€** | 4€ | 4€ | [St] | ⏱ 0,08 h/St | 004.000.058 |

90 Staude, Sommer-Salbei — KG 574
Sommer-Salbei - Salvia nemerosa, liefern und einpflanzen.
Pflanzqualität: Staude mit Topfballen
Bodengruppe: .....

| 2€ | 2€ | **2€** | 2€ | 2€ | [St] | ⏱ 0,04 h/St | 004.000.121 |

91 Staude, Kissen-Aster — KG 574
Kissen-Aster - Aster dumosus, liefern und einpflanzen.
Pflanzqualität: Staude mit Topfballen
Bodengruppe: .....

| 1€ | 2€ | **2€** | 2€ | 2€ | [St] | ⏱ 0,04 h/St | 004.000.122 |

92 Staude, Weißer Blut-Storchenschnabel — KG 574
Weißer Blut-Storchenschnabel - Geranium sanguineum, liefern und einpflanzen.
Pflanzqualität: Staude mit Topfballen
Bodengruppe: .....

| 1€ | 1€ | **1€** | 2€ | 2€ | [St] | ⏱ 0,04 h/St | 004.000.095 |

93 Staude, Pracht-Storchenschnabel — KG 574
Pracht-Storchenschnabel - Geranium x magnificum, liefern und einpflanzen.
Pflanzqualität: Staude mit Topfballen
Bodengruppe: .....

| 1,0€ | 2€ | **2€** | 2€ | 3€ | [St] | ⏱ 0,04 h/St | 004.000.096 |

94 Rankpflanze, Wilder Wein — KG 574
Wilder Wein - Parthenocissus quinquefolia, liefern und einpflanzen.
Pflanzqualität: ohne Ballen 4-6 Triebe
Höhe: 60-80 cm
Bodengruppe: .....

| 4€ | 6€ | **7€** | 7€ | 9€ | [St] | ⏱ 0,12 h/St | 004.000.056 |

95 Fertigstellungspflege Stauden, Bodendecker — KG 574
Fertigstellungspflege Stauden und Bodendecker:
 – Pflanzfläche, lockern hierbei sind die Besonderheiten des Bewuchs zu beachten
 – unerwünschter Aufwuchs ist abzutrennen und zu entfernen
 – Steine Durchmesser größer 5cm und Unrat aus gelockerten Flächen sind abzulesen
 – Trockene oder beschädigte Planzenteile abschneiden und entfernen.
 – Pflanzenschnitt entsprechen den Besonderheiten der betreffenden Pflanzenart durchführen
Die Leistung umfasst 3 Arbeitsgänge im Jahr, Fertigstellungspflege für 1 Jahr nach erfolgter Pflanzung.
Abrechnung in der Horizontalprojektion.

| 0,3€ | 0,9€ | **1,0€** | 1,2€ | 1,8€ | [m²] | ⏱ 0,03 h/m² | 004.000.012 |

LB 004 Landschaftsbauarbeiten - Pflanzen

Nr. ▶	Kurztext / Langtext ▷ ø netto € ◁ ◀	[Einheit]	Ausf.-Dauer	Kostengruppe Positionsnummer

96 Fertigstellungspflege, Sträucher KG **574**

Entwicklungspflege Sträucher:
– Die Leistung beginnt nach der Abnahmen und geht über die Dauer von zwei Vegetationsperioden.
– Die erforderlichen Teilleistungen sind ohne Anordnung nach den Erfordernissen rechtzeitig auszuführen.
– Die Teilleistung ist mit der Bauleitung abzustimmen und dem AG vor beginn anzuzeigen.
Die Leistung umfasst mind. 5 Pflegegänge pro Vegetationsperiode. Abrechnung nach Stundenzettel.

| 30€ | 42€ | **49€** | 52€ | 61€ | [St] | 1,20 h/St | 004.000.013 |

97 Fertigstellungspflege, Hecken bis 2,00m KG **574**

Fertigstellungspflege Hecke:
– Pflanzfläche lockern hierbei sind die Besonderheiten des Bewuchs zu beachten
– Steine Durchmesser größer 5cm und Unrat aus gelockerter Fläche sind abzulesen
– Beidseitiger Heckenschnitt entsprechend den Besonderheiten der betreffenden Pflanzenart durchführen, Schnittgut entsorgen

Schnitthöhe: bis ca. 2,00 m
Obere und untere Schnittbreite: 0,50-1,00 m
Geforderte Höhe: ..... m
Die Leistung umfasst 1 Arbeitsgang.

| 5€ | 7€ | **7€** | 8€ | 9€ | [m] | 0,18 h/m | 004.000.088 |

98 Fertigstellungspflege, Baum KG **574**

Fertigstellungspflege Baum:
– Pflanzfläche, Pflanzscheiben lockern hierbei sind die Besonderheiten des Bewuchs zu beachten
– unerwünschter Aufwuchs ist abzutrennen und zu entfernen
– Steine Durchmesser größer 5cm und Unrat aus gelockerten Flächen sind abzulesen
– Verankerungen sind zu überprüfen und gegebenenfalls nachzubessern
– Trockene oder beschädigte Planzenteile abschneiden und entfernen.
– Pflanzenschnitt entsprechender den Besonderheiten der betreffenden Pflanzenart durchführen
– Wunden an Gehölze behandeln

Die Leistung umfasst 3 Arbeitsgänge im Jahr, Fertigstellungspflege für 1 Jahr nach erfolgter Pflanzung. Abrechnung in der Horizontalprojektion.

| 14€ | 23€ | **32€** | 40€ | 45€ | [St] | 0,95 h/St | 004.000.026 |

99 Pflanzflächen wässern KG **574**

Wässern der Pflanzfläche mit Wasser aus bauseits vorhandenen Zapfstellen. Die Anzahl der Arbeitsgänge ist abhängig von den natürlichen Niederschlägen und mit AG abzustimmen.
Menge je Arbeitsgang: 25 l/m²
Entfernung der Zapfstellen: ..... m

| 0,2€ | 0,8€ | **1,0€** | 1,3€ | 2,0€ | [m²] | 0,02 h/m² | 004.000.015 |

100 Wässern der Staudenflächen KG **574**

Wässern der Staudenflächen mit Wasser aus bauseits vorhandenen Zapfstellen. Die Anzahl der Arbeitsgänge ist abhängig von den natürlichen Niederschlägen und mit dem AG abzustimmen.
Menge je Arbeitsgang: 10 l/m²
Entfernung zur Zapfstelle: ..... m
Vergütung je Arbeitsgang

| 0,3€ | 0,7€ | **0,8€** | 0,9€ | 1,4€ | [m²] | 0,05 h/m² | 004.000.139 |

Kosten: Stand 1.Quartal 2018 Bundesdurchschnitt

▶ min
▷ von
ø Mittel
◁ bis
◀ max

Nr.	Kurztext / Langtext							Kostengruppe
▶	▷	ø **netto €**	◁	◀	[Einheit]	Ausf.-Dauer	Positionsnummer

101   Wässern der Hecke KG **574**
Wässern der Hecken mit Wasser aus bauseits vorhandenen Zapfstellen. Die Anzahl der Arbeitsgänge ist abhängig von den natürlichen Niederschlägen und mit dem AG abzustimmen.
Menge je Arbeitsgang: 25 l/m²
Entfernung zur Zapfstelle: ..... m
Vergütung je Arbeitsgang

| 1€ | 2€ | **2€** | 3€ | 4€ | [m²] | ⏱ 0,05 h/m² | 004.000.140 |

102   Wässern der Gehölzflächen und Sträucher KG **574**
Wässern der Gehölzflächen und Sträucher mit Wasser aus bauseits vorhandenen Zapfstellen. Die Anzahl der Arbeitsgänge ist abhängig von den natürlichen Niederschlägen und mit dem AG abzustimmen.
Menge je Arbeitsgang: 20 l/m²
Entfernung zur Zapfstelle: ..... m
Vergütung je Arbeitsgang

| 1€ | 2€ | **2€** | 3€ | 4€ | [m²] | ⏱ 0,05 h/m² | 004.000.141 |

103   Wässern der Großgehölze KG **574**
Wässern der Großgehölze mit Wasser aus bauseits vorhandenen Zapfstellen. Die Anzahl der Arbeitsgänge ist abhängig von den natürlichen Niederschlägen und mit dem AG abzustimmen.
Menge je Arbeitsgang: 50-100 l/m²
Entfernung zur Zapfstelle: ..... m
Vergütung je Arbeitsgang

| 3€ | 6€ | **7€** | 7€ | 11€ | [St] | ⏱ 0,10 h/St | 004.000.142 |

104   Vegetationsmatte, liefern/verlegen KG **363**
Vegetationsmatte vorkultiviert, auf vorbereitete Fläche verlegen und durchdringend Bewässern.
Vegetationstyp: Sedum-Kräuter-Gräser

| 21€ | 28€ | **30€** | 33€ | 44€ | [m²] | ⏱ 0,16 h/m² | 004.000.052 |

105   Wasserpflanzen liefern KG **562**
Wasserpflanzen in verschiedenen Sorten liefern und einpflanzen
Pflanzqualität: Staude, mit Topfballen
Bodengruppe: .....

| 2€ | 3€ | **3€** | 5€ | 7€ | [St] | ⏱ 0,04 h/St | 004.000.062 |

LB 080 Straßen, Wege, Plätze

Preise €

Kosten: Stand 1.Quartal 2018 Bundesdurchschnitt

- ▶ min
- ▷ von
- ø Mittel
- ◁ bis
- ◀ max

Nr.	Positionen	Einheit	▶	▷	ø brutto € / ø netto €	◁	◀
1	Asphaltbelag aufbrechen, entsorgen	m²	15	18	**19**	22	25
			13	15	**16**	18	21
2	Abbruch, unbewehrte Betonteile	m³	53	68	**79**	88	104
			45	57	**66**	74	88
3	Abbruch Mauerwerk, Ziegel	m³	56	80	**85**	93	114
			47	67	**72**	78	96
4	Betonplatten, aufnehmen, entsorgen	m²	3	5	**5**	6	8
			3	4	**4**	5	7
5	Betonbordstein aufnehmen, entsorgen	m	6	8	**9**	9	11
			5	6	**7**	8	9
6	Befestigte Flächen aufnehmen	m²	3	5	**6**	8	11
			3	4	**5**	6	9
7	Betonpflaster aufnehmen, lagern	m²	5	8	**9**	11	14
			4	7	**8**	9	11
8	Treppen/Bordsteine/Kantensteine aufnehmen, entsorgen	m	4	6	**7**	9	13
			4	5	**6**	8	11
9	Schotter entsorgen	m³	15	19	**21**	22	26
			12	16	**17**	19	22
10	Schotter aufnehmen, lagern	m²	4	5	**6**	6	9
			3	4	**5**	5	8
11	Betonfundament	m²	173	198	**207**	214	236
			146	166	**174**	180	198
12	Betonfundament für Beleuchtung	St	153	199	**210**	226	254
			129	167	**176**	190	214
13	Planum herstellen	m²	0,6	0,7	**0,8**	0,9	1,2
			0,5	0,6	**0,7**	0,8	1,0
14	Untergrund verdichten, Wegeflächen	m²	0,4	0,8	**0,9**	1,2	1,7
			0,3	0,6	**0,8**	1,0	1,4
15	Untergrund verdichten, Fundamente	m²	0,5	0,9	**1,1**	1,2	1,5
			0,4	0,8	**0,9**	1,0	1,2
16	Frostschutzschicht, Schotter 0/16, bis 30cm	m²	9	11	**13**	15	19
			7	9	**11**	13	16
17	Frostschutzschicht, Schotter 0/32, bis 30cm	m²	10	12	**14**	15	19
			8	10	**11**	12	16
18	Frostschutzschicht, Schotter 0/45, bis 30cm	m²	11	13	**14**	16	19
			9	11	**12**	14	16
19	Frostschutzschicht, RCL 0/56, bis 30cm	m²	7	10	**10**	12	15
			6	8	**9**	10	12
20	Frostschutzschicht, Kies 0/16, bis 30cm	m²	8	11	**11**	12	14
			7	9	**9**	10	12
21	Frostschutzschicht, Kies 0/32, bis 30cm	m²	9	11	**12**	13	16
			7	9	**10**	11	13
22	Frostschutzschicht, Kies 0/45, bis 30cm	m²	11	14	**15**	16	18
			9	11	**13**	14	15
23	Tragschicht, Schotter 0/16, bis 30cm	m²	9,2	10	**11**	12	13
			7,8	8,7	**9,0**	9,9	11

© **BKI** Baukosteninformationszentrum; Erläuterungen zu den Tabellen siehe Seite 46
Mustertexte geprüft: Deutsche Gesellschaft für Garten- und Landschaftskultur e.V.

Kostenstand: 1.Quartal 2018, Bundesdurchschnitt

Straßen, Wege, Plätze

Nr.	Positionen	Einheit	▶	▷ ø brutto € ø netto €		◁	◀
24	Tragschicht, Schotter 0/32, bis 30cm	m²	9,4 7,9	12 9,8	**12** **10**	14 11	15 13
25	Tragschicht, Schotter 0/45, bis 30cm	m²	12 9,8	13 11	**14** **11**	15 12	17 14
26	Tragschicht, Kies 0/16, bis 30cm	m²	9,1 7,6	10 8,6	**10** **8,7**	11 9,3	12 10
27	Tragschicht, Kies 0/45, bis 30cm	m²	9,8 8,2	12 10	**14** **11**	14 12	17 14
28	Tragschicht aus RCL-Schotter 0/32, bis 30cm	m²	8,5 7,2	9,6 8,0	**10,0** **8,4**	11 9,0	12 10
29	Tragschicht aus RCL-Schotter 0/45, bis 30cm	m²	8,0 6,7	8,9 7,5	**9,3** **7,8**	10 8,7	12 9,8
30	Tragschicht aus RCL-Schotter 0/56, bis 30cm	m²	8,5 7,2	10 8,7	**12** **9,7**	14 12	16 13
31	Rasentragschicht 0/8	m²	6 5	7 6	**9** **7**	10 9	12 10
32	Rasentragschicht 0/16	m²	6 5	8 6	**9** **8**	11 9	13 11
33	Rasentragschicht 0/32	m²	6 5	9 8	**11** **9**	12 10	14 12
34	Rasentragschicht 0/45	m²	12 10	16 13	**19** **16**	20 17	26 21
35	Pflasterklinkerbelag	m²	45 38	71 60	**84** **70**	89 74	104 87
36	Schotterrasendeckschicht, 20cm	m²	10 8	13 11	**15** **12**	19 16	27 22
37	Asphalttragschicht, 10cm	m²	13 11	17 15	**20** **16**	22 19	27 23
38	Wassergebundene Decke	m²	10 8	11 9	**11** **10**	13 11	14 12
39	Betonplattenbelag, 40x40cm	m²	32 27	45 38	**49** **41**	56 47	67 56
40	Betonplattenbelag, großformatig	m²	54 45	60 51	**65** **54**	71 59	79 66
41	Traufe, Betonplatten, 50x50x7cm	m	7 6	8 7	**9** **8**	11 9	13 11
42	Pflasterdecke, Betonpflaster	m²	26 22	30 25	**32** **27**	34 29	39 33
43	Rasenpflaster aus Beton	m²	40 33	44 37	**46** **39**	48 41	54 46
44	Pflasterdecke, Beton mit Sickerfugen	m²	23 19	31 26	**33** **28**	38 32	44 37
45	Rippenplatten, 30x30x8, Rippenabstand 50x6, o. Fase, weiß	m²	– –	99 84	**114** **96**	134 112	– –
46	Rippenplatten, 30x30x8, Rippenabstand 50x6, mit Fase, weiß	m²	– –	107 90	**117** **98**	139 117	– –

© **BKI** Baukosteninformationszentrum; Erläuterungen zu den Tabellen siehe Seite 46
Mustertexte geprüft: Deutsche Gesellschaft für Garten- und Landschaftskultur e.V.

Kostenstand: 1.Quartal 2018, Bundesdurchschnitt

LB 080 Straßen, Wege, Plätze

Straßen, Wege, Plätze — Preise €

Nr.	Positionen	Einheit	▶ min	▷ von ø brutto € / ø netto €	ø Mittel	◁ bis	◀ max
47	Noppenplatten, 30x30x8, 32 Noppen, mit Fasen, Kegel, weiß	m²	–	110	**115**	126	–
			–	93	**96**	106	–
48	Noppenplatten, 30x30x8, 55 Noppen, mit Fase, Kegel, weiß	m²	84	101	**114**	124	130
			71	85	**96**	104	109
49	Leitstreifen Rippenstein, einreihig	m	290	324	**349**	371	405
			243	272	**293**	312	341
50	Aufmerksamkeitsfeld, 90x90cm, Noppenplatte	m²	121	138	**142**	156	172
			102	116	**119**	131	145
51	Pflastersteine schneiden, Beton	m	9	13	**15**	16	20
			8	11	**12**	13	17
52	Plattenbelag schneiden, Beton	m	13	15	**16**	18	21
			11	13	**14**	15	18
53	Blockstufe, Beton, Betonbettung	St	101	127	**140**	158	201
			85	107	**118**	132	169
54	Blockstufe, Beton, 15x35x100cm	St	83	125	**151**	163	210
			70	105	**127**	137	177
55	Blockstufe, Beton, 17x28x100cm	m	86	109	**120**	134	165
			72	92	**101**	113	139
56	Blockstufe, Beton, 17x28x150cm	m	135	155	**159**	163	180
			113	130	**134**	137	152
57	Blockstufe, Kontraststreifen Beton, 20x40x120cm	m	153	163	**170**	176	193
			129	137	**143**	148	162
58	Blockstufe, Kontraststreifen PVC, 20x40x120cm	m	–	127	**141**	156	–
			–	106	**118**	131	–
59	Winkelstufe, Beton, 17x28x100cm	m	118	142	**161**	168	192
			99	119	**135**	141	161
60	Winkelstufe, Kontraststreifen Beton, 20x36x120cm	m	95	127	**138**	155	170
			80	107	**116**	130	143
61	Winkelstufe, Kontraststreifen PVC, 20x36x120cm	m	90	111	**120**	130	147
			75	93	**101**	110	124
62	Legestufe, Kontraststreifen Beton, 8x40x120cm	m	104	137	**151**	170	184
			87	115	**127**	143	154
63	Legestufe, Kontraststreifen PVC, 8x40x120cm	m	92	119	**132**	148	160
			78	100	**111**	124	134
64	L-Stufe, Kontraststreifen Beton, 15x38x80cm	m	89	112	**122**	137	148
			75	94	**103**	115	124
65	Bordstein, Naturstein 15x25x100	m	33	38	**41**	45	48
			27	32	**35**	38	40
66	Bordstein, Naturstein 15x30x100	m	37	41	**43**	48	51
			31	35	**37**	40	43
67	Bordstein, Naturstein 18x25x100	m	36	42	**44**	49	51
			30	35	**37**	41	43
68	Bordstein, Beton, 12x15x25cm, l=100cm	m	24	28	**30**	32	37
			20	23	**25**	27	31
69	Bordstein, Beton, 12x15x30cm, l=50cm	m	21	26	**30**	33	38
			18	22	**25**	28	32

Kosten: Stand 1.Quartal 2018 Bundesdurchschnitt

▶ min
▷ von
ø Mittel
◁ bis
◀ max

© **BKI** Baukosteninformationszentrum; Erläuterungen zu den Tabellen siehe Seite 46
Mustertexte geprüft: Deutsche Gesellschaft für Garten- und Landschaftskultur e.V.

Straßen, Wege, Plätze — Preise €

Nr.	Positionen	Einheit	▶	▷ ø brutto € / ø netto €		◁	◀
70	Bordstein, Beton, 12x18x30cm, l=50cm	m	23	29	**32**	35	41
			20	24	**27**	29	35
71	Bordstein, Beton, 12x18x30cm, l=100cm	m	24	31	**35**	38	47
			20	26	**29**	32	39
72	Bordstein, Beton, 8x25cm, l=50cm, Form C	m	20	22	**24**	27	29
			17	18	**20**	23	25
73	Bordstein, Beton, 8x25cm, l=100cm, Form C	m	20	24	**26**	28	35
			17	20	**22**	24	29
74	Bordstein, Beton, 10x25cm, l=50cm, Form C	m	21	22	**23**	24	26
			17	18	**19**	20	22
75	Bordstein, Beton, 10x25cm, l=100cm, Form C	m	23	24	**25**	26	28
			20	20	**21**	22	24
76	Bordstein, Beton, 8x20cm	m	21	23	**24**	26	32
			18	19	**20**	22	27
77	Rasenbordstein, Kantstein, Beton	m	19	25	**26**	28	34
			16	21	**22**	24	29
78	Weg-/Beetbegrenzung, Aluminium, gerade	m	22	31	**38**	44	53
			18	26	**32**	37	44
79	Weg-/Beetbegrenzung, Aluminium, Bogen	m	55	73	**80**	85	92
			46	61	**67**	71	77
80	Weg-/Beetbegrenzung, Aluminium, Stoßverbinder	St	49	62	**69**	76	81
			41	53	**58**	64	68
81	Weg-/Beetbegrenzung, Aluminium, Eckverbinder, Außenecke 90°	St	33	37	**37**	39	43
			28	31	**31**	33	36
82	Weg-/Beetbegrenzung, Aluminium, Erdnagel	St	14	18	**20**	21	24
			12	15	**16**	18	20
83	Weg-/Beetbegrenzung, Cortenstahl, gerade	m	35	45	**46**	55	69
			29	38	**38**	46	58
84	Weg-/Beetbegrenzung, Cortenstahl, Profilverbinder	St	60	78	**85**	94	101
			51	65	**72**	79	84
85	Weg-/Beetbegrenzung, Cortenstahl, Eckverbinder, Außenecke 90°	St	34	47	**50**	54	60
			29	40	**42**	45	51
86	Weg-/Beetbegrenzung, Cortenstahl, Beton- und Erdanker	St	11	13	**15**	16	18
			9	11	**12**	13	15
87	Rollstuhl-Überfahrtstein, 15x22cm, l=50cm	m	52	56	**67**	74	81
			44	47	**56**	62	68
88	Rollstuhl-Überfahrtstein, 15x22cm, l=100cm	m	68	87	**92**	103	112
			57	73	**78**	87	94
89	Tastbordstein, Beton, 25x20cm, l=100cm	m	65	85	**94**	110	114
			54	72	**79**	92	96
90	Übergangsbordstein, Beton, dreiteilig, 12x15x30, l=50cm	m	54	72	**77**	84	92
			45	61	**65**	71	77
91	Winkelstützmauerelement, Beton, Höhe 55cm	m	108	119	**122**	127	136
			91	100	**103**	107	115

© **BKI** Baukosteninformationszentrum; Erläuterungen zu den Tabellen siehe Seite 46
Mustertexte geprüft: Deutsche Gesellschaft für Garten- und Landschaftskultur e.V.

Kostenstand: 1.Quartal 2018, Bundesdurchschnitt

LB 080 Straßen, Wege, Plätze

Straßen, Wege, Plätze — Preise €

Nr.	Positionen	Einheit	▶ min	▷ ø brutto € / ø netto €	ø Mittel	◁ bis	◀ max
92	Winkelstützmauerelement, Beton, Höhe 80cm	m	124	139	**147**	155	183
			104	117	**124**	131	154
93	Winkelstützmauerelement, Beton, Höhe 105cm	m	182	193	**198**	202	210
			153	163	**167**	170	176
94	Winkelstützmauerelement, Beton, Höhe 130cm	m	234	257	**276**	289	311
			197	216	**232**	243	261
95	Winkelstützmauerelement, Beton, Höhe 180cm	m	281	321	**343**	387	432
			236	270	**288**	325	363
96	Pflasterdecke, Granit, 8x8cm	m²	68	86	**95**	107	128
			57	72	**80**	90	107
97	Pflasterdecke, Granit 9x9cm	m²	69	86	**94**	102	125
			58	73	**79**	86	105
98	Pflasterdecke, Granit, 10x10cm	m²	73	91	**96**	98	117
			61	76	**81**	82	98
99	Pflasterdecke, Granit, 11x11cm	m²	89	124	**129**	142	168
			75	104	**109**	120	141
100	Pflasterdecke, Granitkleinpflaster	m²	72	93	**105**	112	132
			61	78	**88**	94	111
101	Pflasterzeile, Großformat, einzeilig	m	26	32	**32**	36	44
			22	27	**27**	30	37
102	Pflasterzeile, Granit, dreizeilig	m	41	47	**49**	53	64
			34	39	**41**	45	54
103	Pflasterzeile, Granit, einzeilig	m	25	35	**38**	46	63
			21	30	**32**	39	53
104	Pflasterzeile, Granitkleinpflaster	m	26	31	**33**	37	40
			22	26	**28**	31	33
105	Plattenbelag, Granit, 60x60cm	m²	64	75	**81**	87	105
			54	63	**68**	73	88
106	Plattenbelag, Basalt, 60x60cm	m²	–	145	**165**	179	–
			–	122	**138**	151	–
107	Plattenbelag, Travertin, 60x60cm	m²	95	106	**118**	120	150
			80	89	**99**	101	126
108	Plattenbelag, Sandstein, 60x60cm	m²	101	116	**127**	134	146
			85	98	**106**	112	123
109	Balkonbelag, Betonwerkstein	m²	67	86	**93**	109	134
			57	72	**78**	92	112
110	Holzbelag Lärche	m²	134	164	**168**	199	235
			113	138	**141**	167	198
111	Belag aus Holzpaneele 60x60cm	m²	–	120	**127**	139	–
			–	101	**106**	117	–
112	Belag aus Holzpaneele 120x60cm	m²	–	108	**116**	125	–
			–	91	**97**	105	–
113	Gabionen, 50x50x50cm	St	–	97	**105**	118	–
			–	81	**89**	99	–
114	Gabionen, 100x50x50cm	St	–	135	**150**	171	–
			–	114	**126**	144	–
115	Gabionen, 150x50x50cm	St	–	191	**194**	220	–
			–	160	**163**	185	–

Kosten: Stand 1.Quartal 2018 Bundesdurchschnitt

▶ min
▷ von
ø Mittel
◁ bis
◀ max

© **BKI** Baukosteninformationszentrum; Erläuterungen zu den Tabellen siehe Seite 46
Mustertexte geprüft: Deutsche Gesellschaft für Garten- und Landschaftskultur e.V.

Kostenstand: 1.Quartal 2018, Bundesdurchschnitt

Straßen, Wege, Plätze — Preise €

Nr.	Positionen	Einheit	▶	▷ ø brutto € ø netto €	◁	◀
116	Gabionen, 100x100x100cm	St	–	312 **347**	385	–
			–	262 **292**	324	–
117	Gabionen, 150x100x100cm	St	–	434 **457**	530	–
			–	365 **384**	445	–
118	Gabionen, 200x50x50cm	St	–	235 **250**	288	–
			–	198 **210**	242	–
119	Gabionen, 200x100x100cm	St	–	601 **639**	697	–
			–	505 **537**	585	–
120	Gabionen, 300x50x50cm	St	–	322 **342**	380	–
			–	271 **288**	319	–
121	Trockenmauer als Stützwand - Bruchsteinmauerwerk	m	–	270 **288**	314	–
			–	227 **242**	263	–
122	Trockenmauer als freistehende Mauer- Granitblöcke - Findlinge	m	–	222 **232**	259	–
			–	187 **195**	218	–
123	Natursteinmauerwerk als Quadermauerwerk	m	127	189 **219**	260	341
			107	159 **184**	219	287
124	Natursteinmauerwerk als Außenwand	m	134	165 **180**	196	227
			113	139 **151**	165	191
125	Lastplattendruckversuche	St	147	176 **186**	213	285
			124	148 **157**	179	240

Nr.	Kurztext / Langtext						Kostengruppe
▶	▷ ø netto € ◁ ◀	[Einheit]	Ausf.-Dauer	Positionsnummer

1 Asphaltbelag aufbrechen, entsorgen — KG **594**
Asphaltbelag streifenförmig aufbrechen, einschl. Unterbau aus Kies-Schotter-Gemisch. Anfallende Stoffe laden, abfahren und fachgerecht entsorgen, einschl. Deponiegebühr.
Material: unbelastetes Bitumen
Asphalt Dicke: bis 15 cm
Breite: 70-100 cm
Unterbau Dicke: ..... cm
13€   15€   **16€**   18€   21€   [m²]   ⏱ 0,16 h/m²   080.000.305

2 Abbruch, unbewehrte Betonteile — KG **594**
Maschineller Abbruch von Betonteilen. Stoffe sortenrein getrennt sammeln und ohne Zerkleinerung auf LKW laden.
Material: unbelastetes Mauerwerk
Abbruchtiefe: ..... cm
45€   57€   **66€**   74€   88€   [m³]   ⏱ 0,90 h/m³   080.000.304

LB 080 Straßen, Wege, Plätze

Kosten:
Stand 1.Quartal 2018
Bundesdurchschnitt

▶ min
▷ von
ø Mittel
◁ bis
◀ max

Nr.	Kurztext / Langtext						Kostengruppe	
▶	▷	ø netto €	◁	◀	[Einheit]	Ausf.-Dauer	Positionsnummer	

3   Abbruch Mauerwerk, Ziegel   KG 594

Maschineller Abbruch von Mauerwerk aus Mauersteinen aller Fertigungsklassen als unbelastetes Mauerwerk aller Art. Aufgenommene Stoffe sortenrein getrennt sammeln, ohne Zerkleinerung auf LKW laden. Die Entsorgung wird gesondert vergütet.
Arbeitshöhe bis ..... m
Abbruchtiefe bis ..... m
EWC-Code 170102 Ziegel
EWC-Code 170107 Gemischter Bauschutt

| 47€ | 67€ | **72€** | 78€ | 96€ | [m³] | ⏱ 0,92 h/m³ | 080.000.303 |

4   Betonplatten, aufnehmen, entsorgen   KG 594

Plattenbelag als Randeinfassung aufnehmen einschl. Bettung und anfallende Stoffe verwerten und recyceln.
Belag: Betonplatten
Maße: 50 x 50 x 5 cm
Bettung: Sand
Dicke: bis 10 cm
Fugenfüllung: Sand

| 3€ | 4€ | **4€** | 5€ | 7€ | [m²] | ⏱ 0,10 h/m² | 080.000.306 |

5   Betonbordstein aufnehmen, entsorgen   KG 594

Bordsteine mit beidseitiger Rückenstütze einschl. Bettung aufnehmen und anfallende Stoffe laden und entsorgen.
Bordstein: Beton
Maße: 15 x 30 cm
Bettung: Beton C12/15
Dicke: bis 30 cm

| 5€ | 6€ | **7€** | 8€ | 9€ | [m] | ⏱ 0,18 h/m | 080.000.307 |

6   Befestigte Flächen aufnehmen   KG 594

Naturstein- / Betonwerkstein-Pflasterbelag im Sandbett aufnehmen, reinigen, laden und bis zur Wiederverwendung auf Europaletten lagenweise im Verband stapeln und bauseitig lagern.
Belagdicke: 8 cm
Förderweg: bis 50 m Entfernung auf der Baustelle.

| 3€ | 4€ | **5€** | 6€ | 9€ | [m²] | ⏱ 0,12 h/m² | 080.000.308 |

7   Betonpflaster aufnehmen, lagern   KG 594

Pflasterdecke einschl. Bettung aufnehmen, Pflaster reinigen und zur Wiederverwendung auf Europalette in Folie stapeln.
Förderweg: bis 50 m
Belag: Betonpflaster
Belagdicke: bis 8 cm
Bettung: Sand
Dicke: 2 cm

| 4€ | 7€ | **8€** | 9€ | 11€ | [m²] | ⏱ 0,12 h/m² | 080.000.309 |

Nr.	Kurztext / Langtext							Kostengruppe
▶	▷	ø netto €	◁	◀		[Einheit]	Ausf.-Dauer	Positionsnummer

8 Treppen/Bordsteine/Kantensteine aufnehmen, entsorgen — KG **594**
Betonfertigteile einschl. Fundamente aufnehmen und Stoffe sortenrein laden und entsorgen.
Fertigteile: **Treppen / Bordsteine / Einfassungen / Kantensteine** usw.
Fundamenttiefe: bis 30 cm

| 4€ | 5€ | **6€** | 8€ | 11€ | | [m] | ⏱ 0,10 h/m | 080.000.310 |

9 Schotter entsorgen — KG **594**
Zwischengelagerte Schottertragschicht und Frostschutzschicht laden und entsorgen.
Stärke: bis 40 cm

| 12€ | 16€ | **17€** | 19€ | 22€ | | [m³] | ⏱ 0,20 h/m³ | 080.000.311 |

10 Schotter aufnehmen, lagern — KG **594**
Schottertragschicht aufnehmen und laden. Die Oberfläche ist durch Abkratzen zu säubern.
Position ohne Abfuhr und Entsorgung.
Stärker: bis 30 cm
Körnung: 0/56

| 3€ | 4€ | **5€** | 5€ | 8€ | | [m²] | ⏱ 0,08 h/m² | 080.000.312 |

11 Betonfundament — KG **551**
Einzelfundament unbewehrt aus Ortbeton für Mauerscheiben und Betonblöcke auf bauseitiger Frostschutzschicht.
Festigkeitsklasse: C12/15
Expositionsklasse: .....
Fundamenttiefe bis: 0,80 m
Fundamentbreite: 10 cm

| 146€ | 166€ | **174€** | 180€ | 198€ | | [m²] | ⏱ 3,10 h/m² | 080.000.314 |

12 Betonfundament für Beleuchtung — KG **551**
Fundament für Pollerleuchten einschl. Erdaushub. Fundament in PVC-Rohrstück herstellen und zuvor Passstücke für Kabel freihalten. Kabel seitlich durchführen. Ausführung- und Dimensionierung nach Angaben des Leuchtenherstellers. OK des Rohrs ist die Geländehöhe gem. Planung. Überstehende PVC-Rohre sind zu kürzen.

| 129€ | 167€ | **176€** | 190€ | 214€ | | [St] | ⏱ 3,20 h/St | 080.000.315 |

13 Planum herstellen — KG **520**
Planum für befestigte Fläche herstellen und überschüssigen Boden entsorgen. Beschreibung der Homogenbereiche nach Unterlagen des AG.
Auf- und Abtrag: bis 5 cm
Zulässige Abweichung der Sollhöhe: ±2 cm

| 0,5€ | 0,6€ | **0,7€** | 0,8€ | 1,0€ | | [m²] | ⏱ 0,02 h/m² | 080.000.316 |

14 Untergrund verdichten, Wegeflächen — KG **520**
Untergrund für Wegeflächen verdichten, einschl. Ausgleich von Unebenheiten. Beschreibung der Homogenbereiche nach Unterlagen des AG.
Verdichtungsgrad: DPr 100%
Abweichung von der Sollhöhe: ±3 cm

| 0,3€ | 0,6€ | **0,8€** | 1,0€ | 1,4€ | | [m²] | ⏱ 0,02 h/m² | 080.000.317 |

© **BKI** Baukosteninformationszentrum; Erläuterungen zu den Tabellen siehe Seite 46
Mustertexte geprüft: Deutsche Gesellschaft für Garten- und Landschaftskultur e.V.

Kostenstand: 1.Quartal 2018, Bundesdurchschnitt

LB 080 Straßen, Wege, Plätze

Nr.	Kurztext / Langtext					[Einheit]	Ausf.-Dauer	Kostengruppe Positionsnummer
▶	▷	ø netto €	◁	◀				

15 Untergrund verdichten, Fundamente
KG **533**

Untergrund für Fundamente verdichten, einschl. Planum. Beschreibung der Homogenbereiche nach Unterlagen des AG.
Verdichtungsgrad: DPr 97%
Abweichung von der Sollhöhe: ±2 cm

| 0,4€ | 0,8€ | **0,9€** | 1,0€ | 1,2€ | [m²] | ⏱ 0,04 h/m² | 080.000.318 |

16 Frostschutzschicht, Schotter 0/16, bis 30cm
KG **520**

Frostschutzschicht aus Schotter, einschl. profilgerecht verdichten.
Einbauort: .....
Schichtdicke: bis 30 cm
Körnung: 0/16
Sieblinie: .....
Verdichtungsgrad: ..... DPr

| 7€ | 9€ | **11€** | 13€ | 16€ | [m²] | ⏱ 0,14 h/m² | 080.000.319 |

17 Frostschutzschicht, Schotter 0/32, bis 30cm
KG **520**

Frostschutzschicht aus Schotter, einschl. profilgerecht verdichten.
Einbauort: .....
Schichtdicke: bis 30 cm
Körnung: 0/32
Sieblinie: .....
Verdichtungsgrad: ..... DPr

| 8€ | 10€ | **11€** | 12€ | 16€ | [m²] | ⏱ 0,14 h/m² | 080.000.320 |

18 Frostschutzschicht, Schotter 0/45, bis 30cm
KG **520**

Frostschutzschicht aus Schotter, einschl. profilgerecht verdichten.
Einbauort: .....
Schichtdicke: bis 30 cm
Körnung: 0/45
Sieblinie: .....
Verdichtungsgrad: ..... DPr

| 9€ | 11€ | **12€** | 14€ | 16€ | [m²] | ⏱ 0,14 h/m² | 080.000.321 |

19 Frostschutzschicht, RCL 0/56, bis 30cm
KG **520**

Frostschutzschicht aus Recyclingmaterial herstellen, einschl. profilgerecht verdichten.
Einbauort: Fahr- und Stellflächen
Schichtdicke: bis 30 cm
Körnung: 0/56
Sieblinie: .....
Verdichtungsgrad: ..... DPr

| 6€ | 8€ | **9€** | 10€ | 12€ | [m²] | ⏱ 0,14 h/m² | 080.000.322 |

Kosten:
Stand 1.Quartal 2018
Bundesdurchschnitt

▶ min
▷ von
ø Mittel
◁ bis
◀ max

Nr.	Kurztext / Langtext					[Einheit]	Ausf.-Dauer	Kostengruppe Positionsnummer
▶	▷	ø netto €	◁	◀				

20 Frostschutzschicht, Kies 0/16, bis 30cm KG **520**
Frostschutzschicht aus Kies herstellen und profilgerecht verdichten.
Einbauort: .....
Schichtdicke: bis 30 cm
Körnung: 0/16
Sieblinie: .....
Verdichtungsgrad: ..... DPr

| 7€ | 9€ | **9**€ | 10€ | 12€ | [m²] | ⏱ 0,14 h/m² | 080.000.323 |

21 Frostschutzschicht, Kies 0/32, bis 30cm KG **520**
Frostschutzschicht aus Kies herstellen und profilgerecht verdichten.
Einbauort: .....
Schichtdicke: bis 30 cm
Körnung: 0/32
Verdichtungsgrad: ..... DPr

| 7€ | 9€ | **10**€ | 11€ | 13€ | [m²] | ⏱ 0,14 h/m² | 080.000.324 |

22 Frostschutzschicht, Kies 0/45, bis 30cm KG **520**
Frostschutzschicht aus Kies herstellen und profilgerecht verdichten.
Einbauort: .....
Schichtdicke: bis 30 cm
Körnung: 0/45
Verdichtungsgrad: ..... DPr

| 9€ | 11€ | **13**€ | 14€ | 15€ | [m²] | ⏱ 0,14 h/m² | 080.000.325 |

A 1 Tragschicht, Schotter Beschreibung für Pos. **23-25**
Tragschicht aus Schotter gemäß ZTV-SoB-STB mit Verdichtungsgrad mind. DPr 95% herstellen. Nachweis der Frostbeständigkeit ist vorzulegen. Verwendung von Recyclingmaterial ist nicht zulässig.

23 Tragschicht, Schotter 0/16, bis 30cm KG **520**
Wie Ausführungsbeschreibung A 1
Einbauort: .....
Schichtdicke: bis 30 cm
Körnung: 0/16
Sieblinie: .....
Abweichung der Sollhöhe: ±2,0 cm

| 8€ | 9€ | **9**€ | 10€ | 11€ | [m²] | ⏱ 0,12 h/m² | 080.000.326 |

24 Tragschicht, Schotter 0/32, bis 30cm KG **520**
Wie Ausführungsbeschreibung A 1
Einbauort: .....
Schichtdicke: bis 30 cm
Körnung: 0/32
Sieblinie: .....
Abweichung der Sollhöhe: ±2,0 cm

| 8€ | 10€ | **10**€ | 11€ | 13€ | [m²] | ⏱ 0,12 h/m² | 080.000.327 |

**LB 080
Straßen,
Wege,
Plätze**

Kosten:
Stand 1.Quartal 2018
Bundesdurchschnitt

▶ min
▷ von
ø Mittel
◁ bis
◀ max

Nr.	Kurztext / Langtext					[Einheit]	Ausf.-Dauer	Kostengruppe Positionsnummer
▶	▷	ø netto €	◁	◀				

25 Tragschicht, Schotter 0/45, bis 30cm KG **520**
Wie Ausführungsbeschreibung A 1
Einbauort: .....
Schichtdicke: bis 30 cm
Körnung: 0/45
Sieblinie: .....
Abweichung der Sollhöhe: ±2,0 cm

| 10€ | 11€ | **11**€ | 12€ | 14€ | [m²] | ⏱ 0,12 h/m² | 080.000.328 |

A 2   Tragschicht, Kies 0/16   Beschreibung für Pos. **26-27**
Tragschicht aus Kies mit Verdichtungsgrad mind. 103% herstellen. Nachweis der Frostbeständigkeit ist vorzulegen.

26 Tragschicht, Kies 0/16, bis 30cm KG **520**
Wie Ausführungsbeschreibung A 2
Einbauort: .....
Schichtstärke: bis 30 cm
Körnung: 0/16
Sieblinie: .....
Abweichung der Sollhöhe: ±2,0 cm

| 8€ | 9€ | **9**€ | 9€ | 10€ | [m²] | ⏱ 0,12 h/m² | 080.000.329 |

27 Tragschicht, Kies 0/45, bis 30cm KG **520**
Wie Ausführungsbeschreibung A 2
Einbauort: .....
Schichtstärke: bis 30 cm
Körnung: 0/45
Sieblinie: .....
Abweichung der Sollhöhe: ±2,0 cm

| 8€ | 10€ | **11**€ | 12€ | 14€ | [m²] | ⏱ 0,12 h/m² | 080.000.330 |

A 3   Tragschicht aus RCL-Schotter   Beschreibung für Pos. **28-30**
Tragschicht aus Recyclingschotter (RCL-Schotter) nach ZTVT-StB herstellen.
Verformungsmodul EV2 mind. 100 MN/m²

28 Tragschicht aus RCL-Schotter 0/32, bis 30cm KG **520**
Wie Ausführungsbeschreibung A 3
Material: Recycling-Baustoff RAL-RG 501/1
Einbauort: .....
Schichtdicke: bis 30 cm
Körnung: 0/32
Sieblinie: .....
Abweichung der Sollhöhe: ±2,0 cm

| 7€ | 8€ | **8**€ | 9€ | 10€ | [m²] | ⏱ 0,12 h/m² | 080.000.170 |

Nr.	Kurztext / Langtext				[Einheit]	Ausf.-Dauer	Kostengruppe Positionsnummer
▶	▷ ø netto €	◁	◀				

29	**Tragschicht aus RCL-Schotter 0/45, bis 30cm**						KG **520**
Wie Ausführungsbeschreibung A 3							
Material: Recycling-Baustoff RAL-RG 501/1							
Einbauort:							
Schichtdicke: bis 30 cm							
Körnung: 0/45							
Sieblinie:							
Abweichung der Sollhöhe: ±2,0 cm							
7€	7€	**8€**	9€	10€	[m²]	⏱ 0,12 h/m²	080.000.171

30	**Tragschicht aus RCL-Schotter 0/56, bis 30cm**						KG **520**
Wie Ausführungsbeschreibung A 3							
Material: Recycling-Baustoff RAL-RG 501/1							
Einbauort:							
Schichtdicke: bis 30 cm							
Körnung: 0/56							
Sieblinie:							
Abweichung der Sollhöhe: ±2,0 cm							
7€	9€	**10€**	12€	13€	[m²]	⏱ 0,12 h/m²	080.000.172

31	**Rasentragschicht 0/8**						KG **520**
Tragschicht für Schotterrasenfläche							
Material: Kiesfrostschutzmaterial							
Körnung: 0/8							
Einbaustärke: ..... cm							
Verdichtung: statisch gewalzt							
Tragfähigkeit: 45 MN/m²							
Ebenflächigkeit unter der 4-m Latte: ±2 cm							
5€	6€	**7€**	9€	10€	[m²]	⏱ 0,12 h/m²	080.000.177

32	**Rasentragschicht 0/16**						KG **520**
Tragschicht für Schotterrasenfläche							
Material: Kiesfrostschutzmaterial							
Körnung: 0/16							
Einbaustärke: ..... cm							
Verdichtung: statisch gewalzt							
Tragfähigkeit: 45 MN/m²							
Ebenflächigkeit unter der 4-m Latte: ±2 cm							
5€	6€	**8€**	9€	11€	[m²]	⏱ 0,12 h/m²	080.000.178

LB 080 Straßen, Wege, Plätze

Kosten: Stand 1.Quartal 2018 Bundesdurchschnitt

Nr.	Kurztext / Langtext					[Einheit]	Ausf.-Dauer	Kostengruppe Positionsnummer
▶	▷	ø netto €	◁	◀				

33 Rasentragschicht 0/32 KG **520**
Tragschicht für Schotterrasenfläche
Material: Kiesfrostschutzmaterial
Körnung: 0/32
Einbaustärke: ..... cm
Verdichtung: statisch gewalzt
Tragfähigkeit: 45 MN/m²
Ebenflächigkeit unter der 4-m Latte: ±2 cm

| 5€ | 8€ | **9€** | 10€ | 12€ | [m²] | ⏱ 0,12 h/m² | 080.000.173 |

34 Rasentragschicht 0/45 KG **520**
Tragschicht für Schotterrasenfläche
Material: Kiesfrostschutzmaterial
Körnung: 0/45
Einbaustärke: ..... cm
Verdichtung: statisch gewalzt
Tragfähigkeit: 45 MN/m²
Ebenflächigkeit unter der 4-m Latte: ±2 cm

| 10€ | 13€ | **16€** | 17€ | 21€ | [m²] | ⏱ 0,12 h/m² | 080.000.174 |

35 Pflasterklinkerbelag KG **523**
Bodenbelag aus Pflasterklinker DIN 18503, im Verband, mit leichtem Gefälle verlegen, inkl. Bettung und Fugen einschlämmen.
Abmessung Klinker (L x B x T): ..... x ..... x ..... mm
Maßspanne: Klasse R1
Biegebruch: Klasse T4
Abriebwiderstand: Klasse A3
Frost-Tau-Widerstand: Klasse FP100
Gleit-/ Rutschwiderstand: Klasse U3
Farbton: .....
Form: .....
Verband: .....
Bettungsdicke: 30cm
Bettungsmaterial: Sand
Einbauort: .....
Angeb. Fabrikat: .....

| 38€ | 60€ | **70€** | 74€ | 87€ | [m²] | ⏱ 0,75 h/m² | 080.000.227 |

36 Schotterrasendeckschicht, 20cm KG **575**
Schotterrasen aus Schotter-Humus-Gemisch, einschl. Abwalzen und Einsanden nach Einsaat.
Schotter: .....
Bodengruppe
Dicke: 20 cm
Angeb. Fabrikat: .....

| 8€ | 11€ | **12€** | 16€ | 22€ | [m²] | ⏱ 0,13 h/m² | 080.000.351 |

▶ min
▷ von
ø Mittel
◁ bis
◀ max

© BKI Baukosteninformationszentrum; Erläuterungen zu den Tabellen siehe Seite 46
Mustertexte geprüft: Deutsche Gesellschaft für Garten- und Landschaftskultur e.V.

Nr.	Kurztext / Langtext						Kostengruppe
▶	▷	ø netto €	◁	◀	[Einheit]	Ausf.-Dauer	Positionsnummer

37 Asphalttragschicht, 10cm KG **520**

Asphalttragschicht herstellen, einschl. verdichten.
Mischgut: CS
Körnung: 0/32
Bindemittel: 50/70
Mineralstoff: Basalt-Edelsplitte
Einbauort: .....
Einbaudicke: ..... cm
Verdichtungsgrad: **größer / gleich 98%**

| 11€ | 15€ | **16€** | 19€ | 23€ | [m²] | 0,10 h/m² | 080.000.331 |

38 Wassergebundene Decke KG **521**

Wassergebundene Deckschicht auf bauseitiger Tragschicht mit Zugabe von Wasser bis zur vollständigen Bindung.
Oberschicht: Sanddeckschicht
Körnung: 0/3
Dicke: 2 cm
Gefälle: max. 3%
Angeb. Fabrikat: .....

| 8€ | 9€ | **10€** | 11€ | 12€ | [m²] | 0,13 h/m² | 080.000.350 |

39 Betonplattenbelag, 40x40cm KG **520**

Plattenbelag aus Beton im Sandbett, einschl. Abrütteln.
Einbauort: .....
Plattenformat (L x B): 40 x 40 cm
Plattendicke: ..... cm
Oberfläche: .....
Kantenausbildung: .....
Farbe: .....
Verlegeart: .....
Bettungsdicke: ..... cm
Sandkörnung: 0/4
Rasenfuge: 20 mm
Angeb. Fabrikat. .....

| 27€ | 38€ | **41€** | 47€ | 56€ | [m²] | 0,40 h/m² | 080.000.332 |

40 Betonplattenbelag, großformatig KG **520**

Plattenbelag aus Beton mit Bettung aus Brechsand-Splitt-Gemisch verlegen, ohne Lieferung und Fugenfüllung.
Einbauort: .....
Plattenformat (L x B): ..... x ..... cm
Plattendicke: bis 8 cm
Oberfläche: .....
Kantenausbildung: .....
Farbe: .....
Verlegeart: .....
Bettungsdicke: ..... cm
Brechsandkörnung: 0/5
Angeb. Fabrikat: .....

| 45€ | 51€ | **54€** | 59€ | 66€ | [m²] | 0,50 h/m² | 080.000.333 |

LB 080
Straßen,
Wege,
Plätze

Nr.	Kurztext / Langtext						Kostengruppe	
▶	▷	ø netto €	◁	◀	[Einheit]	Ausf.-Dauer	Positionsnummer

41 Traufe, Betonplatten, 50x50x7cm KG **363**
Betonplatten als Traufe am Gebäude mit Bettung aus Splitt verlegen, ohne Lieferung und Fugenfüllung.
Plattenformat (L x B x H): 50 x 50 x 7 cm
Verlegeart: Blockverband
Kantenausbildung: …..
Bettungsdicke: ….. cm
Splitt Körnung: 0/5

| 6€ | 7€ | **8€** | 9€ | 11€ | [m] | ⏱ 0,10 h/m | 080.000.334 |

42 Pflasterdecke, Betonpflaster KG **520**
Pflasterdecke aus Betonpflastersteinen mit Bettung aus Sand, ohne Lieferung und Fugenfüllung.
Einbauort: …..
Plattenformat (L x B): ….. cm
Plattendicke: ….. cm
Verlegeart: …..
Bettungsdicke: ….. cm
Sand Körnung: 0/4

| 22€ | 25€ | **27€** | 29€ | 33€ | [m²] | ⏱ 0,45 h/m² | 080.000.335 |

43 Rasenpflaster aus Beton KG **524**
Plattenbelag aus Betonpflastersteinen mit Rasenfugen im Splittbett, einschl. Rasenschnittarbeiten. Die Verfüllung ist mit Splitt bis 5cm unter OK-Belag und die obere Schicht 5cm mit schwarzen Lavasplitt auszuführen.
Rasensteine: Beton
Splitt: 0/3 mm
Lavasplitt: 3/5 mm
Farbe: grau
Steinmaße (L x B): ….. x ….. cm
Angeb. Fabrikat: …..

| 33€ | 37€ | **39€** | 41€ | 46€ | [m²] | ⏱ 0,60 h/m² | 080.000.336 |

44 Pflasterdecke, Beton mit Sickerfugen KG **524**
Pflasterdecke aus Betonpflastersteinen mit Sickerfugen oder Rasenfugenfüllung herstellen. Steine entsprechend dem beschriebenen Verlegemuster verlegen. Fugen mit Splitt Gemisch der Körnung 1-3mm vollständig verfüllen und abrütteln, bei Rasenfugenfüllung wie vor jedoch vollständige Fugenfüllung mit dauerhaft formstabilen Rasenfugensubstrat.
Einbauort: …..
Steinmaße (L x B): ….. x ….. cm
Bettung: Splitt Gemisch
Körnung: 2-5
Bettungsdicke: 30-50 mm

| 19€ | 26€ | **28€** | 32€ | 37€ | [m²] | ⏱ 0,20 h/m² | 080.000.179 |

Kosten:
Stand 1.Quartal 2018
Bundesdurchschnitt

▶ min
▷ von
ø Mittel
◁ bis
◀ max

Nr.	Kurztext / Langtext					Kostengruppe		
▶	▷	ø netto €	◁	◀	[Einheit]	Ausf.-Dauer	Positionsnummer	

45 Rippenplatten, 30x30x8, Rippenabstand 50x6, o. Fase, weiß — KG **521**

Blindenleitsystem taktile Rippenplatten aus Beton als Bodenindikator zur behindertengerechten Führung im Bereich der Überquerungsstellen im Außenbereich.
Format (L x B): 30 x 30 cm
Steinstärke: 8 cm
Farbe: Weißbeton
Oberfläche: trapezförmige Rippen, Höhe 4-5 mm
Rippenabstand: 50 x 6, 6 Rippen im Abstand 50 mm, ohne Fase
Verband: Halbsteinverband ohne Kreuzfugen

| –€ | 84€ | **96€** | 112€ | –€ | [m²] | 0,10 h/m² | 080.000.225 |

46 Rippenplatten, 30x30x8, Rippenabstand 50x6, mit Fase, weiß — KG **521**

Blindenleitsystem taktile Rippenplatten aus Beton als Bodenindikator zur behindertengerechten Führung im Bereich der Überquerungsstellen im Außenbereich.
Format (L x B): 30 x 30 cm
Steinstärke: 8 cm
Farbe: Weißbeton
Oberfläche: trapezförmige Rippen, Höhe 4-5 mm
Rippenabstand: 50 x 6, 6 Rippen im Abstand 50 mm, mit Fase
Verband: Halbsteinverband ohne Kreuzfugen

| –€ | 90€ | **98€** | 117€ | –€ | [m²] | 0,10 h/m² | 080.000.228 |

47 Noppenplatten, 30x30x8, 32 Noppen, mit Fasen, Kegel, weiß — KG **521**

Blindenleitsystem taktile Noppenplatten aus Beton als Bodenindikator zur behindertengerechten Führung im Bereich der Überquerungsstellen im Außenbereich.
Format (L x B): 30 x 30 cm
Steinstärke: 8 cm
Farbe: Weißbeton
Oberfläche: 32 Noppen diagonal, mit Fasen, Kegelstumpf
Verband: Halbsteinverband ohne Kreuzfugen

| –€ | 93€ | **96€** | 106€ | –€ | [m²] | 0,10 h/m² | 080.000.231 |

48 Noppenplatten, 30x30x8, 55 Noppen, mit Fase, Kegel, weiß — KG **521**

Blindenleitsystem taktile Noppenplatten aus Beton als Bodenindikator zur behindertengerechten Führung im Bereich der Überquerungsstellen im Außenbereich.
Format (L x B): 30 x 30 cm
Steinstärke: 8 cm
Farbe: Weißbeton
Oberfläche: 55 Noppen diagonal mit Fasen, Kegelstumpf
Verband: Halbsteinverband ohne Kreuzfugen

| 71€ | 85€ | **96€** | 104€ | 109€ | [m²] | 0,10 h/m² | 080.000.230 |

LB 080 Straßen, Wege, Plätze

Nr.	Kurztext / Langtext						Kostengruppe
▶	▷	ø netto €	◁	◀	[Einheit]	Ausf.-Dauer	Positionsnummer

49 Leitstreifen Rippenstein, einreihig — KG **521**

Orientierungspflasterreihe mit taktil erfassbarer Oberfläche, als Blindenleitsystem für Fußgängerbereiche im Straßenraum
Steinart: Rippenstein
Maße: ..... x ..... x ..... cm, **mit / ohne** Fase
Farbe: .....
Verlegeart: einreihig

| 243€ | 272€ | **293€** | 312€ | 341€ | [m] | ⏱ 0,55 h/m | 080.000.232 |

50 Aufmerksamkeitsfeld, 90x90cm, Noppenplatte — KG **521**

Aufmerksamkeitsfeld/Abzweigfeld an Querungsstellen zur Anzeige von Richtungsänderungen und Abzweigungen aus taktilen Noppensteinen aus Beton herstellen.
Maße des Aufmerksamkeitsfeld/Abzweigfeldes: 90 x 90 cm
Steinart: Noppenstein
Maße: ..... x ..... x ..... cm, **mit / ohne** Fase
Farbe .....
Einbauort: .....

| 102€ | 116€ | **119€** | 131€ | 145€ | [m²] | ⏱ 0,70 h/m² | 080.000.233 |

51 Pflastersteine schneiden, Beton — KG **520**

Schneiden von Pflastersteinbelag aus Beton, einschl. Schnittgut entsorgen. Arbeiten mit diamantbesetzten Trennscheiben. Abrechnung nach Aufmaß.
Steindicke: ..... cm

| 8€ | 11€ | **12€** | 13€ | 17€ | [m] | ⏱ 0,17 h/m | 080.000.346 |

52 Plattenbelag schneiden, Beton — KG **520**

Schneiden von Plattenbelägen aus Betonplatten, einschl. Schnittgut entsorgen. Arbeiten mit Nassschneidegerät.
Steindicke: ..... cm
Abrechnung nach Aufmaß

| 11€ | 13€ | **14€** | 15€ | 18€ | [m] | ⏱ 0,17 h/m | 080.000.347 |

53 Blockstufe, Beton, Betonbettung — KG **534**

Blockstufe als Betonfertigteil in Betonbett auf kapillarbrechender Frostschutzschicht.
Festigkeitsklasse: .....
Stufengröße (H x B x L): ..... x ..... x ..... cm
Farbe: .....
Oberfläche: .....
Kantenausbildung: .....
Fundamentdicke: mind: 20 cm
Angeb. Fabrikat: .....

| 85€ | 107€ | **118€** | 132€ | 169€ | [St] | ⏱ 0,70 h/St | 080.000.348 |

Kosten:
Stand 1.Quartal 2018
Bundesdurchschnitt

▶ min
▷ von
ø Mittel
◁ bis
◀ max

Nr.	Kurztext / Langtext							Kostengruppe
▶	▷	ø netto €	◁	◀	[Einheit]	Ausf.-Dauer	Positionsnummer	

54 Blockstufe, Beton, 15x35x100cm — KG **534**
Blockstufe als Betonfertigteil, auf vorhandene Fundamente aus Beton.
Einbauort: auf bauseitigem Fundament
Festigkeitsklasse: C20/25
Stufengröße (H x B x L): 15 x 35 x 100 cm
Farbe: hellgrau
Oberfläche: Sichtflächen sandgestrahlt
Kantenausbildung: gefast
Fundamentdicke: mind. 20 cm
Angeb. Fabrikat: .....

| 70€ | 105€ | **127€** | 137€ | 177€ | [St] | ⏱ 0,75 h/St | 080.000.349 |

003
004
080

55 Blockstufe, Beton, 17x28x100cm — KG **534**
Blockstufe als Betonfertigteil in Bettung aus Beton verlegen. Trittfläche und Vorderseite in Sichtbeton
Festigkeitsklasse: C30/37
Stufenlänge: 100 cm
Steigungsverhältnis (H x B): 17 x 28 cm
Kante: gefast
Bettung: C12/15
Bettungsdicke: 20 cm
Angeb. Fabrikat: .....

| 72€ | 92€ | **101€** | 113€ | 139€ | [m] | ⏱ 0,75 h/m | 080.000.212 |

56 Blockstufe, Beton, 17x28x150cm — KG **534**
Blockstufe als Betonfertigteil in Bettung aus Beton verlegen. Trittfläche und Vorderseite in Sichtbeton
Festigkeitsklasse: C30/37
Stufenlänge: 150 cm
Steigungsverhältnis (H x B): 17 x 28 cm
Kante: gefast
Bettung: C12/15
Bettungsdicke: 20 cm
Angeb. Fabrikat: .....

| 113€ | 130€ | **134€** | 137€ | 152€ | [m] | ⏱ 0,80 h/m | 080.000.213 |

57 Blockstufe, Kontraststreifen Beton, 20x40x120cm — KG **534**
Blockstufe mit Kontraststreifen als Betonfertigteil. Kontraststreifen aus Beton in der Länge der Stufe
Einbauort: auf bauseitigem Fundament
Festigkeitsklasse: C20/25
Stufengröße (H x B x L): 20 x 40 x 100 cm
Kontraststreifengröße (H x B): **8 x 5 / 5 x 5** cm
Farbe: grau
Oberfläche: .....
Kantenausbildung: gefast
Fundament: Dicke mind. 20 cm
Angeb. Fabrikat: .....

| 129€ | 137€ | **143€** | 148€ | 162€ | [m] | ⏱ 0,60 h/m | 080.000.234 |

**LB 080
Straßen,
Wege,
Plätze**

Kosten:
Stand 1.Quartal 2018
Bundesdurchschnitt

Nr.	Kurztext / Langtext					Kostengruppe
▶	▷ ø netto € ◁ ◀				[Einheit] Ausf.-Dauer	Positionsnummer

58 Blockstufe, Kontraststreifen PVC, 20x40x120cm KG **534**
Blockstufe mit Kontraststreifen aus PVC als Betonfertigteil, Kontraststreifen aus PVC in der Länge der Stufe.
Einbauort: auf bauseitigem Fundament
Festigkeitsklasse: C20/25
Stufengröße (H x B x L): 20 x 40 x 100 cm
Kontraststreifengröße (H x B): 4,3 x 2,2 cm
Farbe: grau
Oberfläche: .....
Kantenausbildung: gefast
Fundament: Dicke mind. 20 cm
Angeb. Fabrikat: .....
–€   106€   **118**€   131€   –€   [m]   ⏱ 0,60 h/m   080.000.224

59 Winkelstufe, Beton, 17x28x100cm KG **534**
Winkelstufe aus Betonfertigteil in Bettung aus Beton verlegen. Trittfläche, Vorderseite und zwei Köpfe Sichtbeton.
Festigkeitsklasse: C30/37
Stufenlänge: 100 cm
Steigungsverhältnis (H x B): 17 x 28 cm
Kante: gefast
Bettung: C12/15
Bettungsdicke: 20 cm
Angeb. Fabrikat: .....
99€   119€   **135**€   141€   161€   [m]   ⏱ 0,95 h/m   080.000.214

60 Winkelstufe, Kontraststreifen Beton, 20x36x120cm KG **534**
Winkelstufe mit Kontraststreifen als Betonfertigteil Kontraststreifen aus Beton in der Länge der Stufe.
Einbauort: auf bauseitigem Fundament
Festigkeitsklasse: C20/25
Stufengröße (H x B x L): 20 x 36 x 120 cm
Kontraststreifengröße (H x B): **8 x 5 / 5 x 5** cm
Farbe: grau
Oberfläche: .....
Kantenausbildung: gefast
Fundament: Dicke mind. 20 cm
Angeb. Fabrikat: .....
80€   107€   **116**€   130€   143€   [m]   ⏱ 0,60 h/m   080.000.236

▶ min
▷ von
ø Mittel
◁ bis
◀ max

Nr.	Kurztext / Langtext					Kostengruppe	
▶	▷	ø netto €	◁	◀	[Einheit]	Ausf.-Dauer	Positionsnummer

61 Winkelstufe, Kontraststreifen PVC, 20x36x120cm KG **534**

Winkelstufe mit Kontraststreifen aus PVC als Betonfertigteil, Kontraststreifen aus Beton in der Länge der Stufe.
Einbauort: auf bauseitigem Fundament
Festigkeitsklasse: C20/25
Stufengröße (H x B x L): 20 x 36 x 120 cm
Kontraststreifengröße (H x B): 4,3 x 2,2 cm
Farbe: grau
Oberfläche: …..
Kantenausbildung: gefast
Fundament: Dicke mind. 20 cm
Angeb. Fabrikat: …..

| 75€ | 93€ | **101€** | 110€ | 124€ | [m] | ⏱ 0,60 h/m | 080.000.237 |

62 Legestufe, Kontraststreifen Beton, 8x40x120cm KG **534**

Legestufe mit Kontraststreifen als Betonfertigteil, Kontraststreifen aus Beton in der Länge der Stufe.
Einbauort: auf bauseitigem Fundament
Festigkeitsklasse: C20/25
Stufengröße (H x B x L): 8 x 40 x 120 cm
Kontraststreifengröße (H x B): **8 x 5 / 5 x 5** cm
Farbe: grau
Oberfläche: ….
Kantenausbildung: gefast
Fundament: Dicke mind. 20 cm
Angeb. Fabrikat: …..

| 87€ | 115€ | **127€** | 143€ | 154€ | [m] | ⏱ 0,60 h/m | 080.000.238 |

63 Legestufe, Kontraststreifen PVC, 8x40x120cm KG **534**

Legestufe mit Kontraststreifen aus PVC als Betonfertigteil, Kontraststreifen aus Beton in der Länge der Stufe.
Einbauort: auf bauseitigem Fundament
Festigkeitsklasse: C20/25
Stufengröße (H x B x L): 8 x 40 x 120 cm
Kontraststreifengröße (H x B): 4,3 x 2,2 cm
Farbe: grau
Oberfläche: ….
Kantenausbildung: gefast
Fundament: Dicke mind. 20 cm
Angeb. Fabrikat: …..

| 78€ | 100€ | **111€** | 124€ | 134€ | [m] | ⏱ 0,60 h/m | 080.000.239 |

LB 080 Straßen, Wege, Plätze

Kosten:
Stand 1.Quartal 2018
Bundesdurchschnitt

Nr.	Kurztext / Langtext					Kostengruppe		
▶	▷	ø netto €	◁	◀	[Einheit]	Ausf.-Dauer	Positionsnummer	

64 L-Stufe, Kontraststreifen Beton, 15x38x80cm KG **534**

L-Stufe mit Kontraststreifen als Betonfertigteil Kontraststreifen aus Beton in der Länge der Stufe.
Einbauort: auf bauseitigem Fundament
Festigkeitsklasse: C20/25
Stufengröße (H x B x L): 15 x 38 x 80 cm
Kontraststreifengröße (H x B): **8 x 5 / 5 x 5** cm
Farbe: grau
Oberfläche: ….
Kantenausbildung: gefast
Fundament: Dicke mind. 20 cm
Angeb. Fabrikat: …..

| 75 € | 94 € | **103 €** | 115 € | 124 € | [m] | ⏱ 0,50 h/m | 080.000.240 |

A 4 Bordstein, Naturstein Beschreibung für Pos. **65-67**

Bordsteinen aus Naturstein einschl. Rückenstütze rückseitig bis 5 cm unter OK Bord hochgezogen. Bewegungsfugen von Fundamentsohle bis OK Bordstein durchgehend, gefüllt. Die Stoßfugen und Bewegungsfugen mit Fugeneinlage aus mit dauerelastischem Fugenband herstellen.
Gesteinsart: Granit

65 Bordstein, Naturstein 15x25x100 KG **520**

Wie Ausführungsbeschreibung A 4
Farbe: …..
Biege- und Bruchfestigkeit: …..
Oberflächenbehandlung: …..
Ausbildung Querschnitt: …..
Maße (B x H x L): 15 x 25 x 100 cm
Fundament Breite: 20 cm
Beton: C25/30

| 27 € | 32 € | **35 €** | 38 € | 40 € | [m] | ⏱ 0,30 h/m | 080.000.180 |

66 Bordstein, Naturstein 15x30x100 KG **520**

Wie Ausführungsbeschreibung A 4
Farbe: …..
Biege- und Bruchfestigkeit: …..
Oberflächenbehandlung: …..
Ausbildung Querschnitt: …..
Maße (B x H x L): 15 x 30 x 100 cm
Fundament Breite: 20 cm
Beton: C25/30

| 31 € | 35 € | **37 €** | 40 € | 43 € | [m] | ⏱ 0,30 h/m | 080.000.181 |

▶ min
▷ von
ø Mittel
◁ bis
◀ max

Nr.	Kurztext / Langtext					Kostengruppe	
▶	▷ ø netto €	◁	◀	[Einheit]	Ausf.-Dauer	Positionsnummer

67 Bordstein, Naturstein 18x25x100 — KG **520**

Wie Ausführungsbeschreibung A 4
Farbe: .....
Biege- und Bruchfestigkeit: .....
Oberflächenbehandlung: .....
Ausbildung Querschnitt: .....
Maße (B x H x L): 18 x 25 x 100 cm
Fundament Breite: 20 cm
Beton: C25/30

| 30€ | 35€ | **37€** | 41€ | 43€ | [m] | ⏱ 0,30 h/m | 080.000.182 |

A 5 Bordstein, Beton — Beschreibung für Pos. **68-71**

Randeinfassung mit Hochbordsteinen aus Beton mit Rückenstütze aus Beton und Unterbeton. Leistung einschl. Passstücke herstellen und Fugen schließen mit Kompriband.

68 Bordstein, Beton, 12x15x25cm, l=100cm — KG **520**

Wie Ausführungsbeschreibung A 5
Form: .....
Maße: 12 x 15 x 25 cm
Länge: 100 cm
Farbe: naturgrau
Fundamentdicke: 20 cm
Rückenstütze: einseitig
Rückenstütze Dicke: 15 cm
Fugenbreite: 10 mm

| 20€ | 23€ | **25€** | 27€ | 31€ | [m] | ⏱ 0,30 h/m | 080.000.352 |

69 Bordstein, Beton, 12x15x30cm, l=50cm — KG **520**

Wie Ausführungsbeschreibung A 5
Form: .....
Maße: 12 x 15 x 30 cm
Länge: 50 cm
Farbe: naturgrau
Fundamentdicke: 20 cm
Rückenstütze: einseitig
Rückenstütze Dicke: 15 cm
Fugenbreite: 10 mm

| 18€ | 22€ | **25€** | 28€ | 32€ | [m] | ⏱ 0,28 h/m | 080.000.353 |

LB 080 Straßen, Wege, Plätze

Kosten:
Stand 1.Quartal 2018
Bundesdurchschnitt

▶ min
▷ von
ø Mittel
◁ bis
◀ max

Nr.	Kurztext / Langtext					[Einheit]	Ausf.-Dauer	Kostengruppe Positionsnummer
▶	▷	**ø netto €**	◁	◀				

70 Bordstein, Beton, 12x18x30cm, l=50cm KG **520**
Wie Ausführungsbeschreibung A 5
Form: .....
Maße: 12 x 18 x 30 cm
Länge: 50 cm
Farbe: naturgrau
Fundamentdicke: 20 cm
Rückenstütze: einseitig
Rückenstütze Dicke: 15 cm
Fugenbreite: 10 mm

| 20€ | 24€ | **27€** | 29€ | 35€ | [m] | ⏱ 0,28 h/m | 080.000.355 |

71 Bordstein, Beton, 12x18x30cm, l=100cm KG **520**
Wie Ausführungsbeschreibung A 5
Form: .....
Maße: 12 x 18 x 30 cm
Länge: 100 cm
Farbe: naturgrau
Fundamentdicke: 20 cm
Rückenstütze: einseitig
Rückenstütze Dicke: 15 cm
Fugenbreite: 10 mm

| 20€ | 26€ | **29€** | 32€ | 39€ | [m] | ⏱ 0,30 h/m | 080.000.362 |

A 6 Bordstein, Beton, Form C Beschreibung für Pos. **72-75**
Randeinfassung für Wege-, Pflanzfläche- und Rasenfläche mit beidseitig gefasten Tiefbordsteinen aus Beton mit Rückenstütze aus Beton und Betonbettung. Leistung einschl. Passstücke herstellen und Fugen schließen mit Kompriband.

72 Bordstein, Beton, 8x25cm, l=50cm, Form C KG **520**
Wie Ausführungsbeschreibung A 6
Form: C, beidseitig gefast
Maße: 8 x 25 cm
Länge: 50 cm
Farbe: grau
Fundamentdicke: ..... cm
Rückenstütze: beidseitig
Rückenstütze Dicke: ..... cm
Fugenbreite: ..... mm
Höhenversatz: .....

| 17€ | 18€ | **20€** | 23€ | 25€ | [m] | ⏱ 0,30 h/m | 080.000.357 |

Nr.	Kurztext / Langtext				[Einheit]	Ausf.-Dauer	Kostengruppe Positionsnummer
▶	▷ ø netto €	◁	◀				

73	**Bordstein, Beton, 8x25cm, l=100cm, Form C**						KG **520**

Wie Ausführungsbeschreibung A 6
Form: C, beidseitig gefast
Maße: 8 x 25 cm
Länge: 100 cm
Farbe: grau
Fundamentdicke: ..... cm
Rückenstütze: beidseitig
Rückenstütze Dicke: ..... cm
Fugenbreite: ..... mm
Höhenversatz: .....

17€	20€	**22€**	24€	29€	[m]	⏱ 0,32 h/m	080.000.358

74	**Bordstein, Beton, 10x25cm, l=50cm, Form C**						KG **520**

Wie Ausführungsbeschreibung A 6
Form: C, beidseitig gefast
Maße: 10 x 25 cm
Länge: 50 cm
Farbe: grau
Fundamentdicke: ..... cm
Rückenstütze: beidseitig
Rückenstütze Dicke: ..... cm
Fugenbreite: ..... mm
Höhenversatz: .....

17€	18€	**19€**	20€	22€	[m]	⏱ 0,30 h/m	080.000.359

75	**Bordstein, Beton, 10x25cm, l=100cm, Form C**						KG **520**

Wie Ausführungsbeschreibung A 6
Form: C, beidseitig gefast
Maße: 10 x 25 cm
Länge: 100 cm
Farbe: grau
Fundamentdicke: ..... cm
Rückenstütze: beidseitig
Rückenstütze Dicke: ..... cm
Fugenbreite: ..... mm
Höhenversatz: .....

20€	20€	**21€**	22€	24€	[m]	⏱ 0,32 h/m	080.000.360

LB 080 Straßen, Wege, Plätze

Kosten:
Stand 1.Quartal 2018
Bundesdurchschnitt

Nr.	Kurztext / Langtext						Kostengruppe
▶	▷	ø netto €	◁	◀	[Einheit]	Ausf.-Dauer	Positionsnummer

76 Bordstein, Beton, 8x20cm KG **520**
Randeinfassung mit Tiefbordsteinen aus Beton mit beidseitiger, keilförmiger Stütze aus Beton und Unterbeton. Leistung einschl. Passstücke herstellen und Fugen schließen mit Kompriband.
Form: T
Maße: 8 x 20 cm
Länge: ..... cm
Farbe: naturgrau
Fundamentdicke: 13-16 cm
Rückenstütze: beidseitig
Rückenstütze Dicke: ..... cm
Fugenbreite: ..... mm
Höhenversatz: .....

| 18€ | 19€ | **20**€ | 22€ | 27€ | [m] | ⏱ 0,30 h/m | 080.000.361 |

77 Rasenbordstein, Kantstein, Beton KG **520**
Randeinfassung mit Bordsteinen aus Beton mit beidseitiger Rückenstütze aus Beton und Betonbettung. Leistung einschl. Passstücke herstellen und Fugenverschluss.
Steinformat: 10 x 25 cm
Kantenausbildung: einseitig abgerundet / gefast
Fundamentdicke: 10-12 cm
Rückenstütze: beidseitig
Menge: ab 10,00 m

| 16€ | 21€ | **22**€ | 24€ | 29€ | [m] | ⏱ 0,32 h/m | 080.000.364 |

78 Weg-/Beetbegrenzung, Aluminium, gerade KG **520**
Wege- und Beeteinfassung aus Aluminium als gerades Profil liefern und unter Beachtung der Einbauhinweise des Herstellers verlegen. Abgestumpfte Oberkante und keilförmige Unterkante.
Profilhöhe: 100 mm
Profillänge: 2.500 mm

| 18€ | 26€ | **32**€ | 37€ | 44€ | [m] | ⏱ 0,10 h/m | 080.000.367 |

79 Weg-/Beetbegrenzung, Aluminium, Bogen KG **520**
Wege- und Beeteinfassung aus Aluminium als Bogenprofil liefern und unter Beachtung der Einbauhinweise des Herstellers verlegen. Abgestumpfte Oberkante und keilförmige Unterkante.
Profilhöhe: 100 mm
Profillänge: im Durchmesser ca. 500 mm

| 46€ | 61€ | **67**€ | 71€ | 77€ | [m] | ⏱ 0,07 h/m | 080.000.368 |

80 Weg-/Beetbegrenzung, Aluminium, Stoßverbinder KG **520**
Alu-Stoßverbinder als Verbinder der Wege- und Beeteinfassung liefern und unter Beachtung der Einbauhinweise des Herstellers verwenden.
Profilhöhe: 90 mm
Profillänge: 100 mm

| 41€ | 53€ | **58**€ | 64€ | 68€ | [St] | ⏱ 0,05 h/St | 080.000.369 |

▶ min
▷ von
ø Mittel
◁ bis
◀ max

Nr.	Kurztext / Langtext						Kostengruppe	
▶	▷	ø netto €	◁	◀	[Einheit]	Ausf.-Dauer	Positionsnummer	

81 Weg-/Beetbegrenzung, Aluminium, Eckverbinder, Außenecke 90° KG **520**
Eckverbinder für Außenecke 90° aus Aluminium als Verbinder der Wege- und Beeteinfassung liefern und unter Beachtung der Einbauhinweise des Herstellers verwenden.
Profilhöhe: 90 mm
Profillänge: je Schenkel 75 mm

| 28€ | 31€ | **31€** | 33€ | 36€ | [St] | ⏱ 0,05 h/St | 080.000.370 |

82 Weg-/Beetbegrenzung, Aluminium, Erdnagel KG **520**
Alu-Erdnagel aus Aluminium als Verbinder der Wege- und Beeteinfassung mit Lochstanzung liefern und unter Beachtung der Einbauhinweise des Herstellers verwenden. Gerundet, Oberkante mit Arretiernase, Unterkante spitz zulaufend.
Länge: 300 mm

| 12€ | 15€ | **16€** | 18€ | 20€ | [St] | ⏱ 0,01 h/St | 080.000.371 |

83 Weg-/Beetbegrenzung, Cortenstahl, gerade KG **520**
Wege- und Beeteinfassung aus Cortenstahl liefern und unter Beachtung der Einbauhinweise des Herstellers verlegen. Biegefähiges, gerades Profil mit Vierkantlöchern.
Profilhöhe: 105 mm
Profillänge: 2.400 mm
Profilstärke: 3 mm

| 29€ | 38€ | **38€** | 46€ | 58€ | [m] | ⏱ 0,10 h/m | 080.000.372 |

84 Weg-/Beetbegrenzung, Cortenstahl, Profilverbinder KG **520**
Verbinder aus Cortenstahl für Profilverbindungen liefern und unter Beachtung der Einbauhinweise des Herstellers verwenden. Profil mit Anker-/Verbindungsschraublöchern.
Profilhöhe: 60 mm
Profillänge: 140 mm
Profilstärke: 3 mm

| 51€ | 65€ | **72€** | 79€ | 84€ | [St] | ⏱ 0,07 h/St | 080.000.373 |

85 Weg-/Beetbegrenzung, Cortenstahl, Eckverbinder, Außenecke 90° KG **520**
Eckverbinder für Außenecke 90 aus Cortenstahl für Profilverbindungen liefern und unter Beachtung der Einbauhinweise des Herstellers verwenden. Profil mit Anker-/Verbindungsschraublöchern.
Profilhöhe: 105 mm
Profillänge: je Schenkel 300 mm
Profilstärke: 3 mm

| 29€ | 40€ | **42€** | 45€ | 51€ | [St] | ⏱ 0,05 h/St | 080.000.374 |

86 Weg-/Beetbegrenzung, Cortenstahl, Beton- und Erdanker KG **520**
Beton- und Erdanker als Verbinder der Wege- und Beeteinfassung liefern und unter Beachtung der Einbauhinweise des Herstellers verwenden.
Profilhöhe: 60 mm
Profillänge: 300 mm
Profilstärke: 5 mm

| 9€ | 11€ | **12€** | 13€ | 15€ | [St] | ⏱ 0,01 h/St | 080.000.375 |

© BKI Baukosteninformationszentrum; Erläuterungen zu den Tabellen siehe Seite 46
Mustertexte geprüft: Deutsche Gesellschaft für Garten- und Landschaftskultur e.V.

Kostenstand: 1.Quartal 2018, Bundesdurchschnitt

LB 080 Straßen, Wege, Plätze

Kosten:
Stand 1.Quartal 2018
Bundesdurchschnitt

▶ min
▷ von
ø Mittel
◁ bis
◀ max

Nr.	Kurztext / Langtext					[Einheit]	Ausf.-Dauer	Kostengruppe Positionsnummer
▶	▷	ø netto €	◁	◀				

87 Rollstuhl-Überfahrtstein, 15x22cm, l=50cm KG **520**

Bordsteinen aus Beton als Rollstuhl-Überfahrstein
Witterungswiderstand Klasse: D
Festigkeit Klasse: U
Abriebwiderstand Klasse: I
Gleit / Rutschwiderstand: SRT = 55
Fundament aus Beton C20/25
Format: 15 x 22 x 50 cm, mit 1 cm Fase
Radius: …
Farbe: Weißbeton

| 44€ | 47€ | **56€** | 62€ | 68€ | [m] | ⏱ 0,28 h/m | 080.000.242 |

88 Rollstuhl-Überfahrtstein, 15x22cm, l=100cm KG **520**

Bordsteinen aus Beton als Rollstuhl-Überfahrstein
Witterungswiderstand Klasse: D
Festigkeit Klasse: U
Abriebwiderstand Klasse: I
Gleit / Rutschwiderstand: SRT = 55
Fundament aus Beton C20/25
Format: 15 x 22 x 100 cm, mit 1 cm Fase
Radius: …
Farbe: Weißbeton

| 57€ | 73€ | **78€** | 87€ | 94€ | [m] | ⏱ 0,30 h/m | 080.000.241 |

89 Tastbordstein, Beton, 25x20cm, l=100cm KG **520**

Sehbehindertengerechter Bordstein mit Aussparung bzw. der Anpassung an Straßenabläufe
Fundament aus Beton C20/25
Format: 25 x 20 x 100 cm
Farbe: Weißbeton

| 54€ | 72€ | **79€** | 92€ | 96€ | [m] | ⏱ 0,32 h/m | 080.000.243 |

90 Übergangsbordstein, Beton, dreiteilig, 12x15x30, l=50cm KG **520**

Bordstein als dreiteiliger Übergang zwischen Nullabsenkung und Hochbord, einschl. der Aussparung bzw. der Anpassung an Straßenabläufe
Fundament aus Beton C20/25
Dreiteiliger Übergang bestehend aus:
Übergangsstein 1 mit 6 cm Einbauhöhe auf Übergangsstein 2 mit Einbauhöhe 3 cm auf Schrägstein mit Nullabsenkung
Format: 12 x 15 x 30 cm
Länge je Stein: 50 cm
Farbe: Weißbeton

| 45€ | 61€ | **65€** | 71€ | 77€ | [m] | ⏱ 0,35 h/m | 080.000.245 |

Nr.	Kurztext / Langtext							Kostengruppe
▶	▷	ø netto €	◁	◀	[Einheit]	Ausf.-Dauer	Positionsnummer

91 Winkelstützmauerelement, Beton, Höhe 55cm   KG 533

Einfassung aus Winkelstützmauerelementen als Stahlbetonfertigteil, Sichtflächen in Sichtbeton, in Betonbettung.
Winkelhöhe: 55 cm
Fußlänge: 30 cm
Winkelbreite: 50 cm
Festigkeitsklasse: C30/37
Sichtbeton: glatt
Sichtkanten: gefast
Expositionsklasse: .....
Beton: C12/15
Fundamentdicke: 20 cm
Angeb. Fabrikat: .....

| 91€ | 100€ | **103€** | 107€ | 115€ | [m] | ⏱ 0,55 h/m | 080.000.206 |

92 Winkelstützmauerelement, Beton, Höhe 80cm   KG 533

Einfassung aus Winkelstützmauerelementen als Stahlbetonfertigteil, Sichtflächen in Sichtbeton, in Betonbettung.
Winkelhöhe: 80 cm
Fußlänge: 50 cm
Festigkeitsklasse: C30/37
Sichtbeton: glatt
Sichtkanten: gefast
Expositionsklasse: .....
Beton: C12/15
Fundamentdicke: 20 cm
Angeb. Fabrikat: .....

| 104€ | 117€ | **124€** | 131€ | 154€ | [m] | ⏱ 0,75 h/m | 080.000.207 |

93 Winkelstützmauerelement, Beton, Höhe 105cm   KG 533

Einfassung aus Winkelstützmauerelementen als Stahlbetonfertigteil, Sichtflächen in Sichtbeton, in Betonbettung.
Winkelhöhe: 105 cm
Fußlänge: 40 cm
Festigkeitsklasse: C30/37
Sichtbeton: glatt
Sichtkanten: gefast
Expositionsklasse: .....
Beton: C12/15
Fundamentdicke: 20 cm
Angeb. Fabrikat: .....

| 153€ | 163€ | **167€** | 170€ | 176€ | [m] | ⏱ 0,82 h/m | 080.000.208 |

© **BKI** Baukosteninformationszentrum; Erläuterungen zu den Tabellen siehe Seite 46
Mustertexte geprüft: Deutsche Gesellschaft für Garten- und Landschaftskultur e.V.

Kostenstand: 1.Quartal 2018, Bundesdurchschnitt

LB 080 Straßen, Wege, Plätze

Kosten:
Stand 1.Quartal 2018
Bundesdurchschnitt

▶ min
▷ von
ø Mittel
◁ bis
◀ max

Nr.	Kurztext / Langtext						Kostengruppe
▶	▷	ø netto €	◁	◀	[Einheit]	Ausf.-Dauer	Positionsnummer

94 Winkelstützmauerelement, Beton, Höhe 130cm KG **533**

Einfassung aus Winkelstützmauerelementen als Stahlbetonfertigteil, Sichtflächen in Sichtbeton, in Betonbettung.
Winkelhöhe: 130cm
Fußlänge: 70 cm
Festigkeitsklasse: C30/37
Sichtbeton: glatt
Sichtkanten: gefast
Expositionsklasse: .....
Beton: C12/15
Fundamentdicke: 20 cm
Angeb. Fabrikat: .....

197€   216€   **232**€   243€   261€   [m]   ⏱ 1,05 h/m   080.000.209

95 Winkelstützmauerelement, Beton, Höhe 180cm KG **533**

Einfassung aus Winkelstützmauerelementen als Stahlbetonfertigteil, Sichtflächen in Sichtbeton, in Betonbettung.
Winkelhöhe: 180 cm
Fußlänge: 100 cm
Festigkeitsklasse: C30/37
Sichtbeton: glatt
Sichtkanten: gefast
Expositionsklasse: .....
Beton: C12/15
Fundamentdicke: 20 cm
Angeb. Fabrikat: .....

236€   270€   **288**€   325€   363€   [m]   ⏱ 1,62 h/m   080.000.211

A 7 Pflasterdecke, Granit Beschreibung für Pos. **96-99**

Pflasterdecke für Fußgängerflächen als Kleinsteinpflaster mit Natursteinen im Mörtelbett und Fugen mit Pflasterfugenmörtel.
Pflastermaterial: Granit

96 Pflasterdecke, Granit, 8x8cm KG **521**

Wie Ausführungsbeschreibung A 7
Abmessung (L x B x H): 8 x 8 x 8 cm
Güteklasse: .....
Farbe: .....
Verlegeart: im Verband
Bettungsdicke: ..... cm
Angeb. Fabrikat: .....

57€   72€   **80**€   90€   107€   [m²]   ⏱ 1,20 h/m²   080.000.337

Nr.	Kurztext / Langtext						Kostengruppe	
▶	▷	ø netto €	◁	◀	[Einheit]	Ausf.-Dauer	Positionsnummer	

97 Pflasterdecke, Granit 9x9cm KG **521**
Wie Ausführungsbeschreibung A 7
Abmessung (L x B x H): 9 x 9 x 9 cm
Güteklasse: .....
Farbe: .....
Verlegeart: im Verband
Bettungsdicke: ..... cm
Angeb. Fabrikat: .....

| 58 € | 73 € | **79 €** | 86 € | 105 € | [m²] | ⏱ 1,15 h/m² | 080.000.338 |

98 Pflasterdecke, Granit, 10x10cm KG **521**
Wie Ausführungsbeschreibung A 7
Abmessung (L x B x H): 10 x 10 x 10 cm
Güteklasse: .....
Farbe: .....
Verlegeart: im Verband
Bettungsdicke: ..... cm
Angeb. Fabrikat: .....

| 61 € | 76 € | **81 €** | 82 € | 98 € | [m²] | ⏱ 1,10 h/m² | 080.000.339 |

99 Pflasterdecke, Granit, 11x11cm KG **521**
Wie Ausführungsbeschreibung A 7
Abmessung (L x B x H): 11 x 11 x 11 cm
Güteklasse: .....
Farbe: .....
Verlegeart: im Verband
Bettungsdicke: ..... cm
Angeb. Fabrikat: .....

| 75 € | 104 € | **109 €** | 120 € | 141 € | [m²] | ⏱ 0,95 h/m² | 080.000.340 |

100 Pflasterdecke, Granitkleinpflaster KG **520**
Pflasterdecke als Kleinsteinpflaster mit Natursteinen im Mörtelbett und Fugen mit Trasszement.
Einbauort: .....
Pflastermaterial: Granit
Abmessung (L x B x H): ..... x ..... x ..... cm
Güteklasse: .....
Farbe: .....
Verlegeart: im Verband
Bettungsdicke: ..... cm
Angebotener Stein: .....

| 61 € | 78 € | **88 €** | 94 € | 111 € | [m²] | ⏱ 1,20 h/m² | 080.000.341 |

LB 080 Straßen, Wege, Plätze

Kosten:
Stand 1.Quartal 2018
Bundesdurchschnitt

▶ min
▷ von
ø Mittel
◁ bis
◀ max

Nr.	Kurztext / Langtext					Kostengruppe	
▶	▷ ø netto € ◁ ◀				[Einheit]	Ausf.-Dauer	Positionsnummer

101 Pflasterzeile, Großformat, einzeilig — KG **521**
Einzeilige Randeinfassung als Großsteinpflaster in Betonfundament C12/15 herstellen und Fugen mit Pflasterfugenmörtel ausfüllen.
Pflastermaterial: Granit, gebraucht
Pflasterformat (L x B x H): ..... x ..... x ..... cm
Güteklasse: .....
Farbe: .....
Bettungsdicke: ..... cm
Angebotener Stein: .....
22 €   27 €   **27 €**   30 €   37 €   [m]   ⏱ 0,30 h/m   080.000.342

102 Pflasterzeile, Granit, dreizeilig — KG **521**
Dreizeilige Randeinfassung als Großsteinpflaster mit Natursteinen im Mörtelbett und Fugen mit Pflasterfugenmörtel.
Pflastermaterial: Granit
Abmessungen (L x B x H): 15 x 17 x 17 cm
Güteklasse: .....
Farbe: .....
Bettungsdicke: ..... cm
Angebotener Stein: .....
34 €   39 €   **41 €**   45 €   54 €   [m]   ⏱ 0,40 h/m   080.000.344

103 Pflasterzeile, Granit, einzeilig — KG **520**
Einzeilige Randeinfassung als Großsteinpflaster mit Natursteinen im Mörtelbett und Fugen mit Pflasterfugenmörtel.
Pflastermaterial: Granit
Abmessungen (L x B x H): 15 x 17 x 17 cm
Güteklasse: .....
Farbe: .....
Bettungsdicke: ..... cm
Angebotener Stein: .....
21 €   30 €   **32 €**   39 €   53 €   [m]   ⏱ 0,35 h/m   080.000.343

104 Pflasterzeile, Granitkleinpflaster — KG **523**
Einzeilige Randeinfassung als Großsteinpflaster mit Natursteinen im Mörtelbett und Fugen mit Pflasterfugenmörtel.
Pflastermaterial: Granit
Abmessungen (L x B x H): 15 x 17 x 17 cm
Güteklasse: .....
Farbe: .....
Bettungsdicke: ..... cm
Angebotener Stein: .....
22 €   26 €   **28 €**   31 €   33 €   [m]   ⏱ 0,42 h/m   080.000.366

Nr.	Kurztext / Langtext					Kostengruppe		
▶	▷	ø netto €	◁	◀	[Einheit]	Ausf.-Dauer	Positionsnummer

105 Plattenbelag, Granit, 60x60cm — KG **523**

Plattenbelag aus Naturstein barrierefrei DIN 18040/3 in ungebundener Bauweise in Brechsand-Splitt-Gemisch in parallelen Reihen verlegen. Fugen mit Bettungsstoff vollständig einschlämmen.
Plattenmaterial: Granit
Abmessung (L x B): bis 60 x 60 cm
Dicke: 5 cm
Oberfläche: .....
Farbe: .....
Kanten: abgeschrägt
Bettung: Körnung 0/2
Bettungsdicke: 3 bis 5 cm
Angebotener Stein: .....
Steinbruch des angebotenen Materials: .....

| 54 € | 63 € | **68 €** | 73 € | 88 € | [m²] | 0,80 h/m² | 080.000.219 |

106 Plattenbelag, Basalt, 60x60cm — KG **523**

Plattenbelag aus Naturstein barrierefrei DIN 18040/3, in ungebundener Bauweise in Brechsand-Splitt-Gemisch in parallelen Reihen verlegen. Fugen mit Bettungsstoff vollständig einschlämmen.
Plattenmaterial: Basalt
Abmessung (L x B): 60 x 60 cm
Dicke: 5 cm
Oberfläche: .....
Farbe: .....
Kanten: abgeschrägt
Bettung: Körnung 0/2
Bettungsdicke: 3 bis 5 cm
Angebotener Stein: .....
Steinbruch des angebotenen Materials: .....

| – € | 122 € | **138 €** | 151 € | – € | [m²] | 0,80 h/m² | 080.000.220 |

107 Plattenbelag, Travertin, 60x60cm — KG **523**

Plattenbelag aus Naturstein barrierefrei DIN 18040/3, in ungebundener Bauweise in Brechsand-Splitt-Gemisch in parallelen Reihen verlegen. Fugen mit Bettungsstoff vollständig einschlämmen.
Plattenmaterial: Travertin
Abmessung (L x B): 60 x 60 cm
Dicke: 5 cm
Oberfläche: .....
Farbe: .....
Kanten: abgeschrägt
Bettung: Körnung 0/2
Bettungsdicke: 3 bis 5 cm
Angebotener Stein: .....
Steinbruch des angebotenen Materials: .....

| 80 € | 89 € | **99 €** | 101 € | 126 € | [m²] | 0,80 h/m² | 080.000.222 |

LB 080 Straßen, Wege, Plätze

Nr.	Kurztext / Langtext					Kostengruppe		
▶	▷	ø netto €	◁	◀	[Einheit]	Ausf.-Dauer	Positionsnummer

Kosten:
Stand 1.Quartal 2018
Bundesdurchschnitt

108 Plattenbelag, Sandstein, 60x60cm KG **523**

Plattenbelag aus Naturstein barrierefrei DIN 18040/3, in ungebundener Bauweise in Brechsand-Splitt-Gemisch in parallelen Reihen verlegen. Fugen mit Bettungsstoff vollständig einschlämmen.
Plattenmaterial: Sandstein
Abmessung (L x B): 60 x 60 cm
Dicke: 5 cm
Oberfläche: .....
Farbe: .....
Kanten: abgeschrägt
Bettung: Körnung 0/2
Bettungsdicke: 3 bis 5 cm
Angebotener Stein: .....
Steinbruch des angebotenen Materials: .....

| 85 € | 98 € | **106 €** | 112 € | 123 € | [m²] | ⊙ 0,80 h/m² | 080.000.223 |

109 Balkonbelag, Betonwerkstein KG **352**

Plattenbelag aus Betonwerkstein, im Außenbereich auf Betondecke, in ungebundener Bauweise auf Splitt, mit Kreuzfuge und eingekehrtem Sand.
Einbauort: Balkon
Gefälle: .....
Plattenmaterial: Betonwerkstein
Plattenabmessung: ..... mm
Plattendicke: .....
Fugenbreite: ..... mm
Oberfläche: .....
Farbe: .....
Angeb. Fabrikat: .....

| 57 € | 72 € | **78 €** | 92 € | 112 € | [m²] | ⊙ 1,00 h/m² | 080.000.302 |

110 Holzbelag Lärche KG **523**

Terrassenbelag aus Lärche, inkl. Unterkonstruktion, Befestigungen und Verbindungen, ohne Lieferung.
Maße (L x B): ..... x ..... cm
Holzdicke: ..... mm
Oberfläche: .....

| 113 € | 138 € | **141 €** | 167 € | 198 € | [m²] | ⊙ 1,30 h/m² | 080.000.345 |

▶ min
▷ von
ø Mittel
◁ bis
◀ max

Nr.	**Kurztext** / Langtext							Kostengruppe
▶	▷	**ø netto €**	◁	◀		[Einheit]	Ausf.-Dauer	Positionsnummer

A 8 — Belag aus Holzpaneele — Beschreibung für Pos. **111-112**

Belag aus Holzpaneele liefern und verlegen. Kesseldruckimprägniert, inkl. aller Anpassungsarbeiten (Längsschnitte, Querschnitte für das fluchtgerechte arbeiten, anfasen, beischleifen) in den Randbereichen der Terrassenfläche. Alle Hirnenden der Dielen sind splitterfrei zu verarbeiten und mit Hirnholzversiegelung zu versiegeln. Anordnung der Dielenstöße nach Angabe der Bauleitung.

111 — Belag aus Holzpaneele 60x60cm — KG **523**

Wie Ausführungsbeschreibung A 8
Holzart: Kiefer
Fugenbreite zu Wänden: 15-20 mm
Ausführung in: 1-2% Gefälle in Wasserfließrichtung verlegen
Bretter Dicke: 26 mm
Bretter Breite: 95 mm
Maße: 60 x 60 cm

▶	▷	**ø netto €**	◁	◀	[Einheit]	Ausf.-Dauer	Positionsnummer
–€	101 €	**106 €**	117 €	–€	[m²]	0,20 h/m²	080.000.187

112 — Belag aus Holzpaneele 120x60cm — KG **523**

Wie Ausführungsbeschreibung A 8
Holzart: Kiefer
Fugenbreite zu Wänden: 15-20 mm
Ausführung in: 1-2% Gefälle in Wasserfließrichtung verlegen
Bretter Dicke: 26 mm
Bretter Breite: 95 mm
Maße: 120 x 60 cm

▶	▷	**ø netto €**	◁	◀	[Einheit]	Ausf.-Dauer	Positionsnummer
–€	91 €	**97 €**	105 €	–€	[m²]	0,25 h/m²	080.000.188

A 9 — Gabionen — Beschreibung für Pos. **113-120**

Gabionen aus witterungs- und mechanisch beständigem Füllmaterial liefern und einbauen. Gabionen sind aus elektrisch punktgeschweißten Gittermatten hergestellt. Die Einzelteile werden vor Ort ausgelegt und mit Spiralschließen zu einem kompletten Behälter zusammengefügt. Alle Komponenten sind verzinkt.

113 — Gabionen, 50x50x50cm — KG **533**

Wie Ausführungsbeschreibung A 9
Gabionenbehälter: 50 x 50 x 50 cm
Stahldrahtstärke: 3,5 mm
Maschenweite: 10 x 10 cm
Befüllung: mit frostbeständigem Gestein mit einer Größe größer der Maschenweite. Gabionen, händisch füllen, dichte lagenweise Packungen
Einbauort: .....

▶	▷	**ø netto €**	◁	◀	[Einheit]	Ausf.-Dauer	Positionsnummer
–€	81 €	**89 €**	99 €	–€	[St]	2,00 h/St	080.000.189

LB 080 Straßen, Wege, Plätze

Kosten:
Stand 1.Quartal 2018
Bundesdurchschnitt

▶ min
▷ von
ø Mittel
◁ bis
◀ max

Nr.	Kurztext / Langtext				Kostengruppe		
▶	▷	ø netto €	◁	◀	[Einheit]	Ausf.-Dauer	Positionsnummer
114	**Gabionen, 100x50x50cm**						KG **533**
Wie Ausführungsbeschreibung A 9							
Gabionenbehälter: 100 x 50 x 50 cm							
Stahldrahtstärke: 3,5 mm							
Maschenweite: 10 x 10 cm							
Befüllung: mit frostbeständigem Gestein mit einer Größe größer der Maschenweite. Gabionen, händisch füllen, dichte lagenweise Packungen							
Einbauort:							
–€	114€	**126€**	144€	–€	[St]	⏱ 2,00 h/St	080.000.190
115	**Gabionen, 150x50x50cm**						KG **533**
Wie Ausführungsbeschreibung A 9							
Gabionenbehälter: 150 x 50 x 50 cm							
Stahldrahtstärke: 3,5 mm							
Maschenweite: 10 x 10 cm							
Befüllung: mit frostbeständigem Gestein mit einer Größe größer der Maschenweite. Gabionen, händisch füllen, dichte lagenweise Packungen							
Einbauort:							
–€	160€	**163€**	185€	–€	[St]	⏱ 2,00 h/St	080.000.193
116	**Gabionen, 100x100x100cm**						KG **533**
Wie Ausführungsbeschreibung A 9							
Gabionenbehälter: 100 x 100 x 100 cm							
Stahldrahtstärke: 3,5 mm							
Maschenweite: 10 x 10 cm							
Befüllung: mit frostbeständigem Gestein mit einer Größe größer der Maschenweite. Gabionen, händisch füllen, dichte lagenweise Packungen							
Einbauort:							
–€	262€	**292€**	324€	–€	[St]	⏱ 2,00 h/St	080.000.192
117	**Gabionen, 150x100x100cm**						KG **533**
Wie Ausführungsbeschreibung A 9							
Gabionenbehälter: 150 x 100 x 100 cm							
Stahldrahtstärke: 3,5 mm							
Maschenweite: 10 x 10 cm							
Befüllung: mit frostbeständigem Gestein mit einer Größe größer der Maschenweite. Gabionen, händisch füllen, dichte lagenweise Packungen							
Einbauort:							
–€	365€	**384€**	445€	–€	[St]	⏱ 2,00 h/St	080.000.195

Nr.	**Kurztext** / Langtext							Kostengruppe
▶	▷	**ø netto €**	◁	◀	[Einheit]	Ausf.-Dauer	Positionsnummer	

118 Gabionen, 200x50x50cm — KG **533**
Wie Ausführungsbeschreibung A 9
Gabionenbehälter: 200 x 50 x 50 cm
Stahldrahtstärke: 3,5 mm
Maschenweite: 10 x 10 cm
Befüllung: mit frostbeständigem Gestein mit einer Größe größer der Maschenweite. Gabionen, händisch füllen, dichte lagenweise Packungen
Einbauort: .....

| –€ | 198€ | **210€** | 242€ | –€ | [St] | ⏱ 2,00 h/St | 080.000.196 |

119 Gabionen, 200x100x100cm — KG **533**
Wie Ausführungsbeschreibung A 9
Gabionenbehälter: 200 x 100 x 100 cm
Stahldrahtstärke: 3,5 mm
Maschenweite: 10 x 10 cm
Befüllung: mit frostbeständigem Gestein mit einer Größe größer der Maschenweite. Gabionen, händisch füllen, dichte lagenweise Packungen
Einbauort: .....

| –€ | 505€ | **537€** | 585€ | –€ | [St] | ⏱ 2,00 h/St | 080.000.198 |

120 Gabionen, 300x50x50cm — KG **533**
Wie Ausführungsbeschreibung A 9
Gabionenbehälter: 300 x 50 x 50 cm
Stahldrahtstärke: 3,5 mm
Maschenweite: 10 x 10 cm
Befüllung: mit frostbeständigem Gestein mit einer Größe größer der Maschenweite. Gabionen, händisch füllen, dichte lagenweise Packungen
Einbauort: .....

| –€ | 271€ | **288€** | 319€ | –€ | [St] | ⏱ 2,00 h/St | 080.000.199 |

121 Trockenmauer als Stützwand - Bruchsteinmauerwerk — KG **533**
Trockenmauer als Stützwand in unregelmäßig und lagerhaften Bruchsteinmauerwerk herstellen. Die Sichtflächen sollen unbearbeitet sein. Aufbau der Mauer, so dass keine Stoßfuge über 2 Schichten geht.
Steinhöhe: 2 bis 20 cm
Steinlänge: mind. 1,5 bis 2-fache der Höhe
Mauerwerksdicke an der Krone: über 50 cm
Mauerwerkshöhe: 2,50 m
Gründung, Dimensionierung und Dossierung nach statischem Erfordernis
Gesteinsart: .....

| –€ | 227€ | **242€** | 263€ | –€ | [m] | ⏱ 5,00 h/m | 080.000.202 |

LB 080 Straßen, Wege, Plätze

Kosten:
Stand 1.Quartal 2018
Bundesdurchschnitt

Nr.	Kurztext / Langtext					[Einheit]	Ausf.-Dauer	Kostengruppe Positionsnummer
▶	▷	ø netto €	◁	◀				

122 Trockenmauer als freistehende Mauer- Granitblöcke - Findlinge KG **533**

Trockenmauer als freistehende Wand, 2-häuptig mit Findlingen. Die Sichtflächen sollen unbearbeitet sein.
Steindurchmesser bis 60 cm
Steinlänge mindestens 1,5 bis 2-fache der Höhe
Mauerwerksdicke an der Krone über 50 cm
Mauerwerkshöhe: 1,00 m
Gründung, Dimensionierung und Dossierung nach statischem Erfordernis
Gesteinsart: .....

| –€ | 187€ | **195€** | 218€ | –€ | [m] | ⏱ 5,00 h/m | 080.000.204 |

123 Natursteinmauerwerk als Quadermauerwerk KG **533**

Natursteinmauerwerk als Quadermauerwerk Außenwand herstellen. Einseitig sichtbar. Sichtflächen spaltgrau.
Mauermörtel MG III, Fugen sind zu glätten.
Mauerwerksdicke mind. 30 cm
Mauerwerkshöhe: bis 3,00 m
Gründung, Dimensionierung und Dossierung nach statischem Erfordernis
Gesteinsart: .....

| 107€ | 159€ | **184€** | 219€ | 287€ | [m] | ⏱ 4,00 h/m | 080.000.186 |

124 Natursteinmauerwerk als Außenwand KG **533**

Natursteinmauerwerk als Natursteinmauerwerk Außenwand herstellen. Einseitig sichtbar. Sichtflächen spaltgrau. Mauermörtel MG III, Fugen sind zu glätten.
Mauerwerksdicke mind. 50cm
Mauerwerkshöhe: bis 2,00 m
Gründung, Dimensionierung und Dossierung nach statischem Erfodenis
Gesteinsart: .....

| 113€ | 139€ | **151€** | 165€ | 191€ | [m] | ⏱ 4,00 h/m | 080.000.205 |

125 Lastplattendruckversuche KG **523**

Lastplattendruckversuch zum Nachweis der geforderten Verdichtung des Bodens. Durchführung und Auswertung sowie Gerätestellung erfolgt durch ein neutrales Prüflabor nach Wahl des Auftragnehmers. Abrechnung je Versuch, inkl. aller Geräte, Honorare und Nebenkosten.

| 124€ | 148€ | **157€** | 179€ | 240€ | [St] | ⏱ 2,90 h/St | 080.000.365 |

▶ min
▷ von
ø Mittel
◁ bis
◀ max

E
Barrierefreies Bauen

Positionsverweise Barrierefreies Bauen

Kosten: Stand 1. Quartal 2018 Bundesdurchschnitt

▶ min
▷ von
ø Mittel
◁ bis
◀ max

Barrierefreies Bauen — Preise €

Nr.	Positionen	Einheit	▶	▷ ø brutto € ø netto €	◁	◀
1	Öffnungen, Mauerwerk bis 24cm, 1,01/2,13	St	17	34 / **37**	56	101
	LB 012, Pos. 35, Seite 159		15	28 / **31**	47	84
2	Öffnung überdecken, Ziegelsturz	m	8	20 / **25**	33	54
	LB 012, Pos. 44, Seite 162		6	17 / **21**	28	45
3	Öffnung überdecken, KS-Sturz, 17,5cm	m	9	24 / **31**	47	70
	LB 012, Pos. 45, Seite 162		8	20 / **26**	39	59
4	Öffnung überdecken, Betonsturz, 24cm	m	17	50 / **56**	69	94
	LB 012, Pos. 46, Seite 162		14	42 / **47**	58	79
5	Maueranschlussschiene, 28/15	m	6,7	14 / **17**	22	36
	LB 012, Pos. 56, Seite 164		5,7	12 / **14**	18	31
6	Maueranschlussschiene, 38/17	m	14	22 / **25**	37	54
	LB 012, Pos. 57, Seite 165		12	19 / **21**	31	45
7	Außenbelag, Natursteinplatten	m²	79	222 / **269**	412	678
	LB 014, Pos. 3, Seite 215		66	187 / **226**	347	570
8	Außenbelag, Betonwerksteinplatten	m²	30	64 / **75**	85	108
	LB 014, Pos. 4, Seite 215		25	54 / **63**	72	91
9	Außenbelag, Naturstein, Pflaster	m²	80	116 / **136**	141	164
	LB 014, Pos. 5, Seite 216		67	98 / **114**	119	138
10	Balkonbelag, Betonwerkstein	m²	–	67 / **81**	104	–
	LB 014, Pos. 7, Seite 216		–	56 / **68**	88	–
11	Innenbelag, Terrazzoplatten	m²	73	114 / **128**	150	197
	LB 014, Pos. 8, Seite 217		61	96 / **108**	126	166
12	Innenbelag, Betonwerkstein	m²	70	93 / **99**	125	187
	LB 014, Pos. 9, Seite 217		59	78 / **83**	105	157
13	Innenbelag, Naturstein	m²	76	116 / **134**	172	263
	LB 014, Pos. 10, Seite 218		64	97 / **113**	144	221
14	Innenbelag, Granit	m²	106	152 / **171**	273	391
	LB 014, Pos. 11, Seite 218		89	128 / **144**	230	329
15	Innenbelag, Marmor	m²	81	111 / **122**	134	159
	LB 014, Pos. 12, Seite 218		68	94 / **102**	113	134
16	Innenbelag, Kalkstein	m²	68	109 / **117**	138	184
	LB 014, Pos. 13, Seite 219		57	91 / **98**	116	155
17	Innenbelag, Solnhofer Kalkstein	m²	145	153 / **159**	170	183
	LB 024, Pos. 14, Seite 219		122	129 / **134**	143	154
18	Innenbelag, Schiefer	m²	76	89 / **99**	103	115
	LB 014, Pos. 15, Seite 219		64	75 / **83**	86	97
19	Innenbelag, Travertin	m²	100	129 / **150**	177	190
	LB 014, Pos. 16, Seite 220		84	108 / **126**	148	160
20	Innenbelag, Kalkstein, R10	m²	89	117 / **133**	154	184
	LB 014, Pos. 17, Seite 220		75	98 / **112**	129	155
21	Treppe, Blockstufe, Naturstein	m	122	185 / **212**	266	361
	LB 014, Pos. 27, Seite 223		103	156 / **178**	224	303
22	Treppe, Blockstufe, Betonwerkstein	m	80	119 / **135**	181	282
	LB 014, Pos. 28, Seite 223		67	100 / **113**	152	237
23	Treppe, Winkelstufe, 1,00m	St	91	134 / **145**	172	221
	LB 014, Pos. 29, Seite 224		77	113 / **122**	144	185
24	Treppenbelag, Tritt-/Setzstufe	m	105	130 / **139**	167	227
	LB 014, Pos. 30, Seite 224		88	109 / **117**	140	191

© BKI Baukosteninformationszentrum; Erläuterungen zu den Tabellen siehe Seite 46

Barrierefreies Bauen — Preise €

Nr.	Positionen	Einheit	▶	▷	ø brutto € ø netto €	◁	◀
25	Stufengleitschutzprofil, Treppe	m	10	16	**19**	25	35
	LB 014, Pos. 31, Seite 224		9	13	**16**	21	29
26	Rillenfräsung, Stufenkante	m	–	25	**30**	40	–
	LB 014, Pos. 32, Seite 225		–	21	**25**	34	–
27	Aufmerksamkeitsstreifen, Stufenkante	m	–	35	**40**	50	–
	LB 014, Pos. 33, Seite 225		–	29	**33**	42	–
28	Oberfläche, laserstrukturiert, Mehrpreis	m²	–	25	**30**	39	–
	LB 014, Pos. 45, Seite 228		–	21	**25**	33	–
29	Leitsystem, innen, Rippenfliesen, Edelstahl, 3 Rippen	m	–	108	**127**	158	–
	LB 014, Pos. 50, Seite 229		–	91	**107**	133	–
30	Leitsystem, innen, Rippenfliesen, Edelstahl, 7 Rippen	m	–	134	**158**	197	–
	LB 014, Pos. 51, Seite 229		–	113	**133**	166	–
31	Kontraststreifen, Noppenfliesen, Edelstahl, 300mm	m	–	42	**50**	62	–
	LB 014, Pos. 52, Seite 230		–	36	**42**	52	–
32	Kontraststreifen, Noppenfliesen, Edelstahl, 600mm	m	–	38	**45**	56	–
	LB 014, Pos. 53, Seite 230		–	32	**38**	47	–
33	Aufmerksamkeitsfeld, 600/600, Noppenfliesen, Edelstahl	St	–	218	**256**	320	–
	LB 014, Pos. 54, Seite 230		–	183	**215**	269	–
34	Aufmerksamkeitsfeld, 1.200/1.200, Noppenfliesen, Edelstahl	St	–	607	**714**	893	–
	LB 014, Pos. 55, Seite 230		–	510	**600**	750	–
35	Leitsystem, Rippenfliese/Begleitstreifen, Edelstahl, 200mm	m	–	137	**162**	202	–
	LB 014, Pos. 56, Seite 231		–	115	**136**	170	–
36	Leitsystem, Rippenfliese/Begleitstreifen, Edelstahl, 400mm	m	–	171	**201**	252	–
	LB 014, Pos. 57, Seite 231		–	144	**169**	211	–
37	Edelstahlrippen, 16mm, Streifen, dreireihig	m	–	144	**169**	211	–
	LB 014, Pos. 58, Seite 231		–	121	**142**	178	–
38	Edelstahlrippen, 35mm, Streifen, dreireihig	m	–	159	**188**	235	–
	LB 014, Pos. 59, Seite 231		–	134	**158**	197	–
39	Kunststoffrippen, 16mm, Streifen, dreireihig	m	–	42	**48**	60	–
	LB 014, Pos. 60, Seite 232		–	35	**41**	50	–
40	Kunststoffrippen, 35mm, Streifen, dreireihig	m	–	50	**57**	70	–
	LB 014, Pos. 61, Seite 232		–	42	**48**	59	–
41	Aufmerksamkeitsfeld, 600/600, Noppen, Edelstahl	St	–	400	**465**	581	–
	LB 014, Pos. 62, Seite 232		–	336	**391**	488	–
42	Aufmerksamkeitsfeld, 900/900, Noppen, Edelstahl	St	–	853	**992**	1.239	–
	LB 014, Pos. 63, Seite 232		–	717	**833**	1.042	–
43	Aufmerksamkeitsfeld, 600/600, Noppen, Kunststoff	St	–	188	**219**	273	–
	LB 014, Pos. 64, Seite 233		–	158	**184**	230	–
44	Aufmerksamkeitsfeld, 900/900, Noppen, Kunststoff	St	–	345	**401**	502	–
	LB 014, Pos. 65, Seite 233		–	290	**337**	422	–
45	Spachtelung, Boden, Fliesenbelag, großformatig	m²	0,8	7,6	**8,9**	12	21
	LB 024, Pos. 6, Seite 388		0,7	6,4	**7,5**	10	18
46	Verbundabdichtung, streichbar, Wand	m²	7	14	**16**	20	31
	LB 024, Pos. 8, Seite 388		6	11	**13**	17	26

Barrierefreies Bauen

Positionsverweise Barrierefreies Bauen

Kosten: Stand 1.Quartal 2018 Bundesdurchschnitt

▶ min
▷ von
ø Mittel
◁ bis
◀ max

Preise €

Nr.	Positionen	Einheit	▶	▷	ø brutto € / ø netto €	◁	◀
47	Verbundabdichtung, streichbar, Boden	m²	8	12	**15**	17	24
	LB 024, Pos. 9, Seite 388		6	10	**12**	15	20
48	Bodenfliesen, 10x10cm	m²	52	74	**85**	96	119
	LB 024, Pos. 35, Seite 396		44	62	**72**	81	100
49	Bodenfliesen, 20x20cm	m²	47	59	**64**	74	94
	LB 024, Pos. 36, Seite 397		40	49	**54**	62	79
50	Bodenfliesen, 30x30cm	m²	36	56	**61**	70	90
	LB 024, Pos. 37, Seite 397		30	47	**51**	59	76
51	Bodenfliesen, 30x60cm	m²	42	49	**56**	64	68
	LB 024, Pos. 38, Seite 398		35	42	**47**	54	57
52	Bodenfliesen, 20x20cm, strukturiert	m²	54	63	**71**	82	88
	LB 024, Pos. 39, Seite 398		45	53	**60**	69	74
53	Bodenfliesen, 30x30cm, strukturiert	m²	53	59	**68**	76	84
	LB 024, Pos. 40, Seite 399		44	49	**57**	64	71
54	Bodenfliesen, 30x30cm, R11	m²	66	77	**80**	84	93
	LB 024, Pos. 41, Seite 399		55	65	**67**	71	78
55	Bodenfliesen, Großküche, 20x20cm, R12	m²	45	54	**62**	70	77
	LB 024, Pos. 42, Seite 400		38	46	**52**	59	64
56	Bodenfliesen, Großküche, 30x30cm, R12	m²	63	79	**85**	92	109
	LB 024, Pos. 43, Seite 400		53	66	**71**	78	92
57	Bodenfliesenbeläge, Treppen	m	84	103	**110**	119	142
	LB 024, Pos. 45, Seite 401		71	87	**92**	100	119
58	Fliesen, Bla-Feinsteinzeug, bis 20x20cm	m²	47	58	**60**	73	94
	LB 024, Pos. 47, Seite 402		40	48	**51**	61	79
59	Leitsystem, Rippenfliesen, Steinzeug, innen	m	–	61	**72**	90	–
	LB 024, Pos. 60, Seite 405		–	51	**61**	76	–
60	Begleitstreifen, Kontraststreifen, Steinzeug, innen	m	–	49	**57**	71	–
	LB 024, Pos. 61, Seite 406		–	41	**48**	60	–
61	Aufmerksamkeitsfeld, Noppenfliesen, Steinzeug, innen	St	–	167	**196**	245	–
	LB 024, Pos. 62, Seite 406		–	140	**165**	206	–
62	Innen-Türelement, Röhrenspan, zweiflüglig	St	1.208	1.691	**1.879**	2.258	2.908
	LB 027, Pos. 10, Seite 463		1.015	1.421	**1.579**	1.897	2.444
63	Türblatt, zweiflüglig, Vollspan	St	711	900	**1.018**	1.076	1.370
	LB 027, Pos. 17, Seite 465		598	756	**855**	905	1.151
64	Holz-Umfassungszarge, innen, 1.000x2.000/2.125	St	294	380	**425**	441	561
	LB 027, Pos. 19, Seite 467		247	319	**357**	371	471
65	Handlauf-Profil, Holz	m	25	42	**49**	62	98
	LB 027, Pos. 59, Seite 482		21	35	**41**	52	82
66	Geländer, gerade, Rundstabholz	m	206	318	**349**	414	575
	LB 027, Pos. 60, Seite 482		173	268	**293**	348	483
67	Drückergarnitur, Metall	St	37	162	**204**	264	387
	LB 029, Pos. 3, Seite 506		31	136	**171**	222	326
68	Drückergarnitur, Stahl-Nylon	St	21	63	**80**	125	334
	LB 029, Pos. 4, Seite 507		17	53	**67**	105	280
69	Drückergarnitur, Aluminium	St	20	59	**73**	98	168
	LB 029, Pos. 5, Seite 507		17	50	**62**	82	141

Nr.	Positionen	Einheit	▶	▷	ø brutto € ø netto €	◁	◀
70	Drückergarnitur, Edelstahl	St	64	169	**203**	255	390
	LB 029, Pos. 6, Seite 507		53	142	**171**	214	328
71	Drückergarnitur, Edelstahl, barrierefrei	St	–	279	**321**	385	–
	LB 029, Pos. 7, Seite 508		–	234	**269**	323	–
72	Drückergarnitur, Edelstahl, Ellenbogenbetätigung	St	–	311	**358**	429	–
	LB 029, Pos. 8, Seite 508		–	262	**301**	361	–
73	Bad-/WC-Garnitur, Aluminium	St	29	66	**81**	105	147
	LB 029, Pos. 10, Seite 509		24	56	**68**	88	124
74	Bad-/WC-Garnitur, Edelstahl	St	46	104	**143**	185	256
	LB 029, Pos. 11, Seite 509		39	87	**120**	156	215
75	Stoßgriff, Tür, Aluminium	St	75	211	**237**	357	668
	LB 029, Pos. 12, Seite 509		63	177	**200**	300	561
76	Obentürschließer, einflüglige Tür	St	102	229	**280**	457	899
	LB 029, Pos. 13, Seite 510		86	192	**235**	384	756
77	Obentürschließer, zweiflüglige Tür	St	368	548	**563**	638	899
	LB 029, Pos. 14, Seite 510		309	461	**473**	536	756
78	Obentürschließer Innentür	St	274	342	**380**	426	475
	LB 027, Pos. 15, Seite 510		230	288	**320**	358	399
79	Türantrieb, kraftbetätigte Tür, einflüglig	St	2.890	3.899	**4.303**	5.027	6.215
	LB 029, Pos. 17, Seite 511		2.429	3.276	**3.616**	4.224	5.223
80	Türantrieb, kraftbetätigte Tür, zweiflüglig	St	2.638	3.835	**4.639**	5.033	6.498
	LB 029, Pos. 18, Seite 511		2.217	3.223	**3.898**	4.230	5.461
81	Elektrischer Türantrieb	St	1.921	2.295	**2.669**	2.909	3.336
	LB 027, Pos. 19, Seite 511		1.615	1.929	**2.242**	2.444	2.803
82	Sensorleiste	St	423	507	**551**	639	786
	LB 029, Pos. 20, Seite 511		355	426	**463**	537	661
83	Fingerschutz Türkante	St	81	124	**164**	178	207
	LB 029, Pos. 21, Seite 512		68	104	**138**	150	174
84	Türöffner elektrisch	St	57	74	**80**	89	118
	LB 029, Pos. 22, Seite 512		48	62	**67**	75	100
85	Fluchttürsicherung, elektrische Verriegelung	St	583	889	**967**	1.149	1.560
	LB 029, Pos. 23, Seite 512		490	747	**813**	966	1.311
86	Türspion, Aluminium	St	10	18	**22**	25	33
	LB 029, Pos. 26, Seite 514		9	15	**18**	21	27
87	Absenkdichtung, Tür	St	58	91	**101**	116	154
	LB 029, Pos. 39, Seite 516		49	76	**85**	97	130
88	WC-Schild, taktil, Kunststoff	St	–	35	**40**	50	–
	LB 029, Pos. 42, Seite 517		–	29	**33**	42	–
89	Handlauf, Stahl, gebogen	m	99	123	**141**	155	176
	LB 031, Pos. 6, Seite 529		83	103	**118**	130	148
90	Handlauf, Stahl, Wandhalterung	St	22	44	**53**	71	103
	LB 031, Pos. 7, Seite 529		19	37	**44**	59	87
91	Handlauf, Enden	St	8	18	**22**	23	35
	LB 031, Pos. 8, Seite 530		7	15	**19**	19	29
92	Handlauf, Bogenstück	St	16	32	**43**	53	70
	LB 031, Pos. 9, Seite 530		14	27	**37**	45	59
93	Handlauf, Ecken/Gehrungen	St	13	31	**38**	49	80
	LB 031, Pos. 10, Seite 530		11	26	**32**	41	67

Positionsverweise Barrierefreies Bauen

Barrierefreies Bauen — Preise €

Kosten: Stand 1.Quartal 2018 Bundesdurchschnitt

Nr.	Positionen	Einheit	▶ min	▷ von	ø brutto € / ø netto €	◁ bis	◀ max
94	Brüstungs-/Treppengeländer, Flachstahlfüllung	m	169	328	**380**	462	712
	LB 031, Pos. 13, Seite 531		142	276	**319**	389	598
95	Brüstungs-/Treppengeländer, Lochblechfüllung	m	165	253	**287**	324	416
	LB 031, Pos. 14, Seite 532		139	212	**241**	272	349
96	Bodenablauf, Gully, bodengleiche Dusche	St	530	582	**646**	775	892
	LB 044, Pos. 57, Seite 746		445	489	**543**	652	749
97	Bodenablauf, Rinne, bodengleiche Dusche	St	680	726	**907**	1.088	1.252
	LB 044, Pos. 58, Seite 746		572	610	**762**	915	1.052
98	Behindertengerechter Waschtisch	St	226	257	**302**	408	559
	LB 045, Pos. 4, Seite 751		190	216	**254**	343	469
99	Raumsparsiphon, Waschtisch, unterfahrbar	St	98	109	**126**	151	189
	LB 045, Pos. 5, Seite 751		82	92	**106**	127	159
100	Spiegel, hochkant, für Waschtisch	St	57	64	**75**	98	121
	LB 045, Pos. 8, Seite 751		48	54	**63**	82	101
101	Einhandmischer, Badewanne	St	58	183	**256**	390	532
	LB 045, Pos. 10, Seite 752		49	154	**215**	328	447
102	Thermostatarmatur, Badewanne	St	298	398	**497**	671	969
	LB 045, Pos. 11, Seite 752		251	334	**418**	564	814
103	WC, behindertengerecht	St	625	747	**868**	1.042	1.302
	LB 045, Pos. 13, Seite 752		525	627	**729**	875	1.094
104	Notruf, behindertengerechtes WC	St	402	564	**678**	794	950
	LB 045, Pos. 15, Seite 753		338	474	**570**	667	798
105	Einhebelarmatur, Dusche	St	153	393	**409**	506	704
	LB 045, Pos. 23, Seite 754		128	330	**344**	426	592
106	Einhandmischer, Spültisch	St	35	178	**236**	327	502
	LB 045, Pos. 32, Seite 756		29	149	**198**	275	422
107	Installationselement, behindertengerechtes WC, mit Stützgriffen	St	564	694	**868**	1.042	1.215
	LB 045, Pos. 34, Seite 756		474	584	**729**	875	1.021
108	Installationselement, Hygiene-Spül-WC, mit Stützgriffen	St	613	755	**944**	1.132	1.321
	LB 045, Pos. 35, Seite 757		515	634	**793**	951	1.110
109	Installationselement, Hygiene-Spül-WC	St	247	299	**352**	423	486
	LB 045, Pos. 36, Seite 757		207	252	**296**	355	409
110	Installationselement, behindertengerechter Waschtisch, mit Stützgriffen	St	317	394	**453**	543	620
	LB 045, Pos. 38, Seite 757		266	331	**381**	457	521
111	Installationselement, behindertengerechter Waschtisch, höhenverstellbar	St	217	246	**289**	341	391
	LB 045, Pos. 39, Seite 758		182	207	**243**	287	328
112	Wandablauf, bodengleiche Dusche	St	491	556	**654**	772	850
	LB 045, Pos. 40, Seite 758		412	467	**550**	649	715
113	Installationselement, Stützgriff	St	147	192	**226**	272	310
	LB 045, Pos. 41, Seite 758		124	162	**190**	228	261
114	Unterkonstruktion Stützgriff/Sitz	St	65	86	**101**	121	138
	LB 045, Pos. 42, Seite 758		55	72	**85**	101	116
115	Haltegriff, Edelstahl, 600mm	St	69	99	**107**	137	176
	LB 045, Pos. 43, Seite 759		58	84	**90**	115	148

▶ min
▷ von
ø Mittel
◁ bis
◀ max

© BKI Baukosteninformationszentrum; Erläuterungen zu den Tabellen siehe Seite 46

Barrierefreies Bauen — Preise €

Nr.	Positionen	Einheit	▶	▷ ø brutto € ø netto €		◁	◀
116	Haltegriff, Kunststoff, 300mm	St	72	103	**126**	150	208
	LB 045, Pos. 44, Seite 759		60	87	**106**	126	174
117	Duschhandlauf, Edelstahl, 600mm	St	–	369	**490**	624	–
	LB 045, Pos. 45, Seite 759		–	310	**412**	524	–
118	Haltegriffkombination, BW-Duschbereich	St	315	403	**503**	604	1.057
	LB 045, Pos. 46, Seite 759		264	338	**423**	507	888
119	Duschsitz, klappbar	St	393	483	**604**	725	827
	LB 045, Pos. 47, Seite 760		330	406	**507**	609	695
120	WC-Rückenstütze	St	201	322	**403**	483	604
	LB 045, Pos. 48, Seite 760		169	271	**338**	406	507
121	Stützgriff, fest, WC	St	308	362	**453**	543	611
	LB 045, Pos. 49, Seite 760		259	304	**381**	457	514
122	Stützgriff, fest, WC mit Spülauslösung	St	464	521	**566**	623	708
	LB 045, Pos. 50, Seite 760		390	438	**476**	523	595
123	Stützgriff, klappbar, WC	St	352	433	**541**	649	741
	LB 045, Pos. 51, Seite 761		295	364	**455**	546	623
124	Stützgriff, fest, Waschtisch	St	245	302	**377**	453	517
	LB 045, Pos. 52, Seite 761		206	254	**317**	381	435
125	Stützgriff, klappbar, Waschtisch	St	352	401	**440**	480	528
	LB 045, Pos. 53, Seite 761		296	337	**370**	403	444
126	Personenaufzug bis 630kg, behindertengerecht, Typ 2	St	37.781	42.858	**45.480**	48.668	55.007
	LB 069, Pos. 2, Seite 786		31.748	36.015	**38.219**	40.897	46.224
127	Personenaufzug bis 1.275kg, behindertengerecht, Typ 3	St	47.284	64.266	**73.721**	83.200	101.062
	LB 069, Pos. 3, Seite 787		39.735	54.005	**61.951**	69.916	84.926
128	Fassaden-Flachrinne, DN100	m	124	139	**147**	159	183
	LB 003, Pos. 93, Seite 833		104	117	**124**	134	154
129	Entwässerungsrinne, Polymerbeton	St	235	268	**282**	338	427
	LB 003, Pos. 94, Seite 833		197	225	**237**	284	359
130	Entwässerungsrinne, Kl. A, Beton/Gussabdeckung	m	66	95	**112**	137	185
	LB 003, Pos. 95, Seite 833		55	80	**94**	115	156
131	Entwässerungsrinne, Kl. B, Beton/Gussabdeckung	m	89	98	**102**	109	121
	LB 003, Pos. 96, Seite 833		75	83	**86**	92	101
132	Entwässerungsrinne, rollstuhlbefahrbar, Klasse A, DN100	m	90	122	**130**	147	157
	LB 003, Pos. 99, Seite 834		75	103	**109**	123	132
133	Abdeckung, Entwässerungsrinne, Guss, D400	St	70	96	**107**	118	140
	LB 003, Pos. 100, Seite 834		59	80	**90**	100	117
134	Ablaufkasten, Klasse A, DN100	St	148	181	**193**	225	239
	LB 003, Pos. 104, Seite 835		125	152	**162**	189	201
135	Betonplattenbelag, 40x40cm	m²	32	45	**49**	56	67
	LB 080, Pos. 39, Seite 887		27	38	**41**	47	56
136	Betonplattenbelag, großformatig	m²	54	60	**65**	71	79
	LB 080, Pos. 40, Seite 887		45	51	**54**	59	66
137	Pflasterdecke, Betonpflaster	m²	26	30	**32**	34	39
	LB 080, Pos. 42, Seite 888		22	25	**27**	29	33

Positionsverweise Barrierefreies Bauen

Barrierefreies Bauen — Preise €

Kosten: Stand 1.Quartal 2018 Bundesdurchschnitt

▶ min
▷ von
ø Mittel
◁ bis
◀ max

Nr.	Positionen	Einheit	▶	▷ ø brutto € / ø netto €		◁	◀
138	Rippenplatten, 30x30x8, Rippenabstand 50x6, ohne Fase, weiß	m²	–	99	**114**	134	–
	LB 080, Pos. 45, Seite 889		–	84	**96**	112	–
139	Rippenplatten, 30x30x8, Rippenabstand 50x6, mit Fase, weiß	m²	–	107	**117**	139	–
	LB 080, Pos. 46, Seite 889		–	90	**98**	117	–
140	Noppenplatten, 30x30x8, 32 Noppen, mit Fasen, Kegel, weiß	m²	–	110	**115**	126	–
	LB 080, Pos. 47, Seite 889		–	93	**96**	106	–
141	Noppenplatten, 30x30x8, 55 Noppen, mit Fase, Kegel, weiß	m²	84	101	**114**	124	130
	LB 080, Pos. 48, Seite 889		71	85	**96**	104	109
142	Leitstreifen Rippenstein, einreihig	m	290	324	**349**	371	405
	LB 080, Pos. 49, Seite 890		243	272	**293**	312	341
143	Aufmerksamkeitsfeld, 90x90cm, Noppenplatte	m²	121	138	**142**	156	172
	LB 080, Pos. 50, Seite 890		102	116	**119**	131	145
144	Blockstufe, Kontraststreifen Beton, 20x40x120cm	m	153	163	**170**	176	193
	LB 080, Pos. 57, Seite 891		129	137	**143**	148	162
145	Blockstufe, Kontraststreifen PVC, 20x40x120cm	m	–	127	**141**	156	–
	LB 080, Pos. 58, Seite 892		–	106	**118**	131	–
146	Winkelstufe, Kontraststreifen Beton, 20x36x120cm	m	95	127	**138**	155	170
	LB 080, Pos. 60, Seite 892		80	107	**116**	130	143
147	Winkelstufe, Kontraststreifen PVC, 20x36x120cm	m	90	111	**120**	130	147
	LB 080, Pos. 61, Seite 893		75	93	**101**	110	124
148	Legestufe, Kontraststreifen Beton, 8x40x120cm	m	104	137	**151**	170	184
	LB 080, Pos. 62, Seite 893		87	115	**127**	143	154
149	Legestufe, Kontraststreifen PVC, 8x40x120cm	m	92	119	**132**	148	160
	LB 080, Pos. 63, Seite 893		78	100	**111**	124	134
150	L-Stufe, Kontraststreifen Beton, 15x38x80cm	m	89	112	**122**	137	148
	LB 080, Pos. 64, Seite 894		75	94	**103**	115	124
151	Plattenbelag, Granit, 60x60cm	m²	64	75	**81**	87	105
	LB 080, Pos. 105, Seite 905		54	63	**68**	73	88
152	Plattenbelag, Basalt, 60x60cm	m²	–	145	**165**	179	–
	LB 080, Pos. 106, Seite 905		–	122	**138**	151	–
153	Plattenbelag, Travertin, 60x60cm	m²	95	106	**118**	120	150
	LB 080, Pos. 107, Seite 905		80	89	**99**	101	126
154	Plattenbelag, Sandstein, 60x60cm	m²	101	116	**127**	134	146
	LB 080, Pos. 108, Seite 906		85	98	**106**	112	123
155	Balkonbelag, Betonwerkstein	m²	67	86	**93**	109	134
	LB 080, Pos. 109, Seite 906		57	72	**78**	92	112

F
Brandschutz

Positionsverweise Brandschutz

Kosten: Stand 1. Quartal 2018 Bundesdurchschnitt

▶ min
▷ von
ø Mittel
◁ bis
◀ max

Brandschutz — Preise €

Nr.	Positionen	Einheit	▶	▷	ø brutto € / ø netto €	◁	◀
1	Dachfenster/Dachausstieg, Holz	St	172	310	**400**	492	873
	LB 020, Pos. 77, Seite 314		144	260	**336**	413	733
2	Sicherheitsdachhaken, verzinkt	St	9	15	**18**	24	40
	LB 022, Pos. 76, Seite 360		7	13	**15**	20	34
3	Sicherheitstritt, Standziegel	St	54	72	**81**	87	105
	LB 022, Pos. 77, Seite 360		46	60	**68**	73	88
4	WDVS, Brandbarriere, bis 300mm	m	5	9	**10**	12	15
	LB 023, Pos. 54, Seite 376		5	7	**9**	10	13
5	Fluchttürsicherung, elektrische Verriegelung	St	583	889	**967**	1.149	1.560
	LB 029, Pos. 23, Seite 512		490	747	**813**	966	1.311
6	Stahltür, Rauchschutz, zweiflüglig	St	2.763	5.412	**6.172**	7.015	9.554
	LB 031, Pos. 25, Seite 538		2.321	4.548	**5.187**	5.895	8.029
7	Stahltür, Brandschutz, T30 RS, zweiflüglig	St	1.577	2.627	**3.029**	4.569	7.846
	LB 031, Pos. 29, Seite 541		1.325	2.207	**2.545**	3.839	6.594
8	Stahlrahmentür, Glasfüllung, T30 RS, innen	St	2.740	3.794	**4.274**	4.921	6.366
	LB 031, Pos. 30, Seite 543		2.303	3.188	**3.592**	4.136	5.349
9	Stahlrahmentür, Glasfüllung, T30 RS, zweiflüglig, innen	St	5.373	7.901	**8.884**	10.306	13.154
	LB 031, Pos. 31, Seite 544		4.515	6.639	**7.465**	8.660	11.054
10	Stahltür, Brandschutz, T90-2, zweiflüglig	St	3.310	4.207	**4.650**	5.187	6.444
	LB 031, Pos. 34, Seite 547		2.782	3.535	**3.907**	4.359	5.415
11	Brandschutzverglasung, Innenwände	m²	157	339	**372**	404	508
	LB 032, Pos. 16, Seite 567		132	285	**312**	340	426
12	Brandschutzbeschichtung, F30, Stahlbauteile	m²	22	48	**57**	73	99
	LB 034, Pos. 49, Seite 595		18	41	**48**	61	84
13	Decklack, Brandschutzbeschichtungen, Stahlteile	m²	8	9	**12**	14	17
	LB 034, Pos. 50, Seite 595		6	8	**10**	12	14
14	Brandschutzbeschichtung Rund-/Profilstahl	m	18	33	**37**	40	61
	LB 034, Pos. 51, Seite 596		15	27	**31**	33	51
15	Decke, abgehängt, GK/GF, zweilagig, F90-A/EI-90	m²	–	89	**113**	148	–
	LB 039, Pos. 10, Seite 652		–	75	**95**	124	–
16	Decke, abgehängt, Gipsplatten 2x20 mm, F90A/EI90	m²	–	88	**95**	108	–
	LB 039, Pos. 11, Seite 653		–	74	**80**	91	–
17	Decke, abgehängt, F90A/EI90, selbsttragend	m²	77	108	**123**	149	206
	LB 039, Pos. 13, Seite 653		65	91	**103**	125	173
18	Montagewand, Holz-UK, 100mm, Gipsplatten, zweilagig, MW 40mm, EI30	m²	60	71	**76**	87	101
	LB 039, Pos. 27, Seite 657		51	59	**64**	73	85
19	Montagewand, Holz-UK, 85mm, GF einlagig, MW 40mm, EI30	m²	–	51	**60**	68	–
	LB 039, Pos. 28, Seite 657		–	43	**50**	57	–
20	Montagewand, Holz-UK, 100mm, GF zweilagig, MW 50mm, EI90	m²	–	64	**71**	83	–
	LB 039, Pos. 29, Seite 658		–	54	**60**	69	–
21	Montagewand, Metall-UK, 125mm, Gipsplatten zweilagig, MW 60mm, EI30	m²	47	62	**68**	78	102
	LB 039, Pos. 33, Seite 660		39	52	**58**	66	86

© BKI Baukosteninformationszentrum; Erläuterungen zu den Tabellen siehe Seite 46

Brandschutz

Preise €

Nr.	Positionen	Einheit	▶	▷	ø brutto € ø netto €	◁	◀
22	Montagewand, Metall-UK, 150mm, Gipsplatten zweilagig, MW 40mm, EI30	m²	47	62	**68**	79	108
	LB 039, Pos. 34, Seite 660		39	52	**57**	67	91
23	Montagewand, Metall-UK, 100mm, Gipsplatten DF zweilagig, MW 50mm, EI90	m²	55	69	**76**	88	121
	LB 039, Pos. 35, Seite 661		46	58	**63**	74	102
24	Montagewand, Gipsplatten, Brandwand, nichttragend	m²	–	113	**124**	144	–
	LB 039, Pos. 38, Seite 662		–	95	**104**	121	–
25	Montagewand, Gipsplatten, Brandwand	m²	–	131	**146**	173	–
	LB 039, Pos. 39, Seite 663		–	111	**122**	145	–
26	Montagewand, Gipsplatten, Sicherheitswand RC3	m²	–	125	**141**	159	–
	LB 039, Pos. 40, Seite 663		–	105	**118**	133	–
27	Montagewand, Metall-UK, 100mm, Gips-Hart-platten, Schall-/Brandschutz	m²	–	59	**66**	78	–
	LB 039, Pos. 46, Seite 666		–	50	**56**	66	–
28	Montagewand, Metall-UK, 125mm, Gips-Hart-platten, doppelt, Schall-/Brandschutz	m²	–	79	**88**	102	–
	LB 039, Pos. 47, Seite 667		–	66	**74**	86	–
29	Schachtwand, Gipsplatten, EI 90	m²	47	56	**62**	71	86
	LB 039, Pos. 69, Seite 673		40	47	**52**	60	72
30	Kabelkanal EI30, einlagig, 1x20mm, Feuerschutz-platte GM-F	m²	–	79	**91**	114	–
	LB 039, Pos. 72, Seite 674		–	67	**77**	96	–
31	Kabelkanal EI60, zweilagig, 2x15mm, Feuerschutz-platte GM-F	m²	–	102	**118**	147	–
	LB 039, Pos. 73, Seite 674		–	86	**99**	123	–
32	Kabelkanal EI90, zweilagig, 2x20mm, Feuerschutz-platte GM-F	m²	–	114	**131**	163	–
	LB 039, Pos. 74, Seite 675		–	96	**110**	137	–
33	Gipsplatten-/Gipsfaser-Bekleidung, doppelt, EI 90, auf Unterkonstruktion	m²	66	81	**89**	102	134
	LB 039, Pos. 80, Seite 676		56	68	**74**	86	113
34	Gipsplatten-Bekleidung, Holzstütze, R30	m²	–	60	**67**	77	–
	LB 039, Pos. 81, Seite 677		–	51	**56**	65	–
35	Gipsplatten-Bekleidung, Stütze, 2x20mm, R90	m²	–	99	**109**	124	–
	LB 039, Pos. 82, Seite 677		–	83	**92**	104	–
36	Gipsplatten-Bekleidung, Holzbalken, R90	m²	–	72	**81**	101	–
	LB 039, Pos. 83, Seite 677		–	61	**68**	85	–
37	Gipsplatten-Bekleidung, Stahlträger, R30	m²	–	53	**63**	73	–
	LB 039, Pos. 84, Seite 678		–	45	**53**	62	–
38	Löschwasserleitung, verzinktes Rohr, DN50	m	45	48	**50**	52	55
	LB 042, Pos. 15, Seite 730		38	41	**42**	44	46
39	Löschwasserleitung, verzinktes Rohr, DN100	m	–	74	**83**	89	–
	LB 042, Pos. 16, Seite 730		–	62	**70**	75	–
40	Brandschutzklappen	St	209	469	**600**	654	823
	LB 075, Pos. 26, Seite 799		176	394	**504**	549	691
41	Brandschutzklappen, Sonderausführung	St	457	3.718	**5.352**	7.110	10.307
	LB 075, Pos. 27, Seite 800		384	3.125	**4.497**	5.975	8.661

Anhang

Regionalfaktoren

Regionalfaktoren Deutschland

Diese Faktoren geben Aufschluss darüber, inwieweit die Baukosten in einer bestimmten Region Deutschlands teurer oder günstiger liegen als im Bundesdurchschnitt. Sie können dazu verwendet werden, die BKI Baukosten an das besondere Baupreisniveau einer Region anzupassen.

Hinweis: Alle Angaben wurden durch Untersuchungen des BKI weitgehend verifiziert. Dennoch können Abweichungen zu den angegebenen Werten entstehen. In Grenznähe zu einem Land-/Stadtkreis mit anderen Baupreisfaktoren sollte dessen Baupreisniveau mit berücksichtigt werden, da die Übergänge zwischen den Land-/Stadtkreisen fließend sind. Die Besonderheiten des Einzelfalls können ebenfalls zu Abweichungen führen.

Für die größeren Inseln Deutschlands wurden separate Regionalfaktoren ermittelt. Dazu wurde der zugehörige Landkreis in Festland und Inseln unterteilt. Alle Inseln eines Landkreises erhalten durch dieses Verfahren den gleichen Regionalfaktor. Der Regionalfaktor des Festlandes erhält keine Inseln mehr und ist daher gegenüber früheren Ausgaben verringert.

Land- / Stadtkreis / Insel	Bundeskorrekturfaktor
Ahrweiler	1,025
Aichach-Friedberg	1,083
Alb-Donau-Kreis	1,011
Altenburger Land	0,910
Altenkirchen	0,936
Altmarkkreis Salzwedel	0,834
Altötting	0,947
Alzey-Worms	1,003
Amberg, Stadt	0,988
Amberg-Sulzbach	0,991
Ammerland	0,907
Amrum, Insel	1,481
Anhalt-Bitterfeld	0,628
Ansbach	1,047
Ansbach, Stadt	1,092
Aschaffenburg	1,074
Aschaffenburg, Stadt	1,108
Augsburg	1,085
Augsburg, Stadt	1,076
Aurich, Festlandanteil	0,784
Aurich, Inselanteil	1,312
Bad Dürkheim	1,045
Bad Kissingen	1,071
Bad Kreuznach	1,058
Bad Tölz-Wolfratshausen	1,169
Baden-Baden, Stadt	1,033
Baltrum, Insel	1,312
Bamberg	1,057
Bamberg, Stadt	1,074
Barnim	0,910
Bautzen	0,884
Bayreuth	1,055
Bayreuth, Stadt	1,127
Berchtesgadener Land	1,079
Bergstraße	1,029
Berlin, Stadt	1,036
Bernkastel-Wittlich	1,103
Biberach	1,015
Bielefeld, Stadt	0,937
Birkenfeld	0,992
Bochum, Stadt	0,895
Bodenseekreis	1,030
Bonn, Stadt	1,006
Borken	0,920
Borkum, Insel	1,099
Bottrop, Stadt	0,906
Brandenburg an der Havel, Stadt	0,858
Braunschweig, Stadt	0,886
Breisgau-Hochschwarzwald	1,061
Bremen, Stadt	1,017
Bremerhaven, Stadt	0,936
Burgenlandkreis	0,821
Böblingen	1,073
Börde	0,822
Calw	1,024
Celle	0,859
Cham	0,895
Chemnitz, Stadt	0,893
Cloppenburg	0,794
Coburg	1,049
Coburg, Stadt	1,126
Cochem-Zell	1,002
Coesfeld	0,951
Cottbus, Stadt	0,801
Cuxhaven	0,856
Dachau	1,126
Dahme-Spreewald	0,906
Darmstadt, Stadt	1,067

Darmstadt-Dieburg	1,031
Deggendorf	1,001
Delmenhorst, Stadt	0,792
Dessau-Roßlau, Stadt	0,846
Diepholz	0,836
Dillingen a.d.Donau	1,054
Dingolfing-Landau	0,966
Dithmarschen	1,037
Donau-Ries	1,005
Donnersbergkreis	1,010
Dortmund, Stadt	0,849
Dresden, Stadt	0,868
Duisburg, Stadt	0,964
Düren	0,965
Düsseldorf, Stadt	0,971
Ebersberg	1,179
Eichsfeld	0,850
Eichstätt	1,090
Eifelkreis Bitburg-Prüm	1,019
Eisenach, Stadt	0,876
Elbe-Elster	0,836
Emden, Stadt	0,787
Emmendingen	1,062
Emsland	0,820
Ennepe-Ruhr-Kreis	0,932
Enzkreis	1,058
Erding	1,079
Erfurt, Stadt	0,871
Erlangen, Stadt	1,075
Erlangen-Höchstadt	1,015
Erzgebirgskreis	0,890
Essen, Stadt	0,942
Esslingen	1,049
Euskirchen	0,959
Fehmarn, Insel	1,195
Flensburg, Stadt	0,922
Forchheim	1,070
Frankenthal (Pfalz), Stadt	0,914
Frankfurt (Oder), Stadt	0,871
Frankfurt am Main, Stadt	1,097
Freiburg im Breisgau, Stadt	1,133
Freising	1,091
Freudenstadt	1,041
Freyung-Grafenau	0,920
Friesland, Festlandanteil	0,895
Friesland, Inselanteil	1,695
Fulda	1,012
Föhr, Insel	1,481
Fürstenfeldbruck	1,196
Fürth	1,103
Fürth, Stadt	0,959

Garmisch-Partenkirchen	1,213
Gelsenkirchen, Stadt	0,877
Gera, Stadt	0,911
Germersheim	1,011
Gießen	1,011
Gifhorn	0,891
Goslar	0,835
Gotha	0,959
Grafschaft Bentheim	0,847
Greiz	0,864
Groß-Gerau	1,020
Göppingen	1,028
Görlitz	0,829
Göttingen	0,837
Günzburg	1,095
Gütersloh	0,948
Hagen, Stadt	0,955
Halle (Saale), Stadt	0,869
Hamburg, Stadt	1,094
Hameln-Pyrmont	0,853
Hamm, Stadt	0,912
Hannover, Region	0,925
Harburg	1,058
Harz	0,800
Havelland	0,882
Haßberge	1,114
Heidekreis	0,872
Heidelberg, Stadt	1,060
Heidenheim	1,041
Heilbronn	1,021
Heilbronn, Stadt	1,021
Heinsberg	0,956
Helgoland, Insel	1,986
Helmstedt	0,900
Herford	0,942
Herne, Stadt	0,953
Hersfeld-Rotenburg	1,020
Herzogtum Lauenburg	0,962
Hiddensee, Insel	1,098
Hildburghausen	0,949
Hildesheim	0,860
Hochsauerlandkreis	0,924
Hochtaunuskreis	1,034
Hof	1,121
Hof, Stadt	1,218
Hohenlohekreis	1,025
Holzminden	0,955
Höxter	0,928
Ilm-Kreis	0,882
Ingolstadt, Stadt	1,094

Jena, Stadt	0,947
Jerichower Land	0,792
Juist, Insel	1,312
Kaiserslautern	0,992
Kaiserslautern, Stadt	0,992
Karlsruhe	1,022
Karlsruhe, Stadt	1,082
Kassel	1,013
Kassel, Stadt	1,020
Kaufbeuren, Stadt	1,074
Kelheim	1,016
Kempten (Allgäu), Stadt	1,008
Kiel, Stadt	0,978
Kitzingen	1,109
Kleve	0,935
Koblenz, Stadt	1,052
Konstanz	1,106
Krefeld, Stadt	0,962
Kronach	1,133
Kulmbach	1,074
Kusel	0,980
Kyffhäuserkreis	0,870
Köln, Stadt	0,940
Lahn-Dill-Kreis	1,021
Landau in der Pfalz, Stadt	1,002
Landsberg am Lech	1,137
Landshut	0,968
Landshut, Stadt	1,143
Langeoog, Insel	1,416
Leer, Festlandanteil	0,799
Leer, Inselanteil	1,099
Leipzig	0,966
Leipzig, Stadt	0,807
Leverkusen, Stadt	0,914
Lichtenfels	1,034
Limburg-Weilburg	0,996
Lindau (Bodensee)	1,115
Lippe	0,913
Ludwigsburg	1,031
Ludwigshafen am Rhein, Stadt	0,918
Ludwigslust-Parchim	0,931
Lörrach	1,111
Lübeck, Stadt	1,013
Lüchow-Dannenberg	0,866
Lüneburg	0,871
Magdeburg, Stadt	0,878
Main-Kinzig-Kreis	1,021
Main-Spessart	1,088
Main-Tauber-Kreis	1,065
Main-Taunus-Kreis	1,026

Mainz, Stadt	1,026
Mainz-Bingen	1,043
Mannheim, Stadt	0,972
Mansfeld-Südharz	0,829
Marburg-Biedenkopf	1,057
Mayen-Koblenz	1,019
Mecklenburgische Seenplatte	0,886
Meißen	0,920
Memmingen, Stadt	1,078
Merzig-Wadern	1,043
Mettmann	0,929
Miesbach	1,234
Miltenberg	1,103
Minden-Lübbecke	0,891
Mittelsachsen	0,924
Märkisch-Oderland	0,885
Märkischer Kreis	0,958
Mönchengladbach, Stadt	0,980
Mühldorf a.Inn	1,072
Mülheim an der Ruhr, Stadt	0,960
München	1,228
München, Stadt	1,459
Münster, Stadt	0,950
Neckar-Odenwald-Kreis	1,043
Neu-Ulm	1,131
Neuburg-Schrobenhausen	1,058
Neumarkt i.d.OPf.	1,039
Neumünster, Stadt	0,813
Neunkirchen	0,987
Neustadt a.d.Aisch-Bad Windsheim	1,133
Neustadt a.d.Waldnaab	0,982
Neustadt an der Weinstraße, Stadt	1,031
Neuwied	0,995
Nienburg (Weser)	0,594
Norderney, Insel	1,312
Nordfriesland, Festlandanteil	1,131
Nordfriesland, Inselanteil	1,481
Nordhausen	0,867
Nordsachsen	0,935
Nordwest-Mecklenburg, Festlandanteil	0,895
Nordwest-Mecklenburg, Inselanteil	1,145
Northeim	0,939
Nürnberg, Stadt	1,004
Nürnberger Land	0,999
Oberallgäu	1,060
Oberbergischer Kreis	0,961
Oberhausen, Stadt	0,892
Oberhavel	0,914
Oberspreewald-Lausitz	0,908
Odenwaldkreis	1,009
Oder-Spree	0,869

Offenbach	0,998
Offenbach am Main, Stadt	1,015
Oldenburg	0,853
Oldenburg, Stadt	0,942
Olpe	1,063
Ortenaukreis	1,040
Osnabrück	0,857
Osnabrück, Stadt	0,890
Ostalbkreis	1,055
Ostallgäu	1,077
Osterholz	0,891
Ostholstein, Festlandanteil	0,945
Ostholstein, Inselanteil	1,195
Ostprignitz-Ruppin	0,853
Paderborn	0,932
Passau	0,939
Passau, Stadt	1,045
Peine	0,879
Pellworm, Insel	1,481
Pfaffenhofen a.d.Ilm	1,061
Pforzheim, Stadt	1,005
Pinneberg, Festlandanteil	0,986
Pinneberg, Inselanteil	1,986
Pirmasens, Stadt	0,957
Plön	0,968
Poel, Insel	1,145
Potsdam, Stadt	0,948
Potsdam-Mittelmark	0,912
Prignitz	0,734
Rastatt	1,024
Ravensburg	1,049
Recklinghausen	0,899
Regen	0,990
Regensburg	1,029
Regensburg, Stadt	1,094
Regionalverband Saarbrücken	1,009
Rems-Murr-Kreis	1,003
Remscheid, Stadt	0,925
Rendsburg-Eckernförde	0,907
Reutlingen	1,057
Rhein-Erft-Kreis	0,972
Rhein-Hunsrück-Kreis	0,989
Rhein-Kreis Neuss	0,901
Rhein-Lahn-Kreis	0,986
Rhein-Neckar-Kreis	1,023
Rhein-Pfalz-Kreis	1,006
Rhein-Sieg-Kreis	0,977
Rheingau-Taunus-Kreis	1,016
Rheinisch-Bergischer Kreis	1,006
Rhön-Grabfeld	1,053
Rosenheim	1,141
Rosenheim, Stadt	1,116
Rostock	0,904
Rostock, Stadt	0,960
Rotenburg (Wümme)	0,806
Roth	1,074
Rottal-Inn	0,951
Rottweil	1,045
Rügen, Insel	1,098
Saale-Holzland-Kreis	0,905
Saale-Orla-Kreis	0,940
Saalekreis	0,912
Saalfeld-Rudolstadt	0,882
Saarlouis	1,015
Saarpfalz-Kreis	0,997
Salzgitter, Stadt	0,807
Salzlandkreis	0,818
Schaumburg	0,891
Schleswig-Flensburg	0,860
Schmalkalden-Meiningen	0,903
Schwabach, Stadt	1,052
Schwalm-Eder-Kreis	0,985
Schwandorf	0,971
Schwarzwald-Baar-Kreis	1,000
Schweinfurt	1,099
Schweinfurt, Stadt	1,029
Schwerin, Stadt	0,932
Schwäbisch Hall	1,013
Segeberg	0,958
Siegen-Wittgenstein	1,043
Sigmaringen	1,049
Soest	0,937
Solingen, Stadt	0,934
Sonneberg	1,006
Speyer, Stadt	1,021
Spiekeroog, Insel	1,416
Spree-Neiße	0,822
St. Wendel	0,997
Stade	0,863
Starnberg	1,336
Steinburg	0,914
Steinfurt	0,907
Stendal	0,745
Stormarn	1,026
Straubing, Stadt	1,121
Straubing-Bogen	0,984
Stuttgart, Stadt	1,108
Städteregion Aachen, Stadt	0,952
Suhl, Stadt	1,003
Sylt, Insel	1,481
Sächsische Schweiz-Osterzgebirge	0,945
Sömmerda	0,853
Südliche Weinstraße	1,025
Südwestpfalz	0,991

Teltow-Fläming	0,898
Tirschenreuth	1,006
Traunstein	1,103
Trier, Stadt	1,077
Trier-Saarburg	1,094
Tuttlingen	1,045
Tübingen	1,049
Uckermark	0,831
Uelzen	0,894
Ulm, Stadt	1,083
Unna	0,934
Unstrut-Hainich-Kreis	0,843
Unterallgäu	1,038
Usedom, Insel	1,086
Vechta	0,878
Verden	0,833
Viersen	0,958
Vogelsbergkreis	0,967
Vogtlandkreis	0,911
Vorpommern-Greifswald, Festlandanteil	0,836
Vorpommern-Greifswald, Inselanteil	1,086
Vorpommern-Rügen, Festlandanteil	0,848
Vorpommern-Rügen, Inselanteil	1,098
Vulkaneifel	1,022
Waldeck-Frankenberg	1,020
Waldshut	1,110
Wangerooge, Insel	1,695
Warendorf	0,946
Wartburgkreis	0,917
Weiden i.d.OPf., Stadt	0,951
Weilheim-Schongau	1,124
Weimar, Stadt	0,947
Weimarer Land	0,927
Weißenburg-Gunzenhausen	1,090
Werra-Meißner-Kreis	1,009
Wesel	0,939
Wesermarsch	0,830
Westerwaldkreis	0,971
Wetteraukreis	1,026
Wiesbaden, Stadt	1,002
Wilhelmshaven, Stadt	0,803
Wittenberg	0,800
Wittmund, Festlandanteil	0,786
Wittmund, Inselanteil	1,416
Wolfenbüttel	0,903
Wolfsburg, Stadt	0,998
Worms, Stadt	0,907
Wunsiedel i.Fichtelgebirge	1,050
Wuppertal, Stadt	0,923
Würzburg	1,092
Würzburg, Stadt	1,208

Zingst, Insel	1,098
Zollernalbkreis	1,062
Zweibrücken, Stadt	1,050
Zwickau	0,931

Regionalfaktoren Österreich

Bundesland	Korrekturfaktor
Burgenland	0,843
Kärnten	0,868
Niederösterreich	0,848
Oberösterreich	0,865
Salzburg	0,863
Steiermark	0,891
Tirol	0,871
Vorarlberg	0,901
Wien	0,866

Anhang

Stichwortverzeichnis Positionen

A

Abbindebeschleuniger, CT-Estrich 425
Abbruch Mauerwerk, Ziegel 880
Abbruch, unbewehrte Betonteile 879
Abbund, Bauschnittholz/Konstruktionsvollholz 241, 242
Abbund, Brettschichtholz 242
Abbund, Kehl-/Gratsparren 242
Abdeckschiene, Metall 621
Abdeckung, Duschrinne, Edelstahl 746
Abdeckung, Entwässerungsrinne, Guss, D400 834
Abdeckung, Entwässerungsrinne, Schlitzaufsatz 835
Abdichtung, Bitumen-Abdichtungsbahn 238
Abdichtung, Bodenfeuchte, PYE G200S4 320
Abdichtung, Fensteranschluss 454
Abdichtung, Nassräume, KH/Quarz 389
Abdichtungsanschluss 250, 289, 330
Abfallbehälter, Stahlblech 850
Abflussleitung, PP-Rohre, schallgedämmt 743, 744
Abgasanlage, Edelstahl 693
Ablaufkasten 835
Abluftgeräte 795
Abschlussprofil, innen 368
Absenkdichtung, Tür 516
Absetzbecken, Wasserhaltung 110
Absperreinrichtung, Kanal, Gusseisen 129
Absperrklappen 707, 708
Absperr-Schrägsitzventil 731
Absperrventil, Guss 713, 714
Absperrvorrichtung 794
Absturzsicherung 66, 334
Abstützung, freistehendes Gerüst 83
Abwasser-Abzweig, PP, schallgedämmt 745
Abwasserkanal, PVC-U 123
Abwasserkanal, Steinzeug 122, 123
Abwasserkanal, Steinzeugrohre 829
Abwasserleitung, Betonrohre 120
Abwasserleitung, Guss 738, 739
Abwasserleitung, HT-Rohr 740, 741
Abwasserleitung, PE-HD-Rohre 127
Abwasserleitung, PE-Rohr 742, 743
Abwasserleitung, PP-Rohre 126, 127
Abwasserleitung, PVC-Rohre 828
Abwasserleitung, PVC-U 123, 124
Abwasserleitung, SML-Rohre 125, 126
Abwasserleitung, Steinzeugrohre 120, 121, 122
Abwasser-Rohrbogen, PP, schallgedämmt 744, 745
Akustikdecke, abgehängt 651, 652
Akustikputz, Decke, innen, einlagig 372
Akustikvlies, Glasfaser 254
Akustikvlies-Abdeckung 477
Aluminiumprofile, Stahlkonstruktion 554
Alurohre, flexibel 798
Ansaat 862

Anschlagschiene 472
Anschluss, Abwasser, Kanalnetz 120
Anschluss, Dampfsperre/-bremse, Klebeband 299
Anschluss, Dränleitung/Schacht 140
Anschluss, Flüssigabdichtung, Dach 329
Anschluss, gleitend, Montagewand 668
Anschluss, Montagewand, Dach-/Wandschräge 667
Anschluss, Schacht, Steinzeug-/PVC-Kanal 130
Anschluss, Unterspannbahn, Klebeband 298
Anschlussdichtung, Tür 472
Anschlüsse Blechdach 356, 357
Antennendose, Kabelfernsehen/Sat 778
Antennenmasteinfassung, Titanzink/Kupfer 353
Arbeitsgerüst, Erweiterung, Dachfanggerüst 85
Arbeitsräume verfüllen, verdichten 99, 120
Asphalt schneiden 115
Asphaltbelag aufbrechen, entsorgen 879
Asphalttragschicht, 10cm 887
Attikaabdeckung 350, 641
Attikaabschluss 326, 328
Auf-/Umstellen Geräteeinheit 103
Aufbeton, im Gefälle 202
Aufbruch, Gehwegfläche 115
Auffangnetz, Schutznetz 77
Auffüllmaterial liefern, einbauen 818
Auflagerung, Fertigteil 130
Auflagerwinkel, Gitterroste, Stahl, verzinkt 554
Aufmerksamkeitsfeld, Noppenfliesen 230-233, 406, 890
Aufmerksamkeitsstreifen, Stufenkante 225
Aufsetzkranz, eckig, Lichtkuppel, Kunststoff, gedämmt 332
Aufsparrendämmung 253, 295, 296
Aufstockelement, bauseitigen Dachablauf 331
Aufwuchs entfernen 819
Aufzugsanlage reinigen 578
Aufzugsunterfahrt, Ortbeton, Schalung 185
Ausdehnungsgefäß 705
Ausgleichschicht, Mineralstoff, Trockenestrich 681
Ausgleichsputz 366, 367
Ausgleichsspachtelung, Estrich, bis 5mm 603
Ausgussbecken, Stahl 755
Aushub lagernd, entsorgen 96
Aushub, Dränarbeiten 137
Aushub, Rohrgraben 117, 119
Aushub, Schlitzgraben/Suchgraben 92
Ausklinkung, Plattenbelag 226
Ausmauerung, Fachwerk 153, 173
Ausmauerung, Kleinflächen 173
Ausmauerung, Sparren 173
Ausschnitt, Schalterdose 655
Aussparung schließen 160
Aussparung, Betonbauteile 193
Aussparung, Langfeldleuchte 655
Aussparung, Mattenrahmen 425

Aussparung, Parkett 500
Aussteifungsverband, diagonal 262
Außenluft-/Fortluftgitter 796
Außenputz, zweilagig 379, 380
Außenwand, Betonsteine, tragend 167
Außenwand, Holzrahmen, OSB, WF 257
Außenwand, Holzstegträger, OSB, Zellulosedämmung 258
Außenwand, KS L-R, tragend 166, 167
Außenwand, LHLz, tragend 165, 166
Außenwand, Sichtbeton C25/30 188
Außenwandbekleidung, Glattblech, beschichtet 553
Außenwandbekleidung, Wellblech, MW, UK 552
Außenwanddämmung WF, Putzträgerplatte 253
Außenwanddämmung WF, regensicher 251
Außenwanddurchlass 802
Außenwanddurchlass, mit Filter/Schalldämpfer 802
Autokran 73

B

Bad-/WC-Garnitur 509
Badewanne, Stahl 751
Badewannenträger einfliesen 405
Badheizkörper/Handtuchheizkörper, Stahl beschichtet 714
Balkenschichtholz, Duo®-/Trio®-Balken 240
Balkonanschluss, Wärmedämmelement 210
Balkonbelag, Betonwerkstein 216, 906
Balkonplatte, Fertigteil 201
Ballfangzaun, Gittermatten 849
Bauaufzug 73, 74, 86
Baugelände abräumen 814
Baugelände roden 817
Baugrube sichern, Folienabdeckung 95
Baugrubenaushub, GK1 92, 93, 94, 95
Baugrubensohle verfüllen 824
Baum fällen, entsorgen 816
Baum herausnehmen, transportieren, einschlagen 815
Baum roden, entsorgen 815
Baumscheibe, Grauguss 850
Baumschutz, Brettermantel 65
Baumschutzgitter, Metall 850
Baumverankerungl 856
Baureinigung 573, 578
Bauschild 78
Bauschnittholz 239
Bauschuttcontainer 77
Baustelle einrichten, Geräteeinheit/Kolonne 104
Baustellenbeleuchtung 70, 71
Baustraße 68, 815, 817
Baustrom 70
Bauteile abkleben 582
Bautreppe 75
Bautrocknung, Kondensationstrockner 75
Bautür 76

Bauwasseranschluss 69
Bauzaun umsetzen 66
Bauzaun 65, 66
Bauzaun, einschl. Tor 814
Bauzaunbeleuchtung 66
Be- und Entlüftungsgerät 794
Befestigte Flächen aufnehmen 880
Befestigung, Gewässerabdichtungsbahn Uferbereich 841
Begleitstreifen, Kontraststreifen, Steinzeug, innen 406
Behindertengerechter Waschtisch 751
Beiputzen, Tür-/Türzarge 372
Bekleidung Dachgeschoss, Zementplatte, Feuchtraum 656
Bekleidung Dachschräge, Gipsfaserplatte, Holz-UK 656
Bekleidung Dachschräge, Gipsplatte, MW-Dämmung 656
Bekleidung, Gipsplatten, einlagig 655
Bekleidung, Gipsplatten, zweilagig 656
Bekleidung, Furnierschichtholzplatte 246
Bekleidung, Massivholzplatte 246
Belag aus Holzpaneele 907
Beschichtung rutschhemmend 590
Beschichtung, Acryl, Estrich 424
Beschichtung, Dispersionssilikatfarbe, Außenputz 380
Beschichtung, Epoxidharz, Estrich 425
Beschichtung, Polyurethanharz, Estrich 425
Beschichtung, Stahlbleche 594
Beschriftung, geklebt 596
Betonbordstein aufnehmen, entsorgen 880
Betondecke abbrechen, entsorgen 814
Betonfundament 881
Betonfundament für Beleuchtung 881
Betonfundamente aufnehmen, entsorgen 814
Betonpflaster aufnehmen, lagern 880
Betonplatten, aufnehmen, entsorgen 880
Betonplattenbelag 887
Betonschneidearbeiten 193
Betonstabstahl 207
Betonstahlmatten 207
Betonwerksteinbeläge fluatieren 215
Bettenaufzug 789
Bettung, Rohrleitungen, Sand 0/8mm 98
Bewässerungseinrichtung, Hochstämme 838
Bewegungsfuge, Bodenplatte, Feuchte, KSP-Streifen 287
Bewegungsfuge, Decke, dr. Wasser 288
Bewegungsfuge, dr. Wasser, Los-Festflansch 289
Bewegungsfuge, elastische Dichtmasse 423
Bewegungsfuge, Metallprofil 424
Bewegungsfuge, Typ I 324
Bewegungsfuge, Wand, dr. Wasser 288
Bewegungsfugen, Fliesenbelag, Profil 408
Bewehrung, Gitterträger 207
Bewehrungs-/Rückbiegeanschluss 209, 210
Bewehrungsstoß 207, 208
Bewehrungszubehör, Abstandshalter 207

Bidet, Keramik 755
Blechkehle 348
Blindboden, Nadelholz 247, 488
Blockstufe, Beton 890, 891
Blockstufe, Betonfertigteil 200
Blockstufe, Kontraststreifen Beton 891
Blockstufe, Kontraststreifen PVC 892
Blower-Door-Test 252
Blumenzwiebeln 861
Boden abdecken 583
Boden entsorgen, Lagermaterial 119
Boden kugelstrahlen 603
Bodenabdichtung, Balkon 328
Bodenabdichtung, Bodenfeuchte 280, 281, 413
Bodenabdichtung, n.dr. Wasser 282
Bodenablauf einfliesen 405
Bodenablauf 129, 736, 746
Bodenaustausch, Liefermaterial 96
Bodenbelag anarbeiten, Stützen 621
Bodenbelag reinigen 573, 574
Bodenbelag, Kautschuk 615, 616
Bodenbelag, Laminat 617, 618
Bodenbelag, Naturkorkparkett 616
Bodenbelag, PVC 614
Bodenbeläge verlegen 618
Bodenbeschichtung, Beton 589, 590
Bodendecker und Stauden nach Einschlag pflanzen 858
Bodenfliesen 396, 397, 398, 399, 401
Bodenfliesen, Glasmosaik 396
Bodenfliesen, Großküche 400
Bodenfliesen, strukturiert 398
Bodenfliesenbeläge, Treppen 401
Bodenmaterial entsorgen 818
Bodenplatte, Stahlbeton 186
Bodenplatte, WU-Beton C30/37 186
Bodenprofil, Bewegungsfugen, Plattenbelag 222
Bodentreppe 474
Bodentreppe, gedämmt 474
Bodentürschließer, einflügige Tür 510
Bodenverbesserung, Kiessand 823
Bodenverbesserung, Komposterde 823
Bodenverbesserung, Liefermaterial 97
Bodenverbesserung, Rindenhumus 823
Bohle, S13TS K, Nadelholz 248
Bohrloch herstellen 104
Bohrloch verfüllen 104
Bohrung, Plattenbelag 226
Bohrungen 272
Bordstein, Beton 895
Bordstein, Beton 895, 896, 897, 898
Bordstein, Naturstein 894, 895
Bordürestreifen, Fliesen 395
Brandschutzabschottung, R90 766, 767

Brandschutzbeschichtung Rund-/Profilstahl 596
Brandschutzbeschichtung, F30, Stahlbauteile 595
Brandschutzglas 569
Brandschutzklappen 799, 800
Brandschutzverglasung, Innenwände 567
Brandwand, KS L 161
Bretterschalung, Nadelholz, zwischen Balken 247
Brettschichtholz, GL24h, Nadelholz, Industriequalität 240
Briefkasten 517, 560
Briefkastenanlage 560
Brunnenanlage 704, 705
Brunnenschacht, Grundwasserabsenkung 109
Brüstung, Betonfertigteil 201
Brüstung, VSG-Ganzglas/Edelstahl 533
Brüstungs-/Treppengeländer 531, 532
Brüstungsgeländer, Fenstertür 530
Brüstungsmauerwerk 158

C

Container Bauleitung 71, 72

D

Dachabdichtung 324, 325, 326, 327
Dachbegrünung, Trenn-, Schutz- u. Speichervlies 842
Dachdeckung Mönch-/ Nonnenziegel 306
Dachdeckung, Bandblech, Aluminium 356
Dachdeckung, Betondachsteine 306
Dachdeckung, Biberschwanzziegel 305
Dachdeckung, Bitumenschindeln 308
Dachdeckung, Doppelmuldenfalzziegel 304
Dachdeckung, Doppelstehfalz 356
Dachdeckung, Falzziegel, Ton 304
Dachdeckung, Faserzement 307
Dachdeckung, Flachdachziegel 305
Dachdeckung, Glattziegel 305
Dachdeckung, Hohlfalzziegel 304
Dachdeckung, Holzschindeln 307
Dachdeckung, Schiefer 308
Dachdeckung, Trapezblech, Stahl 271
Dachentwässerung 737
Dachfanggerüst, Gebrauchsüberlassung 85
Dachfenster/Dachausstieg, Holz 314
Dachfläche reinigen 318, 841
Dachlattung 255, 300
Dachleiter, Aluminium 360
Dachrinne 341, 342
Dachschalung, Holzspanplatte 301
Dachschalung, Nadelholz 301
Dämmstein, Mauerwerk 149
Dämmung, Deckenrand, PS 196
Dämmung, Holzfaserplatte, 80mm 253
Dämmung, Kellerdecke, EPS 040 380
Dämmung, Kellerdecke, MW 032, 381

Dampfbremsbahn 250
Dampfbremse 298
Dampfsperrbahn, sd-Wert mind. 1500m 249
Dampfsperre hochführen, aufgehende Bauteile 319
Dampfsperre, feuchteadaptiv, sd-variabel 250
Dampfsperre, Polyolefin-Kunststoffbahn 320
Dampfsperre, V60S4 Al01, auf Beton 320
Dampfsperre/Dampfbremse, GF-/GK-Bekleidung 679
Dauergerüstanker, Fassade 642
Decke reinigen, Gipsfaser / Gipsplatten, beschichtet 575
Decke reinigen, Metalldecke 574
Decke, abgehängt, F90A/EI90, selbsttragend 653
Decke, abgehängt, Gipsplatte 651, 653
Decke, abgehängt, GK/GF, zweilagig 652
Decke, abgehängt, Unterkonstruktion, Federschiene 654
Decke, abgehängt, Zementplatten, Feuchtraum 653
Decke, Weitspannträger 654
Deckel, Rollladenkasten 519
Decken, Stahlbeton C25/30 196
Decken-/Wandleuchte, LED, Feuchtraum 780
Deckenabdichtung, n. dr. Wasser, Bitumenbahn 291
Deckenabschluss, Flachstahl 554
Deckenanschluss, Mauerwerkswand 164
Deckenanschlussfuge rauchdicht 164
Deckenranddämmung, Mehrschichtplatte 169
Deckenrandschale, Ziegel, MW 163
Deckenschlitz, Beton 206
Decklack, Brandschutzbeschichtungen, Stahlteile 595
Dehnfugenprofil, Metall 621
Dichtband, Ecken, Wand/Boden 389
Dichtheitsprüfung, Grundleitung 127, 128
Dichtmanschette, Bodeneinlauf 389
Dichtmanschette, Rohre 389
Dichtsatz, Rohrdurchführung 277
Dichtungsanschluss, Anschweißflansch 278
Dichtungsanschluss, Klemm-/Klebeflansch 278
Dichtungsband, vorkomprimiert 249
Dielenbodenbelag 488, 489
Doppelabzweig, SML 743
Doppelboden, Plattenbelag/Unterkonstruktion 680
Doppel-Schließzylinder 515
Drahtanker, Hintermauerung/Tragschale 169
Drallauslass 799
Dränageelement, PE-Platte, Dachbegrünung 843
Dränleitung spülen, Hochdruckgerät 142
Dränleitung, PVC-U 138, 139
Dränleitung, PVC-Vollsickerrohr 837
Dränschicht, EPS-Polystyrolplatte/Vlies 290
Drehflügeltor 827, 828
Dreiwegeventil 708
Drosselklappe 800
Drückergarnitur 506, 507, 508
Druckleitung, Schmutzwasserhebeanlage DN40 743

Druckrohrleitung 110
Dübelleiste, Durchstanzbewehrung 208
Düngung, Dachbegrünung, extensiv 846
Dunstrohr, Kunststoff 312
Durchgangselement, Solarleitung 312
Durchgangsziegel, Dunstrohr, DN100 312
Durchwurzelungsschutzschicht, PVC-P 841
Duschabtrennung 567, 754
Duschhandlauf, Edelstahl 759
Duschrinne, Edelstahl 746
Duschsitz, klappbar 760
Duschwanne, Stahl 753, 754
Duschwannenträger einfliesen 404

E

Eckausbildung Dachrinne 344
Eckausbildung Holzschindelbekleidung 314
Eckausbildung, Holzzaun 839
Ecken, Kantenprofil, Montagewand 668
Eckprofil 367, 368
Eckschutzschiene 391
Eckventil, DN15 731
Edelstahlrippen 231
Einbaudownlight, LED 782
Einbauküche, melaminharzbeschichtet 479
Einbauleuchte, LED 781
Einbauschrank reinigen 577
Einbauteile/Hilfskonstruktionen 270
Einblasdämmung, Zellulose 039, 100mm 252
Einblasdämmung, Zellulosefaser 296
Einfassung, Sandkasten 848
Einhandmischer 752, 755, 756
Einhebelarmatur, Dusche 754
Einhebel-Mischbatterie 751
Einschichtsubstrat, extensive Dachbegrünung 845
Einschubtreppe, gedämmt 261
Einzelfundamente, Zaunpfosten 839
Einzelkonsole, Abfangung, Verblendmauerwerk 169
Elastische Verfugung, Fliesen, chemisch beständig 408
Elastische Verfugung, Fliesen, Silikon 407
Elastoplastische Verfugung, Fliesen, Acryl 408
Elektrischer Türantrieb 511
Elektro-Gerätedose 205
Elektroinstallationsrohr, flexibel 773, 774
Elektro-Leerrohr, flexibel, DN25 205
Elektromotor, Rollladen 520
Elementdecke, inkl. Aufbeton 200
Elementwand, inkl. Wandbeton 200
Enthärtungsanlage 733
Entwässerungsrinne, 132, 133
Entwässerungsrinne, Fassade/Terrasse 834
Entwässerungsrinne, Beton/Gussabdeckung 833, 834
Entwässerungsrinne, Polymerbeton 833

Entwässerungsrinne, rollstuhlbefahrbar, Klasse A 834
Erdaushub, Schacht 117, 118
Erdgas-BHKW-Anlage 696, 697
Erdsondenanlage, Wärmepumpe 705
Erstbeschichtung, Dispersionsfarbe, Außenputz 588
Erstbeschichtung, Dispersions-Silikatfarbe 585, 586
Erstbeschichtung, Fassade, Silikonharz 588
Erstbeschichtung, Glasfasertapete, Dispersion 585
Erstbeschichtung, Handläufe/Pfosten 592
Erstbeschichtung, Holzbauteile, außen, deckend 592
Erstbeschichtung, Holzfenster, deckend 591
Erstbeschichtung, Holzfußboden 592
Erstbeschichtung, Holzprofile 590
Erstbeschichtung, innen, Dispersion 584
Erstbeschichtung, innen, Putz rau, Dispersion sb 584
Erstbeschichtung, Kalkfarbe, innen 587
Erstbeschichtung, Lasur, Holzbauteile 591, 592
Erstbeschichtung, Laibung 588
Erstbeschichtung, Lüftungsrohre, Stahl 594
Erstbeschichtung, Metallgeländer 593
Erstbeschichtung, Metallrohre/Heizungsrohre 593
Erstbeschichtung, Raufasertapete, Dispersion 584
Erstbeschichtung, Silikatfarbe 586, 588
Erstbeschichtung, Stahlbleche 593
Erstbeschichtung, Stahlzargen 594
Erstpflege, Bodenbelag 623
Erstpflege, Parkettbelag 501
Erstreinigung, Bodenbelag 228
Estrich abstellen 412
Estrich glätten, maschinell 422
Estrich spachteln 424
Estrich 418, 419, 420
Estrichabschluss, Flachstahlprofil 554
Estrichfugen/-risse verharzen 604
Etagen-/Sockelknie, Regenfallrohr 346

F

Fahrgerüst, Lastklasse 3 84
Fahrradständer, Stahlrohrkonstruktion 850
Fallrohr, Aluminium 345
Fallrohr, Kupfer, 345
Fallrohr, Titanzink 344
Fallrohrbogen, Kupfer 345
Fallrohrbogen, Titanzink 345
Fallrohrklappe, Fallrohr, Titanzink/Kupfer 346
Fallschutz auskoffern 848
Fallschutz, Kies 848
Fallschutzbelag, Gummigranulatplatten 848
Fassade reinigen, Hochdruckreiniger 574
Fassadenbekleidung, Aluminiumverbundplatten 640
Fassadenbekleidung, Faserzement-Platten 638
Fassadenbekleidung, Faserzement-Stülpdeckung 639
Fassadenbekleidung, Faserzement-Tafeln 638

Fassadenbekleidung, Harzkompositplatten 637
Fassadenbekleidung, Holz, Boden-Deckelschalung 636
Fassadenbekleidung, Holz, Stülpschalung 636
Fassadenbekleidung, Holzzementplatten 637
Fassadenbekleidung, HPL-Platte 637
Fassadenbekleidung, Metall 639
Fassadenbekleidung, Schindeln 640
Fassadenbekleidung, Ziegelplatten 640
Fassadendämmung 634, 635, 636
Fassaden-Flachrinne 833
Fassadengerüst 81
Fassadengerüst umsetzen 82
Fassadengerüst, Auf-/Abbau, abschnittsweise 83
Fassadengerüst, Gebrauchsüberlassung 82
Fassadengerüst 81, 82
Fassadenplatte, Fertigteil 204
Fassadenrinne, Stahlblech 352
Fassadenschlitzrinne, SW 3mm 832
Fehlerstromschutzschalter, Hutschienenmontage 778
Feinplanum herstellen 101
Feinplanum, Rasenfläche 824
Feinputzspachtelung, Glättetechnik 587
Fenster abkleben 365
Fensteranschluss, Putzprofil 380
Fensterbank, Aluminium 453, 641
Fensterbank, Betonwerkstein 229
Fensterbank, innen, Holz 472, 473
Fensterbank, Naturstein, außen 228
Fensterbankabdeckung 250 353
Fenstergriff, abschließbar 506
Fenstergriff, Aluminium 506
Fensterladen, Holz, zweiteilig 524
Fensteröffnung, Montagewand 669
Fernmeldeleitung 773
Fertigparkett 492, 493
Fertigrasen liefern, einbauen 862
Fertigstellungspflege 847, 863, 871, 872
Fertigteil, Treppenpodest 199
Fertigteilgarage 203
Fertigteiltreppe, einläufig 199
Festverglasung, Zweifach-Isolierverglasung, 35db 453
Feuchtemessung 387
Filter, Vlies, Dränkörper 142
Filter-/Dränageschicht, Vlies/Noppenbahn, Wand 141
Filtermatte, Dachbegrünung 844
Filterschicht, Filtermatten, Wand 141
Filterschicht, Kiessand, Wand 142
Filtervlies, Dränageabdeckung 843
Filtervlies, Klasse 3 183
Filtervlies, Rigolen 836
Fingerschutz Türkante 512
First, Firststein, geklammert, Dachstein 310
First, Firstziegel, mörtellos, inkl. Lüfter 310

934

First, Firstziegel, vermörtelt, inkl. Lüfter 310
Firstanschluss, Ziegeldeckung, Formziegel 310
Firstanschlussblech, Titanzink, gekantet 350
Firsthaube, mehrfach gekantet 351
Flachanker, Anschlussschiene 28/15 165
Flachdachablauf, Wassereinlauf, PE 330, 331
Flachdachdurchdringung, Dunstrohr 331
Flächendränage, begehbare Flachdächer, HDPE 843
Flachschalldämpfer 795
Flach-Solarkollektoranlage, thermisch 698
Fliesen anarbeiten, Stützen 405
Fliesen, AI/AII-Klinker, frostsicher 403
Fliesen, AI/AII-Spaltplatte, frostsicher 403
Fliesen, BIa-Feinsteinzeug 402
Fliesen, BIIa/BIIb-Steinzeug, glasiert 402
Fliesen, BIII-Steingut, glasiert 403
Fliesen, Schwimmbad 404
Fliesenspiegel 394
Fluchttürsicherung, elektrische Verriegelung 512
Flüssigabdichtung, PU-Harz/Vlies 329
Formstück, Abzweig, Guss 738, 739, 740
Formstück, Bogen, Guss 738, 739, 740
Formstück, Dränleitung, Bogen 139
Formstück, Dränleitung, PVC, Abzweig 837
Formstück, Dränleitung, PVC, Bogen 837
Formstück, Dränleitung, Reduzierstück 139
Formstück, Dränleitung, Verbindungsmuffe 139
Formstück, Dränleitung, Verschlussstopfen 139
Formstück, HT Doppelabzweig 742
Formstück, HT Übergangsrohr 742
Formstück, HT-Abzweig 740, 741
Formstück, HT-Bogen 740, 741
Formstück, PE-Abzweig 742, 743
Formstück, PE-Bogen 742
Formstück, PE-Putzstück 743
Formstück, PVC-Rohrbogen 828, 829
Formstück, PVC-U, Abzweig 124
Formstück, PVC-U, Bogen 124
Formstück, SML, Abzweig 126
Formstück, SML, Bogen 126
Formstück, SML, Übergangsstück 126
Formstück, Steinzeugrohr, Abzweig 121
Formstück, Steinzeugrohr, Bogen 121
Formstück, Steinzeugrohr, Abzweig 121
Formstück, Steinzeugrohr, Bogen 121
Formstücke, Kunststoff, Lüftungskanäle 797
Formstücke, verzinkt, Lüftungskanäle 797
Fries, Plattenbelag 227
Frostschutzschicht 882, 883
Fugenabdichtung elastisch, Silikon 223, 596
Fugenabdichtung, Bodenplatte, Feuchte, Schweißbahn 287
Fugenabdichtung, plastoplastisch, Acryl 596
Fugenabdichtung, Silikon 324

Fugenabdichtung, Wand, dr. Wasser, Schweißbahn 287
Fugenabdichtung, Wand, Feuchte, Dichtmasse 286
Fugenabdichtung, Wand, Feuchte, Fugenband 286
Fugenabdichtung, Wand, Feuchte, Kunststoffbahn 287
Fugenband, Blech, Formstück 187
Fugenband, Blechband 187
Fugenband, Injektionsschlauch 187
Füll- und Entleerventil, DN15 731
Füllboden liefern, einbauen 819
Füllset, Heizung 709
Fundament, Hinterfüllung, Lagermaterial 95
Fundament, Ortbeton, bewehrt 185
Fundament, Ortbeton, unbewehrt 184
Fundamenterder, Stahlband 204
Fußabstreifer, Kokosfasermatte 620
Fußabstreifer, Rahmen 406, 407
Fußabstreifer, Reinstreifen 620
Fußboden-Heizkreisverteiler, 5 Heizkreise 724
Fußbodenheizung, PE-Träger/PS-Dämmung 414
Fußgängerschutz, Gehwege 65
Fußgängertunnel, Gerüst 87

G

Gabionen 907, 908, 909
Ganzglas-Türblatt, innen 471
Ganzglastür 567
Garagen-Schwingtor, Handbetrieb 551
Garderobenleiste 478
Garderobenschrank 478
Gas-Brennwertkessel 689, 690
Gas-Brennwerttherme 687
Gas-Niedertemperaturkessel 688
Gaubendeckung, Doppelstehfalz 355
Gefälledämmung DAA 321, 322
Gehrungsschnitt, Fliesen 405
Geländer reinigen 577
Geländer, gerade, Rundstabholz 481
Geländerausfachung, Edelstahlseil 532
Geländerverglasung, VSG-Glas 570
Gelenkarmmarkise, Terrassenmarkise 522
Generalhaupt-, Generalschlüssel 515
Gerätehülsenabdeckung, mit Rahmen/Deckel 605
Geräteraum-Schwingtor, Metall/Holz 477
Gerüstankerlöcher schließen 381
Gerüstbekleidung, PE-Folie 87
Gerüstbekleidung, Staubschutznetz/Schutzgewebe 87
Gerüsttreppe, Treppenturm 85
Gerüstverbreiterung 84, 85
Gewässerabdichtung, Teichfolie 840
Gewindestange, M12, verzinkt 264
Gipsplatten-/Gipsfaser-Bekleidung, doppelt 676
Gipsplatten-/Gipsfaser-Bekleidung, einlagig 676
Gipsplatten-/Gipsfaser-Bekleidung, Lüftungskanal 678

Gipsplatten-Bekleidung, Installationsdurchführung 682
Gipsplatten-Bekleidung, Holzbalken, R90 677
Gipsplatten-Bekleidung, Holzstütze, R30 677
Gipsplatten-Bekleidung, Stahlträger, R30 678
Gipsplatten-Bekleidung, Stütze, R90 677
Gipsputz, Decken, einlagig, geglättet 373
Gipsputz, Innenwand, Dünnlage, Q3, geglättet 371
Gipsputz, Innenwand, einlagig, Q3 371
Gipsputz, Laibungen, innen 371
Gitterrinne, Kabelträgersystem 771
Gitterroste, Stahl, verzinkt 555
Gitterroste, verzinkt, rutschhemmend, verankert 272
Glasfasergewebe 627, 629
Glasflächen reinigen, Fassadenelemente 575
Glätten, Betonoberfläche, maschinell 187
Glattstrich, Fensteranschlussfolie, Laibung 367
Gleitfolie, Decken/Wände 201
Graben-Normverbau, senkrecht 103
Grabenverbau, Dielen, senkrecht, bis 3,0m 103
Grabenverbau, Kanaldielen, senkrecht 103
Graffiti-Schutz, Wand 589
Grasnarbe abschälen 816
Gratdeckung, Schiefer 311
Grateindeckung, Ziegel 311
Grenzstein sichern 69
Grobkiesstreifen, Sockelbereich 142
Großgehölz einschlagen 857
Großgehölz mit Ballen, pflanzen 860
Großgehölz nach Einschlag pflanzen 858
Grundbeschichtung, Gipsplatten /Gipsfaserplatten 625
Grundierung, Betonflächen, innen 584
Grundierung, Fliesenbelag 387
Grundierung, Gipsplatten/Gipsfaserplatten 583
Grundleitung, PVC-U 738
Gründungssohle verdichten, Baugrube 97
Gruppen-, Hauptschlüssel 516
Gurtwicklerkasten, Kunststoff 177
Gussrammpfähle, Mantelverpressung 104

H

Haftbrücke, Betonfläche 365
Haftbrücke, Fliesenbelag 387
Haftgrund, Bodenbelag 603
Halb-Schließzylinder 515
Haltegriff 759
Haltegriffkombination, BW-Duschbereich 759
Handaushub 117, 137, 821
Handlauf, außen, Stahl, verzinkt, Rundrohr 528
Handlauf, Bogenstück 530
Handlauf, Ecken/Gehrungen 530
Handlauf, Enden 530
Handlauf, nichtrostend, Rundrohr 529
Handlauf, Rohrprofil, beschichtet 267

Handlauf, Stahl, außen, verzinkt, Rundrohr 528
Handlauf, Stahl, gebogen 529
Handlauf, Stahl, Wandhalterung 529
Handlaufbeschriftung, taktil, Alu, Blinden-/Profilschrift 517
Handlauf-Profil, Holz 481
Handwaschbecken, Keramik 750
Hausbriefkasten, Aufputz 516
Hauseinführung, DN25 727
Hauseinführung/Wanddurchführung, Medien 205
Haustürelement, Holz 429, 430, 433
Haustürelement, Kunststoff 431, 432
Hauswasserstation, Druckminderer/Wasserfilter 727
Hebeanlage 737
Hecke, liefern/pflanzen 861
Heckenpflanze 858, 863, 864
Heckenschnitt, Hainbuche 858
Heizestrich 418, 419, 420
Heizkörper abnehmen/montieren 723
Heizkörper reinigen 576
Heizkörperrosetten, Parkett 500
Heizkörperverschraubung, DN15 723
Heizkreisverteiler, Pumpenwarmwasserheizungen 716
Heizöltank, stehend 693
Heizungs-Not-Ausschalter, AP 778
Heizungspufferspeicher 698, 699
Heizungsverteiler, Vorlaufverteiler/Rücklaufsammler 694
Heizungsverteiler, Wandmontage 709
Hilfsüberfahrt, Baustellenverkehr 68
Hindernisse beseitigen, Gräben 96
Hinweisschild, Aluminium 850
Hobeln, Bauschnittholz 242
Hochstamm einschlagen 857
Hochstamm/Solitär, liefern/pflanzen 859, 860
Hofablauf, Beton 831, 832
Hofablauf, Polymerbeton 128
Hofablauf, PVC, Geruchsverschluss 832
Höhenausgleich, Schachtabdeckung 830
Höhenfestpunkt, Einschlagbolzen 77
Hohlkehle, Bodenbelag 604
Hohlkehle, Dichtungsschlämme 283
Hohlkehle, Mörtel 172
Hohlkehlsockel, Fliesenbelag 395
Holz, Schichtstoff 575
Holz-/Abdeckleisten, Fichte 473
Holz/Pellet-Heizkessel 694, 695
Holz-Alu-Fenster, einflügig 439
Holz-Alu-Fenster, zweiflügig 440
Holz-Alu-Fenstertür, zweiflügig 441
Holzbelag Lärche 906
Holzfenster, einflügig 436, 437
Holzfenster, mehrteilig 438, 445
Holzpflaster 497
Holzrost außen, Bohlen-Belag 260

Holzschutz, bläueschützend 591
Holzschutz, Flächen, farblos 243
Holzschutz, Kanthölzer, farblos 242
Holzstegträger, Nadelholz, inkl. Abbinden 241
Holzstütze, BSH, GL24h, Nadelholz, 241
Holztreppe, Einschubtreppe 261
Holztreppe, Wangentreppe 261
Holz-Türelement, T30/EI30, einflüglig 460, 461
Holz-Türelement, T-RS, einflüglig 459, 460
Holz-Umfassungszarge, innen 466, 467
Holz-Umfassungszarge, Oberlicht 470
Holzzaun, Kiefer/Sandsteinpfosten 839
Hubarbeitsbühne, batteriebetrieben 74

I

Imprägnierung, GK-Platten 679
Imprägnierung, Sichtbetonwand, außen 589
Innenbelag, Betonwerkstein 217
Innenbelag, Granit 218
Innenbelag, Kalkstein 219
Innenbelag, Kalkstein, R10 220
Innenbelag, Marmor 218
Innenbelag, Naturstein 218
Innenbelag, Schiefer 219
Innenbelag, Solnhofer Kalkstein 219
Innenbelag, Terrazzoplatten 217
Innenbelag, Travertin 220
Innenputz, einlagig, Q3, gefilzt 369
Innenputz, einlagig, Q3, geglättet 369
Innen-Türelement, Röhrenspan, einflüglig 461, 462
Innen-Türelement, Röhrenspan, zweiflüglig 463
Innenwand, Ausgleichschicht, Decke 149
Innenwand, Gipswandbauplatte 157, 667
Innenwand, Hlz-Planstein 150
Innenwand, Holzständer, Sperrholz, WF 258
Innenwand, KS L 150, 151
Innenwand, KS Planstein 151, 152
Innenwand, KS Rasterelement 152, 153
Innenwand, KS-Sichtmauerwerk 11,5cm 151
Innenwand, Lehmstein 157
Innenwand, Mauerziegel 150
Innenwand, Porenbeton 154, 155
Innenwand, Poren-Planelement, nichttragend 156
Innenwand, Wandbauplatte, Leichtbeton, bis 10cm 156
Innenwand, Wandfuß, Kimmstein 149
Innenwandbekleidung, Spanplatten, mit UK 475
Innenwandbekleidung, Sperrholz 475
Innenwandbekleidung, Sperrholzplatten, mit UK 475
Insektenschutz, Lochstreifen 254
Installationselement, behindertenger Waschtisch 757, 758
Installationselement, behindertengerechtes WC 756
Installationselement, Hygiene-Spül-WC 757
Installationselement, Stützgriff 758

Installationselement, Urinal 755
Installationselement, Waschtisch 757
Installationselement, WC 756
Installationsschalter, Ausschalter 776, 777
Installationsschalter, Kreuzschalter, UP 777
Installationsschalter, Taster, Kontrollicht 777
Installationsschalter, Wechselschalter, UP 776
Installationsschlitz schließen, spachteln 365
Isolierverglasung, Pfosten-Riegel-Fassade 565

J

Jalousie/Raffstore/Lamellen 521

K

Kabelbrücke, Strom-/Wasserleitung 68, 88
Kabelgraben ausheben, lagern 96
Kabelgraben verfüllen, Liefermaterial Sand 0/2 99
Kabelkanal EI30, einlagig, Feuerschutzplatte 674
Kabelkanal EI60, zweilagig, Feuerschutzplatte 674, 675
Kabelrinne, Kabelträgersystem 771
Kabelschutzrohr 99
Kalk-Gipsputz, Decken, einlagig, Q3, geglättet 373
Kalk-Gipsputz, Innenwand, einlagig 370
Kalk-Zementputz, Innenwand, einlagig, Q3 370
Kalk-Zementputz, Innenwand, zweilagig, Q2, gefilzt 370
Kamineinrüstung, Dachgerüst 85
Kanalreinigung, Hochdruckspülgerät 134
Kanalschalldämpfer 795
Kanten bearbeiten, Plattenbelag 226
Kantholz, Nadelholz S10TS, scharfkantig 302
Kanthölzer, S10TS, Nadelholz, scharfkantig, gehobelt 247
Kappenventil, Ausdehnungsgefäß 723
Kehle eingebunden, Biberschwanz 309
Kellenschnitt, Wand/Deckenübergang 372
Kellerfenster, einflüglig, in Schalung 203
Kellerlichtschacht, Betonfertigteil 202
Kellerlichtschacht, Kunststoffelement 202
Kellertrennwandsystem, verzinkte Konstruktion 559
Kernbohrung, Mauerwerk 175
Kernbohrung, Stahlschnitte 193
Kernbohrung, Stb-Decke 193
Kerndämmung, Außenmauerwerk, MW 167, 168
Kerndämmung, Natursteinbekleidung 226
Kiesbett herstellen 837
Kiesfangleiste, Lochblech 333, 348
Kiesfangleiste, L-Profil, Dachbegrünung 844
Kiesfilter, Flächendränage 138
Kiesschüttung, 16/32, Dach 333
Kiesstreifen 333
Klebeanker 208, 264
Kleineisenteile 208, 209
Kleingüteraufzug mit Traggerüst 790
Knoten/Stützenfußpunkt, Formteil, Flachstahl 263

Kompaktdämmhülse, Rohrleitung 763
Kompaktheizkörper, Stahl 718, 719, 720
Konstruktionsvollholz, KVH®, MH®, Nadelholz 239
Konterlattung, Dach 299
Kontraststreifen, Noppenfliesen, Edelstahl 230
Kontrollschacht komplett, bis 3,5m 131
Kontrollschacht, extensive Dachbegrünung 844
Kontrollschacht, intensive Dachbegrünung 844
Kontrollschacht, Stahlbeton 830
Korkunterlage, Linoleum 611
Körperschalldämmung 768
Kranaufstandsfläche herstellen 73
Krannutzung 73
Kugelhahn 730, 731
Kunstharzputz, außen 379
Kunststofffenster, einflüglig 442, 444
Kunststofffenster, mehrteilig 443
Kunststoffkabel, NYY-J 772
Kunststoffmantelleitung 772, 773
Kunststoffrippen, Streifen, dreireihig 232
KWL-Lüftungsgerät, dezentral in Außenwand, mit WRG 802
KWL-Lüftungsgerät, zentral in Wohnung, mit WRG 803

L

Laibung beimauern 163
Laibung, Dachfenster, Gipsverbundplatte 679
Laibung, Fenster 678, 679
Laibung, Fenster/Tür 641
Laibung, innen 369
Lagerplatz einrichten und räumen 69
Lamellenparket 490, 491, 493, 494
Lamparkett 494, 495
Lastplattendruckversuch 97, 910
Lattenverschlag, Nadelholz 259
Laubfangkorb, Abläufe, Titanzink/Kupfer 346
Laufsteg - Zugang Gebäude 65
Legestufe, Kontraststreifen 893
Lehmputz, innen, Maschinenputz, einlagig 371
Lehmputz, Innenwand, zweilagig 372
Leitergang, Gebrauchsüberlassung 86
Leitergang, Gerüst 86
Leitstreifen Rippenstein, einreihig 890
Leitsystem, innen, Rippenfliesen, Edelstahl 229
Leitsystem, Rippenfliese/Begleitstreifen, Edelstahl 231
Leitsystem, Rippenfliesen, Edelstahl 229
Leitsystem, Rippenfliesen, Steinzeug, innen 405
Leitung, Edelstahlrohr 727, 730
Leitung, Kupferrohr 728
Leitung, Kupferrohr ummantelt 733, 734
Leitung, Kupferrohr 727, 728
Leitung, Metallverbundrohr 728
Leitungsdurchgang, Formziegel 312
Leuchten-Einbaugehäuse/-Eingießtopf 205

Lichtkuppel, eckig, zweischalig Acrylglas, Aufsetzkranz 332
Linoleumbahnen verschweißen 613
Linoleumbelag 612, 613
Löschwasserleitung, verzinktes Rohr 730
L-Stufe, Kontraststreifen Beton 894
Lüfterziegel, trocken verlegt 312
Lüftungsblech, Insektenschutz 339
Lüftungsgerät für Abluft 802
Lüftungsgerät mit WRG, Bypass, Feuerstättenfunktion 801
Lüftungsgitter 799
Lüftungsgitter, Türblatt 514
Lüftungskanal Mineral alukaschiert 765
Lüftungskanäle, feuerbeständig L30/L90 796
Lüftungskanäle, Kunststoff 796
Lüftungskanäle, verzinkt 796
Lüftungsprofil, Fenster 514

M

Malervlies 627
Manometer, Rohrfeder 713
Markierung, Kunststofffolie 597
Markierung, Messstellen 425
Markise ausstellbar, Textil 521
Maschendrahtzaun 814, 825
Maschinenfundament 201
Massivholzdecke, Brettstapel 259, 260
Massivholzzarge, innen 469
Mauerabdeckung, Naturstein, außen 228
Maueranschlussschiene 164, 165
Mauerpfeiler, rechteckig, freitragend 167
Mauerwerk abgleichen 171, 172
Mauerwerk stumpfer Anschluss 164
Mauerwerk verzahnen 165
Mauerwerksfugen auskratzen 171
Mauerwerksfugen verfugen 171
Mehrschichtdämmplatte, in Schalung 206
Mehrschichtparkett, beschichtet 496
Mehrschichtplatte 381
Mehrschichtsubstrat, extensive Dachbegrünung 845
Mehrschichtsubstrat, intensive Dachbegrünung 845
Membran-Sicherheitsventil, Guss 723
Membran-Sicherheitsventil, Warmwasserbereiter 733
Messeinrichtung, Wassermenge 110
Messung, Erschütterung, Dokumentation 103
Messung, Feuchte 426
Messung, Lärmpegel, Dokumentation 103
Metallband, leitfähiger Bodenbelag 604
Metall-Glas-Fenster, einflüglig 446
Metall-Glas-Fenster, mehrteilig, außen 447
Metall-Glas-Fenster, zweiflüglig 446
Metall-Glas-Fenstertür, einflüglig 448
Metall-Kassettendecke, abgehängt 650
Metall-Paneeldecke, abgehängt 650

Metall-Türelement, einflüglig 435
Meterriss 77
Mineralischer Oberputz, WDVS 378
Mineralwolledämmung, zwischen Sparren 680
Montagewand, außen, Metall-UK, Zementplatte 664
Montagewand, Gipsplatten, Brandwand 662, 663
Montagewand, Gipsplatten, Sicherheitswand RC3 663
Montagewand, Holz-UK, GF zweilagig, EI90 658
Montagewand, Holz-UK, Gipsplatten, zweilagig, EI30 657
Montagewand, Holz-UK, GF einlagig, EI30 657
Montagewand, Metall, Zementplatten, Feuchtraum 661, 662
Montagewand, Metall-UK, GF zweilagig 659
Montagewand, Metall-UK, Gips-Hartplatten 666, 667
Montagewand, Metall-UK, Gipsplatten 658, 660, 661
Montagewand, Metall-UK, GK einlagig 665
Montagewand, Metall-UK, Gipsplatten zweilagig, EI30 660
Montagewand, Metall-UK, GK doppellagig 664, 666
Montagewand, Metall-UK, Gipsfaserplatten, einlagig 659
Montagewand, Sockelunterschnitt 668
Montagewand, T-Anschluss 668
Montagewand, Verstärkung UK, CW-Profile 670
Montagewand, Verstärkung UK, OSB-Platten 670
Mosaikparkett, 8mm, beschichtet 495
Mosaikparkett 495, 496
Muffenkugelhahn, Guss, DN15 723
Mulchsubstrat liefern, einbauen 824

N

Nagelabdichtung, Konterlattung 301
Nageldichtband, Konterlattung 255
Nassansaat, ext. Dachbegrünung, Saatgutmischung 845
Natursteinmauerwerk 910
Neutralisationsanlage, Brennwertgeräte 693
Noppenplatten 889
Notruf, behindertengerechtes WC 753
Notüberlauf, Attika 330
Notüberlauf, Flachdach 347
Nutzestrich 421

O

Obentürschließer Innentür 510
Obentürschließer 510
Oberboden abtragen, entsorgen 817
Oberboden auftragen, lagernd 818
Oberboden liefern und einbauen 818
Oberboden liefern, andecken 817
Oberboden lösen, lagern 817
Oberfläche, laserstrukturiert, Mehrpreis 228
Oberschrank, Küche 480
Obstgehölz 866, 867
Öffnung überdecken, Außenwand 162
Öffnung überdecken, Betonsturz 162
Öffnung überdecken, Flachbogen/Segmentbogen 162

Öffnung überdecken, KS-Sturz 162
Öffnung überdecken, Ziegelsturz 162
Öffnungen schließen, Mauerwerk 159
Öffnungen, Mauerwerk 158, 159
Öffnungen, Verblendmauerwerk 171
Öffnungen/Ausschnitte 655
Öl-Brennwertkessel 691, 692
Öl-Brennwerttherme, Wand 690, 691
Organische Stoffe aufnehmen, entsorgen 817
Organischer Oberputz, WDVS 379
Ortgang, Biberschwanzdeckung, Formziegel 309
Ortgang, Blechdach 357, 358
Ortgang, Dachsteindeckung, Formziegel 309
Ortgang, Schiefer 310
Ortgang, Ziegeldeckung, Formziegel 309
Ortgangblech, Kupfer 349
Ortgangblech, Titanzink 349
Ortgangbrett, Windbrett, gehobelt 303
OS8-Beschichtung, Deckversiegelung mit Abstreuung 598
OS8-Beschichtung, Sockel 598
OS8-Beschichtung, Verlauf-/Kratzspachtelung 598
OS-Beschichtung, Ausbruch und Fehlstellen verfüllen 597

P

Papierhandtuchspender 756
Parkettbelag anarbeiten, gerade 500
Pellet-Fördersystem 695, 696
Pendelleuchte, LED 781
Perimeterdämmung, CG 279, 280
Perimeterdämmung, XPS 278, 279
Personenaufzug 785, 786, 787, 788
Pflanzenverankerung 857
Pflanzflächen lockern, Baumscheiben 859
Pflanzflächen mulchen, Rindenmulch 859
Pflanzflächen wässern 872
Pflanzgraben für Hecke herstellen 822
Pflanzgrube 821, 822
Pflanzgrube verfüllen 823
Pflasterdecke, Beton mit Sickerfugen 888
Pflasterdecke, Betonpflaster 888
Pflasterdecke, Granit 902, 903
Pflasterdecke, Granitkleinpflaster 903
Pflasterklinkerbelag 886
Pflastersteine schneiden, Beton 890
Pflasterzeile, Granit 904
Pflasterzeile, Granitkleinpflaster, 904
Pflasterzeile, Großformat, einzeilig 904
Pfosten-Riegel-Fassade 449, 450
Photovoltaik 774
PKW-Stellplatzmarkierung, Farbe 597
Planum Gewässer 840
Planum herstellen 881
Planum, Baugrube 97

Planum, Wege/Fahrstraßen, verdichten 97
Plattenbelag schneiden, Beton 890
Plattenbelag, Basalt 905
Plattenbelag, Betonwerkstein 334
Plattenbelag, Granit 905
Plattenbelag, Sandstein 906
Plattenbelag, Travertin 905
Plattenlager, Betonplatten, höhenverstellbar 847
Poller 839, 840
Potenzialausgleichsschiene, Stahl 772
Prägetapete, Wand 630
Prallwandbekleidung, ballwurfsicher 476
Prallwand-Unterkonstruktion 476
Profilbauverglasung 568
Profilblindzylinder 515
Profilstahl-Konstruktion 267, 268
Profilzylinderverlängerung 515
Prüfung Oberflächenfestigkeit 426
Pultdachabschluss 311
Pumpensumpf, Betonfertigteil 108
Putzarmierung, Glasfaser, innen 366
Putzbänder, Faschen, Putzdekor 372
Putzstück, Guss 738, 739, 740
Putzträger verzinkt, Fachwerk 366
Putzträger, Metallgittergewebe 366
PVC-Bahnen verschweißen 615

Q

Querschnittsabdichtung, G200DD, Mauerwerk 280
Querschnittsabdichtung, Mauerwerk 148

R

Radiavektoren, Profilrohr 720, 721, 722
RAL-Anschluss, Fenster 454
Randabschluss, Korkstreifen, Dehnfuge 499
Randanschluss Holzschindelbekleidung 314
Randanschluss, Decke, MW 649
Randanschluss, Schattennutprofil 654
Randdämmstreifen 417
Randplatte, Natursteinbelag, innen 221
Randschalung, Bodenplatte 187
Randschalung, Deckenplatte 197
Randstreifen abschneiden 408, 499, 602
Randverstärkung, Übergangsblech, Trapezblechdeckung 272
Randwinkel, Stahl 424
Rankhilfe, Edelstahlseil 850
Rankpflanze 871
Rasenbordstein, Kantstein, Beton 898
Rasenfläche düngen 862
Rasenpflaster aus Beton 888
Rasenplanum 861
Rasensubstrat liefern, einsähen 862
Rasentragschicht 885, 886

Raufasertapete 626, 627
Raumgerüst 84
Raumsparsiphon, Waschtisch, unterfahrbar 751
Regenwasserkanal, PVC-U-Rohre 836
Regenwasserspeicher, Stahlbeton 132
Regenwasserzisterne 835
Reinigen grobe Verschmutzung 75
Reinigungsrohr, Putzstück, DN100 129
Revisionsklappe 669, 670
Revisionsöffnung, Doppelboden 681
Revisionsöffnung/-klappe, eckig, Brandschutz EI90 670
Revisionstür 390
Riegelschloß, Profil-Halbzylinder 516
Rillenfräsung, Stufenkante 225
Ringanker, U-Schale 172
Rinnenendstück, Rinnenboden 344
Rinnenkessel 343
Rinnenstutzen 342, 343
Rippenplatten 889
Rohr T-Stück 799
Rohrbelüfter 737
Rohrbettung, Sand 0/8mm 119
Rohrbogen 798
Rohrdämmung, MW/Blech 765
Rohrdämmung, MW-alukaschiert 764
Rohrdurchführung anarbeiten, Bodenbelag 620
Rohrdurchführung, Faserzementrohr 277
Rohrdurchführung, Kunststoff 204
Rohrdurchführung, Los-/Festflansch, Faserzementrohr 289
Rohre/Handläufe reinigen 576
Rohreinfassung, Manschette/Dichtring, Dach 332
Röhrenheizkörper, Stahl 716, 717
Rohrgraben/Arbeitsraum verfüllen, Kies 98
Rohrgraben/Fundamente verfüllen 98
Rohrgrabenaushub, GK1 116, 819, 820
Rohrleitung, Stahlrohr 715, 716
Rohrträgerplatte FB-Heizung, ohne Dämmmaterial 414
Rohrumfüllung, Kies 0/32mm 119
Rollgitteranlage, elektrisch 550
Rollladen, inkl. Führungsschiene, Gurt 520
Rollladen-/Raffstorekasten 519
Rollladenkasten, Leichtbeton 176
Rollladenkasten, Ziegel 177
Rollschicht, Verblendmauerwerk 171
Rollstuhl-Überfahrtstein 900
Rolltor, Leichtmetall, außen 549
Rückschlagventil 708
Rückstaudoppelverschluss 129
Rundschalldämpfer 795
Rundschnittbogen, Plattenbelag 227
Rundstahl, Zugstange 269

S

Sanitärcontainer 72
Sanitärcontainer vorhalten 72
Sauberkeitsschicht 184
Sauberkeitsschicht, Teich, See 841
Saugleitungen 110
Saugpumpe 109
Schacht, gemauert, Formteile 161
Schachtabdeckung anpassen 131
Schachtabdeckung 130, 131, 830
Schachthals 130, 830, 831
Schachtring 130, 831
Schachtsohle, ausformen / Gerinne einbringen 129
Schachtunterteil, Kontrollschacht, Beton 119
Schachtverlängerung, PP 140
Schachtwand, Gipsplatten, EI 90 673
Schachtwand, KS 161
Schall-Sichtschutzwand, Stahlbeton 849
Schalung, Aufzugsschacht 189
Schalung, Dachboden / Unterboden 245
Schalung, Decken/Flachdächer, glatt 196
Schalung, Dreiecksleiste 191
Schalung, Fundament, rau 185
Schalung, Fundament, verloren 185
Schalung, Fußbodenkanal 197
Schalung, glatt, Treppenpodest 198
Schalung, Holzspanplatte, Nut-Feder-Profil 243
Schalung, Kehlbalkenlage 245
Schalung, Nadelholz, gefast, gehobelt 243
Schalung, Nadelholz, Glattkantbrett, gehobelt 243
Schalung, OSB/2, Flachpressplatte 244
Schalung, OSB/3 tragend, Feuchtbereich 302
Schalung, OSB/3, Flachpressplatte 244
Schalung, Rauspund, genagelt 243
Schalung, Ringbalken/Überzug/Attika, glatt 197
Schalung, Seekiefer-Sperrholzplatte 246
Schalung, Spanplatten 475
Schalung, Sperrholz, Feuchtebereich 245
Schalung, Sperrholz, Innenbereich 245
Schalung, Stütze, rechteckig 195
Schalung, Stütze, rund, glatt 196
Schalung, Stütze, rund, glatt 196
Schalung, Treppenlauf 198
Schalung, Unterzug/Sturz 194
Schalung, Wand, gekrümmt 190
Schalung, Wand, glatt 190
Schalung, Wand, rau 189
Schalung, Wand, SB3 190
Scheinfugen schneiden, füllen 423
Scherentreppe, Aluminium 262
Schiebeladen, 2-teilig, Metall/Holz, manuell 523
Schiebetürelement, innen 471
Schlämmputz, außen 379

Schlitze nachträglich, Mauerwerk 163
Schlitze schließen, Ziegelmauerwerk 163
Schlussbeschichtung, grundierte Heizkörper 593
Schlussbeschichtung, Holzfenster 591
Schlüssel, Buntbart 515
Schlüsselschrank, wandhängend 516
Schmutzfänger, Guss 712
Schmutzfangkorb, Schachtabdeckung 131
Schmutzwasseranschluss herstellen 70
Schneefanggitter 359
Schneefangrohr 359
Schnellentlüfter (Schwimmerentlüfter) 712
Schnellestrich 419
Schnurgerüst 76
Schornstein, Formstein, einzügig 174
Schornstein, Formsteine, zweizügig 174
Schornsteinbekleidung, Winkel-/Stehfalzdeckung 354
Schornsteinkopf, Mauerwerk 175
Schornsteinkopfabdeckung, Faserzement 175
Schornsteinverwahrung 354, 355
Schotter aufnehmen, lagern 881
Schotter entsorgen 881
Schotterrasen herstellen 862
Schotterrasendeckschicht, 20cm 886
Schrägschnitte, Bauschnittholz 242
Schrägschnitte, Plattenbelag 227
Schukosteckdose, Wandmontage 777
Schuttabwurfschacht 78, 79
Schüttdränage, Dachbegrünung 842
Schüttung, Perlite 487
Schüttung, Sand, in Decken 264
Schüttung, Splitt, in Decken 264
Schutz, Einrichtung 76
Schutzabdeckung, Baufolie 238
Schutzabdeckung, Bauplane 76
Schutzabdeckung, Boden 625
Schutzabdeckung, Boden, Folie/Schutzvlies 625
Schutzabdeckung, Böden, Hartfaserplatte 625
Schutzabdeckung, Boden, Holzplatten 74
Schutzabdeckung, Boden, Pappe 625
Schutzabdeckung, Bodenbelag, Hartfaserplatte 623
Schutzabdeckung, Inneneinrichtung 625
Schutzabdeckung, Kunststofffolie 623
Schutzabdeckung, Platten/Folie 502
Schutzauskleidung Aufzugskabine 791
Schutzdach, Gerüst 87
Schutzgitter vor Fenster 531
Schutzlage über Dachabdichtung 83
Schutzmatte, PU-Kautschuk, Dachabdichtung 332
Schutzwand, Folienbespannung 75
Schutzwand, Holz beplankt 76
Schwelle/Türdurchgang, Natursteinplatte 221
Seifenspender, Wandmontage 755

Seitenschutz, Arbeitsgerüst 86
Seitenteil, Holz, verglast, Haustür 434
Seitenteil, Kunststoff, verglast, Haustür 435
Seitenzulauf zum Schacht 130
Sektional-/Falttor, Leichtmetall, außen 550
Sekurant, Anseilsicherung, Stahl verzinkt 847
Sensorleiste 511
Sicherheitsbeleuchtung, Verkehrswege 71
Sicherheitsdachhaken, verzinkt 360
Sicherheitsglas, ESG/VSG-Mehrpreis 452
Sicherheitsstreifen, Kies, Dachbegrünung 844
Sicherheitstritt, Standziegel 360
Sicherheitsverglasung, ESG-Glas 569
Sichern von Leitungen/Kabeln 92
Sichtschutzfolie, geklebt 570
Sichtschutzzaun aus Holzelementen 849
Sickerpackung, Dränleitung 140
Sickerschacht, Betonfertigteilringe, B125 140
Sickerschicht, Kies 141
Sickerschicht, Kunststoffnoppenbahn/Vlies 290
Sickerschicht, Perimeterplatte, vlieskaschiert 141
Sickerschicht, poröse Sickersteine 290
Sinkkasten, Anschluss zweiseitig 835
Sinterschicht abschleifen, Boden 423
Sinterschicht abschleifen, Calciumsulfatestrich 603
Sitzquader, Naturstein 840
Sockel, Natursteinplatten 220
Sockelausbildung, Aluminiumprofil 623
Sockelausbildung, Holzleiste 621
Sockelausbildung, Lino-/Kautschuk 622
Sockelausbildung, PVC 622
Sockelausbildung, Sporthalle 622
Sockelausbildung, textiler Belag 622
Sockelfliesen, Fliesenbelag 395
Sockelfliesenbeläge, Treppen 402
Sockelleiste 499, 500
Solarträgerelement, Edelstahlblech 360
Solitär/Hochstamm nach Einschlag pflanzen 858
Solitärbaum 865, 866
Sondergerüstanker, WDVS 86
Sonnenschutz reinigen 577
Sonnenschutz-Wetterstation 524
Spachteln Q3, ganzflächig, Wand 625
Spachtelung, Boden, Fliesenbelag, großformatig 388
Spachtelung, Boden, Mosaikbelag 388
Spachtelung, Gipsplatten, erhöhte Qualität Q3 682
Spachtelung, Q3, ganzflächig 583
Spachtelung, Q4, Innenputz 583
Spachtelung, Wand, Mosaikbelag 387
Speicher-Wassererwärmer mit Solar 706
Spiegel, hochkant, für Waschtisch 751
Spiegel, Kristallglas 751
Spielfeldmarkierung, PUR-Spielfeldfarbe 606

Spielsand auswechseln 848
Spielsand, Körnung 0/2 847
Spindeltreppe, Stahl, 1 Geschoss 557
Spiralfalzrohre, verzinkt 797, 798
Sportboden, Elastikschicht 604
Sportboden, Nutzschicht 605
Sportboden, rutschhemmende Beschichtung, PUR 605
Sportboden, Versiegelung, Kunstharz 605
Sporthallentüren, zweiflüglig, Zarge 478
Spülschacht PP, DN315 140
Stabdübel, Edelstahl 263
Stabgitterzaun, 826, 827
Stabparkett, Ahorn, roh 490
Stabparkett 489, 490, 491, 492
Stahleckzarge, innen 468
Stahleckzarge, innen 469
Stahlkonstruktion, Baustahl S235 JR AR 209
Stahlkonstruktion, nicht rostend 270
Stahlkonstruktion, Profilstahl S235 JR 208
Stahlrahmen, Rolltor, grundiert 549
Stahlrahmentür, Glasfüllung, T30 RS, innen 543, 544
Stahlstütze, Rundrohrprofil 269
Stahlteile feuerverzinken 209
Stahltor, einflüglig, beschichtet 838
Stahltor, zweiflüglig, beschichtet 838
Stahltreppe, gerade, einläufig, Trittbleche 556
Stahltreppe, gerade, mehrläufig, Trittbleche 556
Stahltür, Brandschutz 539, 541, 546, 547
Stahltür, einflüglig 534
Stahltür, Rauchschutz 536, 538
Stahltür, zweiflüglig 535
Stahltüre, T30, einflüglig 176
Stahl-Umfassungszarge 533, 534
Stahl-Umfassungszarge, innen 467, 468
Stahlzarge, Einbau 176
Standfläche herstellen, Hilfsgründun 83
Standgerüst, innen 83
Standrohr, Guss/SML 125, 346
Standrohr, Titanzink/Kupfer 347
Standrohrkappe, Fallrohr, Titanzink/Kupfer 346
Staude, Feinhalm-Chinaschilf 870
Staude 870, 871
Steigeisen, Form A / B, Stb.-Schacht 132
Steigleiter mit Rückenschutz, Stahl, verzinkt 559
Steigleiter, Stahl, verzinkt 558
Stellbrett, zwischen Sparren 249
Stelzlager, Aufstockelement, höhenverstellba 846
Stelzlager, Kunststoff 216
Stelzlager, Unterbau, Plattenbeläge, Dachbegrünung 846
Stillstand Geräteeinheit, inkl. Personal 106
Stoßfuge schließen, Fertigteil-Decke 583
Stoßgriff, Tür, Aluminium 509
Strangregulierventil, Guss 712

Straßenablauf, Beton 831
Straßenablauf, Polymerbeton 128
Strauch herausnehmen, transportieren, einschlagen 815
Sträucher liefern/pflanzen 860, 861
Strauchpflanze 857, 867, 868, 869, 870
Strauchpflanzen nach Einschlag pflanzen 858
Streichputz, innen 587
Streifenfundamentaushub 820, 821
Stromerzeuger 110
Stuckprofil, innen 372
Stufenbelag, Fertigparkett 498
Stufenbelage, Stabparkett 498
Stufengleitschutzprofil, Treppe 224
Sturz, Fertigteil 198
Stütze, rechteckig, Sichtbeton, Schalung 194
Stütze, rund, Schalung 195
Stütze, Stahlbeton C25/30 194
Stützgriff, fest 760, 761
Stützgriff, klappbar 761
Systemplatte FB-Heizung, mit Dämmung 414

T

Tastbordstein, Beton 900
Tauchpumpe 109
Technikraum reinigen 578
Teeküche reinigen 577
Teeküche, melaminharzbeschichtet 480
Teichrand herstellen 841
Tellerventil 800
Textiler Belag 606, 607, 608, 609, 610, 611
Thermostatarmatur, Badewanne 752
Thermostatventil, Guss, DN15 722
Tiefenlockerung, Boden 824
Tonziegel, Reserve 312
Tor, Bauzaun 67
Träger einbinden, Beton 104
Traglattung, Nadelholz 254, 255
Tragschicht 100
Tragschicht aus RCL-Schotter 884, 885
Tragschicht, Glasschotter, unter Bodenplatte, 30cm 184
Tragschicht, kapillarbrechend, Bodenplatte/Fundament 138
Tragschicht, Kies 100, 884
Tragschicht, Schotter 100, 183, 883
Tragständer/Traverse, wandhängende Lasten 670
Trauf-/Ortgangblech, Verbundblech 349
Trauf-/Ortgangschalbretter, gehobelt 247
Trauf-/Ortgangschalung, N+F, gehobelt 303
Traufblech 340
Traufbohle 249, 302
Traufe, Betonplatten 888
Traufe, Blechdach 357
Trauflüftungselement/Insektenschutz aus Kunststoff 339
Traufstreifen, Kupfer, Z 333 347

Traufstreifen, Titanzink, Z 333 347
Trenn-, Schutz-, Speichervlies 847
Trennfugen-Dämmplatte, Mineralwolle 168
Trennfugendämmplatte, MW 168
Trennlage, Baumwollfilz 487
Trennlage, Blechflächen, V13 354
Trennlage, Bodenplatte, Folie 97
Trennlage, Dämmung, Estrich 417
Trennlage, Dämmung, Gussasphalt 417
Trennlage, Erdplanum/Frostschutz 138
Trennlage, Filtervlies 97
Trennlage, PE Folie 331
Trennlage, PE-Folie, auf Kiesfilter 183
Trennlage, PE-Folie, Dach 333
Trennlage, PE-Folie, unter Bodenplatte 280
Trennlage, Wellpappe 487
Trennlage/untere Lage, G200 DD, auf Holz 319
Trennlage/untere Lage, V13, auf Holz 319
Trennschiene 222, 390, 500
Trennwanddämmung, MW, schallbrückenfrei 207
Treppe, Blockstufe 223
Treppe, Winkelstufe, 1,00m 224
Treppen/Bordsteine/Kantensteine aufnehmen, entsorgen 881
Treppen/Podeste reinigen 573
Treppenbelag, Tritt-/Setzstufe 224
Treppenkante, Aluminiumprofil 620
Treppenkante, Kunststoffprofil 619
Treppenlauf, Stahlbeton C35/37 198
Treppenpodest, Stahlbeton C35/37 198
Treppenstufe, Elastischer Bodenbelag 618
Treppenstufe, Holz 481
Treppenstufe, Laminat 619
Treppenstufe, Textiler Belag 619
Trinkwarmwasserbereiter, Durchflussprinzip 699
Trinkwarmwasserspeicher 706
Trittschalldämmelement, Fertigteiltreppen 211
Trittschalldämmung 227, 413, 414
Trockenansaat, ext. Dachbegrünung, Saatgutmischung 846
Trockenestrich, GF-Platte, einlagig, 422, 681
Trockenestrich, Verbundplatte 423
Trockenmauer 226, 909, 910
Trockenputz, Gipsbauplatte A/H2 675
Trockenputz, Gipsverbundplatte mit Dämmung 675
Trockenschüttung 413
Trockenstrahlen, Betonfläche, unbeschichtet 597
Tür, Bauzaun 67
Türantrieb, kraftbetätigte Tür 511
Türblatt, einflüglig, kunststoffbeschichtet 463, 464
Türblatt, einflüglige Tür, Vollspan 464, 465
Türblatt, zweiflüglig, Vollspan 465
Türdrückergarnitur, provisorisch 508
Türen reinigen 576
Türöffner elektrisch 512

Türöffnung ausmauern, Mauerwerk 158
Türöffnung schließen, Mauerwerk 159
Türöffnung, Holz-Innenwand 259
Türöffnung, Montagewand 668
Türspion, Aluminium 514
Türstopper 513, 514
Türzargen 669

U

Überbrückung, Gebrauchsüberlassung 86
Überbrückung, Gerüst 86
Übergang, Dämmkeile, Hartschaum 323
Übergang, PE/PVC/Steinzeug auf Guss 122
Übergang, PVC-U auf Steinzeug/Beton 125
Übergangs-/Fußgängerbrücke 65
Übergangsbordstein, Beton, dreiteilig 900
Übergangsprofil, Metall 621
Übergangsprofil/Abdeckschiene 501
Übergangsstück, Steinzeug 121, 122
Überhangblech 351
Überschüssigen Boden laden, entsorgen 818
Überströmventil, Guss, DN15 712
Überzug/Attika, Beton C25/30 197
Umfassungszarge, Stahl 176
Ummantelung, Rohrleitung, Beton 98, 120
Umwälzpumpen 706, 707
Unter-/Trennlage Boden, Korkschrotpappe 487
Unterboden reinigen 215
Unterboden, Holzspanplatte 487, 488
Unterdach / Vordeckung, Bitumenbahn V13 296
Unterdeckbahn, diffusionsoffen 297
Unterdecke, abgehängt 649
Unterdeckung, WF, regensicher 297
Untergrund prüfen 365
Untergrund prüfen, Haftzugfestigkeit 387, 488, 602
Untergrund reinigen 277, 488, 583, 603
Untergrund reinigen, Boden 405
Untergrund spachteln, Höhenausgleich 487
Untergrund verdichten 881, 882
Untergrund vorbehandeln, Streichmakulatur 626
Untergrund vorstreichen, Haftgrund 488
Untergrundausgleich, Grund- und Traglattung 676
Untergrundreinigung, Estricharbeiten 412
Untergrundvorbereitung, Belagsarbeiten 603
Unterkonstruktion Stützgriff/Sitz 758
Unterkonstruktion, Holzbohlen, 40x120mm 323
Unterkonstruktion, Holz-UK zweilagig 633
Unterkonstruktion, Innenwandbekleidung 474
Unterkonstruktion, Kanthölzer, bis 100x60mm 323
Unterkonstruktion, Leichtmetall 634
Unterkonstruktion, Rauspund 634
Unterkonstruktion, Traglattung 633
Unterlage, Bodenbelag, Schaumstoff 604

Unterlage, Bodenbelag, Wollfilz/Jutefilz 604
Unterputzprofil, Edelstahl, Unterputz, innen 367
Unterputzprofil, einstellbar, unebene Untergründe 367
Unterputzprofil, verzinkt, Unterputz, innen 367
Unterschrank, Küche 480
Unterspannbahn, hinterlüftetes Dach 251, 298
Unterzug, rechteckig, Schalung 197
Unterzug/Sturz, Stahlbeton C25/30 194
Urinal, Keramik 755
Urinaltrennwand, Schichtstoff-Verbundelemente 682

V

Vegetationsfläche, organische Düngung 823
Vegetationsflächen lockern, aufreißen 823
Vegetationsflächen lockern, fräsen 824
Vegetationsmatte, liefern/verlegen 873
Verankerung, Profilanker, Schwelle 263
Verbau, Spundwand, Stahlprofile 106
Verbau, Trägerbohlwand, rückverankert 106
Verbauausfachung, Holzbohlen 105
Verbauausfachung, Spritzbeton 105
Verbauträger, Stahlprofile 104
Verbauträger-/Bohrköpfe kappen 105
Verblendmauerwerk, Betonsteine 170
Verblendmauerwerk, Kalksandsteine 170
Verblendmauerwerk, Vormauerziegel 170
Verblendung, Deckensprung 654
Verbundabdichtung, streichbar 388
Verbundblech, gekantet 348
Verbundestrich 421, 422
Verdichtung Baugrube 819
Verdunkelung, innen 523
Verdunstungsschutz, Baumstamm 857
Verfugung, Acryl, überstreichbar 630
Verfugung, Acryl-Dichtstoff überstreichbar 682
Verfugung, elastisch 473, 501, 621
Verfugung, Fliesen, Kunstharz 408
Verglasung Aufzug 790
Verglasung, Einfachglas 563
Verglasung, Einscheibensicherheitsglas 563
Verglasung, ESG-Glas 563, 564
Verglasung, Floatglas 563
Verglasung, Verbundsicherheitsglas 564
Verglasung, VSG-Glas 564
Verguss Deckendurchbruch 206
Verkehrseinrichtung, Verkehrszeichen 68
Verkehrsregelung, Lichtsignalanlage 69
Verkehrssicherung, Baustelle 68
Verklammerung, Dachdeckung 313
Verkofferung/Bekleidung, Rohrleitungen 673
Verpressanker, Trägerbohlwand 105
Verpressung, Injektionsschlauch 188
Versickerungsmulden herstellen 836

Verstärkung, Unterkonstruktion, abgehängte Decke 654
Verteilerschrank, Fußbodenheizung 724
Vollholzparkett beschichten, versiegeln 497
Vollholzparkett schleifen 497
Vollholzparkett schleifen und versiegeln 497
Voranstrich, Abdichtung 412
Voranstrich, Abdichtung, Betonbodenplatte 277
Voranstrich, Dampfsperre 319
Voranstrich, Dampfsperre, inkl. Reinigung 319
Voranstrich, Wandabdichtung 282
Vorbaurollladen, Führungsschiene 519
Vordach, Trägerprofile/ESG 553
Vordachverglasung 569
Vordeckung, Bitumenbahn V13 254
Vordeckung, Stehfalzdeckung 296
Vorhangfassade, Bandblechscharen, Kupfer 358
Vorhangfassade, Bandblechscharen, Titanzink 358
Vorratsdüngung 50g 861
Vorsatzschale, GK/GF 671, 672

W

Walzbleianschluss, Blechstreifen 354
Wand, Stahlbeton C25/30 188, 189
Wand, WU-Beton C25/30 188
Wandabdichtung, Bodenfeuchte 283
Wandabdichtung, drückendes Wasser 285, 286
Wandabdichtung, nicht drückendes Wasser 284, 285
Wandablauf, bodengleiche Dusche 758
Wandabschluss, frei, Montagewand 668
Wandanschluss Ziegel / Dachstein 313
Wandanschluss, Abdichtung, Balkon 328
Wandanschluss, Bitumen-Dichtbahn 277
Wandanschluss, Dachabdichtung, Aluminiumprofil 330
Wandanschluss, Dickbeschichtung 277
Wandanschluss, gedämmt, Kunststoffbahn, einlagig 327
Wandanschluss, gedämmt, zweilagige Abdichtung 325
Wandanschluss, Nocken, Titanzink 352
Wandanschluss, Verbundblech 352
Wandanschlussblech, Kupfer 351
Wandanschlussblech, Titanzink 351
Wandaussparung schließen 206
Wandbekleidung Holzschindel 313
Wandbekleidungen, Granit/Basalt, außen 225
Wandbelag reinigen, Fliesen 575
Wandbelag reinigen, Hartbeläge 575
Wandbelag, Glasmosaik, Dünnbett 393
Wandbelag, Mittelmosaik, Dünnbett 394
Wandflächen reinigen, beschichtet 575
Wandfliesen 391, 392, 393
Wandschalung, Fenster 192
Wandschalung, Stirnfläche 192
Wandschalung, Türe 191, 192
Wandschlitz, Beton 205

Wärmedämmung DAA 320, 321, 322, 323
Wärmedämmung DUK, XPS, Umkehrdach 322
Wärmedämmung, Estrich CG 416
Wärmedämmung, Estrich EPB 417
Wärmedämmung, Estrich EPS 415, 416
Wärmedämmung, Estrich EPS 415
Wärmedämmung, Estrich PUR 416
Wärmedämmung, Rohrleitung, DN15 763
Wärmedämmung, Schrägsitzventil 768, 769
Wärmedämmung, zwischen Holz-UK 680
Wärmepumpe 700, 701, 702, 703
Warmwasser-Heizregister 800
Warmwasser-Zirkulationspumpe, DN20 731
Warnband, Leitungsgräben 99
Warnleuchte 87
Wartung Personenaufzug EN81-20 791
Waschtisch, Keramik 750
Waschtisch/Duschwanne reinigen 576
Wassergebundene Decke 887
Wasserhaltung, Betrieb 10-20l/s 110
Wässern der Gehölzflächen und Sträucher 873
Wässern der Großgehölze 873
Wässern der Hecke 873
Wässern der Staudenflächen 872
Wässern, Dachbegrünung, extensiv 846
Wasserpflanzen liefern 873
Wasserspeier, bis DN120 343
WC, behindertengerecht 752
WC, wandhängend 752
WC-Bürste 753
WC-Kabine anliefern, aufbauen, abfahren 72
WC-Rückenstütze 760
WC-Schamwand Urinale 476
WC-Schild, taktil, Kunststoff 517
WC-Schüssel/Urinal reinigen 576
WC-Sitz 753
WC-Spülkasten, mit Betätigungsplatte 752
WC-Toilettenpapierhalter 753
WC-Trennwand, Metallrahmen/Vollkernverbundplatten 475
WC-Wandanlage, Alu-Profile/HPL-Platten, wasserfest 681
WDVS, Armierungsputz, Glasfasereinlage 377
WDVS, Brandbarriere, bis 300mm 376
WDVS, Dübelung, Wärmedämmung 377
WDVS, Eckausbildung, Profil 377
WDVS, EPS, Silikat-Reibeputz 375
WDVS, Fensteranschluss 378
WDVS, Laibungsausbildung 378
WDVS, Montagequader, Druckplatte 377
WDVS, MW 035, Silikat-Reibeputz 374
WDVS, MW, Silikat-Reibeputz 374
WDVS, Sockeldämmung, XPS 377
WDVS, Sockelprofil 378
WDVS, Wärmedämmung, EPS 375, 376

WDVS, Wärmedämmung, Mineralwolle 376
WDVS, Wärmedämmung, MW 035 376
Wechsel, Kamindurchgang 262
Weg-/Beetbegrenzung, Aluminium 898, 899
Weg-/Beetbegrenzung, Cortenstahl 899
Wegeeinfassung, Naturstein 848
Weidentunne 867
Wickelfalzrohr, Reduzierstück 800
Winddichtung, Polyestervlies 636
Windrispenband 262
Windwächter-Anlage, Sonnenschutz 524
Winkelkonsole, Abfangung, Verblendmauerwerk 169
Winkelstufe, Betonm 892
Winkelstufe, Kontraststreifen 892, 893
Winkelstützmauerelement, Beton 901, 902
Winkelverbinder/Knaggen 263
Witterungsschutz, Dachplane 295
Witterungsschutz, Fensteröffnung 76
Wohndachfenster 256, 314
Wurzelanker im Teich, See 841
Wurzelstock fräsen, einarbeiten 816

Z

Zahnleiste, Nadelholz, gehobelt 303
Zaunpfosten, Stahlrohr 839
Zeigerthermometer, Bimetall 713
Ziegel beidecken, Dachdeckung 313
Ziegel-Elementdecke, ZST 1,0 - 22,5 177
Zirkulations-Regulierventil 731
Zugdraht für Kabelschutzrohr 99
Zuluft-/Insektenschutzgitter, Traufe 303
Zweifach-Isolierverglasung, Türen 566
Zweifach-Isolierverglasung, Einzelfenster 565
Zwischensparrendämmung 248, 249